电工手册

张振文 主编

化学工业出版社

·北京·

本书结合电工工作实际，全面介绍了电工应掌握的基本知识和操作技能，总结了电工常见电气设备故障检修和常用技术数据。包括：电工常用工具及操作技能、常用仪表的应用与维修、电子元器件及电子技术、电动机与变压器检修、电动机控制线路及绕组装接与调试、常用照明设备及维修、常用配电控制线路与检修、高压电气设备检修、PLC及变频器电气故障检修、机床电气线路检修、常见家电设备故障检修以及光伏系统维修等。书中配有二维码视频演示各项电工维修技能。

本书适合广大电工、初学者、电气维修和操作人员阅读，也可供相关专业师生参考。

图书在版编目（CIP）数据

电工手册 / 张振文主编． — 北京：化学工业出版社，2017.10（2024.6重印）
ISBN 978-7-122-30600-5

Ⅰ．①电…　Ⅱ．①张…　Ⅲ．①电工-手册
Ⅳ．①TM07-62

中国版本图书馆CIP数据核字（2017）第220506号

责任编辑：刘丽宏　　　　　　　　　　　正文设计：刘丽华
责任校对：宋　夏

出版发行：化学工业出版社（北京市东城区青年湖南街13号　邮政编码100011）
印　　装：北京新华印刷有限公司
880mm×1230mm　1/32　印张32¾　字数1072千字
2024 年 6 月北京第 1 版第 20 次印刷

购书咨询：010-64518888　　售后服务：010-64518899
网　　址：http://www.cip.com.cn
凡购买本书，如有缺损质量问题，本社销售中心负责调换。

定　　价：**108.00元**　　　　　　　　　　版权所有　违者必究

前言

随着工业自动化技术发展的日新月异,各大企业对电工的需求在不断地增长。为了方便广大电气维修人员、操作人员全面学习电工基础知识和技能,掌握和了解各类型电气设备的运行、维护和检修方法,工作中及时查阅有关数据和资料,编写了本手册。

手册内容具有如下特点。

1. 电工基础和电工技能全面覆盖,引导电工快速入门,并全面学习各项知识和技能,包括:电工常用工具及操作技能、常用仪表的应用与维修、电子元器件及电子技术、电动机与变压器检修、电动机控制线路及绕组装接与调试、常用照明设备及维修、常用配电控制线路与检修、高压电气设备检修、PLC及变频器电气故障检修、机床电气线路检修、常见家电设备故障检修、光伏系统检修技能等。

2. 电工工具使用、电子元器件检测、控制电路识图、家电维修操作视频讲解:参照目录提示的视频页码,在正文中有相应的二维码,用手机"扫一扫"即可学习电工各项操作和检修技能,如同有老师亲临电工工作现场指导。

3. 电动机、变压器、照明配电、变频节能、电线电缆、工厂用电常用计算算例随时学:附录以及正文相应章节提供典型计算实例,读者可以举一反三,解决计算难题。如有什么疑问,欢迎关注下方二维码咨询,会尽快回复。

本书由张振文主编,参加编写的还有曹振华、赵书芬、张伯龙、张胤涵、张校珩、曹祥、孔凡桂、焦凤敏、张校铭、张书敏、王桂英、曹铮、蔺书兰、孔祥涛、齐炬朋、张亮、周新、王俊华、李宁、谢永昌、刘杰、刘克生、杨金峰、杨影、贾振中、张伯虎等。

限于水平所限，书中不足之处难免，恳请广大读者批评指正。

编者

目 录

视频
页码
5,17,23

视频页码

127,128
129,132
134,136
139,141
156

视频
页码

229,233

视频
页码

333,347
354

视频
页码

400,412
416

视频
页码

788,804
822

视频
页码

968,969
970,972
973,974
975,977
978,979
987,1021

第1章

电工基础

1.1 电工安全用具

1.1.1 常用绝缘安全用具

（1）**绝缘手套、绝缘靴（鞋）** 绝缘手套和绝缘靴均由特种橡胶制成，一般作为辅助安全用具。但绝缘手套可以作为在低压带电设备或线路等工作的基本安全用具，而绝缘靴在任何电压等级下可以作为防护跨步电压的基本安全用具。

绝缘手套可以使人的两手与带电体绝缘，是用特种橡胶（或乳胶）制成的。绝缘手套分12kV（试验电压）和5kV两种。绝缘手套是不能用医疗手套或化工手套代替使用的。绝缘手套一般作为辅助安全用具，在1kV以下电气设备上使用时可以作为基本安全用具。

绝缘靴采用特种橡胶制成，作用是使人体与大地绝缘，防止跨步电压。绝缘靴分20kV（试验电压）和6kV两种。绝缘靴的高度不小于15cm，而且上部另加高边5cm。绝缘靴必须按规定进行定期试验。

绝缘鞋有高低腰两种，多为5kV，在明显处标有"绝缘"和耐压等级。绝缘鞋作为1kV以下辅助绝缘用具，1kV以上禁止使用。

使用中，不能用防雨胶靴代替绝缘鞋。

（2）**绝缘台、绝缘垫、绝缘毯** 绝缘台、绝缘垫和绝缘毯均系辅助安全用具。绝缘台用干燥的木板或木条制成，其站台的最小尺寸是0.8m×0.8m，四角用绝缘子作台脚，其高度不得小于10cm。绝缘垫和绝缘毯由特种橡胶制成，其表面有防滑槽纹，厚度不小于5mm。绝缘垫的最小尺寸为0.8m×0.8m，绝缘毯最小宽度为0.8m，长度依需要而定。绝缘垫和绝缘毯一般用于铺设在高、低压开关柜前，作固定的辅助安全用具。

1.1.2 一般防护用具

一般防护安全用具包括携带型接地线、临时遮栏、标示牌、防护目镜、安全带、木（竹）梯和脚扣等。一般安全用具用来防止工作人员触电、电弧灼伤、高空坠落，其本身不是绝缘物。

（1）携带型接地线（见图1-1） 携带型接地线由短路各相和接地用的多股软裸铜线和专用线夹（将多股软裸铜线固定在各相导电部分和接地极上）组成。一般要求多股软铜线的截面积不小于 $25mm^2$。

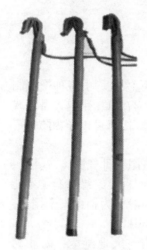

图1-1 携带型接地线

接地线的使用注意事项：

接地线必须使用专用的线夹固定在导体上，严禁用缠绕的方法进行接地或短路。

接地线在每次装设以前应经过详细检查。损坏的接地线应及时修理或更换。禁止使用不符合规定的导线作接地或短路之用。

对于可能送电至停电设备的各方面或停电设备可能产生感应电压的都要装设接地线，所装接地线与带电部分应符合安全距离的规定。

检修部分若分为几个在电气上不相连接的部分［如分段母线以隔离开关（刀闸）或断路器（开关）隔开分成几段］，则各段应分别验电接地短路。接地线与检修部分之间不得连有断路器（开关）或熔断器（保险器）。

装设接地线必须由两人进行。装设接地线必须先接接地端，后接导体端，且必须接触良好。拆接地线的顺序与装接地线相反。装、拆接地线均应使用绝缘棒和戴绝缘手套。

在室内配电装置上，接地线应装在该装置导电部分的规定地点。这些地点的油漆应刮去，并画下黑色记号。

每组接地线均应编号，并存放在固定地点；存放位置亦应编号，接地线号码与存放位置号码必须一致。

装、拆装地线应做好记录，交接班时应交代清楚。

（2）**标示牌和遮栏**　标示牌由干燥木材或其他绝缘材料制成，不得用金属材料制成。标示牌的悬挂处所也应根据规定要求而定。

标示牌分为警告、允许、提示和禁止等类型。警告类如"止步，高压危险！"，允许类如"在此工作！"、"由此上下！"，提示类如"已接地！"，禁止类如"禁止合闸，有人工作！"、"禁止合闸，线路有人工作！"、"禁止攀登，高压危险！"等。

遮栏（见图1-2）是用来防护工作人员意外触碰或过分接近带电部分或作检修部位距离带电体不够安全时的隔离措施。遮栏分为一般遮栏、绝缘挡板和绝缘罩三种。遮栏均由干燥木材或其他绝缘材料制成。

图1-2　遮栏

绝缘栏分为固定遮栏和活动遮栏两大类，多用干燥木材制作。绝缘栏高度一般不小于1.7m，下部离地面小于10cm，上面设有"止步，高压危险"警告标志。新型绝缘遮栏采用高强度、强绝缘的环氧绝缘材料制作，具有绝缘性能好、机械强度高、不腐蚀、耐老化的特点，用于电力系统各电压等级变电站中防止工作人员走错间隔，误入带电区域。

（3）**安全帽**　安全帽是一种重要的安全防护用品。凡有可能会发生物体坠落的工作场所，或有可能发生头部碰撞、劳动者自身有坠落危险的场所，都要求佩戴安全帽。安全帽是电气作业人员的必备用品。

（4）**安全带**　安全带多采用锦纶、维纶、涤纶等根据人体特点设计而制成防止高空坠落的安全用具。

1.2 检修安全用具

1.2.1 绝缘安全用具

常用绝缘安全用具如下。

① 绝缘棒　绝缘棒也称为操作棒或绝缘拉杆。它主要用于断开或闭合高压隔离开关与跌落式熔断器、安装和拆除携带型接地线、进行带电测量和实验工作等。

绝缘棒由工作部分、绝缘部分和握手部分组成。其中工作部分一般用金属制成，也可以用玻璃钢或具有较大机械强度的绝缘材料制成；绝缘部分和握手部分用护环隔开，它们由木材（浸过绝缘漆）、硬材料、胶木或玻璃钢制成。

使用绝缘棒时应注意事项如下：

a. 操作前，棒面应用清洁的干布擦净。

b. 操作时应戴绝缘手套、穿绝缘靴或站在绝缘台（垫）上，并注意防止碰伤表面绝缘层。

c. 型号规格符合规定。

d. 在雨雪天气室外操作时应使用防雨型令克棒。

e. 按规定进行定期试验。

f. 应存放在干燥处所，不得与墙面地面接触，以保护绝缘表面。

② 绝缘夹钳。绝缘夹钳主要用于 35kV 及以下的电气设备上装拆熔断器等工作时使用。绝缘夹钳由工作钳口、绝缘和握把三部分组成，钳口要保证夹紧熔断器，各部分所使用的材料与绝缘棒相同。

使用绝缘夹钳时应注意事项如下：

a. 操作前，夹钳表面应用清洁的干布擦净。

b. 操作时戴绝缘手套、穿绝缘靴及戴护目镜，并必须在切断负载的情况下进行操作。

c. 在雨雪或潮湿天气操作时应使用专门防雨夹钳。

d. 按规定进行定期试验。

1.2.2 电气安全用具检验、保管

（1）安全用具的日常检查

① 检查的安全绝缘工器具应在有效试验周期内，且合格。

② 检查验电器的绝缘杆是否完好，有无裂纹、断裂、脱节情况，按试验钮检查验电器发光及声响是否完好，电池电量是否充足，电池接触是否完好，如有时断时续的情况，应立即查明原因，不能修复的应立即更换，严禁使用不合格的验电器进行验电。

③ 检查接地线接地端、导体端是否完好，接地线是否有断裂，螺栓是否紧固，检查带有绝缘杆的接地线的绝缘杆有无裂纹、断裂等情况。

④ 检查绝缘手套有无裂纹、漏气，表面应清洁、无发粘等现象。

⑤ 检查绝缘靴靴底部无断裂、靴面无裂纹，并清洁。

⑥ 检查绝缘棒无裂纹、断裂现象。

⑦ 检查安全帽无裂纹，系带完好无损。

（2）安全用具的管理和存放 安全用具应存放在干燥通风处，并符合下列要求：

① 绝缘杆悬挂或放置在支架上，不得与墙接触。

② 绝缘手套存放在密闭橱内，与其他工具仪表分别存放。

③ 绝缘靴放在橱内，不得用作他处。

④ 验电器存放在防潮匣（或套）内。

1.3 电工常用工具

1.3.1 电工工具

（1）验电器 验电器是检验导线和设备是否带电的常用工具。验电器分为高压验电器和低压验电器两类。低压验电器又称为试电笔，其主要作用是检查电气设备或线路是否带有电压；高压验电器还可以用于测量高频电场是否存在。验电器的构成是由绝缘材料制成一根空心管，管子上端有金属的工作触头，管内装有氖光灯和电容器。另外，绝缘和握手部分用胶木或硬橡胶制成。

低压验电器（图 1-3）除检测电气设备或线路是否带电外，还可以区分相线（火线）和地线（零线）（氖光灯泡发亮的是相线，不亮的是地线）；此外，还能区分交流电和直流电，交流电通过氖光灯泡时两极都发亮，而直流电通过氖光灯泡时仅一个电极发亮。低压验电器分笔式和旋具式两种。它们的内部结构相同，主要由电阻、氖管、弹簧组成。

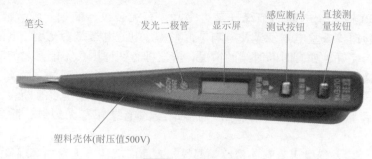

笔尖　　　　　　　发光二极管　　显示屏　　感应断点　　直接测
　　　　　　　　　　　　　　　　　　　　　测试按钮　　量按钮

塑料壳体(耐压值500V)

图1-3　低压验电器

图1-4（a）所示为正确使用低压验电器的握法，而图1-4（b）所示是不正确使用低压验电器的握法。

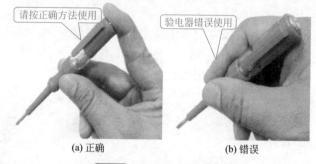

请按正确方法使用　　　　　　验电器错误使用

(a) 正确　　　　　　　(b) 错误

图1-4　低压验电器的握法

只有带电体与地之间至少有 60V 的电压，低压验电器的氖管就可以发光。

使用低压验电器时，氖管窗口应在避光的一面，方便观察。

使用高压验电笔时应注意事项如下：

a. 为确保设备或线路不再带有电压，应按该设备或线路的电压等级选用相应的验电器进行验电。

b. 验电前先检查验电器外观有无损坏，再在带电设备上进行试验，确认验电器完好后方可使用。

c. 验电时，不要用验电器直接触及设备的带电部分，应逐渐靠近带电体，直至灯亮或风轮转动或语音提示为止。应注意验电器受邻近带电体影响。

d. 验电时，必须三相逐一验电，不可图省事。

使用低压验电器时应注意事项如下：

a.使用前，先检查验电器里有无安全电阻，再直观检查验电器是否有损坏，有无受潮或进水。

b.使用验电器时，不能用手触及验电器前端的金属探头，否则会造成人身触电事故。

c.使用验电器时，一定要用手触及验电器尾端的金属部分。否则，因带电体、验电器、人体与大地没有形成回路，验电器中的氖泡不会发光，造成误判，认为带电体不带电。

d.在测量电气设备是否带电之前，先找一个已知电源测一测验电器的氖泡能否正常发光，可以正常发光才能使用。

e.在明亮的光线下测试带电体时，应特别注意氖泡是否真的发光（或不发光），必要时可用另一只手遮挡光线仔细判别。千万不要造成误判，将氖泡发光判断为不发光，而将有电判断为无电。

（2）螺丝刀 螺丝刀（又称螺钉旋具）的试样、规格有很多，如图1-5所示。螺丝刀按头部形状不同可分为一字螺丝刀和十字螺丝刀两种，如图1-5所示。

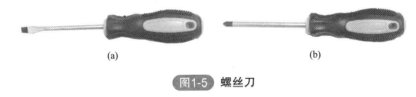

(a)   (b)

图1-5 螺丝刀

一字螺丝刀常用的规格有50mm、100mm、150mm和200mm等规格，电工必备的是50mm和150mm两种。十字螺丝刀专供紧固或拆卸十字槽的螺钉，常用的规格有四种，Ⅰ号适用于螺钉直径为2～2.5mm，Ⅱ号适用于螺钉直径为3～5mm，Ⅲ号适用于螺钉直径为6～8mm，Ⅳ号适用于螺钉直径为10～12mm。

图1-6所示为螺丝刀的使用方法。图1-6（a）所示为大螺丝刀的使用方法，图1-6（b）所示为小螺丝刀的使用方法。

（3）钢丝钳 钢丝钳（见图1-7）主要由钳头和钳柄构成。钳口用来弯绞或钳夹导线，齿口用来紧固或起松螺母，刀口用来剪切导线或剖切软导线绝缘层。如图1-8所示。

钢丝钳常用的规格有150mm、175mm、200mm三种。对于电工所用的钢丝钳，在钳柄上应套有耐压为500V以上的绝缘套管。

用手心顶住螺丝刀握部的顶端，拧紧螺钉，避免虚接

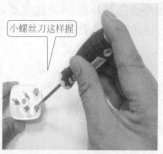

小螺丝刀这样握

(a) 大螺丝刀握法　　　　　　　　　(b) 小螺丝刀握法

图1-6　螺丝刀的使用方法

图1-7　钢丝钳

紧固、松开螺母

(a) 剪切导线　　　　　(b) 弯绞导线　　　　　(c) 紧固、松开螺母

图1-8　电工钢丝钳各部分的用途

（4）尖嘴钳　尖嘴钳（见图1-9）有铁柄尖嘴钳和绝缘尖嘴钳两种，其绝缘柄的耐压为 500V。

图1-9　尖嘴钳

尖嘴钳的用途如下：

① 剪断细小金属丝。

② 夹持螺钉、垫圈、导线等元件。

③ 在装接电路时，尖嘴钳可将单股导线弯成一定圆弧的接线鼻子。

（5）断线钳 断线钳又称斜口钳，是专供剪断较粗的金属丝、线材及电线电缆等的常用工具。其中电工用的绝缘柄断线钳（见图1-10）的耐压为500V。

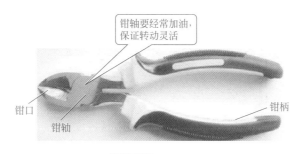

钳轴要经常加油，保证转动灵活

钳口

钳轴

钳柄

图1-10 断线钳

（6）电工刀 电工刀是电工用来剖削导线的常用工具。在使用电工刀切削导线时，刀口必须朝人身外侧，用电工刀剥去塑料导线外皮。

使用电工刀切削导线的步骤如下：

① 用电工刀以45°角倾斜切入塑料层并向线端推削，如图1-11（a）、（b）所示；

② 先削去一部分塑料层，再将另一部分塑料层翻下，并将翻下的塑料层切去，至此塑料层全部削掉且露出芯线，如图1-11（c）、（d）所示。

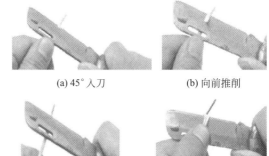

(a) 45°入刀　　　　　(b) 向前推削

(c) 削掉部分绝缘　　　(d) 切除剩下绝缘

图1-11 塑料线头的刨削

电工刀平时常用来削木榫来代替胀栓。

（7）紧线器 紧线器［见图1-12（a）］用来收紧室内外的导线。紧线器由夹线钳头、定位钩、收紧齿轮和手柄等组成，如图1-12（b）所示。使用时，定位钩钩住架线支架或横担，夹线钳头夹住需收紧导线的端部，扳动手柄，逐步收紧。

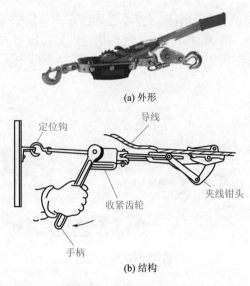

(a) 外形

(b) 结构

图1-12 紧线的外形及结构

（8）**剥线钳** 剥线钳［见图 1-13（a）］用来剥离 6mm^2 以下塑料或橡皮电线的绝缘层。剥线钳由钳头和手柄两部分组成，如图 1-13（b）所示。钳头部分由压线口和切口构成，分有直径 0.5 ～ 3mm 的多个切口，以适用于不同规格的线芯。使用时，电线必须放在大于其线芯直径的切口上切削，否则会伤线芯。

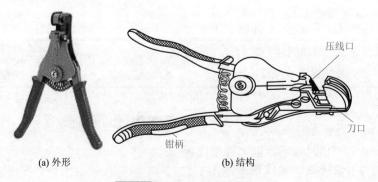

(a) 外形

(b) 结构

图1-13 剥线钳的外形及结构

（9）**手动压接钳** 手动压接钳（见图1-14）可用电接头与接线端子的连接，可简化烦琐的焊接工艺，提高接合质量。

图1-14 手动压接钳

（10）**梯子** 梯子（见图1-15）有人字梯和直梯两种，直梯一般用于高空作业，人字梯一般用于室内作业。

使用梯子时应注意事项如下：

① 使用前应检查两脚是否绑有防滑材料，人字梯中间是否连着防自动滑开的安全绳。

② 人在梯上作业时，前一只脚从后一只脚所站梯步高两步的梯空中穿进去，越过该梯步后即从下方穿出，踏在比后一只脚高一步的梯步上，使该脚以膝弯处为着力点。

图1-15 梯了

③ 直梯靠墙的安全角应为对地面夹角60°～75°，梯子安放位置与带电体要保持足够的安全距离。

（11）**脚扣** 脚扣（见图1-16）是攀登电杆的主要工具，主要由弧形扣环、脚套组成。在弧形扣环上包有齿形橡胶套，来增加攀登时的摩擦，防止打滑。使用脚扣攀登电杆登杆方法容易掌握，但在杆上作业时容易疲劳，因此适用于杆上短时间作业。为了保证杆上作业时的人体平稳，有经验的电工常采用两只脚扣按图1-16所示的方法定位。

在登杆前必须检查脚扣有无破裂、腐蚀，脚扣皮带是否损坏，若已损坏应立即修理或更换。

（12）**电烙铁** 电烙铁（见图1-17）有外热式、内热式、感应式等多种形式。

使用电烙铁时应注意事项如下：

① 使用之前应检查电源电压与电烙铁上的额定电压是否相符，一

般为 220V。

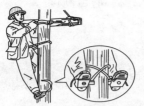

防滑胶套

杆上操作时两脚扣的定位方法　　登混凝土杆用脚扣

图1-16　脚扣

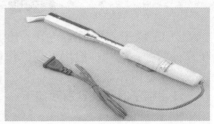

(a) 内热式电烙铁　　　　　　　　(b) 外热式电烙铁

图1-17　电烙铁

　　② 新电烙铁在使用前应先用砂纸把烙铁头打磨干净，然后在焊接时和松香一起在烙铁头蘸上一层锡（称为搪锡）。

　　③ 电烙铁不能在易爆场所或腐蚀性气体中使用。

　　④ 电烙铁在使用中一般用松香作为焊剂，特别是电线接头、电子元器件的焊接。严禁用含有盐酸等腐蚀性物质的焊锡膏焊接，以免腐蚀印制电路板或短路电气线路。

　　⑤ 电烙铁在焊接铁、锌等金属时，可用焊锡膏焊接。

　　⑥ 如果在焊接中发现紫铜制的烙铁头氧化不易蘸锡时，可用锉刀锉去氧化层，在酒精内浸泡后再用。切勿在酸内浸泡，以免腐蚀烙铁头。

　　⑦ 焊接电子元器件时，最好选用低温焊丝，头部涂上一层薄锡后再焊接。焊接场效应晶体管时，应将电烙铁电源线插头拔下，利用余热焊接，以免损坏管子。

　　⑧ 使用外热式电烙铁应经常将铜头取下，清除氧化层，以免日久造成铜头烧坏。

⑨ 电烙铁通电后不能敲击,以免缩短使用寿命。

1.3.2 钳工工具

(1)直接绘划工具 直接绘划工具有划针、划规、划卡、划针盘和样冲。

① 划针。划针[见图 1-18(a)]是在工件表面划线用的工具,常用 $\phi3\sim6mm$ 的工具钢或弹簧钢丝制成并经淬硬处理。有的划针在尖端部分焊有硬质合金,这样划针就更锐利,耐磨性好。划线时,划针要依靠钢直尺或直角尺等导线工具而移动,并向外倾斜 $15°\sim20°$,向划线方向倾斜 $45°\sim75°$ [见图 1-18(b)]。在划线时,要做到尽可能一次划成,使线条清晰,准确。

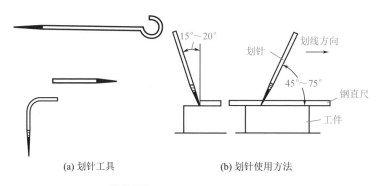

(a) 划针工具   (b) 划针使用方法

图1-18 划针的种类及使用方法

② 划规。划规(见图 1-19)是划圆、弧线、等分线段及量取尺寸等用的工具。

③ 划卡。划卡(单脚划规)主要用来确定轴和孔的中心位置,也可用来划平行线。操作时应先划出四条圆弧线,再在圆弧线中冲一样冲点。

④ 划针盘。划针盘(见图 1-20)主要用于立体划线和找正工件位置。用划线盘划线时,要注意划针装夹应牢固,伸出长度要短,以免产生抖动。划针盘的底座要保持与划线平台贴紧,不要摇晃和跳动。

⑤ 样冲。样冲(见图 1-21)是在划好的线上冲眼时使用的工具。

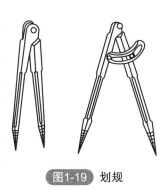

图1-19 划规

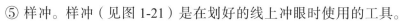

冲眼是为了强化显示用划针划出的加工界线，也可使划出的线条具有永久性的位置标记。另外，它也可作为划圆弧时定性脚点使用。样冲由工具钢制成，尖端处磨成 45° ～ 60°，并经淬火硬化。

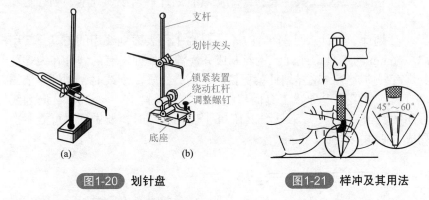

图1-20 划针盘　　　　图1-21 样冲及其用法

使用样冲冲眼时应注意事项如下：

a. 冲眼位置要准确，冲心不能偏离线条。

b. 冲眼间的距离要以划线的形状和长短而定，直线上可稀，曲线上则稍密，转折交叉点处需冲眼。

c. 冲眼大小要根据工件材料、表面情况而定，薄的可浅些，粗糙的应深些，软的应轻些，而精加工表面禁止冲眼。

d. 圆中心处的冲眼最好要打得大些，以便在钻孔时钻头容易对中。

（2）测量工具　测量工具有普通高度尺、高度游标卡尺、钢直尺和 90° 角尺和平板尺等。高度游标卡尺可视为划针盘与高度尺的组合（属于精密工具），能直接表示出高度尺寸，其读数精度一般为 0.02mm。高度游标卡尺主要用于半成品划线，不允许用于在毛坯上划线。

游标卡尺外形如图 1-22 所示。

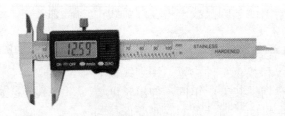

图1-22 游标卡尺

游标卡尺测量值读数分以下 3 步进行：

① 读整数。游标零线左边的尺身上的第一条刻线是整数的 mm 值。

② 读小数。在游标上找出一条刻线与尺身刻度对齐，从副尺上读出 mm 的小数值。

③ 将上述两值相加，即为游标卡尺的测得尺寸。

（3）锯削工具 锯削是用手锯对工件或材料进行分割的切削加工。工作范围包括：分割各种材料或半成品，锯掉工件上多余部分，在工件上锯槽。

虽然当前各种自动化、机械化的切割设备已被广泛应用，但是手锯切削还是常见的（这是因为它具有方便、简单和灵活的特点，不需任何辅助设备，不消耗动力）。在单件小批量生产时，在临时工地以及在切削异形工件、开槽、修整等场合应用很广。

手锯包括锯弓和锯条两部分。锯弓是用来夹持和拉紧锯条的工具，有固定式和可调式两种。固定式锯弓只能安装一种长度规格的锯条；可调式锯弓的弓架分成两段（见图 1-23），前端可在后段的套内移动，可安装几种长度规格的锯条。可调式锯弓使用方便，目前应用较广。

锯条由普通碳素工具钢制成。为了减少锯条切削时两侧的摩擦，避免夹紧在锯缝中，锯齿应有规律地向左右两面倾斜，形成交错式两边排列。

常用的锯条长度为 300mm、宽度为 12mm、厚度为 0.8mm。按齿距的大小，锯条分为粗齿锯条、中齿锯条和细齿锯条三种。粗齿锯条主要用于加工截面或厚度较大的工件，细齿锯条主要用于锯割硬材料、薄板和管子等，中齿锯条主要用于加工普通钢材、铸铁以及中等厚度的工件。

（4）錾子和锤子 錾子一般用碳素工具钢锻制而成，刃部经淬火和回火处理后有较高的硬度和足够的韧性。常用的錾子有扁錾（阔錾）和窄錾两种，如图 1-24 所示。锤子大小用锤头的质量表示，常用的约 0.5kg。锤子的全长约为 300mm。锤子的材料为碳素工具钢锻成，锤柄用硬质木料制成。

錾子用左手中指、无名指和小指松动自如地握持，拇指和食指自然接触，錾子头部伸出 20 ~ 25mm，如图 1-25（a）所示。

锤子主要靠右手拇指和食指握持，其余各指当锤击时才握紧。柄端只能伸出 15 ~ 30mm，如图 1-25（b）所示。

（5）钻孔工具 钻孔是用钻头在实体材料上加工孔的方法。在钻床上

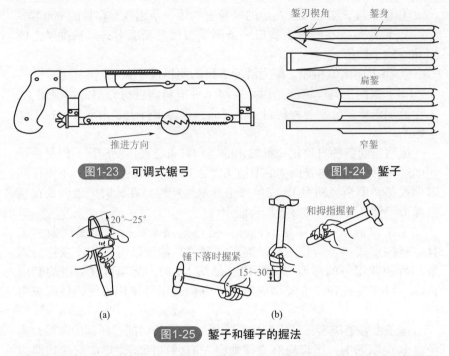

图1-23 可调式锯弓

图1-24 錾子

图1-25 錾子和锤子的握法

钻孔时，工件固定不动，钻头一边旋转（主运动）一边轴向向下移动（进给运动）。钻孔属于粗加工。钻孔主要的工具是钻床、冲击电钻和钻头。

① 冲击电钻。冲击电钻电动机电压有 0～230V 与 0～115V 两种不同的电压，控制微动开关的离合，获得电动机快慢二级不同的转速，配备了顺逆转向控制机构、松紧螺钉和攻螺纹等功能。冲击电钻的冲击机构有犬牙式和滚珠式两种。滚珠式冲击电钻由动盘、定盘、钢球等组成。动盘通过螺纹与主轴相连，并带有 12 个钢球；定盘利用销钉固定在机壳上，并带有 4 个钢球。在推力作用下，12 个钢球沿 4 个钢球滚动，使硬质合金钻头产生旋转冲击运动，能在砖、砌块、混凝土等脆性材料上钻孔。脱开销钉，使定盘随动盘一起转动，不产生冲击，可作普通电钻用，如图 1-26 所示。

② 钻头。钻头通常由高速钢制造。钻头的工作部分经热处理后淬硬至 60～65HRC。钻头的形状和规格很多，麻花钻是钻头的主要形式，如图 1-27 所示。麻花钻的前端为切削部分，有两个对称的主切削刃。钻头的顶部有横刃，横刃的存在使钻削时轴向压力增加。麻花钻有两条

螺旋槽和两条刃带。螺旋槽的作用是形成切削刃和向外排屑，刃带的作用是减少钻头与孔壁的摩擦并导向。麻花钻钻头的结构决定了它的刚度和导向性均比较差。

图1-26　冲击电钻

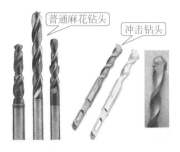

图1-27　麻花钻的形状

1.4　电工检修仪表

1.4.1　万用表

（1）**认识机械式万用表**　机械式万用表按旋转开关不同可分为单旋转开关型和双旋转开关型。下面以 MF-47 型万用表（见图 1-28）为例进行介绍（机械式万用表的使用可扫二维码学习）。

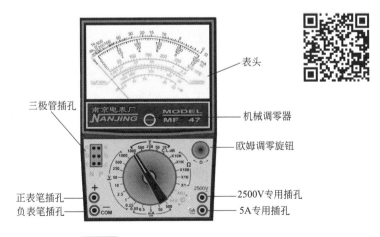

图1-28　MF47型万用表的外形

转换开关的使用如下：

① 测量电阻时转换开关拨至 R×1 ～ R×10k 挡位。

② 测交流电压时转换开关拨至 10 ～ 1000V 挡位。

③ 测直流电压时转换开关拨至 0.25 ～ 1000V 挡位。若测高电压，则将表笔插入 2500V 插孔即可。

④ 测直流电流时转换开关拨至 0.25 ～ 247mA 挡位。若测量大的电流，应把"正"（红）表笔插入"+5A"孔内，此时负（黑）表笔还应插在原来的位置。

⑤ 测三极管放大倍数时转换开关先拨至 ADJ 挡调零，使指针指向右边零位，再将转换开关拨至 hFE 挡，将三极管插入 NPN 或 PNP 插孔，读第五条线的数值，即为三极管放大倍数值。

⑥ 测负载电流 I 和负载电压 V，使用电阻挡的任何一个挡位均可。

⑦ 测音频电平 dB 时应使用交流电压挡。

（2）机械式万用表的使用

① 使用万用表之前，应先注意指针是否指在"∞（无穷大）"的位置。如果指针不正对此位置，应用螺丝刀调整机械调零钮，使指针正好处在无穷大的位置。

> **注意：**此调零钮只能调半圈，否则有可能会损坏，以致无法调整。

② 在测量前，应首先明确测试的物理量，并将转换开关拨至相应的挡位上，同时还要考虑好表笔的接法；然后进行测试，以免因误操作而造成万用表的损坏。

③ 将红表笔插入"+"孔内，黑表笔插入"-"或"*"孔内。如需测大电流、高电压，可以将红表笔分别插入 5A 或 2500V 插孔。

④ 测电阻之前，都应先将红黑表笔对接，调整"调零电位器 Ω"，使指针正好指在零位，而后进行测量，否则测得的阻值误差太大。

> **注意：**每换一次挡，都要先进行一次调零，再将表笔接在被测物的两端测量电阻值。

电阻值的读法：将开关所指的数值与表盘上的读数相乘，就是被测电阻的阻值。例如，用 R×100 挡测量一只电阻，指针指在"10"的位置，那么这只电阻的阻值是 $10 \times 100\Omega=1000\Omega=1k\Omega$；如果指针指在"1"的位置，其电阻值为 100Ω；若指针指在"100"的位置，则电阻值为 $10k\Omega$，以此类推。

⑤ 测电压时，应将万用表调到电压挡并将两表笔并联在电路中进行测量。测量交流电压时，表笔可以不分正负极；测量直流电压时，红表笔接电源的正极，黑表笔接电源的负极（如果接反，指针会向相反的方向摆动）。如果测量前不能估测出被测电路电压的大小，应用较大的量程去试测，如果指针摆动很小，再将转换开关拨到较小量程的位置；如果指针迅速摆到零位，应该马上把表笔从电路中移开，加大量程后再去测量。

注意： 测量电压时，应一边观察指针的摆动情况，一边用表笔试着进行测量，以防电压太高把指针打弯或把万用表烧毁。

⑥ 测直流电流时，将表笔串联在电路中进行测量（将电路断开）。红表笔接电路的正极，黑表笔接负载端。测量时应该先用高挡位，如果指针摆动很小，再换低挡位。如需测量大电流，应该用扩展挡。

注意： 万用表的电流挡是最容易被烧毁的，在测量时千万注意。

⑦ 测三极管放大倍数（h_{FE}）时先把转换开关转到 ADJ 挡（没有 ADJ 挡位时，其他型号表面可用 R×1k 挡）调零，再把转换开关转到 hFE 挡进行测量。将三极管的 b、c、e 三个极分别插入万用表上的 b、c、e 三个插孔内，PNP 型三极管插入 PNP 位置，读第四条刻度线上的数值；NPN 型三极管插入 NPN 位置，读第五条刻度线的数值（均按实数读）。

⑧ 测穿透电流时按照三极管放大倍数（h_{FE}）的测量方法将三极管插入对应的插孔内，但三极管的 b 极不插入，这时指针将有一个很小的摆动，根据指针摆动的大小来估测穿透电流的大小。指针摆动幅度越大，说明穿透电流越大，否则就小。

由于万用表 CUF、LUH 刻度线及 dB 刻度线应用得很少，在此不再赘述，可参见使用说明。

（3）机械式万用表使用注意事项

① 不能在红黑表笔对接时或测量时旋转转换开关，以免旋转到 hFE 挡位时指针迅速摆动，将指针打弯，并且有可能烧坏万用表。

② 在测量电压、电流时，应先选用大量程的挡位测量一下，再选择合适的量程去测量。

③ 不能在通电的状态下测量电阻，否则会烧坏万用表。测量电阻时，应断开电阻的一端进行测试（准确度高），测完后再焊好。

④ 每次使用完万用表，都应该将转换开关调到交流最高挡位，以防止由于第二次使用不注意或外行人乱动烧坏万用表。

⑤ 在每次测量之前，应先看转换开关的挡位。严禁不看挡位就进行测量，这样有可能损坏万用表，这是一个从初学时就应养成的良好习惯。

⑥ 万用表不能受到剧烈振动，否则会使万用表的灵敏度下降。

⑦ 使用万用表时应远离磁场，以免影响表的性能。

⑧ 万用表长期不用时，应该把表内的电池取出，以免腐蚀表内的元器件。

（4）机械式万用表常见故障的检修

以 MF47 型万用表为例，介绍机械式万用表常见故障的检修。

① 磁电式表头故障。

a. 摆动表头，指针摆幅很大且没有阻尼作用。此故障原因为可动线圈断路、游丝脱焊。

b. 指示不稳定。此故障原因为表头接线端松动或动圈引出线、游丝、分流电阻等脱焊或接触不良。

c. 零点变化大，通电检查误差大。此故障原因可能是轴承与轴承配合不妥当，轴尖磨损比较严重，致使摩擦误差增加；游丝严重变形，游丝太脏而粘圈；游丝弹性疲劳；磁间隙中有异物等。

② 直流电流挡故障。

a. 测量时，指针没有偏转。此故障原因多为：表头回路断路，使电流等于零；表头分流电阻短路，从而使绝大部分电流流不过表头；接线端脱焊，从而使表头中没有电流流过。

b. 部分量程不通或误差大。此故障原因是分流电阻断路、短路或变值。常见为 $R \times 10\Omega$ 挡。

c. 测量误差大。此故障原因是分流电阻变值（阻值变化大，导致正误差超差；阻值变小，导致负误差）。

d. 指示没有规律，量程难以控制。此故障原因多为转换开关位置窜动（调整位置，安装正确后即可解决）。

③ 直流电压挡故障。

a. 指针不偏转，示值始终为零。此故障原因为分压附加电阻断线或表笔断线。

b. 误差大。此故障原因是附加电阻的阻值增加引起示值的正误差，阻值减小引起示值的负误差。

c. 正误差超差并随着电压量程变大而严重。此故障原因为表内电压电路元件受潮而漏电，电路元件或其他元件漏电，印制电路板受污、受潮、击穿、电击炭化等引起漏电。修理时，刮去烧焦的纤维板，清除粉尘，用酒精清洗电路后烘干处理。严重时，应用小刀割铜箔与铜箔之间电路板，从而使绝缘良好。

d. 不通电时指针有偏转，小量程时更为明显。此故障原因是由于受潮和污染严重，使电压测量电路与内置电池形成漏电回路。处理方法同上。

④ 交流电压、电流挡故障。

a. 于交流挡时指针不偏转、示值为零或很小。此故障原因多为整流元件短路或断路，或引脚脱焊。检查整流元件，如有损坏应更换，有虚焊时应重焊。

b. 于交流挡时示值减少一半。此故障是由整流电路故障引起的，即全波整流电路局部失效而变成半波整流电路，使输出电压降低。更换整流元件，故障即可排除。

c. 于交流电压挡时指示值超差。此故障是串联电阻阻值变化超过元件允许误差而引起的。当串联电阻阻值降低、绝缘电阻降低、转换开关漏电时，将导致指示值偏高。相反，当串联电阻阻值变大时，将使指示值偏低而超差。应采用更换元件、烘干和修复转换开关的办法排除故障。

d. 于交流电流挡时指示值超差。此故障原因为分流电阻阻值变化或电流互感器发生匝间短路。更换元器件或调整修复元器件排除故障。

e. 于交流挡时指针抖动。此故障原因为表头的轴尖配合太松，修理时指针安装不紧，转动部分质量改变等，由于其固有频率刚好与外加交流电频率相同，从而引起共振。尤其是当电路中的旁路电容变质失效而没有滤波作用时更为明显。排除故障的办法是修复表头或更换旁路电容。

⑤ 电阻挡故障。

a. 电阻常见故障是各挡位电阻损坏（原因多为使用不当，用电阻挡误测电压造成）。使用前，用手捏两表笔，如指针摆动则说明对应挡电阻烧坏，应予以更换。

b. R×1挡两表笔短接之后，调节调零电位器不能使指针偏转到零位。此故障多是由于万用表内置电池电压不足，或电极触簧受电池漏液腐蚀生锈，从而造成接触不良。此类故障在仪表长期不更换电池情况下出现最多。如果电池电压正常，接触良好，调节调零电位器后指针偏转不稳定，没有办法调到欧姆零位，则多是调零电位器损坏。

c. 在R×1挡可以调零，其他量程挡调不到零，或只是R×10k、R×100k挡调不到零。此故障的原因是由于分流电阻阻值变小，或者高阻量程的内置电池电压不足。更换电阻元件或叠层电池，故障就可排除。

d. 在R×1、R×10、R×100挡测量误差大。在R×100挡调零不顺利，即使调到零，但经几次测量后零位调节又变为不正常。出现这种故障是由于转换开关触点上有黑色污垢，使接触电阻增加且不稳定，通过各挡开关触点直至露出银白色为止，保证其接触良好，可排除故障。

e. 表笔短路，表头指示不稳定。此故障原因多是由于线路中有假焊点，电池接触不良或表笔引线内部断线。修复时应从最容易排除的故障做起，即先保证电池接触良好，表笔正常；如果表头指示仍然不稳定，就需要寻找线路中假焊点加以修复。

f. 在某一量程挡测量电阻时严重失准，而其余各挡正常。此故障往往是由于转换开关所指的表箱内对应电阻已经烧毁或断线所致。

g. 指针不偏转，电阻示值总是无穷大。此故障原因大多是由于表笔断线，转换开关接触不良，电池电极与引出簧片之间接触不良，电池日久失效已没有电压，调零电位器断路。找到具体故障原因之后作针对性的修复，或更换内置电池，故障即可排除。

（5）机械式万用表的选用　万用表的型号很多，而不同型号之间功能也存在差异。因此在选购万用表时，通常要注意以下几个方面。

① 若用于检修无线电等弱电子设备，在选用万用表时一定要注意以下三个方面：

a. 万用表的灵敏度不能低于20kΩ/V，否则在测试直流电压时，万用表对电路的影响太大，而且测试数据也不准。

b. 对于装修电工，应选外形稍小的万用表，如50型U201等即可满足要求。如需要选择好一点的表，可选择NMF47或MF50型万用表。

c. 频率特性选择（俗称是否抗峰值）方法是：用直流电压挡测高频电路（如彩色电视机的行输出电路电压）看是否显示标称值，如是则说明频率特性高，如指示值偏高则说明频率特性差（不抗峰值）。则此表不能用于高频电路的检测（最好不要选择此种类）。此项对于装修电工来说，选择时不是太重要，因为装修电工测试的多为50Hz交流电。

② 检修电力设备（如电动机、空调、冰箱等）时，选用的万用表一定要有交流电流测试挡。

③ 检查表头的阻尼平衡。首先进行机械调零，将表在水平、垂直方向来回晃动，指针不应该有明显的摆动；将表水平旋转和竖直放置时，指针偏转不应该超过一小格；将指针旋转360°时，指针应该始终在零附近均匀摆动。如果达到了上述要求，就说明表头在平衡和阻尼方面达到了标准。

（6）数字式万用表结构及使用 数字式万用表（见图1-29）是利用模拟／数字转换原理，将被测量模拟电量参数转换成数字电量参数，并以数字形式显示的仪表。它比指针式万用表具有精度高、速度快、输入阻抗高、对电路的影响小、读数方便准确等优点。数字式万用表的使用可扫二维码学习。

图1-29 数字式万用表

数字式万用表的使用如下：

首先打开电源，将黑表笔插入"COM"插孔，红表笔插入"V·Ω"插孔。

① 电阻测量。将转换开关调节到 Ω 挡，将表笔测量端接于电阻两端，即可显示相应示值。如显示最大值"1"（溢出符号），必须向高电阻值挡位调整，直到显示为有效值为止。

为了保证测量准确性，在路测量电阻时，最好断开电阻的一端，以免在测量电阻时会在电路中形成回路，影响测量结果。

注意：不允许在通电的情况下进行在线测量，测量前必须先切断电源，并将大容量电容放电。

② "DCV"——直流电压测量。表笔测试端必须与测试端可靠接触（并联测量）。原则上由高电压挡位逐渐往低电压挡位调节测量，直到该挡位示值的 1/3 ～ 2/3 为止，此时的示值才是一个比较准确的值。

注意：严禁以小电压挡位测量大电压。不允许在通电状态下调整转换开关。

③ "ACV"——交流电压测量。表笔测试端必须与测试端可靠接触（并联测量）。原则上由高电压挡位逐渐往低电压挡位调节测量，直到该挡位示值的 1/3 ～ 2/3 为止，此时的示值才是一个比较准确的值。

注意：严禁以小电压挡位测量大电压。不允许在通电状态下调整转换开关。

④ 二极管测量。将转换开关调至二极管挡位，黑表笔接二极管负极，红表笔接二极管正极，即可测量出正向压降值。

⑤ 晶体管电流放大系数 h_{FE} 的测量。将转换开关调至 h_{FE} 挡，根据被测晶体管选择"PNP"或"NPN"位置，将晶体管正确地插入测试插座即可测量到晶体管的 h_{FE} 值。

⑥ 开路检测。将转换开关调至有蜂鸣器符号的挡位，表笔测试端可靠的接触测试点，若两者在（20±10）Ω，蜂鸣器就会响起来，表示该线路是通的，不响则该线路不通。

注意：不允许在被测量电路通电的情况下进行检测。

⑦ "DCA"——直流电流测量。小于200mA时红表笔插入mA插孔，大于200mA时红表笔插入A插孔，表笔测试端必须与测试端可靠接触（串联测量）。原则上由高电流挡位逐渐往低电流挡位调节测量，直到该挡位示值的1/3 ～ 2/3为止，此时的示值才是一个比较准确的值。

注意：严禁以小电流挡位测量大电流。不允许在通电状态下调整转换开关。

⑧ "ACA"——交流电流测量。低于200mA时红表笔插入mA插孔，高于200mA时红表笔插入A插孔，表笔测试端必须与测试端可靠接触（串联测量）。原则上由高流挡位逐渐往低电流挡位调节测量，直到该挡位示值的1/3 ～ 2/3为止，此时的示值才是一个比较准确的值。

注意：严禁以小电流挡位测量大电流。不允许在通电状态下调整转换开关。

（7）数字式万用表常见故障与检修

① 仪表没有显示。首先检查电池电压是否正常（一般用的是9V电池，新的也要测量）。其次检查熔丝是否正常，若不正常则予以更换；检查稳压块是否正常，若不正常则予以更换；限流电阻是否开路，若开路则予以更换。再查：检电电路板上的线路是否有腐蚀或短路、断路现象（特别是主电源电路线），若有则应清洗电路板，并及时做好干燥和焊接工作。如果一切正常，测量显示集成块的电源输入的两脚，测试电压是否正常，若正常则该集成块损坏，必须更换该集成块；若不正常则检查其他有没有短路点，若有则要及时处理好；若没有或处理好后还不正常，说明该集成块已经内部短路，则必须更换。

② 电阻挡无法测量。首先从外观上检查电路板，在电阻挡回路中有没有连接电阻烧坏，若有则必须立即更换；若没有则要对每一个连接元件进行测量，有坏的及时更换；若外围都正常，则说明测量集成块损坏，必须更换。

③ 电压挡在测量高压时示值不准，或测量稍长时间示值不准甚至不稳定。此类故障大多是由于某一个或几个元件工作功率不足引起的。

若在停止测量的几秒内，检查时会发现这些元件发烫，这是由于功率不足而产生了热效应所造成的，同时形成了元件的变值（集成块也是如此），则必须更换该元件（或集成块）。

④ 电流挡无法测量。此故障多数是由于操作不当引起的，检查限流电阻和分压电阻是否烧坏，若烧坏则应予以更换；检查到放大器的连线是否损坏，若损坏则应重新连接好；若不正常，则更换放大器。

⑤ 示值不稳，有跳字现象。检查整体电路板是否受潮或有漏电现象，若有则必须清洗电路板并作好干燥处理；输入回路中有没有接触不良或虚焊现象（包括测试笔），若有则必须重新焊接；检查有没有电阻变质或刚测试后有没有元件发生超正常的烫手现象（这种现象是由于其功率降低引起的），若有则应更换该元件。

⑥ 示值不准。这种现象主要是由测量通路中的电阻值或电容失效引起的，则更换该电容或电阻；检查该通路中的电阻阻值（包括热反应中的阻值），若阻值变值或热反应变值，则予以更换该电阻；检查 A/D 转换器的基准电压回路中的电阻、电容是否损坏，若损坏则予以更换。

1.4.2 兆欧表

兆欧表俗称摇表，又称绝缘电阻表，如图 1-30 所示。兆欧表主要用来测量设备的绝缘电阻，检查设备或线路有没有漏电现象、绝缘损坏或短路。

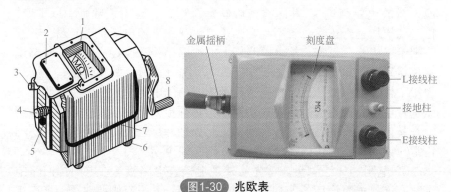

图1-30 兆欧表

1—刻度盘；2—表盘；3—接地接线柱；

4—线路接线柱；5—保护环接线柱；6—橡胶底脚；7—提手；8—摇柄

如图 1-31 所示，与兆欧表指针相连的有两个线圈，其中之一同表

内的附加电阻 R_1 串联，另外一个和被测电阻 R_2 并联，然后一起接到手摇发电机上。用手摇动发电机时，两个线圈中同时有电流通过，使两个线圈上产生方向相反的转矩，指针就随着两个转矩的合成转矩的大小而偏转某一角度，这个偏转角度取决于两个电流的比值，附加电阻是不变的，所以电流值仅取决于待测电阻的大小。

注意：在测量额定电压在 500V 以上的电气设备的绝缘电阻时，必须选用 1000～2500V 兆欧表。测量 500V 以下电压的电气设备，则应选用 500V 兆欧表。

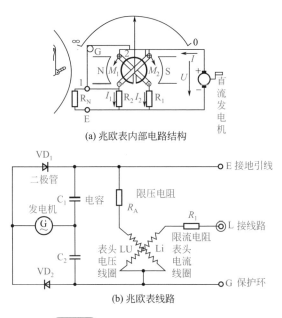

(a) 兆欧表内部电路结构

(b) 兆欧表线路

图1-31 兆欧表的工作原理与线路

使用兆欧表时注意事项如下：

① 正确选择其电压和测量范围。

② 选用兆欧表外接导线时，应选用单根的铜导线。绝缘强度要求在 500V 以上，以免影响精确度。

③ 测量电气设备绝缘电阻时，必须先断开设备的电源，在无电情况下测量。对较长的电缆线路，应放电后再测量。

④ 兆欧表在使用时要远离强磁场，并且平放。

⑤ 在测量前，兆欧表应先做一次开路试验及短路试验。指针在开路试验中应指到"∞"（无穷大）处；而在短路试验中能摆到"0"处，表明兆欧表工作状态正常，方可测电气设备。

⑥ 测量时，应清洁被测电气设备表面，避免引起接触电阻大，测量结果有误差。

⑦ 在测电容器时需注意，电容器的耐压必须大于兆欧表发出的电压值。测完电容器后，必须先取下兆欧表线再停止摇动手柄，来防止已充电的电容器向兆欧表放电而损坏。测完的电容器要进行放电。

⑧ 兆欧表在测量时，要注意兆欧表上标有"L"端子接电气设备的带电体一端，而标有"E"接地的端子应接电气设备的外壳或地线，如图1-32（a）所示。在测量电缆的绝缘电阻时，除把兆欧表"接地"端接入电气设备接地端之外，另一端接线路后，还要再将电缆芯之间的内层绝缘物接"保护环"，以消除因表面漏电而引起的读数误差，如图1-32（b）所示。图1-32（c）所示为测线路中的绝缘电阻，图1-32（d）所示为测照明线路绝缘电阻，图1-32（e）所示为测架空线路对地绝缘电阻。

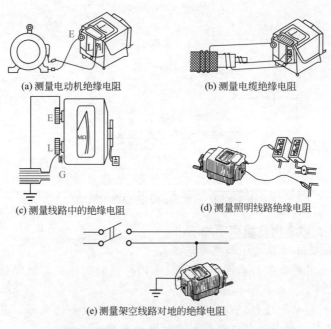

(a) 测量电动机绝缘电阻

(b) 测量电缆绝缘电阻

(c) 测量线路中的绝缘电阻

(d) 测量照明线路绝缘电阻

(e) 测量架空线路对地的绝缘电阻

图1-32 兆欧表测量电器线路与电缆示意图

⑨ 在天气潮湿时，应使用"保护环"以消除绝缘物表面泄流，使被测绝缘电阻比实际值偏低。

⑩ 使用完兆欧表后应对电气设备进行一次放电。

⑪ 使用兆欧表时，必须保持一定的转速，按兆欧表的规定一般为120r/min 左右，在 1min 后取一稳定读数。测量时不要用手触摸被测物及兆欧表接线柱，以防触电。

⑫ 摇动兆欧表手柄，应先慢再快，待调速器发生滑动后，应保持转速稳定不变。如果被测电气设备短路，指针摆动到"0"时，应停止摇动手柄，以免兆欧表过电流发热烧坏。

1.4.3 钳形电流表

钳形电流表主要用于测量在路电流，如焊机、电机等电流由电流表头和电流互感线圈等组成。钳形电流表的外形及结构如图 1-33 所示。

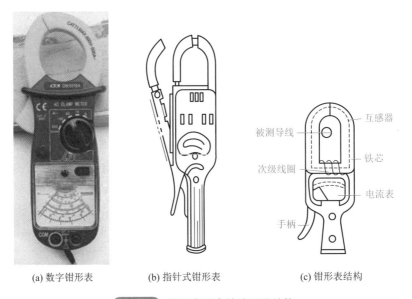

(a) 数字钳形表   (b) 指针式钳形表   (c) 钳形表结构

图1-33 钳形电流表的外形及结构

使用钳形电流表时应注意事项如下：

① 在使用钳形电流表时，要正确选择钳形电流表的挡位位置。测量前，根据负载的大小粗估一下电流数值，然后从大挡往小挡切换。换挡时，被测导线要置于钳形电流表卡口之外。

② 检查指针在不测量电流时是否指向零位，若未指向零位，应用小螺丝刀调整表头上的调零螺钉使指针指向零位。

③ 测量电动机电流时，扳开钳口，将一根电源线放在钳口中央位置，然后松手使钳口闭合。如果钳口接触不良，应检查是否弹簧损坏或有脏污。

④ 在使用钳形电流表时，要尽量远离强磁场。

⑤ 测量小电流时，如果钳形电流表量程较大，可将被测导线在钳形电流表口内多绕几圈，然后去读数。实际的电流值应为仪表读数除以导线在钳形电流表上绕的匝数。

1.5 常用计量仪表

1.5.1 电压表

电压表是测量电压的常用仪器，如图 1-34 所示。常用电压表——伏特表（符号：V），在灵敏电流计里面有一个永磁体，在电流计的两个接线柱之间串联一个由导线构成的线圈，线圈放置在永磁体的磁场中，并通过传动装置与电压表的指针相连。大部分电压表都分为两个量程：0 ~ 3V 和 0 ~ 15V。电压表有三个接线柱，一个负接线柱，两个正接线柱（电压表的正极与电路的正极连接，负极与电路的负极连接）。电压表是一个相当大的电阻器，理想的认为是断路。

（1）电压表的接线　采用一只转换开关和一只电压表测量三相电压的方式，测量三个线电压的电路如图 1-35 所示。其工作原理是：当扳

图1-34　电压表

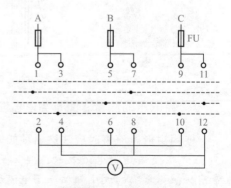

图1-35　电压测量电路

动转换开关SA，使其触点1-2、7-8分别接通时，电压表测量的是AB两相之间的电压U_{AB}；扳动SA使其触点5-6、11-12分别接通时，测量的是U_{BC}；当扳动SA使其触点3-4、9-10分别接通时，测量的是U_{AC}。

（2）电压表的选择和使用注意事项　电压表的测量机构基本相同，但在测量线路中的连接有所不同。因此，在选择和使用电压表时应注意以下几点：

① 类型的选择。当被测量是直流时，应选直流表，即磁电系测量机构的仪表。当被测量是交流时，应注意其波形与频率。若为正弦波，只需测出有效值即可换算为其他值（如最大值、平均值等），采用任意一种交流表即可；若为非正弦波，则应区分需测量的是什么值，有效值可选用磁系或铁磁电动系测量机构的仪表，平均值则选用整流系测量机构的仪表。电动系测量机构的仪表常用于交流电压的精密测量。

② 准确度的选择。仪表的准确度越高，价格越贵，维修也较困难。而且，若其他条件配合不当，再高准确度等级的仪表，也未必能得到准确的测量结果。因此，在选用准确度较低的仪表可满足测量要求的情况下，就不要选用高准确度的仪表。通常 0.1 级和 0.2 级仪表作为标准表选用，0.5 级和 1.0 级仪表作为实验室测量使用，1.5 级以下的仪表一般作为工程测量选用。

③ 量程的选择。要充分发挥仪表准确度的作用，还必须根据被测量的大小合理选用仪表量限。如选择不当，其测量误差将会很大。一般使仪表对被测量的指示大于仪表最大量程的 1/2 ～ 2/3 以上，而不能超过其最大量程。

④ 内阻的选择。选择仪表时，还应根据被测阻抗的大小来选择仪表的内阻，否则会带来较大的测量误差。因为内阻的大小反映仪表本身功率的消耗，所以测量电压时应选用内阻尽可能大的电压表。

⑤ 正确接线。测量电压时，电压表应与被测电路并联。测量直流电压时，必须注意仪表的极性，应使仪表的极性与被测量的极性一致。

⑥ 高电压的测量。测量高电压时，必须采用电压互感器。电压表的量程应与互感器二次的额定值相符，一般电压为 100V。

⑦ 量程的扩大。当电路中的被测量超过仪表的量程时，可采用外附分压器，但应注意其准确度等级应与仪表的准确度等级相符。

⑧ 注意仪表的使用环境要符合要求，要远离外磁场。

1.5.2　电流表

电流表（见图 1-36）又称安培表，是测量电路中电流大小的常用仪器。电流表主要采用磁电系电表的测量机构。

（1）电流测量电路　电流测量电路如图 1-37 所示。图中 TA 为电流互感器，每相一个，其一次绕组串接在主电路中，二次绕组各接一只电流表。三个电流互感器二次绕组接成星形，其公共点必须可靠接地。

图1-36　电流表

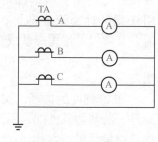

图1-37　电流测量电路

（2）电流表的选择和使用注意事项　电流表的测量机构基本相同，但在测量线路中的连接有所不同。因此，在选择和使用电流表时应注意以下几点：

① 类型的选择。当被测量是直流时，应选直流表，即磁电系测量机构的仪表。当被测量是交流时，应注意其波形与频率。若为正弦波，只需测出有效值即可换算为其他值（如最大值、平均值等），采用任意一种交流表即可；若为非正弦波，则应区分需测量的是什么值，有效值可选用磁系或铁磁电动系测量机构的仪表，平均值则选用整流系测量机构的仪表。电动系测量机构的仪表常用于交流电流的精密测量。

② 准确度的选择。仪表的准确度越高，价格越贵，维修也较困难。而且，若其他条件配合不当，再高准确度等级的仪表，也未必能得到准确的测量结果。因此，在选用准确度较低的仪表可满足测量要求的情况下，就不要选用高准确度的仪表。通常 0.1 级和 0.2 级仪表作为标准表选用，0.5 级和 1.0 级仪表作为实验室测量使用，1.5 级以下的仪表一般作为工程测量选用。

③ 量程的选择。要充分发挥仪表准确度的作用，还必须根据被测量的大小合理选用仪表量限。如选择不当，其测量误差将会很大。一般

使仪表对被测量的指示大于仪表最大量程的 1/2 ～ 2/3 以上，而不能超过其最大量程。

④ 内阻的选择。选择仪表时，还应根据被测阻抗的大小来选择仪表的内阻，否则会带来较大的测量误差。因为内阻的大小反映仪表本身功率的消耗，所以测量电流时应选用内阻尽可能小的电流表。

⑤ 正确接线。测量电流时，电流表应与被测电路串联。测量直流电流时，必须注意仪表的极性，应使仪表的极性与被测量的极性一致。

⑥ 大电流的测量。测量大电流时，必须采用电流互感器。电流表的量程应与互感器二次的额定值相符，一般电流为 5A。

⑦ 量程的扩大。当电路中的被测量超过仪表的量程时，可采用外附分流器，但应注意其准确度等级应与仪表的准确度等级相符。

⑧ 注意仪表的使用环境要符合要求，要远离外磁场。

1.5.3 电度表

（1）认识电度表 电工用电度表（又称火表，电能表，千瓦小时表，见图 1-38 ）是用来测量电能的仪表，指测量各种电学量的仪表。

图1-38 电度表

单相电度表可以分为感应式单相电度表和电子式电度表两种。目前，家庭大多数用的是感应式单相电度表。其常用额定电流有 2.5A、5A、10A、15A 和 20A 等规格。

三相有功电度表分为三相四线制和三相三线制两种。常用的三相四线制有功电度表有 DT 系列。

三相四线制有功电度表的额定电压一般为220V，额定电流有1.5A、3A、5A、6A、10A、15A、20A、25A、30A、40A、60A 等 数 种，其中额定电流为 5A 的可经电流互感器接入电路；三相三线制有功电度表的额定电压（线电压）一般为380V，额定电流有1.5A、3A、5A、6A、10A、15A、20A、25A、30A、40A、60A 等数种，其中额定电流为 5A 的可经电流互感器接入电路。

（2）单相电度表的接线　选好单相电度表后，应进行检查安装和接线。图 1-39 所示为交叉接线，图中的 1、3 为进线，2、4 接负载，接线柱 1 要接相线（即火线），这种电度表目前在我国最常见而且应用最多。

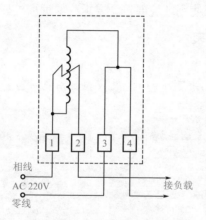

图1-39　单相电度表的接线

（3）单相电度表与漏电保护器的安装与接线　单相电度表与漏电保护器安装如图 1-40 所示。

（4）三相四线制交流电度表的安装与接线　三相四线制交流电度表共有 11 个接线端子，其中 1、4、7 端子是相线进线端子，3、6、9 是相线出线端子，10、11 分别是中性线（零线）进、出线接线端子，而 2、5、8 为电度表三个电压线圈连接接线端子。电度表电源接上后，通过连接片分别接入电度表三个电压线圈，电度表才能正常工作。图 1-41（a）所示为三相四线制交流电度表直接接线的安装示意，图 1-41（b）所示为三相四线制交流电度表接线示意，图 1-41（c）所示为三相四线制交流电度表安装连接片接线示意。

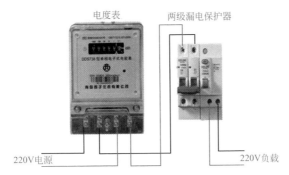

电度表　　　　　两级漏电保护器

220V电源　　　　　　　　　　220V负载

图1-40　单相电度表与漏电保护器的安装

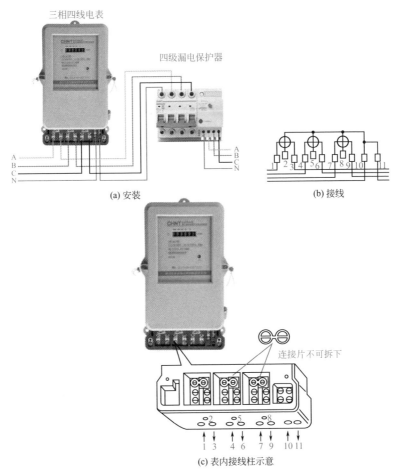

三相四线电表

四级漏电保护器

A
B
C
N

A
B
C
N

(a) 安装

(b) 接线

连接片不可拆下

(c) 表内接线柱示意

图1-41　三相四线制交流电度表的安装及接线

（5）三相三线制交流电度表的安装与接线　　三相三线制交流电度表有8个接线端子，其中1、4、6为相线进线端子，3、5、8为相线出线端子，2、7两个接线端子空着（目的是与接入的电源相线通过连接片取到电度表工作电压并接入到电度表电压线圈上）。图1-42（a）所示为三相三线制交流电度表的安装及实际接线示意，图1-42（b）所示为三相三线制交流电度表接线示意。

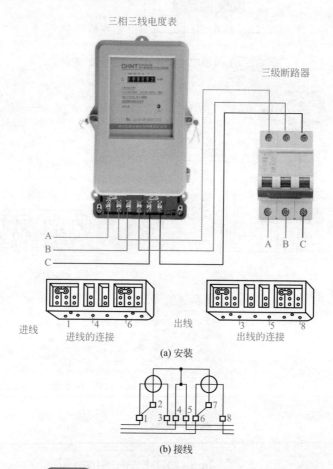

（a）安装

（b）接线

图1-42　三相三线制交流电度表的安装及接线

（6）间接式三相三线制交流电度表的安装与接线　　间接式（互感器式）三相三线制交流电度表配两只相同规格的电流互感器，电源进线中两根相线分别与两只电流互感器一次侧 L_1 接线端子连接，并分别接到电度表的 2 和 7 接线端（2、7 接线端上原先接的小铜连接片需拆除）；电流互感器二次侧 K_1 接线端子分别与电度表的 1 和 6 接线端相连；两个 K_2 接线端子相连后接到电度表的 3 和 8 接线端并同时接地。电源进线中的最后一根相线与电度表的 4 接线端相连接并作为这根相线的出线。电流互感器一次侧 L_2 接线端子作为另两相的出线。间接式三相三线制电度表的实际接线方法如图 1-43（a）所示，间接式三相三线制电度表的接线线路如图 1-43（b）所示。

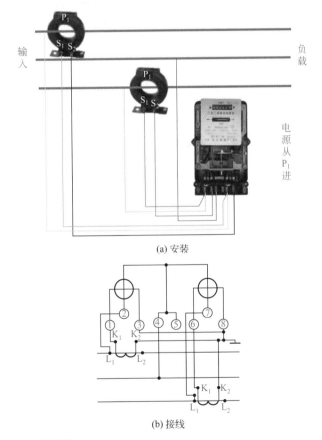

(a) 安装

(b) 接线

图1-43 间接式三相三线制交流电度表的安装及接线

（7）间接式三相四线制交流电度表的安装与接线 间接式三相四线制交流电度表配用 3 只规格相同、比率适当的电流互感器，以扩大电度表量程。接线时 3 根电源相线的进线分别接在 3 只电流互感器一次绕组接线端子 L_1 上，3 根电源相线的出线分别从 3 只电流互感器一次绕组接线端子 L_2 引出，并与总开关进线接线端子相连。然后用 3 根绝缘铜芯线分别从 3 只电流互感器一次绕组接线端子 L_1 引出，与电度表 2、5、8 接线端子相连。再用 3 根同规格的绝缘铜芯线将 3 只电流互感器二次绕组接线端子 K_1 与电度表 1、4、7 接线端子以及 K_2 与电度表 3、6、9 接线端子分别相连，最后将 3 个 K_2 接线端子用 1 根导线统一接零线。由于零线一般与大地相连，使各电流互感器 K_2 接线端子均能良好接地。如果三相电度表中如 1、2、4、5、7、8 接线端子之间有连接片，应事先将连接片拆除。间接式三相四线制交流电度表的实际接线线路如图 1-44（a）所示，间接式三相四线制交流电度表的接线线路如图 1-44（b）所示。

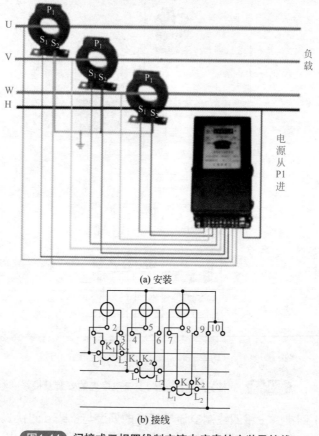

(a) 安装

(b) 接线

图1-44 间接式三相四线制交流电度表的安装及接线

1.5.4 功率表

功率表主要用来测量电功率，如图1-45所示。在配电屏上常采用功率表（W）、功率因数表cosφ、频率表（Hz）、三块电流表（A）经两只电流互感器TA和两只电压互感器TV的联合接线线路，如图1-46所示。

图1-45 功率表

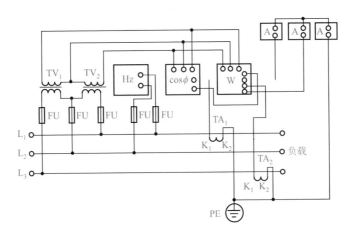

图1-46 功率表和功率因数表测量线路的方法

接线时注意以下几点：

① 三相有功功率表（W）的电流线圈、三相功率因数表（cosφ）的电流线圈以及电流表（A）的电流线圈与电流互感器二次侧串联成电流

回路，但 A 相、C 相两电流回路不能互相接错。

②　三相有功功率表（W）的电压线圈、三相功率因数表（cosϕ）的电压线圈与电压互感器二次侧并联成电压回路，但各相电压相位不可接错。

③　电流互感器二次侧"K_2"或"-"端，与第三只电流表 A 末端相连接，并需作可靠接地。

1.6 常用导电材料

1.6.1　导线材料与种类

导电材料大部分是金属，其特点是导电性好，有一定的机械强度，不易氧化和腐蚀，容易加工焊接。

（1）铜　铜的导电性好，有足够的机械强度，并且不易腐蚀，广泛用于制造变压器、电动机和各种电气线圈。

铜根据材料的软硬程度，分为硬铜和软铜两种，在产品型号中，铜线的标志是"T"，"TV"表示硬铜，"TR"表示软铜。

（2）铝　铝导线的导电系数虽比铜大，但它密度小，同样长度的两根导线，若要求它们的电阻值一样，则铝导线的截面积比铜导线的截面积要大 1.68 倍。

铝资源丰富，价格便宜，是铜材料最好的代用品。但铝导线焊接比较困难，铝也分为硬铝和软铝两种。电机、变压器线圈中的大部分是软铝，产品型号中，铝线的标志是"L"，"LV"表示硬铝，"LR"表示软铝。

（3）电线电缆　电线电缆品种很多，按照它们的性能、结构、制造工艺及使用特点分为裸线、电磁线、绝缘线电缆和通信电缆 4 种。

①　裸线：这种产品只有导体部分，没有绝缘和护层结构。分为圆单线、软接线、型线和硬绞线 4 种，修理电机经常用到的是软接线和型线。

②　电磁线应用于电机及电工仪表中，作为绕组或元件的绝缘导线。常用的电磁线为漆包线和绕包线（型号、规格、用途见附录四）。

提示：常用电力电缆种类、数据与装接、计算详见第 7 章 7.4 节。

导线按不同的分类方法有以下几种。

a. 按材料分有铜线和铝线两种。

b. 按绝缘材料分有聚氯乙烯（PVC）塑料线和橡胶绝缘线两种。

c. 按防火要求分有普通和阻燃型两种。

d. 按温度分类有普通（70℃）和耐高温（105℃）两种。

e. 按电压分类：额定电压值为 300/500V、450/750V、600/1000V 和 1000V 以上四种。

1.6.2　导线的选择

（1）导线的型号选择　应根据所处的电压等级和使用场所来选择。低压线路常用绝缘导线的型号、名称和主要用途见表 1-1，一般情况下干燥房屋，选用塑料线；潮湿地方，选用橡胶绝缘线；有电动机等电流较大的地方，采用橡胶绝缘线，靠近地面宜用塑料管。

表1-1　常用绝缘导线的型号、名称与主要用途

型号		名称	主要用途
铜芯	铝芯		
BX	BLX	棉纱编织橡胶绝缘导线	固定敷设用，可以明敷、暗敷
BXF	BLXF	氯丁橡胶绝缘导线	固定敷设用，可以明敷、暗敷，尤其适用于户外
BV	BLV	聚氯乙烯绝缘导线	室内外电器、动力及照明固定敷设
	NLV	农用地下直埋铝芯聚氯乙烯绝缘导线	直埋地下最低敷设温度不低于-15℃
	NLVV	农用地下直埋铝芯聚氯乙烯绝缘护套导线	
	NLYV	农用地下直埋铝芯聚氯乙烯绝缘护套导线	
BXR		棉纱编织橡胶绝缘软线	室内安装，要求较柔软时用
BVR		棉纱编织聚氯乙烯绝缘软线	同BV型，安装要求较柔软时用
RXS		棉纱编织橡胶绝缘双绞软线	室内干燥场所日用电器用
RX		棉纱编织橡胶绝缘软线	
RV		聚氯乙烯绝缘软线	日用电器、无线电设备和照明灯头接线
RVB		聚氯乙烯绝缘平型软线	
RVS		聚氯乙烯绝缘绞型软线	

（2）导线和电缆的截面积选择

① 按发热条件选择。在最大允许连续负荷电流下，导线发热不超过线芯所允许的温度，不会因为过热而引起导线绝缘损坏或加速绝缘老化。

导线的长时允许电流不小于线路的最大长时负荷电流（计算电流）。即

$$I_{al} \geqslant I_{ac}$$

式中　I_{al}——导线的长时允许电流；

　　　I_{ac}——线路的最大长时负荷电流（计算电流）。

② 按机械强度条件选择。在正常工作状态下，导线应有足够的机械强度，以防断线，保证安全可靠运行。

③ 按允许电压损失选择。导线上的电压损失应低于最大允许值，以保证供电质量。

④ 按经济电流密度选择。应保证最低的电能损耗，并尽量减少有色金属的消耗。

⑤ 按热稳定的最小截面积来校验。在短路情况下，导线必须保证在一定时间内，安全承受短路电流通过导线时所产生的热效应，以保证安全供电。

（3）选择方法　根据电压等级要求、公式、表1-2～表1-5选择导线。

表1-2　室内、外配线线芯最小允许截面积

用途		线芯最小允许截面积 /mm²		
		多股铜芯软线	铜线	铝线
灯头引下线		室内：0.4 室外：1.0	室内：0.5 室外：1.0	室内：1.5 室外：2.5
移动式用电设备引线		生活用：0.2 市场用：1.0	不宜使用	不宜使用
固定敷设的导线支持点间距离	1m 以内	—	室内：1.0 室外：1.5	室内：1.5 室外：2.5
	6m 以内		室内：1.0 室外：1.5	2.5
	6m 以内		2.5	4.0
	12m 以内		2.5	6.0

表1-3 500V橡胶、绝缘塑料导线在空气中敷设时长期连续负荷允许载流量 A

截面积 /mm²	500V 单芯橡胶导线适用型号：BX、BXF、BLXF、BXR		500V 单芯聚氯乙烯塑料导线适用型号：BV、BLV、BVR	
	铜芯	铝芯	铜芯	铝芯
0.75	18	—	16	—
1.0	21	—	19	—
1.5	27	19	24	18
2.5	35	27	32	25
4	45	35	42	32
6	58	45	45	42
10	85	65	75	59
16	110	85	105	80
25	145	110	138	105
35	180	138	170	130
50	230	175	215	165
70	285	220	265	205
95	345	265	325	250

注：导线线芯最高允许的工作温度：+65℃ ；周围环境温度：+25℃。

表1-4 500V单芯橡胶绝缘导线穿钢管（或穿塑料管）敷设时长期连续负荷的允许载流量 A

截面积 /mm²	适用的导线型号：BX、BLX、BXF、BLXF					
	穿二根导线		穿三根导线		穿四根导线	
	铜芯	铝芯	铜芯	铝芯	铜芯	铝芯
1.0	15（13）	—	14（12）	—	12（11）	—
1.5	20（17）	15（14）	18（16）	14（12）	17（14）	11（11）
2.5	28（25）	21（19）	25（22）	19（17）	23（20）	16（15）
4	37（33）	28（25）	33（30）	25（23）	30（26）	23（20）
6	49（43）	37（33）	43（38）	34（29）	39（34）	30（26）
16	86（76）	66（58）	77（68）	59（52）	69（60）	52（46）
25	113（100）	86（77）	100（90）	76（68）	90（80）	68（60）

注：导线线芯最高允许的工作温度：+65℃ ；周围环境温度：+25℃。

表1-5 500V单芯聚氯乙烯绝缘导线穿钢管（或塑料管）敷设时长期连续负荷的允许载流量　　　　　　A

截面积 /mm²	适用的导线型号：BV、BLV					
	穿二根导线		穿三根导线		穿四根导线	
	铜芯	铝芯	铜芯	铝芯	铜芯	铝芯
1.0	14（12）	—	13（11）	—	11（10）	—
1.5	19（16）	15（13）	17（15）	13（11.5）	16（13）	12（10）
2.5	26（24）	20（18）	24（21）	18（16）	22（19）	15（14）
4	35（31）	27（24）	31（28）	24（22）	28（25）	22（19）
6	47（41）	35（31）	41（36）	32（27）	37（32）	28（25）
16	82（72）	63（55）	73（65）	56（49）	65（57）	50（44）
25	107（95）	80（73）	95（85）	70（65）	85（75）	65（57）

注：导线线芯最高允许的工作温度：+65℃；周围环境温度：+25℃。

（4）220V 照明线路的导线截面积选择　照明线路（包括接户线和进户线）使用额定电压不低于250V 的绝缘线；导线截面积按机械强度和允许载流量（即发热条件）进行选择。负荷小时按机械强度选择；负荷大时按允许载流量进行选择。

（5）380V/220V 动力线路的导线截面积选择　动力线路应使用额定电压不低于500V 的绝缘线；导线截面积先按允许载流量（发热条件）进行选择，然后按机械强度和允许电压损失进行校验。对380V 的电动机可用表1-6 中的数据估算。

表1-6 额定电压380V的电动机用绝缘铝导线截面积的估算表

电动机容量 /kW　截面积 /mm²　电动机与变压器之间的距离 /m	2.8	4.5	7	10	14	20	28	40	55	75	100
50	6	6	10	10	16	16	25	35	50	95	
100	6	6	10	10	16	16	25	35	50	70	
200	10	10	16	16	25	50	70				
300	10	16	16	16	25	70					
500	16	16	16	16	25	35					
1000	16	16	25	35	50	70					

1.6.3 导线剥削绝缘层与连接

导线绝缘层剥削与绝缘恢复可扫二维码学习。

导线连接主要有以下几种方式。

（1）单股多股硬导线的缠绕连接

① 对接

a. 单股线对接。单股线对接的连接方法如图1-47所示，先按芯线直径约40倍长剥去线端绝缘层，并拉直芯线。

把两根线头在离芯线根部的1/3处呈"X"状交叉，如麻花状互相紧绞两圈，先把一根线头扳起与另一根处于下边的线头保持垂直，把扳起的线头按顺时针方向在另一根线头上紧缠6～8圈，圈间不应有缝隙，且应垂直排绕，缠毕切去芯线余端，并钳平切口，不准留有切口毛刺，另一端头的加工方法同上。

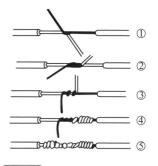

图1-47 铜硬导线单股线对接

多种单芯铜导线的直接连接可参照图1-48的方法连接，所有铜导线连接后均应挂锡，防止氧化并增大电导率。

b. 多股线对接。多股线对接方法如图1-49所示。

按该多股线中的单股芯线直径的100～150倍长度，剥离两线端绝缘层。在离绝缘层切口约为全长2/5处的芯线，应作进一步绞紧，接着应把余下3/5芯线松散后每股分开，成伞骨状，然后勒直每股芯线。把两伞骨状线端隔股对叉，必须相对插到底。

捏平叉入后的两侧所有芯线，理直每股芯线并使每股芯线的间隔均匀；同时用钢丝钳钳紧叉口处，消除空隙。在一端，把邻近两股芯线在距叉口中线约3根单股芯线直径宽度处折起，并形成90°，接着把这两股芯线按顺时针方向紧缠两圈后，再折回90°并平卧在扳起前的轴线位置上。接着把处于紧挨平卧前临近的两根芯线折成90°，并按前面的方法加工。把余下的三根芯线缠绕至第2圈时，把前四根芯线在根部分别切断，并钳平；接着把三根芯线缠足三圈，然后剪去余端，钳平切口，不留毛刺。另一端加工方法同上。注意：缠绕的每圈直径均应垂直于下边芯线的轴线，并应使每两圈（或三圈）间紧缠紧挨。

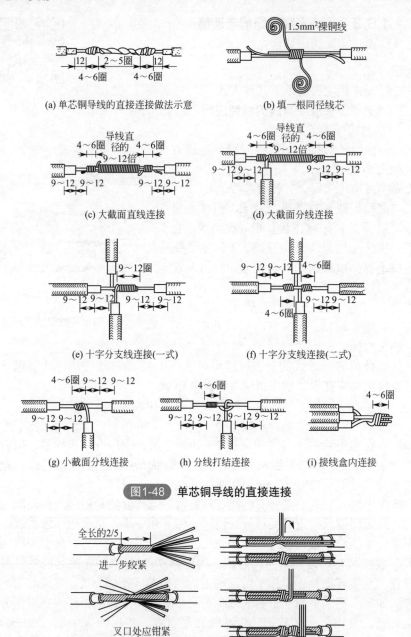

(a) 单芯铜导线的直接连接做法示意

(b) 填一根同径线芯

(c) 大截面直线连接

(d) 大截面分线连接

(e) 十字分支线连接(一式)

(f) 十字分支线连接(二式)

(g) 小截面分线连接

(h) 分线打结连接

(i) 接线盒内连接

图1-48 单芯铜导线的直接连接

图1-49 铜硬导线多股线对接

其他方法：多芯铜导线的直接连接可参照图 1-50 的连接方式，所有多芯铜导线连接应挂锡，防止氧化并增大电导率。

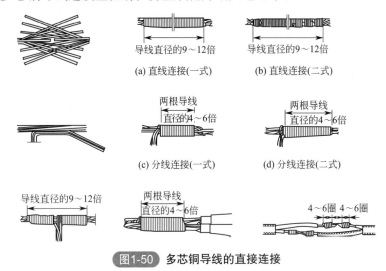

图1-50 多芯铜导线的直接连接

c. 双芯线双根线的连接。双根线的连接如图 1-51 所示，双芯线连接时，将两根待连接的线头中颜色一致的芯线按小截面直线连接方式连接。同样，将另一颜色的芯线连接在一起。

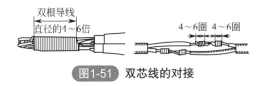

图1-51 双芯线的对接

② 单股线与多股线的分支连接

a. 应用于分支线路与干线之间的连接。连接方法如图 1-52 所示。先按单股芯线直径约 20 倍的长度剥除多股线连接处的中间绝缘层，再按多股线的单股芯线直径的 100 倍左右长度剥去单股线的线端绝缘层，并勒直芯线。

在离多股线的左端绝缘层切口 3 ～ 5mm 处的芯线上，用螺钉旋具把多股芯线分成较均匀的两组 (如 7 股线的芯线按 3 股、4 股来分)。把单股芯线插入多股线的两组芯线中间，但单股芯线不可插到底，应使绝缘层切口离多股线 3mm 左右。同时，应尽可能使单股芯线向多股芯线的左端靠近，距多股芯线绝缘层切口不大于 5mm。接着用钢丝钳把多股线的插缝钳平、钳紧。把单股芯线按顺时针方向紧缠在多股芯线上，务必要使每圈直径垂直于多股线芯线的轴心，并应使圈与圈紧挨，应绕足 10 圈，然后切断余端，钳平切口毛刺。若绕足 10 圈后另一端多股芯线裸露超过 5mm 时，且单股芯线尚有余端，则可继续缠绕，直至多股芯线裸露约 5mm 为止。

    b. 多股线与多股线的分支连接。适用于一般容量而干支线均由多股线构成的分支连接处。在连接处，干线线头剥去绝缘层的长度约为支线单根芯线直径的 60 倍，支线线头绝缘层的剥离长度约为干线单根芯线直径的 80 倍。操作步骤如图 1-53 所示。

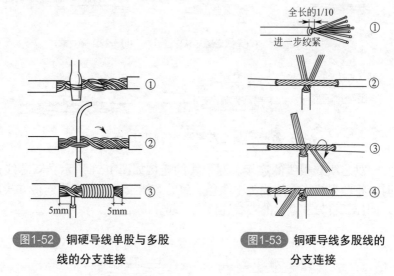

  图1-52 铜硬导线单股与多股
            线的分支连接

  图1-53 铜硬导线多股线的
            分支连接

    把支线线头离绝缘层切口根部约 1/10 的一段芯线进一步绞紧，并把余下的芯线头松散，逐根勒直后分成较均匀且排成并列的两组 (如 7 股线按 3 股、4 股分)。在干线芯线中间略偏一端部位，用螺钉旋具插入芯线股间，也要分成较均匀的两组；接着把支线略多的一组芯线头 (如 7 股线中 4 股的一组) 插入干线芯线的缝隙中 (即插至进一步绞紧的 1/10 处) 同时移正位置，使干线芯线以约 2∶3 的比例分段，其中 2/5 的一段供支线芯线较少的一组 (3 股) 缠绕，3/5 的一段供支线芯线较多的一组 (4 股) 缠绕。先钳紧干线芯线插口处，接着把支线 3 股芯线在干线芯线上按顺时针方向垂直地紧紧排缠至 3 圈，但缠至两圈半时，即应剪去多余的每股芯线端头，缠毕应钳平端头，不留切口毛刺。

    另 4 股支线芯线头缠法也一样，但要缠足四圈，芯线端口也应不留毛刺。

注意：两端若已缠足3或4圈而干线芯线裸露尚较多，支线芯线又尚有余量时，可继续缠绕，缠至各离绝缘层切口处5mm左右为止。

③ 多根单股线并头连接

a.导线自缠法。在照明电路或较小容量的动力电路上，多个负载电路的线头往往需要并联在一起形成一条支路。把多个线头并联为一体的加工，俗称并头。并头连接只适用于单股线，并严格规定：凡是截面积等于或大于2.5mm²的导线，并头连接点应焊锡加固。但加工时前两个步骤的方法相同，它们是把每根导线的绝缘层剥去，所需长度约30mm，并逐一勒直每根芯线端。把多用导线捏合成束，并使芯线端彼此贴紧，然后用钢丝钳把成束的芯线端按顺时针方向绞紧，使之呈麻花状。

其加工方法可分为以下两种情况。

截面积2.5mm²以下的：应把已绞成一体的多根芯线端剪齐，但芯线端净长不应小于25mm；接着在其1/2处用钢丝钳折弯。在已折弯的多根绞合芯线端头，用钢丝钳再绞紧一下，然后继续弯曲，使两芯线呈并列状，并用钢丝钳钳紧，使之处处紧贴，如图1-54所示。

截面积2.5mm²以上的：应把已绞成一体的多根芯线端剪齐，但芯线端上的净长不小于20mm，在绞紧的芯线端头上用电烙铁焊锡。必须使锡液充分渗入芯线每个缝隙中，锡层表面应光滑，不留毛刺。然后彻底擦净端头上残留的焊膏，以免日后腐蚀芯线，如图1-55所示。

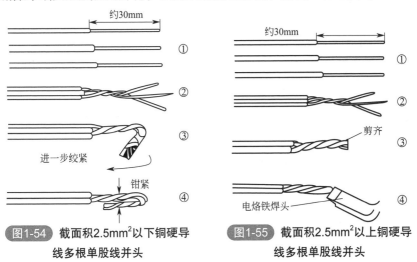

图1-54 截面积2.5mm²以下铜硬导线多根单股线并头

图1-55 截面积2.5mm²以上铜硬导线多根单股线并头

b. 多股线的倒人字连接。将两根线头剖削一定长度，再准备一根 1.5mm² 的绑线。连接时将绑线的一端与两根连接芯线并在一起，在靠近导线绝缘层处起绕。缠绕长度为导线直径的 10 倍，然后将绑线的两个线头打结，再在距离绑线最后一圈 10mm 处把两根芯线和打完结的绑线线头一同剪断。

c. 用压线帽压接。用压线帽压接要使用压线帽和压接钳，压线帽外为尼龙壳，内为镀锌铜套或铝合金套管，如图 1-56 所示。

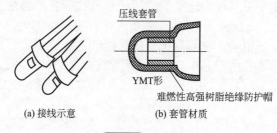

(a) 接线示意　　　　(b) 套管材质

图1-56　压线帽

单芯线连接：用一十字机螺钉压接，盘圈开口不应该大于 2mm，按顺时针方向压接。

多股铜芯导线用螺钉压接时，应将软线芯做成单眼圈状，挂锡后，将其压平再用螺钉加垫紧固。

导线与针孔式接线柱连接：把要连接的线芯插入接线柱针孔内，导线裸露出针孔 1 ～ 2mm，针孔大于导线直径 1 倍时需要折回插入压接。

（2）单芯铝导线冷压接

① 用电工刀或剥线钳削去单芯铝导线的绝缘层，并清除裸铝导线上的污物和氧化铝，使其露出金属光泽。铝导线的削光长度视配用的铝套管长度而定，一般约 30mm。

② 削去绝缘层后，铝导线表面应光滑，不允许有折叠、气泡和腐蚀点，以及超过允许偏差的划伤、碰伤、擦伤和压陷等缺陷。

③ 按预先规定的标记分清相线、零线和各回路，将所需连接的导线合拢并绞扭成合股线（如图 1-57 所示），但不能扭结过度。然后，应及时在多股裸导线头上涂一层防腐油膏，以免裸线头再度被氧化。

④ 对单芯铝导线压接用铝套管要进行检查：

a. 要有铝材材质资料；

b. 铝套管要求尺寸准确，壁厚均匀一致；

c.套管管口光滑平整，且内外侧没有毛边、毛刺，端面应垂直于套管轴中心线；

d.套管内壁应清洁，没有污染，否则应清理干净后方准使用。

⑤ 将合股的线头插入检验合格的铝套管，使铝导线穿出铝套管端头 1 ～ 3mm。套管应依据单芯铝导线合拢成合股线头的根数选用。

⑥ 根据套管的规格，使用相应的压接钳对铝套管施压。每个接头可在铝套管同一边压三道坑（如图 1-58 所示），一压到位，如 ϕ8mm 铝套管施压后为 6 ～ 6.2mm。压坑中心线必须在同一直线上（纵向）。一般情况下，尽量采用正反向压接法，且正反向相差 180°，不得随意错向压接，如图 1-59 所示。

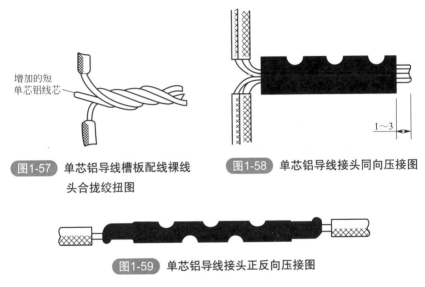

增加的短
单芯铝线芯

1～3

图1-57 单芯铝导线槽板配线裸线头合拢绞扭图

图1-58 单芯铝导线接头同向压接图

图1-59 单芯铝导线接头正反向压接图

⑦ 单芯铝导线压接后，在缠绕绝缘带之前，应对其进行检查。压接接头应当到位，铝套管没有裂纹，三道压坑间距应一致，抽动单根导线没有松动的现象。

⑧ 根据压坑数目及深度判断铝导线压接合格后，恢复裸露部分绝缘，包缠绝缘带两层，绝缘带包缠应均匀、紧密，不露裸线及铝套管。

⑨ 在绝缘层外面再包缠黑胶布（或聚氯乙烯薄膜粘带等）两层，采取半叠包法，并应将绝缘层完全遮盖，黑胶布的缠绕方向与绝缘带缠绕方向一致。整个绝缘层的耐压强度不得低于绝缘导线本身绝缘层的耐压强度。

⑩ 将压接接头用塑料接线盒封盖。

（3）**焊接法连接铝导线** 焊接方法主要有钎焊、电阻焊和气焊等。

① 钎焊。适用于单股铝导线。钎焊的操作方法与铜导线的锡焊方法相似。

铝导线焊接前将铝导线线芯破开顺直合拢，用绑线把连接处做临时绑缠。导线绝缘层处用浸过水的石棉绳包好，以防烧坏。导线焊接所用的焊剂有：一种是含锌（质量分数）58.5%、铅（质量分数）40%、铜（质量分数）1.5%的焊剂；另一种是含锌（质量分数）80%、铅（质量分数）20%的焊剂。还有一种由纯度99%以上的锡（60%）和纯度98%以上的锌（40%）配制而成。

焊接时先用砂纸磨去铝导线表面的一层氧化膜，并使芯线表面毛糙，以利于焊接；然后用功率较大的电烙铁在铝导线上搪上一层焊料，再把两导线头相互缠绕3圈，剪掉多余线头，用电烙铁蘸上焊料，一边焊，一边用烙铁头摩擦导线，把接头沟槽搪满焊料，焊好一面待冷却后再焊另一面，使焊料均匀密实填满缝隙即可。

单芯铝导线钎焊接头如图1-60所示。线芯端部搭叠长度见表1-7。

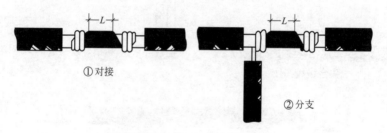

①对接
②分支

图1-60 单芯铝导线钎焊接头

表1-7 线芯端部搭叠长度

导线截面积 /mm²	剥除绝缘层长度 /mm	搭接长度 L/mm
2.5～4	60	20
6～10	80	30

② 电阻焊。适用于单芯或多芯不同截面积的铝导线的并接。焊接时需要一台容量为 1kV·A 的焊接变压器，二次电压为 6～12V，并配以焊钳。焊钳上两根炭棒极的直径为 8mm，焊极头端有一定的锥度，焊钳引线采用 10mm² 的铜芯橡皮绝缘线。焊料由 30% 氯化钠、50% 氯

化钾和 20% 冰晶石粉配制而成。

焊接时，先将铝导线头绞扭在一起，并将端部剪齐，涂上焊料，然后接通电源，先使炭棒短路发红，迅速夹紧线头。等线头焊料开始熔化时，焊钳慢慢地向线端方向移动，待线端头熔透后随即撤去焊钳，使焊点形成圆球状。冷却后用钢丝刷刷去接头上的焊渣，用干净的湿布擦去多余焊料，再在接头表面涂一层速干性沥青用以绝缘，沥青干后包缠上绝缘胶带即可。

焊接所需的电压、电流和持续时间可参照表 1-8。

表1-8 单股铝导线电阻焊所需电压、电流和持续时间

导线截面积 /mm²	二次电压 /V	二次电流 /A	焊接持续时间 /s
2.5	6	50 ～ 60	8
4	9	100 ～ 110	12
6	12	150 ～ 160	12
10	12	170 ～ 190	13

③ 气焊。适用于多根单芯或多芯铝导线的连接。焊接前，先将铝芯线用铁丝缠绕牢，以防止导线松散；导线的绝缘层用湿石棉带包好，以防烧坏。焊接时火焰的焰心离焊接点 2～3mm，当加热到熔点(653℃)时，即可加入铝焊粉，使焊接处的铝芯相互融合；焊完后要趁热清除焊渣。

单芯和多芯铝导线气焊连接长度分别见表 1-9 和表 1-10。

表1-9 单芯铝导线气焊连接长度

导线截面积 /mm²	连接长度 /mm	导线截面积 /mm²	连接长度 /mm
2.5	20	6	30
4	25	10	40

表1-10 多芯铝导线气焊连接长度

导线截面积 /mm²	连接长度 /mm	导线截面积 /mm²	连接长度 /mm
16	60	50	90
25	70	70	100
35	80	95	120

（4）铜导线与铝导线的连接 铜铝是两种不同的金属，它们有着不同的电化顺序，若把铜和铝简单地连接在一起，在"原电池"的作用下，

铝会很快失去电子而被腐蚀掉，造成接触不良，直至接头被烧断，因此应尽量避免铜铝导线的连接。

实际施工中往往不可避免会碰到铜铝导线（体）的连接问题，一般可采取以下几种连接方法。

① 用复合脂处理后压接。即在铜铝导体连接表面涂上铜铝过渡的复合脂（如导电膏），然后压接。此方法能有效地防止连接部位表面被氧化，防止空气和水分侵入，缓和原电池电化作用，是一种最经济、最简便的铜铝过渡连接方法，尤其适用于铜、铝母排间的连接和铝母排与断路器等电气设备连接端子间的连接。

导电膏具有耐高温（滴点温度大于 200℃）、耐低温（-40℃时不开裂）、抗氧化、抗霉菌、耐潮湿、耐化学腐蚀及性能稳定、使用寿命长（密封情况下大于 5 年）、没有毒、没有味、对皮肤没有刺激、涂敷工艺简单等优点。用导电膏对接头进行处理，具有擦除氧化膜的作用，并能有效地降低接头的接触电阻（可降低 25% ～ 70%）。

操作时，先将连接部位打磨，使其露出金属光泽。若是两导体之间连接，应预涂 0.05 ～ 0.1mm 厚的导电膏，并用铜丝刷轻轻擦拭，然后擦净表面，重新涂敷 0.2mm 厚的导电膏，再用螺栓紧固。须注意：导电膏在自然状态下绝缘电阻很高，基本不导电，只有外施一定的压力，使微细的导电颗粒挤压在一起时，才呈现导电性能。

② 搪锡处理后连接。即在铜导线表面搪上一层锡，再与铝导线连接。由于锡铝之间的电阻系数比铜铝之间的电阻系数小，产生的电位差也较小，电化学腐蚀有所改善。搪锡焊料成分有两种，见表 1-11。搪锡层的厚度为 0.03 ～ 0.1mm。

表 1-11 锡焊料

焊料成分		熔点 /℃	性能
锡 Sn/%	锌 Zn/%		
90	10	210	流动性好，焊接效率高
80	20	270	防潮性较好

③ 采用铜铝过渡管压接。铜铝过渡管是一种专门供铜导线和铝导线直线连接用的连接件，管的一半为铜管，另一半为铝管，是经摩擦焊接连接而成的。使用时，将铜导线插入管的铜端，铝导线插入管的铝端，用压接钳冷压连接。对于 10mm² 及以下的单芯铜导线与铝导线，

可使用冷压钳压接。

④ 采用圆形铝套管压接。先清除连接导线端头表面的氧化膜和铝套管内壁氧化膜，然后将铜导线和铝导线分别插入铝套管两端（最好预先在接触面涂上薄薄的一层导电膏），再用六角形压模在钳压机上压成六角形接头，两端还可用中性凡士林和塑料封好，防止空气和水分侵入，阻止局部电化腐蚀。但凡士林的滴点温度仅为50℃左右，当导体接头温度达到70℃以上时，凡士林就会逐渐流失干涸，失去作用。

⑤ 采用铜铝过渡板连接。铜铝过渡板（排）又称铜铝过渡并沟线夹，是一种专门用于铜导线和铝导线连接的连接件，通常用于分支导线连接。分上下两块，各有两条弧形沟道，中间有两个孔眼用以安装固定螺栓。板的一半（沿纵线）为铜质，另一半为铝质，是经摩擦焊接连接而成的。使用时，先清洁连接导线和过渡板弧形沟道内的氧化膜，并涂上导电膏，将铜导线置于过渡的铜板侧弧形沟道内，铝导线置于过渡板的铝板侧弧形沟道内，两块板合上后装上螺杆、弹簧垫、平垫圈、螺母，用活扳手拧紧螺母即可。如果铝导线线径较细，可缠铝包带；如果铜导线线径较细，可用铜导线绑绕。连接时，应先把分支线头末端与干线进行绑扎。

还有一种铜铝过渡板，板的一半（沿横线）为铜质，另一半为铝质。这种过渡板多用于变配电所铜母线与铝母线之间的连接。

⑥ 采用B型铝并沟线夹连接。B型铝并沟线夹是用于铝与铝分支导线连接的，当用于铜与铝导线连接，则铜导线端需要搪锡。如果铝导线线径较细，可缠铝包带；如果铜导线线径较细，可用铜导线绑绕。并沟线夹通常用于跳线、引下线等的连接。

⑦ 采用SL螺栓型铝设备线夹连接。SL螺栓型铝设备线夹用于设备端子连接，一端与铝导线连接，另一端与设备端子的铜螺杆连接。铜螺母下垫圈应搪锡。

（5）导线包扎 各种接头连接好后，应用胶带进行包扎，包扎时首先用橡胶绝缘带从导线接头处始端的完好绝缘层开始，缠绕1～2倍绝缘带宽度，以半幅宽度重叠进行缠绕，在包扎过程中应尽可能收紧绝缘带。最后在绝缘层上缠绕1～2圈，再进行回缠。采用橡胶绝缘带包扎时，应将其拉长2倍后再进行缠绕。然后用黑胶布包扎，包扎时要衔接好，以半幅宽度边压边进行缠绕，同时在包扎过程中收紧胶布，导线接头处两端应用黑胶布封严。

（6）线头与接线柱的连接

① 针孔式接线柱是一种常用接线柱，熔断器、接线块和电能表等器材上均有应用。通常用黄铜制成矩形方块，端面有导线承接孔，顶面装有压紧导线的螺钉。当导线端头芯线插入承接孔后，再拧紧压紧螺钉就实现了两者之间的电气连接。

a. 连接要求和方法如图 1-61 所示。单股芯线端头应折成双根并列状，平着插入承接孔，以使并列面能承受压紧螺钉的顶压。因此，芯线端头的所需长度应是两倍孔深。芯线端头必须插到孔的底部。凡有两个压紧螺钉的，应先拧紧近孔口的一个，再拧紧近孔底的一个，若先拧紧近孔底的一个，万一孔底很浅，芯线端头处于压紧螺钉端头球部，这样当螺钉拧紧时就容易把线端挤出，造成空压。

b. 常见的错误接法如图 1-62 所示。单股线端直接插入孔内，芯线会被挤在一边。绝缘层剥去太少，部分绝缘层被插入孔内，接触面积被占据。绝缘层剥去太多，孔外芯线裸露太长，影响用电安全。

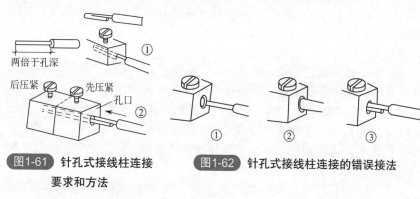

图1-61 针孔式接线柱连接要求和方法

图1-62 针孔式接线柱连接的错误接法

② 平压式接线柱

a. 小容量平压柱。通常利用圆头螺钉的平面进行压接，且中间多数不加平垫圈。灯座、灯开关和插座等都采用这种结构，连接方法如图 1-63 所示。

对绝缘硬线芯线端头必须先加工成压接圈。压接圈的弯曲方向必须与螺钉的拧紧方向一致，否则圈孔会随螺钉的拧紧而被扩大，且往往会从接线柱中脱出。圈孔不应该弯得过大或过小，只要稍大于螺钉直径即可。圈根部绝缘层不可剥去太多，$4mm^2$ 及以下的导线，一般留有 3mm 间隙，螺钉尾就不会压着圈根绝缘层。但也不应留得过少，以免绝缘层被压入。

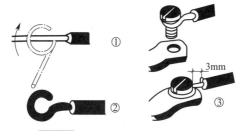

图1-63　小容量平压柱的连接方法

　　b. 常见的错误连接法。不弯压接圈，芯线被压在螺钉的单边。这样连接，极易造成线端接触不良，且极易脱落。绝缘层被压入螺钉内，这样的接法因为有效接触面积被绝缘层占据，且螺钉难以压紧，故会造成严重的接触不良。芯线裸露过长，既会留下电气故障隐患，还会影响安全用电。

　　c. 7 股线压接圈弯制方法。在照明干线或一般容量的电力线路中，截面积不大于 16mm^2 的 7 股绝缘硬线，可采用压接圈套上接线柱螺栓的方法进行连接。但 7 股线压接圈的制作必须正规，切不可把 7 股芯线直接缠绕在螺栓上。7 股线压接圈的弯制方法如图 1-64 所示。

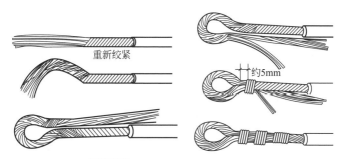

图1-64　7股线压接圈的弯制方法

　　把剥去绝缘层的 7 股线端头在全长 3/5 部位重新绞紧（越紧越好），按稍大于螺栓直径的尺寸弯曲圆孔。开始弯曲时，应先把芯线朝外侧折成约 45°，然后逐渐弯成圆圈状。形成圆圈后，把余端芯线逐根理直，并贴紧根部芯线。把已弯成圆圈的线端翻转（旋转 180°），然后选出处于最外侧且邻近的两根芯线扳成直角（即与圈根部的 7 股芯线成垂直状）。在离圈外沿约 5mm 处进行缠绕，加工方法与 7 股线缠绕对接一样，可参照应用。成形后应经过整修，使压接圈及圈柄部分平整挺直，且应在圈柄部分焊锡后恢复绝缘层。

注意： 导线截面积超过 16mm² 时，一般不应该采用压接圈连接，应采用线端加装接线耳的方法，由接线耳套上接线螺栓后压紧来实现电气连接。

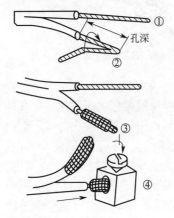

孔深

图1-65 **软线头与针孔柱的连接**

③ 软线头与接线柱的连接方法

a. 与针孔柱连接，如图 1-65 所示。把多股芯线进一步绞紧，全部芯线端头不应有断股而露出毛刺。把芯线按针孔深度折弯，使之成为双根并列状。在芯线根部（即绝缘层切口处）把余下芯线折成垂直于双根并列的芯线，并把余下芯线按顺时针方向缠绕在双根并列的芯线上，且排列应紧密整齐。缠绕至芯线端头口剪去余端并钳平，不留毛刺，然后插入接线柱针孔内，拧紧螺钉即可。

b. 与平压柱连接，如图 1-66 所示。在连接前，也应先把多股芯线作进一步绞紧。把芯线按顺时针方向围绕在接线柱的螺栓上，应注意芯线根部不可贴住螺栓，应相距 3mm。接着把芯线围绕螺栓一圈后，余端应在芯线根部由上向下围绕一圈。把芯线余端再按顺时针方向围绕在螺栓上。把芯线余端围绕到芯根部收住，若因余端太短不便嵌入螺栓尾部，可用旋具刀口推入。接着拧紧螺栓后扳起余端在根部切断，不应露毛刺和损伤下面芯线。

④ 头攻头连接。一根导线需与两个以上接线柱连接时，除最后一个接线柱连接导线末端外，导线在处于中间的接点上，不应切断后并接在接线柱中，而应采用头攻头的连接法。这样不但可大大降低连接点的接触电阻，而且可有效地降低因连接点松脱而造成的开路故障。

a. 在针孔柱上连接如图 1-67 所示。按针孔深度的两倍长度，再加 5～6mm 的芯线根部裕度，剥离导线连接点的绝缘层。在剥去绝缘层的芯线中间将导线折成双根并列状态，并在两芯线根部反向折成 90°转角。把双根并列的芯线端头插入针孔并拧紧螺栓。

b. 在平压柱上连接如图 1-68 所示。按接线柱螺栓直径约 6 倍长度剥离导线连接点绝缘层。以剥去绝缘层芯线的中点为基准，按螺栓规格弯曲成压接圈后，用钢丝钳紧夹住压接圈根部，把两根部芯线互绞一圈，使压接圈呈图示形状。把压接圈套入螺栓后拧紧（需加套垫圈的，应先套入垫圈，再套入压接圈）。

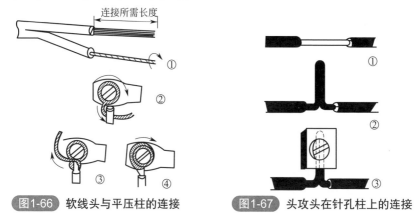

图1-66 软线头与平压柱的连接　　　　图1-67 头攻头在针孔柱上的连接

⑤ 铝导线与接线柱的连接。截面积小于 $4mm^2$ 的铝质导线，允许直接与接线柱连接。但连接前必须经过清除氧化铝薄膜的技术处理，再弯制芯线的连接点，如图 1-69 所示。

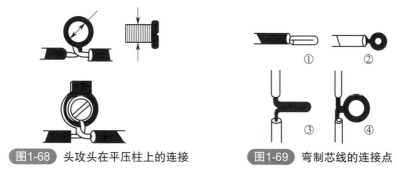

图1-68 头攻头在平压柱上的连接　　　　图1-69 弯制芯线的连接点

端头直接与针孔柱连接时，应先折成双根并列状。端头直接与平压柱连接时，应先弯制压接圈。头攻头接入针孔柱时，应先折成双根 T 字状。头攻头接入平压柱时，应先弯成连续式压接圈。

各种形状接点的弯制和连接，与小规格铜质导线的方法相同。

注意：铝质芯线质地很软，压紧螺钉虽应紧压住线头，不允许松动，但应避免一味拧旋螺钉而把铝芯线头压扁。尤其在针孔柱内，因压紧螺钉对线头的压强很大（比平压柱大得多），甚至会把铝芯线头压断。

（7）**导线的封端** 对于导线截面积大于 $10mm^2$ 的多股铜、铝芯导线，一般都必须用接线端子（又称接线鼻或接线耳）对导线端头进行封端，再由接线端与电气设备相连。

① 铜芯导线的封端

a. 锡焊封端。先剥掉铜芯导线端部的绝缘层，除去芯线表面和接线端子内壁的氧化膜，涂上无酸焊锡膏。再用一根粗铁丝系住铜接线端子，使插线孔口朝上并放到火里加热。把锡条插在铜接线端子的插线孔内，使锡受热后熔化在插线孔内。把芯线的端部插入接线端子的插线孔内，上下插拉几次后把芯线插到孔底。平稳而缓慢地把粗铁丝的接线端子浸到冷水里，使液态锡凝固，芯线焊牢。用锉刀把铜接线端子表面的焊锡除去，用砂布打光后包上绝缘带，即可与电器接线柱连接。

b. 压接封端。把剥去绝缘层并涂上石英粉—凡士林油膏的芯线插入内壁也涂上石英粉—凡士林油膏的铜接线端子孔内。用压接钳进行压接，在铜接线端子的正面压两个坑，先压外坑，再压内坑，两个坑要在一条直线上。从导线绝缘层至铜接线端子根部包上绝缘带。

② 铝芯导线的封端。铝芯导线一般采用铝接线端子压接法进行封端。铝接线端子的外形及规格如图1-70所示，其各部分尺寸见表1-12。

表1-12 铝接线端子各部分尺寸

型号	ϕ	D	d	L	L_1	B
DTL-1-10	$\phi8.5$	10	6	68	28	16
DTL-1-16	$\phi8.5$	11	6	70	30	16
DTL-1-25	$\phi8.5$	12	7	75	34	18
DTL-1-35	$\phi10.5$	14	8.5	85	38	20.5
DTL-1-50	$\phi10.5$	16	9.8	90	40	23
DTL-1-70	$\phi12.5$	18	11.5	102	48	26
DTL-1-95	$\phi12.5$	21	13.5	112	50	28
DTL-1-120	$\phi14.5$	23	15	120	53	30
DTL-1-150	$\phi14.5$	25	16.5	126	56	34
DTL-1-185	$\phi16.5$	27	18.5	133	58	37
DTL-1-240	$\phi16.5$	30	21	140	60	40
DTL-1-300	$\phi21$	34	23.5	160	65	50
DTL-1-400	$\phi21$	38	27	170	70	55
DTL-1-500	$\phi21$	45	29	225	75	60
DTL-1-630	—	54	35	245	80	80
DTL-1-800	—	60	38	270	90	100

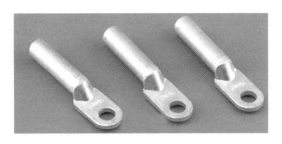

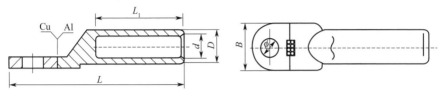

图1-70 铝接线端子的外形

铝芯导线用压接法进行封端的方法：根据铝芯线的截面积查表 1-12 选用合适的铝接线端子，然后剥去芯线端部绝缘层，刷去铝芯表面氧化层并涂上石英粉—凡士林油膏。刷去铝接线端子内壁氧化层并涂上石英粉—凡士林油膏，将铝芯线插到插线孔的孔底。用压线钳在铝接线端子正面压两个坑，先压靠近插线孔处的第一个坑，再压第二个坑，压接坑的尺寸见表 1-13。

表1-13 铝接线端子压接坑尺寸

导线截面积 /mm²	端子各部分尺寸 /mm			压模深 /mm
	d	D	ϕ	
16	5.5	10	6.5	5.5
25	6.8	12	8.5	5.9
35	7.7	14	8.5	7.0
50	9.2	16	10.5	7.8
70	11.0	18	10.5	8.9
95	13.0	21	13.0	9.9

在剥去绝缘层的铝芯导线和铝接线端子根部包上绝缘带（绝缘带要从导线绝缘层包起），并刷去接线端子表面的氧化层。

1.6.4 导线接头包扎

（1）对接接点包扎　对接接点包扎方法如图 1-71 所示。

绝缘带（黄蜡带或塑料带）应从左侧的完好绝缘层上开始包缠，应包入绝缘层 1.5～2 倍带宽，即 30～40mm，起包时带与导线之间应保持约 45° 倾斜。进行每圈斜叠缠包，包一圈必须压叠住前一圈的 1/2 带宽。包至另一端也必须包入与始端同样长度的绝缘层，然后接上黑胶带，并应使黑胶带包出绝缘层至少半个带宽，即必须使黑胶带完全包没绝缘带。黑胶带也必须进行 1/2 叠包，不可包得过疏或过密；包到另一端也必须完全包没绝缘带，收尾后应用双手的拇指和食指紧捏黑胶带两端口，进行一正一反方向拧旋，利用黑胶带的黏性，将两端口充分密封起来。

（2）分支接点包扎　分支接点包扎方法如图 1-72 所示。

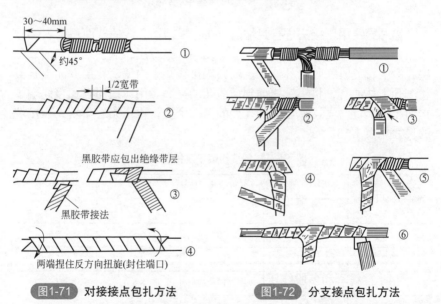

图1-71　对接接点包扎方法　　图1-72　分支接点包扎方法

采用与对接相同的方法从左端开始起包。包至碰到分支线时，应用左手拇指顶住左侧直角处包上的带面，使它紧贴转角处芯线，并应使处于线顶部的带面尽量向右侧斜压（即跨越到右边）。当围绕到右侧转角处时，用左手食指顶住右侧直角处带面，并使带面在干线顶部向左侧斜压，与被压在下边的带面呈 "X" 状交叉。然后把带再回绕到右侧转角处。带沿紧贴住支线连接处根端，开始在支线上缠包，包至完好绝缘层上约两倍带宽时，原带折回再包至支线连接处根端，并把带向干线右侧斜压（不应该倾斜太多）。

当带围过干线顶部后，紧贴干线右侧的支线连接处开始在干线右侧芯线上进行包缠。包至干线另一端的完好绝缘层上后，接上黑胶带，重复上述方法继续包缠黑胶带。

（3）**并头接点包扎** 并头连接后的端头通常埋藏在木台或接线盒内，空间狭小，导线和附件较多，往往彼此挤轧在一起，且容易贴着建筑面，所以并头接点的绝缘层必须恢复可靠，否则极容易发生漏电或短路等电气故障。操作步骤和方法如图1-73所示。

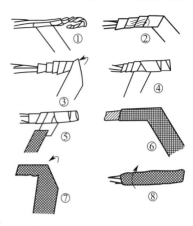

图1-73 并头接点包扎方法

为了防止包缠的整个绝缘层脱落，绝缘线在起包前必须插入两根导线的夹缝中，然后在包缠时把带头夹紧。起包方法和要求与-对接接点-一样。由于并头接点较短，叠压宽度紧密，间隔可小于1/2带宽。若并接的是较大的端头，在尚未包缠到端口时，应裹上包裹带，然后在继续包缠中把包裹带扎紧压住；若并接的是较小的端头，不必加包裹带。包缠到导线端口后，应使带面超出导线端口1/2～3/4带宽，然后紧贴导线端口折向伸出部分的带面。把折回的带面掀平掀服，然后用原带缠压住（必须压紧），接着缠包第二层绝缘带，包至下层起包处止。接上黑胶带，并应使黑胶带超出绝缘带层至少半个带宽，并完全包没压住绝缘带。把黑胶带缠包到导线端口，用黑胶带缠裹住端口绝缘带层，要完全压住包没绝缘带层，然后缠包第二层黑胶带至起包处止。用右手拇、食两指紧捏黑胶带断带口，旋紧，使端口密封。

（4）**接线耳和多股线压接圈包扎**

① 接线耳线端包扎方法如图1-74所示。

从完好绝缘层的40～60mm处缠起，方法与本节对接接点包扎方法相同。绝缘带缠包到接线耳近圆柱体底部处，接上黑胶带；然后朝起包处缠包黑胶带，包出下层绝缘带约1/2带宽后断带，应完全包没压住绝缘带。如图两箭头所示，两手捏紧后作反方向扭旋，使两端黑胶带端口密封。

② 多股线压接圈线端包扎方法如图 1-75 所示。

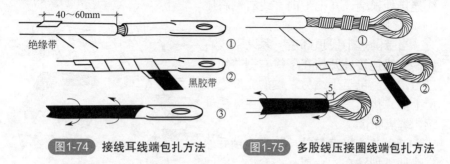

图1-74 接线耳线端包扎方法　　图1-75 多股线压接圈线端包扎方法

步骤和方法，与上述接线耳包扎方法基本相同，但离压接圈根部 5mm 的芯线应留着不包。若包缠到圈的根部，螺栓顶部的平垫圈就会压着恢复的绝缘层，造成接点接触不良。

1.7 常用电热材料

电热材料是用来制造各种电阻加热设备中的发热元件的，它作为电阻接到电路中，把电能变为热能，使加热设备的温度升高。

常用的电热材料为镍铬合金和铁铬铝合金。

① 镍铬合金：其特点是电阻系数高，加工性能好，高温时机械强度较弱，用后不变脆，适用于移动设备上。

② 铁铬铝合金：其特点是抗氧化性比镍铬合金好，价格便宜，但高温时机械强度较差，用后会变脆，适用于固定设备上。

1.8 常用保护材料

电工常用保护材料为熔丝，又称保险丝，常用的是铝锡合金线。合理选择熔丝，对安全可靠运行影响很大。

（1）照明及电热设备线路

① 装在电路上的总熔丝额定电流，等于电度表电流的 0.9 ～ 1 倍。

② 装在支线上的熔丝额定电流，等于支线上所有电气设备额定电流总和的 1 ～ 1.1 倍。

（2）交流电动机电路

① 单台交流电动机电路上的熔丝额定电流，等于该电动机额定电

流 1.5 ～ 2.5 倍。

② 多台交流电动机电路的总熔丝额定电流，等于电路上功率最大一台电动机额定电流的 1.5 ～ 2.5 倍，再加上其他电动机额定电流的总和。

（3）交流电焊机电路

① 电源电压是 220V 的，其熔丝的额定电流等于电焊机功率（kW）数值的 6 倍。

② 电源电压为 380V 的，其熔丝的额定电流等于电焊机功率（kW）数值的 4 倍。

1.9 常用绝缘材料

由电阻系数大于 $10^9\Omega\cdot cm$ 的物质所构成的材料在电工技术上叫做绝缘材料。在修理电机和电气设备时必须合理地选用绝缘材料。

（1）固体绝缘材料的主要性能指标

① 击穿强度。

② 绝缘电阻。

③ 耐热性。绝缘材料耐热性见表 1-14。

表1-14 绝缘材料耐热性

等级代号	耐热等级	允许最高温度 /℃
0	Y	90
1	A	105
2	E	120
3	B	130
4	F	155
5	H	180
6	C	> 180

④ 黏度、固体含量、酸值、干燥时间及胶化时间。

⑤ 机械强度。

⑥ 固体绝缘材料的分类及名称见表 1-15。

表1-15 绝缘材料的分类及名称

分类代号	分类名称
1	漆树脂和胶类
2	浸渍材料制品
3	层压制品类
4	压塑料类
5	云母制品类
6	薄膜、粘带和复合制品类

（2）绝缘漆

① 浸渍漆 浸渍漆主要用来浸渍电机、电气设备的线圈和绝缘漆零部件，以填充其间膜和微孔，提高它们的电气及力学性能。

② 覆盖漆 覆盖漆分清漆和磁漆两种，用于涂覆及浸渍处理后的线圈和绝缘零部件，作为绝缘保护层。

③ 硅钢片漆 硅钢片漆用来覆盖硅钢片表面，降低铁芯的涡流损耗，增强防锈及耐腐蚀的能力。

1.10 常用磁性材料

各种物质在外界磁场的作用下，都会呈现出不同的磁性，根据磁性材料和特性分为软磁材料和硬磁材料（又称永磁材料）两大类。

（1）**软磁材料** 软磁材料的主要特点是磁导率高、剩磁弱。

这类材料在较弱的外界磁场作用下就能产生较强的磁感应强度，而且随着外界磁场的增强，将很快达到磁饱和状态，当去掉外界磁场后，它的磁性也基本消失。

（2）**硬磁材料** 这类硬磁材料的主要特点是剩磁强，这类材料在外界磁场的作用下，不容易产生较强的磁场强度，但当其达到磁饱和后，即使去掉外界磁场，还能在较长时间内保持较强的磁性。

1.11 电气设备故障检修方法

机床电气设备出现的故障，由于机床种类的不同而有不同的特点，但对于各类机床的电气故障，都可以运用基本检修方法进行检修。这些基本检修方法包括直观法、电压测量法、电阻测量法、对比法、置换元件法、逐步开路法、强迫闭合法和短接法等。实际检修时，要综合运用上述方法，并根据检修经验，对故障现象进行分析，快速准确地找到故障部位，采取适当方法加以排除。

1.11.1　直观法

直观法是根据电气故障的外部表现，通过目测、鼻闻、耳听等手段，来检查、判断故障的方法。

（1）检查步骤

① 调查情况：向机床操作者和故障在场人员询问故障情况，包括故障外部表现、大致部位、发生故障时的环境情况（如有无异常气体、明火等，热源是否靠近电气，有无腐蚀性气体侵蚀，有无漏水等）、是否有人修理过、修理的内容等。

② 初步检查：根据调查的情况，看有关电器外部有无损坏，连线有无断路、松动，绝缘有无烧焦，螺旋熔断器的熔断指示器是否跳出，电器有无进水、油垢，开关位置是否正确等。

③ 试车：通过初步检查，确认不会使故障进一步扩大和造成人身、设备事故后，可进行试车检查。试车中要注意有无严重跳火、冒火、异常气味、异常声音等现象，一经发现应立即停车，切断电源。注意检查电机的温升及电器的动作程序是否符合电气原理图的要求，从而发现故障部位。

（2）检查方法及注意事项

① 用观察火花的方法检查故障：电器的触点在闭合、分断电路或导线线头松动时会产生火花，因此可以根据火花的有无、大小等现象来检查电气故障。例如，正常紧固的导线与螺钉间不应有火花产生，当发现该处有火花时，说明线头松动或接触不良。电器的触点在闭合、分断电路时跳火，说明电路是通路，不跳火说明电路不通。当观察到控制电动机的接触器主触点两相有火花，一相无火花时，说明无火花的触点接触不良或这一相电路断路；三相中有两相的火花比正常大，另一相比正常小，可初步判断为电动机相间短路或接地；三相火花都比正常大，可能是电动机过载或机械部分卡住。在辅助电路中，接触器线圈电路通电后，衔铁不吸合，要分清是电路断路，还是接触器机械部分卡住造成的。可按一下启动按钮，如按钮常开触点在闭合位置，断开时有轻微的火花，说明电路通路，故障为接触器本身机械部分卡住等；如触点间无火花，说明电路断路。

② 从电器的动作程序来检查故障：机床电器的工作程序应符合电气说明书和图纸的要求，如某一电路上的电器动作过早、过晚或不动作，说明该电路或电器有故障。另外，还可以根据电器发出的声音、温度、压力、气味等分析判断故障。运用直观法，不但可以确定简单的故障，还可以把较复杂的故障缩小到较小的范围。

③ 注意事项：

a. 当电气元件已经损坏时，应进一步查明故障原因后再更换，不然会造成元件的连续烧坏。

b. 试车时，手不能离开电源开关，以便随时切断电源。

c. 直观法的缺点是准确性差，所以不经进一步检查不要盲目拆卸导线和元件，以免延误时机。

1.11.2 测量电压法

（1）检查方法和步骤

① 分阶测量法　如图1-76所示，当电路中的行程开关SQ和中间继电器的常开触点KA闭合时，按启动按钮SB₁接触器KM₁不吸合，说明电路有故障。检查时把万用表扳到电压500V挡位上（或用电压表），首先测量A、B两点电压，正常值为380V。然后按住启动按钮SB₁不放，同时将黑色测试棒接到B点上，红色测试棒按标号依次向前移动，分别测量标号2、11、9、7、5、3、1各点的电压。电路正常的情

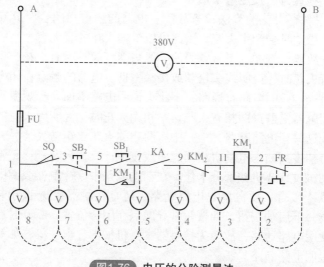

图1-76　电压的分阶测量法

况下，B与2两点之间无电压，B与11～1各点电压均为380V。如B与11间无电压，说明是电路故障，可将红色测试棒前移。当移至某点时电压正常，说明该点前开关触点是完好的，此点以后的开关触点或接线断路，一般是此后第一个触点（即刚刚跨过的触点）或连线断路。例如，测量到9时电压正常，说明接触器KM_2的常闭触点或9所连导线接触不良或断路。究竟故障在触点上还是连线断路，可将红色测试棒接在KM_2常闭触点的接线柱上，如电压正常则故障在KM_2的触点上；如没有电压，说明连线断路。根据电压值来检查故障的具体方法见表1-16。

表1-16 分阶测量法所测电压值及故障原因　　　　　　V

故障现象	测试状态	B-2	B-11	B-9	B-7	B-5	B-3	B-1	故障原因
SB₁按下时KM₁不吸合	SB₁按下	380	380	380	380	380	380	380	FR 接触不良
		0	380	380	380	380	380	380	KM₁ 本身故障
		0	0	380	380	380	380	380	KM₂ 接触不良
		0	0	0	380	380	380	380	KA 接触不良
		0	0	0	0	380	380	380	SB₁ 接触不良
		0	0	0	0	0	380	380	SB₂ 接触不良
		0	0	0	0	0	0	380	SQ 接触不良

在运用分阶测量法时，可以向前测量（即由 B 点向标号 1 测量），也可以向后测量（即由标号 1 向 B 点测量）。用后一种方法测量时当标号 1 与某点（标号 2 与 B 点除外）电压等于电源电压时，说明刚刚测过的触点或导线断路。

维修实践中，根据故障的情况也可不必逐点测量，而多跨几个标号测试点，如 B 与 11、B 与 3 等。

② 分段测量法　触点闭合时各电器之间的导线，在通电时其电压降接近于零，而用电器、各类电阻、线圈通电时，其电压降等于或接近于外加电压。根据这一特点，采用分段测量法检查电路故障更为方便。电压的分段测量法如图 1-77 所示。按下按钮 SB_1 时，如接触器 KM_1 不吸合，按住按钮 SB_1 不放，先测 A、B 两点的电源电压，电压在 380V，而接触器不吸合说明电路有断路之处。可将红、黑两测试棒逐段或者说重点测相邻两标号的电压，如电路正常，除 11 与 2 两标号间的电压等于电源电压 380V 外，其他相邻两点间的电压都应为零。如测量某相邻两点电压为 380V，说明该两点所包括的触点或连接导线接触不良或断路。例如，标号 3 与 5 两点间电压为 380V，说明停止按钮 SB_2 接触

不良。当测量电路电压无异常，而 11 与 2 间电压正好等于电源电压时，接触器 KM₁ 仍不吸合，说明线圈断路或机械部分卡住。

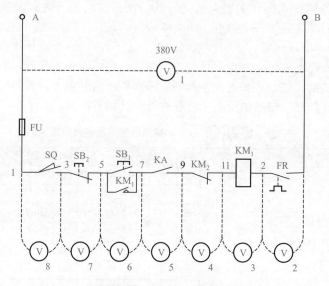

图1-77 电压的分段测量法

对于机床电器开关及电器相互间距离较大、分布面较广的设备，由于万用表的测试棒连线长度有限，用分段测量法检查故障比较方便。

③ 点测法 机床电器的辅助电路电压为220V且零线接地的电路，可采用点测法来检查电路故障，如图1-78所示。把万用表的黑色测试棒接地，红色测试棒逐点测 2、11、9 等点，根据测量的电压情况来检查电气故障，这种测量某标号与接地电压的方法称为点测法（或对地电压法）。用点测法测量电压值及判断故障的原因见表1-17。

表1-17 点测法所测电压值及故障原因 V

故障现象	测试状态	2	11	9	7	5	3	1	故障原因
SB₁ 按下时 KM₁ 不吸合	SB₁ 按下	220	220	220	220	220	220	220	FR 接触不良
		0	220	220	220	220	220	220	接触器 KM₁ 本身故障
		0	0	220	220	220	220	220	KM₂ 接触不良
		0	0	0	220	220	220	220	KA 接触不良
		0	0	0	0	220	220	220	SB₁ 接触不良
		0	0	0	0	0	220	220	SB₂ 接触不良
		0	0	0	0	0	0	220	FU 接触不良

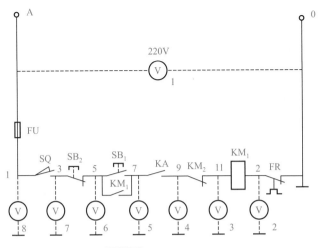

图1-78 电压的点测法

（2）注意事项

① 用分阶测量法时，标号11以前各点对B点应为380V，如低于该电压（相差20%以上，不包括仪表误差）则可视为电路故障。

② 分段或分阶测量到接触器线圈两端11与2时，电压等于电源电压，可判断为电路正常；如不吸合说明接触器本身有故障。

③ 电压的三种检查方法，可以灵活运用，测量步骤也不必于过于死板，除点测法在220V电路上应用外，其他两种方法是通用的，也可以在检查一条电路时用两种方法。在运用以上三种方法时，必须将启动按钮按住不放才能测量。

1.11.3　测量电阻法

（1）检查方法和步骤

① 分阶测量法　如图1-79所示，当确定电路中的行程开关SQ、中间继电器触点KA闭合时，按启动按钮SB₁接触器KM₁不吸合，说明该电路有故障。检查时先将电源断开，把万用表扳到电阻挡位上，测量A、B两点电阻（注意，测量时要一直按下按钮SB₁）。如电阻为无穷大，说明电路断路。为了进一步检查故障点，将A点上的测试棒移至标号2上，如果电阻为零，说明热继电器触点接触良好。再测量B与11两点间电阻，若接近接触器线圈电阻值，说明接触器线圈良好。然后将两测试棒移至9与11两点，若电阻为零，可将标号9上的测试棒前移，逐

步测量 7-11、5-11、3-11、1-11 各点的电阻值。当测量到某标号时电阻突然增大，则说明测试棒刚刚跨过的触点或导线断路。分阶测量法，既可从 11 向 1 方向移动测试棒，也可从 1 向 11 方向移动测试。

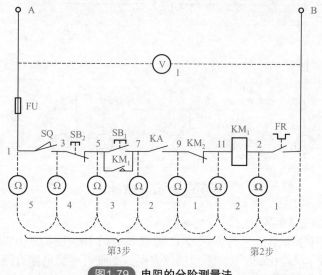

图1-79 电阻的分阶测量法

② 分段测量法　如图 1-80 所示，先切断电源，按下启动按钮 SB_1，

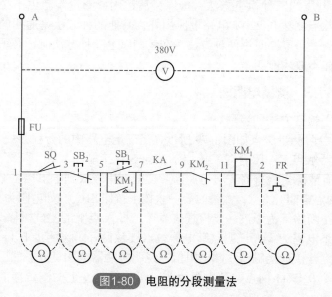

图1-80 电阻的分段测量法

两测试棒逐段或重点测试相邻两标号（除2-11两点外）的电阻。如两点间电阻很大，说明该触点接触不良或导线断路。例如，当测得1-3两点间电阻很大时，说明行程开关触点接触不良。这种方法适用于开关、电器在机床上分布距离较大的电气设备。

（2）注意事项　测量电阻法的优点是安全，缺点是测量电阻值不准确时容易造成判断错误，为此应注意以下几点：

① 用电阻测量法检查故障时一定要断开电源。

② 如所测量的电路与其他电路并联，必须将该电路与其他电路断开，否则电阻不准确。

③ 测量高电阻器件时，万用表要扳到适当的挡位。在测量连接导线或触点时，万用表要扳到 R×1 的挡位上，以防仪表误差造成误判。

1.11.4　对比法、置换元件法、逐步开路（或接入）法

（1）检查方法和步骤

① 对比法：在检查机床电气设备故障时，总要进行各种方法的测量和检查，把已得到的数据与图纸资料及平时记录的正常参数相比较来判断故障。对无资料又无平时记录的电器，可与同型号的完好电器相比较，来分析检查故障，这种检查方法叫对比法。

对比法在检查故障时经常使用，如比较继电器、接触器的线圈电阻、弹簧压力、动作时间、工作时发出的声音等。

电路中的电气元件属于同样控制性质或多个元件共同控制同一设备时，可以利用其他相似的或同一电源的元件动作情况来判断故障。例如，异步电动机正反转控制电路，若正转接触器 KM_1 不吸合，可操纵反转，看接触器 KM_2 是否吸合，如吸合，则证明 KM_1 电路本身有故障。再如反转接触器吸合时，电动机运转，可操作电动机正转，若电动机运转正常，说明 KM_2 主触点或连线有一相接触不良或断路。

② 置换元件法：某些电器的故障原因不易确定或检查时间过长时，为了保证机床的利用率，可置换同一型号性能良好的元器件试验，以证实故障是否由此电器引起。

运用置换元件法检查时应注意，当把原电器拆下后，要认真检查是否已经损坏，只有肯定是由于该电器本身因素造成损坏时，才能换上新电器，以免新换元件再次损坏。

③ 逐步开路法（或接入）法：多支路并联且控制较复杂的电路短路或接地时，一般有明显的外部表现，如冒烟、有火花等。电动机内部

或带有护罩的电路短路、接地时，除熔断器熔断外，不易发现其他外部现象，这种情况可采用逐步开路（或接入）法检查。

逐步开路法：遇到难以检查的短路或接地故障，可重新更换熔体，把多支路并联电路，一路一路逐步或重点地从电路中断开，然后通电试验。若熔断器不再熔断，故障就在刚刚断开的这条断开的支路上。然后再将这条支路分成几段，逐段地接入电路。当接入某段电路时熔断器又熔断，故障就在这段电路及其所包含的电气元件上。这种方法简单，但容易把损坏不严重的电气元件彻底烧毁。为了不发生这种现象，可采用逐步接入法。

逐步接入法：电路出现短路或接地故障时，换上新熔断器逐步或重点地将各支路一条一条地接入电源，重新试验。当接到某段时熔断器又熔断，故障就在这条支路及其所包含的电气元件上。

（2）注意事项 逐步接入（或开路）法是检查故障时较少使用的一种方法，它有可能使故障的电器损坏得更严重，而且拆卸的线头特别多，很费力，只在遇到较难排除的故障时才用这种方法。在用逐步接入法排除故障时因大多数并联支路已经拆除，为了保护电器，可用较小容量的熔断器接入电路进行试验。对于某些不易购买且尚能修复的电气元件，出现故障时，可用欧姆或兆欧表进行接入或开路检查。

1.11.5 强迫闭合法

在排除机床电气故障时，经过直观检查后没有找到故障点而手中也没有适当的仪表进行测量，可用一绝缘棒将有关继电器、接触器、电磁铁等用外力强行按下，使其常开触点或衔铁闭合，然后观察机床电器部分或机械部分出现的各种现象，如电动机从不转到转动，机床相应的部分从不动到正常运行等。利用这些外部现象的变化来判断故障点的方法叫强迫闭合法。

（1）检查方法和步骤

① 检查一条回路的故障：在异步电动机控制电路（如图 1-81 所示）中，若按下启动按钮 SB_1 接触器 KM_1 不吸合，可用一细绝缘棒或绝缘良好的螺钉旋具（注意：手不能碰金属部分），从接触器灭弧罩的中间孔（小型接触器用两绝缘棒对准两侧的触点支架）快速按下然后迅速松开，可能有如下情况出现：

a. 电动机启动，接触器不再释放，说明启动按钮 SB_1 接触不良。

b. 强迫闭合时，电动机不转但有"嗡嗡"的声音，松开时看到三个触点都有火花，且亮度均匀。原因是电动机过载或辅助电路中的热继电器 FR 常闭触点跳开。

c. 强迫闭合时，电动机运转正常，松开后电动机停转，同时接触器也随之跳开，一般是辅助电路中的熔断器 FU 熔断或停止、启动按钮接触不良。

d. 强迫闭合时电动机不转，有"嗡嗡"声，松开时接触器的主触点只有两触点有火花。说明电动机主电路一相断路或接触器一主触点接触不良。

② 检查多支路自动控制电路的故障：在多支路自动控制降压启动电路（如图 1-81 所示）启动时，定子绕组上串联电阻 R，限制了启动

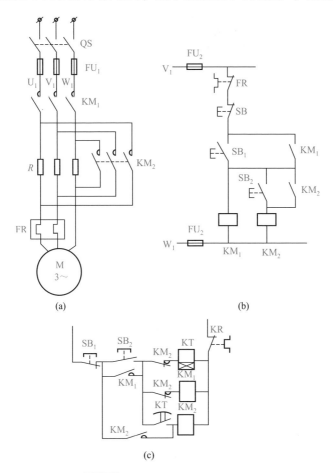

(a)　　　　　　　　　　　(b)

(c)

图1-81 接触器降压启动控制电路

电流。在电动机上升到一定数值时，时间继电器KT动作，它的常开触点闭合，接通KM₂电路，启动电阻R自动短接，电动机正常运行。如果按下启动按钮SB₁接触器不吸合，可将KM₁强迫闭合，松开后看KM₁是否保持在吸合位置，电动机在强迫闭合瞬间是否启动。如果KM₁随绝缘棒松开而释放，但电动机转动了，则故障在停止按钮SB₂、热继电器FR触点或KM₁本身。如电动机不转，故障在主电路熔断器或电源无电压等。如KM₁不再释放，电动机正常运转，故障在启动按钮SB₁和KM₁的自锁触点。

当按下启动按钮 SB₁ 时，KM₁ 吸合，时间继电器 KT 不吸合。故障在时间继电器线圈电路或它的机械部分。如时间继电器吸合，但 KM₂ 不吸合，可用小螺丝刀（螺钉旋具）按压 KT 上的微动开关触杆，注意听是否有开关动作的声音，如有声音且电动机正常运行，说明微动开关装配不正确。

（2）注意事项　用强迫闭合法检查电路故障，如运用得当，简单易行；但运用不好也容量出现人身和设备事故，所以应注意以下几点：

① 运用强迫闭法时，应对机床电路控制程序比较熟悉，对要强迫闭合的电器与机床机械间部分的传动关系比较了解。

② 用强迫闭合法前，必须对整个故障的电气设备、电器做仔细的外部检查，如发现以下情况，不得用强迫闭合法检查：

a.具有联锁保护的正反转控制电路中，两个接触器中有一个未释放，不得强迫闭合另一个接触器。

b.Y- △启动控制电路中，当接触器 KM△ 没有释放时，不能强迫闭合其他接触器。

c.机床的运动机械部作已达到极限位置，又弄不清反向控制关系时，不要随便采用强迫闭合法。

d.当强迫闭合某电器可能造成机械部分（机床夹紧装置等）严重损坏时，不得用强迫闭合法检查。

e.用强迫闭合法时，所用的工具必须有良好的绝缘性能，否则会出现比较严重的触电事故。

1.11.6　短接法

机床电路或电器的故障大致归纳为短路、过载、断路、接地、接线错误、电器的电磁及机械部分故障等六类。诸类故障中出现较多的为断路故障，它包括导线断路、虚连、松动、触点接触不良、虚焊、假焊、熔断器熔断等。对这类故障除用电阻法、电压法检查外还有一种更为简单可靠的方法，就是短接法。方法是用一根良好绝缘的导线，将所怀疑的断路部位短路接起来，如短接到某处，电路工作恢复正常，说明该处断路。

（1）检查方法和步骤

① 局部短接法：局部短接法如图1-82所示。当确定电路中的行程开关 SQ 和中间继电器常开触点 KA 闭合时，按下启动按钮 SB₁，接触器 KM₁ 不吸合，说明该电路有故障。检查时，可首先测量 A、B 两点电压，若电压正常，可将按钮 SB₁ 按住不放，分别短接 1-3、3-5、5-7、7-9、9-11 和 B-2。当短接到某点，接触器吸合，说明故障就在这两点之间。具体短接部位及故障原因见表1-18。

表1-18 短接部位及故障原因

故障原因	短接标号	接触器 KM₁ 的动作情况	故障原因
按下启动按钮 SB₁ 接触器 KM₁ 不吸合	B-2	KM₁ 吸合	FR 接触不良
	11-9	KM₁ 吸合	KM₂ 常闭触点接触不良
	9-7	KM₁ 吸合	KA 常开触点接触不良
	7-5	KM₁ 吸合	SB₁ 触点接触不良
	5-3	KM₁ 吸合	SB₂ 触点接触不良
	3-1	KM₁ 吸合	SQ 触点接触不良
	1-A	KM₁ 吸合	熔断器 FU 接触不良或熔断

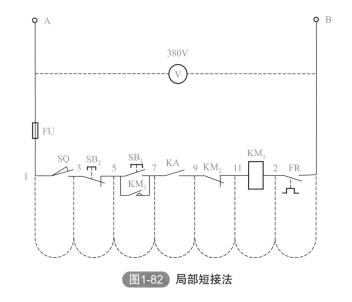

图1-82 局部短接法

② 长短接法：长短接法（图 1-83）是指一次短接两个或多个触点或线段来检查故障的方法。这样做既节约时间，又可弥补局部短接法的某些缺陷。例如，两触点 SQ 和 KA 同时接触不良或导线断路，用局部短接法检查电路故障的结果可能出现错误的判断。而用长短接法一次可将 1-11 短接，如短接后接触器 KM$_1$ 吸合，说明 1 ~ 11 这段电路上一定有断路的地方，然后再用局部短接的方法来检查，就不会出现错误判断的现象。

长短接法的另一个作用是把故障点缩小到一个较小的范围之内。总之应用短接法时可长短接合，加快排除故障的速度。

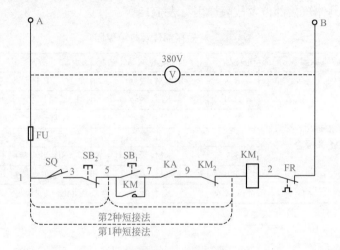

图1-83 长短接法

（2）注意事项

① 应用短接法是用手拿着绝缘导线带电操作的，所以一定要注意安全，避免发生触电事故。

② 应确认所检查的电路电压正常时，才能进行检查。

③ 短接法只适于压降极小的导线、电流不大的触点之类的短路故障。对于压降较大的电阻、线圈、绕组等断路故障，不得用短接法，否则就会出现短路故障。

④ 对于机床的某些要害部位，要慎重行事，必须在保障电气设备或机械部位不出现事故的情况下使用短接法。

⑤ 在怀疑熔断器熔断或接触器的主触点断路时，先要估计一下电

流，一般在 5A 以下时才能使用，否则容易产生较大的火花。

1.12 电气设备检修经验

1.12.1 区别易坏部位和不易坏部位

要注意总结哪些部位、电气元件、线段、用电设备容易出现故障和容易损坏，这是在机床电气维修中必须掌握的。遇到故障时一般要先检查易坏的部位，而后检查不易坏的部位。易坏的部位和不易坏的部位见表 1-19。

表1-19 易坏的部位和不易坏的部位

易坏的部位	不易坏的部位
常动部位	不常动的部位
温度高的地方	温度低的部位
电流大的部位	电流小的部位
潮湿、油垢、粉尘多的地方	干燥、清洁的部位
穿管导线管口处	管内导线
振动撞击大的部位	振动撞击小的部位
腐蚀性有害气体浓度高的部位	通风良好、空气清新的部位
导线的接头部位	导线的中间部位
钢铝接触的部位	钢与钢、铝与铝接触部位
电器外部	电器内部
电器上部	电器下部
构造复杂（零部件较多）的电器	构造简单（零部件较少）的电器
启动频繁的电气设备	启动次数较少、负载较轻的电气设备

注：电器外部易坏是因为经常受碰撞，拆卸比较频繁，易受腐蚀等。电器上部易坏是因铁屑、灰尘、油垢易落在上面造成短路。

由表 1-19 可以看出，不但排除电气故障时要遵照先外后内，先检查易坏部位，后检查不易坏部位，而且平时维护保养，也要注意重点检查这些易坏部位。例如，易氧化的接点、触点等处要经常擦拭，潮湿的部位采取防潮措施等，可把故障消灭在萌芽状态。

检查故障要先做外部检查，然后再做内部检查。很多故障都有其外部表现，主要特征之一是电器颜色和光泽的改变。例如，接触器、继电器线圈，正常时最外层绝缘材料有的呈褐色，有的呈棕黄色，烧毁后变成黑色或深褐色。包扎的绝缘材料如果本来是黑色或深褐色，烧毁时就不容易从颜色辨别，可以从外部光泽上来辨别，正常时有一定的光泽（浸漆所致）；烧毁后呈乌色，用手轻轻一抠会有粉末脱落，说明烧毁了。

转换开关、接触器等电器外壳，是用塑料或胶木材料制成的，正常时平滑光亮；烧毁或局部短路后，光泽消失起泡，如用刀刮一刮，有粉末落下，说明烧焦了。弹簧变形、弹性减退，这是经常出现的故障。用弹簧秤调整触点压力或调整弹簧压力不太方便，只有在特殊情况下才采用。平时的维修工作中，对于弹簧的弹力、气压、油压继电器各弹簧的压力等，都应锻炼用手的感觉来调整或测定。当然用手的感觉来测出它们的准确值是相当的困难的，但要注意锻炼积累经验，经过多次调整试验，一般都能达到电器技术要求所规定的范围。锻炼用手测定压力范围的方法如下：

（1）**比较法**　如怀疑某电器的弹力减退或修理后弹力过大，可拿同型号的电器或同一电路中正常工作的电器，对比按压试验，如有明显差异，说明故障或修理过的电器弹力不正常。

（2）**用仪表对照试验法**　用仪表测量后，再用手试验，也是锻炼手测压力的好办法。例如，测试直流电动机的电刷压力，先用弹簧秤称一下弹簧压力的大小，再用手来测试几次，感觉一下弹簧力的大小，或估测一下大致数值，然后再用弹簧秤称一下，看自己感觉的误差。这样经过一段时间的锻炼，即可掌握手测方法。

1.12.2　利用人体感官检查电气故障

（1）问

① 问清发生故障时的外部表现：包括故障是在什么状态下出现的，有无"放炮"、冒烟、杂音、振动等特殊情况，发生故障的部位，故障后机床的异常现象等。

② 认真交接班：问明上一班修理的情况，修理的部位，电器损坏情况，检查方法，更换的电器、导线等。

③ 设备平时的情况：要询问设备平时的运行情况，有无短时失灵、出现异常现象等。问明以上情况后，就可以大大减小故障的范围。

（2）**看**

① 根据别人提供的和自己分析的部位，看有无明显的故障点。

② 观察有无违章作业的情况，有无将短时或断续工作的电机、电器作连续运转，工作负载是否超过电气设备的额定值，操作频率是否太高等。

③ 各种开关的位置有无变动，电机的转速是否过高、过低，各种电器动作程控是否正确。

（3）**听**

① 电机的声音：电机在两相运转和一相匝间短路故障时，都发出一种"嗡嗡"声且转速慢，但两相运转的声音低而沉闷，一相短路的声音高而杂。

直流电机电刷压力过大时会发出一种"尖叫"声。当电刷下出现环火时，发出强烈的放电声音，同时伴有闪光。

② 电器的声音：一般电器在运行时不应有响声（除吸合断开外），如出现响声可视为故障，但要根据不同的声音分清不同的故障。例如，接触器的噪声较小可判断为电路的故障，声音过大可判断为磁路或机械上的故障。

（4）**嗅** 嗅就是用鼻子分辨电机、电器在正常情况下和烧毁时的不同气味。气味主要是电机和电器在温度过高时产生的，有四种物质的气味最强烈：绝缘漆、塑料、橡胶及油污。维修电工要善于从不同气味中辨别高温时电机和电器损坏的程度及不同物质。例如，发现一台电机冒烟，若有强烈的绝缘漆烧毁的焦臭味，且时间较长，可判断为绕组烧毁。若嗅到的是塑料或橡胶烧毁时的气味而无绝缘漆的焦臭味，可判为电机引线短路，这种气味时间较短。拆开电机检查后并未发现绕组变色，可更换引线继续使用。若发现电机冒烟，但只有油污的气味，说明电机绕组上有油污，在电机产生高温时蒸发所致，一般拆开电机，排除引起电机发热的因素后，可继续使用。

另外还有一种情况：电机冒白烟，其温升不高，又无异常气味。原因是长期存放后开始使用时从电机内吹出的灰尘，可视为电机无故障。

（5）**摸** 摸主要是用手来感觉一下电机、电器的温度、振动及某些继电器和部件的压力线头是否松动等，从而判断有无故障。

温度过高是电气的常见故障，维修时经常使用温度计或其他工具测量，既不方便又费时，而人手是一个很好的感温计，正常人的体温是基本恒定的，可以用手摸的方法判断温度是否过高。手感不可能准确到一度不差的程度，要根据经验定出自己的标准。下面仅以额定温升为60℃的电机为例，介绍人体温度与电机温升的关系。

① 电机运行时的三个范围：手感很凉或稍有温感，说明电机良好；手感温度较高，但手放到机壳上烫感不强，一般可以继续使用；当手碰到机壳上烫得立即拿开，并闻到一种绝缘漆在高温下发出的气味时，一般属于电机故障，不能继续使用。

② 环境温度、电机温度、人体温度的关系：不同环境、季节，对电机的手感温度要能正确识别。例如，一台电机，在炎热天气（周围温度在35℃左右）手感温度在70℃左右，若周围温度在零度也是同样的温度。冷天电机温度低，有可能属于故障温度；热天电机温度高，也可能是正常温度。

③ 工作时间和电机温度的关系：有两台同型号、同负载的电机，一台工作了3h，达到了额定温升；一台电机工作了30min，就达到了额定温升，则后者应判断为故障温度。

④ 负载和电机温度的关系：在正常情况下，电机超载会引起温升过高。如果电机处于轻载而温度过高，则说明电机有故障。

为了较快地掌握用手测温的技能，在用水壶烧水时，可用温度计测量几个温度点（35℃、50℃、70℃、90℃等），然后进行手感温度锻炼，不长时间即可掌握。必须注意，运行60min以上的电机，机壳温度比绕组温度一般低10℃左右；运行不足15min的电动机，如发现温升增长过快，应立即停车，待温度散发到机壳后再摸，这才是较为真实的温度。

1.12.3 牢记基本电路及机电联锁的关系

基本电路是复杂控制电路的基础，不但要知道这些电路的工作原理、故障分析方式，而且要记熟，这是排除机床电路故障的基本功之一。从机床发展的趋势来看，向机电一体化发展得越来越快，在操纵机械的过程中，同时也操纵了电器。机械部分的故障有时反映为电气故障，电气故障也必然影响机械。有些故障很难分辨是机械故障还是电气故障，如果不熟悉它们之间的连接关系，是很难排除的。

1.12.4 造成疑难故障的原因

由于维修电工技术理论水平、实践经验与分析和检查方法的差异，在电气维修工作中会遇到难以排除的故障（称为疑难故障）。出现这种情况的原因有以下三种：

① 故障时，不知如何分析及检查。主要原因是对该机床电气控制电路认识不足。在机床控制电路中使用的电器、电机种类很多，控制形式也是多种多样的，如果对这些设备不能充分掌握，遇到故障时就不能顺利排除。

② 一些不难排除的故障，总是找不到故障点。原因是理论不能和实践相结合，思路窄、检查方法单一或对电气设备不够熟悉。

③ 外部现象很奇怪，无法用电气图纸和控制程序进行推测。主要原因可能是系统接地或电路接错等。

第2章

电路识图与电子元器件

2.1 常用电气符号及应用

电气符号包括图形符号、文字符号、项目代号和回路标号等，它们相互关联、互为补充，以图形和文字的形式从不同角度为电气图提供了各种信息。在绘制电气图时，所有电气设备和电气元件都应使用国家标准符号，当没有国家标准符号时，可采用行业符号。

2.1.1 图形符号

图形符号通常用于图样或其他文件以表示一个设备（如电动机）或概念（如接地）的图形、标记或字符。正确地、熟练地理解、绘制和识别各种电气图形符号是电气制图与识图的基本功。

（1）图形符号的概念 图形符号通常由符号要素、一般符号和限定符号组成。

① 符号要素 符号要素是一种具有确定意义的简单图形，通常表示电气元件的轮廓或外壳。它必须同其他图形符号组合，以构成表示一个设备或概念的完整符号，如接触器的动合主触点的符号［如图 2-1(a)］，就由接触器的触点功能符号［如图 2-1(b)］和动合触点（常开）符号［如图 2-1(c)］组合而成。符号要素不能单独使用，而通过不同形式组合后，即能构成多种不同的图形符号。

② 一般符号 一般符号用以表示某一类产品或此类产品特征的一种简单符号。一般符号可直接应用，也可加上限定符号使用。如"○"为电动机的一般符号，"–▯–"为接触器或继电器线圈的一般符号。图 2-2 所示为一些常用元器件的一般符号。

③ 限定符号 限定符号是指用来提供附加信息的一种加在其他图

(a) 接触器动合主触点符号　　(b) 触点功能符号　　(c) 动合触点(常开)符号

图2-1 接触器动合主触点符号组成

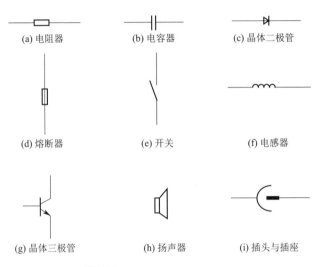

(a) 电阻器　　　　(b) 电容器　　　　(c) 晶体二极管

(d) 熔断器　　　　(e) 开关　　　　(f) 电感器

(g) 晶体三极管　　(h) 扬声器　　　(i) 插头与插座

图2-2 常用元器件的一般符号

形符号上的符号，它可以表示电量的种类、可变性、力和运动的方向、（流量与信号）流动方向等。限定符号一般不能单独使用，但一般符号有时也可用作限定符号。由于限定符号的应用，图形符号更具有多样性。例如，在电阻器一般符号的基础上，分别加上不同的限定符号，则可得到可变电阻器、滑动变阻器、压敏（U）电阻器、热敏（θ）电阻器、光敏电阻器、碳堆电阻器、功率为1W的电阻器等，如图2-3所示。

　　④ 方框符号　电气图形符号还有一种方框符号，用以表示设备、元件间的组合及其功能。它既不给出设备或元件的细节，也不反映它们之间的任何关系，是一种简单的图形符号，通常只用于系统图或框图。方框符号的外形轮廓一般为正方形，如图 2-4 所示。

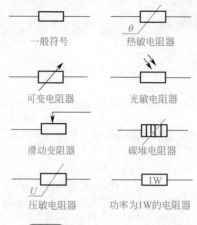

一般符号   热敏电阻器

可变电阻器   光敏电阻器

滑动变阻器   碳堆电阻器

压敏电阻器   功率为1W的电阻器

图2-3   限定符号的应用示例

(a) 电动机   (b) 整流器   (c) 变压器   (d) 放大器

图2-4   方框符号的应用图例

（2）图形符号的构成 实际用于电气图中的图形符号，通常由一般符号、限定符号、符号要素等组成，图形符号的构成方式有很多种，最基本和最常用的有以下几种：

① 一般符号＋限定符号 在图2-5中，表示开关的一般符号［图（a）］，分别与接触器功能符号［图（b）］、断路器功能符号［图（c）］、隔离器功能符号［图（d）］、负荷开关功能符号［图（e）］这几个限定符号组成接触器符号［图（f）］、断路器符号［图（g）］、隔离开关符号［图（h）］、负荷开关符号［图（i）］。

② 符号要素＋一般符号 在图2-6中，屏蔽同轴电缆图形符号［图（a）］，由表示屏蔽的符号要素［图（b）］与同轴电缆的一般符号［图（c）］组成。

③ 符号要素＋一般符号＋限定符号 在图2-7中的图（a）是表示自动增益控制放大器的图形符号，它由表示功能单元的符号要素［图（b）］与表示放大器的一般符号［图（c）］、表示自动控制的限定符号［图（d）］及文字符号 dB（作为限定符号）构成。

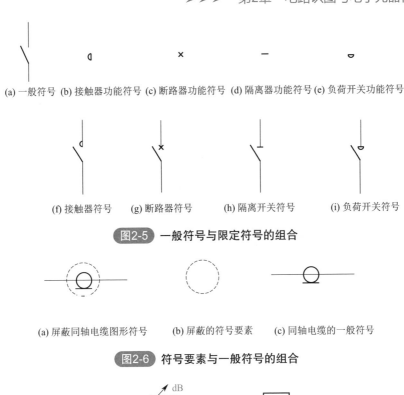

(a) 一般符号 (b) 接触器功能符号 (c) 断路器功能符号 (d) 隔离器功能符号 (e) 负荷开关功能符号

(f) 接触器符号 (g) 断路器符号 (h) 隔离开关符号 (i) 负荷开关符号

图2-5 一般符号与限定符号的组合

(a) 屏蔽同轴电缆图形符号 (b) 屏蔽的符号要素 (c) 同轴电缆的一般符号

图2-6 符号要素与一般符号的组合

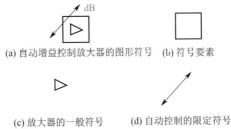

(a) 自动增益控制放大器的图形符号 (b) 符号要素

(c) 放大器的一般符号 (d) 自动控制的限定符号

图2-7 符号要素、一般符号与限定符号的组合

以上是图形符号的基本构成方式，在这些构成方式的基础上加上其他符号即可构成电气图常用图形符号。

（3）图形符号的使用规则

① 图形符号表示的状态 图形符号所表示的状态均是在未得电或无外力作用时电气设备和电气元件所处的状态。例如，继电器、接触器的线圈未得电，其被驱动的动合触点处于断开位置，而动断触点处于闭合位置；断路器和隔离开关处于断开位置；带零位的手动开关处于零位

位置，不带零位的手动开关处于图中规定的位置。

事故、备用、报警等开关应表示在设备正常使用时的位置，如在特定位置时，应在图上有说明。

机械开关或触点的工作状态与工作条件或工作位置有关，它们的对应关系在图形符号附近加以说明，以利识图时能较清楚地了解开关和触点在什么条件下动作，进而了解电路的原理和功能。按开关或触点类型的不同，采用不同的表示方法。

a.对非电或非人工操作的开关或触点，可用文字、坐标图形或操作器件的简单符号来说明这类开关的工作状态。

用文字说明：在各组触点的符号旁用字母或数字标注，以表明其运行方式，然后在适当位置用文字来注释字母或数字所代表的运行方式，如图 2-8 中文字说明置于图的右侧。采用这种方式时，要注意作注释的字母或数字代号应与该开关或触点的端子代号相区别，注释的位置也应避免引起误解。图 2-8 中的 11-12、13-14、15-16、17-18 为端子代号。

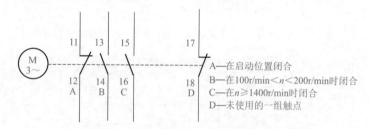

图2-8 **开关或触点运行方式用文字说明**

用坐标图形表示：其横坐标表示改变运行方式的条件，纵坐标表示触点的工作状态。如图 2-9（a）所示，其横坐标表示转轮的位置（也可表示温度、速度、时间、角度），其纵坐标上"0"表示触点断开，"1"表示触点闭合。

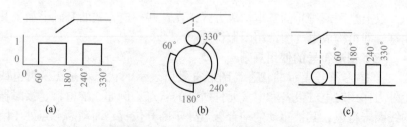

图2-9 **某行程开关触点位置的表示方法**

用操作器件的简单符号表示：如图 2-9（b）所示，当凸轮推动圆球时，触点在 $60°$ ～ $180°$ 之间闭合，$240°$ ～ $330°$ 之间也闭合，在其他位置断开。如图 2-9（c）所示，把凸轮画成展开式，箭头表示凸轮运行方式。

b. 对多位操作开关，如组合开关、转换开关、滑动开关，具有多个操作位置，其内部触点较多，在不同操作位置时，其触点的工作状态不同，开关的工作状态也不同。表示这类开关的图形符号必须反映出它们的工作状态与操作位置的关系，通常有以下两种表示方法。

第一种是多位开关触点图形符号表示法。如图 2-10 所示的 5 位控制器，有 4 对触点，用"- ○○ -"表示；有 5 个位置，用数字表示，其中"0"表示操作插槽在中间位置，两侧的数字"Ⅰ""Ⅱ"表示操作位置数，也可根据实际情况标示成操作手柄转动角度，数字上也可标注文字表示具体的操作（前、后、手动、自动）。纵向虚线手柄操作时的断合位置线，有"·"表示手柄转向该位置时触点接通，无"·"表示触点不接通。例如，当手柄在"0"位置时，第一对触点和第四对触点下有"·"，表示这两对触点接通；当手柄在"1"位置时，只有第二对触点下有"·"，表示第二对触点接通。

第二种是图形符号与触点闭合表相结合的表示法，如图 2-11 和表 2-1 所示。图 2-10 所示的多位开关触点位置的工作状态与工作位置的关系，可用表 2-1 所示的触点闭合表来表示，表中"+"表示触点接通，"-"表示触点未接通。

表2-1　触点闭合表

触点	向后位置		中间位置	向前位置	
	Ⅱ	Ⅰ	0	Ⅰ	Ⅱ
1-2	-	-	+	-	-
3-4	-	+	-	+	-
5-6	+	-	-	-	+
7-8	-	-	+	-	-

② 图形符号的选择

a. 有些设备或电气元件有几种不同的图形符号，可按需要选用，并应尽可能采用优选图形，但在同一套电气图中表示同一类对象，应采用同一种形式。

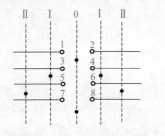

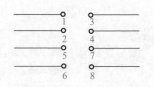

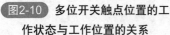

图2-10 多位开关触点位置的工作状态与工作位置的关系

图2-11 多位开关图形符号

b. 当同种含义的图形符号有几种形式时，应以满足表达需要为原则。例如，一个双绕组的三相电力变压器的图形符号有图 2-12 所示的多种表示方式，其中图（a）是方框符号；图（b）是一般符号；图（c）和图（d）加有表示相数（线数）的图形符号，它们适用于用单线表示法画成的电气图；图（e）采用多线形式表达，加注了表示绕组连接方法的限定符号和连接组标号，可用于内容比较详细的多线表示的电气图；图（f）在图形符号旁详细地标出了变压器的各项技术数据，成为图形符号的一个组成部分，为人们识图、了解变压器的规格提供了更多的信息。

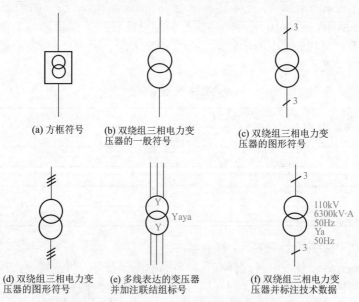

图2-12 双绕组三相电力变压器的图形符号的表示方式

c.有些结构复杂的图形符号除普通形以外，还有简化形。在满足需要的前提下，应尽量采用最简单的形式。

③ 图形符号的大小　图形符号的大小和线条的宽度并不影响符号的含义，因此可根据实际需要放大或缩小。当符号内部要增加标注内容以表达较多的信息时，该符号可以放大。当一个符号用来限定另一个符号时，则该符号常被缩小。但在符号放大或缩小时，符号之间及符号本身比例应保持不变。图 2-13 所示的三相同步发电机（GS）中的励磁机（G）符号，既可画得与发电机一样大，如图（a）所示，也可以画得小一些，如图（b）所示。

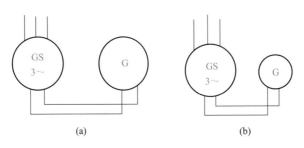

图2-13　图形符号的大小的示例

④ 图形符号的取向　为保持画面清晰，避免连线弯曲或交叉，在不改变图形符号含义和引起误解的前提下，可根据图面布置的需要旋转或镜像放置，如图 2-14 所示，但文字和指示方向不得倒置。如图 2-15 所示的热敏电阻和光电二极管符号，图（a）与图（c）是正确的，而图（b）与图（d）则是错误的。因为图（b）中，热敏电阻符号中的"θ"

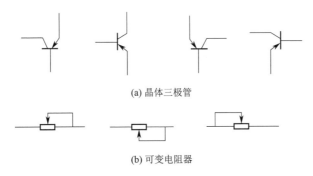

(a) 晶体三极管

(b) 可变电阻器

图2-14　符号旋转或镜像放置示例

倒置了；图（d）中光电二极管符号中的光指示方向（箭头）错了。图2-16中的接地符号，既可以正置或倒置，也可以横置，但其文字标记"E"，不论什么情况都必须正写。

有方位规定的图形符号为数很少，但其中在电气图中占重要位置的各类开关、触点，当符号呈水平布置时，应遵循下开上闭的原则；当符号呈垂直布置时，应遵循左开右闭的原则，如图2-17所示。并且静触点接电源侧，动触点接负荷侧。

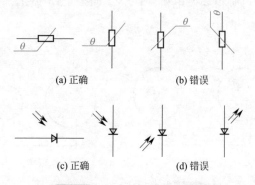

(a) 正确　　　　　　(b) 错误

(c) 正确　　　　　　(d) 错误

图2-15 文字和指示方向示例

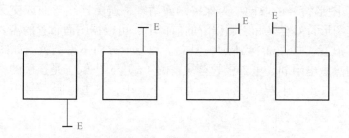

图2-16 接地符号的方位

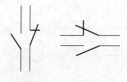

图2-17 开关、触点符号的方位

⑤ 图形符号的引线　图形符号所带的连接线不是图形符号的组成部分，在大多数情况下，引线的位置仅作示例。在不改变符号含义的前提下，为绘图方便，引线可取不同的方向。例如，图2-18所示的变压器、扬声器和整流器中的引线改变方向，都是允许的。

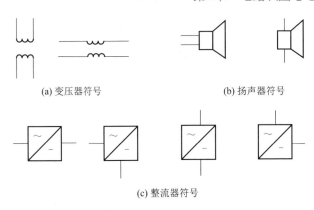

(a) 变压器符号　　　　　　　(b) 扬声器符号

(c) 整流器符号

图2-18　图形符号引线方向改变示例

但是，在某些情况下，图形符号引线的位置影响到符号的含义，则引线位置就不能随意改变，否则会引起歧义，如图 2-19 所示。电阻器图形符号的引线是从矩形两短边引出的，如图（a）所示；若改变为引线从矩形两长边引出，如图（b）所示，就变成接触器的图形符号了，意义完全不同。接触器图形符号的引线是从矩形两长边引出的，如图（c）所示；若改变为引线从矩形两短边引出，如图（d）所示，就变成电阻器的图形符号了，意义也完全不同。因此，对容易引起误解、产生歧义的符号引线，不能随意改变其引线方向。

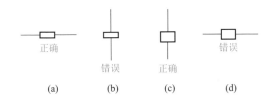

图2-19　引线位置改变引起歧义的示例

⑥ 其他　大多数图形符号都可以加上补充说明标记。

有些具体电气元件的图形符号由设计者采用国家标准中的符号要素、一般符号和限定符号组合而成。国家标准未规定的图形符号，可根据实际需要，按突出特征、结构简单、便于识别的原则进行设计，但需要报国家标准备案。当采用其他来源的符号或代号时，必须在图样和文件上说明其含义。电气图中常用的图形符号见表 2-2。

表2-2 电气图中常用的图形符号

图形符号	说明及应用	图形符号	说明及应用
 G	发电机	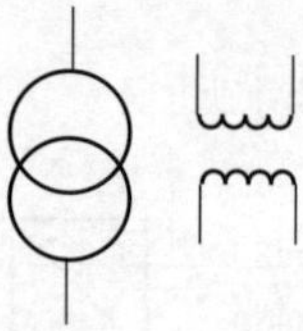	双绕组变压器
 M 3~	三相笼型感应电动机	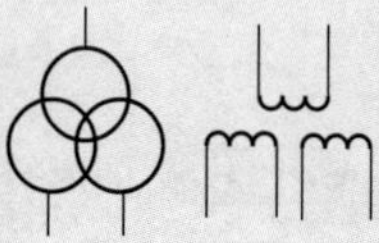	三绕组变压器
 M 1~	单相笼型感应电动机	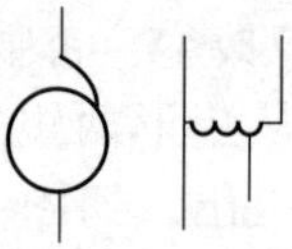	自耦变压器
 M 3~	三相绕线转子感应电动机	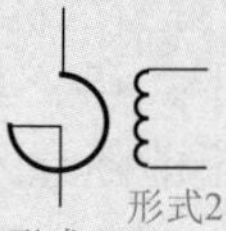 形式1 形式2	扼流圈、电抗器
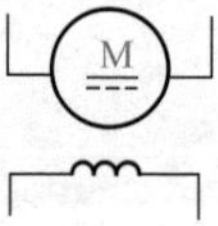 M	直流他励电动机	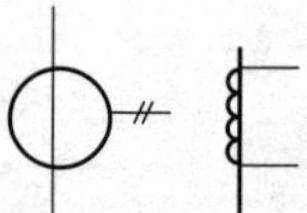 形式1 形式2	电流互感器脉冲变压器
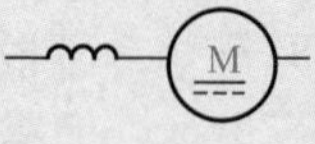 M	直流串励电动机	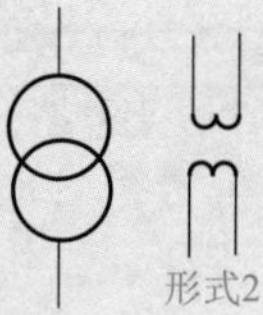 形式1 形式2	电压互感器

续表

图形符号	说明及应用	图形符号	说明及应用
	直流并励电动机		断路器
	隔离开关		操作器件的一般符号继电器、接触器的一般符号 具有几个绕组的操作器件，在符号内画与绕组数相等的斜线
	负荷开关		接触器主动合触点
	具有内装的测量继电器或脱扣器触发的自动释放功能的负荷开关		接触器主动断触点
	手动操作开关的一般符号		动合（常开）触点 该符号可作开关一般的符号
	具有动合触点且自动复位的按钮开关		动断（常闭）触点
	具有复合触点且自动复位的按钮开关		先断后合的转换触点

图形符号	说明及应用	图形符号	说明及应用
	具有动合触点且自动复位的拉拔开关		位置开关的动合触点
	具有动合触点但无自动复位的旋转开关		位置开关的动断触点
	位置开关先断后合的复合触点		断电延时时间继电器线圈释放时，延时闭合的动断触点
	热继电器的热元件		断电延时时间继电器线圈释放时，延时断开的动合触点
	热继电器的动合触点		接触敏感开关的动合触点
	热继电器的动断触点		接近开关的动合触点
	通电延时时间继电器线圈		磁铁接近动作的接近开关的动合触点

续表

图形符号	说明及应用	图形符号	说明及应用
	通电延时时间继电器线圈通电，时间继电器触点动作时，延时闭合的动合触点		熔断器的一般符号
	通电延时时间继电器线圈通电，时间继电器触点动作时，延时断开的动断触点		熔断器式开关
	断电延时时间继电器线圈		熔断器式隔离开关
	熔断器式负荷开关		压敏电阻器
	火花间隙		热敏电阻器
	避雷器		光敏电阻器
	灯和信号灯的一般符号		电容器的一般符号
	电喇叭		极性电容器

图形符号	说明及应用	图形符号	说明及应用
	电铃	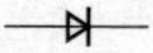	半导体二极管的一般符号
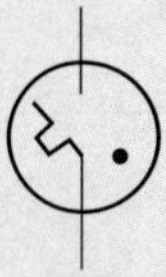	具有热元件的气体放电管荧光灯起动器	 θ	热敏二极管
	电阻器的一般符号		光敏二极管
	可变（调）电阻器		发光二极管
	稳压二极管		双向晶闸管
	双向击穿二极管		N沟道结型场效应晶体管
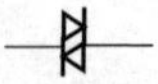	双向二极管		P沟道结型场效应晶体管
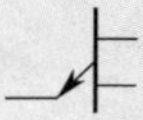	具有P型基极的单结晶体管	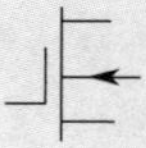	N沟道耗尽型绝缘栅场效应晶体管
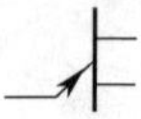	具有N型基极的单结晶体管	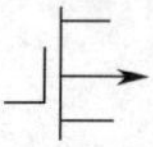	P沟道耗尽型绝缘栅场效应晶体管
	NPN型晶体管	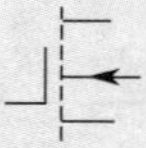	N沟道增强型绝缘栅场效应晶体管
	PNP型晶体管	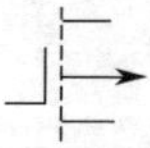	P沟道增强型绝缘栅场效应晶体管
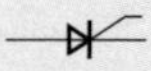	反向晶体管	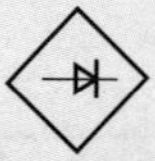	桥式整流器

2.1.2 文字符号

文字符号是表示电气设备、装置、电气元件的名称、状态和特征的字符代码，在电气图中，一般标注在电气设备、装置、电气元件上或其近旁。电气图中常用的文字符号见表2-3。

表2-3 电气图中常用的文字符号

单字母符号		双字母符号		
符号	种类	举例	符号	类别
D	二进制逻辑单元延迟器件、存储器件	数字集成电路和器件、延迟线、双稳态元件、单稳态元件、磁性存储器、寄存器磁带记录机、盒式记录机		
E	其他元器件	本表其他地方未提及的元件		
		光器件、热器件	EH	发热器件
			EL	照明灯
			EV	空气调节器
F	保护器件	熔断器、避雷器、过电压放电器件	FA	具有瞬时动作的限流保护器件
			FR	具有延时动作的限流保护器件
			FS	具有瞬时和延时动作的限流保护器件
			FU	熔断器
			FV	限压保护器件
G	信号发生器、发电机、电源	旋转发电机、旋转变频机、电池、振荡器、石英晶体振荡器	GS	同步发电机
			GA	异步发电机
			GB	蓄电池
			GF	变频机
H	信号器件	光指示器、声响指示器、指示灯	HA	声光指示器
			HL	光指示器
			HL	指示灯
K	继电器、接触器		KA	电流继电器
			KA	中间继电器
			KL	闭锁接触继电器
			KL	双稳态继电器
			KM	接触器
			KP	压力继电器
			KT	时间继电器
			KH	热继电器
			KR	簧片继电器

单字母符号			双字母符号	
符号	种类	举例	符号	类别
L	电感器、电抗器	感应线圈、线路限流器、电抗器（并联和串联）	LC	限流电抗器
			LS	启动电抗器
			LF	滤波电抗器
M	电动机		MD	直流电动机
			MA	交流电动机
			MS	同步电动机
			MV	伺服电动机
N	模拟集成电路	运算放大器、模拟/数字混合器件		
P	测量设备、试验设备	指示、记录、计算、测量设备，信号发生器、时钟	PA	电流表
			PC	（脉冲）计数据
			PJ	电能表
			PS	记录仪器
			PV	电压表
			PT	时钟、操作时间表
Q	电力电路的开关	断路、隔离开关	QF	断路器
			QM	电动机保护开关
			QS	隔离开关
			QL	负荷开关
R	电阻器	电位器、变阻器、可变电阻器、热敏电阻、测量分流器	RP	电位器
			RS	测量分流器
			RT	热敏电阻
			RV	压敏电阻
S	控制、记忆、信号电路的开关器件	控制开关、按钮、选择开关、限制开关	SA	控制开关
			SB	按钮
			SP	压力传感器
			SQ	位置传感器（包括接近传感器）
			SR	转速传感器
			ST	温度传感器

单字母符号		双字母符号		
符号	种类	举例	符号	类别
T	变压器	电压互感器、电流互感器	TA	电流互感器
			TM	电力变压器
			TS	磁稳压器
			TC	控制电路电力变压器
			TV	电压互感器
V	电真空器件、半导体器件	电子管、气体放电管、晶体管、晶闸管、二极管	VE	电子管
			VT	晶体三极管
			VD	晶体二极管
			VC	控制电路用电源的整流器
X	端子、插头、插座	插头和插座、端子板、连接片、电缆封端和接头测试插孔	XB	连接片
			XJ	测试插孔
			XP	插头
			XS	插座
			XT	端子板
Y	电气操作的机械装置	制动器、离合器、气阀	YA	电磁铁
			YB	电磁制动器
			YC	电磁离合器
			YH	电磁吸盘
			YM	电动阀
			YV	电磁阀

（1）文字符号的用途

① 为项目代号提供电气设备、装置和电气元件各类字符代码和功能代码。

② 作为限定符号与一般图形符号组合使用，以派生新的图形符号。

③ 在技术文件或电气设备中表示电气设备及电路的功能、状态和特征。

未列入大类分类的各种电气元件、设备，可以用字母"E"来表示。

双字母符号由表2-3的左边部分所列的一个表示种类的单字母符号与另一个字母组成，其组合形式以单字母符号在前，另一字母在后的次序标出，见表2-3的右边部分。双字母符号可以较详细和更具体地表达电气设备、装置、电气元件的名称。双字母符号中的另一个字母通常选用该类电气设备、装置、电气元件的英文单词的首位字母，或常用的缩略语，或约定的习惯用字母。例如，"G"表示电源类，"GB"表示蓄电池，"B"为蓄电池的英文名称（Battery）的首位字母。

标准给出的双字母符号若仍不够用时，可以自行增补。自行增补的双字母代号，可以按照专业需要编制成相应的标准，在较大范围内使用；也可以用设计说明书的形式在小范围内约定俗成，只应用于某个单位、部门或某项设计中。

（2）辅助文字符号 电气设备、装置和电气元件的各类名称用基本文字符号表示，而它们的功能、状态和特征用辅助文字符号表示，通常用表示功能、状态和特征的英文单词的前一或两位字母构成，也可采用缩略语或约定俗成的习惯用法构成，一般不能超过三位字母。例如，表示"启动"，采用"START"的前两位字母"ST"作为辅助文字符号；而表示"停止（STOP）"的辅助文字符号必须再加一个字母，为"STP"。

辅助文字符号也可放在表示的单字母符号后边组合成双字母符号，此时辅助文字符号一般采用表示功能、状态和特征的英文单词的第一个字母，如"GS"表示同步发电机，"YB"表示制动电磁铁等。

某些辅助文字符号本身具有独立的、确切的意义，也可以单独使用。例如，"N"表示交流电源的中性线，"DC"表示直流电，"AC"表示交流电，"AUT"表示自动，"ON"表示开启，"OFF"表示关闭等。常用的辅助文字符号见表2-4。

表2-4　常用的辅助文字符号

H	高	RD	红	ADD	附加
L	低	GN	绿	ASY	异步
U	升	YE	黄	SYN	同步
D	降	WH	白	A（AUT）	自动
M	主	BL	蓝	M（MAN）	手动
AUX	辅	BK	黑	ST	启动
N	中	DC	直流	STP	停止
FW	正	AC	交流	C	控制
R	反	V	电压	S	停号
ON	开启	A	电流	IN	输入
OFF	关闭	T	时间	OUT	输出

（3）**数字代码**　数字代码的使用方法主要有两种：

① **数字代码单独使用**　数字代码单独使用时，表示各种电气元件、装置的种类或功能，须按序编号，还要在技术说明中对代码意义加以说明。例如，电气设备中有继电器、电阻器、电容器等，可用数字来代表电气元件的各类，如"1"代表继电器，"2"代表电阻器，"3"代表电容器。再如，开关有"开"和"关"两种功能，可以用"1"表示"开"，用"2"表示"关"。

电路图中电气图形符号的连线处经常有数字，这些数字称为线号。线号是区别电路接线的重要标志。

② **数字代码与字母符号组合使用**　将数字代码与字母符号组合起来使用，可说明同一类电气设备、电气元件的不同编号。数字代码可放在电气设备、装置或电气元件的前面或后面，若放在前面应与文字符号大小相同，放在后面一般应作为下标，例如，3个相同的继电器可以表示为"1KA、2KA、3KA"或"KA_1、KA_2、KA_3"。

（4）**文字符号的使用**

① 一般情况下，编制电气图及编制电气技术文件时，应优先选用基本文字符号、辅助文字符号以及它们的组合。而在基本文字符号中，应优先选取用单字母符号，只有当单字母符号不能满足要求时方可采用双字母符号。基本文字符号不能超过两位字母，辅助文字符号不能超过3位字母。

② 辅助文字符号可单独使用，也可将首位字母放在表示项目种类的单字母符号后面组成双字母符号。

③ 当基本文字符号和辅助文字符号不够用时，可按有关电气名词术语国家标准或专业标准中规定的英文术语缩写进行补充。

④ 由于字母"I""O"易与数字"1""0"混淆，因此不允许用这两个字母作文字符号。

⑤ 文字符号可作为限定符号与其他图形符号组合使用，以派生出新的图形符号。

⑥ 文字符号一般标在电气设备、装置或电气元件的图形符号上或其近旁。

⑦ 文字符号不适于电气产品型号编制与命名。

2.1.3　项目代号

在电气图上，通常用一个图形符号表示的基本件、部件、组件、功能单元、设备、系统等，称为项目。项目有大有小，可能相差很多，大至电力系统、成套配电装置，以及发电机、变压器等，小至电阻器、端子、连接片等，都可以称为项目，因此项目具有广泛的概念。

项目代号是用以识别图、图表、表格中和设备上的项目种类，并提供项目的层次关系、实际位置等信息的一种特定的代码，是电气技术领域中极为重要的代号。由于项目代号是以一个系统、成套装置或设备的依次分解为基础来编定的，它建立了图形符号与实物间一一对应的关系，因此可以用来识别、查找各种图形符号所表示的电气元件、装置和设备及它们的隶属关系、安装位置。

（1）项目代号的组成　项目代号由高层代号、位置代号、种类代号、端子代号根据不同场合的需要组合而成，它们分别用不同的前缀符号来识别。前缀符号后面跟字符代码，字符代码可由字母、数字或字母加数字构成，其意义没有统一的规定（种类代号的字符代码除外），通常可以在设计文件中找到说明，大写字母和小写字母具有相同的意义（端子标记例外），但优先采用大写字母。一个完整的项目代号包括4个代号段，其名称及前缀符号见表2-5。

表2-5　项目代号段及前缀符号

分段	名称	前缀符号	分段	名称	前缀符号
第一段	高层代号	=	第三段	种类代号	—
第二段	位置代号	+	第四段	端子代号	:

① 高层代号　系统或设备中任何较高层次（对给予代号的项目而言）的项目代号，称为高层代号。由于各类子系统或成套配电装置、设备的划分方法不同，某些部分对其所属下一级项目就是高层。例如，电力系统对其所属带的变电所，电力系统的代号就是高层代号，但对该变电所中的某一开关（如高压继路器）的项目代号，则该变电所代号就为高层代号。因此，高层代号具有项目总代号的含义，但其命名是相对的。

② 位置代号　项目在组件、设备、系统或建筑物中实际位置的代号，称为位置代号。位置代号通常由自行规定的拉丁字母及数字组成，在使用位置代号时，应画出表示该项目位置的示意图。

③ 种类代号　种类代号是用于识别所指项目属于什么种类的一种代号，是项目代号中的核心部分。

④ 端子代号 端子代号是指项目（如成套柜、屏）内、外电路进行电气连接的接线端子的代号。电气图中端子代号的字母必须大写。

电气接线端子与特定导线（包括绝缘导线）相连接时，规定有专门的标记方法。例如，三相交流电机的接线端子若与相位有关系时，字母代号必须是"U""V""W"并且与交流三相导线"L_1""L_2""L_3"一一对应。电气接线端子的标记见表2-6，特定导线的标记见表2-7。

表2-6 电气接线端子的标记

电气接线端子的名称		标记符号	电气接线端子的名称	标记符号
交流系统	1相 2相 3相 中性线	U	接地	E
		V	无噪声接地	TE
		W	机壳或机架	MM
		N	等电位	CC
保护接地		PE		

表2-7 特定导线的标记

电气接线端子的名称		标记符号	电气接线端子的名称	标记符号
交流系统	1相 2相 3相 中性线	L_1	保护接线	PE
		L_2	不接地的保护导线	PU
		L_3	保护接地线和中性线 公用一线	PEN
		N	接地线	E
直流系统的 电源	正 负 中性线	L_+	无噪声接地线	TE
		L_-	机壳或机架	MM
		L_M	等电位	CC

（2）项目代号的应用 一个项目代号可以由一个代号段组成，也可以由几个代号段组成。通常，种类代号可以单独表示一个项目，而其余大多应与种类代号组合起来，才能较完整地表示一个项目。

为了根据电气图能够很方便地对电路进行安装、检修、分析或查找故障，在电气图上要标注项目代号。但根据使用场合及详略要求的不同，在一张图上的某一项目不一定都有4个代号段。如有的不需要知道设备的实际安装位置时，可以省掉位置代号；当图中所有高层项目相同时，可省掉高层代号而只需要另外加以说明。

在集中表示法和半集中表示法的图中，项目代号只在图形符号旁标注一次，并用机械连接线连接起来。在分开表示法的图中，项目代号应在项目每一部分旁都标注出来。

在不致引起误解的前提下，代号段的前缀符号也可省略。

2.1.4　回路标号

电路图中用来表示各回路种类、特征的文字和数字统称回路标号，也称回路线号，其用途为便于接线和查线。

（1）回路标号的一般原则

① 回路标号按照"等电位"原则进行标注，即电路中连接在同一点上的所有导线具有同一电位而应标注相同的回路标号。

② 由电气设备的线圈、绕组、电阻、电容、各类开关、触点等电气元件分隔开的线段，应视为不同的线段，标注不同的回路标号。

③ 在一般情况下，回路标号由 3 位或 3 位以下的数字组成。

（2）**直流回路标号**　在直流一次回路中，用个位数字的奇、偶数来区别回路的极性，用十位数字的顺序来区分回路中的不同线段，如正极回路用 11、21、31、…顺序标号。用百位数字来区分不同供电电源的回路，如电源 A 的正、负极回路分别标注 101、111、121、131、…；电源 B 的正、负极回路分别标注 201、211、221、231、…和 202、212、222、232、…

在直流二次回路中，正极回路的线段按奇数顺序标号，如 11、31、51、…；负极回路用偶数顺序标号，如 22、42、62、…

（3）**交流回路标号**　在交流一次回路中，用个位数字的顺序来区别回路的相别，用十位数字的顺序来区分回路中的线段。第一相按 11、21、31、…顺序标号，第二相按 12、22、32、…顺序标号，第三相按 13、23、33、…顺序标号。对于不同供电电源的回路，也可用百位数字来区分不同供电电源的回路。

交流二次回路的标号原则与直流二次回路的标号原则相似。回路的主要降压元件两侧的不同线段分别按奇数、偶数的顺序标号，如一侧按 1、3、5、…标号，另一侧按 2、4、6、…标号。

当要表明电路中的相别或某些主要特征时，可在数字标号的前面或后面增注文字符号，文字符号用大写字母表示，并与数字标号并列。在机床电气控制电路图中，回路标号实际上是导线的线号。

（4）电力拖动、自动控制电路的标号

① 主（一次）回路的标号　主回路的标号由文字标号和数字标号两部分组成。文字标号用来表示主回路中电气元件和线路的种类和特征，如三相交流电动机绕组用 U、V、W 表示；三相交流电源端用 L_1、L_2、L_3 表示；直流电路电源正、负极导线和中间线分别用 L_+、L_-、L_M 标记；保护接地线用 PE 标记。数字标号由 3 位数字构成，用来区分同一文字标号回路中的不同线段，并遵循回路标号的一般原则。

主回路的标号方法如图 2-20 所示，三相交流电源端用 L_1、L_2、L_3 表示，"1""2""3"分别表示三相电源的相别；由于电源开关 QS_1 两端属于不同线段，因此，经电源开关 QS_1 后，标号为 L_{11}、L_{12}、L_{13}。

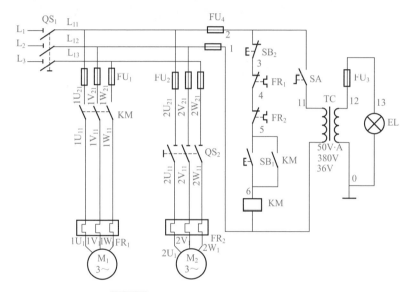

图2-20　机床控制电路图中的线号标记

带 9 个接线端子的三相用电器（如电动机），首端分别用 U_1、V_1、W_1 标记；尾端分别用 U_2、V_2、W_2 标记；中间抽头分别用 U_3、V_3、W_3 标记。

对于同类型的三相用电器，在其首端、尾端标记字母 U、V、W 前冠以数字来区别，即用 $1U_1$、$1V_1$、$1W_1$ 与 $2U_1$、$2V_1$、$2W_1$ 来标记两个同类型的三相用电器的首端，用 $1U_2$、$1V_2$、$1W_2$ 与 $2U_2$、$2V_2$、$2W_2$ 来标记两个同类型的三相用电器的尾端。

电动机动力电路的标号应从电动机绕组开始，自下而上标号。以电动机 M_1 的回路为例，电动机定子绕组的标号为 $1U_1$、$1V_1$、$1W_1$，热继电器 FR_1 的上接线端为另一组导线，标号为 $1U_{11}$、$1V_{11}$、$1W_{11}$；经接触器 KM 主触点的静触点，标号变为 $1U_{21}$、$1V_{21}$、$1W_{21}$；再与熔断器 FU_1 和电源开关的动触点相接，并分别与 L_{11}、L_{12}、L_{13} 同电位，因此不再标号。电动机 M_2 的主回路的标号可依次类推。由于电动机 M_1、M_2 的主回路共用一个电源，因此省去了其中的百位数字。若主电路为直流回路，则按数字的个位数的奇偶性来区分回路的极性，正电源则用奇数，负电源则用偶数。

② 辅助（二次）回路的标号　以压降元件为分界，其两侧的不同线段分别按其个位数的奇偶数来依次标号，压降元件包括继电器线圈、接触器线圈、电阻、照明灯和电铃等。有时回路较多，标号可连续递增两位奇偶数，如："11、13、15、…""12、14、16…"等。

在垂直绘制的回路中，标号采用自上至中、自下至中的方式标号，这里的"中"指压降元件所在位置，标号一般标在连接线的右侧。在水平绘制的回路中，标号采用自左至中、自右至中的方式标号，这里的"中"同样指压降元件所在位置，标号一般标在连接线的上方。如图2-20所示的垂直绘制的辅助电路中，KM 为压降元件，因此，它们上、下两侧的标号分别为奇、偶数。

2.2 电气图的分类与组成

2.2.1 电气图的分类

电气图是电气工程中各部门进行沟通、交流信息的载体，由于电气图所表达的对象不同，提供信息的类型及表达方式也不同，这样就使电气图具有多样性。同一套电气设备，可以有不同类型的电气图，以适应不同使用对象的要求。例如，表示系统的规模、整体方案、组成情况、主要特性，用概略图；表示系统的工作原理、工作流程和分析电路特性，需用电路图；表示元件之间的关系、连接方式和特点，需用接线图。在数字电路中，由于各种数字集成电路的应用，使电路能实现逻辑功能，因此就有反映集成电路逻辑功能的逻辑图。下面介绍在电工实践中最常用的概略图、电路图、位置图、接线图和逻辑图。

2.2.1.1 概略图

概略图（也称系统图或框图）是用电气符号或带注释的方框，概略表示系统或分系统的基本组成、相互关系及其主要特征的一种简图，它通常是某一系统、某一装置或某一成套设计图中的第一张图样。

概略图可分不同层次绘制，可参照绘图对象的逐级分解来划分层次。较高层次的概略图，可反映对象的概况；较低层次的概略图，可将对象表达得较为详细。

概略图可作为教学、训练、操作和维修的基础文件，使人们对系统、装置、设备等有一个概略的了解，为进一步编制详细的技术文件以及绘制电路图、接线图和逻辑图等提供依据，也为进行有关计算、选择导线和电气设备等提供重要依据。

电气系统图和框图原则上没有区别。在实际使用时，电气系统图通常用于系统或成套装置，框图则用于分系统或设备。

概略图采用功能布局法，能清楚地表达过程和信息的流向，为便于识图，控制信号流向与过程流向应互相垂直。

概略图的基本形式有 3 种：

① 用一般符号表示的概略图 这种概略图通常采用单纯表示法绘制。图 2-21（a）为供电系统的概略图；图 2-21（b）为住宅楼照明配电系统的概略图。

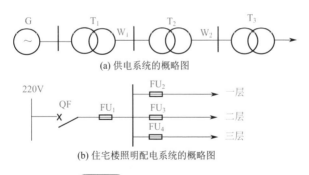

(a) 供电系统的概略图

(b) 住宅楼照明配电系统的概略图

图2-21 供配电系统的概略图

② 框图 主要采用方框符号的概略图称为框图。通常用框图来表示系统或分系统的组成。图 2-22 所示为无线广播系统框图。

③ 非电过程控制系统的概略图 在某些情况下，非电过程控制系统的概略图能更清楚地表示系统的构成和特征。图 2-23 所示为水泵的

电动机供电和给水系统概略图，它表示电动机供电、水泵供水和控制三部分间的关系。

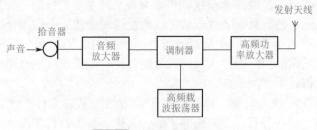

图2-22 无线广播系统框图

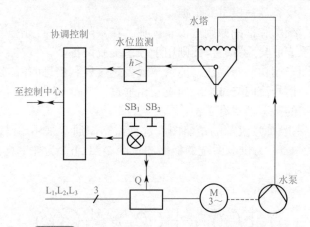

图2-23 水泵的电动机供电和给水系统的概略图

2.2.1.2 电路图

（1）电路图的基本特征和用途　电路图是以电路的工作原理及阅读和分析电路方便为原则，用国家统一规定的电气图形符号和文字符号，按工作顺序从上而下或从左而右排列，详细表示电路、设备或成套装置的工作原理、基本组成和连接关系的简图。电路图表示电流从电源到负载的传送情况和电气元件的工作原理，而不表示电气元件的结构尺寸、安装位置和实际配线方法。

电路图可用于详细了解电路工作原理，分析和计算电路的特性及参数，为测试和寻找故障提供信息，为编制接线图提供依据，为安装和维修提供依据。

（2）电路图的绘制原则

① 设备和元件的表示方法 在电路图中，设备和元件采用符号表示，并应以适当形式标注其代号、名称、型号、规格、数量等。

② 设备和元件的工作状态 设备和元件的可动部分通常应表示在非激励或不工作的状态或位置。

③ 符号的布置 对于驱动部分和被驱动部分之间采用机械连接的设备和元件（例如，接触器的线圈、主触点、辅助触点），以及同一个设备的多个元件（例如，转换开关的各对触点），可在图上采用集中、半集中或分开的方式布置。

（3）电路图的基本形式

① 集中表示法 把电气设备或成套装置中一个项目各组成部分的图形符号在简图上绘制在一起的方法，称为集中表示法。这种表示方法适用于简单的图，如图2-24（a）所示是继电器 KA 的线圈和触点的集中表示。

② 半集中表示法 为了使设备或装置的布局清晰、易于识别，把同一项目中某些部分图形符号在简图上集中表示，另一部分分开布置，并用机械连接符号（虚线）表示它们之间关系的方法，称为半集中表示法。其中，机械连接线可以弯折、分支或交叉，如图2-24（b）所示。

③ 分开表示法 把同一项目中的不同部分的图形符号在简图上按不同功能和不同回路分开表示的方法，称为分开表示法。不同部分的图形符号用同一项目代号表示，如图2-24（c）所示。分开表示法可以避免或减少图线交叉，因此图面清晰，而且也便于分析回路功能及标注回路标号。

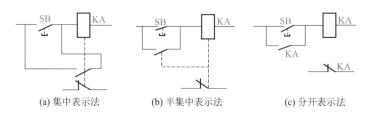

(a) 集中表示法   (b) 半集中表示法   (c) 分开表示法

图2-24 电气元件的集中和分开表示法示例

由于采用分开表示法的电气图省去了项目各组成部分的机械连接线，查找某个元件的相关部分比较困难，为识别元件各组成部分或寻找它在图中的位置，除重复标注项目代号外，常采用引入插图或表格等方法表示电气元件各部分的位置。

（4）**电路图的分类**　按照电路图所描述对象和表示的工作原理，电路图可分为：

① 电力系统电路图　电力系统电路图分为发电厂输变电电路图、厂矿变配电电路图、动力及照明配电电路图，其中，每种又分主电路图和副电路图。主电路图也称主接线图或一次电路图，电力系统电路图中的主电路图（主接线图）实际上就是电力系统的系统图。

主电路图是把电气设备或电气元件，如隔离开关、断路器、互感器、避雷器、电力电容器、变压器、母线等（称为一次设备），按一定顺序连接起来，汇集和分配电能的电路图。

副电路图也称二次接线图或二次电路图，以下称其为二次电路图。为了保证一次设备安全可靠地运行及操作方便，必须对其进行控制、提示、检测和保护，这就需要许多附属设备，我们把这些设备称为二次设备，将表示二次设备的图形符号按一定顺序绘制成的电气图，称为二次电路图。

② 生产机械设备电气控制电路图　对电动机及其他用电设备的供电和运行方式进行控制的电气图，称为生产机械设备电气控制电路图。生产机械设备电气控制电路图一般分主电路和辅助电路两部分，主电路是指从电源到电动机或其他用电装置大电流所通过的电路；辅助电路包括控制电路、照明电路、信号电路和保护电路等，主要由继电器或接触器的线圈、触点、按钮、照明灯、信号灯及控制变压器等电气元件组成。

③ 电子控制电路图　反映由电子电气元件组成的设备或装置工作原理的电路图，称为电子控制电路图。

2.2.1.3　位置图

位置图（布置图）是指用正投法绘制的，表示成套装置和设备中各个项目的布局、安装位置的图。位置简图一般用图形符号绘制。

2.2.1.4　接线图或接线表

表示成套装置、设备、电气元件的连接关系，用以进行安装接线、检查、试验与维修的一种简图或表格，称为接线图或接线表。接线图（表）可分为单元接线图（表）、互联接线图（表）、端子接线图（表），以及电缆配置图（表）。

2.2.1.5　逻辑图

逻辑图是用二进制逻辑单元图形符号绘制的，以实现一定逻辑功能的一种简图，可分为理论逻辑图（纯逻辑图）和工程逻辑图（详细逻辑图）两类。理论逻辑图只表示功能而不涉及实现方法，因此是一种功能图；工程逻辑图不仅表示功能，而且有具体的实现方法，因此是一种电路图。

2.2.2 电气图的组成

电气图一般由电路、技术说明和标题栏三部分组成。

（1）**电路** 电路是电流的通路，用导线将电源（提供电能的电气设备）、负载（消耗电能的电气设备）和其他辅助设备（连接导线、控制设备等）按一定要求连接起来构成闭合回路，以实现电气设备的预定功能，这种电气回路就叫电路。把这种电路画在图纸上，就是电路图。

电路的结构形式和所能完成的任务是多种多样的，但电路的目的一般有两个：一是进行电能的传输、分配与转换；二是进行信息的传递和处理。

不论电能的传输和转换，或者信号的传递和处理，其中电源或信号源的电压或电流称为激励，它推动电路工作；激励在电路各部分产生的电压和电流称为响应。所谓电路分析，就是在已知电路的结构和电气元件参数的条件下，讨论电路的激励与响应之间的关系。本书着重介绍前一类电路，即进行电能的传输、分配与转换的电路，以下简称电路。

进行电能的传输、分配与转换的电路通常包括两部分，即主电路和辅助电路。主电路也叫一次电路，是电源向负载输送电能的电路，一般包括发电机、变压器、开关、熔断器和负载等；辅助电路也叫二次电路，是对主电路进行控制、保护、监测、指示的电路，一般包括继电器、仪表、指示灯、控制开关等。通常，主电路中的电流较大，线径较粗；而辅助电路中的电流较小，线径较细。

电路图是反映电路构成的。由于电气元件的外形和结构比较复杂，因此在电路图中采用国家统一规定的图形符号和文字符号来表示电气元件的不同种类、规格及安装方式。此外，根据电气图的不同用途，要绘制成不同的形式。如有的电路只绘制电路图，以便了解电路的工作过程及特点；有的电路只绘制装配图，以便了解各电气元件的安装位置及配线方式。对于比较复杂的电路，通常还绘制安装接线图，必要时，还要绘制分开表示的接线图（俗称"展开接线图"）、平面布置图等，以供生产部门和用户使用。

（2）**技术说明** 电气图中文字说明和元件明细表等总称为技术说

明。文字说明注明电路的某些要点、安装要求及注意事项等，通常写在电路图的右上方，若说明较多，也可附页说明。元件明细表列出电路中元件的名称、符号、规格和数量等。元件明细表以表格形式写在标题栏的上方，元件明细表中序号自下而上逐项列出。

（3）**标题栏** 标题栏画在电路图的右下角，其中注有工程名称、设计类别、设计单位、图名、图号，还有设计人、制图人、审核人、批准人的签名和日期等。标题栏是电气图的重要技术档案，栏目中的签名人，对图中的技术内容各负其责。

2.2.3 电气控制电路图的绘制规则

（1）**电气控制电路图一般分为主电路和辅助电路两部分** 主电路是电气控制电路中通过大电流的部分，包括从电源到电动机之间相连的电气元件，一般由组合开关、熔断器、接触器主触点、热继电器的热元件和电动机等组成。辅助电路是控制电路中除主电路以外的电路，其流过的电流比较小。辅助电路包括控制电路、信号电路、保护电路和照明电路，由继电器和接触器的线圈、继电器的触点、接触器的辅助触点、热继电器的触点、按钮、照明灯、信号灯、控制变压器等电气元件组成。

（2）**电路图中应将电源电路、主电路、控制电路和信号电路分开绘制** 电路图中电路一般垂直绘制，电源电路绘成水平线，相序 L_1、L_2、L_3 由上而下排列，中性线 N 和保护线 PE 放在相线之下。

主电路用垂直线绘制在图的左侧，辅助电路绘制在图的右侧，辅助电路中的耗能元件画在电路的最下端。绘制应布置合理、排列均匀。

电气控制电路中的全部电动机、电器和其他器械的带电部件，都应在电气控制电路图中表示出来。

电气元件应按功能布置，并尽可能按工作顺序排列，其布局顺序应该是从上到下，从左到右。垂直布置时，类似项目应横向对齐；水平布置时，类似项目应纵向对齐。

（3）**绘制电路图中，应尽量减少线条和避免交叉** 电气控制电路图中，应尽量减少线条和避免交叉，各导线之间有电联系时，在导线十字交叉处画实心黑圆点。根据图面布置的需要，可以将图形符号旋转绘制，一般顺时针方向旋转 90°，但文字符号不可倒置。

（4）**图幅分区及符号位置的索引** 为了便于确定图上的内容，也为了在识图时查找各项目的位置，往往需要将图幅分区。图幅分区的方法是：在图的边框处，竖的方向按行用大写拉丁字母，横的方向按列用阿拉伯数字，编号顺序从左上角开始。

在机床电气控制电路图中，由于控制电路内的支路多，且支路元件布置与功能也不相同，图幅分区可采用图2-25的形式，只对一个方向分区。这种方式不影响分区检索，又可反映支路的用途，有利于识图。

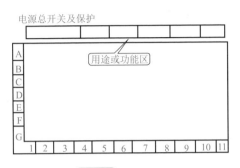

图2-25 图幅分区

图纸下方的1、2、3、…数字是图区的编号，它是为了检索电气控制电路，方便阅读分析从而避免遗漏而设置的。图区编号也可设置在图的上方。

图区编号上方的"电源总开关及保护……"文字，表明它对应的下方元器件或电路的功能，使读者能清楚地知道某个元器件或某个电路的功能，以利于理解全部电路的工作原理。

电气控制电路图中的接触器、继电器和线圈与受其控制的触点的从属关系（即触点位置）应按下述方法标志。

在每个接触器线圈的文字符号下面画两条竖直线，分成左、中、右3栏，把受其控制而动作的触点所处的图区号数字，按表2-8规定的内容填上。对备而未用的触点，在相应的栏中用记号"×"标出。

在每个继电器线圈的文字符号（如KT）下面画一条竖直线，分成左、右两栏，把受其控制而动作的触点所处的图区号数字，按表2-9规定的内容填上，同样，对备而未用的触点在相应的栏中用记号"×"标出。

表2-8 接触器线圈符号下的数字标志

左栏	中栏	右栏
主触点所处的图区号	辅助动合（常开）触点所处的图区号	辅助动断（常闭）触点所处的图区号

左栏	右栏
表2-9 继电器线圈符号下的数字标志	
动合（常开）触点所处的图区号	动断（常闭）触点所处的图区号

2.2.4 电气图的布局

为了清楚地表明电气系统或设备各组成部分间、各电气元件间的连接关系，以便于使用者了解其原理、功能和动作顺序，对电气图的布局提出了一些要求。

电气图布局的原则是便于绘制、易于识读、突出重点、均匀对称、间隔适当，以及清晰美观；布局的要点是从总体到局部、从主电路图（主接线图或一次接线图）到二次电路图（副电路图或二次接线图）、从主要到次要、从左到右、从上到下，以及从图形到文字。

（1）图面布局的要求

① 排列均匀、间隔适当、清晰美观，为计划补充的内容预留必要的空白，但又要避免图面出现过大的空白。

② 有利于识别能量、信息、逻辑、功能4种物理流的流向，保证信息流及功能流通常从左到右、从上到下的流向（反馈流相反），而非电过程流向与信息流向一般垂直。

③ 电气元件按工作顺序或功能关系排列。引入、引出线多在边框附近，导线、信号通路、连接线应少交叉、折弯，且在交叉时不得折弯。

④ 紧凑、均衡，留足插写文字、标注和注释的位置。

（2）整个图面的布局　图面的布局能体现重点突出、主次分明、疏密匀称、清晰美观等特点。为此，应精心构思，做到心中有数；进行规划，划定各部分的位置；找出基准，逐步绘图。

（3）电路或电气元件的布局

① 电路或电气元件布局的原则

a.电路垂直布局时，相同或类似项目应横向对齐，如图 2-26（a）所示；水平布局时，则纵向对齐，如图 2-26（b）所示；交叉布局时，应把相应电气元件连接成对称的布局，如图 2-26（c）所示。

b.功能相关的项目应靠近绘制，以清晰表达其相互关系并利于识图。

c.同等重要的并联通路应按主电路对称布局。

② 电路或电气元件的功能布局法　电路或电气元件符号的布置，只考虑便于看出它们所表示的电路或电气元件功能关系，而不考虑实际位置的一种布局方法。在这种布局中，将表示对象划分为若干功能组，按照因果关系从左到右或从上到下布置；为了强调并便于看清其中的功能关系，每个功能组的电气元件应集中布置在一起，并尽可能按工作顺序排列；也可将电气元件的多组触点分散在各功能电路中，而不必将它们画在一起，以利于看清其中的功能关系。功能布局法广泛应用于概略图、电路图、功能表图、逻辑图中。

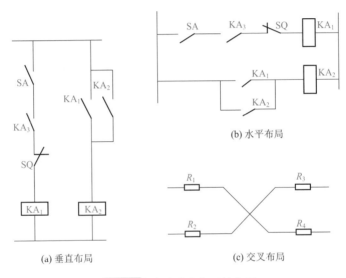

图2-26　电路或电气元件布局

采用功能布局法应遵守以下规则：

a. 对于因果关系清楚的电气图，布局顺序应从左到右或从上到下，如电子线路中，输入在左边，输出在右边。

b. 如果信息流或能量流为从右到左或从下到上，以及流向对识图者不明显时，应在连接线上画开口箭头。

c. 在闭合电路中，前向通路上的信息流方向应从左到右或从上到下，反馈通路的方向则相反。

③ 电路或电气元件的位置布局法　电路或电气元件符号的布置与该电气元件实际位置基本一致的布局方法被称为位置布局法。接线图、平面图、电缆配置图都采用这种方法，这样可以清楚地看出电路或电气

元件的相对位置和导线的走向。

（4）图线的布置　电气图的布局要求重点突出信息流及各功能单元间的功能关系，因此图线的布置应有利于识别各种过程及信息流向，并且图的各部分的间隔要均匀。

表示导线、信号通路、连接线等的图线一般应为直线，即横平竖直，尽可能减少交叉和弯曲。

① 水平布置　将表示设备和元件的图形符号按横向（行）布置，连接线成水平方向，各类似项目纵向对齐，如图2-26（b）所示，图中各电气元件、二进制逻辑单元按行排列，从而使各连接线基本上都是水平线。

② 垂直布置　将设备或电气元件图形符号按纵向（列）排列，连接线成垂直布置，类似项目应横向对齐，如图2-26（a）所示。

③ 交叉布置　为了把相应的元件连接成对称的布局，也可以采用斜向交叉线表示，如图2-26（c）所示。

电气元件的排列一般应按因果关系、动作顺序从左到右或从上到下布置。识图时，也应按这一规律分析阅读。在概略图中，为了便于表达功能概况，常需绘制非电过程的部分流程，但其控制信号流的方向应与电控信号流的流向相互垂直，以示区别。

2.2.5　图上位置的表示方法

在绘制和阅读、使用电路图时，往往需要确定元器件、连接线等的图形符号在图上的位置。例如，当继电器、接触器之类的项目在图上采用分开表示法（线圈和触点分开）绘制时，需要标明各部分在图上的位置；较长的连接线采用中断画法，或者连接线的另一端需要画在另一张图上时，除了要在中断处标注中断标记外，还需标注另一端在图上的位置；在供使用、维护的技术文件（如说明书）中，有时需要对某一元器件作注释、说明，为了找到图中相应的元器件的图形符号，也需要注明这些符号在图中的位置；在补充或更改电路图设计时，也需要注明这些补充或更改部分在图中的位置。

图上位置的表示方法通常采用图幅分区法，在电路图上可将图分成若干图区，以便阅读查找。在原理图的下方（或左方）沿横坐标（或纵坐标）方向划分图区并用数字1、2、3、…（或字母A、B、C、…）标明，同时在图的上方（或左方）沿横（或纵）坐标方向划分图区，分别用文字标明该区电路的功能和作用，以便于理解整个电路的工作原理。

2.2.6 电气元件的表示方法

（1）电气元件的集中、半集中和分开表示法 同一个电气设备、电气元件在不同类型的电气图中往往采用不同的图形符号表示。例如，对概略图、位置图往往采用方框符号、简化外形符号或简单的一般符号表示；对电路图和部分接线图往往采用一般图形符号表示，绘出其电气连接关系，在符号旁标注项目代号，必要时还标注有关的技术数据。对于驱动部分和被驱动部分间具有机械连接关系的电气元件，如继电器、接触器的线圈和触点，以及同一个设备的多个电气元件，如转换开关的各对触点，可以图上采用集中布置、半集中布置法表示，见图2-25。

（2）电气元件工作状态的表示方法 电气元件工作状态均按自然状态或自然位置表示，所谓"自然状态"或"自然位置"即电气元件和设备的可动部分表示为未得电、不受外力或不工作状态或位置。

① 电气控制电路中的所有电气元件不画实际的外形图而采用国家标准中统一规定的图形符号和文字符号表示。

② 电气控制电路图中，各个电气元件在控制电路中的位置，应根据便于阅读的原则安排。当同一电气元件的不同部件（如接触器、继电器的线圈、触点）分散在不同位置时，为了表示是同一电气元件，要在电气元件的不同部件处标注同一文字符号。对于同类的多个电气元件，要在文字符号后面加数字序号来区别，如两个接触器，可用 KM_1、KM_2 文字符号区别。

③ 电气图中占重要位置的各类开关和触点，当其符号呈水平布置时，应下开上闭；当符号呈垂直布置时，应左开右闭，如图2-27所示。

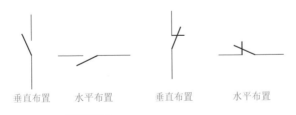

垂直布置　　水平布置　　　　垂直布置　　水平布置

图2-27 开关、触点符号的方位

④ 电气图中电气元件、器件和设备的可动部分，都按没有得电和没有外力作用时的开闭状态画出。

a. 中间继电器、时间继电器、接触器和电磁铁的线圈处在未得电时的状态，即动铁芯没有被吸合时的位置，因而其触点处于还未动作的位置。

b.断路器、负荷开关和隔离开关在断开位置。

c.零位操作的手动控制开关在零位状态或位置，不带零位的手动控制开关在图中规定的位置。

d.机械操作开关、按钮和行程开关在非工作状态或不受力状态时的位置。

e.保护用电器处在设备正常工作状态时的位置。对热继电器是在双金属片未受热且未脱扣时的位置；对速度继电器是指主轴转速为零时的位置。

f.标有断开"OFF"位置的多个稳定位置的手动控制开关在断开"OFF"位置，未标有断开"OFF"位置的控制开关在图中规定的位置。

g.对于有两个或多个稳定位置或状态的其他开关装置，可表示在其中的任何一个位置或状态，必要时需在图中说明。

h.事故、备用、报警等开关在设备、电路正常使用或正常工作位置。

（3）电气元件触点位置的表示方法

① 对于继电器、接触器、开关、按钮等项目的触点，其触点符号通常规定为"左开右闭、下开上闭"，即当触点符号垂直布置时，动触点在静触点的左侧为动合（常开）触点，而在右侧为动断（常闭）触点；当触点符号水平布置时，动触点在静触点的下方为动合（常开）触点，而在上方为动断（常闭）触点，见图2-27。

② 万能转换开关、控制器等非电或人工操作的触点符号一般采用图形、操作符号，以及触点闭合表表示，见图2-10、表2-1。

2.2.7 电气元件技术数据及有关注释和标志的表示方法

（1）电气元件技术数据的表示方法 电气元件的技术数据（如型号、规格、整定值等）一般标注在其图形符号附近。当连接线为水平布置时，应尽可能标注在其图形符号的下方［见图2-28（a）］；垂直布置时，标注在项目代号下方［见图2-28（b）］；技术数据也可以标注在继电器线圈、仪表、集成电路等的方框符号或简化外形符号内［见图2-28（c）］。

在生产机械电气控制电路图和电力系统电路图中，技术数据常用表格形式标注。

（2）注释和标志的表示方法 当电气元件的某些内容不便于用图示形式表达清楚时，可采用注释方法。注释可放在需要说明的对象附近。

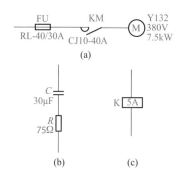

图2-28 电气元件技术数据的表示方法

2.2.8 电路的多线表示法和单线表示法

按照电路图中图线的表达根数不同，连接线可分为多线、单线和混合表示法。每根连接线各用一条图线表示的方法，称为多线表示法，其中大多数是三线。两根或两根以上（大多数是表示三相系统的 3 根线）连接线用一条图线表示的方法，称为单线表示法。在同一图中，一部分采用单线表示法，另一部分采用表示法，称为混合表示法。

2.2.9 连接线的一般表示方法

电气图上各种图形符号之间的相互连线，统称为连接线。连接线可能是表示传输能量流、信息流的导线，也可能是表示逻辑流、功能流的某种特定的图线。

（1）连接线的一般表示方法

① 导线的一般表示符号如图 2-29（a）所示，它可用于表示单根导线、导线组、母线、总线等，并根据情况通过图线粗细、加图形符号及文字、数字来区分各种不同的导线，如图 2-29（b）所示的母线及图 2-29（c）所示的电缆等。

② 导线根数的表示法。如图 2-29（d）所示，若根数较少时，用斜线（45°）数量代表线根数；根数较多时，用一根小短斜线旁加注数字 n 表示，图中 n 为正整数。

③ 导线特征的标注方法。如图 2-29（e）所示，导线特征通常采用字母、数字符号标注。

（2）导线连接点的表示 "T"形连接点可加实心黑圆点 "·"，也可不加实心黑圆点，如图 2-30（a）所示。对 "+"形连接点，则必须加实心黑圆点，如图 2-30（b）所示。

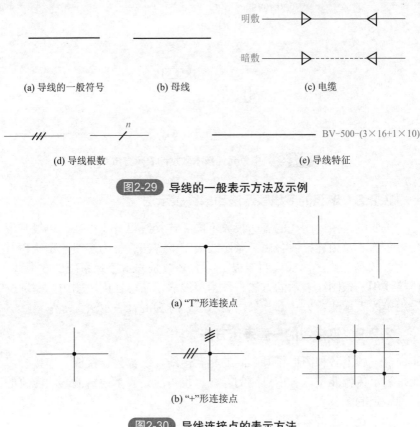

(a) 导线的一般符号　　(b) 母线　　　　　　　(c) 电缆

BV-500-(3×16+1×10)

(d) 导线根数　　　　　　　　　　　　　　(e) 导线特征

图2-29　导线的一般表示方法及示例

(a) "T"形连接点

(b) "+"形连接点

图2-30　导线连接点的表示方法

2.2.10　连接线的连续表示法和中断表示法

（1）连接线的连续表示法　连接线的连续表示法是将表示导线的连接线用同一根图线首尾连通的方法。连接线既可用多线也可用单线表示。当图线太多时，为使图面清晰、易画易读，对于多条去向相同的连接线常用单线法表示。

若多条线的连接顺序不必明确表示，可采用图 2-31（a）的单线表示法，但单线的两端仍用多线表示；导线组的两端位置不同时，应标注相对应的文字符号，如图 2-31（b）所示。

当导线中途汇入、汇出用单线表示的一组平行连接线时，汇接处用斜线表示导线去向，其方向应易于识别线进入或离开汇总线的方向，如图 2-31（c）所示；当需要表示导线的根数时，可如图 2-32（d）所示来表示。

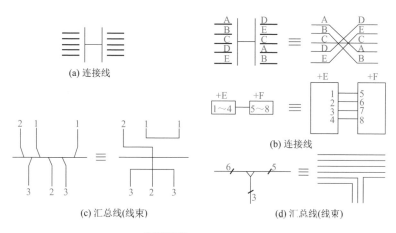

图2-31 单线表示法

（2）**连接线的中断表示法** 中断表示法是将去向相同的连接线导线组，在中间中断，在中断处的两端标以相应的文字符号或数字编号，如图 2-32（a）所示。

两设备或电气元件之间连接线的中断，如图 2-32（b）所示，用文字符号及数字编号表示中断。

连接线穿越图线较多区域时，将连接线中断，在中断处加相应的标记，如图 2-32（c）所示。

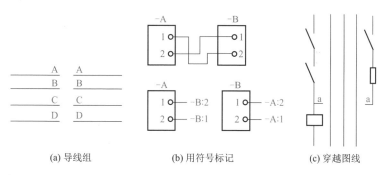

图2-32 连接线的中断表示法

2.2.11 电气设备特定接线端子和特定导线端的识别

与特定导线直接或通过中间设备相连的电气设备接线端子应按表 2-6 和表 2-7 的字母进行标记。

2.2.12 识读电气图的基本要求和步骤

识读电气图，应弄清识图的基本要求，掌握好识图步骤，才能提高识图的水平，加快分析电路的速度。在初步掌握电气图的基本知识，熟悉电气图中常用的图形符号、文字符号、项目代号和回路标号，以及电气图的基本构成、分类、主要特点的基础上，本节讲述识读电气图的基本要求和基本步骤，为以后识读、绘制各类电气图提供总体思路和引导。

（1）识图的基本要求

① 从简单到复杂，循序渐进地识图　初学识图要本着从易到难、从简单到复杂的原则识图。一般来讲，照明电路比电气控制电路简单，单项控制电路比系列控制电路简单。复杂的电路都是简单电路的组合，从识读简单的电路图开始，弄清每一电气符号的含义，明确每一电气元件的作用，理解电路的工作原理，为识读复杂电气图打下基础。

② 连接线的中断表示法　中断表示法是将去向相同的连接线导线组，在中间中断，在中断处的两端标以相应的文字符号或数字编号，如图 2-32（a）所示。

两设备或电气元件之间连接线的中断，如图 2-32（b）所示，用文字符号及数字编号表示中断。

连接线穿越图线较多区域时，将连接线中断，在中断处加相应的标记，如图 2-32（c）所示。

③ 应具有电工学、电子技术的基础知识　在实际生产的各个领域中，所有电路如输变配电、电力拖动、照明、电子电路、仪器仪表和家电产品等，都是建立在电工、电子技术理论基础之上的。因此，要想准确、迅速地读懂电气图，必须具备一定的电工、电子技术基础知识，这样才能运用这些知识，分析电路，理解图纸所含的内容。如三相笼型感应电动机的正转和反转控制，就是利用电动机的旋转方向是由三相电源的相序来决定的原理，用倒顺开关或两个接触器进行切换，改变输入电动机的电源相序，来改变电动机的旋转方向的。而 Y- △启动则是应用电源电压的变动引起电动机启动电流及转矩变化的原理。

④ 要熟记会用电气图形符号和文字符号　图形符号和文字符号很多，做到熟记会用，可从个人专业出发先熟读背会各专业公用的和本专业的图形符号，然后逐步扩大，掌握更多的符号，这样才能识读更多的不同专业的电气图。

⑤ 熟悉各类电气图的典型电路　典型电路一般是常见、常用的基本电路，如供配电系统中电气主电路图中最常见、常用的是单母线接线，由此典型电路可导出单母线不分段、单母线分段接线，而由单母线分段再区别是隔离开关分段还是断路器分段。再如，电力拖动中的启动、制动、正/反转控制电路，联锁电路，行程限位控制电路。

不管多么复杂的电路，总是由典型电路派生而来的，或者是由若干典型电路组合而成的。因此，熟练掌握各种典型电路，在识图时有利于对复杂电路的理解，能较快地分清主次环节及其与其他部分的相互联系，抓住主要矛盾，从而能读懂较复杂的电气图。

⑥ 掌握各类电气图的绘制特点　各类电气图都有各自的绘制方法和绘制特点。掌握了电气图的主要特点及绘制电气图的一般规则，如电气图的布局、图形符号及文字符号的含义、图线的粗细、主副电路的位置、电气触点的画法、电气图与其他专业技术图的关系等，并利用这些规律，就能提高识图效率，进而自己也能设计制图。大型的电气图纸往往不只一张，也不只是一种图，因而识图时应将各种有关的图纸联系起来，对照阅读。如通过概略图、电路图找联系；通过接线图、布置图找位置，交错识读会收到事半功倍的效果。

⑦ 把电气图与土建图、管路图等对应起来识图　电气施工往往与主体工程（土建工程）及其他工程、工艺管道、蒸汽管道、给排水管道、采暖通风管道、通信线路、机械设备等项安装工程配合进行。电气设备的布置与土建平面布置、立面布置有关；线路走向与建筑结构的梁、柱、门窗、楼板的位置、走向有关，还与管道的规格、用途、走向有关；安装方法又与墙体结构、楼板材料有关；特别是一些暗敷线路、电气设备基础及各种电气预埋件更与土建工程密切相关。因此，识读某些电气图还要与有关的土建图、管路图及安装图对应起来看。

⑧ 了解涉及电气图的有关标准和规程　识图的主要目的是用来指导施工、安装，指导运行、维修和管理。有一些技术要求不可能都一一在图样上反映出来，标注清楚，由于这些技术要求在有关的国家标准或技术规程、技术规范中已作了明确规定，在识读电气图时，还必须了解

这些相关标准、规程、规范，这样才能真正读懂图。

（2）识图的一般步骤

① 详识图纸说明　拿到图纸后，首先要仔细阅读图纸的主标题栏和有关说明，如图纸目录、技术说明、电气元件明细表、施工说明书等，结合已有的电工、电子技术知识，对该电气图的类型、性质、作用有一个明确的认识，从整体上理解图纸的概况和所要表述的重点。

② 识读概略图和框图　由于概略图和框图只是概略表示系统或分系统的基本组成、相互关系及其主要特征，因此紧接着就要详细识读电路图，才能搞清它们的工作原理。概略图和框图多采用单线图，只有某些 380V/220V 低压配电系统概略图才部分地采用多线图表示。

③ 识读电路图是识图的重点和难点　电路图是电气图的核心，也是内容最丰富、最难读懂的电气图纸。

识读电路图首先要识读有哪些图形符号和文字符号，了解电路图各组成的作用，分清主电路和辅助电路、交流回路和直流回路；其次，按照先识读主电路，再识读辅助电路的顺序进行识图。

2.3 常用电子元器件及检测

2.3.1 电阻器与电位器

电阻器与电位器实物及检测可扫二维码学习。

（1）通用符号　符号如图 2-33 所示，其中图（a）表示一般的阻值固定的电阻器，图（b）表示半可调或微调电阻器；图（c）表示电位器；图（d）表示带开关的电位器。电阻器的文字符号是"R"，电位器是"RP"，即在 R 的后面再加一个说明它有调节功能的字符"P"。

在某些电路中，对电阻器的功率有一定要求，可分别用图 2-33 中（e）、（f）、（g）、（h）所示符号来表示。

（2）几种特殊电阻器

① 热敏电阻符号，热敏电阻器的电阻值是随外界温度而变化的。有的是负温度系数的，用 NTC 来表示；有的是正温度系数的，用 PTC 来表示。它的符号如图 2-33（i）所示，用 θ 或 t° 来表示温度。它的文字符号是"RT"。

电阻器的检测

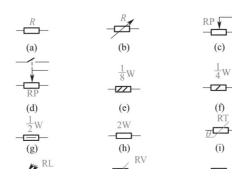

电位器的检测

图2-33 通用电阻符号

② 光敏电阻器符号，如图 2-33（j）所示，有两个斜向的箭头表示光线。它的文字符号是"RL"。

③ 压敏电阻器的符号。压敏电阻阻值是随电阻器两端所加的电压而变化的，符号如图 2-33（k）所示，用字符 U 表示电压。它的文字符号是"RV"。

④ 保险电阻，它兼有电阻器和熔丝的作用。当温度超过 500℃时，电阻层迅速剥落熔断，把电路切断，能起到保护电路的作用。它的电阻值很小，目前在彩电中用得很多。它的图形符号如图 2-33（l）所示，文字符号是"RF"。

2.3.2 电容器

电容器实物及检测可扫二维码学习。电容器的符号如图 2-34 所示，其中图（a）表示容量固定的电容器，图（b）表示有极性电容器，例如各种电解电容器，图（c）表示容量可调的可变电容器，图（d）表示微调电容器，图（e）表示一个双联可变电容器。电容器的文字符号是"C"。

图2-34 电容器的符号

2.3.3 电感器

电感器实物及检测可扫二维码学习。电感线圈在电路图中的图形符号如图 2-35 所示，其中图（a）是电感线圈的一般符号，图（b）是带磁芯或铁芯的线圈，图（c）是铁芯有间隙的线圈，图（d）是带可调磁芯的可调电感，图（e）是有多个抽头的电感线圈。电感线圈的文字符号是"L"。

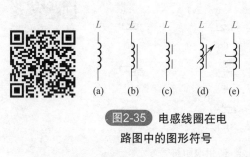

图2-35 电感线圈在电路图中的图形符号

2.3.4 变压器

变压器实物及检测可扫二维码学习。变压器的图形符号如图 2-36 所示，其中图（a）是空芯变压器，图（b）是磁芯或铁芯变压器，图（c）是绕组间有屏蔽层的铁芯变压器，图（d）是次级有中心抽头的变压器，图（e）是耦合可变的变压器，图（f）是自耦变压器，图（g）是带可调磁芯的变压器，图（h）中的小圆点是变压器极性的标记。

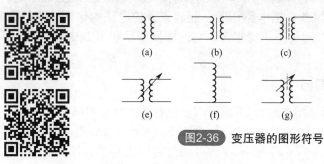

图2-36 变压器的图形符号

2.3.5 送话器、拾音器和录放音磁头的符号

① 送话器的符号如图 2-37（a）、（b）、（c）所示，其中图（a）为一般送话器的图形符号，图（b）是电容式送话器，图（c）是压电晶体式送话器的图形符号。送话器的文字符号是"BM"。

② 拾音器俗称电唱头。图 2-37（d）所示为立体声唱头的图形符号，它的文字符号是"B"。图 2-37（e）所示为单声道录放音磁头的图形符号。如果是双声道立体声的，就在符号上加一个"2"字，如图 2-37（f）所示。

③ 扬声器、耳机的符号。扬声器、耳机都是把电信号转换成声音

的换能元件。耳机的符号如图 2-37（g）所示，它的文字符号是"BE"。扬声器的符号如图 2-37（h）所示，它的文字符号是"BL"。

电声器件实物及检测可扫二维码学习。

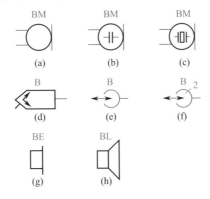

电声器件检测

图2-37 送话器的符号

2.3.6 接线元件

电子电路中常常需要进行电路的接通、断开或转换，这时就要使用接线元件。接线元件有两大类：一类是开关；另一类是接插件。开关实物及检测可扫二维码学习。

（1）**开关的符号** 在机电式开关中至少有一个动触点和一个静触点。用于扳动、推动或是旋转开关的机构，就可以使动触点和静触点接通或者断开，达到接通或断开电路的目的。动触点和静触点的组合一般有 3 种（图 2-38）：

① 动合（常开）触点，符号如图（a）所示；

② 动断（常闭）触点，符号如图（b）所示；

③ 动换（转换）触点，符号如图（c）所示。

一个最简单的开关只有一组触点，而复杂的开关就有好几组触点。

开关在电路图中的图形符号如图 2-39 所示，其中图（a）表示一般手动开关；图（b）表示按钮开关，带一个动断触点；图（c）表示推拉式开关，带一组转换触点；图中把扳键画在触点下方表示推拉的动作；图（d）表示旋转式开关，带 3 极同时动合的触点；图（e）表示推拉式 1×6 波段开关；图（f）表示旋转式 1×6 波段开关的符号。开关的文字符号用"S"表示，对控制开关、波段开关可以用"SA"表示，对按钮式开关可以用"SB"表示。

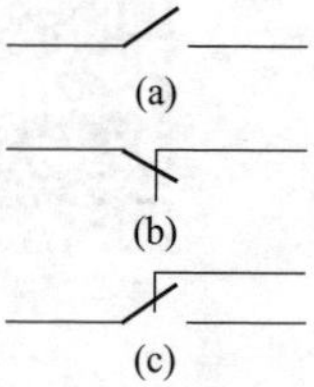

图2-38 动触点和静触点的组合

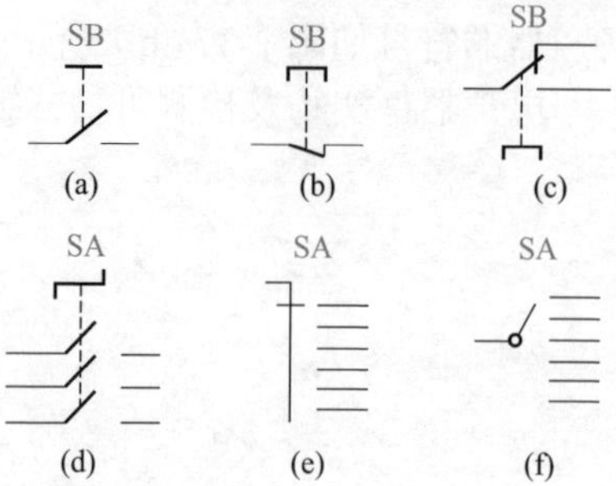

图2-39 开关在电路图中的图形符号

（2）**接插件的符号**　接插件的图形符号如图 2-40 所示，其中图（a）表示一个插头和一个插座（有两种表示方式），左边表示插座，右边表示插头；图（b）表示一个已经插入插座的插头；图（c）表示一个 2 极插头座，也称为 2 芯插头座；图（d）表示一个 3 极插头座，也就是常用的 3 芯立体声耳机插头座；图（e）表示一个 6 极插头座，为了简化也可以用图（f）表示，在符号上方标上数字 6 ，表示是 6 极。接插件的文字符号是 X，为了区分，可以用"XP"表示插头，用"XS"表示插座。

2.3.7　继电器

继电器实物及检测可扫 2.3.6 节二维码学习。继电器是由线圈和触点组两部分组成的，继电器在电路图中的图形符号也包括两部分：一个长方框表示线圈；一组触点符号表示触点组合。当触点不多电路比较简单时，往往把触点组直接画在线圈框的一侧，这种画法叫集中表示法，如图 2-41(a) 所示。当触点较多而且每对触点所控制的电路又各不相同时，为了方便，常常采用分散表示法，就是把线圈画在控制电路中，把触点按各自的工作对象分别画在各个受控电路里。这种画法对简化和分析电路有利，但这种画法必须在每对触点旁注上继电器的编号和该触点的编号，并且规定所有的触点都应该按继电器不通电的原始状态画出。图 2-41(b) 所示是一个触摸开关，当人手触摸到金属片 A 时，555 时基电路输出（3 端）高电位，使继电器 KR_1 通电，触点闭合使灯点亮使电铃发声。555 时基电路是控制部分，使用的是 6V 低压。电灯和电铃是受控部分，使用的是 220V 市电。

继电器的文字符号都是"K"。有时为了区别，交流继电器用"KA"表示，电磁继电器和舌簧继电器可以用"KR"表示，时间继电器可以用"KT"表示。

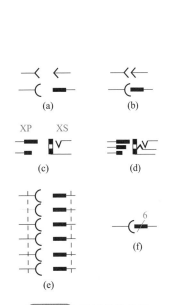

图2-40 接插件的符号

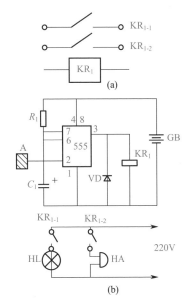

图2-41 继电器的符号及应用电路

2.3.8 电池及熔断器

电池的图形符号如图 2-42（a）所示，长线表示正极，短线表示负极，有时为了强调可以把短线画得粗一些。图 2-42（b）表示一个电池组，有时也可以把电池组简化地画成一个电池，但要在旁边注上电压或电池的数量。图 2-42（c）是光电池的图形符号。电池的文字符号为"GB"。熔断器的图形符号如图 2-42（d）所示，它的文字符号是"FU"。

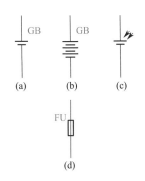

图2-42 电池及熔断器符号

2.3.9 二极管、三极管

（1）二极管符号　二极管实物及检测可扫 132 页二维码学习。半导体二极管在电路图中的图形符号如图 2-43

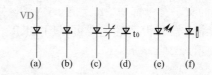

图2-43 导体二极管在电路图中的图形符号

所示，其中图（a）为一段二极管的符号，箭头所指的方向就是电流流动的方向，就是说在这个二极管上端接正电压、下端接负电压时它就能导通；图（b）是稳压二极管的符号；图（c）是变容二极管的符号，旁边的电容器符号表示它的结电容是随着二极管两端的电压变化的；图（d）是热敏二极管符号；图（e）是发光二极管的符号，用两个斜向放射的箭头表示它能发光。图（f）是磁敏二极管的符号，它能对外加磁场作出反应，常被制成接近开关而用在自动控制方面。二极管的文字符号用"V"表示，有时为了和三极管区别，也可能用"VD"来表示。

（2）三极管符号　　三极管实物及检测可扫二维码学习。由于 PNP 型和 NPN 型三极管在使用时对电源的极性要求是不同的，所以在三极管的图形符号中应该能够区别和表示出来。图形符号的标准规定：只要是 PNP 型三极管，不管它是用锗材料还是用硅材料，都用图 2-44（a）来表示；同样，只要是 NPN 型三极管，不管它是用锗材料还是用硅材料，都用图 2-44（b）来表示；图 2-44（c）所示为光敏三极管的符号；图 2-44（d）表示一个硅 NPN 型磁敏三极管。

三极管在路测量可扫二维码学习。

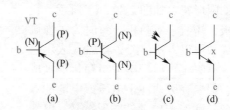

图2-44 三极管符号

2.4 电子电路大功率元件的检修

大功率电子元件的损坏主要有以下原因：负载短路、散热不好、模块与散热器紧固的螺钉松动、接线端子接触不良发热、散热器等有毛刺短路。另外还和续流二极管、阻容吸收网络、压敏电阻、浪涌限制器、电感等有关，还与驱动信号有关系，如果驱动信号的频率、幅度、波形的上升沿、波形的下降沿、波形的最高正电压、波形的最低负电压、波形的过冲振荡、多路驱动信号的相位关系等不正常也会导致其损坏。功率半导体模块损坏后，还可能导致驱动电路的损坏。

功率半导体模块在大电流试验时一定要拧紧螺钉装好散热器，接线螺钉也一定要拧紧，否则大电流的接线端会发热损坏模块，小电流接线端接触不良造成干扰损坏模块。如果示波器外壳接地，在测量时会因短路损坏功率模块或控制电路，所以示波器的外壳不要接地，电源线的三芯插头的地线不要连接。模块接入电源之前最好先串联一个几百欧姆的限流电阻（可以用一个灯泡代替），这样限流即使有短路也不会损坏模块，正常后再撤掉限流电阻。

2.4.1 IGBT 绝缘栅双极型晶体管及 IGBT 功率模块

（1）认识 IGBT 绝缘栅双极型晶体管（IGBT）功率场效应管与双极型（PNP 或 NPN）管复合后的一种新型复合型器件，它综合了场效应管开关速度快、控制电压低和双极型晶体管电流大、反压高、导通时压降小等优点，是目前颇受欢迎的电力电子器件。目前国外高压 IGBT 模块的电流 / 电压容量已达 2000A/3300V，采用了易于并联的 NPT 工艺技术，第四代 IGBT 产品的饱和压降 $U_{CE(sat)}$ 显著降低，减少了功率损耗；美国 IR 公司生产的 WrapIGBT 开关速度最快，工作频率最高可达 150kHz。绝缘栅双极型晶体管 IGBT 已广泛应用于电动机变频调速控制、程控交换机电源、计算机系统不停电电源（UPS）、变频空调器、数控机床伺服控制等。

IGBT 是由 MOSFET 与 GTR 复合而成的，其图形符号如图 2-45 所示。IGBT 是由栅极 G、发射极 E、集电极 C 组成的三端口电压控制器件，常用 N 沟道 IGBT 内部结构简化等效电路如图 2-45（b）所示。IGBT 的封装与普通双极型大功率三极管相同，有多种封装形式，如图 2-46 所示。

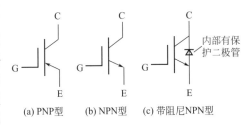

(a) PNP型　(b) NPN型　(c) 带阻尼NPN型

图2-45 IGBT的图形符号

大功率
IGBT模块

图2-46 多种封装形式IGBT

　　简单来说，IGBT 等效成一只由 MOSFT 驱动的厚基区 PNP 型三极管，如图 2-47（b）所示。N 沟道 IGBT 简化等效电路中 RN 为 PNP 管基区内的调制电阻，由 N 沟道 MOSFET 和 PNP 型三极管复合而成，导通和关断由栅极和发射极之间驱动电压 U_{GE} 决定。当栅极和发射极之间驱动电压 U_{GE} 为正且大于栅极开启电压 $U_{GE（th）}$ 时，MOSFET 内形成沟道并为 PNP 型三极管提供基极电流，进而使 IGBT 导通。此时，从 P+区注入 N– 的空穴对（少数载流子）对 N 区进行电导调制，减少 N–区的电阻 R_N，使高耐压的 IGBT 也具有很小的通态压降。当栅射极间不加信号或加反向电压时，MOSFET 内的沟道消失，PNP 型三极管的基极电流被切断，IGBT 即关断。

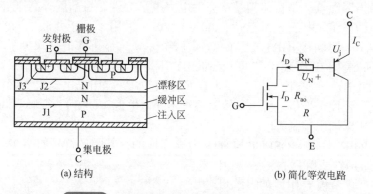

(a) 结构

(b) 简化等效电路

图2-47 绝缘栅型场效应管结构、简化等效电路

　　（2）IGBT 模块检测与应用电路　IGBT 晶体管检测可扫二维码学习。
　　① 单单元的检测　检测时，利用万用表 R×10 挡测IGBT 的 C-E、C-B 和 B-E 之间的阻值，应与带阻尼管的

阻值相符。若该IGBT组件失效,集电极和发射极、集电极和栅极间可能存在短路现象。

> **注意**: IGBT 正常工作时, 栅极与发射极之间的电压约为9V, 发射极为基准。

若采用在路测量法,应先断开相应引脚,以防电路中内阻影响,造成误判断。

② 多单元的检测 检测多单元时,先找出多单元中的独立单元,再按单单元检测。

③ IGBT 的 应 用 电 路 IGBT 应用于电磁炉电路如图 2-48 所示。图中 VT1、VT2 为 IGBT 功率管,受电路控制,工作在开关状态,使加热线盘产生电磁场,对锅进行加热。

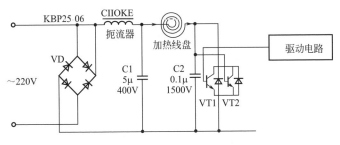

图2-48 IGBT应用于电磁炉电路

2.4.2 晶闸管(可控硅)

(1)结构 如图 2-49 所示,晶闸管(俗称可控硅)是由 PNPN 四层半导体结构组成的,包括阳极(用 A 表示)、阴极(用 K 表示)和控制极(用 G 表示)三个极,其内部结构如图 2-50 所示。

如果仅是在阳极和阴极间加电压,无论是采取正接还是反接,晶闸管都是无法导通的。因为晶闸管中至少有一个 PN 结总是处于反向偏置状态。如果采取正接法,即在晶闸管阳极接正电压、阴极接负电压,同时在门极再加相对于阴极而言的正向电压(足以使晶闸管内部的反向偏置 PN 结导通),晶闸管就导通了(PN 结导通后就不再受极性限制)。而且一旦导通再撤去控制极电压,晶闸管仍可保持导通的状态。如果此时想使导通的晶闸管截止，只有使其电流降到某个值以下或将阳极与阴极间的电压减小到零。

单向晶闸管、双向晶闸管检测可扫二维码学习。

单向晶闸管检测

双向晶闸管检测

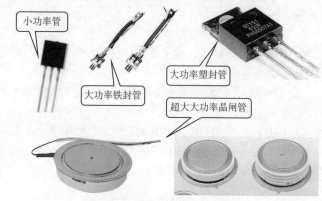

图2-49 晶闸管外形

图2-50 晶闸管的内部结构示意图

由于晶闸管只有导通和关断两种工作状态，所以它具有开关特性，这种特性需要一定的条件才能转化，条件如下：

① 从关断到导通时，阳极电位高于阴极电位，门极有足够的正向电压和电流，两者缺一不可。

② 维持导通时，阳极电位高于阴极电位；阳极电流大于维持电流，两者缺一不可。

(a) 单向晶闸管
(阳极受控)

(b) 单向晶闸管
(阴极受控)

(c) 双向晶闸管

(d) 可关断晶闸管

图2-51 晶闸管的图形符号

③ 从导通到关断时，阳极电位低于阴极电位；阳极电流小于维持电流，任一条件即可。

（2）晶闸管的图形符号　晶闸管是电子电路中最常用的电子元器件之一，一般用字母"K"、"VS"加数字表示。晶闸管的图形符号如图 2-52 所示。

（3）晶闸管的型号命名　国产晶闸管型号命名一般由四个部分组成，分别为名称、类别、额定电流值和重复峰值电压级数，如图 2-52 所示。

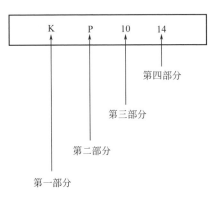

图2-52　晶闸管命名示意图

第一部分为名称，晶闸管用字母 K 表示。

第二部分为晶闸管的类别，用字母表示。P 表示普通反向阻断型。

第三部分为晶闸管的额定通态电流值，用数字表示。10 表示额定通态电流为 10A。

第四部分为晶闸管的重复峰值电压级数，用数字表示。14 表示重复峰值电压为 1400V。

KP10-14 表示通态平均电流为 10A，正、反向重复峰值电压为 1400V 的普通反向阻断型晶闸管。

为了方便读者查阅，表 2-10 ～表 2-12 分别列出了晶闸管类别代号含义对照表、晶闸管额定通态电流符号含义对照表和晶闸管重复峰值电压级数符号含义对照表。

表2-10　晶闸管类别代号含义对照表

符　　号	含　　义
P	普通反向阻断型
K	快速反向阻断型
S	双向型

表2-11 晶闸管额定通态电流符号含义对照表

符 号	含 义	符 号	含 义
1	1A	100	100A
5	5A	200	200A
10	10A	300	300A
20	20A	400	400A
30	30A	500	500A
50	50A		

表2-12 晶闸管重复峰值电压级数符号含义对照表

符 号	含 义	符 号	含 义
1	100V	7	700V
2	200V	8	800V
3	300V	9	900V
4	400V	10	1000V
5	500V	12	1200V
6	600V	14	1400V

2.4.3 场效应晶体管

场效应晶体管（FET）简称场效应管。它是一种外形与三极管相似的半导体器件，但它与三极管的控制特性截然不同。三极管是电流控制型器件，通过控制基极电流达到控制集电极电流或发射极电流的目的，即需要信号源提供一定的电流才能工作，所以它的输入阻抗较低；而场效应管则是电压控制型器件，它的输出电流取决于输入电压的大小，基本上不需要信号源提供电流，所以它的输入阻抗较高。此外，场效应管具有噪声小、功耗低、动态范围大、易于集成、没有二次击穿现象、安全工作区域宽等优点，特别适用于大规模集成电路，在高频、中频、低频、直流、开关及阻抗变换电路中应用广泛。

场效应管的品种有很多，按其结构可分为两大类：一类是结型场效应管；另一类是绝缘栅型场效应管，而且每种结构又有N沟道和P沟道两种导电沟道。

场效应管一般都有3个极，即栅极G、漏极D和源极S，为方便理解可以把它们分别对应于三极管的基极B、集电极C和发射极E。场效应管的源极S和漏极D结构是对称的，在使用中可以互换。

N沟道型场效应管对应NPN型三极管，P沟道型场效应管对应PNP型三极管。常见场效应管的外形如图2-53所示，其图形符号如图2-54所示。场效应管检测可扫二维码学习。

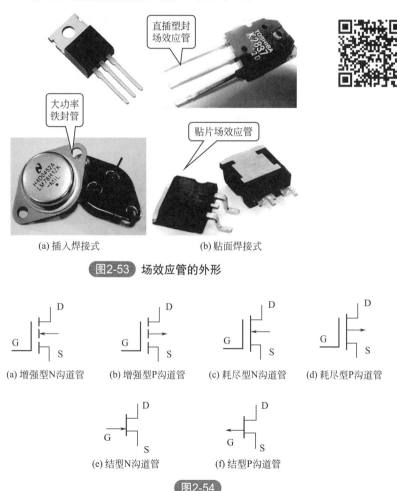

(a) 插入焊接式   (b) 贴面焊接式

图2-53 场效应管的外形

(a) 增强型N沟道管   (b) 增强型P沟道管   (c) 耗尽型N沟道管   (d) 耗尽型P沟道管

(e) 结型N沟道管   (f) 结型P沟道管

图2-54

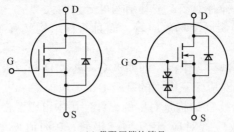

(g) 带阻尼管的符号

图2-54 场效应管的图形符号

按结构分类，场效应管可分为结型场效应管和绝缘栅型场效应管两种，而绝缘栅极场效应管又分为耗尽型和增强型两种。

（1）结型场效应管　在一块 N 型（或 P 型）半导体棒两侧各做一个 P 型区（或 N 型区），就形成两个 PN 结，把两个 P 区（或 N 区）并联在一起引出一个电极，称为栅极（G）；在 N 型（或 P 型）半导体棒的两端各引出一个电极，分别称为源极（S）和漏极（D）。夹在两个 PN 结中间的 N 区（或 P 区）是电流的通道，称为沟道。这种结构的管子称为 N 沟道（或 P 沟道）结型场效应管，其结构如图 2-55 所示。

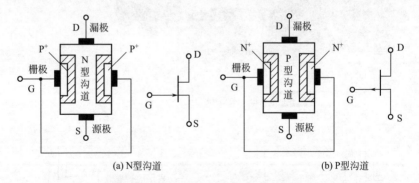

(a) N型沟道　　　　　　　　　　　(b) P型沟道

图2-55 结型场效应管的结构及图形符号

N 沟道管：电子电导，导电沟道为 N 型半导体。P 沟道管：空穴导电，导电沟道为 P 型半导体。

（2）绝缘栅型场效应管　以一块 P 型薄硅片作为衬底，在它上面做两个高杂质的 N 型区，分别作为源极 S 和漏极 D。在硅片表面覆盖一层绝缘物，然后再用金属铝引出一个电极 G（栅极）。在这就是绝缘栅型场效应管的基本结构，其结构如图 2-56 所示。

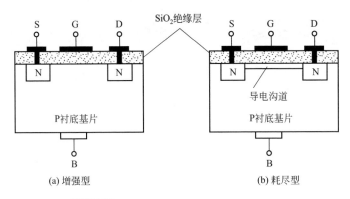

(a) 增强型   (b) 耗尽型

图2-56 绝缘栅型场效应管的结构示意图

2.4.4 集成电路与稳压器件及电路

集成电路，又称为 IC，按其功能、结构的不同，可以分为模拟集成电路、数字集成电路和数/模混合集成电路三大类。

模拟集成电路又称线性电路，用来产生、放大和处理各种模拟信号（指幅度随时间变化的信号。例如半导体收音机的音频信号、录放机的磁带信号等），其输入信号和输出信号成比例关系。而数字集成电路用来产生、放大和处理各种数字信号（指在时间上和幅度上离散取值的信号。例如 3G 手机、数码相机、电脑 CPU、数字电视的逻辑控制和重放的音频信号和视频信号）。集成电路与稳压器件的检测可扫二维码学习。

2.4.4.1 集成电路的封装及引脚排列

集成电路明显特征是引脚比较多（远多于三个引脚），各引脚均匀分布。集成电路一般是长方形的，也有方形的。大功率集成电路带金属散热片，小功率集成电路没有散热片。

（1）单列直插式封装 单列直插式封装（SIP）集成电路引脚从封装一个侧面引出，排列成一条直线。通常，它们是通孔式的，引脚插入印制电路板的金属孔内。当装配到印制基板上时封装呈侧立状。单列直插式封装集成电路的外形如图 2-57 所示。

图2-57 单列直插式封装集成电路的外形

单列直插式封装集成电路的封装形式很多，集成电路都有一个较为明显的标记来指示第一个引脚的位置，而且是自左向右依次排序，这是单列直插式封装集成电路的引脚分布规律。

若无任何第一个引脚的标记，则将印有型号的一面朝着自己，且将引脚朝下，最左端为第一个引脚，依次为各引脚，如图2-58所示。

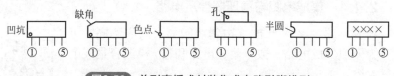

图2-58 单列直插式封装集成电路引脚排列

（2）单列曲插式封装　锯齿形单列式封装（ZIP）是单列直插式封装形式的一种变化，它的引脚仍是从封装体的一边伸出，但排列成锯齿形。这样，在一个给定的长度范围内，提高了引脚密度。引脚中心距通常为2.54mm，引脚数为2～23，多数为定制产品。单列曲插式封装集成电路的外形如图2-59所示。

图2-59 单列曲插式封装集成电路的外形

单列曲插式封装集成电路的引脚呈一列排列，但是引脚是弯曲的，即相邻两个引脚弯曲排列。单列曲插式封装集成电路还有许多，它们都有一个标记是指示第一个引脚的位置，然后依次从左向右为各引脚，这是单列曲插式封装集成电路的引脚分布规律。

当单列曲插式封装集成电路上无明显的标记时，可按单列直插式集成电路引脚识别方法来识别，如图 2-60 所示。

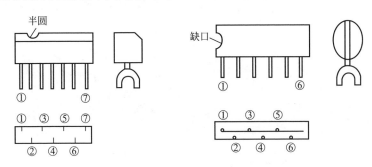

图2-60 单列曲插式封装集成电路引脚排列

（3）双列直插式封装 双列直插式封装也称 DIP 封装（Dual Inline Package），是一种最简单的封装方式。绝大多数中小规模集成电路均采用双列直插形式封装，其引脚数一般不超过 100。DIP 封装的 CPU 芯片有两排引脚，需要插入到具有 DIP 结构的芯片插座上。

双列直插式集成电路引脚分布一般有各种形式的明显标记，指明是第一个引脚的位置，然后沿集成电路外沿逆时针方向依次为各引脚。

无任何明显的引脚标记时，将印有型号的一面朝着自己正向放置，左侧下端第一个引脚为①脚，逆时针方向依次为各引脚。如图 2-61 所示。

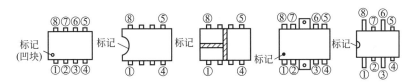

图2-61 双列直插式封装集成电路引脚排列

（4）四列表贴封装 随着生产技术的提高，电子产品的体积越来越小，体积较大的直插式封装集成电路已经不能满足需要。故设计者又研制出一种贴片封装集成电路，这种封装的集成电路引脚很小，可以直接焊接在印制电路板的印制导线上。四列表贴封装集成电路的外形如图 2-62 所示。

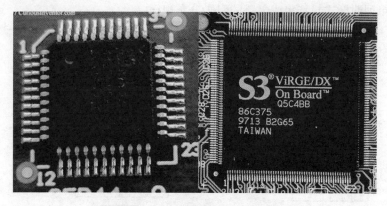

图2-62 四列表贴封装集成电路的外形

四列表贴封装集成电路的引脚分成四列，集成电路左下方有一个标记，左下方第一个引脚为①脚，然后逆时针方向依次为各引脚。

四列表贴封装集成电路引脚排列如图 2-63 所示。

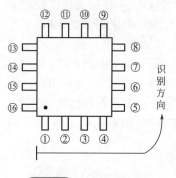

图2-63 四列表贴封装集成电路引脚排列

（5）金属封装 金属封装是半导体器件封装的最原始形式，它将分立器件或集成电路置于一个金属容器中，用镍作封盖并镀上金。金属圆形外壳采用由可伐合金材料冲制成的金属底座，借助封接玻璃，在氮气保护气氛下将可伐合金引线按照规定的布线方式熔装在金属底座上，经过引线端头的切平和磨光后，再镀镍、金等惰性金属给予保护。在底座中心进行芯片安装和在引线端头用铝硅丝进行键合。组装完成后，用 10 号钢带所冲制成的镀镍封帽进行封装，构成气密的、坚固的封装结构。金属封装的优点是气密性好，不受外界环境因素的影响；它的缺点是价格昂贵，外形单一，不能满足半导体器件日益快速发展的需要。现在，金属封装所占的市场份额已越来越小，几乎已没有商品化的产品。少量产品用于特殊性能要求的军事或航空航天技术中。

（6）**反方向引脚排列集成电路** 前面介绍的集成电路均为引脚正向分布的集成电路，引脚从左向右依次分布，或从左下方第一个引脚逆时针方向依次分布各引脚。

引脚反向分布的集成电路则是从右向左依次分布，或从左上端第一个引脚为①脚，顺时针方向依次分布各引脚，与引脚正向分布的集成电路规律恰好相反。

引脚正、反向分布规律可以从集成电路型号上识别，例如，HA1366W 引脚为正向分布，HA1366WR 引脚为反向分布，型号后多一个大写字母 R 表示这一集成电路的引脚为反向分布，它们的电路结构、性能参数相同，只是引脚分布相反。

（7）**厚膜电路** 厚膜电路也称为厚膜块，其制造工艺与半导体集成电路有很大不同。它将晶体管、电阻、电容等元器件在陶瓷片上或用塑料封装起来。其特点是集成度不是很高，但可以耐受的功率很大，常应用于大功率单元电路中。图 2-64 所示为厚膜电路，引出线排列顺序从标记开始从左至右依次排列。

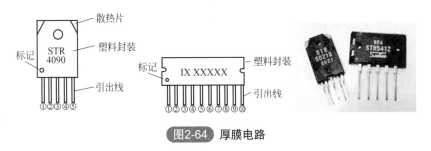

图2-64 厚膜电路

2.4.4.2 三端稳压器件

三端稳压器主要有两种：一种输出电压是固定的，称为固定输出三端稳压器；另一种输出电压是可调的，称为可调输出三端稳压器。其基本原理相同，均采用串联型稳压电路。在线性集成稳压器中，由于三端稳压器只有三个引出端子，具有外接元器件少、使用方便、性能稳定和价格低廉等优点，因而得到广泛应用。

（1）**78××系列三端稳压器** 78××系列三端稳压器由启动电路（恒流源）、采样电路、基准电路、误差放大器、调整管、保护电路等构成，如图 2-65 所示。

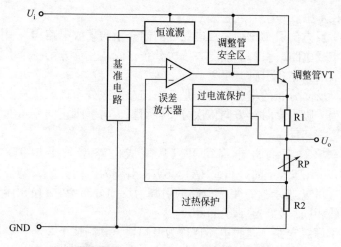

图2-65 78××系列三端稳压器的构成

如图 2-65 所示，当 78×× 系列三端稳压器输入端有正常的供电电压 U_i 输入后，该电压不仅加到调整管 VT 的 C 极，而且通过恒流源为基准电路供电，由基准电路产生基准电压并加到误差放大器，误差放大器为 VT 的 B 极提供基准电压，使 VT 的 E 极输出电压，该电压经 R1 限流，再通过三端稳压器的输出端子输出后，为负载供电。

当输入电压升高或负载变轻，引起三端稳压器输出电压 U_o 升高时，通过 RP、R2 采样后电压升高。该电压加到误差放大器后，使误差放在器为调整管 VT 提供的电压减小，VT 因 B 极输入电压减小导通程度减弱，VT 的 E 极输出电压减小，最终使 U_o 下降到规定值。当输出电压 U_o 下降时，稳压控制过程相反。这样，通过该电路的控制确保稳压器输出的电压 U_o 不随供电电压 U_i 高低和负载轻重变化而变化，实现稳压控制。

当负载异常引起调整管过电流时，被过电流保护电路检测后，使调整管 VT 停止工作，避免调整管过电流损坏，实现了过电流保护。另外，VT 过电流时，温度会大幅度升高，被芯片内的过热保护电路检测后，也会使 VT 停止工作，避免了 VT 过热损坏，实现了过热保护。

（2）79×× 系列三端稳压器 79×× 系列三端稳压器的构成和 78×× 系列三端稳压器基本相同，如图 2-66 所示。

如图 2-66 所示，79×× 系列三端稳压器的工作原理和 78×× 系列三端稳压器一样，区别就是它采用的是负压电和负压输出方式。

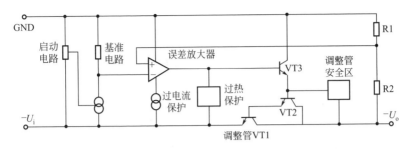

图2-66 79××系列三端稳压器的构成

(3) 可调式三端稳压器

① 按输出电压分类。可调式三端稳压器按输出电压可分为 4 种：第一种的输出电压为 1.2 ～ 15V，如 LM196/396；第二种的输出电压为 1.2 ～ 32V，如 LM138/238/338；第三种的输出电压为 1.2 ～ 33V，如 LM150/250/350；第四种的输出电压为 1.2 ～ 37V，如 LM117/217/317。常见可调式三端稳压器封装见图 2-67。

② 按输出电流分类。可调式三端稳压器按输出电流分为 0.1A、0.5A、1.5A、3A、5A、10A。如果稳压器型号后面加字母 L，说明该稳压器的输出电流为 0.1A，如 LM317L 就是最大输出电流为 0.1A 的稳压器；如果稳压器型号后面加字母 M，说明该稳压器的输出电流为 0.5A，如 LM317M 就是最大输出电流为 0.5A 的稳压器；如果稳压器型号后面没有加字母，说明该稳压器的输出电流为 1.5A，如 LM317 就是最大输出电流为 1.5A 的稳压器，而 LM138/238/338 是 5A 的稳压器，LM196/396 是 10A 的稳压器。

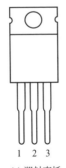

(a) 塑封直插
1脚调整端，2脚输出，3脚输入

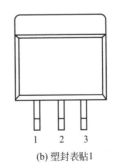

(b) 塑封表贴1
1脚调整端，2脚输出，3脚输入

图2-67

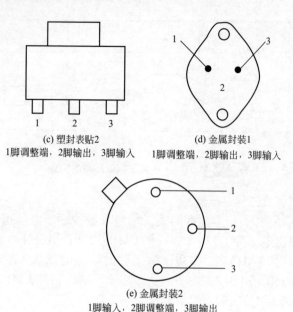

(c) 塑封表贴2
1脚调整端，2脚输出，3脚输入

(d) 金属封装1
1脚调整端，2脚输出，3脚输入

(e) 金属封装2
1脚输入，2脚调整端，3脚输出

图2-67 常见可调式三端稳压器封装

（4）三端误差放大器 三端误差放大器 TL431（或 KIA431、KA431、LM431、HA17431）在电源电路中应用得较多。TL431 属于精密型误差放大器，它有 8 脚直插式和 3 脚直插式两种封装形式，如图 2-68 所示。

目前，常用的是 3 脚封装（外形类似 2SC18157）它有 3 个引脚，分别是误差信号输入端 R（有时也标注为 G）、接地端 A、控制信号输出端 K。

当 R 脚输入的误差采样电压超过 2.5V 时，TL431 内比较器输出的电压升高，使三极管导通加强，TL431 的 K 极电位下降；当 R 脚输入的电压低于 2.5V 时，K 脚电位升高。

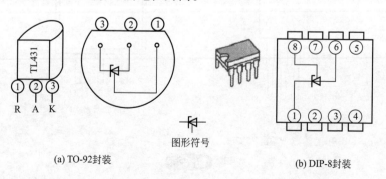

图形符号

(a) TO-92封装

(b) DIP-8封装

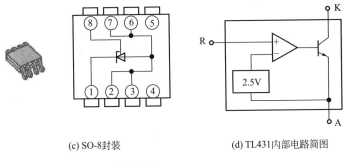

(c) SO-8封装   (d) TL431内部电路简图

图2-68 误差放大器TL431

2.5 电路板维修

2.5.1 维修技巧之一

电路板维修不能过分依赖在线测试仪，原因如下。

① 功能测试不能代替参数测试。

② 功能测试仅能测试到器件的截止区、放大区和饱和区，但无法了解此时的工作频率的高低和速度的快慢。

③ 对数字芯片而言，仅知道有高低电平的输出变化，但无法查出它的上升和下降沿的变化速度。

④ 对于模拟芯片，它处理的是模拟的变化量，其受电路元器件的分布、解决信号方案的不同的影响，是错综复杂的。就目前的在线测试技术而言，要解决模拟芯片在线测试是不可能的。所以，这项功能测试的结果，仅供参考。

⑤ 大多数的在线测试仪，在对于电路板上的各类芯片进行功能测试后，均会给出"测试通过"或"测试不通过"。那么它为什么不给出被测器件是否有问题呢？这就是这类测试仪的缺憾。因为在线测试时，所受影响（干扰）的因素太多。要求在测试前采取不少的措施（如断开晶振，去掉CPU和带程序的芯片，加隔离中断信号等等），这样做是否均有效，值得研究。至少，目前的测试结果不尽如人意。

⑥ 了解在线测试仪的读者，均知道有这么一句行话："在线测试时不通过的芯片不一定是损坏的；测试通过的芯片一定是没有损坏的。"

它的解释为，如器件受在线影响或抗干扰时，结果可能不通过，对此不难理解。那么，是否损坏的芯片在进行测试时，均会得出"不通过"呢？回答确实不能肯定。笔者与同行均遇到过，明明芯片已损坏了（确切地说换上这个芯片板子就不工作了），但测试结果是通过的。权威解释为这是测试仪自身工作原理（后驱动技术）所致。因此我们不能过分依赖在线测试仪（尽管各厂家宣传得很玄）的作用，否则将无法正确维修电路板。

2.5.2　维修技巧之二

在无任何原理图状况下要对一块比较陌生的电路板进行维修，以往的所谓"经验"就很难起到作用，尽管硬件功底深厚的人对维修充满信心，但如果方法不当，工作起来照样事倍功半。因此，为提高维修效率，应遵循以下几个步骤，按顺序有条不紊地进行。

方法一：先看后量。

使用工具：万用表、放大镜。

对于一块待修的电路板，良好的习惯是首先对其进行目测，必要时还要借助放大镜，主要看：

① 是否有断线；

② 分立元件如电阻、电解电容、电感、二极管、三极管等是否存在断路现象；

③ 电路板上的印制板连接线是否存在断裂、粘连等；

④ 是否有人修过，动过哪些元器件，是否存在虚焊、漏焊、插反等操作方面的失误；在确定了被修无上述状况后，用万用表测量电路板电源和地之间的阻值，通常电路板的阻值都在 $70 \sim 80\Omega$，若阻值太小，才几欧姆或十几欧姆，说明电路板上有元器件被击穿或部分击穿，就必须采取措施将被击穿的元器件找出来。具体办法是给被修板供电，用手去摸电路板上各器件的温度，烫手的作为重点怀疑对象。若阻值正常，用万用表测量板上的电阻、二极管、三极管、场效应管、波段开关等分立元件，其目的就是首先要确保测量过的元件是正常的，理由是，能用万用表解决的问题，就不要把它复杂化。

方法二：先外后内。

使用工具：电路在线维修仪。

如果情况允许，最好是找一块与被维修板一样的好板作为参照，然后使用一起的双棒 VI 曲线扫描功能对两块板进行好、坏对比测试，起始的对比点可以从端口开始，然后由表及里，尤其是对电容的对比测试，可以弥补万用表在线难以测出是否漏电的缺憾。

方法三：先易后难。

使用工具：电路在线维修仪、电烙铁、记号笔。

为提高测试效果，在对电路板进行在线功能测试前，应对被修板做一些技术处理，以尽量削弱各种干扰对测试进程带来的负面影响，具体措施是：

① 测试前的准备　将晶振短路，对大的电解电容要焊下一个引脚使其开路，因为电容的充放电同样也能带来干扰。

② 采用排除法对器件进行测试　对器件进行在线测试或比较过程中，凡是测试通过（或比较正常）的器件，请直接确认测试结果，以便记录；对测试未通过（或比较差）的，可再测试一遍，若还是未通过，也可先确认测试结果，就这样一直测试下去，直到将板上的器件测试（或比较）完，然后再回过头来处理那些未通过测试（或比较差）的器件。对未通过功能在线测试的器件，仪器还提供了一种不太正规却又比较实用的处理方法：由于仪器对电路板的供电可以通过测试夹施加到器件相应的电源与地脚，若对器件的电源脚实施切割，则这个器件将脱离电路板供电系统，这时再对该器件进行在线功能测试，由于电路板上的其他器件将不会再起干扰作用，实际测试效果等同于"准离线"，测准率将获得很大提高。

③ 用 ASA-VI 曲线扫描测试对测试库尚未涵盖的器件进行比较测试　由于 ASA-VI 智能曲线扫描技术能适用于对任何器件的比较测试，只要测试夹能将器件夹住，再有一块参照板，通过对比测试，同样对器件具备较强的故障侦测能力。该功能弥补了器件在线功能测试要受制于测试库的不足，拓展了仪器对电路板故障的侦测范围。现实中往往会出现无法找到好板作参照的情景，而且待修板本身的电路结构也无任何对称性，在这种情况下，ASA-VI 曲线扫描比较测试功能起不了作用，而在线功能测试由于器件测试库的不完全，无法完成对电路板上每一个器件都测试一遍，电路板依然无法修复，这就是电路在线维修仪的局限。

方法四：先静后动。

由于电路在线维修仪目前只能对电路板上的器件进行功能在线测试和静态特征分析，是否完全修好必须要经过整机测试检验，因此，在检验时最好先检查一下设备的电源是否按要求正确供给到电路板上。

2.5.3 维修技巧之三——用万用表检测电路板

（1）离线检测　测出 IC 芯片各引脚对地之间的正、反向电阻值，以此与好的 IC 芯片进行比较，从而找到故障点。

（2）在线检测

① 直流电阻的检测法　同离线检测，但要注意：

a. 要断开待测电路板上的电源；

b. 万能表内部电压不得大于 6V；

c. 测量时，要注意外围的影响，如与 IC 芯片相连的电位器等。

② 直流工作电压的测量法　测得 IC 芯片各脚直流电压与正常值相比即可，但也要注意：

a. 万能表要有足够大的内阻，数字表为首选；

b. 各电位器旋到中间位置；

c. 表笔或探头要采取防滑措施，可用自行车气门芯套在笔头上，并应长出笔尖约 5mm；

d. 当测量值与正常值不相符时，应根据该引脚电压，对 IC 芯片正常值有无影响以及其他引脚电压的相应变化进行分析；

e. IC 芯片引脚电压会受外围元器件的影响，如外围有漏电、短路、开路或变质等；

f. IC 芯片部分引脚异常时，则从偏离大的入手，先查外围元器件，无故障，则 IC 芯片损坏；

g. 对工作时有动态信号的电路板，有无信号 IC 芯片引脚电压是不同的，但若变化不正常则 IC 芯片可能已坏；

h. 对多种工作方式的设备，在不同工作方式时 IC 引脚的电压是不同的。

③ 交流工作电压测试法　用带有 dB 挡的万能表，对 IC 进行交流电压近似值的测量。若没有 dB 挡，则可在正表笔串入一个 0.1～0.5μF 的隔离直流电容。该方法适用于工作频率比较低的 IC，但要注意这些信号将受固有频率、波形的不同而不同，所以所测数据为近似值，仅供参考。

④ 总电流测量法　通过测 IC 电源的总电流，来判别 IC 的好坏。由于 IC 内部大多数为直流耦合，IC 损坏时（如 PN 结击穿或开路）会引起后级饱和与截止，使总电流发生变化，所以测总电流可判断 IC 的

好坏。在线测得回路电阻上的电压，即可算出电流值来。

以上检测方法，各有利弊，在实际应用中将这些方法结合来运用，运用好了就能维修好各种电路板。

2.5.4　维修技巧之四——集成电路代换技巧

（1）直接代换　直接代换是指用其他IC不经任何改动而直接取代原来的IC，代换后不影响机器的主要性能与指标。

代换原则是：代换IC的功能、性能指标、封装形式、引脚用途、引脚序号和间隔等几方面均相同。其中IC的功能相同不仅指功能相同，还应注意逻辑极性相同，即输出输入电平极性、电压、电流幅度必须相同。例如：图像中放IC，TA7607与TA7611，前者为反向高放AGC，后者为正向高放AGC，故不能直接代换。除此之外还有输出不同极性AFT电压，输出不同极性的同步脉冲等IC都不能直接代换，即使是同一公司或厂家的产品，都应注意区分。性能指标是指IC的主要电参数（或主要特性曲线）、最大耗散功率、最高工作电压、频率范围及各信号输入、输出阻抗等参数要与原IC相近。功率小的代用件要加大散热片。

① 同一型号IC的代换　同一型号IC的代换一般是可靠的，安装集成电路时，要注意方向不要搞错，否则，通电时集成电路很可能被烧毁。有的单列直插式功放IC，虽型号、功能、特性相同，但引脚排列顺序的方向是有所不同的。例如，双声道功放ICLA4507，其引脚有"正""反"之分，其起始脚标注（色点或凹坑）方向不同；没有后缀与后缀为"R"的IC等，例如M5115P与M5115RP。

② 不同型号IC的代换

a. 型号前缀字母相同、数字不同IC的代换。这种代换只要相互间的引脚功能完全相同，其内部电路和电参数稍有差异，也可相互直接代换。如：伴音中放ICLA1363和LA1365，后者比前者在IC第⑤脚内部增加了一个稳压二极管，其他完全一样。

b. 型号前缀字母不同、数字相同IC的代换。一般情况下，前缀字母是表示生产厂家及电路的类别，前缀字母后面的数字相同，大多数可以直接代换，但也有少数，虽数字相同，但功能却完全不同。例如，HA1364是伴音IC，而μPC1364是色解码IC；4558，8脚的是运算放大器NJM4558，14脚的是CD4558数字电路，故二者完全不能代换。

c.型号前缀字母和数字都不同 IC 的代换。有的厂家引进未封装的 IC 芯片，然后加工成按本厂命名的产品；还有如为了提高某些参数指标而改进产品。这些产品常用不同型号进行命名或用型号后缀加以区别。例如，AN380 与 μPC1380 可以直接代换；AN5620、TEA5620、DG5620 等可以直接代换。

（2）**非直接代换** 非直接代换是指不能进行直接代换的 IC 稍加修改外围电路，改变原引脚的排列或增减个别元件等，使之成为可代换的 IC 的方法。

代换原则：代换所用的 IC 可与原来的 IC 引脚功能不同、外形不同，但功能要相同，特性要相近；代换后不应影响原机性能。

① 不同封装 IC 的代换 相同类型的 IC 芯片，但封装外形不同，代换时只需将新器件的引脚按原器件引脚的形状和排列进行整形。例如，AFT 电路 CA3064 和 CA3064E，前者为圆形封装，辐射状引脚，后者为双列直插塑料封装，两者内部特性完全一样，按引脚功能进行连接即可。双列 ICAN7114、AN7115 与 LA4100、LA4102 封装形式基本相同，引脚和散热片正好都相差 180°。前面提到的 AN5620 带散热片双列直插 16 脚封装、TEA5620 双列直插 18 脚封装，9、10 脚位于集成电路的右边，相当于 AN5620 的散热片，二者其他脚排列一样，将 9、10 脚连起来接地即可使用。

② 电路功能相同但个别引脚功能不同 IC 的代换 代换时可根据各个型号 IC 的具体参数及说明进行。如电视机中的 AGC、视频信号输出有正、负极性的区别，只要在输出端加接倒相器后即可代换。

③ 类型相同但引脚功能不同 IC 的代换 这种代换需要改变外围电路及引脚排列，因而需要一定的理论知识、完整的资料和丰富的实践经验与技巧。

④ 有些空脚不应擅自接地 内部等效电路和应用电路中有的引出脚没有标明，遇到空的引出脚时，不应擅自接地，这些引出脚为更替或备用脚，有时也作为内部连接。

⑤ 用分立元件代换 IC 有时可用分立元件代换 IC 中被损坏的部分，使其恢复功能。代换前应了解该 IC 的内部功能原理、每个引出脚的正常电压、波形图及与外围元件组成电路的工作原理，同时还应考虑：

a.信号能否从 IC 中取出接至外围电路的输入端。

b. 经外围电路处理后的信号，能否连接到集成电路内部的下一级去进行再处理（连接时的信号匹配应不影响其主要参数和性能）。如中放IC损坏，从典型应用电路和内部电路看，由伴音中放、鉴频以及音频放大组成，可用信号注入法找出损坏部分，若是音频放大部分损坏，则可用分立元件代替。

⑥ 组合代换　组合代换就是把同一型号的多块 IC 内部未受损的电路部分重新组合成一块完整的 IC，用以代替功能不良的 IC 的方法。此方法在买不到原配 IC 的情况下是十分适用的，但要求所利用 IC 内部完好的电路一定要有接口引出脚。非直接代换关键是要查清楚互相代换的两种 IC 的基本电参数、内部等效电路、各引脚的功能、IC 与外部元件之间连接关系的资料。实际操作时予以注意：

a. 集成电路引脚的编号顺序，切勿接错。

b. 为适应代换后的 IC 的特点，与其相连的外围电路的元件要做相应的改变。

c. 电源电压要与代换后的 IC 相符，如果原电路中电源电压高，应设法降压；电压低，要看代换 IC 能否工作。

d. 代换以后要测量 IC 的静态工作电流，如电流远大于正常值，则说明电路可能产生自激，这时须进行去耦、调整。若增益与原来有所差别，可调整反馈电阻阻值。

e. 代换后 IC 的输入、输出阻抗要与原电路相匹配；检查其驱动能力。

f. 在改动时要充分利用原电路板上的脚孔和引线，外接引线要求整齐，避免前后交叉，以便检查和防止电路自激，特别是防止高频自激。

g. 在通电前电源 U_{cc} 回路里最好再串接一直流电流表，降压电阻阻值由大到小观察集成电路总电流的变化是否正常。

2.5.5　维修技巧之五——维修经验总结

（1）带程序的芯片

① EPROM 芯片一般不宜损坏，因这种芯片需要紫外光才能擦除掉程序，故在测试中不会损坏程序，但有资料介绍，因制作芯片的材料所致，随着时间的推移，即便不用也有可能损坏（主要指程序），所以要尽可能予以备份。

② EEPROM、SPROM 等以及带电池的 RAM 芯片，均极易破坏程序。这类芯片是否在使用测试仪进行 VI 曲线扫描后，是否就破坏了程

序，还未有定论。尽管如此，同仁们在遇到这种情况时，还是小心为妙。笔者曾经做过多次试验，最可能的原因是：检修工具（如测试仪、电烙铁等）的外壳漏电。

③ 对于电路板上带有电池的芯片不要轻易将其从板上拆下来。

（2）复位电路

① 待修电路板上有大规模集成电路时，应注意复位问题。

② 在测试前最好装回设备上，反复开、关机器试一试，以及多按几次复位键。

（3）功能与参数测试

① 测试仪对器件的检测，仅能反映出截止区、放大区和饱和区，但不能测出工作频率的高低和速度的快慢等等。

② 同理对 TTL 数字芯片而言，也只能知道有高低电平的输出变化，而无法查出它的上升与下降沿的变化速度。

（4）晶体振荡器

① 通常只能用示波器（晶振需加电）或频率计测试，万用表等无法测量，否则只能采用代换法了。

② 晶振常见故障有：a. 内部漏电；b. 内部开路；c. 变质频偏；d. 外围相连电容漏电，这里的漏电现象，用测试仪的 $V\text{-}I$ 曲线应能测出。

③ 整板测试时可采用两种判断方法：a. 测试时晶振附近即周围的有关芯片不通过；b. 除晶振外没找到其他故障点。

④ 晶振常见的有 2 种：a. 两脚；b. 四脚，其中第 2 脚是加电源的，注意不可随意短路。

（5）故障现象的分布

① 电路板故障部位的不完全统计：a. 芯片损坏 30%；b. 分立元件损坏 30%；c. 连线（PCB 板敷铜线）断裂 30%；d. 程序破坏或丢失 10%（有上升趋势）。

② 由上可知，当待修电路板出现连线问题和程序有问题时，若没有好板子，又不熟悉它的连线，找不到原程序，此板修好的可能性就不大了。

2.6 电路及电工基本计算

下面主要介绍直流电路及基本计算，复杂电路、正弦交流电路的计算可扫二维码详细学习。

2.6.1 电路

电流通过的途径叫电路。电气元件或电气设备用国家标准统一规定的图形及文字符号，按一定的连接关系绘制的图形叫电路图，如图2-69所示。

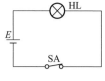

图2-69 **电路图**

电路一般由电源、负载、开关和连接导线4个基本部分组成。

电源是把非电能转换成电能的装置，如干电池、发电机等。

负载是把电能转换成其他形式能量的装置，如电灯、电动机等。

开关是接通或断开电路的控制元件，如刀开关、自动空气开关等。

连接导线把电源、负载及开关连接起来，组成一个闭合回路，起传输和分配电能的作用。

电路通常有通路、开路及短路三种状态。

通路：电路构成闭合回路，电路中有电流流过。

开路：电路断开，电路中无电流通过，开路又称为断路。

短路：短路是电源未经负载而直接由导体构成闭合回路。短路时电源输出的电流比允许的通路工作电流大很多倍，电源损耗大量的能量，一般不允许短路。当然短路状态也可以应用，如保护接零时，使电路形成短路，导致保护电器动作而切断电源，达到保护人身安全的目的。

电路中常用的几个物理量如下。

（1）**电流** 电荷有规则地定向移动称作电流。

电流的大小取决于在一定时间内通过导体横截面电荷量的多少，电流用符号 I 表示，其数学表达式为：

$$I = \frac{Q}{t}$$

式中，Q 为电荷量，C；t 为时间，s；I 为电流，A。

常用的电流单位还有千安（kA）、毫安（mA）和微安（μA）。换算关系为：$1kA = 10^3 A$，$1mA = 10^{-3} A$，$1μA = 10^{-3} mA = 10^{-6} A$。

电流不仅有大小，而且有方向，习惯上规定正电荷移动的方向为电流的方向。导体中移动的是电子，电子是负电荷，所以电子流的方向与电流方向相反。

（2）**电流密度** 当电流在导体的截面上均匀分布时，该电流与导体横截面积的比值为电流密度，用字母 J 表示，其数学表达式为：

$$J = \frac{I}{S}$$

式中，I 为电流，A；S 为横截面积，mm^2；J 为电流密度，A/mm^2。

【**例 2-1**】 某照明电路需要通 24A 的电流，问应采用多粗的铜导线（设 $J = 6A/mm^2$）？

解： $S = \dfrac{I}{J} = \dfrac{24}{6} = 4mm^2$

（3）**电压** 电压又称电位差，是衡量电场力做功本领的物理量。如图 2-70 所示，在电场中若电场力将点电荷 Q 从 A 点移动到 B 点，所做的功为 W_{AB}，则功 W_{AB} 与点电荷 Q 的比值就称为该两点之间的电压。电压用符号 U 表示，其数学表达式为：

$$U = \frac{W_{AB}}{Q}$$

式中，U 为电压，V；W_{AB} 为功，J；Q 为电荷量，C。

常用的电压单位还有千伏（kV）、毫伏（mV）和微伏（μV）。换算关系为：$1kV = 10^3 V$，$1mV = 10^{-3} V$，$1μV = 10^{-3} mV = 10^{-6} V$。

电压亦有方向，即有正负。对于负载来说，规定电流流进端为电压的正端，电流流出端为电压的负端，电压的方向由正指向负。

电压的方向在电路图中有两种表示方法：一种用箭头表示，如图 2-71（a）所示；另一种用正（+）、负（-）极性符号表示，如图 2-71（b）所示。

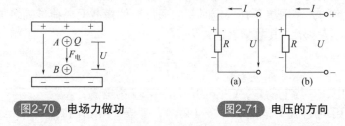

图2-70 电场力做功   图2-71 电压的方向

（4）**电动势** 电动势是衡量电流将非电能转换成电能本领的物理量。电动势的定义为：在电源内部外力将单位正电荷从电源的负极移动到电源正极所做的功。电动势用符号 E 表示，其数学表达式为：

$$E = \frac{W_{AB}}{Q}$$

电动势的单位与电压相同，也是伏特（V）。电动势的方向规定为：

在电源内部由负极指向正极。电源中的电流与电动势同向。

对于一个电源来说，既有电动势，又有端电压。电动势只存在于电源内部；而端电压则是电源加在外电路两端的电压，其方向由正极指向负极。电源开路时，电源的端电压与电源的电动势相等。

（5）**电压源** 具有不变的电动势和较低内阻的电源称为电压源。

把具有不变电动势且内阻为零的电源称为理想电压源，简称恒压源，恒压源的代表符号如图2-72所示。

电压源可等效为理想电压源 E 和内阻 R_0 的串联，如图2-73所示。

一般用电设备所需的电源，多数需要输出较为稳定的电压，要求电源的内阻越小越好，即要求实际电源的特性与理想电压源尽量接近。

图2-72 理想电压源 　　**图2-73** 电压源定义为理想电压源E和内阻R₀的串联

（6）**电流源** 把内阻无限大，能输出恒定电流 I_s 的电源称为理想电流源或称恒流源，恒流源输出的恒定电流 I_s 称为电激流。恒流源的代表符号如图2-74所示。

图2-74 理想电流源 　　**图2-75** 电流源定义为理想电流源I₅与内阻R₀并联

把电激流为 I_s 的恒流源与内阻 R_0 并联的电路定义为电流源，如图2-75所示。

晶体三极管工作于放大状态时，就接近于恒流源。

（7）**电阻** 导体对电流的阻碍作用称为电阻，用符号 R 表示。电阻的单位为欧姆，简称欧，用符号 Ω 表示。常用的电阻单位还有千欧（$k\Omega$）、兆欧（$M\Omega$），换算关系为：$1k\Omega = 10^3\Omega$，$1M\Omega = 10^3k\Omega = 10^6\Omega$。

导体的电阻是客观存在的，即使没有外加电压，导体仍有电阻。金属导体的电阻大小与其几何尺寸及材料性质有关，可按下式计算：

$$R = \rho \frac{l}{S}$$

式中，R 为电阻，Ω；l 为长度，m；S 为横截面积，mm^2；ρ 为电阻率，$\Omega \cdot \text{m}$。

电阻还与温度有关，金属导体的电阻随温度升高而增大；而碳的电阻却随温度升高而减小。

2.6.2 欧姆定律

（1）部分电路欧姆定律　在不包含电源的电路中，如图 2-76 所示，流过导体的电流与这段导体两端的电压成正比，与导体的电阻成反比，即

$$I = \frac{U}{R}$$

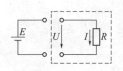

图2-76　部分电路

式中，I 为导体中的电流，A；U 为导体两端的电压，V；R 为导体的电阻，Ω。

【例 2-2】　有一个量程为 300V（即测量范围是 $0 \sim 300\text{V}$）的电压表，它的内阻 R_0 为 $20\text{k}\Omega$，用它测量电压时，允许流过的最大电流是多少？

解：由于电压表的内阻是一个定值，测量的电压越高，通过电压表的电流就越大。因此，当被测电压为 300V 时，该电压表中允许流过的最大电流为：

$$I = \frac{U}{R} = \frac{300}{20 \times 10^3} = 0.015\text{A} = 15\text{mA}$$

（2）全电路欧姆定律　电源内为内电路，电源外的负载电路为外电路，全电路是指由内电路和外电路组成的闭合电路的整体。

全电路欧姆定律的内容是：在全电路中电流强度与电源的电动势成正比，与整个电路的内、外电阻之和成反比。其数学表达式为：

$$I = \frac{E}{R + R_0}$$

式中，I 为电路中的电流，A；E 为电源的电动势，V；R 为负载电阻，Ω；R_0 为电源内阻，Ω。

由上式可得：

$$E = IR + IR_0 = U_{\text{外}} + U_{\text{内}}$$

式中，$U_{\text{内}}$ 是电源内阻的电压降；$U_{\text{外}}$ 是电源对外电路输出的电压，也称电源的端电压。

因此，全电路欧姆定律又可表述为：电源电动势在数值上等于闭合电路中内外电路电压降之和。

【例2-3】 如图2-77所示电路, 已知 $E = 20V$, $R_0 = 0.1\Omega$, $R = 9.9\Omega$。求开关SA在1、2、3不同位置时, 电路各处于什么状态及电流表和电压表的读数。

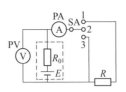

图2-77 例2-3图

解: SA在1位时, 电路处于通路状态

$$I = \frac{E}{R+R_0} = \frac{20}{9.9+0.1} = 2A$$

$$U = IR = 2 \times 9.9 = 19.8V$$

SA在2位时, 电路处于开路状态

$$I = 0$$

$U = E = 20V$, 即电源的开路电压等于电源电动势。

SA在3位时, 电路处于短路状态

$$I = \frac{E}{R_0} = \frac{20}{0.1} = 200A$$

$$U = E - IR_0 = 20 - 200 \times 0.1 = 0$$

短路时, 短路电流极大, 不仅会损坏导线、电源和其他电气设备, 甚至会引起火灾, 因此除了合理的应用外, 应绝对避免短路状态。

2.6.3 电功与电功率

（1）**电功** 电流流过负载时, 负载将电能转换成其他形式的能（如: 磁能、热能、机械能等）的这一过程, 称之为电流做功, 简称电功。用符号 W 表示, 其数学表达式为:

$$W = UIt = I^2Rt = \frac{U^2}{R}t$$

式中, U 为加在负载上的电压, V; I 为流过负载的电流, A; t 为时间, s; W 为电功, J。

（2）**电功率** 电流在单位时间所做的功, 称为电功率, 简称功率。用符号 P 表示, 其数学表达式为:

$$P = \frac{W}{t} = IU = I^2R = \frac{U^2}{R}$$

式中, P 为电功率, W。

常用的电功率的单位还有千瓦（kW）、毫瓦（mW）等。换算关系为: $1kW = 10^3W$, $1W = 10^3mW$。

（3）**电功的另一个单位——度** 1度 =1千瓦时（kW·h）, 1度表示功率为一千瓦的用电设备在1小时内所消耗的电能。

度与焦耳的换算关系如下：

1 度 $= 3.6 \times 10^6 \text{J}$

【例 2-4】 某电器的功率为 300W，平均每天开机 2h，若每度电费为 0.8 元，则一年（以 365 天计算）消耗多少度电，要交纳多少电费？

解： 耗电 $W = Pt = 300 \times 10^{-3} \times 2 \times 365 = 219\,(\text{kW} \cdot \text{h}) = 219$ 度

电费为 $219 \times 0.8 = 175.2$ 元

2.6.4 电阻的串联、并联和混联

（1）电阻的串联 把两个或两个以上的电阻依次连接，组成一条无分支电路，这样的连接方式叫做电阻的串联，如图 2-78 所示。

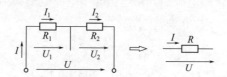

图2-78 电阻串联电路

电阻串联具有以下性质：

① 电阻串联电路中流过每个电阻的电流都相等，即

$$I = I_1 = I_2 = \cdots = I_n$$

式中，脚标 1，2，$\cdots$，n 分别代表第 1，第 2，$\cdots$，第 n 个电阻（以下出现的含义相同）。

② 电阻串联电路两端的总电压等于各电阻两端的分电压之和，即

$$U = U_1 + U_2 + \cdots + U_n$$

③ 电阻串联电路的等效电阻（即总电阻）等于各串联电阻值之和，即

$$R = R_1 + R_2 + \cdots + R_n$$

根据欧姆定律 $U = IR$，$U_1 = I_1 R_1$，$\cdots$，$U_n = R_n I_n$ 及电阻串联性质①可得下式：

$$\frac{U_1}{U_n} = \frac{R_1}{R_n} \text{ 或 } \frac{U_n}{U} = \frac{R_n}{R}$$

上式表明，在电阻串联电路中，各电阻上分配的电压与电阻值成正比，即阻值越大的电阻分配到的电压越大，反之越小。

若在两个电阻串联的电路中，已知总电压 U 及电阻 R_1、R_2，可得分压公式如下：

$$U_1 = \frac{R_1}{R_1 + R_2} U, \quad U_2 = \frac{R_2}{R_1 + R_2} U$$

在实际工作中，电阻串联有如下应用：

① 用几个电阻串联以获得较大的电阻值；

② 采用几个电阻串联构成分压器，使同一电源能供给几种不同数值的电压；

③ 限制和调节电路中电流的大小；

④ 扩大电压的量程。

【例2-5】 图2-79是一个万用表表头，它的等效内阻 $R_n = 10\text{k}\Omega$，满刻度电流（即允许通过的最大电流）$I_s = 100\mu\text{A}$，若改装成量程（即测量范围）为10V的电压表，则应串联多大的电阻？

解：按题意，当表头满刻度时，表头两端电压 U_s 为

$$U_s = I_s R_s = 100 \times 10^{-6} \times 10 \times 10^3 = 1\text{V}$$

显然用这个表头测量大于0.5V的电压会使表头烧坏，需要串联分压电阻，以扩大测量范围。设量程扩大到10V需要串入的电阻为 R_x，则

$$R_x = \frac{U_x}{I_x} = \frac{U - U_s}{I_s} = \frac{10 - 1}{100 \times 10^{-6}} = 90\text{k}\Omega$$

由于电压表的等效内阻很大，一般电路计算时不考虑其对计算结果的影响。

（2）**电阻的并联** 两个或两个以上电阻接在电路中相同的两点之间，承受同一电压，这样的连接方式叫做电阻的并联，如图2-80所示。

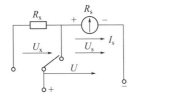

图2-79 串联电阻扩大电压表量程

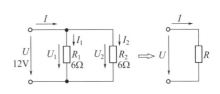

图2-80 电阻并联电路

电阻并联具有以下性质：

① 电阻并联电路的总电流等于流过各电阻的电流之和，即

$$I = I_1 + I_2 + \cdots + I_n$$

② 电阻并联电路中各电阻两端的电压相等，且等于电路两端的电压，即

$$U = U_1 = U_2 = \cdots = U_n$$

③ 电阻并联电路的等效电阻（即总电阻）的倒数等于各并联电阻的倒数之和，即

$$\frac{1}{R} = \frac{1}{R_1} + \frac{1}{R_2} + \cdots + \frac{1}{R_n}$$

根据电阻并联电路性质可得下式：

$$\frac{I_1}{I_2} = \frac{R_2}{R_1} \text{或} \frac{I_n}{I} = \frac{R}{R_n}$$

上式表明，在电阻并联电路中通过各支路的电流与该支路的电阻值成反比，即阻值越大的电阻所分配到的电流越小，反之电流越大。

如果已知两个电阻 R_1、R_2 并联，并联电路的总电流为 I，则总电阻

$$R = \frac{R_1 R_2}{R_1 + R_2}$$

两个电阻中的电流 I_1、I_2 分别为

$$I_1 = \frac{R_2}{R_1 + R_2} I, \quad I_2 = \frac{R_1}{R_1 + R_2} I$$

上式通常被称为两个电阻并联时的分流公式。

在实际工作中，电阻并联有如下应用：

① 用几个电阻并联以获得较小的电阻值。

② 凡是额定工作电压相同的负载都采用并联的工作方式，这样每个负载都是一个可独立控制的回路，任一负载的正常启动或关断都不影响其他负载的使用。例如：工厂中的电动机、电炉以及各种照明灯具均并联工作。

③ 扩大电流表的量程。

【例2-6】 求图 2-80 所示电阻并联电路的等效电阻 R、总电流 I、各负载电阻上的电压及各负载电阻中的电流。

解：等效电阻

$$R = R_1 /\!/ R_2 = \frac{R_1 R_2}{R_1 + R_2} = \frac{6 \times 6}{6 + 6}$$

$$= 3\Omega（R_1 /\!/ R_2 \text{ 表示 } R_1 \text{ 与 } R_2 \text{ 并联，下同}）$$

总电流

$$I = \frac{U}{R} = \frac{12}{3} = 4\text{A}$$

各负载上的电压

$$U_1 = U_2 = U = 12\text{V}$$

各负载中的电流

$$I_1 = \frac{R_2}{R_1 + R_2} I = \frac{6}{6+6} \times 4 = 2A$$

或

$$I_1 = \frac{U_1}{R_1} = \frac{12}{6} = 2A$$

$$I_2 = I - I_1 = 4 - 2 = 2A$$

（3）**电阻的混联**　既有电阻串联又有电阻并联的电路叫电阻混联，如图 2-81 所示。电阻混联电路的串联部分具有串联电路的性质，并联部分具有并联电路的性质。

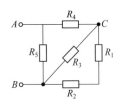

电阻混联电路的分析，计算方法和步骤如下：分析电阻混联电路时，应把混联电路分解为若干个串联和并联关系的电路，然后在电路中各电阻的连接点上标注不同字母，再根据电阻串、并联的关系逐一化简，计算等效电阻，并作出等效电路图。

图2-81 电阻混联电路

【**例 2-7**】 已知图 2-81 中的 $R_1 = R_2 = R_3 = R_4 = R_5 = 2\Omega$，求 A、B 间的等效电阻 R_{AB} 等于多少？

解：通过对图 2-81 所示电阻混联电路的分析，可画出如图 2-82 所示的一系列等效电路，然后计算。

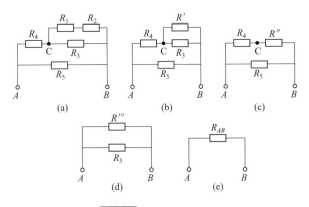

图2-82 等效电阻电路

图 2-82（a）中 R_1 和 R_2 依次相连，中间无分支，它们是串联的，共等效电阻为：

$$R' = R_1 + R_2 = 2 + 2 = 4\Omega$$

图 2-82（b）中 R_3 和 R' 都接在相同的两点 BC 之间，它们是并联的，其等效电阻为：

$$R'' = R_3 /\!/ R' = \frac{R_3 R'}{R_3 + R'} = \frac{2 \times 4}{2+4} = \frac{4}{3} \ \Omega$$

图 2-82（c）中 R_4 和 R'' 串联，其等效电阻为：

$$R''' = R_4 + R'' = 2 + \frac{4}{3} = \frac{10}{3} \ \Omega$$

图 2-82（d）中 R_5 和 R''' 并联，其等效电阻为：

$$R_{AB} = R_5 /\!/ R''' = \frac{2 \times \dfrac{10}{3}}{2 + \dfrac{10}{3}} = \frac{5}{4} \ \Omega$$

【例 2-8】 求图 2-83 所示电阻混联电路的等效电阻 R，总电流 I，各负载电阻上的电压 U_1、U_2 及各负载电阻中的电流 I_1、I_2 及 I_3。

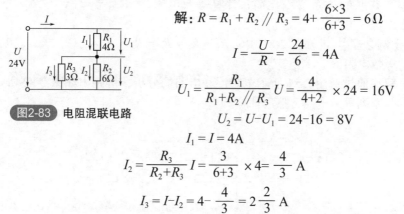

图2-83 电阻混联电路

解：$R = R_1 + R_2 /\!/ R_3 = 4 + \dfrac{6 \times 3}{6+3} = 6\Omega$

$$I = \frac{U}{R} = \frac{24}{6} = 4\text{A}$$

$$U_1 = \frac{R_1}{R_1 + R_2 /\!/ R_3} U = \frac{4}{4+2} \times 24 = 16\text{V}$$

$$U_2 = U - U_1 = 24 - 16 = 8\text{V}$$

$$I_1 = I = 4\text{A}$$

$$I_2 = \frac{R_3}{R_2 + R_3} I = \frac{3}{6+3} \times 4 = \frac{4}{3} \ \text{A}$$

$$I_3 = I - I_2 = 4 - \frac{4}{3} = 2\frac{2}{3} \ \text{A}$$

2.6.5　电阻的星形连接和三角形连接的等效变换

（1）电阻的星形连接等效变换成三角形连接　将图 2-84（a）所示的电阻的星形连接等效变换成图 2-84（b）所示的电阻的三角形连接，已知 R_1、R_2、R_3，求等效的 R_{12}、R_{23}、R_{31} 的公式为：

$$R_{12} = \frac{R_1 R_2 + R_2 R_3 + R_3 R_1}{R_3}$$

图2-84 电阻的星形连接与三角形连接

$$R_{23} = \frac{R_1R_2 + R_2R_3 + R_3R_1}{R_1}$$

$$R_{31} = \frac{R_1R_2 + R_2R_3 + R_3R_1}{R_2}$$

其中，若 $R_1 = R_2 = R_3 = R_Y$，则 $R_{12} = R_{23} = R_{31} = 3R_Y$。

（2）电阻的三角形连接等效变换成星形连接　将图 2-84（b）所示的电阻的三角形连接等效变换成图 2-84（a）所示的电阻的星形连接，已知 R_{12}、R_{23}、R_{31}，求等效的 R_1、R_2、R_3 的公式为：

$$R_1 = \frac{R_{12}R_{31}}{R_{12} + R_{23} + R_{31}}$$

$$R_2 = \frac{R_{23}R_{12}}{R_{12} + R_{23} + R_{31}}$$

$$R_3 = \frac{R_{31}R_{23}}{R_{12} + R_{23} + R_{31}}$$

若 $R_{12} = R_{23} = R_{31} = R_\triangle$

则 $R_1 = R_2 = R_3 = \frac{1}{3}R_\triangle$

【**例 2-9**】　求图 2-85 所示的桥式电路 1、5 两端的等效电阻 R_{15}。

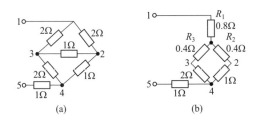

图2-85　桥式电路

有两种求解方法。

【**解 I**】将图 2-85（a）中三角形电阻连接 1、2、3 用等效星形电阻连接代替，如图 2-85（b）所示，得

$$R_1 = \frac{R_{12}R_{31}}{R_{12} + R_{23} + R_{31}} = \frac{2 \times 2}{2 + 1 + 2} = \frac{4}{5} = 0.8\,\Omega$$

$$R_2 = \frac{R_{23}R_{12}}{R_{12} + R_{23} + R_{31}} = \frac{1 \times 2}{2 + 1 + 2} = \frac{2}{5} = 0.4\,\Omega$$

$$R_3 = \frac{R_{31}R_{23}}{R_{12} + R_{23} + R_{31}} = \frac{2 \times 1}{2 + 1 + 2} = \frac{2}{5} = 0.4\,\Omega$$

然后用电阻的串并联公式可求出

$$R_{15} = 0.8 + \frac{(0.4+1) \times (0.4+2)}{0.4+1+0.4+2} + 1 = 2.68\,\Omega$$

【解Ⅱ】将图2-85（a）整理成图2-86（a）所示的形式，以节点3为公共点，三个端钮分别为1、2、4的星接电阻连接用等效三角形电阻连接代替，如图2-86（b）所示，得

$$R_{12} = \frac{R_1R_2 + R_2R_3 + R_3R_1}{R_3} = \frac{2\times1 + 1\times2 + 2\times2}{2} = 4\,\Omega$$

$$R_{24} = \frac{R_1R_2 + R_2R_3 + R_3R_1}{R_1} = \frac{2\times1 + 1\times2 + 2\times2}{2} = 4\,\Omega$$

$$R_{31} = \frac{R_1R_2 + R_2R_3 + R_3R_1}{R_2} = \frac{2\times1 + 1\times2 + 2\times2}{1} = 8\,\Omega$$

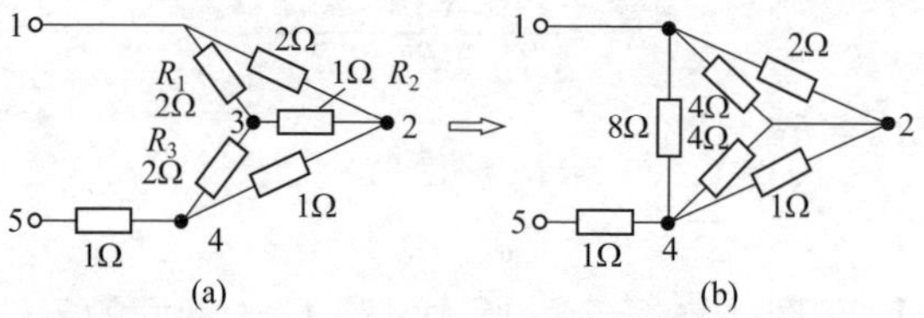

图2-86 电阻的星形连接与三角形连接的等效变换

然后用电阻的串并联公式可求出

$$R_{15} = \frac{\left(\dfrac{2\times4}{2+4} + \dfrac{1\times4}{1+4}\right) \times 8}{\dfrac{2\times4}{2+4} + \dfrac{1\times4}{1+4} + 8} + 1 = 2.68\,\Omega$$

2.6.6 电压源与电流源的等效变换

图2-87（a）为电压源，图2-87（b）为电流源，两者可以等效变换。

具有电动势 E 和内阻 R_0 的电压源，可以等效变换为具有相同内阻的电流源，它的电流 I_s 为

$$I_s = \frac{E}{R_0}$$

具有电激流 I_s 和内阻 R_0 的电流源，可以等效变换为具有相同内阻的电压源，它的电动势 E 等于已知电流源的开路电压，即

$$E = R_0 I_s$$

【例2-10】 图2-87（a）中，已知 $E_1 = 20\text{V}$，$E_2 = 6\text{V}$，$I_{s3} = 0.5\text{A}$，

$R_{01} = 1\,\Omega$，$R_{02} = 3\,\Omega$，$R_{03} = 10\,\Omega$，$R = 5\,\Omega$，求 R 中的电流 I。

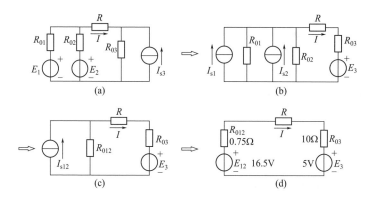

图2-87 电压源与电流源的等效变换

解：$I_{s1} = \dfrac{E_1}{R_{01}} = \dfrac{20}{1} = 20\text{A}$

$I_{s2} = \dfrac{E_2}{R_{02}} = \dfrac{6}{3} = 2\text{A}$

$E_3 = I_{s3}R_{03} = 0.5 \times 10 = 5\text{V}$

$I_{s12} = I_{s1} + I_{s2} = 20 + 2 = 22\text{A}$

$R_{012} = \dfrac{R_{01}R_{02}}{R_{01} + R_{02}} = \dfrac{1 \times 3}{1+3} = 0.75\,\Omega$

$E_{12} = I_{s12}R_{012} = 22 \times 0.75 = 16.5\text{V}$

$I = \dfrac{E_{12} - E_3}{R_{12} + R + R_{03}} = \dfrac{16.5-5}{0.75 + 5 + 10} = 0.73\text{A}$

以上解题过程是把图 2-87（a）中的电压源 E_1、E_2 转变为电流源 I_{s1}、I_{s2}，电流源 I_{s3} 转变为电压源 E_3，得等效电路图 2-87（b）所示，再把图 2-87（b）中的电流源 I_{s1}、I_{s2} 求和得电流源 I_{s12}，其等效电路为图 2-87（c），然后把图 2-87（c）中的电流源转变为电压源 E_{12}，得等效电路图 2-87（d），最后应用欧姆定律求得电阻 R 上的电流 I。

注意：在电压源与电流源等效变换时，如某点是电压源的参考正极性，变换后电流源其电流的参考方向应指向该点，如图 2-87 所示。

第3章

变压器应用与维修

3.1 变压器的作用、种类和工作原理

变压器是将某一种电压电流相数的交流电能转变成另一种电压电流的交流电能的电气设备。

变压器的基本工作原理是电磁感应原理。图 3-1 所示为一台最简单的单相变压器。其基本结构是在闭合的铁芯上绕有两个匝数不等的绕组（又称线圈），在绕组之间、铁芯和绕组之间均相互绝缘。铁芯由硅钢片叠成。

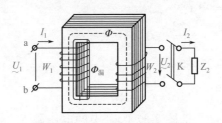

图3-1 单相变压器工作原理

现将匝数 W_1 的绕组与电源相连，称该绕组为一次绕组或初级线圈。匝数为 W_2 的绕组通过开关 K 与负载相连，称为二次绕组或次级线圈。当合上开关 K，并把交流电压 U_1 加到一次绕组上后，交流电流 I_1 流入该绕组就产生励磁作用，在铁芯中产生交变的磁通 Φ 不仅穿过一次绕组，也穿过二次绕组，磁通 Φ 分别在两个绕组中引起感应电动势。这时如果开关 K 合上，二次绕组与外电路的负载相联通，便有电流 I_2 流出，负载端电压即为 U_2，于是输出电能。

根据电磁感应定律可得出：

一次绕组感应电动势为 $E_1=4.44fW_1\Phi_m$

二次绕组感应电动势为 $E_2=4.44fW_2\Phi_m$

式中　Φ_m——交变主磁通的最大值。

一次绕组的感应电动势 E_1 就是自感电动势。如略去一次绕组的阻抗压降不计，则电源电压与自感电动势的数值相等，即 $U_1=E_1$，但两者方向相反。

二次绕组的感应电动势 E_2 是由于一次绕组中电流变化而产生的，称为互感电动势。这种现象称为互感。

由于 E_2 的存在，二次绕组成为一个频率仍为 f 的新交变电源。在空载（开关 K 断开情况）下，二次绕组的端电压 $U_2=E_2$。两绕组的电压比为

$$\frac{U_1}{U_2}\approx\frac{E_1}{E_2}=\frac{W_1}{W_2}=K_u$$

式中，$W_1>W_2$ 时 $K_u>1$，此时 $U_1>U_2$，即变压器的出线电压比进线电压低，这种变压器称为降压变压器；当 $W_1<W_2$ 时 $K_u<1$，此时 $U_1<U_2$，即变压器的出线电压比进线电压高，这种变压器称为升压变压器。

当将开关 K 合上时，在电压 U_2 作用下二次侧流过电流 I_2。这样通过实验又得出

$$\frac{I_1}{I_2}=\frac{W_2}{W_1}=\frac{1}{K_u}=K_i$$

式中　K_i——变压器的变流比。

上述公式是变压器计算的关系式。总之，一台变压器如果工作电压设计得越高，绕组匝数就绕得越多，通过绕组内的电流却越小，导线截面积可选用得越小；反之，工作电压设计得越低，绕组匝数就越少，通过绕级的电流则越大，导线截面就要选得越大。

通常，可以根据变压器截面的大小来判断出哪个是高压绕组（导线截面小），哪个是低压绕组（导线截面大）。

3.2　电力变压器的主要结构、型号及铭牌

3.2.1　电力变压器的结构

输配电系统中使用的变压器称为电力变压器。电力变压器主要由铁芯、绕组、油箱（外壳）、变压器油、套管以及其他附件构成，如图 3-2 所示。

图3-2 电力变压器

（1）**变压器的铁芯**　电力变压器的铁芯不仅构成变压器的磁路作导磁用，而且作为变压器的机械骨架。铁芯由芯柱和铁轭两部分组成。芯柱用来套装绕组，而铁轭则连接芯柱形成闭合磁路。

按铁芯结构，变压器可分为芯式和壳式两类。芯式铁芯的芯柱被绕组所包围，如图 3-3 所示；壳式铁芯包围着绕组顶面、底面以及侧面，如图 3-4 所示。

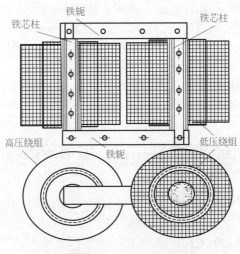

图3-3 单相芯式变压器

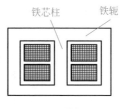

铁芯柱   铁轭

(a) 外形   (b) 结构

图3-4 单相壳式变压器

芯式结构用铁量少，构造简单，绕组安装及绝缘容易，电力变压器多采用此种结构。壳式结构机械强度高，用铜（铝）量（即电磁线用量）少，散热容易，但制造复杂，用铁量（即硅钢片用量）大，常用于小型变压器和低压大电流变压器（如电焊机、电炉变压器）中。

为了减少铁芯中磁滞损耗和涡流损耗和提高变压器的效率，铁芯材料多采用高硅钢片，如 0.35mm 的 D41～D44 热轧硅钢片或 D330 冷轧硅钢片。为加强片间绝缘，避免片间短路，每张叠片两个面四个边都涂覆 0.01mm 左右厚的绝缘漆膜。

为减小叠片接缝间隙（即减少磁阻从而降低励磁电流），铁芯装配采用叠接形式（错开上下接缝，交错叠成）。

近年来，国内出现了渐开线式铁芯结构。它是先将每张硅钢片卷成渐开线状，再叠成圆柱表芯柱；铁轭用长条卷料冷轧硅钢片卷成三角形，上、下轭与芯柱对接。这种结构具有使绕组内圆空间得到充分利用、轭部磁通减少、器身高度降低、结构紧凑、体小量轻、制造检修方便、效率高等优点。如一台容量为 10000kV·A 的渐开线铁芯变压器，要比目前大量生产的同容量冷轧硅钢片铝线变压器的总重量轻 14.7%。

对装配好的变压器，其铁芯还要可靠接地（在变压器结构上是首先接至油箱）。

（2）变压器的绕组 绕组是变压器的电路部分，由电磁线绕制而成，通常采用纸包扁线或圆线。近年来，在变压器生产中铝线变压器所占比重越来越大。

变压器绕组结构有同芯式和交叠式两种，如图 3-5 所示。大多数电力变压器（1800kV·A 以下）都采用同芯式绕组，即它的高低压绕组套装在同一铁芯芯柱上。为了便于绝缘，一般低压绕组放在里面（靠近芯柱），高压绕组套在低压绕组的外面（离开芯柱），如图 3-5(a) 所示。但对于容量较大而电流也很大的变压器，由于低压绕组引出线工艺上的困难，将低压绕组放在外面。

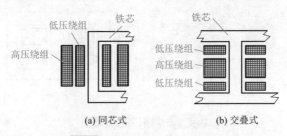

(a) 同芯式　　　　　(b) 交叠式

图3-5　变压器绕组的结构形式

　　交叠式绕组的线圈做成饼式，高低压绕组彼此交叠放置。为了便于绝缘，通常靠铁轭处即最上和最下的两组绕组都是低压绕组。交叠式绕组的主要优点是漏抗小、机械强度好、引线方便，主要用于低压大电流的电焊变压器、电炉变压器和壳式变压器中，如大于 400kV·A 的电炉变压器绕组就是采用这样的布置。

　　同芯式绕组结构简单，制造方便。按绕组绕制方式的不同又分为圆筒式、螺旋式、分段式和连续式四种。不同的结构具有不同的电气特性、机械特性及热特性。

　　图 3-6 所示为圆筒式绕组，其中图 3-6(a) 的线匝沿高度（轴向）绕制，如螺旋状。这种绕组制造工艺简单，但机械强度、承受短路能力都较差，所以多用在电压低于 500V、容量为 10 ～ 750kV·A 的变压器中。图 3-6(b) 所示为多层圆筒绕组，可用在容量为 10 ～ 560kV·A、电

(a) 扁铜线圈　　　　　(b) 圆铜线圈

图3-6　变压器绕组

压为10kV以下的变压器中。

绕组引出的出头标志，规定采用表3-1所示的符号。

表3-1　绕组引出的出头标志

相数 起　末头 绕组	单相变压器		三相变压器		
	起头	末头	起头	末头	中性点
高压绕组	A	X	A、B、C	X、Y、Z	O
中压绕组	Am	Xm	Am、Bm、Cm	Xm、Ym、Zm	Om
低压绕组	a	X	a、b、c	xyz	O

（3）油箱及变压器油　变压器油在变压器中不但起绝缘作用，而且有散热、灭弧作用。变压器油按凝固点不同可分为10号油、25号油和45号油（代号分别为DB-10、DB-25、DB-45）等。10号油表示在-10℃开始凝固，45号油表示在-45℃开始凝固。各地常用25号油。新油呈淡黄色，投入运行后呈淡红色。这些油不能随便混合使用。变压器在运行中对绝缘油要求很高，每隔六个月要采样分析试验其酸价、闪光点、水分等是否符合标准（见表3-2）。变压器油绝缘耐压强度很高，但混入杂质后将迅速降低，因而必须保持纯净，并应尽量避免与外界空气，尤其是水汽或酸性气体接触。

表3-2　变压器油的试验项目和标准

序号	试验项目	试验标准	
		新油	运行中的油
1	5℃时的外状	透明	—
2	50℃时的黏度	不大于1.8恩格勒	—
3	闪光点	不低于135℃	与新油比较不应低于5℃以上
4	凝固点	用于室外变电所的开关（包括变压器带负载调压接头开关）的绝缘油，其凝固点不应高于下列标准：①气温不低于10℃的地区，-25℃；②气温不低于-20℃的地区，-35℃；③气温低于-20℃的地区，-45℃。凝固点为-25℃的变压器油用变压器内时，可不受地区气温的限制。在月平均最低气温不低于-10℃的地区，当没有凝固点为-25℃的绝缘油时，允许使用凝固点为-10℃的油	

序号	试验项目	试验标准	
		新油	运行中的油
5	机械混合物	无	无
6	游离碳	无	无
7	灰分	不大于0.005%	不大于0.01%
8	活性硫	无	无
9	酸价	不大于0.05（KOHmg/g油）	不大于0.4（KOHmg/g油）
10	钠试验	不应大于2级	—
11	氧化后酸价	不大于0.35（KOHmg/g）	—
12	氧化后沉淀物	不大于0.1%	—
13	绝缘强度试验：①用于6kV以下的电气设备；②用于6～35kV的电气设备；③用于35kV及以上的电气设备	①25kV ②30kV ③40kV	20kV 25kV 35kV
14	酸碱反应	无	无
15	水分	无	无
16	介质损耗角正切值（有条件时试验）	20℃时不大于1%，70℃时不大于4%	20℃时不大于2%，70℃时不大于70%

油箱（外壳）用于装变压器铁芯、绕组和变压器油。为了加强冷却效果，往往在油箱两侧或四周装有很多散热管，以加大散热面积。

（4）套管及变压器的其他附件　变压器外壳与铁芯是接地的。为了使带电的高、低压绕组能从中引出，常用套管绝缘并固定导线。采用的套管根据电压等级决定，配电变压器上都采用纯瓷套管；35kV及以上电压采用充油套管或电容套管以加强绝缘。高、低压侧的套管是不一样的，高压套管高而大，低压套管低而小，一般可由套管来区分变压器的高、低压侧。

变压器的附件还包括：

① 油枕（又称储油柜）。形如水平旋转的圆筒，如图3-2所示。油枕的作用是减小变压器油与空气接触面积。油枕的容积一般为总油量的10%～13%，其中保持有一半油、一半气，使油在受热膨胀时得以缓冲。油枕侧面装有借以观察油面高度的玻璃油表。为了防止潮气进入油枕，并能定期采取油样以供试验，在油枕及油箱上分别装有呼吸器、干

燥箱和放油阀门、加油阀门、塞头等。

② 安全气道（又称防爆管）。800kV·A 以上变压器箱盖上设有 φ80mm 圆筒管弯成的安全气道。气道另一端用玻璃密封做成防爆膜，一旦变压器内部绕组短路，防爆膜首先破碎泄压以防油箱爆炸。

③ 气体继电器（又称瓦斯继电器或浮子继电器）。800kV·A 以上变压器在油箱盖和油枕连接管中，装有气体继电器。气体继电器有三种保护作用：当变压器内故障所产生的气体达到一定程度时，接通电路报警；当由于严重漏油而油面急剧下降时，迅速切断电路；当变压器内突然发生故障而导致油流向油枕冲击时，切断电路。

④ 分接开关。为调整二次电压，常在每相高压绕组末段的相应位置上留有三个（有的是五个）抽头，并将这些抽头接到一个开关上，这个开关就称作"分接开关"。分接开关的接线原理如图 3-7 所示。利用分接头开关能调整的电压范围在额定电压的 ±5% 以内。电压调节应在停电后才能进行，否则有发生人身和设备事故的危险。

任何一台变压器都应装有分接开关，因为当外加电压超过变压器绕组额定电压的 10% 时，变压器磁通密度将大大增加，使铁芯饱和而发热，增加铁损，所以不能保证安全运行。因此，变压器应根据电压系统的变化来调节分接头以保证电压不致过高而烧坏用户的电机、电器，避免电压过低引起电动机过热或其他电器不能正常工作等情况。

⑤ 呼吸器。呼吸器的构造如图 3-8 所示。

在呼吸器内装有变色硅胶，油枕内的绝缘油通过呼吸器与大气连通，内部干燥剂可以吸收空气中的水分和杂质，以保持变压器内绝缘油的良好绝缘性能。呼吸器内的硅胶在干燥情况下呈浅蓝色，当吸潮达到饱和状态时渐渐变为淡红色。这时，应将硅胶取出在 140℃ 高温下烘焙 8h，即可以恢复原特性。

3.2.2 电力变压器的型号与铭牌

（1）电力变压器的型号 电力变压器的型号由两部分组成：拼音符号部分表示其类型和特点；数字部分斜线左方表示额定容量，单位为 kV·A，斜线右方表示一次电压，单位为 kV。如 SFPSL-31500/220 表示三相强迫油循环三绕组铝线 31500kV·A/220kV 电力变压器；又如 SL-800/10（旧型号为 SJL-800/10）表示三相油浸自冷式双绕组铝线 800kV·A/10kV 电力变压器。电力变压器型号中所用拼音代表型号含义见表 3-3。

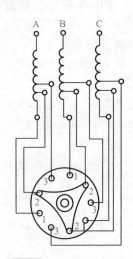

图3-7 变压器分接开关

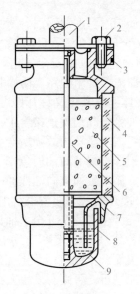

图3-8 呼吸器的构造

1—连接管；2—螺钉；3—法兰盘；4—玻璃管；
5—硅胶；6—螺杆；7—底座；8—底罩；9—变压器油

表3-3 电力变压器型号中所用拼音代表符号含义

项目	类别	代表符号	
		新型号	旧型号
相数	单相	D	D
	三相	S	S
绕组外冷却介质	矿物油	不标注	J
	不燃性油	B	未规定
	气体	Q	未规定
	空气	K	G
	成型固体	C	未规定
箱壳外冷却方式	空气自冷	不标注	不标注
	风冷	F	F
	水冷	W	S
循环方式	油自然循环	不标注	不标注
	强迫油循环	P	P
	强迫油导向循环	D	不标注
	导体内冷	N	N

项目	类　别	代表符号	
		新型号	旧型号
线圈数	双绕组 三绕组 自耦（双绕组及三绕组）	不标注 S O	不标注 S O
调压方式	无微磁调压 有载调压	不标注 Z	不标注 Z
导线材质	铝线	不标注	L

注：为最终实现用铝线生产变压器，新标准中规定铝线变压器型号中不再标注"L"字样。但在由用铜线过渡到用铝线的过程中，事实上生产厂在铭牌所示型号中仍沿用以"L"代表铝线，以示与铜线区别。

（2）电力变压器的铭牌　电力变压器的铭牌见表3-4。下面对铭牌所列各数据的意义作简单介绍。

表3-4　**变压器的铭牌**

铝线圈电力变压器						
产品标准			型号　SJL-650/10			
额定容量 650kV·A		相数 3	额定频率　50Hz			
额定电压	高压	10000V	额定电流	高压	32.3A	
	低压	400～230V		低压	808A	
使用条件	户外式	绕圈温升　65℃		油面温升　55℃		
	阻抗电压　　%　75℃		冷却方式	油浸自冷式		

油重70kg　　　　　　　　　器身重1080kg　　　　　　　　　总重1200kg

绕组连接图		向量图		连接组标号	开关位置	分接电压
高压	低压	高压	低压			
					Ⅰ	10500V
				Y/Y0-12	Ⅱ	10000V
					Ⅲ	9500V
出厂序号				20　年　月　出品		

×× 二厂

① 型号含义:

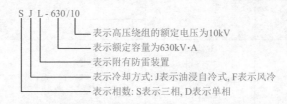

此变压器使用在室外,故附有防雷装置。

② 额定容量。额定容量表示变压器可能传递的最大功率,用视在功率表示,单位为 kV·A。

$$三相变压器额定容量 = \sqrt{3} \times 额定电压 \times 额定电流$$

$$单相变压器额定容量 = 额定电压 \times 额定电流$$

③ 额定电压。一次绕组的额定电压是指加在一次绕组上的正常工作电压值,它是根据变压器的绝缘强度和允许发热条件规定的。二次绕组的额定电压是指变压器在空载时,一次绕组加上额定电压后二次绕组两端的电压值。

在三相变压器中,额定电压是指线电压,单位为 V 或 kV。

④ 额定电流。变差器绕组允许长时间连续通过的工作电流,就是变压器的额定电流,单位为 A。在三相变压器中系指线电流。

⑤ 温升。温升是指变压器在额定运行情况时允许超出周围环境温度的数值,它取决于变压器所用绝缘材料的等级。在变压器内部,绕组发热最厉害。这台变压器采用 A 级绝缘材料,故规定绕组的温升为 65℃,箱盖下的油面温升为 55℃。

⑥ 阻抗电压(或百分阻抗)。阻抗电压通常以 % 表示,表示变压器内部阻抗压降占额定电压的百分数。

3.3 变压器的保护装置

(1)变压器的熔断器选择

① 对容量在 100kV·A 及以下的三相变压器,熔断器型号的选择如下:

a. 室外变压器选用 RW3-10 或 RW4-10 型熔断器。

b. 室内变压器选用 RN10-10 型熔断器。容量在 100kV·A 及以下的三相变压器的熔丝或熔管,按照变压器额定电流的 2～3 倍选择,但不能小于 10A。

② 对容量 100kV·A 以上的三相变压器，熔断器型号的选择如下：

与 100kV·A 及以下的三相变压器相同。

熔丝的额定电流按照变压器额定电流的 1.5～2 倍选择。变压器二次侧熔丝的额定电流可根据变压器的额定电流选择。

（2）变压器的继电保护 额定电压为 10kV、容量在 560kV·A 以上或装于变配电所的容量 20kV·A 以上时，由于使用高压断路器操作，故而应配置相适应的过电流保护和速断保护。

① 变压器的瓦斯保护。对于容量较大的变压器，应采用瓦斯保护作为主要保护。一般规定变配电所中，容量在 800kV·A 及以上的车间变电站，其变压器容量为 400kV·A 及以上应安装瓦斯保护。

变压器中气体继电器的构造如图 3-9 所示。

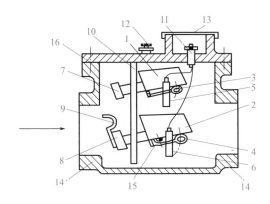

图3-9 FJ-80型挡板式气体继电器

1—上油杯；2—下油杯；3，4—磁铁；5，6—干簧接点；7，8—平衡锤；9—挡板；10—支架；
11—接线端头；12—放气塞；13—接线盒盖板；14—法兰；15—螺钉；16—橡胶衬垫

② 气体继电器的工作原理。当变压器内部发生微小故障时，故障点局部发热引起变压器油的膨胀；与此同时，变压器油分解出大量气体聚集在气体继电器上部，迫使变压器油面降低。气体继电器的上油杯与永久磁铁随之下降，逐渐靠近干簧触点，当磁铁距干簧触点达到一定距离时，吸动干簧触点闭合，接通外部瓦斯信号电路，使轻瓦斯信号继电器动作掉牌或接通警报电路。

如果变压器故障比较严重，变压器内要产生大量气体，使得急速的油流从变压器内上升至油枕，油流冲击气体继电器的挡板，气体继电器的下油杯带动磁铁，使磁铁接近干簧触点，干簧触点被吸合，接通重瓦斯的掉闸回路，使变压器的断路器掉闸；与此同时，重瓦斯信号继电器动作跳闸，并发出掉闸警报。

3.4 变压器的安装与接线

变压器室内安装时应安装在基础的轨道上，轨距与轮距应配合；变压器室外安装时一般安装在平台上或杆上组装的槽钢架上。轨道、平台、钢架应水平；有滚轮的变压器轮子应转动灵活，安装就位后应用止轮器将变压器固定；装在钢架上的变压器滚轮悬空，并用镀锌铁丝将器身与杆绑扎固定；变压器的油枕侧应有 1% ～ 1.5% 的升高坡度。在变压器安装过程中，吊装作业应由起重工配合作业，任何时候都不得碰击套管、器身及各个部件，不得发生严重的冲击和振动，要轻起轻放。吊装时钢索必须系在器身供吊装的耳环上。吊装及运输过程中应有防护措施和作业指导书。

3.4.1 杆上变压器台的安装与接线

杆上变压器台有以下三种形式：

① 双杆变压器台（见图 3-10）。将变压器安装在线路方向上单独增设的两根杆的钢架上，再从线路的杆上引入 10kV 电源。如果低压是公用线路，则再把低压用导线送出去与公用线路并接或与其他变压器台并列；如果是单独用户，则再把低压用硬母线引入到低压配电室内的总柜上或低压母线上。

② 单杆变压器台（见图 3-11）。在原线路的电杆旁再另立一根电杆，并将变压器安装在这两根电杆间的钢架上，其他同上。由于只增加了一根电杆，因此称为单杆变压器台。

③ 本杆变压器台（见图 3-12）。将容量在 100kV·A 以下的变压器直接安装在线路的单杆上，不需要增加电杆，又常设在线路的终端，为单台设备供电（如深井泵房或农村用电）。

（1）**杆上变压器台** 安装方便，工艺简单，主要有立杆、组装金具构架及电气元件、吊装变压器、接线、接地等工序。

① 变压器支架通常用槽钢制成，用 U 形抱箍与杆连接；变压器安装在平台横担的上面，应使油枕侧偏高，有 1% ～ 1.5% 的坡度；支架必须安装牢固，一般钢架应有斜支撑。

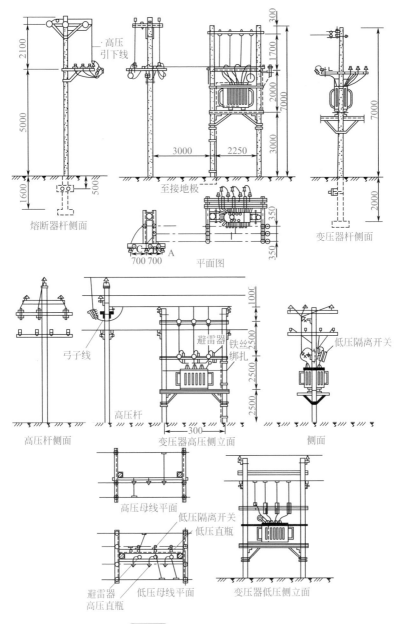

图3-10 双杆变压器台示意图

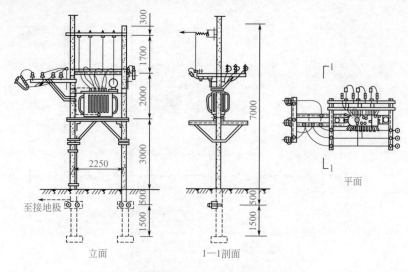

图3-11 单杆变压器台示意图

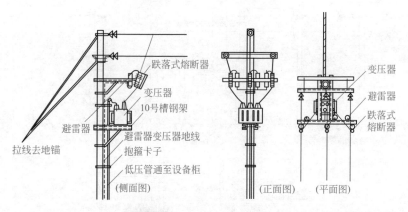

图3-12 本杆变压器台示意图

② 跌落式熔断器的安装。跌落式熔断器安装在高压侧丁字形的横担上,用针式绝缘子的螺杆固定连接,再把熔断器固定在连板上,如图3-13所示。其间隔不小于500mm,以防弧光短路,熔管轴线与地面的垂线夹角为15°～30°,排列整齐,高低一致。

跌落式熔断器安装前应检查其外观零部件齐全,瓷件良好,瓷釉完整无裂纹、无破损,接线螺钉无松动,螺纹与螺母配套,固定板与瓷件

184

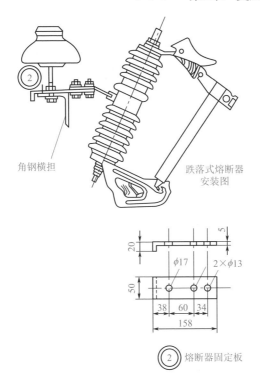

角钢横担

跌落式熔断器
安装图

② 熔断器固定板

图3-13 跌落式熔断器安装示意图

结合紧密无裂纹，与卜端的鸭嘴和下端挂钩结合紧密无松动；鸭嘴、挂钩等铜铸件不应有裂纹、砂眼，鸭嘴触头接触良好紧密，挂钩转轴灵活无卡，用电桥或数字式万用表测其接触电阻应符合要求；放置时鸭嘴触头一经由下向上触动鸭嘴即断开，一推动熔管或上部合闸挂环即能合闸，且有一定的压缩行程，接触良好（即一捅就开，一推即合）；熔管不应有吸潮膨胀或弯曲现象，与铜件的结合紧密；固定熔丝的螺钉螺纹完好，与元宝螺母配套；装有灭弧罩的跌落式熔断器，其灭弧罩应与鸭嘴固定良好，中心轴线应与合闸触头的中心轴线重合；带电部分和固定板的绝缘电阻必须用1000～2500V的兆欧表测试（其值不应小于1200MΩ），35kV的跌落式熔断器必须用2500V的兆欧表测试（其值不应小于3000MΩ）。

③ 避雷器的安装。避雷器通常安装在距变压器高压侧最近的横担上，可用直瓶螺钉或单独固定，如图 3-14 所示。其间隔不小于 350mm，

轴线应与地面垂直，排列整齐，高低一致，安装牢固，抱箍处要垫 2 ～ 3mm 厚耐压胶垫。

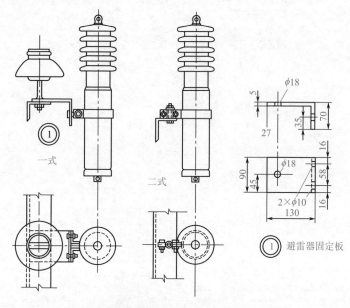

图3-14 避雷器安装示意图

避雷器安装前的检查与跌落式熔断器基本相同，但无可动部分，瓷套管与铁法兰间的结合良好，其顶盖与下部引线处的密封物未出现龟裂或脱落，摇动器身应无任何声响。用 2500V 兆欧表测试其带电端与固定抱箍的绝缘电阻应不小于 2500MΩ。

避雷器和跌落式熔断器必须有产品合格证，没有试验条件的，应到当地供电部门进行试验。避雷器和跌落式熔断器的规格型号必须与设计相符，不得使用额定电压小于线路额定电压的避雷器和跌落式熔断器。

④ 低压隔离开关的安装。有的设计在变压器低压侧装有一组隔离开关，通常装设在距变压器低压侧最近的横担上，有三极的，也有三只单极的，目的是更换低压熔断器方便。低压隔离开关的外观检查和测试基本与低压断路器相同，但要求瓷件良好，安装牢固，操作机构灵活无卡，隔离刀刃合闸后应接触紧密，分闸时有足够的电气间隙（≥ 200mm），三相联动动作同步，动作灵活可靠。500V 兆欧表测试绝

缘电阻应大于2MΩ。

（2）变压器的安装 变压器安装必须经供电部门认可的试验单位试验合格，并有试验报告。室外变压器台的安装主要包括变压器的吊装、绝缘电阻的测试和接线等作业内容。

① 变压器的吊装。

a.吊装要点如下：

·卸车地点的土质必须坚实；用汽车吊吊装时，周围应无障碍物，否则应无载试吊观察吊臂和吊件能否躲过障碍物。

·变压器整体起吊时，应将钢丝绳系在专供起吊的吊耳上，起吊后钢丝绳不得和钢板的棱角接触，钢丝绳的长度应考虑双杆上的吊高。

·吊装前应核对高低压套管的方向，避免吊放在支架上之后再调换器身的方向。

·在吊装过程中，高低压套管都不应受到损伤和应力，器身的任何部位不得有与他物碰撞现象。

·起吊时应缓慢进行，当吊钩将钢丝绳撑紧即将吊起时应停止起吊，检查各个部位受力情况、有无变形、吊车支撑有无位移塌陷，杆上支架和安装人员是否已准备就绪。

·全部准备好后，即可正式起吊。就位时应减到最慢速度，并按测定好的位置落放在型钢架上，吊钩先稍微松动，但钢丝绳仍撑直；首先检查高低压侧是否正确，坡度是否合适，然后用8号镀锌铁丝将器身与电杆绑扎并紧固，最后松钩且将钢丝绳卸掉。

b.吊装方法。有条件时应用汽车吊进行吊装，方法简便且效率高。无吊车时，一般用人字抱杆吊装，下面介绍常用的吊装方法。

·吊装机具布置如图3-15所示。

抱杆可用杆头ϕ150mm的杉杆或ϕ159mm的钢管，长度H由下式决定：

$$H = \frac{h+4h'}{\sin\alpha}$$

式中　h——变压器安装高度，m；

　　　h'——变压器高度，m；

　　　α——人字抱杆与地面的夹角（α一般取70°），（°）。

其中，吊具可用手拉葫芦或绞磨，手拉葫芦的规格应大于变压器重量；绞磨、滑轮、钢丝绳及吊索应能承受变压器的重量并有一定的安全系数。拖拉绳一般可用$\phi 16 \sim \phi 20$mm 钢丝绳，地锚要可靠牢固，不得用电杆或拉线地锚。

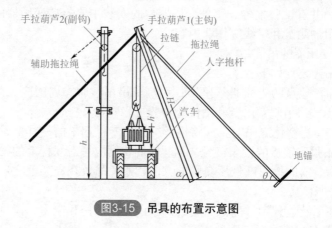

图3-15 吊具的布置示意图

•吊装工艺。所有受力部位检查无误后即可起吊，吊装注意事项可参照立杆的部分内容。

当变压器底部起吊高度超过变压器放置构架 $1.5h \sim 1.7h$ 时，即停止起吊。接着用电杆上部横担悬挂的副钩（手拉葫芦 2）吊住变压器的吊索，同时拉动其吊链使变压器向放置构架方向倾斜位移。然后主吊钩缓慢放松，而手拉葫芦则将变压器缓慢吊起，且主钩放松和副钩起吊收紧应同步，逐渐将变压器的重量移至副钩，当到一定程度时副钩再缓慢下降，直至副钩将变压器的全部重量吊起时（副钩的吊链与地面垂直时）再将副钩缓慢下降，同时松开主钩，即可将变压器放落在构架上，如图 3-16 所示。必要时应在电杆的另侧设辅助拉线，防止电杆倾斜。按图 3-16 进行吊装时，还可将副钩去掉，把拖拉绳换成由绞磨控制，当主钩将变压器起吊到一定高度时，由绞磨慢慢将拖拉绳放松，人字抱杆前斜，即可把变压器降落在构架上。这种方法对人字抱杆、拖拉绳、绞磨、地锚及抱杆的支点要求很高，要正确选择，并有一定的安全系数。

将变压器放稳找正，并用铅丝绑扎好后，才可将副钩拆开取下。取下时，不得碰击变压器的任何部位。

下面再介绍另一种简便的吊装方法。首先把两杆顶部的横担装好（必要时应附上一根 $\phi 100$mm 的圆木或钢管，以防横担压弯），并且垂直横担方向在两根杆上作临时拉线或装置拖拉绳，其余杆上金具暂不安装；然后分别在两杆同一高度（应满足变压器安装高）上挂一只手拉葫芦，挂手拉葫芦时应先在杆上绑扎一横木，以防吊装时挤压水泥杆。简易吊装变压器布置示意图如图 3-17 所示。

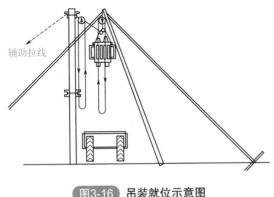

辅助拉线

图3-16 吊装就位示意图

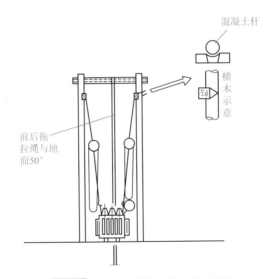

混凝土杆

横木示意

前后拖
拉绳与地
面50°

图3-17 简易吊装变压器布置示意图

将手拉葫芦的吊钩分别与变压器用钢索系好，并同时起吊，一直将变压器提升到略高于安装高度。这时将预先装配合适的型钢架由四人分别从杆的外侧合梯上（不得在变压器下方）抬于电杆的安装高度处，并迅速将其用穿钉与电杆紧固好，油枕侧应略高一些，并把斜支撑装好。最后将变压器缓慢落放在型钢架上，找正后再用铅丝绑扎牢固，如图 3-18 所示。

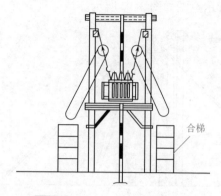

合梯

图3-18 装变压器落在槽钢架上

② 变压器的简单检查与测试。变压器在接线前要进行简单的检查与测试，虽然变压器是经检查和试验的合格品，但是要以防万一。

a. 外观无损伤，无漏洞，油位正常，附件齐全，无锈蚀。

b. 高低压套管无裂纹、无伤痕，螺栓紧固，油垫完好，分接开关正常。

c. 铭牌齐全，数据完整，接线图清晰。高压侧的线电压与线路的线电压相符。

d.10kV 高压绕组用 1000V 或 2500V 兆欧表测试绝缘电阻应大于 300MΩ，35kV 高压绕组用 2500V 或 5000V 兆欧表测试绝缘电阻应大于 400MΩ；低压 220/380V 绕组用 500V 兆欧表测试绝缘电阻应大于 2.0MΩ；高压侧与低压侧的绝缘电阻用 500V 兆欧表测试绝缘电阻应大于 500MΩ。

③ 变压器的接线。

a. 接线要求。

• 和电器连接必须紧密可靠，螺栓应有平垫及弹垫。其中与变压器和跌落式熔断器、低压隔离开关的连接，必须压接线鼻子过渡连接，与母线的连接应用 T 形线夹，与避雷器的连接可直接压接连接。与高压母线连接时，如采用绑扎法，绑扎长度不应小于 200mm。

• 导线在绝缘子上的绑扎必须按前述要求进行。

• 接线应短而直，必须保证线间及对地的安全距离，跨接弓子线在最大风摆时要保证安全距离。

• 避雷器和接地的连接线通常使用绝缘铜线，避雷器上引线不小于 16mm²，下引线不小于 25mm²，接地线一般为 25mm²。若使用铝线，上引线不小于 25mm²，下引线不小于 35mm²，接地线不小于 35mm²。

b. 接线工艺。下面介绍接线工艺过程。

• 将导线撑直，绑扎在原线路杆顶横担上的直瓶上和下部丁字横担的直瓶上，与直瓶的绑扎应采用终端式绑扎法，如图 3-19 所示。同时将下端压接线鼻子，与跌落式熔断器的上闸口接线柱连接拧紧，如图 3-20 所示。导线的上端暂时团起来，先固扎在杆上。

• 高压软母线的连接。

Ⅰ.将导线撑直，一端绑扎在跌落式熔断器丁字横担上的直瓶上，另一端水平通至避雷器处的横担上，并绑扎在直瓶上，与直瓶的绑扎方式如图 3-19 所示。同时丁字横担直瓶上的导线按相序分别采用弓子线的形式接在跌落式熔断器的下闸口接线柱上（弓子线要做成铁链自然下垂的形式）。其中 U 相和 V 相直接由跌落式熔断器的下闸口翻至丁字横担的下方直瓶上（用图 3-19 的方法绑扎），而 W 相则出跌落式熔断器的下闸口直接上翻至 T 形横担上方的直瓶上（并按图 3-21 的方法绑扎）。

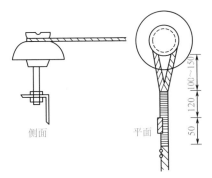

侧面　　平面

图3-19 导线在直瓶上的绑扎

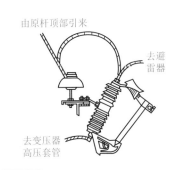

由原杆顶部引来

去避雷器

去变压器高压套管

图3-20 导线与跌落式熔断器的连接

而软母线的另一侧均应上翻，接至避雷器的上接线柱，方法如图 3-22 所示。

Ⅱ.将导线撑直，按相序分别用 T 形线夹与软母线连接，连接处应包缠两层铝包带，另一端直接引至高压套管处，压接线鼻子，按相序与套管的接线柱接好，这段导线必须撑紧。

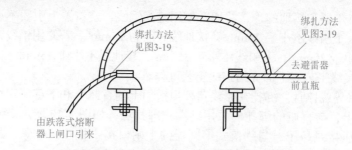

图3-21 导线在变压器台上的过渡连接示意图

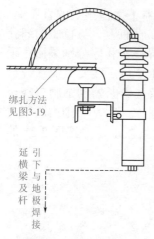

绑扎方法
见图3-19

延横梁及杆 引下与地极焊接

图3-22 导线与避雷器的
连接示意图

·低压侧的接线。将低压侧三只相线的套管，直接用导线引至隔离开关的下闸口（注意，这全是为了接线的方便，操作时必须先验电后操作），导线撑直，必须用线鼻子过渡。

将线路中低压的三根相线及一根零线，经上部的直瓶直接引至隔离开关上方横担的直瓶上，绑扎如图3-22所示，直瓶上的导线与隔离开关上闸口的连接如图3-23所示，其中跌落式熔断器与导线的连接可直接用上面的元宝螺栓压接，同时按变压器低压侧额定电流的1.25倍选择与跌落式熔断器配套的熔片，装在跌落式熔断器上，其中零线直接压接在变压器中性点的套管上。

如果变压器低压侧直接引入低压配电室，则应安装硬母线将变压器二次侧引入配电室内。如果变压器专供单台设备用电，则应设管路将低压侧引至设备的控制柜内。

·变压器台的接地。变压器台的接地共有三个点，即变压器外壳的保护接地、低压侧中性点的工作接地和避雷器下端的防雷接地，三个接地点的接地线必须单独设置，接地极则可设一组，但接地电阻应小于4Ω。接地极的设置同前述架空线路的防雷接地，并将其引至杆处上翻1.20m处，一杆一根，一根接避雷器，另一根接中性点和外壳。

接地引线应采用25mm²及以上的铜线或4mm×40mm镀锌扁钢。其中，中性点接地应沿器身翻至杆处，外壳接地应沿平台翻至杆处，与接地线可靠连接；避雷器下端可用一根导线串接而后引至杆处，与接地线可靠连接，如图 3-24 所示。其他同架空线路。装有低压隔离开关时，其接地螺钉也应另外接线并与接地体可靠连接。

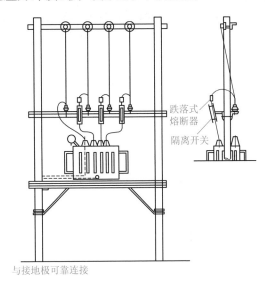

图3-23 低压侧连接示意图

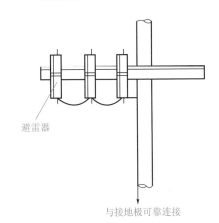

图3-24 杆上变台避雷器的接地示意图

• 变压器台的安装要求。变压器应安装牢固，水平倾斜不应大于 1/100，且油枕侧偏高，油位正常；一、二次接线应排列整齐，绑扎牢固；变压器完好，外壳干净，试验合格；可靠接地，接地电阻符合设计要求。

·全部装好接线完毕后，应检查有无不妥，并把变压器顶盖、套管、分接开关等用棉丝擦拭干净，重新测试绝缘电阻和接地电阻应符合要求。将高压跌落式熔断器的熔管取下，按表3-5选择高压熔丝，并将其安装在熔管内。高压熔丝安装时必须伸直，且有一定的拉力，然后将其挂在跌落式熔断器下边的卡环内。

表3-5 高压跌落式熔断器的选择

变压器容量 /kV	100/125	160/200	250	315/400	500
熔断器规格 /A	50/15	50/20	50/30	50/40	50/50

与供电部门取得联系，在线路停电的情况下，先挂好临时接地线，然后将三根高压电源线与线路连接（通常用绑扎或 T 形线夹的方法进行连接），要求同前。接好后再将临时接地线拆掉，并与供电部门联系，请求送电。

（3）合闸试验　合闸试验是分以下几步进行的：

① 将低压隔离开关断开，如未设低压隔离开关，应将低压熔断器的熔丝先拆下。

② 再次测量绝缘电阻，如在当天已测绝缘电阻，且一直有人看护，则可不测。

③ 与供电部门取得联系，说明合闸试验的具体时间，必要时应请有关人员参加，合闸前必须征得供电部门的同意。

④ 在无风天气，则先合两个边相的跌落式熔断器，后合中间相的跌落式熔断器；如有风，则按顺序先合上风头的跌落式熔断器，后合下风头的跌落式熔断器。合闸必须用高压拉杆，戴高压手套，穿高压绝缘靴或辅以高压绝缘垫。

⑤ 合闸后，变压器应有轻微的均匀嗡嗡声（可用细木棒或螺丝刀测听），温升应无变化，无漏油、无振动等异常现象。应进行 5 次冲击合闸试验，且第一次合闸持续时间不得少于 10min，每次合闸后变压器应正常。然后用万用表测试低压侧电压，应为 220/380V，且三相平衡。

⑥ 悬挂警告牌，空载运行 72h，无异常后即可带动负载运行。

3.4.2　落地变压器台的安装与接线

落地变压器台与杆上变压器台的主要区别是将变压器安装在地面上的混凝土台上，其标高应大于 500mm，上面装有与主筋连接的角钢或槽钢滑道，油枕侧偏高。安装时将变压器的底轮取掉或装上止轮器。其他有关安装、接线、测试、送电合闸、运行等与杆上变压器台相同。

安装好后，应在变压器周围装设防护遮栏，高度不小于1.70m，与变压器距离应大于或等于2.0m并悬挂警告牌"禁止攀登，高压有电"。落地变压器台布置如图3-25所示，其安装方法基本同前。

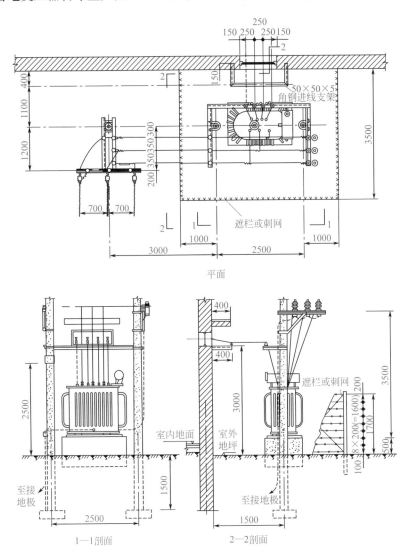

平面

1—1剖面   2—2剖面

图3-25 室外落地变压器台布置
注：如无防雨罩时，穿墙板改为室外穿墙套管。

3.5 变压器的试验与检查

电力变压器在运输、安装及运行过程中，可能会造成结构性故障隐患和绝缘老化，其原因复杂，如外力的碰撞、振动和运行中的过电压、机械力、热作用以及自然气候变化等都是影响变压器正常运行的因素。因此，新装投入运行前和正常运行中的变压器应有定期的试验和检查。

3.5.1 变压器油

（1）变压器油在变压器中的作用　变压器油是一种绝缘性能良好的液体介质，是矿物油。变压器油的主要作用有以下三方面：

① 使变压器芯子与外壳及铁芯有良好的绝缘作用。变压器油是充填在变压器芯子和外壳之间的液体绝缘。变压器油充填于变压器内各部空隙间，加强了变压器绕组的层间和匝间的绝缘强度。同时，对变压器绕组绝缘起到了防潮作用。

② 使变压器运行中加速冷却，变压器油在变压器外壳内，通过上、下层间的温差作用，构成油的对流循环。变压器油可以将变压器芯子的温度，通过对流循环作用经变压器的散热器与外界低温介质（空气）间接接触，再把冷却后的低温绝缘油经循环作用回到变压器芯子内部。如此循环，达到冷却的目的。

③ 变压器油除能起到上述两种作用外，还可以在某种特殊运行状态时起到加速变压器外壳内的灭弧作用。由于变压器油是经常运动的，当变压器内有某种故障而引起电弧时，能够加速电弧的熄灭。例如，变压器的分接开关接触不良或绕组的层间与匝间短路引起了电弧的产生，这时变压器油通过运动冲击了电弧，使电弧拉长，并降低了电弧温度，增强了变压器油内的去游离作用，熄灭电弧。

（2）变压器油的技术性能

① 变压器油的牌号，是按照绝缘油的凝固点而确定的。

常用变压器油的牌号有：10 号油，凝固点在 -10℃，北京地区室内变压器常采用这种变压器油；25 号油，凝固点为 -25℃，室外变压器常采用 25 号油；45 号油，凝固点为 -45℃，在气候寒冷的地区被广泛使用，北京地区的个别山区室外变压器常采用这种变压器油。

② 变压器油的技术性能指标。

a.耐压强度。耐压强度是指单位体积的变压器油承受的电压强度。

往往采用油杯进行油耐压试验。在油杯内，电极直径为 25mm，厚为 6mm，间隙为 2.5mm 时的击穿电压值。一般交接试验中的变压器油耐压为 25kV，新油耐压为 30kV。新标准规定，对于 10kV 运行中的变压器绝缘油，耐压放宽至 20kV。

b. 凝固点。变压器油达到某一温度时，使变压器油的黏度达到最大，该点的温度即为变压器油的凝固点。

c. 闪点。变压器油达到某一温度时，油蒸发出的气体如果临近火源即可引起燃烧，该时变压器油所达到的温度称为闪点。变压器油的闪点不能低于 135℃。

d. 黏度。黏度是指变压器油在 50℃时的黏度（条件度或运动黏度 mm^2/s）。为便于发挥对流散热作用，黏度小一些为好，但是黏度影响变压器油的闪点。

e. 比重。变压器油比重越小，说明油的质量好，油中的杂质及水分容易沉淀。

f. 酸价。变压器油的酸价是表示每克油所中和氢氧化钠的数量，用 KOHmg/g 油表示。酸价表明变压器油的氧化程度，酸价出现表示变压器油开始氧化，所以变压器油的酸价越低对变压器越有利。

g. 安定度。变压器油的安定度是抗老化程度的参数。安定度越大，说明变压器油质量越好。

h. 灰分。灰分表明变压器油内含酸、碱硫、游离碳、机械混合物的数量，也可说是变压器油的纯度。因此，灰分含量越小越好。

（3）取变压器油样　为了监测变压器的绝缘状况，每年需要取变压器油进行试验（变压器油的试验项目和标准见表 3-2），这就要求采取一系列的措施，保证反映变压器油的真实绝缘状态。

① 变压器取油样的注意事项：

a. 取油样使用的瓶子，需经干燥处理。

b. 运行中变压器取油样，应在干燥天气时进行。

c. 油量应一次取够。根据试验的需要，做耐压试验时油量不少于 0.5L，做简化试验时油量不少于 1L。

② 变压器取油样的方法。变压器取油样应注意方法正确，否则将影响试验结果的正确性。

a. 取油样时，在变压器下部放油阀门处进行。可先放出 2L 变压器油，并擦净阀门，再用变压器油冲洗若干次。

b. 用取出的变压器油冲洗样瓶两次，才能灌瓶。

c.灌瓶前把瓶塞用净油洗干净，将变压器油灌入瓶后立即盖好瓶盖，并用石蜡封严瓶口，以防受潮。

d.取油样时，先检查油标管；变压器是否缺油，变压器缺油不能取油样。

e.启瓶时要求室温与取油样温度不能温差过大，最好在同一温度下进行，否则会影响试验结果。

（4）变压器补油　变压器补油应注意以下各方面：

① 补入的变压器油，要求与运行中变压器油的牌号一致，并经试验合格（含混合试验）。

② 补油应从变压器油枕上的注油孔处进行，补油要适量。

③ 补油如果在运行中进行，补油前首先将重瓦斯掉闸改接信号。

④ 不能从下部油门处补油。

⑤ 在补油过程中，注意及时排放油中气体；运行24h之后，才能将重瓦斯投入掉闸位置。

3.5.2　变压器分接开关的调整与检查

运行中系统电压过高或过低影响设备的正常运行时，需要将变压器分接开关进行适当调整，以保持变压器二次侧电压的正常。

10kV变压器分接开关有三个位置，调压范围为±5%。当系统的电压变化不超过额定电压的±5%时，可以通过调节变压器分接开关的位置解决电压过高或过低的问题。

对于无载调压的配电变压器，分接开关有三挡，即Ⅰ挡时，为10500/400V；Ⅱ挡时，为10000/400V；Ⅲ挡时，为9500/400V。

如果系统电压过高超过额定电压，反映于变压器二次侧母线电压高，需要将变压器分接开关调到Ⅰ挡位置；如果系统电压低达不到额定电压，反映变压器二次侧电压低，则需要将变压器分接开关调至Ⅲ挡位置。即所谓的"高往高调，低往低调"。但是，变压器分接开关的调整，要注意相对地稳定，不可频繁调整，否则将影响变压器运行寿命。

（1）变压器吊芯检查，对变压器分接开关的检查

① 检查变压器分接开关（无载调压变压器）的触点与变压器绕组的连接，应紧固、正确，各接触点应接触良好，转换触点应正确在某确定位置上，并与手把指示位置相一致。

② 分接开关的拉杆、分接头的凸轮、小轴销子等部件应完整无损，转动盘应动作灵活、密封良好。

③ 变压器分接开关传动机械的固定应牢靠，摩擦部分应有足够的润滑油。

（2）变压器绕组直流电阻的测试要求　下面介绍在调整变压器分接开关时，对绕组直流电阻的测试要求和电阻值的换算方法。

对绕组直流电阻的测试要求调节变压器分接开关时，为了保证安全，需要通过测量变压器绕组的直流电阻。具体了解分接开关的接触情况，因此应按照以下要求进行：

① 测量变压器高压绕组的直流电阻应在变压器停电后，并且履行安全工作规程有关规定以后进行。

② 变压器应拆去高压引线，以避免造成测量误差，并且要求在测量前后对变压器进行人工放电。

③ 测量直流电阻所使用的电桥，误差等级不能小于 0.5 级，容量大的变压器应使用 0.05 级 QJ-5 型直流电桥。

④ 测量前应查阅该变压器原始资料，做到预先掌握数据。为了可靠，在调整分接开关的前、后分别进行测量绕组的直流电阻。每次测量之前，先用万用表的电阻挡对变压器绕组的直流电阻进行粗测，同时按照测量数值的范围对电桥进行"预置数"，即将电桥的校臂电阻旋钮按照万能表测出的数值调好。注意电桥的正确操作方法不能损坏设备。

⑤ 测量变压器绕组的直流电阻应记录测量时变压器的温度。测量之后应换算到20℃时的电阻值，一般可按下式计算：

$$R_{20} = \frac{T + 20}{T + T_a} R_a$$

式中　R_{20}——折算到20℃时，变压器绕组的直流电阻；

R_a——温度为a时，变压器绕组的直流电阻；

T——系数（铜为235，铝为225）；

T_a——测量时变压器绕组温度。

⑥ 变压器绕组 Y 接线时，按下式计算每相绕组的直流电阻：

$$R_U = \frac{R_{UW} + R_{UV} - R_{VW}}{2}$$

$$R_V = \frac{R_{UV} + R_{VW} - R_{UW}}{2}$$

$$R_W = \frac{R_{VW} + R_{UW} - R_{UV}}{2}$$

⑦ 按照变压器原始报告中的记录数值与变压器测量后换算到同温度下进行比较，检查有无明显差别。所测三相绕组直流电阻的不平衡误差按下式计算，其误差不能超过 ±2%：

$$\Delta R\% = \frac{R_D - R_C}{R_C} 100\%$$

式中　$\Delta R\%$——三相绕组直流电阻差值百分数；

　　　R_D——电阻值最大一相绕组的电阻值；

　　　R_C——电阻值最小一相绕组的电阻值。

试验发现有明显差别时分析原因，或倒回原挡位再次测量。

⑧ 试验合格后，将变压器恢复到具备送电的条件，送电观察分接开关调整之后的母线电压。

3.5.3　变压器的绝缘检查

变压器的绝缘检查主要是指交接试验、预防性试验和运行中的绝缘检查。

变压器的绝缘检查主要包含绝缘电阻摇测、吸收比，绝缘油耐压试验和交流耐压试验。下面介绍运行中对变压器绝缘检查的要求和影响变压器绝缘的因素以及变压器绝缘在不同温度时的换算。

（1）变压器绝缘检查的要求

① 变压器的清扫、检查应当摇测变压器一、二次绕组的绝缘电阻。

② 变压器油要求每年取油样进行油耐压试验，10kV 以上的变压器油还要做油的简化试验。

③ 运行中的变压器每 1～3a（年）应进行预防性绝缘试验（又称绝保试验）。

（2）影响变压器绝缘的因素　电气绝缘试验，是通过测量、试验、分析的方法，检测和发现绝缘的变化趋势，掌握其规律，发现问题。通过对电力变压器的绝缘电阻测量和绝缘耐压等试验，对变压器能否继续运行作出正确判断。为此，应准确测量，排除对设备绝缘影响的诸因素。

通常影响变压器绝缘的因素有以下方面：

① 温度的影响　测量时，由于温度的变化将影响绝缘测量的数值，所以进行试验时应记录测试时的温度，必要时进行不同温度下的绝缘测量值的换算。变压器绝缘电阻的数值随变压器绕组的温度不同而变化，因此对运行变压器绝缘电阻的分析应换算至同一温度时进行。通常温度

越高，变压器的绝缘电阻值越低。

② 空气湿度的影响。对于油浸自冷式变压器，由于空气湿度的影响，使变压器绝缘子表面的泄漏电流增加，导致变压器绝缘电阻数值的变化，当湿度较大时绝缘电阻显著降低。

③ 测量方法对变压器绝缘的影响。测量方法的正确与否直接影响变压器绝缘电阻的大小。例如，使用兆欧表测量变压器绝缘电阻时，所用的测量线是否符合要求，仪表是否准确等。

④ 电容值较大的设备（如电缆及容量大的变压器、电机等）需要通过吸收比试验来判断绝缘是否受潮，取 R_{60}/R_{15}：温度在 10～30℃时，绝缘良好值为 1.3～2，低于该数值说明绝缘受潮，应进行干燥处理。

（3）变压器绕组的绝缘电阻在不同温度时的换算 对于新出厂的变压器可按表3-6进行换算。

表3-6 变压器绕组不同温差绝缘电阻换算系数表

温度差 t_2-t_1/℃	5	10	15	20	25	30	35	40	45	55	60
绝缘电阻换算系数	1.23	1.5	1.84	2.25	2.75	3.4	4.15	5.1	6.2	7.5	11.2

注：t_2——出厂试验时温度；t_1——接试验时温度。

变压器运行中绝缘电阻温度系数，可按下式计算（换算为120℃）：

$$K = 10\left(\frac{t-20}{40}\right)$$

式中　K——绝缘电阻换算系数；

　　　　t——测定时的温度。

如果要将绝缘电阻换算至任意温度时，可按下式计算：

$$M\Omega_{tR} = M\Omega_t \times 10\left(\frac{t_R-t}{40}\right)$$

式中　$M\Omega_{tR}$——换算到任意温度时的绝缘电阻值；

　　　　$M\Omega_t$——试验时实测温度时的绝缘电阻值；

　　　　t——试验时实测温度；

　　　　t_R——换算到的温度。

例如，将变压器绕组绝缘电阻，换算为20℃时，则上式即为

$$M\Omega_{20} = M\Omega_t \times 10\left(\frac{20-t}{40}\right)$$

3.6 变压器的并列运行

（1）变压器并列运行的条件

① 变压器容量比不超过 3∶1。

② 变压器的电压比要求相等，其变比最大允许相差为 ±0.5%。

③ 变压器短路电压百分比（又称阻抗电压）要求相等，允许相差不超过 ±10%。

④ 变压器应接线组别相同。

变压器的并列运行，应根据运行负荷的情况，应该考虑经济运行。对于能满足上述条件的变压器，在实际需要时可以并列运行。如不能满足并列条件，则不允许并列运行。

（2）变压器并列运行条件的含义

① 变压器接线组号。变压器接线组号表示三相变压器一、二次绕组接线方式的代号。

在变压器并列运行的条件中，最重要的一条就是要求并列的变压器接线组号相同，如果接线组号不同的变压器并列后，即使电压的有效值相等，在两台变压器同相的二次侧可能会出现很大的电压差（电位差）。由于变压器二次阻抗很小，将会产生很大的环流而烧毁变压器，因此接线组号不同的变压器是不允许并列运行的。

② 变压器的变比差值百分比。它是指并列运行的变压器实际运行变比的差值与变比误差小的一台变压器的变比之比的百分数，依照规定不应超过 ±0.5%。如果两台变压器并列运行，变比差值超过规定范围时，两台变压器的一次电压相等的条件下，两台变压器的二次电压不等，同相之间有较大的电位差，并列时将会产生较大环流，会造成较大的功率损耗，甚至会烧毁变压器。

③ 变压器的短路电压百分比（又称为阻抗电压的百分比）。这个技术数据是变压器很重要的技术参数，是通过变压器短路试验得出来的。也就是说，把变压器接于试验电源上，变压器的一次侧电压通过调压器逐渐升高，当调整到变压器一次侧电流等于额定电流时，测量一次侧实际加入的电压值为短路电压，将短路电压与变压器额定电压之比再乘以百分之百，即为短路电压的百分比。因为是在额定电流的条件下测得的数据，所以短路电压被额定电流来除即为短路阻抗，因此又称为百分阻抗。

变压器的阻抗电压与变压器的额定电压和额定容量有关，所以不同容量的变压器短路阻抗也各不相同。一般说来，变压器并列运行时，负荷分配与短路电压的数值大小成反比，即短路电压大的变压器分配的负荷小，而短路电压小的变压器分配的负荷大。如果并列运行的变压器短路电压百分比之差超过规定值，造成负荷的分配不合理（即容量大的变压器带不满负载，而容量小的变压器要过负载运行），这样运行很不经济，达不到变压器并列运行的目的。

④ 运行规程规定两台并列运行的变压器的容量比不允许超过 3：1。这也是从变压器经济运行方面考虑的，因为容量比超过 3：1，阻抗电压也相差较大，同样也满足不了第三个条件，并列运行还是不合理。

（3）变压器并列运行应注意事项　变压器并列运行除应满足并列运行条件外，还应注意安全操作，往往要考虑下列各方面：

① 新投入运行和检修后的变压器在并列运行之前，首先要进行核相，并在变压器空载状态时试并列后，方可正式并列运行带负荷。

② 变压器的并列运行必须考虑并列运行的合理性，不经济的变压器不允许并列运行，同时注意不应频繁操作。

③ 进行变压器的并列或解列操作时，不允许使用隔离开关和跌落式熔断器。保证并列和解列运行正确操作，不允许通过变压器倒送电。

④ 需要并列运行的变压器，在并列运行之前应根据实际情况，核算变压器负荷电流的分配，在并列之后立即检查两台变压器的运行电流分配是否合理。在需解列变压器或停用一台变压器时，应根据实际负荷情况，预计是否有可能造成一台变压器的过负荷。而且应检查实际负荷电流，在有可能造成变压器过负荷的情况下，变压器不能进行解列操作。

3.7 变压器的检修与验收

（1）变压器的检修周期　变压器的检修一般分为大修、小修，其检修周期规定如下。

① 变压器的小修。

a. 线路配电变压器至少每两年小修二次。

b. 室内变压器至少每年小修一次。

② 变压器的大修。对于 10kV 及以下的电力变压器，假如不经常过负荷运行，可每 10 年左右大修一次。

（2）**变压器的检修项目** 变压器小修的项目如下：

① 检查引线、接头接触有无问题。

② 测量变压器二次绕组的绝缘电阻值。

③ 清扫变压器的外壳以及瓷套管。

④ 消除巡视中所发现的缺陷。

⑤ 填充变压器油。

⑥ 清除变压器油枕集泥器中的水和污垢。

⑦ 检查变压器各部位油阀门是否堵塞。

⑧ 检查气体继电器引线绝缘，受腐蚀者应更换。

⑨ 检查呼吸器和出气瓣，清除脏物。

⑩ 采用熔断器保护的变压器，检查熔丝或熔体是否完好，二次侧熔丝的额定电流是否符合要求。

⑪ 柱上配电变压器应检查变台杆是否牢固，木质电杆有无腐朽。

（3）**变压器大修后的验收检查** 变压器大修后，应检查实际检修质量是否合格，检修项目是否齐全。同时，还应验收试验资料以及有关技术资料是否齐全。

① 变压器大修后应具备的资料。

a. 变压器出厂试验报告。

b. 交接试验和测量记录。

c. 变压器吊芯检查报告。

d. 干燥变压器的全部记录。

e. 油、水冷却装置的管路连接图。

f. 变压器内部接线图、表计及信号系统的接线图。

g. 变压器继电保护装置的接线图和整个设备的构造图等。

② 变压器大修后应达到的质量标准。

a. 油循环通路无油垢，不堵塞。

b. 铁芯夹紧螺栓绝缘良好。

c. 线圈、铁芯无油垢，铁芯的接地应良好无问题。

d. 绕组绝缘良好，各部固定部分无损坏、松动。

e. 高、低压绕组无移动、变位。

f. 各部位连接良好，螺栓拧紧，部位固定。

g. 紧固楔垫排列整齐，没有发生变形。

h. 温度计（扇形温度计）的接线良好，用 500V 兆欧表测量绝缘电阻应大于 $1M\Omega$。

i. 调压装置内清洁，触点接触良好，弹力符号标准。

j. 调压装置的转动轴灵活，封油口完好紧密，转动触点的转动正确、牢固。

k. 瓷套管表面清洁，无污垢。

l. 套管螺栓、垫片、法兰和填料等完好、紧密，没有渗漏油现象。

m. 油箱、油枕和散热器内清洁，无锈蚀、渣滓。

n. 本体各部的法兰、触点和孔盖等紧固，各油门开关灵活，各部位无渗漏油现象。

o. 防爆管隔膜密封完整，并有用玻璃刀刻画的十字痕迹。

p. 油面指示计和油标管清洁透明，指示准确。

q. 各种附件齐全，无缺损。

3.8　几种常用变压器

3.8.1　自耦变压器

一、二次额定电压相差不大的场合可采用自耦变压器。图 3-26 所示的为单相自耦变压器。它与一般变压器的不同之点是把变压器的一、二次绕组合并成一个绕组，其中高压绕组一部分兼作低压绕组，它的高低压绕组在电的方向是联通的，其电压比和单相变压器相同，仍为

$$\frac{U_1}{U_2} = \frac{W_1}{W_2} = K_u$$

图 3-26(a) 是目前普遍应用的低压小容量自耦变压器。如图 3-26(b) 所示，自耦变压器的二次绕组的分接头 B 大都做成沿绕组自由滑动的触头，可以平滑地调节二次绕组电压，所以称为自耦调压器。另外，还有三相自耦变压器（见图 3-27），其工作原理与单相自耦变压器相同。三相自耦变压器常接星形，可用作三相异步电动机的降压启动设备。

由于自耦变压器高低压绕组直接有电的联系，故对低压方面的绝缘要求很高，这又是缺点。应该注意的是，自耦变压器不能作为安全变压器使用，因为万一接错线路将会发生触电事故。如图 3-28 所示，接错线路以后，虽然二次电路只有 12V 电压，但是当工作人员触及二次电路任何一端时，都会发生触电事故。

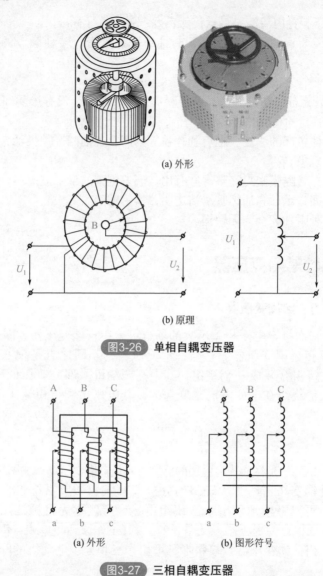

(a) 外形

(b) 原理

图3-26 单相自耦变压器

(a) 外形

(b) 图形符号

图3-27 三相自耦变压器

3.8.2 多绕组变压器

　　多绕组变压器如图 3-29 所示，只有一个一次绕组，有多个二次绕组。当一次侧接上电源后，二次侧就能输送出几种不同的电压。多绕组

$$\frac{U_1}{U_2} = \frac{W_1}{W_2}, \quad \frac{U_1}{U_3} = \frac{W_1}{W_3}$$

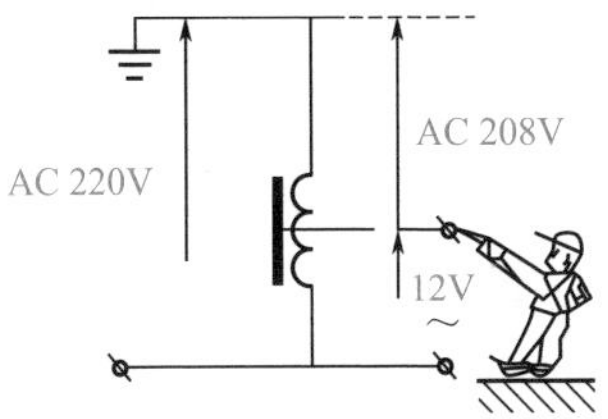

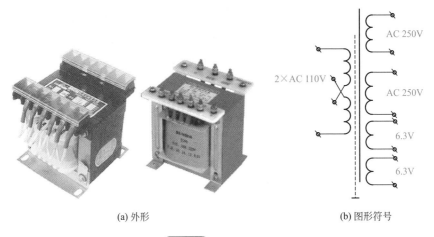

图3-28 错误接线 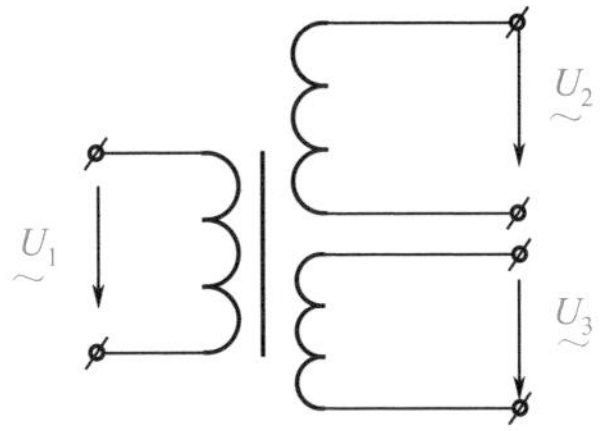   图3-29 多绕组变压器

变压器的变压比为

这样，一台多绕组变压器可代替几台双绕组变压器。这种变压器在电子电路中得到广泛应用，如彩电电源变压器就是多绕组变压器。

图3-30所示为电源变压器常用在彩电上。

(a) 外形   (b) 图形符号

图3-30 电源变压器

3.8.3 电焊变压器

电焊变压器（又称弧焊机）实际就是一台特殊的降压变压器。电焊变压器的工作特性要求在无载时有足够的引弧电压（一般为60～75V），负载时电压下降（额定工作状态约30V），而短路时电流又不大。此外，为适用于不同焊件及不同焊条，还要求能调节焊接电流的大小。

图 3-31 是电焊变压器的接线。图中电焊变压器 1 的二次侧与铁芯线圈（称为电抗器）串联。电抗器的铁芯有较大的空气隙，转动螺杆便可改变空气隙的长短。

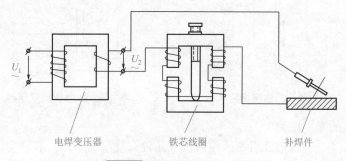

电焊变压器　　　　　铁芯线圈　　　　　补焊件

图3-31　电焊变压器的接线

焊接时根据焊接要求，可调节电抗器空气隙的距离来控制焊接电流的大小。因为气隙加长后，电抗器的感抗 X_L 将减少，焊接电流就增大。在起弧时，焊条与工件直接接触，变压器二次侧处于短路状态，这时其二次电压迅速下降到零才能保证短路电流不致过大，以免烧坏变压器。通常采取增大变压器和电抗器的漏磁通（即增加内部阻抗压降）的方法来达到，这也是电焊变压器与普通变压器的不同点。

3.9 变压器常用计算

3.9.1　单相变压器的计算

（1）单相变压器

① 结构　单相变压器主要由一个闭合的软磁铁芯和两个套在铁芯上面而又相互绝缘的绕组所构成，如图 3-32 所示。

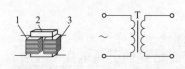

图3-32　变压器的基本结构及符号

1—原边绕组；2—铁芯；3—副边绕组

铁芯是变压器的磁路部分，为了减小涡流及磁滞损耗，铁芯多用厚度为 0.35 ～ 0.5mm 的硅钢片叠成。

绕组常称为线圈，是变压器的电路部分，与电源连接的绕组称为初级绕组或原边绕组，简称初级或原边；

与负载连接的绕组称为次级绕组或副边绕组，简称次级或副边。

② 理想变压器的计算公式　在理想情况下，即变压器无损耗时的有关计算如下。

a. 变压公式：

$$\frac{U_1}{U_2} = \frac{N_1}{N_2} = K$$

式中，U_1 为初级交变电压的有效值，V；U_2 为次级交变电压的有效值，V；N_1 为初级绕组的匝数；N_2 为次级绕组的匝数；K 为初、次级的电压比，或称匝数比，简称变比。

上式表明，变压器初、次级绕组的电压比等于它们的匝数比 K。当 $K > 1$ 时，$N_1 > N_2$，$U_1 > U_2$，这种变压器称为降压变压器。当 $K < 1$ 时，$N_1 < N_2$，$U_1 < U_2$，这种变压器称为升压变压器。可见，当变压器的初、次级绕组采用不同的匝数比时，就可达到升高或降低电压的目的。

【例3-1】　已知某变压器的初级电压为220V，次级电压为36V，初级的匝数为550匝，试求该变压器的变比和次级的匝数。

解： 变比

$$K = \frac{U_1}{U_2} = \frac{220}{36} \approx 6.1$$

次级匝数

$$\frac{N_1}{N_2} = \frac{U_1}{U_2}$$

$$N_2 = \frac{N_1 U_2}{U_1} = \frac{550 \times 36}{220} = 90 \text{ 匝}$$

b. 交流公式：

$$\frac{I_1}{I_2} = \frac{U_2}{U_1} = \frac{N_2}{N_1} = \frac{1}{K}$$

$$I_1 = \frac{N_2}{N_1} I_2$$

式中，I_1 为初级交变电流的有效值，A；I_2 为次级交变电流的有效值，A。

上式说明，变压器工作时，其初、次级电流比与初、次级的电压比或匝数比成反比，而且初级的电流随次级电流的变化而变化。

【例3-2】　已知某变压器的匝数比 $K = 10$，其次级电流 $I_2 = 50\text{A}$，

试求初级电流。

解：初级电流

$$I_1 = \frac{1}{K} I_2 = \frac{50}{10} = 5A$$

c. 变阻抗公式。在图 3-33 中，若把带负载的变压器（图中虚线框部分）看成是一个新的负载并以 R'_L 表示，对于无损耗即理想的变压器来说，只起功率传递作用，故有：

$$I_1^2 R'_L = I_2^2 R_L$$

$$R'_L = \frac{I_2^2}{I_1^2} R_L = \frac{N_1^2}{N_2^2} R_L = K^2 R_L$$

式中，R_L 为负载电阻，Ω ；R'_L 为负载电阻 R_L 在变压器初级中的交流等效电阻，Ω 。

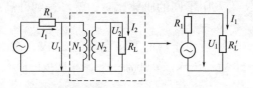

图3-33 变压器的阻抗变换作用

上式表明，负载 R_L 接在变压器的次级上，从电源中获取的功率和负载 R'_L 直接接在电源上所获取的功率是完全相等的。也就是说 R'_L 是 R_L 在变压器初级中的交流等效电阻。变压器的这种特性常用于电子电路中的阻抗匹配，使负载获得最大的功率。

若已知 R_L 和 R'_L，则变压器的变比为：

$$K = \sqrt{\frac{R'_L}{R_L}}$$

【例 3-3】 已知某音响放大器的内阻 $R_0 = 1.8\text{k}\Omega$，通过初级绕组为 600 匝的变压器接阻值为 8Ω 的喇叭。求变压器的变比和次级绕组的匝数。

解：变比

$$K = \sqrt{\frac{R'_L}{R_L}} = \sqrt{\frac{R_0}{R_L}} = \sqrt{\frac{1800}{8}} = 15$$

次级绕组的匝数

$$\frac{N_1}{N_2} = K$$

$$N_2 = \frac{N_1}{K} = \frac{600}{15} = 40 \text{ 匝}$$

③ 实际变压器的效率与额定容量

a. 额定电压。U_{1N} 为初级绕组的额定电压，是指加在初级绕组上的正常工作电压，它是根据变压器的绝缘强度和允许发热条件规定的。U_{2N} 为次级绕组的额定电压，是指变压器在空载时，初级绕组加上额定电压后次级两端的电压。

b. 额定容量。变压器的额定容量即变压器在额定工作状态下次级的视在功率，即：

$$S_N = U_{2N}I_{2N}$$

式中，S_N 为单相变压器的额定容量，即视在功率，W；U_{2N} 为次级额定电压，V；I_{2N} 为次级额定电流，A，通常可忽略损耗，认为 $U_{1N}I_{1N} = U_{2N}I_{2N}$，以计算初级、次级的额定电流 I_{1N}、I_{2N}。

c. 效率。变压器的效率是输出功率与输入功率之比，即（单、三相均可）

$$\eta = \frac{P_2}{P_1} = 1 - \frac{\sum P}{P_2 + \sum P} = 1 - \frac{P_0 + \beta^2 P_K}{\beta S_N \cos\varphi_2 + P_0 + \beta^2 P_K}$$

$$\sum P = P_{Cu} + P_{Fe} \approx \beta^2 P_K + P_0$$

$$\beta = \frac{I_2}{I_{2N}}$$

$$\beta_m = \sqrt{\frac{P_0}{P_K}}$$

$$P_1 = U_1 I_1 \cos\varphi_1$$

$$P_2 = U_2 I_2 \cos\varphi_2 \approx U_{2N}\beta I_{2N}\cos\varphi_2 = \beta S_N \cos\varphi_2$$

式中，η 为效率；P_1 为变压器的输入功率，W；P_2 为变压器的输出功率，W；$\sum P$ 为变压器的总损耗，W；P_{Cu} 为铜损，W；P_{Fe} 为铁损，W；P_K 为短路损耗，W；P_0 为空载损耗，W；$\cos\varphi_1$ 为变压器初级功率因数；$\cos\varphi_2$ 为变压器的负载功率因数；β 为负荷系数；β_m 为变压器效率最高时的负载系数；U_1 为变压器初级交变电压有效值，V；U_2 为变压器次级交变电压有效值，V；I_1 为变压器初级交变电流有效值，A；I_2 为变压器次级交变电流有效值，A；U_{2N} 为次级额定电压，V；I_{2N} 为次级额定电流，A；S_N 为变压器的额定容量，W。

【例3-4】 一台容量为50kW的单相变压器初级、次级电压为6000V/230V，电流为8.33A/217.4A，空载损耗 $P_0 = 90W$，短路损耗

$P_K = 1000W$。当次级电流为 150A 时，求次级功率因数 $\cos\varphi_2 = 0.8$ 时的效率 η 及次级功率因数 $\cos\varphi_2 = 0.9$ 时的最高效率 η_m。

解： 负载系数 β

$$\beta = \frac{I_2}{I_{2N}} = \frac{150}{217.4} = 0.69$$

$\cos\varphi_2 = 0.8$ 时的效率 η

$$\eta = 1 - \frac{P_0 + \beta^2 P_K}{\beta S_N \cos\varphi_2 + P_0 + \beta^2 P_K}$$

$$= 1 - \frac{90 + 0.69^2 \times 1000}{0.69 \times 50000 \times 0.8 + 90 + 0.69^2 \times 1000}$$

$$= 98\%$$

效率最高时的负载系数 β_m

$$\beta_m = \sqrt{\frac{P_0}{P_K}} = \sqrt{\frac{90}{1000}} = 0.3$$

$\cos\varphi_2 = 0.9$ 时的最高效率 η_m

$$\eta_m = 1 - \frac{P_0 + \beta_m^2 P_K}{\beta_m S_N \cos\varphi_2 + P_0 + \beta_m^2 P_K}$$

$$= 1 - \frac{90 + 0.69^2 \times 1000}{0.69 \times 50000 \times 0.9 + 90 + 0.69^2 \times 1000}$$

$$= 98.21\%$$

（2）小型单相变压器的计算 变压器新标准容量等级见表 3-7。

表3-7 变压器新标准容量等级

名称	额定容量等级
变压器	10、20、30、40、50、63、80、100、125、160、200、250、315、400、500、630、800、1000、1250、1600、2000、2500、3150、4000、5000、6300、8000、10000、12500、16000、20000、31500、40000、50000、63000、90000、120000、150000、180000、260000、360000、400000（kW）等。 630kW 以下统称小型变压器，800～6300kW 的称中型变压器，8000～63000kW 的称大型变压器，90000kW 以上的称特大型变压器

小容量单相变压器的计算，主要只是决定铁芯及绕组的尺寸，而不像大型变压器那样需涉及性能及参数问题。

小型单相变压器的计算大致为六个内容：即求出输出总视在功率 $\sum S_2$；计算变压器的输入视在功率 S_1 及电流 I_1；确定变压器铁芯截面

积 A_e 及选用硅钢片尺寸；计算每个绕组的匝数 N；计算每个绕组的导线直径 d 和选择导线；验算铁芯窗口面积是否合适。

① 计算变压器输出总容量 $\sum S_2$，即

$$\sum S_2 = U_2 I_2 + U_3 I_3 + \cdots$$

式中，U_2，$U_3 \cdots$ 为副边各绕组电压有效值，V；I_2，$I_3 \cdots$ 为副边各绕组电流有效值，A。

② 计算变压器输入总容量 S_1 及原边电流 I_1。

$$S_1 = \frac{\sum S_2}{\eta}$$

式中，η 为变压器的效率，对于 1kV•A 以下的变压器 $\eta = 0.8 \sim 0.9$。

$$I_1 = (1.1 \sim 1.2) \frac{S_1}{U_1}$$

式中，U_1 为原边电压（电源电压）有效值，V；$1.1 \sim 1.2$ 为考虑空载励磁电流大小的经验系数。

③ 确定变压器铁芯截面积 A_{Fe}。

变压器的铁芯尺寸如图 3-34 所示。铁芯柱截面积 A_{Fe} 的大小与变压器总输出容量有关。

即

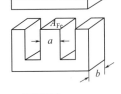

$$A_{Fe} = K_0 \sqrt{\sum S_2}$$

式中，K_0 为经验系数，其大小与 $\sum S_2$ 有关，可参考表 3-8 选用。

图3-34 E形铁芯

$$A_{Fe} = ab$$

式中，a 为铁芯柱宽，cm；b 为铁芯净叠厚，cm。

表3-8 系数 K_0 的参考值

$\sum S_2$/W	$0 \sim 10$	$10 \sim 50$	$50 \sim 500$	$500 \sim 1000$	1000 以上
K_0	2	$2 \sim 1.75$	$1.5 \sim 1.4$	$1.4 \sim 1.2$	1

根据计算所得的 A_{Fe} 值，结合实际情况，来确定尺寸 a 与 b 的大小。

又由于铁芯用涂绝缘漆的硅钢片叠成，考虑到漆与钢片间隙的厚度，因此实际的铁芯厚度 b' 应为：

$$b' = \frac{b}{0.9} = 1.1b$$

表 3-9 列出了目前通用的小型硅钢片规格，其中各尺寸之间关系大致如下（图 3-35 为表 3-9 的对应图）。

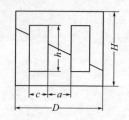

$c = 0.5a$

$h = 1.5a$（当 $a > 64\text{mm}$ 时 $h = 2.5a$）

$D = 3a$

$H = 2.5a$

叠厚：

$$b \leq 2a$$

图3-35 小型硅钢片尺寸

表3-9 小型变压器通用硅钢片尺寸 mm

a	c	h	D	H
13	7.5	22	40	34
16	9	24	50	40
19	10.5	30	60	50
22	11	33	66	55
25	12.5	37.5	75	62.5
28	14	42	84	70
32	16	48	96	80
38	19.0	57	114	95
44	22	66	132	110
50	25	75	150	125
56	28	84	168	140
64	32	96	192	160

④ 计算每个绕组的匝数。

$$E = 4.44 f_N B_m A_{Fe} \times 10^{-8}$$

则每感应 1V 电势所需匝数 N_0 为：

$$N_0 = \frac{N}{E} = \frac{10^8}{4.44 f B_m A_{Fe}}$$

对不同的硅钢片，所允许的 B_m 值也不同，通常，冷轧硅钢片 D310，B_m 可取 $1.2 \sim 1.4$T；热轧硅钢片 D41、D42，B_m 可取 $1.0 \sim 1.2$T，D43 硅钢片 B_m 取 $1.1 \sim 1.2$T。

一般电机用硅钢片的牌号，按经验可以将硅钢片扭一扭，薄而脆的则磁性能良好（俗称高硅），B_m 可取得大些，如硅钢片厚而软，则磁性能较差（俗称低硅），B_m 取小些。一般 B_m 可在 $0.7 \sim 1.0$T 之间选取。

对于工频 $f = 50\text{Hz}$，于是

$$N_0 = \frac{4.5 \times 10^5}{B_m A_{Fe}}$$

根据计算所得 N_0 值乘以每个绕组的电压，就可以算得每个绕组的匝数 N，即

$$N_1 = U_1 N_0, \; N_2 = U_2 N_0, \; N_3 = U_3 N_0, \; \cdots$$

其中，副边的绕组应都增加 5% 的匝数，以便补偿负载时的电压降。

⑤ 计算绕组导线直径 d 先选取电流密度 J，求出各绕组导线的截面积

$$A_c = \frac{I}{J}$$

然后选取相近截面积时导线的线径 d_c，再由表 5-20 查得 Q 型漆包线带漆膜的线径 d。

上式中电流密度一般选用 $J = 2 \sim 3\text{A/mm}^2$，变压器短时工作时可取 $J = 4 \sim 5/\text{mm}^2$，若取 $J = 2.5/\text{mm}^2$，则

$$d_c = 0.715 \sqrt{I}$$

⑥ 验算 根据已知绕组的匝数、线径、绝缘厚度等来核算变压器绕组所占铁芯窗口的面积，它应小于铁芯实际窗口面积，否则绕组有放不下的可能。

根据选定的窗高 h 计算绕组每层可绕的匝数 n_i：

$$n_i = \frac{0.9[h(2 \sim 4)]}{d}$$

式中，d 为包括绝缘厚度的导线外径，mm；0.9 为考虑绕组框架两端各空出 5% 不绕线。

因此每组绕组需绕层数 m_i 为

$$m_i = \frac{N}{n_i}$$

图 3-36 表示变压器原边绕组的绕制情况。变压器铁芯柱外面套上由表壳纸做的绕组框架或弹性纸框架，包上两层电缆纸与两层黄蜡布，厚度为 B_0。在框架外面每绕一层绕组后就包上层间绝缘，其厚度为 δ。对于较细的导线，如 0.2mm 以下的导线一般采用一层厚度为 $0.02 \sim 0.04\text{mm}$ 的

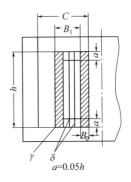

图3-36 变压器绕组的层间绝缘

透明纸（白玻璃纸）；对于较粗的导线，如 0.2mm 以上的导线，则采用厚度为 0.05 ～ 0.07mm 的电缆纸（或牛皮纸）；对再粗的导线则可用 0.12mm 厚的青壳纸（或牛皮纸）。当整个原边绕组绕完后，还需在最外层裹上厚度为 γ 的绕组之间的绝缘纸。当电压不超过 500V 时，可用厚度为 0.12mm 的青壳纸或 2 ～ 3 层电缆纸夹 2 层黄蜡布等。因此原边绕组厚度 B_1 为

$$B_1 = m_1 (d + \delta) + \gamma$$

式中，d 为带绝缘导线的外径，mm；δ 为绕组层间绝缘的厚度，mm；γ 为绕组间绝缘的厚度，mm。

同样可求出套在原边绕组外面的各个副边绕组的厚度 B_2、B_3、$B_4\cdots$。所有绕组的总厚度为

$$B = (1.1 \sim 1.2)(B_0 + B_1 + B_2 + B_3 + \cdots)$$

式中，B_0 为框架的厚度，mm；1.1 ～ 1.2 为尺寸余量。

显然，如果计算得到的绕组厚度 $B < c$ 时，这个计算是可行的。但在设计时，经常遇到 $B > c$ 的情况，这时有两种方法：一种是加大铁芯叠厚，使匝数降低，但一般叠厚 $b = (1 \sim 2) a$ 比较合适，不能任意加厚；另一种方法是重选硅钢片的尺寸，按顺序再计算并验算合适为止。

【例 3-5】 试设计单相电源变压器，要求如图 3-37 所示，$U_L = 280V$，$I_L = 0.21A$，$U_3 = 36V$，$I_3 = 0.1A$。

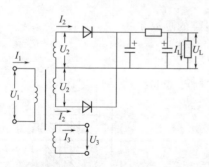

图3-37 单相电源变压器电路图

解：计算总输出容量 $\sum S_2$。

图中 N_2 绕组是供全波整流用的，并用 Л 型滤波器，因此须先求出 N_2 绕组的输出容量 S_2。由于采用了 Л 型滤波，根据电子技术的理论，可知整流后的负载端电压，$U_L = (1 \sim 1.4) U_2$，此处取 $1.3U_2$，而 $I_L = I_2$，因此

$$S_2 = 2U_2I_2 = 2 \frac{U_L}{1.3} I_L = 2 \times \frac{280}{1.3} \times 0.21$$
$$= 86 (\text{W})$$

则 $\sum S_2 = S_2 + S_3 = 86 + 3.6 \approx 90 (\text{W})$

变压器的总输入容量 S_1（取 $\eta = 0.9$）为：

$$S_1 = \frac{\sum S_2}{\eta} = \frac{90}{0.9} = 100 (\text{W})$$

原边电流

$$I_1 = \frac{1.1S_1}{U_1} = 1.1 \times \frac{100}{220} = 0.5 \, (\text{A})$$

铁芯截面 A_{Fe}

$$A_{\text{Fe}} = K_0 \sqrt{\sum S_2} = 1.4 \times \sqrt{90} = 13.3 \, (\text{cm}^2)$$

式中，K_0 按表 3-8 选取。

选用 $a = 32\text{mm}$ 的硅钢片（表 3-9），则可算得铁芯叠片厚

$$b' = 1.1 \frac{A_{\text{Fe}}}{a} = 1.1 \times 41.5 = 45.6。取 \, b' = 45\text{mm}。$$

校验 $\dfrac{b'}{a} = \dfrac{45}{32} = 1.4$，因此，$\dfrac{b'}{a}$ 值在 $1 \sim 2$，所以是合适的。

每个绕组应绕的匝数 N_1、N_2、N_3：

$$N_0 = \frac{4.5 \times 10^5}{B_{\text{m}} A_{\text{Fe}}} = \frac{4.5 \times 10^5}{9600 \times 13.3} \approx 3.5\text{T/V}$$

式中，取 $B_{\text{m}} = 9600\text{Gs}$。因此

$$N_1 = U_1 N_0 = 220 \times 3.5 = 770 \, (\text{T})$$
$$N_2 = 1.05 U_2 N_0 = 1.05 \times 215 \times 3.5 = 792 \, (\text{T})$$
$$N_3 = 1.05 U_3 N_0 = 1.05 \times 36 \times 3.5 = 132 \, (\text{T})$$

式中，1.05 为考虑增加 5% 的匝数，以补偿负载时的电压降。

计算导线直径 d。

选取电流密度 $J = 3\text{A/mm}^2$，求出各绕组所用导线截面积。

N_1 绕组：$A_{c1} = \dfrac{I_1}{J} = \dfrac{0.5}{3} = 0.167 \, (\text{mm}^2)$

N_2 绕组：$A_{c2} = \dfrac{I_2}{J} = \dfrac{0.2}{3} = 0.067 \, (\text{mm}^2)$

N_3 绕组：$A_{c3} = \dfrac{I_3}{J} = \dfrac{0.1}{3} = 0.033 \, (\text{mm}^2)$

以 A_{c1}、A_{c2}、A_{c3} 查得（表 5-20）相近截面积时不带绝缘的导线线径 d_{c1}、d_{c2}、d_{c3}，再查得 Q 型漆包线带漆膜的线径 d_1、d_2 及 d_3。

$d_{c1} = 0.47\text{mm}；d_1 = 0.52\text{mm}$

$d_{c2} = 0.29\text{mm}；d_2 = 0.33\text{mm}$

$d_{c3} = 0.21\text{mm}；d_3 = 0.24\text{mm}$

根据绕线尺寸核算窗口面积。

由图 3-38（a），已知铁芯窗高 $h = 48\text{mm}$，可求得各绕组每层绕制匝数

$$n_1 = \frac{0.9\left[h - (2 \sim 4)\right]}{d_1} = \frac{0.9 \times (48 - 3)}{0.52} = 79 \text{ (T)}$$

$$n_2 = \frac{0.9 \times (48 - 3)}{0.33} = 123 \text{ (T)}$$

$$n_3 = \frac{0.9 \times 45}{0.24} = 169 \text{ (T)}$$

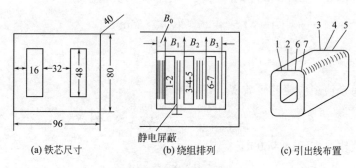

(a) 铁芯尺寸　　　　(b) 绕组排列　　　　(c) 引出线布置

图3-38　变压器绕组排列

各绕组应绕的层数如下：

$$m_1 = \frac{N_1}{n_1} = \frac{770}{79} = 9.75 \text{ （10 层）}$$

$$m_2 = \frac{2N_2}{n_2} = \frac{2 \times 792}{123} = 12.8 \text{ （13 层）}$$

$$m_3 = \frac{N_3}{n_3} = \frac{132}{169} = 0.78 \text{ （1 层）}$$

各绕组排列布置如图 3-38（b）所示，其中绝缘衬垫选用如下。

对地（铁芯）绝缘：用两层电缆纸（0.07mm）夹一层黄布（0.14mm），厚度 $\gamma = 2 \times 0.07 + 0.14 = 0.28$mm。

绕组间绝缘：与对地（铁芯）绝缘相同，即 $\gamma = 0.28$mm。

绕组层间绝缘：原边绕组用一层白玻璃纸，$\delta_1 = 0.04$mm；副边绕组用一层电缆纸，$\delta_2 = \delta_3 = 0.07$mm。

绕组框架用 1mm 厚的弹性纸，外包对地绝缘共厚 $B_0 = 1 + 0.28 = 1.28$mm，因此总厚度为

$$\begin{aligned}
B &= (1.1 \sim 1.2)(B_0 + B_1 + B_2 + B_3) \\
&= 1.1\{B_0 + [m_1(d_1 + \delta_1) + \gamma] + [m_2(d_2 + \delta_2) + \gamma] \\
&\quad + [m_3(d_3 + \delta_3) + \gamma]\}
\end{aligned}$$

$$= 1.1 \times \{1.28 + [10 \times (0.52 + 0.04) + 0.28]$$
$$+ [13 \times (0.33 + 0.07) + 0.28]$$
$$+ [1 \times (0.24 + 0.07) + 0.28]\}$$
$$= 1.1 \times (1.28 + 5.6 + 0.28 + 5.2 + 0.28 + 0.31 + 0.28)$$
$$= 1.1 \times 13.23 = 14.55 \approx 15 \,(mm)$$

此绕组厚度接近于铁芯窗宽，故方案可行，但必须紧绕。绕组的引出线布置如图 3-38（c）所示。

3.9.2 三相变压器的计算

（1）**结构**　三相变压器可分为由三个单相变压器连接而成的三相组式变压器［如图 3-39（a）所示］及三相合为一体的三相芯式变压器［如图 3-39（b）所示］。

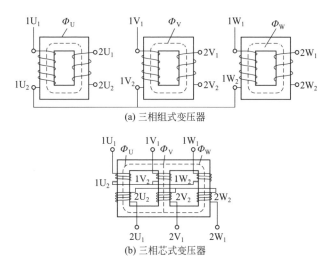

(a) 三相组式变压器

(b) 三相芯式变压器

图3-39　三相变压器

三相组式变压器的三个单相变压器铁芯磁路是各自独立的，只要三相电压平衡，则磁路也是一样的，每台变压器可作为单相变压器来分析。

三相芯式变压器有三个铁芯柱，供三相磁通 Φ_U、Φ_V、Φ_W 分别通过，在三相电压平衡时，磁路也是对称的，总磁通 $\Phi_总 = \Phi_U + \Phi_V + \Phi_W = 0$，所以不需要另外的铁芯来供 Φ 总通过。由于中间铁芯磁路短一些，造成三相磁路不平衡，使三相空载电流也略有不平衡，但大变压器空

载电流 I_0 很小，故影响不大。由于三相芯式变压器体积小，经济性好，所以被广泛应用。

（2）电力变压器的性能参数　每个变压器都有铭牌，它是了解和使用变压器的依据，铭牌上记载了变压器的型号及各种数据，见表 3-4。

① 额定电压 U_N　一次侧额定电压是指它正常工作时的线电压，它是由变压器的绝缘强度和允许发热条件所规定的。二次侧额定电压是指一次侧额定电压时，分接开关位于额定电压位置上，二次侧空载时的线电压，单位是 V。

② 额定电流 I_N　额定电流是指在某环境温度、某种冷却条件下规定的满载线电流值。当环境温度和冷却条件改变时，额定电流也应变化。额定电流的大小主要由绕组绝缘和散热条件限制，例如，干式变压器加风扇散热后，电流可提高 50%。我国规定变压器的环境温度是 40℃。

③ 额定容量 S_N　额定容量的单位为 kW，也称视在功率，表示在额定工作条件下变压器的最大输出功率，而满负荷时实际的输出功率为：$P_2 = S_N \cos\varphi_2$。当然，S_N 也和 I_N 一样受环境和冷却条件的影响。

单相时

$$S_N = U_{2N}I_{2N}$$

三相时

$$S_N = \sqrt{3} \ U_{2N}I_{2N}$$

通常可忽略损耗，认为 $U_{1N}I_{1N} = U_{2N}I_{2N}$，以计算一次侧、二次侧的额定电流 I_{1N}、I_{2N}。

为用电设备选择变压器的容量，要根据负载的视在功率计算，即按照负载的额定电压、额定电流的乘积计算，而不能按照负载所需的有功功率来计算。

【例 3-6】　有一三相负载，工作时额定电压为 380V，额定电流为 26.3A，负载的功率因数 $\cos\varphi = 0.87$，求该设备工作时所需变压器的容量及消耗的功率。

解：用电设备所需变压器的容量

$$S_N = \sqrt{3} \ U_N I_N = \sqrt{3} \ \times 380 \times 26.3 = 17.31 （\text{kW}）$$

该设备消耗的功率

$$P = S_N \cos\varphi = 17.31 \times 0.87 = 15.1 （\text{kW}）$$

由上例可见，用电设备工作时所需变压器的容量，由用电设备的视在功率决定。因此，在负载消耗功率相同的情况下，负载的功率因数越高，它所需变压器的容量数值越小。也就是说功率因数低的负载接入变压器时，变压器需要供给它的电流要大于功率因数高的负载的电流。

变压器的额定容量决定变压器能够向多大的负载供电。输出电流过大，就会使变压器过热而烧坏绕组。如果提高了负载的功率因数，它所需变压器的容量就会减小，或者说，同一台变压器就可以向更多的负载供电。所以提高功率因数对节约变压器的容量很有意义。

④ 阻抗电压 U_K　阻抗电压 U_K 也称短路电压，与输出电压的稳定性有关，也与承受短路电流的能力有关，要综合考虑。

⑤ 温升　温升是变压器额定工作条件下，内部绕组允许的最高温度与环境温度之差，它取决于所用绝缘材料的等级。绕组的最高允许温度为额定环境温度加变压器额定温升，如 40℃ + 65℃ = 105℃，为 A 级绝缘的耐热温度。这时变压器油面的最高温度为 40℃ + 55℃ = 95℃，一般上层油温应工作在 85℃ 以下，以控制油的老化不致太快。

⑥ 冷却方式　ONAN——油浸自冷。

⑦ 绝缘水平　L1——雷击耐压 75kV，AC——交流耐压 35kV。

⑧ 其他数据　其他数据还有油质量、器身质量、总质量等，这些数据为变压器维修提供依据，可根据它来准备变压器油、起吊设备、其他维修材料和设备，具体标准可查有关标准代号。

（3）三相变压器的有关计算

① 变比　三相变压器的初、次级都是 Y 接法，或者是 △ 接法时，K 可以像在单相变压器中一样求解，即

$$K = \frac{U_{1N}}{U_{2N}}$$

三相变压器的初、次级的接法不一样，一个为 Y 接法，另一个为 △ 接法，则应把 Y 接法的相电压与 △ 接法的线电压相比较，即

$$K = \frac{U_{1\varphi}}{U_{2\varphi}}$$

式中，$U_{1\varphi}$，$U_{2\varphi}$ 为初级、次级的相电压。

② 额定容量：

$$S_N = \sqrt{3}\, U_{2N} I_{2N}$$

③ 满负荷时，实际的输出功率：

$$P_2 = S_N \cos\varphi_2$$

④ 输出功率：

$$P_2 = \sqrt{3}\, U_2 I_2 \cos\varphi_2$$

⑤ 输入功率：

$$P_1 = \sqrt{3} \, U_1 I_1 \cos\varphi_1$$
$$P_1 = P_2 + P_0 + \beta^2 P_K$$

⑥ 负荷系数：

$$\beta = \frac{I_2}{I_{2N}}$$

满负荷时，$I_2 = I_{2N}$，则 $\beta = 1$。

⑦ 变压器效率最高时的负荷系数：

$$\beta_m = \sqrt{\frac{P_0}{P_K}}$$

⑧ 效率：

$$\eta = 1 - \frac{P_0 + \beta^2 P_K}{\beta S_N \cos\varphi_2 + P_0 + \beta^2 P_K}$$

⑨ 无功功率：

$$Q_2 = \sqrt{3} \, U_2 I_2 \sin\varphi_2$$

【例 3-7】 已知某三相变压器的额定容量 $S_N = 7500kW$，初级、次级额定电压为 $U_{1N} = 70kV$、$U_{2N} = 6.3kV$，Y/△接法。若空载损耗 $P_0 = 60kW$，短路损耗 $P_K = 73.7kW$，求：变压器的变比；满负荷且负载功率因数 $\cos\varphi_2 = 0.8$ 时的效率；变压器的最大效率及这时的输入功率 P_1、输出功率 P_2、无功功率 Q_2。

解：变比：

$$K = \frac{U_{1\varphi}}{U_{2\varphi}} = \frac{\dfrac{70}{\sqrt{3}}}{6.3} = 6.4$$

满负荷且负载功率因数 $\cos\varphi_2 = 0.8$ 时的效率

$$\begin{aligned}
\eta &= 1 - \frac{P_0 + \beta^2 P_K}{\beta S_N \cos\varphi_2 + P_0 + \beta^2 P_K} \\
&= 1 - \frac{15 + 1^2 \times 73.7}{1 \times 7500 \times 0.8 + 15 + 1^2 \times 73.7} \\
&= 0.9854 = 98.54\%
\end{aligned}$$

变压器的最大效率及这时的输入功率 P_1、输出功率 P_2、无功功率 Q_2：

$$\beta_{\mathrm{m}} = \sqrt{\frac{P_0}{P_{\mathrm{K}}}} = \sqrt{\frac{60}{73.7}} = 0.9$$

$$\begin{aligned}
\eta_{\mathrm{m}} &= 1 - \frac{P_0 + \beta_{\mathrm{m}}^2 P_{\mathrm{K}}}{\beta_{\mathrm{m}} S_{\mathrm{N}} \cos\varphi_2 + P_0 + \beta_{\mathrm{m}}^2 P_{\mathrm{K}}} \\
&= 1 - \frac{60 + 0.9^2 \times 73.7}{0.9 \times 7500 \times 0.8 + 60 + 0.9^2 \times 73.7} \\
&= 98.6\%
\end{aligned}$$

$$\begin{aligned}
P_2 &= \beta_{\mathrm{m}} S_{\mathrm{N}} \cos\varphi_2 = 0.9 \times 7500 \times 0.8 \\
&= 5400\,(\mathrm{kW})
\end{aligned}$$

$$\begin{aligned}
Q_2 &= \beta_{\mathrm{m}} S_{\mathrm{N}} \sin\varphi_2 = 0.9 \times 7500 \times 0.6 \\
&= 4050\,(\mathrm{kW})
\end{aligned}$$

$$\begin{aligned}
P_1 &= P_2 + P_0 + \beta_{\mathrm{m}}^2 P_{\mathrm{K}} = 5400 + 60 + 0.9^2 \times 73.7 \\
&= 5520\,(\mathrm{kW})
\end{aligned}$$

3.9.3　弧焊变压器的计算

3.9.3.1　普通焊接电源的简易估算法

（1）设计方法一：如下所示。

① 求铁芯截面积 S：

$$S = AB$$

式中，A 为硅钢片余宽，cm；B 为叠厚，cm。

② 求每匝电压 E：

$$E = 4.44 f BS \times 0.0001$$

式中，$f = 50\mathrm{Hz}$（电源频率）；$B = 11 \sim 15\mathrm{T}$（硅钢片磁饱和感应强度）。

③ 求一次线圈匝数：

$$N_1 = U_1 / E$$

U_1 通常为 220V 或 380V。

④ 求二次线圈匝数：

$$N_2 = U_2 / E$$

U_2 通常为 $50 \sim 80\mathrm{V}$（大容量焊机选大值，小容量焊机选小值）。

求额定功率、电流：

⑤ 一次额定功率

$$P_1 = (3 \sim 4)\, E^2 \,(\mathrm{kV \cdot A})$$

二次额定功率

$$P_2 = (0.9 \sim 0.95)\, P_1\ (\text{kV}\cdot\text{A})$$

求额定电流：

一次额定电流

$$I_1 = P_1 \times 1000/U_1$$

二次额定电流

$$I_2 = P_2 \times 1000/U_2$$

⑥ 求导线截面积：

一次导线截面积

$$S_1 = I_1/2.5$$

二次导线截面积

$$S_2 = I_2/3$$

⑦ 求焊条直径：

$$D = \sqrt{2.78 + 0.167 I_2} - 1.67\ (\text{mm})$$

⑧ 求二次侧两个磁柱的匝数比：

$$N_2 = N_{21} + N_{22}, \qquad N_{21} : N_{22} = 1 : 3$$

【例 3-8】 已知 $A = 8\text{cm}$，$B = 6\text{cm}$，$U_1 = 220\text{V}$，$U_2 = 60\text{V}$，$B = 12\text{T}$，试计算其他参数。

解：$S = AB = 8 \times 6 = 48\ (\text{cm}^2)$

$E = 4.44 fBS \times 0.0001 = 4.44 \times 50 \times 12 \times 48 \times 0.0001 = 12\ (\text{V}/\text{匝})$

$N_1 = U_1/E = 220/1.2 = 183\ (\text{匝})$

$N_2 = U_2/E = 60/1.2 = 50\ (\text{匝})$

$N_{21} = 12\ \text{匝}, \ N_{22} = 38\ (\text{匝})$

$P_1 = 3.5E^2 = 35 \times (12^2) = 5\ (\text{kV}\cdot\text{A})$

$P_2 = 0.9P_1 = 0.9 \times 5 = 4.5\ (\text{kV}\cdot\text{A})$

$I_1 = P_1 \times 1000/U_1 = 5 \times 1000/220 = 22.7\ (\text{A})$

$I_2 = P_2 \times 1000/U_2 = 4.5 \times 1000/60 = 75\ (\text{A})$

一次导线截面积

$$S_1 = I_1/2.5 = 22.7/2.5 = 9\ (\text{mm}^2)$$

二次导线截面积

$$S_2 = I_2/3 = 75/3 = 25\ (\text{mm}^2)$$

焊条直径

$$D = \sqrt{2.78 + 0.167 \times 75} - 1.67 = 3.69\ (\text{mm})$$

（2）**设计方法二**：如下所示。

① 求变压器容量 $P_{焊}$：

$$P_{焊} = I_{焊} U_{弧}$$

由于变压器存在损耗，所以实际功率要有余量，工作电流为设计电流值，对于连续工作的焊机工作电压取 60～70V，对于点焊机类一般取 5～10V。

② 求变压器铁芯截面积 S：

$$S = 0.6 - 1.2 \sqrt{E_2 I_2}$$

③ 求二次侧匝数 N_2：

$$N_2 = \frac{E_2 \times 10^2}{4.44 f B S}$$

f 为 50Hz，B 选 9000～15000Gs（一般用手折硅钢片，如果一次或两次能折断，断口为粒状，则 B 可选 15000Gs，如不能折断或多数折断则选 9000Gs）。

求一次侧匝数 N_1：

$$N_1 = 0.9 \frac{V_1 N_2}{E_2}$$

求一次侧电流 I_1：

$$I_1 = 1.1 \frac{N_2 I_2}{N_1}$$

导线电流值可查找导线截面积与电流值表（附表 4-4）。

以上各种设计方法中，电流调节可采用粗调抽头和细调动铁芯的方法。粗调抽头可根据一次侧电压设定，一般每 20V 设定一个抽头即可，关于细调动铁芯选择，也可根据窗口余量选择，铁芯截面积大，调整范围大，截面积小，调范围小。

（3）**设计方法三**：对于特殊的电阻焊机，可用下面方法进行计算。

① 求变压器容量 $P_{焊}$。根据焊接所需的电流来确定。焊接细的铜线或粗的铜线，焊接薄的铁皮或厚的铁皮，所需电流都不同，因而变压器容量也不同。

$$P_{焊} = I_{焊} U_{弧}$$

② 求变压器铁芯截面积 $S_{焊}$。按每匝电压来确定。大容量电焊机，二次侧线圈通常是一匝。如果焊接电压是 5V，那么每匝即为 5V。因为每匝电压越大，变压器容量也越大，当然焊接电流也大，有时仅需小的焊接电流，可以减小每匝伏数。但二次侧电压不能太低，否则不能正常

工作。为此将二次侧电压固定在 $5 \sim 6V$。可以改变一次侧匝数，取得合适的每匝伏数，获得合适的焊接电流。电源频率为 50Hz，磁密度选 10000Gs，铁芯的截面积 $S_焊$ 按下式计算。

$$S_焊 = U_2 \times 10/2.22 \times N_2$$

式中，U_2 为二次侧电压，V；N_2 为二次侧匝数。

式中二次侧匝数是根据每伏特取得的，即二次侧匝数 $5 \sim 6$ 匝 /V。当需要求次级每匝准确伏数时，则可按下式计算每匝伏 T_V

$$T_V = 0.58 - 0.64 \sqrt{P_焊} （kV \cdot A）$$

求一次侧线圈匝数 N_1：

$$N_1 = U/T_V$$

要求焊接电流大小可以调节，通常二次侧电压必须能升高或降低。上面已讲过这种焊机二次侧通常是一匝，二次侧电压的改变必须借助调级一次侧匝数，所以在计算一次侧匝数时，必须取每匝伏数最小值，因为每匝伏数减少，变压器容量和焊接电流都减小。在电源电压不变的情况下，等于一次侧匝数增加了。

求导线截面积。根据变压器容量和电源电压，算出一次侧电流

$$I_1 = 变压器容量 / 电源电压$$

一次侧电流密度一般取 $1.4 \sim 1.8A/mm^2$。

$$一次侧导线截面积 = 一次侧电流 / 一次侧电流密度$$

根据上面所得数据，再将线圈几何尺寸和铁芯几何尺寸估算一下，就可以着手制作焊机了。

由于个人制作的电焊机，对某些参数要求并不是很严格，所以有时利用变压器或互感器、电动机的铁芯（如果使用电动机铁芯测算截面积时应排除铁芯轭的高度，只算有效尺寸）为焊机铁芯，再粗略地计算一下，稍微改动就可以制成一台电焊机。

以上算法都是按照自然冷却焊机算出的，当采用风冷散热时，可提高暂载率；电流调整抽头可按照 180V、200V、220V、240V、300V、350V、380V、400V 的方式设计，或者根据需要设计，并利用动铁芯或后面章节电子电路进行电流细调整。

3.9.3.2 普通电焊机线圈参考数据

上面介绍了焊接电源的简易设计方法，下面列举几种焊机的线圈数据，供设计时参考，如表 3-10 ～表 3-12 所示。

表3-10 BX及BX1系列弧焊变压器线圈的技术数据

项　目		BX-500		BX1-135		BX1-330		BX1-500
一次线圈	电压/V	220	380	220	380	220	380	380
	导线名称	双玻璃丝包线		双玻璃丝包线		双玻璃丝包线		双纱包扁铜线
	导线尺寸/mm	4.4×11.6	4.7×6.4	2.83×6.4	2.83×3.53	4.1×10	2.26×5.5	4.7×6.4
	并绕根数	2	2	1	1	1	2	2
	匝数	24	48	132	232	80	138	每个线圈48
	导线质量/kg	36.5	36.5	13	11	36.5	36.5	36.5
二次线圈	导线名称	裸扁铜线		裸扁铜线		裸扁铜线		裸扁铜线
	导线尺寸/mm	4.7×16.8		3.8×8		5.1×13.5		4.7×16.8
	并绕根数	2		1		1		2
	匝数	8		13		10		每个线圈8
	导线质量/kg	20.5		3		5		20.5
电抗线圈	导线名称	裸扁铜线		裸扁铜线		裸扁铜线		裸扁铜线
	导线尺寸/mm	3.28×22		3.8×8		5.1×13.5		3.28×22
	并绕根数	2		1		1		2
	匝数	16		40		23		16
	导线质量/kg	12.8		5.5		11.5		12.8

表3-11 BX2系列弧焊变压器线圈的技术数据

项　目		BX2-500型				BX2-1000型			
一次线圈	线圈编号	Ⅰ	Ⅱ	Ⅰ	Ⅱ	Ⅰ	Ⅱ	Ⅰ	Ⅱ
	线圈匝数	25	25	43	43	19	19	33	33
	抽头标号	78　0	76　0	78　0	76　0	78　79　80	76　82　81	78　79　80	76　82　81
	抽头匝数	0　25	0　25	0　43	0　43	0　17　19	0　17　19	0　29　83	0　29　83
二次线圈	导线截面尺寸/mm	4.1×12.5		4.1×12.5		4.4×22		4.4×22	
	导线种类	裸铜线		裸铜线		裸铜线		裸铜线	
	并联根数	2		2		2		2	
	导线质量/kg	13.5		13.5		22		22	
	线圈编号	Ⅰ	Ⅱ	Ⅰ	Ⅱ	Ⅰ	Ⅱ	Ⅰ	Ⅱ
	线圈匝数	9	9	9	9	6	6	6	6
	抽头标号	0　45	0　46	0　45	0　46	0　45	0　46	0　45	0　46
	抽头匝数	0　9	0　9	0　9	0　9	0　6	0　6	0　6	0　6

表3-12 BX3系列弧焊变压器线圈的技术数据

项目		BX3-120型		BX3-300型	BX3-500型
一次线圈 电压/V		220	380	380	380
导线截面尺寸/mm		1.81×4.1	1.81×2.44	2.44×4.1	3.53×5.5
导线种类		双玻璃丝包线	双玻璃丝包线	双玻璃丝包线	双玻璃丝包线
并联根数		1	1	1	1
导线质量/kg		11.8	12.2	21	34
线圈编号		Ⅰ　　Ⅱ	Ⅰ　　Ⅱ	Ⅰ　　Ⅱ	Ⅰ　　Ⅱ
线圈匝数		180　180	310　310	180　180	140　140
抽头标号		1 2 3 4 5 6	1 2 3 4 5 6	1 2 3 4 5 6	1 2 3 4 5 6
抽头匝数		0 155 180 0 155 180	0 268 310 0 268 310	0 144 180 0 144 180	0 124 140 0 124 140
二次线圈 导线截面尺寸/mm		3.53×6.4	3.53×6.4	2.26×18	3.53×22
导线种类		双玻璃丝包线	双玻璃丝包线	双玻璃丝包线	双玻璃丝包线
并联根数		1	1	1	1
导线质量/kg		11.2	11.2	12	19.3
线圈编号		Ⅰ　　Ⅱ	Ⅰ　　Ⅱ	Ⅰ　　Ⅱ	Ⅰ　　Ⅱ
线圈匝数		60　60	60　60	30　30	23　23
抽头标号		7 8 9 10 11 12	7 8 9 10 11 12	7 8 9 0	7 8 9 0
抽头匝数		0 55 60 0 55 60	0 55 60 0 55 60	0 30 0 30	0 23 0 23

3.9.3.3 抽头式弧焊变压器的专业设计与计算

抽头式弧焊变压器与弧焊机的专业设计与计算可扫二维码详细学习。

第4章

低压电器设备和低压配电装置

4.1 常用低压器件

4.1.1 熔断器

（1）RTO 型有填料管式熔断器（见图 4-1） RTO 型有填料管式熔断器主要用于交流电压 380V，作为电路、电动机的过载和短路保护用。RTO 型有填料管式熔断器用多根并联熔体组成网状，可保证较高较可靠的分断能力，管内充满石英砂，用来冷却和熄灭电弧，这种熔断器附有绝缘手柄，可以带电装拆。RTO 型有填料管式熔断器的规格有 100A、200A、400A、600A、1000A 等。

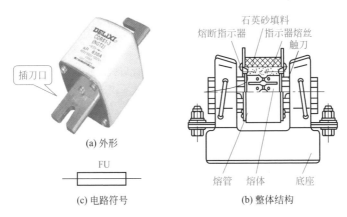

(a) 外形

FU

(c) 电路符号

(b) 整体结构

石英砂填料
熔断指示器　指示器熔丝
触刀
熔管　熔体　底座

图4-1　RTO型有填料管式熔断器

RTO 型有填料管式熔断器虽可带电装拆，但严禁带负荷装拆。

（2）RM10 型无填料封闭管式熔断器（见图 4-2） RM10 型无填料

封闭管式熔断器用于交流电压 380V、额定电流在 1000A 以内，作为低压配电线路及电气设备的过载、短路保护用。熔断器管筒两端为黄铜套管，套管把熔体套住。熔断器用锌片冲压成型，以保证熔断精度。这种熔断器具有很好的灭弧作用，用于工作电流较大的场所。RM10 型无填料封闭管式熔断器的规格有 60A、100A、200A、350A、600A 等数种。

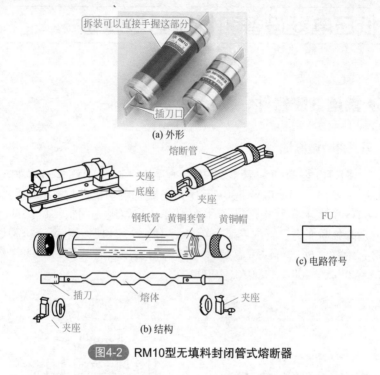

(a) 外形

(b) 结构

(c) 电路符号

图4-2 RM10型无填料封闭管式熔断器

（3）**RL1 系列螺旋式熔断器**（见图 4-3） RL1 系列螺旋式熔断器具有断流能力大、体积小、更换熔丝方便且熔丝熔断后有指示等特点，常用在配电箱、配电柜、机床设备以及电动控制电路作过载、短路保护用。RL1 系列螺旋式熔断器用于交流电压 380V，规格有 2A、5A、15A、20A、30A、50A、60A、80A、100A 几种。

图 4-4 所示熔断管是与 RL1 型熔断器配合使用的一种保护管，管内装有熔丝。把熔断管旋进 RL1 型熔断器内便可接通熔丝。熔丝一旦熔断，熔断管前面盖上便有脱落红点的，非常直观，使用非常方便。熔断管的规格有 2～15A、20～60A 以及 80～100A 等。

（4）**RC1A 系列瓷插式熔断器**（见图 4-5） RC1A 系列瓷插式熔

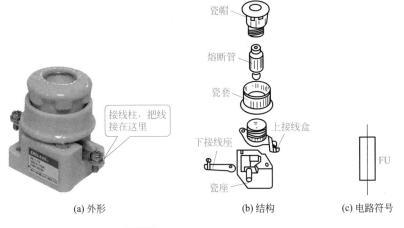

瓷帽

熔断管

瓷套

上接线盒

下接线座

瓷座

接线柱，把线接在这里

FU

(a) 外形　　　　(b) 结构　　　　(c) 电路符号

图4-3 RL1系列螺旋式熔断器

熔断后这里会脱落，很好判断

从这里看这是10A保险管

CHNT°
RL1-15
380V 25kA
gG 10A
GB 13539.3
GB/T 13539.5

图4-4 熔断管

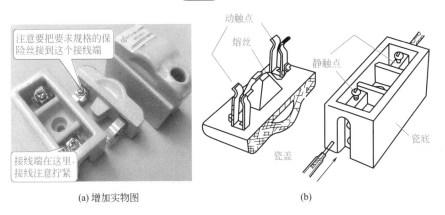

注意要把要求规格的保险丝接到这个接线端

接线端在这里，接线注意拧紧

动触点

熔丝

静触点

瓷底

瓷盖

(a) 增加实物图　　　　(b)

图4-5 RC1A系列瓷插式熔断器

231

断器主要用于照明的短路保护电路上。RC1A系列瓷插式熔断器一般交流额定电压为220V或380V，额定电流规格有5A、10A、30A、50A、100A、200A等，可用作电气设备的短路保护及过载保护。

4.1.2　空气开关与万能断路器

空气开关（又称空气断路器，属于低压断路器），主要由触点系统、灭弧装置、操作机构和保护装置（各种脱扣器）等组成，如图4-6所示。

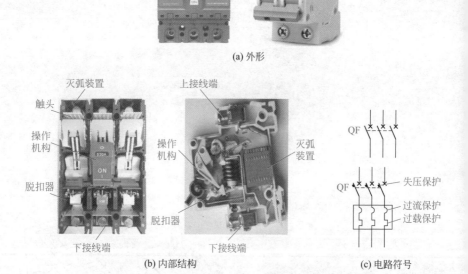

(a) 外形

(b) 内部结构　　　(c) 电路符号

图4-6　塑壳式空气开关的外形、结构及电路符号

空气开关具有多种保护功能，动作后不需要更换元件，动作电流可按需要整定，因此它被广泛应用于各种动力设备的电源及总电源开关线路的机床设备中。

空气开关适用于交流电压500V、直流电压440V以下的电气装置，额定电流有 100A、250A、600A 等。当电路发生短路、过载以及失压时，它能自动切断电路，起到保护电气设备作用。在正常情况下，空气开关也可用于不频繁接通和断开电路中。

图 4-7 所示为空气开关的动作原理。图中 2 为空气开关的三副主触点，串联在被保护的三相主电路中。当压下按钮时，主电路中三副主触点 2，由锁链 3 钩住搭钩 4 克服弹簧 1 的拉力，保持在闭合状态。搭钩4 可以绕转轴 5 转动。

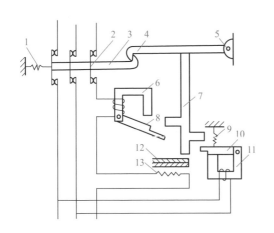

万能断路器

图4-7 空气断路器动作原理

1，9—弹簧；2—主触点；3—锁链，4—搭钩；5—转轴；6—电磁脱扣器；
7—杠杆；8，10—衔铁；11—欠电压脱扣器；12—双金属片；13—发热元件

当线路正常工作时，电磁脱扣器 6 线圈所产生的吸力不能将衔铁 8 吸合。如果线路发生短路和产生很大的过电流，电磁脱扣器的吸力增加，将衔铁 8 吸合，并撞击杠杆 7，把搭钩 4 顶上去，切断主触点 2。如果线路电压下降或失去电压，欠电压脱扣器 11 的吸力减小或失去吸力，衔铁 10 被弹簧 9 拉开，并撞击杠杆 7，把搭钩 4 顶开，切断主触点 2。线路发生过载时，过载电流流过发热元件 13 使双金属片 12 受热弯曲，将杠杆 7 顶开，切断主触点 2。

万能断路器安装、接线等可扫二维码学习。

4.1.3 瓷底胶盖刀开关

HK 系列瓷底胶盖刀开关是由刀开关和熔断体组合而成的，瓷底

板上装有进线座、静触点、熔丝、出线座及三个刀片式的动触点，上面覆有胶盖以保证用电安全。瓷底胶盖开关的外形及结构如图4-8所示。

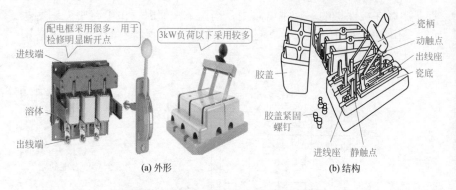

配电框采用很多，用于检修明显断开点

进线端

溶体

出线端

3kW负荷以下采用较多

瓷柄
动触点
出线座
瓷底

胶盖

胶盖紧固螺钉

进线座 静触点

(a) 外形

(b) 结构

图4-8 HK系列瓷底胶盖刀开关的外形及结构

HK 系列瓷底胶盖刀开关没有灭弧机构，用胶木盖来防止电弧灼伤人手，拉闸、合闸时要求动作迅速，使电弧较快地熄灭，可以减轻电弧对刀片和触座的灼伤。

这种开关易被电弧烧坏，引起接触不良等故障，因此不宜用于经常分合的电路。在用于照明电路时可选用额定电压为 250V、额定电流等于或大于电路最大工作电流的两极开关；用于电动机的直接启动时，可选用额定电压为 380V 或 500V，额定电流等于或大于电动机额定电路 3 倍的三极开关。

这种开关分为两极和三极两种，两极的额定电压为 220V 或 250V，额定电流有 10A、15A 和 30A 三种；三极的额定电压为 380V 或 500V，额定电流有 15A、30A 和 60A 三种。

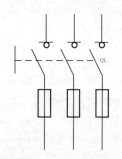

QL

图4-9 刀开关的图形文字及文字符号

刀开关在电气原理图中的图形文字及文字符号如图 4-9 所示。

4.1.4　铁壳开关

常用铁壳开关的结构如图 4-10 所示。这种铁壳开关装有速断弹簧。对于容量较大的铁壳开关,当闸刀断开电路时,闸刀与夹座之间的电压很高,将产生很大的电弧,如不将电弧迅速熄灭,则将烧坏刀刃。因此,在铁壳开关的手柄转轴与底座之间装有一个速断弹簧,用钩子扣在转轴上。当扳动手柄分闸或合闸时,开始阶段 U 形双刀片并不移动,只拉伸了弹簧,储存了能量,当转轴转到一定角度时,弹簧力就使 U 形双刀片快速从夹座拉开或将刀片迅速嵌入夹座,电弧被很快熄灭。

4.1.5　组合开关

HZ 系列组合开关有 HZ1、HZ2、HZ3、HZ4、HZ10 等系列产品;适用于交流 50Hz/380V 以下的电源接入,常用在小容量电动机直接启动、电动机正反转控制等。

HZ 系列组合开关的外形如图 4-11 所示。它是由多节触点组合而成的,故称组合开关。

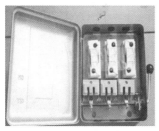

图4-10　铁壳开关

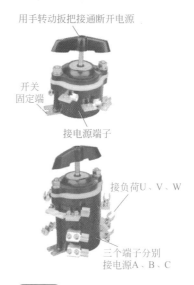

用手转动扳把接通断开电源

开关固定端

接电源端子

接负荷U、V、W

三个端子分别接电源A、B、C

图4-11　HZ10-10/3型组合开关

图中所示的组合开关有三副静触点,分别装在三层绝缘垫板上并附有接线柱,伸出盒外,以便和电源、用电设备相接。三副动触点是由两个磷铜片或硬紫铜片和消弧性能良好的绝缘钢纸板铆合而成的,和绝缘垫板一起套在附有手柄的绝缘杆上,手柄每次转动 90°角,带动三个动触片分别与三对静触片接通和断开。顶盖部分由凸轮、弹簧及手柄等零件构成操作机构,这个机构由于采用了弹簧储能使开关快速闭合及分断。

HZ 系列组合开关根据电源种类、电压等级、所需触点灵敏、电动机的容量进行选用。组合开关的额定电流一般取电动机额定电流的 1.5 ～ 2.5 倍。

4.1.6 交流接触器

交流接触器有 CJ0、CJ10、CJ12、CJ20 等系列的产品,常用的交流接触器的外形如图 4-12(a)所示。

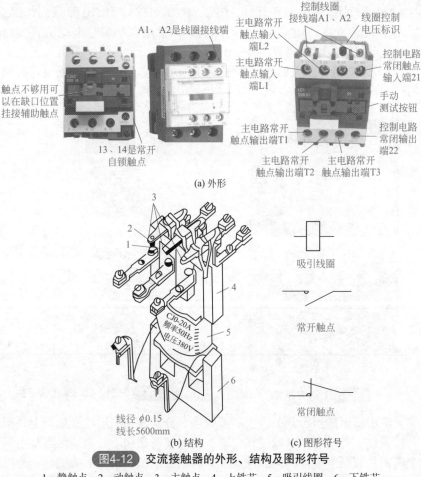

(a) 外形

(b) 结构　　　　(c) 图形符号

图4-12　交流接触器的外形、结构及图形符号

1—静触点;2—动触点;3—主触点;4—上铁芯;5—吸引线圈;6—下铁芯

交流接触器的工作原理：电磁线圈接通电源后产生磁场，使静铁芯产生足够的吸力克服弹簧反作用力，将动铁芯向下吸合，三对常开主触点闭合，同时常开辅助触点闭合、常闭辅助触点断开。当接触器线圈失电时，静铁芯吸力消失，动铁芯在反作用弹簧力的作用下复位，各触点也一起复位。

常用交流接触器的技术数据见表 4-1 和表 4-2。

表4-1　常用CJ0、CJ10系列交流接触器的技术数据

型号	触点额定电压/V	主触点额定电流/A	辅助触点额定电流/A	可控制的三相异步电动机最大功率/kW			额定操作频率/(次/h)	吸引线圈电压/V	线圈功率/VA	
				127V	220V	380V			启动	吸持
CJ0-10	500	10	5	1.5	2.5	4	1200	交流	77	14
CJ0-20	500	20	5	3	5.5	10	1200	36、	156	33
CJ0-40	500	40	5	6	11	20	1200	110、	280	33
CJ0-75	500	75	5	13	22	40	600	127、	660	55
CJ10-10	500	10	5		2.2	4	600	200及	65	11
CJ10-20	500	20	5		5.5	10	600	380	140	22
CJ10-40	500	40	5		11	20	600		230	32
CJ10-60	500	60	5		17	30	600		495	70
CJ10-100	500	100	5		29	50	600			

4.1.7　热继电器

过载会引起电动机定子绕组中电流增大、绕组温度升高等现象。若电动机过载不大且时间较短，这种过载是允许的。若过载时间长或电流过大，使绕组温升超过了允许值时，将会烧毁绕组的绝缘，甚至会使电动机绕组烧毁。电路中熔断器熔体的额定电流为电动机额定电流的 1.5 ~ 2.5 倍，不能可靠地起到过载保护作用，所以要采用热继电器作为电动机的过载保护。

表4-2 CJ20系列交流接触器的技术数据

项目 型号	主触点			辅助触点			380V时控制电动机最大功率/kW	通断能力			机械寿命次数/万次	操作频率/(次/h)	动作时间	
	额定工作电压/V	额定工作电流/A	数量/副	额定电压	额定发热电流/A	数量/副		电压/V	接通电流/A	分断电流/A			接通	断开
CJ20-63	380	63					30	380	756	630		AC-3类 1200 AC-4类 30	20	24
	660	40					35	660	480	400				
CJ20-160	380	160					85	380	1600	1280	1000		16	14
	600	100					85	660	1200	1000				
CJ20-160/11	1140	80					85	1140	960	800			20	8
CJ20-250	380	250					132	380	2500	2000		AC-3类 600 AC-4类 120	16	23
CJ20-250/06	660	200					190	660	2000	1600				
CJ20-630	380	630					300	380	6300	5040	300		20	18-20
CJ20-630/11	660	400					350	660	4000	3200				
	1140	400					400	1140	4000	3200			39-41	19-21

（1）热继电器的外形及结构　热继电器的外形及结构如图4-13所示。它由热元件、触点、动作机构、复位按钮和整定电流装置等五部分组成。

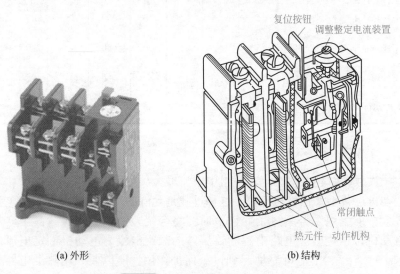

(a) 外形　　　　　　　　(b) 结构

图4-13 热继电器的外形及结构

① 热元件共有两片，是热继电器的主要部分。热元件是由双金属片及围绕在双金属片外面的电阻丝组成的。双金属片是由两种热膨胀系数不同的金属片复合而成的，如铁镍铬合金和铁镍合金。电阻丝一般用康铜、镍铬合金等材料制成，使用时将电阻丝直接串联在异步电动机的两相电路中。

② 触点有两副，它是由带有公共动触点、一个常开触点和一个常闭触点组成的。

③ 动作机构由导板、补偿双金属片、推杆、杠杆及拉簧等组成。

④ 复位按钮是热继电器动作后进行手动复位的按钮。

⑤ 整定电流装置是通过旋钮和偏心轮来调节整定电流值的。

（2）热继电器的工作原理　如图4-14所示，当电动机过载时，过载电流通过串联在定子电路中的电阻丝4使之发热过量，双金属片5受热膨胀，因为左边一片的膨胀系数较大，所以下面一端便向右弯曲。通过导板20推动补偿双金属片19使推杆9绕轴转动，这又推动杠杆16

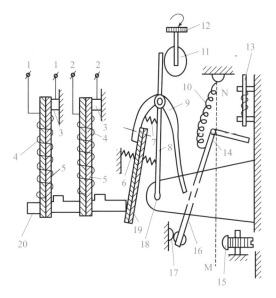

图4-14　热继电器的原理

1，2—接线端；3—固定端；4—电阻丝；5—双金属片；6，7，10—拉簧；
8—拨杆；9—推杆；11—偏心轮；12—旋钮；13—复位按钮；14，18—轴；
15—常开触点；16—杠杆；17—常闭触点；19—补偿双金属片；20—导板

随绕轴14转动，于是将热继电器的常闭触点17断开。在控制电路中，常闭触点17是串联在接触器线圈电路中的，当常闭触点17分断时接触器的线圈失电，使主触点分断，电动机便脱离电源受到保护。

热继电器动作后的复位有手动复位和自动复位两种。

当过载电流超过整定电流的1.2倍时，热继电器便会动作，过载电流的大小与动作时间见表4-3。

表4-3　JR10系列热继电器的保护特性

整定电流倍数	动作时间	备注
1.0	长期不动作	冷态开始
1.2	＜20min	热态开始
1.5	＜2min	热态开始
6.0	＞5s	冷态开始

4.1.8　中间继电器

中间继电器作用是将信号同时传给几个控制元件。常见的交流中间继电器有 JZ7 系列，直流中间继电器有 JZ12 系列、JZ7 系列。中间继电器由线圈、静铁芯、动铁芯、触点系统、反作用弹簧及复位弹簧等组成，如图 4-15 所示。

中间继电器的工作原理与接触器相同，但是它的触点系统中没有主、辅之分，各对触点所允许通过的电流大小是相等的。中间继电器的触点容量较小，与接触器的辅助触点差不多，其额定电流多数为 5A；对于电动机额定电流不超过 5A 的电气控制系统，也可代替接触器来使用。

JZ7 系列中间继电器的技术数据见表 4-4。中间继电器主要根据控制电路的电压等级以及所需触点的数量、种类及容量等要求来选择。

表4-4　JZ7系列中间继电器的技术数据

型号	触点额定电压 /V	触点额定电流 /A	触点数量 / 副		吸引线圈电压 /V	操作频率 /（次 /h）
			常开	常闭		
JZ7-44	500	5	4	4	12、24、36、48、110、127、380、420、440、500	1200
JZ7-62	500	5	6	2		

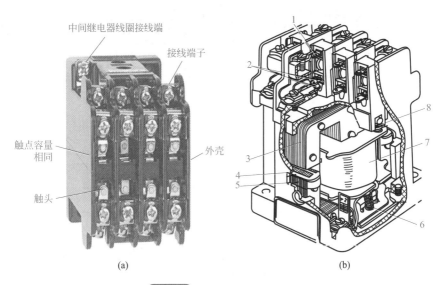

(a)　　　　　　　　　　(b)

图4-15 **JZ7系列中间继电器**

1—常闭触点；2—常开触点；3—动铁芯；

4—短路环；5—静铁芯；6—反作用弹簧；7—线圈；8—复位弹簧

4.1.9 按钮

按钮是以短时接通或分断小电流电路的电器。通过人对按钮的操作接触器、继电器等电器，再由它们控制主电路。

按钮的触点允许通过的电流很小，不允许超过5A。按钮的外形结构如图4-16所示。

按钮按作用和触点的结构不同分为停止按钮（常闭按钮）、启动按钮（常开按钮）和复合按钮（常开和常闭组合按钮），如图4-16所示。

在机床中，常用按钮的产品有LA2、LA10、LA18和LA19系列。常用按钮的技术数据见表4-5。

图4-16 **按钮**

241

表4-5 常用按钮的技术数据

型号	额定电压 /V	额定电流 /A	结构形式	触点数 / 副		按钮	
				常开	常闭	钮数	颜色
LA2			元件	1	1	1	黑或绿或红
LA10-2K			开启式	2	2	2	黑或绿或红
LA10-3K			开启式	3	3	3	黑、绿、红
LA10-2H			保护式	2	2	2	黑或绿或红
LA10-3H			保护式	3	3	3	黑、绿、红
LA18-22J			元件（紧急式）	2	2	1	红
LA18-44J			元件（紧急式）	4	4	1	红
LA18-66J	500	5	元件（紧急式）	6	6	1	红
LA18-22Y			元件（钥匙式）	2	2	1	黑
LA18-44Y			元件（钥匙式）	4	4	1	黑
LA18-22X			元件（旋钮式）	2	2	1	黑
LA18-44X			元件（旋钮式）	4	4	1	黑
LA18-66X			元件（旋钮式）	6	6	1	黑
LA19-11J			元件（紧急式）	1	1	1	红
LA19-11D			元件（带指示式）	1	1	1	红或绿或黄或蓝或白

按钮主要根据使用场合、触点数和所需颜色来选择。

4.1.10 万能转换开关

万能转换开关由多组相同结构的开关元件组合而成，是可以控制多回路的主令电器。由于开关的触点挡数多、换接线路多，故称为万能转换开关。万能转换开关常用于电动机正反转控制等场合。

常用的万能转换开关有 LW5 和 LW6 系列。LW5 系列万能转换开关的绝缘结构大量采用热塑性材料，它的触点挡数共有 1～16、18、21、24、27、30 等 21 种。其中 16 挡以下的为单列（换接一条线路），16 挡以上的为三列（换接三条线路）。LW5 系列万能转换开关的外形及凸轮通断触点情况如图 4-17 所示。

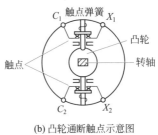

(a) 外形 (b) 凸轮通断触点示意图

图4-17 LW5系列万能转换开关

万能转换开关由很多层触点底座叠装而成，每层触点底座内装有一副（或三副）触点和一个装在转轴上的凸轮。操作时，手柄带动转轴的凸轮一起旋转，凸轮就可接通或分断触点，如图4-17（b）所示。由于凸轮的形状不同，当手柄在不同的操作位置时，触点的分合情况也不同，从而达到换接电路的目的。

万能转换开关的触点通断表示符号如图4-18所示。

图4-18中所示，"-O O-"代表一路触点，而每一根竖的点画线表示手柄位置，在某一个位置上哪一路接通，就在下面用黑点"·"表示。

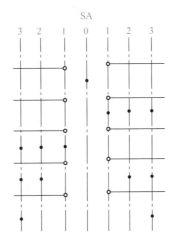

图4-18 万能转换开关的触点通断表示

万能转换开关根据用途、所需触点挡数和额定电流来选择。

4.1.11 行程开关

图 4-19 所示为行程开关的外形，可根据实际情况选用不同的形状，内部结构均相同。

图4-19 **行程开关外形**

行程开关（即限位开关）的作用与按钮相同，只是其触点的动作不是靠手动操作，而是利用生产机械运动部件的碰撞使其触点动作来实现接通或分断电路，使之达到一定的控制要求。为了适应各种条件下的碰撞，行程开关有很多结构形式。常用的行程开关有滚轮式（即旋转式）和按钮式（即直动式），用来限制机械运动的行程或位置，使运动机械按一定行程自动停车、反转或变速，以实现自动控制。

电路中最常用的行程开关是 LX19 和 JLXK1 系列。

JLXK1 系列行程开关的结构和动作原理如图 4-20 所示。当运动机械的挡铁撞到行程开关的滚轮上时，传动杠杆连同转轴一起转动，使凸轮推动撞块。当撞块被压到一定位置时，推动微动开关快速动作，使其常闭触点分断、常开触点闭合。当滚轮上的挡铁移开后，复位弹簧就使行程开关各部分恢复原始位置。这种单轮自动恢复的行程开关是依靠本身的复位弹簧来复原的。

常有的 LX19 和 JLXK1 系列行程开关的技术数据见表 4-6。

行程开关在电气原理图中的符号如图 4-21 所示。

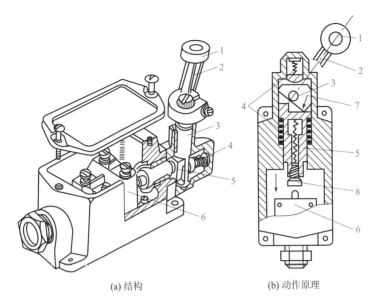

(a) 结构   (b) 动作原理

图4-20 JLXK1系列行程开关的结构和动作原理

1—滚轮；2—杠杆；3—转轴；4—复位弹簧；5—撞块；6—微动开关；7—凸轮；8—调节螺钉

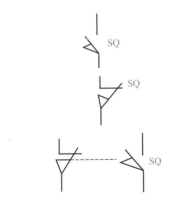

图4-21 行程开关图形符号及文字符号

行程开关根据动作要求和触点数量来选择。

表4-6 LX19和JLXK1系列行程开关技术数据

型号	工作范围（电压范围）	结构形式	触头对数		工作行程	超行程	触头转换时间 /s	动作力 /N
			常分	常合				
LX19K	380V 5A（220V）	无件	1	1	1.5～3.5mm	≥0.5mm	≤0.04	≤10
LX19-001	380V 5A（220V）	无滚轮，仅用传动杆能自动恢复	1	1	1.5～4mm	≥3mm	≤0.04	≤15
LX19-111	380V 5A（220V）	单轮，滚轮装在传动杠杆内侧，能自动复位	1	1	≤30°	≥15°	≤0.04	≤20
LX19-121	380V 5A（220V）	单轮，滚轮装在传动杠杆外侧，能自动复位	1	1	≤30°	≥15°	≤0.04	≤20
LX19-131	380V 5A（220V）	单轮，滚轮装在传动凹槽内，不能自动复位	1	1	≤30°	≥15°	≤0.04	≤20
LX19-212	380V 5A（220V）	双轮，滚轮装在U形传动杠杆外侧，能自动复位	1	1	≤60°	≥15°	≤0.04	≤20
LX19-222	380V 5A（220V）	双轮，滚轮装在U形传动杠杆负侧，不能自动复位	1	1	≤60°	≥15°	≤0.04	≤20
LX19-232	380V 5A（220V）	双轮，滚轮装在U形传动杠杆内外，各一不能自动复位	1	1	≤60°	≥15°	≤0.04	≤20

4.1.12　凸轮控制器

（1）凸轮控制器的结构与工作原理　常用的凸轮控制器有 KTJ1-50/1 型和 KT12-25J 型两种，凸轮控制器的外形及结构如图 4-22 所示。

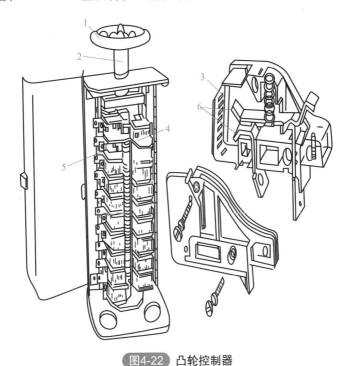

图4-22　凸轮控制器

1—手轮；2—转轴；3—灭弧罩；4—凸轮；5—静触点；6—动触点

凸轮控制器由静触点、动触点、灭弧罩、凸轮、转轴及手轮等组成。

凸轮控制器的动触点与凸轮固定在转轴上，每个凸轮控制着一个触点。当扳动手轮旋转时，则转轴带动凸轮旋转，就控制了触点的接通和分断。

KTJ1-50/1 型凸轮控制器共有 12 副触点，即 3 副常闭触点、9 副常开触点。其中 4 副常开触点接在主电路中用作控制电动机的正、反转（故用四个灭弧罩）；另外 5 副常开触点与转子电阻相连，用来逐级切除转子电阻、控制电动机的启动与调速；还有 3 副常闭触点接在控制线路中。

凸轮控制器的技术数据见表4-7。

表4-7 凸轮控制器的技术数据

型号	定子及转子电流 /A		在下列电压时的额定功率 /kW			控制电动机台数	每小时闭合次数≤
	长期通电	FC=40%	200V	380V	500V		
KT12-25J/4	25	25		11	16		
KT12-25J/2	25			2×5	2×7.5		
KT12-25J/3	25			7.5	11		
KT12-60/1	60	60		20	30		
KT12-60/2	60	25	2×3.6	2×7.5	2×11		
KT12-60/3	60	380		11	16		
KTJ1-50/1	50	75	40	40	40	1	600
KTJ1-50/2	50	75	由定子回路的接触器功率决定			2	600
KTJ1-50/3	50	75	7.5	7.5	7.5	1	600
KTJ1-50/4	50	75	11	11	11	1	600
KTJ1-5/5	50	2×75	2×5	2×5	2×5	2	600
KTJ1-50/6	50	75	11	11	11	1	600
KTJ1-80/1	80	120	22	22	22	1	600
KTJ1-80/2	80	2×120	由定子回路的接触器功率决定			2	600
KTJ1-80/3	80	120	22	30	30	1	600
KTJ1-80/5	80	2×75	2×7.5	2×11	2×11	2	600
KTJ1-150/1	150	225	60	100	100	1	600

（2）凸轮控制触点分合展开图 凸轮控制器的触点分合情况，通常用展开图来表示。KTJ1-50/1型凸轮控制器的触点分合展开图如图4-23所示。图中凸轮控制器的手轮共有11挡位置。

方框图左边就是凸轮控制器上的12个触点，各触点在手轮11个位置时的通断状态用有无"·"表示，有此标号的表示对应触点在此位置上是闭合的，无此标记的表示分断。例如，手轮在正转4位置时，可看出触点 Q_1、Q_3、XZ_5、XZ_4、XZ_3 及 Q_5 有"·"处于闭合，而其余触点都处于分断状态。又如手轮在反转1位置时，只有触点 Q_2、Q_4 和 Q_6 闭合，其余触点都处于分断状态。两触点之间有短接线的（如 $Q_1 \sim Q_4$ 左边短接线）表示它们一直是接通的。

凸轮控制器根据电动机的容量、额定电压、额定电流和控制位置数量来选择。

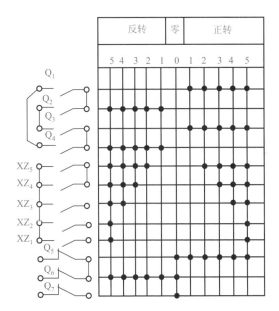

图4-23 KTJ1-50/1型凸轮控制器触点分合展开图

4.1.13 低压电器常用计算

4.1.13.1 交流接触器的选择

（1）**接触器主触点额定电压的选择** 主触点的额定电压应大于或等于负载回路的额定电压。

（2）**接触器主触点额定电流的选择** 对 CJ0 和 CJ10 系列接触器，接触器主触点的额定电流可按下列经验计算公式计算：

$$I_{CN} = \frac{P_N \times 10^3}{KU_N}$$

式中，I_{CN} 为接触器主触点额定电流，A ；U_N 为电动机的额定电压，V ；P_N 为电动机的额定功率，kW ；K 为经验常数，一般为 1 ～ 1.4。

（3）**接触器吸引线圈电压的选择** 当控制线路简单，所用接触器的数量少于或等于 5 个时，一般采用 380V 或 220V 电压；当控制线路复杂，所用接触器的数量大于 5 个时，可用 36V 或 110V 电压的线圈。

（4）**接触器的触点数量及类型的选择** 触点数量及类型应满足控制线路的要求。常用交流接触器的技术数据见表 4-8。

表4-8 **CJ0和CJ10系列交流接触器的技术数据**

型号	主触点			辅助触点			线圈		可控三相异步电动机的最大功率 /kW		额定操作频率 /（次 /h）
	对数	额定电流 /A	额定电压 /V	对数	额定电流 /A	额定电压 /V	电压 /V	功率 /V·A	220V	380V	
CJ0-10	3	10	380	均为2常开、2常闭	5	380	可为36、110、（127）、220、380	14	2.5	4	≤ 1200
CJ0-20	3	20						33	5.5	10	
CJ0-40	3	40						33	11	20	
CJ0-75	3	75						55	22	40	
CJ10-10	3	10						11	2.2	4	≤ 600
CJ10-20	3	20						22	5.5	10	
CJ10-40	3	40						32	11	20	
CJ10-60	3	60						70	17	30	

4.1.13.2 热继电器的选择

（1）**热继电器额定电流的选择** 根据电动机的额定电流来选择热继电器的规格，其额定电流略大于电动机的额定电流，因热继电器主要用于电动机的过载保护。

（2）**热继电器整定电流值的选择** 一般情况下，热继电器热元件的整定电流值为电动机额定电流的 0.95 ～ 1.05 倍。冲击负荷及启动时间较长的情况下，整定电流值为电动机额定电流的 1.1 ～ 1.5 倍。如果电动机的过载能力较差，整定电流值为电动机额定电流 0.6 ～ 0.8 倍。同时整定电流应留有一定的上下限调整范围。计算式为：

$$I_{整} = （0.95 \sim 1.05） I_N$$

式中，$I_{整}$ 为热继电器热元件的整定电流值，A；I_N 为电动机的额定电流值，A。

常用热继电器的技术数据见表 4-9。

表4-9 常用热继电器的主要技术数据

型号	额定电压/V	额定电流/A	相数	热元件 最小规格/A	热元件 最大规格/A	热元件 挡数	断相保护	温度补偿	复位方式	动作灵活性检查装置	动作后的指示	触点数量
JR16（JR0）	380	20	3	0.25～0.35	14～22	12	有					
		60	3	14～22	10～63	4						
		150	3	40～63	100～160	4		有	手动或自动	无	无	1常闭、1常开
JR15		10	2	0.25～0.35	6.8～11	10	无					
		40		6.8～11	30～45	5						
		100		32～50	60～100	3						
		150		68～110	100～150	2						
JR20	660	6.3	3	0.1～0.15	5～7.4	14	无					
		16		3.5～5.3	14～18	6						
		32		8～12	28～36	6						
		63		16～24	55～71	6			手动或自动			
		160		33～47	144～170	6	有	有		有	有	1常闭、1常开
		250		83～125	167～250	4						
		400		130～195	267～400	4						
		630		200～300	420～630	4						

4.1.13.3 刀开关的选择

刀开关额定电流 $I_{刀N} \geqslant 3 \times$ 电动机的额定电流 $I_{电N}$，即

$$I_{刀N} \geqslant 3 \times I_{电N}$$

由 $I_{刀N}$ 值查产品目录选择刀开关类型。

4.1.13.4 组合开关的选择

组合开关的额定电流 $I_{组N} = (1.5 \sim 2.5) \times$ 电动机额定电流 $I_{电N}$，即

$$I_{组N} = (1.5 \sim 2.5) I_{电N}$$

由 $I_{组N}$ 值查产品目录选择组合开关类型。

4.1.13.5 熔断器的选择

电阻性负载：

$$I_R = I_N$$

式中，I_R 为熔体的额定电流，A；I_N 为负载的额定电流，A。

单台电动机长期工作：

$$I_R = (1.5 \sim 2.5) I_N$$

式中，I_N 为单台电动机的额定电流，A。

多台电动机长期共用一个熔断器：

$$I_R \geqslant (1.5 \sim 2.5) I_{Nmax} + \sum I_N$$

式中，I_{Nmax} 为容量最大的一台电动机的额定电流，A；$\sum I_N$ 为除容量最大的电动机之外，其余电动机额定电流之和，A；$1.5 \sim 2.5$ 为系数，轻载及启动时间短，取系数为 1.5，负载较重及启动时间长，取系数为 2.5。

频繁启动的电动机：

$$I_R \geqslant (3 \sim 3.5) I_N$$

4.1.13.6 自动空气开关的选择

开关的额定电压 $U_{开N} \geqslant$ 控制线路的额定电压 $U_{线N}$，开关主触点额定电流 $I_{主N} \geqslant$ 瞬时（或短时）脱扣器的额定电流 I_{SN}。

$$I_{SN} \geqslant I_{gN}, \quad I_{gN} \geqslant I_j, \quad I_j < I_L$$

式中，I_{gN} 为长延时脱扣器的额定电流，A；I_j 为控制线路的计算电流，A；I_L 为导线长期容许的载流量，A。

4.2 低压配电屏

4.2.1 低压配电屏的用途、结构特点

（1）低压配电屏的用途　低压配电屏（又称开关屏或配电柜）是将低压电路所需的开关设备、测量仪表、保护装置和辅助设备等，按一定的接线方案安装在金属柜内构成的组合式电气设备，用以进行控制、保护、计量、分配和监视等。低压配电屏适用于额定工作电压不超过 380V 低压配电系统中的动力、配电、照明配电之用。

（2）低压配电屏的结构特点　我国生产的低压配电屏有固定式和手车式两大类，基本结构方式可分为焊接式和积木组合式两种。常用的低压配电屏有 PGL 型交流低压配电屏、BFC 型抽屉式低压配电屏、GCL 型低压配电屏、GGL 型动力中心、GCK 型电动机控制中心和 GGD 型交流低压配电柜。

现将以上几种低压配电屏分别介绍如下。

① PGL 型低压配电屏（P—配电屏，G—固定式，L—动力用）。最常使用的有 PGL1 型和 PGL2 型低压配电屏，其中 1 型分断能力为 15kA，2 型分断能力为 30kA，主要用于室内安装的低压配电屏。PGL 型低压配电屏结构特点如下：

a. 采用薄钢板焊接结构，可前后开启，双面进行维护。配电屏前有门，上方是仪表板，装设指示仪表。

b. 组合屏的屏间全部加有钢制的隔板，可把事故降低。

c. 主母线的电流有 1000A 和 1500A 两种规格，主母线安装于屏后柜体骨架上方，设有母线防护罩，以防止坠落物件而造成主母线短路事故。

d. 屏内外均涂有防护漆层，始端屏、终端屏装有防护侧板。

e. 中性母线 9（零线）装置于屏的下方绝缘子上。

f. 主接地点焊接在后下方的框架上，仪表门焊有接地点与壳体相连，可构成完整的接地保护电路。

② BFC 型低压配电屏［B—低压配电柜（板），F—防护型，C—抽屉式］。BFC 型低压配电屏的主要特点为各单元的所有电器设备均安装在抽屉中或手车中，当某一回路单元发生故障时，可以换用备用手车，以便迅速恢复供电。而且，由于每个单元为抽屉式，密封性好，不会扩大事故，便于维护，提高了运行可靠性。BFC 型低压配电屏的主电器在抽屉或手车上均为插入式结构，抽屉或手车上均设有联锁装置，以防止误操作。

③ GCL 型低压配电屏（G—柜式结构，C—固定式，L—动力用）。GCL 型低压配电屏为积木组装式结构，全封闭型式，防护等级为 IP30，内部选用新型的电器元件，内部母线按三相五线装置。此种配电屏具有分断能力强、动稳定性好、维修方便等优点。

④ GGL 型动力中心（G—柜式结构，G—抽屉式，L—动力中心）。GGL 型动力中心适用于大容量动力配电和照明配电，也可作电动机的直接控制使用。其结构形式为组装式封闭结构，防护等级为 IP30，每一功能单元（回路）均为抽屉式，有隔板分开，有防止事故扩大作用；主断路导轨与柜门有机械联锁，保证人身安全。

⑤ GCK 型电动机控制中心（G—柜式结构，C—抽屉式，K—控制中心）。GCK 型电动机控制中心是作为企业动力配电、照明配电与电动机控制用的新型低压配电装置。根据功能特征分为 JX（进线型）和 KD

（馈线型）两类。

GCK 型电动机控制中心为全封闭功能单元独立式结构，防护等级为 IP40 级。这种控制中心保护设备完善，保护特性好，所有功能单元能通过接口与可编程序控制器或微处理机连接，作为自动控制系统的执行单元。

⑥ GGD 型交流低压配电柜（G—交流低压配电柜，G—固定安装，D—电力用柜）。GGD 型交流低压配电柜是新型低压配电柜，具有分断能力高、动热稳定性好、电气组合方便、实用性强、结构新颖和防护等级高等特点，可作为低压成套开关设备的更新换代产品。

GGD 型配电柜的构架采用钢材局部焊接并拼接而成，主母线在柜的上部后方，柜门采用整门或双门结构；柜体后面均采用对称式双门结构，具有安装、拆卸方便特点。柜门的安装件与构架间有完整的接地保护电路。防护等级为 IP30。

4.2.2 低压配电屏的安装与检查维护

（1）低压配电屏的安装及投入运行前检查　安装时，配电屏相互间及其与墙体间的距离应符合要求，且应牢固、整齐美观。要求接地良好。两侧和顶部隔板完整，门应开闭灵活，回路名称及部件标号齐全，内外清洁无杂物。

低压配电屏在安装或检修后，投入运行前应进行下列各项检查试验：

① 柜体与基础型钢固定无松动，安装平直。屏面油漆应完好，屏内应清洁，无污垢。

② 检查各开关操作是否灵活，各触点接触是否良好。

③ 检查母线连接处接触是否良好。

④ 检查二次回路接线是否牢固，线端编号是否符合设计要求。

⑤ 检查接地是否良好。

⑥ 抽屉式配电屏应推抽灵活轻便，动、静触点应接触良好，并有足够的接触能力。

⑦ 试验各表计量是否准确，继电器动作是否正常。

⑧ 用 1000V 兆欧表测量绝缘电阻，应不小于 0.5MΩ；应进行交流耐压试验，一次回路的试验电压为 1kV。

（2）低压配电屏的巡视检查　为了保证对用电场所的正常供电，对配电屏上的仪表和电器要经常进行检查和维护，并做好记录，以便及时发现问题和消除隐患。

对运行中的低压配电屏，通常应检查以下内容：

① 配电屏及配电屏的电气元件的名称、标志、编号等是否模糊、错误，盘上所有的操作把手、按钮和按键等的位置与现场实际情况要相符，固定不得松动，操作不得迟缓。

② 检查配电屏上信号灯和其他信号指示是否正确。

③ 隔离开关、断路器、熔断器和互感器等的触点是否牢靠，有无过热、变色现象。

④ 二次回路导线的绝缘不得破损、老化，并要测其绝缘电阻。

⑤ 配电屏商标有操作模拟板时，模拟板与现场电气设备的运行状态是否对应。

⑥ 仪表或表盘玻璃不得松动，仪表指示不得错误，经常清扫仪表和其他电器上的灰尘。

⑦ 配电室内的照明灯具要完好，照度要均匀。

⑧ 巡视检查中发现的问题应及时处理，并记录存档。

（3）低压配电装置的运行维护

① 对低压配电装置的有关设备，应定期清扫和摇测绝缘电阻。用500V兆欧表测量母线、断路器、接触器和互感器的绝缘电阻以及二次回路对地的绝缘电阻等，均应符合规定要求。

② 低压断路器故障跳闸后，在没有查明并消除跳闸原因前，不得再次合闸运行。

③ 对频繁操作的交流接触器，每三个月进行检查。

④ 定期校验交流接触器的吸引线圈，在线路电压为额定值的85%～105%时吸引线圈应可靠吸合，而电压低于额定值的40%时则应可靠释放。

⑤ 经常检查熔断器的熔体与实际负荷是否匹配，各连接点接触是否良好，有无烧损现象，并在检查时清除各部位的积灰。

⑥ 铁壳开关的机械闭锁不得异常，速动弹簧不得锈蚀、变形。

⑦ 检查三相瓷底胶盖刀闸是否符合要求，在开关的出线侧是否加装了熔断器与之配合使用。

4.2.3　小型变电所的配电系统及配电线路连接方式

小型变电所的配电系统如图4-24所示，高压侧装有高压隔离开关与熔断器。为了防止雷电波沿架空线路侵入变电所，应安装避雷器F；

为了测量各相负荷电流与测量电能消耗，低压侧装设电流互感器。有的变电所在高压侧也装置电流互感器。可测量包括变压器在内的有功电能与无功电能消耗。

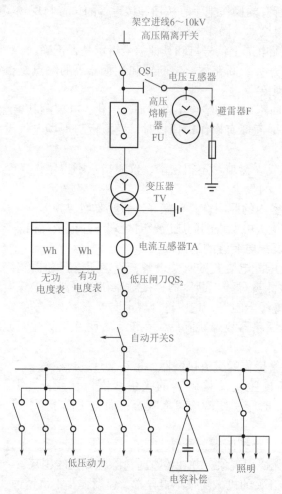

图4-24 小型变电所的配电系统

工厂的变电所与配电所是全厂供电的枢纽，它的位置应尽量靠近厂内的负荷中心（即用电最集中的地方），并应考虑到进线和出线方便。

① 放射式连接如图 4-25 所示。这种接线方式是每一独立负载或一群集中负载均由单独的配电线供电。这种配电线路的优点是供电可靠性

强、维护方便，某一配电线路发生故障不会影响其他线路的运行；其缺点是导线消耗量大、配电设备多、费用较大。

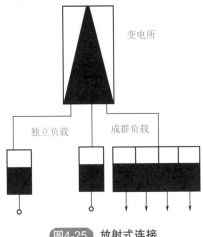

图4-25 放射式连接

② 干线式接线如图 4-26 所示。这种接线方式是每一独立负载或一群负载按其所在位置依次接到某一配电干线上。这种配电线路的优点是所用导线和电器均较放射式连接少，因此比较经济；其缺点是当干线发生故障时，接在干线上面的所有设备均将停电。

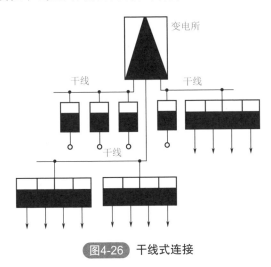

图4-26 干线式连接

4.3 低压电力网功率补偿器——电容器

4.3.1 电力电容器

电力电容器是电力系统中经常使用的元件，它的主要作用是并联在线路上以提高线路的功率因数。安装电容器能改善电能质量，降低线路上的电能损耗，提高供电设备的利用率。电力电容器详细介绍详见第8章。

4.3.2 低压无功补偿控制器

无功补偿可以提高用户的功率因数，从而提高电工设备的利用率；减少电力网络的有功损耗，合理地控制电力系统的无功功率流动，从而提高电力系统的电压水平，改善电能质量，提高电力系统的抗干扰能力；在动态的无功补偿装置上，配置适当的调节器，可以改善电力系统的动态性能，提高输电线的输送能力和稳定性；装设静止无功补偿器（SVS）还能改善电网的电压波形，减小谐波分量和解决负序电流问题。对电容器、电缆、电机、变压器等，还能避免高次谐波引起的附加电能损失和局部过热，所以就要进行无功补偿。下面以 JKW 型低压无功补偿控制器为例进行介绍。

（1）技术特点

① 控制物理量：无功功率，无补偿区，小负荷不产生投切振荡。

② 自动识别相序功能：当输入 B、C 相电压和 A 相电流正确接线后，电流互感器的二次侧接线端 S_1 和 S_2 可以任意接入而不会影响控制器的正确工作。

③ 编码投切功能：可实现循环投切和多种编码方式。

（2）**液晶显示屏及按键面板**　液晶显示屏及按键面板示意图如图 4-27 所示。

按键面板中各按键含义如下。

ESC 键：退出当前状态，返回主菜单

↑键：显示时，按一次轮显；设置参数时，数字加1位，将数字从0到9设定。

→键：显示时，选择固定某项显示；设置参数时，光标向右移动一位。

↵键：设置参数时的确认，当手动工作时，按此键进行投入，再按一次就切除。

（3）**接线图** 输入电压为 B、C 相电压（380V），输入电流为 A 相电流（电压与电流不同相），如图 4-28 所示。

图4-27 **液晶显示屏及按键面板示意图**

A—液晶显示屏；B—按键面板

1—输出路数；2—电气参数；3—工作状态；4—数字显示；5—控制模式

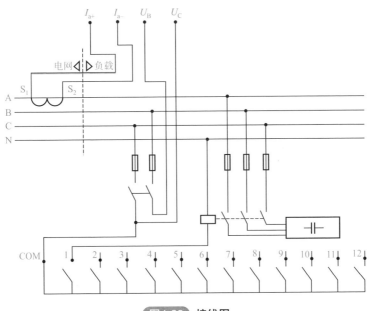

图4-28 **接线图**

（4）操作方式

① 自动方式。开机上电后进入自动状态，按↑键循环显示（轮显）：依次显示 cosφ、电压（V）、千瓦（有功功率，kW）、千乏（无功功率，kvar）、F（频率，Hz），电流（A），一直轮显不停。

按 → 键选择显示：选择只显示某项电参量（如只显示 cosφ），固定显示这项电参量不变。

感性或容性：显示负荷的性质。

过电压或欠电压：电压超过设定的上限或下限，是报警状态。

投入或切除：显示电容正在投入或切除的状态。

② 手动方式。按 ESC 键可以看见"自动"闪烁，按 → 键则"手动"闪烁，再按 ↵ 键确认进入"手动"状态。

在"手动"状态中，按↑键往左移一路，按 → 键右移一路。按↵键投入，再按一次↵键切除；如果显示"投入"，表示闪烁的这路已处于投入的状态，这时按↵键就切除了。如果显示"切除"，表示闪烁的这路已处于切除状态，按↵键就投入了。

按"ESC"退出手动状态，这时已经投入的各路全部切除。

（5）参数设置　在"自动"状态下按 ESC 键，按两次→键选择"设置"状态，按↵键确认。

① 路数设置：按↑键逐步增加路数，被设置的路数会"闪烁"，按→键数字右移一位，按↵键确认路数，最大路数为12。

② 延时设置：按↑键逐步增加延长的时间（秒），按↵键确认。通常设置 20 ～ 40s。

③ 过电压设置：按↑键逐步设置电压（V），按↵键确认。过电压时，按每隔 0.5s 的间隔切除电容器；过电压后，电压只有达到低于过电压值 6V，才会重新投入（6V 为回差电压）。

④ 欠电压设置：按↑键逐步设置电压（V），按↵键确认。欠电压时，按每隔 0.5s 的速度切除控制器，欠电压后没有回差电压，只要电压高于欠电压值就立即重新投入。

⑤ 目标功率因数设置：按↑键逐步设置功率因数，按↵键确认。通常设为 0.980 ～ 0.990，一般就不会发生过补的情况。但是，如果要兼顾小负荷情况，则要设为 1.000。

⑥ 电流倍率设置：即取样的电流互感器变比，按↑键逐步设置电流倍率，按↵键确认。500/5 时设为 100，而不是设成 500。

⑦ 单台千乏设置：即单组电容容量，如果是编码投切方式，则特

指第一路电容容量，按↑键逐步设置单台千乏值，按↵键确认。实际配置的单台电容器是多大就设多大。

⑧ 单台千乏倍率设置：按↑键逐步设置单台千乏倍率值，按↵键确认。（单台千乏）×（单台千乏倍率）＝投入门限，当显示的感性千乏≥投入门限时，就会自动投入一组电容，这就是以无功功率作为控制物理量的原理，通常设为 1.100 ～ 1.200。

⑨ 切除千乏设置：按↑键逐步设置切除千乏值（实际上是一个负值），按↵键确认。通常设为 000.0，即不允许过补。只有在高压计量，为了实现对变压器本身进行同步补偿的前提下，可以适当地设一个值，这个值与变压器容量有关。这个值的大小必须由专业人员进行计算。

⑩ 投入切除顺序设置：即编码方式，按↑键逐步设置投入切除顺序，按←键确认。

投切方式共有：

循环投切：1111……1

编码投切：1222……2 　1244……4 　1248……8

　　　　　1122……2 　1124……4 　1128……8（即 11248……8）

　　　　　1233……3 　1236……6

例如：电容柜为 6 路总容量为 142.5kvar，1244 编码方式（1244……4），电容器的配置为第 1 路 7.5kvar，第 2 路为 15kvar，第 3 ～ 6 路每路均为 30kvar，这就构成了 1244 的配置（7.5kvar 为 1，15kvar 为 2，３０kvar 为 4），控制器可以根据参数中设置的"投入切除顺序"1244，将投切的精度提高到 7.5kvar 一级，相当于电容柜是 19 路 7.5kvar 的电容器。那么，运行时总能保证补到较高的功率因数，即使在很小负荷的情况下，也能补到较高的功率因数。

⑪ 切除延时设置：即同一组电容器的重复投切延时，按↑键逐步设置切除延时的时间，按↵键确认。用接触器投切电容器时，这项不得小于 180s。

（6）试验状态 在"自动"状态下按 ESC 键，按三下→键选择"试验"状态。按↵键确认，控制器自动地逐路循环投入和切除，每隔 5s一次，用于电容柜出厂试验。接触器后面不得接入电容器，电容柜实际投运后也不可进入试验状态，否则将造成电容器损坏。

（7）常见故障的处理

[**故障 1**] 上电后显示容性，电容器不投入。

解决方案：a. 通常是因为接线错误引起的，应检查电压与电流的相序是否正确。

　　b.在用电负荷侧还有其他电容补偿设备在运行，导致负荷的确是容性负荷。

　　［故障2］　电容器投入后，功率因数不变。

　　解决方案：取样电流互感器的安装位置错误，电流互感器应该安装在电容柜和负载的"前面"，要让电容柜的电流也能流过电流互感器。

　　［故障3］　电容器投入后，功率因数不升反降。

　　解决方案：a.通常是接线的相序错误引起的，应检查电压与电流的相序是否正确。

　　b.将电容柜全部关掉，控制器断电后重新上电。

　　［故障4］　控制器动作跟不上负荷的变化。

　　解决方案：负荷的波动过快过大，如电焊机、点焊机、起重机等应该选用动态补偿控制器和动态投切的晶闸管模块，不能用接触器来投切电容器。

　　［故障5］　电容器投入后，电容回路的电流异常增大。

　　解决方案：这通常是因为负荷中存在较大的谐波电流和谐波电压，当谐波电流进入到电容器时，会导致电容器的电流增大；同时，电容器对谐波还有放大的副作用，引起更大的危害。解决的办法有以下两种：

　　① 在每个电容回路上装设抗谐波的电抗器，一般为6%的铁芯电抗器。这种方式可以阻止谐波电流进入到电容器，并不能消除电网中的谐波。

　　② 配置谐波滤波装置。对于谐波严重超标的场合，单纯加上电抗器仍不一定能达到效果，只能用滤波装置来滤除谐波，而且滤波装置本身又能进行无功补偿，并消除谐波带来的各种危害，使供电质量达到国家标准的要求。

　　注意：关于接线，引入B、C相电压和A相电流是正确接线；同样，引入A、B相电压和C相电流，或引入A、C相电压和B相电流都没问题。但是，不可引入电压与电流同相位，譬如不可引入B、C相电压和B相电流。

4.4　电工计量仪表在配电屏及日常生活中的接线技术

4.4.1　电压互感器

电压互感器（见图4-29）是特殊的双绕组变压器。电压互感器用于高压测量线路中，可使电压表与高压电路隔开，不但扩大了仪表量程，并且保证了工作人员的安全。

在测量电压时，电压互感器匝数多的接被测高压绕组，线路匝数少的低压绕组接电压表，如图4-30所示。虽然低压绕组接上了电压表，但是电压表阻抗甚大，加之低压绕组电压不高，因而工作中的电压互感器在实际上相当于普通单相变压器的空载运行状态。根据 $U_1 \approx \dfrac{W_1}{W_2} U_2 = K_u U_2$ 可知，被测高电压数值等于二次侧测出的电压乘上互感器的变压比。

图4-29　电压互感器

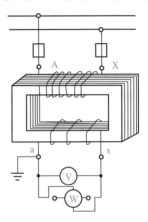

图4-30　电压互感器接线

电压互感器的铁芯大都采用性能较好的硅钢片制成，并尽量减小磁路中的气隙，使铁芯处于不饱和状态。在绕组绕制上，尽量设法减小两个绕组间的漏磁。

电压互感器准确度可分为0.2、0.5、1.0和3.0四级。电压互感器有干式、油浸式、浇注绝缘式等。电压互感器符号的含义见表4-10；数字部分表示高压侧额定电压，单位为kV。例如，JDJJ1-35表示35kV具有接地保护的单相油浸式电压互感器（JDJJ1中的"1"表示第一次改型设计）。

表4-10　电压互感器型号中行号含义

第一个符号	J	电压互感器	第二个符号	D	单相	第三个符号	J	油浸式	第四个符号	F	胶封式
				S	三相		G	干式		J	接地保护
							C	瓷箱式		W	五柱三绕组
	HJ	仪用电压互感器		C	串级结构		Z	浇注绝缘		B	三柱带补偿绕组

提示：使用电压互感器时，必须注意二次绕组不可短路，工作中不应使二次电流超过额定值，否则会使互感器烧毁。此外，电压互感器的二次绕组和铁壳必须可靠接地。如不接地，一旦高低压绕组间的绝缘损坏，同低压绕组和测量仪表对地将出现一高电压，这对工作人员来说是非常危险的。

4.4.2 电流互感器

在大电流的交流电路中，常用电流互感器［见图4-31（a）］将大电流转换为一定比例的小电流（一般为5A），以供测量和继电器保护之用。电流互感器在使用中，它的一次绕组与待测负载串联，二次绕组与电流表构成一闭合回路［见图4-31（b）］。如前所述，一、二次绕组电流之比为 $\dfrac{I_1}{I_2} = \dfrac{W_2}{W_1}$。为使二次侧获得很小电流，所以一次绕组的匝数很少（1匝或几匝），用粗导线绕成；二次绕组的匝数较多，用较细导线绕成。根据 $I_1 = \dfrac{W_2}{W_1} I_2 = K_I I_2$ 可知，被测的负载电流就等于电流表的读数乘上电流互感器的变流比。

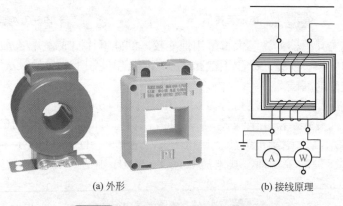

(a) 外形　　　　　　　　　　　(b) 接线原理

图4-31 电流互感器的外形与接线原理

提示：在使用中注意，电流互感器的二次侧不可开路，这是电流互感器与普通变压器的不同之处。普通变压器的一次电流 I_1 大小由二次电流I_2大小决定，但电流互感器的一次电流大小不取决于二次电流大小，而是取决于待测电路中的负载大小，即不论二次侧是接通还是开路，一次绕组中总有一定大小的负载电流流过。

为什么电流互感器的二次侧不可开路呢？若二次绕组开路，则一次绕组的磁势将使铁芯的磁通剧增，而二次绕组的匝数又多，其感应电动势很高，将会击穿绝缘、损坏设备并危及人身安全。为安全起见，电流互感器的二次绕组和铁壳应可靠接地。电流互感器的准确度分为0.2、0.5、1.0、3.0、1.00五级。

电流互感器一次额定电流可在 0～15000A，而二次额定电流通常都采用5A。有的电流互感器具有圆环形铁芯，使被测电路的导线可在其圆环形铁芯上穿绕几匝（称为穿芯式），以实现不同变流比。

电流互感器型号表示如下：

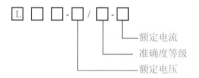

电流互感器型号由两部分组成，斜线前面包括符号和数字，符号含义见表4-11，符号后数字表示耐压等级，单位是kV。斜线后部分由两组数字组成：第一组数字表示准确度等级，第二组数字表示额定电流。例如LFC-10/0.5-300表示为贯穿复匝（即多匝）式的瓷绝缘的电流互感器，其额定电压为10kV，一次额定电流为300A，准确度等级为0.5级。

表4-11　电流互感器的字母含义

第一个字母	第二个字母							
L	D	F	M	R	Q	C	Z	Y
电流互感器	贯穿式单匝	贯穿式复匝	贯穿式母线型	装入式	线圈式	瓷箱式	支持式	低压型
第三个字母				第四个字母				
Z	C	W	D	B	J	S	G	Q
浇注绝缘	瓷绝缘	室外装置	差动保护	过电流保护	接地保护或加大容量	速饱和	改进型	加强型

第5章

电动机应用与维修

5.1 电动机的分类与型号

5.1.1 电动机的分类

电动机种类较多，分类见表 5-1。

表5-1 电动机分类

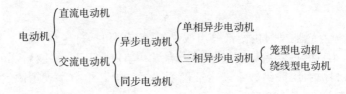

5.1.2 电动机的型号

电动机编号方法如图 5-1 所示。

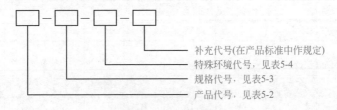

图5-1 电动机编号方法

表5-2 电动机产品代号

电动机代号	代号汉字意义	电动机代号	代号汉字意义
Y	异	YQ	异启
YR	异绕	YH	异（滑）
YK	异（快）	YD	异多
YRK	异绕（快）	YL	异立
YRL	异绕立	YZP	异（制）旁

表5-3 电动机规格代号

产品名称	产品型号构成部分及其内容
小型异步电动机	中心高（mm）—机座长度（字母代号）—铁芯长度（数字代号）—极数
大、中型异步电动机	中心高（m）—铁芯长度（数字代号）—极数
小型同步电动机	中心高（mm）—机座长度（字母代号）—铁芯长度（数字代号）—极数
大、中型同步电动机	中心高（m）—铁芯长度（数字代号）—极数
交流换向器电机	中心高或外壳外径（mm）（或/）铁芯长、转速（均用数字代号）

表5-4 电动机特殊坏境代号

汉字意义	汉语拼音代号	汉字意义	汉语拼音代号
"热"带用	T	"船"（海）用	H
"湿热"带用	TH	化工防（腐）用	F
"干热"带用	TA	户"外"用	W
"高"原用	G		

5.2 电动机的主要性能及参数

5.2.1 额定功率及效率

电动机在额定状态下运行时轴上输出的机械功率，是电动机的额定

功率 P_{2N}，单位以千瓦（kW）计。输出功率与输入功率不等，它比电动机从电网吸取的输入功率要小，其差值就是电动机本身的损耗功率，包括铁损、铜损和机械损耗等。

从产品目录中查得的效率是指电动机在额定状态下运行时，输出功率与输入功率的比值。如三相异步电动机的额定输入功率 P_{1N} 可由铭牌所标的额定功率 P_{2N}（或从产品目录中查得）和效率 η_N 求得，即 $P_{1N}=P_{2N}/\eta_N$

三相异步电动机的额定功率可用下式计算：

$$P_{2N}=\frac{\sqrt{3}\,U_N I_N \cos\phi_N \eta_N}{1000}\ (\text{kW})$$

式中　P_{2N}——电动机的额定功率，kW；

　　　U_N——电动机的额定线电压，V；

　　　I_N——电动机的额定线电流，A；

　　$\cos\phi_N$——电动机在额定状态运行时，定子电路的功率因数；

　　　η_N——电动机在额定状态运行时的效率。

电动机运行在非额定情况时，上式也成立，只是各物理量均为非额定值。

三相异步电动机的效率和功率因数见表 5-5。

表5-5　三相异步电动机的效率和功率因数

功率		10kW 以下	10～30kW	30～100kW
2 极	效率 η/%	76～86	87～89	90～92
	功率因数 $\cos\phi$	0.85～0.88	0.88～0.90	0.91～0.92
4 极	效率 η/%	75～86	86～89	90～92
	功率因数 $\cos\phi$	0.76～0.78	0.87～0.88	0.88～0.90
6 极	效率 η/%	70～85	86～89	90～92
	功率因数 $\cos\phi$	0.68～0.80	0.81～0.85	0.86～0.89

5.2.2　电压与接法

电动机在额定运行情况下的线电压为电动机的额定电压，铭牌上标明的"电压"就是指加在定子绕组上的额定电压（U_N）值。目前在全国推广使用的 Y 系列中小型异步电动机额定功率在 4kW 及以上的，其额定电压为380/220V，为Y/△接法。这个符号的含义是当电源线电压380V时，电动机的定子绕组应接成星形（Y），而当电源线电压为220V时，定子绕组应接成三角形（△）。

一般规定电动机的电压不应高于或低于额定值的5%，当电压高于额定值时，磁通将增大，会引起励磁电流的增大，使铁损大大增加，造成铁芯过热。当电压低于额定值时，将引起转速下降，定子、转子电流增加，在满载或接近满载时，可能使电流超过额定值，引起绕组过热，在低于额定电压下较长时间运行时，由于转矩与电压的平方成正比，在负载转矩不减小的情况下，可能造成严重过载，这对电动机的运行是十分不利的。

电动机在额定运行情况下的定子绕组的线电流为电动机的额定电流（I_N），单位为A。对于"380V、△接法"的电动机的线电流只有一个，而对于"380/220V、Y/△接法"的电动机，对应的线电流则有两个。在运行中应特别注意电动机的实际电流，不允许长时间超过额定电流值。

5.2.3 额定转速

电动机在额定状态下运行时，电动机转轴的转速称为额定转速，单位为r/min。

5.2.4 温升及绝缘等级

温升是指电动机在长期运行时所允许的最高温度与周围环境的温度之差。我国规定环境温度取40℃，电动机的允许温升与电动机所采用的绝缘材料的耐热性能有关，常用绝缘材料的等级和最高允许温度见表5-6。

表5-6 绝缘等级与温升的关系

绝缘等级	A	E	B	F	H
绝缘材料最高允许温度/℃	105	120	130	155	180
电机的允许温升/℃	60	75	80	100	125

5.2.5 定额（或工作方式）

定额指电动机正常使用时允许连续运转的时间。一般有连续、短时和断续三种工作方式。

连续：指允许在额定运行情况下长期连续工作。

短时：指每次只允许在规定时间内额定运行、待冷却一定时间后再启动工作，其温升达不到稳定值。

断续：指允许以间歇方式重复短时工作，它的发热既达不到稳定值，又冷却不到周围的环境温度。

5.2.6　功率因数

电动机有功功率与视在功率之比称为功率因数。异步电动机空载运行时，功率因数 0.2。

铭牌上给定的功率因数指电动机在额定运行情况下的额定功率因数（ $\cos\phi_N$ ）。电动机的功率因数不是一个常数，它是随电动机所带负载的大小而变动的。一般电动机在额定负载运行时的功率因数为 0.7 ～ 0.9，轻载和空载时更低，空载时功率因数只有 0.2 ～ 0.3。

由于异步电动机的功率因数比较低，应力求避免在轻载或空载的情况下长期运行。对较大容量的电动机应采取一定措施，使其处于接近满载情况下工作和采取并联电容器来提高线路的功率因数。

5.2.7　额定频率

电动机在额定运行情况下，定子绕组所接交流电源的频率称额定频率（f），单位为 Hz。我国规定标准交流电源频率为 50Hz。

5.2.8　启动电流

电动机启动时的瞬间电流称启动电流。电动机的启动电流一般是额定电流的 5.5 ～ 7 倍。

5.2.9　启动转矩

电动机在启动时所输出的力矩称启动转矩。常用启动转矩与额定转矩的倍数来表示。异步电动机的启动转矩一般是额定转矩的 1 ～ 1.8 倍。

5.2.10　最大转矩

电动机所能拖动最大负载的转矩，称为电动机的最大转矩。常用最大转矩与额定转矩的倍数来表示。异步电动机的最大转矩，一般是额定转矩的 1.8 ～ 2.2 倍。

5.3 电动机的选择与安装

5.3.1 电动机的选择

（1）电动机容量的选择　要为某一台生产机械选配电动机，首先需要考虑电动机的容量。如果电动机的容量选大了，虽然能保证设备正常运行，但是不仅增加了投资，并且由于电动机经常不是在满负荷下运行，它的效率和功率因数也都不高，会造成电力的消费；如果电动机的容量选小了，就不能保证电动机的生产机械正常运行，不能充分发挥生产机械的效能，并会使电动机过早地损坏。

电动机的容量是根据它的发热情况来选择的。在容许温度以内，电动机绝缘材料的寿命约为 15～25 年。如果超过了容许温度，电动机的使用年限就要缩短；一般说来，多超过 8℃，使用寿命就要缩短一半。电动机的发热情况，又与负载的大小及运行时间的长短（运行方式）有关。所以应按不同的运行方式来考虑电动机容量的选择问题。

电动机的运行方式通常可分为长期运行、短时运行和重复短时运行三种。下面分别进行讨论。

① 长期运行电动机容量的选择

a. 在恒定负载下长期运行的电动机容量等于生产机械所需的功率 / 效率。

b. 在变动负载下长期运行的电动机。选择其容量时，常采用等效负载法，就是假设一个恒定负载来代替实际的变动负载，但是两者的发热情况应相同，然后按①所述原则选择电动机容量，所选容量应等于或略大于等效负载。

② 短时运行电动机容量的选择　所谓短时运行方式，是指电动机的温升在工作期间未达到稳定值，而停止运转时，电动机能完全冷却到周围环境的温度。

电动机在短时运行时，可以容许过载，工作时间越短，则过载可以越大，但过载量不能无限增大，必须小于电动机的最大转矩。选择电动机容量可根据过载系统 λ（最大转矩 / 额定转矩）来考虑电动机的预定功率≥生产机械所要求的功率 $/ \lambda$。

③ 重复短时运行电动机容量的选择　专门用于重复短时运行的交

流异步电动机为 JZR 和 JZ 系列。标准负载持续率分 15%、25%、40% 和 60% 四种，重复运行周期不大于 10min。电动机的功率也可应用等效负载法来选择。

（2）电动机种类的选择　选择电动机的种类是从交流或直流、机械特性、调速与启动性能、维护及价格等方面来考虑的。

① 要求机械特性较硬而无特殊调速要求的一般生产机械，如功率不大的水泵、通风机和小型机床等，应尽可能选用鼠笼式电动机。

② 某些要求启动性能较好，在不大范围内平滑调速的设备，如起重机、卷扬机等，可采用绕线式电动机。

③ 为了提高电网的功率因数，并且功率较大而又不需要调速的生产机械，如大功率水泵和空气压缩机等，可采用同步电动机。

④ 在设备有特殊调速大启动转矩等方面的要求而交流电动机不能满足时，才考虑使用直流电动机。

（3）电动机电压的选择　交流电动机额定电压一般选用 380V 或 380V 和 220V 两用，只有大容量的交流电动机才采用 3000V 或 6000V。

（4）电动机转速的选择　电动机的额定转速是根据生产机械的要求而选定的。但是，当功率一定时，电动机的转速越低，其尺寸越大，价格越贵，而且效率越低。因此，如无安装尺寸等特殊要求时，就不如购买一台高速电动机，再另配减速器更便宜些。通常电动机都采用四极的（同步转速 $n_0 = 1500r/min$）。

（5）电动机结构形式的选择　为保证电动机在不同环境中安全可靠地运行，电动机结构形式的选择可参照下列原则：

① 灰尘少、无腐蚀性气体的场合选用防护式；

② 灰尘多、潮湿或含有腐蚀性气体的场合选用封闭式；

③ 有爆炸性气体的场合选用防爆式。

（6）传动方式选择

① 直接传动　使用联轴器把电动机和设备的轴直接连接起来的传动，叫做直接传动。这种传动的优点是：传动效率高、设备简单、成本低、运行可靠、安全性好。因此，当电动机的转速和所带动的设备，如风机、水泵等的转速相同时，应尽可能采用这种传动装置。

② 皮带传动　当电动机和所带动的设备转速不一致时，就需要采用变速的传动装置，最简单的方式就是皮带传动。这种传动的优点是：结构简单成本低廉、拆装方便，并可以缓和由负载引起的冲击和振动。

a. 平皮带传动　平皮带传动的最大优点是简单易做，工作可靠，如果安装得恰当，其传动效率可达 95%。但这种皮带的传动比不宜大于 5，一般采用 3，所以在传动比不大的情况下，可以选用这种传动方式。

b. 三角皮带传动　三角皮带传动可以得到比较大的传动比，最高可达 10，并且两皮带轮的中心距可以比较近。此外，以这种方式运转时振动小，效率高，故可用于许多场合。其缺点是，寿命较短，成本较高。

5.3.2　电动机的安装与校正

（1）电动机的安装　对于安装位置固定的电动机，在使用过程中，如果不是与其他机械配套安装在一起，均应采用混凝土或砖砌成的基础。混凝土基础要在电机安装前 15 天做好；砖砌基础要在安装前 7 天做好。基础面应平整，基础尺寸应符合设计要求，并留有装底脚螺钉的孔眼，其位置应正确，孔眼要比螺钉大一些，以便于灌浆。底脚螺钉的下端要做成钩形，以免拧紧螺钉时，螺钉跟着转动。浇灌底脚螺钉可用 1∶1 的水泥砂浆，灌浆前应先用水将孔眼灌湿冲净，然后再灌浆捣实。

至于经常流动使用的电动机，可因地制宜，采用合适的安装结构。但必须注意，不管在什么情况下，要保证有足够的强度，避免造成不必要的人身设备事故。

选择安装电动机的地点时一般应注意以下几点：

① 尽量安装在干燥、灰尘较少的地方；

② 尽量安装在通风较好的地方；

③ 尽量安装在较宽畅的地方，以便于进行日常操作和维修。

（2）校正

① 电动机的水平校正　电动机在基础上安放好后，首先应检查它的水平情况，可用普通水平仪来校正电动机的纵向和横向的水平情况。如果不平，可用 0.5 ～ 5mm 厚的钢片垫在机座下进行找平。不能用木片和竹片垫在机座下，以免拧紧螺母或在以后电动机运行中木、竹片变形或碎裂。

校正好电动机水平后，再校正传动装置。

② 皮带传动的校正　用皮带传动时，必须使电动机皮带轮的轴和被传动机器皮带轮的轴保持平行位置，同时还要将两皮带轮宽度的中心线调整到同一直线上来。皮带类型的选择和传递功率的范围。

③ 联轴器的传动的校正

a. 以机器或泵为基准调整两联轴器，使之轴向平行，若不平行时，应加垫或减垫。

b. 找正两联轴器平面，如两联轴器上面间隙大时，减前面垫铁；如下面间隙大时，减后面垫铁。两联轴器容许平面间隙应合乎表5-7的规定。

表5-7　两联轴器容许平面间隙

联轴器直径 /mm	两联轴器容许平面间隙 /mm
90～140	2.5
140～260	2.5～4
200～500	4～6

5.4 电动机绕组

5.4.1 电动机绕组及线圈

（1）**线圈**　线圈是由带绝缘皮的铜线（简称漆包线）按规定的匝数绕制而成。线圈的两边叫有效边，是嵌入定子铁芯槽内作为电磁能量转换的部分，两头伸出铁芯在槽外有弧形的部分叫端部。端部是不能直接转换的部分。仅起连接两个有效边的桥梁作用，端部越长，能量浪费越大。引线是引入电流的连接线。

每个线圈所绕的圈数称为线圈匝数。线圈有单个的也有多个连在一起，多个连在一起的有同心式和叠式两种。双层绕组线圈基本上是叠式的。

在图 5-2 中线圈直的部分是有效边，圆弧形的为端部。

（2）**绕组**　绕组是若干个线圈按一定规律放在铁芯槽内。每槽只嵌放一个线圈边的称为单层绕组。每槽嵌放两个线圈（上层和下层）的称为双层绕组。单层绕组有链式的、交叉式、同心式等。双层绕组一般为叠式。三相电动机共有三相绕组即 A 相、B 相和 C 相。每相绕组的排列都相同，只是空间位置上依次相差 120°（这里指 2 极电动机绕组）。

（3）**节距**　单元绕组的跨距指同一单元绕组的两个有效边相隔的槽数，一般称为绕组的节距，用字母 Y 表示。如图 5-3 所示，节距是最重要的，它决定了线圈的大小。当节距 Y 等于极距时称为整距线圈；当节距 Y 小于极距时称为短距线圈；当节距 Y 大于极距时称为长距线圈。电动机的定子绕组多采用短距线圈，特别是双层绕组电动机。虽然短距线

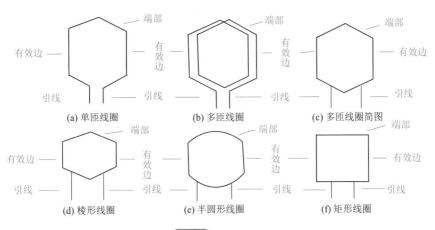

(a) 单匝线圈　　(b) 多匝线圈　　(c) 多匝线圈简图

(d) 棱形线圈　　(e) 半圆形线圈　　(f) 矩形线圈

图5-2 绕组线圈

圈与长距线圈的电气性能相同，但是短距线圈比长距线圈要节省端部铜线，从而降低成本，改善感应电动势波形及磁动式空间分布波形。例如 $Y=5$ 槽时习惯上用1～6槽的方式表示，即线圈的有效边相隔5槽，分别嵌于第一槽和第六槽。

（4）**极距** 极距是指相临磁极之间的距离，用字母"τ"表示。在绕组分配和排列中极距用槽数表示即：

$$\tau = Z/2P（槽/极）$$

式中　Z——定子铁芯总槽数；

　　　P——磁极对数；

　　　τ——极距。

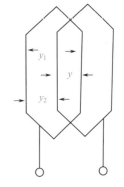

图5-3 线圈节距示意图

例如：六极24槽电机绕组，$P=3$，$Z=24$，那么 $\tau = Z/2P = 24/2 \times 3 = 4（1～5槽）$，表示极距为4，从第1槽至第5槽。

极距 τ 也可以用长度表示，就是每个磁极沿定子铁芯内圆所占的弦长。

$$\tau = \pi D/2P$$

式中　D——定子铁芯内圆直径；

　　　P——磁极对数；

　　　π——圆周率（3.142）。

（5）**机械角度与电角度**　电动机的铁芯内腔是一个圆。绕组的线圈必须按一定规律分布排列在铁芯的内腔，才能产生有规律的磁场。从而电动机才能正常运行。为表明线圈排列的顺序规律必须引用"电角度"来表示绕组线圈之间相对的位置。

在交流电中对应于一个周期的电角度是 360°，在研究绕组布线的技术上不论电动机的极数多少，把三相交流电所产生的旋转磁场经过一个周期所转过的角度作 360° 电角度。根据这一规定，在不同极数的电动机里旋转磁场的机械角度与电角度在数值上的关系就不相同了。

在 2 极电动机中：经过一个周期磁场旋转一周，机械角度为 360°，电角度也为 360°。

四极电动机在磁场一个周期中旋转 1/2 周，机械角度是 180°，电角度是 360°。六极电动机的磁场在一个周期中旋转 1/3 周，机械角度是 120°，电角度也是 360°（见表 5-8）。

根据上述原理可知：不同极数的电动机的电角度与机械角度之间的关系可以用下列公式表示：

$$a_电 = PQ_机$$

式中　$a_电$——对应机械角的角度；

　　　$Q_机$——机械角度；

　　　P——磁极对数。

表5-8　两对磁极的电动机电角度与机械角度的关系

极数	2	4	6	8	10	12
极对数	1	2	3	4	5	6
电角度	360°	720°	1080°	1440°	1800°	2160°

（6）**槽距角**　电动机相邻两槽间的距离，用槽距角表示，可以用以下公式计算：

$$a = P \times 360°/Q$$

式中　a——槽距角；

　　　P——磁极对数；

　　　Q——铁芯槽数。

（7）**每极每相槽数**　每极每相槽数用 q 表示。公式如下：

$$q = Q/2Pm$$

式中　P——磁极对数；

Q——铁芯槽数；

m——相数。

q 可以是整数也可以是分数。若 q 为整数称为整数槽绕组；若 q 为分数称为分数槽绕组；若 $q=1$ 即每个极下每相绕组但只占一个槽称为集中绕组；若 $q>1$ 时称为分布绕组。

（8）**极相组** 在定子绕组中凡是形式同一个磁极的线圈定为一组称为极相组。极相组可以由一个或多个线圈组成（多个线圈一次连绕而成），极相组之间的连接线称为跨接线。在三相绕组中每相都有一头一尾，三个头依次为 U_1、V_1、W_1；三个尾依次为 U_2、V_2、W_2。

5.4.2 绕组的连接方式

5.4.2.1 三相绕组首尾端的判断的方法

（1）**用万用表电阻挡测量确定每相绕组的两个线端** 电阻值近似为零时，两表笔所接为一组绕组的两个端，依次分清三个绕组的各两端，如图 5-4 所示。

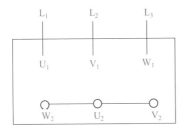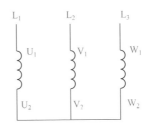

(a) 星形连接

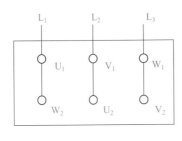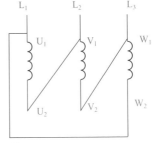

(b) 三角形连接

图5-4 三相绕组的接线

（2）万用表第一种检查方法

① 万用表置 mA 挡，按图 5-5 所示接线。假设一端接线为头（U_1、V_1、W_1），另一端接线为尾（U_2、V_2、W_2）。

② 用手转动转子，如万用表指针不动，表明假设正确。如万用表指针摆动，表明假设错误，应对调其中一相绕组头、尾端后重试，直至万用表不摆动时，即可将连在一起的 3 个线头确定为头或尾。

（3）万用表的第二种检查方法

① 万用表置 mA 挡，按图 5-6 所示接线。

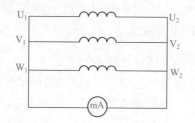

图5-5 用万用表检查第一种检查法

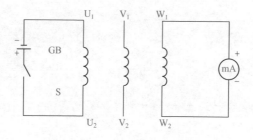

图5-6 用万用表检查第二种检查法

② 闭合开关 S，瞬间万用表向右摆动则电池正极所接线头与万用表负表笔所接线头同为头或尾。如指针向左反摆则电池正极所接线头与万用表正表笔所接线头同为头或尾。

③ 将电池（或万用表）改接到第三相绕组的两个线头上重复以上试验，确定第三相绕组的头、尾，以此确定三相绕组各自的头和尾。

（4）用灯泡检查法

① 灯泡检查的第一种检查方法

a. 准备一台 220/36V 降压变压器并按图 5-7 所示接线（小容量电动机可直接接 220V 交流电源）。

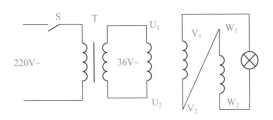

图5-7 灯泡检查的第一种检查方法

b. 闭合开关 S，如灯泡亮，表明两相绕组为头、尾串联，用在灯泡上的电压是两相绕组感应电动势的矢量和。如灯泡不亮，表明两组绕组为尾、尾或头、头串联，作用在灯泡上的电压是两相绕组感应电动势矢量差。

c. 将检查确定的线头做好标记，将其中一相与接 36V 电源一相对调重试，以此确定三相绕组所有头、尾端。

②灯泡检查的第二种检查方法

a. 按图 5-8 所示接线。

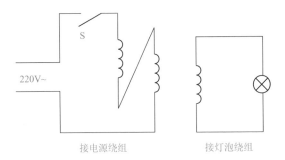

接电源绕组   接灯泡绕组

图5-8 灯泡检查的第二种检查方法

b. 闭合开关 S，如 36V 灯泡亮，表示接 220V 电源两相绕组为头、尾串联。如灯泡不亮表示两相绕组为头、头或尾、尾串联。

c. 将检查确定的线头做好标记，将其中一相与接灯泡一相对调重试，以此确定三相绕组所有头、尾端。

在中小型电动机中，极相组内的线圈通常是连续绕制而成的如图 5-9 所示。

极相组内的联结属于同一相且同一支路内各个极相组通常有两种联结方法。

① 正串联结：即极相组的尾端接首端，首端接尾端。如图 5-10 所示。

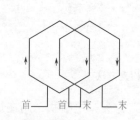

图5-9 极相组内的联结

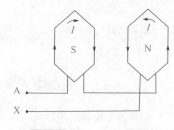

图5-10 正串联结示意图

② 反串联结：即极相组的尾端接尾端，首端接首端。如图 5-11 所示。

5.4.2.2 线圈匝数和导线直径

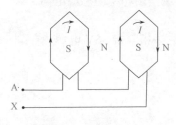

图5-11 反串联结示意图

线圈匝数和导线直径是原先设计决定的，在重绕时应根据原始的数据进行绕制，电动机的功率越大电流也越大，要求的线径也越粗，而匝数反而越少。导线直径是指裸铜线的直径。漆包线应去漆后用千分尺去量才能量出准确的直径。去漆可采用火烧（不但速度快而且准确），如果用刀刮不小心会刮伤铜线，这样量出来的数据就有误差会造成不必要的麻烦，有时还会出现返工。QQ、QI 型铜漆包线的直径、截面积数据可参考表 5-20。

5.4.2.3 并绕根数

功率较大的电动机因电流较大要用的线径较粗。直径在 1.6mm 以上的漆包线硬而难绕，设计时就采用几根较细的漆包线并绕来代替。在拆绕组的时候务必要弄清并绕的根数，以便照样。在平时修理电动机时如果没有相同的线径的漆包线，也可以采用几根较细的漆包线并绕来代替，但要注意代替线的截面积的和要等于被代替的截面积。

5.4.2.4 并联支路

功率较大的电动机所需要的电流较大，绕组的设计往往把每一相的线圈平均分成多串，各串里的极相组依次串联后再按规定的方式并联起来。这一种连接方式称为并联支路。

5.4.2.5 相绕组引出线的位置

三相绕组在空间分布上是对称的，相与相之间相隔的电角度为120°，那么相绕组的引出线 U₁、V₁、W₁ 之间以及 U₂、V₂、W₂ 之间相隔的电角度也应该为 120°。但从实际出发，只要各线圈边电源方向不变。

5.4.2.6 气隙

异步电机气隙的大小及对称性，集中反映了电机的机械加工质量和装配质量，对电机的性能和运转可靠性有重大影响。气隙对称性可以调整的中大型电机，每台都要检查气隙大小及其对称性。采用端盖即无定位又无气隙探测孔的小型电机，试验时也要在前后端盖钻孔探测气隙对称性。

（1）测量方法 中小型异步电动机的气隙，通常在转子静止时沿定子圆周大约各相隔120°处测量三点，大型座式轴承电机的气隙，须在上、下、左、右测量四点，以便在装配时调整定子的位置。电机的气隙须在铁芯两端分别测量，封闭式电机允许只测量一端。

塞尺（厚薄规）是测量气隙的工具，其宽度一般为 10 ～ 15mm，长度视需要而定，一般在 250mm 以上，测量时宜将不同厚度的塞尺逐个插入电机定、转子铁芯的齿部之间，如恰好松紧合适，塞尺的厚度就作为气隙大小。塞尺须顺着电机转轴方向插入铁芯，左右偏斜会使测量值偏小。塞尺插入铁芯的深度不得少于 30mm，尽可能达到两个铁芯段的长度。由于铁芯的齿胀现象，插得太浅会使测量值偏大。采用开口槽铁芯的电机，塞尺不得插在线圈的槽楔上。

由于塞尺不成弧形，气隙测量值都比实际值小几忽米（1 忽米 = 0.1mm）。在小型电机中，由于塞尺与定子铁芯内圆的强度差得较多，加之铁芯表面的漆膜也有一定厚度，气隙测量误差较大，且随测量者对塞尺松紧的感觉不同而有差别。所以，对于小型电机，一般只用塞尺来检查气隙对称性，气隙大小按定子铁芯内径与转子铁芯外径之差来确定。

（2）对气隙大小及对称性的要求 11 号机座以上的电机，气隙实测平均值（铁芯表面喷漆者再加 0.05mm）与设计值之差，不得超过设计值的 ±（5 ～ 10）%。气隙过小，会影响电机的安全运转，气隙过大，会影响电机的性能和温升。

大型座式轴承电机的气隙不均匀度按下计算：

$$气隙不均匀度 = \frac{气隙（最大值或最小值）- 气隙（平均值）}{气隙（平均值）} \times 100\%$$

大型电机的气隙对称性可以调整，所以对基本要求较高，铁芯任何一端的气隙不均匀度不超过 5% ～ 10%，同一方向铁芯两端气隙之差不超过气隙平均值的 5%。

5.5 电动机的拆卸与安装

5.5.1 常用工具及材料

5.5.1.1 常用材料

（1）**漆包线** 漆包线是一种具有绝缘层的导电金属线，可供绕制电动机、变压器或电工产品的线圈和绕组。多采用圆铜或扁铜线。常用型号有：QQ 线（油性漆包线，漆层厚，用于油浸电机、潜水泵中）、QZ 线（聚酰胺漆包线，用于多种干式电机）、QF 线（耐氟漆包线，用于制冷压缩机，价格较高）等几种类型，并有多种规格型号见附录四。电机用 QQ、QI 型铜漆包线的直径、截面积数据见表 5-20。

（2）**接线电缆** 接线电缆用于电动机绕组与接线柱之间的接线。

（3）**各种绝缘材料** 电动机常用的绝缘材料主要包括：绝缘纸、绝缘套管、黄蜡绸（漆布）、绝缘漆，各种包扎用胶带。

常用的绝缘纸有云母、石棉、聚酯薄膜和双层复合膜清壳纸。常用的绝缘漆有沥青漆、油性漆、醇酸绝缘漆、聚酰胺漆等。

（4）**轴承** 轴承是转子与定子连接部件，用优质钢材制成，有各种型号及外形。在实际应用中，要求轴承转动灵活，无卡塞现象，框量小，内外直径要合适。

（5）**润滑油** 常用的润滑油有钙钠基质、钠基质、复合二硫化等几种。

5.5.1.2 常用的工具

常用的工具如试电笔、钢丝钳、螺丝刀、扳手、电工刀、扒子、錾子、万用表、兆欧表、电流表详见第 1 章 1.3 节和 1.4 节。

（1）**压线角和划线板** 如图 5-12 所示。划线片由竹片或塑料制成，也可用不锈钢和铁板磨制而成。主要用于在嵌线时将导线划入铁芯线槽和整理槽内的导线。

图5-12 压线角和划线板

压线板多由金属材料制成，可以压紧槽内的线圈，把高于线圈槽口的绝缘材料平整地覆盖在线圈上部，以便穿入槽楔。

（2）**绕线机和绕线模** 绕线机主要用于绕制各种电磁线圈，绕线机上配有读数盘和变速齿轮，分电动和手动两种。某些绕线机上配用数字读数装置。

绕线模有成套的标准绕线模，用塑料或木板制成，也可以自行制作。绕线机和绕线模如图5-13所示。

图5-13 绕线机和绕线模

（3）**转速表** 主要应用于测量电动机主轴的转速，常用有机械式和数字型两种，如图5-14所示为离心式转速表的使用方法。

机械式转速表　　　　数显式转速表

图5-14 转速表的外形

5.5.2 电动机的拆装

5.5.2.1 电动机的拆卸

（1）**拆卸皮带轮** 拆卸皮带轮的方法有两种，一是用两爪或三爪扒子拆卸，二是用锤子和铁棒直接敲击皮带轮拆卸。如图 5-15 所示。

图5-15 拆卸皮带轮

（2）**拆卸风叶罩** 用改锥或扳手卸掉风叶罩的螺钉，取下风叶罩。如图 5-16 所示。

(a) 取下螺钉　　　　　　　　　　　　(b) 取下风叶罩

图5-16 拆卸风叶罩

（3）**拆卸风扇** 用扳手取下风扇螺钉，拆下风扇，如图 5-17 所示。

（4）**拆卸后端盖** 取下后端盖的固定螺钉（当前后端盖都有轴承端盖固定螺钉时，应将轴承端盖固定螺钉同时取下），用锤子击电机轴，取下后端盖（也可以将电动机立起，蹲开电动机转子，取下端盖）。如图 5-18 所示。

（5）**取出转子** 当拆掉后端盖后，可以将转子慢慢抽出来（体积较大时，可以用吊制法取出转子），为了防止抽取转子时损坏绕组，应当在转子与绕组之间加垫绝缘纸。如图 5-19 所示。

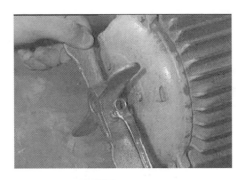

图5-17　拆卸风扇

图5-18　拆卸后端盖

图5-19　取出转子

5.5.2.2 电动机的安装

电动机所有零部件如图5-20所示，电动机安装的步骤如下。

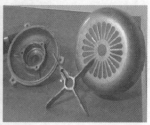

图5-20 电动机零部件图

（1）**安装轴承** 将轴承装入转子轴上，给轴承和端盖涂抹润滑油，如图5-21所示。

（2）**安装端盖** 将转子立起，装入端盖，用锤子在不同部位敲击端盖，直至轴承进入槽内为止。如图5-22所示。

图5-21 安装轴承及涂抹润滑油

图5-22 安装端盖

（3）**安装轴承端盖螺钉** 将轴承端盖螺钉安装并紧固。如图 5-23 所示。

图5-23 装好轴承端盖

图5-24 装入转子紧固端盖螺钉

（4）**装入转子** 装好轴承端盖后，将转子插入定子中，并装好端盖螺丝。如图 5-24 所示。在装入转子过程中，应注意转子不碰触绕组，以免造成绕组损坏。

（5）**装入前端盖**

① 首先用三根硬导线将端部折成 90° 弯，插入轴承端盖三个孔中，如图 5-25（a）所示。

② 将三根导线插入端盖轴承孔，如图 5-25（b）所示。

③ 将端盖套入转子轴，如图 5-25（c）所示。

④ 向外拽三根硬导线，并取出其中一根导线，装入轴承端盖螺钉，如图 5-25（d）所示。

⑤ 用锤子敲击前端盖，装入端盖螺钉，如图 5-25（e）所示。

⑥ 取出另外两根硬导线，装入轴承端盖螺钉，并装入端盖固定螺钉，将螺钉全部紧固，如图 5-25（f）所示。

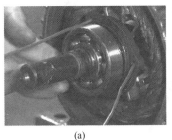

(a)   (b)

图5-25

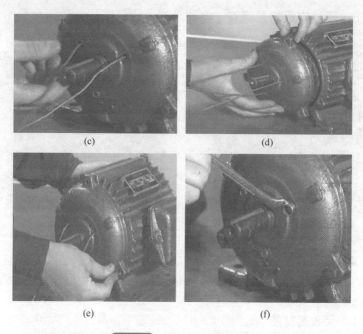

(c)　　　　　　　　　　　　(d)

(e)　　　　　　　　　　　　(f)

图5-25　前端盖的安装过程

（6）**安装扇叶及扇罩**　首先安装好扇叶，紧固螺钉，并将扇罩装入机身，如图 5-26 所示。

（7）**用兆欧表检测电动机绝缘电阻**　将电动机组装完成后，用万用表检测绕组间的绝缘及绕组与外壳的绝缘，判断是否有短路或漏电现象。如图 5-27 所示。

图5-26　安装扇叶和扇罩

图5-27　用兆欧表检测电动机绝缘电阻

（8）**安装电动机接线**　将电动机绕组接线接入接线柱，并用扳手紧固螺钉。如图 5-28 所示。

（9）**通电试转**　接好电源线，接通空气断路器（或普通刀开关），给电动机接通电源，电动机应该正常运转（此时可以应用转速表测量电动机的转速，电动机应当在额定转速内旋转）。如图 5-29 所示。

图5-28　绕组接线接入接线柱

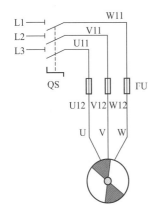

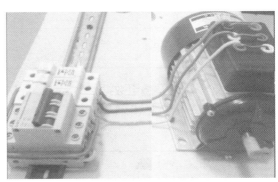

图5-29　接通电源试转

5.6　绕组重绕改制与常用计算

5.6.1　绕组重绕步骤

电动机最常见的故障是绕组短路或烧损，需要重新绕制绕组，绕组重绕的步骤如下。

5.6.1.1　记录各项数据

拆卸电动机并详细记录电动机的原始数据。

记录原始数据内容有：

（1）启用记录（表 5-9）

表5-9 启用记录

送机者姓名	单位_____	日期 ____年___月___日
损坏程度_____	所差件_____	应修部位
初定价_____	取机日期_____	其他事项_____
维修人员_____		

（2）铭牌数据（表5-10）

表5-10 铭牌数据

型号_____	极数_____极	转速_____r/min
功率_____W	电压_____V	电流_____A
电容器容量_____UF	电动机启动运转方式_____式	其他_____

（3）定子铁芯及绕组数据
（4）铁芯数据（表5-11）

表5-11 铁芯数据

定子外径_____mm	定子内径_____mm	定子有效长度_____mm
转子外径_____mm	定子轭高_____mm	定子铁芯外径_____mm
内径_____mm	长度_____mm	定槽数_____槽
导线ϕ_____mm	空气隙_____mm	转子槽数_____槽

（5）定子绕组数据（表5-12）

表5-12 定子绕组数据

导线规格_____	每槽导线数_____	线圈匝数_____
并绕根数_____	并联支路数_____	绕组形式_____
每极每相槽数_____	节距_____	
绕组形式_____式	线把组成_____	

若是单相电机正旋选波绕组还应记录：

第1个线把（从小线把开始）周长_____mm，匝数_____匝，绕线模标记_____ 。

第2个线把 周长 _____mm，匝数_____匝，绕线模标记_____。

第3个线把 周长 _____mm，匝数_____匝，绕线模标记_____。

第4个线把 周长 _____mm，匝数_____匝，绕线模标记_____。

第5个线把 周长 _____mm，匝数_____匝，绕组模标记_____。

第6个线把 周长 _____mm，匝数_____匝，绕线模标记_____。

启动绕_____匝，由_____mm，导线_____个线把组成。

第1个线把（从小线把开始）周长 _____mm，匝数_____匝，绕线模标记_____。

第2个线把 周长 _____mm，_____ 匝数_____匝，绕线模标记_____。

第3个线把 周长 _____mm，_____ 匝数_____匝，绕线模标记_____。

第4个线把 周长 _____mm，_____ 匝数_____匝，绕线模标记_____。

第5个线把 周长 _____mm，_____ 匝数_____匝，绕线模标记_____。

第6个线把 周长 _____mm，_____ 匝数_____匝，绕线模标记_____。

每个启动线圈_____圈，长度_____mm，导线直径_____mm。

运转绕线旧线重量 kg，用新线_____kg，

启动绕线旧线重量_____kg，用新线重量_____kg，

其他_____。

（6）转子绕组（绕线式）数据（表 5-13）

表5-13 转子绕组数据

导线规格_____	每槽导线数_____	线圈匝数_____
并绕根数_____	并联去路数_____	绕组形式_____
每极每相槽数_____		

（7）绝缘材料（表 5-14）

表5-14 绝缘材料

槽绝缘_____	绕组绝缘_____	外覆绝缘_____

（8）绕组展开图与接线草图

（9）故障原因及改进措施_____

（10）维修总结_____

5.6.1.2　拆除旧绕组

有三种方法，一种为热拆法，一种为冷拆法，再一种为溶剂溶解法。

先用錾子錾切线圈一端绕组（多选择有接线的一端），錾切时应注意錾子的角度，不能过陡或过平，以免损坏定子铁芯或造成线端不平整，给拆线带来困难。如图 5-30 所示。

用锤子、扁铲铲断一端的导流边

图5-30 錾切线圈

① 热拆法。錾切线圈后可以采用电烤箱（灯泡、电炉子等）进行加热，当温度升到 100℃时，用撬棍撬出绕组，如图 5-31 所示。

② 溶解法。用 9% 氢氧化钠溶液或 50% 丙酮溶液、20% 的酒精、5%

左右的石蜡、45%甲苯配成溶剂浸泡或涂刷 2 ～ 2.5h，使绝缘物软化后拆除（如图 5-32 所示）。由于溶剂有毒易挥发，使用时应注意人身安全。

图5-31 用撬棍撬出绕组

(a) 溶剂的配制

(b) 涂刷溶剂

(c) 拆除线圈

图5-32 溶解法拆除绕组

③ 冷拆法。用不同规格的冲子和锤子进行拆除，錾切好线圈后，首先用锤头对准錾切面锤击冲子，待所有槽中线圈松动后，在另一面用撬棍将线圈拆除即可。在冲线圈时不要用力过大，以免损坏槽口或铁芯

翘起。参见图 5-31。

> **注意**：拆除线圈时最好保留一个完整线圈，作为绕制新线圈的样品。

5.6.1.3 清理铁芯

线圈拆完后，应对定子铁芯进行清理。清理工具主要使用铁刷、砂纸、毛刷等。清理时应当注意铁芯是否有损坏，弯曲缺口，如有应予以修理，如图 5-33 所示。

(a) 用砂纸清理

(b) 用清槽刷清理

(c) 用毛刷扫干净

(d) 清理好的定子

图5-33 铁芯清理

5.6.1.4 绕制线圈

① 准备漆包线，从拆下的旧绕组中取一小段铜线，在火上烧一下，将漆皮擦除，用千分尺测量出漆包线的直径。选购同样的新漆包线（如

无合适的漆包线，可适当的选择稍大或稍小的导线待用）。

② 确定线圈的尺寸。将拆除完整的旧线圈进行整形，确定线圈的尺寸。如图 5-34 所示。

③ 选择线模。按照拆除完整的旧线圈的形状，选择合适的线模，在没有合适的线模，可以自行制作。如图 5-35 所示。

图5-34 线圈尺寸的确定

图5-35 线模的选择

④ 线圈的绕制。确定好线圈的匝数和模具后，即可以绕制线圈。绕制线圈时，先放置绑扎线，然后用绕线机绕制线圈，如图 5-36 所示。

注意： 如线圈有接头时，应插入绝缘管刮掉漆皮将线头拧在一起，并进行焊接，以确保导线良好。

(a) 绑扎线绕制

(b) 绕制线圈

(c) 漆包线支架

图5-36 线圈的绕制

⑤ 退模。线圈绕制好后，绑好绑扎线，松开绕线模，将线圈从绕线模中取出。如图 5-37 所示。

图5-37 退模及成品线圈

5.6.1.5 绝缘材料的准备

① 按铁芯的长度裁切绝缘纸。绝缘纸的长度应大于铁芯长度5 ～ 10mm，宽度应大于铁芯高度的2 ～ 4 倍。如图 5-38 所示。

② 放入绝缘纸，将裁好的绝缘纸放入铁芯，注意绝缘纸的两端不能太长，否则在嵌线时损坏绝缘。如图 5-39 所示。

图5-38 裁切绝缘纸　　　　图5-39 将绝缘纸放入定子铁芯

5.6.1.6 嵌线

线圈放入绝缘纸后，即可嵌线。三相电动机 24 槽双层绕组嵌线全过程可扫二维码学习。

① 准备嵌线工具。嵌线工具主要有压线板、划线板、剪刀、橡皮锤、打板等。

② 捏线。将准备嵌入的线圈的一边用手捏扁，并对线圈进行整形。如图 5-40 所示。

③ 嵌线和划线。将捏扁的线圈放入镶好绝缘纸的铁芯内，并用手直接拉入线圈。如有少数未入槽的导线，可用划线板划入槽内。如图 5-41 所示。

把线圈捏扁

图5-40 捏线

(a) 拉入线圈　　　　　　　　(b) 划线

图5-41 嵌线和划线

④ 裁切绝缘纸放入槽楔

a. 线圈全部放入槽内后，用剪刀剪去多余的绝缘纸，用划线板将绝缘纸压入槽内，如图 5-42 所示。

(a) 剪切槽口绝缘纸　　　　(b) 用划线板将绝缘纸压入槽入

图5-42 裁剪绝缘纸

b. 放入槽楔，用划线板压入绝缘纸后，可以用压角进行振压，然后将槽楔放入槽内。如图 5-43 所示。

图5-43 放入槽楔

297

　　c. 按照嵌线规律，将所有嵌线全部嵌入定子铁芯（有关嵌线规律见5.10 节），如图 5-44 所示。

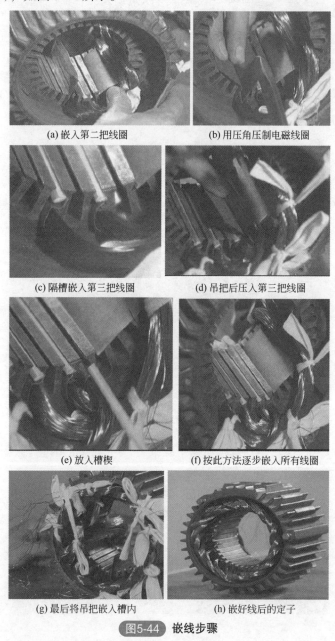

(a) 嵌入第二把线圈　　　　　　(b) 用压角压制电磁线圈

(c) 隔槽嵌入第三把线圈　　　　(d) 吊把后压入第三把线圈

(e) 放入槽楔　　　　　　　　　(f) 按此方法逐步嵌入所有线圈

(g) 最后将吊把嵌入槽内　　　　(h) 嵌好线后的定子

图5-44　嵌线步骤

5.6.1.7　垫相绝缘

嵌好线后，将绝缘纸嵌入导流边中，做好相间绝缘。如图5-45所示。

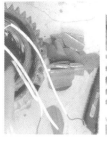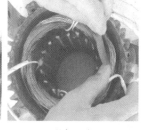

(a) 裁切相间绝缘　　　　(b) 垫相间绝缘　　　　(c) 垫好相间绝缘

图5-45　垫相绝缘

5.6.1.8　接线

按照接线规律，将各线头套入绝缘管，将各相线圈连接好，并接好连接电缆，接头处需要用铬铁焊接（大功率电动机需要使用火焰钎焊或电阻焊焊接）。如图5-46所示。电动机接线捆扎可扫二维码学习。

(a) 穿入绝缘管　　　　(b) 焊接接头

图5-46　接线

5.6.1.9　绑扎及整形

用绝缘带将线圈端部绑扎好，并用橡皮锤及打板对端部进行整形。如图5-47所示。

5.6.1.10　浸漆和烘干

电动机绕组浸漆的目的是提高绕组的绝缘强度、耐热性、耐潮性及导热能力，同时也增加绕组的机械强度和耐腐蚀能力。

（1）预加热　浸漆前要将电动机定子进行预烘，目的是排除水分潮

(a) 绑扎线圈　　　　　　　　(b) 整形

图5-47　绑扎及整形

气。预烘温度一般为110℃左右，时间约6～8h（小电动机用小值、中、大电动机用大值）。预烘时，每隔1h测量绝缘电阻一次，其绝缘电阻必须在3h内不变化，就可以结束预烘。如果电动机绕组一时不易烘干，可暂停一段时间，并加强通风，待绕组冷却后，再进行烘焙，直至其绝缘电阻达到稳定状态。如图5-48所示。

(a) 灯泡加热　　　　　　　　(b) 烤箱加热

图5-48　预加热

（2）浸漆　绕组温度冷到 50 ～ 60℃左右才能浸漆。E级绝缘常用1032三聚氰胺醇酸漆分两次浸漆。根据浸漆的方式不同，分为浇漆和浸漆两种。

浇漆是指将电动机垂直放在漆盘上，先浇绕组的一端，再浇另一端。漆要浇得均匀，全部都要浇到，最好重复浇几次。如图 5-49 所示。

浸漆指的是将电机定子浸入漆筒中 15min 以上，直至无气泡为止，再取出定子。电动机浸漆过程可扫二维码学习。

电动机浸漆

图5-49 浇漆

（3）**擦除定子残留漆** 待定子冷却后，用棉丝蘸松节油擦除定子及其他处残留的绝缘漆。目的是使安装方便，转子转动灵活。也可以待烤干后，用金属扁铲铲掉定子铁芯残留的绝缘漆。如图 5-50 所示。

图5-50 擦除定子残留漆

（4）**烘干** 如图 5-51 所示。 烘干的目的是使漆中的溶剂和水分挥发掉，使绕组表面形成较低坚固的漆膜。烘干最好分为两个阶段，第一阶段是低温烘焙，温度控制在 $70 \sim 80℃$，烘 $2 \sim 4h$。这样使溶剂挥发不太强烈，以免表面干燥太快而结成漆膜，使内部气体无法排出，第二阶段是高温阶段，温度控制在 $130℃$ 左右，时间为 $8 \sim 16h$。转子尽可能竖烘，以便校平衡。

在烘干过程中，每隔一小时用兆欧表测一次绕组对地的绝缘电阻。开始绝缘电阻下降，后来逐步上升，最后 3h 必须趋于稳定，电阻值一般在 $5M\Omega$ 以上，烘干才算结束。

图5-51 烘干

常用的烘干方法有以下几种。

① 灯泡烘干法。操作此法工艺、设备简单方便，耗电少，适用于小型电动机，烘干时注意用温度计监视定子内温度，不得超过规定的温度，灯泡也不要过于靠近绕组，以免烤焦。为了升温快，应将灯泡放入电机定子内部，并加盖保温材料（可以使用纸箱）。

② 烘房烘干法。在通电的过程中，必须用温度计监测烘房的温度，不得超过允许值。烘房顶部留有出气孔，烘房的大小根据常修电动机容量大小和每次烘干电动机台数决定。

③ 电流烘干法。将定子绕组接在低压电源上，靠绕组自身发热进行干燥。烘干过程中，须经常监视绕组温度。若温度过高应暂时停止通电，以调节温度，还要不断测量电动机的绝缘电阻，符合要求后就停止通电。

5.6.1.11　电动机绕组及电动机特性试验

① 电动机浸漆烘干后，应用兆欧表及万用表对电动机绕组进行绝缘检查。如图 5-52 所示，必须用兆欧表测量绕组对机壳及各相绕组相互间的绝缘电阻。绝缘电阻每千伏工作电压不得小于 $1M\Omega$，一般低压（380V）、容量在 100kW 以下的电动机不得小于 $0.5M\Omega$，滑环式电动机的转子绕组的绝缘电阻亦不得小于 0.5 兆欧。单相、三相电动机绕组好坏判断可扫二维码学习。

② 三相电流平衡试验　将三相绕组并联通入单相交流电（电压 24 ～ 36V），如图 5-53 所示。如果三相的电流平衡，表示没有故障；如果不平衡，说明绕组匝数或导线规格可能有错误，或者有匝间短路、接头接触不良等现象。

单相电机绕组判断

三相电机绕组判断

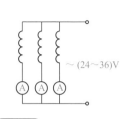

图5-52　电动机绝缘检查　　图5-53　三相电路平衡试验

③ 直流电阻测量。将要测量的绕组串联一只直流电流表接到 6 ～ 12 伏的直流电源上，再将一只直流电压表并联到绕组上，测出通过绕组的电流和绕组上的电压降，再算出电阻。或者用电桥测量各绕组的直流电阻，测量二次取其平均值，即 $R = \dfrac{R_1 + R_2 + R_3}{3}$。测得的三相之间的直流电阻误差不大于 ±2%，且直流电阻与出厂测量值误差不大于 ±2%，即为合格。但若测量时，温度不同于出厂测量温度，则可按下式换算（对铜导线）：

$$R_2 = R_1 \frac{235 + t_2}{235 + t_1}$$

式中　R_2——在温度 t_2 时的电阻；

R_1——在温度 t_1 时的电阻。

④ 耐压试验。耐压试验是做绕组对机壳及不同绕组间的绝缘强度试验。对额定电压 380V，额定功率为 1kW 以上的电动机，试验电压有效值为 1760V；对额定功率小于 1kW 的电动机，试验电压为 1260V。绕组在上述条件下，承受 1min 而不发生击穿者为合格。

⑤ 空载试验。电动机经上述试验无误后，对电动机进行组装并进行半小时以上的空载通电试验。如图 5-29 所示空载运转时，三相电流不平衡应在 ±10% 以内。如果空载电流超出容许范围很多，表示定子与转子之间的气隙可能超出容许值，或是定子匝数太少，或是应一路串联但错接成两路并联了；如果空载电流太低，表示定子绕组匝数太多，或应是△形连接但误接成 Y 形，两路并联错接成一路串联等。此外，还应检查轴承的温度是否过高，电动机和轴承是否有异常的声音等。滑环式异步电动机空转时，还应检查启动时电刷有无冒火花、过热等

现象。

5.6.2 电动机绕组重绕计算

在电动机的检修工作中，经常会遇到电动机铭牌丢失，或绕组数据无处考查的情况。有时还需要改变使用电压，变更电动机转速，改变导线规格来修复电动机的绕组。这时都必须经过一些计算，才能确定所需要的数据。电动机常用计算可扫二维码详细学习。部分计算实例如下。

5.6.2.1 改变导线规格的计算

（1）选其他规格导线　当修复一台电动机时，如果没有原来规格的导线，可以选用其他规格的导线，但其截面要等于或接近于原来的导线截面，使修复后电动机的电流密度不超过表5-15所列的数值。

表5-15　中小型电动机铜线电流密度容许值　　　　A/mm²

型式 \ 极数	2	4	6	8
封闭式	4.0～4.5	4.5～5.5		4.0～5.0
开启式	5.0～6.0	5.5～6.5		5.0～6.0

注：1. 表中数据适用于系列产品，对早年及非系列产品应酌情减低10%～15%。

2. 一般小容量的电动机取其较大值，较大容量的电动机取其较小值。

（2）改变线圈导线的并绕数　如果没有相同截面的导线，可以将线圈中较大截面的导线换为两根或数根较小截面的导线并绕，匝数不变。但此时需要考虑导线在槽内是否能装得下，也就是要验算电动机的槽满率。

所谓槽满率 F_m，就是槽内带绝缘导体的总截面与槽的有效截面的比值。

$$F_m = \frac{NS}{S'_C} = \frac{N(nd^2)}{S'_C} \times \frac{\pi}{4} \approx \frac{Nnd^2}{S'_C}$$

式中　N——槽内导体数；

d——带绝缘导线的外径；

n——每个线圈并绕导线的根数，由不同外径的导线并绕时，式中的 (nd^2) 应换以不同的线径平方之和，即 $nd^2 = d_1^2 + d_2^2 + d_3^2 + \cdots$；

S_C——定子铁芯槽的面积减去槽绝缘和槽楔后的净面积，mm²。

一般 F_m 值控制在 0.60～0.75 的范围内。

（3）改变绕组的并联支路数　原来为一个支路接线的绕组，如果没有相同规格的导线，可换用适当规格的导线，并改变其支路数。

在改变支路数的线圈中，每根导线的截面积 S 与支路数 a 成反比。

$$S_{\text{II}} = \frac{S_{\text{I}}}{a_{\text{II}}}$$

每个线圈的匝数 W 与并联支路数 a 成正比：

$$W_{\text{II}} = a_{\text{II}} W_{\text{I}}$$

在公式中，字母下脚注有 I 者为原有数据；注有 II 者，为改变支路数后的各种数据。

5.6.2.2　电动机重绕线圈的计算

若鼠笼式异步电动机的铭牌和绕组数据已遗失，根据电动机铁芯，可按下述方法重算定子绕组（适用于 50Hz、100kW 以下低压绕组）。

（1）先确定重绕后电动机的电源电压和每分钟转速（或极数）。

（2）测量定子铁芯内径 D_1（cm），铁芯长度 L（不包括通风槽）（cm），定子槽数 Z_1，定子槽截面积 S_C（mm²），定子齿的宽度 b_2（cm）和定子轭的高度 h_a（cm）。选 p 为磁极对数。

（3）极距

$$\tau = \frac{\pi D_1}{2p} \text{（cm）}$$

（4）每极磁通

$$\Phi = 0.637 \tau L B_g \times 0.92 \text{（Mx）}$$

式中　B_g——气隙磁通密度（Gs）；

　　　L——铁芯长度，（cm）。

（5）验算轭磁通密度

$$B_a = \frac{\Phi}{2 h_a L \times 0.92} \text{（Gs）}$$

计算所得的 B_a 值应按表 5-16 核对，如相差很大，就说明极数 $2p$ 选择得不正确，应重新选择极数；如相差不大，可重新选择 B_g，以适合表 5-16 中 B_a 的数值。

（6）验算齿磁通密度

$$B_z = \frac{1.57\Phi}{\dfrac{Z_1}{2p} b_z L \times 0.92} \text{（Gs）}$$

所得 B_z 值应符合表 5-16 的数值，如有相差可以重选 B_g 值（重复

以上计算得出 B_z 值应符合表 5-16 的数值）。

表5-16 小型异步电动机定子绕组电磁计算的参考数据

数值名称	符号	单位	定子铁芯外径 /mm		
			150 ～ 250	200 ～ 350	350 ～ 750
气隙磁通密度	B_g	Gs	6000 ～ 7000	6500 ～ 7500	7000 ～ 8000
轭磁通密度	B_a	Gs	11000 ～ 15000	12000 ～ 15000	13000 ～ 15000
齿磁通密度	B_z	Gs	13000 ～ 16000	14000 ～ 17000	15000 ～ 18000
A级绝缘防护式电动机定子绕组的电流密度	j_1	A/mm²	5 ～ 6	5 ～ 5.6	5 ～ 5.6
A级绝缘封闭式电动机定子绕组的电流密度	j_1	A/mm²	4.8 ～ 5.5	4.2 ～ 5.2	3.7 ～ 4.2
线负载	AS	A/cm	150 ～ 250	200 ～ 350	350 ～ 400

（7）确定线圈节距的绕组系数 K

单层线圈采用全节距

$$Y = \frac{Z_1}{2p}$$

双层线圈采用短节距，短距系数 β 按下式计算

$$\beta = \frac{Y_2}{Y}$$

式中 Y——短距线圈的节距。

一盘取短距系数 B 约在 0.8 左右，根据短距系数及分布系数 γ（由每极每相的线圈元件数来决定）按表 5-17 决定绕组系数 K。

（8）绕组每相匝数

单层绕组 $W_1 = \dfrac{U_{xg} \times 10^6}{2.22\Phi}$（匝相）

双层绕组 $W_2 = \dfrac{U_{xg} \times 10^6}{2.22K\Phi}$（匝相）

（9）每槽有效导线数

$$n_0 = \frac{6W_1}{Z_1}（根 / 槽）$$

表5-17 双层短距绕组的绕组系数 K

每极每相的线圈元件数	分颁布系数（γ）	短距系数（β）								
		0.95	0.90	0.85	0.80	0.75	0.70	0.65	0.60	0.55
1	1.0	0.997	0.988	0.972	0.951	0.924	0.891	0.853	0.809	0.760
2	0.966	0.963	0.954	0.939	0.910	0.893	0.861	0.824	0.784	0.735
3	0.960	0.957	0.948	0.933	0.913	0.887	0.855	0.819	0.777	0.730
4	0.985	0.955	0.947	0.931	0.911	0.885	0.854	0.817	0.775	0.728
5～7	0.957	0.954	0.946	0.930	0.910	0.884	0.853	0.816	0.774	0.727

（10）导线截面积

$$S_1 = \frac{S_c K_r}{n_c} \ (\text{mm}^2)$$

式中　S_c——槽的截面积，mm^2；

　　　K_r——槽内充填系数。当采用双纱包圆铜线时，$K_r=0.35\sim0.42$；采用单纱漆包线时，$K_r=0.43\sim0.45$；采用漆包线时 $K_r=0.46\sim0.48$。

当导线截面较大时，可采用多根导线并联绕制线圈，或按表5-18采用2路以上的并联支路数，这时每根导线截面积 S_x 按下式计算

$$S_x = \frac{S_1}{2an}$$

式中　n——每个线圈的并绕导线数；

　　　2——系数，表示双层绕组。

表5-18　三相绕组并联支路数a

极数	2	4	6	8	10	12
并联支路数	1、2	1、2、4	1、2、3、6	1、2、3、8	1、2、5、10	1、2、3、4、6、12

（11）确定每根导线的直径

$$d = \sqrt{\frac{S_x}{\pi/4}} \ (\text{mm})$$

（12）每相绕组容许通过的电流

$$I_{nxg} = S_1 j_1 = 2an S_x j_1 \ (A)$$

式中　j_1——电流密度，由表5-16查出。

（13）验算线负荷

$$AS = \frac{I_n n_c Z_1}{\pi D_1} \ (A/cm)$$

计算所得值应符合表 5-16，否则应重选 j_1。

（14）确定电动机额定功率

$$P_n = 3U_{xg}I_{nxg}\cos\phi\eta \times 10^{-3} = \sqrt{3}\ U_nI_n\cos\phi\eta \times 10^{-3}\ (kW)$$

【例5-1】 一台防护式鼠笼型异步电动机，其铭牌和绕组数据已遗失，定子铁芯的数据测量如下：定子铁芯外径 $D = 38.5cm$，定子铁芯内径 $D_1 = 25.4cm$，定子铁芯长度 $L = 18cm$，定子槽数 $Z_1 = 48$，定子槽截面积 $S_c = 252mm^2$，定子齿的宽度 $b_z = 0.70cm$，定子轭的高度 $h_a = 3.7cm$，求定子绕组数据和电动机功率。

解：（1）确定电源电压为3相、50Hz、380V，电动机转速为1440r/min（即磁极对数为4极）。

（2）定子铁芯数据已测得。

（3）极距

$$\tau = \frac{\pi D_1}{2p} = \frac{3.14 \times 25.4}{4} = 20\,(cm)$$

（4）根据定子铁芯外径 $D = 38.5cm$，取 $B_g = 7500Gs$，故每极磁通：

$$\Phi = 0637\tau LB_g \times 0.92 = 0.637 \times 20 \times 18 \times 7500 \times 0.92 = 1.58 \times 10^6\,(Mx)$$

（5）验算轭磁通密度

$$B_a = \frac{\Phi}{2h_aL \times 0.92} = \frac{1.58 \times 10^6}{2 \times 3.7 \times 18 \times 0.92} \approx 13000\,(Gs)$$

计算所得 B_a 值基本符合表5-16中的范围。

（6）验算齿磁通密度

$$B_z = \frac{1.57\Phi}{\dfrac{Z_1}{2p}b_zL \times 0.92} = \frac{1.57 \times 1.58 \times 10^6}{\dfrac{48}{4} \times 0.7 \times 18 \times 0.92} = 17832\,(Gs)$$

B_z 值符合表5-16中的范围。

（7）选用双层叠绕线圈，短节距。取短距系数 $\beta = 0.8$。

$$Y_1 = \beta\frac{Z_1}{2p} = 0.8 \times \frac{48}{4} \approx 10$$

故线圈槽距为1～11。每根每相元件数为3，得绕组系数 $K = 0.913$。

（8）采用△接法，$U_{xg} = 380V$。

绕组每相匝数

$$W_2 = \frac{U_{xg} \times 10^6}{2.22\Phi K} = \frac{380 \times 10^6}{2.22 \times 1.58 \times 10^6 \times 0.913} = 119\,(匝/相)$$

（9）每槽有效导线数

$$n_c = \frac{6W_2}{Z_1} = \frac{6 \times 119}{48} = 14.9 \text{（根／槽）}$$

n_c 应为整数，且双层绕组应取偶数，故取 $n_c = 14$（根／槽）

（10）导线采用高强度漆包线，其截面：

$$S_1 = \frac{S_c K_r}{n_c} = \frac{252 \times 0.46}{14} = 8.41 \text{（mm}^2\text{）取近似值面积约为 8.28mm}^2$$

导线。

又因单根导线截面较大，分为三根并绕，每根导线的截面为 $8.28 \div 3 = 2.76$（mm^2）

（11）查漆包线截面表（表 5-20），截面为 2.76mm² 的漆包线，标称直径取 1.88mm。

（12）由表 5-16 取 $j_1 = 5.0\text{A/mm}^2$，故相电流

$$I_{nxg} = S_1 j_1 = 8.28 \times 5 = 41.4 \text{（A）}$$

（13）验算线负荷

$$AS = \frac{I_n n_c Z_1}{\pi D_1} = \frac{41.4 \times 14 \times 48}{3.14 \times 25.4} = 349 \text{（安／匝）}$$

计算所得 AS 值符合表 5-16 内的范围。

（14）根据极数和相电流关系查函数表，取 $\cos\phi$ 为 0.88，η 为 0.895，故电动机的功率为：

$$P_n = \sqrt{3} \ U_n I_n \cos\phi \eta \times 10^{-3} = 1.73 \times 380 \times 41.4 \times 0.88 \times 0.895 \times 10^{-3} = 21.4 \text{（kW）}$$

5.6.3 电动机改极计算

在生产中，有时需改变电动机绕组的连接方式，或重新配制绕组来改变电动机的极数，以获得所需要的电动机转速。

5.6.3.1 改极计算

改极计算应注意以下事项如下。

① 由于电动机改变了极数，必须注意，定子槽数 Z_1 与转子槽数 Z_2 的配合不应有下列关系：

$$Z_1 - Z_2 = \pm 2p$$
$$Z_1 - Z_2 = 1 \pm 2p$$
$$Z_1 - Z_2 = \pm 2 \pm 4p$$

否则电动机可能发生强烈的噪声，甚至不能运转。

② 改变电动机极数时，必须考虑到电动机容量将与转速近似成正比地变化。

③ 改变电动机转速时，不宜使其前后相差过大，尤其是提高转速时应特别注意。

④ 提高转速时，应事先考虑到轴承是否会过热或寿命过低，转子和轴的机械强度是否可靠等，必须进行验算。

⑤ 绕线式电动机改变极数时，必须将定子绕组和转子绕组同时更换。所以一般只对鼠笼式电动机定子线圈加以改制。

5.6.3.2　改变极数的两种情况

一种是不改变绕组线圈的数据，只改变其极相组及极间连线，其电动机容量保持不变。此时，应验算磁路各部分的磁通密度，只要没有达到饱和值或超过不多即可。

另一种情况是重新计算绕组数据。改制前，应确切记好电动机的铭牌、绕组和铁芯的各项数据，并按所述方法计算改制前绕组的 W_1、Φ、B_z、B_a、n_c 和 AS 等各项数据，以便和改制后相应的数据对比。

（1）改制后提高电动机转速的方法和步骤

① 改制后极距 $\tau' = \dfrac{\pi D_1}{2p'}$（cm）

② 改制后每极磁通 $\Phi' = 1.84 h_a L B'_a$（Mx）

式中　B'_a——改制后轭磁通密度可选为18000Gs。由于改制后电动机极数减少，因此B'_a增高，为了不使轭部温升过高，B'_a不宜超过18000Gs。

（2）改制后绕组每相串联匝数

单层绕组 $W_1 = \dfrac{U_{xg} \times 10^6}{2.22\Phi'}$（匝／相）

双层绕组 $W'_1 = \dfrac{U_{xg} \times 10^6}{2.22K'\Phi'}$（匝／相）

其余各项数据的计算与旧定子铁芯重绕线圈的计算相同。但由于转速提高后极距 r 增加，所以气隙磁通密度 B_g 和齿的轭磁通密度 B_z 的数值比表中的相应数值小。

（3）改制后降低电机转速的计算方法

① 极距 $\tau' = \dfrac{\pi D_1}{2p'}$（cm）

② 每极磁通 $\Phi' = 0.586\tau' L B'_a$（Mx）

由于极数增加，极距 τ 减小，定子轭磁通密度显著减小，因此，B_g数值较改制前 B_g 数值提高 5%～14%，B_z 值也相应提高 5%～10%。

其余各项数据计算与电动机空壳重绕线圈的计算相同。

> **提示：** 异步电动机改变极数重绕线圈后，不能保证铁芯各部分磁通保持原来的数值，因而 η、$\cos\phi$、I_0、启动电流等技术性能指标也有较大的变动。

5.6.3.3 改压计算

（1）要将原来运行于某一电压的电动机绕组改为另一种电压时，必须使线圈的电流密度和每匝所承受的电压尽可能保持原来的数值，这样可使电动机各部温升和机械特性保持不变。

改变电压时，首先考虑能否用改变接线的方法使该电动机适用于另一电压。

计算公式如下：

$$K\% = \frac{U'_{xg}}{U_{xg}} \times 100\%$$

式中　$K\%$——改接前后的电压比；

　　　U'_{xg}——改接后的绕组相电压；

　　　U_{xg}——改接前的绕组相电压。

根据计算所得的电压比 $K\%$ 再查阅表 5-19，查得的"绕组改接后接线法"应符合表 5-19 的规定，同时由于改变接线时没有更换槽绝缘，必须注意原有绝缘能否承受改接后所用的电压。

（2）如果无法改变接线，只得重绕线圈。重绕后，绕组的匝数 W_1 和导线的截面积 S_1 可由下式求得。

$$W_1 = \frac{U'_{xg}}{U_{xg}} W_1$$

$$S'_1 = \frac{U'_{xg}}{U_{xg}} S_1$$

式中　W_1——定子绕组重绕前的每相串联匝数；

　　　S_1——定子绕组重绕前的导线截面积，mm^2。

如果导线截面积较大时，可采用并绕或增加并联支路数。如果电动机由低压改为高压（500V 以上）时，因受槽形及绝缘的限制，电动机容量必须大大地减少，所以一般不宜改高压。当电动机由高压改为低压使用时，绕组绝缘可以减薄，可采用较大截面的导线，因此电动机的出力可稍增大。

表5-19　三相绕组改变接线的电压比（K%）

绕组原来接线法 ＼ 绕组改成后接线法	一路 Y形	二路并联 Y形	三路并联 Y形	四路并联 Y形	五路并联 Y形	六路并联 Y形	八路并联 Y形	十路并联 Y形	一路 △形	二路并联 △形	三路并联 △形	四路并联 △形	五路并联 △形	六路并联 △形	八路并联 △形	十路并联 △形
一路 Y形	100	50	33	25	20	17	12.5	10	58	69	19	15	12	10	7	6
二路并联 Y形	200	100	67	50	40	33	25	20	116	58	39	29	23	19	15	11
三路并联 Y形	300	150	100	75	60	50	38	30	173	87	58	43	35	29	22	17
四路并联 Y形	400	200	133	100	80	67	50	40	232	116	77	58	46	39	29	23
五路并联 Y形	500	250	167	125	100	83	63	50	289	144	96	72	58	48	36	29
六路并联 Y形	600	300	200	150	120	100	75	60	346	173	115	87	69	58	43	35
八路并联 Y形	800	400	267	200	160	133	100	80	460	232	152	120	95	79	58	46
十路并联 Y形	1000	500	333	250	200	167	125	100	580	290	190	150	120	100	72	58
一路 △形	173	86	58	43	35	29	22	17	100	50	33	25	20	17	12.5	10
二路并联 △形	346	173	115	87	69	58	43	35	200	100	67	50	40	33	25	20
三路并联 △形	519	259	173	130	104	87	65	52	300	150	100	75	60	50	38	30
四路并联 △形	692	346	231	173	138	115	86	69	400	200	133	100	80	60	50	40
五路并联 △形	865	433	288	216	173	144	118	86	500	250	167	125	100	80	63	50
六路并联 △形	1038	519	346	260	208	173	130	104	600	300	200	150	120	100	75	60
八路并联 △形	1384	688	404	344	280	232	173	138	800	400	267	200	160	133	100	80
十路并联 △形	1731	860	580	430	350	290	216	173	1000	500	333	250	200	167	125	100

【例5-2】 有一台3000W、8极、一路Y形接线的异步电动机要改变接线，使用于380V的电源上，应如何改变接线？

解： 首先计算改接前后的电压比$K\%$

$$K\% = \frac{380}{3000} \times 100\% = 12.7\%$$

再查"绕组原来接线法"栏第一行第七列"八路并联Y形"下的数字12.5不仅相近，而这种接线又符合表5-19中的规定，所以该电机可以接受八路并联Y形，运行于380V的电源电压。

5.6.3.4 导线的代换

（1）铝导线换成铜导线 电动机中的绕组采用铝导线，在修复时如果没有同型号的铝导线，要经过计算把铝导线换成铜导线。

因为铜导线是铝导线电阻系数的1/1.6倍，为了保持原定子绕组的每相阻抗值不变与通过定子绕组的电流值不变，根据公式$d_{铜}=0.8d_{铝}$的公式可计算出所要代换铜导线的直径。式中$d_{铜}$代表铜导线直径，$d_{铝}$代表铝导线直径。

例如有一台电动机的绕组直径是1.4mm铝导线，修理时因没有这种型号的铝导线，问需要多大直径的铜导线？

根据公式$d_{铜}=0.8d_{铝}$，$d_{铜}=0.8 \times 1.4=1.12$（mm）

改后应需直径是1.12mm铜导线。根据这个例子可以看出，铝导线换成铜导线直径变小，槽满率（槽满率就是槽内带绝缘体的总面积与铁芯槽内净面积的比值）下降。在下线时可以多垫一层绝缘纸，但并绕根数、匝数必须与改前相同。一般电动机不管用什么材料的导体和绝缘材料，出厂时槽满率都设计在60%～80%之间。

（2）铜导线换成铝导线 如果将铝导线换用铜导线绕制的电动机绕组中要经过计算。公式是：

$$d_{铝} = \frac{d_{铜}}{0.8}$$

如一台5.5kW电动机，铜导线直径是1.25mm，准备改铝导线，问需多大直径的铝导线？

根据公式$d_{铝}=\frac{1.25}{0.8}=1.5$，通过计算要选用直径是1.5mm的铝导线。

通过上式可以看出以铝导线代换铜导线时，导线加粗了，槽满率会提高，给下线带来困难。最好先绕出一把线试一下，如果改后铝线能下入槽中则改，槽满率过高不能下入槽中就不改。改后铝导线在接线时没有焊接材料，不能焊接时，可直接绞在一起，但一定要把铝接头拧紧，防止接触不良打火而烧坏线头。

（3）**两种导线的代换** 同种导线代换是根据代换前后导线截面积相等的条件而代换的，表 5-20 中列出了 QQ 与 QI 型直径 0.06 ~ 2.44mm 铜漆包线的规格，有了导线直径就可以直接查出该导线的截面积。

实际情况中有时想把原电动机绕组中两根导线变换成一根，有时想把原绕组一根导线变换成两根，这就需要计算。

表5-20 QQ、QI型漆包线的直径、截面积

导线直径 /mm	带漆导线直径 /mm	导线截面积 /mm^2	导线直径 /mm	带漆导线直径 /mm	导线截面积 /mm^2
0.06	0.09	0.00283	0.35	0.41	0.0962
0.07	0.10	0.00385	0.38	0.44	0.1134
0.08	0.11	0.00503	0.41	0.47	0.1320
0.09	0.12	0.00636	0.44	0.50	0.1521
0.10	0.13	0.00785	0.47	0.53	0.1735
0.11	0.14	0.00950	0.49	0.55	0.1886
0.12	0.15	0.01131	0.51	0.58	0.204
0.13	0.16	0.0133	0.53	0.60	0.221
0.14	0.17	0.0154	0.55	0.62	0.238
0.15	0.18	0.01767	0.57	0.64	0.256
0.16	0.19	0.0201	0.59	0.66	0.273
0.17	0.20	0.0277	0.62	0.69	0.302
0.18	0.21	0.0275	0.64	0.72	0.322
0.19	0.22	0.0284	0.67	0.75	0.353
0.20	0.23	0.0314	0.69	0.77	0.374
0.21	0.24	0.0346	0.72	0.80	0.407
0.23	0.25	0.0415	0.74	0.83	0.430
0.25	0.28	0.0491	0.77	0.86	0.466
0.27	0.30	0.0573	0.80	0.89	0.503
0.29	0.32	0.0661	0.83	0.92	0.541
0.31	0.34	0.0775	0.85	0.95	0.561
0.33	0.36	0.855	0.90	0.99	0.606

导线直径 /mm	带漆导线直径 /mm	导线截面积 /mm²	导线直径 /mm	带漆导线直径 /mm	导线截面积 /mm²
0.93	1.02	0.670	1.50	1.61	1.767
0.96	1.05	0.724	1.56	1.67	1.911
1.00	1.11	0.785	1.62	1.73	2.06
1.04	1.15	0.840	1.68	1.79	2.22
1.08	1.20	0.916	1.74	1.85	2.38
1.12	1.23	0.985	1.81	1.93	2.57
1.16	1.27	1.057	1.88	2.00	2.78
1.20	1.31	1.131	1.95	2.07	2.99
1.25	1.36	1.227	2.02	2.14	3.20
1.30	1.41	1.327	2.10	2.23	3.46
1.35	1.46	1.431	2.26	2.39	4.01
1.40	1.51	1.539	2.44	2.57	4.68
1.45	1.56	1.651			

　　例如 J02-51-4 型 7.5kW 电动机，该电动机绕组用 ϕ1.00mm 漆包线 2 根并绕，每把线是 38 匝，在修理时无 ϕ1.00mm 导线，电动机又急等使用，这就要经过计算，2 根导线用一根代替，要保证代换前 2 根 ϕ1.00mm 漆包线的截面积与代换后一根漆包线截面积相同。经查表可知 ϕ1.00mm 导线截面积是 0.785（mm²），两根截面积为 0.785×2 = 1.57（mm²），查表截面积 1.57（mm²）只近似于 1.539 mm²，截面积在 1.539（mm²）所对应导线直径为 1.4mm，所以双根 ϕ1.00mm 漆包线并绕可用一根 ϕ1.40mm 漆包线代换，原双根并绕是 38 匝（对），改后用 ϕ1.40mm 漆包线仍绕出 38 匝即可。

（4）线把导线直径和匝数

　　① 导线的直径：是指导线绝缘皮去掉的直径，用毫米做单位，测量导线之前要先把导线的绝缘皮用火烧掉，一般把导线端部用火烧红一两遍，用软布擦几次，就把绝缘层擦没了，切不可用刀子刮或用砂布之类擦导线绝缘层，那样测出的导线直径就不准了。测量导线要用千分尺，这是修理电动机必备的测量工具，使用方法见产品说明书，也可以向车工师傅请教。

实际三相异步电动机用导线是在φ0.57mm至φ1.68mm之间，在一个线把中多用一样直径的导线绕制，但也有的电动机每一个线把是用两种或两种以上规格的导线绕制而成。比如JQ-83-4，J0-62-6型电动机，每把线的直径就是用φ1.35mm和φ1.45mm双根线并绕的，所以拆电动机绕组时要反复测准每把线中每种导线的直径。

② 线把的匝数：是指单根导线绕制的总圈数。比如J02-41-4kW电动机技术数据表上标明，导线直径为100mm，并绕根数是1，匝数是52，就是说这种电动机每一个线把直径用1mm导线单根绕52圈而绕制的。

（5）**线把的多根并绕**　多根并绕是用两根以上导线并绕成线把，在绕组设计中，不能靠加大导线直径来提高通过线把中的电流，因导线的"集肤"效应，使导线外部电流密度增大，温度增高，加速导线绝缘老化，导线粗，也给嵌线带来困难，这就靠导线的多根并绕来解决。在三相异步电动机中每把线并绕根数在2～12根之间，检查多根并绕时，每把线的头尾是几根线，证明这个电动机绕组中每把线就是几根并绕

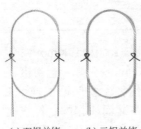

(a) 双根并绕　　(b) 三根并绕

图5-54　线把的多根并绕

的，图5-54（a）线把的头尾是两根，这个线把就是双根并绕，图5-54（b）线把的头尾是3根，这个线把是3相并绕。J03-280S-2型100kW电动机每把线的头尾起12根线头，这种绕组的线把就是12根并绕。

在绕组展开图中，不管线把是几根并绕，都用图5-54（a）或图5-54（b）来表示，在绕组展开图上表现不出多根并绕，只是在技术数据表上标明。多根并绕的线把代表截面积加大的一根导线绕制出的线把。弄明白线把的多根并绕，这样才能与下面讲的多路并联区别开。

多根并绕线把的匝数等于这个线把总匝数被并绕根数所除，商就是这个线把的匝数。比如J02-51-4型7.5kW电动机是双根并绕，数得每把线是76匝，76匝被2所除，商数是38匝，这把线的匝数就是38匝。数据表上写着2根并绕，匝数是38匝就是这个意思。在绕制新线把时，还要用同型号导线双根并在一起，绕出38匝，最简单的办法是，线把是几根并绕就几根并在一起看做是一根导线，绕出固定的匝数。

5.7 三相异步电动机的机构及工作原理

5.7.1 三相电动机的结构

三相异步电动机由两个基本组成部分：静止部分即定子，旋转部分即转子。在定子和转子之间有一很小的间隙，称为气隙。图 5-55 所示为封闭式三相笼型异步电动机的外形和内部结构图。

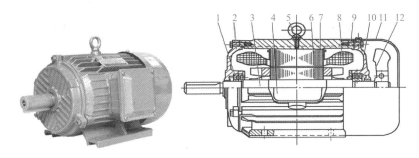

图5-55 封闭式三相笼型异步电动机外形及内部结构图

1—轴承；2—前端盖；3—转轴；4—接线盒；5—吊环；6—定子铁芯；

7—转子；8—定子绕组；9—机座；10—后端盖；11—风罩；12—风扇

5.7.1.1 定子

三相异步电动机的定子由机座、定子铁芯和定子绕组等组成。

（1）机座 如图 5-56 所示，机座的主要作用是固定和支撑定子铁芯，所以要求有足够的机械强度和刚度，还要满足通风散热的需要。

接线盒

定子铁芯

定子绕组

机座

图5-56 机座

（2）**定子铁芯**　如图 5-57 所示。定子铁芯的作用是作为电动机中磁路的一部分和放置定子绕组。为了减少磁场在铁芯中引起的涡流损耗和磁滞损耗，铁芯一般采用导磁性良好的硅钢片叠装压紧而成，硅钢片两面涂有绝缘漆，硅钢片厚度一般在 0.35 ~ 0.5mm 之间。

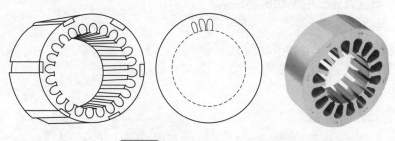

图5-57　定子铁芯及冲片示意图

（3）**定子绕组**　定子绕组是定子的电路部分，其主要作用是接三相电源，产生旋转磁场。三相异步电动机定子绕组有三个独立的绕组组成，三个绕组的首端分别用 A_1、V_1、W_1 表示，其对应的末端分别用 A_2、V_2、W_2 表示，6 个端点都从机座上的接线盒中引出。

5.7.1.2　转子

三相异步电动机的转子主要由转子铁芯、转子绕组和转轴组成。

（1）**转子铁芯**　如图 5-58 所示。转子铁芯也是作为主磁路的一部分，通常由 0.5mm 厚的硅钢片叠装而成。转子铁芯外圆周上有许多均匀分布的槽，槽内安放转子绕组。转子铁芯为圆柱形，固定在转轴或转子支架上。

图5-58　转子铁芯

（2）**转子绕组**　转子绕组的作用是产生感应电流以形成电磁转矩，它分为笼形和绕线式两种结构。

① 笼形转子　如图 5-59 所示。在转子的外圆上有若干均匀分布的平行斜槽，每个转子槽内插入一根导条，在伸出铁芯的两端，分别用两个短路环将导条的两端联结起来，若去掉铁芯，整个绕组的外形就像一个笼，故称笼形转子。笼形转子的导条的材料可用铜或铝。

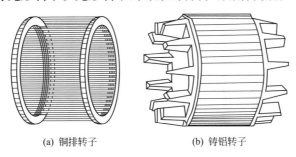

(a) 铜排转子 　　　　　(b) 铸铝转子

图5-59　笼形转子绕组

② 绕线式转了　如图 5-60 所示。它和定子绕组一样，也是一个对称三相绕组，这个三相对称绕组接成星形，然后把三个出线端分别接到

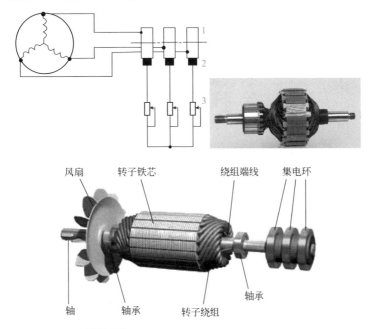

图5-60　绕线式转子与外加变阻器的连接

1—集电环；2—电刷；3—变阻器

转子轴上的三个集电环上，再通过电刷把电流引出来，使转子绕组与外电路接通。绕线式转子的特点是可以通过集电环和电刷在转子绕组回路中接入变阻器，用以改善电动机的启动性能，或者调节电动机的转速。

5.7.1.3 气隙

三相异步电动机的气隙很小，中小型电动机一般为 0.2 ~ 21mm。气隙的大小与异步电　动机的性能有很大的关系，为了降低空载电流、提高功率因数和增强定子与转子之间的相互感应作用，三相异步电动机的气隙应尽量小，但是，气隙也不能过小，不然会造成装配困难和运行不安全。

5.7.2 三相交流异步电动机的工作原理

三相异步电动机是利用定子绕组中三相交流电所产生的旋转磁场与转子绕组内的感应电流相互作用而工作的。

三相交流电的旋转磁场： 所谓旋转磁场就是一种极性和大小不变，且以一定转速旋转的磁场。由理论分析和实践证明，在对称的三相绕组中通入对称的三相交流电流时会产生旋转磁场。如图 5-61 所示为三相异步电动机最简单的定子绕组，每相绕组只用一匝线圈来表示。三个线圈在空间位置上相隔 120°，作星形连接。

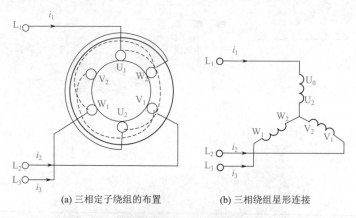

(a) 三相定子绕组的布置　　　　(b) 三相绕组星形连接

图5-61 三相定子绕组

把定子绕组的三个首端 A_1、V_1、W_1 同三相电源接通，这样，定子绕组中便有对称的三相电流 i_1，i_2，i_3 流过，其波形如图 5-62 所示。规定电流的参考方向由首端 A_1、V_1、W_1 流进，从末端 A_2、V_2、W_2 流出。

为了分析对称三相交流电流产生的合成磁场，可以通过研究几个特定的瞬间来分析整个过程。

当 $t=0°$ 时，$i_1=0$，第一相绕组（即 U_1、U_2 绕组）此时无电流；i_2 为负值，第二相绕组（即 V_1、V_2 绕组）中的实际的电流方向与规定的参考方向相反，也就是说电流从末端 V_2 流入，从首端 V_1 流出；i_3 为正值，第三相绕组（即 W_1、W_2 绕组）中的实际电流方向与规定的参考方向一致，也就是说电流是从首端 W_1 流入，从末端 W_2 流出，如图 5-62（a）所示。运用右手螺旋定则，可确定这一瞬间的合成磁场。从磁力线图来看，这一合成磁场和一对磁极产生的磁场一样，相当于一个 N 极在上、S 极在下的两极磁场，合成磁场的方向此刻是自上而下。

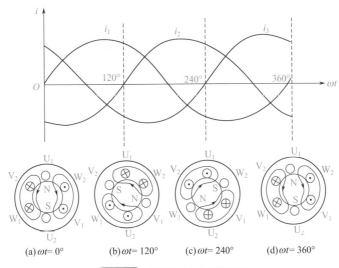

(a) $\omega t=0°$ 　　(b) $\omega t=120°$ 　　(c) $\omega t=240°$ 　　(d) $\omega t=360°$

图5-62　**两极旋转磁场的产生**

当 $\omega t=120°$ 时，i_1 为正值，电流从 U_1 流进，从 U_2 流出；$i_2=0$，i_3 为负值，电流从 W_2 流进，从 W_1 流出。用同样的方法可画出此时的合成磁场，如图 5-62（b）所示。可以看出，合成磁场的方向按顺时针方向旋转了 120°。

当 $\omega t=240°$ 时，i_1 为负值；i_2 为正值；$i_3=0$。此时的合成磁场又顺时针方向旋转了 120°，如图 5-62（c）所示。

当 $\omega t=360°$ 时，$i_1=0$；i_2 为负值；i_3 为正值。其合成磁场又顺时针方向旋转了 120°，如图 5-62（d）所示。此时电流流向与 $\omega t=0°$ 时一样，合成磁场与 $\omega t=0°$ 相比，共转了 360°。

由此可见，随着定子绕组中三相电流的不断变化，它所产生的合成磁场也不断地向一个方向旋转，当正弦交流电变化一周时，合成磁场在空间也正好旋转一周。

上述电动机的定子每相只有一个线圈，所得到的是两极旋转磁场，相当于一对 N、S 磁极在旋转。如果想得到四极旋转磁场，可以把线圈的数目增加 1 倍，也就是每相有两个线圈串联组成，这两个线圈在空间相隔 180°，这样定子各线圈在空间相隔 60°。当这 6 个线圈通入三相交流电时，就可以产生具有两对磁极的旋转磁场。

具有 p 对磁极时，旋转磁场的转速为：

$$n_1 = \frac{60f_1}{p}$$

式中　n_1——旋转磁场的转速（又称同步转速），r/min；

　　　f_1——定子电流频率，即电源频率，Hz；

　　　p——旋转磁场的磁极对数。

国产三相异步电动机的定子电流频率都为工频 50Hz。同步转速 n_1 与磁极对数 p 的关系，见表 5-21。

表5-21　同步转速与磁极对数的关系

磁极对数 p	1	2	3	4	5
同步转速 n_1/（r/min）	3000	1500	1000	750	600

5.8　三相异步电动机的铭牌

5.8.1　三相异步电动机的铭牌标注

三相异步电动机的铭牌标注如图 5-63 所示。在接线盒上方，散热片之间有一块长方形的铭牌，电动机的一些数据一般都在电动机铭牌上标出。在修理时可以从铭牌上参考这些数据。

型号：Y-200L6-6	防护等级：54DF35
功率：10kW	电压：380V　电流：19.7A
频率：50Hz	接法：△　工作制：M
重量：72kg	绝缘等级：E
噪声限值：72dB	出厂编号：1568324

图5-63　三相异步电动机的铭牌

5.8.2 铭牌上主要内容意义

（1）型号　型号：Y-200L6-6：Y 表示异步电动机，200 表示机座的中心高度，L 表示机座（M 表示中机座、S 表示短机座），6 表示 6 极 2 号铁芯。电动机产品名称代号见表 5-22。

表5-22 电动机产品名称代号

产品名称	新代号	汉字意义	老代号
异步电动机	Y	异	J、JO、JS、JK
绕线式异步电动机	YR	异绕	JR、JRO
防爆型异步电动机	YB	异爆	JK
高启动转矩异步电动机	YQ	异启	JQ、JGQ
高转差率滑差异步电动机	YH	异滑	JH、JHO
多速异步电动机	YD	异多	JD、JDO

在电机机座标准中，电机中心高和电机外径有一定对应关系，而电机中心高或电机外径是根据电机定子铁芯的外径来确定。当电机的类型、品种及额定数据选定后，电机定子铁芯外径也就大致定下来，于是电机外形、安装、冷却、防护等结构均可选择确定了。为了方便选用，在表 5-23、表 5-24 中列出了中、小型三相异步电动机的机座号与定子铁芯外径及中心高度的关系。

表5-23 小型异步三相电动机

机座号	1	2	3	4	5	6	7	8	9
定子铁芯外径 /mm	120	145	167	210	245	280	327	368	423
中心高度 /mm	90	100	112	132	160	180	225	250	280

表5-24 中型异步三相电动机

机座号	11	12	13	14	15
定子铁芯外径 /mm	560	650	740	850	990
中心高度 /mm	375	450	500	560	620

（2）额定功率　额定功率是指在满载运行时三相电动机轴上所输出的额定机械功率，用 P_{2N} 表示，是电动机工作的标准，当负载小于等于 10kW 时电动机才能正常工作。大于 10kW 时电动机比较容易损坏。三

相异步电动机的额定功率公式与数据见 5.2.1 节。

（3）**额定电压** 额定电压是指接到电动机绕组上的线电压，用 U_N 表示。三相电动机要求所接的电源电压值的变动一般不应超过额定电压的 ±5%。电压高于额定电压时，电动机在满载的情况下会引起转速下降，电流增加使绕组过热电动机容易烧毁；电压低于额定电压时，电动机最大转矩也会显著降低，电动机难以启动即使启动后电动机也可能带不动负载，容易烧坏。额定电压 380V 是说明该电动机为三相交流电 380V 供电。

（4）**额定电流** 额定电流是指三相电动机在额定电源电压下，输出额定功率时，流入定子绕组的线电流，用 I_N 表示，以安（A）为单位。若超过额定电流过载运行，三相电动机就会过热乃至烧毁。

三相异步电动机的额定功率与其他额定数据之间有如下关系式

$$P_N = \sqrt{3}\ U_N I_N \cos\phi_N \eta_N$$

式中　　$\cos\phi_N$——额定功率因数；

　　　　η_N——额定效率。

另外，三相电动机功率与电流的估算可用 "1kW 电流为 2A" 的估算方法。例：功率为 10kW，电流为 20A（实际上略小于 20A）。

由于定子绕组的连接方式的不同，额定电压不同电动机的额定电流也不同。例：一台额定功率为 10kW 的三相电动机，其绕组作三角形连接时，额定电压为 220V，额定电流为 70A；其绕组作星形连接时额定电压为 380V，额定电流为 72A。也就是说铭牌上标明：接法——三角形 / 星形；额定电压——220/380V；额定电流——70/72A。

（5）**额定频率** 额定频率是指电动机所接的交流电源每秒钟内周期变化的次数，用 f 表示。我国规定标准电源频率为 50Hz。频率降低时转速降低定子电流增大。

（6）**额定转速** 额定转速表示三相电动机在额定工作情况下运行时每分钟的转速，用 n_N 表示，一般是略小于对应的同步转速 n_1。如 $n_1 = 1500r/min$，则 $n_N = 1440r/min$。异步电动机的额定转速略低于同步电动机。

（7）**接法** 接法是指电动机在额定电压下定子绕组的连接方法。三相电动机定子绕组的连接方法有星形（Y）和三角形（△）两种。定子绕组的连接只能按规定方法连接，不能任意改变接法，否则会损坏三相电动机。一般在 3kW 以下的电动机为星形（Y）接法；在 4kW 以上的电动机为三角形（△）接法。

（8）**防护等级** 防护等级表示三相电动机外壳的防护等级，其中 IP 是防护等级标志符号，其后面的两位数字分别表示电机防固体和防水能力。数字越大，防护能力越强，如 IP44 中第一位数字"4"表示电机能防止直径或厚度大于 1mm 的固体进入电机内壳。第二位数字"4"表示能承受任何方向的溅水。见表 5-25。

表5-25 防护等级

IP 后面第二位数	防护等级	
	简述	含义
0	无防护电动机	无专门防护
1	防滴电动机	垂直滴水应无有害影响
2	15°防滴电动机	当电动机从正常位置向任何方向倾斜15°以内任何角度时，垂直滴水没有有害影响
3	防淋水电动机	与垂直线成60°角范围以内的淋水应无有害影响
4	防溅水电动机	承受任何方向的溅水应无有害影响
5	防喷水电动机	承受任何方向的喷水应无有害影响
6	防海浪电动机	承受猛烈的海浪冲击或强烈喷水时，电动机的进水量应不达到有害的程度
7	防水电动机	当电动机没入规定压力的水中规定时间后，电动机的进水量应不达到有害的程度
8	潜水电动机	电动机在制造厂规定条件下能长期潜水。电动机一般为潜水型，但对某些类型电动机也可允许水进入，但应达不到有害的程度
IP 后面第一位数	防护等级	
	简述	含义
0	无防护电动机	无专门防护的电动机
1	防护大于12mm固体的电动机	能防止大面积的人体（如手）偶然或意外地触及或接近内带电或转动部件（但不能防止故意接触）；能防止直径大于50mm的固体异物进入壳内
2	防护大于20mm固体的电动机	能防止手指或长度不超过80mm的类似物体触及或接近壳内带电或转动部件；能防止直径大于12mm的固体异物进入壳内
3	防护大于2.5mm固体的电动机	能防止直径大于2.5mm的工件或导线触及或接近壳内带电或转动部件；能防止直径大于2.5mm的固体异物进入壳内
4	防护大于1mm固体的电动机	能防止直径或厚度大于1mm的导线或片条触及或接近壳内带电或转动部件；能防止直径大于1mm的固体异物进入壳内
5	防尘电动机	能防止触及或接近壳内带电或转动部件，进尘量不足以影响电动机的正常运行

（9）**绝缘等级** 绝缘等级是根据电动机的绕组所用的绝缘材料，按照它的允许耐热程度规定的等级。绝缘材料按其耐热程度可分为：A、E、B、F、H等级。其中A级允许的耐热温度最低60℃，极限温度是105℃。H等级允许的耐热温度最高为125℃，极限温度是150℃，见表5-26。电动机的工作温度主要受到绝缘材料的限制。若工作温度超出绝缘材料所允许的温度，绝缘材料就会迅速老化使其使用寿命将会大大缩短。修理电动机时所选用的绝缘材料应符合铭牌规定的绝缘等级。根据统计我国各地的绝对最高温度一般在35～40℃之间，因此在标准中规定+40℃作为冷却介质的最高标准。温度的测量主要包括以下三种。

① 冷却介质温度测量 所谓冷却介质是指能够直接或间接地把定子和转子绕组、铁芯以及轴承的热量带走的物质；如空气、水和油类等。靠周围空气来冷却的电机，冷却空气的温度（一般指环境温度）可用放置在冷却空气进放电机途径中的几只膨胀式温度计（不少于2只）测量。温度计球部所处的位置，离电机1～2m，并不受外来辐射热及气流的影响。温度计宜选用分度为0.2℃或0.5℃、量程为0～50℃为适宜。

② 绕组温度的测量 电阻法是测定绕组温升公认的标准方法。1000kW以下的交流电机几乎都只用电阻法来测量。电阻法是利用电动机的绕组在发热时电阻的变化，来测量绕组的温度，具体方法是利用绕组的直流电阻，在温度升高后电阻值相应增大的关系来确定绕组的温度，其测得是绕阻温度的平均值。冷态时的电阻（电机运行前测得的电阻）和热态时的电阻（运行后测得的电阻）必须在电机同一出线端测得。绕组冷态时的温度在一般情况下，可以认为与电机周围环境温度相等。这样就可以计算出绕组在热态的温度了。

③ 铁芯温度的测量 定子铁芯的温度可用几只温度计沿电机轴向贴附在铁芯轭部测量，以测得最高温度。对于封闭式电机，温度计允许插在机座吊环孔内。铁芯温度也可用放在齿底部的铜-康铜热电偶或电阻温度计测量。

表5-26 **三相异步电动机的最高允许温升**

电机部位	绝缘等级 测试方法	A级		E级		B级		F级		H级	
		温度计法	电阻法	温度计法	电阻法	温度计法	电阻法	温度计法	电阻法	温度计法	电阻法
定子绕组		55	60	65	75	70	80	85	100	102	125
转子绕组	绕组式	55	60	65	75	70	80	85	100	102	125
	鼠笼式										

绝缘等级 测试方法 电机部位	A级		E级		B级		F级		H级	
	温度计法	电阻法	温度计法	电阻法	温度计法	电阻法	温度计法	电阻法	温度计法	电阻法
定子铁芯	60		75		80		100		125	
滑环	60		70		80		90		100	
滑动轴承	40		40		40		40		40	
滚动轴承	55		55		55		35		55	

对于正常运行的电机，理论上在额定负荷下其温升应与环境温度的高低无关，但实际上还是受环境温度等因素影响的。

① 当气温下降时，正常电机的温升会稍许减少。这是因为绕组电阻下降，铜耗减少。温度每降 1℃，约降 0.4%。

② 对自冷电机，环境温度每增 10℃，则温升增加 1.5～3℃。这是因为绕组铜损随气温上升而增加。所以气温变化对大型电机和封闭电机影响较大。

③ 空气湿度每高 10%，因导热改善，温升可降 0.07～0.38℃，平均为 0.19℃。

④ 海拔以 1 000m 为标准，每升 100m，温升增加温升极限值的 1%。

电机其他部位的温度限度如下。

① 滚动轴承温度应不超过 95℃，滑动轴承的温度应不超过 80℃。因温度太高会使油质发生变化和破坏油膜。

② 机壳温度实践中往往以不烫手为准。

③ 鼠笼转子表面杂散损耗很大，温度较高，一般以不危及邻近绝缘为限。可预先刷上不可逆变色漆来估计。

（10）工作定额 工作定额指电动机的工作方式，即在规定的工作条件下持续时间或工作周期。电动机运行情况根据发热条件分为三种基本方式：连续运行（S1）、短时运行（S2）、断续运行（S3）。

连续运行（S1）——按铭牌上规定的功率长期运行，但不允许多次断续重复使用如水泵、通风机和机床设备上的电动机使用方式都是连续运行。

短时运行（S2）——每次只允许规定的时间内按额定功率运行（标准的负载持续时间为 10min、30min、60min 和 90min），而且再次启动之前应有符合规定的停机冷却时间，待电动机完全冷却后才能正常工作。

断续运行（S3）——电动机以间歇方式运行，标准负载持续率分为

4 种：15%、25%、40%、60%。每周期为 10min（例如 25% 为 2min 半工作，7min 半停车）。如吊车和起重机等设备上用的电动机就是断续运行方式。

（11）噪声限值 噪声指标是 Y 系列电动机的一项新增加的考核项目。电动机噪声限值分为 N 级（普通级）、R 级（一级）、S 级（优等级）和 E 级（低噪声级）4 个级别。R 级噪声限值比 N 级低 5dB（分贝），S 级噪声限值比 N 级低 10dB，E 级噪声限值比 N 级低 15dB，表 5-27 中列出了 N 级的噪声限值。

表5-27 Y系列三相异步电动机N级噪声限值

转速 /（r/min）	960 及以下	> 960 ~ 1320	> 1320 ~ 1900	> 1900 ~ 2360	> 2360 ~ 3150	3150 ~ 3750
功率 /kW	声音功率级别 dB（A）					
1.1 及以下	76	78	80	82	84	88
1.1 ~ 2.2	79	80	83	86	88	91
2.2 ~ 5.5	82	84	87	90	92	95
5.5 ~ 11	85	88	91	94	96	99
11 ~ 22	88	91	95	98	100	102
22 ~ 37	91	94	97	100	103	104
37 ~ 55	93	97	99	102	105	106
55 ~ 110	96	100	103	105	107	108

（12）标准编号 标准编号表示电动机所执行的技术标准。其中"GB"为国家标准，"JB"为机械部标准，后面的数字是标准文件的编号。各种型号的电动机均按有关标准进行生产。

（13）出厂编号及日期 这是指电动机出厂时的编号及生产日期。据此可以直接向厂家索要该电动机的有关资料，以供使用和维修时做参考。

5.9 三相电动机的维修与常见故障排除

5.9.1 电机检修项目标准

5.9.1.1 小修与大修

除了加强电动机的日常维护外，每年还必须进行几次小修和一次大修。

（1）电动机小修的项目

① 清除电动机外壳上的灰尘污物以利于散热；

② 检查接线盒压线螺钉有松动或烧伤；

③ 拆下轴承盖检查润滑油，缺了补充，脏了更新；

④ 清扫启动设备，检查触点和接线头，特别是铜铝接头处是否烧伤、电蚀，三相触点是否动作一致，接触良好。

（2）电动机大修的项目

① 将电动机拆开后，先用吹风机将灰尘吹走，再用干布擦净油污，擦完后再吹一遍；

② 刮去轴承旧油，将轴承浸入柴油洗刷干净再用干净布擦干。同时洗净轴承盖。检查过的轴承如可以继续使用，则应加新润滑油。对3000转/分的电动机，加油至2/3弱为宜，对1500转/分的电动机，加油至2/3为宜。对1500转/分以上的电动机，一般加钙钠基脂高速黄油，对1000转/分以下的低速电动机，通常加钙基脂黄油；

③ 检查电动机绕组绝缘是否老化，老化后颜色变成棕色，发现老化要及时处理；

④ 用摇表检查电动机相间及各相对铁芯的绝缘，对低压电动机，用500V摇表检查，绝缘电阻小于0.5兆欧时，要烘干后再用。

5.9.1.2　电动机的完好标准

（1）运行正常

① 电流在容许范围以内，出力能达到铭牌要求；

② 定子、转子温升和轴承温度在容许范围以内；

③ 滑环、整流子运行时的火花在正常范围内；

④ 电动机的振动及轴向窜动不大于规定值。

（2）构造无损，质量符合要求

电动机内无明显积灰和油污；线圈、铁芯、槽楔无老化、松动、变色等现象。

（3）主体完整清洁，零附件齐全好用

① 外壳上应有符合规定的铭牌；

② 启动、保护和测量装置齐全，选型适当，灵活好用；

③ 电缆头不漏油，敷设合乎要求；

④ 外观整洁，轴承漏油，零附件和接地装置齐全。

（4）技术资料齐全准确　应具有：

① 设备履历卡片；

② 检修和试验记录。

5.9.2　三相异步电动机常见故障处理

电动机在长期运转过程中，免不了要出现一些故障。当电动机出现故障后，不要盲目地将电动机拆开检查，要根据故障现象分析故障原因，做到小故障及时准确排除。下面介绍几种常见故障现象、发生原因及处理方法。

（1）电动机的单相运行　三相异步电动机的三相绕组正常运行时，每相绕组两端与电源线相连接，形成各自的回路，每相绕组两端电压、电流基本相等，每相绕组做的功占整个电动机额定功率1/3。由于某种原因使其中一相绕组断路时，就造成电动机单相运行故障。

三相电动机的单相运行是电动机运行中危害性较大的一种故障。单相运行时间一长，绕组就会烧毁。当卸开电动机端盖时，可看到定子绕组端部1/3或2/3绕组烧焦，而其余的绕组完好不变色，证明故障多是因单相运行造成的。

△接法的电动机单机运行时烧坏一相绕组。如图5-64（a）所示，a处断开造成单相运行，从图上可以看出a处不断时，三相绕组的每相绕组承受380V电压，每相绕组有基本相等的电流通过，每相绕组做着1/3的功。a处断开以后就变了，B相承受电压380V，A、C两相承受电压380V，而每相分别承受电压约190V，原来有三路电流流过，现在变成两路电流流过，一路是由串联的A、C相绕组流过，另一路由B相绕组流过，B相绕组的阻抗较A、C串联两相绕组的阻抗小，流过B相绕组的电流比过流A、C两相绕组的电流大得多，原来三相绕组输出的功率，发生故障后只靠B相输出，因此B相绕组必然先烧坏，烧坏绕组端部如图5-64（b）所示，Y形接法的电动机单相运行，如图5-65（a）所示，从图上可以看出a处断开后，B相绕组两端没有电压，也没有电流流过，A、C两处承受380V电压，电流从A、C两绕组流过电流，原来靠三相绕组输出的功率，故障后只靠A、C两相绕组输出，工作时间一长，A、C两相绕组必然烧坏，Y形接线的绕组单相运行时烧坏两相绕组，烧坏的端部如图5-65（b）所示。

如果单相运行发生在电动机开始运转之前，合闸后电动机发出强烈的震动和嗡嗡的噪声，皮带轮随电动机一起呈顺逆方向震动，有时空载时电动机能旋转，就是不带动负载工作，这很容易被发现，而正在带动负载运转的电动机发生单相运行的故障则容易被忽视，因为在这种情况下，电动机能带动负载继续转动，如不及时发现排除故障，就会造成图 5-64（b）、图 5-65（b）所示烧坏 1/3 或 2/3 绕组的现象。

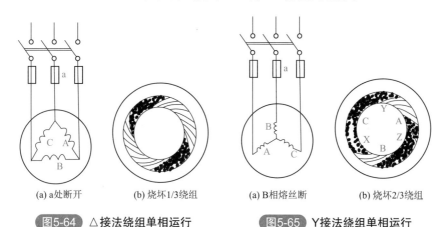

(a) a处断开　　　(b) 烧坏1/3绕组　　　(a) B相熔丝断　　　(b) 烧坏2/3绕组

图5-64　△接法绕组单相运行　　　图5-65　Y接法绕组单相运行

电动机出现单相运行的故障后为什么不烧断保险丝呢？因为电动机单相运行时，没断开的两相绕组或一相绕组中的电流增加的并不很多，一般是原来正常运行时电流的两倍左右，而作为短路保护的保险丝的额定电流值是电动机额定电流值的 2～3 倍，所以继续通电的两相保险丝不会烧断。因此电动机发生单相运行时，一般不能指望靠保险丝来切断电源保护电动机。

造成单相运行的原因比较多，如电动机内部定子绕组有一处断线；接线板上的线头松动或脱落，导线断裂，变压器发生故障造成电源有一相没电；以及刀闸开关上有一相保险丝熔断等。

针对上面列举的原因，为了防止一相保险丝熔断而造成单相运行，可以从几方面着手解决预防。

① 经常检查各端接线，看接头是否发热，检查接线板上螺丝是否松动，电源线是否有砸伤的地方，保险丝规格是否一样，保险丝是否有划伤、压伤或接触不良。在电动机运行时注意监视，发现电动机声响与正常运行时显著不同，电动机的震动也比较激烈，就要停电检查，当电动机停止转动后，再通电启动，只有震动声不能转动，证明是单相运行的故障，要检查原因排除故障。

② 保险线的额定电流再取得高一些，可以取到大于电动机额定电

流值的 2.5～3 倍，以减少一相保险丝烧断的机会。

③安装热继电器来保护电动机，防止单相运行的故障发生。

下面介绍两种防止发生单相运行故障的简单保护装置，如图 5-66 所示，用两个刀闸开关实行保险，启动开关的保险丝按电动机额定电流的 1.5～2.5 倍选择。运行开关的熔丝按电动机额定电流选择。电动机启动时，合启动开关；转速稳定后，合运行开关，接着拉开启动开关。这样，在发生单相运行后，电流增大，运行开关的保险丝就会被烧断，使电动机停止运行。

> **提示：** 拉开启动开关后，开关刀片是带电的，所以应该选用 TSW 型刀闸开关（刀片在半圆形胶木罩内）防止触电。

图 5-67 为使用热继电器防止单相运行的电路接线，正常工作时，热继电器在允许电流范围之内，流过热继电器的电流较小，发热元件发热量小或不发热，当电机出线单相运行时，电流增大，流过热继电器的电流增大，发热元件发热量增大，内部双金属片变形，带动触点断开，从而断开接触器线圈的供电，断开电机供电，电机无电流，保护电机不会烧毁。

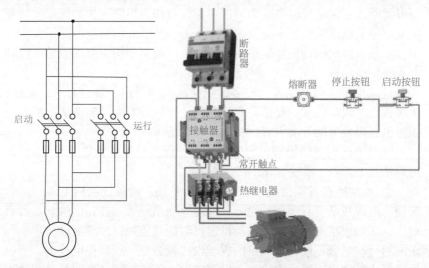

图5-66 双刀闸双保险接线图　　图5-67 热继电器防止单相运行电路

（2）绕组故障 三相电动机绕组好坏判断可扫二维码学习。

① 断路故障　对电动机断路可用兆欧表、万用表（放在低电阻挡）或校验灯等来校验。对于△形接法的电动机，检查时，需每相分别测试，如图 5-68（a）所示。对于 Y 形接法的电动机，检查时必须先把三相绕组的接头拆开，再每相分别测试，如图 5-68（b）所示。

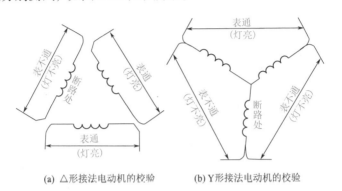

(a) △形接法电动机的校验　　　(b) Y形接法电动机的校验

图5-68　用兆欧表或校验灯检查绕组断路

　　电动机出现断路，要拆开电动机检查，如果只有一把线的端部被烧断几根，如图 5-69 所示，是因该处受潮后绝缘强度降低或因碰破导线绝缘层造成短路故障引起的，再检查整个绕组，整个绕组绝缘良好，没发生过热现象，可把这几根断头接起来继续使用，如果因电动机过热造成整个绕组变色，但也有一处烧断，就不能连接起来再用，要更换新绕组。

　　下面介绍线把端部一处烧断的多根线头接在一起的连接方法，首先将线把端部烧断的所有线头用划线板慢慢地撬起来，再剪断这把线的两个头抽出来，如图 5-70 所示，数数烧断处有 6 根线头，再加这把线的两个头，共有 8 个线头，这说明这把线经烧断后已经变成匝数不等的 4 组线圈（每组两个头为一个线圈）。然后借助万用表分别找出每组线圈的两根头，在不改变原线把电流方向的条件下，将这 4 组线圈再串接起来，这要细心测量，测出一组线圈后，将这组线圈的两根头标上数字，每个线圈左边的头，用单数表示，右侧的头用双数表示，线把左边长头用 1 表示，线把右边的长头用 8 表示，测量与头 1 相通右边的头用 2 表示，任意将一个线圈左边的头命名为 3，其右边的头命名为 4，将一个线圈左边的命名为 5，其右边的头定为 6，每根头用数字标好，剩下与 8 相通的最后一组线圈，左边头命名为 7。4 组线圈共有 8 个头，1 和 2

是一组线圈，3 和 4 是一组线圈，5 和 6 是一组线圈，7 和 8 是一组线圈，实际中可将这 8 个线头分别穿上白布条标上数字，不能写错，在接线前要再测量一次，认为无误后才能接线，接线时按图 5-71 所示，线头不够长在一边的每根头上接上一段导线，套上套管，接线方法按 2 和 3，4 和 5，6 和 7 的顺序接线，详细接线方法如下：第 1 步将 2 头和 3 头接好套上套和，用万能表测 1 头和 4 头这两个线头，表指摆向零欧为接对了，表针不动证明接错了，查找原因接对为止，如图 5-72 所示，第二步将 4 头和 5 头相连接，接好后，用万用表测量 1 头和 6 头，表针向零欧方向摆动为接对，表针不动为接错，如图 5-73 所示，第三步是 6 头和 7 头相连接，接好后万用表测 1 头和 8 头，表针向零欧方向摆动为这把线接对，如图 5-73（a）、（b）所示，然后将 1 头和 8 头分别接在原位置上，接线完毕，上绝缘漆捆好接头，烤干即可。

此处有多根烧断

图5-69 端部一把线烧断多根

撬开端头找出两边的线头

图5-70 将断头撬起来

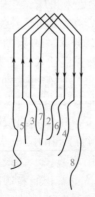

图5-71 将断头撬起来标上数字

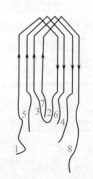

图5-72 2头和3头相连接

提示： 接线时左边的线头必须跟右边的线头相连接，如果左边的线头与左边的线头或右边的线头与右边的线头相连接，会造成流进流出该线把的电流方向相反，不能使用，如果一组线圈的头尾连接在一起，接成一个短路线圈，通电试车将烧坏这短路线圈，造成整把线因过热烧坏，所以查找线头，为线头命名和接线时要细心操作，做到一次接好。

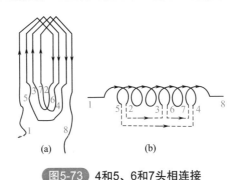

(a)　　　　　　　　　　(b)

图5-73 4和5、6和7头相连接

② 短路故障　短路故障是由于电动机定子绕组局部损坏而造成的，短路故障可分为定子绕组接地（对机壳）短路、定子绕组相间短路及匝间短路三种。

a. 对地短路　某相绕组发生对地短路后，该相绕组对机座的绝缘电阻数值为零，当电动机机座既没有接触在潮湿的地下，也没有接地线时，不影响电动机的正常运行，当有人触及电动机外壳或与电动机外壳连接的金属部件时，人就会触电，这种故障是危险的，当电动机机座上接有地线时，一旦发生某相定子绕组对地短路，人虽不能触电但与该相有关的保险丝烧断，电动机不能工作，所以说电动机绕组发现对地短路不排除故障不能使用。

电动机定子绕组的对地短路多发生在定子铁芯槽口处，由于电动机运转中发热、震动或者受潮等原因，绕组的绝缘劣化，当经受不住绕组与机座之间的电压时，绝缘材料被击穿，发生短路，另外也可能由于电动机的转子在转动时与定子铁芯相摩擦（称作扫膛），造成该部位过热，使槽内绝缘炭化而造成短路，一台新组装的电动机在试车发现短路可能是定子绕组绝缘在安装中被破坏，如果拆开电动机，抽出转子，用仪表测绕组与外壳电阻，原来绕组接地，拆开电动机后又不接地了，说明短路是由端盖或转子内风扇与绕组短路造成的，进行局部整形可排除故障，如拆开电动机后短路依然存在，则应把接线板上的铜片拆掉，用万用表分别测每相绕组对地绝缘电阻，测出短路故障所在那相绕组，仔细查找出短路的部位，如果线把已严重损坏，绝缘炭化，线把中导线大面积烧坏就应更换绕组，如果只有小范围的绝缘线损坏或造成短路故障，可用绝缘纸把损坏部位垫起来，使绕组与铁芯不再直接接触，最后再灌上一些绝缘漆烤干即可。

b. 相间短路　这种故障多发生在绕组的端部，相间短路发生后，两相绕组之间的绝缘电阻等于零，若在电动机运行中发生相间短路，可能造成两相保险丝同时爆断，也可能把短路部分导线烧断。

相间短路的发生原因，除了对地短路中讲到过的原因外，另外的原因是定子绕组端部的相间绝缘纸没有垫好，拆开电动机观察相间绝缘（绕组两端部极组与极相组之间垫有绝缘纸或绝缘布，这就叫做相间绝缘）是否垫好，这层绝缘纸两边的线把的边分别属于不同两相绕组，它们之间的电压比较高，可达到380V，如果相间绝缘没有垫好或用的绝缘材料不好（有的用牛皮纸），电动机运行一段时间后，因绕组受潮或相碰等原因就容易击穿绝缘，造成相间短路。

经检查整个绕组没有变颜色，绝缘漆没有老化，只一部位发生相间短路，烧断的线头又不多，可按第二节所述接起来，中间垫好相间绝缘纸，多浇些绝缘漆烤干后仍可使用。但如果绕组均已老化，又有多处相间短路，就得重新更换绕组。

c. 匝间短路　匝间短路是同把线内几根导线绝缘层破坏相连接在一起，形成短路故障。

匝间短路的故障多发生在下线时不注意，碰破两导线绝缘层，使相邻导线失去绝缘作用而短路，在绕组两端部造成匝间短路故障的原因多发生在安装电动机时碰坏导线绝缘层，使相邻导线短路，长时间工作在潮湿环境中的电动机因导线绝缘强度降低，电动机工作中过热等原因也会造成匝间短路。

出现匝间短路故障后，使电动机运转时没劲，发出震动和噪声，匝间短路的一相电流增加，电动机内部冒烟，烧一相保险丝，发现这种故障应断电停机拆开检修。

（3）电动机械部分故障

① 定子铁芯与转子相摩擦　电动机定子与转子之间的间隙很小，为了保证各处气隙均匀，定子与转子不致相摩擦，在电动机的加工过程

中，要保证机座止口（即机座两端的加工面）与定子铁芯的圆盖止口（端盖与机座接触的加工面），以及轴承内轴颈、转子外圆之间的同心度。在电动机运输或修理过程中如有止口损坏，轴承磨损，转轴弯曲，定子铁芯松动，端盖上的固定螺钉短缺，都可能发生转子与铁芯相摩擦（简称扫膛）的故障。

检查转子是否扫膛的方法：用螺丝刀刀头顶住电动机机座，把木柄贴在耳朵上，能清楚地听到是否扫膛，不扫膛的声音是"嗡嗡"的响声，没有异常杂音；如转子扫膛则发出"嚓嚓"的杂音，相擦部位发热严重，有时能闻到绝缘漆被烧焦的气味，这种故障与绕组短路的区别主要在于声音的不同，扫膛时没有短路发生的那种电磁噪声，只是机械的摩擦声。有时还有这种情况，当电动机没有能通电时，用手转动电动机转子，运转自如丝毫没有相擦的声音，当电动机通电转动时就发出扫膛故障，这种故障是由于轴承磨损严重。

扫膛故障会使电动机温度显著升高，使定子摩擦铁芯过热，首先烧坏摩擦处绕组，更严重的扫膛时，造成定子铁芯的局部变形。

发生扫膛时，检查电动机接触件各处止口是否损坏，端盖上的固定爪是否缺少，发现缺少应补焊上，检查固定端查螺钉的力量是否均衡，螺钉拧得不均，应转圈拧紧。

② 轴承的故障 电动机运转时，发出"咯噔咯噔"的声音，多是轴承损坏，轴承损坏发生扫膛故障这是比较好判断的，证明的确是轴承损坏可拆下轴承更换，有时电机不扫膛分析轴承没有坏，但转动后轴承发热严重并能听到轴承内发出"嘘嘘"的声音，这种现象多是轴承内润滑油干涸、轴承内有杂物等原因造成的，这就要把电机拆开清洗轴承内杂物，更换新润滑油。

有时轴承过热是因为电动机与生产机械连接不合适造成的，比如联轴器安装得不正，传动皮带太紧等，这就要细心调试生产机械与电动机的连接部位，生产机械要调成与电机同心，传动皮带太紧要调松皮带。

还有的新电动机或刚刚修复的电动机，轴承没有毛病，也没与生产机械连接，试车时转动不轻快，轴承附近明显发热，产生这种故障的原因是电动机轴承盖安装得不合适，要检查固定轴承的三个螺钉松紧是否拧得合适，排除故障。

③ 轴的故障 电动机的轴弯曲，工作时会造成扫膛，运行时会出现震动激烈，皮带轮摆头等现象。

电动机轴弯曲故障多是由于安装或拆卸皮带轮、联轴器、轴承时猛烈敲击而造成的，确认是这种故障后，要把转子送到专门修理部门进行修复。

有的电动机的轴颈（即套轴承的部分）磨损后，轴承套在轴上活动，如果两轴肩（即与轴承的内侧面紧靠轴上的台阶）之间距离又不合适，电动机转子就会沿轴的方向来回窜动，窜动量小于几毫米时，不会对电动机正常工作有多大影响，但如果窜动频繁、激烈，轴承内套与轴的间隙就磨损大，造成扫膛的故障，解决这种故障的方法：在轴颈上用冲子尖均匀地打一些凹点，由于每一个凹点的四周有一些凸起，再安上轴承时，轴承就不活动了，不过有的电动机的轴颈经过几次冲凹点，还是安不牢轴承，这就得用焊条做添加材料在轴颈上添焊，用车床加工后安牢轴承，可以彻底排除此故障。

（4）过载

① 端电压太低　指的是电机在启动或满负载运行时，在电动机引线端测得的电压值，而不是线路空载电压，电机负载一定时，若电压降低，电流必定增加，使电动机温度升高。严重的情况是电压过低（例如300V以下），电机因时间长过热会烧坏绕组。造成电压低的原因，有的是高压电源本身较低；可请供电部门调节变压器分接开关。有的接到电机的架空线距离远，导线截面小，负载过重（带电动机太多），致使线路压降太大，这种情况应适当增加线路导线的截面积。

② 接法不符合要求　原规定 Y 形接法，修理错接成△形接法，原来的两相绕组承受电压380V，错接后一组绕组承受了380V电压空载电流就会大于额定电流，很快会烧坏电动机绕组。

原规定△形接法电机，错接成 Y 形接法。原来一相绕组承受电压380V，错接后一组绕组承受了电压380V、接后两相绕组承受电压380V。每相绕组只承受190V电压，功率下降，在此低于额定电压很多的情况仍带原负载工作，输入电流就要超过允许的额定电流值，电动机也将过热造成绕组烧坏。

③ 机械方面的原因　机械故障种类很多，故障复杂，常见的有轴承损坏；套筒轴承断油咬死；高扬程水泵用了低扬程。使压水量增加，负荷加重，均使电动机过载。同样，离心风泵在没有风压的情况下使用、也使电机过载。某些机械的轴功率与速度成平方或立方的关系，如风扇转速增加一倍，功率必须增加三倍才行，因此，不适当地使用配套机械，也会造成电动机过载。

④ 选型不当，启动时间长 有很多机械运行时会有很大的飞轮惯性，如冲剪机、离心甩水机、球磨机等。启动时阻力矩大，启动时间长，极易烧坏电动机。这些机构应选用启动电流小，启动转矩大的双鼠笼式或深槽式电动机，电动机配套不能只考虑满载电流，还要考虑启动时的情况。启动时间长是造成过载故障的原因之一。热态下不准连续启动，如需经常启动，电动机发热解决不了，应改用适当型号的电动机，例如绕线转子异步电动机，起重冶金用异步电动机。

（5）三相异步电动机常见故障一览表 当电动机发生故障时，应仔细观察所发生的现象，并迅速断开电源，然后根据故障情况分析原因，并找出处理办法。可见表5-28。

表5-28 **三相异步电动机常见故障及处理办法**

故障	产生原因	处理办法
电动机不能启动或带负载运行时转速低于额定值	（1）熔丝烧断；开关有一相在分开状态，或电源电压过低 （2）定子绕组中或外部电路中有一相断线 （3）绕线式异步电动机转子绕组及其外部电路（滑环、电刷、线路及变阻器等）有断路、接触不良或焊接点脱焊等现象 （4）鼠笼式电动机转子断条或脱焊，电动机能空载启动，但不能加负载启动运转 （5）将△接线接成Y接线，电动机能空载启动，但不能满载启动 （6）电动机的负载过大或传动机构被卡住 （7）过流继电器整定值调得太小	（1）检查电源电压和开关、熔丝的工作情况，排除故障 （2）检查定子绕组中有无断线，再检查电源电压 （3）用兆欧表检查转子绕组及其外部电路中有无断路；检查各连接点是否接触紧密可靠，电刷的压力及与滑环的接触面是否良好 （4）将电动机接到电压较低（约为额定电压的15%～30%）的三相交流电源上，同时测量定子的电流。如果转子绕组有断开或脱焊，随着转子位置不同，定子电流也会产生变化 （5）按正确接法改正接线 （6）选择较大容量的电动机或减少负载；如传动机构被卡住，应排除故障 （7）适当提高整定值
电动机三相电流不平衡	（1）三相电源电压不平衡 （2）定子绕组中有部分线圈短路 （3）重换定子绕组后，部分线圈匝数有错误 （4）重换定子绕组后，部分线圈之间有接线错误	（1）用电压表测量电源电压 （2）用电流表测量三相电流或拆开电动机用手检查过热线圈 （3）用双臂电桥测量各绕组的直流电阻，如阻值相差过大，说明线圈有接线错误，应按正确方法改接 （4）按正确的接线法改正接线错误

故障	产生原因	处理办法
电动机温升过高或冒烟	（1）电动机过载 （2）电源电压过高或过低 （3）定子铁芯部分硅钢片之间绝缘不良或有毛刺 （4）转子运转时和定子相摩擦，致使定子局部过热 （5）电动机的通风不好 （6）环境温度过高 （7）定子绕组有短路或接地故障 （8）重换线圈的电动机，由于接线错误或绕制线圈时有匝数错误 （9）单相运转 （10）电动机受潮或浸漆后未烘干 （11）接点接触不良或脱焊	（1）降低负载或更换容量较大的电动机 （2）调整电源电压 （3）拆开电动机检修定子铁芯 （4）检查转子铁芯是否变形，轴是否弯曲，端盖的止口是否过松，轴承是否磨损 （5）检查风扇是否脱落，旋转方向是否正确，通风孔道是否堵塞 （6）换绝缘等级较高的B级、F级电动机或采取降温措施 （7）用电桥测量各相线圈或各元件的直流电阻，用兆欧表测量对机壳的绝缘电阻，局部或全部更换线圈 （8）按正确图纸检查和改正 （9）检查电源和绕组，排除故障 （10）彻底烘干 （11）仔细检查各焊点，将脱焊点重焊
电刷冒火，滑环过热或烧坏	（1）电刷的牌号或尺寸不符 （2）电刷压力不足或过大 （3）电刷与滑环接触面不够 （4）滑环表面不平、不圆或不清洁 （5）电刷在刷握内轧住	（1）按电机制造厂的规定更换电刷 （2）调整电刷压力 （3）仔细研磨电刷 （4）修理滑环 （5）磨小电刷
电机有不正常的振动和响声	（1）电动机的地基不平，电动机安装得不符合要求 （2）滑动轴承的电动机轴颈与轴承的间隙过小或过大 （3）滚动轴承在轴上装配不良或轴承损坏 （4）电动机转子或轴上所附有的皮带轮、飞轮、齿轮等不平衡 （5）转子铁芯变形或轴弯曲 （6）电动机单相运转，有嗡嗡声 （7）转子风叶碰壳 （8）轴承严重缺油	（1）检查地基及电动机安装情况，并加以纠正 （2）检查滑动轴承的情况 （3）检查轴承的装配情况或更换轴承 （4）做静平衡或动平衡试验 （5）将转子在车床上用千分表找正 （6）检查熔丝及开关接触点，排除故障 （7）校正风叶，旋紧螺钉 （8）清洗轴承加新油，注意润滑脂的量不宜超过轴承室容积的70%

续表

故障	产生原因	处理办法
轴承过热	（1）轴承损坏 （2）轴承与轴配合过松或过紧 （3）轴承与端盖配合过松或过紧 （4）滑动轴承油环磨损或转动缓慢 （5）润滑油过多、过少或油太脏，混有铁屑沙尘 （6）皮带过紧或联轴器装得不好 （7）电动机两侧端盖或轴承盖未装平	（1）更换轴承 （2）过松时在转轴上镶套，过紧时重新加工到标准尺寸 （3）过松时在端盖上镶套，过紧时重新加工到标准尺寸 （4）查明磨损处，修好或更换油环。油质太稠时，应换较稀的润滑油 （5）加油或换油，润滑脂的容量不宜超过轴承室容积的70% （6）调整皮带张力，校正联轴器传动装置 （7）将端盖或轴承盖止口装平，旋紧螺钉

5.10 三相电动机绕组绕制及嵌线步骤

5.10.1　绕线模的制作与应用

线把形状和周长尺寸必须符合原电动机标准，制作绕线模要依照原电动机线把中最短的一根作为线把周长，按着该尺寸制作绕线模的模芯。如空壳无绕组或原线把大可自己用简单的方法估测，方法是用一根导线做成线把形状，按规定的节距放在定子槽内，线圈两端弯成椭圆形，往下按线圈两端，与定子壳轻微相挨为线把周长基本合适，如图 5-74 所示。线把太小，将给嵌线带来困难；线把过大，不仅浪费导线，还会造成安装时绕组端部与外壳短路。所以在制作绕线模前，一定要精确测量线把周长，制做出的绕线模才精确。

图5-74 测量线把周长

5.10.1.1　固定式绕线模

固定式绕线模一般用木材制成，由模芯和隔板组成，绕线时是将导线绕在模芯上，隔板是起到挡着导线不脱离模芯作用，一次要绕制几联把的线，就要做几个模芯，隔板数要比模芯数多一个。固定绕线模分圆弧形和棱形两种，图 5-75（a）所示是圆弧形绕线模的模芯和隔板，用该绕线模绕出的线把主要用在单层绕组的电动机中。图 5-75（b）所示是棱形绕线模的模芯和隔板，用该绕线模绕出的线把主要用在双层绕组的电动机中。图 5-75（c）所示是棱形绕线模组装图，跨线槽的作用是一把线绕好后线把与线把的连接线从跨线槽中过到另一个模芯上，继续绕另一把线。扎线槽的作用是，待将线把全部绕好后，从扎线槽中穿进绑带，将线把两边绑好。

固定绕线模最好能一次绕出一相绕组（整个绕组中无接头），双层绕组一次能绕出一个极电阻，模芯做好后要放在熔化的腊中浸煮，这样绕线模既防潮不变形又好卸线把。

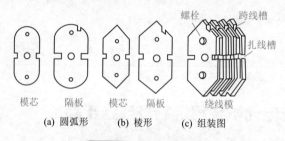

模芯　　隔板　　模芯　　隔板　　　　绕线模

(a) 圆弧形　　　(b) 棱形　　　(c) 组装图

图5-75　固定式绕线模

5.10.1.2　万用绕线模制作与使用

由于电动机种类很多，在重换绕组时要为每个型号的电动机制造绕线模，不但费工费料，而且影响修理进度。因此可制作能调节尺寸的万用绕线模。图 5-76 所示即为万用绕线模中的一种。

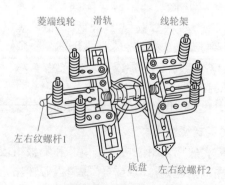

图5-76　万用绕线模

4 个线架装在滑块上，转动左右纹螺杆 2 时，滑块在滑轨中移动可调整线把的宽度；转动左右纹螺杆 1 时，滑轨在底盘上移动可调整线把的直线部分长度；另外两个菱端线轮直接装在滑轨上，调整菱端线轮位置就可调整线把的端伸长度。绕线时，将底盘安装在绕线机上，进行绕线。绕好、扎好一组线把后，转动左右绞螺杆 1 缩短滑轨距，卸下线把。

SB-I 型万用绕线模使用方法如下。

① SB-I 型万用绕线模，由 36 块塑料端部模块，两块 1.52mm 厚的铁挡板和 6 根长固定螺杆、12 根细螺丝杆组成，适于绕制单相和三相电动机不同形式的线把。按每相绕组线把数增减每组模块数，一相绕组可一次成形，中间无接头，同心式、交叉式、链式和叠式绕组全部通用。

② 图 5-77 标出了各种形式线把的各部位名称代号，L 代表线把两边长度，一般比定子铁芯长 20 ～ 40mm。D_1 代表小线把两个边的宽度，D_2 代表中线把两个边的宽度，D_3 代表大线把两个边的宽度。C_1 代表小线把周长，C_2 代表中线把周长，C_3 代表大线把周长。

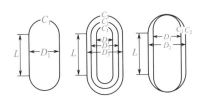

图5-77 各种绕组部位代号示意图

③ 拆线组时每一种线把要留一个整体的线把，记下 L、D、C 数据。

④ 绕制 D 小于 60mm 的线把时采用图 5-78（a）所示的调试方法，由 2 组模块组成，每相绕组或每个极相组有几个线把，每组就用几个模块，用细螺丝杆固定成一个整体，穿在粗螺丝杆上，改变粗螺杆孔位和每个模块位置，可以调试出每把线的周长，绕线机轴选穿在 Φ2。

在绕制 D 大于 60mm 的线把时，采用图 5-78（b）所示的调试方法，由 4 组模块组成，每相绕组或每个极相组有几个线把每组就用几个模块，绕线机轴选穿在 Φ1。改变 K_1、K_2 和 K_3、K_4 的角度可以调试出 D 的尺寸，改变螺杆孔位和 K_1 ～ K_4 的位置，可以调试出 L 和 C 的数值。

在绕制 D 大于 90mm 的线把时采用图 5-78（c）所示的调试方法，

由 6 组模块组成，每相绕组或每个极相辅几个线把，每组就有几个模块，绕线机轴选穿在 $\Phi2$，改变 K_1、K_3 和 K_4、K_6 的角度，可以调试出 D 的尺寸，改变螺杆孔距可以调试出 L 的数值，同时配合调整 $K_1 \sim K_6$ 模块位置可以调试出线把周长 C 的数值。

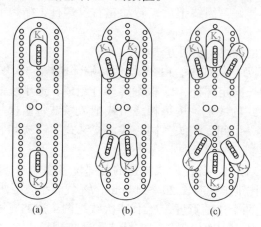

图5-78 SB-1型万用绕线模调试方法

⑤ 在调试链式、叠式绕组的线把时，将模块摞在一起直接调试。在调试同心式、交叉式绕组的线把时，可用 $\Phi1mm$ 左右的导线按小、中、大线把的周长焊成圈，套在模块的模芯上进行调试。SB-I 型万用绕线模是针对适应初学者、低成本，通用型设计的，不管调试什么形式的线把，只要 L、C、D 与原电动机线把尺寸相符即可。图 5-79 ～ 图 5-81 所示为 SB-2 型万用绕线示意图及调试方法。

将调试好的万用绕线模每组模块用 2 根细长螺丝杆固定在一起，并记录清楚位置，将每组模块穿在粗螺丝杆上，固定所对应孔的两块挡板之间，最后将装配好的 SB-2 型万用绕线模固定在绕线机或铁架儿上，按原电动机线把匝数、线把数分别绕制出单相电动机所需线把数。

5.10.2 绕制线把工艺和线头的连接

（1）绕线把工艺　将绕线模安装在绕线机的轴上，用螺丝拧紧。检查所要绕的线轴放线是否灵活，线把是几根并绕，就应有几根线同时放线，同时绕。把绕线机上的指针调到零的位置，按原电动机每个线把的匝数、列出一个匝数表，按着数字表从右向左绕完一把线后，绕头从隔板上的跨线槽处过到左边的模芯上，开始绕第二把线，如图 5-82 所

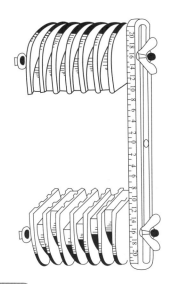

图5-79 SB-2型万用绕线模整体示意图

图5-80 每组模芯示意图

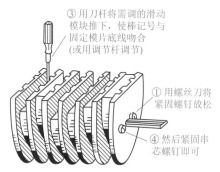

③ 用刀杆将需调的滑动模块推下,使棒记号与固定模片底线吻合(或用调节杆调节)

① 用螺丝刀将紧固螺钉放松

④ 然后紧固串芯螺钉即可

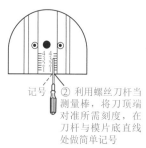

记号

② 利用螺丝刀杆当测量棒,将刀顶端对准所需刻度,在刀杆与模片底直线处做简单记号

图5-81 调试模芯的方法

示。就这样把每相绕组的线把依次绕完后,将每把线的两边用绑带绑好拆下。比如绕制J02-51-4型5.5kW电动机绕组时,每相绕组有6把线,每把线是42匝,应先列出匝数表,见表5-29。

表5-29 匝数表

线把	1把	2把	3把	4把	5把	6把
总匝数	42	84	126	168	210	252

在绕线时,左手从右边第1个模芯开始放线,将线头留在跨线槽

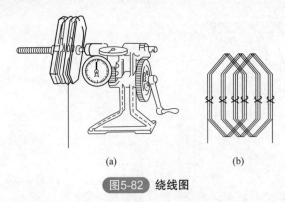

（a）　　　　　　　　　　（b）

图5-82　绕线图

端，右手顺时针旋转绕线机，一边绕线一边看着绕线机上的指针，当指针指向42时，就把导线从端部跨线槽过到第2个模芯上，以此类推一直绕到指针指向252时结束，这种方法比绕一把线指针调零一次快而精确。

绕制双根或多根并绕的线把时，就是指双根或多根一起绕出的匝数。比如 J02-51-4 型 7.5kW 电动机标明导线并绕根数是 2，规格 $\Phi1.0$mm，每把匝数 38 匝数，在绕线时就是两根 $\Phi1.0$mm 的导线一起放线，在绕线模上绕出 28 匝。

在绕双层绕组线把时，需要每绕一个极相组一断，在绕制单层绕组时要每次绕出一相绕组一断。

在绕制较大的线把时，用手摇绕线机费力，可用一只手直接盘转绕线膜，一只手放线，靠绕线机计数。

大功率电动机的线把较大，导线多、较粗而硬，须用较大的特制绕线模穿在铁杆上用手盘着绕线。这需要绕线者自己记数。匝数要数得精确，否则影响电动机性能。

（2）**线头的连接**　在绕线把时出现断头要留在线把两部任意一端，将两头简单拧在一起，待整个绕组的线把绕完卸下，剪去过长部分，刮净线头部位绝缘漆层，套上套管；按图 5-83（b）所示，一头挨一圈拧紧。用烙铁焊好锡，这样增大线头接触面积，减小电阻，防止线打火，线头接好后套上套管。导线与引出线相连接按图 5-83（a）所示连接。

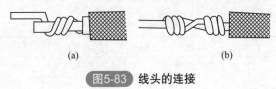

（a）　　　　　　　　　　　（b）

图5-83　线头的连接

三相电动机嵌线步骤与全过程可学习 5.6.1.6 节的有关内容和视频演示。三相电动机双层绕组的展开图原理、接线与嵌线步骤可扫二维码学习。

 三相异步电动机转子绕组的修理

5.11.1 铸铝转子的修理

铸铝转子若质量不好，或使用时经常正反转启动与过载，就会造成转子断条。断条后，电动机虽然能空载运转，但加上负载后，转速就会突然降低，甚至停下来。这时如测量定子三相绕组电流，就会发现电流表指针来回摆动。

如果检查时发现铸铝转子断条，可以到产品制造厂去买一个同样的新转子换上；或是将铝熔化后改装紫铜条。在熔铝前，应车去两面铝端环，再用夹具将铁芯夹紧。然后开始熔铝。熔铝的方法主要有两种。

（1）烧碱熔铝 将转子垂直浸入浓度为 30% 的工业烧碱溶液中，然后将溶液加热到 80 ～ 100℃左右，直到铝熔化完为止，然后用水冲洗，再投入到浓度为 0.25 份的冰醋酸溶液内煮沸，中和残余烧碱，再放到开水中煮沸 1 ～ 2h 后，取出冲洗干净并烘干。

（2）煤炉熔铝 首先将转子轴从铁芯中压出，然后在一只炉膛比转子直径大的煤炉的半腰上放一块铁板，将转子倾斜地安放在上面，罩上罩子加热。加热时，要用专用钳子时刻翻动转子，使转子受热均匀，烧到铁芯呈粉红色时（约 700℃左右），铝渐渐熔化，待铝熔化完后，将转子取出。在熔铝过程中，要防止烧坏铁芯。

熔铝后，将槽内及转子两端的残铝及油清除后，用截面为槽面积 55% 左右的紫铜条插入槽内，再把铜条两端伸出槽外部分（每端约 25mm）依次敲弯，然后加铜环焊接，或是用堆焊的方法，使两端铜条连成整体即端环（端环的截面积为原铝端环截面的 70%）。

5.11.2 绕线转子的修理

小容量的绕线式异步电动机的转子绕组的绕制与嵌线方法与前面所述的定子绕组相同。

转子绕组经过修理后，必须在绕组两端用钢丝打箍。打箍工作可以在车床上进行。钢丝的弹性极限应不低于 160kg/mm^2。钢丝的拉力可按

表 5-30 选择。钢丝的直径、匝数、宽度和排列布置方法应尽量和原来的一样。

表5-30 缠绕钢丝时预加的拉力值

钢丝直径 /mm	接力 /kg	钢丝直径 /mm	拉力 /kg
0.5	12 ～ 15	1.0	50 ～ 60
0.6	17 ～ 20	1.2	65 ～ 80
0.7	25 ～ 30	1.5	100 ～ 120
0.8	30 ～ 35	1.8	140 ～ 160
0.9	35 ～ 45	2.0	180 ～ 200

在绑扎前，先在绑扎位置上包扎 2 ～ 3 层白纱带，使绑扎的位置平整，然后卷上青壳纸 1 ～ 2 层、云母一层，纸板宽度应比钢丝箍总宽度大 10 ～ 30mm。

当了使钢丝箍扎紧，每隔一定宽度在钢丝底下垫一块铜片，当该段钢丝箍扎紧后，把铜片两头弯到钢丝上，用锡焊牢。钢丝的首端和尾端紧固在铜片的位置上，以便卡焊焊牢。

扎好钢丝箍的部分，其直径必须比转子铁芯部分小 2 ～ 3mm，否则要与定子铁芯绕组相擦。修复后的转子一般要作静平衡试验，以免在运动中发生振动。

目前电机制造厂大量使用玻璃丝布带绑扎转子（电枢）代替钢丝绑扎。整个工艺过程如下。

首先将待绑扎的转子（电枢）吊到绑扎机上，用夹头和顶针旋紧固定，但要能够自由转动。再用木槌轻敲转子两端线圈，既不能让它们高出铁芯，又要保证四周均布。接着把玻璃丝带从拉紧工具上拉至转子，先在端部绕一圈，然后拉紧，绑扎速度为 45r/min，拉力不低于 30kg，如果玻璃丝带不粘，要在低温 80℃烘 1h 再扎，或者将转子放进烘房，待两端线圈达到 70 ～ 80℃时，再进行热扎。绑扎的层数根据转子（电枢）的外径和极数的要求而定，对于容量在 100kW 以下的电动机，绑扎厚度约在 1 ～ 1.5mm 范围内。

5.12 单相异步电动机及故障处理

5.12.1 单相异步电动机的结构

如图 5-84 所示，单相异步电动机的结构与小功率三相异步电动机比较相似，也是由机壳、转子、定子、端盖、轴承等部分组成，定子部分由机座、端盖、轴承定子铁芯和定子绕组组成。

双电容单相电机

单电容启动电机

图5-84 单相异步电动机外形

单相异步电动机的定子部分是由机座、端盖、轴承、定子铁芯和定子绕组组成。由于单相电动机种类不同，定子结构可分为凸极式和隐极式。凸极式主要应用于罩极式电动机，而分相式电动机主要应用隐极结构。如图 5-85 所示。

（1）罩极电动机的定子

①凸极式罩极电动机的定子　如图 5-85（a）所示。

凸极式罩极电动机的定子是由凸出的磁极铁芯和激磁主绕组线包以及罩极短路环组成的。这种电动机的主绕组线包都绕在每个凸出磁极的上面。每个磁极极掌的一端开有小槽，将一个短路环或者几匝短路线圈嵌入小槽内，用其罩住磁极的 1/3 左右的极掌。这个短路环又称为罩极圈。

②隐极式罩极电动机的定子　如图 5-85（b）所示。

隐极式罩极电动机的定子由圆形定子铁芯、主绕组以及短路绕组（短路线圈）组成，用硅钢片叠成的隐极式罩极电动机的圆形定子铁芯，上面有均匀分布的槽。有主绕组和短路绕组嵌在槽内。在定子铁芯槽内分散嵌着隐极式罩极电动机的主绕组。它置于槽的底层有很多匝数。罩极短路线圈嵌在铁芯槽的外层匝数较少，线径较粗（常用 1.5mm 左右的高强度漆包线）。它嵌在铁芯槽的外层。短路线圈只嵌在部分铁芯定子槽内。

　　在嵌线时要特别注意两套绕组的相对空间位置，主要是为了保证短路线圈有电流时产生的磁通在相位上滞后于主绕组磁通一定角度（一般约为45°），以便形成电动机的旋转气隙磁场，如图5-85（c）所示。

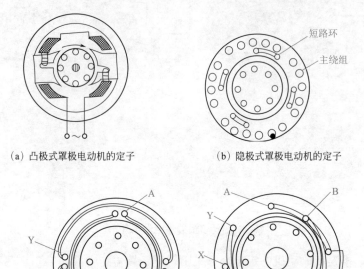

（a）凸极式罩极电动机的定子　　　　　（b）隐极式罩极电动机的定子

（c）分相式单相电动机的定子

A—X 主绕组；B—Y 副绕组

图5-85　单相异步电动机和定子示意图

　　（2）分相式单相电动机的定子（如图 5-85 所示）　分相式单相电动机，虽然有电容分相式、电阻分相式、电感分相式三种形式，但是其定子结构、嵌线方法均相同。

　　分相式定子铁芯一片片叠压而成，且为圆形，内圆开成隐极槽；槽内嵌有主绕组和副绕组（启动绕组），主、副绕组的相对位置相差90°。

　　家用电器中的洗衣机电动机主绕组与副绕组匝数、线径、在定子腔内分布、占的槽数均相同。主绕组与副绕组在空间互相差90°电角度。

电风扇电动机和电冰箱电动机的主绕组和副绕组匝数、线径及占的槽数都不相同。但是主绕组与副绕组在空间的相对位置互相也差90°电角度。

（3）**单相异步电动机的转子**（如图 5-86 所示） 转子是电动机的旋转部分，它是由电机轴、转子铁芯以及鼠笼组成。

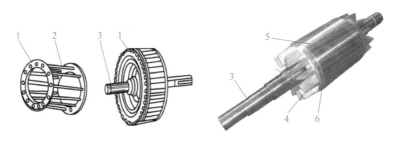

图5-86 鼠笼转子示意图

1—端坯；2—铜鼠笼条；3—转轴；4—风叶；5—压铸鼠笼；6—端环

单相异步电动机大多采用斜槽式鼠笼转子，主要是为了改善启动性能。转子的鼠笼导条两端，一般相差一个定子齿距。鼠笼导条和端环多采用铝材料一次铸造成形。鼠笼端环的作用是将多条鼠笼导条并接起来，形成环路，以便在导条产生感应电动势时，能够在导条内部形成感应电流。电动机的转子铁芯为硅钢片冲压成形后，再叠制而成。这种鼠笼式转子结构比较简单，不仅造价低，而且运行可靠；因此应用十分广泛。

（4）**其他** 电动机除定、转子，风扇及风扇罩，还有外壳、端盖，由铸铁（或铝合金）制成，用来固定定、转子，并在端盖加装轴承，装配好后电机轴伸在外边，这样电机通电可旋转。

电动机装配好之后，在定、转子之间有 0.2 ～ 0.5mm 的工作间隙，产生旋转磁场使转子旋转。

① 机座 机座结构随电动机冷却方式、防护型式、安装方式和用途而异。按其材料分类，有铸铁、铸铝和钢板结构等几种。

铸铁机座，带有散热筋。机座与端盖连接，用螺栓紧固。铸铝机座一般不带有散热筋。钢板结构机座，是由厚为 1.5 ～ 2.5mm 的薄钢板卷制、焊接而成，再焊上钢板冲压件的底脚。

有的专用电动机的机座相当特殊，如电冰箱的电动机，它通常与压缩机一起装在一个密封的罐子里。而洗衣机的电动机，包括甩干机的电动机，均无机座，端盖直接固定在定子铁芯上。

② 铁芯　铁芯由磁钢片冲槽叠压而成，槽内嵌装两套互隔90°电角度的主绕组（运行绕组）和副绕组（启动绕组）。

铁芯包括定子铁芯和转子铁芯，作用与三相异步电动机一样，是用来构成电动机的磁路。

③ 端盖　相应于不同的机座材料、端盖也有铸铁件、铸铝件和钢板冲压件。

④ 轴承　转轴是支撑转子的重量，传递转矩，输出机械功率的主要部件。轴承有滚珠轴承和含油轴承。

5.12.2　单相异步电动机的应用

单相异步电动机因为结构和启动方式不同，其性能也有所不同，因而必须选用得当。在选用电动机时要参考表5-31，另外还要注意以下几点：

① 电阻分相式单相异步电动机副绕组的电流密度很高，因此启动时间不能过长，也不宜频繁启动。如使用中出现特大过载转矩的情况

表5-31　单相异步电动机的性能及应用

类型	电阻分相式	电容启动式	电容运转式	电容启动和运转式	罩极式
系列代号	BO1	CO1	DO1		
标准号	JB1010-81	JB1011-81	JB1012-81		
功率范围/W 最大转矩倍数 最初启动转矩倍数 最初启动电流倍数	80～570 > 1.8 1.1～1.37 6～9	120～750 > 1.8 2.5～3.0 4.5～5.5	6～250 > 1.8 0.35～1.0 5～7	6～150 > 2.0 > 1.8	1～120
典型用例	具有中等的启动转矩和过载能力，适用于小型车床、鼓风机械、医疗器械等	具有较高的启动转矩，用于小型空气压缩机、电冰箱、磨粉机、水泵及其他满载启动的机械	启动转矩低，但具有较高的效率和功率因数，体积小，用于电风扇、通信机、洗衣机、录音机及各种轻载和轻载启动的机械	具有较好的启动、运行性能，适用于家用电器、泵、小型机床等	启动和运行性能均较差，适用于小型风扇、电动模型及各种空载或空载启动的小器具

（工业缝纫机卡住），则不宜选用这种电动机，否则离心开关或启动继电器将再次闭合，容易使副绕组烧了。

② 电容启动式单相异步电动机的启动电容（电解电容）通电时间一般不得超过3s，而且允许连续接通的次数低，故不宜用在频繁启动的场合。

③ 电容运转式单相异步电动机有空载过流的情况（即空载温升比满载温升高），因此在选用这类电动机时，其功率余量一般不宜过大，应尽量使电动机的额定负载相接近。

④ 从以上五种类型的单相异步电动机来看，它们在单相电源情况下是不能自行启动的，必须加启动绕组（副绕组）。因为单相电流在绕组中产生的磁势是脉振磁势，在空间并不形成旋转磁效应，所以单相电动机的转矩为零。当用足够的外力推动单相电动机转子（可用绳子绕过转轴若干圈，接通电源后，迅速拉绳子，使转子飞速旋转）时，如果沿顺时针方向推动转子则电动机就会产生一个顺时针方向转动力矩，则转子就会沿顺时针方向继续旋转，并逐步加速到稳定运行状态；如果外力使转子沿反时针方向推动转子，则电动机就会产生一个反时针方向的转动力矩，使转子沿反时针方向继续旋转，并逐步加速到稳定运行状态。所以要改变单相的转动力矩，只需将副绕组的头尾对调一下就行了。当然对调主绕组的头尾也可以。这是单相异步电动机的显著特点。平时我们在修理单相电动机时，如发现主绕组尚好、副绕组已坏，则可采用加外力启动的方法，如电动机运行正常，则可以证实运行绕组完好，启动绕组有问题。

5.12.3 单相异步电动机的故障及处理方法

单相电动机由启动绕组和运转绕组组成定子。启动绕组的电阻大、导线细（俗称小包）；运转绕组的电阻小、导线粗（俗称大包）。

单相电动机的接线端子包括公共端子、运转端子（主线圈端子）、启动线圈端子（辅助线圈端子）等。

在单相异步电动机的故障中，大多数是由于电动机绕组烧毁而造成的。因此在修理单相异步电动机时，一般要做电器方面的检查，首先要检查电动机的绕组。

单相电动机的启动绕组和运转绕组的分辨方法如下：用万用表的 $R \times 1$ 挡测量公共端子、运转端子（主线圈端子）、启动线圈端子（辅助线圈端子）三个接线端子的每两个端子之间的电阻值。测量完按下式

（一般规律，特殊除外）进行计算：

总电阻 = 启动绕组 + 运转绕组

已知其中两个值即可求出第三个值。小功率的压缩机用电动机的电阻值见表 5-32。

表5-32 小功率的压缩机用电动机的电阻值

电动机功率 /kW	启动绕组电阻 /Ω	运转绕组电阻 /Ω
0.09	18	4.7
0.12	17	2.7
0.15	14	2.3
0.18	17	1.7

（1）单相电动机的故障　单相电动机常见故障有：电机漏电、电机主轴磨损和电机绕组烧毁。

造成电机漏电的原因有：

① 电机导线绝缘层破损，并与机壳相碰。

② 电机严重受潮。

③ 组装和检修电机时，因装配不慎使导线绝缘层受到磨损或碰撞，导线绝缘率下降。

电动机因电源电压太低，不能正常启动或启动保护失灵，以及制冷剂、冷冻油含水量过多，绝缘材料变质等也能引起电机绕组烧毁和断路、短路等故障。

电机断路时，不能运转，如有一个绕组断路时电流值很大，也不会运转。振动可能导致电机引线烧断，使绕组导线断开。保护器触点跳开后不能自动复位，也是断路。电机短路时，电机虽能运转，但运转电流大，致使启动继电器不能正常工作。短路原因有匝间短路、通地短路和鼠笼线圈断条等。

（2）单相电动机绕组的检修　电动机的绕组可能发生断路、短路或碰壳通地。简单的检查方法是将一只 220V、40W 的试验灯泡连接在电动机的绕组线路中，用此法检查时，一定要注意防止触电事故。为了安全，可使用万用表检测绕组通断与接地情况。单相电机绕组好坏检测可扫二维码学习。

5.13 单相串激电动机及故障处理

5.13.1 单相串激电动机的结构

单相串激电动机主要组成部件有：定子、电枢、换向器、电刷、电刷架、机壳、轴承等。

① 定子 定子由定子铁芯和激磁绕组（简称为定子线包）组成。为了减小铁芯涡流损耗，定子铁芯用0.5mm或更薄的硅钢片叠成，用空心铆钉铆接在一起。小功率单相串激电动机定子铁芯都采用图5-87（a）所示的"万能电动机定子冲片"叠成，为凸极式，且有集中激磁绕组。定子线包和定子如图5-87（b）所示。

（a）万能电动机定子冲片 　　　（b）单相串激电动机定子线包和安装图

图5-87 单相串激电动机的结构

单相串激电动机定子线包与电枢绕组串联方式有两种。一种是电枢绕组串联在两只定子线包中间，如图5-88所示。另一种是两只定子线包串联后再串电枢绕组，如图5-89所示。

单相串激电动机定子线包与电枢绕组两种串联的工作原理完全相同。两只定子线包通过电流所形成的磁极，其极性必须相反。这两种串联方法，第1种方法使用比较普遍。

② 电枢 电枢是单相串激电动机的转动部件，它由电动机轴、电枢铁芯、电枢绕组和换向器组成。另外，冷却风扇也固定在轴上，但不应算成电枢的一部分。

电枢铁芯用硅钢片叠成，铁芯冲有很多半闭口的槽。在铁芯槽内嵌有电枢绕组。电枢绕组有很多单元绕组，每个单元绕组的首端和尾端都有引出线。单元绕组的引出线与换向片有规律地联接，从而使电枢绕组形成闭合回路。

单相串激电动机电枢绕组常采用单叠式、对绕式、叠绕式等几种。

但更多采用的是对绕式绕组和叠绕式绕组。单相串激电动机电枢绕组与直流电动机电枢绕组的绕制方式基本相同。

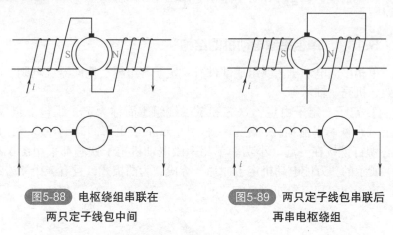

图5-88　电枢绕组串联在
两只定子线包中间

图5-89　两只定子线包串联后
再串电枢绕组

目前我国电动工具基本采用Ⅲ系列交直流两用串激电动机。

③ 电刷架和换向器　单相串激电动机电枢上换向器的结构与直流电动机的换向器相同，它是由许多换向铜片镶贴在一个绝缘圆筒面上而成的。各换向片间用云母片绝缘。换向铜片做成楔形，各铜片下面的两端有半月形槽，在两端的槽里压制塑料，使各铜片能紧固在一起，并能使转轴与换向器的换向片相互绝缘。还可以承受高速旋转时所产生的离心力而不变形。每一换向片的一端有一小槽或凸出一小片，以便焊接绕组引出线。

单相串激电动机采用的换向器一般有半塑料换向器和全塑料换向器两种。全塑料换向器是在各个换向铜片之间采用耐弧塑料作绝缘。

单相串激电动机电刷架一般用胶木粉压制底盘，它由刷握和盘式弹簧组成。单相串激电动机的刷握按其结构型式，可分为管式和盒式两大类。盒式结构采用更为广泛。盒式刷握结构简单、调节方便，并且加工容易，特别适用于需要移动电刷位置以改善换向的场合。盒式刷握的缺点是刚性差，变形大，不适应于转速高，振动大的场合。同时，它的盘式弹簧在工作过程中，圈间摩擦力较大，而且电刷粉末容易落入刷盒内，影响电刷的上下移动，更换电刷也不方便。

图5-90（a）所示管式结构刷握具有可靠耐用等优点，它恰能弥补盒式结构刷握的不足之处。但是管式刷握的结构复杂，加工工艺要求较高，而且安装也较复杂。

刷握的作用是保证电刷在换向器上有准确的位置，从而保证电刷与换向器的全面紧密接触，使其接触压降保持恒定，同时保证电刷不致时高时低地跳动而造成火花过大。

(a) 管式结构刷握　　(b) 盒式结构刷握

(c) 实物图

图5-90　电刷架

电刷是单相串激电动机的重要零件。它不但能使电枢绕组与外电路保持联系，而且它与换向器配合，共同完成电枢电流的换向任务。选用何种电刷是很重要的。选择电刷时，主要依据电刷温升和换向器的圆周速度而定。此外，还要考虑电刷的硬度和磨损性能及惯性等因素的影响。单相串激电动机的电刷一般都采用 DS 型电化石墨电刷。

5.13.2　单相串激电动机常见故障及处理方法

单相串激电动机常见故障可分为两方面：一是机械方面的故障；二是电气方面的故障。单相串激电动机常见故障产生的原因以及修理方法见表 5-33。

表5-33　单相串激电动机常见故障及处理方法

故障现象	故障原因	处理方法
测得电路不通，通电后不转	（1）电源断线 （2）电刷与换向器接触不良 （3）电动机内电路（定子或转子）断线	（1）用万用表或校验灯检查，判定断线后，调换电源线或修理回路中造成断电的开关、熔断器等设备 （2）调整电刷电压弹簧，研磨电刷，更换电刷 （3）拆开电动机，判定断路点，转子电枢断路一般需重绕；定子若断在引线，可重焊，否则需重绕

故障现象	故障原因	处理方法
测得电路通，但电机空载，负载均不能转	（1）定子或转子绕组短路 （2）换向片之间短路 （3）电刷不在中性线位置（指电刷位置可调的串激机，下同）	（1）拆开电机，检查短路点更换短路绕组 （2）若短路发生在换向片间的槽上部，可刻低云母片，消除短路，否则需更换片间云母片 （3）调整电刷位置
电刷下火花大	（1）电刷不在中性线位置 （2）电刷磨损过多，弹簧压力不足 （3）电刷或换向器表面不清洁 （4）电刷牌号不对，杂质过多 （5）电刷与换向器接触面过小 （6）换向器表面不平 （7）换向片之间的云母绝缘凸出 （8）定子绕组有短路 （9）定子绕组或电枢绕组通地 （10）换向片通地 （11）刷握通地 （12）换向片间短路 （13）电枢与换向片间焊接有误，有的单元焊反 （14）电枢绕组断路 （15）电枢绕组短路	（1）校正电刷位置 （2）更换电刷；调整弹簧压力 （3）清除表面炭末、油垢等污物 （4）更换电刷 （5）研磨电刷 （6）研磨和车削换向器 （7）刻低云母片，使之低于换向器表面1～2mm （8）消除短路点或重绕线包 （9）消除通地点或更换电枢绕组 （10）加强绝缘，消除通地点 （11）修理或更换刷握 （12）修刮掉短路处的云母外，重新绝缘 （13）查出误焊之处，重新焊接 （14）消除断点或更换绕组 （15）消除短路点或更换绕组
换向器出现环火（火花在换向器表面上连续出现）	（1）电枢绕组断路或短路 （2）换向器片间短路 （3）负载太重 （4）电刷与换向器片接触不良 （5）换向器表面凹凸不平 （6）电源电压太高	（1）检查电枢，查出并消除故障点，或更换电枢绕组 （2）清洗片间槽中炭及污垢，剔除槽中杂物，恢复片间绝缘 （3）减载 （4）研磨电刷镜面，或更换电刷 （5）研磨或车削换向器表面，使之符合要求 （6）调整电源电压

续表

故障现象	故障原因	处理方法
空载能转，但负载时不能启动	（1）电源电压低 （2）定子线圈受潮 （3）定子线圈轻微短路 （4）电枢绕组有短路 （5）电刷不在中性位置	（1）改善电源电压条件 （2）用500V摇表测定子线圈对壳绝缘，若电阻很小但不为零即受潮严重，进行烘烤后，绝缘电阻应有明显增加 （3）消除短路点或更换线包 （4）检查并消除短路点，或更换电枢绕组 （5）调整电刷位置
电动机转速太低	（1）负载过重 （2）电源电压太低 （3）电动机机械部分阻力太大 （4）电枢绕组短路 （5）换向片间短路 （6）电刷不在中性线位置	（1）减载 （2）调节电源电压 （3）清洗或更换轴承；消除机械故障 （4）消除短路点或重绕电枢绕组 （5）消除短路；重新做绝缘 （6）调整电刷位置
电枢绕组发热	（1）电枢绕组内有接反的单元存在 （2）电枢绕组内有短路单元 （3）电枢绕组有个别断路单元	（1）查出反接单元，重新正确焊接 （2）查出短路单元，使之从回路中去掉或更换电枢绕组 （3）查出断路单元，用跨接线短接，或更换电枢绕组
电枢绕组和铁芯均发热	（1）超载 （2）定、转子铁芯相擦 （3）电枢绕组受潮	（1）减载 （2）校正轴；更换轴承 （3）烘烤电枢绕组
定子线包发热	（1）负载过重 （2）定子线包受潮 （3）定子线包有局部短路	（1）减载 （2）检查并烘烤恢复绝缘 （3）重绕定子线圈
电动机转速太高	（1）负载过轻 （2）电源电压高 （3）定子线圈有短路 （4）电刷不在中性线位置	（1）加载 （2）调节电源电压 （3）消除短路或更换线包 （4）调整电刷位置
电刷发出较大的"嘶嘶"声	（1）电刷太硬 （2）弹簧压力过大	（1）更换合适的电刷 （2）调整弹簧压力

故障现象	故障原因	处理方法
负载增加使保险丝熔断	（1）电源电压过高 （2）电枢绕组短路 （3）电枢绕组断路 （4）定子绕组短路 （5）换向器短路	（1）调整电源电压 （2）查出短路点，修复、更换绕组 （3）查出断路元件，修复或更换 （4）更换绕组 （5）修复换向器
机壳带电	（1）电源线接壳 （2）定子绕组接壳 （3）电枢绕组通地 （4）刷握通地 （5）换向器通地	（1）修理或更换电源线 （2）检查通地点，恢复绝缘，或更换定子线包 （3）检查电枢，查清通地点，恢复绝缘或更换电枢绕组 （4）加强绝缘或更换刷握 （5）查出通地点，予以消除
空载时保险丝熔断	（1）定子绕组严重短路 （2）电枢绕组严重短路 （3）刷握短路 （4）换向器短路 （5）电枢被卡死	（1）更换定子绕组 （2）更换电枢绕组 （3）更换刷握 （4）修复换向器绝缘 （5）查出卡死原因，修复轴承或消除其他机械故障
电刷发出"嘎嘎"声	（1）换向片间云母片凸起，使电刷跳动 （2）换向器表面高低不平，外圆跳动量过大 （3）电刷尺寸不符合要求	（1）下刻云母片，在换向片间形成合格的槽 （2）车削换向器，并作相应修理使之表面恢复正常状况 （3）更换电刷

通过对表 5-31 的综合分析可知，单相串激电动机电气方面常出现的故障有接线上的问题，电源电压过高或低，定子线包短路、断路或通地，电枢绕组短路、断路、通地，换向器出现问题等。单相串激电动机常出的机械方面的毛病有：整机装配质量和轴承质量问题。下面分别介绍电动机电气故障和机械故障的检查方法。

5.13.3 定子线包短路、断路、通地的检查

（1）定子线包短路 定子线包轻微短路时，其现象一般是电动机转速过高，定子线包发热。可以用电桥测电阻方法进行检测。具体检测时，将电动机完好的定子线包串入电桥的一个桥臂，另一个定子线包串入电桥另一桥臂中，比较两线包电阻，哪个线包阻值小，则说明其中有短路。

当线包短路严重时，线包发热严重，具有烧焦痕迹，这样的线包可以直观检查。正常线包呈透明有发光亮的漆层。而短路严重的线包，漆层无光泽严重时呈褐色或黑色。若用万用表测电阻时，很明显电阻远比正常线包电阻值小。这样的线包只能更换。

（2）**定子线包断路** 定子线包断路，电动机不能工作。定子线包断路可以通过"万用表"测电阻法来检查。定子线包断路，多发生在定子线包往定子铁芯安装过程中，而且多在线包的最里层线圈。这种情况下只能重新绕线包。有时线包断点发生在线包漆包线与引出线焊接处，所以修理时一定要注意焊接质量。

由于定子线包安装时容易造成断线，一定在线包安装完后立即用"万用表"检查是否有断路；在确定没有断路时，再给定子线包浸漆（即定子安装后浸漆）。

（3）**定子线包通地** 定子线包通地是指定子激磁绕组与定子铁芯相通。一旦定子线包通地，机壳就带电。发现机壳带电后，要拆开电动机，取出电枢，用500V兆欧表检查线包对机壳绝缘电阻值。若发现绝缘电阻值较小，但不为零，说明定子线包受潮严重，可以烘烤线包。烘烤完线包再用500V兆欧表检查绝缘电阻，若绝缘阻值没有增大，只好更换或重绕线包。若用500V兆欧表检查发现绝缘电阻值为零，则判定线包直接通地，一般只能更换或重绕线包。

（4）**更换线包步骤** 需要更换定子线包时，应将原线包取下，清除定子铁芯上的杂物。在拆原线包时，要记录几个重要数据：线包最大线圈的长宽尺寸、最小线圈的长宽尺寸、线包的厚度以及线包的线径和匝数。这些数据都是绕制新线包所必不可少的。

在重新绕制线包时，要先作一个木模具。然后在木模上按原来线包参数绕制线包。线包绕制成后，用玻璃丝漆布或黄蜡绸布半叠包缠好，并压成与磁极一样的弯度。定子线包绕制完毕后，必须将线包先套入定子磁极铁芯，然后再浸漆烘干。若先浸漆，线包烘干后很坚硬，就不能压套在磁极铁芯上了。

定子线包套在磁极铁芯上之后，应检查线包是否有断路，在确定没断路后，方能浸漆烘干。在浸漆烘干后，还要用500V兆欧表检测线包与定子铁芯（机壳）间绝缘电阻值（绝缘电阻应大于5MΩ）；用"高压试验台"作线包与机壳间绝缘强度测试。测试加的电压应不低于1500V（正弦交流电压）。耐压测试时间应不小于1min。在测试过程中不应有击穿和闪烁现象发生。

更换完线包后，将定子绕组与电枢绕组串联起来，其方法如图 5-91 所示。

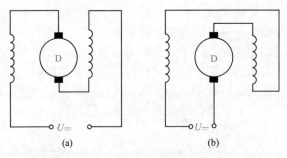

(a)   (b)

图5-91 定子绕组与电枢绕组串联方法示意图

5.13.4 电枢绕组故障的检查

单相串激电动机电枢与直流电动机电枢结构相同，电枢绕组故障检查方法相同，可以参阅前面章节有关内容。这里只说明电枢单元绕组与换向片连接的具体方法。

（1）电枢单元绕组与换向片的焊接工艺 重新绕制的电枢单元绕组与换向片连接前，必须将换向片清理干净，然后再将单元绕组的首端边引出线和尾端边引出线对位嵌入换向片槽口内，用根竹片按住引线头，再逐片焊接。焊接时，应使用松香酒精焊剂，切不可用酸性焊剂。焊接完，再切除长出换向片槽外的线头，清除焊接剂和多余焊锡等污物。

换向片与单元绕组焊接完后，要检查单元绕组与换向片是否连接正确，焊接质量是否有虚焊或漏焊现象。如果有问题应及时处理。焊接过程如图 5-92 所示。

（2）单元绕组与换向片连接的对应关系 家用电器产品所用的单相串激电动机，换向片数多为电枢铁芯槽的 2 倍或者 3 倍，但电枢单元绕组数与换向片数是相等的。这就要求每片换向片上必须有一个单元的首边引出线，又要有另外一个单元的尾边引出线。现在以 J_1Z-6 手电钻单相串激电动机的电枢为例说明电枢单元绕组与换向片连接的对应关系。

图中电动机电枢为 9 槽，换向片为 27 片，有两个磁极。电枢铁芯每个槽内有六条引出线，三个单元的首边引出线和另外三个单元的尾边引出线。总计电枢绕组有 27 个单元，54 条引出线。在具体焊接过程中，是先将电枢 27 个单元首边引出线按顺序与每片换向片连上；27 个单元的尾边引出线暂时不连。

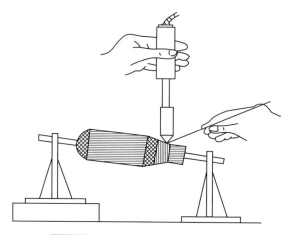

图5-92 电枢绕组与换向片焊接示意图

在 27 片换向片与 27 个单元首边引出线连完以后，再用万用表查出每片换向片所连单元的尾边引出线，然后将 27 个单元尾边引出线对好位置有规律地焊接在换向片上。例如第 1 号槽的 3 个单元绕组的首边接在第 1 号、第 2 号、第 3 号换向片上，第 1 号换向片所连的单元尾边查找出后，应连在第 4 号换向片上；第 2 号换向片所连单元尾边引出线查找出后，应连在第 5 号换向片上；依此类推，第 27 号换向片所连单元的尾边引出线应连在第 3 号换向片。实际每个单元首边引出线与尾端引出线在换向片上的距离为 3 片换向片的距离。

5.13.5 换向部位出现故障的检查

单相串激电动机换向部位出现的故障与直流电动机常出现的换位故障是相同的。换向部位出现的故障有相邻换向片之间短路、换向器通地、电刷与换向器接触不良、刷握通地等。因此，两种电动机换向部位出现故障的检查方法和修理方法也是相同的。只是单相串激电动机刷握通地和电刷与换向器接触不良所造成的后果比直流电动机更严重，所以单独对这两种故障进一步介绍。

（1）电刷与换向器接触不良的检查和修理　单相串激电动机的电刷与换向器接触不良，会使换向器与电刷之间产生较大火花，甚至环火，会造成换向器表面的烧伤，严重影响电动机的正常运行。

造成换向器与电刷间接触不良的主要原因有电刷磨损严重、电刷压力弹簧变形、换向器表面粘有污物或磨损严重等。

电刷与换向器接触不良时，必须打开电刷握，将电刷和弹簧取出。仔细观察电刷、弹簧、换向器表面，就容易发现是哪个部件出的问题。电刷磨损严重时，其端面偏斜严重，端面颜色深浅不一。这时只有更换电刷才行。在更换电刷时一定要注意电刷规格、电刷的软硬度和调节好电刷压力。这是因为，若电刷选择过硬会使换向器很快磨损，且使电动机运行时电刷发出嘎嘎声响；换向器与电刷间发生较大火花。若电刷选择太软，则电刷磨损太快，电刷容易粉碎。石墨粉末太多也容易造成换向片间短路，使换向器产生环火。

电刷压力弹簧损坏或弹簧疲劳是容易发现的。弹簧的弹力不足，就说明弹簧疲劳。若弹簧曲扭变形，说明弹簧已经损坏。弹簧一旦出现这样的情况，应及时更换。

换向器表面有污物时，只要用细砂布轻轻研磨即可。若换向片有烧伤斑点或换向器边缘处有熔点，可用锋利刮刀剔除。若发现换向片间云母片烧坏，应清除烧坏的云母片，重新绝缘烘干。另一种可能是换向片脱焊，如图 5-93 所示。

输出端电压在负载变化时变化较小，电压变化率由复励调谐，即串并联的转矩比决定。

（2）刷握通地　刷握通地是单相串激电动机常见故障。刷握通地主要是因刷握绝缘受潮或损坏造成的。有时在调整刷握位置时，不慎也可能造成刷握通地。

电刷的刷握通地后，电动机运行时的表现，随着电枢绕组与定子线包连接方式的不同而不同。

① 电枢绕组串接于定子线包中间的方式：刷握发生通地故障后，随着电源火线与零线位置的不同而可能出现两种不同的现象。

a. 如图 5-94（a）所示的情况：当接通电源时，电流由火线经定子线包 2，再经接地刷握形成回路。此时，保险丝将立即熔断。若保险丝太粗，熔断得慢，或不熔断，会使定子线包 2 烧毁。

b. 如图 5-94（b）所示的情况：当接通电源时，电流由电源火线经过定子线包 1 和电枢绕组，再由接地刷握形成回路。此时，电动机能够启动运转，但由于只有一个定子线包起作用，主磁场减弱一半，所以使电动机转速比正常转速快得多，电枢电流也大得多。同时还会因磁场的不对称，使电动机运转时出现剧烈振动，并使电刷与换向器之间出现较大绿色火花。时间稍长，电动机发热，引起绕组烧毁。

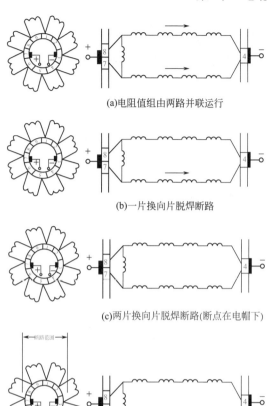

(a)电阻值组由两路并联运行

(b)一片换向片脱焊断路

(c)两片换向片脱焊断路(断点在电帽下)

(d)三片换向片脱焊断路

图5-93 换向片脱焊示意图

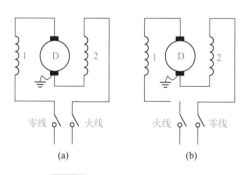

(a)　　　　　　　　　　(b)

图5-94 刷握通地的不同情况

② 电枢绕组串接于定子线包之外的连接方式：电刷的刷握接地后，则可能发生下列四种现象（图 5-95）。

a. 图（a）所示的情况：当电源接通后，电流由火线经过电枢绕组和通地刷握形成回路。此时保险丝应很快熔断。若保险丝熔断速度慢或不熔断，电枢绕组会因电流太大而烧毁。

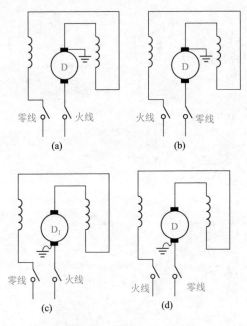

图5-95　刷握通地的不同情况

b. 图（b）所示的情况：当电源接通后，电流由火线经两个定子线包和通地刷握形成回路，定子绕组会立即烧毁。

c. 图（c）所示的情况：当电源接通后，电流由火线经通地刷握形成回路，保险丝会立即熔断。

d. 图（d）所示的情况：当电源接通后，电流由火线经定子线包和电枢绕组，再经通地刷握形成回路，电动机能够启动运行，转速正常，但电动机的机壳带电，对人身安全有危险。这也是绝对不允许的。

刷握通地的故障容易判定，只需用 500V 兆欧表检测刷握对机壳的绝缘电阻，或者用万用表检测刷握与机壳之间电阻都可以。一旦发现刷握通地，必须立即修理，不允许拖延。刷握通地很容易修理，只需要加强刷握与机壳间绝缘，或更换刷握。

5.13.6 单相串激电动机噪声产生原因及降低噪声的方法

单相串激电动机运行时产生的噪声一般比直流电动机大得多。

单相串激电动机噪声来源可分为三个部分：机械噪声、通风噪声、电磁系统的噪声。

（1）机械噪声 单相串激电动机转速很高，一旦电动机转子（电枢）动平衡或静平衡不好，会使电动机产生很强烈振动。另外，轴承稍有损坏、轴承间隙过大、轴承缺油也会使电动机产生振动，发出噪声。还有就是因换向器与电刷接触不良产生的噪声。

（2）通风噪声 通风噪声是因电动机运行时，其附属风扇产生高速气流用以冷却电动机。此高速气流通过电机时会产生噪声。

（3）电磁噪声 单相串激电动机通以正弦交流电，它的定子磁场和气隙磁场都是周期性变化的。磁极受到交变磁力的作用，电枢也会受到交变磁场作用，使电动机部件发生周期性交变的变形。这些都会使电动机产生噪声。

单相串激电动机运行的噪声是不可避免的，只能是设法降低噪声。下面介绍降低电动机噪声的方法。

① 降低机械噪声的方法

a. 对电动机转子（电枢）进行精密的平衡试验，尽最大努力提高转子平衡精度。

b. 选用高精度等级的轴承，注意及时给轴承加润滑油。一旦发现轴承有损坏及时更换。

c. 精磨换向器，尽量保持圆度，且使表面圆滑。同时还要精密研磨电刷端面，使之与换向器表面吻合，以减小电刷振动，从而降低噪声。

② 降低通风噪声的方法

a. 使冷却风扇的叶片数为奇数，例如 7 片、9 片、11 片、13 片……

b. 提高扇叶的刚度，并尽可能使各扇叶平衡。

c. 风扇的扇叶稍有变形应立即修正，并且可以增大风扇外径与端盖间的径向间隙，也就是减小风扇直径。

d. 将扇叶的尖锐边缘磨成圆形，并使通风道成流线型，以减少对空气流动的阻力。

5.14 直流电动机维修及故障处理

5.14.1 直流电动机用途、结构

直流电动机和发电机的特性和用途见表 5-34。

表5-34 直流电动机和发电机的特性及用途

励磁方式	电压变化率		特性	用途
永磁	1% ~ 10%		输出端电压与转子转速呈线性关系	用作测速发电机
他励	5% ~ 10%		输出端电压随负载电流增加而降低，能调节励磁电流，使输出端电压有较大幅度的变化	常用于电动机—发电机—电动机系统中，实现直流电动机的恒转矩宽广调速
并励	20% ~ 40%		输出端电压随负载电流增加而降低，降低的幅度较他励时为大，其外特性稍差	充电、电镀、电解、冶金等用直流电源
复励	积复励	小，超过6%	输出端电压在负载变化时变化较小，电压变化率由复励调谐，即串并联的转矩比决定	直流电源，或用柴油机带动的独立电源等
	差复励	较大	输出端电压随负载电流增加而迅速下降，甚至降为零	如用于自动舵控制系统中作为执行直流电动机的电源
串励	—		有负载时，发电机才能输出端电压；输出的电压根据负载电流增加而上升	用作升压机

直流电动机从实际冷却状态下开始运转，到绕组为工作温度时，由于温度变化引起了磁通变化和电枢电阻压降的变化，因此产生直流电动机的转速变化，一般为 15% ~ 20%，而永磁直流电动机的磁通与温度无关，仅电枢电阻压降随温度变化，所以由于温度变化而产生的转速变化为 1% ~ 20%。

稳定并励直流电动机的主极励磁绕组由并励绕组和稳定绕组组成。稳定绕组实质上是少量匝数的串励绕组。在并励或他励电动机中采用稳定绕组的目的，在于使转速不至于随负载增加而上升，而是略为降低。

说明：复励中串励绕组和并励绕组的极性同向的，称积复励；极性相反的，称差复励。通常所称复励直流电机是指积复励。在复励直流发电机中，串励绕组使其空载电压和额定电压相等，称为平复励；使其空载电压低于额定电压的，称为复励；使其空载电压高于额定电压的，称欠复励。根据串励绕组在电机接线中连接情况，复励直流电机接线有短复励和长复励之分。

　　直流电动机由定子、电枢、换向器、电刷、刷架、机壳、轴承等主要部件构成，如图5-96所示。磁极由磁极铁芯和励磁绕组组成，安装在机座上。机座是电动机的支撑体，也是磁路的一部分。磁极分为主磁极和换向极。主磁极励磁线圈用直流电励磁，产生N、S极相同排列的磁场，换向极置于主磁极之间，用来减小换向时产生的火花。

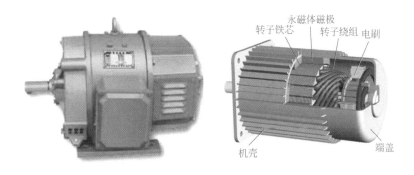

机壳　　永磁体磁极　转子铁芯　转子绕组　电刷　端盖

图5-96　直流电动机的外形及结构

　　电枢由电枢铁芯与电枢绕组组成。电枢装在转轴上。转轴旋转时，电枢绕组切割磁场，在其中产生感应电动势。电枢铁芯用硅钢片叠成，外表面开有均匀的槽，槽内嵌放电枢绕组，电枢绕组与换向器连接。换向器又称为整流子，它是直流电动机的关键部件。换向器的作用是将外电路的直流电转换成电枢绕组的交流电，以保证电磁转矩作用方向不变。

5.14.2 直流电动机接线图

直流电动机根据转子及定子的连接方式的不同分为串激式、并激式、复激式和它激式,如图 5-97 ～图 5-100 所示。

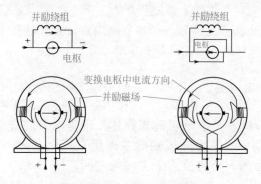

图5-97 并激式绕组接线图

（变换电枢引线即能改变旋转方向）

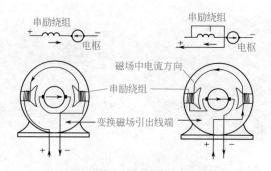

图5-98 串激式绕组接线图

（变换磁场引线即能改变旋转方向）

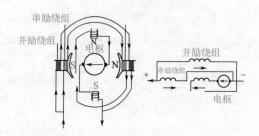

图5-99 具有换向极的2极复激式绕组接线图

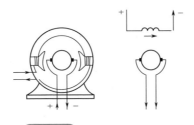

图5-100 它激式绕组接线图

5.14.3 直流电动机常见故障及检查

5.14.3.1 电刷下火花过大

直流电机故障多数是从换向火花的增大反映出来。换向火花有 1、$1\frac{1}{4}$、$1\frac{1}{2}$、2、3 五级。微弱的火花对电机运行并无危害。如果火花范围扩大或程度加剧，就会灼伤换向器及电刷，甚至使电机不能运行，火花等级及电机运行情况见表 5-35。

表5-35 电刷下火花等级及电机运行情况

火花等级	程度	换向器及电刷的状态	允许运行方式
1	无火花	换向器上没有黑痕，电刷上没有灼痕	允许长期连续运行
$1\frac{1}{4}$	电刷边缘仅小部分有几天弱的点状火花或有非放电性的红色小火花		
$1\frac{1}{2}$	电刷边缘大部分或全部有轻弱的火花	换向器上有黑痕出现，但不发展，用汽油即能擦除，同时在电刷上有轻微的灼痕	
2	电刷边缘大部分或全部有较强烈的火花	换向器上有黑痕出现，用汽油不能擦除，同时电刷上有灼痕（如短时出现这一级火花，换向器上不会出现灼痕，电刷不致被烧焦或损坏）	仅在短时过载或短时冲击负载时允许出现
3	电刷的整个边缘有强烈的火花，有时有大火花飞出（即环火）	换向器上黑痕相当严重，用汽油不能擦除，同时电刷上灼痕（如在这一级火花等级下短时运行，则换向器上将出现灼痕，同时电刷将被烧焦）	仅在直接启动或逆转瞬间允许存在，但不得损坏换向器

5.14.3.2 产生火花的原因及检查方法

（1）**电机过载造成火花过大** 可测电机电流是否超过额定值。如电流过大，说明电机过载。

（2）**电刷与换向器接触不良** 换向器表面太脏；弹簧压力不合适。可用弹簧秤或凭经验调节弹簧压力；在更换电刷时，错换了其他型号的电刷；电刷或刷握间隙配合太紧或太松。配合太紧可用砂布研磨，如配合太松需更换电刷；接触面太小或电刷方向放反了，接触面太小主要是在更换电刷时研磨方法不当造成的。正确的方法是，用 N320 号细砂布压在电刷与换向器之间（带砂的一面对着电刷，紧贴在换向器表面上，不能将砂布拉直），砂布顺着电机工作方向移动，如图 5-101 所示。

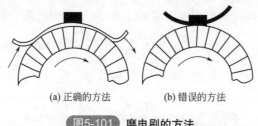

(a) 正确的方法　　　　(b) 错误的方法

图5-101 磨电刷的方法

（3）**刷握松动** 电刷排列不成直线，电刷位置偏差越大，火花越大。

（4）**电枢振动造成火花过大** 电枢与各磁极间的间隙不均匀，造成电枢绕组各支路内电压不同，其内部产生的电流使电刷产生火花；轴承磨损造成电枢与磁极上部间隙过大，下部间隙小；联轴器轴线不正确；用皮带传动的电机，皮带过紧。

（5）**换向片间短路** 电刷粉末、换向器铜粉充满换向器的沟槽中；换向片间云母腐蚀；修换向器时形成的毛刷没有及时消除。

（6）**电刷位置不在中性点上** 修理过程中电刷位置移动不当或刷架固定螺栓松动，造成电刷下火花过大。

（7）**换向极绕组接反** 判断的方法是，取出电枢，定子通以低压直电流。用小磁针试验换向极极性。顺着电机旋转方向，发电机为 n—N—S—s，电动机为 n—S—s—N（其中大写字母为主磁极极性，小写字母为换向极极性）。

（8）**换向极磁场太强或太弱** 换向极磁场太强会出现以下症状：绿色针状火花，火花的位置在电刷与换向器的滑入端，换向器表面对称灼伤。对于发电机，可将电刷逆着旋转方向移动一个适当角度；对于电动机，可将电刷顺着旋转方向移动一个适当的角度。

换向极磁场太弱会出现以下症状：火花位置在电刷和换向器的滑出端。对于发电机需将电刷顺着旋转方向移动一个适当角度；对于电动机，则需将电刷逆着旋转方向移动一个适当角度。

（9）**换向器偏心**　除制造原因外，主要是修理方法不当造成的。换向器片间云母凸出：对换向器槽挖削时，边缘云母片未能清除干净，待换向片磨损后，云母片便凸出，造成跳火。

（10）**电枢绕组与换向器脱焊**　用万用表（或电桥）逐一测量相邻两片的电阻，如测到某两片间的电阻大于其他任意两片的电阻，说明这两片间的绕组已经脱焊或断线。

5.14.3.3　换向器的检修

换向器的片间短路与接地：换向器的片间短路与接地故障，一般是由于片间绝缘或对地绝缘损坏，且其间有金属屑或电刷碳粉等导电物质填充所造成的。

（1）**故障检查方法**　用检查电枢绕组短路与接地故障的方法，可查出故障位置。为分清故障部位是在绕组内还是在换向器上，要把换向片与绕组相连接的线头焊开，然后用校验灯检查换向片是否有片间短路或接地故障。检查中，要注意观察冒烟、发热、焦味、跳火及火花的伤痕等故障现象，以分析、寻找故障部位。

（2）**修理方法**　找出故障的具体部位后，用金属器具刮除造成故障的导电物体，然后用云母粉加胶合剂或松脂等填充绝缘的损伤部位，恢复其绝缘。若短路或接地的故障点存在于换向器的内部，必须拆开换向器，对损坏的绝缘进行更换处理。

（3）**直流电动机换向器制造工艺及装配方法**

① 制作换向片　制作换向片的材料是专用冷拉梯形铜排，落料后必须经校平工序，最后按图纸要求用铣床加工嵌线柄或开高片槽。

② 升高片制作与换向片的连接　升高片一般用 0.6～1mm 的紫铜枚或 1～1.6mm 厚紫铜带制作。

升高片与换向片的连接一般采用铆钉铆接或焊接，焊接一般采用铆焊、银铜焊、磷铜焊。

③ 片间云母板的制作　按略大于换向片的尺寸，冲剪而成。

④ V 形绝缘环和绝缘套管的制作　首先按样板将坯料剪成带切口

的扇形,一面涂上胶黏剂并晾干,然后把规定层数的扇形云母粘贴成一整叠,并加热至软化,使其初步成型模,外包一层聚酯薄膜,用带子捆起来,用手将坯料压在模子的 V 形部分,再加压铁压紧,待冷至室温后取下压铁便完成了初步成形,最后在 $160 \sim 210℃$ 温度下进行烘压处理,在冷却至室温后,便得到成型的 V 形绝缘环。

⑤ 装配换向片的烘压　先将换向片和云母板逐片相间排列置于叠压模的底盘上,拼成圆筒形,按编号次序放置锥形压块,用带子将锥形压块扎紧,并在锥形压块与换向片之间插入绝缘纸板,再套上叠压圈后,便可拆除带子。

⑥ 加工换向片组 V 形槽。

⑦ 换向器的总装　换向器的总装是将换向片组,V 形绝缘环,压圈、套管等零件组装在一起,用螺杆或螺母紧固,再经数次冷压和热压,使换向器成为一个坚固稳定的圆柱整体。

5.14.3.4　电刷的调整方法

(1)**直接调整法**　首先松开固定刷架的螺栓,戴上绝缘手套,用两手推紧刷架座,然后开车,用手慢慢逆电机旋转的方向转动刷架。如火花增加或不变,可改变方向旋转,直到火花最小为止。

(2)**感应法**(如图 5-102 所示)　当电枢静止时,将毫伏表接到相邻的两组电刷上(电刷与换向器的接触要良好),励磁绕组通过开关 K 接到 $1.5 \sim 3V$ 的直流电源上,交替接通和断开励磁绕组的电路。毫伏表指针会左右摆动。这时,将电机刷架顺电机旋转方向或逆时针方向移动,直至毫伏表指针基本不动时,电刷位置即在中性点位置。

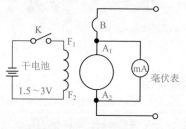

图5-102　感应法确定电刷中性点位置

(3)**正反转电动机法**　对于允许逆转的直流电动机,先使电动机顺转,后逆转,随时调整电刷位置,直到正反转转速一致时,电刷所在的位置就是中性点的位置。

5.14.3.5　发电机不发电、电压低及电压不稳定

① 对自励电机来说,造成不发电的原因之一是剩磁消失。这种故障一般出现在新安装或经过检修的发动机。如没有剩磁,可进行充磁。其方法是,待发电机转起来以后,用 12V 左右的干电池(或蓄电池),

负极对主磁极的负极，正极对主磁极的正极进行接触，观察跨在发电机输出端的电压表。如果电压开始建立，即可撤除。

② 励磁线圈接反。

③ 电枢线圈匝间短路。其原因有绕组间短路、换向片间或升高片间有焊锡等金属短接。电枢短路的故障可以用短路探测器检查。对于没有发现绕组烧毁又没有拆开的电机，可用毫伏表校验换向片间电压的方法检查，检查前，必须首先分清此电枢绕组是叠绕形式，还是波绕形式。因采用叠绕组的电机每对用线连接的电刷间有两个并联支路；而采用波绕组的电机每对用线连接的电刷间最多只有一个绕组元件。实际区分时，将电刷连线拆开，用电桥测量其电阻值，如原连的两组电刷间电阻值小，而正负电刷间的阻值较大，可认为是波绕组；如四组电刷间的电阻基本相等，可认为是叠绕组。

在分清绕组形式后，可将低压直流电源接到正负两对电刷上，毫伏表接到相邻两换向片上，依次检查片间电压。中、小电机常用图 5-103（a）所示的检查方法；大型电机常用图 5-103（b）所示的检查方法。在正常情况下，测得电枢绕组各换向片间的压降应该相等，或其中最小值和最大值与平均值的偏差不大于 ±5%。

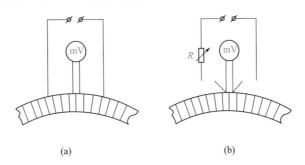

(a)　　　　　　　　　　(b)

图5-103 用测量换向片间压降的方法检查短路、断路和开焊

如电压值是周期变化的，则表示绕组良好；如读数突然变小，则表示该片间的绕组元件局部短路。若毫伏表的读数突然为零，则表明换向片短路或绕组全部短路。片间电压突然升高，则可能是绕组断路或脱焊。

对于 4 极的波绕组，因绕组经过串联的两个绕组元件后才回到相邻的换向片上，如果其中一个元件发生短路，那么表笔接触相邻的换向片上，毫伏表所指示的电压会下降，但无法辨别出两个元件哪个损坏。因此，还需把毫伏表跨到相当于一个换向节距的两个换向片上，才能指示出故障的元件。其检查方法如图 5-104 所示。

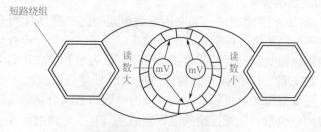

图5-104 检查短路的波绕组

④ 励磁绕组或控制电路断路。

⑤ 电刷不在中性点位置或电刷与换向器接触不良。

⑥ 转速不正常。

⑦ 旋转方向错误（指自励电机）。

⑧ 串励绕组接反。故障表现为发电机接负载后，负载越大电压越低。

5.14.3.6　电动机不能启动

① 电动机无电源或电源电压过低。

② 电动机启动后有"嗡嗡"声而不转。其原因是过载，处理方法与交流异步电动机相同。

③ 电动机空载仍不能启动。可在电枢电路中串上电流表量电流。如电流小可能是电路电阻过大、电刷与换向器接触不良或电刷卡住。如果电流过大（超过额定电流），可能是电枢严重短路或励磁电路断路。

5.14.3.7　电动机转速不正常

① 转速高：串励电动机空载启动；积复励电动机，串励绕组接反；磁极线圈断线（指两路并励的绕组）；磁极绕组电阻过大。

② 转速低：电刷不在中性线上、电枢绕组短路或接地。电枢绕组接地，可用校验灯检查，其方法如图 5-105 所示。

5.14.3.8　电枢绕组过热或烧毁

① 长期过载，换向磁极或电枢绕组短路。

② 直流发电机负载短路造成电流过大。

③ 电压过低。

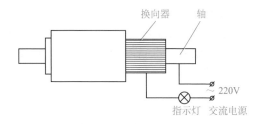

图5-105 用校验灯检查电枢绕组的接地点

④ 电机正反转过于频繁。

⑤ 定子与转子相摩擦。

5.14.3.9 磁极线圈过热

① 并励绕组部分短路：可用电桥测量每个线圈的电阻，是否与标准值相符或接近，电阻值相差很大的绕组应拆下重绕。

② 发电机气隙太大：查看励磁电流是否过大，拆开电机，调整气隙（即垫入铁皮）。

③ 复励发电机负载时，电压不足，调整电压后励磁电流过大；该发电机串励绕组极性接反；串励线圈应重新接线。

④ 发电机转速太低。

5.14.3.10 电枢振动

① 电枢平衡未校好。

② 检修时，风叶装错位置或平衡块移动。

5.14.3.11 直流电机的拆装

拆卸前要进行整机检查，熟悉全机有关的情况，做好有关记录，充分做好施工的准备工作。拆卸步骤如下。

① 拆除电机的所有接线，同时做好复位标记和记录。

② 拆除换向器端的端盖螺栓和轴承盖的螺栓，并取下轴承外盖。

③ 打开端盖的通风窗，从各刷握中取出电刷，然后再拆下接在刷杆上的连接线，并做好电刷和连接线的复位标记。

④ 拆卸换向器端的端盖。拆卸时先在端盖与机座的接合处打上复位标记，然后在端盖边缘处垫以木楔，用铁锤沿端盖的边缘均匀地敲打，使端盖止口慢慢地脱开机座及轴承外圈。记好刷架的位置，取下刷架。

⑤ 用厚牛皮纸或布把换向器包好，以保持清洁，防止碰撞致伤。

⑥ 拆除轴伸出端的端盖螺钉，将连同端盖的电枢从定子内小心地抽出或吊出。操作过程中要防止擦伤绕组、铁芯和绝缘等。

⑦ 把连同端盖的电枢放在准备好的木架上，并用厚纸包裹好。

⑧ 拆除轴伸端的轴承盖螺钉，取下轴承外盖和端盖。轴承只在有损坏时才需取下来更换，一般情况下不要拆卸。

电机的装配步骤按拆卸的相反顺序进行。操作中，各部件应按复位标记和记录进行复位，装配刷架、电刷时，更需细心认真。

5.15 单相交流电动机的常用计算

5.15.1 主绕组计算

（1）测量定子铁芯内径 D_1（单位为 cm）、长度 L_1（单位为 cm）、槽形尺寸，记录定子槽数 Z_1、极数 $2p$。

（2）极距：

$$\tau = \frac{\pi D_1}{2p}$$

（3）每极磁通量：

$$\Phi = aB_{\mathrm{g}}\tau L_1 \times 10^{-4}（\text{Wb}）$$

式中，a 为极弧系数，其值为 $0.6 \sim 0.7$；B_{g} 为气隙磁通密度，$2p = 2$ 时，$B_{\mathrm{g}} = 0.35 \sim 0.5$T，$2p = 4$ 时，$B_{\mathrm{g}} = 0.55 \sim 0.7$T。对小功率、低噪声电动机取小值。

（4）串联总匝数：

$$W_{\mathrm{m}} = \frac{E}{4.44 f \Phi K_{\mathrm{w}}}$$

式中，E 为绕组感应电势，V；K_{w} 为绕组系数。通常 $E = \zeta U_{\mathrm{N}}$，其中 U_{N} 为外施电压，$\zeta = 0.8 \sim 0.94$，功率小、极数多的电动机取小值。

集式绕组 $K_{\mathrm{w}} = 1$；单层绕组 $K_{\mathrm{w}} = 0.9$；正弦绕组 $K_{\mathrm{w}} = 0.78$。

（5）匝数分配（用于正弦绕组）

① 计算各同心线把的正弦值：

$$\sin(x-y) = \sin\frac{Y(x-y)}{2} \times \frac{\pi}{\tau}$$

式中，$\sin(x-y)$ 为某一同心线把的正弦值；$Y(x-y)$ 为该同心线把的节距；π 为每极相位差（$\pi = 180°$）；τ 为极距（槽）。

② 每极线把的总正弦值：

$$\sum \sin (x-y) = \sin (x_1 - y_1) + \sin (x_2 - y_2) + \cdots + \sin (x_n - y_n)$$

③ 各同心线把占每极相组匝数的百分数：

$$n(x-y) = \frac{\sin (x-y)}{\sum \sin (x-y)} \times 100\%$$

（6）导线截面积 在单相电动机中，主绕组导线较粗，应根据主绕组来确定槽满率。

① 槽的有效面积：

$$S_c' = KS_c$$

式中，S_c 为槽的截面积，mm^2；K 为槽内导体占空数，$K = 0.5 \sim 0.6$。

② 导线截面积：

$$S_m = \frac{S_c'}{N_m}$$

式中，N_m 为主绕组每槽导线数，根。

对于主绕组占总槽数 2/3 的单叠绕组：

$$N_m = \frac{2W_m}{\frac{2}{3}Z_1} = \frac{3W_m}{Z_1}$$

对于"正弦"绕组，N_m 应取主绕组导线最多的那一槽来计算。若该槽中同时嵌有副绕组时，则在计算 S_c' 时应减去绕组所占的面积，或相应降低 K 值。

当电动机额定电流为已知，可按下式计算导线截面积：

$$S_m = \frac{I_N}{J}$$

式中，J 为电流密度，A/mm^2，一般 $J = 4 \sim 7A/mm^2$，2 极电动机取较小值；I_N 为电动机额定电流，A。

（7）功率估算

① 额定电流：

$$I_N = S_m J$$

② 输出功率：

$$P_N = U_N I_N \eta \cos\phi$$

式中，η 为效率，可查图 5-106 或图 5-107；$\cos\phi$ 为功率因数，可查图 5-106 或图 5-107。

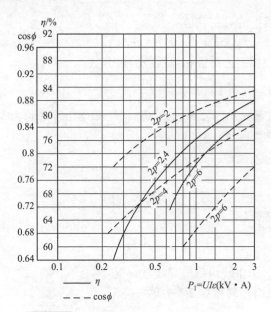

图5-106 罩极式电动机η、$\cos\phi$与P_1的关系

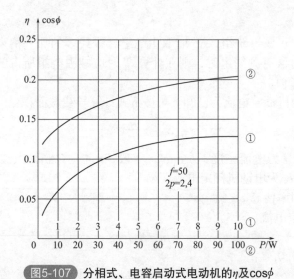

图5-107 分相式、电容启动式电动机的η及$\cos\phi$

5.15.2 副绕组计算

① 分相式和电容启动式电动机，副绕组串联总匝数：

$$W_n = (0.5 \sim 0.7) W_m$$

导线截面积：

$$S_n = (0.5 \sim 0.25) S_m$$

② 电容运转式电动机，串联总匝数：

$$W_n = (1 \sim 1.3) W_m$$

导线截面积与匝数成反比，即

$$S_n = \frac{S_m}{1 \sim 1.3}$$

5.15.3　电容值的确定

电动机的电容值按下列经验公式确定。
① 电容启动式：

$$C = (0.5 \sim 0.8) P_N \tau F$$

式中，P_N 为电动机功率，W。
② 电容运转式：

$$C = 8 J_n S_n \tau F$$

式中，J_n 为副绕组电流密度，A/mm^2，一般取 $J_n = 5 \sim 7$A/mm^2。

按计算数据绕制的电动机，若启动性能不符合要求，可对电容量或副绕组进行调整。对电容式电动机，如启动转矩小，可增大电容器容量或减少副绕组匝数；若启动电流过大，可增加匝数并同时减小电容值；如电容器端电压过高，则应增大电容值或增加副绕组匝数。对分相式电动机，若启动转矩不足，可减少副绕组匝数；若启动电流过大，则增加匝数或将导线直径改小些。

5.15.4　计算实例

【例 5-3】 一台分相式电动机，定子铁芯内径 $D_1 = 5.7$cm，长度 $L_1 = 8$cm，定子槽数 $Z_1 = 24$，$2p = 2$，平底圆顶槽，尺寸如图 5-108 所示，试计算 220V 时的单叠绕组数据。

解：（1）主绕组计算
① 极距：

$$\tau = \frac{\pi D_1}{2p} = \frac{3.14 \times 5.7}{2} = 8.95 (\text{cm})$$

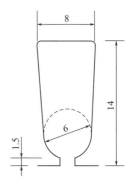

图5-108 槽形尺寸

② 每极磁通量　取 $a = 0.64$，$B_g = 0.45T$，则

$$\Phi = aB_g\tau L_1 \times 10^{-4} = 0.64 \times 0.45 \times 8.95 \times 8 \times 10^{-4}$$
$$= 0.206 \times 10^{-2}（Wb）$$

③ 串联总匝数　$\xi = 0.82$，则

$$W_m = \frac{E}{4.44f\Phi K_W} = \frac{220 \times 0.82}{4.44 \times 50 \times 0.206 \times 10^{-2} \times 0.9}$$
$$= 438（匝）$$

④ 导线截面积

a. 槽的有效面积。

由图 5-108 得：

$$S_c = \frac{8 + 6}{2} \times \left[14 - （1.5 + 0.5 \times 6） \right] + \frac{3.14 \times 6^2}{8}$$
$$= 80.6（mm^2）$$

取 $K = 0.53$，则 $S_c' = 0.53 \times 80.6 = 43（mm^2）$

b. 导线截面积。

先求每槽导线数。设主绕组占总槽数的 2/3，则

$$N_m = \frac{3W_m}{Z_1} = \frac{3 \times 438}{24} = 55（根）$$

即每个线把 55 匝，共 8 个线把。

导线截面积

$$S_m = \frac{S_c'}{N_m} = \frac{43}{55} = 0.782（mm^2）$$

取相近公称截面积 $0.785mm^2$，得标称导线直径为 1.0mm。

⑤ 功率估算

a. 额定电流。取 $J = 5A/mm^2$，则

$$I_N = S_m J = 0.785 \times 5 = 3.92（A）$$

b. 输入功率：

$$P_1 = I_N U_N \xi \times 10^{-3} = 3.92 \times 220 \times 0.82 \times 10^{-3}$$
$$= 0.7（kW）$$

查图 5-106 得：$\eta = 74\%$，$\cos\varphi = 0.85$，输出功率

$$P_N = U_N I_N \eta \cos\varphi = 220 \times 3.92 \times 0.74 \times 0.85$$
$$= 542（W）$$

（2）副绕组计算：

串联总匝数

$$W_n = 0.7W_m = 0.7 \times 438 = 306（匝）$$

导线截面积

$$S_n = 0.25 S_m = 0.25 \times 0.785 = 0.196\,(\text{mm}^2)$$

取相近公称截面积 0.204mm^2，得线径为 0.51mm。

副绕组占 $\dfrac{Z_1}{3} = \dfrac{24}{3} = 8$ 槽，每槽导线数 $= \dfrac{306 \times 2}{8} = 76$ 根，即每个线把 76 匝，共 4 个线把。

【例5-4】 一台电容启动式4极电动机，定子铁芯内径 $D_1 = 7.1\text{cm}$，长度 $L_1 = 6.2\text{cm}$，$Z_1 = 24$，试计算 220V 时"正弦"绕组各同心线把的匝数。

解：（1）主绕组计算

① 极距：

$$\tau = \frac{\pi D_1}{2p} = \frac{3.14 \times 7.1}{4} = 5.57\,(\text{cm})$$

② 每极磁通（取 $a = 0.7$，$B_g = 0.6\text{T}$）：

$$\begin{aligned}\Phi &= a B_g \tau L_1 \times 10^{-4} = 0.7 \times 0.6 \times 5.57 \times 6.2 \times 10^{-4}\\ &= 0.145 \times 10^{-2}\,(\text{Wb})\end{aligned}$$

③ 串联总匝数（取 $\xi = 0.8$）：

$$\begin{aligned}W_m &= \frac{\xi U_N}{4.44 f \Phi K_W} = \frac{0.8 \times 220}{4.44 \times 50 \times 0.145 \times 10^{-2} \times 0.78}\\ &= 700\,(\text{匝})\end{aligned}$$

④ 匝数分配

a. 每极相组匝数：

$$W_{mp} = \frac{W_m}{2p} = \frac{700}{4} = 175\,(\text{匝})$$

b. 各同心线把的正弦值。

主绕组采用图 5-109 所示的布线，每极由 1-3、1-5、1-7 三个同心线把组成，则

$$\sin(1-3) = \sin\frac{Y(1-3)}{2} \times \frac{\pi}{2} = \sin\frac{2}{2} \times \frac{180°}{6} = \sin 30° = 0.5$$

$$\sin(1-5) = \sin\frac{4}{2} \times \frac{180°}{6} = \sin 60° = 0.866$$

$$\sin(1-7) = \frac{1}{2}\sin\frac{6}{2} \times \frac{180°}{6} = \frac{1}{2}\sin 90° = 0.5$$

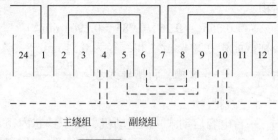

—— 主绕组 − − − 副绕组

图5-109 绕组布线示意图

c. 总正弦值。

$$\sum \sin (x-y) = 0.5 + 0.866 + 0.5 = 1.866$$

d. 各同心线把所占百分数：

$$n(1-3) = \frac{\sin(1-3)}{\sum \sin(x-y)} \times 100\%$$

$$= \frac{0.5}{1.866} \times 100\% = 26.8\%$$

$$n(1-5) = \frac{0.866}{1.866} \times 100\% = 46.4\%$$

$$n(1-7) = \frac{0.5}{1.866} \times 100\% = 26.8\%$$

e. 各同心线把匝数：

$$W_m(1-3) = n(1-3)W_{mp} = \frac{26.8}{100} \times 175 = 47（匝）$$

$$W_m(1-5) = \frac{46.4}{100} \times 175 = 81（匝）$$

$$W_m(1-7) = \frac{26.8}{100} \times 175 = 47（匝）$$

主绕组导线截面积的计算与单叠绕组相同，但要取导线最多的那一槽的 N_m 来计算。

（2）副绕组的计算

① 副绕组匝数：

$$W_n = 0.65W_m = 0.65 \times 700 = 455（匝）$$

每极匝数：

$$W_{np} = \frac{W_n}{2p} = \frac{455}{4} \approx 114（匝）$$

② 各同心线把匝数。副绕组与主绕组布线相同，各线把的正弦值及所占有百分数亦与主绕组相同，故各同心线把的匝数为

$$W_{\mathrm{n}}(1-3) = 114 \times \frac{26.8}{100} = 30（匝）$$

$$W_{\mathrm{n}}(1-5) = 114 \times \frac{46.4}{100} = 53（匝）$$

$$W_{\mathrm{n}}(1-7) = 114 \times \frac{26.8}{100} = 30（匝）$$

5.15.5 正弦绕组

正弦绕组是单相异步电动机广泛采用的另一种绕组形式。正弦绕组每极下各槽的导线数互不相等，并按照正弦规律分布，这种绕组结构一般均为同心式结构。通常，线圈的节距越大，匝数越多；线圈的节距越小，匝数越少。由于同一相线圈内的电流相等，而每个线圈匝数不等，所以各槽电流一槽内导体数成正比。当各槽的导体按正弦规律分布时，槽电流的分布也将符合正弦波形，因而正弦绕组建立的磁势、空间分布波形也接近正弦波。

正弦绕组可以明显地削弱高次谐波磁势，从而可发送电动机的启动和运行性能。采用正弦绕组后，电动机定子铁芯槽内主、副绕组不再按一定的比例分配，而各自按不同数量的导体分布在定子各槽中。

正弦绕组每极下匝数的分配是，把每相每极的匝数看作百分之百，根据各线圈节距 1/2 的正弦值来计算各线圈匝数所应占每极匝数的百分比。根据节距和槽内导体分布情况，正弦绕组可以分为偶数节距和奇数节距，如图 5-110 所示。在奇数节距时，槽 1 和槽 10 内放有两个绕组的线圈，因此线圈 1-10 的匝数只占正弦计算值的 1/2。

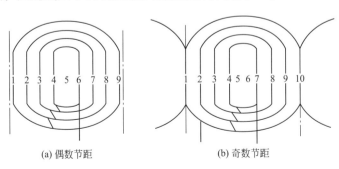

(a) 偶数节距　　　　　　　　(b) 奇数节距

图5-110 偶数和奇数节距的正弦绕组

以图 5-110 所示的正弦绕组（每极下有 9 槽，每极串联导体的总匝数为 W）为例，说明各槽导体数求法。

① 偶数节距方案：线圈 1-9 节距 1/2 的正弦值 $= \sin\left(\dfrac{8}{9} \times 90°\right) = \sin 80° = 0.985$

线圈 2-8 节距 1/2 的正弦值 $= \sin\left(\dfrac{6}{9} \times 90°\right) = \sin 60° = 0.866$

线圈 3-7 节距 1/2 的正弦值 $= \sin\left(\dfrac{4}{9} \times 90°\right) = \sin 40° = 0.643$

线圈 4-6 节距 1/2 的正弦值 $= \sin\left(\dfrac{2}{9} \times 90°\right) = \sin 20° = 0.342$

每极下各线圈正弦值的和为

$$0.985 + 0.866 + 0.643 + 0.342 = 2.836$$

各线圈匝数的分配分别为

线圈 1-9 为 $\dfrac{0.985}{2.836} = 0.347W$

即为每极总匝数 W 的 34.7%。

线圈 2-8 为 $\dfrac{0.866}{2.836} = 0.305W$

即为每极总匝数 W 的 30.5%。

线圈 3-7 为 $\dfrac{0.643}{2.836} = 0.227W$

即为每极总匝数 W 的 22.7%。

线圈 4-6 为 $\dfrac{0.342}{2.836} = 0.121W$

即为每极总匝数 W 的 12.1%。

② 奇数节距方案：奇数节距方案每极下各线圈匝数的求法步骤和偶数节距大都相同，不同的是节距为整距（$y = 9$）的那一个线圈，由于有 1/2 在相邻的另一极下，故其线圈节距 1/2 的正弦值应为计算值的 1/2，则有

线圈 1-10 节距 1/2 的正弦值 $= \dfrac{1}{2}\sin\left(\dfrac{9}{9} \times 90°\right) = \dfrac{1}{2}\sin 90° = 0.5$

线圈 2-9 节距 1/2 的正弦值 $= \sin\left(\dfrac{7}{9} \times 90°\right) = \sin 70° = 0.9397$

线圈 3-8 节距 1/2 的正弦值 $= \sin\left(\dfrac{5}{9} \times 90°\right) = \sin 50° = 0.766$

线圈 4-7 节距 1/2 的正弦值 $= \sin\left(\dfrac{3}{9} \times 90°\right) = \sin 30° = 0.5$

每极下各线圈正弦值的和为

$0.5 + 0.9397 + 0.766 + 0.5 = 2.706$

各线圈匝数的分配分别为

线圈 1-10 为 $\dfrac{0.5}{2.706} = 0.185W$

即为每极总匝数 W 的 18.5%。

线圈 2-9 为 $\dfrac{0.9397}{2.706} = 0.347W$

即为每极总匝数 W 的 34.7%。

线圈 3-8 为 $\dfrac{0.766}{2.706} = 0.283W$

即为每极总匝数 W 的 28.3%。

线圈 4-7 为 $\dfrac{0.5}{2.706} = 0.185W$

即为每极总匝数 W 的 18.5%。

正弦绕组可有不同的分配方案，对不同的分配方案，基波系数的大小和谐波含量也有差别。通常，线圈所占槽数越多，基波绕组数越小，谐波强度也越小。另外，由于小节距线圈所包围的面积小，产生的磁通也少，所以对电动机性能的影响也很小，有时为了节约铜线，常常去掉不用。

5.15.6 罩极式单相电动机空壳重绕计算

（1）电动机的功率计算

$$P_o = \frac{aD^2 LB_g A n_0}{5.5}$$

式中，P_o 为电动机输出功率，W；D 为定子内径，m；L 为定子叠厚，m；B_g 为气隙磁通密度，一般小功率电动机如台扇等取 $B_g = 0.15 \sim 0.35T$，吊扇等较大电动机取 $B_g = 0.35 \sim 0.5T$；A 为线负载，取 $A = 6000 \sim 13000A/m$；n_0 为同步转速，r/min；a 为极弧系数，$a = 0.6 \sim 0.9$。

（2）电动机的电流计算

$$I = \frac{P_o}{K_E U_N}$$

式中，K_E 为压降系数，取 $K_E = 0.8 \sim 0.94$；U_N 为电动机所选的额定电压，V。

（3）有效磁通计算

$$\Phi = a\tau LB_g$$

式中，Φ 为有效磁通，Wb；a 为极弧系数，$a = 0.6 \sim 0.9$；τ 为极距，m；L 为铁芯厚度，m；B_g 为气隙磁通密度，T。

（4）主绕组每极匝数计算

$$W_1 = \frac{K_E U_N}{4.44 f \Phi 2p}$$

式中，$2p$ 为极数；f 为电源频率，Hz。

（5）定子轭部磁通密度计算

$$B_a = \frac{\delta \Phi}{1.86 L h_a}$$

式中，δ 为主绕组漏磁系数，$\delta = 1.1 \sim 1.6$；h_a 为轭部高度，m。

（6）磁极铁芯磁通密度计算

$$B_h = \frac{\delta \Phi}{0.93 bL}$$

式中，b 为凸极的宽度，m。

计算的磁极铁芯磁通密度应小于 $0.8 \sim 1T$，如超过允许值时，应降低 B_g 重算。

（7）导线截面积计算

$$S = \frac{I}{J}$$

式中，S 为导线截面积，mm^2；I 为导线流过的电流，A；J 为导线电流密度，A/mm^2，取 $J = 3 \sim 5A/mm^2$。

导线直径计算为

$$d = 1.13 \sqrt{S}$$

式中，d 为导线直径，mm。

用的标准导线要先校验是否放得下，如太松或太紧可选较大或较小直径予以调整。

照明线路及安装、维修

6.1 照明电路的配线

室内配线方式分为瓷瓶配线、瓷夹板配线、槽板配线、塑料护套线配线和电线管配线，下面分别讲述。

6.1.1 瓷瓶配线

① 瓷瓶种类 图 6-1 所示为瓷瓶外形。常用瓷瓶有鼓形瓷瓶、蝶形瓷瓶、针式瓷瓶和悬式瓷瓶。

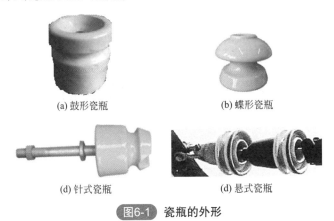

(a) 鼓形瓷瓶　　　　　　　　　(b) 蝶形瓷瓶

(d) 针式瓷瓶　　　　　　　　　(d) 悬式瓷瓶

图6-1　瓷瓶的外形

② 瓷瓶配线的前期工作

a.定位：定位工作应在土建未抹灰前进行。首先根据施工图确定用电设备的安装地点，然后确定导经敷设位置，穿墙和楼板位置，起始、转角和终端位置，最后确定中间瓷瓶位置。

b.画线：画线可用边缘刻有尺寸的木板条。画线可沿房屋线脚、墙角等处进行，用铅笔或木工用粉袋画出安装线路。

　　c. 凿眼：按画线定位进行凿眼。

　　d. 安装木榫或塑料胀栓，如图 6-2 所示。

　　e. 在土建砌墙时预埋瓷管和钢管，使线路穿墙而过。

圆头木螺钉　垫圈　塑料胀栓

图6-2　塑料胀栓

③ 瓷瓶的固定

　　a. 在木结构墙上固定瓷瓶。在广大农村木结构房屋上只能固定鼓形瓷瓶，可用木螺钉直接拧入，如图 6-3（a）所示。

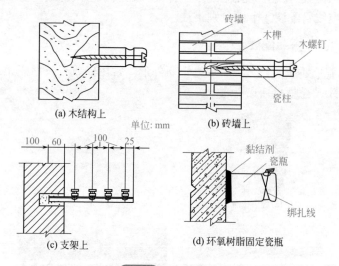

(a) 木结构上

(b) 砖墙上

(c) 支架上

(d) 环氧树脂固定瓷瓶

图6-3　瓷瓶的固定

　　b. 在砖墙上固定瓷瓶时，需利用预埋的木榫和木螺钉来固定鼓形瓷瓶，如图 6-3（b）所示；或用预埋的支架和螺栓来固定鼓形瓷瓶、蝶形瓷瓶和针式瓷瓶等，如图 6-3（c）所示。

　　c. 在混凝土墙上固定瓷瓶时，可用塑料膨胀螺栓来固定鼓形瓷瓶，或用预埋的支架和螺栓来固定鼓形瓷瓶、蝶形瓷瓶或针式瓷瓶，也可用环氧树脂黏结剂来固定瓷瓶，如图 6-3（d）所示。环氧树脂黏结剂的配比见表6-1。

表6-1 环氧树脂黏结剂配比表

黏结剂名称	黏结剂配比（质量比）			
环氧树脂滑石粉黏结剂	6101 环氧树脂	苯二甲酸二丁酯	二乙烯三胺	滑石粉
	100	20	6～8	100
环氧树脂石棉粉黏结剂	6101 环氧树脂	苯二甲酸二丁酯	二乙烯三胺	石棉粉
	100	20	6～8	10
环氧树脂水泥黏结剂	6101 环氧树脂	苯二甲酸二丁酯	二乙烯三胺	水泥
	100	30	13～15	200
	100	40	13～15	300
	100	50	13～15	400

④ 导线的敷设和绑扎 在瓷瓶上敷设导线，应从来电端开始，将一端的导线绑扎在瓷瓶的颈部，然后将导线的另一端收紧绑扎固定，最后把中间导线也绑扎固定。

a. 终端导线的绑扎。导线的终端可用回头线绑扎，如图 6-4 所示。绑扎线优先选用纱包铁芯线，绑扎线的线径和绑扎圈数见表6-2。

单圈　公圈

图6-4 终端导线的绑扎

表6-2 绑扎线的线径和绑扎圈数

导线截面积 /mm²	绑线直径 /mm				绑线圈数
	纱包铁芯线	铜芯线	铝芯线	公圈数	
1.5～10	0.8	1.0	2.0	10	5
10～35	0.89	1.4	2.0	12	5
50～70	1.2	2.0	2.6	16	5
95～120	1.24	2.6	3.0	20	5

b. 直线段导线的绑扎。鼓形和蝶形瓷瓶直线导线一般采用单绑法或双绑法两种，如图 6-5 所示。

c. 瓷瓶配线注意事项。在建筑物的侧面配线时，要将导线绑扎在瓷瓶的上方，如图 6-6 所示。

d. 导线布置在同一平面内，如果有曲折时，瓷瓶要装设在导线曲折角的内侧，如图 6-7 所示。

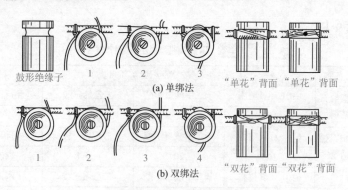

图6-5 直线段导线的绑扎

图6-6 瓷瓶在侧面绑扎

图6-7 瓷瓶在同一平面的转弯做法

e. 导线布置在不同的平面上曲折时，在凸角的两面上要求装设两个瓷瓶，如图6-8所示。

f. 导线分支时，要在分支点处设置瓷瓶来支持导线，导线互相交叉时，须套瓷管保护，如图6-9所示。

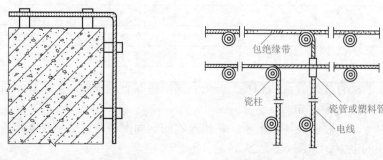

图6-8 瓷瓶在不同平面的转弯做法

图6-9 瓷瓶的分支做法

g. 平行的两根导线，要放在两瓷瓶的同一侧或在两瓷瓶的外侧，不能放在内侧，如图6-10所示。

h. 瓷瓶沿墙壁垂直敷设时，导线弧度不大于5mm。

6.1.2 塑料护套线配线

① 塑料护套线配线的前期工作 塑料护套线是一种具有塑料保护层的双芯或双芯绝缘导线，可以直接敷设在墙壁以及其他建筑物表面，用线卡作为导线的支持物。目前电气照明线路大部分采用塑料护套线配线，但由于导线的截面积较小，大容量电路采用得不多。

a. 画线定位：确定线路的走向和各个电器的安装位置后，用木工弹线袋画线，同时按护套线的安装要求，每隔1m左右画出固定线卡的位置。距开关、插座和灯具的木台50mm处都需设置线卡的固定点。

b. 凿眼并安装木榫方便线卡安装。

c. 固定线卡：线卡的规格有1、2、3和4号等，在室内外照明线路中通常用1号线卡。在北方还大量使用塑料卡钉，方法与固定线卡相同。

按固定的方式不同，铝片线卡有用小铁钉固定式和用黏结剂固定式两种，如图6-11所示。

(a)　　　　(b)

(a) 小铁钉固定式　(b) 黏结剂固定式

图6-10 两平行导线上瓷瓶的绑扎　　图6-11 线卡的固定

在木结构上，可用铁钉固定线卡；在抹灰浆的墙上，每隔4～5挡固定线卡，进入木台和转角处需用小铁钉在木榫上固定线卡，其余的可用小铁钉直接将线卡钉在灰浆中；在砖墙和混凝土墙上可用木榫或环氧树脂黏结剂固定线卡。

② 导线敷设

a. 敷设导线：要使护套线敷设得平直美观，可在直线部分的两端分装一副瓷夹，敷线时，先把护套线一端固定在瓷夹内，然后拉直并在另一端收紧护套线后固定在另一副瓷夹中，最后把护套线依次夹入线卡中。

b. 线卡的夹持：护套线均置于线卡的钉孔位后，即可按图6-12所示方法将铝片线卡收紧夹持护套线。

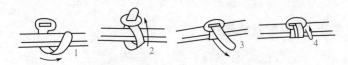

图6-12 铝片线卡夹住护套线操作

c. 护套线在转弯时，转弯圆度要大，避免损伤导线，转弯前后应各用一个线卡夹住，如图 6-13（a）所示。

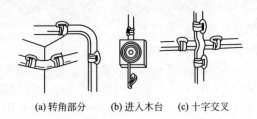

(a) 转角部分　　(b) 进入木台　　(c) 十字交叉

图6-13 铝片线卡的安装

d. 护套线进入木台前要安装一个线卡，如图 6-13（b）所示。

e. 两根护套线相互交叉时，交叉处可用四个线卡夹住，如图 6-13（c）所示。

f. 护套线路的离地最小距离不得小于 0.5m，在穿越楼板的一段护套线上，应加电线管保护。

6.1.3　瓷夹配线

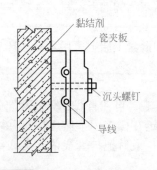

图6-14 瓷夹板的黏结剂固定法

黏结剂
瓷夹板
沉头螺钉
导线

① 瓷夹配线

a. 瓷夹固定：在木结构上，可用木螺钉直接固定瓷夹；在砖结构上固定瓷夹，利用预埋的木榫或塑料胀栓固定；最简单的办法是用环氧树脂黏结固定（如图 6-14 所示）。环氧树脂粘接剂的配比见表 6-1。用环氧树脂粘接时，底部必须要清洁，涂料要均匀，不能太厚，粘接时用手边压边转，使粘接面有良好的接触，粘接后保持 1 ～ 2 天即可。

b. 导线敷设：先将导线的一端固定在瓷夹内，拧紧螺钉压牢导线，然后用抹布或螺钉旋具把导线捋直，如图 6-15 所示。

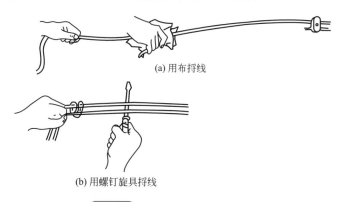

(a) 用布捋线

(b) 用螺钉旋具捋线

图6-15 瓷夹内导线的敷设方法

② 瓷夹配线的注意事项

a. 瓷夹板配线的导线一般在 1 ～ 6mm² 之间。

b. 导线在转弯时，应在转弯处装两副瓷夹，如图 6-16（a）所示；要把电线弯成圆角，避免损伤导线。

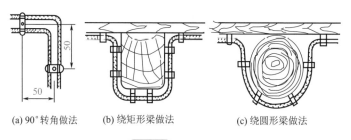

(a) 90°转角做法　(b) 绕矩形梁做法　　　(c) 绕圆形梁做法

图6-16 瓷夹配线

c. 导线绕过梁柱头时，要适当加垫瓷夹，以保证导线与建筑物表面有一定的距离，做法如图 6-16（b）、（c）所示。

d. 两条电路的四根导线相互交叉时，应在交叉处分装四副瓷夹，压在下面的两根导线上需套一根塑料管或瓷管，管的两端导线都要用瓷夹夹住，如图 6-17（a）所示。

e. 线路跨越水管、热力管时，应在跨越的导线上套防热管保护，做法如图 6-17（b）所示。

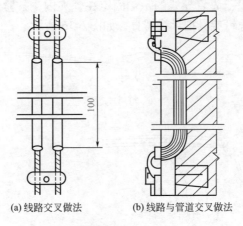

(a) 线路交叉做法　　　　　(b) 线路与管道交叉做法

图6-17　交叉做法

　　f.线路最好沿房屋的线脚、横梁、墙角等处敷设，不得将电线接头压在瓷夹内，做法如图 6-18 所示。

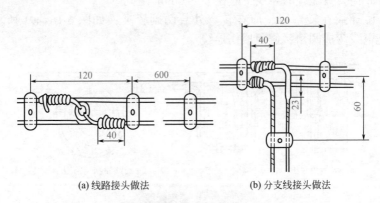

(a) 线路接头做法　　　　　(b) 分支线接头做法

图6-18　线路分支接头

　　g.水平敷设线路距地面高度一般应在 2.5m 以上；距开关、插座、灯具和接线盒以及电线转角的两边 5cm 处均应安置瓷夹；开关、插座，一般与地面距离不应低于 1.3m；电线穿越楼板时，在楼板离地面 1.3m 处的部分电线应套管保护。做法如图 6-19 所示。

6.1.4 槽板配线

① 槽底板的固定　槽板配线的定位和画线方法与瓷夹板配线方法相同。每根槽板有一定的长度，在此，首先要考虑每根槽底板两端的位置。在每块槽底板两端头 40mm 处要有一个固定点，其余各固定点间的距离在 500mm 以内，如图 6-20 所示。

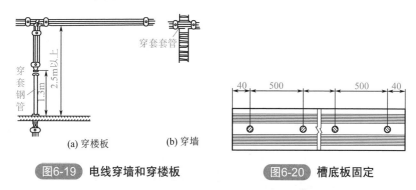

(a) 穿楼板　　　(b) 穿墙

图6-19　电线穿墙和穿楼板　　　图6-20　槽底板固定

在安装、固定槽底板时，要做到横平、竖直、美观大方。将槽底板用铁钉或木螺钉固定在埋设好的木榫上，铁钉都要钉在底板中间的槽脊上。槽底板对接及盖板对接如图 6-21 所示。

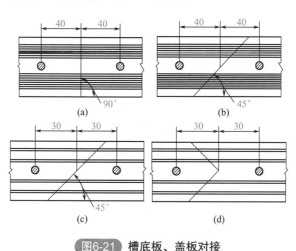

图6-21　槽底板、盖板对接

槽底板、盖板拐角做法如图 6-22 所示。
槽底板、盖板分支接头做法如图 6-23 所示。

397

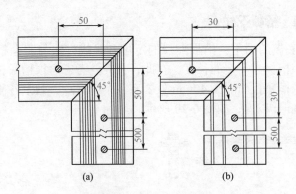

图6-22 槽底板、盖板拐角

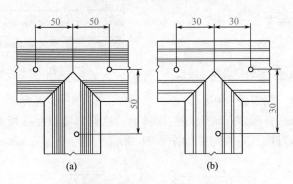

图6-23 槽底板、盖板分支接头

槽底板、盖板接拼做法如图 6-24 所示。

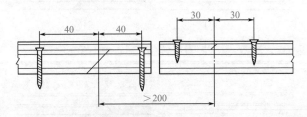

图6-24 槽底板、盖板拼接

　　在进行槽板拼接时，端口一般要锯成 45° 斜面，两线槽对准。在实际施工中，常采用一根方木条，锯成一个 45° 的槽口，作为锯削槽板的靠板，使得每次锯削的槽板都能保持 45° 斜面，使对接或拐角时都能合拢，并能使敷设的槽板接缝一致，方法如图 6-25 所示。

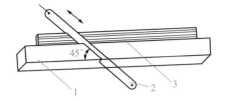

图6-25 用木条靠模锯削槽板

1—方木条靠模；2—锯条；3—槽板

　　槽底板固定好之后在线槽内敷设导线，灯具、开关和插座一般用木台进行固定。在槽板进入或通过木台处，应将木台在槽板进口位置，按其底、盖板合拢后的截面尺寸挖掉一块，使槽板一头进入木台。槽底板应伸入木台空腔的 2/3 以上，避免木台内导线与墙壁相碰引起对地短路故障；槽板通过木台时，槽底板不需割断，槽盖板伸入木台 5 ～ 10mm 即可。槽板伸入木台的做法如图 6-26 所示。

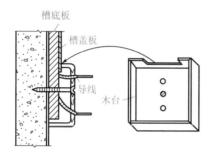

图6-26 槽板伸入木台的做法

　　② 敷设导线与固定盖板　通常边敷设导线边将盖板固定在槽底板上。木槽盖板可用铁钉直接钉在底板的木脊上，钉子钉入过程中不能碰到导线；钉子之间的距离大约 300mm，如图 6-27 所示。盖板连接时，盖板接口与底板接口应错开，其间距应大于 400mm。导线在槽内要放平直，待敷到终端进入木台后一般留 100mm 出线头，以便连接灯具等。

　　a. 槽板所敷设的导线应采用绝缘线，铜导线的线芯截面积不应小于 0.5mm^2，铝导线的线芯截面积不应小于 1.5mm^2。

　　b. 槽板在转角处连接时，需将线槽底板内侧削成圆形，以免在敷设导线时碰伤导线绝缘。

　　c. 靠近热力管的地方不应采用塑料槽板。

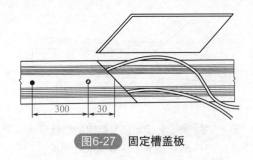

图6-27 固定槽盖板

d. 槽板在分支连接时，在连接处把底槽的筋用锯锯掉、铲平，以便导线通过。

e. 槽板内的导线不应有接头，尽可能采用接线盒连接。

6.1.5 线管配线

把绝缘导线穿在管内的配线称为线管配线，适用于室内外照明和动力线路的配线，是目前使用最广泛的一种。

线管配线有明配和暗配两种。明配是把线管敷设在墙上以及其他明露处，要求配得横平竖直，且要求管路短，弯头少。暗配是把线管埋设在墙内、楼板内或其他看不见的地方，不要求横平竖直，仅要求尽量节约材料。线管配线操作可扫二维码学习。

① 线管选择

a. 根据敷设的场所来选择线管类型。潮湿和有腐蚀气体的场所内一般采用管壁较厚的白铁管，又称水煤气管。干燥场所内一般采用管壁较薄的电线管。腐蚀性较大的场所内一般采用硬塑料管。

b. 根据穿管导线截面积和根数来选择线管的直径。一般要求穿管导线的总截面积不应超过线管内截面积的40%，线管的管径可根据穿管导线的截面积和根数按表6-3选择。

表6-3 导线穿管管径的选用

导线截面积 /mm²	铁管（内径）/mm					电线管（外径）/mm				
	穿导线根线									
	两根	三根	四根	六根	九根	两根	三根	四根	六根	九根
1	13	13	13	16	23	13	16	16	19	25
1.5	13	16	16	19	25	13	16	19	25	25
2	13	16	16	19	25	16	16	19	25	25

导线截面积 /mm²	铁管（内径）/mm					电线管（外径）/mm				
	穿导线根线									
	两根	三根	四根	六根	九根	两根	三根	四根	六根	九根
2.5	16	16	16	19	25	16	16	19	25	25
3	16	16	19	19	32	16	16	19	25	32
4	16	19	19	25	32	16	16	25	25	32
5	16	19	19	25	32	16	19	25	25	32
6	19	19	19	25	32	16	19	25	25	32
8	19	19	25	32	32	19	25	25	32	36
10	19	25	25	32	51	25	25	32	38	61
16	25	25	32	38	51	25	32	32	38	51
20	25	32	32	51	64	25	32	38	51	64
25	32	32	38	51	64	32	38	38	51	64
35	32	38	51	51	64	32	38	51	64	64
50	38	51	51	64	76	38	51	64	64	76

② 下料 下料前应检查线管质量，对有裂缝或容易破坏导线绝缘的均不可使用。接着应按两个接线盒之间为一段，根据线路弯曲转角情况来决定用几根线管接成一个线段和确定弯曲部位。

③ 弯管

a. 弯管器的种类：

• 管弯管器：管弯管器体轻又小，是弯管器中最简单的一件工具，其外形和使用方法如图6-28所示。管弯管器适用于50mm以下的管子。

• 铁架弯管器：铁架弯管器是用角铁焊接成的，可用于较大直径线管的弯曲，其外形如图6-29所示。

固定方铁　移动方铁　按压处

图6-28 管弯管器弯管　　图6-29 铁架弯管器

• 滑轮弯管器：直径在 50～100mm 的线管可用滑轮弯管器进行弯管，其外形如图 6-30 所示。

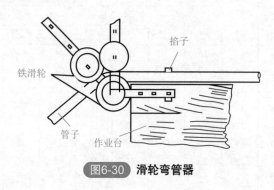

图6-30 滑轮弯管器

b. 弯管方法：为便于线管穿越，管子的弯曲角度一般不应小于 90°，如图 6-31 所示。

直径在 50mm 以下的线管，可用管弯管器进行弯曲，在弯曲时，要逐渐移动弯管器棒，且一次弯曲的弧度不可过大，否则容易把管弯裂或弯瘪。

在弯管壁较薄的线管时，管内要灌满沙，否则会将钢管弯瘪，如采用加热弯曲，要使用干燥无水分的沙灌满，并在管两端塞上木塞，如图 6-32 所示。

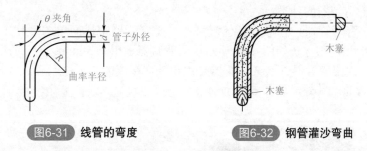

图6-31 线管的弯度   图6-32 钢管灌沙弯曲

有缝管弯曲时，应将接缝处放在弯曲的侧边，作为中间层，这样，可使焊缝在弯曲形变时既不延长又不缩短，焊缝处就不易裂开，如图 6-33 所示。

硬塑料管弯曲时，先将塑料管用电炉或喷灯加热，然后放到木坯具上弯曲成形，如图 6-34 所示。

④ 锯管 按实际长度需要用钢锯锯管，锯削时应使管口平整，并

要锉去毛刺和锋口。

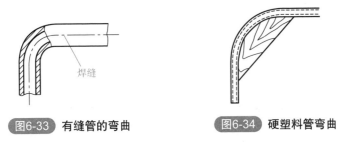

图6-33 有缝管的弯曲

图6-34 硬塑料管弯曲

⑤ 套螺纹 为了使管子与管子之间或管子与接线盒之间连接起来，需在管子端部套螺纹。钢管套螺纹时，可用管子套螺纹铰杠，其外形如图 6-35 所示。

板架   板牙

图6-35 管子套螺纹铰杠

套螺纹时，应把线管夹在台虎钳上，然后用套螺纹铰杠来铰出螺纹。操作时，用力要均匀，并加切削液，以保持螺纹光滑。当螺纹快要套完时，稍微松开板牙，边转边松，使其成为锥形螺纹。螺纹套完后，应用管箍试旋。

⑥ 线管连接

a. 钢管与钢管连接：钢管与钢管之间的连接，不管是明配管或暗配管，应采用管箍连接，尤其是埋地和防爆线管，如图 6-36 所示。

b. 钢管与接线盒的连接：钢管的端部与各种接线盒连接时，应在接线盒内外各用一个薄型螺母锁紧。夹紧线管的方法如图 6-37 所示，先在线管管口拧入一个螺母，管口穿入接线盒后，在盒内再拧入一个螺母，然后用两把扳手，把两个螺母反向拧紧，如果需要密封，则在两螺母之间各垫入封口垫圈。

c. 硬塑料管的连接：

·插入法连接：连接前先将连接的两根管子的管口分别倒成内侧角和外侧角，如图 6-38（a）所示，接着将阴管插接段（长度为 1.2 ~ 1.5 倍的管子直径）放在电炉或喷灯上加热至呈柔软状态后，将阳管插入部分涂一层胶合剂后迅速插入阴管，并立即用湿布冷却，使管子恢复原来硬度，如图 6-38（b）所示。

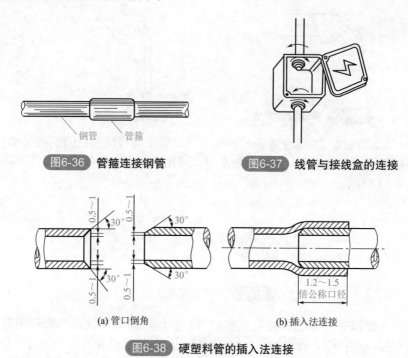

图6-36 管箍连接钢管

图6-37 线管与接线盒的连接

(a) 管口倒角

(b) 插入法连接

图6-38 硬塑料管的插入法连接

• 套接法连接：连接前先将同径的硬塑料管加热扩大成套管，并倒角，涂上黏结剂，迅速插入热套管中，如图 6-39 所示。

⑦ 线管的接地 线管配线的钢管必须可靠接地。为此，在钢管与钢管、钢管与配电箱及接线盒等连接处，用 $\phi 6 \sim 10$mm 圆钢制成的跨接线连接，如图 6-40 所示，并在干线始末两端和分支线管上分别与接地体可靠连接，使线路所有线管都可靠地接地。

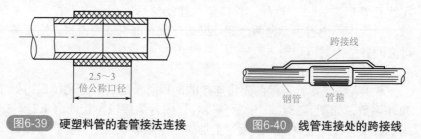

图6-39 硬塑料管的套管接法连接

图6-40 线管连接处的跨接线

⑧ 线管的固定

a. 线管明线敷设：线管明线敷设时，应采用管卡支持，线管直线部分，两管卡之间的距离不大于表 6-4 中的规定。

表6-4 线管直线部分管卡间最大距离

管壁厚度 /m	线管直径 /mm			
	$13 \sim 19$ ($1/2 \sim 3/4\text{in}$)[①]	$25 \sim 32$ ($1 \sim 1\frac{1}{4}\text{in}$)	$38 \sim 51$ ($1\frac{1}{2} \sim 2\text{in}$)	$64 \sim 76$ ($2\frac{1}{2} \sim 3\text{in}$)
2.5 以上	1.5	2.0	2.5	3.5
2.5 以下	1.0	1.5	2.0	—

① 1in = 0.0254m。

当线管进入开关、灯头、插座和接线盒孔前 300mm 处和线管弯头两边均需用管卡固定，如图 6-41 所示。管卡均应安装在胀栓或木榫上。

b. 线管在砖墙内暗线敷设：线管在砖墙内暗线敷设时，一般在土建砌砖时预埋，否则应先在砖墙上留槽或开槽，等敷设完线路后再抹平。

c. 线管在混凝土内暗线敷设：线管在混凝土内暗线敷设时，可用铁丝将管子绑扎在钢筋上，将管了用垫块垫高 15mm 以上，使管子与混凝土模板间保持足够距离，并防止浇灌混凝土时管子脱开，如图 6-42 所示。

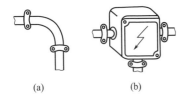

(a)　　　　(b)

图6-41 管卡固定

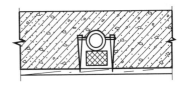

图6-42 线管在混凝土模板上的固定

⑨ 扫管穿线　穿线工作一般在土建工程结束后进行。

a. 穿线前要清扫线管。在钢丝上绑以布条，清除管内杂物和水分。

b. 选用 $\phi1.2\text{mm}$ 的钢丝作引线，当线管较短时，可把钢丝引线由管子一端送向另一端。如果线管较长或弯头较多，将钢丝引线从一端穿入管子的另一端有困难时，可从管的两端同时穿入钢丝引线，引线前端弯成小钩，如图 6-43 所示。当钢丝引线在管中相遇时，用手转动引线使其钩在一起，然后把一根引线拉出，即可将导线牵引入管。

　　c.导线穿入线管前，线管口应先套上护圈，接着按线管长度，加上两端连接所需的长度余量剪切导线，削去两端导线绝缘层，标好同一根导线的记号，然后将所有导线按图6-44所示方法与钢丝引线缠绕，由一个人将导线理成平行束往线管内送，另一个人在另一端慢慢抽拉钢丝引线，如图6-45所示。

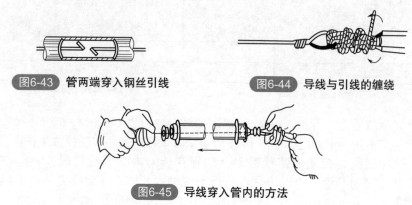

图6-43　管两端穿入钢丝引线

图6-44　导线与引线的缠绕

图6-45　导线穿入管内的方法

　　穿管导线的绝缘强度应不低于500V，导线最小截面积规定为：铜芯线$1mm^2$，铝芯线$2.5mm^2$。线管内导线不准有接头，也不准穿入绝缘破损后经过包缠恢复绝缘的导线。管内导线一般不得超过10根，同一台电动机包括控制和信号回路的所有导线，允许穿在同一根线管内。

6.2　照明灯具的安装

6.2.1　白炽灯

（1）灯具

　　a.灯泡：灯泡由灯丝、玻璃壳和灯头三部分组成。灯头有螺口和插口两种。白炽灯按工作电压分有6V、12V、24V、36V、110V和220V六种，其中36V以下的灯泡为安全灯泡。在安装灯泡时，必须注意灯泡电压和线路电压应一致。

　　b.灯座：如图6-46所示。

螺口平灯座　　螺口吊灯座　　插口吊灯座

图6-46　常用灯座

c. 开关：如图 6-47 所示。

图6-47 常用开关

（2）白炽灯照明线路原理图

a. 单联开关控制白炽灯：接线原理图如图 6-48 所示。

b. 双联开关控制白炽灯：接线原理图如图 6-49 所示。

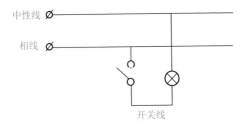

图6-48 单联开关控制白炽灯接线原理图

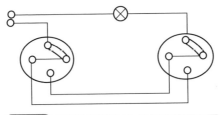

图6-49 双联开关控制白炽灯接线原理图

（3）线路安装

① 圆木的安装步骤如图 6-50 所示。先在准备安装挂线盒的地方打孔，预埋木榫或膨胀螺栓。在圆木底面用电工刀刻两条槽，在圆木中间钻 3 个小孔。将两根导线嵌入圆木槽内，并将两根电源线端头分别从两个小孔中穿出，用木螺钉通过第三个小孔将圆木固定在木榫上。

在楼板上安装：首先在空心楼板上选好弓板位置，然后按图 6-51 所示方法制作弓板，最后将圆木安装在弓板上。

② 挂线盒的安装如图 6-52 所示。

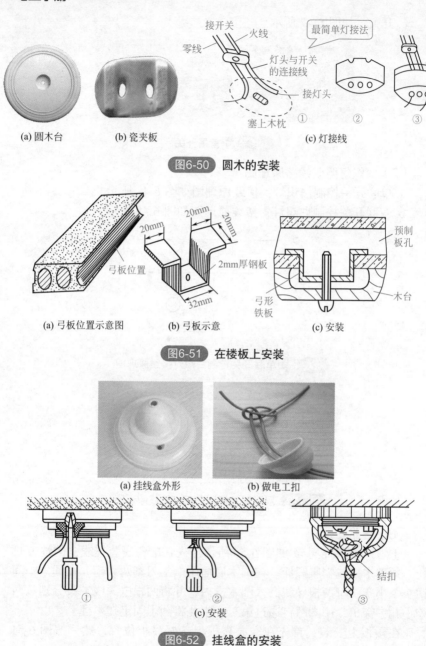

(a) 圆木台　　(b) 瓷夹板　　　(c) 灯接线

最简单灯接法

接开关　火线
零线
灯头与开关
的连接线
接灯头
塞上木枕
①　②　③

图6-50　圆木的安装

弓板位置

20mm
20mm
20mm
2mm厚钢板
32mm

预制
板孔
弓形
铁板
木台

(a) 弓板位置示意图　(b) 弓板示意　(c) 安装

图6-51　在楼板上安装

(a) 挂线盒外形　　(b) 做电工扣

①　②　结扣　③

(c) 安装

图6-52　挂线盒的安装

将电源线由吊盒的引线孔穿出。确定好吊线盒在圆木上的位置后，用螺钉将其紧固在圆木上。一般为方便木螺钉旋入，可先用钢锥钻一个小孔。拧紧螺钉，将电源线接在吊线盒的接线柱上。按灯具的安装高度要求，取一段铜芯软线作挂线盒与灯头之间的连接线，上端接挂线盒内的接线柱，下端接灯头接线柱。为了不使接头处承受灯具重力，吊灯电源线在进入挂线盒盖后，在离接线端头50mm处打一个结（电工扣）。

③灯头的安装

a. 吊灯头的安装如图6-53所示。把螺口灯头的胶木盖子卸下，将软吊灯线下端穿过灯头盖孔，在离导线下端约30mm处打一电工扣；把去除绝缘层的两根导线下端芯线分别压接在两个灯头接线端子上；旋上灯头盖。注意一点，火线应接在跟中心铜片相连的接线柱上，零线应接在与螺口相连的接线柱上。

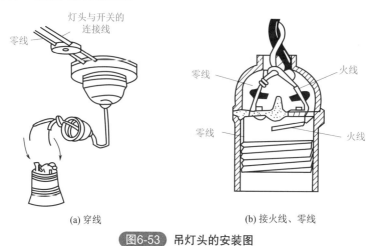

(a) 穿线　　　　　　　　　(b) 接火线、零线

图6-53　吊灯头的安装图

b. 平灯头的安装如图6-54所示。平灯座在圆木上的安装与挂线盒在圆木上的安装方法大体相同，只是由穿出的电源线直接与平灯座两接线柱相接，而且现在多采用圆木与灯座一体结构的灯座。

④吸顶式灯具的安装

a. 较轻灯具的安装如图6-55所示。首先用膨胀螺栓或塑料胀管将过渡板固定在顶棚预定位置。在底盘元件安装完毕后，再将电源线由引线孔穿出，然后托着底盘穿过渡板上的安装螺栓，上好螺母。安装过程中因不便观察而不易对准位置时，可用十字螺丝刀（螺钉旋具）穿过底盘安装孔，顶在螺栓端部，使底盘轻轻靠近，沿螺丝刀杆顺利对准螺栓并安装到位。

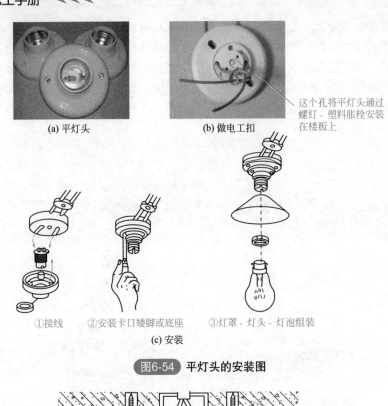

(a) 平灯头　　　(b) 做电工扣

这个孔将平灯头通过螺钉、塑料胀栓安装在楼板上

①接线　　②安装卡口矮脚或底座　　③灯罩、灯头、灯泡组装

(c) 安装

图6-54　平灯头的安装图

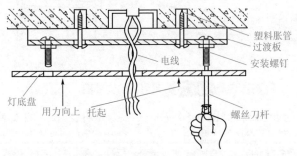

塑料胀管
过渡板
电线
安装螺钉
灯底盘
用力向上　托起
螺丝刀杆

图6-55　较轻灯具的安装图

b. 较重灯具的安装如图 6-56 所示。用直径为 6mm、长约 8cm 的钢筋做成图 6-56（a）所示的形状，再做一个图 6-56（b）所示形状的钩子，钩子的下段铰 6mm 螺纹。将钩子勾住图 6-56（a）所示的钢筋后送入空心楼板内。做一块和吸顶灯座大小相似的木板，在中间打个孔，套在钩子的下段上并用螺母固定。在木板上另打一个孔，以穿电线用，然后用木螺钉将吸顶灯底座板固定在木板上，接着将灯座装在钢圈内木板上，

经通电试验合格后，最后将玻璃罩装入钢圈内，用螺栓固定。

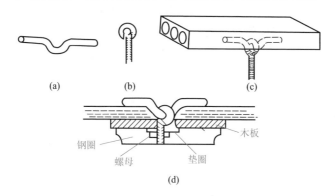

图6-56 较重灯具的安装图

c.嵌入式安装如图 6-57 所示。制作吊顶时，应根据灯具的嵌入尺寸预留孔洞，安装灯具时，将其嵌装在吊顶上。

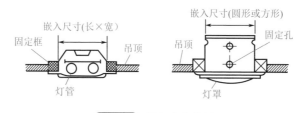

图6-57 嵌入式安装图

6.2.2 日光灯电气线路与安装

① 日光灯一般接法 普通日光灯接线如图 6-58 所示。安装时开关 S 应控制日光灯火线，并且应接在镇流器一端，零线直接接日光灯另一端，日光灯启辉器并接在灯管两端即可。

安装时，镇流器、启辉器必须与电源电压、灯管功率相配套。双日光灯线路一般用于厂矿和户外广告要求照明度较高的场所。在接线时应尽可能减少外部接头，如图 6-59 所示。

② 日光灯的安装步骤与方法

a.组装接线如图 6-60 所示。启辉器座上的两个接线端分别与两个灯座中的一个接线端连接，余下的接线端，其中一个与电源的中性线相连，另一个与镇流器的一个出线头连接。镇流器的另一个出线头与开关的一个接线端连接，而开关的另一个接线端则与电源中的一根相线相连。与镇流器连接的导线既可通过瓷接线柱连接，也可直接连接。接线完毕，要对照电路图仔细检查，以免错接或漏接。

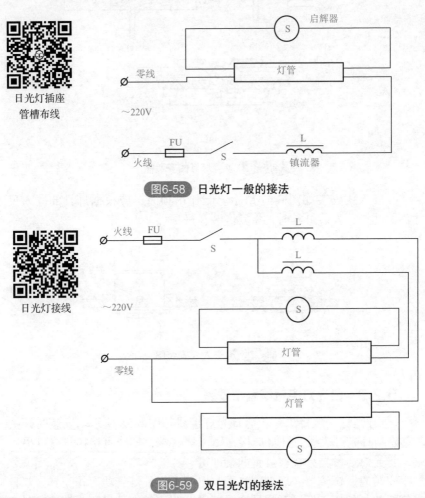

日光灯插座
管槽布线

图6-58 日光灯一般的接法

日光灯接线

图6-59 双日光灯的接法

　b. 安装灯管如图 6-61 所示。安装灯管时，对插入式灯座，先将灯管一端灯脚插入带弹簧的一个灯座，稍用力使弹簧灯座活动部分向外退出一小段距离，另一端趁势插入不带弹簧的灯座。对开启式灯座，先将灯管两端灯脚同时卡入灯座的开缝中，再用手握住灯管两端头旋转约1/4 圈，灯管的两个引脚即被弹簧片卡紧使电路接通。

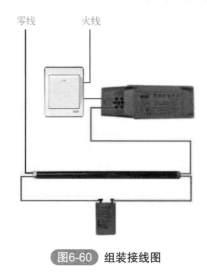

零线　火线

图6-60 组装接线图

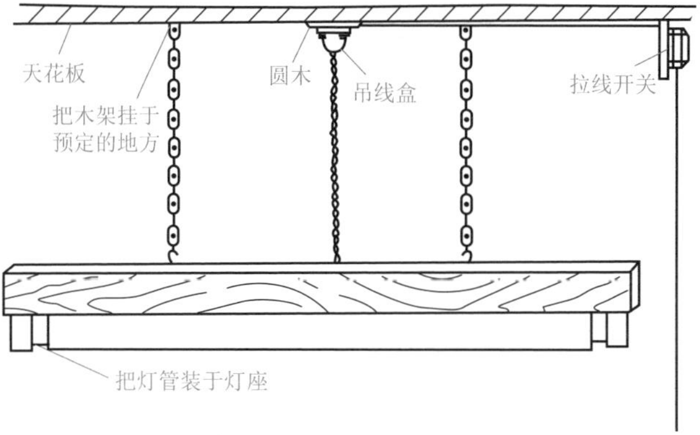

天花板

把木架挂于
预定的地方

圆木　吊线盒

拉线开关

把灯管装于灯座

图6-61 安装灯管图

c. 安装启辉器如图 6-62 所示。开关、熔断器等按白炽灯安装方法进行接线，检查无误后，即可通电试用。

d. 近几年发展使用了电子式日光灯，安装方法是用塑料胀栓直接固定在顶棚之上即可。

6.2.3 高压水银荧光灯的安装

高压水银荧光灯应配用瓷质灯座；镇流器的规格必须与荧光灯泡功

率一致。灯泡应垂直安装。功率偏大的高压水银灯由于温度高,应装置散热设备。对自镇流水银灯,没有外接镇流器,直接拧到相同规格的瓷灯口上即可。高压水银荧光灯的安装如图 6-63 所示。

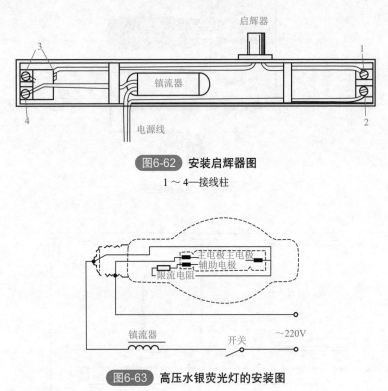

图6-62 安装启辉器图

1 ～ 4—接线柱

图6-63 高压水银荧光灯的安装图

6.2.4 高压钠灯的安装

高压钠灯必须配用镇流器,电源电压的变化不宜大于 ±5%。高压钠灯功率较大,灯泡发热厉害,因此电源线应有足够平方数。高压钠灯的电路如图 6-64 所示。

6.2.5 碘钨灯的安装

碘钨灯必须水平安装,水平线偏角应小于 4°。灯管必须装在专用的有隔热装置的金属灯架上,同时,不可在灯管周围放置易燃物品。在室外安装,要有防雨措施。功率在 1kW 以上的碘钨灯,不可安装一般电灯开关,而应安装漏电保护器。碘钨灯的安装如图 6-65 所示。

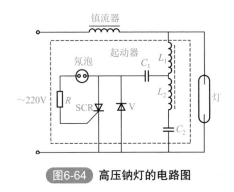

图6-64 高压钠灯的电路图

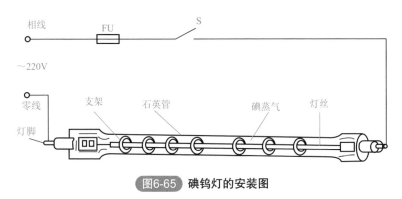

图6-65 碘钨灯的安装图

6.2.6 插座与插头的安装

① 三孔插座的安装 将导线剥去 15mm 左右绝缘层后，分别接入插座接线柱中，然后将插座用平头螺钉固定在开关暗盒上，压入装饰钮，如图 6-66 所示。

② 两脚插头的安装 将两根导线端部的绝缘层剥去，在导线端部附近打一个电工扣；拆开端头盖，将剥好的多股线芯拧成一股，固定在接线端子上。注意不要露铜丝毛刺，以免短路。盖好插头盖，拧上螺钉即可。两脚插头的安装如图 6-67 所示。

③ 三脚插头的安装 三脚插头的安装与两脚插头的安装类似，不同的是导线一般选用三芯护套软线，其中一根带有黄绿双色绝缘层的芯线接地线，其余两根一根接零线，一根接火线，如图 6-68 所示。

带开关插座安装

(a) 插座面板外形

(b) 插座接线结构

(c) 接线

(d) 完成接线

图6-66 三孔插座的安装

多联插座安装

(a) 插头结构

(b) 做电工扣

(c) 固定好压线板

(d) 完成接线

声光控开关安装

图6-67 两脚插头的安装　　图6-68 三脚插头的安装

④ 声光控开关灯座的安装可扫二维码学习。

6.3 照明电路故障的检修

照明电路的常见故障主要有断路、短路和漏电三种。

（1）**断路** 产生断路的原因主要是熔丝熔断、线头松脱、断线、开关没有接通、铜铝接头腐蚀等。

（2）**短路** 造成短路的原因大致有以下几种：

① 用电器具接线不好，以致接头碰在一起。

② 灯座或开关进水，螺口灯头内部松动或灯座顶芯歪斜造成内部短路。

③ 导线绝缘外皮损坏或老化，并在零线和相线的绝缘处碰线。

（3）**漏电** 相线绝缘损坏而接地，用电设备内部绝缘损坏使外壳带电等，均会造成漏电。漏电不但造成电力浪费，还可能造成人身触电伤亡事故。

漏电保护装置一般采用漏电开关。当漏电电流超过整定电流值时，漏电保护器动作，切断电路。若发现漏电保护器动作，则应查出漏电接地点并进行绝缘处理后再通电。

照明线路的漏电点多发生在穿墙部位和靠近墙壁或天花板等部位。查找漏电点时，应注意查找这些部位。

漏电查找方法：

① 首先判断是否确定漏电。用摇表看其绝缘电阻值的大小，或在被检查建筑物的总开关上串接一块万用表，接通全部电灯开关，取下所有灯泡，进行仔细观察。若电流表指针摇动，则说明漏电。指针偏转的多少，表明漏电电流的大小，若偏转多则说明漏电大。确定漏电后可按下一步继续进行检查。

② 判断是火线与零线之间的漏电，还是相线与大地间的漏电，或者是两者兼而有之。以接入万用表检查为例，切断零线，观察电流的变化：电流指示不变，是相线与大地之间漏电；电流指示为零，是相线与零线之间的漏电；电流指示变小但不为零，则表明相线与零线、相线与大地之间均有漏电。

③ 确定漏电范围。取下分路熔断器或拉下开关刀闸，电流若不变化，则表明是总线漏电；电流指示为零，则表明是分路漏电；电流指示变小但不为零，则表明总线与分路均有漏电。

④ 找出漏电点。按前面介绍的方法确定漏电的线段后，依次拉断该线路灯具的开关，当拉断某一开关时，电流指示回零或变小，若回零则是这一分支线漏电，若变小则除该分支漏电外还有其他漏电处；若所有灯具开关都拉断后，电流指示仍不变，则说明是该段干线漏电。

依照上述方法依次把故障范围缩小到一个较短线段或小范围之后，便可进一步检查该段线路的接头，以及电线穿墙处等有否漏电情况。找到漏电点后，包缠好进行绝缘处理。

6.4 常见照明电路

6.4.1 日光灯连接电路

单联开关控制白炽灯接线原理图如图 6-69 所示。

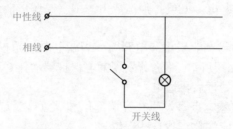

图6-69 单联开关控制白炽灯接线原理图

在此电路中，闭合开关，白炽灯即可发光，断开开关，白炽灯熄灭。

6.4.2 双盏白炽灯接入三相线电路

双盏白炽灯接入三相线电路接线原理图如图 6-70 所示。

在此电路中，开关是联动的，灯泡的功率、工作电压应当是相同的。闭合开关时，两盏白炽灯即可发光，此时每盏灯上大约有一半的电，所以灯泡不会损坏，发光强度会低于单盏灯泡。断开开关，白炽灯熄灭。

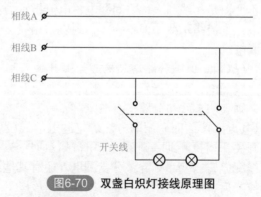

图6-70 双盏白炽灯接线原理图

6.4.3 三盏白炽灯接入三相线电路

三盏白炽灯接入三相线电路接线原理图如图 6-71 所示。

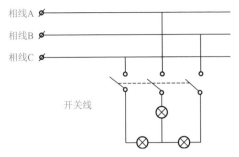

图6-71 三盏白炽灯接线原理图

在此电路中，同样要求灯泡的功率、工作电压是相同的，开关是联动的，三盏灯接成 Y 接法。当联动开关闭合时，三盏白炽灯即可发光，此时每盏灯上大约有 220V 电压，正常发光。断开开关，白炽灯熄灭。

6.4.4 双联开关控制一盏白炽灯电路

双联开关控制白炽灯接线原理图及实物图如图 6-72 所示。

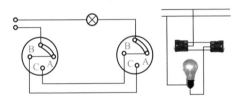

图6-72 双联开关控制白炽灯接线原理图及实物图

此电路主要用于两地控制等电路。

6.4.5 一个开关分别控制两盏灯

图 6-73 所示是由一个开关控制两组灯的电路，初次接通电源，一组灯亮；将开关断开后，立即再接通，则两组灯同时点亮。

从图 6-73 所示电路中可以看出，第 1 组灯泡 EL_1 与 220V 交流电源直通，第 2 组灯泡 EL_2 受双向晶闸管 VS_3 控制，而 VS_3 又受其触发电路的控制，触发电路由 VT_1、VT_2 组成。VT_2 之前有电源降压、稳压和延迟电路等部分。

当第一次接通电源开关 QF_1 通电时，EL_1 灯泡得电点亮；同时，220V 交流电源又经 R_1、C_1 降压，VD_1 进行幅度限定，再 VD_2 之后对 C_2 充电，并经 R_2 与 R_3 分压、VD_3 整流之后，通过 R_5 对 C_3 进行充电，

由于 C_3 电容的充电滞后于 C_2，所以 VT_1 反偏不会导通。

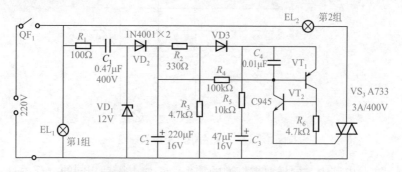

图6-73 由一个开关控制两组灯的电路

当关闭电源开关 QF_1 断电之后，C_2 电容通过 R_2、R_3 进行放电，当 C_2 两端的电压放电低于 C_3 电压之后，VT_1 正偏导通，并通过 VT_2 自锁。

当 VT_1 正偏导通之后，C_3 电容通过 $R_2 \rightarrow VT_1$ 导通的 e-c 结 $\rightarrow R_6$ 进行放电。若在 C_3 放电结束前重新接电源，则 VS_3 被触发导通，第 2 组灯与第 1 组灯同时点亮。

图 6-73 所示电路在第二次接通电源的响应时间最小值由 C_2、R_2、R_3 的数值来决定，其值为

$$T_{\min} = C_2(R_2 + R_3)$$

第二次接通电源的响应时间最大值由 C_3、R_5 的数值来决定，其值为

$$T_{\max} = C_3 R_5$$

图 6-73 所示电路中的响应时间为 0.5～3s。

提示：对于图 6-73 所示电路，若想两组灯泡分别点亮，则拆下 VS_3 和 R_2，在 R_2 的位置上装一个 12V 的 4098 继电器，将 VS_3 的 G（控制极）、K（阳极）短接，并按继电器电流值把 C_1 调整为 1μF（或改为桥式整流而不用 C_1），用继电器的转换触点分别控制两组灯泡。

6.4.6 多开关三处控制照明灯电路

用两个双联开关和一个两位双联开关三地控制一盏白炽灯电路如图 6-74 所示。这种电路适用于在三地控制一盏灯，如需要在卧室床两边和进入房间通道三处共同控制房间的同一盏照明灯等。

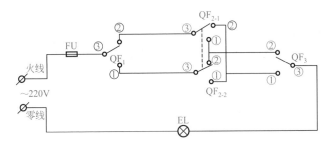

图6-74 双联开关三地控制一盏白炽灯电路

两位双联开关实质上是一个双刀双掷开关，如图 6-74 所示电路中的 QF_2 有两组转换触点，其中 QF_{2-1} 为一组，QF_{2-2} 为另一组，图中用虚线将两刀连接起来，表示这两组开关是同步切换的。也就是说，当操作该开关使 QF_{2-1} 的③脚与②脚接通时，QF_{2-2} 的③脚与②脚也同时接通。

要读懂图 6-74 所示电路的工作原理，只要走通 3 个开关在不同位置时供电的走向即可。

（1）QF_1、QF_2 开关的位置固定，操作 QF_3

① 当 QF_1 开关的③脚与②脚接通时，如果 QF_2 开关的③脚与②脚接通：此时操作 QF_3，使③脚与①脚接通，则白炽灯 EL 点亮；使③脚与②脚接通，则 EL 会熄灭。

② 当 QF_1 开关的③脚与②脚接通时，如果 QF_2 开关的③脚与①脚接通：此时操作 QF_3，使③脚与②脚接通，则白炽灯 EL 点亮；使③脚与①脚接通，则 EL 灯熄灭。

③ 当 QF_1 开关的③脚与①脚接通时，如果 QF_2 开关的③脚与①脚接通：此时操作 QF_3，使③脚与①脚接通，则白炽灯 EL 点亮，使③脚与②脚接通，则 EL 熄灭。

④ 当 QF_1 开关的③脚与①脚接通时，如果 QF_2 开关的③脚与②脚接通：此时操作 QF_3，使③脚与②脚接通，则白炽灯 EL 点亮，使③脚与①脚接通，则 EL 熄灭。

（2）QF_2、QF_3 开关的位置固定，操作 QF_1

① 当 QF_2 的②脚与③脚处于接通状态时，如果 QF_3 的②脚与③脚也接通：此时操作 QF_1，使③脚与①脚接通，则 EL 灯点亮；使③脚与②脚接通，则 EL 灯熄灭。

② 当 QF_2 的②脚与③脚处于接通状态时，如果 QF_3 的①脚与③脚

接通：此时操作 QF_1，使③脚与②脚接通，则 EL 灯点亮；使③脚与①脚接通，则 EL 灯熄灭。

③ 当 QF_2 的③脚与①脚处于接通状态时，如果 QF_3 的③脚与②脚接通：此时操作 QF_1，使③脚与②脚接通，则 EL 灯点亮；使③脚与①脚接通，则 EL 灯熄灭。

④ 当 QF_2 的③脚与①脚处于接通状态时，如果 QF_3 的③脚与①脚接通：此时操作 QF_1，使③脚与①脚接通，则 EL 灯点亮，使③脚与②脚接通，则 EL 灯熄灭。

（3）QF_3、QF_1 开关位置固定，操作 QF_2

① 当 QF_3 的③脚与②脚处于接通状态时，如果 QF_1 的③脚与②脚接通：此时操作 QF_2，使③脚与①脚接通，则 EL 灯点亮；使③脚与②脚接通，同，是 EL 灯熄灭。

② 当 QF_3 的③脚与②脚处于接通状态时，如果 QF_1 的③脚与①脚接通：此时操作 QF_2，使③脚与②脚接通，则 EL 灯点亮；使③脚与①脚接通，则 EL 灯熄灭。

③ 当 QF_3 的③脚与①脚处于接通状态时，如果 QF_1 的③脚与②脚接通：此时操作 QF_2，使③脚与②脚接通，则 EL 灯点亮；使③脚与①脚接通，则 EL 灯熄灭。

④ 当 QF_3 的③脚与①脚处于接通状态时，如果 QF_1 的③脚与①脚接通：此时操作 QF_2，使③脚与①脚接通，则 EL 灯点亮；使③脚与②脚接通，则 EL 灯熄灭。

提示： 图 6-74 所示电路中，QF_2 两位双联开关在市面上不太容易买到，实际使用中，也可用两个一位双联开关进行改制后使用。改制方法很简单，只要按图 6-75（a）所示方法，将这种两个一位双联开关的内部连线进行适当的连接，也就是把这两个一位双联开关的两个静接点［图 6-75（a）所示电路中的"①"与"②"］用绝缘导线交叉接上，就改装成了一个双位双联开关。不过，这个开关使用时要同时按两个开关才起作用，再如图 6-75（b）所示接线就可以用于三地同时独立控制一盏灯了。为了能实现同时按下两位双联开关 QF_2、QF_3，要求开关 QF_2、QF_3 采用市面流行的大板琴键式两位双联开关，然后用 502 胶水把这个两位大板琴键粘在一起，实现三联开关的作用。

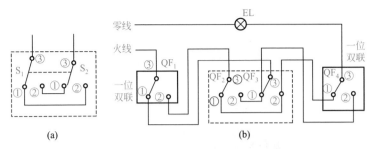

图6-75 两位双联开关的改制及线路连接方法

6.4.7 多路控制楼道灯电路

只要在上述三地控制电路的两位双联开关后面再添一个两位双联开关就得到了四地独立控制电路，对于多地同时独立控制1盏灯的电路，可以依据图6-76所示的方式得到。图6-77所示就是一种五地独立控制5盏灯的电路图。这5盏灯分别设置在5个地方（如1～5层楼的楼梯走廊里），QF_1～QF_5开关也分别装在5个地方（如楼梯口），这样在任何一个地方都可以控制这5盏灯的亮灭。

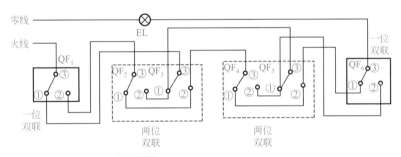

图6-76 四地独立控制1盏灯电路

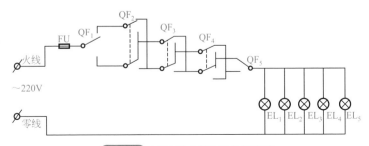

图6-77 五地独立控制5盏灯电路

6.4.8　延时照明电路

延时照明电路如图 6-78 所示，利用时间继电器进行延时，按下电源开关，延时继电器吸合，灯点亮，定时器开始定时，当定时时间到后，继电器断开，灯熄灭。

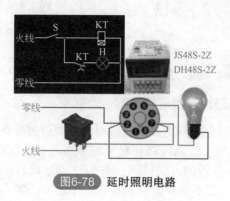

图6-78　延时照明电路

6.4.9　低温低压启动特性的日光灯电路

单日光灯和双日光灯线路见 6.2.2 节。图 6-79 所示是一种具有低温低压启动特性的日光灯电路，适用于电网电压偏低的地区使用。该电路与一般日光灯电路的主要区别是在启辉器的两端加接了由开关 SB 和二极管 VD 组成的串联电路，其作用也很容易理解，就是采用手动方式来帮助日光灯启动。

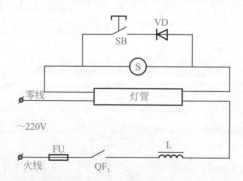

图6-79　具有低温低压启动特性的日光灯电路

当启动开关 SB 合上时，交流电经 VD 二极管整流，变成脉冲直流电。一方面，通过日光灯灯丝的电流较大，容易使管内气体电离；另一方面，这个脉冲的直流波形使镇流器产生的瞬时自感应电动势也较大。所以，一般开关 SB 合上 1～4s 即断开，日光灯随即就会启辉发光。

注意：

① 温度或电压较低的地区，如果日光灯的灯丝经多次冲击闪烁仍不能启辉，将会严重影响灯管的使用寿命，故在温度或电压较低的地区，图 6-81 所示电路具有一定的参考价值，对于延长日光灯管的使用寿命很有好处。

② 图 6-81 所示电路中的开关 SB 可使用电铃按钮开关或其他类型的交流电源按钮开关。

③ 二极管 VD 选用型号有 2CP3、2CP4、2CP6 等。

④ 加接低压低温启动电路的方法适用于功率较小的日光灯，由于启辉时电流较大，故启动开关 SB 不要按合太久。

6.4.10 光控启辉器工作的日光灯电路

图 6-80 所示是光控启辉器工作的日光灯电路及印制板图。采用光控方式控制启辉器的工作，可以在电源电压为 160～250V 时，快速点燃日光灯，属于触点启辉方式。

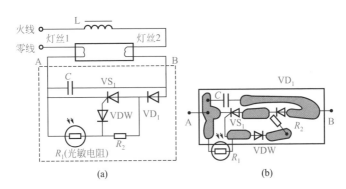

图6-80 光控启辉器工作的日光灯电路及印制板图

图 6-80 所示电路与普通日光灯电路类同，仅是用虚线框内的光控启辉器电子线路取代原来的触点式启辉器。该光控启辉器主要是利用光

敏电阻 R_1 受光后其电阻值发生变化，进而为单向晶闸管 VS_1 提供触发电压，由晶闸管给灯管提供日光灯启辉所必备的条件，以使日光灯顺利被启动发光。

光敏电阻 R_1 和电阻 R_2 组成一个分压电路，用于对经 VS_1 整流后的电压进行分压。

（1）**灯管未点燃前**　在日光灯管未被点燃之前，光敏电阻 R_1 因无强灯光照射而呈高阻值，且远大于 R_2 的阻值。因此，当交流电压为正半周时，在光敏电阻上所取得的分压较大，将稳压二极管 VDW 击穿，触发单向晶闸管 VS_1 导通，对日光灯管灯丝进行预热。

当交流电压变为负半周时，晶闸管反向截止，此时镇流器产生一个很高的自感电动势，并与电源电压叠加以后，加到日光灯管的两端，同时也对电容 C 进行充电。

上述过程在极短的时间内反复多次，当灯丝预热到一定程度后，在晶闸管反向截止而使灯管两端产生很高的电压时，灯管被迅速点燃。

（2）**灯管点燃后**　当日光灯被点燃后，其两端电压下降，又由于光敏电阻 R_1 因受到强灯光的照射而呈低阻值，且比 R_2 的阻值小得多。因此，当交流电压为正半周时，光敏电阻 R_1 上所取得的分压电压很小，不能触发晶闸管导通，灯管正常发光。

提示：

① 光敏电阻 R_1 选用硫化镉电阻，其暗电阻大于 $4M\Omega$，亮电阻小于 $2k\Omega$；电阻 R_2 选用 $360k\Omega$ 的；二极管 VS_1 选用 1N4007 型的；稳压二极管 VDW 的击穿电压为 $10 \sim 15V$；晶闸管选用 MCR100-6 型的；电容 C 选用（$0.01 \sim 0.015\mu F$）/400V 的。

② 如灯管不能启动或启动性能不良，则可适当调整 R_2 的电阻值和稳压二极管 VDW 的击穿电压值。

6.4.11　单调光灯电路

单调光灯电路图如图 6-81 所示。电路中，由电源插头 XP、灯泡 EL、电源开关 S、整流管 $VD_1 \sim VD_4$、单向晶闸管 VS 与电源构成主电路，由电位器 R_P、电容 C、电阻 R_1 与 R_2 构成触发电路。将 XP 插入市电插座，闭合 S，接通 220V 交流电源，$VD_1 \sim VD_4$ 全桥整流得到脉动直流电压加至 R_P，调节 R_P 的阻值，就能改变 C 的充/放电时间常数，即改变 VS 控制触发角，从而改变 VS 的导通程度，使 EL 获得 0 ～ 220V 电压。R_p 的阻值调得越大，则 EL 越暗，反之越亮，达到无级调节灯泡亮度之目的。

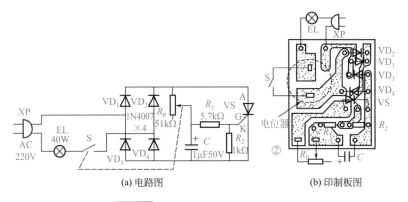

(a) 电路图   (b) 印制板图

图6-81 华雄ME-108座夹式调光灯

6.4.12 双调光灯电路

双调光灯电路如图 6-82 所示。该灯控制双调光实际上就是两个调光电路组合在了一起。两部分电路中共用一个兼作电源开关的调光电位器 R_{P2}。调节 R_{P2} 时 HL$_1$ 灯逐渐变暗，同时 HL$_2$ 灯逐渐变亮，若再反向旋转 R_{P2}，则 HL$_1$ 灯泡亮，HL$_2$ 灯变暗。

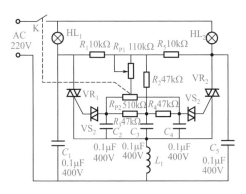

图6-82 双调光灯电路

电路中，VR$_1$ 和 VR$_2$ 分别是两回路中的晶闸管，VS$_1$、VS$_2$ 是两回路中的触发管，R_2、C_3 与 R_3 构成 HL$_1$ 灯控制电路的相位校正电路；R_2、

C_3 与 R_4 构成 HL_2 灯控制电路的相位校正电路；电容 C_2 决定 VR_1 的导通角，电容 C_4 决定 VR_2 的导通角。图中 L_1 为高频扼制电感，可防止晶闸管触发电路产生的干扰脉冲进入电网，干扰其他电器。

6.4.13 紫外线杀菌灯电路

紫外线杀菌灯在制药工业、医学方面应用较广泛。该电路主要以一个与紫外线杀菌灯配套使用的专用漏磁变压器为核心构成。紫外线杀菌灯与漏磁变压器以及电源之间的连接方式如图 6-83 所示。

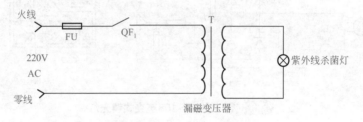

图6-83 紫外线杀菌灯电路

6.4.14 节能灯电路

节能灯电路如图 6-84 所示，市电由 $VD_1 \sim VD_4$ 整流、C_1 滤波后，形成 300V 左右的直流电压。

由 R_6、C_7、VD_9 组成启动电路，整流后的直流电经过 R_6 对 C_7 充电，当 C_7 两端电压充到 VD_9 的转折电压后，触发二极管 VD_9 导通，C_7 经 VD_9 向三极管 VT_2 基极放电，使 VT_2 导通后迅速达到饱和导通状态。

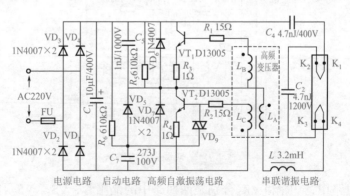

图6-84 大海牌30W节能灯电路

由 VT_1、VT_2、C_4、C_2、高频变压器和 L 组成高频自激振荡电路，当 VT_2 导通，VT_1 截止时电压向 C_4、C_2 充电。流经高频变压器初级线圈 L_A 中的充电电流逐渐增大，当 L_A 电流增大到一定程度时，变压器的磁芯达到饱和，C_4 上电荷不再增大，流过 L 的电流开始减小。这时，次级线圈 L_B、L_C 的电压极性发生倒相变化，使 L_C 中感生电动势上负下正，L_B 中的感生电动势上正下负，这样就迫使 VT_2 由导通变为截止，VT_1 由截止变为导通。C_4 开始放电，当放电电流增大到一定程度后，变压器磁芯又发生饱和，使 L_B、L_C 的电压极性又发生变化，L_B 上的感生电动势的方向为上负下正；L_C 上的感生电动势的方向为上正下负，这又迫使 VT_2 由截止变为导通，VT_1 由导通变为截止。这样 VT_1、VT_2 在高频变压器控制下周而复始地导通/截止，形成高频振荡，使灯管得到高频高压供电。

为了满足启动点亮灯管所需的电压，电路设置了主要由 C_2 和 L 等元件组成的串联谐振电路。VD_6、VD_7 的作用分别是防止反向峰值电压击穿 VT_1、VT_2。R_3、R_4 为负反馈电阻，用于 VT_1、VT_2 的过流保护。

6.4.15 光控节能灯电路

图 6-85 所示是由一个晶体管构成的光控节能灯电路，适用于作各种场合照明灯使用。

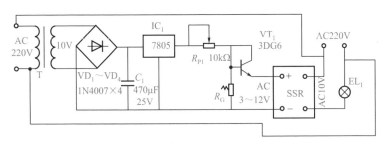

图6-85 由一个晶体管构成的光控节能灯电路

图 6-85 所示电路较简单，主要分为两个部分，即供电电路和光电开关控制电路，前者由电源变压器 T、VD_1 ~ VD_4、IC_1、C_1 组成，后者由 VT_1、RG、SSR 等组成。

图 6-85 所示电路的工作原理可从以下两个方向来进行分析说明。

（1）供电电路 220V 交流电源一路通过固态继电器 SSR 与灯泡 EL_1 连接；另一路加到电源变压器 T 初级，从变压器次级输出 10V 交流低压, 经 $VD_1 \sim VD_4$ 桥式整流、C_1 滤波、IC_1 稳压, 得到 5V 直流电源提供给光控电路。

（2）光控电路 光控电路由光敏电阻 RG 和三极管 VT_1 及微调电阻 R_{P1} 等组成。

白天: R_G 受光照呈低电阻, VT_1 处于截止状态, 故固态继电器 SSR 不工作。

夜晚: R_G 无较强光线照射呈较高电阻, VT_1 得到了合适的偏流而导通, 从而使固态继电器输入端内的发光二极管导通发光, SSR 受控接通了 EL_1 的供电, 使其得电点亮。

> **提示:**
> ① VT_1 的 $\beta > 100$; RG 可选用 MG45 型非密封型光敏电阻。
> ② 在室内正常自然光照射 R_G 的情况下, 调节 R_{P1} 的阻值, 使 SSR 处于临界状态即可。

6.5 配电电路与安装

6.5.1 一室一厅配电电路

暗配电箱配线　室外配电箱安装

住宅小区常采用单相三线制, 电能表集中装于楼道内。一室一厅配电电路如图 6-86 所示。

一室一厅配电电路由厨房、卫生间回路、照明回路、空调回路、插座回路组成。

图 6-86 中, QS 为双极隔离开关; $QF_1 \sim QF_5$ 为双极低压断路器, 其中 $QF_2 \sim QF_5$ 具有漏电保护功能（即剩余电流保护器, 俗称漏电断路器, 又叫 RCD）。对于空调回路, 如果采用壁挂式空调器, 因为人不易接触空调器, 可以不采用带漏电保护功能的断路器, 但对于柜式空调器, 则必须采用带漏电保护功能的断路器。

为了防止其他家用电器用电时影响电脑的正常工作, 可以把图 6-86 中的插座回路再分成家电供电和电脑供电两个插座回路。两路共同受 QF_3 控制, 只要有一个插座漏电, QF_3 就会立即跳闸断电, PE 为保护接地线。

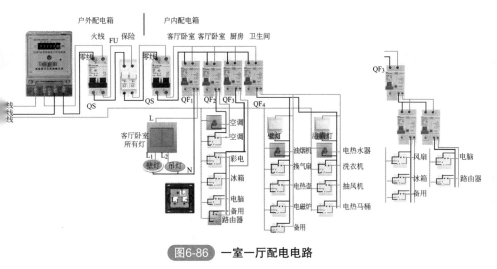

图6-86　一室一厅配电电路

6.5.2　两室一厅配电电路

一般居室的电源线都布成暗线，需在建筑施工中预埋塑料空心管，并在管内穿好细铁丝，以备引穿电源线。待工程安装完工时，把电源线经电能表及用电器控制闸刀后通过预埋管引入居室内的客厅，客厅墙上方预留有一暗室，暗室前为木制开关板，装有总电源闸刀，然后分别把暗线经过开关引向墙上壁灯。

吊灯以及电扇电源线分别引向墙上方天花板中间处，安装吊灯和吊扇时，两者之间要有足够的安全距离或根据客厅的大小来决定。如果是长方形客厅，可在客厅中间的一半中心安装吊灯，另一半中心安装吊扇，也可只安装吊灯（这对有空调的房间更为适宜）。安装吊扇处要在钢筋水泥板上预埋吊钩，再把电源线引至客厅的彩电电源插座、台灯插座、音响插座、冰箱插座以及备用插座等用电设施。

卧室应考虑安装壁灯、吸顶灯及一些插座。厨房要考虑安装抽油烟机电源插座、换气扇电源插座以及电热器具插座。

卫生间要考虑安装壁灯电源插座、抽风机电源插座以及洗衣机三眼单相插座和电热水器电源插座等。总之要根据居室布局尽可能地把电源插座一次安装到位。两室一厅居室电源布线分配线路参考方案如图6-87所示。

6.5.3　三室两厅配电电路

如图6-88所示为三室两厅配电电路，它共有10个回路，总电源处

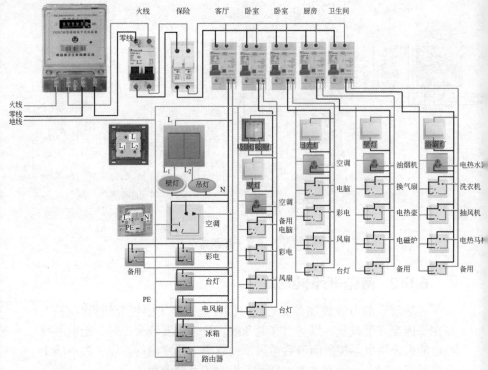

图6-87 两室一厅居室电源布线分配线路

不装漏电保护器。这样做主要是由于房间面积大，分路多，漏电电流不容易与总漏电保护器匹配，容易引起误动或拒动。另外，还可以防止回路漏电引起总漏电保护器跳闸，从而使整个住房停电。而在回路上装设漏电保护器就可克服上述缺点。

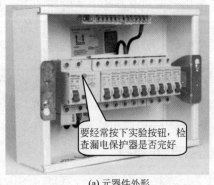

要经常按下实验按钮，检查漏电保护器是否完好

(a) 元器件外形

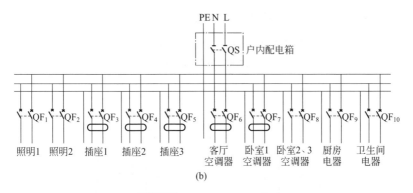

(b)

图6-88 三室两厅配电电路

　　元器件选择：总开关采用双极 63A 隔离开关，照明回路上安装 6A 双极断路器，空调器回路根据容量不同可选用 15A 或 20A 的断路器；插座回路可选用 10A 或 15A 的断路器。电路进线采用截面积 16mm² 的塑料铜导线，其他回路都采用截面积为 2.5mm² 或 4mm²、6mm² 的塑料铜导线。

6.5.4 四室两厅配电电路

　　如图 6-89 所示为四室两厅配电电路，它共有 11 个回路，比如：照明、插座、空调等。其中两路作照明，如果一路发生短路等故障时，另一路能提供照明，以便检修。插座有三路，一路送客厅，两路送卧室，厨房、卫生间单独控制，这样插座电磁线不至于超负荷，起到分流作用。空调回路，通至各室，即使目前不安装，也须预留，为将来要安装时做好准备，若空调为壁挂式，则可不装漏电保护断路器。

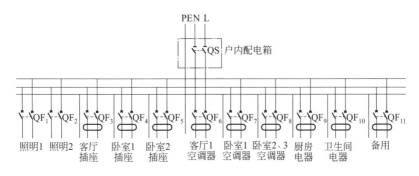

图6-89 四室两厅配电电路

6.5.5 家用单相三线闭合型安装电路

家用单相三线闭合型安装电路如图 6-90 所示，它由漏电保护开关 QF、分线盒子 $X_1 \sim X_4$ 以及环形导线等组成。

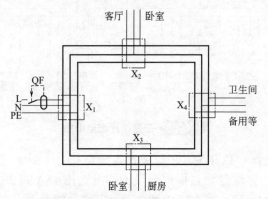

图6-90 **家用单相三线闭合型安装电路**

一户作为一个独立的供电单元，可采用安全可靠的三线闭合电路安装方式，该电路也可以用于一个独立的房间。如果用于一个独立的房间，则四个方向中的任意一处都可以作为电源的引入端，当然电源开关也应随之换位，其余分支可用来连接负载。

在电源正常的条件下，闭合型电路中的任意一点断路都会影响其他负载的正常运行。在导线截面积相同的条件下，与单回路配线比较，其带负载能力提高 1 倍。闭合型电路灵活方便，可以在任一方位的接线盒内装入单相负载，不仅可以延长电路使用寿命，而且可以防止发生电气火灾。

注：无论哪种配电线路，所有带漏电保护器的零线不能共用，否则会造成接通某路电器时跳闸的现象。

6.6 车间照明

6.6.1 车间照明设计的一般要求

车间照明应遵循下列一般原则进行设计。

（1）照明方式的选择

① 对于照度要求较高，工作位置密度不大，单独采用一般照明不合理的场所宜采用混合照明。

② 对作业的照度要求不高，或受生产技术条件限制，不适合装设局部照明，或采用混合照明不合理时，宜单独采用一般照明。

③ 当某一工作区需要高于一般照明照度时可采用分区一般照明。

④ 当分区一般照明不能满足照度要求时应增设局部照明。

⑤ 在工作区内不应只装设局部照明。

（2）照度标准 车间照明设计的照度值应根据国家标准的规定选取。该标准规定了十六大类工业建筑的一般照明的照度值。各类车间更为具体的工作场所的照度标准还应符合相关行业的规定。

（3）照明质量 照明质量是衡量车间照明设计优劣的标志，它主要包括以下内容：

① 选用效率高和配光曲线合适的灯具。根据灯具在车间房架上的悬挂高度按室形指数 RI 选取不同配光的灯具。

当 $RI = 0.5 \sim 0.8$ 时，宜选用窄配光灯具；当 $RI = 0.8 \sim 1.65$ 时，宜选用中配光灯具；当 $RI = 1.65 \sim 5$ 时，宜选用宽配光灯具。

② 选用色温适当和显色指数符合生产要求的照明光源。

③ 达到规定的照度均匀度：作业区域内一般照明照度均匀度不应小于 0.7，作业区邻近周围的照度均匀度不应小于 0.5。

④ 满足照明直接眩光限制的质量要求：统一眩光值（UGR）符合国家标准的规定，即一般允许值为 22，精细加工值为 19。

⑤ 采取措施减小电压波动、电压闪变对照明的影响和防止频闪效应。

⑥ 照明装置应在允许的工作电压下工作，在采用金属卤化物灯和高压钠灯的场所应采用补偿电容器，以提高其功率因数。

6.6.2 工业照明光源选择

光源应根据生产工艺的特点和要求选择。照明光源宜采用高效、节能、高品质的三基色细管径直管荧光灯，其功率因数高达 0.95，寿命长达 10000h 以上。

光源点距地高度在 4m 及以下时宜选用优质 65W4U、85W6U、100W6U 以下大功率节能灯和细管荧光灯。

较高的车间（6m 以上）可采用 120W 以上大功率节能灯（如 135W、155W、185W），可替换传统高能耗灯种，如：汞灯（水银灯）、金卤灯、高压钠灯等。

（1）车间照明的下列场所适合使用大功率节能灯

① 灯具要频繁开关、瞬时启动的场所。

② 有行车作业，需要避免产生眩光的场所。

③ 用灯时间长，用电量大，需要节能、节电、省钱的场所。

④ 需要严格识别颜色的场所（如光谱分析室、化学实验室等）。

（2）车间照明的下列场所可使用白炽灯

① 对防止电磁干扰要求严格的场所。

② 开关灯频繁的场所。

③ 照度要求不高，照明时间较短的场所。

④ 局部照明及临时使用照明的场所。

（3）车间照明的下列场所适合采用优质大功率节能灯（65 ~ 155W）

① 灯具要频繁开关、瞬时启动的场所。

② 车间高度在 10m 以下，最好为 4 ~ 8m。

③ 用电量大，需要节能、节电、省钱的场所。

④ 灯具使用寿命较长，一般为 3 ~ 5 年。

⑤ 需要较逼真的场所（如精密机械、光谱分析室、化学实验室等）。

（4）车间照明的下列场所适合采用 150W 以上优质大功率节能灯（185W、215W、245W）

① 车间高度在 10m 以上。

② 对光照要求比较高的场所。

③ 用电量大，需要节能、节电、省钱的场所。

④ 需要较逼真的场所（如精密机械、光谱分析室、化学实验室等）。

（5）灯具选择　车间照明用灯具应按环境条件、工作和生产条件来选择，并适当注意外形美观，安装方便，与建筑物协调，以做到技术经济合理。

（6）照度计算　车间照明设计常用利用系数法进行照度计算。对某些特殊地点或特殊设备的水平面、垂直面或倾斜面上的某点，当需计算其照度值时可采用逐点法进行计算。

（7）车间照明线路的敷设方式　车间照明支线一般采用绝缘导线沿（或跨）屋架用绝缘子（或瓷柱）明敷的方式。当大跨度车间屋面结构采用网架形式时，除上述方式外，还可采用绝缘导线或电缆穿钢管沿网架敷设。爆炸和火灾危险性车间的照明线路一般采用铜芯绝缘导线穿水煤气钢管明敷。在受化学性（酸、碱、盐雾）腐蚀物质影响的地方可采用穿硬塑料管敷设。根据具体情况，在有些场所也可采用线槽或专用照明母线吊装敷设。

（8）**按环境条件选择灯具** 在按环境条件选择灯具的形式时，需注意环境温度、湿度、振动、污秽、尘埃、腐蚀、有爆炸和火灾危险介质等情况。

（9）**一般性工业车间的灯具选择**

① 在正常环境中（采暖或非采暖场所）一般采用开启式灯具。

② 含有大量尘埃，但无爆炸和火灾危险的场所，选用与灰尘量值相适应的灯具。多尘环境中灰尘的量值用在空气中的浓度（mg/m^3）或沉降量[$mg/(m^2 \cdot d)$]来衡量。

对于一般多尘环境，宜采用防尘型（IPSX 级）灯具。对于多尘环境或存在导电性灰尘的一般多尘环境，宜采用尘密型（IP6X 级）灯具。对导电纤维（如碳素纤维）环境应采用 IP65 级灯具。对于经常需用水冲洗的灯具应选用不低于 IP65 级的灯具。

无尘室是车间内部需要严格控制环境条件的区域，照明的主要作用是使工作活动清晰可见，从而形成安全、舒适、有效的工作条件。

照明系统不能干扰生产过程，也不能影响该区域清洁空气的流动。该系统必须易于维护。大面积的无尘室主要建立在半导体工业、电子工业、计算机工业和航空工业等领域，在医药、食品和饮料业也会使用到生物无尘室。

照明方案在无尘室中出现错误，后果是极为严重的，因此就要求具有较高的照明等级。如果对光谱没有特殊要求的话，应当使用高显色性的中性白光。对于局部照明也应该有相同的要求，并要更好地避免眩光。给定灰尘等级的照明系统主要取决于空气处理的要求。

荧光灯的高显色性可以很好地适用于这种应用。在光源较宽的色温范围中，可以很容易地选择所需的色温。

严格要求下的无尘室为了维持所需环境必须严格控制气流，因此任何气流的改变都是应该避免的。大面积的隐藏灯具或者表面布灯都应该予以避免。灯具必须尽可能的细，宽度小于悬顶支架之间的距离。

在无尘室设计中采用更加直接、经济的方法是选择只有细线电缆架的侏罗纪简式 1×36W 板条灯具。尽管标准的荧光灯可以作为一个眩光源，但是这可以通过在灯具内加反射器 ZLL 来加以控制。以上这些可以提高约 15% 的照明效率。

在无尘室要求中等灰尘度（1000 或者更高）时，可以使用隐藏式灯具。

无论安装封闭式灯具还是开放式灯具，都应该保证空气通过滤光器而不通过灯具。应当注意使用正确灯具以避免眩光，保证良好的照明效果。

6.7 动力路线

6.7.1　主要技术原则

① 低压配电系统容量按远期最大负荷设计，并考虑一定的余量。

② 低压配电系统的设计应确保安全、可靠、接线简单、操作方便，并具有一定的灵活性。

③ 低压配电系统采用三相四线制配电方式，并采用 TN-S 型接地保护系统。

④ 应急照明电源系统采用全交流系统，蓄电池容量按紧急时持续供电时间不小于 1h 选择。

⑤ 电气设备电压波动范围：正常情况下，电气设备端子供电电压偏差允许值为 +5% ～ -5%；特殊情况下，电气设备端子供电电压偏差允许值为 +5% ～ -10%；大电机启动时，降压变电所或环控电控室低压母线电压降不大于 10%。

⑥ 设置区间智能疏散照明系统，满足区间火灾时指导乘客疏散方向和提供应急照明。

6.7.2　照明负荷等级划分

根据用电设备的重要程度，动力与照明负荷划分为三级，具体如下。

一级负荷：变电所操作电源、应急照明、地下站厅站台照明、通信系统设备、信号系统设备、自动售检票系统设备、火灾自动报警系统及自动灭火系统设备、电力监控系统设备、环境与设备监控系统设备、综合监控系统设备、门禁系统设备、人防集中信号显示系统设备、防淹门、防护门、屏蔽门、消防系统设备、车站排水泵、排雨泵、车站事故风机及其电动阀门、用于疏散的自动扶梯、区间射流风机、隧道风机、地下区间排风排烟风机及相关阀门等。其中变电所操作电源、应急照明、火灾自动报警系统、环境与设备监控系统及自动灭火设备、通信系统设备、信号系统设备为一级负荷中的特别重要负荷。

二级负荷：集中冷站的冷水机组、冷冻泵、冷却泵、冷却塔风机；设备管理用房照明、自动扶梯（不用于疏散）、电梯、污水泵、普通风机、检修电源等。

三级负荷：非集中冷站的冷水机组、冷冻泵、冷却泵、冷却塔风机；广告照明、电热设备（电热水器等）、清扫电源等。

动力与照明负荷采用交流 380/220V。应急照明采用正常交 - 交旁路，应急直 - 交逆变的供电模式，输出电压为 380/220V，容量应满足额定负载下 60min 的供电要求。安全电压照明采用交流 36V。站厅、站台照明配电采用变电所两段低压母线各带约 50% 的照明灯具的配电方式。区间照明由区间智能消防应急照明和疏散指示系统提供。应急照明由集中供电式应急电源装置（EPS）供电，正常时由两路市电交流电源供电，两路电源一用一备自动切换，当两路交流电源都失电后，自动转为由蓄电池电源通过逆变器供电。

一级负荷由双电源、双线路供电，在两路电源末端采用双电源切换装置，一路电源故障时，双电源切换动作，保证设备供电的可靠性。一级负荷中的特别重要负荷除采用双电源切换外，还应设置应急电源装置。

二级负荷双电源、单线路供电，从变电所的低压母线引出一回电源线路至设备的电源箱，当变电所一回电源故障时，0.4kV 母联断路器自动投入，设备由另一路电源供电。

三级负荷仅需由一回电源供电，当供电系统一路电源失电时，在变电所自动切除该部分的负荷。

6.8 常用照明计算

6.8.1 光源

如图 6-91 所示。

（1）水平照度：

$$E_s = \frac{I_\theta}{l^2}\cos\theta$$

或

$$E_s = \frac{I_\theta}{h^2}\cos^3\theta$$

式中，E_s 为水平面照度，lx；I_θ 为照明器照射方向的光强，cd；l 为光源（照明器）与计算点之间的距离，m；h 为光源离工作面的高度，m。

（2）垂直照度：

$$E_x = \frac{I_\theta}{l^2} \sin \theta$$

$$E_x = \frac{I_\theta}{d^2} \sin^3 \theta$$

（3）法线照度：

$$E_n = \frac{I_\theta}{l^2} = \frac{I_\theta}{h^2 + d^2}$$

6.8.2 线光源

如图 6-91 所示。

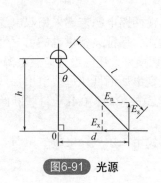

图6-91 光源　　　　图6-92 线光源

（1）水平照度：

$$E_s = K \frac{hI}{a^2}$$

式中，I 为单位长度光强，cd/m；K 为系数，可从相关手册查出。

（2）垂直照度：

$$E_x = K \frac{dI}{a^2}$$

（3）法线照度：

$$E_n = K \frac{I}{a}$$

6.8.3 面光源

（1）与被照面平行的直角三角形光源水平照度如图 6-93 所示。

$$E_{\mathrm{h}} = \frac{La}{2\sqrt{x^2 + a^2}} \arctan \frac{b}{\sqrt{x^2 + a^2}}$$

式中，L 为亮度，cd/m^2；a，b，x 见图 6-93。

（2）与被照面平行的成直角的无限远的方形光源水平照度见图 6-94。

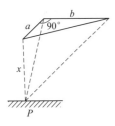

图6-93 与被照面平行的
直角三角形光源水平照度

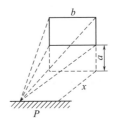

图6-94 与被照面平行的成直角
的无限远的方形光源水平照度

$$E_{\mathrm{h}} = \frac{Lx}{2\sqrt{x^2 + a^2}} \arctan \frac{b}{\sqrt{x^2 + a^2}}$$

式中，L 为亮度，cd/m^2；a，b，x 见图 9-94。

（3）与被照面下端高度相同的方形光
源水平照度如图 6-95。

$$E_{\mathrm{h}} = \frac{L}{2}(\beta - \beta_1 \cos\gamma)$$

式中，L 为亮度，cd/m^2；β_1，β，γ 见
图 6-95，分别表示方形光源所形成的角度。

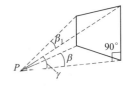

图6-95 与被照面下端高度
相同的方形光源水平照度

6.8.4 其他照明参数

（1）发光效率：

$$\eta = \frac{\Phi}{P}$$

式中，Φ 为光源发出的光通量，lm；P 为光源输入的电功率，W。

（2）室内各面平均照度：

$$E_{\mathrm{av}} = \frac{\mu K n \Phi}{A}$$

式中，E_{av} 为室内各面（地板、墙、天栅）的平均照度，lm；n 为光
源数；Φ 为每个光源发出的光通量，lm，表 6-5 所示为普通白炽灯泡的
主要技术数据；A 为所求照度对应平面的面积，m^2；K 为减光系数，可

从有关手册查得；μ 为利用系数，可从有关手册查得。

表6-5 普通白炽灯泡的主要技术数据

额定电压 /V	220									
额定功率 /W	15	25	40	60	100	150	200	300	500	1000
光通量 /lm	110	220	350	630	1250	2090	2920	4610	8300	18600
平均寿命 /h	1000									

注：灯泡为 PZ220 型。

（3）路面平均照度：

$$E_{pj} = \frac{\Phi N U}{KBD}$$

式中，E_{pj} 为路面平均照度，lx；Φ 为光源总的光量，lm；N 为灯柱的列数，单侧排列及交替排列时 $N=1$，对称排列时 $N=2$；U 为照明率；K 为照度补偿系数，一般为 $1.3 \sim 2.0$，对于混凝土路面取最小值，沥青路面取最大值；B 为路面宽度，m；D 为电杆间距，m。

（4）**投光灯照明单位容量：**

$$P = mE_{pj}$$

式中，m 为投光灯系数，一般为 $0.2 \sim 0.28$；E_{pj} 为被照面要求的平均照度，lx；P 为照明场地需要的单位容量，W/m^2。

6.8.5 照明导线截面积的选择

（1）**各类光源计算容量：**

$$P_{js} = k_s P_c$$

式中，P_{js} 为各类光源的计算容量，kW；k_s 为需用系数，一般取 $0.6 \sim 0.8$；P_c 为光源的安装容量，kW。

（2）**各类光源电流：**

$$I_s = \frac{P_{js}}{220} \times 10^3 \qquad I_t = I_s \tan\varphi$$

式中，I_s 为有功电流，A；I_t 为无功电流，A；φ 为功率因数角，(°)。

（3）**线路工作电流和功率因数：**

$$I_g = \sqrt{\left(\sum I_s\right)^2 + \left(\sum I_t\right)^2}$$

$$\cos\varphi = \frac{\sum I_s}{I_g}$$

式中，I_g 为线路工作电流，A；$\sum I_s$ 为该相线路上各种光源的有功电流之和，A；$\sum I_l$ 为该相线路上各种光源的无功电流之和，A；$\cos\varphi$ 为线路的功率因数，一般白炽灯、钨灯为1，荧光灯有补偿为0.9，无补偿为0.55，其他情况一般取 0.4～0.65。

（4）导线允许载流量：

$$I \geqslant I_g$$

式中，I 为选用导线允许载流量，A。

6.8.6　应用举例

【例6-1】　某车间面积为 18m×42m，该车间的室空比为1.27，拟采用GC1-A-1型工厂配灯作车间一般照明。初步确定布置方案如图6-96所示，试计算所确定的布置方案是否满足照度要求（设顶栅反射系数 $\rho_o = 50\%$，壁反射系数 $\rho_W = 30\%$，取白炽灯的功率为300W）。

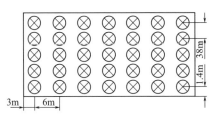

图6-96　例6-1图

解：根据车间室空比为1.27，$\rho_o = 50\%$，壁反射系数 $\rho_W = 30\%$，查相关手册得利用系数 $\mu = 0.75$，取 $K = 0.7$，根据300W白炽灯查表得光通量 $\Phi = 4610\text{lm}$。

方案灯盏数为 $n = 35$，由式得

$$E_{av} = \frac{\mu K n \Phi}{A} = \frac{0.75 \times 0.7 \times 35 \times 4610}{18 \times 42} \approx 112\,(\text{lm})$$

一般精加工车间的量低平均照度为75lm左右，上面方案满足照度要求。

【例6-2】　试选择例6-1所述的车间照明导线截面积（$k_s = 0.6$）。

解：根据设计要求，该车间需要300W白炽灯35盏。

由式得计算容量：

$$P_{js} = k_s P_c = 0.6 \times 35 \times 300 = 6300\text{W} = 6.3\,(\text{kW})$$

由式得有功电流：

$$I_s = \frac{P_{js}}{220} \times 10^3 = \frac{6.3}{220} \times 10^3 \approx 28.6\,(\text{A})$$

无功电流：

$$I_t = I_s \tan\varphi = 0 \text{（因无其他光源）}$$

由式得光源总电流：

$$I_g = \sqrt{\left(\sum I_s\right)^2 + \left(\sum I_t\right)^2} = I_s = 28.6\,(\text{A})$$

导线允许载流量计算。

由式得：

$$I \geqslant I_g \geqslant 28.6\text{A}$$

查相关手册选用导线为 BLX-10mm^2 铝芯橡皮线。

【例 6-3】 某车间一工作面采用点光源照明，问应选用光强为多少的照明器（垂直照度要求为 $E_x = 100\text{lm}$，$h = 4\text{m}$，$\theta = 30°$）。

解： $l^2 = \left(\dfrac{h}{\cos\theta}\right)^2 = \dfrac{16 \times 4}{3} \approx 21.33\,(\text{m}^2)$

由式 $E_x = \dfrac{I_\theta}{l^2} \sin\theta$ 得

$$I_\theta = \frac{E_x l^2}{\sin\theta} = \frac{100 \times 21.33}{\sin 30°} = 4266\,(\text{cd})$$

故应选用光强大于 4266cd 的照明器。

第7章

架空线路及电力电缆检修

7.1 架空线路的分类、构成

7.1.1 架空线路的分类

（1）**输电线路**（又称供电线路） 发电厂生产的电能，经升压变压器把电压升高（通常在 110kV 及以上），通过架空线路或电缆线路输送到距离很远的降压变电站（系统降压站或工厂、矿山专用降压站），用来输送电能的架空线路或电缆线路称为输电线路。

（2）**配电线路** 是指通过降压变电站把电压变为 10kV 及以下，然后通过架空线路或电缆，把电能分配到各个用户的线路称为配电线路，其中 3～10kV 线路称为高压配电线路又称作一次配电线路，1kV 及以下（380/220V）的线路称为低压配电线路，以下将主要介绍 10kV 及以下配电线路。

（3）**直配线路** 由发电机不经过变压器，直接把 10kV 电能经电缆或架空线路把电能输送给用户的线路，称作直配线路。

7.1.2 架空线路的构成

架空输电线路主要由避雷线、导线、金具（包括线夹等）、绝缘子、杆塔（包括电杆和铁塔）拉线和基础等元件组成，如图 7-1 所示。这些元件的用途如下。

（1）**避雷线** 用来保护架空线路免遭雷电大气过电压的损害，往往输电线路不装设避雷线。避雷线大多采用镀锌钢绞线。个别线路或线段由于特殊需要，有时采用钢芯铝绞线或铝镁合金绞线等良导体。

（2）**导线** 导线是线路的主要组成部分，用以传输电流。一般线路多采用单根导线。对于超高压大容量输电线路，由于输电容量大，同时为了减小电晕损失和电晕干扰，常采用相分裂导线，每相采用两根、三根、四根或更多根导线。

（3）**线路金具**　金具是用来把导线连接在绝缘子串上，并将绝缘子固定在杆塔上的金属零件。

（4）**绝缘子**　绝缘子用来支撑或悬吊导线并使导线与杆塔绝缘，它应保证有足够的电气绝缘强度和机械强度。

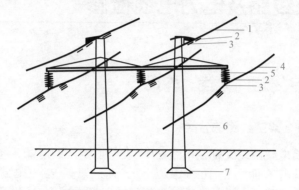

图7-1　架空输电线路的组成元件

1—避雷线；2—防振锤；3—线夹；4—导线；5—绝缘子；6—杆塔；7—基础

（5）**杆塔**　杆塔的作用是支承导线、避雷线及其辅助设施，并使导线、避雷线、杆塔三者之间保持一定的安全距离（10kV 及以下采用电杆）。

（6）**拉线和基础**　拉线的作用是用来加强电杆的强度和稳定性，平衡电杆受力；杆塔基础是将杆塔固定在地下，以保证杆塔不发生倾斜或倒塌的设施。

7.1.3　主要材料

（1）**导线**　输电及高压配电线路采用多股裸导线，低压配电架空线路有时使用单股裸铜导线，用电单位厂区内的配电架空电力线路常常采用绝缘导线。

常用的裸导线有以下几种：裸铜绞线（TJ）、裸铝绞线（LJ）、钢芯铝绞线（LGJ、LGJQ 和 LGJJ）、铝合金绞线（HLJ）、钢绞线（GJ）。

导线型号中的拼音字母含义如下：T——铜；L——铝；G——钢；H——合金；J——绞线；Q——轻型；钢芯铝绞线（LGJJ）的第四位字

母表示加强型。型号中横线后面的数字表示导线的标称截面积（mm²）：例如，TJ-35，表示铜绞线，截面为35mm²；LGJJ-300，表示加强型铜芯铝绞线，截面为300mm²。

常用的500V以下的绝缘电线，型号有BLXF布线用铝芯氯丁橡皮绝缘电线和BBLX布线用玻璃丝编织铝芯橡皮绝缘电线。常规导线选择与性能、操作见第1章相关内容。

（2）**电杆** 电杆有钢筋混凝土杆（简称水泥杆）和木杆两种。电杆类型与线路额定电压、导线、地线种类及安装方式、回路数、线路所经过地区的自然条件、线路的重要性等有关。一般的电杆类型按电杆的作用分为如下几种。

① 直线杆 直线杆又称中间杆。用于线路直线中间部分。平坦地区，这种电杆占总数的80%左右。直线杆的导线是用线夹和悬式绝缘子串挂在横担下或用针式绝缘子固定在横担上。正常情况下，它仅承受导线的重量。

② 耐张杆 又称承力杆。与直线杆相比，强度较大，导线用耐张线夹和耐张绝缘手串或用蝶式绝缘子固定在电杆上。耐张绝缘子串的位置几乎是平行于地面的，电杆两边的导线用弓子线连接起来。它可以承受导线和架空地线的拉力，耐张杆将线路分隔成若干耐张段以便于线路的施工和检修，耐张段长度通常不超过2km。

③ 转角杆 用于线路的转弯处，有直线型和耐张型两种形式。采用哪种型式要根据转角的大小及导线截面的大小来确定。

④ 终端杆 它是耐张杆的一种，用于线路的首端和终端，往往承受导线和架空地线一个方向的拉力。

⑤ 换位杆 用于线路中各相导线需要换位处。

⑥ 跨越杆 用于线路与铁路、河流、湖泊、山谷及其他交叉跨越处，要求有较高的高度。

（3）**线路金具** 架空线路的金具种类很多，按照金具的性能和用途可分为固定金具、连接金具、保护金具和拉线金具四大类。

① 线夹 线夹是属于固定金具的一种。有悬垂型线夹和耐张型线夹两种。悬垂线夹是将导线固定于绝缘子串上，或将避雷线悬挂在杆塔上，也可以用于换位杆塔上支持换位导线以及非直线杆跳线的固定。悬垂线夹承受导线和避雷线垂直方向和顺线路方向的载荷。如图7-2所示为悬垂线夹的外形。导线放在线夹本体槽内，用压板和U形螺钉固定并压紧导线。

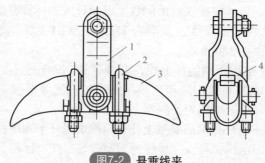

图7-2 悬垂线夹

1—柱板；2—U形螺钉；3—线夹本体；4—压板

耐张线夹分螺栓型耐张线夹和压缩型耐张线夹两种，螺栓耐张线夹（如图7-3所示）用于导线截面积在240mm² 及以下，这种线夹施工安装比较简便，其破坏荷重为 2000 ～ 8000kgf。

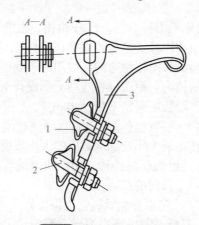

图7-3 螺栓型耐张线夹

1—压板；2—U形螺钉；3—线夹本体

当导线截面积较大，且拉力较大时，螺栓型线夹的强度和握力不能满足要求，而且由于导线截面积大，难以弯曲，因此对截面积为300mm² 及以上的导线，应采用压缩型耐张线夹，如图7-4所示。楔型耐张线夹如图7-5所示。

线夹铝管与导线连接，引流板与跳线连接，钢锚通过连接金具与绝缘子连接。

② 连接金具　连接金具主要用于绝缘子串与电杆的连接及与导线

线夹的连接。连接金具的破坏荷载系列应与绝缘子的机电破坏荷载系列相互配合，绝缘子配一套连接金具。常用的连接金具如图 7-6 所示。

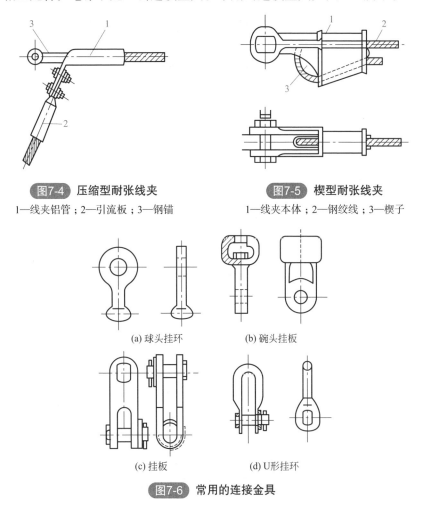

图7-4　压缩型耐张线夹
1—线夹铝管；2—引流板；3—钢锚

图7-5　楔型耐张线夹
1—线夹本体；2—钢绞线；3—楔子

(a) 球头挂环　　(b) 碗头挂板

(c) 挂板　　(d) U形挂环

图7-6　常用的连接金具

③ 保护金具　保护金具包括有导线和避雷线用的防振锤以及使分裂导线之间保持一定距离的间隔棒等。如图 7-7 所示为导线和避雷线用的防振锤。如图 7-8 所示为双分裂导线用的间隔棒。

④ 拉线金具　拉线金具主要用于拉线的紧固、调整和连接。如图 7-9 所示为可调式的 UT 形线夹。利用该线夹可调节拉线的松紧。图中可调的 U 形螺钉用来调节拉线的松弛或拉紧，楔子与线夹本体固

定拉轮。

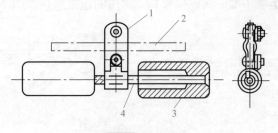

图7-7 防振锤

1—压板；2—导线；3—锤头；4—钢绞线

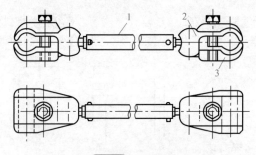

图7-8 间隔棒

1—无缝钢管；2—间隔棒线夹；3—压舌

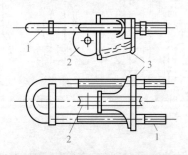

图7-9 可调式UT形线夹

1—U形螺钉；2—楔子；3—线夹本体

　　如图 7-10 所示为拉线的组合形式，可调式 UT 形线夹用于拉线下端的 U 形螺钉与拉线棒连接；楔型线夹应用在拉线上端直接与电杆连接，拉线一般采用镀锌钢绞线。

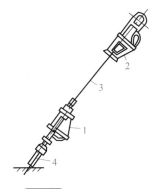

图7-10　拉线组合方法

1—可调式 UT 形线夹；2—楔型线夹；3—拉线；4—拉线棒

（4）绝缘子　架空电力线路常用的绝缘子有针式绝缘子（柱瓶）、蝶式绝缘子（拉台）、悬式绝缘子（吊瓶）、陶瓷横担和瓷拉棒绝缘子。

① 针式绝缘子按使用电压可分为高压针式绝缘子和低压针式绝缘子两种形式，按针脚的长短不同分为长脚和短脚两种，长脚针式绝缘子用在木横担上，短脚的用在铁横担上。

高压针式绝缘子的型号有：P-6W、P-6T、P-6M ～ P10T、P-10M、P-10MC、P-15T、P-15M、P-15MC、PW-10T 等。型号中的拼音字母含义：P——针式瓷瓶；T——铁担直脚；M——木担直脚；C——加长；W——弯脚（型号中 P 后面的 W 表示防污型，横线后面的数字表示额定电压，单位是 kV）。

低压针式绝缘子型号有：PD-1、PD-2、PD-3；型号含义：P——针式瓷瓶；D——低压；横线后面的数字为尺寸大小的代号。

② 蝶式绝缘子分为高压蝶式绝缘子和低压蝶式绝缘子两种。

高压蝶式绝缘子型号有 E-6、E-10。型号含义：E——蝶式绝缘子，横线后面的数字表示额定电压，单位为 kV。

低压蝶式绝缘子型号有 ED-1、ED-2、ED-3。型号含义：E——蝶式绝缘子；D——低压，横线后面的数字为尺寸大小的代号。

③ 悬式绝缘子　它包括钢化玻璃悬式绝缘子、新系列悬式绝缘子、老系列悬式绝缘子和防污悬式绝缘子等。

钢化玻璃悬式绝缘子型号有 LX-4.5、LX-4.5W、LX-7 和 LX-11 四种。型号含义：LX——钢化玻璃悬式绝缘子，横线后面的数字表示每小时机电负荷（t），W——防污型。

新系列悬式绝缘子型号有 XP-4、XP-4C、XP-7、XP-TC、XP-10、XP-16 等。型号含义：XP——用机电负荷破坏值表示的悬式绝缘子，横线后面的数字表示 1h 机电破坏负荷（t），C——槽型连接。

旧式悬式绝缘子型号有 X-3、X-4.5、X-3C、X-4.5C、X-7 等。型号含义：X——悬式绝缘子，横线后面的数字表示 1h 机电负荷（t）。

防污悬式绝缘子型号有 XW-4.5、XW-4.5C、XW1-4.5、XWP-6、XWP-6C 和 1322、1334 型。型号含义：XW——防污悬式绝缘子；XWP——按机电负荷破坏值用来表示的防污悬式绝缘子；字母后面的数字表示的为设计序号；横线后面的数字对 XW- 型来说表示 1h 机电负荷（t），对 XWP 型来说为机电破坏负荷；1322 型是半导体釉悬式绝缘子；1334 型是一般绝缘子釉钟罩式防污绝缘子。

④ 陶瓷横担绝缘子　它的型号有 CP10-1 ～ 8、CD35-1 ～ 10 等。型号含义：CD——瓷横担绝缘子，字母后面的数字表示额定电压（kV），横线后面的数字表示产品序号，奇数为顶相，偶数为边相。

⑤ 瓷拉棒绝缘子　它的型号有 SL10-200/2000、SL10D-200/2000、SL10Z-200/2000、SL25-320/2500 等。型号含义：SL——瓷拉棒绝缘子；字母后面的数字代表额定电压（kV）；D——需要切断导线绑扎；Z——适用大导线；横线后面的数字，分子表示冲击电压（kV），分母表示机械负荷（kg）。

线路绝缘子的种类如图7-11所示。10kV架空线路的绝缘子，直线杆当采用角铁横担时应选用 P-15 型针式绝缘子；耐张杆应采用悬式和蝶

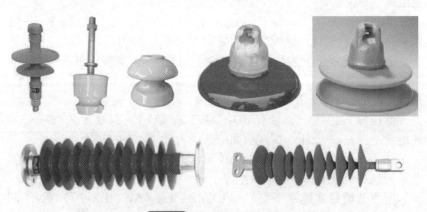

图7-11　线路绝缘子的种类

式组成的绝缘子串。当裸绞线截面积在95mm²及以上时，应采用两片悬式绝缘子组成的绝缘子串。

7.2 架空线路的安装要求

7.2.1 10kV及以下架空线路导线截面的选择

在选择输电线路和配电线路导线截面时，应满足四个条件。10kV及以下架空线路导线截面的选择步骤如下。

（1）选择的原则 架空线路导线截面的选择都需要符合经济电流密度、电压损失、发热和机械强度四个方面的要求。但这四个要求不是平行的，对不同类型的架空线路有不同的优先要求，在下面介绍这四个条件时，将会进一步说明。

① 经济电流密度 电流密度指的是单位导线截面所通过的电流值，其单位是 A/mm²。

经济电流密度是指通过各种经济、技术方面的比较而得出的最佳的电流密度，采用这一电流密度可使节约投资、减少线路电能损耗、维护运行费用等综合效益为最佳。

我国现在采用的经济电流密度值见表7-1。

表7-1 经济电流密度　　　　　　　　　　　　　　　　　A/mm²

导线材质	年最大负荷利用小时数		
	3000 以下	3000 ~ 5000	5000 以上
铜线	3.00	2.25	1.75
铝线	1.65	1.15	0.90

对高电压远距离输电线路，要首先依照经济电流密度初步确定导线截面，然后再以其他条件进行校验。

② 电压损失 要保证线路上的电压损失不大于规定的指标。架空线路的导线具有直流电阻、分布电容和分布电感，总之具有阻抗，线路越长，阻抗越大。交流电流从导线上流过时就产生电压需损失（电压降），线路上传送的功率越大，电流就越大，电压损失也就越大，线路传送功率（kW）与线路长度（km）的乘积叫"负荷距"，很明显，限制电压损失也就限制了负荷距。

为了保证向用户提供电能的电压质量，设计规范规定 3 ～ 10kV 架空配电线路允许的电压损失不得大于变电站出口端额定电压的 5%，3kV 以下的线路则不得大于 4%。

电压损失是配电线路选择导线截面的首要条件。

③ 发热　导线的运行温度不应超过规定的温度，这一条件又称为发热条件。

在一定的外部条件（环境温度 +26℃）下，使导线不超过允许的安全运行温度（一般规定为 +70℃）时，导线允许的载流量叫做导线的安全载流量。表 7-2 列出了部分铝绞线的技术数据，其中也包含其安全载流量。

表7-2　部分导线的技术数据

导线型号	计算截面 /mm²	线芯结构股 × 每股直径 /mm	外径 /mm	直流电阻 /（Ω/km）	质量 /（kg/km）	计算拉断力 /kgf	安全载流量 /A
LJ-16	15.89	7 × 1.70	5.1	1.98	43	257	83
LJ-25	24.48	7 × 2.11	6.3	1.28	66	400	109
LJ-35	34.36	7 × 2.50	7.5	0.92	94	555	133
LJ-50	49.48	7 × 3.00	9.0	0.64	135	750	166
LJ-70	68.90	7 × 3.54	10.6	0.46	188	990	204
LJ-90	93.30	19 × 2.50	12.5	0.34	257	1510	244

对于用电设备的电源线及室内配线，首先要根据导线的安全载流量初步选出导线的截面。

④ 机械强度　架空线路的导线要承受导线自重、环境温度及运行温度变化产生的应力、风力、覆冰重力等各种因素而不致断裂，为此规程规定了架空配电线路的导线最小截面，选用导线时不得小于表 7-3 所列数值。

表7-3　架空配电线路导线最小截面　　　　　　　　mm²

导线种类	10kV		1kV 及以下
	居民区	非居民区	
铝绞线（LJ）	35	25	25
钢芯铝绞线（LGJ）	25	25	25
铜线（TJ）	16	16	直径 4.0mm

对于小负荷距的架空线路，选择导线截面时，需要特别注意机械强

度问题。

（2）架空配电线路导线截面选择的步骤　首先按给定的电压损失数值通过计算得出导线截面积；其次进行发热条件的计算，这需要先算出该线路额定负荷电流，再将此计算值与初步选定的导线的安全载流量相比较，当线路外部条件与安全载流量的条件不符时，要对安全载流量加以修正，修正系数可查有关手册。如果修正后的安全载流量不小于线路额定负荷电流的计算值，则发热校核通过；再次，进行机械、强度的校验。往往选用的导线截面只需不小于规程规定的最小截面即可。

7.2.2　架空线路导线的连接

架空线路导线的连接有如下规定：不同金属、不同规格、不同绞向的导线严禁在一个挡距内连接，在一个挡距（相邻两基电杆之间的距离）内，每根导线不应超过一个接头，接头距导线的固定点不应小于 0.5m。

架空线路导线的连接方法主要采用钳压接法，对于独股铜导线以及多股铜绞线，还可以采用缠接法，拉线也可以采用这种方法；对于引线、引下线，如果遇到铜、铝导线之间的连接问题可用下面方法连接。

（1）钳压接法

① 准备工作　根据导线的规格选相应的连接管，不要加填料，将导线端用绑线扎紧后锯齐，用汽油清洗导线连接部分及连接管内壁，清洗长度应为连接管长度的 1.25～2 倍；在清洗部分涂上中性凡士林，用细钢丝刷刷洗，刷去已脏的凡士林，重涂洁净的凡士林，将连接导线分别从连接管两端穿入，使导线端露出管口 20mm，如果是钢芯铝绞线，两导线间还要夹垫铝垫片。根据导线规格选用相应的横具装于压接钳上。

② 压接　将导线连接处置于压接钳钳口内进行压接，要使连接管端头的压坑恰在导线端部那一侧。压接顺序通常由一端起，两侧交错进行，但对于钢芯 Q6 绞线，则要由中间压起。导线钳压压口数及压后尺寸见表 7-4，压接顺序举例如图 7-12 所示。

表7-4　导线钳压压口数及压后尺寸

导线截面 /mm²		35	50	70	95	120	150	185	240
压口数	铝 铜线	6	8	8	10	10	10	10	12
	钢芯铝绞线	14	16	16	20	24	24	26	2×24
压后尺寸 /mm	铝　线	14	16.5	19.5	23	26	30	33.5	—
	钢芯铝绞线	17.5	20.5	25	29	33	36	39	43
	铜　线	14.5	17.5	20.5	24	27.5	31.5	—	—

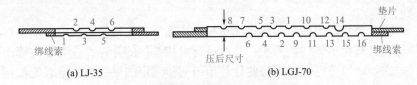

(a) LJ-35　　　　　　　　(b) LGJ-70

图7-12　压接顺序示意图

③ 检查　压接后管身应平直，否则进行校直，连接管压后不得有裂纹，否则就要锯掉重做，连接管两端处的导线不应有"灯笼""抽筋"等现象，连接管两端涂防潮油漆，导线连接处测直流电阻值，不能大于同长度导线的阻值。钳压接法由于接触电阻小、抗拉力大、操作方便，因此获得普遍使用。

（2）缠接法　具体缠接方法分为独股导线的缠接和绞线的缠接，往往都借助于导线本身相互缠绕，其缠接长度根据不同对象（如导线、拉线、弓子线等）有着不同的要求。

（3）铜、铝导线的连接　铜、铝导线直接连接，有潮气时，形成电池效应，产生电化腐蚀，致使连接处接触不良，接触电阻增大，在运行中发热，加速电化腐蚀，直至断线，引发事故。因此，铜、铝导线不要直接连接，而要通过"铜铝过渡接头"进行连接。这种接头是用闪光焊或摩擦焊等方法焊成的一半是铜、一半是铝的连接板或连接管，应用时，铜导线要接铜质端，铝导线要接铝质端。导线剥削连接以及封端详见第 1 章 1.6 节。

7.2.3　导线在电杆上的排列方式

对于三相四线制低压线路，常都采用水平排列，如图 7-13（a）所示。由于中性线的电流在三相对称时为零，而且其截面也较小，机械强度较差，因此中性线一般架设在靠近电杆的位置。如果线路一侧附近有建筑物时，中性线应架在此侧。

对于三相三线制高压线路，即可采用三角形排列，如图 7-13（b）、（c）所示，也可以水平排列，如图 7-13（a）所示。

多回路导线同杆架设时，可采用三角、水平混合排列，如图 7-13（d）所示，也可垂直排列，如图 7-13（e）所示。电压不同的线路同杆架设时，电压高的线路要架设在上面，电压低的线路则架设在下面。

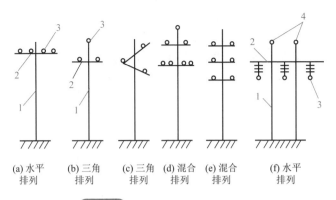

(a) 水平
排列　　(b) 三角
排列　　(c) 三角
排列　　(d) 混合
排列　　(e) 混合
排列　　(f) 水平
排列

图7-13 导线在电杆上的排列方式

1—电杆；2—横担；3—导线；4—避雷线

7.2.4　10kV 及以下架空线路导线固定的要求

（1）导线固定在绝缘子上的部位

① 针式绝缘子　对于直线杆，高压导线要固定在绝缘子顶槽内，低压导线固定在绝缘子颈槽内，对于角度杆，转角在 30° 及以下时，导线要固定在绝缘子转角外侧的颈槽内，轻型承力杆，电杆两侧本体导线要根据绝缘子外侧颈槽找直，中间的本体导线按中间绝缘子右侧颈槽找直（面向电源侧），本体导线在绝缘子固定处不应出角度（如图 7-14 所示）。

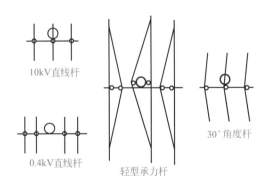

10kV直线杆

0.4kV直线杆

轻型承力杆

30°角度杆

图7-14 导线在绝缘子上固定的俯视图

② 悬式绝缘子　导线固定在绝缘子下面的线夹上。

③ 蝶式绝缘子　导线装在绝缘子的腰槽内。

（2）导线在绝缘子上的固定方法

① 裸铝绞线及钢芯铝绞线在绝缘子上固定前应加裹铝带（护线条），裹铝带的长度，对针式瓷瓶不要超出绑扎部分两端各 50mm，对悬式绝缘子要超出线夹或心形环两端各 50mm，对蝶式绝缘子要超出接触部分两端各 50mm。

② 导线在针式瓷瓶上固定采用绑扎法。用与导线材质相同的导线或特制绑线将导线绑扎在瓷瓶槽内。如果是绑扎高压导线则要绑成双十字，而低压导线则可绑成单十字。

③ 导线在蝶式绝缘子上固定时可采用绑扎法，绑扎长度视导线规格而定，一般为 150 ~ 200mm。也可采用并沟线夹固定。

④ 导线在悬式绝缘子上固定都采用线夹，例如悬垂线夹、螺栓型耐张线夹等。

⑤ 弓子线的连接和弓子线与主干线的连接，一般采用线夹，如井沟线夹、耐张线夹等。也可采用绑扎法，绑扎长度视导线材质及规格而定，如铝绞线 35mm² 及以下，为 150mm。

7.2.5　10kV 及以下架空线路同杆架设时横担之间的距离及安装要求

同杆架设的双回路或多回路，横担间的垂直距离不应小于表 7-5 所列数值。

表7-5　同杆架设线路横担之间的最小垂直距离　　　　　　　　mm

上下横担待电压等级 /kV		直线杆	分支或转角杆
10	10	800	500
10	0.4	1200	1000
0.4	0.4	600	300

注意：只有属于同一电源的高、低压线路，才能同杆架设，高、低压线路同杆架设时，高压线路应在上层，低压动力线路和照明线路同杆架设时，动力线应在上层，电力线路与弱电线路同杆架设时，电力线路应在上层。

导线采用水平排列时，上层横担距杆顶距离，往往不小于 0.3m。

10kV 及以下线路的横担，直线杆应装于受电侧，90° 转角及终端杆，应装在拉线侧。

横担安装应平宜，误差不应大于下列数值：水平上下的歪斜为 30mm；横线路方向的扭斜为 50mm。

横担规格的选用，应按照受力情况确定，一般不小于 50mm × 50mm × 6mm 的角钢。

由小区配电室出线的线路横担，角钢规格不应小于 65mm × 65mm × 6mm。

7.2.6 10kV 及以下架空线路的挡距、弧垂及导线的间距

相邻两基电杆之间的水平直线距离叫做挡距。挡距应根据导线对地距离、电杆高度和地形特点确定，一般采用下列数值。

高压配电线路，城市 40 ～ 50m，城郊及农村 60 ～ 100m；

低压配电线路，城市 40 ～ 50m；城郊及农村 40 ～ 60m。

高、低压同杆架设的线路，挡距应满足低压线路的技术要求。

弧垂又称垂度，是指在平坦地面上相邻两基电杆上，导线悬挂高度相同时，导线最低点与两悬挂点间连线的垂直方向的距离。

弧垂是电力线路的重要参数，它不仅对应着导线使用应力的大小，而且也是确定电杆高度以及导线对地距离的主要依据。弧垂过大、大风时易造成相邻两导线间的碰撞短路，弧垂过小、在气温急剧下降时容易造成断线事故。

在选定了导线的型号、规格，选定了挡距，以及确定了导线受力大小及周围气温条件后，查阅相关手册上的弧垂设计图表，就可准确地确定弧垂的大小。

导线间距，是指同一回路的相邻两条导线之间的距离，由于导线是固定在绝缘子上的，因此导线间距要由绝缘子之间的距离来保证。

导线间距与线路的额定电压及挡距有关，电压越高或者挡距越大，导线间距也越大。

规程规定：在无特殊设计的情况下，10kV 线路导线间距不能小于 0.8m，1kV 以下，不能小于 0.4m，靠近电杆的两导线水平距离不小于 0.5m。

7.2.7 架空线路的交叉跨越及对地面距离

高压配电线路不应跨越屋顶为易燃材料做成的建筑物，对非易燃屋

顶的建筑物应尽量不跨越，如需跨越时，需征求有关部门同意，导线对建筑物的距离不应小于表 7-6 列出的数值。

表7-6　导线对建筑物的最小距离　　　　　　　　　　　　　　m

线路电压 /kV	1 及以下	6 ～ 10	35
最大弧垂，对建筑物的垂直距离	2.5	3	—
最大风偏下，边线对建筑物的距离	1	1.5	3

导线距树木的距离不得小于表 7-7 所列数值。

表7-7　导线对树木的最小距离　　　　　　　　　　　　　　m

线路电压 /kV	1 及以下	6 ～ 10
最大弧垂下的垂直距离	1	1.5
最大风偏下的水平距离	1	2

线路交叉时，电压高的在上，低的在下。电力线路与同级电压、低级电压或弱电线路交叉跨越的最小垂直距离不应小于表 7-8 所列数值。

表7-8　电力线路与同级、低级、弱电线路交叉跨越的最小垂直距离　　m

线路电压 /kV	1 及以下	6 ～ 10	35
垂直距离	1	2	2

电力线路与弱电线路交叉时，为减少前者对后者的干扰，应尽量垂直交叉跨越，如果受条件限制做不到时，也应满足这样的要求：对一级（极为重要的）弱电线路交叉角不小于 45°，对二级（比较重要的）弱电线路交叉角不小于 30°，对一般弱电线路则不作限制。

导线对地面的距离，在导线最大弧垂下不应小于表 7-9 所列数值。

表7-9　导线在最大弧垂时对地面的最小距离　　　　　　　　m

线路电压 /kV	1 及以下	5 ～ 10	35 ～ 110
居民区	6	6.5	7
非居民区	5	5.5	6
交通困难地区	4	4.5	5

7.2.8　电杆埋设深度及电杆长度的确定

电杆埋设深度，应根据电杆长度、承受力的大小及土质情况来确定。一般 15m 及以下的电杆，埋设深度为电杆长度的 1/6，但最浅不应小于 1.5m；变台杆不应小于 2m；在土质松软、流沙、地下水位较高的地带，电杆基础还要做加固处理。一般电杆埋设深度可参照表 7-10 的数值。

表7-10 电杆埋设深度   m

杆长	8.0	9.0	10.0	11.0	12.0	13.0	15.0
埋设深度	1.5	1.6	1.7	1.8	1.9	2.0	2.3

电杆长度的选择要考虑横担安装位置，高、低压横担间的距离，导线弧垂，导线对地面的允许垂直距离和电杆埋深等因素。

一般电杆长度可由下式确定：

$$L = L_1 + L_2 + L_3 + L_4 + L_5$$

式中　L——电杆长度；

L_1——横担距杆顶距离；

L_2——上、下层横担之间的距离；

L_3——下层线路导线弧垂；

L_4——下层导线对地面最小垂直距离；

L_5——电杆埋设深度。

式中各项，其单位皆为 m。

由于长度 9m 及以上的电杆，埋深为杆长的 1/6，所以上式中可用 $L/6$ 代替 L_5，于是可换算为下式

$$L = \frac{6}{5}(L_1 + L_2 + L_3 + L_4)$$

选择电杆长度时，先通过该式计算，根据得到的结果再选用现有电杆产品的规格，才能确定。

7.2.9 10kV 及以下架空线路拉线安装的规定

（1）拉线的安装方向　拉线应根据电杆的受力情况装设。终端杆拉线应与线路方向对齐；转角杆拉线应与线路分角线对齐；防风拉线应与线路垂直。

（2）拉线使用的材料及端部连接方式　一般拉线可采用直径 4mm 镀锌铁线不能小于 3 股绞合制作，底把股数要比上把多 2 股。端部设心形环，用自身缠绕法连接。

承力大的拉线使用截面不小于 25mm² 的钢绞线或直径不小于 16mm 的镀锌拉线棒。端部连接可采用 U 形卡子、花篮可调螺钉或可调式 UT 型线夹、楔型线夹等。

（3）拉线安装的要求　拉线与电杆的夹角不应小于 45°，当受环境限制时，不应小于 30°。拉线上端在电杆上的固定位置应尽量靠近横担。

受环境限制采用水平拉线时（如图 7-15 所示），需要装设拉桩杆，拉桩杆应向线路张力反方向倾斜 20°，埋深不应小于拉桩杆长的 1/6，水平拉线距路面中心不能小于 6m，拉桩坠线上端位置距拉桩杆顶应为 0.25m，距地面不应小于 4.5m，坠线引向地面与拉桩杆的夹角不应小于 30°。

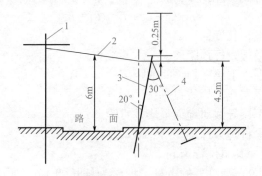

图7-15　水平拉线示意图

1—电杆；2—水平拉线；3—拉桩杆；4—坠线

7.3　架空线路的检修

7.3.1　检修周期

架空线路的检修从性质上可分为：一般性维修、定期停电清扫检查和大修改进三种类型，对架空线路各组成部分，各类检修周期是不同的，现介绍如下。

架空电力线路的地下隐蔽设施应定期进行检查，其周期规定如下：

① 木质电杆的杆根腐蚀程度检查，根据木质情况，每 1 ～ 3 年一次。

② 拉线底把每 5 年检查一次。

③ 接地极应根据运行情况确定检查周期，往往每 5 ～ 10 年检查一次。

架空线路的检修周期：

① 一般性维护应根据存在缺陷内容进行不定期检修。

② 清扫检查周期应根据周围环境及运行情况来确定。正常情况下，每年两次，即二月和十一月各清扫检查一次。

③ 大修改进，要根据架空线路的完好情况、电气及机械性能是否符合有关规定来确定。

④ 杆塔的铁制部件每 5 年涂刷防锈漆一次，镀锌者除外。

7.3.2 一般性维修项目

架空线路的一般性维修项目包括下列内容。

① 钢筋混凝土电杆有露筋或混凝土脱落者，应将钢筋上的铁锈清除掉后补抹混凝土。

② 检查电杆杆根的腐蚀程度，松木电杆腐朽部分达杆径的 1/3 以上，杉木电杆腐朽部分达杆径的 1/2 以上时，应打钢筋混凝土帮桩。

③ 线路名称及杆号的标志不清楚时，要进行重新描写。

④ 杆身倾斜角度大于规定的应正杆。

⑤ 拉线松弛应紧好，戗杆不正时应调正。

⑥ 修复损坏的接地引下线。

⑦ 线路走廊内的树木与导线之间的距离小于规定者，应进行砍树。

7.3.3 停电清扫检查内容

（1）**处理巡视中发现的缺陷** 架空线路停电时，应及时更换巡视中发现的残、裂瓷瓶和其他缺陷。

此外，再对架空线路各组成部分进行详细检查并作处理。

（2）**绝缘子** 清除绝缘子上的尘污，检查有无裂纹、损伤、闪络痕迹，瓶脚有无弯曲变形，活动者应当更换，绝缘电阻低于规定值者也要更换；检查绝缘子在横担上的固定是否牢固以及金具零件是否完好；检查绝缘子与导线之间的固定是否牢固、连接有无松动磨损。

（3）**导线** 检查导线连接处接触是否良好，调整弧垂及交叉跨越距离，检查防震锤有无异常，并抽查防震锤处导线是否磨损。

（4）**电杆** 检查电杆有无破损歪斜，检查拉线有无松弛、断股。

（5）**杆上油断路器** 摇测杆上油断路器、隔离开关的绝缘电阻值是否符合要求并检查油断路器油面位置是否正常。

7.3.4 户外柱上变压器的检查与修理

（1）**检查项目**

① 检查柱上变压器的电杆是否倾斜，根部是否有腐蚀现象。

② 安放变压器的架子和横担是否严重锈蚀，木质横担是否腐朽，螺钉是否紧固。

③ 高压跌落式熔断器是否在正常工作位置，触头接触是否良好，引线接头是否过热变色。

④ 高压避雷器的引线是否良好，接线是否牢固，接地线是否完好。

⑤ 各种绝缘子是否有断裂现象。

⑥ 检查弓子线与接地金属件间的距离，10kV 应大于 20cm。

（2）**修理内容**

① 金属构架如有严重锈蚀需更换。

② 跌落式熔断器触头接触不良，应进行调整、修理。

③ 电杆有损伤需要更换电杆。

④ 定期停电擦拭绝缘子。

7.4 电力电缆

7.4.1 电线电缆的种类

根据不同的结构特点和用途，电缆的常用种类如下。

① 裸导线和裸导体制品。这类产品只有导体部分，没有绝缘和护层结构，按形状和结构主要分为圆线、软接线、型线和裸绞线等几种。圆线有硬圆铜线（TY）、软圆铜线（TR）、硬圆铝线（LY）和软圆铝线（LR）等；软接线有软裸铜电刷线（TS）、软裸铜绞线（TRJ）、软裸铜编织线（TRZ）和软裸铜编织蓄电池线（QC）等；型线有扁线（TBY、TBR、LBY、LBR）、铜带（TDY、TDR）、铜排（TPT）、钢铝电车线（GLC）和铝合金电车线（HLC）等；裸绞线有铝绞线（LJ）、铝包钢绞线（GLJ）、铝合金绞线（HLJ）、钢芯铝绞线（LGJ）、铝合金钢绞线（HLGJ）、防腐钢芯铝绞线（LGJF）和特殊用途绞线等。

② 电磁线。电磁线是一种有绝缘层的导线，用以绕制线圈和绕组，

常用的电磁线有漆包线和绕包线两类。漆包线有 QQ、QZ、QX、QY 等系列；绕包线有 Z、Y、SBE、QZSB 等系列。电磁线的选用一般应考虑耐热性、空间因素、力学性能、兼容性、环境条件等因素。耐高温的漆包线将成为电磁线的主要品种。

③ 电气装备用电线电缆。包括通用电线电缆、电动机电器用电力电缆、仪器仪表用电线电缆、信号控制用电线电缆、交通运输用电线电缆、地质勘探用电线电缆和直流高压软电缆等。

本节主要介绍电力电缆和控制电缆。

7.4.2 电力电缆

（1）电力电缆的结构特点　电力电缆用于输电和配电网路，如城市或工厂进出线走廊拥挤的地段或跨水区域等不便用架空线路送电时，就需要用电缆送电。与架空输出线相比较，电力电缆的优点是：埋设于地下管道或沟道中，不需大线路走廊，占地少；不受气候和环境影响，送电性能稳定；维护工作量小，安全性好。不足之处是：造价高（电压等级越高越贵）；输送容量受到限制；发生故障时排除时间长。

电力电缆必须满足以下特性要求：能承受电网的电压（不仅是工作电压，而且包括故障过电压和操作过电压）；能传输一定容量的功率（允许通过正常下的电流）；具有足够的机械强度和可弯曲度以满足敷设要求；材料来源丰富，加工工艺较简便，成本较低。

任何一种电缆都由导电线芯、绝缘层及保护层三个基本部分组成。三种电力电缆的剖面如图 7-16 所示。导电线芯用以输送电流；绝缘层用以隔离导电线芯，使线芯和线芯、线芯与铜（铝）包之前有可靠绝缘；用以使绝缘层密封而不受潮气侵入，并免受外界损伤。

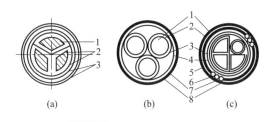

（a）　　　　　（b）　　　　　（c）

图7-16 电力电缆的剖面图

1—导体缆芯；2—绝缘层；3—填充或防护层；

4—包带；5—内护套；6—钢丝包装；7—外护套；8—标志

　　导电线缆通常是采用高导电率的铜或铝制成的，油浸纸绝缘电力电缆线芯的截面等级分为 2.5mm^2、4mm^2、6mm^2、10mm^2、16mm^2、25mm^2、35mm^2、50mm^2、70mm^2、95mm^2、120mm^2、150mm^2、185mm^2、240mm^2、300mm^2、400mm^2、500mm^2、625mm^2 和 800mm^2 等。按照电缆线芯的芯数，分为单芯、双芯、三芯和四芯等。电缆线芯的形状很多，有圆形、半圆形、扇形和椭圆形等。当线芯截面大于 25mm^2 时，通常采用多股导线绞合并经过压紧而成，这样可以增加电缆的柔软性并使结构稳定。

　　电力供应中，需特别注意导线的线径问题，以防止因电流太大引起过热，铜导线的线径与使用的额定电流规格参考值如表 7-11 所示。

表7-11　铜导线的线径与使用的额定电流规格参考表

线径 /mm^2	1.5	2.5	3.5	5.5	8	10	14	16	22	25	30	35
电流 /A	10	20	25	30	40	50	55	63	70	80	90	100
线径 /mm^2	38	50	60	70	80	95	100	120	185	240	150×2	185×2
电流 /A	110	125	140	160	195	210	220	250	320	400	500	630

　　绝缘层主要作用在于防止漏电和放电，电缆的绝缘层通常由包裹在导线芯外的油纸、橡皮、聚氯乙烯等绝缘物构成。按绝缘瓣不同，有油浸纸绝缘电缆、橡皮绝缘电缆和聚氯乙烯绝缘电缆三类，其中纸绝缘应用最广，它是经过真空干燥再放在松香和矿物油混合的液体中浸渍以后，缠绕在电缆导电线芯上的。纸绝缘电力电缆额定工作电压有 1kV、3kV、6kV、10kV、25kV 和 35kV 六种。橡皮绝缘电力电缆额定工作电压有 0.5kV 和 6kV 两种。聚氯乙烯绝缘电力电缆额定工作电压有 1kV 和 6kV 等。

　　电力电缆线芯的分相绝缘分别使用三种不同颜色，或印有 1、2、3 字样的纸带以示区别，通常三相电在输送时，对相序都有明显的标识。我国的惯用标准是通过电缆的颜色来区分。在供电线路中的黄、绿、红三色分别表示 A、B、C 或 L1、L2、L3 三相。线相线芯分别包在绝缘层外，在它们绞合后，外面再用绝缘纸统包绝缘。只有 6 ～ 10kV 的干绝缘油质电缆，为了减少电缆内部含油多而产生漏油的可能，采用每根线芯分别绝缘后，再包上铅层，然后绞合在一起，称为分相铅包绝缘。另外还有不滴流电缆，结构尺寸与油浸纸绝缘电缆相同，但是采用不滴流浸渍剂浸渍。普通黏性浸渍纸绝缘电缆不适宜于落差大的场合，而滴流电缆落差无限制，甚至可以垂直敷设。橡胶绝缘电力电缆的突出优点是柔软、可绕性好、适用于工矿企业内部的移动性用电与供电装置。橡皮绝缘电力电缆的各型产品适用于固定敷设在额定电压 6kV 以下的输配电线路中。

保护层主要起机械保护作用，纸绝缘电力电缆的保护层较为复杂，分内层和外层两部分。内护层是保护电缆的绝缘不受潮湿和防止电缆浸渍剂的外流，以及防止出现机械损伤，在铜包绝缘层外面包上铅包或铝包；外护层是保护内护层的，防止铜包和铝包外面受到机械损伤和强烈的化学腐蚀，在电缆的铅包和铝包外面包上浸渍过沥青混合物的黄麻、钢带或钢丝。没有外护层的电缆，例如裸铅包电缆，则用于无机械损伤的场合。

电力电缆的内屏蔽层与外屏蔽层是为了使绝缘层和电缆导体有较好的接触，消除因导体表面的不光滑引起的电场强度的增加，一般在导体表面包有金属化纸或有关导体纸带的内屏蔽层。为了使绝缘层和金属护套有较好的接触，一般在绝缘层外面包有外屏蔽层。外屏层与内屏层的材料相同，有时还外扎铜带或编织铜丝带。

（2）**电力电缆的种类和产品型号的含义**　常用电力电缆按绝缘和保护层的不同，主要可分为油浸纸绝缘电缆、橡皮绝缘电力电缆、塑料绝缘电力电缆（塑力缆）和交联聚乙烯绝缘电力电缆（交联塑力电缆）等。

电力电缆型号的含义如表 7-12 所示，表中的电缆外护层的型号按铠装层和外被层的结构顺序用阿拉伯数字表示，一般由两位数字组成，首位数字表示铠装材料，末位数字表示外被材料。

表7-12　电力电缆型号的含义

电缆特征			电力电缆（省略不表示）			
绝缘			Z—纸（油纸）；V—聚乙烯；YJ—交联聚乙烯；X—天然橡皮；XE—乙丙橡皮			
导体			T—铜线（省略）；L—铝线			
内护套			Q—铅护套；L—铝护套；V—聚氯乙烯护套；Y—聚乙烯护套；H—橡套；LW—皱纹铝套			
其他特征			D—不滴流；F—分相金属护套；CY—充油电缆			
外护类型	第一位数字	代号	0	1	2	3	4
		铠装层	无	—	双层钢带	细圆钢丝	粗圆钢丝
	第二位数字	代号	0	1	2	3	4
		外被层	无	纤维绕包（涂沥青）	聚氯乙烯套	聚乙烯套	—

① 油浸纸绝缘电缆。油浸纸绝缘电缆包括普通型和不滴流型两类，其结构完全相同，仅浸渍剂不同。普通黏性浸渍纸绝缘电缆不适宜敷设于落差大的场合，而不滴流电缆落差无限制，甚至可以垂直敷设。常用的油浸纸绝缘铅包（或铝包）电力电缆产品型号有 ZLL、ZL、ZLLF、ZLQF 和 ZQF 等，不滴流油浸纸绝缘电力电缆产品型号有 ZLQD、ZQD、ZLLD、ZLD、ZLLFD、ZLFD 和 ZQFD 等。

② 橡胶绝缘电力电缆。橡胶绝缘电力电缆的突出优点是柔软、可绕性好，适用于工矿企业内部的移动性用电与供电装置。常用橡胶绝缘电力电缆的型号名称及使用特性如表 7-13 所示。

表7-13 橡胶绝缘电力电缆的型号名称及使用特性举例

型号		名称	使用特性
铝	铜		
XLV	XV	橡胶绝缘聚氯乙烯护套电力电缆	敷设在室内、电缆沟内、管道中，电缆不能受机械外力作用
XLF	XF	橡胶绝缘氯丁护套电力电缆	
XLV$_{22}$	XV$_{22}$	橡胶绝缘聚氯乙烯护套内钢带铠装电力电缆	敷设在地下，电缆能受一定机械外力作用，但不能受大拉力
XLQ$_{21}$	XQ$_{21}$	橡胶绝缘铅包钢带铠装电力电缆	
XLQ	XQ	橡胶绝缘裸铅包电力电缆	敷设在室内、电缆沟内、管道中，电缆不能受振动和机械外力作用，且对铅应有中性环境
XLQ$_{20}$	XQ$_{20}$	橡胶绝缘铅包裸钢带铠装电力电缆	敷设在室内、电缆沟内、管道中，电缆不能受大的拉力

③ 塑料绝缘电力电缆（塑力缆）。塑力缆制造工艺较简单，无滴缆导电线芯的长期允许工作温度为 70℃，5min 短路不超过 160℃，敷设时环境温度不低于 0℃。常用塑料绝缘电力电缆的型号名称和使用特性如表 7-14 所示。

表7-14 塑料绝缘电力电缆的型号名称和使用特性举例

铜芯	铝芯	名称	使用特性
VV	VLV	铜（铝）芯聚氯乙烯绝缘聚氯乙烯护套电力电缆	敷设在室内、隧道内、管道内、电缆不能受机械外力作用

铜芯	铝芯	名称	使用特性
VY	VLY	铜（铝）芯聚氯乙烯绝缘聚乙烯护套电力电缆	敷设在室内、隧道内、管道内、电缆不能受机械外力作用
VV$_{22}$	VLV$_{22}$	铜（铝）芯聚氯乙烯绝缘聚氯乙烯护套内钢带铠装电力电缆	敷设在地下，电缆能承受机械外力作用，但不能承受大的拉力
VY$_{23}$	VLY$_{23}$	铜（铝）芯聚氯乙烯绝缘聚乙烯护套内钢带铠装电力电缆	
VV$_{32}$	VLV$_{32}$	铜（铝）芯聚氯乙烯绝缘，聚氯乙烯护套内细钢丝铠装电力电缆	敷设在水中，电缆能承受相当的拉力
VY$_{33}$	VLY$_{33}$	铜（铝）芯聚氯乙烯绝缘，聚乙烯护套内细钢丝铠装电力电缆	
VV$_{42}$	VLV$_{42}$	铜（铝）芯聚氯乙烯绝缘，聚氯乙烯护套内粗钢丝铠装电力电缆	敷设在室内、矿井中，电缆能承受机械外力的作用，并能承受较大的拉力
VY$_{43}$	VLY$_{43}$	铜（铝）芯聚氯乙烯绝缘，聚乙烯护套内粗钢丝铠装电力电缆	

④ 交联聚乙烯绝缘电力电缆（交联塑力电缆）。以交联乙烯作为绝缘介质的电力电缆是经过特殊工艺处理的聚乙烯材料改变了分子结构，大大提高了绝缘性能，特别是在高压电场中的稳定性有了提高。经过交联处理的介质本身溶解温升高，可以允许导体温度达90℃，比油纸介质提高了30℃。因此，允许载流量大。这种电缆制造工序少、力学性能和电气性能好、结构紧凑、体积小、质量轻、可靠性高、故障率低、附件简单、干式结构，可以高落差敷设或垂直敷设，因此被广泛采用。其缺点是抗电晕、耐游离放电性能差，发生故障时寻测故障点比较困难。

交联聚乙烯绝缘电力电缆可供50Hz、电压6～35kV输配电用，电缆在环境温度不低于0℃的条件下敷设，允许最小弯曲半径小，敷设时弯曲半径应小于电缆外径的10倍。这时电缆的耐热性能、电性能均比较好，线芯短路温度不得超过250℃。常用交联聚乙烯电缆的型号名称及使用特性如表7-15所示。

表7-15 交联聚乙烯电力电缆的型号名称及使用特性

铜芯	铝芯	名称	使用特性
YJV	YJLV	交联聚乙烯绝缘钢带屏蔽聚氯乙烯护套电力电缆	用于架空、室内、隧道、电缆沟、管道及地下直埋敷设

铜芯	铝芯	名称	使用特性
YJY	YJLY	交联聚乙烯绝缘聚乙烯护套电力电缆	用于地下直埋、竖井及水下敷设、电缆能承受机械外力作用，并能承受较大的拉力，电缆防潮性较好
YJLW$_{02}$	YJLLW$_{01}$	交联聚乙烯绝缘皱纹铝包防水层聚氯乙烯护套电力电缆	用于地下直埋、竖井及水下敷设、电缆能承受机械外力作用，并能承受较大的拉力；电缆可在潮湿环境及地下水位较高的地方使用，并能承受一定压力
YJQ$_{02}$	YJLQ$_{02}$	交联聚乙烯绝缘铅包聚氯乙烯护套电力电缆	用于地下直埋、竖井及水下敷设、电缆能承受机械外力作用，并能承受较大的拉力，但电缆不能承受压力
YLQ$_{41}$	YJLQ$_{41}$	交联聚乙烯绝缘铅包粗钢丝铠装纤维外被电力电缆	电缆时承受一定拉力，用于水底敷设
VJV	VJLV	交联聚氯乙烯绝缘聚氯乙烯护套电力电缆	用于架空、室内、隧道、电缆沟、管道及地下直埋敷设

（3）电力电缆终端头与中间接头的质量要求　电缆与电气设备或其他导体连接时，需要制作电缆终端；两段电缆连接或电缆某处发生故障需切断重接时，则须作电缆中间接头；电缆终端头和电缆中间接头统称电缆头。

与电缆本体相比，电缆终端头和中间接头是薄弱环节，大部分电缆线路故障发生在这些部位，接头质量的好坏直接影响到电缆线路的安全运行，所以其制作工艺要求较严格，必须满足下列要求。

① 导体连接要良好。要求接触点的电阻要小而且稳定，与同长度同截面导线相比，对新装的电缆终端头和中间接头，其比值不大于1，对已运行的电缆终端头和中间接头，其比值应不大于1.2。

② 绝缘要可靠，密封要良好。所用绝缘材料不应在运行条件下过早老化而导致绝缘性能降低，要有能满足电缆线路在各种状态下长期安全运行的绝缘结构，要能有效防止外界水分和有害物质侵入到绝缘中去，并能防止绝缘内部的绝缘剂向外流失，保持气密性。

③ 要有足够的机械强度。能适应各种运行条件，能承受电缆线路上产生的机械应力。能够经受电气设备交接试验标准规定的直流耐压试验。

④ 要焊接电缆终端头的接地线，防止电缆线路流过较大故障电流时，在金属护套中产生的感应电压击穿电缆内衬层，引起电弧，甚至将

电缆金属护套烧穿。

（4）**常用的电缆接头方式** 有绕包式、热缩式、冷缩式、预制式、树脂浇注式、模塑式和瓷套式等多种。

冷缩电缆附件及预制式电缆附件用硅橡胶注射成型，内部电应力控制采用几何曲线应力锥与主绝缘材料一次性高温高压成型。全冷缩式经特殊方式扩张后，内部撑以支承骨架，可以方便地装入电缆之上，对照安装工艺尺寸抽去骨架，即可安装好电缆终端。预制式接头的大部分工艺是在工厂完成的，可依照安装工艺尺寸直接套入电缆之上，但安装方便程度比全冷缩式稍差。

交联热收缩电缆附件是一种新型材料，由于电缆没有油，因此对电缆终端头和中间接头的密封工艺也不需要像油浸纸绝缘电缆那么复杂，热缩附件的最大特点是用应力管代替传统的应力锥，不仅简化了施工工艺，还缩小了接头的终端的尺寸，安装方便，省时省工，性能优越，节约金属。热缩电缆附件集灌注式和干包式为一体，集合了这两种附件的优点，另外还具有耐气候、抗污秽性、阻燃自熄等能力。本节主要介绍10kV 及以下交联聚乙烯电缆热缩头制作工艺。

喷灯或小型氧乙炔焊枪用于大截面电缆接头处的加固搪锡熔接或铜焊连接，也用于完成热缩接头工艺等，以增大接头的导电性能、机械强度和密封性能。喷灯分煤油喷灯与汽油喷洒，应注意煤油喷灯中不可加入汽油，打气压力不得太大，焊接时要注意对接头部分绝缘皮的保护，可用湿布和铁皮等带出火焰的热量。一般搪锡工艺可用大功率电烙铁进行，以便保护绝缘皮。

热收缩部件电场控制均采用应力控制管或应力控制带来实现，加热工具可用丙烷气体喷灯或大功率工业用电吹风机，在条件不具备的情况下，也允许采用丁烷气体、液化气或汽油喷灯等。操作使用时一定要控制好火焰，要不停地晃动火源，不可对准一个位置长时间加热，以免烫伤热收缩部件。喷出的火焰应该是充分燃烧的，不可带有烟，以免碳粒子吸附在热收缩部件表面，影响其性能。在收缩管材时，要求从中间开始向两端或从一端向另一端沿圆周方向均匀加热，缓慢推进，以避免收缩后的管材沿圆周方向出现厚薄不均匀和层间夹有气泡的现象。

（5）**交联聚乙烯电缆热缩终端头制作工艺** 热缩式电缆附件采用橡塑复合材料成型，用高能辐照方法使其交联，然后加热膨胀扩径到所需的几何尺寸时冷却定型，安装时只需加热到一定温度，利用聚合物的弹性记忆性能而收缩，从而将电缆剖切安装部分缠紧密封。热缩式电力电缆终端头、中间接头集防水、应力控制、屏蔽、绝缘于一体,具有良好的电气性能和力学性能,能在各种恶劣的环境条件下长期使用。一种终端可适合于几种截面不同的电缆,全密封式的防水高分子聚合物材料与交联电缆材质具有很好的相容性。

热收缩电缆附件生产厂家较多,产品的安装尺寸和结构略有差异,常用热缩式电缆接头附件主要由绝缘管、半导电管、应力管、保护管、分支手套(由软聚氯乙烯塑料制成)和户外雨裙(硬质聚氯乙烯塑料制成)等组成,分支手套和雨裙是室外电缆终端头所必需的,另外还有聚氯乙烯胶粘带和自黏性橡胶带。其中自黏性橡胶带是一种以丁基橡胶和聚异丁烯为主的非硫化橡胶,有良好的绝缘性能和自黏性能,在包绕半小时后即能自黏成一整体,因而有良好的密封性能。但其机械强度低,不能光照,否则容易产生龟裂,因此在其外面还要包两层黑色聚氯乙烯带作保护层,黑色聚氯乙烯带这种塑料带丝般的聚氯乙烯带的耐老化性好,其本身无黏性且较厚,因而在其包绕的尾端,为防松散,还要用线扎紧。制作成型的交联电缆终端头如图 7-17 所示。

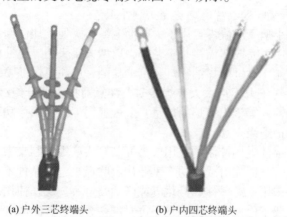

(a) 户外三芯终端头　　　　　　(b) 户内四芯终端头

图7-17　10kV交联电缆终端头

① 剥切外护层和锯钢铠。首先校直电缆,10kV 三芯电缆终端头剥切图如图 7-18 所示,根据电缆终端的安装位置至连接设备之间的距离决定剥塑尺寸,图 7-18 中 L 为电缆护套剥切长度,一般户外终端头最短取 650mm,户内终端头最短取 500mm,L 为端子孔深加 10mm。剥切时在外户套上刻一环形刀痕,向电缆末切开剥除电缆外护层。在钢铠切断处离剖塑口 20mm 处内侧用绑线扎铠装层,在绑线上侧将钢甲锯

（剪）掉，锯切钢带时切口要整齐，防止伤及缆芯绝缘皮，或者剪刀将剩余的钢带完全盖住，无铠装电缆则绑扎电缆线芯。在钢带断口处保留10mm 内衬层，其余切除。除去部分填充物，分开线芯。

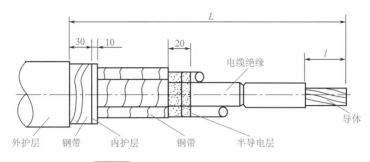

图7-18 10kV三芯电缆终端头剥切图

② 焊接地线。经 $10 \sim 25mm^2$ 的多股编织接地软铜线一端拆开均分三份，将每一份重新编织后分别绕包在三相屏蔽层上并绑扎牢固，锡焊在各相铜带屏蔽上。若电缆屏蔽为铝屏蔽，则要将接地铜线绑紧在屏蔽上，对于铠装电缆，需用镀锡铜将接地线绑在钢铠上并用焊锡焊牢再行引下；对于无铠装电缆，可直接将接地线引下。在密封段内，用焊锡熔填一段 $15 \sim 20mm$ 长的编织接地线的缝隙，用作防潮段。焊接地线要用烙铁，不可使用喷灯，以免损坏绝缘。接地线要绑牢固，以防脱落影响护套密封。

③ 安装分支手套。用剩余的填充物和自粘带填充三芯分支处及铠装周围，使外形整齐呈橄榄形状。清洁密封段电缆外护套，外护层密封部位要打毛以增强密封效果，在密封段下段做出标记，在编织接地线内层和外层各绕包热熔胶带 $1 \sim 2$ 层，长度约60mm，将接地线包在当中，套进三芯分支手套，尽量往下，手套下口到达标记处。先从手指根部向下缓慢环绕加热收缩，安全收缩后下口应有少量胶液挤出；再从手指根部向上缓慢环绕加热，收缩手指根部至完全收缩，从手套中部开始加热收缩有利于热出手套内的气体。

④ 剥切铜带屏蔽、半导电层、绕包自粘带。从分支手套的指端部向上量 50mm 为铜带屏蔽切断处，先用直径 1.25mm 的镀锡铜线将铜带屏蔽层绑扎几圈再进行切割，然后将末端的屏蔽层剥除，切断口要整齐。用自粘带从铜带断口前 10mm 处包绕铜带和半导电层 $1 \sim 2$ 层，绕包长度20mm。屏蔽层内的半导体布带层应保留20mm，其余剥除干净，

不要伤损主绝缘，对于残留在主绝缘外表的半导电层，可用细砂布打磨干净，并用溶剂清洁主绝缘。

⑤ 压接接线鼻子。线芯末端绝缘剥切长度为接线鼻子孔深加5～10mm，线端削成"铅笔头"形状，长度为30mm，用压钳和模具进行接线鼻子压接，压后用锉刀修整棱角毛刺，清洁鼻子表面，将自粘带拉伸至原来宽度的一半，以半叠绕方式填充压坑及不平之处，并填充线芯绝缘末端与鼻子之间，自粘胶与主绝缘及接线鼻子各搭接5mm，形成平滑过渡，并用橡胶自粘带包缠线鼻子和线芯，将鼻子下口封严，防止雨水渗入芯线。

⑥ 安装应力控制管（应力管）。清洁半导电层和铜带屏蔽表面，清洁线芯绝缘表面，确保绝缘表面没有碳迹，注意擦过半导电层的清洗布不可再擦绝缘，套入应力控制管。应力控制管下端与分支手套手指上端相距20mm，用微弱火焰自下向上环绕，给应力控制管加热使其收缩，避免应力管与线芯绝缘之间留有气隙。黑色应力控制管不要随意切割，以保证制作质量。

⑦ 套装热收缩管。清洁线芯绝缘表面、应力控制管及分支手套表面。在分支手套手指部和接线鼻子根部包绕热熔胶带，使之为平滑的锥形过渡面，有的配套供货的热收缩管内侧已涂胶，则不必再包热熔胶。切割热收缩管时端面要平整，不要有裂口，防止收缩时开裂。套入热收缩管，执收缩管下部与分支手套手指部搭接20mm，用弱火焰自下往上环绕加热收缩，完全收缩后应有少量胶液挤出。在热收缩管与接线鼻子搭接处及分支手套根部，用自粘带拉伸至原来宽度的一半，以半叠绕方式绕包2～3层，包绕长度为30～40mm，与热收缩管和接线鼻子分别搭接，套密封管，加热收缩，确保密封。

⑧ 安装雨裙。户外终端头须安装雨裙（其中雨裙罩顶部有4个阶梯，可按电缆绝缘外径大小，切除一部分阶梯），清洁热收缩管表面，套入三孔雨裙，穿到分支手套手指根部自下而上热收缩。再在每相上套入2个单孔雨裙，找正后自下而上加热收缩。10kV户内终端头不装雨罩。

⑨ 标明相色。端头制作完成后，要在线鼻子上套上相色塑料套管，将红、绿、黄相色标志管套在接线端子压接部分后加热收缩，或包相色塑料带两层，包缠长度为80～100mm，应从末端开始，开端收尾，为防止相色带松散，可用小火烤化带头再贴紧，使其自粘，并要在末端用绑线绑紧。

因为热收缩材料只是在收缩温度以上具有弹性，在常温下是没有弹性和压紧力的，所以安装以后的热收缩终端头不应再弯曲和扳动，否则将会造成层间脱开，形成气隙，在施加电压时引起内部放电。如果将终端头安装固定到设备上时必须扳动或弯曲，则应在定位以后再加热收缩一次，以消除因扳动或弯曲而形成的层间间隙。电缆制作完毕，应等待电缆完全冷却后，方可安装固定，固定电缆的卡子应在电缆三指手套以下，电缆鼻子固定后不应作为固定电缆的支撑点，每相电缆线芯不能相互接触，以免相互感应放电，电缆固定后，应保证符合各相安全要求。

（6）交联聚乙烯电缆热收缩中间接头制作工艺　交联聚乙烯电缆热收缩中间接头的制作工艺和终端头的基本一样，其接头样式如图 7-19 所示。其主要工艺特点如下。

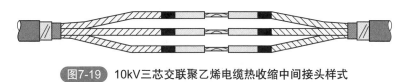

图7-19　10kV三芯交联聚乙烯电缆热收缩中间接头样式

① 剥切电缆。绝缘电缆热收缩式接头按如图 7-20 所示的尺寸剥去电缆外护层、钢带（若有钢带）、内护层、铜带、外半导电层和线芯末端绝缘。将需要连接的电缆两端头重叠，比好位置，切除塑料外套，一般从末端到剖塑口的距离为 600mm 左右。由于各制造厂家提供的热收缩电缆接头结构和尺寸不完全相同，因此图中的电缆剥切长度上和屏蔽铜带剥切长度 L_1 尺寸应按实际安装说明书来确定。由于需要将绝缘管、半导电管和屏蔽铜丝网等预先套在各相线中间接头上以后才能压接导体连接管，所以接头两端 L 不相等，但是 L_1 是相等的。L 为电缆末端绝缘剥切长度，通常为导体连接管一半长度加上 10mm。从剖塑口处将钢带锯掉，并从锯口处将铜包带及相间填充物切除。在剥除电缆护套时，注意不要将布带（纸带）切断，而要将其卷回到电缆根部作为备用。将电缆屏蔽层外的塑料带和纸带剥去，在准备切断屏蔽的地方用金属线扎紧，而后将屏蔽层剥除并切断，并且要将切口尖角向外返折，将线中间接头绝缘层上的半导体布带剥离并卷回根部备用。

② 安装应力管。将 6 根应力管分别套在两端电缆 6 根线芯上，覆盖屏蔽铜带 20mm，加热收缩固定（如果应力管为贯穿接头的一根管子，则应在导体连接后再固定）。

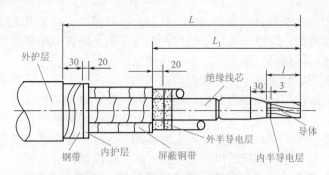

图7-20 10kV三芯绝缘电缆中间接头剥切图

③ 套各种管材和屏蔽铜网，将接头热缩外护套管、金属护套管（若有金属护套管）套在电缆一端上，再将屏蔽铜网和三组管材（包括绝缘管和半导电管）分别套在剥切长端的3根线芯上。

④ 压接导体连接管。将电缆绝缘线芯的绝缘按连接套管的长度剥除，而后插入连接管压接，并用锉刀将连接管突起部分锉平、擦拭干净。导体连接管压接后除去飞边和毛刺，清除金属屑末，再用半导电橡胶自粘带包绕填平压坑，然后用填充胶带包绕连接管及两端凹陷处，使之光滑圆整。

⑤ 安装绝缘管。用填充胶带或绝缘橡胶自粘带包绕填充应力管端头与线芯绝缘之间的台阶，操作时应认真仔细，使之成为均匀过渡的锥面；接着抽出内绝缘管，置于接头中间位置后加热收缩；最后抽出外绝缘管置于接头中间位置，加热收缩。加热应从中间开始沿圆周方向向两端缓慢推进，防止内部留有气泡。

⑥ 安装半导电管。在绝缘管两端用填充胶带或绝缘橡胶自粘带包绕填充，以形成均匀过渡的锥面，再将半导电管移到接头中间位置，并从中间向两端均匀加热收缩，两端与电缆半导电层搭接处用半导电胶带包绕填充，形成均匀过渡锥面。如果用两根半导电管相互搭接，则搭接处应尽可能避免有气隙。

⑦ 安装屏蔽铜丝网。将屏蔽铜丝网移至接头中间位置，向两边均匀拉伸，使之紧密覆盖在半导电管上，两端用裸铜丝绑扎在电缆屏蔽铜带上，并焊牢。也可采用缠绕方式将屏蔽铜丝网包覆在接头半导电层外面。

⑧ 焊接过桥线。将规定截面的镀锡铜编织线两端用裸铜丝分别绑扎并焊接在三根线芯的屏蔽铜带上，然后将三相线芯靠拢，在线芯之间

施加填充物，用白纱带或 PVC 带扎紧。

⑨ 安装内护套管。在接头两端电缆内护套处包绕密封胶带，将内护套管移至接头处，两端搭接在电缆内护套上后加热收缩。

⑩ 焊接钢带跨接线。用 10mm² 镀锡铜编织线或多股铜绞线，两端分别绑扎并焊接在两侧电缆的钢带上，如果不要求将电缆屏蔽铜带与钢带分开接地，则不需用内护套管和钢带跨接线，过桥线应绑扎焊接在电缆屏蔽铜带和钢带上，然后安装热收缩外护套管或金属护套管。

⑪ 安装外护套管，将金属护套管移至接头位置，两端用铜丝扎紧在电缆外护层上，再将热收缩护套管移到金属护套管上，加热收缩，两端应覆盖在电缆外护层上。当不用金属护套管时，则应将热收缩外护套管移到接头位置，覆盖在内护套管上加热收缩。

（7）电缆线路的敷设 电缆敷设大部分属于隐蔽工程。常见的敷设方式有直接埋地、电缆排管、电缆沟、隧道等几种，其中以直接埋地应用最广泛，厂区电缆线路普遍使用这种方式，变、配电所内部则使用电缆沟或电缆桁架敷设电缆。

直接埋地方式施工简单、费用低、电缆散热效果好。但这种方式不便于维护检查，不便于调整与更换电缆，容易受到外力破坏（如土建施工或腐蚀性的侵害）。

电缆沟和电缆桁架敷设电缆，用于户内便于调整电缆，当馈电开关板位置变更时，则显得更方便，户内电缆沟深度视电缆数量而定，但最低不应小于 1m，否则大截面电缆的弯曲半径就会过小。

电缆敷设前应进行检查电缆绝缘是否良好，当对油纸电缆的密封有怀疑时，应进行受潮判断。制作电缆接头和扳弯线芯时，不得损伤纸绝缘，芯线的弯曲半径不得小于电缆线芯的 10 倍，应使线芯弯曲部分均匀受力，否则极易破坏绝缘纸。

7.5 电力电缆线路安装的技术要求

7.5.1 电缆线路安装的一般要求

（1）电缆敷设前的检查

① 核对电缆的型号规格是否与设计要求相符，长度要适当，既要尽量避免中间接头，又要不使截下的剩余部分过短而无法利用。

② 检查外观有无损伤，油浸纸绝缘电缆是否有渗漏油缺陷。

③ 摇测相间及对电缆金属包层（如铅包、铝包、铠装等）的绝缘电阻值应符合如下要求：6～10kV 电缆，用 2500V 兆欧表摇测，在 20℃时，不低于 400MΩ（参考值）；1kV 及以下电缆，用 1000V 兆欧表摇测，在 20℃时，不低于 10MΩ。

④ 做直流耐压和泄漏电流试验，试验性质属交接试验。对于 10kV 电缆：油浸纸绝缘时，试验电压为 50kV，持续 10min；有机绝缘时（聚氯乙烯、交联乙烯等），试验电压为 25kV，持续 15min。泄漏电流不平衡系数一般不大于 2，如小于 20μA 时不作规定。

（2）敷设过程中的一般要求

① 不能在低温环境下敷设电缆，否则会损伤电缆绝缘。若必须敷设，则应采用提高周围温度或通以低压电流的办法使其预热，但严禁用火焰直接烘烤。35kV 及以下纸绝缘或全塑电缆，施工的最低温度不能低于 0℃。

② 敷设电缆时，应防止电缆扭伤及过分弯曲，电缆弯曲的曲率与电缆外径的比值不能小于下列规定：油浸纸绝缘多芯电力电缆，铅包时为 15 倍，铝包时为 26 倍；塑料绝缘电缆，铠装为 10 倍，无铠装为 6 倍。

③ 电缆敷设应留有适当空间，以防电缆受机械应力时，造成机械损伤。此外，为了便于维修，当电缆遭受外力破坏以致必须做一中间接头时，电缆裕度将补偿截去的一段长度。需留空间的场所有：垂直面引向水平面处、电缆保护管出入口处、建筑物伸缩缝处以及长度较长的电缆线路，有条件时可沿路径作蛇形敷设。

④ 电缆在可能受到机械损伤的处所应采取保护措施，如在引入、引出建筑物，隧（沟）道，穿过道路、铁路，引出地面以上 2m，人易接触的外露部分等。

⑤ 在电缆的两端及明敷设时，进出建筑物和交叉、拐弯处，应当悬挂标记牌，标明回路编号、电缆的型号规格及长度。

⑥ 根据防火要求，有麻被护层的电缆进入室内电缆沟后，应将麻被护层剥除。

（3）有关距离的规定

① 直埋电缆详见表 7-16。

表7-16 直埋电缆与管道等接近及交叉时的距离　　　　m

类别	接近距离	交叉时垂直距离
电缆与易燃管道	1	0.5

续表

类别	接近距离	交叉时垂直距离
电缆与热力狗（管道）	2	0.5
电缆与其他管道	0.5	0.25
电缆与建筑物	0.6	—
10kV电缆与相同电压等级的电缆及控制电缆	0.1	0.5
不同使用部门的电缆（含通信电缆）	0.5	0.5

电缆与管道以及沟道上、下相互交叉处应采用机械保护或者隔热措施，采用的保护、隔热材料应在交叉处需要向外两侧延伸，在此情况下，上表中的距离可适当缩小。

② 沟道内电缆 沟道内电缆应敷设在支架上，电压等级高的敷设在上层。沿电缆走向，相邻支架间水平距离宜为 1 ~ 1.5m；上、下相邻支架的垂直距离应为 0.15m；35kV 的为 0.2m。敷设在支架上的电力电缆和控制电缆应分层排列，同级电压的电力电缆，其水平净距为 35mm；高、低压电力电缆，其水平净距为 150mm。

7.5.2 直埋电缆的安装要求

电力电缆的敷设方式有多种，普遍采用直埋方式，因此，将直埋电缆的安装要求介绍如下。

① 电缆选型 应选用铠装和有防腐保护层的电力电缆。

② 路径选择 电缆不得经过含有腐蚀性物质（如酸、碱、石灰等）的地段。如果必须经过时，应采用缸瓦管、水泥管等，对电缆加以保护。电缆不允许平行敷设在各种管道的上面或下面。

③ 电缆的埋设 埋设深度一般不小于 0.7m，农田中不小于 1m；35kV 及以上的，也不小于 1m。若不能满足上述要求时，应采取保护措施。电缆上、下要均匀铺设 100mm 细砂或软土，垫层上侧应用水泥盖板或砖衔接覆盖。回填土时应去掉大块砖、石等杂物。

④ 中间接头 电缆沿坡敷设时，中间接头应保持水平；多条电缆同沟敷设时，中间接头的位置要前、后错开。

⑤ 标桩 宜埋电缆在拐弯、接头、交叉、进出建筑物等处，应设明显的方位标桩，长的直线段应适当增设标桩，标桩露出地面以 150mm 为宜。

⑥ 保护管 保护管长度在 30m 以下者，内径不能小于电缆外径的

1.5 倍；超过 30m 者，不应小于 2.5 倍。

⑦ 直埋电缆　自土沟引入隧道、人井及建筑物时，应穿入管中，并在管口加以堵塞，以防漏水。

7.5.3　电缆线路竣工后的验收

电缆线路竣工后，由电缆线路的设计、安装、运行部门共同组织验收。检查、验收的主要内容和要求是：

① 根据运行需要，测量电缆参数、电容、直流电阻及交流阻抗。

② 电缆各芯导体必须完整连续、无断线。

③ 电缆应按交接试验标准，摇测绝缘电阻值并作直流耐压试验，并应符合要求。

④ 具备完整的技术资料：电缆制造厂试验合格证、交接试验单、电缆线路实际路径平面图等。

7.6　电力电缆的运行与维护

由于电缆故障不易直接巡查，寻测困难，故应加强运行管理。运行工作应以巡视、测量和检查等为主。电缆线路的巡视内容如下。

① 电缆线路的巡视周期为：直接埋地的电缆，每季度巡视一次，明设或敷设在电缆沟中的电缆，半年巡视一次；遇有植树、雷雨季节和电缆附近有土建工程施工时，应特殊巡视。

② 电缆沟盖是否损坏，沟内的泥土及杂物是否清除干净。

③ 室内外、沟内的明设电缆的支架及卡子是否完整、松动。

④ 电缆的标示牌、标桩是否清楚、完整。

⑤ 测定电缆的负荷及电缆表面温度。

⑥ 电缆与道路、铁路等交叉处的电缆是否损伤。

⑦ 电缆线路面是否正常，有无挖掘痕迹，路面有无严重冲刷和塌陷现象。

⑧ 引出地面的电缆保护管是否完好。

⑨ 线路路径上是否堆放笨重物体，以及有无倾倒腐蚀性液体的痕迹。

⑩ 电缆终端头瓷套管是否清洁，有无裂纹或放电痕迹。

⑪ 电缆的接地线是否完好。

⑫ 电缆头的封铅是否完好。

⑬ 测量绝缘电阻，10kV 以下的电缆可用 1000V 兆欧表测定。测出的数值与前次相比，并在同一温度下比较，当下降 30% 以上或春季低于 400MΩ、冬季低于 1000MΩ 时应做泄漏试验，合格后方可运行。

7.7 电缆线路常见故障及处理

7.7.1 电缆线的故障

（1）**外力损伤** 在电缆的保管、运输、敷设和运行过程中可能遭受外力损伤，尤其是已运行的直埋电缆，在其他工程的地面施工中易遭损伤。这类事故往往占电缆事故的 50%。遭到破坏的电缆只得截断，做好中间接头再连接起来。

为避免这类事故，除加强电缆保管、运输、敷设等各环节的工作质量外，最主要的是严格执行动土制度。

（2）**电缆绝缘击穿以及铅包疲劳、龟裂、胀裂** 其原因是：电缆本身质量差，这可以加强敷设前对电缆的检查来解决；电缆安装质量或环境条件很差，如安装时局部电缆受到多次弯曲，弯曲半径过小，终端头、中间接头发热导致附近电缆段过热，周围电缆密集不易散热等，这要通过抓好施工质量进行解决；运行条件不当，如过电压、过负荷运行、雷电波侵入等，都需通过加强巡视检查、改善运行条件来及时解决这类问题。

（3）**保护层腐蚀** 这是由于地下杂散电流的电化腐蚀或非中性土壤的化学腐蚀所致。解决方法是：在杂散电流密集区安装排流设备，当电缆线路上的局部土壤含有损害电缆铅包的化学物质时，应将这段电缆装于管子内，并用中性土壤作电缆的衬垫及覆盖，还要在电缆上涂以沥青。

7.7.2 终端头及中间接头的故障

（1）**户外终端头浸水爆炸** 原因是施工不良、绝缘胶未灌满。要严格执行施工工艺规程，认真验收，加强检查和及时维修。对已爆炸的终端头要截去重做。

（2）**户内终端头漏油** 原因是多方面的。

① 终端头做好后安装接线时，引线多次被弯曲、扭转，导致终端

头内部密封结构损坏。

②终端头施工质量差，截油工艺、密封处理不严格。

③长期过负荷运行，导致电缆温度升高，内部油压过大；终端头漏油，会使电缆端部浸渍剂流失干枯，热阻增加，绝缘加速老化，易吸收潮气，从而造成热击穿。

发现终端头渗漏油时应加强巡视，严重时应停电重做。如果电缆中间接头施工时绝缘材料不洁净、导体压接不良、绝缘胶灌充不饱满等，也可能引起绝缘击穿事故。

7.8 常用电线电缆选择计算

导线、电缆截面积的选择必须满足安全、可靠的要求，通常按发热条件、经济电流密度来选择，按电压损耗条件及机械强度来检验。

（1）按发热条件选择导线和电缆的截面　导线和电缆在通过正常最大负荷电流即计算电流时产生的发热温度，不应超过其正常运行时的最高允许温度。

①三相系统相线截面积的选择　所选导线的允许载流量应大于或等于导线的计算电流，即

$$I_{yx} \geq I_{30}$$

式中，I_{yx} 为导线允许载流量，A；I_{30} 为导线的计算电流，A。

②中性线（N 线）截面积的选择　三相四线制供电系统中的中性线，要通过不平衡电流和零序电流，因此中性线所允许的载流量不应小于三相系统的最大不平衡电流，同时应考虑谐波电流的影响。

一般三相负荷基本平衡的低压线路的中性线截面积应大于或等于相线截面积的 50%，即

$$A_0 \geq 0.5A_\varphi$$

式中，A_0 为中性线截面积，mm^2；A_φ 为相线截面，mm^2。

对于三次谐波电流相当突出的三相四线线路，由于各相的三次谐波电流都要通过中性线，故其中性线截面积应大于或等于相线截面积，即

$$A_0 \geq A_\varphi$$

对于由三相四线分出的两相三线线路和单相双线线路中的中性线，由于其中性线的电流与相线电流容量相等，故其中性线截面积应等于相

线截面积，即

$$A_0 = A_\varphi$$

③ 保护线（PE 线）截面积的选择　保护线要考虑三相系统发生单相短路故障时，单相短路电流通过时的短路热稳定度。

当 $A_\varphi \leqslant 16mm^2$ 时：

$$A_{PE} \geqslant A_\varphi$$

当 $16mm^2 < A_\varphi \leqslant 35mm^2$ 时：

$$A_{PE} \geqslant 16mm^2$$

当 $A_\varphi > 35mm^2$ 时：

$$A_{PE} \geqslant 0.5A_\varphi$$

④ 保护中性线（PEN 线）截面积的选择　PEN 线截面积的选择应同时满足中性线和保护线选择的条件，取其中的最大截面积。

【例 7-1】　有一条采用 BLX 型铝芯橡皮线明敷的 220V/380V 的 TN-S 线路，计算电流 68A，当地最热月平均最高气温为 30℃，试按发热条件选择此线路的导线截面积。

解：TN-S 线路为含有 N 线和 PE 线的三相五线制供电线路，因此要选择相线、中性线及保护线的截面积。

相线截面积的选择：环境温度为 30℃ 时明敷的 BLX 型截面积为 $16mm^2$ 的铝芯橡皮绝缘导线的 $I_{yx} = 79A > I_{30} = 68A$，满足发热条件，所以选相线截面积 $A_\varphi = 16mm^2$。

N 线的选择：按 $A_0 \geqslant 0.5A_\varphi$，选择 $A_0 = 10mm^2$。

PE 线的选择：由于 $A_\varphi = 16mm^2$，故选 $A_{PE} = 16mm^2$。

（2）按经济电流密度选择导线和电缆的截面积　35kV 及以上的高压线路及 35kV 以下的长距离、大电流线路，如较长的电源进线，其导线（含电缆）截面积宜按经济电流密度选择；工厂内的 10kV 以下线路通常不按经济电流密度选择。

根据供电线路的计算电流，按经济电流密度计算出导线的经济截面积，其运算关系为：

$$A_{jj} = \frac{I_{30}}{J_{jj}}$$

式中，A_{jj} 为导线的经济截面积，mm^2；I_{30} 为计算电流，A；J_{jj} 为经济电流密度，A/mm^2。

【例 7-2】　有一条 LJ 型铝绞线架设的 5km 长的 10kV 架空线路，

计算负荷为 1380kW，$\cos\varphi = 0.7$，$T_{max} = 4500h$，试选择其经济截面积，并检验其发热条件和机械强度。

解：经济截面积的选择：

$$I_{30} = \frac{P_{30}}{\sqrt{3}\,U_N\cos\varphi} = \frac{1380}{\sqrt{3} \times 10 \times 0.7} = 113.8\,(\text{A})$$

由我国规定的导线和电缆经济密度可查得：

$T_{max} = 3000 \sim 5000h$ 时，

$J_{ij} = 1.15\text{A/mm}^2$，故

$$A_{ij} = \frac{I_{30}}{J_{ij}} = \frac{113.8}{1.15} = 98.96\,(\text{mm}^2)$$

选择标准截面积 95mm²，即 LJ-95 型铝绞线的载流量（户外 25℃时），$I_{yx} = 325\text{A} > I_{30} = 113.8\text{A}$，因此满足发热条件。

校验机械强度得 10kV 架空铝绞线的最小截面积 $A_{min} = 35\text{mm}^2 < A = 95\text{mm}^2$，因此所选择的 LJ-95 型铝绞线也满足机械强度要求。

上述计算均为铝线，如折为铜线可根据算出的铝线截面积按国际标准降一级使用。

（3）母线的选择　母线也称汇流排，即汇集和分配电能的硬导线。设置母线可以方便地把电源进线和多路引出线通过开关电器连接在一起，以保证供电的可靠性和灵活性。

① 一般汇流母线的选择　对一般汇流母线按持续工作电流选择母线的截面积，即所选母线允许的载流量应大于或等于母线的计算电流，即

$$I_{yx} \geqslant I_{30}$$

式中，I_{yx} 为汇流母线允许的载流量，A；I_{30} 为母线上的计算电流，A。

② 年平均负荷的传输容量较大的母线的选择　对年平均负荷和传输容量较大的母线，宜按经济电流密度选择其截面积，即

$$A_{ij} = \frac{I_{30}}{J_{ij}}$$

式中，A_{ij} 为母线的经济截面积，mm²；I_{30} 为母线上的计算电流，A；J_{ij} 为经济电流密度，A/mm²。

③ 母线动稳定校验：

$$\sigma_{yx} \geqslant \sigma_c$$

式中，σ_{yx} 为母线最大允许应力，Pa，硬铝母线（LMY）$\sigma_{yx} = 70\text{MPa}$，硬铜母线（TMY）$\sigma_{yx} = 140\text{MPa}$；$\sigma_c$ 为母线短路时，三相短路

冲击电流 $I_{ab}^{(3)}$ 产生的最大计算应力，Pa。

④ 母线热稳定度校验　常用最小允许截面积校验母线的热稳定度。

$$A_{minyx} = \frac{I_{\infty}^{(3)} \times 10^3 \times \sqrt{t_{ima}}}{c}$$

式中，A_{minyx} 为最小允许截面积，mm^2；$I_{\infty}^{(3)}$ 为三相短路稳态电流，A；t_{ima} 为假想时间，s；c 为导体的热稳定系数，$A \cdot S^{\frac{1}{2}}/mm^2$，铝母线 $c = 87A \cdot S^{\frac{1}{2}}/mm^2$，铜母线 $c = 171A \cdot S^{\frac{1}{2}}/mm^2$。

当母线实际截面积大于或等于最小允许截面积时，能满足热稳定的要求，即

$$A \geqslant A_{minyx}$$

式中，A 为母线的实际截面积，mm^2。

第8章

电力电容器应用与检修

8.1 电力电容器的结构与补偿原理

8.1.1 电力电容器的种类

电力电容器的种类很多，按其运行的额定电压，分为高压电容器和低压电容器，额定电压在 1kV 以上的称为高压电容器，1kV 以下的称为低压电容器。

在低压供电系统中，应用最广泛的是并联电容器（也称为移相电容器），本章以并联电容器为主要学习对象。

8.1.2 低压电力电容器的结构

低压电力电容器主要由芯子、外壳和出线端等几部分组成。芯子由若干电容元件串并联组成，电容元件用金属箔（作为极板），与绝缘纸或塑料薄膜（作为绝缘介质）叠起来一起卷绕后和紧固件经过压装而构成，并浸渍绝缘油。电容极板的引线经串、并联后引至出线瓷套管下端的出线连接片。电容器的金属外壳用密封的钢板焊接而成，外壳上装有出线绝缘套管、吊攀和接地螺钉，外壳内充以绝缘介质油。出线端由出线套管、出线连接片等元件构成。

8.1.3 电力电容器的型号

电力电容器的型号含义按照以下方式表示：

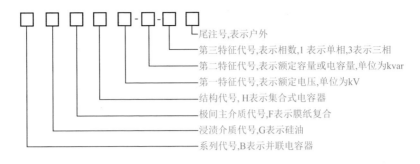

举例如下：

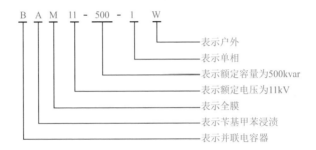

当电容器在交流电路中使用时，常用其无功功率表示电容器的容量，单位为var或kvar；其额定电压用kV表示，通常有0.23kV、0.4kV、6.3kV和10.5kV等。

8.1.4 并联电容器的补偿原理

在实际电力系统中，异步电动机等感性负载使电网产生感性无功电流，无功电流产生无功功率，引起功率因数下降，使得线路产生额外的负担，降低线路与电气设备的利用率，还增加线路上的功率损耗、增大电压损失、降低供电质量。

从前面的交流电路内容的学习中我们知道，电流在电感元件中做功时，电流超前于电压90°；而电流在电容元件中做功时，电流滞后电压90°；在同一电路中，电感电流与电容电流方向相反，互差180°，如果在感性负载电路中有比例地安装电容元件，则可使感性电流和容性电流所产生的无功功率可以相互补偿。因此在感性负荷的两端并联适当容量的电容器，利用容性电流抵消感性电流，将不做功的无功电流减小到一定的范围内，这就是无功功率补偿的原理。

8.1.5 补偿容量的计算

补偿容量计算公式如下：

$$Q_c = P\left(\sqrt{\frac{1}{\cos^2\varphi_1}-1} - \sqrt{\frac{1}{\cos^2\varphi_2}-1}\right)$$

式中　Q_c——需要补偿电容器的无功功率；

　　　P——负载的有功功率；

　　$\cos\varphi_1$——补偿前负载的功率因数；

　　$\cos\varphi_2$——补偿后负载的功率因数。

8.1.6 查表法确定补偿容量

电力电容器的补偿容量可根据表 8-1 进行查找。

表8-1　每1kW有功功率所需补偿容量　　kvar

改进前的功率因数	改进后的功率因数											
	0.8	0.82	0.84	0.85	0.86	0.88	0.9	0.92	0.94	0.96	0.98	1
0.4	1.54	1.6	1.65	1.67	1.7	1.75	1.81	1.87	1.93	2	2.09	2.29
0.42	1.41	1.47	1.52	1.54	1.57	1.62	1.68	1.74	1.8	1.87	1.96	2.16
0.44	1.29	1.34	1.39	1.41	1.44	1.5	1.55	1.61	1.68	1.75	1.84	2.04
0.46	1.18	1.23	1.28	1.31	1.34	1.39	1.44	1.5	1.57	1.64	1.73	1.93
0.48	1.08	1.12	1.18	1.21	1.23	1.29	1.34	1.4	1.46	1.54	1.62	1.83
0.5	0.98	1.04	1.09	1.11	1.14	1.19	1.25	1.31	1.37	1.44	1.53	1.73
0.52	0.89	0.94	1	1.02	1.05	1.1	1.16	1.21	1.28	1.35	1.44	1.64
0.54	0.81	0.86	0.91	0.94	0.97	1.02	1.07	1.13	1.2	1.27	1.36	1.56
0.56	0.73	0.78	0.83	0.86	0.89	0.94	0.99	1.05	1.12	1.19	1.28	1.48
0.58	0.66	0.71	0.76	0.79	0.81	0.87	0.92	0.98	1.04	1.12	1.2	1.41
0.6	0.58	0.64	0.69	0.71	0.74	0.79	0.85	0.91	0.97	1.04	1.13	1.33
0.62	0.52	0.57	0.62	0.65	0.67	0.73	0.78	0.84	0.9	0.98	1.06	1.27
0.64	0.45	0.5	0.56	0.58	0.61	0.66	0.72	0.77	0.84	0.91	1	1.2
0.66	0.39	0.44	0.49	0.52	0.55	0.6	0.65	0.71	0.78	0.85	0.94	1.14
0.68	0.33	0.38	0.43	0.46	0.48	0.54	0.59	0.65	0.71	0.79	0.83	1.08
0.7	0.27	0.32	0.38	0.4	0.43	0.48	0.54	0.59	0.66	0.73	0.82	1.02
0.72	0.21	0.27	0.32	0.34	0.37	0.42	0.48	0.54	0.6	0.67	0.76	0.96
0.74	0.16	0.21	0.26	0.29	0.31	0.37	0.42	0.48	0.54	0.62	0.71	0.91
0.76	0.1	0.16	0.21	0.23	0.26	0.31	0.37	0.43	0.49	0.56	0.65	0.85

改进前的功率因数	改进后的功率因数											
	0.8	0.82	0.84	0.85	0.86	0.88	0.9	0.92	0.94	0.96	0.98	1
0.78	0.05	0.11	0.16	0.18	0.21	0.26	0.32	0.38	0.44	0.51	0.6	0.8
0.8	—	0.05	0.1	0.13	0.16	0.21	0.27	0.32	0.39	0.46	0.55	0.75
0.82	—	—	0.05	0.08	0.1	0.16	0.21	0.27	0.34	0.41	0.49	0.7
0.84	—	—	—	0.03	0.05	0.11	0.16	0.22	0.28	0.35	0.44	0.65
0.85	—	—	—	—	0.03	0.08	0.14	0.19	0.26	0.33	0.42	0.62
0.86	—	—	—	—	—	0.05	0.11	0.17	0.23	0.3	0.39	0.59
0.88	—	—	—	—	—	—	0.06	0.11	0.18	0.25	0.34	0.54
0.9	—	—	—	—	—	—	—	0.06	0.12	0.19	0.28	0.49

8.2 电力电容器的安装

8.2.1 安装电力电容器的环境与技术要求

① 电容器应安装在无腐蚀性气体、无蒸汽以及没有剧烈震动、冲击、爆炸、易燃等危险的安全场所。电容器室的防火等级不低于二级。

② 装于户外的电容器应防止日光直接照射，装在室内时，受阳光直射的窗户玻璃应涂成白色。

③ 电容器室的环境温度应满足制造厂家规定的要求，一般规定为 $-35 \sim +40℃$。

④ 电容器室每安装 100kvar 的电容器应有 $0.1m^2$ 以上的进风口和 $0.2m^2$ 以上的出风口，装设通风机时，进风口要开向本地区夏季的主要风向，出风口应安装在电容器组的上端。进、排风机宜在对角线位置安装。

⑤ 电容器室可采用天然采光，电可用人工照明，不需要装设采暖装置。

⑥ 高压电容器室的门应向外开。

⑦ 为了节省安装面积，高压电容器可以分层安装于铁架上，但垂直放置层数应不多于三层，层与层之间不得装设水平层间隔板，以保证散热良好。上、中、下三层电容器的安装位置要一致，铭牌面向通道。

⑧ 两相邻低压电容器之间的距离不小于 50mm。

⑨ 每台电容器与母线相连的接线应采用单独的软线，不要采用硬母线连接的方式，以免安装或运行过程中对瓷套管产生装配应力，损坏密封造成漏油。

⑩ 电容器安装之前，要分配一次电容量，使其相间平衡，偏差不超过总容量的 5%。装有继电保护装置时，还应满足运行平衡电流误差不超过继电保护动作电流的要求。

⑪ 安装电力电容器时，电气回路和接地部分的接触面要良好。因为电容器回路中的任何不良接触，均可能产生高频振荡电弧，造成电容器的工作电场强度增高和发热损坏。

⑫ 安装电力电容器时，电源线与电容器的接线柱螺钉必须要拧紧，不能有松动，以防松动引起发热而烧坏设备。

⑬ 应安装合格的电容器放电装置，电容器组与电网断开后，极板上仍然存在电荷，两出线端存在一定的残余电压。由于电容器极间绝缘电阻很高，自行放电的速度会很慢，残余电压要延续较长的时间，因此为了尽快消除电容器极板上的电荷，对电容器组要加装与之并联的放电装置，使其停电后能自动放电。低压电容器可以用灯泡或电动机绕组作为放电负荷，放电电阻阻值不宜太高。不论电容器额定电压是多少，在电容器从电网上断开 30s 后，其端电压应不超过特低安全电压，以防止电容器带电荷再次合闸和运行值班人员或检修人员工作时，触及有剩余电荷的电容器而发生危险。

8.2.2 电力电容器搬运的注意事项

① 若将电容器搬运到较远的地方，应装箱后再运。装箱时电容器的套管应向上直立放置。电容器之间及电容器与木箱之间应垫松软物。

② 搬运电容器时，应用外壳两侧壁上所焊的吊环，严禁用双手抓电容器的套管搬运。

③ 在仓库及安装现场，不允许将一台电容器置于另一台电容器的外壳上。

8.2.3 电容器的接线

单相电力电容器外部回路一般有星形和三角形两种连接方式。单相电容器的接线方式应根据其额定电压与线路额定电压确定接线方式，当电容器的额定电压与线路额定电压相等时，应将电容器的连接为三角形并接于回路中。当电容器的额定电压低于线路额定电压时，应将电容的连接为星形，经过串并联组合后，再按三角形或星形并接于回路中。

为获得良好的补偿效果，在电容器连接时，应将电容器分成若干组后再分别接到电容器母线上。每组电容器应能分别控制、保护和放电。电容器的接线方式有低压集中补偿［图8-1(a)］、低压分散补偿［图8-1(b)］和高压补偿［图8-1(c)］。

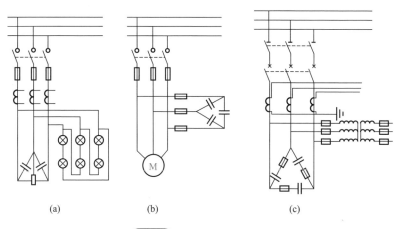

(a)　　　　　　　(b)　　　　　　　(c)

图8-1 电容器补偿接线图

电容器采用三角形连接时，任何一个电容器击穿都会造成三相线路中两相短路，短路电流有可能造成电容器爆炸，这是非常危险的，因此GB 50053—2013《20kV及以下变电所设计规范》中规定：高压电容器组宜接成中性点不接地星形，低压电容器组可接成三角形或星形。

8.3 电力电容器的安全运行

电力电容器安全运行至关重要，新装电容器和维护运行中的电容器要进行详细的检查和监视，以保证安全运行。

8.3.1 新装电容器组投运条件

① 新装电容器组投运前按交接试验项目试验，并合格。

② 电容器及放电设备外观检查良好，无渗漏油现象。

③ 电容器组的接线正确，其额定电压与电网额定电压相符合。

④ 三相电容器的容量应平衡，其误差不应超过一相总容量的5%。

⑤ 电容器组的外壳及框架接地与接地网的连接应牢固可靠。

⑥ 放电电阻的阻值和功率应符合规程要求，并经试验合格。

⑦ 与电容器组连接的电缆、断路器、熔断器等附件应该试验合格。

⑧ 电容器组的保护与监视回路必须完整且校验合格，才能投入使用。

⑨ 电容器安装场所的建筑结构、通风设施应符合规程规定。

8.3.2 电力电容器组的投入和退出运行

正常情况下，电力电容器组的投入和退出运行应根据系统的无功电流、负荷的功率因数和电压等情况确定。

（1）**投入条件** 在电力电容器组的各接点保持良好，没有松动和过热现象，套管清洁没有放电痕迹，外壳没有明显变形、漏油，在控制电器、保护电器和放电装置保持完好的前提下，当功率因数低于 0.85 时，要投入电容器组；系统电压偏低时，可以投入电容器组。

（2）**退出条件** 当电力电容器运行参数异常，超出电容器的工作条件时，在下列情况下应退出电容器组。

① 当功率因数高于 0.95 且仍有上升的趋势时。

② 电容器组所接的母线电压超过电容器额定电压的 1.1 倍或电容器的电流超过其额定电流的 1.3 倍时。

③ 电容器室的温度超过 ±40℃范围时。

④ 电容器爆炸。

⑤ 电容器喷油或起火。

⑥ 瓷套管发生严重放电、闪络。

⑦ 连接点严重过热或熔化。

⑧ 电容器内部或放电设备有严重异常响声。

⑨ 电容器外壳有异形膨胀。

8.3.3 电容器组运行检查

（1）运行前检查

① 电容器组投入运行前，先检查其铭牌等内容，再按交接试验项目检查电容器是否完好，试验是否合格。

② 电容器外观良好，外壳无凸出或渗、漏油现象，套管无裂纹。

③ 放电回路完整，放电装置的电阻值和容量均应符合要求。

④ 接线应正确无误，其电压与电网电压相符。

⑤ 三相电容器相间应保持平衡，误差不超过一相总容量的 5%。

⑥ 各部件连接牢靠，触动接触良好，外壳接地与接地网的连接应牢固可靠。

⑦ 电容器组保护装置的整定值正确，并将保护装置投入运行位置。监视回路应完善，温度计齐全。

⑧ 开关设备应符合要求，投入运行前处于断开位置。

⑨ 电容器室的建筑结构、通风设施应符合规程要求。

（2）巡视检查

① 日常巡视检查　电容器日常巡视检查的主要内容有：观察电容器外壳有无膨胀变形现象；各种仪表的指示是否正常；电容器有无过热现象；瓷套管是否松动和发热，有无放电痕迹，熔体是否完好；接地线是否牢固，放电装置是否完好，放电回路有无异常，放电指示灯是否熄灭；运行中的线路接点是否有火花；电容器内部有无异常响声等。

② 定期检查　电容器运行中的定期检查内容主要有：用兆欧表逐个检查电容器端头与外壳之间有无短路现象，两极对外壳绝缘电阻不应低于 1000MΩ；测量电容器电容量的误差，额定电压在 1kV 以上时不能超过 1%；检查外壳的保护接地线、保护装置的动作情况、断路器及接线是否完好；检查各螺栓的松紧和接触情况，放电回路的熔体是否完好，风道是否有积尘等，清扫电容器周围的灰尘。

③ 运行监视

a. 检测运行参数。第一是环境温度，电容器安装处的环境温度超过规定温度时，应采取措施，无论是低温还是高温都容易击穿；第二是使用电压，电容器允许在 1.1 倍额定电压下短时运行，但不能和最高允许温度同时出现，当电容器在较高电压下运行时，必须采取有效的降温措施；第三是使用电流，不能长时间超过 1.3 倍额定电流。

b. 电力电容器的保护熔断器突然熔断时，在未查明原因之前，不可更换熔体恢复送电，应查明原因，排除故障后再重新投入运行。

c. 电容器重新投入前，必须充分放电，禁止带电合闸。如果电容器本身有存储电荷，将它接入交流电路中，电容器两端所承受的电压就会超过其额定电压。如果电容器刚断电即又合闸，因电容器本身有存储的电荷，故电容器所承受的电压可以达到 2 倍以上的额定电压，会产生很大的冲击电流，这不仅有害于电容器，更可能烧断熔断器或造成断路器跳闸，造成事故。因此，电力电容器严禁带电荷合闸，以防产生过电压。电力电容器组再次合闸，应在其断电 3min 后进行。

d. 如果发现电容器外壳膨胀、漏电或出现火花等异常现象，应立即退出运行。为保证安全，电容器在断电后检修人员接近之前，无论该电容器是否装有放电装置，都必须用可携带的专门的放电负载进行人工放电。必要时应用装在绝缘棒上的接地金属棒对电容器进行单独放电。

④ 异常运行　电容器在运行过程中可能会出现下面几种异常情况。

a. 外壳渗漏油。搬运、接线不当、温度剧烈变化、外壳漆层脱落、锈蚀等原因都会造成渗漏油现象。应及时修复补油，严重时需要更换电容器。

b. 外壳膨胀变形。运行中的电容器在电压作用下内部介质析出气体或击穿部分绝缘元件，电极对外壳放电而产生更多的气体使外壳膨胀，这是电容器发生故障的前兆，发现外壳膨胀时应及时采取措施。

c. 电容器爆炸起火。电容器内部元件发生极间或者电极对外壳绝缘击穿时，会导致电容器爆炸，因此要加强运行中的巡视检查和保护。

d. 电容器内部有异常响声。如果听见电容器有"吱吱"声或"咕咕"声，这是内部局部放电的声音，应立即停止运行，查找故障。

e. 温升过高。长期过电压运行、内部元件击穿、短路与介质老化、损耗不断增加等都会引起温升过高，应有效控制。

f. 开关掉闸。电容器组在内部发生故障时会导致开关掉闸，在没有查明原因，排除故障之前，不准强行送电。

8.3.4　电力电容器的保护

（1）短路保护　电力电容器在运行中最严重的故障是短路故障，所以必须进行短路保护，不同电压等级的电容器组选用不同的短路保护装置，对于低压电容器和容量不超过 400kvar 的高压电容器，可装设熔断器作为电容器的相间短路保护；对于容量较大的高压电容器，采用高压断路器控制，装设过电流继电器作为相间短路保护。

（2）过载保护　将含有高次谐波的电压加在电容器两端时，由于电容器对高次谐波的阻抗很小，因此电容器很容易发生过载现象。安装在大型整流设备和大型电弧炉等附件的电容器组，需要有限制高次谐波的措施，保证电容器有过载保护。

（3）过压保护　为避免电网电压波动影响电容器两端电压的波动，凡是电容器装设处可能超过其额定电压 10% 时，应当对电容器进行过电压保护，避免长期过电压运行导致电容器寿命减少或介质击穿。

8.3.5 电力电容器的常见故障和排除

（1）电力电容器组在运行中的常见故障和处理 见表8-2。

表8-2 电力电容器常见故障的原因与排除方法

现象	产生原因	处理方法
渗漏油	搬运方法不当，使瓷套管与外壳交接处碰伤；在旋转接头螺栓时用力太猛造成焊接处损伤；原件质量差、有裂纹	更正搬运方法，出现裂纹后，应更新设备
	保养不当，使外壳漆脱落，铁皮生锈	经常巡视检查，发现油漆脱落，应及时补修
	电容器投运后，温度变化剧烈，内部压力增加，使渗油现象严重	注意调节运行中电容的温度
外壳膨胀	内部发生局部放电或过电压	对运行中的电容器应进行外观检查，发现外壳膨胀应采取措施；如降压使用，膨胀严重的应立即停用
	期限已过或本身质量有问题	立即停用
电容器爆炸	电容器内部发生相间短路或相对外壳的击穿（这种故障多发生在没有安装内部元件保护的高压电容器组）	安装电容器内部元件保护，使电容器在酿成爆炸事故前及时从电网中切出。一旦发生爆炸事故，首先应切断电容器与电网的连接。另外，也可用熔断器对单台电容器保护
发热	电容器室设计、安装不合理，通风条件差，环境温度高	注意通风条件、增大电容之间的安装距离
	接头螺钉松动	停电时，检查并拧紧螺钉
	长期过电压，造成过负荷	调换为额定电压高的电容器
	频繁投切使电容器反复受到浪涌电流的影响	运行中不要频繁投切电容器
瓷绝缘表面闪络	由于清扫不及时，使瓷绝缘表面污秽，在天气条件较差或遇到各种内外过电压时，即可发生闪络	经常清扫，保持其表面干净无灰尘，对于污秽严重的地区，要采取反污秽措施
异常响声	有"吱吱"或"咕咕"声时一般为电容器内部有局部放电	经常巡视，注意声响
	有"咕咕"声时，一般为电容器内部崩溃的前兆	发现有声响应立即停运，检修并查找故障

（2）排除故障方面的注意事项

① 修理故障电容器时应设专人监护，且不得在现场对电容器进行

内部检修，保证满足真空净化条件。

② 应确认故障电容器已停电，并确保不会误送电。

③ 应对电容器进行充分的人工放电，确保不存在残余电荷，处理故障时还应戴绝缘手套。

④ 处理故障时，应先拉开电容器组的断路器及上下隔离开关，如果采用熔断器保护，还应取下熔管。

⑤ 处理以氯化联苯为浸渍介质的电容器故障时，必须佩戴防毒面罩与橡胶手套，并注意避免皮肤和衣服沾染氯化联苯液体。

⑥ 电容器如果内部断线，熔管或引线接触不良，在两级间还可能有残余电荷等，此类情况通过自动放电和人工放电都放不掉残余电荷。因此在接触故障电容器前，还应戴好绝缘手套，用短路线短路故障电容器的两极，使其放电。

第9章

高压电器操作与检修

9.1 高压隔离开关

9.1.1 高压隔离开关的结构

常用的高压隔离开关有 GN19-10、GN19-10C，相对应类似的老产品有 GN6-10、GN8-10。以 GN6-10T 为例，如图9-1所示，主要有下述部分。

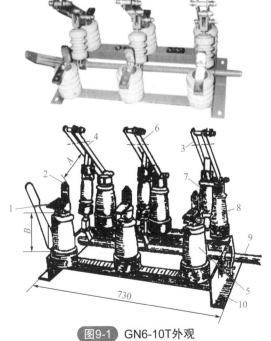

图9-1 GN6-10T外观

1—连接板；2—静触头；3—接触条；4—夹紧弹簧；
5—套管瓷瓶；6—镀锌钢片；7—传动绝缘；8—支持瓷瓶；9—传动主轴；10—底座

（1）**导电部分**　由一条弯成直角的铜板构成静触头，其有孔的一端可通过螺钉和母线相连接，叫连接板，另一端较短，合闸时它与动力片（动触头）相接触（图中零件1、2）。

两条铜板组成接触条（零件3），又称为动触头，可绕轴转动一定的角度，合闸时它吸合静触头。两条铜板之间有夹紧弹簧（零件4）用以调节动、静触头间的接触压力，同时两条铜板，在流过相同方向的电流时，它们之间产生相互吸引的电动力，这就增大了接触压力，提高了运行可靠性。在接触条两端安装有镀锌钢片（零件6）叫磁锁，它保证在流过短路故障电流时，磁锁磁化后产生相互吸引的力量，加强触头的接触压力，来提高隔离开关的动、热稳定性。

（2）**绝缘部分**　动、静触头分别固定在支持瓷瓶（零件8）或套管瓷瓶（零件5）上。为了能够使动触头与金属的、接地的传动部分绝缘，采用了瓷质绝缘的拉杆绝缘子（零件7）。

（3）**传动部分**　有主轴、拐臂、拉杆绝缘子等。

（4）**底座部分**　由钢架组成。支持瓷瓶或套管瓷瓶以及传动主轴都固定在底座上，底座应接地。

总之，隔离开关结构简单，无灭弧装置，处于断开位置时有明显的断开点，其分、合状态很直观。

9.1.2　高压隔离开关的型号及技术数据

隔离开关的型号，如GN6-10T/400，由六个部分组成。从左至右：第一位，是代表该设备的名称，G代表隔离开关。第二位，是代表该设备的使用环境，W代表户外，N代表户内。第三位，是设计序号，有6、8、19等。横杠后的为第四位，代表工作电压等级，以kV为单位，工作电压等级用数字表示。第五位，表示其他特征，G——改进型，T——统一设计，D——带接地刀闸，K——快分式，C——瓷套管出线。第六位，是额定电流，以A为单位。

例如，GN19-10C/400表示：隔离开关，户内式，设计序号为19，工作电压10kV，套管出线，额定电流400A。GW9-10/600代表：隔离开关、户外型，设计序号为9，工作电压为10kV，额定电流为600A。这种开关一般装设在供电部门与用电单位的分界杆上，称为第一断路隔离开关。

隔离开关的技术数据见表9-1。

表9-1 常用高压隔离开关主要技术数据

型号	额定电压 /kV	额定电流 /kA	极限通过电流 /kA		5s 热稳定电流 /kA
			峰值	有效值	
GN6-10T/400 GN8-10T/400	10	400	52	30	14
GN19-10/400 GN19-10C/400	10	400	52	30	20
GW1-10/400	10	400	25	15	14
GW9-10/400	10	400	25	15	14

9.1.3 高压隔离开关的技术性能

隔离开关没有灭弧装置，不可以带负荷进行操作。

对于 10kV 的隔离开关，在正常情况下，它允许的操作范围是：

① 分、合母线的充电电流。

② 分、合电压互感器和避雷器。

③ 分、合一定容量的变压器或一定长度的架空电缆线路的空载电流（详见有关的运行规程）。

9.1.4 高压隔离开关的用途

室外型的，包括单极隔离开关以及三极隔离开关，常用作把供电线路与用户分开的第一断路隔离开关；室内型的，往往与高压断路器串联连接，配套使用，用以保证停电的可靠性。

此外，在高压成套配电设备装置中，隔离开关往往用作电压互感器、避雷器、配电所用变压器及计量柜的高压控制电器。

9.1.5 高压隔离开关的安装

户外型的隔离开关，露天安装时应水平安装，使带有瓷裙的支持瓷瓶确实能起到防雨作用，户内型的隔离开关，在垂直安装时，静触头在上方，带有套管的可以倾斜一定角度安装。一般情况下，静触头接电源，动触头接负荷，但安装在受电柜里的隔离开关，采用电缆进线时，则电源在动触头侧，此种接法俗称"倒进火"。

隔离开关两侧与母线及电缆的连接应牢固，如有铜、铝导体，接触时，应采用铜铝过渡接头，以防电化腐蚀。

隔离开关的动、静触头应对准，否则合闸时就会出现旁击现象，合闸后动、静触头接触面压力不均匀，会造成接触不良。

隔离开关的操作机构、传动机械应调整好，使分、合闸操作能正常进行，没有抗劲现象。还要满足三相同期的要求，即分、合闸时三相动触头同时动作，不同期的偏差应小于 3mm。此外，处于合闸位置时，动触头要有足够的切入深度，以保证接触面积符合要求；但又不能合过头，要求动触头距静触头底座有 3 ~ 5mm 的空隙，否则合闸过猛时将敲碎静触头的支持瓷瓶。处于拉开位置时，动、静触头间要有足够的拉开距离，以便有效地隔离带电部分，这个距离应不小于 160mm，或者动触头与静触头之间拉开的角度应小于 65°。

9.1.6　高压隔离开关的操作与运行

隔离开关都配有手力操动机构，一般采用 CS6-1 型。操作时要先拔出定位销，分、合闸动作要果断、迅速，终了时注意不可用力过猛，操作完毕一定要用定位销销住，并目测其动触头位置是否符合要求。

用绝缘杆操作单极隔离开关时，合闸应先合两边相，后合中相，分闸时，顺序与此相反。

必须强调，不管合闸还是分闸的操作，都应在不带负荷或负荷在隔离开关允许的操作范围之内时才能进行。为此，操作隔离开关之前，必须先检查与之串联的断路器，应确定处于断开位置。如隔离开关带的负荷是规定容量范围内的变压器，则必须先停掉变压器的全部低压负荷，令其空载之后再拉开该隔离开关，送电时，先检查变压器低压侧主开关确在断开位置，才能合隔离开关。

如果发生了带负荷分或合隔离开关的误操作，则应冷静地避免可能发生的另一种反方向的误操作。也就是说，已发现带负荷误合闸后，不得再立即拉开，当发现带负荷分闸时，若已拉开，不得再合（若刚拉开一点，发觉有火花产生时，可立即合上）。

对运行中的隔离开关应进行巡视。在有人值班的配电所中应每班一次，在无人值班的配电所中，每周至少一次。

日常巡视的内容，首先观察有关的电流表，其运行电流应在正常范围内，其次根据隔离开关的结构，检查其导电部分接触应良好，无过热变色，绝缘部分应完好，以及无闪络放电痕迹，再就是传动部分应无异常（无扭曲变形、销轴脱落等）。

9.1.7 高压隔离开关的检修

隔离开关连接板的连接点过热变色，说明接触不良，接触电阻大，检修时应打开连接点，将接触面锉平再用砂纸打光（但开关连接板上镀的锌不要去除），然后将螺钉拧紧，并要用弹簧垫片防松。

动触头存在旁击现象时，可旋动固定触头的螺钉，或稍微移动支持绝缘子的位置，以消除旁击；若三相不同期，则可通过调整拉杆绝缘子两端的螺钉，通过改变其有效长度来克服。

触头间的接触压力可通过调整夹紧弹簧来实现，而夹紧的程度可用塞尺来检查。

触头间一般可涂中性凡士林以减少摩擦阻力，延长使用寿命，还可防止触头氧化。

隔离开关处于断开位置时，触头间拉开的角度或其拉开距离不符合规定时，应通过拉杆绝缘子来调整。

9.2 高压负荷开关

9.2.1 负荷开关的结构及工作原理

负荷开关主要有 FN2-10 及 FN3-10 两种。如图 9-2 所示是 FN2-10 型高压负荷开关外形。

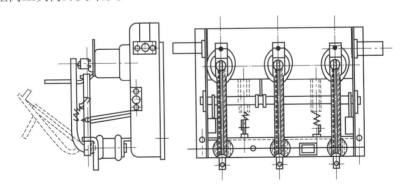

图9-2 FN2-10型高压负荷开关外形

FN2-10 的结构及工作原理简介如下。

（1）导电部分　出线连接板、静主触头及动主触头，接通时，流过大部分电流，而与之并联的静弧触头与动弧触头则流过小部分电流：动弧触头及静弧触头的主要任务是在分、合闸时保护主触头，使它们不被电弧烧坏。因此，合闸时弧触头先接触，然后主触头才闭合，分闸时主触头先断开，这时弧触头尚未断开，电路尚未切断，不会有电弧。待主触头完全断开后，弧触头才断开，这时才燃起电弧，然而动、静弧触头已迅速拉开，且又有灭弧装置的配合，电弧很快熄灭，电路被彻底切断。

（2）灭弧装置　气缸、活塞、喷口等。

（3）绝缘部分　支持瓷瓶，借以支持动触头；气缸绝缘子，借以支持静触头并作为灭弧装置的一部分。

（4）传动部分　主轴、拐臂、分闸弹簧、传动机构、绝缘拉杆、分闸缓冲器等。

（5）底座　钢制框架。

总之，负荷开关的结构虽比隔离开关要复杂，但仍比较简单，且断开时有明显的断开点。由于它具有简易的灭弧装置，因而有一定的断流能力。

现在再简要地分析一下其分闸过程：分闸时，通过操动机构，使主轴转 90°，在分闸弹簧迅速收缩复原的爆发力作用下，主轴的这一转动完成得非常快，主轴转动带动传动机构，使绝缘拉杆向上运动，推动动主触头与静主触头分离，此后，绝缘拉杆继续向上运动，又使动弧触头迅速与静弧触头分离，这是主轴作分闸转动引起的一部分联动动作。同时，还有另一部分联动动作：主轴转动，通过连杆使活塞向上运动，从而使汽缸内的空气被压缩，缸内压力增大，当动弧触头脱开静弧触头引燃电弧时，气缸内强有力的压缩空气从喷嘴急速喷出，使电弧很快熄灭，弧触头之间分离速度快，压缩空气吹弧力量强，使燃弧持续时间不超过 0.03s。

9.2.2　负荷开关的型号及技术数据

负荷开关的型号，如 FN2-10RS/400，由七个部分组成。从左至右：第一位，是该设备的名称，F 代表负荷开关；第二位，表示该设备的使用环境，W 代表户外，N 代表户内；第三位，设计序号，有 1、2、3 型，其中 1 型是老产品，目前常用的是 2 型及 3 型，3 型的外观如图 9-3 所示。横线后的第四位代表该设备的额定工作电压，以 kV 为单位；第五位表示是否带高压熔断器，用 R 表示带有熔断器，不带熔断器的就不注；第六位是进一步表明带熔断器的负荷开关其熔断器是装在负荷开关的上面还是下面，S 表示装在上面，如装在下面就不注；第七位，表示其规格，即额定电流，以 A 为单位。

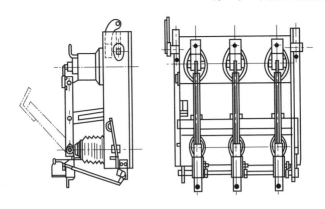

FN3-10型高压负荷开关外形

如 FN2-10R/400 的含义是：负荷开关、户内、设计序号为2、额定电压为10kV、带熔断器（装在负荷开关下方）、额定电流为400A。

负荷开关的技术数据列于表 9-2 中。

表9-2 高压负荷开关技术数据

型号	额定电压 /kV	额定电流 /A	10kV 最大开短 电流 /A	极限通过电流 峰值 /kV	10s 热稳定电流, 有效值 /kA
FN2-10/400 FN2-10R/400	10	400	1200	25	4

9.2.3 负荷开关的用途

负荷开关可分、合额定电流及以内的负荷电流，可以分断不大的过负荷电流。因此可用来操作一般负荷电流、变压器空载电流、长距离架空线路的空载电流、电缆线路及电容器组的电容电流。配有熔断器的负荷开关，可分开短路电流，对中、小型用户可当做断流能力有限的断路器使用。

此外，负荷开关在断开位置时，像隔离开关一样无显著的断开点，因此也能起到隔离开关的隔离作用。

9.2.4 负荷开关的维护

根据分断电流的大小及分合次数来确定负荷开关的检修周期。工作条件差、操作任务重的易造成静弧触头及喷嘴烧坏，烧损较重的应予更换，而烧损轻微者可以修整再用。

9.3 户内型高压熔断器

高压熔断器是一种保护电器，当系统或电气设备发生过负荷或短路时，故障电流使熔断器内的熔体发热熔断，切断电路，起到保护作用。本节只介绍户内型高压熔断器。

（1）结构及工作原理　户内型高压熔断器又称作限流式熔断器，它的结构主要由四部分组成，如图9-4所示。

① 熔丝管　其构造如图9-5所示。

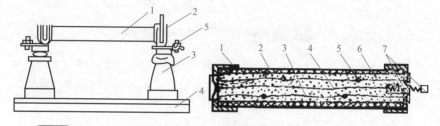

图9-4　RN1-10型熔断器外形
1—熔丝管；2—触头座；3—支持绝缘子；
4—底板；5—接线座

图9-5　RN1型熔断器熔丝管剖面图
1—管帽；2—瓷管；3—工作熔件；4—指示熔件；5—锡球；6—石英砂填料；7—熔断指示器

7.5A 以下的熔丝往往绕在截面为六角形的陶瓷骨架上，7.5A 以上的熔丝则可以不用骨架。采用紫铜作为熔丝材料，熔丝为变截面的，在截面变化处焊上锡球或搪一层锡。

保护电压互感器专用的熔丝，其引线采用镍铬线，以便造成 100Ω 左右的限流电阻。熔丝管的外壳为瓷管，管内充填石英砂，以获得灭弧性能。

② 触头座　熔丝管插接在触头座内，方便更换熔丝管。触头座上有接线板，以便于与电路相连接。

③ 绝缘子　是基本绝缘，用它支持触头座。

④ 底板　钢制框架。

它的工作原理是：当过电流使熔丝发热以至熔断时，整根熔丝熔化，金属微粒喷向四周，钻入石英砂的间隙中，由于石英砂对电弧的冷却作用和去游离作用，因此电弧很快熄灭。由于灭弧能力强，能在短路电流来达到最大值之前，电弧就被熄灭，因此可限制短路电流的数值，特别是专门用于保护电压互感器的熔断器内的限流电阻，其限流效果非常明显。熔丝熔断后，指示器即弹出，显示熔丝"已熔断"。

变截面的熔丝、石英砂充填、限流电阻、很强的灭弧能力等,这都是普通熔丝管所不具备的,因而不得用普通熔丝管来代替 RN 型熔丝管。

（2）**户内型高压熔断器的型号及技术数据** 高压熔断器的型号,如 RN1-10 20/10 由六部分组成,从左起:第一位,设备名称,R 代表熔断器;第二位,使用环境,N 代表户内型;第三位,设计序号,以数字表示,1 是老产品,3 是改进的新产品;第四位（横线之后）,额定工作电压,用数字表示,单位是 kV;第五位（空格后,斜线前）,熔断器的额定电流,以数字表示,单位是 A;第六位（斜线后）,熔体的额定电流,用数字表示,以 A 为单位。

如 RN1-10 20/10 代表:熔断器,户内型,设计序号为 1、额定工作电压 10kV、熔断器额定电流 20A、熔体额定电流 10A。

表 9-3 列出了 RN1-10 及 RN3-10 型熔丝管容量及熔丝额定电流,可供选配。

表9-3 $RN\frac{1}{3}$-10型规格

熔断器容量 /A	熔体额定电流 /A	熔断器容量 /A	熔体额定电流 /A
20	2 3 5 7 7.5 10 15 20	150	150
50	30 40 50	200	200
10	75 100		

RN2-10 型高压熔断器是为保护电压互感器而专门安装的熔断器,其熔体只有额定电流为 0.5A 的一种,其熔丝引线为镍铬丝,约为 100Ω,起限制故障电流的作用。

RN 型高压熔断器的技术数据详见表 9-4。

表9-4 RN型高压熔断器的技术数据

型号	额定电压 /kV	额定电流 /A	最大分断电流有效值 /kA	最小分断电流额定电流倍数	最大三相断流容量 /MV·A
RN1-10	10	20 50 100 150 200	12	不规定 1.3	200
RN2-10	10	0.5	50	0.6～1.8A 1min 内熔断	100

（3）户内型高压熔断器的用途　RN1-10 及 RN3-10 型高压熔断器，用于 10kV 配电线路和电气设备（如所用变压器、电容器等）作过载以及短路保护。RN2-10 及 RN4-10 型高压熔断器，为电压互感器专用熔断器。

9.4 户外型高压熔断器

9.4.1　户外型高压熔断器的结构及工作原理

户外型高压熔断器又称为跌落式熔断器，也称为跌落保险。目前常用的是 RW3-10 型和 RW4-10 型两种。如图 9-6 和图 9-7 所示是它们的外形。它们的结构大同小异，一般由以下几个部分组成。

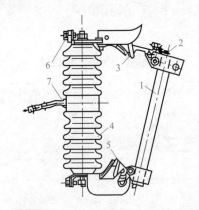

图9-6　RW3-10型跌落式熔断器外形

1—熔丝管；2—熔丝元件；3—上触头；4—绝缘瓷套管；5—下触头；6—端部螺栓；7—紧固板

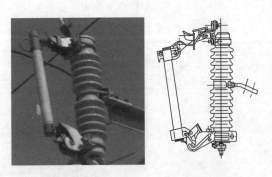

图9-7　RW4-10型跌落式熔断器外形

（1）**导电部分** 上、下接线板，用以串联接于被保护电路中；上静触头、下静触头，用来分别与熔丝管两端的上、下动触头相接触，来进行合闸，接通被保护的主电路，下静触头与轴架组装在一起。

（2）**熔丝管** 由熔管、熔丝、管帽、操作环、上动触头、下动触头、短轴等组成。熔管外层为酚纸管或环氧玻璃布管，管内壁套以消弧管，消弧管的材质是石棉，它的作用是防止熔丝熔断时产生的高温电弧烧坏熔管，另一作用是方便灭弧。熔丝的结构如图9-8所示。熔丝在中间，两端以软、裸、多股铜绞线作为引线，拉紧两端的引线通过螺钉分别压按在熔管两端的动触头接线端上。短轴可嵌入下静触头部分的轴架内，使熔丝管可绕轴转动自如。操作环用来进行分、合闸操作。

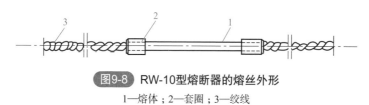

图9-8 RW-10型熔断器的熔丝外形

1—熔体；2—套圈；3—绞线

（3）**绝缘部分** 绝缘瓷瓶。

（4）**固定部分** 在绝缘瓷瓶的腰部有固定安装板。跌落式熔断器的工作原理是：将熔丝穿入熔管内，两端拧紧，并使熔丝位于熔管中间偏上的地方，上动触头会因为熔丝拉紧的张力而垂直于熔丝管向上翘起，用绝缘拉杆将上动触头推入上静触头内，成闭合状态（合闸状态）并保持这一状态。

当被保护线路发生故障，故障电流使熔丝熔断时，形成电弧，消弧管在电弧高温作用下分解出大量气体，使管内压力急剧增大，气体向外高边喷出，对电弧形成强有力的纵向吹弧，使电弧迅速拉长而熄灭。与此同时，熔丝熔断，熔丝的拉力消失，使锁紧机构释放，熔丝管在上静触头的弹力及其自重的作用下，会绕轴翻转跌落，形成明显的断开距离。

9.4.2 跌落式熔断器的型号及技术数据

跌落式熔断器的型号与户内型高压熔断器基本相同，只是把户内（N）改为户外（W）而已。RW型跌落式熔断器的技术数据见表9-5。

表9-5 RW型跌落式熔断器技术数据

型号	额定电压 /V	额定电流 /A	熔丝额定电流 /A	断流容量 /MV·A
RW3-10 及 RW4-10	10	50 100 200	3, 5, 7.5, 10, 15, 20, 25, 30, 40, 50, 60, 75, 100, 150, 200	75 100 200

另外，RW 型跌落式熔断器像户外型隔离开关（W 型）一样可以分、合正常情况下 560kV·A 及以下容量的变压器空载电流，可以分、合正常情况下 10km 及以下长度的架空线路的空载电流，可以分合一定长度的正常情况下的电缆线路的空载电流。

9.4.3　跌落式熔断器的用途

跌落式熔断器，在中、小型企业的高压系统中，广泛地用作变压器和线路的过载和短路保护及控制电器，并对被检修及停电的电气设备或线路作为起隔离作用而设置的明显断开点。

9.4.4　跌落式熔断器的安装

对跌落式熔断器的安装应满足产品说明书及电气安装规程的要求。

① 对下方的电气设备的水平距离，不能小于 0.5m。

② 相间距离，室外安装时应不小于 0.7m；室内安装时，不能小于 0.6m。

③ 熔丝管底端对地面的距离，装于室外时以 4.5m 为宜，装于室内时，以 3m 为宜。

④ 熔丝管与垂线的夹角一般应为 15° ～ 30°。

⑤ 熔丝应位于消弧管的中部偏上处。

跌落式熔断器在变压器上的应用与安装详见 3.4 节。

9.4.5　跌落式熔断器的操作与运行

操作跌落式熔断器时，应有人监护，使用合格的绝缘手套，穿戴符合标准。

操作时动作应果断、准确而又不要用力过猛、过大。要用合格的绝缘杆来操作。对 RW3-10 型，拉闸时应往上顶鸭嘴；对 RW4-10 型，拉闸时应用绝缘杆金属端钩穿入熔丝管的操作环中拉下。合闸时，先用绝缘杆金属端钩穿入操作环，令其绕轴向上转动到接近上静触头的地方，稍加停顿，看到上动触头确已对准上静触头，就果断而迅速地向斜上方推，使上动触头与上静触头良好接触，并被锁紧机构锁在这一位置，然后轻轻退出绝缘杆。

运行中，触头接触处滋火，或一相熔丝管跌落，一般都属于机械性故障（如熔丝未上紧，熔丝管上的动触头与上静触头的尺寸配合不合适，锁紧机构有缺陷，受到强烈震动等），应根据实际情况进行维修。如分断时的弧光烧蚀作用使触头出现不平，应停电并采取安全措施后，再进行维修，将不平处打平、打光，消除缺陷。

9.4.6 熔断器保护及计算

对容量较小且不太重要的负荷，使用高压熔断器作为输配电线路及电力变压器的短路保护。低压熔断器用于 500V 以下电压的电路中，作为电力线路、电机等电气设备的短路保护。熔断器在供电系统中的配置应符合选择性的原则，配置的数量应尽量少。

在低压系统中，不允许在 PE（保护线）、PEN（保护中性线）及 N 线（零线）上安装熔断器，以免熔断器熔断而使零线断开，如保护接地设备外壳带电，则对人是十分危险的。

选择熔断器时，首先要对熔断器的熔体电流进行计算。

（1）**熔断器熔体电流的计算** 熔体额定电流 I_{RT} 应大于或等于线路的计算电流 I_{js}，即

$$I_{RT} \geq I_{js}$$

熔体额定电流 I_{RT} 还应躲过线路的尖峰电流 I_{jf} 以使熔体在线路出现正常的尖峰电流时也不致熔断，并须满足下式：

$$I_{RT} \geq \frac{1}{\alpha} I_{jf}$$

式中，α 为熔体躲过尖峰电流的安全系数。

以熔断器 RT0 为例熔体躲过尖峰电流的安全系数见表 9-6。

表9-6 熔断器RT0躲过尖峰电流的安全系数

项 目		启动时间 2～8s	启动时间 15～20s
熔体电流	50A 以下	$\alpha = 2.5$	$\alpha = 2$
	60～200A	$\alpha = 3.5$	$\alpha = 3$
	200A 以上	$\alpha = 4$	$\alpha = 3$

【例 9-1】 一三相笼型电动机容量为 3kW，$\cos\varphi = 0.8$，启动时间

为 5s，电压 380V，试计算熔体电流。

解：按理论计算，熔体额定电流：

$$I_{RT} \geqslant \frac{1}{\alpha} I_{jf}$$

式中，I_{jf} 为尖峰电流。

$$I_{jf} = K_q I_N$$

式中，K_q 为启动电流倍数，笼型电动机的 $K_q = 6 \sim 7$，本例取 $K_q = 6$。
电动机额定电流：

$$I_N = \frac{P_N}{\sqrt{3}\ U_N \cos\varphi} = \frac{3000}{\sqrt{3} \times 380 \times 0.8} = 5.7\,（A）$$

$$I_{jf} = K_q I_N = 6 \times 5.7 = 34.2\,（A）$$

取 $\alpha = 2.5$，则

$$I_{RT} = \frac{1}{\alpha} I_{jf} = \frac{1}{2.5} \times 34.2 = 13.68\,（A）$$

经验计算法计算熔体电流：按熔体保护，千瓦乘 4 的方法进行计算。

上列按此法计算，则：

$$3 \times 4 = 12\,（A）$$

可见与理论计算的结果较接近。

（2）**熔断器之间的选择性配合计算**　在线路发生短路故障时应要求最靠近故障点的熔断器先熔断，为满足此要求，需符合前级（靠近电源端）的熔断器的熔断时间（t_1）比后级（t_2）更长一些。根据理论推导起码为 3 倍，即 $t_1 > 3t_2$，才能保证前后两级熔断器的动作选择性要求。

【例 9-2】　如图 9-9 所示，设 1RD（RT0）型熔断器的熔体额定电流为 50A，2RD（RM10）型熔断器的熔体额定电流为 35A。图中 d 点发生短路，其三相短路电流为 1000A，试计算这两组熔断器之间有没有选择性配合。

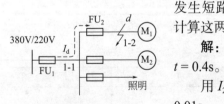

图9-9　例9-2图

解：用 $I_{1RT} = 50A$ 和 $I_d^{(3)} = 1000A$，得 $t = 0.4s$。

用 $I_{2RT} = 35A$ 和 $I_d^{(3)} = 1000A$，得 $t_2 = 0.01s$。

因 $0.4 > 3 \times 0.01$，故满足选择性要求。

（3）**熔断器保护与导线或电缆之间的配合计算**　为了不发生在短路时导线或电缆因过热甚至起燃而熔断器不熔断的事故，保证熔断器在短路时可靠地熔断，因此必须满足下面计算公式：

$$I_{RT} \leqslant K_{gf} I_{yx}$$

式中，I_{RT} 为熔断器的熔体额定电流，A；I_{yx} 为绝缘导线和电缆的允许载流量，A；K_{gf} 为绝缘导线和电缆的允许短时过负荷系数，其取值为：仅作短路保护时，导线明敷，取 $K_{gf} = 1.5$，导线穿管，取 $K_{gf} = 2.5$；作过载保护时，导线明敷，取 $K_{gf} = 0.8 \sim 1$。

【例 9-3】 有一台电动机额定电压为 380V，额定容量为 17kW，额定电流为 25.8A，启动电流为 181A，现采用 BLV 型导线穿焊接钢管敷设。该电动机采用 RT0 型熔断器作短路保护，短路电流 $I_d^{(3)}$ 达 10kA。试选择熔体及熔断器的电流、导线截面积和钢管直径（环温按 30℃），并校验熔断器保护与导线之间的配合计算。

解：选择熔体及熔断器的额定电流

$$I_{RT} \geqslant I_{js} = 25.8 (A)$$

当 α 取 2.5 时，又得

$$I_{RT} \geqslant \frac{1}{\alpha} I_{jf} = \frac{1}{2.5} \times 181 = 72.4 (A)$$

可选 RT0-100 熔断器，熔体电流 I_{RT} 选取 50A，熔断器电流 100A。

校验熔断器断流能力。RT0-100 最大分断电流 $I_{dl} = 50kA > I_d^{(3)} = 10kA$。

选择导线截面积和钢管：按发热条件查导线允许载流量附表，得 $S = 10mm^2$ 的 BLV 型铝芯塑料线三根穿钢管时，$I_{yx}(30℃) = 31A > I_{js} = 25.8A$，满足发热要求，相应钢管（G）直径为 20mm。

熔断器与导线间的配合计算：因 $I_{yx} = 31A$，$K_{gf} = 2.5$，所以

$$K_{gf} I_{yx} = 2.5 \times 31 = 77.5A > I_{RT} = 50A$$

符合要求。

9.5 高压开关操动机构与簧操动机构

9.5.1 高压开关操动机构

（1）**操动机构的作用** 为了保证人身安全，即操作人应与高压带电部分保持足够的安全距离，以防触电和电弧灼伤，必须借助于操动机构间接地进行高压开关的分、合闸操作。

首先，使用操动机构可以满足对受力情况及动作速度的要求，保证

了开关动作的准确、可靠和安全。其次，操动机构可以与控制开关以及继电保护装置配合，完成远距离控制及自动操作。

总之，操动机构的作用是：保证操作时的人身安全，满足开关对操动速度、力度的要求，根据运行方式需要实现自动操作。

（2）操动机构的型号　常用的操动机构主要有三种形式：手力式、弹簧储能式以及电磁式。目前常用的操动机构的型号有 CS2、CT7、CT8、CD10 等。

操动机构的型号，如 CS2-114，由四部分组成，从左至右：第一位，设备名称，C 表示操动机构；第二位，操动机构的形式，S 表示手力式，T 表示弹簧储能式，D 表示电磁式；第三位，设计序号，以数字表示，第四位（横线后），其他特征，如档类或脱扣器代号及个数等。一般用 I、II、III 表示挡类，用 114 等代表脱扣器的代号及个数。

（3）操动机构的操作电源　操作电源是供给操动机构、继电保护装置及信号等二次回路的电源。

对操作电源的要求，首先是要求在配电系统发生故障时，仍可以保证继电保护和断路器的操动机构可靠地工作，这就要求操作电源相对于主回路电源有独立性，当主回路电源突然停电时，操作电源在一段时间内仍能维持供电，再有是该电源的容量应能满足合闸操作电流的要求。

操作电源主要分为交流和直流两大类。

① 交流操作电源，一般由电压互感器（或再通过升压）或由所用变压器供电。CS2 型手力操动机构和 CT7、CT8 型弹簧操动机构均采用交流操作，广泛地用于中、小型变、配电所。

② 直流操作电源往往是由整流装置或蓄电池组提供的。在 10kV 变、配电所中，直流操作电源的电压大多采用 220V，也有的采用 110V。CD 型电磁操动机构需配备直流操作电源。定时限保护一般也采用直流操作电源。直流操作广泛应用于大、中型及重要的变、配电所。

9.5.2　簧操动机构

CT7、CT8 是弹簧操动机构，它们可以电动储能，也可以手动储能。用手动储能时，CT7 是采用摇把（CT8 是采用压把），本节仅叙述CT7 型操动机构。

CT7 可以用交流或直流操作，但一般采用交流操作，操作电源的电压多采用交流 220V，该电源可以取自所用变压器，但多数由电压互感器提供，这时要有一台容量在 1kV·A 左右的单相变压器，将电压互感器二次侧 100V 电压升高至 220V，供操作用。

（1）弹簧操动机构的操作方式

① 合闸：手动方式是通过弹簧操动机构箱体面板上的控制按钮或扭把。电动方式是通过高压开关柜面板上的控制开关，使合闸电磁铁吸合。

② 分闸：手动方式是通过弹簧操动机构箱体面板上的控制按钮或扭把。电动方式又分为主动方式和被动（保护）方式两类：主动方式是通过高压开关柜面板上的控制开关，可使分闸电磁铁吸合；被动方式是通过过电流脱扣器或者通过失压脱扣器。

弹簧操动机构也可装设各种脱扣器，并同时在其型号中标明。如 CT8-114，就是装有两个瞬时过电流脱扣器和一个分离脱扣器的弹簧操动机构。弹簧操动机构除用来进行少油断路器的分、合闸操作外，还可用来实现自动重合闸或备用电源自动投入。

为防止合闸弹簧疲劳，合闸后可不再进行"二次储能"。但有自动重合闸或备用电源自动投入要求的，合闸弹簧应经常处于储能状态，即合闸后又自动使储能电动机启动，带动弹簧实现"二次储能"。

（2）弹簧操动机构的结构 CT 型弹簧操动机构的结构原理如图 9-10 所示，该操动机构有"储能""合闸"和"分闸"三种动作。

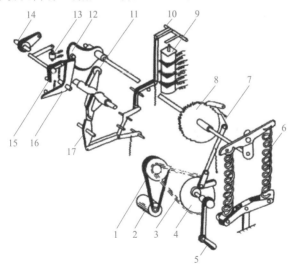

图9-10 CT7型弹簧机构原理

1—电动机；2—皮带；3—链条；4—偏心轮；5—手柄；
6—合闸弹簧；7—棘爪；8—棘轮；9—脱扣器；10，17—连杆；
11—拐臂；12—凸轮；13—合闸线器；14—输出轴；15—掣子；16—杠杆

（3）弹簧操动机构的控制电路　CT 型弹簧操动机构的操作闭路原理如图 9-11 所示。整个控制电路原理可分为储能回路（〈1〉、〈2〉）、合闸回路（〈3〉、〈4〉）和分闸回路（〈5〉、〈6〉）三个部分。储能回路其工作过程如下：

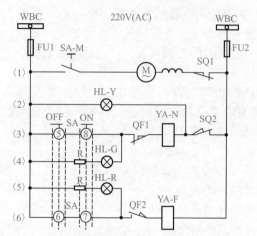

图9-11　CT8操动机构控制电路

WBC—控制小母线；FU1、FU2—控制回路熔断器；

SA-M—储能电机回路扳把开关；SQ—储能限位开关；

HL-Y—黄色（或白色）指示灯；HL-G—绿色指示灯；

HL-R—红色指示灯；R—指示灯串接电阻器；SA—分合闸操作开关；

QF—断路器辅助接点；YA-N—断路器合闸线圈；YA-F—断路器分闸线圈

合 SA-M—MF— 机械弹簧拉伸、储能、到位机械 —SQ 动作—┌—SQ1开—M停
　　　　　└—SQ2合—HL-Y亮

合闸回路其动作过程如下：将万能转换开关 SA 由垂直位置右转 45°，使触点（⑤、⑧）接通，则：

SA ⑤、⑧合—YA-N 吸—┌—机械断路器合闸
　　　　　　　　　　└—辅助接点动作

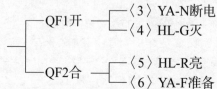

从以上过程可以看出：YA-N 通电工作时间不长，它由于 SA ⑤、⑧接通而通电工作，由于 QF1 断开而断电，工作时间只有零点几秒，QF 接点与断路器的状态几乎是同步变换，而 QF 接点同时又决定了哪个指示灯亮。因此、红灯（HL-R）亮就代表了断路器处于合闸状态，绿灯（HL-G）亮就代表了断路器处于分闸状态。

另外，操作机构内的 QF 接点，应调整得在合闸过程中常开接点 QF2 先闭合，常闭接点 QF1 后断开，以保证当合闸发生短路故障时可以迅速分闸（由 QF2 先闭合为分闸提前准备好了条件），而 QF1 断开得迟一些，用以保证合闸可靠。

分闸回路动作过程如下：将万能转换开关 SA 由水平位置左转 45°，使触点⑥、⑦接通，则

SA ⑥、⑦合—YA-F 吸——┬ 机械断路器合闸
　　　　　　　　　　　 └ 辅助接点动作

　　　　┌ QF1合——┬ 〈3〉YA-N准备
　　　　│　　　　　└ 〈4〉HL-G亮
　　　　│
　　　　└ QF2开——┬ 〈5〉HL-R灭
　　　　　　　　　　└ 〈6〉YA-F断电

通过以上过程可以看出：YA-F 通电工作时间很短，它由于 SA ⑥、⑦接通而通电工作，由 QF2 断开而断电。

对于操作回路的几个电器，在此加以说明。

① SA 开关，它是用来发出分、合闸操作命令的。该开关有 6 个工作位置，如图 9-12 所示。其中分、合这两个位置是不能保持的，为保证分、合闸操作的可靠，操作时，用手将操作手把转到分、合位置后不要立即松手，当听到断路器动作的声音，看到红、绿指示灯变换之后再松开，使其自动复位至已分、已合位置。

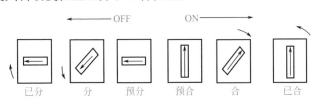

图9-12 LW2-2-1a\4\6a\40\30/F8的工作位置

② FU1、FU2 为操作回路熔断器，起过载及短路保护作用。常常采用 R1 型熔断器，其外形如图 9-13 所示。为防止储能电动机旋转时熔丝熔断，往往选用额定电流为 10A 的熔丝管，而熔断器也选用 10A 的，即 R1-10/10。

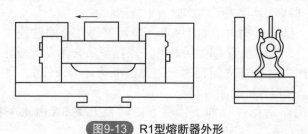

图9-13 R1型熔断器外形

③ HL-R、HL-G 断路器工作状态的指示灯，又是监视分、合闸回路完好性的指示灯。HL-R 红灯亮时表明断路器处于合闸状态，同时又表明分闸回路完好，HL-G 绿灯亮时表明断路器处于分闸状态，同时又表明合闸回路完好。HL-R、HL-G 指示灯总是串上一个电阻 R，这个 R 可以防止因灯泡、灯口短路而引起误分闸或误合闸。一般采用直流 220V 操作电源，指示灯泡用 220V，15W，则串入的电阻应为 2.5kΩ、25W。

弹簧操动机构的电气技术数据如下。

储能电动机：

形式：单相交流串励整流子式。

额定电流：不大于 5A。

额定功率：433W。

额定转速：6000r/min。

额定电压：交流 220V。

额定电压下储能时间：不大于 10s。

电机工作电压范围：额定电压的 85% ～ 110%。

合闸电磁铁：

额定电压：交流 220V。

额定电流：铁芯释放情况下，6.9A；铁芯吸合情况下，2.3A。

额定容量：铁芯释放情况下，1520V·A；铁芯吸合情况下，506V·A。

20℃时线圈电阻：28.2Ω。

动作电压范围：额定电压的 85% ～ 110%。

脱扣器：

分励脱扣器（4型）：

额定电压：交流220V。

额定电流：铁芯释放情况下，0.78A；铁芯吸合情况下，0.31A。

额定功率：铁芯释放情况下，172V·A；铁芯吸合情况下，68V·A。

20℃线圈电阻值：127Ω。

电压范围：额定电压的65%～120%。

9.6 高压开关的联锁装置

9.6.1 装设联锁装置的目的

为了保证操作安全，操作高压开关必须按一定的操作顺序，如果不按这种顺序操作，就可能导致事故。为防止可能出现的误操作，必须在高压配电设备上采用技术措施，装设联锁后，就可以保证必须按规定的操作顺序进行操作，否则就无法进行，有效地防止了误操作。

此外，两路电源不允许并路操作，或两台变压器不允许并列运行，一旦误并列就会发生事故，轻则由于环流而导致断路器掉闸，造成停电，重则由于相位不同，而导致相间短路，造成重大事故。故在有关的开关之间加装"联锁"，可以防止误并列。

总之，装设联锁的目的在于防止误操作和误并列。

9.6.2 联锁装置的技术要求

联锁装置应能根据实际需要分别实现以下功能。

① 防止带负荷操作隔离开关，即只有当与之串联的断路器处于断开位置时，隔离开关才可以操作。

② 防止误入带电设备间隔。即断路器、隔离开关来断开，则该高压开关柜的门打不开。

③ 防止带接地线合闸或接地隔离开关未拉开就合断路器送电。

④ 防止误分、合断路器，如手车式高压开关柜的手车未进入工作位置或试验位置，则断路器不能合闸。

⑤ 防止带电挂接地线或带电台接地隔离开关。以上这五个防止，简称为"五防"。

⑥ 不允许并路的两路电源向不分段的单母线供电，以防误并路。

⑦ 不允许并路的两路电源向分段的单母线供电，如有高压联络开关时，防止误并路。

联锁装置实现闭锁的方式应是强制性的。即在执行误操作时，由于联锁装置的闭锁作用而执行不了。一般不要采用提示性的，因为在误操作的某些特殊情况下，一般的提示形式可能不会引起注意或被误解，所以强制性的闭锁更直接、更有效。

联锁装置的结构应尽量简单、可靠、操作维修方便，尽可能不增加正常操作和事故处理的复杂性，不影响开关的分、合闸速度及特性，也不影响继电保护及信号装置的正常工作。因此，要优先选用机械类联锁装置，如果采用电气类联锁装置，其电源要与继电保护、控制、信号回路分开。

9.6.3 联锁装置的类型

联锁装置根据其工作原理，可分为机械联锁和电气联锁两大类。

GG-1A 型固定式高压开关柜，其隔离开关和断路器都固定安装在同一个铁架构上。对于这种开关柜，常见的有以下联锁方式。

（1）机械联锁装置

①"挡柱"——在断路器的传动机构上加装圆柱形挡块。在开关柜的面板上有一圆洞，当断路器处于合闸状态时，挡柱从面板圆洞中被推出，恰好挡住隔离开关操作机构的定位销，使定位销无法拔出，隔离开关无法使用，这样就能有效地防止带负荷分、合隔离开关的误操作。

如图 9-14 所示是"挡柱"联锁方式的示意图。

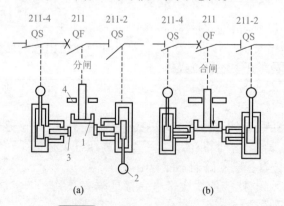

图9-14 "挡柱"联锁方式示意图

1—与断路器传动机械联动的挡柱；2—隔离开关操作手柄；3—弹簧销钉；4—高压开关柜面板

② 连板——在电压互感器柜上，电压互感器隔离开关的操动机构，通过一个连板与一套辅助接点联动。辅助接点是电压互感器的二次侧开关，当通过操动机构拉开电压互感器一次侧隔离开关时，电压互感器二次侧开关（辅助接点）也通过连板被转动到断开位置，可以防止通过电压互感器造成反送电。

③ 钢丝绳——已调好长度的一条钢丝绳，通过滑轮导向后，将两台不允许同时合闸的隔离开关的操动机构连接起来，一台开关合上后，钢丝绳被拉紧，再合另一台开关时，由于一定长度的钢丝绳的限制而不能合闸，这样就可用来防止误并列。

④ 机械程序锁——KS1 型程序锁是一种机械程序闭锁装置，它具有严格的程序编码，使操作顺序符合规程规定，如不按规定的操作顺序操作，操作就进行不下去。

这种程序闭锁装置已形成系列产品，目前有 17 种锁，例如模拟盘锁、控制手把锁、户内左刀闸锁、户内右刀闸锁、户内前网门锁、户内后网门锁等，用户可以根据自己的接线方式和配电设备装置的布置型式，选择不同的锁组合后，进行程序编码，就能满足电力供电系统对防止误操作的要求。

程序锁都由锁体、锁轴及钥匙等部分组成。锁体是主体部件，锁体上有钥匙孔，孔边有两个圆柱销，这两个圆柱销与钥匙上的两个编码圆孔相对应。两孔和钥匙牙花都按一定规律变化，相对位置进行排列组合，可以构成上千种的编码，使上千把锁的钥匙不会重复，从而保证在同一个变、配电所内的所有的锁之间互开率几乎为零。

锁轴是程序锁对开关设备实现闭锁的执行元件，只有锁轴被释放时，开关设备才能操作。而锁轴的释放，必须要由两把合适的钥匙同时操作才行，一把是上一步操作所装的程序锁的钥匙。

另一把是本步操作所装的程序锁的钥匙。用这两把钥匙使锁轴释放，进行本步开关操作，操作后，上一步操作的钥匙被锁住而留下来，而本步操作的钥匙取出来，去插到下步操作的程序锁上。由于这把钥匙取出，因此这步操作的程序锁，其锁轴被制止，该开关设备被锁定在这个运行状态。

（2）电气联锁装置

① 电磁锁——在隔离开关的操作机构上安装成套电磁联锁装置。它由电磁锁和电钥匙两部分组成，其结构原理如图 9-15 所示。

图中 Ⅰ 为电磁锁部分，Ⅱ 为电钥匙部分。在电磁锁部分中，2 为锁销，平时在弹簧 3 的作用下，保持向外伸出状态，而伸出部分正好插到操动机构的定位孔中，将操作手柄锁住，使其不能动作。电磁锁上有两个铜管插座，与电钥匙的两个插头相对应。其中，一个铜管插座接操作直流电源的负极，另一个铜管插座连接断路器的常开辅助点 QF，如图 9-16 所示。图中，QS1 为断路器电源侧的隔离开关的电磁锁插座，QS2 作为断路器负荷侧的隔离开关的电磁锁插座。

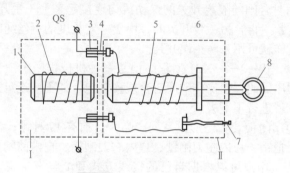

图9-15　电气联锁装置结构

1—电锁；2—锁销；3—弹簧；4—铜管插座；

5—电钥匙；6—电磁铁；7—解除按钮；8—金属环

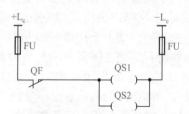

图9-16　电气联锁接线原理图

正常合闸操作时，值班人员拿来电钥匙，插入电磁锁 QS1 插座内，于是，图 9-15 中电钥匙的吸引线圈就改接入控制回路（操作回路），当断路器处于分断状态，其辅助接点 QF 吸合。则 QS1 电钥匙的吸引线圈通电，电磁铁 6 产生电磁吸力，将电磁锁中的锁销 2 吸出，解除了对电源侧隔离开关的闭锁，这时可以合该隔离开关。确已合好后，将 QS1 的电钥匙的解除按钮按下，切断吸引线圈的电源，锁销在弹簧作用下插入与隔离开关合闸位置对应的定位孔中，将该状态锁定，拔下电钥匙。

再将它插入 QS2，合上负荷隔离开关，拔下电钥匙，然后再去合断路器。如此，有效地防止了带负荷操作隔离开关。

② 辅助接点互锁——在不允许同时合闸的两台断路器的合闸电路中，分别串联接入对方断路器的常闭辅助接点，如图 9-17 所示。

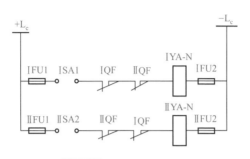

图9-17 电气互锁原理图

当一路电源断路器处于合闸状态时，其常闭辅助接点断开（例Ⅱ QF 断开），则这一路电源断路器合闸线圈（1YA-H）的电路被切断，就不可能进行合闸。同样，当这一路电源断路器合上闸时，则其常闭辅助接点（Ⅰ QF）打开，阻断了另一路电源断路器的合闸回路（Ⅰ YA-N 的回路），使它不能合闸，如此实现了两台断路器之间的联锁。

以上是有关 GG-1A 型高压开关柜常采用的机械联锁和电气联锁的一些类型。

还有一种常用的 GFC 型手车式高压开关柜，它把开关安装在一个手车内，手车推入到柜内时，断路器两侧所连接的动触头与柜上的静触头接通，相当于 GG-1A 柜的上、下隔离开关，因此称作一次隔离触头。断路器做传动试验时，将手车外拉至一定位置，上、下动触头都与柜的静触头脱开，但二次回路仍保持接通，这时可空试断路器的分、合动作。断路器检修时，可将手车整个拉出外。

手车式高压开关柜具有以下联锁，这些联锁都是机械联锁：

开关柜在工作位置时，断路器必须先分闸后，才能拉出手车，切断一次隔离触头，反之，断路器在合闸状态时，手车不能推入柜内，也就不能使一次隔离触头接触。这就保证了隔离触头不会带负荷改变分、合状态，相当于隔离开关不会在带负荷的情况下操作。

手车入柜后，只能在试验位置和工作位置才能合闸，否则断路器不能合闸。这一联锁保证了只有在隔离触头确已接触良好（手车在工作位置时）或确已隔离（手车在试验位置时）时，断路器才可以操作，才可进行分、合闸。对于前者，断路器的分、合闸是为了切断或接通主回路（一次回路），对于后者，断路器的分、合闸是为了进行调整和试验。

断路器处于合闸状态时，手车的工作位置和试验位置不能互换。如果未将断路器分闸就拉动手车，则断路器自动跳闸。

第10章

仪用互感器应用与检修

10.1 仪用互感器的构造工作原理

10.1.1 仪用互感器的构造工作原理

（1）**仪用互感器的分类** 仪用互感器是一种特殊的变压器，在电力供电系统中普遍采用，是供测量和继电保护用的重要电气设备，根据用途的不同分为电压互感器（简称 PT）和电流互感器（CT）两大类。

（2）**仪用互感器的用途** 在电力供电系统高压配电设备装置中，仪用互感器的用途有以下几个方面。

① 为配合测量和继电保护的需要，电压和电流统一的标准值，使测量仪表和继电器标准化，如电流互感器二次绕组的额定电流都是5A；电压互感器二次绕组的额定线电压都是 100V。

② 电压互感器把高电压变成低电压，电流互感器把大电流变成小电流。

10.1.2 电压互感器的构造和工作原理

电压互感器按其工作原理可以分为电容分压原理（在 220kV 以上系统中使用）和电磁感应原理两类。常用的电压互感器是利用电磁感应原理制造的，它的基本构造与普通变压器相同，如图 10-1 所示。主要由铁芯、一次绕组、二次绕组组成，电压互感器一次绕组匝数较多，二次绕组匝数较少，使用时一次绕组与被测量电路并联，二次绕组与测量仪表或继电器等也与电压线圈并联。由于测量仪表、继电器等电压线圈的阻抗很大，因此，电压互感器在正常运行中相当于一个空载运行的降压变压器的二次电压基本上等于二次电动势值，且取决于恒定的一次电压值，所以电压互感器在准确度所允许的负载范围内，能够精确地测量一次电压。

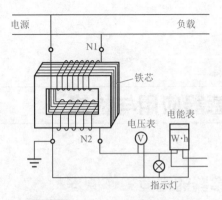

图10-1 电压互感器构造原理图

10.1.3 电流互感器的构造和工作原理

电流互感器也是按电磁感应原理工作的。它的结构与普通变压器相似，主要由铁芯、一次绕组和二次绕组等几个主要部分组成，如图 10-2 所示。所不同的是电流互感器的一次绕组匝数很少，使用时一次绕组串联在被测线路里；而二次绕组匝数较多，与测量仪表和继电器等电流线圈串联使用。运行中电流互感器一次绕组内的电流取决于线路的负载电流，与二次负载无关（与普通变压器正好相反），由于接在电流互感器二次绕组内的测量仪表和继电器的电流线圈阻抗都很小，因此电流互感器在正常运行时，接近于短路状态，接近于一个短路运行的变压器，这是电流互感器与变压器的不同之处。

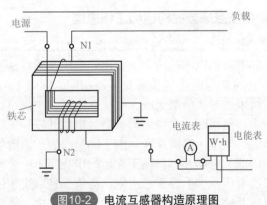

图10-2 电流互感器构造原理图

10.2 仪用互感器的型号及技术数据

10.2.1 电压互感器型号及技术数据

（1）电压互感器的型号表达式　电压互感器按其结构形式，可分为单相、三相。从结构上可分双绕组、三绕组以及户外装置、户内装置等。通常，型号用横列拼音字母及数字表示，各部位字母含义见表10-1。

表10-1　电压互感器的型号的含义

☐1☐ ☐2☐ ☐3☐ ☐4☐ -
　　　☐ 额定电压(kV)
　　　☐ 设计序号

字母排列顺序	代号含义
1	J——电压互感器
2（相数）	D——单相，S——三相
3（绝缘形式）	J——油浸式；G——干式 Z——浇注式；C——瓷箱式
4（结构形式）	B——带补偿绕组 W——五柱三绕组 J——接地保护

电压互感器数据型号：

• JDZ-10——单相双绕组浇注式绝缘的电压互感器，额定电压10kV。

• JSJW-10——三相三绕组五铁芯柱油浸式电压互感器，额定电压10kV。

• JDJ-10——单相双绕组油浸式电压互感器，额定电压10kV。

（2）电压互感器的额定技术数据　见表10-2。

表10-2　常用电压互感器的额定技术数据

型号	额定电压 /V			额定容量 /V·A			最大容量 /V·A	绝缘 形式	附注
	原线圈	副线圈	辅助线圈	0.5 级	1 级	3 级			
JDJ-10	10000	100	42	80	150	320	640	油浸式	单相 户内
JSJB-10	10000	100		120	200	480	960	油浸式	三相 户内

续表

型号	额定电压 /V			额定容量 /V·A			最大容量 /V·A	绝缘形式	附注
	原线圈	副线圈	辅助线圈	0.5 级	1 级	3 级			
JSJW-10	10000	100	100/3	120	200	480	960	油浸式	三相五柱式、户内
JDZ-10	10000	100		80	150	320	640	环氧树脂浇注	单相户内
JDZJ-10	$10000/\sqrt{3}$	$100/\sqrt{3}$	$100/\sqrt{3}$	40				环氧树脂浇注	单相户内
JSZW-10	10000	100	$100/\sqrt{3}$	120	180	450	720	环氧树脂浇注	三相五柱户内

① 变压比　电压互感器常常在铭牌上标出一次绕组和二次绕组的额定电压，变压比是指一次与二次绕组额定电压之比 $K = U_{1e} / U_{2e}$。

② 误差和准确度级次　电压互感器的测量误差形式可分为两种：一种是变比误差（电压比误差），另一种是角误差。

变比误差决定于下式：

$$\Delta U\% = \frac{KU_2 - U_{1N}}{U_{1N}} \times 100\%$$

式中　K——电压互感器的变压比；

U_{1N}——电压互感器一次额定电压；

U_2——电压互感器二次电压实测值。

所谓角误差是指二次电压的相量 U_2 与一次电压相量间的夹角 δ，角误差的单位是（′）。当二次电压相量超前于一次电压相量时，规定为正角差，反之为负角差。正常运行的电压互感器角误差是很小的，最大不超过 4°，一般都在 1° 以下。电压互感器的两种误差与下列因素有关。

① 与互感器二次负载大小有关，二次负载加大时，误差加大。

② 与互感器绕组的电阻、感抗以及漏抗有关，阻抗和漏抗加大同样会使误差加大。

③ 与互感器励磁电流有关，励磁电流变大时，误差也变大。

④ 与二次负载功率因数（$\cos\varphi$）有关，功率因数减小时，角误差将显著增大。

⑤ 与一次电压波动有关，只有当一次电压在额定电压（U_{1e}）的±10%的范围内波动时，才能保证不超过准确度规定的允许值。

电压互感器的准确等级，是以最大变比误差简称比差和相角误差简称角差来区分的，见表10-3，准确度级次在数值上就是变比误差等级的百分限值，通常电力工程上常把电压互感器的误差分为0.5级、1级和3级三种。另外，在精密测量中尚有一种0.2级试验用互感器。准确等级的具体选用，应根据实际情况来确定，例如用来馈电给电度计量专用的电压互感器，应选用0.5级，用来馈电给测量仪表用的电压互感器，应选用1级或0.5级，用来馈电给继电保护用的电压互感器应具有不低于3级次的准确度。实际使用中，经常是测量用电压表、继电保护以及开关控制信号用电源混合使用一个电压互感器，这种情况下，测量电压表的读数误差可能较大，因此不能作为计算功率或功率因数的准确依据。

表10-3 电压互感器准确级次和误差限值

准确级次	误差限值		一次电压变化范围	二次负荷变化范围
	比差（±）/%	角差（±）/(′)		
0.5	0.5	20		
1	1.0	40	（0.85～1.15）U_{1e}	（0.25～1）S_{2e}
3.0	3.0	不规定		

注：U_{1e}为电压互感器一次绕组额定电压。

S_{2e}为电压互感器相应级次下的额定二次负荷。

由于电压互感器的误差与二次负载的大小有关，因此同一电压互感器对应于不同的二次负载容量，在铭牌上标注几种不同的准确度级次，而电压互感器铭牌上所标定的最高的准确级次，称为标准正确级次。

电压互感器的容量是指二次绕组允许接入的负荷功率，分为额定容量和最大容量两种，以 V·A 表示。由于电压互感器的误差是随二次负载功率的大小而变化的，容量增大，准确度降低，因此铭牌上每一个给定容量是和一定的准确级次相对应的，通常所说的额定容量，是指对应于最高准确级次的容量。

最大容量是符合发热条件规定的最大容量，除特殊情况及瞬时负荷需用外，一般正常运行情况下，二次负荷不能达到这个容量。

电压互感器的接线组别是指一次绕组线电压与二次绕组线电压间

的相位关系。10kV 系统常用的单相电压互感器，接线组别为 1/1-12，三相电压互感器接线组别为 Y/Y0-12（Y，yn12）或 Y/Y0-12（YN，yn12）。

（3）10kV 系统常用电压互感器

① JDJ-10 型电压互感器

a. 用途及结构。这种类型电压互感器为单相双绕组，油浸式绝缘，户内安装，适用于 10kV 配电系统中，作为电压、电能和功率的测量以及继电保护用，目前在 10kV 配电系统中应用最为广泛。该互感器的铁芯采用壳式结构，由条形硅钢片叠成，在中间铁芯柱上套装一次及二次绕组，二次绕组绕在靠近铁芯的绝缘纸筒上，一次绕组分别绕在二次绕组外面的胶纸筒上，胶纸筒与二次绕组间设有油道。器身利用铁芯夹件固定在箱盖上，箱盖上装有带呼吸孔的注油塞。

b. 外形及参考安装尺寸。外形及安装尺寸如图 10-3 所示。

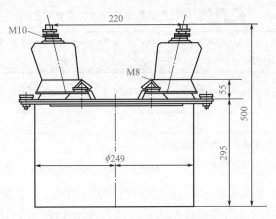

图10-3 JDJ-10型电压互感器外形

② JSJW-10 型电压互感器　这种类型电压互感器为三相三绕组五铁芯柱式油浸电压互感器，适用于户内。在 10kV 配电系统中供测量电压（相电压和绕电压）、电能、功率、继电保护、功率因数以及绝缘监察使用。该互感器的铁芯采用旁铁轭（边柱）的芯式结构（称五铁芯柱），由条形硅钢片叠成。每相有三个绕组（一次绕组、二次绕组和辅助二次绕组），三个绕组构成一体，三相共有三组线圈分别套在铁芯中间的三个铁芯柱上，辅助二次绕组。绕在靠近铁芯里侧的绝缘纸筒上，外面包上绝缘纸板，再在绝缘纸板外面绕制二次绕组，一次绕组分段绕在二次

绕组外面；一次和二次绕组之间置有角环，以利于绝缘和油道畅通。三相五柱电压互感器铁芯结构示意及线圈接线如图 10-4 所示。

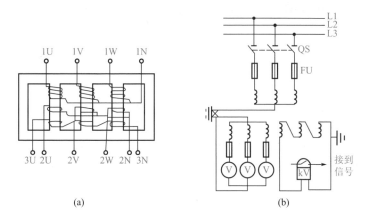

(a)　　　　　　　　　(b)

图10-4　三相五柱电压互感器铁芯结构示意图及线圈接线图

这种类型互感器的器身用铁芯夹件固定在箱盖上，箱盖上装有高低压出线瓷套管、铭牌、吊攀及带有呼吸孔的注油塞，箱盖下的油箱呈圆筒形，用钢板焊制，下部装有接地螺栓和放油塞。JSJW-10 型电压互感器外形尺寸如图 10-5 所示。

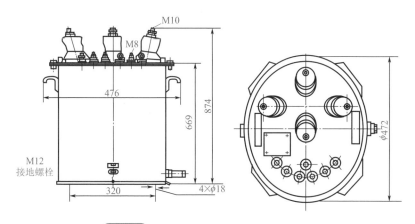

图10-5　JSJW-10型电压互感器外形尺寸

③ JDZJ-10 型电压互感器　这种类型电压互感器为单相三绕组浇注式绝缘户内用设备，在 10kV 配电系统中可供测量电压、电能、功率及

接地继电保护等使用，可利用三台这种类型互感器组合来代替 JSJW 型电压互感器，但不能作单相使用。该种互感器体积较小，气候适应性强，铁芯采用硅钢片卷制成 C 形或叠装成方形，外露在空气中。其一次绕组、二次绕组及辅助二次绕组同心绕制在铁芯中，用环氧树脂浇注成一体，构成全绝缘型结构，绝缘浇注体下部涂有半导体漆并与金属底板及铁芯相连，以改善电场的性能。

④ JSZJ-10 型电压互感器　这种类型电压互感器为三相双绕组油浸式户内用电压互感器。铁芯为三柱内铁芯式，三相绕组分别装设在三个柱上，器身由铁芯件安装在箱盖上，箱盖上装有高、低压出线瓷套管以及铭牌、吊攀及带有呼吸孔的注油塞，油箱为圆筒形，下部装有接地螺栓和放油塞。图 10-6 所示为 JSZJ-10 型电压互感器外形及安装尺寸。

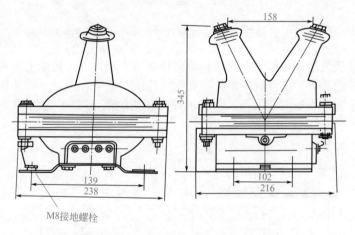

M8接地螺栓

图10-6　JSZJ-10型电压互感器外形及安装尺寸

该种电压互感器，一次高压侧三相共有六个绕组，其中三个是主绕组，三个是相角差补偿绕组，互相接成 Z 形接线，即以每相线圈与匝数较少的另一相补偿线圈连接。为了能更好补偿，要求正相序连接，即 U 相主绕组接 V 相补偿绕组，V 相主绕组接 W 相补偿绕组，W 相主绕组接 U 相补偿绕组。这样接法减少了互感器的误差，提高了互感器的准确级次。

5JSJB-10 型电压互感器　接线方式如图 10-7 所示。在 10kV 配电系统中，可供测量电压（相电压及线电压）、电能、功率以及继电保护用。由于采用了补偿线圈减少了角误差，因此更适宜供给电度计量使用。图 10-7 为 JSJB-10 型电压互感器接线方式。

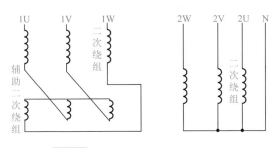

图10-7 JSJB-10型电压互感器接线

10.2.2 电流互感器的型号及技术数据

（1）电流互感器的型号表达式 电流互感器的形式多样，按照用途、结构形式、绝缘形式及一次绕组的形式来分类，通常型号用横列拼音字母及数字来表达，各部位字母含义见表 10-4。

表10-4 电流互感器型号字母含义

字母排列次序	代号含义
1	L—电流互感器
2	A—穿墙式　Y—低压的　R—装入式 C—瓷箱式　B—支持式　C—手车式 F—贯穿复匝式　D—贯穿单匝式 M—母线式　J—接地保护 Q—线圈式　Z—支柱式
3	C—瓷绝缘　C—改进式　X—小体积柜用 K—塑料外壳　L—电缆电容型　Q—加强式 D—差动保护用　M—母线式　P—中频的 S—速饱和的　Z—浇注绝缘 W—户外式　J—树脂浇注
4	B—保护级　Q—加强式　D—差动保护用 J—加大容量　L—铝线

电流互感器型号举例：

① LQJ-10 电流互感器　线圈式树脂浇注绝缘，额定电压为 10kV。

② LZX-10 电流互感器　浇注绝缘小体积柜用，额定电压为 13kV。

③ LFZ2-10 电流互感器　贯穿复匝式，树脂浇注绝缘，额定电压为 10kV。

（2）电流互感器的额定技术数据　见表 10-5。

表10-5　常用电流互感器的额定技术数据

型号	额定电流比	级次组合	准确度	二次负荷 /Ω				10% 倍数		1s 稳定倍数	动稳定倍数
				0.5 级	1 级	3 级	D 级 10 级	Ω	倍数		
LFC-10	10/5	0.5/5	3			1.2	2.4	1.2	7.5	75	90
LFC-10	50 ～ 150/5	0.5/0.5	0.5	0.6	1.2	3		0.6	14	75	165
LFC-10	400/5	1/1	1		0.6	1.6		0.6	1.2	80	250
LFCQ-10	30 ～ 300/5	0.5/0.5	0.5	0.6				0.6	12	110	250
LFCD-10	200 ～ 400/5	D/0.5	0.5	0.6				0.6	14	175	165
LDCQ-10	100/5	0.5/0.5	0.5	0.8				0.8	38	120	95
LQJ-10	5 ～ 100/5	0.5/3	0.5	0.4				0.4	> 5	90	225
LQZ$_1$-10	600 ～ 1000/5	0.5/3	0.5	0.6				0.4	≥ 25	50	90
LMZ$_1$-10	2000/5	0.5/D	0.5	1.6	2.4			1.6	≥ 2.5		

① 变流比　电流互感器的变流比，是指一次绕组的额定电流与二次绕组额定电流之比。由于电流互感器二次绕组的额定电流都规定为 5A，所以变流比的大小主要取决于一次额定电流的大小。目前电流互感器的一次额定电流等级（A）有：5，10，15，20，80，40，50，75，100，150，200，250，300，400，500，600，750，800，1000，1200，1500，2000，3000，4000，5000 ～ 6000，8000，10000，15000，20000，25000。

目前，在 10kV 用户配电设备装置中，电流互感器一次额定电流选用规格，一般在 15 ～ 1500A 范围内。

② 误差和准确度级次　电流互感器的测量误差可分为两种：一种是相角误差（简称角差），另一种是变比误差（简称比差）。

变比误差由下式决定：

$$K = \frac{I_2 - I_1}{I_1} \times 100\%$$

式中　K——电流互感器的变比误差；

　　　I_1——电流互感器二次额定电流；

I_2——电流互感器二次电流实测值。

电流互感器相角误差，是指二次电流的相量与一次电流相量间的夹角之间的误差，相角误差的单位是（′）。并规定，当二次电流相量超前于一次电流相量时，为正角差，反之为负角差。正常运行的电流互感器的相角差一般都在 2° 以下。电流互感器的两种误差，具体与下列条件有关。

a. 与二次负载阻抗大小有关，阻抗加大，误差加大。

b. 与一次电流大小有关，在额定值范围内，一次电流增大，误差减小，当一次电流为额定电流的 100% ~ 120% 时，误差最小。

c. 与励磁安匝（I_0N_1）大小有关，励磁安匝加大，误差加大。

d. 与二次负载感抗有关，感抗加大，电流误差将加大，而角误差相对减少。

电流互感器的准确级次，是以最大变比误差和相角差来区分的，准确级次在数值上就是变比误差限值的百分数，见表 10-6。电流互感器准确级次有 0.2 级、0.5 级、1 级、3 级、10 级和 D 级几种。其中 0.2 级属精密测量用，工程中电流互感器准确级次的选用，应根据负载性质来确定，如电度计量一般选用 0.5 级；电流表计选用 1 级；继电保护选用 3 级；差动保护选用 D 级。用于继电保护的电流互感器，为满足继电器灵敏度和选择性的要求，应根据电流互感器的 10% 倍数曲线进行校验。

表10-6　电流互感器的准确级次和误差限值

准确级次	一次电流为额定电流的百分数 /%	误差限值		二次负荷变化范围
		比差（±）/%	相角差（±）/(′)	
0.2	10	0.5	20	（0.25 ~ 1）S_n
	20	0.35	15	
	100 ~ 120	0.2	10	
0.5	10	1	60	（0.25 ~ 1）S_n
	20	0.75	45	
	100 ~ 120	0.5	30	
1	10	2	120	（0.25 ~ 1）S_n
	20	1.5	90	
	100 ~ 120	0.5	60	

续表

准确级次	一次电流为额定电流的百分数 /%	误差限值		二次负荷变化范围
		比差（±）/%	相角差（±）/(′)	
3	$50 \sim 120$	3.0	不规定	$(0.5 \sim 1) S_n$
10	$50 \sim 120$	10	不规定	
D	10	3	不规定	S_n
	$100n$	-10		

③ 电流互感器的容量　电流互感器的容量，是指它允许接入的二次负荷功率 S_n（V·A），由于 $S_n = I_{2e}^2 I_{f2}$，I_{f2} 为二次负载阻抗，I_{2e}^2 为二次线圈额定电流（均为5A），因此通常用额定二次负载阻抗（Ω）来表示。根据国家标准规定，电流互感器额定二次负荷的标准值，可为下列数值之一（V·A）: 5、10、15、20、25、30、40、50、60、80、100。那么，当额定电流为5A时，相应的额定负载阻抗值为（Ω）: 0.2、0.4、0.6、0.8、1.0、1.2、1.6、2.0、2.4、3.2、4.0。

a. n 为额定 10% 倍数。

b. 误差限值是以额定负荷为基准的。

由于互感器的准确级次与功率因数有关，因此，规定上列二次额定负载阻抗是在负荷功率因数为 0.8（滞后）的条件下给定的。

④ 保护用电流互感器的 10% 倍数　由于电流互感器的误差与励磁电流 I_0 有着直接关系，当通过电流互感器的一次电流成倍增长时，使铁芯产生饱和磁通，励磁电流急剧增加，引起电流互感器误差迅速增加，这种一次电流成倍增长的情况；在系统发生短路故障时是客观存在的。为了保证继电保护装置在短路故障时可靠地动作，要求保护用电流互感器能比较正确地反映一次电流情况，因此，对保护用的电流互感器提出一个最大允许误差值的要求，即允许变比误差最大不超过 10%，角差最大不超过 7°。所谓 10% 倍数，就是指一次电流倍数增加到 n 倍（一般规定 6 ~ 15 倍）时，电流误差达到 10%，此时的一次电流倍数 n 称为 10% 倍数，10% 倍数越大表示此互感器的过电流性能越好。

影响电流互感器误差的另一个因素是二次负载阻抗。二次阻抗增大，使二次电流减小，去磁安匝数减少，同样使励磁电流加大和误差加大。为了使一次电流和二次阻抗这两个影响误差的主要因素互相制约，控制误差在 10% 范围以内，各种电流互感器产品规格给出了 10% 误差曲线。所谓电流互感器的10%误差曲线，就是电流误差为10%的条件下，一次电流对额定电流的倍数和二次阻抗的关系曲线（图10-8给出了LQJC-10型电流互感器10%倍数曲线）。利用10%误差曲线，可以计算出与保护计算用一次电流倍数相适应的最大允许二次负载阻抗。

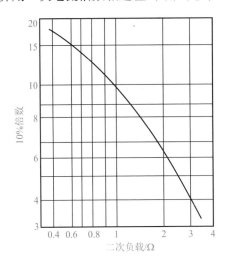

图10-8 LQJC-10型电流互感器10%倍数曲线

⑤ 热稳定及动稳定倍数　电流互感器的热稳定及动稳定倍数，是表达互感器能够承受短路电流热作用和机械力的能力。

热稳定电流，是指互感器在1s内承受短路电流的热作用而不会损伤的一次电流有效值。热稳定倍数，是热稳定电流与电流互感器额定电流的比值。

动稳定电流，是指一次线路发生短路时，互感器所能承受的无损坏的最大一次电流峰值。动稳定电流，一般为热稳定电流的2.55倍。所谓动稳定倍数，就是动稳定电流与电流互感器额定电流的比值。

（3）10kV系统常用电流互感器

① LQJ-10、LQJC-10型电流互感器　这种类型电流互感器为线圈式、浇注绝缘、户内型。在10kV配电系统中，可作为电流、电能和功率测量以及继电保护用。互感器的一次绕组和部分二次绕组浇注在一起，铁芯是由条形硅钢片叠装而成，一次绕组引出线在顶部，二次接线端子在侧壁上。外形及安装尺寸如图10-9所示。

② LFZ2-10、LFZD2-10型电流互感器　这种类型电流互感器在

10kV 配电系统中可作为电流及电能和功率测量以及继电保护用。结构为半封闭式，一次绕组为贯穿复匝式，一、二次绕组胶注为一体，叠片式铁芯和安装板夹装在浇注体上。LFZ2-10 外形及安装尺寸如图 10-10 和 LFZD2-10 型电流互感器外形及安装尺寸如图 10-10 和图 10-11 所示。

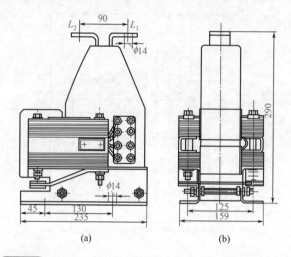

(a)   (b)

图10-9 LQJ-10、LQJC-10型电流互感器外形及安装尺寸

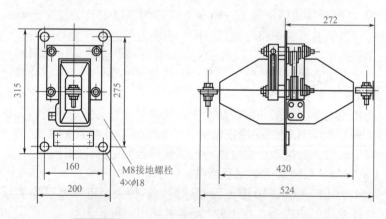

图10-10 LFZ2-10型电流互感器外形及安装尺寸

③ LDZ1-10、LDZJ1-10Q 型电流互感器　这种类型电流互感器为单匝式、环氧树脂浇注绝缘、户内型，用于 10kV 配电系统中，可以测量

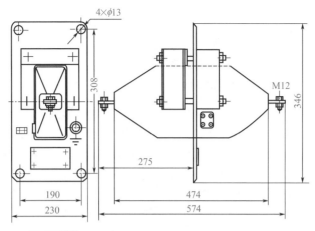

图10-11 LFZD2-10型电流互感器外形及安装尺寸

电流、电能和功率以及作为继电保护用。本型互感器铁芯用硅钢带卷制成环形，二次绕组沿环形铁芯径向绕制，一次导电杆为铜棒（800A及以下者）或铜管（1000A及以上）制成，外形及安装尺寸如图10-12所示。

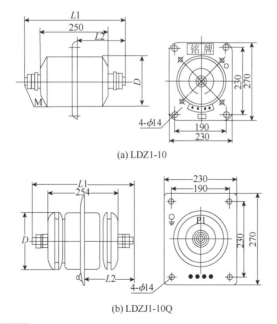

(a) LDZ1-10

(b) LDZJ1-10Q

图10-12 LDZ-10、LDZJ-10Q型电流互感器外形及安装尺寸

537

10.3 仪用互感器的极性与接线

10.3.1 仪用互感器极性的概念

仪用互感器是一种特殊的变压器，它的结构形式与普通变压器相同，绕组之间利用电磁相互联系。在铁芯中，交变的主磁通在一次和二次绕组中感应出交变电势，这种感应电势的大小和方向随时间在不断地作周期性变化。所谓极性，就是指在某一瞬间，一次和二次绕组同时达到高电位的对应端，称之为同极性端，通常用注脚符号"。"或"+"来表示，如图 10-13 所示。由于电流互感器是变换电流用的，因此，一般以一次绕组和二次绕组电流方向确定极性端。极性标注有加极性和减极性两种标注方法，在电力供电系统中，常用互感器都按减极性标注。减极性的定义是：当电流同时从一次和二次绕组的同极性端流入时，铁芯中所产生的磁通方向相同，或者当一次电流从极性端子流入时，互感器二次电流从同极性端子流出，称之为减极性。

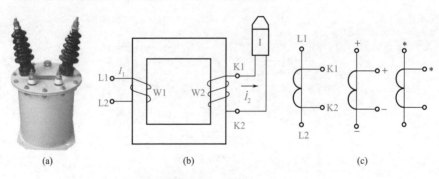

图10-13 电流互感器极性标注

10.3.2 仪用互感器极性测试方法

在实际连接中，极性连接是否正确，会影响到继电保护能否正确可靠动作以及计量仪表的准确计量。因此，互感器投入运行前必须进行极性检验。测定互感器的极性有交流法和直流法两种，在现实测定中，常用简单的直流法，如图 10-14 所示。它是在电流互感器的一次侧经过一个开关 SA 接入 1.5V、3V 或 4.5V 的干电池。在电流互感器二次侧接入直流毫安表或毫伏表（也可用万用表的直流毫伏或毫安档）。在测定中，当开关 SA 接通时，如电表指针正摆，则 L1 端与 K1 端是同名端，如果电表指针反摆就是异名端了。

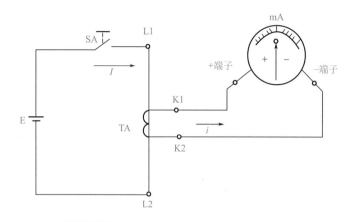

图10-14 校验电流互感器绕组极性的接线图

mA—中心零位的毫安表；E—干电池；SA—刀开关；TA—被试电流互感器

10.3.3 电压互感器的接线方式

电压互感器的接线方式有以下几种。

（1）一台单相电压互感器的接线 如图 10-15 所示，这种按线在三相线路上，只能测量其中两相之间的线电压，用来连接电压表、频率表及电压继电器等。为安全起见，二次绕组须有一端（通常取 x 端）接地。

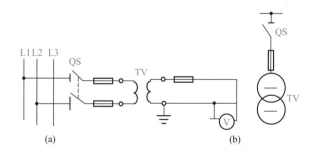

图10-15 一个单相电压互感器的接线图

（2）**两台单相电压互感器 V/V 形接线**　V/V 形接线称为不完全三角形接线，如图 10-16 所示，这种接线主要用于中性点不接地系统或经消弧电抗器接地的系统，可以用来测量三个线电压，用于连接线电压表、三相电度表、电力表和电压继电器等。它的优点是接线简单、易于应用，且一次线圈没有接地点，减少系统中的对地励磁电流，避免产生过电压。然而，由于这种接线只能得到线电压或相电压，因此，使用存在局限性，它不能测量相对地电压，不能起绝缘监测作用以及作为接地保护用。

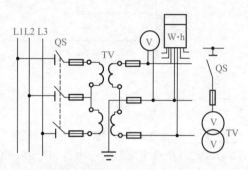

图10-16　两台单相电压互感器V/V形接线

V/V 形接线为安全起见，通常将二次绕组 V 相接地。

（3）**三台单相电压互感器 Y/Y 形接线**　如图 10-17 所示，这种接线方式可以满足仪表和继电保护装置取用相电压和线电压的要求。在一次绕组中点接地情况下，也可装配绝缘监察电压表。

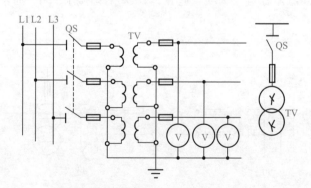

图10-17　三台单相电压互感器Y/Y形接线

（4）三相五柱式电压互感器或三台单相三绕组电压互感器 Y/Y/L 形接线　如图10-18所示，这种互感器接线方式，在10kV中性点不接地系统中应用广泛，它既能测量线电压、相电压又能组成绝缘监察装置和供单相接地保护用。两套二次绕组中，Y0形接线的二次绕组称作基本二次绕组，用来接仪表、继电器及绝缘监察电压表，开口三角形（△）接线的二次绕组，被称作辅助二次绕组，用来连接监察绝缘用的电压继电器。系统正常工作时，开口三角形两侧的电压接近于零，当系统发生一相接地时，开口三角形两端出现零序电压，使电压继电器得电吸合，发出接地预告信号。

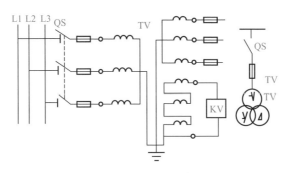

图10-18 三个单相三线圈电压互感器或一个三相五柱式电压互感器接成Y/Y/L

10.3.4　电流互感器的接线方式

（1）一台电流互感器接线　如图10-19（a）所示，这种接线是用来测量单相负荷电流或三相系统负荷中某一相电流。

（2）三台电流互感器组成星形接线　如图10-19（b）所示，这种接线可以用来测量负荷平衡或不平衡的三相电力供电系统中的三相电流。这种三相星形接线方式组成的继电保护电路，可以保证对各种故障（三相、两相短路及单相接地短路）具有相同的灵敏度，所以，可靠性稳定。

（3）两台电流互感器组成不完全星形接线方式　如图10-19（c）所示，这种接线在6～10kV中性点不接地系统中广泛应用。从图中可以看出，通过公共导线上仪表中的电流，等于U、W相电流的相量和，即等于V相的电流。即

$$\dot{I}_U + \dot{I}_V + \dot{I}_W = 0$$

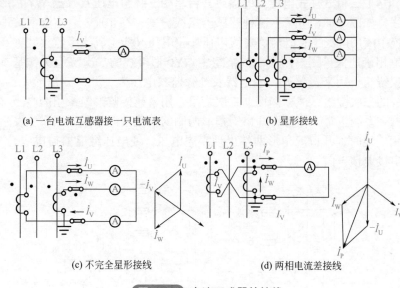

(a) 一台电流互感器接一只电流表

(b) 星形接线

(c) 不完全星形接线

(d) 两相电流差接线

图10-19 电流互感器的接线

$$\dot{I}_{V} = -(\dot{I}_{U} + \dot{I}_{W})$$

不完全星形接线方式构成的继电保护电路，可以对各种相间短路故障进行保护，但灵敏度一般相同，与三相星形接线比较，灵敏度较差。由于不完全星形接线方式比三相星形接线方式少了1/3的设备，因此，节省了投资费用。

（4）两台电流互感器组成两相电流差接线　如图10-19（d）所示，这种接线方式通常适用于继电保护线路中。例如，线路或电动机的短路保护及并联电容器的横联差动保护等，它能用作各种相间短路，但灵敏度各不相同。这种接线方式在正常工作时，通过仪表或继电器的电流是W相电流和U相电流的相量差，其数值为电流互感器二次电流的$\sqrt{3}$倍。即：

$$\dot{I}_{P} = \dot{I}_{W} - \dot{I}_{U}$$
$$I_{P} = \sqrt{3}\,I_{U}$$

10.3.5　电压、电流组合式互感器接线

电压、电流组合式互感器由单相电压互感器和单相电流互感器组合成三相，组合在同一油箱体内，如图10-20（a）所示。目前，国

产 10kV 标准组合式互感器型号为 JLSJW-10 型，具体接线方式如图 10-20（b）所示。

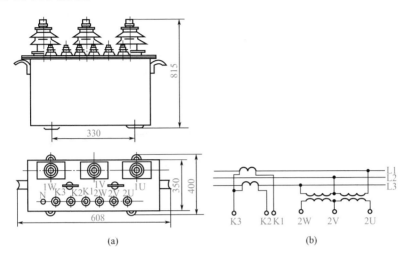

图10-20 JLSJW-10型电压、电流组合互感器外形及安装尺寸

这种组合式互感器，具有结构简单、使用方便、体积小的优点，通常在户外小型变电站及高压配电线路上作电能计量及继电保护用。

10.4 电压互感器的熔丝保护

10.4.1　电压互感器一、二次侧装设熔断器的作用及熔丝的选择

电压互感器通常安装在变配电所电源进线侧或母线上，对电压互感器如果使用不当，会直接影响高压系统的供电可靠性。为防止高压系统受电压互感器本身故障或一次引线侧故障的影响，在电压互感器一次侧（高压侧）装设熔断器进行保护。

10kV 电压互感器采用 RN2 型（或 RN4 型）户内高压熔断器，这种熔断器熔体的额定电流是 0.5A，1min 内熔体熔断电流为 0.6 ～ 1.8A，最大开断电流为 50kA，三相最大断流容量为 1000MV·A，熔体具有（100±7）Ω 的电阻，且熔管采用石英砂填充，因此这种熔断器具有很好的灭弧性能和较大的断流能力。

电压互感器一次侧熔丝的额定电流（0.5A），是根据其机械强度允许条件而选择的最小可能值，它比电压互感器的额定电流要大很多倍，因此二次回路发生过电流时，有可能不熔断。为了防止电压互感器二次回路发生短路所引起的持续过电流损坏互感器，在电压互感器二次侧还需装设低压熔断器，一般户内配电设备装置的电压互感器选用10/3～5A型，户外装置的电压互感器可选用15/6A型。常用二次侧低压熔断器型号有：R1型、RL型及GF16型或AM16型等，户外装置通常选用RM10型。

10.4.2　电压互感器一次侧（高压侧）熔丝熔断的原因

运行中的电压互感器，高压侧熔丝熔断是经常发生的，原因也是多方面的，归纳起来大概有以下几方面。

① 电压互感器二次短路，而二次侧熔断器由于熔丝规格选用过大不能及时熔断，而造成一次侧熔丝熔断。

② 电压互感器一次侧引线部位短路故障或本身内部短路（单相接地或相间短路）故障。

③ 系统发生过电压（如单相间歇电弧接地过电压、铁磁谐振过电压、操作过电压等）造成电压互感器铁芯磁饱和，励磁电流变大引起一次侧熔丝熔断。

10.4.3　电压互感器一、二次侧熔丝熔断后的检查与处理方法

（1）电压互感器一、二次侧一相熔丝熔断后电压表指示值的反映　运行中的电压互感器发生一相熔丝熔断后，电压表指示值的具体变化与互感器的接线方式以及二次回路所接的设备状况都有关系，不可以一概用定量的方法来说明，而只能概括地定性为：当一相熔丝熔断后，与熔断相有关的相电压表及线电压表的指示值都会有不同程度的降低，与熔断相无关的电压表指示值接近正常。

在10kV中性点不接地系统中，采用有绝缘监视的三相五柱电压互感器时，当高压侧有一相熔丝熔断时，由于其他未熔断的两相正常相电压相位相差120°，合成结果出现零序电压，在铁芯中会产生零序磁通，在零序磁通的作用下，二次开口三角接法绕组的端头间会出现一个33V左右的零序电压，而接在开口三角端头的电压继电器一般规定整定值为25～40V，因此有可能启动，而发出"接地"警报信号。在这里应当说明，当电压互感器高压侧某相熔丝熔断后，其余未熔断的两相电压

相量，之所以还能保持 120° 相位差（即中性点不发生位移）的原因是，当电压互感器高压侧发生一相熔丝熔断后，熔断相电压为零，其余未熔断两相绕组的端电压是线电压，每个线圈的端电压应该是二分之一线电压值。这个结论在不考虑系统电网对地电容的前提下可以认为是正确的。

但是实际上，在高压配电系统中，各相对地电容及其所通过的电容电流是客观存在和不可忽视的，如果把这些各相对地电容，都用一个集中的等值电容来代替，可以画成如图 10-21 所示的系统分析图。从图中可知，各相的对地电容是和电压互感器的一次绕组并联形成的。由于电压互感器的感抗相当大，故对地电容所构成的容抗 X_f 远远小于感抗，那么负载中性点电位的变化，即加在电压互感器一次绕组的电压对称度，主要取决于容抗。因为容抗三相基本是对称的，所以电压互感器绕组的端电压也是对称的。因此，熔断器未熔断两相的相电压，仍基本保持正常相电压，且两相电压要保持 120° 的相位差（中性点不发生位移）。

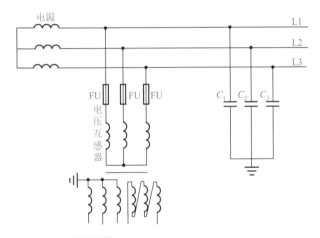

图10-21 不接地系统对地电容示意图

此外，当电压互感器一次侧（高压侧）一相熔丝熔断后，由于熔断相与非熔断相之间的磁路构成通路，非熔断两相的合成磁通可以通过熔断相的铁芯和边柱铁芯构成磁路，结果在熔断相的二次绕组中，感应出一定量的电势（通常在 0～60% 的相电压之间）这就是为什么当一次侧二相熔丝熔断后，二次侧电压表的指示值不为零的主要原因。

（2）运行中电压互感器熔丝熔断后的处理

① 运行中的电压互感器。当熔丝熔断时，应首先用仪表（如万用

表）检查二次侧（低压侧）熔丝有无熔断。通常可将万用表挡位开关置于交流电压挡（量限置于 0 ～ 250V），测量每个熔丝管的两端有没有电压以判断熔丝是否完好。如果二次侧熔丝无熔断现象，那么故障一般是发生在一次高压侧。

② 低压二次侧熔丝熔断后，应更换符合规格的熔丝试送电。如果再次发生熔断，说明二次回路有短路故障，应进一步查找和排除短路故障。

③ 高压熔丝熔断的处理及安全注意事项：10kV 及以下的电压互感器运行中发生高压熔丝熔断故障，应首先拉开电压互感器高压侧隔离开关，为防止互感器反送电，应取下二次侧低压熔丝管，经验证明无电后，仔细查看一次引线侧及瓷套管部位是否有明显故障点（如异物短路、瓷套管破裂、漏油等），注油塞处有无喷油现象以及有无异常气味等，必要时，用兆欧表摇测绝缘电阻。在确认无异常情况下，可以戴高压绝缘手套或使用高压绝缘夹钳进行更换高压熔丝的工作。更换合格熔丝后，再试送电，如再次熔断则应考虑互感器内部是否有故障，要进一步检查试验。

更换高压熔丝应注意的安全事项：更换熔丝必须采用符合标准的熔断器，不能用普通熔丝，否则电压互感器一旦发生故障，由于普通熔丝不能限制短路电流和熄灭电弧，因此很可能烧毁设备和造成大面积停电事故。

停用电压互感器应事先取得有关负责人的许可，应考虑到对继电保护、自动装置和电度计量的影响，必要时将有关保护装置与自动装置暂时停用，以防止误动作。

应有专人监护，工作中注意保持与带电部分的安全距离，防止发生人身伤亡。

10.5 电压互感器的绝缘监察作用

10.5.1 中性点不接地系统一相接地故障

在我国电力供电系统中，3 ～ 10kV 的电力网从供电可靠性及故障发生的情况来看，目前均采用中性点不接地方式或经消弧电抗器接地的方式。

在中性点不接地的电力供电系统中，中性点的电位是不固定的，它随着系统三相对地电容的不平衡而改变，通常在架设电力线路时，应采取合理的换位措施，从而使各相对地分布电容尽可能地相等，这样可以认为三相系统是对称的，系统中性点与大地等电位。为便于分析，我们将系统中每相对地的分布电容可以用一个集中电容 C 来代替，如图 10-22 所示。

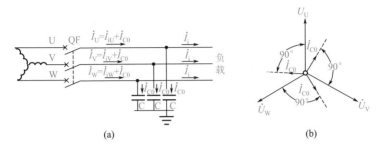

图10-22 中性点不接地的三相系统正常工作状态

在正常工作状态时，电源的相电流等于负载电流和对地的电容电流的相量和，每相对地电容电流大小相等，彼此相位差120°，每相电容电流超前相电压90°，如图10-22（b）所示。三相对地电容电流的相量和等于零，没有电流在地中流动。每相对地电压 $\dot{U}_U$、$\dot{U}_V$ 和 $\dot{U}_W$ 是对称的，在数值上等于电源的相电压。

如果线路换位不完善，使各相对地电容不相等时，三相对地电容电流相量和就会不等于零，系统的中性点与大地的电位不等，产生电位差，使得三相对地电压不对称。

当系统发生一相金属性接地故障时，如果当 W 相发生金属性接地时，它与大地间的电压变为零（$U_W = 0$），而其他未接地故障的两相（U 相和 V 相）对地电压各升高到正常情况下的$\sqrt{3}$倍，即等于电源的线电压值：$\dot{U}'_U = \sqrt{3}\,U_U$，$\dot{U}'_V = \sqrt{3}\,U_V$，如图 10-23 所示。可以假设在 W 相发生接地故障时，在接地处产生一个与电压 U_W 大小相等而符号相反的 $-U_W$ 电压，这样各相对地电压的相量和为：

$$\dot{U}'_U = \dot{U}_U + (-\dot{U}_W) = \dot{U}_U - \dot{U}_W = \sqrt{3}\,U_U$$
$$\dot{U}'_V = \dot{U}_V + (-\dot{U}_W) = \dot{U}_V - \dot{U}_W = \sqrt{3}\,U_V$$

从图 10-23 可知，U_V 与 U_U 之间的相角是 60°，由于 U 相和 V 相的对地电压都增大到原来的$\sqrt{3}$倍，所以 U 相和 V 相的对地电容电流也都增大到原来的$\sqrt{3}$倍。W 相因发生接地，所以本身对地电容被短路，电容电流等于零，但接地点的故障电流（如图 10-23 所示），根据节点电流定律可以写出：

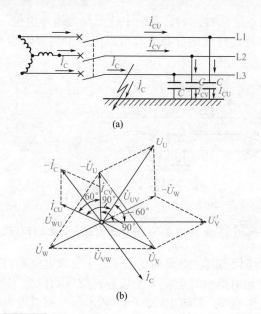

(a)

(b)

图10-23 中性点不接地系统，W相一相接地的情形

$$\dot{I}_{\mathrm{C}} = -(\dot{I}_{\mathrm{CU}} + \dot{I}_{\mathrm{CV}})$$

从相量图 10-23（b）可以看出：$\dot{I}_{\mathrm{CU}}$ 超前 $U_{\mathrm{U}}90°$，$\dot{I}_{\mathrm{CV}}$ 超前 $U_{\mathrm{V}}90°$，可见这两个电流之间的相角差亦是 60°。通过相量分析计算可以求得：

$$I_{\mathrm{C}} = \sqrt{3}\, I_{\mathrm{CU}} = \sqrt{3}\, I_{\mathrm{CV}}$$

又因为 $I_{\mathrm{CU}} = \sqrt{3}\, I_{\mathrm{C0}}$，所以 $I_{\mathrm{C}} = 3I_{\mathrm{C0}}$。由此可知，系统发生金属性接地故障时，接地点电容电流是每相正常电容电流的三倍。如果知道系统每相对地电容 C，通过欧姆定律可以推出接地电容电流绝对值为：

$$I_{\mathrm{C}} = 3\omega C U_{\mathrm{U}}$$

式中　U_{U}——系统的相电压，V；

　　　ω——角频率，rad/s；

　　　C——相对地电容，F。

上式说明，接地电容电流 I_{C} 与电网的电压、频率和相对地间的电容值构成正比关系。接地电容电流 I_{C} 还可以近似利用下列公式估算：

对于架空网路：

$$I_{\mathrm{C}} = \frac{UL}{350}$$

对于电缆网路：

$$I_C = \frac{UL}{10}$$

式中　U——电网线电压，kV；

　　　L——同一电压系统电网总长度，km。

综上所述，在中性点不接地的三相电力供电系统中，发生一相接地故障时，会出现以下情况。

① 金属性接地时，接地相对地电压为零，非接地两相对地电压升高到相电压的$\sqrt{3}$倍，即等于线电压，而各相之间电压大小和相位保持不变，可概括为："一低，两高，三不变"。

② 虽然发生一相接地后，三相系统的平衡没有破坏（相电压和线电压大小、相位均不变），用电器可以继续运行，但由于未接地，相对地电压升高，在绝缘薄弱系统中有可能发生另外一相接地故障，造成两相短路，使事故扩大，因此，不允许长时间一相接地运行（一般规定不超过 2h）。

> **注意：** 对于电缆线路，一旦发生单相接地，其绝缘一般不可能自行恢复，因此不宜继续运行，应尽快切断故障电缆的电源，避免事故扩大。

③ 单相弧光接地具有很大的危险性，这是因为电弧容易引起两相或三相短路造成事故扩大。此外断续性电弧还能引起系统内过电压，这种内部过电压，能达到 4 倍相电压，甚至更高，容易使系统内绝缘薄弱的电气设备击穿，造成较难修复的故障。弧光接地故障的形成与接地故障点通过容性电流的大小有关，为避免弧光接地对电力供电系统造成危险，当系统接地电流大于 5A 时，发电机、变压器和高压电动机应考虑装设动作跳闸的接地保护装置。当 10kV 系统接地电流大于 30A 时，为避免出现电弧接地危害，中性点应采用经消弧电抗器接地的方式（如图 10-24 所示）。消弧电抗器是一个带有可调铁芯的线圈，当发生单相接地故障时，它产生一个与接地电容电流相位差 180° 的电感电流，来达到补偿作用，通过调整铁芯电感来达到适当地补偿，能使接地故障处的电流变得很小，从而减轻了电弧接地的危害。

④ 在单相不完全接地故障时，各相对地电压的变化与接地过渡电阻的大小有关系，一般具体情况比较复杂。在一般情况下，接地时相对地电压降低，但不到零，非接地的两相对地电压升高，但不相等，其中

一相电压低于线电压，另一相允许超过线电压。

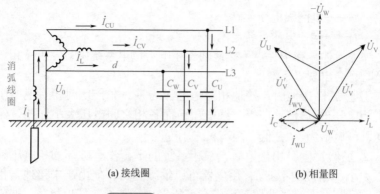

(a) 接线圈   (b) 相量图

图10-24 中性点经消弧线圈接地

10.5.2 绝缘监察作用

如前所述，在中性点不接地系统中，由于单相接地故障并不会破坏三相系统的平衡，因此相电压和线电压的数值和相位均不变，只是接地相对地电压降低，未接地的两相对地电压升高，系统仍能维持继续运行。但是这种接地故障必须及早发现和排除，以防止发展成两相短路或其他形式的短路故障。由于在中性点不接地系统中，任何一处发生接地故障都会出现零序电压，因此可以利用零序电压来产生信号，实现对系统接地故障的监视，这样的装置称为绝缘监察装置。

（1）绝缘监察装置原理接线　绝缘监察用电压互感器的原理接线图，如图10-25所示，它是由一台三相五柱式电压互感器（JSJW-10）或三台单相三线圈电压互感器（JDZJ-10）组成，为能进行绝缘监察，电压互感器高压侧中性点应接地。互感器二次侧的基本绕组接成星形，供测量电压及提供信号、操作电源用，辅助绕组连接成开口三角形，在开口三角形两端应接有过电压继电器。

电压互感器通常安装在变电站电源进线侧或母线上，正常运行情况下，系统三相对地电压对称，没有零序电压，三只相电压表读数基本相等（由于系统三相对地电容不完全平衡及互感器磁路不对称等原因使三只相电压表读数会略有差别），开口三角形两端没有电压或有一个很小的不平衡电压（通常不超过 10V）。当系统某一相发生金属性接地故障时，接地相对地电压为零，而其他两相对地电压升高$\sqrt{3}$倍，此时接在电压互感器二次星形绕组上的三只电压表反映出"一低、两高"。同时，在开口三角两端处出现零序电压，使过电压继电器 KV 动作，并发出接地故障预告信号。

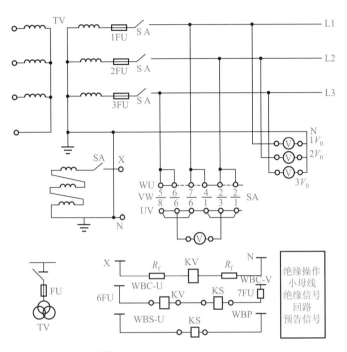

图10-25 绝缘监察电压互感器原理接线图

FU—熔断器；SA—辅助开关；KV—电压继电器；KS—信号继电器；R_f—附加电阻

当系统发生金属性接地故障时，开口三角形绕组两端出现的零序电压约为 100V，如果是非金属性接地故障，则开口三角形绕组两端的零序电压小于 100V，为保证在系统发生接地故障时，电压继电器可靠、灵敏地发出信号，通常电压继电器整定动作电压为 26～40V。

（2）开口三角形两端零序电压相量 正常运行时，由于电力供电系统三个相电压 $\dot{U}_U$、$\dot{U}_V$、$\dot{U}_W$ 是对称的，感应到电压互感器二次绕组中的三个相电压 $\dot{U}_U$、$\dot{U}_V$、$\dot{U}_W$，也是对称的，它们的接线原理和相量图，如图 10-26 所示。开口三角形的三个绕组是首尾串联接线。因此，开口端（a_D、x_D）的电压是三个相电压的相量和，在正常运行情况下应为零（或有一个很小的不平衡电压），即：$U_{ax} = \dot{U}_U + \dot{U}_V + \dot{U}_W = 0$，当电力供电系统发生接地故障时（例如假定 W 相接地），从图 10-27（a）中可以看出，电压互感器一次侧 W 相绕组的首端和尾端均是地电位，因此 W 相绕组上没有电压，感应到电压互感器二次侧 W 相绕组的电压也为零。由于 W 相接地后，W 相与大地等电位，因此，电压互感器一次侧 V 相绕组两端的电压为 U_{VW}，U 相绕组两端的电压为 U_{UW}，即都等于线电压。显然，感应到电压互感器二次侧相应的 U 相、V 相绕组电压也应该为正常情况下相电压的 $\sqrt{3}$ 倍。

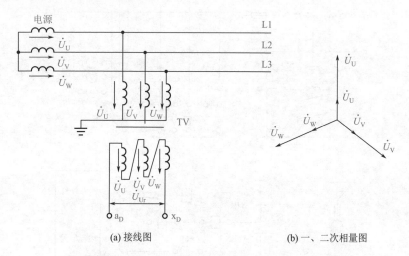

(a) 接线图   (b) 一、二次相量图

图10-26 正常运行时电压互感器开口三角形电压情况

从图 10-27（b）所示相量图分析，由于 W 相接地时，系统电源中性点对地电位为 $-U_W$，因此各相对地电压为：

$$U_{WE} = U_W + (-U_W) = 0$$
$$U_{UE} = U_U + (-U_U) = \sqrt{3}\, U_U$$
$$U_{VE} = U_V + (-U_W) = \sqrt{3}\, U_V$$

这个结论和前面分析是基本相同的，即系统发生金属性接地故障时，接地相对地电压为零，其他未接地两相对地电压在数值上为相电压的 $\sqrt{3}$ 倍，等于线电压。从相量图上还可以看出 U_{UE} 和 U_{VE} 的夹角为 60°，在这种情况下，加在电压互感器一次侧的三个相电压 U_{WE}、U_{UE}、U_{VE} 不再不对称了，通过相量计算不难求得 $U_{UE} + U_{VE} = 3U_0$，即合成电压为 3 倍的零序电压，同理感应到电压互感器二次侧开口三角形两端的电压 $U_{ax} = U_U + U_V = 3U_0$，即此开口三角形两个端头间出现 3 倍的零序电压。

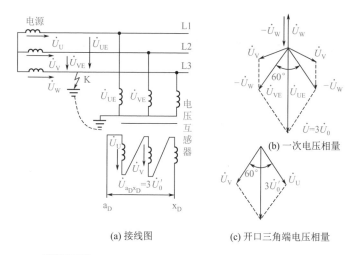

(a) 接线图　　(c) 开口三角端电压相量

图10-27 单相接地时电压互感器开口三角形电压情况

10.6 电流互感器二次开路故障

10.6.1 电流互感器二次开路的后果

正常运行的电流互感器，由于二次负载阻抗很小，可以认为是一个短路运行的变压器，根据变压器的磁势平衡原理，由于二次电流产生的磁通和一次电流产生的磁通是相互去磁关系，使得铁芯中的磁通密度（$B = \Phi/S$）保持在较低的水平，通常当一次电流为额定电流时，电流互感器铁芯中的磁通密度在1000GS左右，根据这个道理，电流互感器在设计制造中，铁芯截面选择较小。当二次开路时，二次电流变为零，二次去磁磁通消失，此时，由一次电流所产生的磁通全部成为励磁磁通，铁芯中磁通加速地增加，这样使得铁芯达到磁饱和状态（在二次开路情况下，一次侧流过额定电流时，铁芯中的磁通密度可达14000 ~ 18000GS），由于磁饱和这一根本的原因，产生下列情况。

① 二次绕组侧产生很高的尖峰波电压（可达几千伏），危害绝缘设备和人身安全。

② 铁芯中产生剩磁，使电流互感器变比误差和相角误差加大，影响计量准确性，所以运行中的电流互感器二次不允许开路。

③ 铁芯损耗增加，发热严重，有可能烧坏绝缘。

10.6.2　电流互感器二次开路的现象

运行中的电流互感器二次发生开路，在一次侧负荷电流较大的情况下，可能会有下列情况。

① 因铁芯电磁振动加大，有异常噪声。

② 因铁芯发热，有异常气味。

③ 有关表计（如电流表、功率表、电度表等）指示减少或为零。

④ 如因二次回路连接端子螺钉松动，可能会有滋火现象和放电声响，随着滋火，有关表计指针有可能随之摆动。

10.6.3　电流互感器二次开路的处理方法

运行中的电流互感器发生二次开路，能够停电的应尽量停电处理，不能停电的应设法转移和降低一次负荷电流，待度过高峰负荷后，再停电处理。如果是电流互感器二次回路仪表螺钉或端子排螺钉松动造成开路，在尽量降低负荷电流和采取必要安全措施（有人监护、注意与带电部位安全距离、使用带有绝缘柄的工具等）的情况下，可以不停电修理。

如果是高压电流互感器二次出口端处开路，则限于安全距离人不能靠近，必须在停电后才能处理。

第11章

继电保护装置与二次回路与保护

11.1 继电保护装置原理及类型

电力供电系统包括发电、变电、输电、配电和用电等环节，成千上万的电气设备和数百或上千千米的线路组合在一起构成了复杂的系统。自然条件和人为的影响（如雷电、暴雨、狂风、冰雹、误操作等）使得发生电气事故的可能性大量存在，而电力供电系统又是一个统一的整体，一处发生事故就可能迅速扩大到其他地方。例如 10kV 中性点不接地系统，当一相金属性接地故障时，另两相对地电压就会升高，威胁着整个线路上电气设备，另外，发生电气短路事故时，由于短路电流的热效应和电动力的作用，往往使电气设备遭到致命的破坏。

因此，必须保证电力供电系统安全可靠地运行，只有在此前提下才能谈到运行的经济性、合理性。为了保证电力供电系统运行可靠，必须设置继电保护装置。

11.1.1 继电保护装置的任务

① 监视电力供电系统的正常运行。当电力供电系统发生异常运行时（如在中性点不直接接地的供电系统中，发生单相接地故障、变压器运行温度过高、油面下降等），继电保护装置应准确地作出判断并发出相应的信号或警报，使值班人员得以及时发现，迅速处理，使之尽快恢复正常。

② 当电力供电系统中发生损坏设备或危及系统安全运行的故障时，继电保护装置应能立即动作，使故障部分的断路器掉闸，切除故障点，防止事故扩大，以确保系统中非故障部分继续正常供电。

③ 继电保护装置还可以实现电力系统自动化和运动化，如自动重

合闸、备用电源自动投入、遥控、遥测、遥信等。

11.1.2　对继电保护装置的基本要求

（1）动作选择性　电力供电系统发生故障时，继电保护装置动作，但只切除系统中的故障部分，而其他非故障部分仍继续供电，如图 11-1 所示。

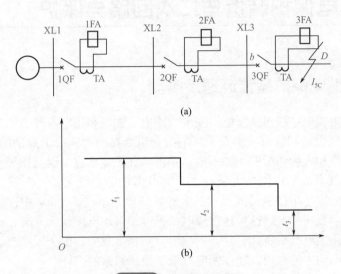

图11-1　选择性示意图

继电保护装置的选择性，是靠选择合适的继电保护类型和正确计算整定值，使各级继电保护相互很好地配合而实现的。当确定了继电保护装置类型后，在整定值的配合上，通过设定不同的动作时限，可以使上级线路断路器继电保护动作时限，比本级线路的断路器继电保护动作时限大一个时限级差 Δt，一般取 $0.5 \sim 0.7\mathrm{s}$。

图 11-1 线路的始端装有过电流保护，当线路 3（XL3）的 b 点发生短路故障时，短路电流从电源流经线路 1（XL1）、线路 2（XL2）及线路 3（XL3），把故障电流传递到短路点 D 处。短路电流要同时通过各线路的电流互感器进入各自的继电保护系统，各组继电保护中的电流继电器都应该有反应，甚至于同时动作（只要电流达到保护整定电流时），但由于整定的动作时限不同（原则是 $t_1 > t_2 > t_3$，时限级差 Δt 为 $0.5 \sim 0.7\mathrm{s}$），所以线路 3 的继电保护首先动作使断路器出现掉闸，其他线路的继电保护，由于故障线路已经切除，则立即返回，这样就实

现了选择性动作，保证了非故障线路的正常供电。

（2）**动作迅速性**　为了减少电力供电系统发生故障时对电力供电系统所造成的经济损失，要求继电保护装置快速切除故障，因此，继电保护的整定时限不宜过长，对某些主设备和重要线路，采用快速动作的继电保护，以零秒时限使断路器掉闸，一般速断保护的总体掉闸时间不会超过0.2s。

（3）**动作灵敏性**　对于继电保护装置，应验算整定值的灵敏度，它应保证对于保护范围内的故障有足够的灵敏性。就是说，对于保护范围内的故障，不论故障点的位置和故障性质如何，都应迅速作出反应，为了保证继电保护动作的灵敏性，在计算出整定值时，应进行灵敏度的校验。

对于故障后参数量（如电流）增加的继电保护装置的灵敏度，又叫电流保护的灵敏系数，是保护装置所保护的区域内，在系统为最小运行方式条件下的短路电流与继电保护的动作电流换算到一次侧的电流值之比，灵敏度以 K_{se} 表示：

$$K_{se} = \frac{保护范围末端的最小短路电流流经继电器保护的电流}{保护装置折算到一次侧的动作电流}$$

规程中规定，继电保护的灵敏系数应为1.2～1.5才能满足要求，特别是电动机和变压器的速断保护，灵敏系数要求大于2。

（4）**动作可靠性**　继电保护的可靠性，系指在保护范围内发生故障时，继电保护应可靠地动作，而在正常运行状态，继电保护装置不会动作，就是说，继电保护既不误动作，又不拒绝动作，以保证继电保护装置的正确动作。

11.1.3　继电保护装置的基本原理及其框图

（1）**继电保护装置的基本原理**　电力供电系统运行中的物理量，如电流、电压、功率因数角等参数都有一定的数值，这些数值在正常运行和故障情况，对于保护范围以内的故障和保护范围以外的故障都是不一样的，是有明显区别的。如电力供电系统发生短路故障时，总是电流突增、电压突降、功率因数角突变。反过来说，当电力供电系统运行中发生某种突变时，那就是电力供电系统发生了故障。

继电保护装置正是利用这个特点，在反映、检测这些物理量的基础上，利用物理量的突然变化来发现、判断电力供电系统故障的性质和范围，进而作出相应的反应和处理，如发出警告信号或使断路器掉闸等。

（2）继电保护装置的原理框图　继电保护装置的原理如图11-2所示。

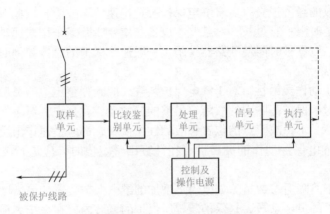

被保护线路

图11-2　继电保护装置的原理框图

① 取样单元　它将被保护的电力供电系统运行中的物理量经过电气隔离（以确保继电保护装置的安全）并转换为继电保护装置中比较鉴别单元可以接收的信号。取样单元一般由一台或几台传感器组成，如电流互感器就可以认为电流传感器；电压互感器就可以认为是电压传感器等。

为了便于理解，以10kV系统的某类电流互感器为例。对于电流保护，取样单元一般就是由2台（或2台以上）电流互感器构成的。

② 比较鉴别单元　该单元中包含有给定单元，由取样单元送来的信号与给定单元给出的信号相比较，以便确定往下一级处理单元发出何种信号。

在电流保护中，比较鉴别单元由四只电流继电器组成，两只作为速断保护，另两只作为过电流保护。电流继电器的整定值部分即为给定单元，电流继电器的电流线圈则接收取样单元（电流互感器）送来的电流信号，当电流信号达到电流整定值时，电流继电器动作，通过其接点向下一级处理单元发出使断路器最终掉闸的信号，若电流信号小于整定值，则电流继电器不会动作，传向下级单元的信号也不动作。本单元不仅通过比较来确定电流继电器是否动作，而且能鉴别是要按"速断"还是按"过电流"来动作，并把"处理意见"传送到下一单元。

③ 处理单元　它接受比较鉴别单元的送来信号，并按比较鉴别单

元的要求来进行处理。该单元一般由时间继电器、中间继电器等构成。

在电流保护中，若需要按"速断"处理，则让中间继电器动作；若需要按"过电流"处理，则让时间继电器动作进行延时。

④ 信号单元 为便于值班员在继电保护装置动作后尽快掌握故障的性质和范围，应用信号继电器作出明显的标志。

⑤ 执行单元 继电保护装置是一种电气自动装置，由于对它有快速性的要求，因此有执行单元，将对故障的处理通过执行单元进行实施。执行单元一般有两类：一类是声、光信号电器，例如电笛、电铃、闪光信号灯、光字牌等；另一类为断路器的操作机构，它可使断路器分闸及合闸。

⑥ 控制及操作电源 继电保护装置要求有自己的交流或直流电源，对此，在以后章节还要较详细地介绍。

11.1.4 保护类型

（1）**电流保护** 该继电保护是根据电力供电系统的运行电流变化而动作的保护装置，按照保护的设定原则、保护范围及原理特点可分为：

① 过负荷保护。作为电力供电系统中的重要电气设备（如发电机、主变压器）的安全保护装置，例如：变压器的过负荷保护，是按照变压器的额定电流或限定的最大负荷电流而确定的。当电力变压器的负荷电流超过额定值而达到继电保护的整定电流时，即可在整定时间动作，发出过负荷信号，值班人员可根据保护装置的动作信号，对变压器的运行负荷进行调整和控制，以达到变压器安全运行的目的，使变压器运行寿命不低于设计使用年限。

② 过电流保护。电力供电系统中，变压器以及线路的重要继电保护，是按照避开可能发生的最大负荷电流而整定的（就是保护的整定值要大于电机的自启动电流和穿越性短路故障的发生而流经本线路的电流）。当继电保护中流过的电流达到保护装置的整定电流时，即可在整定时间内使断路器掉闸，切除故障，使系统中非故障部分可以正常供电。

③ 电流速断保护。电流速断保护是对变压器和线路的主要保护。它是在保证电力供电系统被保护范围内发生严重短路故障时以最短的动作时限，迅速切除故障点的电流保护。它是按照系统最大运行方式的条件下，躲开线路末端或变压器二次侧发生三相金属性短路时的短路电流而设定的。当速断保护动作时，以零秒时限使断路器掉闸，切除故障。

（2）**电压保护** 电压保护是电力供电系统发生异常运行或故障时，根据电压的变化而动作的继电保护。

电压保护按其在电力供电系统中的作用和整定值的不同可分为：

① 过电压继电保护。这是一种为防止电力供电系统由于某种原因使电压升高导致电气设备损坏而装设的继电保护装置。

② 低电压继电保护。这是一种为防止电力供电系统的电压由于某种原因突然降低致使电气设备不能正常工作而装设的继电保护装置。

③ 零序电压保护。这是一种用于三相三线制中性点绝缘的电力供电系统中，为防止一相绝缘破坏造成单相接地故障的继电保护。

（3）**方向保护** 这是一种具有方向性的继电保护。对于环形电网或双回线供电的系统，当某部分线路发生短路故障，而故障电流的方向符合继电保护整定的电流方向时，则保护装置立即动作，切除故障点。

（4）**差动保护** 这是一种按照电力供电系统中，被保护设备发生短路故障，在保护中产生的差电流而动作的一种保护装置。一般用作主变压器、发电机和并联电容器的保护装置，按其装置方式的不同可分为：

① 横联差动保护。横联差动保护常作为发电机的短路保护和并联电容器的保护，一般设备的每相均为双绕组或双母线时，采用这种差动保护，其原理如图 11-3 所示。

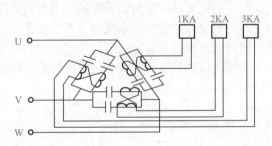

图11-3 并联电容器的横联差动保护原理示意图

② 纵联差动保护。一般常作为主变压器保护，是专门保护变压器内部和外部故障的主保护，其原理示意如图 11-4 所示。

（5）**高频保护** 这是一种作为主系统、高压长线路的高可靠性的继电保护装置。

（6）**距离保护** 这种继电保护也是主系统的高可靠性、高灵敏度的继电保护，又称为阻抗保护，这种保护是按照线路故障点不同的阻抗值而整定的。

（7）**平衡保护** 这是一种作为高压并联电容器的保护装置。继电保护有较高的灵敏性，对于采用双星形接线并联电容器组，采用这种保护较为合适。它是根据并联电容器发生故障时产生的不平衡电流而动作的一种保护装置。

（8）**负序及零序保护** 这是作为三相电力供电系统中发生不对称短路故障与接地故障时的主要保护装置。

（9）**煤气保护** 这是作为变压器内部故障的主保护，为区别故障性质，分为轻煤气和重煤气保护，监测变压器工作状况。当变压器内部故障严重

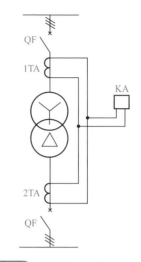

图11-4 纵联差动保护原理示意图

时，重煤气动作，使断路器掉闸，避免变压器故障范围的扩大。

（10）**温度保护** 这是专门监视变压器运行温度的继电保护，可以分为警报和掉闸两种整定状态。

以上十种类型的继电保护装置，其中的比较鉴别单元、处理单元、信号单元是由电磁式、感应式等各种继电器构成的。随着技术的进步，电子器件以及计算机已逐步引入到继电保护的领域中，尽管目前尚不普遍，但却代表了继电保护发展方向。

11.2 变、配电所继电保护中常用的继电器

10kV 变、配电所一般容量不大，供电范围有限，故而常采用比较简单的继电保护装置，例如，过流保护、速断保护等。这里仅重点介绍一些构成过流、速断保护用的继电器。继电器内部接线如图 11-5 所示。

11.2.1 感应型 GL 系列有限、反时限电流继电器

这种继电器应用于 10kV 系统的变配电所，作为线路变压器、电动机的电流保护。GL 型电流继电器是根据电磁感应的原理而工作的。主要由圆盘感应部分和电磁瞬动部分构成。由于继电器既有根据感应原理构成的反时限特性的部分，又有电磁式瞬动部分，因此称为有限、反时

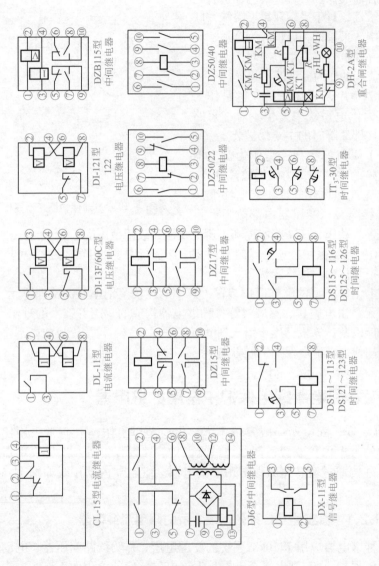

图11-5 常用继电器内部接线图

限电流继电器。但是，这种继电器以反时限特性的部分为主。GL-10系列电流继电器的构造如图11-6所示。

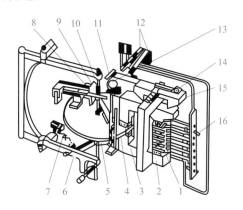

图11-6 GL-10系列电流继电器的结构

1—线圈；2—电磁铁；3—短路环；4—铝盒；5—钢片；6—框架；

7—调节弹簧；8—制动永久磁铁；9—扇形齿轮；10—蜗杆；11—扁杆；12—继电器触点；

13—调节时限螺杆；14—调节速断电流螺钉；15—衔铁；16—调节动作电流的插销

（1）GL 型电流继电器的结构

① 电流线圈是由绝缘铜线绕制而成，有分别连接到一些插座的抽头，以改变线圈匝数。继电器整定电流的调整，主要是改变电流线圈匝数，从而改变继电器的动作电流值（即整定电流值）。

② 铁芯及衔铁　这是继电器的主要磁通路，又是继电器的操动部分，继电器的电磁瞬动部分就是通过继电器铁芯与衔铁之间的作用而构成的，在铁芯的极面与衔铁之间有气隙，调整气隙的大小可以改变速断电流的数值，铁芯是由硅钢片叠装而成的，在衔铁上嵌有短路环。

③ 圆盘（铝盘）及其带螺杆的轴　这是继电器的驱动部分，也是构成继电器反时限特性的主要部分。

④ 门型框架（也称可动框架）　用作继电器圆盘、蜗杆轴的固定部分。

⑤ 扇形齿轮　这是继电器的机械传动部分，又是构成继电器反时限特性的主要组成部分。

⑥ 永久磁铁　可以使继电器圆盘匀速旋转而产生电磁阻尼力矩的制动部分。

⑦ 时间调整螺杆　这是继电器动作时限的调整部件。

此外，还有产生反作用力矩的弹簧、继电器动作指示信号牌以及外壳等。

（2）GL 型电流继电器的工作原理　在继电器铁芯的极面上限有短路环，使得继电器电流线圈所产生的磁通分两部分穿过圆盘。当继电器的线圈中有电流流过时，铁芯中的磁通分成两部分，即穿过短路环的部分和未穿过短路环的部分，这两个磁通在相位上差 $\dfrac{n}{2}$，穿过夹在铁芯间隙中的圆盘的两个不同的位置。根据电磁感应原理，圆盘在磁通穿过的部分产生涡流，从而使圆盘在磁通和涡流的相互作用下产生旋转力矩（转矩）。圆盘的转矩与电流的平方成正比，圆盘的旋转速度由转矩的大小决定。由于圆盘夹在永久磁铁的两极之间，在圆盘旋转时，同时切割了永久磁铁的磁通，因此在圆盘中也产生涡流，这个涡流与永久磁铁的磁通相互作用产生了转矩，根据左手定则可判断出这个转矩恰恰与圆盘的旋转方向相反，对圆盘的旋转起到了阻尼作用，这种作用称为电磁阻尼，阻尼转矩的大小与圆盘的转速有关，这样可使受力圆盘转速完全对应于电流的大小而不会自行加速，使得圆盘匀速转动。

当线圈中通过的电流达到继电器整定电流时，铝盘受力达到了使门型框架足以克服反作用力弹簧的拉力：使得扇形齿轮与圆盘轴上的螺杆啮合，随着圆盘的旋转，扇形齿轮不断上升，经过一定的时间后使扇形齿轮上的挑杆挑起电磁衔铁上的杠杆，致使衔铁与铁芯间隙减小而加速吸向铁芯，使继电器的常开触点闭合（或常闭触点打开），杠杆同时把信号牌挑下，表示继电器已经动作。触点闭合后，接通断路器的掉闸回路使断路器掉闸。

GL 型电流继电器，具有速断和过电流两种功能，有信号掉牌指示，触点容量大就可以没有中间继电器。继电器触点可做成常开式（可用直流操作电源）、常闭式和一对常闭、一对常开触点等形式。此种继电器结构复杂、精度不高，调整时误差较大，电磁部分的调整误差更大，返回系数低。

11.2.2　电磁型继电器

（1）DL 系列电流继电器　这种继电器是根据电磁原理而工作的瞬动式电流继电器，是一种定时限过流保护和速断保护的主要继电器。这种继电器动作准确，电流的调整分粗调与细调，粗调靠改变电流线圈的串、并联方式改变动作电流，而细调主要是靠改变螺旋弹簧的松紧力而改变动作电流的。继电器的接点为一对常开，接点容量小时需要靠时间继电器或中间继电器的接点去执行操作。

（2）J系列电压继电器　这种继电器的构造和工作原理与DL系列电流继电器相同，只不过线圈为电压线圈，是一种过电压和低电压以及零序电压保护的主要继电器。

（3）DZ系列交、直流中间继电器　这种继电器是继电保护中起辅助和操作用的继电器，通常又称为辅助继电器，是一种执行元件，型号较多，接点的对数也较多，有常开和常闭接点，继电器的额定电压应根据操作电源的额定电压来选择。

（4）DS系列时间继电器　它是一种构成定时限过流保护的时间元件，继电器有时间机构，可以依据整定值进行调整，是过电流保护和过负荷保护中的重要组成部分。

（5）DX系列信号继电器　这种继电器的结构简单，是作为继电保护装置中的信号单元。继电器动作时，掉牌自动落下，同时带有接点，可以接通音响、警报及信号灯部分。通过信号继电器的指示，反映故障性质和动作保护的类别。此种继电器可分为电压型和电流型，选择时必须注意这一点。

11.3　继电保护装置的操作电源及二次回路继电保护装置的操作电源与二次回路

继电保护装置的操作电源是继电保护装置的重要组成部分。要使继电保护可靠动作，就需要可靠的操作电源。对于不同的变、配电所，采用各种不同型式的继电保护装置，因而就要配置不同型式的操作电源。继电保护常用的操作电源以下几种。

11.3.1　交流操作电源

交流操作的继电保护，广泛用于10kV变、配电室中，交流操作电源主要取自于电压互感器、变、配电所内用的变压器以及电流互感器等。

（1）交流电压作为操作电源　这种操作电源常作为变压器的煤气或温度保护的操作电源。断路器操作机构一般可用C82型手力操动机构，配合电压切断掉闸（分励脱扣）机构。操作电源取自电压互感器（电压

100V）或变配电所内用的变压器（电压220V）。

这种操作电源，实施简单、投资省、维护方便，便于实施断路器的远程控制。交流电压操作电源的主要缺点是受系统电压变化的影响，特别是当被保护设备发生三相短路故障时，母线电压急剧下降，影响继电保护的动作，使断路器不能掉闸，造成越级掉闸，可能使事故扩大。这种操作电源不适于用在变、配电所主要保护的操作电源。

（2）**交流电流作为操作电源**　对于10kV反时限过流保护，往往采用交流电流操作，操作电源取自于电流互感器。这种操作电源一般分为以下几种操作方式。

① 直接动作式交流电流操作的方式，如图11-7所示。以这种操作方式构成的保护，结构简单，经济实用，但是，动作电流精度不高，误差较大，适用于10kV以下的电动机保护或用于一般的配电线路中。

② 采用去分流式交流电流的操作方式。这种操作方式继电器应采用常闭式接点，结构比较简单，如图11-8所示。

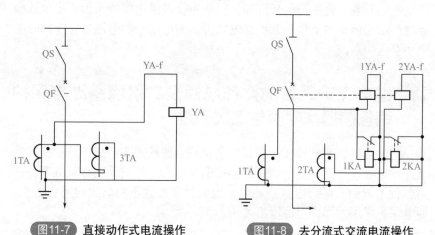

图11-7　直接动作式电流操作　　　图11-8　去分流式交流电流操作

③ 应用速饱和变流器的交流电流的操作方式。这种操作方式还需要配置速饱和变流器。继电器常用常开式接点，这种方式可以限制流过继电器和操作机构电流线圈的电流，接线相对简单，如图11-9所示。

在应用交流电流的操作电源时，应注意选用适当型号的电流继电器以及断路器操作机构掉闸线圈。

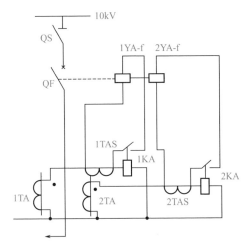

图11-9 速饱和变流器的交流电流操作

11.3.2 直流操作电源

直流操作电源适用于比较复杂的继电保护，特别是有自动装置时，更为必要。常用的直流操作电源分为固定蓄电池室和硅整流式直流操作电源。

（1）**固定蓄电池组的直流操作电源** 这种操作电源对于大、中型变、配电所，配电出线较多，或双路电源供电，有中央信号系统并需要电动合闸时，较为适当（多用于发电厂）。这种操作电源电压质量好，供电系统电压变化不受影响；运行稳定、可靠；具有独立性，不依靠于交流供电系统；在变电站全部无电的情况下，可提供事故照明、事故抢修及分、合闸电源。

其缺点是：增加了建筑面积和建设成本；需安装定充和浮充的充电设备或机组；运行寿命短，需定期进行检查、更换蓄电池；维护工作复杂，工作量大。

（2）**硅整流操作电源** 这种操作电源是交流经变压、整流后得到的。和固定蓄电池组相比较经济实用，无需建筑直流室和增设充电设备。适用于中、小型变、配电所、采用直流保护或具有自动装置的场合。为确保操作电源的可靠性，应采用独立的两路交流电源供电，硅整流操作电源的接线原理如图 11-10 所示。

如果操作电源供电的合闸电流不大，硅整流柜的交流电源，可由电压互感器供电，同时为了保证在交流系统整个停电或系统发生短路故障的情况下，继电保护仍能可靠动作掉闸，硅整流装置还要采用直流电压补偿装置。常用的直流电压补偿装置是在直流母线上增加电容储能装置或镉镍电池组。

① 硅整流操作电源的优点：体积小，节省用地；换能效率高；运行无噪声，性能稳定；运行、维护简单，调节方便。

② 缺点：由于直流电压受供电的交流系统电压变化的影响，因此，要求给硅整流装置供电的交流系统应运行稳定；供电容量较小，受供电的交流系统容量的制约。

③ 二次回路较为复杂。

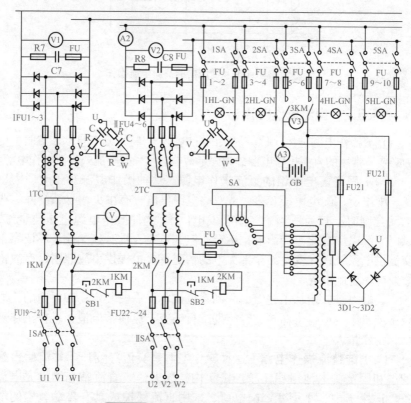

图11-10 硅整流操作电源的接线原理图

11.3.3 继电保护装置的二次回路

供电、配电用电的回路，往往有较高的电压、电流且输送的功率很大，称为一次回路，又叫做主回路。为一次回路服务的检测计量回路、控制回路、继电保护回路、信号回路等叫做二次回路。

继电保护装置由六个单元构成，因而继电保护二次回路就包含了若干回路。这些回路，按电源性质分为：交流电流回路（主要是电流互感器的二次回路），交流电压回路（主要是电压互感器的二次回路）、直流操作回路、控制回路及交流操作回路等。按二次回路的主要用途分为：继电保护回路、自动装置回路、开关控制回路、灯光及音响的信号回路、隔离开关与断路器的电气联锁回路、断路器的分合闸操作回路及仪表测量回路等。

绘制继电保护装置二次回路接线图、原理图应遵循以下原则：

（1）必须按照国家标准的电气图形符号绘制。

（2）继电保护装置二次回路中，还要标明各元件的文字标号，这些标号也要符合国家标准。常用的文字标号见表11-1。

（3）继电保护二次回路接线图（包括盘面接线图）中回路的数字标号，又称线号，应符合下述规定。

① 继电保护的交流电压、电流、控制、保护、信号回路的数字标号应符合表11-1标准。

表11-1 交流回路文字标号组

回路名称	互感器的文字符号	回路标号组			
		U 相	V 相	W 相	中性线
保护装置及测量表计的电流回路	TA	U401～409	V401～409	W401～409	N401～409
	1TA	U411～419	V411～419	W411～419	N411～419
	2TA	U421～429	V421～429	W421～429	N421～429
保护装置及测量表计的电压回路	TV	U601～609	V601～609	W601～609	N601～609
	1TV	U611～619	V611～619	W611～619	N611～619
	2TV	U621～629	V621～629	W621～629	N621～629
控制、保护信号回路		U1～399	V1～399	W1～399	N1～399

② 继电保护直流回路数字标号见表11-2。

表11-2 直流回路数字标号组

回路名称	数字标号组			
	I	II	III	IV
+电源回路	1	101	201	301

回路名称	数字标号组			
	Ⅰ	Ⅱ	Ⅲ	Ⅳ
-电源回路	2	102	202	302
合闸回路	3～31	103～131	203～231	303～331
绿灯或合闸回路监视继电器的回路	5	105	205	305
跳闸回路	33～49	133～149	233～249	333～349
红灯或跳闸回路监视继电器的回路	35	135	235	335
备用电源自动合闸回路	50～69	150～169	250～269	350～369
开关器具的信号回路	70～89	170～189	270～289	370～389
事故跳闸音响信号回路	90～99	190～199	290～299	390～399
保护及自动重合闸回路信号及其他回路	01～099（或 J1～J99）			
	701～999			

③ 继电保护及自动装置用交流、直流小母线的文字符号及数字标号见表11-3。

表11-3 小母线标号

小母线名称		小母线标号	
		文字标号	数字标号
控制回路电源小母线		+WB-C	101
		-WB-C	102
信号回路电源小母线		+WB-S	701　703　705
		-WB-S	702　704　706
事故音响小母线	用于配电设备装置内	WB-A	708
预报信号小母线	瞬时动作的信号	1WB-PI	709
		2WB-PI	710
	延时动作的信号	3WB-PD	711
		4WB-PD	712
直流屏上的预报信号小母线（延时动作信号）		5WB-PD	725
		6WB-PD	724
在配电设备装置内瞬时动作的预报小母线		WB-PS	727
控制回路短线预报信号小母线		1WB-CB	713
		2WB-CB	714
灯光信号小母线		-WB-L	

续表

小母线名称	小母线标号	
	文字标号	数字标号
闪光信号小母线	+WB-N-FLFI	100
合闸小母线	+WB-N-WBF-H	
"掉牌未复归"光字牌小母线	WB-R	716
指挥装置的音响小母线	WBV-V	715
公共的 V 相交流电压小母线	WBV-V	V600
第一组母线系统或奇数母线段的交流电压小母线	1WBV-U	U640
	1WBV-W	W640
	1WBV-N	N640
	1WBV-Z	Z640
	1WBV-X	X640
第二组母线系统或偶数母线段的交流电压小母线	2WBV-U	U640
	2WBV-W	W640
	2WBV-N	N640
	2WBV-Z	Z640
	2WBV-X	X640

④ 继电保护的操作、控制电缆的标号规定。变、配电所中的继电保护装置、控制与操作电缆的标号范围是 100～199；其中 111～115 为主控制室至 6～10kV 的配电设备装置；116～120 为主控制室至 35kV 的配电设备装置；121～125 为主控制室至 110kV 配电设备装置；126～129 为主控制室至变压器；130～149 为主控制室至室内屏间联络电缆；150～199 为其他各处控制电缆标号。

同一回路的电缆应当采用同一标号，每一电缆的标号后可加脚注 a、b、c、d 等。

主控制室内电源小母线的联络电缆，按直流网络配电电缆标号，其他小母线的联络电缆用中央信号的安装单位符号标注编号。

11.4 电流保护回路的接线特点

电流保护的接线，根据实际情况和对继电保护装置保护性能的要求，可采用不同的接线方式。凡是需要根据电流的变化而动作的继电保护装置，都需要经过电流互感器，把系统中的电流变换后传送到继电器中去。实际上电流保护的电流回路的接线，是指变流器（电流互感器）二次回路的接线方式。为说明不同保护接线的方式，对系统中各种短路故障电流的反应，进一步说明各种接线的适用范围，对每种接线的特点特做以下介绍。

11.4.1　三相完整星形接线

三相完整星形接线如图 11-11 所示。电流保护完整星形接线的特点：

① 是一种合理的接线方式，用于三相三线制供电系统的中性点不接地；中性点直接接地和中性点经消弧电抗器接地的三相系统中，也适用三相四线制供电系统。

② 对于系统中各种类型短路故障的短路电流，灵敏度较高，保护接线系数等于 1。因而对系统中三相短路、两相短路、两相对地短路及单相短路等故障，都可起到保护作用。

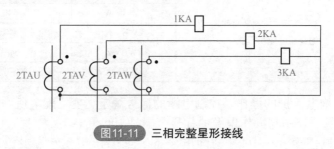

图11-11　三相完整星形接线

③ 保护装置适用于 10 ～ 35kV 变、配电所的进、出线保护和变压器。

④ 这种接线方式，使用的电流互感器和继电器数量较多，投资较高，接线比较复杂，增加了维护及试验的工作量。

⑤ 保护装置的可靠性较高。

11.4.2　三相不完整星形接线（Ｖ形接线）

Ｖ形接线是三相供电系统中 10kV 变、配电所常用的一种接线，如图 11-12 所示。

电流保护不完整星形接线的特点：

① 应用比较普遍，主要是 10kV 三相三线制中性点不接地系统的进、出线保护。

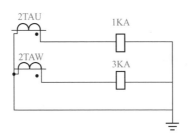

图11-12 不完整星形接线

② 接线简单、投资省、维护方便。

③ 这种接线不适宜作为大容量变压器的保护，V 形接线的电流保护主要是一种反应多相短路的电流保护，对于单相短路故障不起保护作用，当变压器为 Y，Y/Y 接线，未装电流互感器的相当于发生单相短路故障时，保护不动作，用于 Y，Y/A 接线的变压器中，如保护装置设于Y 侧，而 A 侧发生 UV 两相短路，则保护装置的灵敏度将要降低，为了改善这种状态，可以采用改进型的 V 型接线，即两相装电流互感器，采用三只电流继电器的接线，如图 11-13 所示。

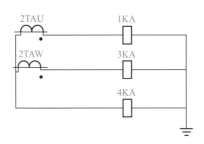

图11-13 改进型V形接线

④ 采用不完整星形接线（V 形接线）的电流保护，必须用在同一个供电系统中，不装电流互感器的相应该一致。否则，在本系统内发生两相接地短路故障（恰恰在两路配电线路中的没有保护的两相上）保护装置将拒绝动作，就会造成越级掉闸事故，延长了故障切除时间，使事故影响面扩大。

11.4.3 两相差接线

这种保护接线是采用两相接电流互感器，只能用一只电流继电器的接线方式，其原理接线如图 11-14 所示。

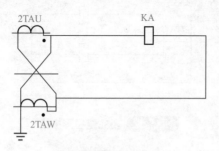

图11-14 两相差接线

这种接线的电流保护特点：

① 保护的可靠性差，灵敏度不够，不适于所有形式的短路故障。

② 投资少，使用的继电器最少，结构简单，可以用作保护系统中多相短路的故障。

③ 只适用于 10kV 中性点不接地系统的多相短路故障，因此，常用做 10kV 系统的一般线路和高压电机的多相短路故障的保护。

接线系数大于完整星形接线和 V 形接线，接线系数为$\sqrt{3}$。

接线系数是指故障时反应到电流继电器绕组中的电流值与电流互感器二次绕组中的电流比值，即：

$$K_{JC} = \frac{继电器绕组中的电流值}{电流互感器二次绕组中的电流值}$$

当继电保护的接线系数越大，其灵敏度越低。

11.5 继电保护装置的运行与维护

11.5.1 继电保护装置的运行维护工作的主要内容

继电保护的运行、维护工作，是指继电保护及其二次线，包括操作与控制电源及断路器的操作机构的正常运行状态的监测、巡视检查、运行分析以及在正常倒闸操作过程中涉及的继电保护。

二次回路时的处理工作。例如，投入和退出继电保护、检查直流操作电压等。还应包括继电保护装置的定期校验、检查、改定值、更换保护装置元件及处理临时缺陷，此外，还应包括故障后继电保护装置动作的判断、分析、处理及事故校验等。

11.5.2 继电保护装置运行中的巡视与检查

（1）继电保护装置巡视检查的周期 变、配电所值班人员要定期或不定期地对继电保护装置进行检查，一般巡视周期：

① 无人值班时每周巡视一次。

② 有人值班时至少每班一次。

在特殊情况时，还应适当增加检查次数，例如：新投入运行的继电保护装置、变压器新投入或换油后的试运行。

（2）继电保护装置巡视检查内容 在日常巡视中，应对继电保护装置以下各项进行巡视检查。

① 首先应检查继电保护盘，检查各类继电器的外壳是否完整无损、清洁无污垢，以及继电器整定值的指示位置是否符合要求，有无变动。

② 继电保护回路的压板、转换开关的运行位置是否与运行要求一致。

③ 长期带电运行的继电器，例如电压继电器，接点是否有抖动、磨损现象，带附加电阻的继电器，还应检查线圈和附加电阻有无过热现象。

④ 感应型继电器应检查圆盘转动是否正常，机械信号掉牌的指示位置是否和运行状态一致。

⑤ 电磁型继电器应检查接点有无卡住、变位、倾斜、烧伤以及脱轴、脱焊等问题。

⑥ 各种信号指示，例如，光字牌、信号继电器、位置指示信号、警报音响信号等是否运行正常，必要时应进行检查性试验，例如，光字牌是否能正常发光。

⑦ 检查交流、直流控制电源和操作电源运行状况，电源的电压表指示是否正常，熔断器是否过热，熔丝有无熔断指示，对于直流操作电源，还应注意检查有无直流一极接地的情况。

⑧ 检查掉、合闸回路，包括合闸线圈与掉闸线圈有无过热、短路、接点接触不良以及掉、合闸线圈的铁芯是否复位，有无卡住的现象。

（3）继电保护运行中的注意事项 为了保证继电保护的可靠动作，在运行中应注意下列各项。

① 继电保护装置，在投入运行以前，值班人员、运行人员都应清楚地了解该保护装置的工作原理、工作特性、保护范围、整定值及熟悉

二次接线图。

② 继电保护装置运行中，发现异常应加强监视并立即报告主管负责人。

③ 运行中的继电保护装置，除经调度部门同意或主管部门同意，不得任意去掉保护运行，也不得随意变更整定值及二次线。运行人员对运行中继电保护装置的投入或退出，必须经调度员或主管负责人批准，记入运行日志。如果需要变更继电保护整定值或二次回路接线时，应取得继电保护专业人员的同意。

④ 运行值班人员对继电保护装置的操作，一般只允许：

a. 装卸熔断器的熔丝。

b. 操作转换开关。

c. 接通或断开保护压板。

11.5.3 继电保护及其二次回路的检查和校验

（1）工作周期 为了保证继电保护装置可靠地动作，通常应对继电保护装置及二次回路进行定期的停电检查及校验。一般校验、检查的周期是：

① 3～10kV 系统的继电保护装置，至少应每两年进行一次。

② 要求供电可靠性较高的 10kV 重要用户和供电电压在 35kV 及以上的变、配电所的继电保护装置，应每年检查一次。

（2）继电保护装置及二次回路的检查与校验 继电保护及二次回路一般在停电时，对电气元件及二次回路进行检查校验。主要应做以下各项内容。

① 继电器要进行机械部分的检查和电气特性的校验。例如，反时限电流继电器应做反时限特性试验，做出特性曲线。

② 测量二次回路的绝缘电阻，用 1000V 兆欧表测量。交流二次回路，每一个电气连接回路，应该包括回路内所有线圈，绝缘电阻不应小于 1MΩ，全部直流回路系统，绝缘电阻不应小于 0.5MΩ。

③ 在电流互感器二次侧，进行通电试验（包括电流互感器的吸收试验）。

④ 进行继电保护装置的整组动作试验（即传动试验）。

11.5.4 运行中继电保护动作的分析、判断及故障处理

（1）继电保护动作中断路器掉闸的分析、检查、处理运行中，变、

配电所的继电保护动作。值班人员应迅速做出分析、判断并及时处理，以减少事故造成的损失，使停电时间尽量缩短。可参照以下步骤进行。

① 继电保护动作断路器掉闸，应根据继电保护的动作信号立即判明故障发生的回路。如果是主进线断路器继电保护动作掉闸，立即通知供电局的用电监察部门，以便进一步掌握系统运行的状况。如果属于各路出线的断路器或变压器的断路器继电保护动作掉闸，则立即报告本单位主管领导以便迅速处理。

② 继电保护动作断路器掉闸，必须立即查明继电保护信号、警报的性质，观察有关仪表的变化以及出现的各种异常现象，结合值班运行经验，尽快判断出故障掉闸的原因、故障范围、故障性质，从而确定处理故障的有效措施。

③ 故障排除后，在恢复供电前将所有信号指示、音响等复位。在确认设备完好的情况下方才可以恢复供电。

④ 进行上述工作须由两人执行，随时有监护人在场，将事故发生、分析、处理的过程详细记录。

（2）变压器继电保护动作、断路器掉闸的故障判断、分析与检查处理容量较大的变压器，有过流、速断和煤气保护，对于一般 10kV，800kV·A 以上的变压器，有时采用煤气保护和反时限过流保护。运行中如有变压器故障和继电保护动作，首先应根据继电保护动作的信号指示和变压器运行中反映出的一系列异常现象，判断和分析变压器的故障性质和故障范围。

主要进行以下各方面的检查。

① 继电保护动作后，经检查确认速断保护动作，可解除信号音响。

② 因为是变压器速断保护动作（速断信号有指示），所以已说明了故障性质严重，如有煤气保护，再检查煤气保护是否动作，如煤气保护未动作，说明故障点在变压器外部，重点检查变压器及高压断路器向变压器供电的线路、电缆、母线有无相间短路故障。此外，还应重点检查变压器高压引线部分有无明显的故障点，有无其他明显异常现象，如变压器喷油、起火、温升过高等。

③ 如确属高压设备或变压器故障，应立即上报，属于主变压器故障应报告供电局，同时做好投入备用变压器和将重要负荷倒出的准备工作。

④ 未查明原因并消除故障以前，不准再次给变压器合闸送电。

⑤ 必要时对变压器的继电保护进行事故校验，以证实继电保护的

可靠性，还要填写事故调查报告，提出反事故方案。

（3）变压器煤气保护动作后的检查与处理。变压器的煤气保护是保护变压器内部故障的主保护。当变压器内部故障不大时，变压器油内产生气体，使轻煤气动作，发出信号。例如，变压器绕组匝间与层间局部短路，铁芯绝缘不良以及变压器严重漏油，油面下降等，轻煤气均可起到保护作用。

当变压器内部发生严重故障，如一次绕组故障造成相间短路，故障电流使变压器内产生强烈的气流和油污冲击重煤气挡板，使重煤气动作，断路器掉闸并发出信号。

运行中，发现煤气保护动作并发出信号时，应做以下几方面的检查处理。

① 只要煤气保护动作，就应判明故障发生在变压器内部。

② 如当时变压器运行无明显异常，可收集变压器内煤气气体，分析故障原因。

③ 取变压器煤气时应当停电后进行，可采用排水取气法，将煤气取至试管中。

④ 根据煤气气体的颜色和进行点燃试验，观察有无可燃性气体，以判断故障部位和故障性质。

⑤ 收集到的气体若无色、无味且不可燃，说明煤气继电器动作的原因是油内排出的空气引起的，如果收集到的气体是黄色、不易燃烧，说明是变压器内木质部分故障，如气体是淡黄色、带强烈臭味并且可燃，则为绝缘纸或纸板故障；当气体为灰色或黑色、易燃，则是绝缘油出现问题。

对于室外变压器，可以打开煤气继电器的放气阀，检验气体是否可燃。如果气体可燃，则开始燃烧并发出明亮的火焰。当油开始从放气阀外溢时，立即关闭放气阀门。

> **注意：** 室内变压器，禁止在变压器室内进行点燃试验，应将收集到的煤气，拿到安全地方去进行点燃试验。判断气体颜色要迅速进行，否则气体颜色很快会消失。

⑥ 煤气保护动作未查明原因之前，为了证实变压器的良好状态，可取出变压器油样做简化试验，看油耐压是否降低和油闪点下降的现象，如仍然没有问题，应进一步检查煤气保护二次回路，看是否可能造

成煤气保护误动作。

⑦ 变压器重煤气动作时，断路器掉闸，未进行故障处理并不能证明变压器无故障时，不可重新合闸送电。

⑧ 变压器发生故障，立即上报，确定更换和大修变压器的方案；提出调整变压器负荷的具体措施及防止类似事故的反事故措施。

11.6 电流速断保护和过电流保护

11.6.1 电流速断保护

（1）**保护特性和整定原则** 电流速断保护是一种无时限或具有很短时限动作的电流保护装置，它要保证在最短时间内迅速切除短路故障点，减小事故的发生时间，防止事故扩大。

电流速断保护的整定原则是，保护的动作电流大于被保护线路末端发生的三相金属性短路的短路电流，对变压器而言，则是：其整定电流大于被保护的变压器二次出线三相金属性短路的短路电流。

整定原则如此确定是为了让无时限的电流保护只保护最危险的故障，而离电源越近，短路电流越大，也就越危险。

（2）**保护范围** 电流速断保护不能保护全部线路，只能保护线路全长的 70% ～ 80%，对线路末端附近的 20% ～ 30% 不能保护，对变压器而言，不能保护变压器的全部，而只能保护从变压器的高压侧引线及电缆到变压器一部分绕组（主要是高压绕组）的相间短路故障。总之，速断保护有不足，往往要用过电流保护作为速断保护的后备。

11.6.2 过电流保护

（1）**保护特性和整定原则** 过电流保护是在保证选择性的基础上，能够切除系统中被保护范围内线路及设备故障的有时限动作的保护装置，按其动作时限与故障电流的关系特性的不同，分为定时限过流保护和反时限过流保护。

过电流保护的整定原则是要躲开线路上可能出现的最大负荷电流，如电动机的启动电流，尽管其数值相当大，但毕竟不是故障电流，为区别最大负荷电流与故障电流，常选择接于线路末端、容量较小的一台变压器的二次侧短路时的线路电流作为最大负荷电流。

整定时，对定时限过电流保护只要依据动作电流的计算值就行了，而对反时限过电流保护则要依据启动电流及整定电流的计算值做出反时限特性曲线，并给出速断整定值才能进行。

过电流保护是有时限的继电保护，还要进行时限的整定。根据上述反时限特性曲线，作电流整定时，已同时作了时限整定，对定时限过电流保护，则要单独进行时限整定。

整定动作时限必须满足选择性的要求，充分考虑相邻线路上、下两级之间的协调。对于定时限保护与定时限的配合，应按阶梯形时限特性来配合，级差一般满足 0.5s 就可以了，对于反时限保护的配合，则要做出保护的反时限特性曲线来确定，要保证在曲线一端的整定电流这一点，动作时限的级差不能小于 0.7s。

（2）**保护范围** 过电流保护可以保护设备的全部和线路的全长，而且，它还可以用作相邻下一级线路的穿越性短路故障的后备保护。

（3）**定时限与反时限过电流保护及其区别**

① 继电保护的动作时限与故障电流数值的关系 定时限过电流保护，其动作时限与故障电流之间的关系表现为定时限特性，即继电保护动作时限与系统短路电流的数值没有关系，当系统故障电流转换成保护电流，达到或超过保护的整定电流值时，继电保护就以固有的整定时限动作，使断路器掉闸，切除故障。

反时限过电流保护，其动作时限与故障电流之间的关系表现为反时限特性，即继电保护动作时限不是固定的，而是依系统短路电流数值的大小而沿曲线作相反的变化，故障电流越大，动作时限越短。

如图 11-15 所示是反时限过电流保护使用的 GL-95 型电流继电器的特性曲线，每对应于一个动作时限，整定值就有一条特性曲线。继电保护动作时限与故障电流数值大小之间关系的不同是定时限与反时限过电流保护的最大区别。

② 保护装置的组成及操作电源 定时限过电流保护装置由几种继电器构成，一般采用电磁式 DL 型电流继电器、电磁式 DS 型时间继电器和电磁式 DX 型信号继电器等。这些继电器一般要求用直流操作电源。

反时限过电流保护装置只用感应式 GL 型电流继电器就够了，它相当于具有电流继电器、时间继电器、信号继电器等多种功能的组合继电器，因此反时限过电流保护装置比起定时限的电流保护装置，其组成简单，经济实用。反时限过电流保护装置一般采用交流操作电源，这也比采用直流电源来得方便和经济。

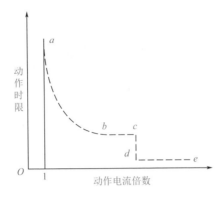

图11-15 GL-95型继电器反时限过电流保护特性曲线

应该指出，GL型电流继电器还有电磁式瞬动部分，可作为速断保护用，所以用一只GL型电流继电器不但可作为反时限过电流保护装置，还兼作电流速断保护装置，其经济性很突出，因而得到广泛应用。

③ 上、下级时限级差的配合　定时限过电流保护采用的DL型电流继电器，其设定值准确、动作可靠，因而上、下级时限级差采用0.5s就可以实现保护动作的选择性。反时限过电流保护采用GL型电流继电器，它的定值及动作的准确性比DL型电流继电器差。因此，为了保证上、下级保护动作的选择性，要将时限级差定得大一些，一般取0.7s。

11.6.3　主保护

主保护是被保护设备和线路的主要保护装置。对被保护设备的故障，能以无时限（即除去保护装置本身所固有的时间，一般为0.03～0.12s），或带一定的时限切除故障。例如速断保护就是主保护，变压器的煤气保护也是主保护。

11.6.4　后备保护

后备保护是主保护的后备。对于变、配电所的进线，重要电气设备及重要线路等，不但要有主保护，还应安装后备保护和辅助保护。后备保护又分为近后备保护和远后备保护。

（1）**近后备保护**　近后备保护是指被保护设备主保护之外的另一组独立的继电保护装置。当保护范围内的电气设备故障时，该设备的主保护由于某种原因不发生动作时，由该设备的另一组保护动作，使断路器掉闸断开，这种保护称为被保护设备的后备保护。近后备保护的优、缺点是：

① 优点　保护装置工作可靠，当被保护范围内发生故障时，可以迅速切除故障，减少事故掉闸的时间，缩小了事故范围。

② 缺点　增加了维护和试验工作量；增加投资，只有重要设备或线路才会装设这种后备保护；如果保护装置的共用部分发生故障，如与主保护共用的直流系统或电流回路的二次线部分，这时主保护拒绝动作，后备保护同样不会起作用，这样将使事故范围扩大造成越级掉闸。

（2）远后备保护　该保护是借助于上级线路的继电保护，作为本级线路或设备的后备保护。当被保护的线路或电气设备发生故障，而主保护由于某种原因拒绝动作时，只得越级使相邻的上一级线路的继电保护动作，其断路器掉闸，借以切除本线路的故障点。这种情况，上级线路的保护就成为本线路的远后备保护。远后备保护的优、缺点是：

① 优点　实施简单、投资省、无需进行维修与试验；该保护在保护装置本身、断路器以及互感器、二次回路及交、直流操作电源部分发生故障，均可起到后备保护的作用。

② 缺点　当相邻线路的长度相差很悬殊时，短线路的继电保护，很难实现长线路的后备保护；增加了故障切除的时间，使事故范围扩大，增大了停电的范围，造成更大的经济损失。

11.6.5　辅助保护

该保护是一种起辅助作用的继电保护装置。例如，为了解决方向保护的死区问题，专门装设电流速断保护。

第12章

可编程控制器PLC和变频器应用与检修

12.1 PLC的构成与控制原理

12.1.1 PLC的构成

PLC种类多，但其组成结构和工作原理基本一样，主要由中央处理器CPU、存储器（ROM、RAM）和专门设计的输入/输出单元（I/O）电路、电源等组成。PLC的内部框图如图12-1所示。

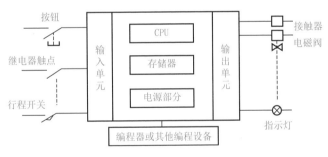

图12-1 PLC结构框图

（1）中央处理单元（CPU） 中央处理单元（CPU）是具有运算和控制功能的大规模集成电路（IC），是控制其他部件操作的核心，相当于人的大脑，起指挥协调作用，由控制器、运算器和寄存器组成。CPU通过数据总线、地址总线和控制总线与存储单元、输入/输出接口电路相连接。

CPU的主要功能：控制用户程序和数据的接收与存储；诊断PLC内部电路的故障和编程中的语法错误等；扫描I/O口接收现场信号的状态或数据，并存入输入映像寄存器或数据存储器中；PLC进入运行状态后，从存储器逐条读出用户指令，经编译后按指令的功能进行算术运算、逻辑或数据传送等，再根据运算结果，更新输出映像寄存器和有关标志位的状态，实现对输出的控制以及实现一些其他的功能。

CPU 主要采用微处理器，又分为 8 位和 16 位微处理器。CPU 的位数越多，运算处理速度越快，功能越强大，同时 PLC 的档次也越高，价格也越贵。

（2）存储器　　存储器是由具有记忆功能的半导体集成电路构成的，用于存放系统程序、用户程序、逻辑变量和其他信息。

PLC 的存储器分系统程序存储器和用户程序存储器两部分。

系统程序存储器用来存放厂家系统程序，并固化在 ROM 内，用户不能修改，是控制和完成 PLC 多种功能的程序，使 PLC 具有基本的功能，以完成 PLC 设计者的各项任务。系统程序内容包括以下三部分。

第一部分为系统管理程序。使 PLC 按部就班地工作。

第二部分为用户指令解释程序。通过用户指令解释程序，将 PLC 的编程语言变为机器语言指令。再由 CPU 执行这些指令。

第三部分为标准程序模块与系统调用。包括功能不同的子程序及调用管理程序。

用户程序存储器包括用户程序存储器（程序区）和数据存储器（数据区）两部分。程序存储器用来存放 PLC 编程语言编写的各种用户程序。用户程序存储器可以是 RAM、EPROM 或 EEPROM 存储器，其内容可以由用户任意修改或增删。用户数据存储器可以用来存放（记忆）用户程序中所使用器件的 ON/OFF 状态和数值、数据等。用户程序容量的大小，是反映 PLC 性能的重要标志之一。

PLC 的存储器有三种。

① 随机存取存储器（RAM）　又称可读可写存储器，用户既可以读出 RAM 中的内容，也可以将用户程序写入 RAM。它是易失性的存储器，断电后，储存的信息将会全部丢失。读出时其内容不变，写入时新的信息取代了原有的信息，因此 RAM 用来存放经常修改的内容。

RAM 的工作速度高，成本低，改写方便。在 PLC 断电后可用锂电池保存 RAM 中的用户程序和某些数据。锂电池可用 2 ～ 5 年。

② 只读存储器（ROM）　ROM 一般用来存放 PLC 的系统程序。系统程序关系到 PLC 的性能，由厂家编程并在出厂时已固化好了。ROM 中的内容只能读出，不能写入。ROM 是非易失的存储器，电源断电后，内容不丢失，能保存储存的内容。

③ 电可擦除可编程的只读存储器（EEPROM 或 E²PROM）具有 RAM 和 ROM 的优点，但是写入时所需的时间比 RAM 长。EEPROM 用来存放用户程序和需长期保存的重要数据。

（3）**输入 / 输出单元**　实际生产中 PLC 的输入和输出的信号是多种多样的，可以是开关量、模拟量和数字量，信号的电平也是千差万别，但 PLC 能识别的只能是标准电平。PLC 的输入和输出包含两部分：一是与被控设备相连接的接口电路，另一部分是输入和输出的映像寄存器。

输入单元连接用户设备的各种控制信号，可以是直流输入也可以是交流输入，如限位开关、操作按钮以及其他一些传感器的信号。通过接口电路将这些信号转换成 CPU 能够识别和处理的信号，并存到输入映像寄存器。运行时 CPU 从输入映像寄存器读取信息并处理，将结果送到输出映像寄存器。输出映像寄存器由输出点相对应的触发器组成，输出接口电路将其由弱电控制信号转换成现场需要的强电信号输出，以驱动电磁阀、接触器、指示灯等被控设备的执行元件。

下面简单介绍开关量输入 / 输出接口电路。

① 输入接口电路　输入接口是 PLC 与控制现场的接口界面的输入通道，为防止干扰信号和高电压信号进入 PLC，影响可靠性或损坏设备，输入接口电路一般由光电耦合电路进行隔离。输入电路的电源可由外部提供，有的也可由 PLC 内部提供。

② 输出接口电路　输出接口电路接收主机的输出信息，并进行放大和隔离，经输出端子向输出部分输出相应的控制信号，一般有三种：继电器输出型、晶体管输出型和晶闸管输出型。输出电路均采用电气隔离，电源由外部提供，输出电流一般为 0.5 ～ 2A，电流的大小与负载有关。

为保护 PLC 因浪涌电流损坏，输出端是外部接线，必须采用保护措施：一是输入和输出公共端接熔断器；二是采用保护电路，对交流感性负载，一般用阻容吸收回路；对直流感性负载，可采用续流二极管。

因输入和输出端都有光电耦合电路，在电气上是完全隔离的，故 PLC 上有极强的可靠性和抗干扰能力。

（4）**电源部分**　电源单元用于将交流电压转换成微处理器、存储器及输入、输出部件正常工作必备的直流电压。PLC 一般采用市电 220V 供电，内部开关电源可以为中央处理器、存储器等电路提供 5V、±12V、24V 电压，使 PLC 能正常工作。电源电压常见的等级有

AC100V、AC200V、DC100V、DC48V、DC24V。

（5）**扩展接口** 扩展接口用于将扩展单元以及功能模块与基本单元相连，使 PLC 的配置更加灵活，以满足不同控制系统的需要。

（6）**编程器** 编程器是 PLC 最重要的外围设备，供用户进行程序的编制、编辑、调试和监视。

编程器有简易型和智能型两类。简易型的编程器只能联机编程，且往往需要将梯形图转化为机器语言助记符（语句表）后，才能输入。智能型的编程器又称图形编程器，它可以联机编程，也可脱机编程，具有 PLC 或 CRT 图形显示功能，可以直接输入梯形图和通过屏幕对话。

还可以利用 PC 作为编程器，PLC 厂家配有相应的编程软件，使用编程软件可以在屏幕上直接生成和编辑梯形图、语句表、功能块图和顺序功能图程序，并可实现不同编程语言的相互转换。程序被编译后下载到 PLC，也可以将 PLC 中的程序上传到计算机。程序可以存盘或打印，通过网络，还可以实现远程编程和传送。现在已有些 PLC 不再提供编程器，而只提供微机编程软件了，并且配有相应的通信连接电缆。

（7）**通信接口** 为了实现"人 - 机"或"机 - 机"之间的对话，PLC 配有各种通信接口。PLC 通过通信接口可以与监视器、打印机和其他的 PLC 或计算机相连。

（8）**其他部件** 有些 PLC 配有 EPROM 写入器、存储器卡等其他外部设备。

PLC 在性能上比低压电器控制可靠性高、通用性强、设计施工周期短、调试修改方便，而且体积小、功耗低、使用维护方便。由于 PLC 有众多的优点是传统的低压电器所不具备的。所以在实现某一控制任务时 PLC 已取代低压电器电路，已成为一种必然的趋势。但在很小的系统中使用时，价格要高于继电器系统。

12.1.2 PLC 的原理

众所周知，低压电器控制系统是一种"硬件逻辑系统"，如图 12-2（a）所示，它的三条支路是并行工作的，当按下按钮 SB$_1$ 时，中间继电器 K 得电，K 的两个触点闭合，接触器 KM$_1$、KM$_2$ 同时得电并产生动作，因此传统的低压电器控制系统采用的是并行工作方式。

因 PLC 是一种工业控制计算机，所以它的工作原理是建立在计算机工作原理基础之上的，即通过执行反映控制要求的用户程序来实现，如图 12-2（b）所示，但 CPU 是以分时操作方式来处理各项任务的，计算机在每一瞬间只能做一件事,所以程序的执行是按程序顺序依次完成相应各电器的动作,因此它属于串行工作方式。

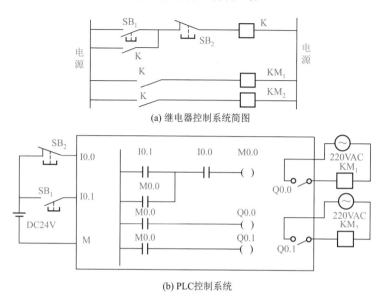

(a) 继电器控制系统简图

(b) PLC控制系统

图12-2 PLC控制系统与传统的低压电器控制系统的比较

PLC是按周期性循环扫描的方式进行工作的,每扫描一次所用的时间称为扫描周期或工作周期。CPU从第￼条指令开始执行,按顺序逐条地向下执行,最后返回首条指令重新扫描。

（1）PLC工作过程 扫描过程有"输入采样""程序执行"和"输出刷新"三个阶段,是PLC的核心,掌握PLC工作过程的三个阶段是学好PLC的基础。现对这三个阶段进行详细的分析,PLC典型的扫描周期如图12-3所示(不考虑立即输入、立即输出的情况)。

① 输入采样阶段 在这个阶段PLC首先按顺序对输入端子进行扫描,输入状态存入相对应的输入映像寄存器中,同时,输入映像寄存器被刷新。其次,进入执行阶段,在此阶段和输出刷新阶段,输入映像寄存器与外界隔离,无论输入信号如何变化,其内容保持不变,直到下一个扫描周期的输入采样阶段,才重新写入输入端的新内容。要求输入信号的时间要大于一个扫描周期,否则易造成信号的丢失。

② 程序执行阶段 此过程中PLC对梯形图程序进行扫描,按从左到右、从上到下的顺序执行。当指令中涉及输入、输出时,PLC就从输

入映像寄存器中"读入"对应输入端子状态，从元件映像寄存器"读入"对应元件（"软继电器"）的当前状态，并进行相应的运算，结果存入元件映像寄存器。元件映像寄存器中，每一个元件（"软继电器"）的状态会随着程序执行而出现不同。

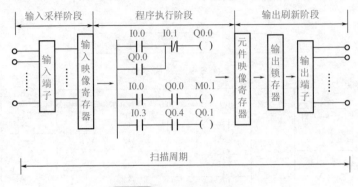

图12-3 PLC扫描工作过程

③ 输出刷新阶段 在这个阶段中所有指令执行结束，元件映像寄存器中所有输出继电器的状态（接通/断开）在输出刷新阶段转存到输出锁存器中，最后经过输出端子驱动外部负载。

（2）PLC对输入/输出的处理 PLC对输入/输出处理时必须遵守的原则：

① 输入映像寄存器的数据，是在输入采样阶段扫描的输入信号的状态，取决于输入端子板上各输入点在上一刷新期间的接通和断开状态。在本扫描周期中，它不随外部输入信号的变化而变化。

② 程序执行结果取决于用户所编程序和输入/输出映像寄存器的内容及其他各元件映像寄存器的内容。

③ 输出映像寄存器的状态，是由用户程序中输出指令的执行结果来决定的。

④ 输出锁存器中的数据，由上一次输出刷新的数据决定。

⑤ 输出端子的输出状态，由输出锁存器的状态决定。

（3）PLC的编程语言介绍 PLC提供了多种的编程语言，以适应用户编程的需要。PLC提供的编程语言一般有梯形图、语句表、功能图和功能块图，下面以S7-200系列PLC为例加以介绍。

① 梯形图（LAD） 梯形图（Padder）编程语言是从低压电器控制电路基础上发展起来的，具有直观易懂的优点，易被熟悉低压电器的电

气工程人员所掌握。梯形图与低压电器控制系统图整体上是一致的，只是在使用符号和表达方式上有一定差别。梯形图由触点、线圈和用方框表示的功能块组成。触点表示输入条件，如外部的开关、按钮等。线圈代表输出，用来控制外部的指示灯、接触器等。功能块表示定时器、计数器或数学运算等其他指令。

图 12-4 所示为常见的梯形示意图，左右两侧垂直的导线称为母线，母线之间是触点的逻辑连接和线圈的输出。

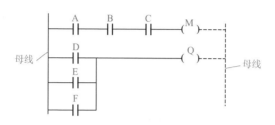

图12-4 梯形图

梯形图的一个关键是"能流"（Power Flow），这是概念上的"能流"。图 12-4 中，把左侧的母线假设是电源"火线"，把右侧的母线（虚线）假设是电源"零线"。若"能流"从左向右流向线圈，那么线圈得电，若没有"能流"，那么线圈未得电。

"能流"可通过被得电（ON）的常开触点和未得电（OFF）的常闭触点自左至右流。"能流"在任何情况都不允许自右至左流。如图 12-4 所示，当 A、B、C 三点都得电后，线圈 M 才能接通，只要有一个接点不得电，线圈就不能接通；而 D、E、F 中任一个得电，线圈 Q 都会被激励。

引入"能流"的概念，是为了和低压电器控制电路相比，形象地认识梯形图，其实"能流"在梯形图中是不存在的。

有的 PLC 的梯形图有两根母线，多数 PLC 只保留左边的母线。触点表示逻辑"输入"条件，如开关、按钮内部条件等；线圈表示逻辑"输出"结果，如灯、电机接触器、中间继电器等。对 S7-200 系列 PLC 来讲，还有一种输出——"盒"，表示附加的指令，如定时器、计数器和功能指令等。

梯形图语言简单明了，易于理解，是所有编程语言的首选。初学者入门时应先学梯形图，为更好地学习 PLC 打下基础。

② 语句表（STL） 语句表（Statements List）是指令表的集合，和计算机中的汇编语言助记符相似，是 PLC 最基础的编程语言。语句表编程，是用一个或几个容易记忆的字符来表示 PLC 的某种操作功能。语句表适合熟悉 PLC 和有经验的程序员使用，可以实现某些梯形图实现不了的功能。

图 12-5 所示为 PLC 程序示例，图（a）是梯形图，图（b）是对应的语句表。

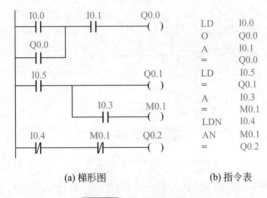

(a) 梯形图   (b) 指令表

图12-5 PLC程序示例

③ 顺序功能流程图（SFC） 顺序功能流程图（Sequence Function Chart）编程是一种 PLC 图形化的编程方法，简称功能图。这是一种位于其他编程语言之上的图形语言，可以对具有并发、选择等结构的工程编程，许多 PLC 都有 SFC 编程的指令。

④ 功能块图（FBD） S7-200 系列 PLC 专门提供了功能块图（Function Block Diagram）编程语言，FBD 可查看到像逻辑门图形的逻辑盒指令。这是一种类似于数字逻辑门电路的编程语言，有数字电路基础的人很容易掌握。此编程语言用类似与门、或门的方框来表示逻辑运算关系，其左侧是逻辑运算的输入，右侧为输出，不带触点和线圈，但有与之相似的指令，这些指令是以盒指令出现的，程序逻辑由某些盒指令之间的连接决定。也就是说，一个指令（例如 AND 盒）的输出可以允许另一条指令（例如计数器），可以建立所需要的控制逻辑。FBD 编程语言有利于程序流的跟踪，国内很少有人使用这种语言编程。图 12-6 所示为 FBD 的一个简单使用例子。

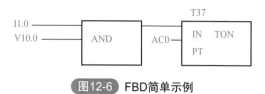

图12-6 FBD简单示例

（4）**PLC 的程序构成** 实现某一工程是在 RUN 方式下，让主机循环扫描并连续执行程序来实现的，编程可以使用编程软件在计算机或其他专用编程设备中进行（如图形输入设备），也可使用手编器。

PLC 程序由三部分构成：用户程序、数据块和参数块。

① 用户程序 用户程序是必备部分。用户程序在存储器空间中也称为组织块，它是最高层次，可管理其他块，是用不同语言（如 STL、LAD 或 FBD 等）编写的用户程序。用户程序的结构简单，一个完整的用户控制程序由一个主程序、若干子程序和若干中断程序三大部分构成。在计算机上用编程软件进行编程时只要分别打开主程序、子程序和中断程序的图标即可进入各程序块的窗口。编译时软件自动将各程序进行连接。

② 数据块 数据块为可选部分，它主要存放控制程序运行所需的数据，可以使用十进制、二进制或十六进制数，字母、数字、字符均可。

③ 参数块 参数块也是可选部分，它存放的是 CPU 组态数据，如果在编程软件或其他编程工具上未进行 CPU 的组态，则系统以默认值进行自动配置。

12.1.3 CPU 的特点和技术规范

S7-200 系列 PLC 的电源有 20.4 ～ 28.8VDC 和 85 ～ 264 VAC 两种，主机上还有 24V 直流电源，可直接连接传感器和执行机构。输出类型有晶体管（DC）、继电器（DC/AC）两种。可以用普通输入端子捕捉比 CPU 扫描周期更快的脉冲信号，实现高速计数。2 路可达 20kHz 的高频脉冲输出，用以驱动步进电机和伺服电机。模块上的电位器用来改变特殊寄存器中的数值，可及时更改程序运行中的一些参数，如定时器 / 计数器的设定值、过程量的控制等。实时时钟可对信息加注时间标记，记录机器运行时间或对过程进行时间控制。

表 12-1 ～表 12-3 中列出了 S7-200 系列 PLC 的主要技术规范，包括 CPU 规范、CPU 输入规范和 CPU 输出规范。

表12-1 S7-200系列PLC的CPU规范

项目	CPU221	CPU222	CPU224	CPU226	CPU226XM
电源					
输入电压	20.4 ~ 28.8VDC/85 ~ 264VAC（47 ~ 63Hz）				
24VDC 传感器电源容量	180mA		280mA	400mA	
存储器					
用户程序空间	2048 字		4096 字		8192 字
用户数据（EEPROM）	1024 字（永久存储）		2560 字（永久存储）		5120 字（永久存储）
装备（超级电容）（可选电池）	50h/ 典型值（40℃时最少 8h）200 天 / 典型值		190 小时 / 典型值（40℃时最少 120h）200 天 / 典型值		
I/O					
本机数字输入 / 输出	6 输入 /4 输出	8 输入 /6 输出	14 输入 /10 输出	24 输入 /16 输出	
数字 I/O 映像区	256（128 入 /128 出）				
模拟 I/O 映像区	无	32（16 入 /16 出）	64（32 入 /32 出）		
允许量大的扩展模块	无	2 模块	7 模块		
允许最大的智能模块	无	2 模块	7 模块		
脉冲捕捉输入	6	8	14		
高速计数单相两相	4 个计数器4 个 30kHz2 个 20kHz	6 个计数器6 个 30kHz4 个 30kHz			
脉冲输出	2 个 20kHz（仅限于 DC 输出）				
常规					
定时器	256 个定时器: 4 个定时器（1ms）; 16 个定时器（10ms）; 236 个定时器（100ms）				
计数器	256（由超级电容器或电池备份）				
内部存储器位掉电保护	256（由超级电容器或电池备份）112（存储在 EEPROM）				
时间中断	2 个 1ms 的分辨率				
边沿中断	4 个上升沿和 / 或 4 个下降沿				
模拟电位器	1 个 8 位分辨率		2 个 8 位分辨率		
布尔量运算执行速度	每条指令 0.7μs				

项目	CPU221	CPU222	CPU224	CPU226	CPU226XM
时钟	可选卡件			内置	
卡件选项	存储卡、电池卡和时钟卡		存储卡和电池卡		
集成的通信功能					
接口	一个 RS-485 口			两个 RS-485 口	
PPI，DP/T 波特率	9.6K、19.2K、187.5KBaud				
自由口波特率	1.2K ~ 115.2KBaud				
每段最大电缆长度	使用隔离的中继器：187.5KBaud 可达 1000m，38.4KBaud 可达 1200m 未使用中继器：50m				
最大站点数	每段 32 个站，每个网络 126 个站				
最大主站数	32				
点到点（PPI 主站模式）	是（NETR/NETW）				
MPI 连接	共 4 个，2 个保留（1 个给 PG，1 个给 OP）				

表12-2 S7-200系列PLC的CPU输入规范

常规	24VDC输入
类型	漏型/源型（IEC类型1漏型）
额定电压	24VDC，4mA典型值
最大持续允许电压	30VDC
浪涌电压	35VDC，0.5s
逻辑1（最小）	15VDC，2.5mA
逻辑0（最大）	5VDC，1mA
输入延迟	可选（0.2~12.8ms）CPU226，CPU226XM：输入点I1.6~I2.7具有固定延迟（4.5ms）
连接2线接近开关传感器（Bero）允许漏电电流	最大1mA
隔离（现场与逻辑）光电隔离 隔离组	是 500VAC，1min

续表

高速输入速率（最大） 逻辑1=15～30VDC 逻辑1=15～26VDC	单相 20kHz 30kHz	两相 10kHz 20kHz
同时接通的输入	55℃时所有的输入	
电线长度（最大） 屏蔽 非屏蔽	普通输入500m，HSC输入50m 普通输入300m	

表12-3 S7-200系列PLC的CPU输出规范

常规	24VDC输出	继电器输出
类型	固态-MOSFET	干触点
额定电压	24VDC	24VDC或250VAC
电压范围	20.4～28.8VDC	5～30VDC或5～250VAC
浪涌电流（最大）	8A，100ms	7A触点闭合
逻辑1（最小）	20VDC，最大电流	—
逻辑0（最大）	0.1VDC，10kΩ负载	—
每点额定电流（最大）	0.75A	2.0A
每个公共端的额定电压（最大）	6A	10A
漏电流（最大）	10μA	—
灯负载（最大）	5W	30WDC，200WAC
感性钳位电压	L±48VDC，1W功耗	—
接通电阻（接点）	0.3Ω最大	0.2Ω（新的时候的最大值）
隔离 光电隔离（现场到逻辑） 逻辑到接点 接点到接点 电阻（逻辑到接点） 隔离组	500VAC，1min — — — — —	— 1500VAC，1min 750VAC，1min 100MΩ
延时 断开到接通到断开（最大） 切换（最大）	2/10μs（Q0.0和Q0.1） 15/100μs（其他） —	— 10ms
脉冲频率（最大）Q0.0和Q0.1	20kHz	1Hz
机械寿命周期	—	10000000（无负载）

续表

触点寿命	—	100000（额定负载）
同时接通的输出	55℃时，所有的输出	55℃时，所有的输出
两个输出并联	是	否
电缆长度（最大） 屏蔽 非屏蔽	 500m 150m	 500m 150m

　　S7-200 系列 PLC 的存储系统由 RAM 和 EEPROM 构成，同时，CPU 模块支持 EEPROM 存储器卡。用户数据可通过主机的超级电容存储若干天；电池模块可选，可使数据存储时间延长到 200 天，各 CPU 的存储容量见表 12-4。

表12-4　S7-200系列PLC的CPU存储器范围和特性总汇

描述	范围				存储格式			
	CPU221	CPU222	CPU224	CPU226	位	字节	字	双字
用户程序区	2K 字	2K 字	4K 字	8K 字				
用户数据区	1K 字	1K 字	4K 字	5K 字				
输入映像寄存器	I0.0 ～ I15.7	I0.0 ～ I15.7	I0.0 ～ I15.7	I0.0 ～ I15.7	Ix.y	IBx	IWx	IDx
输出映像寄存器	Q0.0 ～ Q15.7	Q0.0 ～ Q15.7	Q0.0 ～ Q15.7	Q0.0 ～ Q15.7	Qx.y	QBx	QWx	QDx
模拟输入（只读）	—	AIW0 ～ AIW30	AIW0 ～ AIW62	AIW0 ～ AIW62			AIWx	
模拟输出（只写）	—	AQW0 ～ AQW30	AQW0 ～ AQW62	AQW0 ～ AQW62			AQWx	
变量存储器	VB0 ～ VB2047	VB0 ～ VB2047	VB0 ～ VB8191	VB0 ～ VB10239	Vx.y	VBx	VWx	VDx
局部存储器	LB0.0 ～ LB63.7	LB0.0 ～ LB63.7	LB0.0 ～ LB63.7	LB0.0 ～ LB63.7	Lx.y	LBx	LWx	LDx
位存储器	M0.0 ～ M31.7	M0.0 ～ M31.7	M0.0 ～ M31.7	M0.0 ～ M31.7	Mx.y	MBx	MWx	MDx
特殊存储器（只读）	SM0.0 ～ SM179.7 SM0.0 ～ SM29.7	SM0.0 ～ SM199.7 SM0.0 ～ SM29.7	SM0.0 ～ SM179.7S SM0.0 ～ SM29.7	SM0.0 ～ SM179.7 SM0.0 ～ SM29.7	SMx.y	SMBx	SMWx	SMDx
定时器	256 （T0 ～ T255）	256 （T0 ～ T255）	256 （T0 ～ T255）	256 （T0 ～ T255）	Tx		Tx	

续表

描述	范围				存储格式			
	CPU221	CPU222	CPU224	CPU226	位	字节	字	双字
保持接通延时 1ms	T0, T64	T0, T64	T0, T64	T0, T64				
保持接通延时 10ms	T1 ～ T4 T65 ～ T68	T1 ～ T4 T65 ～ T68	T1 ～ T4 T65 ～ T68	T1 ～ T4 T65 ～ T68				
保持接通延时 100ms	T5 ～ T31 T69 ～ T95	T5 ～ T31 T69 ～ T95	T5 ～ T31 T69 ～ T95	T5 ～ T31 T69 ～ T95				
接通 / 断开时 1ms	T32, T96	T32, T96	T32, T96	T32, T96				
接通 / 断开延时 10ms	T33 T36, T97 ～ T100	T33 T36, T97 ～ T100	T33 T36, T97 ～ T100	T33 T36, T97 ～ T100				
接通 / 断开延时 100ms	T37 T63 T101 ～ T225	T37 T63 T101 ～ T225	T37 T63 T101 ～ T225	T37 T63 T101 ～ T225				
计数器	C0 ～ C255	C0 ～ C255	C0 ～ C255	C0 ～ C255	Cx		Cx	
高速计数器	HC0, HC3 ～ HC5	HC0, HC3 ～ HC5	HC0 ～ HC5	HC0 ～ HC5				HCx
顺控继电器	S0.0 ～ S31.7	S0.0 ～ S31.7	S0.0 ～ S31.7	S0.0 ～ S31.7	Sx.y	SBx	SWx	SDx
累加器	AC0 ～ AC3	AC0 ～ AC3	AC0 ～ AC3	AC0 ～ AC3		ACx	Acx	ACx
跳转 / 标号	0 ～ 255	0 ～ 2550	0 ～ 255	0 ～ 255				
调用 / 子程序	0 ～ 63	0 ～ 63	0 ～ 63	0 ～ 63				
中断程序	0 ～ 127	0 ～ 127	0 ～ 127	0 ～ 127				
回路	0 ～ 7	0 ～ 7	0 ～ 7	0 ～ 7				
通信口	0	0	0	0, 1				

注：1. LB60 ～ LB63 为 STEP7-Micro/WIN32V3.0 或更高版本保留。

2. 若 S7-200 系列 PLC 的性能提高而使参数改变，书中没能及时更正，请参考西门子的相关产品手册。

12.2 西门子S7-200系列PLC元件

PLC 中的每个输入 / 输出、内部存储单元、定时器和计数器等称为软元件。各元件有不一样的功能，有固定的地址。软元件的数量决定了PLC 的规模和性能，每一种 PLC 软元件的数量是有限的。

软元件是 PLC 内部的具有一定功能的器件，实际上由电子电路和寄存器及存储器单元等组成。如输入继电器由输入电路和输入映像寄存器构成；输出继电器由输出电路和输出映像寄存器构成；定时器和计数器由特定功能的寄存器构成。都具有继电器特性，无机械触点。为便于区别这类元件与低压电器中的元件，故称为软元件或软继电器，其最大特点是触点（包括常开触点和常闭触点）可无限次使用，且寿命长。

编程时，只记住软元件的地址即可。每个软元件都有一个地址与之相对应，地址编排用区域号加区域内编号的方式，即 PLC 根据软元件的功能不同，分成了不同区域，如输入 / 输出继电器区、定时器区、计数器区、特殊继电器区等，分别用 I、Q、T、C、SM 等来表示。

（1）**输入继电器（I）** 输入继电器一般都有一个 PLC 的输入端子与之对应，用于接收外部的开关信号。当外部的开关信号闭合时，输入继电器的线圈得电，常开触点闭合，常闭触点断开。触点可在编程时任意使用，不受次数限制。

扫描周期开始时，PLC 对各输入点采样，并把采样值传到输入映像寄存器。接下来的本周期各阶段不再改变输入映像寄存器中的值，直到下一个扫描周期的输入采样阶段。

使用时输入点数不能超过这个数量，没有使用输入映像区可作其他编程元件使用，可作通用辅助继电器或数据寄存器，只能在寄存器的某个字节的 8 位都未被使用的情况下才可作他用，否则会出现错误的执行结果。

（2）**输出继电器（Q）** 输出继电器一般都有一个 PLC 上的输出端子与之对应。当输出继电器线圈得电时，输出端开关闭合，可控制外部负载的开关信号，同时常开触点闭合，常闭触点断开。触点可在编程时任意使用，不受次数限制。

扫描周期的输入采样、程序执行时，并不把输出结果直接送到输出映像寄存器，而是直接送到输出继电器，只有在每个扫描周期的末尾才将输出映像寄存器的结果同步送到输出锁存器并对输出点进行更新，未被占用的输出映像区的用法与输入继电器相同。

（3）通用辅助继电器（M） 通用辅助继电器与低压电器的中间继电器作用一样，在 PLC 中无输入 / 输出端与之对应，故触点不能直接负载。这是与输出继电器的显著区别，主要起逻辑控制作用。

（4）特殊继电器（SM） 某些辅助继电器具有特殊功能或用来存储系统的状态变量、有关的控制参数和信息，称为特殊继电器。如可读取程序运行时设备工作状态和运算结果信息，利用某些信息实现控制动作，也可通过直接设置某些特殊继电器位来使设备实现某种功能。如：

① SM0.1　首次扫描为 1，以后为 0，常用作初始化脉冲，属只读型。

② SM36.5 HSC0　当前计数方向控制，置位时，递增计数，属可写型。

③ SMB28 和 SMB29　分别存储模拟电位器 0 和 1 的输入值，CPU每次扫描时该值更新，属只读型。

常用特殊继电器的功能参见表 12-5。

表12-5　常用特殊继电器SM0和SM1的位信息

特殊存储器位	
SM0.0	该位始终为ON
SM0.1	首次扫描时为ON，常用作初始化脉冲
SM0.2	保持数据丢失时为ON，一个扫描周期，可用作错误存储器位
SM0.3	开机进入RUN时为ON，一个扫描周期，可在不断电的情况下代替SM0.1功能
SM0.4	时钟脉冲：30s闭合/30s断开
SM0.5	时钟脉冲：0.5s闭合/0.5s断开
SM0.6	扫描时钟脉冲：闭合1个扫描周期/断开1个扫描周期
SM0.7	开关放置在RUN位置时为1，在TERM位置为0，常用在自由口通信处理中
SM1.0	执行某些指令，结果为0时置位
SM1.1	执行某些指令，结果溢出或非法数值时置位
SM1.2	执行运算指令，结果为负数时置位
SM1.3	试图除以零时置位
SM1.4	执行ATT指令，超出表范围时置位
SM1.5	从空表中读数时置位
SM1.6	非BCD数转换为二进制数时置位
SM1.7	ASCⅡ码到十六进制数转换出错时置位

（5）变量存储器（V）　变量存储器存储变量。可存放程序执行时控制逻辑操作的结果，也可用变量存储器来保存与工程相关的某些数据。数据处理时，经常用到变量存储器。

（6）局部变量存储器（L）　局部变量存储器存放局部变量。局部变量存储器与变量存储器的相同点是存储的全局变量十分相似，不同点在于全局变量是全局有效的，而局部变量是局部有效的。全局有效是指同个变量可被任何程序（包括主程序、子程序和中断程序）访问；而局部有效是指变量只和特定的程序相关联。

S7-200 系列 PLC 提供 64 个字节的局部存储器，有 60 个可作暂时存储器给予程序传递参数。主程序、子程序和中断程序都有 64 个字节的局部存储器可供使用。不同程序中局部存储器不能相互访问。根据需要动态地分配局部存储器，主程序执行时，分配给子程序或中断程序的局部变量存储区是不存在的，当调用子程序或中断程序时，需为之分配局部存储器，新的局部存储器可以是曾经分配给其他程序块的同一个局部存储器。

（7）顺序控制继电器（S）　顺序控制继电器也称为状态器，应用在顺序控制或步进控制中。

（8）定时器（T）　定时器是 PLC 中重要的元件，是累计时间增量的内部器件。大部分自动控制领域都用定时器进行时间控制，灵活方便。使用定时器可以编制出复杂动作的控制程序。

定时器的工作原理与时间继电器基本相同，只是缺少瞬动触点，要提前输入时间预设值。当定时器满足输入条件时便开始计时，当前值从 0 开始按一定的时间单位增加，当前值达到预设值时，定时器常开触点闭合，常闭触点断开，其触点便可得到控制所需的时间。

（9）计数器（C）　计数器用来累计输入脉冲的个数，通常对产品进行计数或进行特定功能的编程，应提前输入设定值（计数的个数）。当输入条件满足时，计数器开始累计它的输入端脉冲上升沿（正跳变）的个数；计数达到预定的设定值时，常开触点闭合，常闭触点断开。

（10）模拟量输入映像寄存器（AI）、模拟量输出映像寄存器（AQ）　模拟量输入电路可实现模拟量 / 数字量（A/D）之间的转换，而模拟量输出电路可实现数字量 / 模拟量（D/A）之间的转换。

在模拟量输入 / 输出映像寄存器中，数字量的长度为 1 个字长（16 位），且从偶字节进行编址来存取转换过的模拟量值，如 0、2、4、6、8 等。编址内容包括元件名称、数据长度和起始字节的地址，如：

AIW0、AQW2 等。

这两种寄存器的存取方式的区别：模拟量输入寄存器只能进行读取操作，而对模拟量输出寄存器只能进行写入操作。

（11）高速计数器（HC） 高速计数器的工作原理与普通计数器没有太大区别，用来累计比主机扫描速率更快的高速脉冲。高速计数器的当前值是一个双字长（32）的整数，且为只读取。高速计数器的数量很少，编址时只用名称 HC 和编号，如 HC0。

（12）累加器（AC） S7-200 系列 PLC 提供 4 个 32 位累加器，分别为 AC0、AC1、AC2、AC3。累加器（AC）用来暂时存放数据，如运算数据、中间数据和结果数据，也可用来向子程序传递参数，或从子程序返回参数。使用时只表示出累加器的地址编号，如 AC0。累加器可进行读、写两种操作。累加器的可用长度为 32 位，数据长度可为字节（8 位）、字（16 位）或双字（32 位）。在使用时，数据长度取决于进出累加器的数据类型。

12.3 西门子 S7-200 系列 PLC 的基本指令及举例

12.3.1 基本指令及示例

讲解指令和示例时，主要使用 LAD 程序，编程时以独立的网络块（Network）为单位，用网络块组合在一起就是梯形图程序，这也是 S7-200 系列 PLC 的特点。

（1）逻辑取及线圈指令 逻辑取及线圈驱动指令为 LD、LDN 和 =，如图 12-7 所示。

LD（Load）：取指令。用于网络块逻辑运算开始的常开触点与母线的连接。

LDN（Load Not）：取反指令。用于网络块逻辑运算开始的常闭触点与母线的连接。

=（Out）：线圈驱动指令。

说明：

① LD、LDN 指令可用于网络块逻辑计算开始时与母线相连的常开和常闭触点，在分支电路块的开始也可使用 LD、LDN 指令，与后面要讲的 ALD、OLD 指令配合完成电路块的编程。

② 并联的 "=" 指令可连续使用任意次。

③ 在同一程序中不能使用双线圈输出，即同一个元器件在同一程序中只使用一次 = 指令。

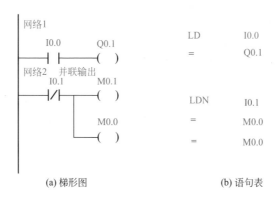

(a) 梯形图　　　　　　　　　　(b) 语句表

图12-7　LD、LDN、=指令使用示例

④ LD、LDN、= 指令的操作数为：I、Q、M、SM、T、C、V、S 和 L。T 和 C 也作为输出线圈，但在 S7-200 系列 PLC 中输出时不是以使用 = 指令形式出现的（见定时器和计数器指令）。

（2）触点串联指令　触点串联指令为 A、AN，如图 12-8 所示。

A（And）：与指令。用于单个常开触点的串联连接。

AN（And Not）：与反指令。用于单个常闭触点的串联连接。

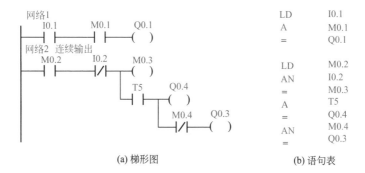

(a) 梯形图　　　　　　　　　　(b) 语句表

图12-8　A、AN指令使用示例

说明：

① A、AN 是单个触点串联连接指令，可连续使用，在用梯形图编程时会受到打印宽度和屏幕显示的限制。S7-200 系列 PLC 的编程软件中规定的串联触点使用上限为 11 个。

② 图 12-8 中所示的连续输出电路，可以反复使用 = 指令，但次序必须正确，不然就不能连续使用 = 指令编程了。

③ A、AN 指令的操作数为：I、Q、M、SM、T、C、V、S 和 L。

（3）触点并联指令　触点并联指令为 O、ON，如图 12-9 所示。

O（OR）：或指令。用于单个常开触点的并联连接。

ON（Or Not）：或反指令。用于单个常闭触点的并联连接。

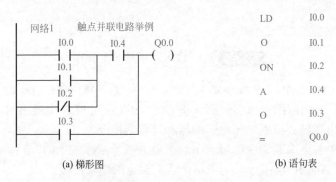

(a) 梯形图　　　　　　　　　　　　　　　　(b) 语句表

图12-9　O、ON指令使用示例

说明：

① 单个触点的 O、ON 指令可连续使用。

② ON 指令的操作数为：I、Q、M、SM、T、C、V、S 和 L。

③ 两个以上触点的串联回路和其他回路并联时，须采用后面说明的 OLD 指令。

（4）串联电路块的并联连接指令　串联电路块的并联连接指令为 OLD，如图 12-10 所示。两个以上触点串联形成的支路叫串联电路块。

OLD（Or Load）：或块指令。用于串联电路块的并联连接。

说明：

① 网络块逻辑运算的开始可以使用 LD 或 LDN，在电路块的开始也可使用 LD 和 LDN 指令。

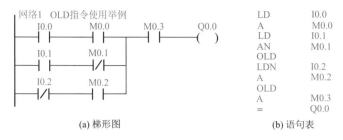

(a) 梯形图　　　　　　　　　　(b) 语句表

图12-10 OLD指令使用示例

② 每完成一次电路块的并联时要写上 OLD 指令。对并联去路的个数没有限制。

③ OLD 指令无操作数。

（5）**并联电路块的串联连接指令** 并联电路块的串联连接指令为 ALD，如图 12-11 所示。两条以上支路并联形成的电路叫并联电路块。

ALD（And Load）：与块指令。用于并联电路块的串联连接。

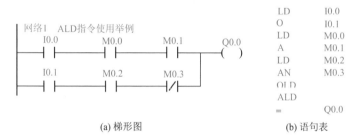

(a) 梯形图　　　　　　　　　　(b) 语句表

图12-11 ALD指令使用示例

说明：

① 在电路块开始时要写 LD 或 LDN 指令。并联电路块结束后，用 ALD 指令与前面电路串联。

② 在完成一次块电路的串联连接后要写 ALD 指令。

③ ALD 指令无操作数。

（6）**置位、复位指令** 置位（Set）/ 复位（Reset）指令的 LAD 和 STL 形式以及功能见表 12-6。

表12-6 置位/复位指令的功能表

项目	LAD	STL	功能
置位指令	bit ——(S) N	S bit, N	从bit开始的N个元件置1并保持
复位指令	bit ——(R) N	R bit, N	从bit开始的N个元件清零并保持

图 12-12 所示为 S/R 指令的用法。

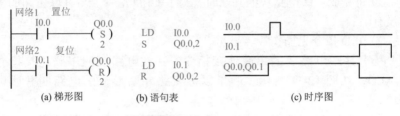

(a) 梯形图　　　　(b) 语句表　　　　(c) 时序图

图12-12 S/R指令使用示例

说明：

① 位元件置位后，就保持在通电状态，可对其复位；而位元件复位后就保持在断电状态，除非再对其置位。

② S/R 指令可以互换次序使用，由于 PLC 采用扫描工作方式进行工作，故写在后面的指令具有优先权。图 12-12 中，假如 I0.0 和 I0.1 同时为 1，则 Q0.0、Q0.1 处于复位状态而为 0。

③ 若对计数器和定时器复位，则当前值为 0。定时器和计数器的复位有其特殊性，详情参考计数器和定时器部分。

④ N 的 常 数 范 围 为 1 ～ 255，N 也 可 为：VB、IB、QB、MB、SMB、SB、LB、AC、常数、*VD、*AC 和 *LD。使用常数时最多。

⑤ S/R 指令的操作数为：I、Q、M、SM、T、C、V、S 和 L。

（7）RS 触发器指令　RS 触发器指令在 Micro/WIN32V3.2 编程软件版本中才有。有两条指令：

① SR（Set Dominant Bistable）：置位优先触发器指令。当置位信号（S1）和复位信号（R）都为真时，输出为真。

② RS（Reset Dominant Bistable）：复位优先触发器指令。当置位信号（S）和复位信号（R1）都为真时，输出为假。

RS触发器指令的LAD形式如图12-13所示，图（a）为SR指令，图（b）为RS指令。bit参数用于指定被置位或者被复位的BOOL参数。RS触发器指令无STL形式，但可通过编程软件把LAD形式转换成STL形式，但很难读懂，故建议使用RS触发器指令最好使用LAD形式。

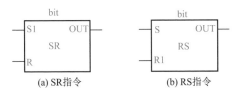

(a) SR指令   (b) RS指令

图12-13 RS触发器指令

RS触发器指令的真值表见表12-7。

表12-7 RS触发器指令的真值表

指令	S1	R	输出（bit）
置位优先触发器指令（SR）	0	0	保持前一状态
	0	1	0
	1	0	1
	1	1	1
指令	S	R1	输出（bit）
复位优先触发器指令（RS）	0	0	保持前一状态
	0	1	0
	1	0	1
	1	1	0

RS触发器指令的输入/输出操作数为：I、Q、V、M、SM、S、T、C。bit的操作数为：I、Q、V、M和S。操作数的数据类型均为BOOL型。

图12-14（a）所示为指令的用法，图12-14（b）所示为在给定的输入信号波形下产生的输出波形。

（8）立即指令 立即指令可提高PLC对输入/输出的响应速度，不受PLC循环扫描工作方式的影响，可对输入和输出点进行快速直接存取。当用立即指令读取输入点的状态时，对 I 进行操作，相应的输入映像寄存器中的值并未更新；当用立即指令访问输出点时，对 Q 进行操作，新值同时写到 PLC 的物理输出点和相应的输出映像寄存器。

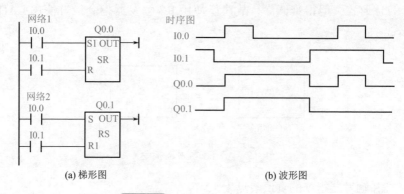

(a) 梯形图　　　　　　　　　　　　　　(b) 波形图

图12-14　RS触发器指令使用示例

立即指令的名称及说明见表 12-8。

表12-8　立即指令的名称和使用说明

指令名称	STL	LAD	使用说明
立即取	LDI　bit		
立即取反	LDNI　bit	bit —|I|——bit —|/I|—	
立即或	OI　bit		bit 只能为 I
立即或反	ONI　bit		
立即与	AI　bit	—	
立即与反	ANI　bit		
立即输出	=I　bit	bit ——（I）	bit 只能为 Q
立即置位	SI　bit，N	bit ——（SI） N	1. bit 只能为 Q 2. N 的范围：1～128 3. N 的操作数同 S/R 指令
立即复位	RI　bit，N	bit ——（RI） N	

图 12-15 所示为立即指令的用法。

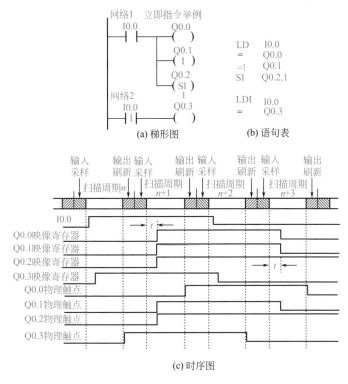

(a) 梯形图　　　　　　(b) 语句表

(c) 时序图

图12-15　立即指令示例

　　一定要注意哪些地方使用了立即指令，哪些地方没有使用立即指令。要理解输出物理触点和相应的输出映像寄存器是不同的概念，要结合 PLC 工作原理来看时序图。图中，t 为执行到输出点处程序所用的时间，Q0.0、Q0.1、Q0.2 的输入逻辑是 I0.0 的普通常开触点。Q0.0 为普通输出，在程序执行到它时，它的映像寄存器的状态会随着本扫描周期采集到的 I0.0 状态的改变而改变，而它的物理触点要等到本扫描周期的输出刷新阶段才改变；Q0.1、Q0.2 为立即输出，在程序执行到它们时，它们的物理触点和输出映像寄存器同时改变；而对 Q0.3 来说，它的输入逻辑是 I0.0 的立即触点，所以在程序执行到它时，Q0.3 的映像寄存器的状态会随着 I0.0 即时状态的改变而立即改变，而它的物理触点要等到本扫描周期的输出刷新阶段才改变。

（9）**边沿指令** 边沿脉冲指令为 EU（Edge Up）、ED（Edge Down）。边沿脉冲指令的使用及说明见表12-9。

表12-9 边沿脉冲指令使用说明

指令名称	LAD	STL	功能	说明
上升沿脉冲	⊣P⊢	EU	在上升沿产生脉冲	无操作数
下降沿脉冲	⊣N⊢	ED	在下降沿产生脉冲	

边沿脉冲指令 EU/ED 用法如图 12-16 所示。EU 指令对其之前的逻辑运算结果的上升沿产生一个宽度为一个扫描周期的脉冲，如图 12-16 中的 M0.0。ED 指令对逻辑运算结果的下降沿产生一个宽度为一个扫描周期的脉冲，如图 12-16 中的 M0.1。脉冲指令常用于启动及关断条件的判定以及配合功能指令完成一些逻辑控制任务。这两个指令不能直接连在左侧的母线上。

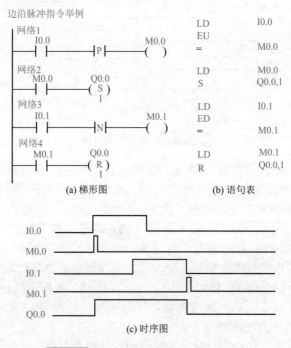

(a) 梯形图　(b) 语句表
(c) 时序图

图12-16 边沿脉冲指令EU/ED使用示例

12.3.2 定时器

定时器是 PLC 中一种使用最多的元件。熟练用好定时器对 PLC 编程十分重要。使用定时器先要预置定时值，执行时当定时器的输入条件满足时，当前值从 0 开始按一定的单位增加；达到设定值时，定时器发生动作，以满足各种不同定时控制的需要。

（1）**定时器的种类** S7-200 系列 PLC 提供了三种类型的定时器：接通延时定时器（TON）、断开延时定时器（TOF）和有记忆接通延时定时器（TONR）。

（2）**定时器的分辨率与定时时间** 单位时间的时间增量称为定时器的分辨率。S7-200 系列 PLC 定时器有 3 个分辨率等级：1ms、10ms 和 100ms。

定时时间 T 的计算：$T = PT \times S$。其中 T 为实际定时时间；PT 为设定值；S 为分辨率。

如：TON 指令使用 T33 分辨率为 10ms 的定时器，设定值为 100，那么实际定时时间为

$$T = 100 \times 10ms = 1000ms$$

定时器的设定值 PT，数据类型为 INT 型。操作数可为：VW、IW、QW、MW、SW、SMW、LW、AIW、T、C、AC、*VD、*AC、*LD 和常数，其中使用最多的操作数是常数。

（3）**定时器的编号** 定时器的编号用定时器的名称和常数（最大数为 255）来表示，即 T***，如：T37。

定时器的编号包含两方面的变量信息：定时器位和定时器当前值。

定时器位：与时间继电器的性质相似。当前值达到设定值 PT 时，定时器的触点动作。

定时器当前值：存储定时器当前所累计的时间，它用 16 位符号整数来表示，最大计数值为 32767。

定时器的分辨率和编号见表 12-10。

表12-10 定时器分辨率和编号

定时器类型	分辨率 /ms	最大当前值 /s	定时器编号
TONR	1	32.767	T0，T64
	10	327.67	T1 ～ T4，T65 ～ T68
	100	3276.7	T5 ～ T31，T69 ～ T95

续表

定时器类型	分辨率/ms	最大当前值/s	定时器编号
TON，TOF	1	32.767	T32，T96
	10	327.67	T33～T36，T97～T100
	100	3276.7	T37～T63，T101～T255

TON 和 TOF 使用相同范围的定时器编号。值得注意的是，在同一个 PLC 程序中不允许把同一个定时器号同时用作 TON 和 TOF。如在编程时，不能既有接通延时（TON）定时器 T96，又有断开延时（TOF）定时器 T96。

（4）定时器指令使用说明 三种定时器指令的 LAD 和 STL 格式如表 12-11 所示。

表12-11 定时器指令的LAD和STL

格式	名称		
	接通延时定时器	有记忆接通延时定时器	断开延时定时器
LAD	—	—	—
STL	TON T***，PT	TONR T***，PT	TOF T***，PT

① 接通延时定时器 TON（On-Delay Timer） 接通延时定时器用于单一时间间隔的定时，上电周期内或首次扫描时，定时器位为 OFF，当前值为 0。当输入端有效，定时器位为 OFF，当前值从 0 开始计时，当前值达到设定值时，定时器位为 ON，当前值仍继续计数到 32767。输入端断开，定时器自动复位，即定时器位为 OFF，当前值为 0。

② 记忆接通延时定时器 TONR（Tetentive On-Delay Timer） 具有记忆功能，用于对许多间隔的累计定时。上电周期内或首次扫描时，定时器位为 OFF，当前值保持掉电前的值。当输入端有效时，当前值从上次的保持值继续计时，当前值达到设定值时，定时器位为 ON，当前值可继续计数到 32767。应注意，只能用复位指令 R 对其进行复位操作。TONR 复位后，定时器位为 OFF，当前值为 0。

③ 断开延时定时器 TOF（Off-Delay Timer） 断开延时定时器用于断电后的单一间隔时间计时，上电周期内或首次扫描时，定时器位为 OFF，当前值为 0。输入端有效时，定时器位为 ON，当前值为 0。当输入端由接通到断开时，定时器开始计时。达到设定值时定时器位为 OFF，当前值等于设定值，停止计时。输入端再次由 OFF→ON

时，TOF复位，这时TOF的位为ON，当前值为0。如果输入端再从ON→OFF，则TOF可实现再次启动。

（5）**应用示例**　图12-17所示为三种类型定时器的基本使用示例，其中T33为TON，T1为TONR，T34为TOF。

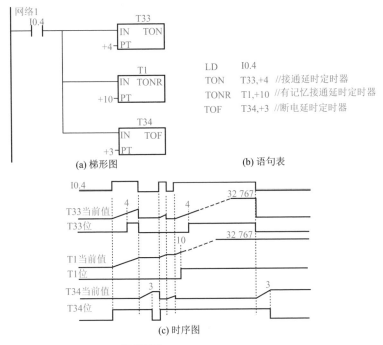

（a）梯形图　　　　　　　　　　（b）语句表

（c）时序图

图12-17　定时器基本使用示例

12.3.3　计数器

计数器用来累计输入脉冲的个数，在实际中用来对产品进行计数或完成复杂的逻辑控制任务。计数器的使用和定时器基本相似，编程时输入计数设定值，计数器累计脉冲输入信号上升沿的个数。达到设定值时，计数器发生动作，以便完成计数控制任务。

（1）**计数器的种类**　S7-200系列PLC的计数器有3种：增计数器CTU、增减计数器CTUD和减计数器CTD。

（2）**计数器的编号**　计数器的编号用计数器名称和数字（0～255）组成，即C***，如C5。

计数器的编号包含两方面的信息：计数器的位和计数器当前值。

计数器位：计数器位和继电器一样是一个开关量，表示计数器是否发生动作的状态。当前值达到设定值时，该位被置位为 ON。

计数器当前值：一个存储单元，它用来存储计数器当前所累计的脉冲个数，用 16 位有符号整数来表示，最大为 32767。

（3）计数器的输入端和操作数　设定值输入：数据类型为 INT 型。寻址范围：VW、IW、QW、MW、SW、SMW、LW、AIW、T、C、AC、*VD、*AC、*LD 和常数，计数器的设定值使用最多的是常数。

（4）计数器指令使用说明　计数器指令的 LAD 和 STL 格式见表 12-12。

表12-12　计数器的指令格式

格式	名称		
	增计数器	增减计数器	减计数器
LAD	???? CU CTU R ????—PV	???? CU CTUD CD R ????—PV	???? CD CTD LD ????—PV
STL	CTU C***, PV	CTUD C***, PV	CTD C***, PV

① 增计数器 CTU（Count Up）　首次扫描时，计数器位为 OFF，当前值为 0。输入端 CU 的每个上升沿，计数器计数 1 次，当前值增加一个单位。达到设定值时，计数器位为 ON，当前值继续计数到 32767 后停止计数。复位输入端有效或对计数器执行复位指令，计数器自动复位，即计数器位为 OFF，当前值为 0。图 12-18 所示为增计数器的用法。

注意：在语句表中，CU、R 的编程顺序不能出错。

② 增减计数器 CTUD（Count Up/Down）　有两个脉冲输入端：CU 输入端用于递增计数，CD 输入端用于递减计数。首次扫描时，计数器位为 OFF，当前值为 0。CU 每个上升沿，计数器当前值增加 1 个单位；CD 输入上升沿，都使计数器当前值减小 1 个单位，达到设定值时，计数器位为 ON。

增减计数器当前值计数到 32767（最大值）后，下一个 CU 输入的上升沿将使当前值跳变为最小值（-32767）；当前值达到最小值后，下一个 CD 输入的上升沿将使当前值跳变为最大值 32767。复位输入端有效或复位指令对计数器执行复位操作后，计数器自动复位，即计数器位为 OFF，当前值为 0。图 12-19 为增减计数器的用法。

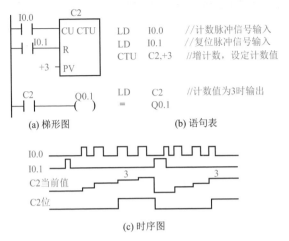

图12-18 增计数器用法示例

注意：在语句表中，CU、CD、R 的顺序不能出错。

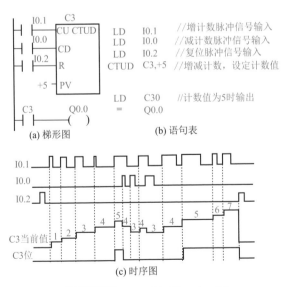

图12-19 增减计数器用法示例

③ 减计数器 CTD（Count Down） 首次扫描时，计数器位为 ON，当前值为预设定值 PV。CD 每个上升沿计数器计数 1 次，当前值减少一个单位，当前值减小到 0 时，计数器位置为 ON。当复位输入端有效或对计数器执行复位指令时，计数器自动复位，即计数器位为 OFF，当前值复位为设定值。图 12-20 所示为减计数器的用法。

> **注意**：减计数器的复位端是 LD，不是 R。在语句表中，CD、LD 的顺序不能出错。

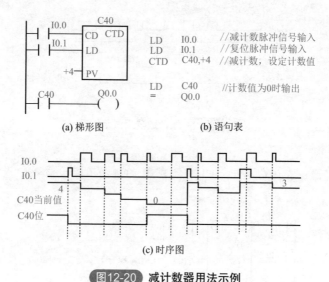

(a) 梯形图　　　　　　　　(b) 语句表

(c) 时序图

图12-20　减计数器用法示例

12.3.4　比较指令

将两个数值或字符按指定条件进行比较，条件成立时，触点就闭合，否则就断开。操作数可是整数也可是实数，故也是一种位指令，可以串并联使用。比较指令为上、下限控制以及为数值条件判断提供了方便。

（1）比较指令的分类　比较指令有：
- 字节比较 B（无符号整数）。
- 整数比较 I（有符号整数）。
- 双字整数比较 DW（有符号整数）。
- 实数比较 R（有符号双字浮点数）。

・字符串比较。

数值比较指令的运算符有：=、＞=、＜、＜=、＞和＜＞等6种，而字符串比较指令只有 = 和＜＞两种。

比较指令的 LAD 和 STL 形式见表12-13。

说明： 字符串比较指令在 PLC　CPU1.21 和 Micro/WIN32V3.2 以上版本中才有。

表12-13　比较指令的LAD和STL形式

形式	方式				
	字节比较	整数比较	双字整数比较	实数比较	字符串比较
LAD（以 == 为例）	IN1 ┤ ==B ├ IN2	IN1 ┤ ==I ├ IN2	IN1 ┤ ==D ├ IN2	IN1 ┤ ==R ├ IN2	IN1 ┤ ==S ├ IN2
STL	LDB= IN1, N2 AB= IN1, IN2 OB= IN1, IN2 LDB ＜＞ IN1, IN2 AB ＜＞ IN1, IN2 OB ＜＞ IN1, IN2 LDB ＜ IN1, IN2 AB ＜ IN1, IN2 OB ＜ IN1, IN2 LDB ＜ = IN1, IN2 AB ＜ = IN1, IN2 OB ＜ = IN1, IN2 LDB ＞	LDW= IN1, IN2 AW= IN1, IN2 OW= IN1, IN2 LDW ＜＞ IN1, IN2 AW ＜＞ IN1, IN2 OW ＜＞ IN1, IN2 LDW ＜ IN1, IN2 AW ＜ IN1, IN2 OW ＜ IN1, IN2 LDW ＜ = IN1, IN2 AW ＜ = IN1, IN2 OW ＜ = IN1, IN2 LDW ＞	LDD= IN1, IN2 AD= IN1, IN2 OD= IN1, IN2 LDD ＜＞ IN1, IN2 AD ＜＞ IN1, IN2 OD ＜＞ IN1, IN2 LDD ＜ IN1, IN2 AD ＜ IN1, IN2 OD ＜ IN1, IN2 LDD ＜ = IN1, IN2 AD ＜ = IN1, IN2 OD ＜ = IN1, IN2 LDD ＞	LDR= IN1, IN2 AR= IN1, IN2 OR= IN1, IN2 LDR ＜＞ IN1, IN 2AR ＜＞ IN1, IN2 OR ＜＞ IN1, IN2 LDR ＜ IN1, IN2 AR ＜ IN1, IN2 OR ＜ IN1, IN2 LDR ＜ = IN1, IN2 AR ＜ = IN1, IN2 OR ＜ = IN1, IN2 LDR ＞	LDS= IN1, IN2 AS= IN1, IN2 OS= IN1, IN2 LDS ＜＞ IN1, IN2 AS ＜＞ IN1, IN2 OS ＜＞ IN1, IN2

形式	方式				
	字节比较	整数比较	双字整数比较	实数比较	字符串比较
STL	IN1，IN2 AB ＞ IN1，IN2 OB ＞ IN1，IN2 LDB ＞＝ IN1，IN2 AB ＞＝ IN1，IN2 OB ＞＝ IN1，IN2	IN1，IN2 AW ＞ IN1，IN2 OW ＞ IN1，IN2 LDW ＞＝ IN1，IN2 AW ＞＝ IN1，IN2 OW ＞＝ IN1，IN2	IN1，IN2 AD ＞ IN1，IN2 OD ＞ IN1，IN2 LDD ＞＝ IN1，IN2 AD ＞＝ IN1，IN2 OD ＞＝ IN1，IN2	IN1，IN2 AR ＞ IN1，IN2 OR ＞ IN1，IN2 LDR ＞＝ IN1，IN2 AR ＞＝ IN1，IN2 OR ＞＝ IN1，IN2	
IN1 和 IN2 寻址范围	IV，QB， MB，SMB， VB，SB， LB，AC， *VD，*AC， *LD，常数	IW，QW， MW，SMW， VW，SW， LW，AC， *VD，*AC， *LD，常数	ID，QD， MD，SMD， VD，SD， LD，AC， *VD，*AC， *LD，常数	ID，QD， MD，SMD， VD，SD， LD，AC， *VD，*AC， *LD，常数	（字符）VB、 LB、*VD、 *LD、*AC

字节比较用于比较两个无符号字节型8位整数值IN1和IN2的大小，整数比较用于比较两个有符号的一个字长16位的整数值IN1和IN2的大小，范围 16 # 800 ～ 16 # 7FFF。

双字整数比较用于比较两个有符号双字长整数值IN1和IN2的大小。范围 16 # 80000000 ～ 16 # 7FFFFFFF。

实数比较用于比较两个有符号双字长实数值IN1和IN2的大小，负实数范围为 $-1.175495E-38 \sim -3.402823E+38$，正实数范围是 $+1.175495E-38 \sim +3.402823E+38$。

字符串比较用于比较两个字符串数据是否相同，长度应小于254个字符。

（2）比较指令的用法 由图12-21可以看出，计数器C30中的当前值大于30时，Q0.1为ON；VD1中的实数小于90.8且I0.1为ON时，Q0.0为ON；VB1中的值大于VB2的值或I0.1为ON时，Q0.2为ON。

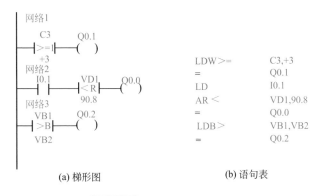

(a) 梯形图   (b) 语句表

图12-21 比较指令使用示例

12.4 西门子S7-200系列PLC指令简介及指令表

12.4.1 数据处理指令

主要包括传送、移位、字节交换、循环移位和填充等指令。

（1）**数据传送类指令** 该类指令用来实现各存储单元之间数据的传送。可分为单个传送指令和块传送指令。

① 单个传送（Move）。

指令格式：LAD 和 STL 格式如图 12-22（a）所示，指令中"？"处为 B、W、DW（LAD 中）、D（STL 中）或 R。

指令功能：使能 EN 输入有效时，将一个字节（字、双字或实数）数据由 IN 传送到 OUT 所指的存储单元。

数据类型：输入输出均为字节（字、双字或实数）。

② 块传送（Block Move）。

指令格式：LAD 和 STL 格式如图 12-22（b）所示，指令中"？"处可为 B、W、DW（LAD 中）、D（STL 中）或 R。

指令功能：将从 IN 开始的 *N* 个字节（字或双字）型数据传送到从 OUT 开始的 *N* 个字节（字或双字）存储单元。

数据类型：IN 和 OUT 端均为字节（字或双字），*N* 为字节型数据。

③ 字节立即传送（Move Byte Immediate）。字节立即传送和指令中的立即指令一样。

a. 字节立即读指令。

指令格式：LAD 及 STL 格式如图 12-22（c）所示。

指令功能：将字节物理区数据立即读出，并传送到 OUT 所指的字节存储单元。对 IN 信号立即响应不受扫描周期影响。

操作数：IN 端为 IB，OUT 为字节。

b. 字节立即写指令

指令格式：LAD 及 STL 格式如图 12-22（d）所示。

指令功能：立即将 IN 单元的字节数据写到 OUT 所指的字节存储单元的物理区及映像区，把计算出的 Q 结果立即输出到负载，不受扫描周期影响。

数据类型：IN 端为字节，OUT 端为 QB。

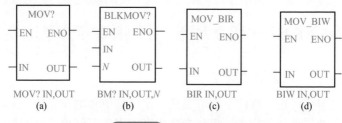

图12-22 传送指令格式

④ 传送指令应用示例。

LD   I0.0   //I0.0 有效时执行下面操作

MOVB   VB10, VB20   // 字节 VB10 中的数据送到字节 VB20 中

MOVW   VW210, VW220   // 字节 VW210 中的数据送到字 VW220 中

MOVD   VD120, VD220   // 双字 VD120 中的数据送到双安 VD220 中

BMB   VB230, VB130, 4

// 双节 VB230 开始的 4 个连续字节中的数据送到 VB130 开始的 4 个连续字节存储单元中

BMW   VW240, VW140, 4

// 字 VW240 开始的 4 个连续字中的数据送到字 VW140 开始的 4 个连续字存储单元中

BMD   VD250, VD150, 4

// 双字 VD250 开始的 4 个连续双字中的数据送到 VD150 开始的 4 个连续双字存储单元中

BIR   IB1,   VB220

//I0.0 到 I0.7 的物理输入状态立即送到 VB220 中，不受扫描周期的影响

BIW   VB200,   QB0

//VB200 中的数据立即从 Q0.0 到 0.7 端子输出，不受扫描周期的影响

（2）移位与循环指令 分为左移和右移、左循环和右循环。LAD 与 STL 指令格式中的缩写表示略有不同。

① 移位指令（Shift） 有左移和右移两种。分为字节型、字型和双字型。移位数据存储单元的移出端与 SM1.1（溢出）相连，最后被移出的位被移至 SM1.1 位存储单元。移出位进入 SM1.1，另一端自动补 0。例如，右移时，移位数据最右端的位移入 SM1.1，则左端补 0。SM1.1 存放最后一次被移出的位，移位次数与移位数据的长度有关，所需要移位次数大于移位数据的位数，超出次数无效。如字节左移时，若移位次数设定为 10，则指令实际执行结果只能移位 8 次，而超出的 2 次无效。若移位操作使数据变为 0，则零存储器标志位（SM1.0）自动置位。

> **注意**：移位指令在使用 LAD 编程时，OUT 可以是和 IN 不同的存储单元，但在使用 STL 编程时，因为只写一个操作数，所以实际上 OUT 就是移位后的 IN。

a. 右移指令。

指令格式：LAD 及 STL 格式如图 12-23（a）所示，指令中"？"处可为 B、W、DW（LAD 中）或 D（STL 中）。

指令功能：将字节型（字型或双字型）输入数据 IN 右移 N 位后，再将结果输出到 OUT 所指的字节（字或双字）存储单元。

数据类型：IN 和 OUT 均为字节（字或双字），N 为字节型数据，可为 8、16、32。

b. 左移指令。

指令格式：LAD 及 STL 格式如图 12-23（b）所示，指令中"？"处可为 B、W、DW（LAD 中）或 D（STL 中）。

指令功能：将字节型（字节或双字型）输入数据 IN 左移 N 位，后

将结果输出到 OUT 所指的字节（字或双字）存储单元。最大实际可移位次数为 8 位（16 位或 32 位）。

数据类型：输入输出均为字节（字或双字），*N* 为字节型数据。

c. 移位指令示例。

LD   I0.0   //I0.0 有效时执行下面操作

MOVB   2＃00110101，VB0   // 将字节 2＃00110101 送到 VB0 中

SLB   VB0，4   // 字节左移指令，则 VB0 内容为 2＃01010000

MOVW   16＃3535，VW10   // 将字 16＃3535 送到 VW10 中

SRW   VW10，3   // 字左移指令，则 VW10 内容为 16＃06A6

② 循环移位指令（Rotate） 有循环左移和循环右移，分为字节、字或双字。循环数据存储单元的移出端与另一端相连，同时又与 SM1.1（溢出）相连，最后被移出的位移到另一端，同时移到 SM1.1 位。如循环右移时，移位数据最右端位移入最左端，同时又进入 SM1.1。SM1.1存放最后一次被移出的位。移位次数与移位数据的长度有关，移位次数设定值大于移位数据的位数，则在进行循环移位之前，系统先进入的设定值取以数据长度为底的模，用小于数据长度的结果作为实际循环移位的次数。

a. 循环右移指令。

指令格式：LAD 及 STL 格式如图 12-23（c）所示，指令中"？"处可为 B、W、DW（LAD 中）或 D（STL 中）。

指令功能：将字节型（字型或双字型）输入数据 IN 循环右移 *N* 位后，再将结果输出到 OUT 所指的字节（字或双字）存储单元。实际移位次数为系统设定值取以 8（16 或 32）为底的模所得结果。

数据类型：IN、OUT 端均为字节（字或双字），*N* 为字节型数据。

b. 循环左移指令。

指令格式：LAD 及 STL 格式如图 12-23（d）所示，指令中"？"处可为 B、W、DW（LAD 中）或 D（STL 中）。

指令功能：将字型（字型或双字型）输入数据 IN 循环左移 *N* 位后，再将结果输出到 OUT 所指的字节（字或双字）存储单元。实际移位次数与循环右移相同。

数据类型：与循环右移指令相同。

c. 循环移位指令示例。

LD	I0.0	//I0.0 有效地执行下面操作
MOVB	16#FE，VB100	// 将 16#FE 送到 VB100 中
RLB	VB100，1	// 循环左移，则 VB100 中为 16#FD

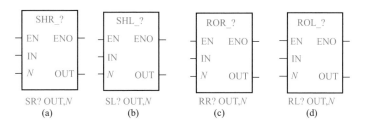

图12-23 循环移位指令格式

（3）字节交换及填充指令

① 字节交换指令（Swap Bytes）。

指令格式：LAD 及 STL 格式如图 12-24（a）所示。

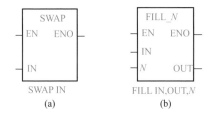

图12-24 字节交换及填充指令格式

指令功能：将字型输入数据 IN 的高字节和低字节进行交换。

数据类型：输入为字。

② 字节交换指令示例。

LD	I0.0	//I0.0 有效时执行下面操作
EU		// 在 I0.0 的上升沿执行
MOVW	16#C510，VW100	// 将 16#C510 送到 VW100 中
SWAP	VW100	//字节交换，则 VW100 中为 16#10C5

③ 填充指令（Memory Fiu）。

指令格式：LAD 及 STL 格式如图 12-24（b）所示。

指令功能：将字型输入数据 IN 填充到从输出 OUT 所指的单元开

始的 N 个字存储单元。

数据类型：IN 和 OUT 为字型，N 为字节型数据，可取值范围为 1 ～ 255 的整数。

④ 填充指令示例。

LD　　　SM0.1　　　　　　　　　　　// 初始化操作

FILL　　　0，VW100，12　　　　　　　// 填充指令，将 0 填充到从 VW100 开始的 12 个存储单元

12.4.2　算术运算指令

算术运算指令由加、减、乘、除等组成，均是对有符号数进行操作，每类指令又包括整数、双整、实数的算术运算指令。

（1）加法指令（Add）

① 指令格式：LAD 及 STL 格式如图 12-25（a）所示，指令中"？"处可为 I、DI（LAD 中）、D（STL 中）或 R。

② 指令功能：LAD 中，IN1 - IN2 = OUT；STL 中，IN1 - OUT = OUT。

③ 数据类型：整数加法时，输入输出均为 INT；双整数加法时，输入输出均为 DINT；实数加法时，输入输出均为 REAL。

（2）减法指令（Subtract）

① 指令格式：LAD 及 STL 格式如图 12-25（b）所示，指令中"？"处可为 I、DI（LAD 中）、D（STL 中）或 R。

② 指令功能：LAD 中，IN1 - IN2 = OUT；STL 中，OUT - IN1 = OUT。

③ 数据类型：整数减法时，输入输出均为 INT；双整数减法时，输入输出均为 DINT；实数减法时，输入输出均为 REAL。

（3）乘法指令

① 一般乘法指令（Multiply）。

指令格式：LAD 及 STL 格式如图 12-25（c）所示，指令中"？"处可为 I、DI（LAD 中）、D（STL 中）或 R。

指令功能：在 LAD 中，IN1 × IN2 = OUT；在 STL 中，IN1 × OUT = OUT。

数据类型：整数乘法时，输入输出均为 INT；双整数乘法时，输入输出均为 DINT；实数乘法时，输入输出均为 REAL。

② 完全整数乘法（Multiply Integer to Double Integer）。将两个单字长（16 位）的符号整数 IN1 和 IN2 相乘，产生一个 32 位双整数结果 OUT。

指令格式：LAD 及 STL 格式如图 12-25（d）所示。

指令功能：LAD 中，IN1×IN2=OUT ；STL 中，IN1×OUT=OUT。32 位运算结果存储单元的低 16 位运算前用于存放被乘数。

数据类型：输入为 INT，输出为 DINT。

（4）除法指令

① 一般除法指令（Divide）。

指令格式：LAD 及 STL 格式如图 12-25（e）所示，指令中"?"处可为 I、DI（LAD 中）、D（STL 中）或 R。

指令功能：LAD 中，IN1÷IN2=OUT ；STL 中，OUT÷IN1=OUT。不保留余数。

数据类型：整数除法时，输入输出均为 INT ；双整数除法时，输入输出均为 DINT ；实数除法时，输入输出均为 REAL。

② 完全整数除法（Divide Integer to Double Integer）。将两个 16 位的符号整数相除，产生一个 32 位结果，其中，低 16 位为商，高 16 位为余数。

指令格式：LAD 及 STL 格式如图 12-25（f）所示。

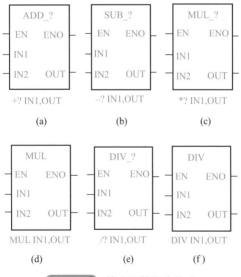

图12-25 算术运算指令格式

指令功能：LAD 中，IN1/IN2=OUT ；STL 中，OUT/IN1=OUT。32 位结果存储单元的低 16 位运算前被兼用存放被除数。除法运算结果，商放在 OUT 的低 16 位字中，余数放在 OUT 的高 16 位字中。

数据类型：输入为 INT，输出为 DINT。

③ 如图 12-26 所示为算术运算指令综合示例 1。

算术运算先使用LAD设计，再转换成STL

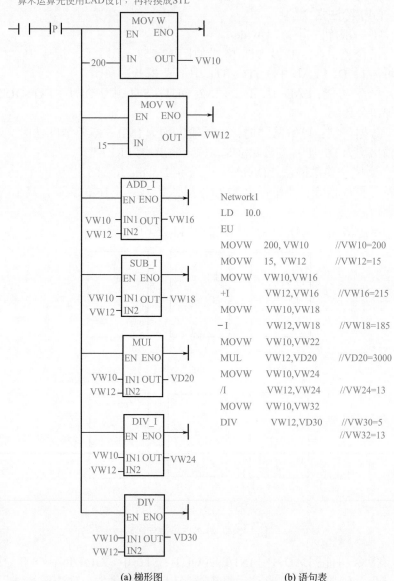

Network1
LD   I0.0
EU
MOVW   200, VW10   //VW10=200
MOVW   15, VW12   //VW12=15
MOVW   VW10,VW16
+I   VW12,VW16   //VW16=215
MOVW   VW10,VW18
-I   VW12,VW18   //VW18=185
MOVW   VW10,VW22
MUL   VW12,VD20   //VD20=3000
MOVW   VW10,VW24
/I   VW12,VW24   //VW24=13
MOVW   VW10,VW32
DIV   VW12,VD30   //VW30=5
                          //VW32=13

(a) 梯形图   (b) 语句表

图12-26 算术运算指令综合示例1

④ 如图 12-27 所示为算术运算指令综合示例 2。

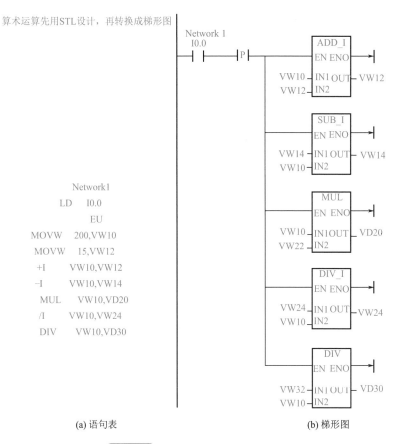

(a) 语句表 （b) 梯形图

图12-27　算术运算指令综合示例2

12.4.3　逻辑运算指令

逻辑运算对无符号数进行处理，分逻辑与、逻辑或、逻辑异或和取反等，每一种指令都包括字节、字、双字的逻辑运算。参与运算的操作数可以是字节、字或双字，但应注意输入和输出的数据类型应一致，如输入为字，则输出也为字。

（1）逻辑与运算指令（Logic And）

① 指令格式：LAD 及 STL 格式如图 12-28（a）所示，指令中"？"处可为 B、W、DW（LAD 中）或 D（STL 中）。

②指令功能：把两个一个字节（字或双字）长的输入逻辑数按位相与，得到一个字节（字或双字）的逻辑数并输出到 OUT。在 STL 中 OUT 和 IN2 使用同一个存储单元，可理解为和"1"与值不变，和"0"与值为 0。

（2）逻辑或运算指令（Logic Or）

①指令格式：LAD 及 STL 格式如图 12-28（b）所示，指令中"?"处可为 B、W、DW（LAD 中）或 D（STL 中）。

②指令功能：把两个一个字节（字或双字）长的输入逻辑数按位相或，得到一个字节（字或双字）的逻辑数并输出到 OUT。在 STL 中 OUT 和 IN2 使用同一个存储单元，可理解为和"1"或值为"1"，和"0"或值不变。

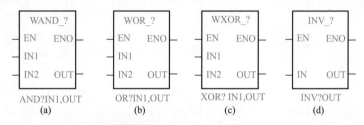

图12-28 逻辑与运算指令格式

（3）逻辑异或运算指令（Logic Exclusive Or）

①指令格式：LAD 及 STL 格式如图 12-28（c）所示，指令中"?"处可为 B、W、DW（LAD 中）或 D（STL 中）。

②指令功能：把两个一个字节（字或双字）长的输入逻辑数按位相异或，得到一个字节（字或双字）的逻辑数并输出到 OUT。在 STL 中 OUT 和 IN2 使用同一个存储单元，可理解为和"0"异或值不变，和"1"异或值取反，也可这样说，相同为"0"，相异为"1"。

（4）取反指令（Logic Invert）

①指令格式：LAD 及 STL 格式如图 12-28（d）所示，指令中"?"处可为 B、W、DW（LAD 中）或 D（STL 中）。

②指令功能：把两个一个字节（字或双字）长的输入逻辑数按位取反，得到一个字节（字或双字）的逻辑数并输出到 OUT。在 STL 中 OUT 和 IN 使用同一个存储单元。

（5）逻辑与运算指令使用示例

LD   I0.0

EU	//I0.0 上升沿时执行下面操作
MOVB　2#01010011，VB0	//2 # 01010011 送到 VB0 中
MOVB　2#11110001，AC1	//2 # 11110001 送到 AC1 中
ANDB　VB0，AC1	// 字节逻辑与，结果 2 # 01010001

送到 AC1 中

ORB　　VB0，AC0　　　　　　// 字节逻辑或，结果 2 # 01110111

送到 AC0 中

XORB　VB0，AC2　　　　　　// 字节逻辑异或结果 2 # 10001001

送到 AC2 中

MOVB　2#01010011，VB1011　　// 将 2#01010011 送到 VB10 中

INVB　VB10　　　　　　　　// 字节逻辑取反，结果 2 # 10101100

送到 VB10 中

12.4.4　数据类型转换指令

PLC 对操作类型的要求是不同的，这样在使用某些指令时要进行相应类型的转换，以此来满足指令的要求，这就需要转换指令。转换指令是指对操作数的类型进行转换，并送到 OUT 的目标地址，包括数据的类型转换、码的类型转换以及数据和码之间的类型转换。

PLC 的主要数据类型包括字节、整数、双整数和实数，主要的码制有 BCD 码、ASCⅡ码、十进制和十六进制数等。

（1）**字节与整数**　当 EN 有效时，将 IN 的数据类型转换为相应的数据类型并由 OUT 输出。

① 字节到整数（Byte to Integer）。

指令格式：LAD 及 STL 格式如图 12-29（a）所示。

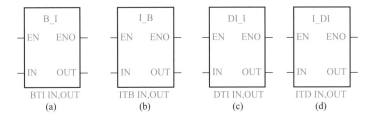

图12-29 数据类型转换指令格式1

指令功能：当 EN 有效时，将字节型输入数据 IN 转换成整数类型，并将结果送到 OUT 输出。

数据类型：IN 为字节，OUT 为 INT。

② 整数到字节（Integer to Byte）。

指令格式：LAD 及 STL 格式如图 12-29（b）所示。

指令功能：当 EN 有效时，将整数输入数据 IN 转换成字节类型，并将结果送到 OUT 输出。输入数据超出字节范围（0 ～ 255）时产生溢出。

数据类型：IN 为 INT，OUT 为字节。

（2）整数与双整数

① 双整数到整数（Double Integer to Integer）。

指令格式：LAD 及 STL 格式如图 12-29（c）所示。

指令功能：将双整数输入数据 IN 转换成整数类型，并将结果送到 OUT 输出。输出数据超出整数范围则产生溢出。

数据类型：IN 为 DINT，OUT 为 INT。

② 整数到双整数（Imteger to Double Integer）。

指令格式：LAD 及 STL 格式如图 12-29（d）所示。

指令功能：将整数输入数据 IN 转换成双整数类型（符号进行扩展），并将结果送到 OUT 输出。

数据类型：IN 为 INT，OUT 为 DINT。

（3）双整数与实数

① 实数到双整数（Real to Double Integer）。

实数转换为双整数，其指令有两条：ROUND 和 TRUNC。

指令格式：LAD 及 STL 格式如图 12-30（a）和（b）所示。

指令功能：将实数输入数据 IN 转换成双整数类型，并将结果送到 OUT 输出。两条指令的区别是：前者小数部分四舍五入，如 9.9cm 执行 ROUND 后为 10cm，后者小数部分直舍不入，如 9.9cm 执行 TRUNC 后为 9cm，即精度不同。

数据类型：IN 为 REAL，OUT 为 DINT。

② 双整数到实数（Double Integer to Real）。

指令格式：LAD 及 STL 格式如图 12-30（c）所示。

指令功能：将双整数输入数据 IN 转换成实数，并将结果送到 OUT 输出。

数据类型：IN 为 DINT，OUT 为 REAL。

③ 整数到实数（Integer to Real）。没有直接的整数到实数转换指令。转换时，先使用 I-TD（整数到双整数）指令，然后再使用 DTR（双整数到实数）指令即可。

（4）段码指令（Segment）

① 指令格式：LAD 及 STL 格式如图 12-31 所示。

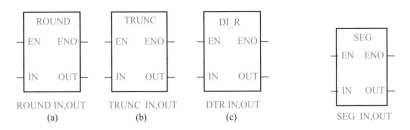

图12-30 数据类型转换指令格式2 **图12-31** 段码指令格式

② 指令功能：将字节型输入数据 IN 的低 4 位有效数字产生相应的七段码，并将其输出到 OUT 所指定的字节单元。七段码编码见表 12-14，为"1"时发光，为"0"时灭。

表12-14 七段码编码表

段显示	-gfedcba	段显示	-gfedcba
0	00111111	8	01111111
1	00000110	9	01100111
2	01011011	a	01110111
3	01001111	b	01111100
4	01100110	c	00111001
5	01101101	d	01011110
6	01111101	e	01111001
7	00000111	f	01110001

③ 数据类型：输入输出均为字节。

（5）执行程序

MOVB　06，VB0　　//将 06 送到 VB0 中

SEG　VB0，QB0　//段码指令 QB0=01111101

若设 VB10=05，则执行上述指令后，在 Q0.0 ～ Q0.7 上可以输出 01101101。

12.4.5　S7-200 系列 PLC［CPU（V1.21）］指令系统

S7-200 系列 PLC［CPU（V1.21）］指令系统速查表见表 12-15。

表12-15　S7-200系列PLC [CPU (V1.21)] 指令系统速查表

布尔指令	NOT	堆栈取反
LD　　bit　取	EU	上升沿脉冲
LDI　　bit　立即取	ED	下降沿脉冲
LDN　bit　取反	＝　　bit	输出
LDNI　bit　立即取反	＝I　　bit	立即输出
A　　　bit　与	S　　bit, N	置位一个区域
AI　　bit　立即与	R　　bit, N	复位一个区域
AN　　bit　与反	SI　bit, N	立即置位一个区域
ANI　bit　立即与反	RI　bit, N	立即复位一个区域
O　　　bit　或	（无STL指令形式）	置位优先触发器指令（SR）
OI　　bit　立即或	（无STL指令形式）	复位优先触发器指令（RS）
ON　　bit　或反		
ONU　bit　立即或反		
	实时时钟指令	
LDBx　IN1, IN2　装载字节比较的结果 IN1 (x: <, <, =, >=, >, <>) IN2	TODR　T	读实时时钟
ABx　IN1, IN2　与字节比较的结果 IN1 (x: <, <, =, >=, >, <>) IN2	TODW　T	写实时时钟
OBx　IN1, IN2　或字节比较的结果 IN1 (x: <, <, =, >=, >, <>) IN2	**字符串指令**	
	SLEN　IN, OUT	字符串长度
	SCAT　IN, OUT	连接字符串
	SCPY　IN, OUT	复制字符串
LDWx　IN1, IN2　装载字比较的结果 IN1 (x: <, <, =, >=, >, <>) IN2	SSCPY　IN, INDX 　　　　N, OUT	复制子字符串
AWx　IN1, IN2　与字比较的结果 IN1 (x: <, <, =, >=, >, <>) IN2	CFND　IN1, IN2 　　　　OUT	在字符串中查找第一个字符
OWx　IN1, IN2　或字比较的结果 IN1 (x: <, <, =, >=, >, <>) IN2	SFND　IN1, IN2 　　　　OUT	在字符串中查找子字符串

续表

布尔指令		NOT	数学、增减指令	堆栈取反
LDDx IN1, IN2	装载双字节比较的结果 IN1 (x: <, <=, =, >=, >, <>) IN2	+I　IN1, OUT	整数加法: IN1+OUT=OUT	
ADx IN1, IN2	与双字节比较的结果 IN1 (x: <, <=, =, >=, >, <>) IN2	+D　IN1, OUT	双整数加法: IN1+OUT=OUT	
ODx IN1, IN2	或双字节比较的结果 IN1 (x: <, <=, =, >=, >, <>) IN2	+R　IN1, OUT	实数加法: IN1+OUT=OUT	
LDRx IN1, IN2	装载实数比较的结果 IN1 (x: <, <=, =, >=, >, <>) IN2	-I　IN1, OUT	整数减法: IN1-OUT=OUT	
ARx IN1, IN2	与实数比较的结果 IN1 (x: <, <=, =, >=, >, <>) IN2	-D　IN1, OUT	双整数减法: IN1-OUT=OUT	
ORx IN1, IN2	或实数比较的结果 IN1 (x: <, <=, =, >=, >, <>) IN2	-R　IN1, OUT	实数减法: IN1-OUT=OUT	
LDSx IN1, IN2	装载字符串比较的结果 IN1 (x: <, <=, =, >=, >, <>) IN2	MUL　IN1, OUT	完全整数乘法: IN1×OUT=OUT	
ASx IN1, IN2	与字符串比较的结果 IN1 (x: <, <=, =, >=, >, <>) IN2	*I　IN1, OUT	整数乘法: IN1×OUT=OUT	
OSx IN1, IN2	或字符串比较的结果 IN1 (x: <, <=, =, >=, >, <>) IN2	*D　IN1, OUT	双整数乘法: IN1×OUT=OUT	
		*R　IN1, OUT	实数乘法: IN1×OUT=OUT	
		DIV　IN1, OUT	完全整数除法: IN1÷OUT=OUT	
		/I　IN1, OUT	整数除法: IN1÷OUT=OUT	
		/D　IN1, OUT	双整数除法: IN1÷OUT=OUT	
		/R　IN1, OUT	实数除法: IN1÷OUT=OUT	
		SQRT　IN, OUT	平方根	
		LN　IN, OUT	自然对数	
		EXP　IN, OUT	自然指数	
		SIN　IN, OUT	正弦	
		COS　IN, OUT	余弦	
		TAN　IN, OUT	正切	

631

续表

布尔指令			堆栈取反		NOT
INCB	OUT	字节增1	字节循环右移	RRB	OUT, N
INCW	OUT	字增1	字循环右移	RRW	OUT, N
INCD	OUT	双字增1	双字循环右移	RRD	OUT, N
DECB	OUT	字节减1	字节循环左移	RLB	OUT, N
DECW	OUT	字减1	字循环左移	RLW	OUT, N
DECD	OUT	双字减1	双字循环左移	RLD	OUT, N
PID	TBL, LOOP	PID回路	用指定的元素填充存储器空间	FILL	IN, OUT, N
定时器和计数器指令			**逻辑操作**		
TON	Txxx, PT	接通延时定时器	与一个组合	ALD	
TOF	Txxx, PT	关断延时定时器	或一个组合	OLD	
TONR	Txxx, PT	带记忆的接通延时定时器			
CTU	Cxxx, PV	增计数	逻辑堆栈（堆栈控制）	LPS	
CTD	Cxxx, PV	减计数	读逻辑栈（堆栈控制）	LRD	
CTUD	Cxxx, PV	增/减计数	逻辑出栈（堆栈控制）	LPP	
			装入堆栈（堆栈控制）	LDS	
程序控制指令			**对ENO进行与操作**		
END		程序的条件结束			AENO
STOP		切换到STOP模式	字节逻辑与	ANDB	IN1, OUT
WDR		看门狗复位（300ms）	字逻辑与	ANDW	IN1, OUT
			双字逻辑与	ANDD	IN1, OUT
JMP	N	跳到定义的标号	字节逻辑或	ORB	IN1, OUT
LBL	N	定义一个跳转的标号	字逻辑或	ORW	IN1, OUT
			双字逻辑或	ORD	IN1, OUT

续表

布尔指令

指令	说明
CALL N [N1, …]	调用子程序 [N1, …]，可以用16个可选参数
CRET	从子程序条件返回
FOR INDX, INIT, FINAL	For/Next循环
NEXT	
LSCR S-bit	顺控继电器段的启动
SCRT S-bit	状态转移
CSCRE	顺控继电器段条件结束
SCRE	顺控继电器段段结束

传送、移位、循环和填充指令

指令	说明
MOVB IN, OUT	字节传送
MOVW IN, OUT	字传送
MOVD IN, OUT	双字传送
MOVR IN, OUT	实数传送
BIR IN, OUT	字节立即读
BIW IN, OUT	字节立即写
BMB IN, OUT, N	字节块传送
BMW IN, OUT, N	字块传送
BMD IN, OUT, N	双字块传送
SWAP IN	交换字节
SHRB DATA, S-bit, N	寄存器移位

NOT / 堆栈取反

指令	说明
XORB IN1, OUT	字节逻辑异或
XORW IN1, OUT	字逻辑异或
XORD IN1, OUT	双字逻辑异或
INVB OUT	字节取反
INVW OUT	字取反
INVD OUT	双字取反

表指令

指令	说明
ATT DATA, TBL	把数据加入到表中
LIFO TBL, DATA	从表中取数据（后进先出）
FIFO TBL, DATA	从表中取数据（先进先出）
FND= TBL, PATRN, INDX	
FND<> TBL, PATRN, INDX	根据比较条件在表中查找数据
FND< TBL, PATRN, INDX	
FND> TBL, PATRN, INDX	

转换指令

指令	说明
BCDI OUT	BCD码转换成整数
IBCD OUT	整数转换成BCD码
BTI IN, OUT	字节转换成整数
ITB IN, OUT	整数转换成字节

续表

布尔指令		NOT	堆栈取反
SRB OUT, N	字节右移	ITD IN, OUT	整数转换成双整数
SRW OUT, N	字右移	DTI IN, OUT	双整数转换成整数
SRD OUT, N	双字右移	DTR IN, OUT	双字转换成实数
SLB OUT, N	字节左移	TRUNC IN, OUT	实数转换成双字（含去小数）
SLW OUT, N	字左移		
SLD OUT, N	双字左移		
			中断
ROUNDIN, OUT	实数转换成双整数（保留小数）	CRETI	
		ENI	
		DISI	
		ATCH INT, EVNT	
		DTCH EVNT	
ATH IN, OUT, LEN	ASCII码转换成16进制格式		通信
HTA IN, OUT, LEN	16进制格式转换成ASCII码	XMT TBL, PORT	
ITA IN, OUT, FMT	整数转换成ASCII码	RCV TBL, PORT	
DTA IN, OUT, FMT	双整数转换成ASCII码	NETR TBL, PORT	
RTA IN, OUT, RMT	实数转换成ASCII码	NETW TBL, PORT	
ITS IN, FMT, OUT	整数转换为字符串	GPA ADDR, PORT	
DTS IN, FMT, OUT	双整数转换为字符串	STA ADDR, PORT	
RTS IN, FMT, OUT	实数转换为字符串		高速指令
STI IN, INDX, OUT	字符串转换为整数	HDEF HSC, MODE	
STD IN, INDX, OUT	字符串转换为双整数	HSC N	
STR IN, INDX, OUT	字符串转换为实数	PLS Q	
DECO IN, OUT	解码		
ENCO IN, OUT	编码		
SEG	产生7段码显示器格式		

12.4.6 CPU224外围典型接线图

了解 PLC 的外围接线图非常重要，它可以让初学者知道 PLC 和外界是如何联系的。这里选取的是 CPU224 的外围接线图，其他 CPU 的接线图可参考 S7-200 系统手册。CPU224 外围典型接线图如图 12-32 所示。

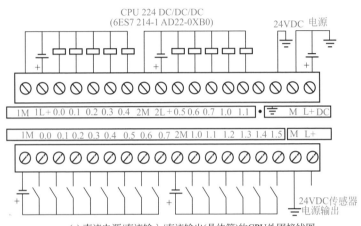

(a) 直流电源/直流输入/直流输出(晶体管)的CPU外围接线图

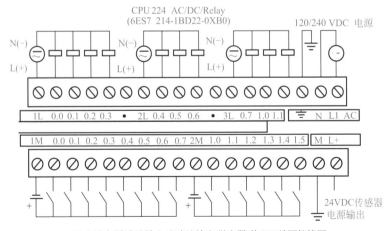

(b) 交流电源/直流输入/交直流输出(继电器)的CPU外围接线图

图12-32 CPU224外围典型接线图

12.5 用PLC改造继电器控制线路

12.5.1 模拟继电器控制系统的编程方法

电气控制电路图根据流过电流的大小可分为主电路和控制电路，用PLC替代继电器控制系统就是替代电气控制电路图中的控制电路部分，而主电路部分基本保持不变。对于控制电路，又可分成3个组成部分：输入部分、逻辑部分、输出部分。输入部分由电路中全部输入信号构成，这些输入信号来自被控对象上的各种开关信息，如控制按钮、操作开关、限位开关、光敏管信号、各种传感器等。输出部分由电路中全部输出元件构成，例如，接触器线圈、电磁阀线圈及信号灯等。逻辑部分由各种主令电器、继电器、接触器等电器的触点和导线组成，各电器触点之间以固定的方式接线，其控制逻辑就编制在"硬"接线中，这种固化的逻辑关系不能灵活变更。

PLC也大致分为3部分：输入部分、逻辑部分、输出部分，这与继电器控制系统很相似。PLC输入部分、输出部分与继电器控制系统所用的电器大致相同，所不同的是PLC中输入、输出部分有多个子输入、输出单元，增加了光耦合、电平转换、功率放大等功能。PLC的逻辑部分是由微处理器、存储器组成的，由计算机软件替代继电器控制电路，实现"软接线"，可以灵活编程。尽管PLC与继电器控制系统的逻辑部分组成元件不同，但在控制系统中所起的逻辑控制条件作用是一致的，因而可以把PLC内部看作许多"软继电器"，如输入继电器、输出继电器、中间继电器、时间继电器等。这样就可以模拟继电器控制系统的编程方法，仍然按照设计继电器控制电路的形式来编制程序，这就是梯形图编程方法。使用梯形图编程时，完全可以不考虑微处理器内部的复杂结构，也不必使用计算机语言。因此，梯形图与继电器控制电路图相呼应，使用起来极为方便。由于PLC的输入、输出部分与继电器控制系统大致相同，因而在安装、使用时也完全可按常规的继电器控制设备那样进行。

12.5.2 梯形图仿真继电器控制线路

① 图12-33所示是一个电动机启、停控制的梯形图，它与继电器控制线路图12-34有着相呼应之处：电路结构形式大致相同，控制功能

相同。

图12-33 电动机启、停控制梯形图　　图12-34 电动机启、停控制线路

图 12-35 所示为 S7-200 系列 PLC 所接输入输出设备图形与 S7-200 系列 PLC 梯形图关系的简单图形。在该图中，启动电动机的开关状态与其他输入的状态相结合，因此，这些状态决定启动电动机的装置的输出状态。

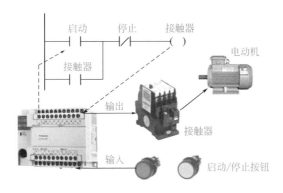

图12-35 S7-200系列PLC所接输入输出设备图形与S7-200系列PLC梯形图的关系

② 梯形图是 PLC 模拟继电器控制系统的编程方法。它由触点、线圈或功能方框等构成，梯形图左、右的垂直线称为左、右母线（SIMATICS7 系列 PLC 的右母线通常省略不画出）。画梯形图时，从左母线开始，经过触点和线圈（或功能方框），终止于右母线。在梯形图中，可以把左母线看做是提供能量的母线。触点闭合可以使能量流过。直到下一个元件；触点断开将阻止能量流过。这种能量流，通常称为"能流"。实际上，梯形图是 CPU 仿真继电器控制电路图，使来自"电源"的"电流"通过一系列的逻辑控制条件，根据运算结果决定逻辑输出的模拟过程。梯形图中的基本编程元素有触点、线圈和方框。

触点：代表逻辑控制条件。触点闭合时表示能量可以流过。触点分常开触点和常闭触点两种形式。

线圈：通常代表逻辑"输出"的结果。能量流到，则该线圈被激励。

方框：代表某种特定功能的指令。能量流通过方框时，则执行方框所代表的功能。方框所代表的功能有多种，例如：定时器、计数器、数据运算等。

梯形图中，每个输出元素（线圈或方框）可以构成一个梯级。每个梯形图网络由一个或多个梯级组成。

梯形图与继电器控制线路图相呼应，但绝不是一一对应的。由于PLC的结构工作原理与继电器控制系统截然不同，因而梯形图与继电器控制线路图两者之间又存在着许多差异：

a. PLC采用梯形图编程是模拟继电器控制系统的表示方法，因而梯形图内各种元件也沿用了继电器的叫法，称为"软继电器"。梯形图中的软继电器不是物理继电器，每个软继电器作为存储器中的1位。相应位为"1"态，表示该继电器线圈"通电"；相反，相应位为"0"态，表示该继电器线圈"断电"，故称为"软继电器"。用软继电器就可以按继电器控制系统的形式来设计梯形图。

b. 梯形图中流过的"电流"不是物理电流。而是"能流"，它只能从左到右、自上而下流动。"能流"不允许倒流。"能流"到，线圈则接通。"能流"是用户程序运算中满足输出执行条件的形象表示方式。"能流"流向的规定顺应了PLC的扫描是从左向右、从上而下顺序地进行的，而继电器控制系统中的电流是不受方向限制的，导线连接到哪里，电流就可流到哪里。

c. 梯形图中的常开、常闭触点不是现场物理开关的触点，它们对应输入、输出映像寄存器或数据寄存器中的相应位的状态，而不是现场物理开关的触点状态。PLC认为常开触点是取位状态操作；常闭触点应理解为位取反操作。因此在梯形图中同一元件的一对常开、常闭触点的切换没有时间的延迟，常开、常闭触点只是互为相反状态，而继电器控制系统中大多数电器是属于先断后合型的。

③ 图12-36所示为按钮与接触器控制Y-△降压启动控制线路。该线路使用了3个接触器、1个热继电器和3个按钮：接触器KM作引入电源用；接触器KM_Y和接触器$KM_\triangle$分别作星形启动用和三角形运行用；SB_1是启动按钮；SB_2是Y-△转换按钮；SB_3是停车按钮。图12-36（b）为按钮与接触器控制Y-△降压启动控制转换的梯形图，图中网络2、网络3中的Q0.0常开是根据图12-36（a）中KM_Y和$KM_\triangle$受KM控制而得来的。

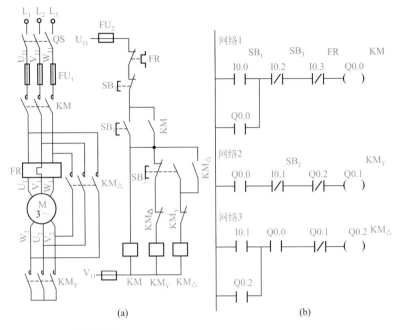

(a)　　　　　　　　　　　　(b)

图12-36 按钮与接触器控制Y-△降压启动控制线路

12.6 通用变频器的基本结构、控制原理及类型

12.6.1 变频器的基本结构

通用变频器的基本结构原理如图 12-37 所示。由图可见，通用变频器由功率主回路和控制回路及操作显示三部分组成，主回路包括整流回路、直流中间回路、逆变回路及检测回路部分的传感器（图中未画出）。直流中间回路包括限流回路、滤波回路和制动回路以及电源再生回路等。控制回路主要由主控制回路、信号检测回路、保护回路、控制电源和操作、显示接口回路等组成。

高性能矢量型通用变频器由于采用了矢量控制方式，在进行矢量控制时需要进行大量的运算，其运算电路中往往还有一个以数字信号处理器 DSP 为主的转矩计算用 CPU 及相应的磁通检测和调节电路。应注意，不要通过低压断路器来控制变频器的运行和停止，而应采用控制面板上的控制键进行操作。符号 U、V、W 是通用变频器的输出端子，连接至电动机电源输入端，应根据电动机的转向要求连接，若转向不对可调换 U、V、W 中任意两相的接线。输出端不应接电容器和浪涌吸收器，变频器与电动机之间的连线不宜超过产品说明书的规定值。符号 RO、TO 是控制电源辅助输入端子。PI 和 P（+）是连接改善功率因数的直流电抗器连接端子（出厂时这两点连接有短路片，连接直流电抗器时应先将短路片拆除再连接）。

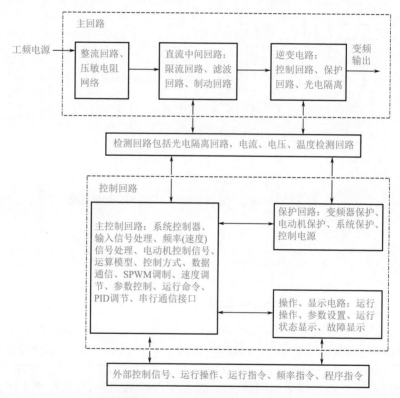

图12-37　通用变频器的基本结构原理

P（+）和 DB 是外部制动电阻连接端。P（+）和 N（-）是外接功率晶体管控制的制动单元。其他为控制信号输入端。虽然变频器的种类很多，其结构各有所长，但是大多数通用变频器都具有图 12-37 和图 12-38 所给出的基本结构，它们的主要区别是控制软件、控制回路和检测回路实现的方法及控制算法等的不同。

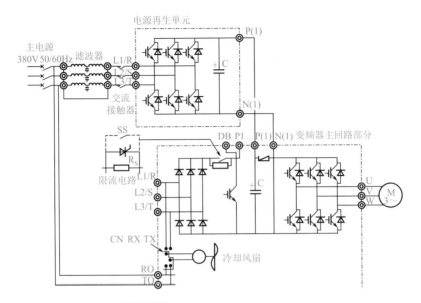

图12-38 通用变频器的主回路原理

12.6.2 通用变频器的控制原理及类型

（1）通用变频器的基本控制原理　众所周知，异步电动机定子磁场的旋转速度被称为异步电动机的同步转速。这是因为当转子转速达到异步电动机的同步转速时转子绕组将不再切割定子旋转磁场，因此转子绕组中不再产生感应电流，也不再产生转矩，所以异步电动机的转速总是小于其同步转速，而异步电动机也正是因此而得名。

电压型变频器的特点是将直流电压源转换为交流电压源。在电压型变频器中，整流电路产生逆变器所需要的直流电压，并通过直流中间电路的电容进行滤波后输出。整流电路和直流中间电路起直流电压源的作用，而电压源输出的直流电压在逆变器中被转换为具有所需频率的交流电压。在电压型变频器中，由于能量回馈通路是直流中间电路的电容器，并使直流电压上升，因此需要设置专用直流单元控制电路，以利于能量回馈并防止换流元器件因电压过高而被破坏。有时还需要在电源侧设置交流电抗器抑制输入谐波电流的影响。从通用变频器主回路基本结构来看，大多数采用图12-39（a）所示的结构，即由二极管整流器、直流中间电路与PWM逆变器三部分组成。

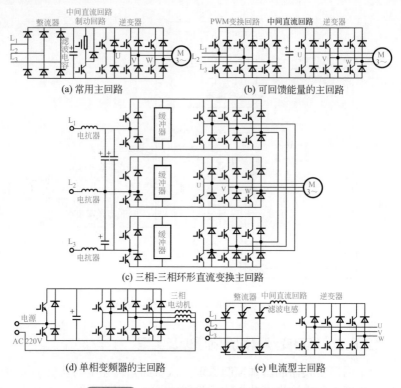

(a) 常用主回路　　　　　　　　(b) 可回馈能量的主回路

(c) 三相-三相环形直流变换主回路

(d) 单相变频器的主回路　　　　　(e) 电流型主回路

图12-39　通用变频器主回路的基本结构形式

采用图 12-39（a）所示电路的通用变频器的成本较低，易于普及应用，但存在再生能量回馈和输入电源产生谐波电流的问题。如果需要将制动时的再生能量回馈给电源，并降低输入谐波电流，则采用图 12-39（b）所示的带 PWM 变换器的主回路。由于用 IGBT 代替二极管整流器组成三相桥式电路，因此可让输入电流变成正弦波，同时功率因数也可以保持为 1。

这种 PWM 变换控制变频器不仅可降低谐波电流，而且可将再生能量高效率地回馈给电源。富士公司最近采用的最新技术是一种称为三相 - 三相环形直流变换 - 回路，如图 12-39（c）所示。三相 - 三相环形直流变换回路采用了直流缓冲器（RCD）和 C 缓冲器，使输入电流与输出电压可分开控制，不仅可以解决再生能量回馈和输入电源产生谐波电流的问题，还可以提高输入电源的功率因数和减少直流部分的元件，实现轻量化。这种电路是以直流钳位式双向开关回路为基础的，因此可直接控制输入电源的电压、电流，并可对输出电压进行控制。

另外，新型单相变频器的主回路如图 12-39（d）所示。该主回路与全控桥式 PWM 逆变器的功能相同，电源电流呈现正弦波，并可以进行电源再生回馈，具有高功率因数变换的优点。该电路将单相电源的一端接在变换器上下电桥的中点上，另一端接在被变频器驱动的三相异步电动机定子绕组的中点上，因此将单相电源电流当做三相异步电动机的零线电流提供给直流回路。该电路的特点是可利用三相异步电动机上的漏抗代替开关用的电抗器，使电路实现低成本与小型化，这种电路被广泛应用于家用电器的变频电路。

电流型变频器的特点是将直流电流源转换为交流电流源。其中整流电路给出直流电源，并通过直流中间电路的电抗器进行电流滤波后输出，整流电路和直流中间电路起电流源的作用，而电流源输出的直流电流在逆变器中被转换为具有所需频率的交流电源，并被分配给各输出相，然后提供给异步电动机。在电流型变频器中，异步电动机定子电压的控制是通过检测电压后对电流进行控制的方式实现的。对于电流型变频器来说，在异步电动机进行制动过程中，可以通过将直流中间电路的电压反向的方式使整流电路变为逆变电路，并将负载的能量回馈给电源。由于在采用电流控制方式时可以将能量直接回馈给电源，而且在出现负载短路等情况时也容易处理，因此电流型控制方式多用于大容量变频器。

（2）变频器的类型　变频器根据性能、控制方式和用途的不同，习惯上可分为通用型、矢量型、多功能高性能型和专用型等。通用型是变频器的基本类型，具有变频器的基本特征，可用于各种场合；专用型又分为风机、水泵、空调专用变频器（HVAC）、注逆机专用型、纺织机械专用机型等。随着通用变频器技术的发展，除专用型以外，其他类型间的差距会越来越小，专用型变频器会有较大发展。

①　风机、水泵、空调专用变频器。风机、水泵、空调专用变频器是以节能为主要目的变频器，多采用 U/f 控制方式，与其他类型的变频器相比，主要在转矩控制性能方面是按降转矩负载特性设计的，零速时的启动转矩相比其他控制方式要小一些。几乎所有变频器生产厂商均生产这种机型。新型风机、水泵、空调专用通用变频器除具备通用功能外，不同品牌、不同机型中还增加了一些新功能，如内置 PID 调节器功能、多台电动机循环启停功能、节能自寻优功能、防水锤效应功能、管路泄漏检测功能、管路阻塞检测功能、压力给定与反馈功能、惯量反

馈功能、低频预警功能及节电模式选择功能等（应用时可根据实际需要选择具有不同功能的品牌、机型）。在变频器中，这类变频器价格最低。特别需要说明的是，一些品牌的新型风机、水泵、空调专用变频器（如台湾普传 P168F 系列风机、水泵、空调专用变频器）中采用了新的节能控制策略使新型节电模式节电效率大幅度提高，比以前产品的节电更高。以 380V/37kW 风机为例，30Hz 时的运行电流只有 8.5A，而使用一般的变频器运行电流为 25A，可见采用新型节电模式使电流降低了不少，因而节电效率有大幅度提高。

② 高性能矢量控制型变频器。高性能矢量控制型变频器采用矢量控制方式或直接转矩控制方式，并充分考虑了变频器应用过程中可能出现的各种需要，特殊功能还可以选件的形式供选择，以满足应用需要，在系统软件和硬件方面都做了相应的功能设置，其中重要的一个功能特性是零速时的启动转矩和过载能力，通常启动转矩在 150% ～ 200% 范围内，甚至更高，过载能力可达 150% 以上，一般持续时间为 60s。这类变频器的特征是具有较硬的机械特性和动态性能，即通常说的挖土机性能。在使用通用变频器时，可以根据负载特性选择需要的功能，并对通用变频器的参数进行设定；有的品牌的新机型根据实际需要，将不同应用场合所需要的常用功能组合起来，以应用宏编码形式提供，用户不必对每项参数逐项设定，应用十分方便；如 ABB 系列变频器的应用宏、VACONCX 系列变频器的"五合一"应用等就充分体现了这一优点。也可以根据系统的需要选择一些选件以满足系统的特殊需要。高性能矢量控制型变频器广泛应用于各类机械装置（如机床、塑料机械、生产线、传送带、升降机械以及电动车辆等）对调速系统和功能有较高要求的场合，性能价格比较高，市场价格略高于风机、水泵、空调专用变频器。

③ 单相变频器。单相变频器主要用于输入为单相交流电源的三相电流电动机的场合。所谓的单相变频器是单相进、三相出（是单相交流 220V 输入，三相交流 220 ～ 230V 输出），与三相通用变频器的工作原理相同，但电路结构不同，即单相交流电源→整流滤波转换成直流电源→经逆变器再转换为三相交流调压调频电源→驱动三相交流异步电动机。目前单相变频器大多采用智能功率模块（IPM）结构，将整流电路、逆变电路、逻辑控制电路、驱动电路和保护电路或电源电路等集成在一个模块内，使整机的元器件数量和体积大幅度减小，使整机的智能化水平和可靠性进一步提高。

12.7 几种常用变频器的接线

12.7.1 欧姆龙 3G3RV-ZV1 型变频器的接线

欧姆龙 3G3RV-ZV1 型变频器与外围设备相互接线如图 12-40 所示。当变频器只用数字式操作器运行时，只要接上主回路线，电动机即可运行。

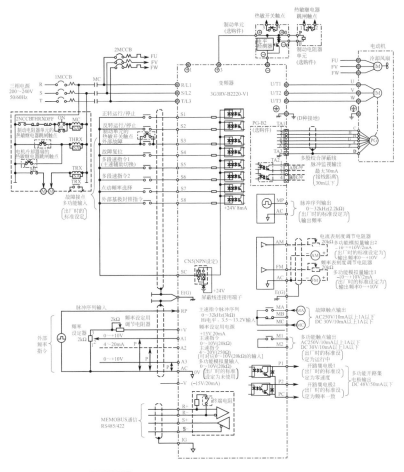

图12-40 欧姆龙3G3RV-ZV1型变频器的接线

（1）欧姆龙 3G3RV-ZV1 型变频器控制回路端子的排列

① 欧姆龙 3G3RV-ZV1 型变频器控制回路端子的排列如图 12-41 所示。

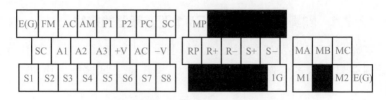

E(G)	FM	AC	AM	P1	P2	PC	SC		MP								MA	MB	MC	
	SC	A1	A2	A3	+V	AC	−V		RP	R+	R−	S+	S−				M1		M2	E(G)
S1	S2	S3	S4	S5	S6	S7	S8								1G					

图12-41 控制回路端子的排列

② 欧姆龙 3G3RV-ZV1 型变频器控制回路端子排的构成。

a. 0.4kW 端子的配置如图 12-42 所示。

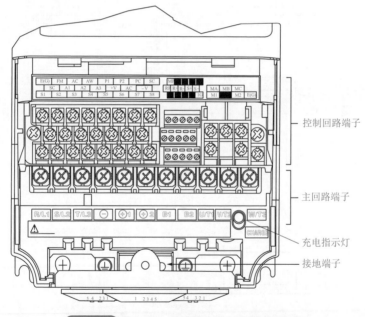

控制回路端子

主回路端子

充电指示灯

接地端子

图12-42 欧姆龙0.4kW变频器端子的配置示例

b. 22kW 端子的配置如图 12-43 所示。

（2）欧姆龙 3G3RV-ZV1 型变频器主回路端子的接线　在实际安装中变频器导线尺寸的正确选择非常重要，所以在安装变频器过程中必须按照规定选取导线的截面积，同时按照规定的紧固力矩固定好接线端子。下面就以欧姆龙 3G3RV-ZV1 型变频器为例，对主回路导线的尺寸选择进行介绍。

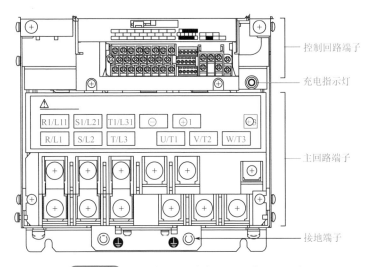

图12-43 欧姆龙22kW变频器端子的配置示例

① 欧姆龙 3G3RV 型变频器电线尺寸。

a. 200V 级变频器电线尺寸见表 12-16。

表12-16 200V级变频器电线尺寸

变频器的型号 3G3RV-□	端子符号	端子螺钉	紧固力矩 /N·m	可选择的电线尺寸 /mm²	推荐电线尺寸 /mm²	电线的种类
A2004-VI	R/L1、S/L2、⊖、⊕1、⊕2、B1、B2、U/T1、V/T2、W/T3	M4	12～15	2～55	2	
A2007-VI	R/L1、S/L2、⊖、⊕1、⊕2、B1、B2、U/T1、V/T2、W/T3	M4	12～15	2～55	2	供电用电缆
A2015-VI	R/L1、S/L2、⊖、⊕1、⊕2、B1、B2、U/T1、V/T2、W/T3	M4	12～15	2～55	2	
A2022-VI	R/L1、S/L2、⊖、⊕1、⊕2、B1、B2、U/T1、V/T2、W/T3	M4	12～15	2～55	2	

续表

变频器的型号 3G3RV-□	端子符号	端子 螺钉	紧固 力矩 /N·m	可选择的 电线尺寸 /mm²	推荐电 线尺寸 /mm²	电线的 种类
A2037-VI	R/L1、S/L2、⊖、⊕1、⊕2、B1、B2、U/T1、V/T2、W/T3	M4	12～15	3.5～55	3.5	
A2055-VI	R/L1、S/L2、⊖、⊕1、⊕2、B1、B2、U/T1、V/T2、W/T3	M4	12～15	5.5	3.5	
A2075-VI	R/L1、S/L2、⊖、⊕1、⊕2、B1、B2、U/T1、V/T2、W/T3	M5	2.5	8～14	8	
A2110-VI	R/L1、S/L2、⊖、⊕1、⊕2、B1、B2、U/T1、V/T2、W/T3	M5	2.5	14～22	14	
A2150-VI	R/L1、S/L2、⊖、⊕1、⊕2、U/T1、V/T2、W/T3	M6	4.0～5.0	30～38	30	
	B1、B2	M5	2.5	8～14	—	
		M6	4.0～5.0	22	22	
A2185-VI	R/L1、S/L2、⊖、⊕1、⊕2、U/T1、V/T2、W/T3	M8	9.0～10.0	30～38	30	供电用 电缆
	B1、B2	M5	2.5	8～14	—	
		M6	4.0～5.0	22	22	
A2370-VI	R/L1、S/L2、T/L3、⊖、⊕1、U/T1、V/T2、W/T3、R1/L11、S1/L21、T1/L31	M10	17.6～22.5	60～100	60	
	⊕3	M8	8.8～10.8	5.5～55	—	
	⊕	M10	17.6～22.5	30～60	30	
	r/t1、r/t2	M4	1.3～1.4	0.5～5.5	1.25	
B2450-VI	R/L1、S/2L、T/L3、⊖、⊕1、U/T1、V/T2、W/T3、R1/L11、S1/L21、T1/L31	M10	17.6～22.5	80～100	80	
	⊕3	M8	8.8～10.8	5.5～55	—	
	⊕	M10	17.6～22.5	38～60	38	
	r/t1、r/t2	M4	1.3～1.4	0.5～5.5	1.25	

续表

变频器的型号 3G3RV-□	端子符号	端子 螺钉	紧固 力矩 /N·m	可选择的 电线尺寸 /mm²	推荐电 线尺寸 /mm²	电线的 种类
B2550-VI	R/L1、S/2L、T/L3、⊖、 ⊕1	M10	17.6～22.5	50～100	50×2P	供电用 电缆
	U/T1、V/T2、W/T3、R1/ L11、S1/L21、T1/L31	M10	17.6～22.5	100	100	
	⊕3	M8	8.8～10.8	5.5～60	—	
	⊕	M10	17.6～22.5	30～40	50	
	r/t1、r/t2	M4	1.3～1.4	0.5～5.5	1.25	
B2750-VI	⊖、⊕1	M12	31.4～39.2	80～125	80×2P	
	R/L1、SL/2、T/L3、 U/T1、V/T2、W/T3、R1/ L11、S1/L21、T1/L31	M10	17.6～22.5	80～100	80×2P	
	⊕3	M8	8.8～10.8	5.5～60	—	
	⊕	M12	31.4～39.2	100～200	100	
	r/t1、r/t2	M4	1.3～1.4	0.5～5.5	1.25	

b. 400V级变频器电线尺寸见表12-17。

表12-17 400V级变频器电线尺寸

变频器的型号 3G3RV-□	端子符号	端子 螺钉	紧固 力矩 /N·m	可选择的 电线尺寸 /mm²	推荐电 线尺寸 /mm²	电线的 种类
A4004-ZVI	R/L1、S/L2、T/L3、⊖、 ⊕1、⊕2、B1、B2、U/T1、 V/T2、W/T3	M4	1.2～1.5	2～55	2	供电用 电缆、 600V 乙烯电 线等
A4007-ZVI	R/L1、S/L2、T/L3、⊖、 ⊕1、⊕2、B1、B2、U/T1、 V/T2、W/T3	M4	1.2～1.5	2～55	2	
A4015-ZVI	R/L1、S/L2、T/L3、⊖、 ⊕1、⊕2、B1、B2、U/T1、 V/T2、W/T3	M4	1.2～1.5	2～55	2	
A4022-ZVI	R/L1、S/L2、T/L3、⊖、 ⊕1、⊕2、B1、B2、U/T1、 V/T2、W/T3	M4	1.2～1.5	2～55	2	

续表

变频器的型号 3G3RV-□	端子符号	端子螺钉	紧固力矩 /N·m	可选择的电线尺寸 /mm²	推荐电线尺寸 /mm²	电线的种类
A4037-ZVI	R/L1、S/L2、T/L3、⊖、⊕1、⊕2、B1、B2、U/T1、V/T2、W/T3	M4	1.2～1.5	2～55	2	
A4055-ZVI	R/L1、S/L2、T/L3、⊖、⊕1、⊕2、B1、B2、U/T1、V/T2、W/T3	M4	1.2～1.5	3.5～5.5	3.5	
				2～5.5	2	
A4075-ZVI	R/L1、S/L2、T/L3、⊖、⊕1、⊕2、B1、B2、U/T1、V/T2、W/T3	M4	1.8	5.5	5.5	
				3.5～5.5	3.5	
A4110-ZVI	R/L1、S/L2、T/L3、⊖、⊕1、⊕2、B1、B2、U/T1、V/T2、W/T3	M5	2.5	5.5	8	
					5.5	
A4150-ZVI	R/L1、S/L2、T/L3、⊖、⊕1、⊕2、B1、B2、U/T1、V/T2、W/T3	M5	2.5	8～14	8	供电用电缆、600V乙烯电线等
		M5（M6）	2.5	5.5～14	5.5	
A4185-ZVI	R/L1、S/L2、T/L3、⊖、⊕1、⊕2、U/T1、V/T2、W/T3	M6	1.2～1.5	2～55	2	
	B1、B2	M5	2.5	8	8	
		M6	4.0～5.0	8～22	8	
B4220-ZVI	R/L1、S/L2、T/L3、⊖、⊕1、⊕3、B1、B2、U/T11、V/T21、W/T31	M6	4.0～5.0	14～22	14	
		M8	9.0～10.0	14～38	14	
B4300-ZVI	R/L1、S/L2、T/L3、⊖、⊕1、⊕3、B1、B2、U/T11、V/T21、W/T31	M6	4.0～5.0	22	22	
		M8	9.0～10.0	22～38	22	
B4370-ZVI	R/L1、S/L2、T/L3、⊖、⊕1、B1、B2、U/T11、V/T21、W/T31	M8	9.0～10.0	22～60	38	
	⊕3	M6	4.0～5.0	8～22	—	
		M8	9.0～10.0	22～38	22	

续表

变频器的型号 3G3RV-□	端子符号	端子 螺钉	紧固 力矩 /N·m	可选择的 电线尺寸 /mm²	推荐电 线尺寸 /mm²	电线的 种类
B4450-ZVI	R/L1、S/L2、T/L3、⊖、 ⊕1、B1、B2、U/T11、V/ T21、W/T31	M8	9.0～10.0	22～60	38	供电用 电缆、 600V 乙烯电 线等
	⊕3	M6	4.0～5.0	8～22	—	
		M8	9.0～10.0	22～38	22	

② 欧姆龙 3G3RV-ZV1 型变频器主回路端子的功能见表 12-18。

表12-18 主回路端子的功能（200V/400V）

用途	使用端子	型号 3G3RV-□	
		200V 级	400V 级
主回路电源输入用	R/L1、S/L2、T/L3	A2004-VI-B211K-VI	A4004-ZVI-B430K-ZVI
	R1/L11、S1/L21、 T1/L31	A2220-VI-B211K-VI	A4220-ZVI-B430K-ZVI
变频器输出用	U/T1、V/T2、W/T3	A2004-VI-B211K-VI	A4004-ZVI-B430K-ZVI
直流电源输入用	⊕、⊖	A2004-VI-B211K-VI	A4004-ZVI-B430K-ZVI
制动电阻器单元连 接用	B1、B2	A2004-VI-B2185-VI	A4004-ZVI-B4185-ZVI
DC电抗器连接用	⊖、⊕2	A2004-VI-B2185-VI	A4004-ZVI-B4185-ZVI
制动单元连接用	⊕3、⊖	B2220-VI-B211K-VI	B4220-ZVI-B430K-ZVI
接地用	⊕	A2004VI-B211K-VI	A4004-ZVI-B430K-ZVI

③ 欧姆龙 3G3RV 型变频器主回路构成如图 12-44 所示。

④ 欧姆龙 3G3RV 型变频器主回路标准连接如图 12-45 所示。

⑤ 欧姆龙 3G3RV 型变频器主回路的接线方法。下面主要对变频器主回路输入侧、输出侧的接线和接地线的接线进行介绍。

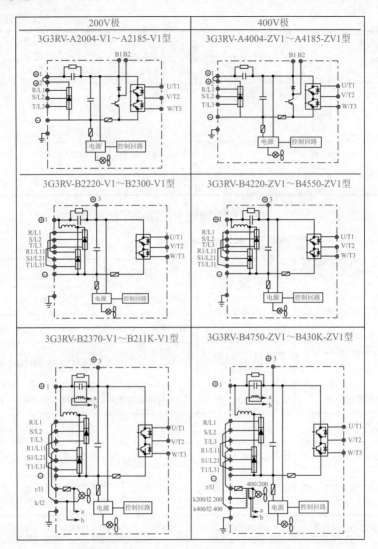

图12-44 欧姆龙3G3RV型变频器主回路构成

a. 主回路输入侧的接线。

· 接线用断路器的设置。电源输入端子（R、S、T）与电源之间必须通过与变频器相适合的接线用断路器（MCCB）来连接。

Ⅰ. 选择断路器MCCB时，其容量大致要等于变频器额定输出电流的1.5～2倍。

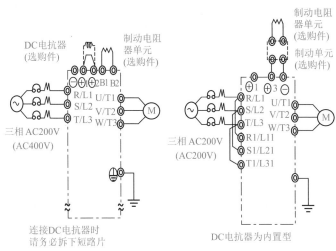

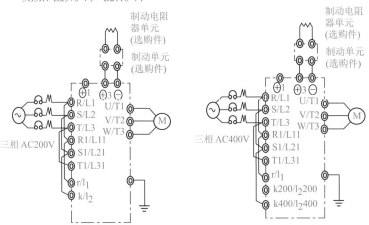

注：所有的机型都是从主回路直流电源向内部供给控制电源。

图12-45 欧姆龙3G3RV型变频器主回路标准连接

Ⅱ.断路器 MCCB 的时间特性要充分考虑变频器的过载保护（为额定输出电流的 150% 时 1min）的时间特性来选择。

Ⅲ.断路器 MCCB 由多台变频器或与其他机器共同使用时，按

图 12-46 所示，接入故障输出时电源关闭的顺控器。

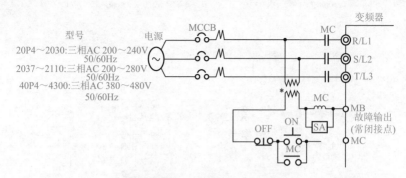

图12-46 变频器用断路器设置

• 电磁接触器的设置。在顺控器上断开主回路电源时，也可以使用电磁接触器（MC）。但是，通过输入侧的电磁接触器使变频器强制停止时，再生制动将不动作，最后自由运行至停止。

Ⅰ．通过输入侧电磁接触器的开关可以使变频器运行或停止，但频繁地开关则会导致变频器发生故障。所以运行、停止的最高频度不要超过 30min 一次。

Ⅱ．用数字式操作器运行时，在恢复供电后不会进行自动运行。

Ⅲ．使用制动电阻器单元时，应接入通过单元的热敏继电器触点关闭电磁接触器的顺控器。

• 端子排的接线。输入电源的相序与端子排的相序 R、S、T 无关，可与任一个端子连接。

• AC 电抗器或 DC 电抗器的设置。如果将变频器连接到一个大容量电源变压器（600kV·A 以上）上，或进相电容器有切换时，可能会有过大的峰值电流流入变频器的输入侧，损坏整流元件。

此时，应在变频器的输入侧接入 AC 电抗器（选购件），或者在 DC 电抗器端子上安装 DC 电抗器，这样可改善电源侧的功率因数。

• 浪涌抑制器的设置。在变频器周围连接的感应负载（如电磁接触器、电磁继电器、电磁阀、电磁线圈、电磁制动器等）上应使用浪涌抑制器。

• 电源侧噪声滤波器的设置。电源侧噪声滤波器能除去从电源线进入变频器的噪声，也能降低从变频器流向电源线的噪声。电源侧噪声滤波器的正确设置如图 12-47 所示。

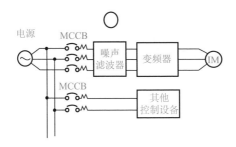

图12-47 电源侧噪声滤波器的正确设置

b. 主回路输出侧的接线。

·在主回路输出侧接线时，需要注意以下事项：

Ⅰ.变频器与电动机的连接。将变频器输出端子 U、V、W 与电动机引出线 U、V、W 进行连接。运行时，首先确认在正转指令下电动机是否正转。电动机反转时，应任意交换输出端子 U、V、W 中的两个端子。

Ⅱ.严禁将变频器输出端子与电源连接。勿将电源接到输出端子 U、V、W 上。如果将电压施加在输出端子上，会导致内部的变频部分损坏。

Ⅲ.严禁输出端子接地和短路。勿直接用手接触输出端子，或让输出线接触变频器的外壳，否则会有触电和短路的危险。另外，勿使输出线短路。

Ⅳ.严禁使用进相电解电容和噪声滤波器。切勿将进相电解电容及 LC/RC 噪声滤波器接入输出回路，否则会因变频器输出的高谐波引起进相电容器及 LC/RC 噪声滤波器过热或损坏。同时，如果连接了此类部件，还可能会造成变频器损坏或导致部件烧毁。

Ⅴ.电磁开关（MC）的使用注意事项：

当在变频器与电动机之间设置了电磁开关（MC）时，原则上在运行中不能进行 ON/OFF 操作。如果在变频器运行过程中将 MC 设置为 ON，则会有很大的冲击电流流过，使变频器的过电流保护启动。

如为了切换至商用电源等而设定 MC 时，应先使变频器和电动机停止后再进行切换。运行过程中进行切换时，应选择速度搜索功能。另外，有必要采取瞬时停电措施时，应使用延迟释放型的 MC。

·热敏继电器的安装。为了防止电动机过热，变频器有通过电子热敏继电器进行的保护功能。由一台变频器运行多台电动机或使用多极电动机时，应在变频器与电动机间设置热动型热敏继电器（THR），并将电动机保护功能选择设定为电动机保护无效。此时应接入通过热敏继电器的触点来关闭主回路输入侧电磁接触器的顺控器。

· 输出侧噪声滤波器的安装。通过在变频器的输入侧连接噪声滤波器，能减轻无线电干扰和感应干扰，如图 12-48 所示。

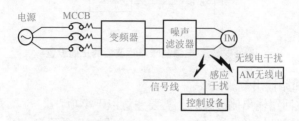

图12-48 输出侧噪声滤波器的安装

· 感应干扰防止措施。为了抑制从输出侧产生的感应干扰，除了设置上述的噪声滤波器以外，还有在接地的金属管内集中配线的方法，如图 12-49 所示。如信号线离开 30cm 以上，感应干扰的影响将会变小。

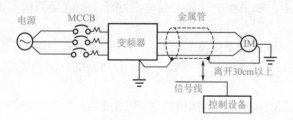

图12-49 感应干扰防止措施

· 无线电干扰防止措施。

不单是输入输出线，从变频器主体也会放射无线电干扰。如图 12-50 所示，在输入侧和输出侧两边都设置噪声滤波器，变频器主体也设置在铁箱内进行屏蔽，这样能减轻无线电干扰。所以尽量缩短变频器和电动机间的接线距离。

· 变频器与电动机之间的接线距离

变频器与电动机之间的接线距离较长时，电缆上的高频漏电流就会增加，从而引起变频器输出电流的增加，影响外围机器的正常运行。

· 接地线的接线。进行接地线的接线时，应注意以下事项：

Ⅰ. 务必使接地端子接地。

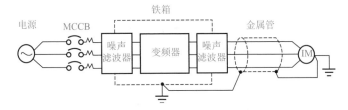

图12-50　无线电干扰防止措施

Ⅱ. 接地线切勿与焊接机及动力设备共用。

Ⅲ. 尽量使接地线连接得较短。

由于变频器会产生漏电电流，所以如果与接地点距离太远，则接地端子的电位会不稳定。

Ⅳ. 当使用多台变频器时，注意不要使接地线绕成环形。

接地线的接线如图 12-51 所示。

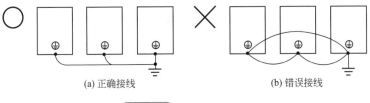

(a) 正确接线　　　　　　　　　(b) 错误接线

图12-51　接地线的接线

•制动电阻器的连接（如主体安装 3G3IV-PERF 型）如图 12-52 所示。

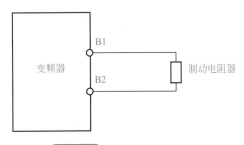

图12-52　制动电阻器的连接

• 制动电阻器单元（如 3G3IV-PLKEB 型）/ 制动单元（如 3G3IV-PCDBR 型）的连接如图 12-53 所示。

657

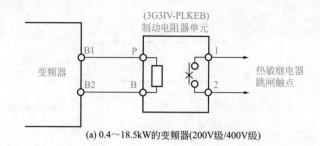

(a) 0.4～18.5kW的变频器(200V级/400V级)

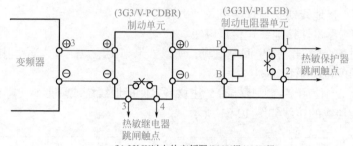

(b) 22kW以上的变频器(200V级/400V级)

图12-53 制动电阻器单元/制动单元的连接

（3）欧姆龙 3G3RV-ZV1 型变频器控制回路端子的接线

① 控制回路使用电线尺寸要求。当使用模拟量信号进行远程操作时，需要将模拟量操作器或操作信号与变频器之间的控制线设为 50m 以下，并且为了不受来自外围机器的感应干扰，并要求与强电回路（主回路及继电器顺控回路）分开接线。

如果频率是由外部频率设定器而非数字式操作器设定的，其接线如图 12-54 所示。使用多股绞合屏蔽线，屏蔽线不应接地而应接在端子 E（G）上。

控制回路端子编号和电线尺寸的关系见表 12-19。

表12-19 控制回路端子编号和电线尺寸的关系

端子编号	端子螺钉	紧固力矩 /（N·m）	可连接的电线尺寸 /mm²（AWG）	推荐电线尺寸 /mm²（AWG）
FM、AC、AM、P1、P2、PC、SC、A1、A2、A3、+V、−V、S1、S2、S3、S4、S5、S6、S7、S8、MA、MB、MC、M1、M2	M3.5	0.8～1.0	0.5～2（20～14）	0.75（18）

续表

端子编号	端子螺钉	紧固力矩/(N·m)	可连接的电线尺寸/mm²(AWG)	推荐电线尺寸/mm²(AWG)
MP1、RP1R+、R-、R+、S-、IG	Phoenix型	0.5～0.6	单线/0.14～2.5 绞合线/0.14～1.5 (26～14)	0.75 (18)
E(G)	M3.5	0.8～1.0	0.5～2 (20～14)	1.25 (12)

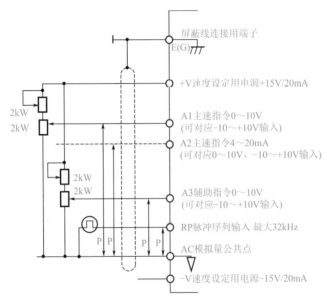

图12-54 外部频率设定器接线

② 控制回路接线步骤如图 12-55 所示。

a. 用细一字螺丝刀松开端子的螺钉。

b. 将电线从端子排下方插入。

c. 拧紧端子的螺钉。

③ 欧姆龙 3G3RV 型变频器控制回路端子的功能见表 12-20，应根据用途选择适当的端子。

表12-20 控制回路端子一览表

种类	端子符号	信号名称	端子功能说明	信号电平
顺控输入信号	S1	正转运行-停止指令	ON：正转运行；OFF：停止	DC+24V/8mA 光电耦合器绝缘
	S2	反转运行-停止指令	ON：反转运行；OFF：停止	
	S3	多功能输入选择1	出厂设定ON，外部故障	
	S4	多功能输入选择2	出厂设定ON，故障复位	
	S5	多功能输入选择3	出厂设定ON，多段速指令1有效	
	S6	多功能输入选择4	出厂设定ON，多段速指令1有效	
	S7	多功能输入选择5	出厂设定ON，多段速设定2有效	
	S8	多功能输入选择6	出厂设定ON，点动频率选择	
	SC	顺控控制输入公共点	出厂设定ON，外部基极封锁	
模拟量输入信号	+V	+15V电源	模拟量指令用+15V电源	+15V（允许最大电流20mA）
	−V	−15V电源	模拟量指令用−15V电源	−15V（允许最大电流20mA）
	A1	主速频率指令	−10～+10V/−100%～+100%，0～+10V/100%	−10～+10V 0～+10V（输入阻抗20kΩ）
	A2	多功能模拟量输入	4～20mA/100%，−10～+10V/−100%～+100%，0～+10%/100% 出厂设定，与端子A1相加	4～20mA（输入阻抗250Ω）−10～+10V 0～+10V（输入阻抗20kΩ）
	A3	多功能模拟量输入	−10～+10V/−100%～+100%，0～+10%/100% 出厂设定，未使用	−10～+10V 0～+10V（输入阻抗20kΩ）
	AC	模拟量公共点	0V	—
	E(O)	屏蔽线选购地线连接用	—	—

续表

种类	端子符号	信号名称	端子功能说明	信号电平
光电耦合器输出	P1	多功能PHC输出1	出厂设定，零速度　零速值（b2-01以下，ON	DC+48V/50mA以下
	P2	多功能PHC输出2	出厂设定，频率一致检出　设定频率的±2Hz以内为ON	
	PC	光电耦合器输出公共点　出P1，P2用	—	
继电器输出	MA	故障输出（常开触点）	故障时，MA-MC端子间ON	干式触点容量　AC250V，10mA以上1A以下　DC30V，10mA以上1A以下　最小负载：DC5V/10mA
	MB	故障输出（常闭触点）	故障时，MA-MC端子间OFF	
	MC	继电器触点输出公共点	—	
	M1	多功能触点输出（常开接点）	出厂设定：运行　运行时，M1-M2端子间ON	
	M2			
模拟量监视输出	FM	多功能模拟量监视1	出厂设定：输出频率　0～10V/100%频率	−10～+10V/±5%/2mA以下
	AM	多功能模拟量监视2	出厂设定：电流监视　5V/变频器额定输出电流	
	AC	模拟量公共点	—	
脉冲序列输入输出	RP	多功能脉冲序列输入	出厂设定：频率指令输入　（H6-01=0）	0～32kHz（3kΩ）
	MP	多功能脉冲序列监视	出厂设定：输出频率　（H6-06=二）	0～32kHz（2.2kΩ）
RS485/422通信	R+	MEMOBUS通信输入	如果是RS485（两线制），应将R+与S+，R−和　R−短路	差动输出PHC绝缘
	R−			
	S+	MEMOBUS通信输出		差动输入PHC绝缘
	S−			
	IG	通信用屏蔽线	—	—

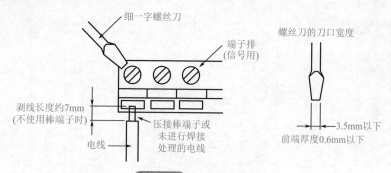

图12-55 控制回路接线

④分路跳线与拨动开关。以下对分路跳线（CN5）及拨动开关（S1）的详细内容进行说明，如图 12-56 所示。

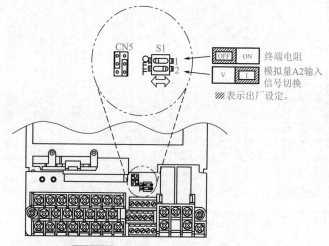

图12-56 分路跳线CN5与拨动开关S1

a. 拨动开关 S1 的功能见表 12-21。

表12-21 拨动开关S1的功能

名称	功能	设定
S1-1	RS485 及 RS422 终端电阻	OFF：无终端电阻 ON：终端电阻 110Ω
S1-2	模拟量输入（A2）的输入方式	OFF：0～10V，-10～10V 电压模式 （内部电阻为 20kΩ） ON：4～20mA 电流模式（内部电阻为 250Ω）

b. CN5 适用于共发射极模式与共集电极模式见表 12-22。

表12-22 CN5共发射极模式与共集电极模式

模式	适用于内部电源	适用于外部电源
共发射极模式	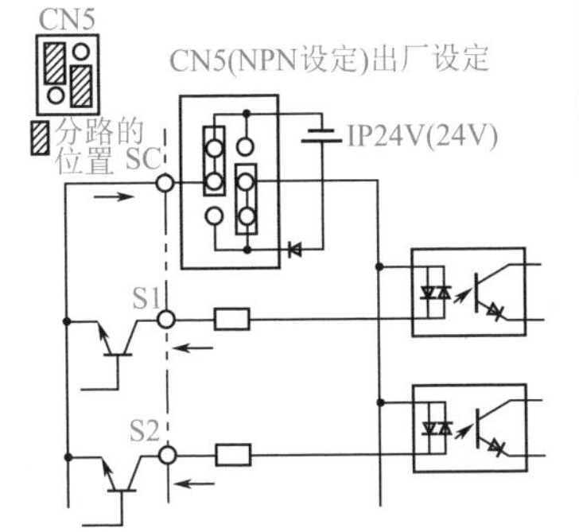 CN5(NPN设定)出厂设定	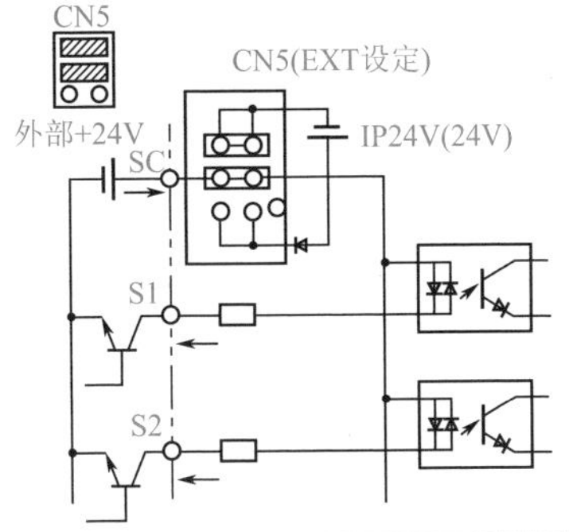 CN5(EXT设定)
共集电极模式	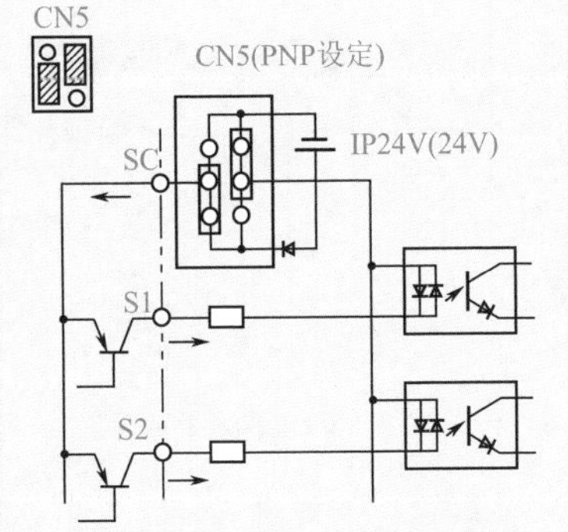 CN5(PNP设定)	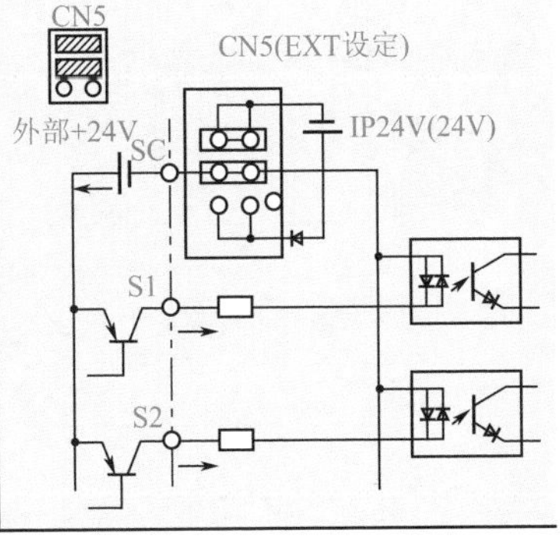 CN5(EXT设定)

使用 CN5 时，输入端子的逻辑可在共发射极模式（0V 公共点）和共集电极模式（+24V 公共点）间切换。另外，还适用于外部 +24V 电源，提高了信号输入方法的自由度。

⑤ 欧姆龙 3G3RV 型变频器控制回路端子的连接如图 12-57 所示。

⑥ 欧姆龙 3G3RV-ZV1 型变频器

欧姆龙 3G3RV-ZV1 型变频器接线完毕后，应务必检查相互间的接线。接线时的检查项目如下所示：

a. 接线是否正确。

b. 是否残留有线屑、螺钉等物。

c. 螺钉是否松动。

d. 端子部的剥头裸线是否与其他端子接触。

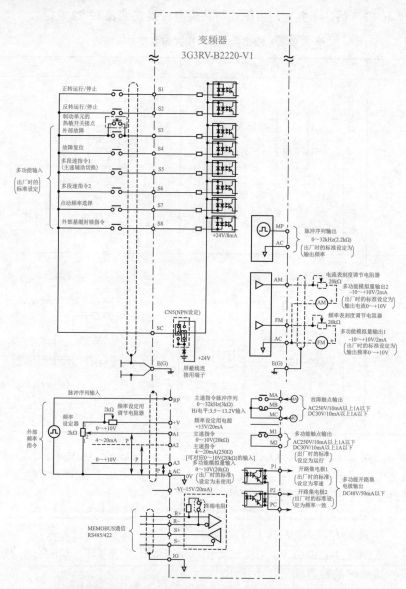

图12-57 欧姆龙3G3RV型变频器控制回路端子的连接

（4）欧姆龙 3G3RV-ZV1 型变频器选购卡的安装与接线　在变频器使用中给所使用的电动机设速度检出器（PG 卡），将实际转速反馈给控制装置进行控制的称为"闭环"，不用 PG 卡运转的就称为"开环"。通用变频器多为开环方式，而高性能变频器基本都采用闭环控制。

欧姆龙 3G3RV 型变频器上最多可安装 3 张选购卡。如图 12-58 所示，在控制电路板上的 3 处（A、C、D）各安装 1 块，同时最多能安装 3 块选购卡。

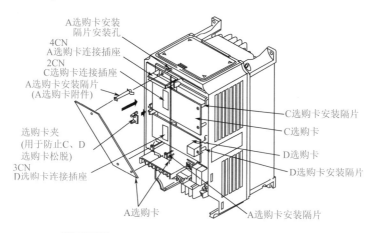

图12-58 欧姆龙3G3RV型变频器选购卡安装结构

选购卡的种类和规格见表 12-23。

① 安装方法。安装选购卡时，应首先卸下端子外罩，并确认变频器内的充电指示灯已经熄灭。然后卸下数字式操作器及前外罩，安装选购卡。

表12-23 欧姆龙3G3RV型变频器选购卡的种类和规格

卡的种类	型号	规格	安装场所
PG 速度控制卡	3G3FV-PPGA2	对应开路集电极 / 补码、单相输入	A
	3G3FV-PPGB2	对应补码，A/B 相输入	A
	3G3FV-PPGD2	对应线驱动，单位相输入	A
	3G3FV-PPGX2	对应线驱动，A/B 相输入	A
DeviceNet 通信卡	3G3RV-PDRT2	对应 DeviceNet 通信	C

② PG 速度控制卡的端子与规格。各种控制模式专用的 PG 速度控制卡的端子规格如下所示。

a. 3G3FV-PPGA2 的端子规格见表 12-24。

表12-24　3G3FV-PPGA2的端子规格

端子	NO	内容	规格
TA1	1	脉冲发生器用电源	DC +12V（±5%），最大为200mA
	2		DC0V（电源用GND）
	3	+12V电压/开路集电极切换端子	在+12V电压输入和开路集电极之间进行切换的端子，当为开路集电极输入时，应将3-4间短路
	4		
	5	脉冲输入端子	H：+4～12V　L：+1V以下　（最高频率为30kHz）
	6		脉冲输入公共点
	7	脉冲监视输出端子	+12V（±10%），最大为20mA
	8		脉冲监视输出公共点
TA2	（E）	屏蔽线连接端子	—

b. 3G3FV-PPGB2 的端子规格见表 12-25。

表12-25　3G3FV-PPGB2的端子规格

端子	NO	内容	规格
TA1	1	脉冲发生器用电源	DC +12V（±5%），最大为200mA
	2		DC0V（电源用GND）
	3	A相脉冲输入端子	H：+8～12V　L：+1V以下　（最高频率为30kHz）
	4		脉冲输入公共点
	5	B相脉冲输入端子	H：+4～12V　L：+1V以下　（最高频率30kHz）
	6		脉冲输入公共点
TA2	1	A相脉冲监视输出端子	开路集电极开路DC24V，最大为30mA
	2		A相脉冲监视输出公共点
	3	B相脉冲监视输出端子	开路集电极开路DC24V，最大为30mA
	4		B相脉冲监视输出公共点
TA3	（E）	屏蔽线连接端子	—

c. 3G3FV-PPGD2 的端子规格见表 12-26。

表12-26 3G3FV-PPGD2的端子与规格

端子	NO	内容	规格
TA1	1	脉冲发生器用电源	DC +12V（±5%），最大为200mA
	2		DC0V（电源用GND）
	3		DC+5V（±5%），最大为200mA
	4	脉冲输入+端子	线驱动输入（RS-422值输入） 最高响应频率300kHz
	5	脉冲输入-端子	
	6	公共点端子	—
	7	脉冲监视输出+端子	线驱动输出（RS-422值输出）
	8	脉冲监视输出-端子	
TA2	(E)	屏蔽线连接端子	—

注：DC+5V 与 DC+12V 不能同时使用。

d. 3G3FV-PPGX2 的端子与规格见表 12-27。

③ 选购卡的接线。以下表示适用于各控制卡的接线示例。

表12-27 3G3FV-PPGX2的端子规格

端子	NO	内容	规格
TA1	1	脉冲发生器用电源	DC +12V（±5%），最大为200mA
	2		DC0V（电源用GND）
	3		DC+5V（±5%），最大为200mA
	4	A相+输入端子	线驱动输入（RS-422值输入） 最高响应频率300kHz
	5	A相-输入端子	
	6	B相+输入端子	
	7	B相-输入端子	
	8	Z相+输入端子	
	9	Z相-输入端子	
	10	公共点端子	DC0V（电源用GND）

端子	NO	内容	规格
TA2	1	A相+输入端子	线驱动输出（RS-422值输出）
	2	A相−输入端子	
	3	B相+输入端子	
	4	B相−输入端子	
	5	Z相+输入端子	
	6	Z相−输入端子	
	7	控制回路公共点	控制回路GND
TA3	（E）	屏蔽线连接端子	—

注：DC+5V 与 DC+12V 不能同时使用。

a. 3G3FV-PPGA2 的接线示例如图 12-59 所示。

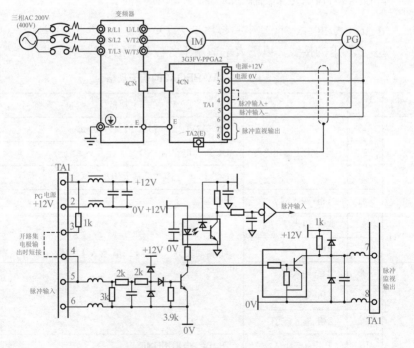

图12-59 3G3FV-PPGA2的接线示例

b. 3G3FV-PPGB2 的接线示例如图 12-60 所示。

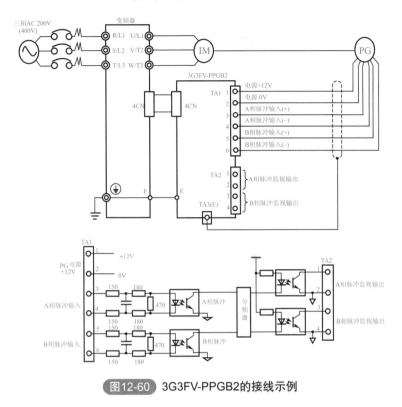

图12-60 3G3FV-PPGB2的接线示例

c. 3G3FV-PPGD2 的接线示例如图 12-61 所示。

d. 3G3FV-PPGX2 的接线示例如图 12-62 所示。

④ PG（编码器）脉冲数的选择。

PG 脉冲数的选择方法根据选购卡的种类而异（应根据种类进行选择）。

a. 当为 3G3FV-PPGA2/3G3FV-PPGB2 时，PG 输出脉冲检测的最大值为 32.767Hz。选择在最高频率输出时的电动机转速下，输出值在 20kHz 左右的 PG。

$$\frac{\text{最高频率输出时的}}{\text{电动机转速（r/min）}} \times PG \text{ 参数（p/rev）} = 20000\text{Hz}$$

最高频率输出时的电动机转速与 PG 输出频率（脉冲数）的选择示

例见表 12-28。

表12-28 最高频率输出时的电动机转速与PG输出频率（脉冲数）的选择示例

最高频率输出时的电动机转速 /(r/min)	PG 参数 /(p/rev)	最高输出频率时的 PG 输出频率 /Hz
1800	600	18000
1500	600	15000
1200	900	18000
900	1200	18000

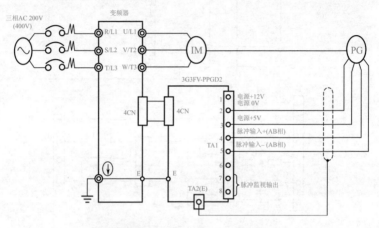

图12-61 3G3FV-PPGD2的接线示例

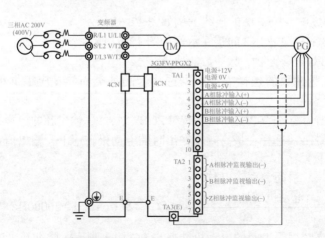

图12-62 3G3FV-PPGX2的接线示例

当为 3G3FV-PPGA2/3G3FV-PPGB2 时接线示例如图 12-63 所示。

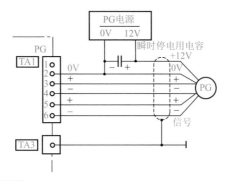

图12-63 3G3FV-PPGA2/3G3FV-PPGB2的接线示例

b. 当为 3G3FV-PPGD2/3G3FV-PPGX2 时，PG 用的电源有 12V 和 5V 两种。在使用前应确认 PG 的电源规格后再进行连接。

PG 输出脉冲检测的最大值为 300kHz。

PG 的输出频率（f_{PG}）可由下式求出：

$$f_{PG}（Hz）= \frac{\text{最高频率输出时的}}{60} \times PG \text{ 参数}（p/rev）$$

PG 电源容量在 200mA 以上时，应准备其他电源。需要进行瞬时停电处理时，要准备备用的电容。3G3FV-PPGX2 的连接示例如图 12-64 所示。

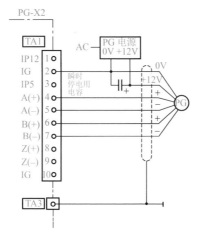

图12-64 3G3FV-PPGX2的连接示例（以12V电源的PG为例）

671

12.7.2 安邦信 AMB 型变频器的接线

（1）安邦信 AMB-G9 型变频器端子排的排列

① 安邦信 AMB-G9 型变频器控制回路端子排的排列如下：

COM	S1	S2	S3	S4	S5	S6	COM	+12	VS	GND	IS	AM	GND	M1	M2	MA	MB	MC

a. 模拟信号输入：IS、VS。

b. 开关信号输入：S1、S2、S3、S4、S5、S6、COM。

c. 开关信号输出：M1、M2、MA、MB、MC。

d. 模拟信号输出：AM、GND。

e. 电源。

② 安邦信 AMB-G9 型变频器主回路端子的排列。安邦信主回路端子位于变频器的前下方。中、小容量机种直接放置在主回路印制电路板上，大容量机种则安装固定在机箱上。安邦信主回路的端子数量及排列位置因功能与容量的不同而有所变化，如图 12-65 所示。

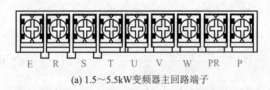

(a) 1.5～5.5kW变频器主回路端子

(b) 7.5～11kW变频器主回路端子

(c) 15～30kW变频器主回路端子

图12-65 安邦信AMB-G9型变频器主回路端子的排列

主回路端子说明如下：

a. 输入电源：R、S、T。

b. 接地线：⏚。

c. 直流母线：⊕、⊖

d. 回升制动电阻连线：PB。

e. 电动机接线：U、V、W

（2）安邦信 AMB-G9 型变频器回路端子功能

① 安邦信 AMB-G9 型变频器主回路端子功能见表12-29，在使用中依据对应功能正确接线。

表12-29 安邦信AMB-G9型变频器主回路端子功能

端子标号	功能说明
R、S、T	交流电源输入端子，接三相交流电源或单相交流电源
U、V、W	变频器输出端子，接三相交流电动机
⊕、⊖	外接制动单元连接端子，⊕、⊖分别为直流母线的正、负极
⊕、PB	制动电阻连接端子，制动电阻一端接⊕，另一端接PB
P1、P	外接直流电抗器端子，电抗器一端接P，另一端接P1
⏚	接地端子，接大地

② 安邦信 AMB-G9 型变频器控制回路端子功能见表12-30。

表12-30 安邦信AMB-G9型变频器控制回路端子功能

分类	端子	信号功能	说明		信号电平
开关输入信号	S1	正向运转/停止	闭合时正向运转断开时停止		光电耦合器隔离输入：24V/8mA
	S2	反向运转/停止	闭合时反向运转断开时停止	多功能触点输入（F041 ~ F045）	
	S3	外部故障输入	闭合时故障断开时正常		
	S4	故障复位	闭合时复位		
	S5	多段速度指令1	闭合时有效		
	S6	多段速度指令2	闭合时有效		
	COM	开关公共端子	—		
模拟输入信号	+12V	+12V电源输出	模拟指令 +12V 电源		+12V
	VS	频率指令输入电压	0 ~ 10V/100%	F042=0；VS 有效 F042=1；IS 有效	0 ~ 10V
	IS	频率指令输入电流	4 ~ 20mA/100%		4 ~ 20mA
	GND	信号线屏蔽外皮的连接端子	—		—

续表

分类	端子	信号功能	说明		信号电平
开关输出信号	M1	运转中信号（常开接点）	运行时闭合	多功能接点输出（F041）	触点容量：AC250V/1A DC30V/1A
	M2				
	MA	故障触点输出（常开/常闭触点）	端子MA和MC之间闭合时故障；端子MB和MC之间断开时故障	多功能触点输出（F040）	
	MB				
	MC				
模拟输出信号	AM	频率表输出	0～10V/100%频率	多功能模拟量监视（F048）	0～10V 2mA
	GND	公共端			

（3）安邦信 AMB-G9 型变频器标准接线　安邦信 AMB-G9 型变频器标准接线如图 12-66 和图 12-67 所示。

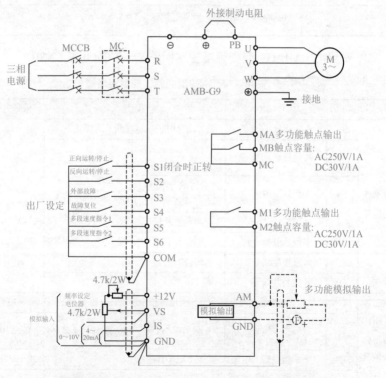

图12-66　安邦信AMB-G9型15kW及以下变频器接线

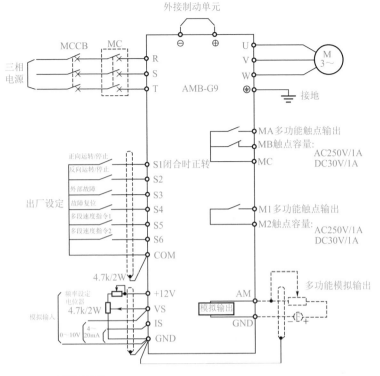

图12-67 安邦信AMB-G9型18kW及以上变频器接线

12.7.3 艾默生TD1000型变频器的接线

（1）艾默生 TD1000 型变频器主回路输入输出端子的排列　TD1000 系列变频器根据型号的不同，有两种主回路输入输出端子。端子名称及功能如图 12-68 所示。

图 12-68（a）所示端子排列适用机型：2S0007G、2S0015G、2T0015G、4T0007G、4T0015G、TD1000A-4T0022G

图 12-68（b）所示端子排列适用机型：2S0022G、2T0022G、2T0037G、4T0022G、4T0037G/P、4T0055G/P。

艾默生 TD1000 型变频器主回路端子功能说明见表 12-31。

（2）**艾默生 TD1000 型变频器控制板端子**　TD1000 系列变频器根据型号的不同，有两种控制回路端子排序。端子名称如图 12-69 所示。

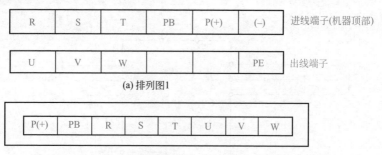

图12-68 艾默生TD1000型变频器主回路输入输出端子

表12-31 艾默生TD1000型变频器主回路端子功能

端子名称	功能说明
P（+）、PB、（-）	P（+）：正母排；PB：制动单元接点；（-）：负母排
R、S、T	三相电源输入端子
U、V、W	电动机接线端子
PE	安全接地端子或接地点

图12-69 艾默生TD1000型变频器控制板端子名称

图 12-69（a）所示控制端子排列适用机型：2S0007G、2S0015G、2T0015G、4T0007G、4T0015G、TD1000A-4T0022G。

图 12-69（b）所示控制端子排列适用机型：2S0022G、2T0022G、2T0037G、4T0022G、4T0037G/P、4T0055G/P。

艾默生 TD1000 型变频器控制板端子功能说明见表 12-32。

表12-32 艾默生TD1000型变频器控制板端子功能说明

端子	端子记号		端子功能说明	规格
控制端子	X1~X5-COM/GND		多功能输入端子1~5	多功能选择功能码 F067=F071
	FWD-COM/GND REV-COM/GND		运行控制（正转/停止） 运行控制（反转/停止）	光耦输入端 DC24V
	Y1 Y2（参考地为COM）		多功能输出端子1 多功能输出端子2	开路集电极输出 DC24V，最大输出电流为 100mA
	P24（参考地为COM）		24V电源	+24V，最大输出电流为 100mA
	参考地为 GND	VREF	外接频率设定用辅助电源	DC+10V
		VCI	模拟电压频率设定输入	输入范围0~+10V
		CCI	模拟电流频率设定输入	输入范围0~20mA，输入阻抗500Ω
		CCO	运行频率模拟电流输出	4~20mA
		FM/AM	输出频率/电流显示	0~+10V
	TA、TB、TC		变频器正常或不通电时： TA-TB闭合，TA-TC断开上 电后变频器故障；TA-TB断 开，TA-TC闭合	触点额定值：AC250V/2A、 DC30V/1A
通信端子	+、-		+为RS485信号+端；-为 RS485信号-端	标准485接口信号的端子

（3）艾默生 TD1000 型变频器基本配线　艾默生 TD1000 型变频器基本配线如图 12-70 所示。

12.7.4　中源矢量变频器的接线

（1）中源矢量变频器主回路端子接线

① 单相 220V/1.5 ~ 2.2kW 及三相 380V/0.75 ~ 15kW 变频器主回路端子示意图如图 12-71 所示。

② 三相 380V/18.5kW 以上功率的变频器主回路端子示意图如图 12-72 所示。

③ 中源矢量变频器主回路端子功能见表 12-33。

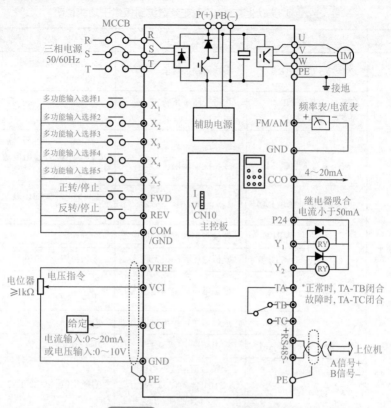

图12-70 艾默生TD1000基本配线

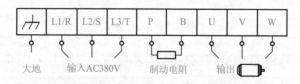

图12-71 中源单相220V/1.5～2.2kW及三相
380V/0.75～15kW变频器主回路端子示意图

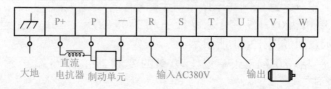

图12-72 中源三相380V/18.5kW以上功率变频器主回路端子示意图

表12-33 中源矢量变频器主回路端子功能

端子名称	端子标号	端子功能说明
电源输入端子	L1/R、L2/S、L3/T	三相380V交流电压输入端子，单相220V接L1/R、L2/S
变频器输出端子	U、V、W	变频器输出端子，接电动机
接地端子	PE/E	变频器接地端子
其他端子	P、B	制动电阻连接端子（注：无内置制动单元的变频器无P、B端子）
	P+、-（N）	共直流母线连接端子
	P、-（N）	外接制动单元。P接制动单元的输入端子"P"或"DC+"，-（N）接制动单元的输入端子"N"或"DC-"
	P、P+	外接直流电抗器

（2）中源矢量变频器控制回路接线

① 中源矢量变频器控制端子示意图如图 12-73 所示。

A+	B-	TA	TB	TC	D01	D02	24V	CM	OP1	OP2	OP3	OP4	OP5	OP6	OP7	OP8	10V	AI1	AI2	GND	AO1	AO2

图12-73 中源矢量变频器控制端子示意图

② 中源矢量变频器控制端子功能见表 12-34。

（3）中源矢量变频器总体接线　图 12-74 所示为中源矢量变频器 A900 系列变频器接线示意图。图中指出了各类端子的接线方法，实际使用中并不是每个端子都要接线（可以根据使用要求选用）。

表12-34 中源矢量变频器控制端子功能

端子	类别	名称	功能说明	
D01	输出信号	多功能输出端子1	表征功能有效时该端子与OM间为0V，停机时其值为24V	输出端子功能按出厂值定义，也可通过修改功能码改变其初始状态
D02		多功能输出端子2	表征功能有效时该端子与OM间为0V，停机时其值为24V	
TA		继电器触点	TC为公共点，TB-TC为常闭触点，TA-TC为常开触点。15kW及以下功率机器触点容量为10A/AC125V、5A/AC250V、5A/DC30V、7A/AC250V、7A/AC30V	
TB				
TC				
A01		运行频率	外接频率表和转速表，其负极接GND，详细介绍可参见F423～F426	

续表

端子	类别	名称	功能说明	
A02		电流显示	外接电流表，其负极接GND，详细介绍可参见F427~F430	
10V	模拟电源	自给电源	变频器内部10V自给电源，供本机使用；外用时只能作为电压控制信号的电源，电流限制在20mA以下	
A11		电压模拟量输入端口	模拟量调速时，电压信号由该端子输入，电压输入的范围为0~10V，地接GND。采用电位器调速时，该端子接中间抽头，地接GND	
A12	输入信号	电压/电流模拟量输入端口	模拟量调速时，电压信号或电流信号由该端子输入，电压输入的范围为0~5V或者0~10V，电流输入为4~20mA，输入电阻为500Ω，其地为GND（如果输入为4~20mA，在调整功能码F406=2）。电压信号和电流信号的选择可通过拨码开关来实现，出厂值该道默认为0~20mA电流通道	
GND	模拟地	自给电源地	外部控制信号（电压控制信号或电流源控制信号）接地端，亦为本机10V电源地	
24V	电源	控制电源	24+1.5V电源，地为GM；外用时限制在50mA以下	
OP1		点动端子	该端子为有效状态时，变频器点动运行；在停机状态和运行状态下，端子点动功能均有效。若定义为脉冲输入调速，此端子可作调整脉冲输入口，最高频率为50kHz	此外输入端子功能按出厂值定义，也可通过修改功能码，将其定义为其他功能
OP2		外部急停	该端子为有效状态时，变频器显示"ESP"	
OP3		正转端子	该端子为有效状态时，变频器正向运转	
OP4		反转端子	该端子为有效信号时，变频器反向运转	
OP5		复位端子	故障状态下给予一有效信号，使变频器复位	
OP6		自由停机	运行中给此端子一有效信号，可使变频器自由停机	
OP7		运行端子	该端子为有效状态时，变频器将按照加速时间运行	
OP8	数字输入控制端子	停机端子	运行中给此端子一有效信号，可使变频器减速停机	
CM	公用端	控制电源地	24V电源及其他控制信号的地	
A+	485通信端子	RS-485差分信号正端	遵循标准：TIA/EIA-485（RS-485）通信协议：Modbus 通信速度（单位为bit/s）为1200/2400/4800/9600/192500/38400/57600	
B-		RS-485差分信号负端		

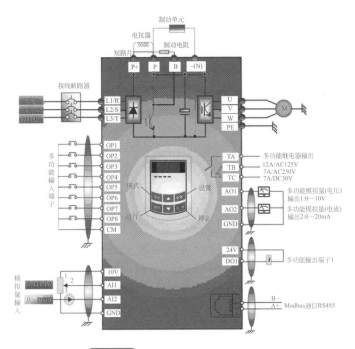

图12-74 中源矢量变频器接线示意

12.8 不同设备用变频器连接

12.8.1 变频调速系统的控制电路

以采用外接电位器调速为例，控制电路如图 12-75 所示。其中，接触器 KM 用于接通变频器的电源，由 SB$_1$ 和 SB$_2$ 控制。继电器 KA$_1$ 用于正转，由 SF 和 ST 控制；KA$_2$ 用于反转，由 SR 和 ST 控制。

正转和反转只有在变频器接通电源后才能进行，变频器只有在正反转都不工作时才能切断电源。由于车床要有点动环节，故在电路中增加了点动控制按钮 SJ 和继电器 KA$_3$。

12.8.2 龙门刨床控制电路

（1）主回路 龙门刨床的主回路如图 12-76 所示。其龙门刨床的主

681

回路工作过程如下所述。

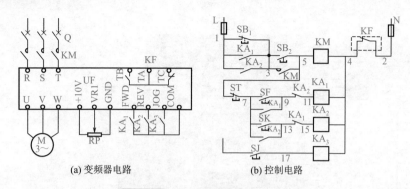

(a) 变频器电路　　　　　　(b) 控制电路

图12-75 车床变频调速的控制电路

① 刨台往复电动机（MM）。由变频器 UF1 控制，变频器的通电和断电由空气断路器 QF_1 和接触器 KM_1 控制；刨台前进和后退的转速大小分别由电位器 RP_1 和 RP_2 控制，正、反转及点动（刨台步进和步退）则由 PLC 控制。

② 垂直刀架电动机（MV）。由变频器 UF_3 控制，变频器的通电和断电由空气断路器 QF_3 和接触器 KM_3 控制；转速大小直接由电位器控制，正、反转及点动（刀架的快速移动）则由 PLC 控制。

③ 左、右刀架电动机（ML 和 MR）。由同一台变频器 UF_2 控制，变频器的通电和断电由空气断路器 QF_2 和接触器 KM_2 控制；与垂直刀架电动机一样，其转速大小直接由电位器控制，正、反转及点动（刀架的快速移动）则由 PLC 控制。

④ 横梁升降电动机（ME）和横梁夹紧电动机（MP）。由于横梁的移动不需要调速，因此并不通过变频器来控制。但其工作过程也由 PLC 控制。

（2）控制回路　所有的控制动作都由 PLC 完成，其框图如图 12-77 所示。

① PLC 的输入信号。

a. 各变频器通电控制信号：各变频器的通电按钮和断电按钮、刀架电动机的方向选择开关、变频器的故障信号。

b. 磨头的控制信号：来自于左、右磨头的运行按钮和停止按钮。

c. 横梁控制信号：横梁上升按钮和下降按钮、横梁放松完毕时的行程开关、横梁夹紧后的电流继电器、横梁上下的限位开关。

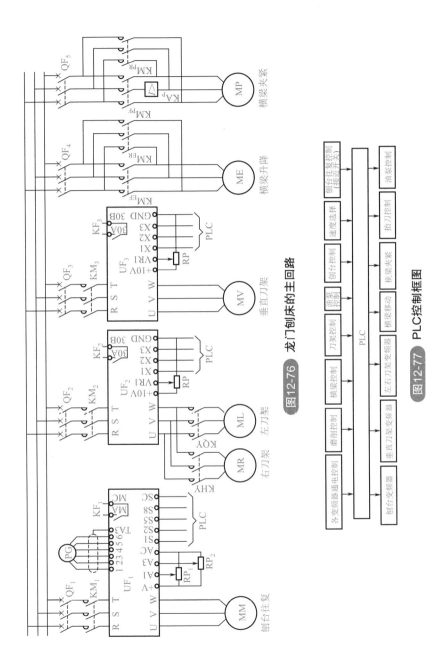

图12-76 龙门刨床的主回路

图12-77 PLC控制框图

d. 架快移信号：来自于各刀架的快速移动按钮。刀架和自动进刀将在刨台往复运动中自动完成，不再有专门的信号。

e. 泵控制信号：油泵工作的旋钮开关、油泵异常的信号。

f. 刨台的手动控制信号：刨台的步进按钮和步退按钮、刨台的前进按钮和后退按钮（用于控制刨台往复运行的按钮）、刨台的停止按钮。

g. 停按钮（也称"紧急停机"按钮）：用于处理紧急事故。刨床在工作过程中发生异常情况必须停机时，按此按钮。

② PLC 的输出信号。

a. 到各变频器的控制信号：控制信号的电源由各变频器自行提供，故外部不再提供电源。

b. 控制各变频器的接触器信号：包括各变频器的通电接触器、通电指示灯及变频器发生故障时的故障指示灯。

c. 横梁控制接触器：包括横梁上升、横梁下降、横梁夹紧和横梁放松用接触器。

d. 抬刀控制继电器：即控制抬刀用继电器。

e. 油泵继电器：即控制油泵用继电器。

③ 接触器控制回路。

PLC 内部继电器触点的容量较小，当使用于交流 220V 电路中时，其触点容量为 80V·A，最大允许电流为 360mA。

另一方面，触点电流较大的接触器的线圈电流为 100 ～ 500mA，并且在刚开始吸合时，还有较大的冲击电流。因此，PLC 不常用来直接控制较大容量的接触器，而是通过中间继电器来过渡。如图 12-78 所示的电路中，KU_1、KU_2、KU_3、KEF、KER、KPF、KPR、KG、KP 等都是过渡用的中间继电器，它们接受 PLC 内门电路继电器的控制，然后控制各对应的接触器。

12.8.3　风机变频调速电路

燃烧炉鼓风机的变频调速控制电路如图 12-79 所示。图中，按钮开关 SB_1 和 SB_2 用于控制接触器 KM，从而控制变频器的通电与断电。

SF 和 ST 用于控制继电器 KA，从而控制变频器的运行与停止。

KM 和 KA 之间具有联锁关系：一方面，KM 未接通之前，KA 不能通电；另一方面，KA 未断开时，KM 也不能断电。

SB_3 为升速按钮，SB_4 为降速按钮，SB_5 为复位按钮。HL_1 是变频器通电指示，HL_2 是变频器运行指示。HL_3 和 HA 用于变频器发生故障时的声光报警。Hz 用于频率指示。

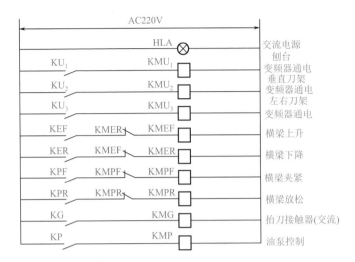

图12-78 龙门刨床的接触器控制电路

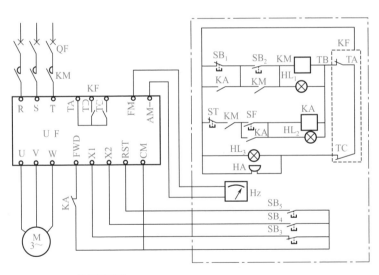

图12-79 燃烧炉鼓风机的变频调速控制电路

12.8.4 变频器一控多电路

（1）主回路 以 1 控 3 为例，其主电路如图 12-80 所示，其中接触器 1KM$_2$、2KM$_2$、3KM$_2$ 分别用于将各台水泵电动机接至变频器，接触器 1KM$_3$、2KM$_3$、3KM$_3$ 分别用于将各台水泵电动机直接接至工频电源。

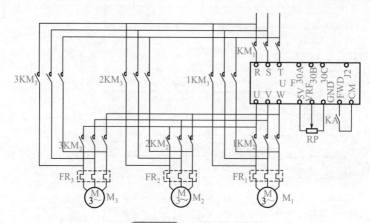

图12-80　1控3主回路

（2）控制回路　一般在多台水泵供水系统中，应用 PLC 进行控制是十分灵活且方便的。但近年来，由于变频器在恒压供水领域的广泛应用，各变频器制造厂纷纷推出了具有内置"1 控 X"功能的新系列变频器，简化了控制系统，提高了可靠性和通用性。

例如国产森兰 B12S 系列变频器在进行多台切换控制时，需要附加一块继电器扩展板，以便控制线圈电压为交流 220V 的接触器。具体接线方法如图 12-81 所示。

在进行功能预置时，要设定如下功能：

① 电动机台数（功能码：F53）。本例中，预置为"3"（1 控 3 模式）。

② 启动顺序（功能码：F54）。本例中，预置为"0"（1 号机首先启动）。

③ 附属电动机（功能码：F55）。本例中，预置为"0"（无附属电动机）。

④ 换机间隙时间（功能码：F56）。如前述，预置为 100ms。

⑤ 切换频率上限（功能码：F57）。通常，以 49 ～ 50Hz 为宜。

⑥ 切换频率下限（功能码：F58）。在多数情况下，以 30 ～ 50Hz 为宜。

只要预置准确，在运行过程中就可以自动完成上述切换过程。可见，采用了变频器内置的切换功能后，切换控制变得十分方便了。

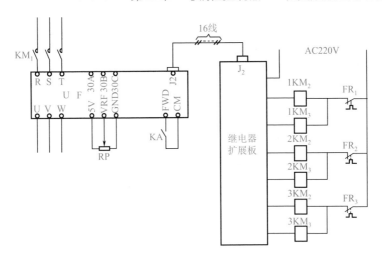

图12-81 1控多的扩展控制回路

12.9 变频器的保养维护及基本检测

12.9.1 通用变频器的维护保养

通用变频器长期运行中，由于温度、湿度、灰尘、振动等使用环境的影响，内部零部件会发生变化或老化。为了确保通用变频器的正常运行，必须进行维护保养。维护保养可分为日常维护和定期维护，定期维护检查周期一般为1年。维护保养项目与定期检查的周期标准见表12-35。从表12-35可以看出，对重点部位应重点检查，重点部位是主回路的滤波电容器、控制回路、电源回路、逆变器驱动及保护回路中的电解电容器、冷却风扇等。

日常检查和定期检查的主要目的是尽早发现异常现象，清除尘埃，紧固检查，排除事故隐患等。在通用变频器运行过程中，可以从设备外部目视检查运行状况有无异常，通过键盘面板转换键查阅变频器的运行参数，如输出电压、输出电流、输出转矩、电动机转速等，掌握变频器日常运行值的范围，以便及时发现变频器及电动机的问题。

（1）日常检查　日常检查包括不停止通用变频器运行或不拆卸其盖板进行通电和启动试验，通过目测通用变频器的运行状况，确认有无异常情况。通常检查如下内容：

表12-35 通用变频器维护保养与定期检查的周期标准

检查部位	检查项目	检查事项	检查周期		检查方法	使用仪器	判定基准
			日常	定期1年			
整机	周期环境	确认周围温度、湿度、有毒气体、油雾等	√		注意检查现场情况是否与变频器防护等级相匹配。是否有灰尘、水汽、有毒气体等影响变频器。通风或改换气装置是否完好	温度计、湿度计、红外线测量仪	温度在-10～+40℃内，湿度在90%以下，不凝露。如有积尘应用压缩空气清扫，并考虑改善安装环境
	整机装置	是否有异常振动、温度、声音等	√		观察法和听觉法，振动测量仪	振动测量仪	无异常
	电源电压	主回路电压、控制电源电压是否正常	√		测定变频器电源输入端子排上的相间电压和不平衡度	万用表、数字式多用仪表	根据变频器的不同电压级别，测量线电压、不平衡度≤3%
主回路	整机	（1）检查接线端子与接地端子间电阻		√	（1）拆下变频器接线，将端子R、S、T、U、V、W一起短路，用兆欧表测量它们与接地端子间的绝缘电阻	500V兆欧表	接地端子之间的绝缘电阻应大于5MΩ。 （2）（3）没有异常。（4）无油污
		（2）各个接线端子有无松动		√	（2）加强紧固件		
		（3）各个零件有无过热的迹象		√	（3）观察连接导体、导线		
		（4）清扫	√		（4）清扫各个部位		

续表

检查部位	检查项目	检查事项	检查周期		检查方法	使用仪器	判定基准
			日常	定期1年			
主回路	连接导体、电线	（1）导体有无移位		√	观察法		（1）、（2）没有异常
		（2）电线表皮有无破损、劣化、裂缝、变色等		√			
	变压器、电抗器	有无异步、异常声音	√		观察法和听觉法		没有异常
	端子排	有无脱落、损伤和锈蚀		√	观察法		没有异常。如有锈蚀应清洁、并减少湿度
	IGBT模块、整流模块	检查各端子间电阻。测定漏电电流		√	拆下变频器接线，在端子R、S、T与PN间、U、V、W与PN间用万用表测量，Ohz运行时测量	指针式万用表、整流型电压表	
	滤波电容器	（1）有无漏液	√				（1）、（3）没有异常。（3）额定容量的85%
		（2）安全阀是否突出，表面是否有膨胀现象	√		（1）、（2）观察法（3）用电容表测量	电容表、LCR测量仪	以上。与接地端子的绝缘电阻不小于5MΩ。有异常时及时更换新件，一般寿命为5年
		（3）测定电容量和绝缘电阻		√			

续表

检查部位	检查项目	检查事项	日常	定期1年	检查方法	使用仪器	判定基准
主回路	继电器、接触器	(1) 动作时是否有异常声音		√	观察法、用万用表测量	指针式万用表	没有异常。有异常时及时更换新件
		(2) 触点是否有氧化、粗糙、接触不良等现象		√			
	电阻器	(1) 电阻的绝缘是否损坏		√	(1) 观察法 (2) 对可疑点的电阻拆下一侧连接,用万用表测量	万用表、数字式多用仪表	(1) 没有异常 (2) 误差在标称值的±10%以内。有异常时应及时更换
		(2) 有无断线	√				
控制回路、电源、驱动与保护回路	动作检查	(1) 变频器单独运行	√		(1) 测量变频器输出端子U、V、W相间电压。各相输出电压是否平衡 (2) 模拟故障,观察或测量变频器保护回路输出状态	数字式多用仪表、整流型电压表	(1) 相间电压平衡,200V级在4V以内、400V级在8V以内。各相之间的差值在2%以内 (2) 显示正确,动作正确
		(2) 顺序做回路保护动作试验、显示,判断保护回路输出是否异常		√			
	零件	全体 (1) 有无异味、变化	√		观察法		没有异常 如电容器顶部有凸起、体部中间有膨胀现象应及时更换
		全体 (2) 有无明显锈蚀		√			
		铝电解电容器 有无漏液、变形现象		√			

续表

检查部位	检查项目	检查事项	检查周期 日常	检查周期 定期1年	检查方法	使用仪器	判定基准
冷却系统	冷却风扇	（1）有无异常振动、异常声音		√	（1）有不通电时用手数动旋转 （2）加强固定 （3）必要时拆下清扫		没有异常 有异常时及时更换新件，一般使用2~3年应考虑更换
		（2）接线有无松动	√				
		（3）清扫		√			
显示	显示	（1）显示是否缺损或模糊	√		（1）LED的显示是否有断点 （2）用棉纱清扫		确认其能否发光。显示异常或变暗时更换新板
		（2）清扫		√			
	外接仪表	指示值是否正常	√		确认盘面仪表的指示值满足规定值	电压表、电流表等	指示正常
电动机	全部	（1）是否有异常振动、温度和声音		√	（1）听觉、触觉、观察 （2）由于过热等产生的异味 （3）清扫		（1）、（2）没有异常 （3）无污垢、油污
		（2）是否有异味	√				
		（3）清扫		√			
	绝缘电阻	全部端子与接地端子之间、外壳对地之间		√	拆下U、V、W的连接线，包括电动机接线在内	500V兆欧表	应在5MΩ以上

691

① 键盘面板显示是否正常，有无缺少字符。仪表指示是否正确，是否有振动、振荡等现象。

② 冷却风扇部分是否运转正常，是否有异常声音等。

③ 通用变频器及引出电缆是否有过热、变色、异味、噪声、振动等异常情况。

④ 通用变频器周围环境是否符合标准规范，温度与湿度是否正常。

⑤ 通用变频器的散热器温度是否正常，电动机是否有过热、异味、噪声、振动等异常情况。

⑥ 通用变频器控制系统是否有聚集尘埃的情况。

⑦ 通用变频器控制系统的各连接线及外围电器元件是否有松动等异常现象。

⑧ 检查通用变频器的进线电源是否异常，电源开关是否有电火花、缺相、引线压接螺栓是否松动，电压是否正常等。

振动通常是由电动机的脉动转矩及机械系统的共振引起的，特别是当脉动转矩与机械共振点恰好一致时更为严重。振动是对使用变频器的电子器件造成机械损伤的主要原因。对于振动冲击较大的，应在保证控制精度的前提下，调整通用变频器的输出频率和载波频率尽量减小脉冲转矩，或通过调试确认机械共振点，利用通用变频器的跳跃频率功能，将共振点排除在运行范围之外。除此之外，也可采用橡胶垫避振等措施。

潮湿、腐蚀性气体及尘埃等将造成电子器件生锈、接触不良、绝缘性降低甚至形成短路故障。作为防范措施，必要时可对控制电路板进行防腐、防尘处理，并尽量采用封闭式开关柜结构。

温度是影响通用变频器的电子器件（特别是半导体开关器件）寿命及可靠性的重要因素，若温度超过规定值将立刻造成器件损坏，因此应根据装置要求的环境条件使通风装置运行流畅并避免日光直射。另外，通用变频器输出波形中含有谐波，会不同程度地增加电动机的功率损耗，再加上电动机在低速运行时冷却能力下降，将造成电动机过热。如果电动机有过热现象，应对电动机进行强制冷却通风或限制运行范围，避开低速区。对于特殊的高寒场合，为防止通用变频器的微处理器因温度过低而不能正常工作，应采取设置空间加热器等必要措施。如果现场的海拔高度超过 1000m，气压降低，空气会变稀薄，将影响通用变频器散热，系统冷却效果降低，因此需要注意负载率的变化。一般海拔高度每升高 1000m，应将负载电流下降 10%。

引起电源异常的原因很多，如配电线路因风、雪、雷击等自然因素造成的异常；有时也因为同一供电系统内，其他地点出现对地短路及间接短路造成异常；附近有直接启动的大容量电动机及电热设备等引起电压波动。除电压波动外，有些电网或自发电供电系统也会出现频率波动，并且这些现象有时在短时间内重复出现。如果经常发生因附近设备投入运行时造成电压降低的情况，应使通用变频器供电系统分离，减小相互影响。对于要求瞬时停电后仍能继续运行的场合，除选择合适规格的通用变频器外，还应预先考虑负载电动机的降速比例，当电压恢复后，通过速度追踪和测速电动机的检测来防止再加速中的过电流。对于要求必须连续运行的设备，要对通用变频器加装自动切换的不停电电源装置。对于维护保养工作，应注意检查电源开关的接线端子、引线外观及电压是否有异常，如果有异常，根据上述判断排除故障。

由自然因素造成的电源异常因地域和季节有很大差异。雷击或感应雷击形成的冲击电压有时能造成通用变频器的损坏。此外，若电源系统变压器一次侧带有真空断路器，当断路器通断时也会产生较高的冲击电压，并耦合到二次侧形成很高的电压波峰。为防止因冲击电压造成过电压损坏，通常需要在通用变频器的输入端加装压敏电阻等吸收器件，保证输入电压不高于通用变频器主回路元器件所允许的最大电压。因此，维护保养时还应试验过电压保护装置是否正常。

（2）**定期检查** 定期检查时要切断电源，停止通用变频器运行，并卸下通用变频器的外盖。定期检查主要检查不停止运转而无法检查的地方或日常检查难以发现问题的地方，电气特性的检查、调整等都属于定期检查的范围。检查周期根据系统的重要性、使用环境及设备的统一检查计划等综合情况来决定，通常为 6 ～ 12 个月。

开始检查时应注意，通用变频器断电后，主回路滤波电容器上仍有较高的充电电压，放电需要一定时间（一般为 5 ～ 10min），必须等待充电指示灯熄灭，并用电压表测试确认充电电压低于 DC25V 以下后才能开始作业。每次维护完毕后，要认真检查其内部有无遗漏的工具、螺钉及导线等金属物，然后才能将外盖盖好，恢复原状，做好通用准备。典型的检查项目简单介绍如下：

① 内部清扫。首先应对通用变频器内部各部分进行清扫，最好用吸尘器吸取内部尘埃，吸不掉的东西用软布擦拭，因为在运行过程中可能有灰尘、异物等落入，清扫时应自上而下进行，主回路元件的引线、绝缘端子以及电容器的端部应该用软布小心地擦拭。冷却风扇系统

及通用道部分应仔细清扫，保持变频器内部的整洁及风道的畅通。但如果是故障维修前的清扫，应一边吸尘一边观察可疑的故障部位，对于可疑的故障点应做好标记，保留故障印迹，以便进一步判断故障，有利于维修。

② 紧固检查。由于通用变频器运行过程中常因温度上升、振动等引起主回路元器件、控制回路各端子及引线松动、腐蚀、氧化、接触不良、断线等，所以要特别注意进行紧固检查。对于有锡焊的部分、压接端子处应检查有无脱落、松弛、断线、腐蚀等现象。还应检查框架结构有无松动，导体、导线有无破损、变异等。检查时可用螺丝刀、小锤轻轻地叩击给以振动，检查有无异常情况产生，对于可疑点应采用万用表测试。

③ 电容器检查。检查滤波电容器有无漏液，电容量是否降低。高性能通用变频器带有自动指示滤波电容容量的功能，面板可显示出电容量及出厂时该电容器的容量初始值，并显示容量降低率，推算电容器寿命等。若通用变频器无此功能，则需要采用电容测量仪测量电容量，测出的电容量应大于初始电容量的85%，否则应予以更换。对于浪涌吸收回路的浪涌吸收电容器、电阻器应检查有无异常，二极管限幅器、非线性电阻等有无变色、变形等。

④ 控制电路板检查。对于控制电路板的检查应注意连接有无松动、电容器有无漏液、板上线条有无锈蚀和断裂等。控制电路板上的电容器，一般是无法测量其实际容量的，只能按照其表面情况、运行情况及表面温升推断其性能和寿命。若其表面无异常现象发生，则可判定为正常。控制电路板上的电阻、电感线圈、继电器、接触器的检查，主要看有无松动和断线。

⑤ 绝缘电阻的测定。通用变频器出厂时已进行绝缘测试，用户一般不再进行绝缘测试。但经过一段运行时间后，检修时需要做绝缘电阻测试时，应按下列步骤进行，否则可能会损坏通用变频器（测定前应拆除通用变频器的所有引出线）。

a. 主回路绝缘电阻的测试。在做主回路绝缘电阻的测试时，应保证断开主电源，并将全部主回路端子，包括进线端（R、S、T 或 L1、L2、L3）和出线端（U、V、W）及外接电阻端子短路，以防高压进入控制电路。将 500V 兆欧表接于公共线和大地（PE 端）间，兆欧表指示值大于 5MΩ 为正常。

电动机电缆绝缘的测量方法是将电动机电缆从变频器的 U、V、W

端子和电动机上拆下，测量相间和相对地（外皮）绝缘电阻，其绝缘电阻应大于 5MΩ。

电源电缆绝缘检测的方法是将电源电缆与变频器的 R、S、T 或 L1、L2、L3 端子及电源分开，测量相间和相对地绝缘电阻，其绝缘电阻应大于 5MΩ。

电动机绝缘检测的方法是将电动机与电缆拆开连接，在电动机接线盒端子间测量电动机各绕组绝缘电阻，测量电压不得大于 1000V 且不得小于电源电压，绝缘电阻应大于 1MΩ。

b. 控制回路绝缘电阻的测量。为防止高压损坏电子元件，不要用兆欧表或其他有高电压的仪器进行测量，应使用万用表的高阻挡测量控制电路的绝缘电阻，测量值大于 1MΩ 为正常。

c. 外接线路绝缘电阻的测量。为了防止兆欧表的高压加到变频器上，测量外接线路绝缘电阻时，必须把需要测量的外接线路从变频器上拆下后再进行测量，并应注意检查兆欧表的高压是否有可能通过其他回路施加到变频器上，如有则应将所有有关的连线拆下。

⑥ 保护回路动作检查。在上述检查项目完成后，应进行保护回路动作检查。使保护回路经常处于安全工作状态，这是很重要的。因此必须检查保护功能在给定值下的动作可靠性，通常应主要检查的保护功能如下：

a. 过电流保护功能的检测。过电流保护是通用变频器控制系统发生故障动作最多的回路，也是保护主回路元件和装置最重要的回路。一般是通过模拟过载调整动作值，试验在设定过电流值下能可靠动作并切断输出。

b. 缺相、欠电压保护功能的检测。电源缺相或电压非正常降低时，将会引起功率单元换流失败，导致过电流故障等，必须立刻检测出缺相、欠电压信号，切断控制触发信号进行保护。可在通用变频器电源输入端通过调压器给通用变频器供电，模拟缺相、欠电压等故障，观察通用变频器的缺相、欠电压等相关的保护功能是否正确工作。

12.9.2 通用变频器的基本检测

由于通用变频器输入/输出侧的电压和电流中均含有不同程度的谐波含量，用不同类别的测量仪表会测量出不同的结果，并有很大差别，甚至是错误的。因此，在选择测量仪表时应区分不同的测量项目和测试点，选择不同类型的测量仪表（见图 12-82），推荐采用的仪表类型见

表 12-36。此外，由于输入电流中包括谐波，测量功率因数时不能用功率因数表测量结果，而应当采用实测的电压、电流值通过计算得到。

<table>
<thead>
<tr><td colspan="4">表12-36 主回路测量时推荐使用的仪表</td></tr>
</thead>
<tbody>
<tr><th>测定项目</th><th>测定位置</th><th>测定仪表</th><th>测定值的基准</th></tr>
<tr><td>电源侧电压U_1和电流I_1</td><td>R-S、S-T、T-R间和R、S、T中的线电流</td><td>电磁式仪表</td><td>通用变频器的额定输入电压和电流值</td></tr>
<tr><td>电源侧功率P_1</td><td>R、S、T和R-S、S-T、T-R</td><td>电动式仪表</td><td>$P_1 = P_{11} + P_{12} + P_{13}$（三功率表法）</td></tr>
<tr><td>电源侧功率因数</td><td colspan="3">测定电源电压、电源侧电流和功率后，按有功功率计算公式计算，即 $\cos\varphi = P_1/\sqrt{3U_1I_1}$</td></tr>
<tr><td>输出侧电压U_2</td><td>U-V、V-W、V-U间</td><td>整流式仪表</td><td>各相间的差应在最高输出电压的1%以下</td></tr>
<tr><td>输出侧电流I_2</td><td>U、V、W的线电流</td><td>电磁式仪表</td><td>各相的差应在变频器额定电流的105%以下</td></tr>
<tr><td>输出侧功率P_2</td><td>U、V、W和U-V、V-W</td><td>电动式仪表</td><td>$P_2 = P_{21} + P_{22}$，两功率表法（或三功率表法）</td></tr>
<tr><td>输出侧功率因数</td><td colspan="3">计算公式与电源侧的功率因数一样：$\cos\varphi = P_2\sqrt{3U_1I_1}$</td></tr>
<tr><td>整流器输出</td><td>DC+和DC-间</td><td>动圈式仪表（万用表等）</td><td>1.35U_1，再生时最大为850V（380V级），仪表机身LED显示发光</td></tr>
</tbody>
</table>

（1）通用变频器主回路电气量的测量

① 通用变频器输出电流的测量。通用变频器输出电流中含有较大的谐波，而所说的输出电流是指基波电流的方均根值，因此应选择能测量畸变电流波形有效值的仪表，如 0.5 级电磁式（动铁式）电流表和 0.5 级电热式电流表，测量结果为包括基波和谐波在内的有效值，当输出电流不平衡时，应测量三相电流并取其算术平均值。当采用电流互感器时，在低频情况下电流互感器可能饱和，应选择适当容量的电流互感器。

② 通用变频器电压的测量。由于通用变频器的电压平均值正比于电压基波有效值，整流式电压表测得的电压值是基波电压方均根值，并且相对于频率呈线性关系。所以，整流式电压表（0.5 级）最适合测量输出电压，需要时可考虑用适当的转换因子表示其实际基波电压的有效值。数字式电压表不适合输出电压的测量。为了进一步提高输出电压

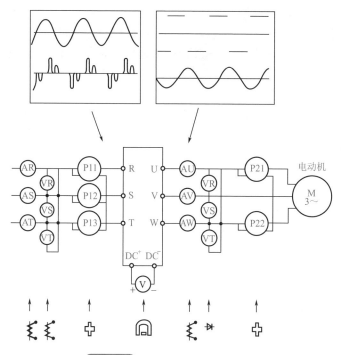

图12-82　通用变频器的测量电路

的测量精度，可以采用阻容滤波器与整流式电压表配合的方式，如图12-83所示。输入电压的测量可以使用电磁式电压表或整流式电压表。考虑会有较大的谐波，推荐采用整流式电压表。

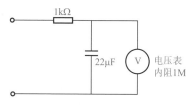

图12-83　阻容滤波器的使用

③ 通用变频器的输入/输出功率的测量。通用变频器的输入/输出功率应使用电动式功率表或数字式功率表测量，输入功率采用三功率表法测量，输出功率可采用三功率表法或两功率表法测量。当三相不对称时，用两功率表法测量将会有误差。当不平衡率＞5%额定电流时，应使用三功率表测量。

④ 通用变频器输入电流的测量。通用变频器输入电流应使用电磁式电流表测量有效值。为防止由于输入电流不平衡时产生的测量误差，应测量三相电流并取三相电流的平均值。

⑤ 功率因数的测量。对通用变频器而言，由于输入电流中包括谐波，功率因数表测量会产生较大误差，因此应根据测量的功率、电压和电流计算实际的功率因数。另外，因为通用变频器的输出随着频率而变化，除非必要，测量通用变频器输出功率因数无太大意义。

⑥ 直流母线电压的测量。在对通用变频器进行维护时，有时需要测量直流母线电压。直流母线电压的测量是在通用变频器带负载运行下进行的，在滤波电容器或滤波电容组两端进行测量。把直流电压表置于直流电压正、负端，测量的直流母线电压应等于线路电压的 1.35 倍，这是实际的直流母线电压。一旦电容器被充电，此读数应保持恒定。由于是滤波后的直流电压，还应将交流电压表置于同样位置测量交流纹波电压。当读数超过 AC5V 时，则预示滤波电容器可能失效，应采用 LCR 自动测量仪或其他仪器进一步测量电容器的容量及其介质损耗等，如果电容量低于标称容量的 85%，应予以更换。

⑦ 电源阻抗的影响。当怀疑有较大谐波含量时应测量电源阻抗值，以便确定是否需要加装输入电抗器，最好采用谐波分析仪进行谐波分析，并对系统进行分析判断，当电压畸变率大于 4% 以上时，应考虑加装交流电抗器抑制谐波，也可以加装直流电抗器（具有提高功率因数、减小谐波的作用）。

⑧ 压频比的测量。测量通用变频器的压频比可以帮助查找通用变频器的故障。测量时应将整流式电表（万用表、整流式电压表）置于交流电压最大量程，在变频器输出为 50Hz 情况下，在变频器输出端子（U、V、W）处测量送至电动机的线电压，读数应等于电动机的铭牌额定电压；接着，调节变频器输出为 25Hz 情况下，电压读数应为上一次读数的 1/2；再调节变频器输出为 12.50Hz 运行下，电压读数应为电动机铭牌额定电压的 25%。如果读数偏离上述值较大，则应该进一步检查其他相关项目。

⑨ 功率模块漏电电流的测量。通用变频器中功率模块的漏电电流过大，将导致变频器工作不正常或损坏。通过测量功率模块关断时的漏电电流，可以判断功率模块是否有故障预兆。功率模块漏电电流的测量是在变频器通电并按给定指令运行时，调节变频器输出为 0Hz 运行下，测量电动机端子间的线电压，这时变频器中的功率模块不应被驱动，但在电动机上可有 40V 左右的电压或较小的漏电流。如果电压超过 60V，则应判断功率模块存在故障或表明功率模块有故障预兆，应对其进一步检查。

⑩ 通用变频器效率的测量。通用变频器的效率需要测量输入功率 P_1 和输出功率 P_2，由 $\eta = (P_2/P_1) \times 100\%$ 计算得到。另外，测量时应注意电压畸变率小于 5%，否则应加入交流电抗器或直流电抗器，以免影响测量结果。

（2）主回路整流器和逆变器模块的测试　在通用变频器的输入输出端子 R、S、T、U、V、W 及直流端子 P、N 上（见图 12-84），用万用表电阻挡，改换测试笔的正负极性，根据读数即可判定模块的好坏。一般不导通时读数为"∞"，导通时为几十欧。模块的好坏可按表 12-37 进行判定。

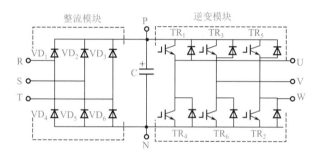

图12-84　主回路整流器和逆变器模块的测试

表12-37　模块测试判别表

测试项目	测试点	万用表极性 +	万用表极性 −	测定值	测试项目	测试点	万用表极性 +	万用表极性 −	测定值
整流模块	VD$_1$	R	P	不导通	逆变模块	TR$_1$	U	P	不导通
		P	R	导通			P	U	导通
	VD$_2$	S	P	不导通		TR$_3$	V	P	不导通
		P	S	导通			P	V	导通
	VD$_3$	T	P	不导通		TR$_5$	W	P	不导通
		P	T	导通			P	W	导通
	VD$_4$	R	N	导通		TR$_4$	U	N	导通
		N	R	不导通			N	U	不导通
	VD$_5$	S	N	导通		TR$_5$	V	N	导通
		N	S	不导通			N	V	导通
	VD$_6$	T	N	导通		TR$_6$	W	N	导通
		N	T	不导通			N	W	不导通

（3）**异步电动机的日常检查测量**　异步电动机是通用变频器控制系统中的重要组成部分，它在运行中由于输入电压、电流和频率的变化，以及摩擦、振动、绝缘老化等难免发生故障。这些故障如果能及时检查、发现和排除，就能有效地防止事故的发生，否则将直接影响通用变频器的安全运行，引发通用变频器故障甚至损坏。对于异步电机的日常维护检查，主要靠声音、嗅觉和手感判断其是否有异常存在，以便进一步采取措施。

12.10 变频器应用计算

12.10.1 变频器应用现场计算公式

（1）**电机转速计算公式**：

$$n_1 = \frac{60f_1}{p}, \ n = n_1(1-s) = \frac{60f_1}{p}(1-s)$$

式中，n_1 为同步转速，r/min；f_1 为定子供电电源频率，Hz；p 为磁极对数；n 为异步电机转速，r/min；s 为异步电机转差率（10% 以下，一般取 3%）。

（2）**转矩计算公式**：

$$T_M = \frac{9550P}{n}, \ P = \frac{T_M n}{9550}$$

式中，T_M 为额定转矩，N·m；P 为输出功率，kW；n 为电机转速，r/min。

（3）**制动电阻计算公式**　能耗制动电阻的阻值可由下式计算：

$$R_B = \frac{U_D^2}{0.1047(T_B - 0.2T_M)n_1}$$

式中，U_D 取值 700V；T_B 为制动力矩，N·m；n_1 为减速开始时的速度；R_B 为制动电阻阻值。

能耗制动电阻的功率，按长期工作制考虑时计算如下：

$$P_{L0} \approx U_D^2/R_B$$

根据实际工况，可以适当减小制动电阻 R_B 的功率，一般按上式计算功率的约 1/3 进行选择。若想增加制动力矩，可以适当减小制动电阻阻值，同时应放大其功率。

制动电阻快速取值法：

$$U_D/I_{MN} \qquad \leqslant \qquad R_B \qquad \leqslant \qquad 2U_D/I_{MN}$$

$$\text{150\% 的制动力矩} \qquad\qquad\qquad \text{80\% 的制动力矩}$$

式中，R_B 为制动电阻阻值；U_D 为直流电压（通常按 680V 计算）；I_{MN} 为电机额定电流（实际取变频器的额定电流）。

12.10.2 节能计算公式

（1）**挡板调节电机的功率**　电机的输入功率 P 为：

$$P = 1.732UI\cos\varphi$$

电机的输出功率 P_n（轴功率）= 额定功率。

电机的效率 = 电机的输出功率 / 电机的输入功率 $= P_n/P = \eta$。

由流体力学三定律可知：

$$Q_1/Q_2 = n_1/n_2 ; H_1/H_2 = (n_1/n_2)^2; P_1/P_2 = (n_1/n_2)^3; P = HQ$$

式中，Q_1，H_1，P_1 分别为水泵在 n_1 转速时的水量、水压、功率；Q_2，H_2，P_2 分别为水泵在 n_2 转速时相似工况条件下的水量、水压、功率。

假如转速降低一半，即 $n_2/n_1 = 1/2$，则 $P_2/P_1 = 1/8$，可见降低转速能大大降低轴功率，达到节能的目的。

水泵功率为 315kW，年运行时间 8000h，水泵流量 Q 和压力 H 采用阀门调节流量时近似满足：$H = A - (A - 1) Q^2$，式中，A 为水泵出口封闭时的出口压力，约为 140%。

70% 流量时电机的输入功率：

$$P_{0.7挡} = P_n \times 0.7Q \times 0.7H/\eta$$
$$= P_n \times 0.7 \times [1.4 - (1.4 - 1) \times 0.7^2] Q^3/\eta$$

55% 流量时电机的输入功率：

$$P_{0.55挡} = P_n \times 0.55Q \times 0.55H/\eta$$
$$= P_n \times 0.55 \times [1.4 - (1.4 - 1) \times 0.55^2] Q^3/\eta$$

用挡板时一年总消耗的功率数为：

$$P_{挡总} = P_{0.7挡} \times 年工作时间 + P_{0.55挡} \times 年工作时间$$

（2）**变频调速时的电机功率**　70% 流量时电机的输入功率：

$$P_{0.7变} = P_n \times (70/100)^3/(n_1/n_2)$$
$$P_{变频} = 1.732U_变 I_变 n_2$$

式中，n_1 为电机效率；n_2 为变频器效率。

55% 流量时电机的输入功率：

$$P_{0.55变} = P_n \times (55/100)^3/(\eta_1/\eta_2)$$
$$P_{变频} = 1.732U_变 I_变 \eta_2$$

式中，η_1 为电机效率；η_2 为变频器效率。

变频调速时一个总消耗的功率数为：

$$P_{变总} = P_{0.7变} \times 年工作时间 + P_{0.55变} \times 年工作时间$$

（3）**总节能数量** 用变频比用挡板全年能节省的电能为 $P_{挡总} - P_{变总} \times$ 时间。

相同流量条件下单泵工频状态闸阀节流调节与变频调节的功率比较如下。

由电动机轴功率计算公式 $P = \rho_g QH/(1000\eta)$ 可以得到如下公式。

闸阀节流调节时电机输入功率：

$$P_g = \rho_g Q_2 H_b/(1000\eta_1)$$

变频调节时电机输入功率：

$$P_f = \rho_g Q_2 H_c/(1000\eta_2)$$

式中，ρ_g 为流体密度（kg/m^3）与重力加速度（$9.81m/s^2$）乘积：Q_2 为泵排出流量 m^3/s；H_b 为闸阀节流调节扬程，m；H_c 为变频状态泵的扬程，m；η_1 为闸阀节流调节泵效；η_2 为变频调速的泵效。

$$\Delta P = P_g - P_f$$
$$= \rho_g Q_2 (H_b/\eta_1 - H_c/\eta_2)/1000$$

因 $H_b - H_c = \Delta H$，故 $H_b > H_c$，又 $\eta_1 < \eta_2$，所以 $\Delta P > 0$，由此可得相同流量条件下，单泵变频调速控制流量较工频下闸阀节流调节减少功率消耗的定论，显然，变频调速节能主要原因是消除了泵排除阀的压头损失和在高效区运行减少了电动机输入功率。

12.10.3 风机

（1）**风机的基本参数如下。**

风量 Q——单位时间流过风机的空气量（m^3/s，m^3/min，m^3/h）。

风压 H——当空气流过风机时，风机给予每立方米空气的总能量（$kg \cdot m$）称为风机的全压 H_t（$kg \cdot m/m^3$），其由静压 H_s 和动压 H_d 组成，即 $H_t = H_s + H_d$。

轴功率 P——风机工作有效的总功率，又称空气功率。

效率 η——风机轴上的功率 P 除去损失掉的部分功率后剩下的风机内功率与风机轴上的功率 P 之比，称为风机的效率。

（2）**风机的相似理论** 风机的流量、运行压力、轴功率这三个基本参数与转速间的运算公式极其复杂，同时风机类负荷随环境变化参数也随之变化，在工程中一般根据风机的运行曲线进行大致的参数运算，称之为风机相似理论：

$$Q/Q_0 = m/n_0$$
$$H/H_0 = (n/n_0)^2 (\rho/\rho_0)$$
$$P/P_0 = (n/n_0)^3 (\rho/\rho_0)$$

式中，Q 为风机流量；H 为风机全压；n 为转速；ρ 为介质密度；P 为轴功率。

风量 Q 与电动机转速 n 成正比，$Q \propto n$；风压 H 与电动机转速 n 的平方成正比，$H \propto n^2$；轴功率 P 与电机转速 n 的立方成正比，$P \propto n^3$。

（3）风机电动机所需的输出轴功率为：

$$P = QH/(\eta_T \eta_F)$$

式中，η_T 为风机的效率；η_F 为传动装置的效率。

（4）转速与采用挡板调节流量消耗功率的差值：

采用改变风机转速和改变管网特性进行风量的调节，在调节相同风量时，其风机的特性曲线（H-Q 曲线）变化不同，两种调节方法的运行工况点也不同，其运行的对比如图 12-85 所示。

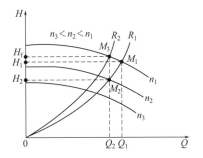

图12-85 风机转速调节与挡板调节的特性曲线对比

① 在额定流量 Q_1 时，风机挡板为额定开度，其管网特性曲线为 R_1，风机转速为额定转速，其特性曲线为 n_1，此时风机处于额定出力的状态，转速调节和挡板调节的工况点重合，处于 M_1 点，此时两种调节方式的消耗轴功率是相同的。

在运行中需输出风量 Q_2 时，调节风机转速将风量调为 Q_2，这时风机的特性曲线（H-Q 曲线）平行下移，工况点处于 M_2 点，风机压力变为 H_2，风压风量同时下降，其消耗的轴功率为：

$$P = \frac{Q_2 H_2}{102 \eta_t \eta_f}$$

调节风机挡板改变管网特性，将风量调为 Q_2，这时风机的特性曲线（H-Q 曲线）不变，管网特性曲线由 R_1 变化到 R_2，与 n_1 的风机特性曲线相交于 M_3，此时风量为 Q_2，风压为 H_f。在曲线上看出，$H_f > H_1$，虽然风量下降了，但是风压却上升了，其消耗的轴功率为：

$$P = \frac{Q_2 H_f}{102 \eta_t \eta_f}$$

a. 风压变化幅度。

速度调节时风压的变化：

$$H_2 = H_1 (n/n_0)^2 (\rho/\rho_0)$$

挡板调节时风压的变化：

$$H_f > H_1$$

由于在进行时，用转速调节流量时，$H_2 \ll H_1$，在工程计算中，将挡板风压变化忽略，$H_f = H_1$。

b. 输出风量 Q_2 时，挡板调节与转速调节消耗轴功率的差值：

$$\Delta P = \frac{Q_2 H_f}{102 \eta_t \eta_f} - \frac{Q_2 H_2}{102 \eta_t \eta_f}$$

将 $H_2 = H_1 (n/n_0)^2 (\rho/\rho_0)$ 与 $H_f = H_1$ 代入上式可得：

$$\Delta P \approx P_3 [1 - (n/n_0)^2 (\rho/\rho_0)]$$

简便算法：由相似定律可知，流量跟转速成正比，扬程跟转速的平方成正比，功率跟转速的三次方成正比。因此，从理论上得出转速降10%的时候，会带来30%的功率下降。由于功率的大幅度下降，可获得显著的节电效果，表12-38为调速前后功率理论对比表。

表12-38 调速前后功率理论对比表

n_2/n_1	100%	90%	85%	80%	70%	60%	50%
P_2/P_1	100%	73%	61.4%	51%	34%	21.6%	13%
节电率	0	27%	38.6%	49%	66%	78.4%	87%

② 计算一年可节约的能耗。

高压风机：功率380kW，额定电流27A，实际工作电流16A，功率因数按0.89，设备平均负载率59%，平均运转率100%（长期），工作时间按8000h/年，变频系统效率97%，变频系统功率因数≥0.96，电机轴输出功率为380kW时，电机的输入功率：

$$P = \sqrt{3} UI\cos\varphi$$
$$P = 1.732 \times 10 \times 16 \times 0.89 = 247 (kW)$$

平均负载率59%，实际流量平均按72%，则变频功率消耗为额定功率的37% + 附加损耗5%。

变频功率为 $P_1 = 380\text{kW} \times (37\% + 5\%) = 160(\text{kW})$

节省功率：$247 - 160 = 87(\text{kW})$

节电度为：$87 \div 247 \times 100\% = 35\%$

注：一般的变频改造都有 20% 以上的节电率。

每天 24h 运行，每年按照 330 天计算，平均电价为 0.51 元 / 度，则一年节省 87kW × 24h × 330 天 × 0.51 元 / 度 = 351410 元

所有设备投资会在两年半的时间收回。

以上计算为本数据采集时的节电率，仅从参考，实际的节电率与改造后的运行工况有关。

其他各设备可依据本公式进行计算，其技术改造的资金投入可以在较短的时间内（2 ～ 3 年）收回。

间接经济效益分析：功率因数改善效益，启动节省电能，减少维修费用，节省劳动力等。

第13章

太阳能光伏系统维护与检修

13.1 光伏系统的组成

　　光伏发电是根据光生伏特效应原理，利用太阳电池将太阳光能直接转化为电能。不论是独立使用还是并网发电，光伏发电系统主要由太阳能电池方阵、蓄电池组、充放电控制器、逆变器、交流配电柜、太阳跟踪控制系统等设备组成。基本原理方框图如图 13-1 所示，实物连接图如图 13-2 所示。光伏电站的主要部件如图 13-3 所示。

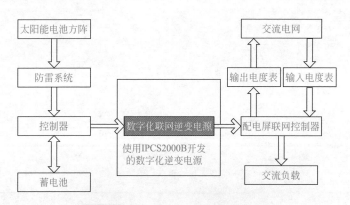

图13-1　光伏发电站的基本原理方框图

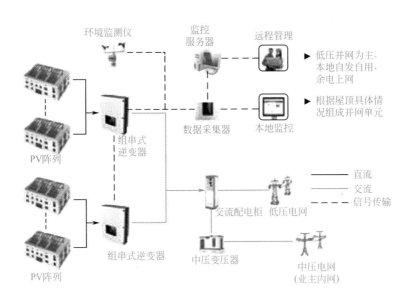

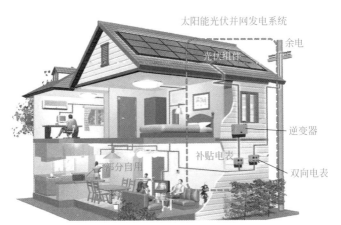

图13-2 光伏发电供电系统实物连接图

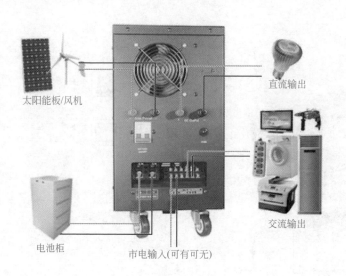

太阳能板/风机

直流输出

电池柜

市电输入(可有可无)

交流输出

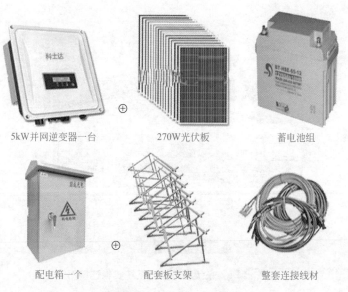

5kW并网逆变器一台

270W光伏板

蓄电池组

配电箱一个

配套板支架

整套连接线材

图13-3 光伏电站主要部件

13.2 光伏系统的部件与维护

13.2.1 太阳能电池的种类和效率

当前实用太阳能电池按制作形式可分两大类；一类是薄型晶硅为衬底晶片式太阳能电池，一类是薄膜型太阳能电池。当今人们制作的太阳能电池都是用半导体的光电效应原理制成，原料大多数都是以硅为基料；由于选用制作的材料、原理、工艺等不同，太阳能电池的许多特性也不同。

13.2.1.1 硅太阳能电池

（1）单晶硅和多晶硅太阳能电池　硅晶体具有规则的晶格结构，是一种半导体材料。硅原子外层电子有 4 价电子，制作电池用掺杂三价元素（如硼）制成 P 型硅片做衬底，厚度在 300 ~ 400μm，在 P 型层面上扩散掺杂五价元素（如磷）制成 N 层而生成 PN 结。

硅材料是从石英砂经硅炉焙制出高纯度的硅锭（一般要求其纯度很高，达 99.99%），经线性切割等加工成基片。由于硅锭和基片的设备、生产、工艺、成本等因素而使相对电池成本也高。

多晶硅太阳能电池与单晶硅太阳能电池制造工艺相差不多，性能质量目前较单晶硅的稍低，但制作成本较单晶硅的低。多晶硅薄膜太阳能电池既可大量节省硅材料，又具有单晶硅太阳能电池的许多优点。

随着科技水平的进步，晶硅太阳能电池的性能逐步提高，经济成本逐渐下降，发展很快。表 13-1 是一种多晶硅薄膜太阳能电池的性能。表 13-2 列出了目前国内外晶硅太阳能电池最高效率

表13-1　一种多晶硅薄膜太阳能电池的性能　　测试条件：AM1.5 25℃

V_{oc}/mv	J/（mA/ cm^2）	FF	η/%	A/cm^2	工艺
625.64	26.3	0.7357	12.11	1.0	PTCVD[1]
455.0	21	0.6474	6.15	1.0	PECVD[2]
1160	11.4	0.6740	8.91	0.126	PECVDa--si/μc--si

① 快速热化学气相沉积。

② 等离子增强化学气相沉积。

表13-2 目前国内外晶硅太阳能电池最高效率

		国外		国内	
		效率/%	单位	效率/%	单位
单晶硅	科研	24.7	澳大利亚南威尔市大学	20.3	天津能源所
	产品	20.1	日本三洋	14.3	云南半导体器件
多晶硅	科研	19.8	澳大利亚南威尔大学	14.53	北京太阳能所
	产品	16.8	德国	13.5	无锡尚德
多晶硅薄膜	科研	16.6	日本三菱	14.08	北京太阳能所
	产品	8.5	澳大利亚		

（2）非晶硅太阳能电池　由于非晶硅太阳能电池的镀膜化生产，大量的节省了硅材料，降低了成本并便于集成化生产，而得到较多的应用。但与晶硅太阳能电池比较它还存在效率较低（10%左右）、不太稳定等不足。

13.2.1.2　其他种类太阳能电池

除了硅太阳能电池，还有化合物太阳能电池、多结堆积型太阳能电池、聚光型太阳能电池、聚合物太阳能电池等。

13.2.1.3　太阳能电池的封装工艺

目前许多电池多是在以玻璃为衬底材料，依次镀敷、涂、沉积等工艺而制成。这样首先要切割一定尺寸的玻璃基片，在玻璃基片上坯制出电池，在一些场合用光聚树脂涂膜固化封装；要求高的可再敷上一层PVC膜。要求较高者用双层玻璃封装。

电池在户外运行，有时条件恶劣，要求抗雨、水、风、冰雹、冻，抗腐蚀性能强。多元电池在户外还须考虑铝边框、支承支架的强度和角度的调控。

13.2.1.4　提高太阳能电池效率的方法

① 合理选择电池坯基材料。
② 减少反射膜，降低和减少辐射光的反射。
③ 减少载流子的损失。
④ 降低电极联结的电阻。
⑤ 利用多层叠提高光谱吸收率。
⑥ 利用聚光原理提高光能吸收量。
⑦ 考虑整个系统的适配和匹配。

13.2.2 光伏阵列组

光伏发电系统利用以光电效应原理制成的光伏阵列组件将太阳能直接转换为电能。光伏电池单体是用于光电转换的最小单元，一个单体产生的电压大约为 0.45V，工作电流约为 20 ~ 25mA/cm^2，将光伏电池单体进行串、并联封装后，就成了光伏电池阵列组件（图 13-4）。

图13-4 光伏电池阵列组件

光伏电池阵列的几个重要技术参数：

① 短路电流（I_{sc}）：在给定日照强度和温度下的最大输出电流。

② 开路电压（V_{oc}）：在给定日照强度和温度下的最大输出电压。

③ 最大功率点电流（I_m）：在给定日照强度和温度下相应于最大功率点的电流。

13.2.3 逆变器

（1）DC-DC 转换器　光伏电池板发出的电能是随着天气、温度、负载等变化而不断变化的直流电能，其发出的电能的质量和性能很差，很难直接供给负载使用。需要使用电力电子器件构成的转换器，也就是 DC-DC 转换器，将该电能进行适当的控制和变换，变成适合负载使用的电能供给负载或者电网。电力电子转换器的基本作用是把一个固定的电能转换成另一种形式的电能进行输出，从而满足不同负载的要求。它是光伏发电系统的关键组成成分，一般具备几种功能：最大功率点追踪、蓄电池充电、PID 自动控制、直流电的升压或降压以及逆变。

DC-DC 转换器输出电压和输入电压的关系通过控制开关的通断时间来实现，这个控制信号可以由 PWM 信号来完成。

根据输入和输出的不同形式，可将电力电子转换器分为四类，即 AC-DC 转换器、DC-AC 转换器、DC-DC 转换器和 AC-AC 转换器。在离网型光伏发电系统中采用的是 DC-DC 转换器。DC-DC 转换器，其工作原理是通过调节控制开关，将一种持续的直流电压转换成另一种（固定或可调）的直流电压，其中二极管起续流的作用，LC 电路用来滤波。DC-DC 转换电路可以分为很多种，从工作方式的角度来看，可以分为：升压式、降压式、升降压式等。

降压式转换器（BuckConverter）是一种输出电压等于或小于输入电压的单管非隔离直流转换器。升降压式变换器（Buck-BoostConverter）转换电路的主要架构由 PWM 控制器与一个变压器或两个独立电感组合而成，可产生稳定的输出电压。当输入电压高于目标电压时，转换电路进行降压；当输入电压下降至低于目标电压时，系统可以调整工作周期，使转换电路进行升压动作；而升压式转换器（BoostConverter）是输出电压高于输入电压的单管不隔离直流转换器，所用的电力电子器件及元件和降压式转换器相同，两者的区别仅仅是电路拓扑结构不同。

转换器主要由晶体管等开关元件构成，通过有规则地让开关元件重复开-关（ON-OFF），使直流输入变成交流输出。当然，这样单纯地由开和关回路产生的逆变器输出波形并不实用。一般需要采用高频脉宽调制（SPWM），使靠近正弦波两端的电压宽度变狭，正弦波中央的电压宽度变宽，并在半周期内始终让开关元件按一定频率朝一方向动作，这样形成一个脉冲波列（拟正弦波）。然后让脉冲波通过简单的滤波器形成正弦波。

（2）光伏逆变器　逆变器是一种把直流电能（电池、蓄电池）转变成交流电（一般为 220 伏 50Hz 正弦波或方波）的装置。我们常见的应急电源，一般都是把直流电瓶逆变成 220V 交流的。

现有的逆变器，有方波输出和正弦波输出两种。方波输出的逆变器效率高，对于采用正弦波电源设计的电器来说，除少数电器不适用外大多数电器都可适用，正弦波输出的逆变器就没有这方面的缺点，却存在效率低的缺点，需要根据自己的需求选择。

典型逆变器内部电路板结构如图 13-5 所示，各种流行逆变器内部结构如图 13-6 所示。

逆变器不仅具有直交流变换功能，还具有最大限度地发挥太阳能电池性能和系统故障保护的功能。归纳起来有自动运行和停机功能、最大功率跟踪控制功能、防单独运行功能（并网系统用）、自动电压调整功能（并网系统用）、直流检测功能（并网系统用）、直流接地检测功能（并网系统用）。

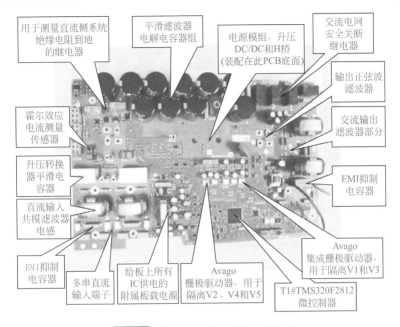

图13-5 典型逆变器内部电路板结构

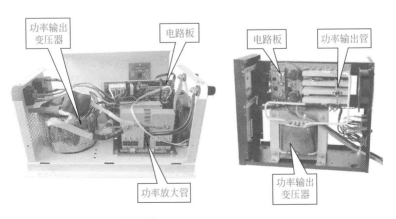

图13-6 流行的逆变器内部结构

713

13.2.4 光伏控制模块

（1）作用和要求　控制器控制光伏系统，对贮能蓄电池的过充、过放电能自动控制，并起到隔离作用。提供一些监控状态和数据。其型式可分四类：并联型、串联型、断续脉宽调制和功率分散型。

并联型多用于小型；低功率系统中。

串联型多用于大型；较高功率系统中。

脉冲或脉宽调制；可自动调控充电率。

分散功率调整型；将多余功率转移到别的贮电设备或负载。

控制器应能可靠保证蓄电池正常工作，可靠的过充放电指示作用和保护作用。

（2）控制器及工作原理　光电互补 LED 路灯控制系统结构框图如图 13-7 所示，本系统中关键部件是控制器，控制器的功能主要有：

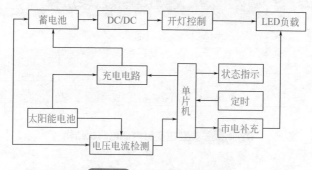

图13-7　控制系统结构框图

① 白天对太阳能电池板的电压和电流进行检测，通过 MPPT 算法追踪太阳能电池板最大输出功率点，使太阳能电池板以最大输出功率给蓄电池充电，并控制太阳能电池对蓄电池进行充电的方式；

② 控制光电互补自动转换，晚上控制蓄电池放电，驱动 LED 负载照明；当在太阳光照不足或阴雨天气，蓄电池放电电压达最低电压时，能自动切换到市电供 LED 路灯点亮；

③ 对蓄电池实行过放电保护、过充电保护、短路保护、反接保护和极性保护；

④ 控制 LED 灯的开关，通过对外环境监测，可以控制 LED 灯开灯、关灯时间。

13.2.5 蓄电池

光伏系统为了供给负载无光照下供能需要，必须有贮能设备。当前贮能设备大多是蓄电池，选用自控阀免维护铅酸畜电池，在要求高质量供电系统中也有选用碱性镉镍和锂等蓄电池。各种蓄电池外形内部结构如图 13-8 所示、图 13-9 所示。蓄电池组如图 13-10 所示。

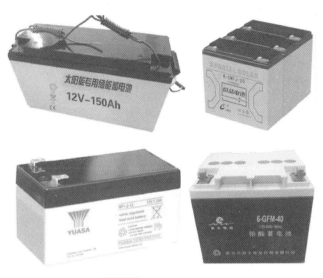

图13-8 各种蓄电池外形

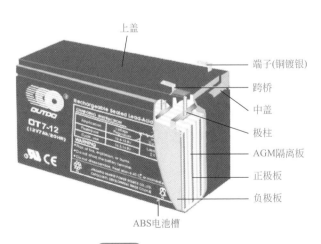

图13-9 蓄电池内部结构

图13-10 蓄电池组

　　蓄电池作为一种贮能元件有两种工作状态，一种处于浮充状态，一种是循环工作状态。浮充状态对电池来说多工作于富充电状态（长充电状态），循环工作状态对电池来说是工作于充、放电的循环状态。光伏电站系统蓄电池处于不停的充放电状态，体现电池是工作在循环充放电状态。不同工作状态工作特性有很大差别。在浮充状态下工作的蓄电池寿命称浮充寿命。在循环状态工作下的蓄电池寿命称循环寿命。太阳能电站应选用有长循环寿命，高放电率，及深度放电后有好的恢复能力的电池。还应考虑温度变化对电池参数的影响。

　　阀控式密封铅酸蓄电池是最近时期发展起来的新型电池，具有免维护、密封、可立放也可卧放、安装方便等特点。目前铅锑合金板栅蓄电池具有良好的循环使用寿命。

13.2.6　电站的配送设备

　　在大型光伏电站应配备输电配电屏、相应的输送电设备和线路，达到电能的向外输送，各种配送电箱如图 13-11 所示。

　　配送设备在光伏电站中是将接收到的太阳能转化成电能和达到输出电能供给的必不可少之设备。所以在其选定正常工作下必须和其他设备一样定期检修和维护，包括保持机械设备运行状态正常，各种电气特性和参数的测检、调整和维修等。

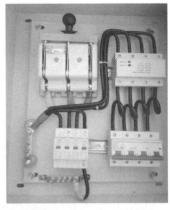
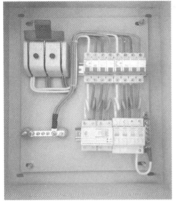
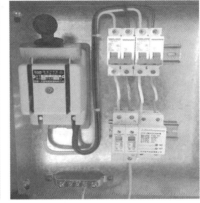

图13-11 配送电箱

13.3 光伏发电系统常见故障的检修

13.3.1 常见故障判断

（1）太阳能电池方阵 控制器的太阳能电池方阵电流表指示不正常，说明方阵有故障，控制器的某一太阳能电池子方阵指示灯不亮，说明该子方阵有故障。

（2）线路

① 控制器的太阳能电池方阵电流表指示为零，说明方阵线路有故

障；控制器的某一太阳能电池子方阵指示灯不亮，说明该子方阵线路有故障。

② 控制器的蓄电池电压表指示为零，说明蓄电池组线路断路。

③ 逆变器的直流输入电压表指示为零，说明控制器过放电保护或者控制器输出端到逆变器输入端的线路断路。

④ 配电柜的输出空气开关自动跳闸，说明外部供电线路过载或者短路。

⑤ 某一接线端子发热，说明该端子接触不良。

13.3.2 常见故障检修

（1）**太阳能电池方阵** 检查太阳能电池组件的封装玻璃、边框、电池单体有无损坏，有损害的更换。

（2）**逆变器屏幕没有显示**

故障分析：没有直流输入，逆变器 LCD 是由直流供电的。

可能原因：

① 组件电压不够。逆变器工作电压是 100～500V，低于 100V 时，逆变器不工作。组件电压和太阳能辐照度有关。

② PV 输入端子接反，PV 端子有正负两极，要互相对应，不能和别的组串接反。

③ 直流开关没有合上。

④ 组件串联时，某一个接头没有接好。

⑤ 有一组件短路，造成其他组串也不能工作。

解决办法：用万用表电压挡测量逆变器直流输入电压。电压正常时，总电压是各组件电压之和。如果没有电压，依次检测直流开关、接线端子、电缆接头、组件等是否正常。如果有多路组件，要分开单独接入测试。

（3）**PV 过压**

故障分析：直流电压过高报警。

可能原因：组件串联数量过多，造成电压超过逆变器的电压。

解决办法：因为组件的温度特性，温度越低，电压越高。单相组串式逆变器输入电压范围是 100～500V，建议组串后电压在 350～400V 之间，三相组串式逆变器输入电压范围是 250～800V，建议组串后电压在 600～650V 之间。在这个电压区间，逆变器效率较高，早晚辐照度低时也可发电，但又不至于超出逆变器电压上限，引起报警而停机。

（4）隔离故障

故障分析：光伏系统对地绝缘电阻小于 $2M\Omega$。

可能原因：太阳能组件、接线盒、直流电缆、逆变器、交流电缆、接线端子等地方有电线对地短路或者绝缘层破坏。PV 接线端子和交流接线外壳松动，导致进水。

解决办法：断开电网，逆变器，依次检查各部件电线对地的电阻，找出问题点，并更换。

（5）漏电流故障

故障分析：漏电流太大。

解决办法：取下 PV 阵列输入端，然后检查外围的 AC 电网。直流端和交流端全部断开，让逆变器停电 30min 以上，如果自己能恢复就继续使用，如果不能恢复，联系售后技术工程师。

（6）电网错误

故障分析：电网电压和频率过低或者过高。

解决办法：用万用表测量电网电压和频率，如果超出了，等待电网恢复正常。如果电网正常，则是逆变器检测电路板发电故障，请把直流端和交流端全部断开，让逆变器停电 30min 以上，如果自己能恢复就继续使用，如果不能恢复，联系售后技术工程师。

（7）逆变器硬件故障： 分为可恢复故障和不可恢复故障。

故障分析：逆变器电路板、检测电路、功率回路、通信回路等电路有故障。

解决办法：逆变器出现上述硬件故障，请把直流端和交流端全部断开，让逆变器停电 30min 以上，如果自己能恢复就继续使用，如果不能恢复，修理电路。

原因：影响光伏系统输出功率因素很多，包括太阳辐射量、太阳电池组件的倾斜角度、灰尘和阴影阻挡等。因系统配置安装不当造成系统功率偏小。

常见解决办法有：

① 在安装前，检测每一块组件的功率是否足够。

② 调整组件的安装角度和朝向。

③ 检查组件是否有阴影和灰尘。

④ 检测组件串联后电压是否在电压范围内，电压过低系统效率会降低。

⑤ 多路组串安装前，先检查各路组串的开路电压，相差不超过5V，如果发现电压不对，要检查线路和接头。

⑥ 安装时，可以分批接入，每一组接入时，记录每一组的功率，组串之间功率相差不超过2%。

⑦ 安装位置通风不畅通，逆变器热量没有及时散播出去，或者直接在阳光下暴露，造成逆变器温度过高。

⑧ 逆变器有双路MPPT接入，每一路输入功率只有总功率的50%。原则上每一路设计安装功率应该相等，如果只接在一路MPPT端子上，输出功率会减半。

⑨ 电缆接头接触不良，电缆过长，线径过细，有电压损耗，最后造成功率损耗。

⑩ 并网交流开关容量过小，达不到逆变器输出要求。

（8）逆变器不并网

故障分析：逆变器和电网没有连接。

可能原因：

① 交流开关没有合上。

② 逆变器交流输出端子没有接上。

③ 接线时，把逆变器输出接线端子上排松动了。

解决办法：用万用表电压挡测量逆变器交流输出电压，在正常情况下，输出端子应该有220V或者380V电压，如果没有，依次检测接线端子是否有松动，交流开关是否闭合，漏电保护开关是否断开。

（9）交流侧过压

电网阻抗过大，光伏发电用户侧消化不了，输送出去时又因阻抗过大，造成逆变器输出侧电压过高，引起逆变器保护关机，或者降额运行。

常见解决办法有：

① 加大输出电缆，因为电缆越粗，阻抗越低。

② 逆变器靠近并网点，电缆越短，阻抗越低。

关于并网逆变器交流输出电缆和交流输出断路器的选型见表13-3。

表13-3 并网逆变器交流输出电缆和交流输出断路器的选型

序号	逆变器型号	最大输出电流 /A	交流电缆 /mm²	交流开关
1	JSI-1100TL	5.7	1.5	10
2	JSI-1500TL	7.9	1.5	10

序号	逆变器型号	最大输出电流 /A	交流电缆 /mm^2	交流开关
3	JSI-2000TL	10.5	1.5	16
4	JSI-2500TL	12.5	1.5	16
5	JSI-3000TL	15.7	1.5	20
6	JSI-5000TL	24	2.5	32
7	JSI-6000TL	31.2	4	40
8	SUNTWINS 3300TL	16.5	1.5	20
9	SUNTWINS 4000TL	20	2.5	25
10	SUNTWINS 5000TL	25	2.5	32

　　交流电缆长度大于 50m，往上选择大一型号。如 JSI-5000TL，交流电缆长度短于 50m，可以使用 2.5mm^2 的电缆，在 50 ～ 100m 之间，要用 4mm^2，长度大于 100m，要用 6mm^2。

机床工业电气设备线路检修

14.1 CA6140型普通车床的电气控制电路

CA6140 型普通车床电气控制电路如图 14-1 所示。

（1）**主回路**　主回路中有 3 台控制电动机。

① 主轴电动机 M_1，完成主轴主运动和刀具的纵横向进给运动的驱动。该电动机为三相电动机。主轴采用机械变速，正反向运行采用机械换向机构。

② 冷却泵电动机 M_2，提供冷却液用。为防止刀具和工件的温升过高，用冷却液降温。

③ 刀架电动机 M_3，为刀架快速移动电动机。根据使用需要，手动控制启动或停止。

电动机 M_1、M_2、M_3 容量都小于 10kW，均采用全压直接启动。三相交流电源通过转换开关 QS 引入，接触器 KM_1 控制 M_1 的启动和停止。接触器 KM_2 控制 M_2 的启动和停止。接触器 KM_3 控制 M_3 的启动和停止。KM_1 由按钮 SB_1、SB_2 控制，KM_3 由 SB_3 进行点动控制，KM_2 由开关 SA_1 控制。主轴正反向运行由机械离合器实现。

M_1、M_2 为连续运动的电动机，分别利用热继电器 FR_1、FR_2 作过载保护；M_3 为短期工作电动机，因此未设过载保护。熔断器 $FU_1 \sim FU_4$ 分别对主回路、控制回路和辅助回路实行短路保护。

（2）**控制回路**　控制回路的电源为由控制变压器 TC 二次侧输出的 110V 电压。

① 主轴电动机 M_1 的控制。采用了具有过载保护全压启动控制的典型电路。按下启动按钮 SB_2，接触器 KM_1 得电吸合，其常开触点 KM_1（7-9）闭合自锁，KM_1 的主触点闭合，主轴电动机 M_1 启动；同时其辅

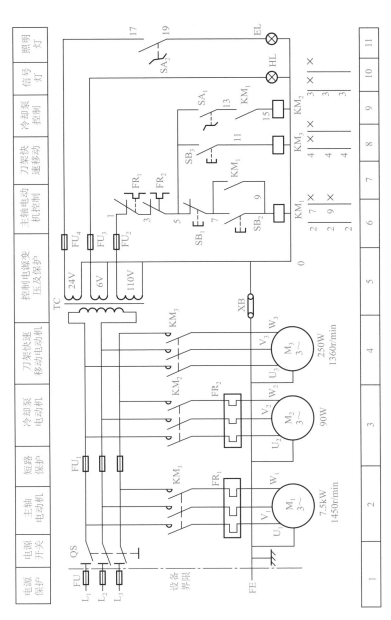

图14-1 CA6140型普通车床电气控制电路

助常开触点KM$_1$（13-15）闭合，作为KM$_2$得电的先决条件。按下停止按钮SB$_1$，接触器KM$_1$失电释放，电动机M$_1$停转。

② 冷却泵电动机 M$_2$ 的控制。采用两台电动机 M$_1$、M$_2$ 顺序控制的典型电路，以满足当主轴电动机启动后，冷却泵电动机才能启动；当主轴电动机停止运行时，冷却泵电动机也自动停止运行。主轴电动机 M$_1$ 启动后，接触器 KM$_1$ 得电吸合，其辅助常开触点 KM$_1$（13-15）闭合，因此合上开关 SA$_1$，使接触器 KM$_2$ 线圈得电吸合，冷却泵电动机 M$_2$ 才能启动。

③ 刀架快速移动电动机 M$_3$ 的控制。采用点动控制。按下按钮 SB$_3$，KM$_3$ 得电吸合，对电动机 M$_3$ 实施点动控制。电动机 M$_3$ 经传动系统，驱动溜板带动刀架快速移动。松开 SB$_3$，KM$_3$ 失电，电动机 M$_3$ 停转。

④ 照明和信号电路。控制变压器 TC 的二次绕组分别输出 24V 和 6V 电压，作为机床照明灯和信号灯的电源。EL 为机床的低压照明灯，由开关 SA$_2$ 控制；HL 为电源的信号灯。

（3）CA6140 常见故障及排除方法

① 主轴电动机不能启动。

a. 电源部分故障。先检查电源的总熔断器 FU$_1$ 的熔体是否熔断，接线头是否有脱落松动或过热（因为这类故障易引起接触器不吸合或时吸时不吸，还会使接触器的线圈和电动机过热等）。若无异常，则用万用表检查电源开关 QS 是否良好。

b. 控制回路故障。如果电源和主回路无故障，则故障必定在控制回路中。可依次检查熔断器 FU$_2$ 以及热继电器 FR$_1$、FR$_2$ 的常闭触点，停止按钮 SB$_1$、启动按钮 SB$_2$ 和接触器 FM$_1$ 的线圈是否断路。

② 主轴电动机不能停车。这类故障的原因多数是接触器 FM$_1$ 的主触点发生熔焊或停止按钮 SB$_1$ 被击穿。

③ 冷却泵不能启动。冷却泵不能启动故障在笔者实际维修过程中多数为 SA$_1$ 接触不良导致，用万用表进行检查。同时电动机 M$_2$ 因与冷却液接触，绕组容易烧毁，用万用表或兆欧表测量绕组电阻即可判断。

14.2 卧式车床的电气控制电路

14.2.1 CW6163B 型万能卧式车床的电气控制电路

图 14-2 为 CW6163B 型万能卧式车床的电气控制电路，床身最大

工件的回转半径为 630mm，工件的最大长度可根据床身的不同分为 1500mm 或 3000mm 两种。

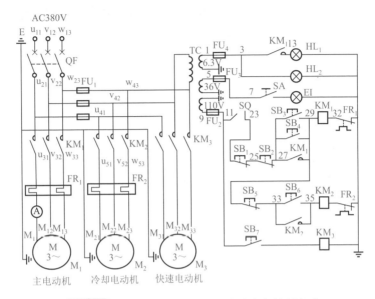

图14-2 CW6163B型万能卧式车床电气控制电路

（1）**主回路** 整机的电气系统由三台电动机组成，M_1 为主运动和进给运动电动机，M_2 为冷却泵电动机，M_3 为刀架快速移动电动机。三台电动机均为直接启动，主轴制动采用液压制动器。

三相交流电通过自动开关 QF 将电源引入，交流接触器 KM_1 为主电动机 M_1 的启动用接触器，热继电器 FR_1 为主电动机 M_1 的过载保护电器，M_1 的短路保护由自动开关中的电磁脱扣来实现。电流表 A 监视主电动机的电流。机床工作时，可调整切削用量，使电流表的电流等于主电动机的额定电流来提高功率因数的生产效率，以便充分地利用电动机。

熔断器 FU_1 为电动机 M_2、M_3 的短路保护。电动机 M_2 的启动由交流接触器 KM_2 来完成，FR_2 为 M_2 的过载保护；同样 KM_3 为电动机 M_3 的启动用接触器，因快速电动机 M_3 短期工作可不设过载保护。

（2）**控制、照明及显示电路** 控制变压器 TC 二次侧 110V 电压作为控制回路的电源。为便于操作和事故状态下紧急停车，主电动机 M_1 采用双点控制，即 M_1 的启动和停止分别由装在床头操纵板上的按钮 SB_2 和 SB_1 及装在刀架拖板上的 SB_4 和 SB_3 进行控制。当主电动机过载时 FR$_1$ 的常断触点断开，切断了交流接触器 KM$_1$ 的通电回路，电动机 M$_1$ 停止，行程开关 SQ 为机床的限位保护。

冷却泵电动机的启动和停止由装在床头操纵板上的按钮 SB$_6$ 和 SB$_5$ 控制。快速电动机由安装在进给操纵手柄顶端的按钮 SB$_7$ 控制，SB$_7$ 与交流接触器 KM$_3$ 组成点动控制环节。

信号灯 HL$_2$ 为电源指示灯，HL$_1$ 为机床工作指示灯，EL 为机床照明灯，SA 为机床照明灯开关。表 14-1 为该机床的电器元件目录表。

表14-1 CW6163B型万能卧式车床电器元件目录表

符号	名称及用途	符号	名称及用途
QF	自动开关（作电源引入及短路保护用）	M$_3$	快速电动机
		SB$_1$ ～ SB$_4$	主电动机启停按钮
FU$_1$ ～ FU$_4$	熔断器（作短路保护）	SB$_5$、SB$_6$	冷却泵电动机启停按钮
M$_1$	主电动机	HL$_1$	主电动机启停指示灯
M$_2$	冷却泵电动机	HL$_2$	电源接通指示灯
FR$_1$	热继电器（作主电动机过载保护用）	KM$_3$	接触器（快速电动机启动、停止用）
FR$_2$	热继电器（作冷却泵电动机过载保护用）	SB$_7$	快速电动机点动按钮
		TC	控制与照明变压器
KM$_1$	接触器（作主电动机启动、停止用）	SQ	行程开关（作进给限位保护用）
KM$_2$	接触器（作冷却泵电动机启动、停止用）		

14.2.2　C616型卧式车床的电气控制电路

图 14-3 是 C616 型卧式车床的电气控制电路。C616 型卧式车床属于小型车床，床身最大工件回转半径为 160mm，工件的最大长度为 500mm。

（1）主回路　该机床有三台电动机，M$_1$ 为主电动机，M$_2$ 为润滑泵电动机，M$_3$ 为冷却泵电动机。

三相交流电源通过组合开关 QF$_1$ 引入，FU$_1$、FR$_1$ 分别为主电动机的短路保护和过载保护。KM$_1$、KM$_2$ 为主电动机 M$_1$ 的正转接触器和反转接触器。KM$_3$ 为电动机 M$_1$ 和 M$_2$ 的启动、停止用接触器。组合开关 QF$_2$ 作电动机 M$_3$ 的接通和断开用，FR$_2$、FR$_3$ 为电动机 M$_2$ 和 M$_3$ 的过载保护用热继电器。

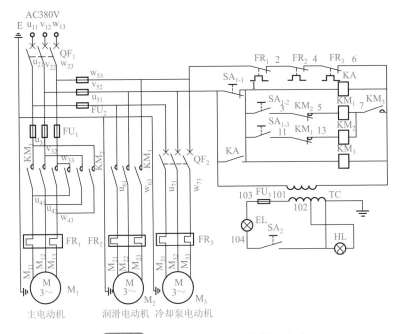

图14-3 C616型卧式车床电气控制电路

（2）控制回路、照明回路和显示回路 该控制回路没有控制变压器，控制电路直接由交流 380V 供电。

合上组合开关 QF_1 后三相交流电源被引入。当操纵手柄处于零位时，接触器 KM_3 通电吸合，润滑泵电动机 M_2 启动，KM_3 的常开触点（6-7）闭合为主电动机启动做好准备。

当操纵手柄控制的开关 SA_1 可以控制主电动机的正转与反转。开关 SA_1 有两对常断触点和一对常合触点。当开关 SA_1 在零位时，SA_{1-1} 触点接通，SA_{1-1}、SA_{1-2} 断开，这时中间继电器 KA 通电吸合，KA 的触点（V52-1）闭合将 KA 线圈自锁。当操纵手柄扳到向下位置时，SA_{1-2} 接通，SA_{1-1}、SA_{1-3} 断开，正转接触器 KM_1 通过 V52-1-3-5-7-6-4-2-W53 通电吸合，主电动机 M_1 正转启动。当将操纵手柄扳到向上位置时，SA_{1-3} 接通，SA_{1-1}、SA_{1-2} 断开，反转接触器 KM_2 通过 V52-1-11-13-7-6-4-2-W53 通电吸合，主电动机 M_1 反转启动。开关 SA_1 的触点在机械上保证了两个接触器同时只能吸合一个。KM_1 和 KM_2 的常断触点在电气上也保证了同时只能有一个接触器吸合，这样就避免了两个接触器同时吸合的可能性。当手柄扳回零位时，SA_{1-2}、SA_{1-3} 断开，接触器 KM_1 或 KM_2 线圈失电，电动机 M_1 自由停车。有经验的操作工人在停车时，将手柄瞬时扳向相反转向的位置，电动机 M_1 进入反接制动状态。待主轴接近停止时，将手柄迅速扳回零位，可以大大缩短停车时间。

中间继电器 KA 起零压保护作用。在电路中，当电源电压降低或消失时，中间继电器 KA 释放，KA 的动断触点断开，接触器 KM_2 释放，KM_3 常开触点（7-6）断开，KM_1 或 KM_2 也断电释放。电网电压恢复后，因为这时 SA_1 开关不在零位，接触器 KM_3 不会得电吸合，所以 KM_1 或 KM_2 也不会得电吸合。即使这时手柄在 SA_{1-2}、SA_{1-3} 触点断开，KM_1 或 KM_2 不会得电造成电动机的自启动，这就是中间继电器的零压保护作用。

大多数机床工作时的启动或工作结束时的停止都不采用开关操纵，而用按钮控制。通过按钮的自动复位和接触器的自锁作用来实现零压保护作用。

照明电路的电源由照明变压器二次侧 36V 电压供电，SA_2 为照明灯接通或断开的按钮开关。HL 为电源指示灯，由二次侧输出 6.3V 供电。

14.3 M7130型卧轴矩台平面磨床的电气控制电路

磨床根据用途不同可分为内圆磨床、外圆磨床、平面磨床、专用磨床等。本节以常用 MT130 型磨床的电气控制线路为例进行讲解。

MT7130 型磨床适应于加工各种机械零件的平面，且操作方便，磨削精度及表面粗糙度较高。M7130 型卧轴矩台平面磨床电气控制电路如图 14-4 所示。

14.3.1　M7130型卧轴矩台平面磨床的主回路

（1）M7130 型卧轴矩台平面磨床主回路的划分　从图 14-4 中容易看出，1～5 区为 M7130 型卧轴矩台平面磨床的主电路部分。其中 1～2 区为电源开关和保护部分，3 区为砂轮电动机 M_1 主电路，4 区为冷却泵电动机 M_2 主电路，5 区为液压泵电动机 M_3 主电路。

（2）M7130 型卧轴矩台平面磨床主回路的识图

① 砂轮电动机 M_1 主回路。砂轮电动机 M_1 主回路位处 3 区，它是一个典型的"单向运转单元主回路"，由接触器 KM_1 主触点控制砂轮电动机 M_1 电源的通断，热继电器 FR_1 为 M_1 的过载保护。

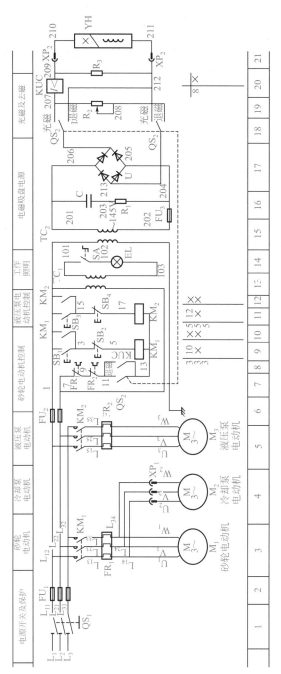

图14-4 M7130型卧轴短台平面磨床电气控制电路

② 冷却泵电动机 M_2 主回路。冷却泵电动机 M_2 主电路位处 4 区，实际上它是受控于接触器 KM_1 的主触点，所以只有当接触器 KM_1 吸合，砂轮电动机 M_1 启动运转后，冷却泵电动机 M_2 才能启动运转。XP_1 为冷却泵电动机 M_2 的接插件，当砂轮电动机 M_1 启动运转后，将接插件 XP_1 接通，冷却泵电动机 M_2 即可运转。拔掉 XP_1，冷却泵电动机 M_2 即可停止。

③ 液压泵电动机 M_3 控制主回路。液压泵电动机 M_3 的控制主回路位处 5 区，由接触器 KM_2 主触点控制液压泵电动机 M_3 电源的通断，热继电 FR 为 M_3 的过载保护。

14.3.2　M7130 型卧轴矩台平面磨床的控制回路

合上电源总开关 QS_1，380V 交流电源经过熔断器 FU_1、FU_2 加在控制回路的控制元件上。其中 8 区中电流继电器 KUC 在 11 号线与 13 号线间的常开触点在合上电源总开关 QS_1 时即闭合。

（1）砂轮电动机 M_1 的控制回路

① 砂轮电动机 M_1 控制回路的划分。砂轮电动机 M_1 电源的通断由接触器 KM_1 的主触点控制，故其控制回路包括由 9 区和 10 区中各电器元件组成的电路及 7 区和 8 区中各元件组成的电路。其中 7 区和 8 区中各元件组成的电路为砂轮电动机 M_1 控制回路和液压泵电动机 M_2 控制回路的公共部分。

② 砂轮电动机 M_1 控制回路识图。从 9 区和 10 区的电路来看，砂轮电动机 M_1 控制回路是一个典型的"单向运转单元控制回路"。其中按钮 SB_1 为砂轮电动机 M_1 的启动按钮，按钮 SB_2 为砂轮电动机 M_1 的停止按钮。合上电源总开关 QS_1，21 区中电磁吸盘 YH 充磁，20 区欠电流继电器 KUC 在 8 区中 11 号线与 13 号线间的常开触点吸合。当需要砂轮电动机 M_1 启动运转时，按下启动按钮 SB_1，接触器 KM_1 线圈通过以下方式得电：熔断器 FU_2 → 1 号线→按钮 SB_1 常开触点→ 3 号线→按钮 SB_2 常闭触点→ 5 号线→接触器 KM_1 线圈→ 13 号线→欠电流继电器 KUC 常开触点→ 11 号线→热电器 FR_2 常闭触点→ 9 号线→热继电器 KR_1 常闭触点→ 7 号线→熔断器 FU_2。接触器 KM_1 通电闭合，其 3 区中的主触点闭合，接通 M_1 的电源，砂轮电动机 M_1 启动运转。此时，如果想要冷却泵电动机 M_2 启动运转，只需将接插件 XP_1 插好即可。拔下接插件 XP_1，冷却泵电动机 M_2 停止运转；按下砂轮电动机 M_1 的停止按钮 SB_2，砂轮电动机 M_1 和冷却泵电动机 M_2 均停止。

在砂轮电动机 M_1 的控制回路中，如果出现砂轮电动机 M_1 不能启动，则应重点考虑 9 区中按钮 SB_2 在 3 号线与 5 号线间常闭触点是否接触不良，热继电器 FR_1、FR_2 在 7 号线与 9 号线间及 9 号线与 11 号线间的常闭触点是否接触不良及欠电流继电 KUC 在 11 号线与 13 号线间的常开触点闭合时是否接触不良；如果砂轮电动机 M_1 只能点动，则重点考虑接触器 KM_1 在 1 号线与 3 号线间的常开触点闭合是否接触不良等。

（2）液压泵电动机 M_3 控制回路

① 液压泵电动机 M_3 控制回路的划分。同理，液压泵电动机 M_3 的控制回路包括由 11 区和 12 区电路中元件组成的电路及 7 区和 8 区中电路元件组成的电路。

② 液压泵电动机 M_3 控制回路的识图。在 11 区和 12 区的电路中，液压泵电动机 M_3 的控制回路也是一个典型的"单向运转单元控制回路"。其中按钮 SB_3 为液压泵电动机 M_3 的启动按钮，按钮 SB_4 为液压泵电动机 M_3 的停止按钮。其他的分析与砂轮电动机 M_1 的控制回路相同。

14.3.3 M7130 型卧轴矩台平面磨床的其他控制回路

M7130 型卧轴矩台平面磨床其他控制回路包括电磁吸盘充退磁回路、机床工作照明回路。

（1）电磁吸盘充、退磁回路

① 电磁吸盘充、退磁回路的划分。在图 14-4 中，电磁吸盘充、退磁回路位处 15 ～ 21 区。

② 电磁吸盘充、退磁回路识图。在电磁吸盘的充、退磁回路中，15 区变压器 TC_2 为电磁吸盘充、退磁电路的电源变压器。17 区中的整流器 U 为供给电磁吸盘直流电源的整流器。18 区中的转换开关 QS_2 为电磁吸盘的充、退磁状态转换开关（当 QS_2 扳到"充磁"位置时，电磁吸盘 YH 线圈正向充磁；当 QS_2 扳到"退磁"位置时，电磁吸盘 YH 线圈则反向充磁）。20 区欠电流继电器 KU_C 线圈为机床运行时电磁吸盘欠电流的保护元件（只要合上电源总开关 QS_1 它就会通电闭合，使得 8 区中的常开触点吸合，接通机床拖动电动机控制回路的电源通路，机床才能启动运行；机床在运行过程中是依靠电磁吸盘将工件吸住的，否则在加工过程中出现砂轮离心力将工件抛出而造成人身伤害或设备事故。在加工过程中，若 17 区中整流器 U 损坏或有断臂现象及电磁吸盘 YH 线圈有断路故障等，流过 20 区欠电流继电器 KUC 线圈中的电流减少，欠电流继电器 KUC 由于欠电流不能吸合，8 区中的常开触点要断

开，所以机床不能启动运行，或正在运行的也会因 8 区中欠电流继电器 KUC 常开触点的断开而停止下来，从而起到电磁吸盘 YH 欠电流的保护作用）。21 区中 YH 为电磁吸盘，它的作用是在机床加工过程中将工件牢固吸合。16 区中的电容器 C 和电阻 R_1 为整流器 U 的过电压保护元件（当合上或断开电源总开关 QS_1 的瞬间，变压器 TC_2 会在二次绕组两端产生一个很高的自感电动势，电容器 C 和电阻 R_1 吸收自感电动势，以保证整流器 U 不受自感电动势的冲击而损坏。）。19 区和 20 区中的电阻 R_2 和 R_3 为电磁吸盘 YH 充、退磁时电磁吸盘线圈自感感应电动势的吸收元件，以保护电磁吸盘线圈 YH 不受自感电动势的冲击而损坏。

机床正常工作时，220V 交流电压经过熔断器 FU_2 加在变压器 TC_1 一次绕组的两端，经过降压变压器 TC_2 降压后在 TC_2 二次绕组中输出约 145V 的交流电压，经过整流器 U 整流输出约 130V 的直流电压作为电磁吸盘 YH 线圈的电源。当需要对加工工件进行磨削加工时，将充、退磁转换开关 QS_2 扳至"充磁"位置，电磁吸盘 YH 线圈通过以下途径通电将工件牢牢吸合：整流器 U → 206 号线→充、退磁转换开关 QS_2 → 207 号线→欠电流继电器 KUC 线圈→ 209 号线→接插件 XP_2 → 210 号线→电磁吸盘 YH 线圈→ 211 号线→接插件 XP_2 → 212 号线→充、退磁转换开关 QS_2 → 213 号线→回到整流器 U，电磁吸盘正向充磁，此时机床可进行工件的磨削加工。当工件加工完毕需将工件取下时，将电磁吸盘充、退磁转换开关 QS_2 扳至"退磁"位置，此时电磁吸盘反向充磁，经过一定时间后即可将工件取下。

在电磁吸盘充、退磁回路中，如果电磁吸盘吸力不足，则应考虑 15 区中变压器 TC_2 是否损坏、17 区中整流器 U 是否有断臂现象（即有一个整流二极管断路）、21 区中接插件 XP_2 是否插接松动、电磁吸盘 YH 线圈是否短路等。如果电磁吸盘出现无吸力，则应考虑 16 区中熔断器 FU_3 是否断路、电磁吸盘 YH 线圈是否断路等。

（2）机床工作照明回路　机床工作照明回路位处 13 区和 14 区，由变压器 TC_1、工作照明灯 EL 及照明灯开关 SA 组成。其中变压器 TC_1 一次电压为 380V，二次电压为 36V。

14.4 X62W 型万能升降台铣床的电气控制电路

铣床的种类很多，有立铣、卧铣、龙门铣和仿形铣等，它们的加工性能及使用范围各不相同。本节以 X62W 型万能铣床为例，分析中小型铣床电气控制电路的特点。

一般中小型铣床都采用三相异步电动机拖动，多数铣床的主轴旋转运动和进给运动都分别由单独的电动机拖动。铣床的主轴旋转运动称为主运动，它有顺铣和逆铣两种方式，所以要求主轴有两个旋转方向（即顺铣和逆铣）。为了加工前对刀和提高生产率，要求主轴停止迅速，所以电气线路要具有制动措施。铣床的进给运动有六种，即工作台前后（横向）运动、左右（纵向）运动和上下（垂直）运动。六个方向还能实现空行程的快速移动。

X62W 型万能升降台铣床的电气控制电路如图 14-5 所示。表 14-2 为各开关位置及其动作说明，表 14-3 为各电器元件目录表。

14.4.1 电气控制电路说明

该铣床由三台异步电动机拖动，M_1 为主轴电动机（功率为 7.5kW、转速为 1450r/min），通过组合开关 SA_5 改变电源相序实现主轴正、反两个旋转方向。为了准确停车，主轴电动机采用电磁离合器制动。M_2 为进给电动机，通过操纵手柄和机械离合器相配合实现前、后、左、右、上、下六个方向的进给运动和进给方向的快速移动。进给的快速移动是通过牵引电磁铁和机械的挂挡来完成的。为了扩大其加工能力，在工作台上可加圆形工作台，圆形工作台的回转运动是由进给电动机经传动机构驱动的。M_3 为冷却电动机，三台电动机都具有可靠的短路保护和过载保护。

表14-2 各开关位置及其动作说明

主轴换向转换开关说明				
触点	位置	左转	停止	右转
SA_{5-1}	U_{41}-M_{13}	+	−	−
SA_{5-2}	U_{41}-M_{11}	−	−	+
SA_{5-3}	U_{43}-M_{13}	−	−	+
SA_{5-4}	U_{43}-M_{11}	+	−	−
工作台纵向进给行程开关说明				
触点	位置	向左进给	停止	向右进给
SQ_{1-1}	13-25	−	−	+
SQ_{1-2}	23-29	+	+	−
SQ_{2-1}	15-25	+	−	−
SQ_{2-2}	27-29	−	+	+

工作台横向及升降进给行程开关说明			
触点　　位置	向前向下	停止	向后向上
SQ_{3-1}　13-25	+	−	−
SQ_{3-2}　21-23	−	+	+
SQ_{4-1}　15-25	−	−	+
SQ_{4-2}　19-21	+	+	−

圆形工作台转换开关说明			主轴上刀制动开关说明		
触点　　位置	圆形工作台		触点　　位置	接通	断开
	接通	断开			
SA_{1-1}　23-25	−	+	SA_{2-1}　1-31	−	+
SA_{1-2}　13-27	+	−	SA_{2-2}　112-105	+	−
SA_{1-3}　17-27	−	−			

注：1. "+"表示触点接通；

　　2. "−"表示触点断开。

根据加工工艺要求，该机床应具有如下电气联锁措施：

① 为防止刀具和机床的损坏，要求只有主轴旋转后才允许有进给运动和进给方向的快速移动。

表14-3　电器元件目录表

符号	名称及用途	符号	名称及用途
M_1	主电动机	SA_5	主轴换向转换开关
M_2	进给电动机	QF_1	电源转换开关
M_3	冷却泵电动机	SB_1、SB_2	主轴启动按钮
KM_1	主电动机启动接触器	SB_3、SB_4	主轴停止按钮
KM_2	正向进给电动机启动接触器	SB_5、SB_6	工作台快速按钮
KM_3	反向进给电动机启动接触器	FR_1	主轴电动机热继电器
KM_4	快速接触器	FR_2	进给电动机热继电器
SQ_1	工作台向右进给行程开关	FR_3	冷却泵电动机热继电器
SQ_2	工作台向左进给行程开关	$FU_1 \sim FU_6$	熔断器
SQ_3	工作台向前、向下进给行程开关	TC	控制变压器
SQ_4	工作台向后、向上进给行程开关	TD	照明变压器
SQ_6	进给变速瞬时点动开关	TR	整流变压器
SQ_7	主轴变速瞬时点动开关	U	晶闸管整流器
SA_1	圆工作台转换开关	YC_1	主轴制动电磁离合器
SA_2	主轴上刀制动开关	YC_2	进给电磁离合器
QF_2	冷却泵转换开关	YC_3	快速电磁离合器
SA_4	照明灯转换开关		

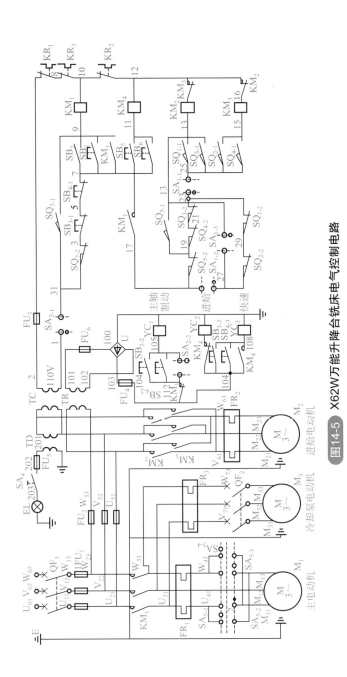

图14-5 X62W万能升降台铣床电气控制电路

② 为提高加工件表面粗糙度，只有进给停止后主轴才能停止或同时停止，该机床在电气上采用了主轴和进给同时停止的方式。但是由于主轴运动的惯性很大，实际上就保证了进给运动先停止、主轴运动后停止的要求。

③ 为了保证六个方向的进给运动同时只有一种运动产生，该机床采用了机械操纵手柄和行程开关相配合的办法来实现六个方向进给运动的互锁。

④ 主轴运动和进给运动采用变速孔盘来进行速度选择，为保证变速齿轮进入良好啮合状态，两种运动都要求变速后作瞬时点动。

⑤ 当主轴电动机或冷却泵电动机过载时，进给运动必须立即停止，以免损坏刀具和机床。

14.4.2　电气控制电路分析

控制电路的电源由控制变压器输出 110V 供电。

（1）主轴电动机的控制线路

① 主轴电动机的启动。主轴电动机 M_1 启动前应首先选择好主轴的转速，然后将组合开关 QF_1 扳到接通位置，主轴换向转换开关 SA_5 扳到所需要的转向。这时按下启动按钮 SB_1（装在机床正面的床鞍上）或按下启动按钮 SB_2（装在机床的侧面），接触器 KM_1 得电吸合，KM_1 的主触点闭合接通了电动机的定子绕组，主轴电动机启动。KM_1 的辅助触点（7-9）闭合将线圈自锁，辅助常开触点（17-7）闭合为工作台进给线路提供了电源。

② 主轴电动机的制动。为了使主轴电动机能准确停车又减少电能的损耗，主轴电动机制动采用了电磁离合器的制动方式。电磁离合器的直流由整流变压器 TR 的二次侧经桥式整流获得。当主轴电动机制动停车时，按下 SB_3（机床正面的床鞍处）或 SB_4（机床侧面），这时接触器 KM_1 释放，M_1 的定子绕组脱离电源，离合器 YC_1 线圈得电，主轴电动机制动停车。

③ 主轴电动机变速时的瞬时点动。变速时，首先将变速手柄拉出，然后转动蘑菇形变速手轮，选好合适转速后将变速手柄复位。在手柄复位过程中，压动行程开关 SQ_7，接触器 KM_1 线圈通过 1-31-9 瞬时接通电动机作瞬时点动，以达到齿轮的良好啮合。当手柄复位后 ST_7 恢复到常态，断开了主轴电动机瞬时点动线路。在手柄复位时要迅速、连续，以免电动机的转速升得很高，在齿轮没有啮合好时可能使齿轮打牙。当

瞬时点动一次没有实现良好啮合时，可以重复进行瞬时点动动作。

④ 主轴换刀制动。在主轴上刀或换刀时，主轴的意外转动都将造成人身事故。因此在上、换刀时，应使主轴处于制动状态。在控制线路中采用了在停止按钮常开触点 112-105 两端并联一个转换开关 SA_{2-2} 触点，在换刀时使它处于接通状态，电磁离合器 YC_1 线圈得电，主轴处于制动状态。当上、换刀结束后，将 SA_2 扳到断开位置，这时 SA_{2-2} 触点断开，1-31 的 SA_{2-1} 触点闭合，为主轴启动做好准备。

（2）进给运动的控制　进给运动在主轴启动后方可进行，工作台的左、右、上、下、前、后运动是通过操纵手柄和机械联动机构控制相应的行程开关使进给电动机正转或反转来实现的。行程开关 SQ_1 和 SQ_2 控制工作台的向右和向左运动，SQ_3 和 SQ_4 控制工作台的向前、向下和向后、向上运动。

① 工作台的左右（纵向）运动。工作台的左右运动由纵向手柄操纵。当手柄扳向右侧时，手柄通过联动机构接通了纵向进给离合器，同时压下了行程开关 SQ_1、SQ_2 的常开触点（13-25）闭合，使进给电动机的正转接触器 KM_2 线圈通过 17-19-21-23-25-13 得电，进给电动机正转，带动工作台向右运动。当纵向进给手柄扳向左侧时，行程开关 SQ_2 被压下，行程开关 SQ_1 复位，进给电动机的反转接触器 KM_3 线圈通过 17-19-21-23-25-15 得电，进给电动机反转，带动工作台向左运动。SA_1 为圆形工作台转换开关，这时的 SA_1 要处于断开位置，它的 SA_{1-1}、SA_{1-3} 接通，SA_{1-2} 断开。

② 工作台上、下（垂直）运动和前、后（横向）运动。工作台的上下和前后运动由垂直和横向进给手柄操纵。该手柄扳向上或扳向下时，机械上接通了垂直进给离合器；当手柄扳向前或扳向后时，机械上接通了横向进给离合器；手柄在中间位置时，横向和垂直的进给离合器均不接通。

在手柄扳到向下或向前位置时，手柄通过机械联动机构使 SQ_3 被压下，SQ_3 的常开触点（13-25）接通、常闭触点（21-23）断开。这时进给电动机的正转接触器线圈通过 17-27-29-23-25-13 得电，电动机正转，带动工作台向下或向前运动。

当手柄扳到向上或向后位置时 SQ_4 被压下，SQ_3 复位，SQ_4 的常开触点（15-25）接通，进给电动机的反转接触器线圈通过 17-27-29-23-25-15 得电，电动机反转带动工作台向上或向右运动。手柄扳到向下或向前压动行程开关 SQ_3 与扳到向上或向后压动行程开关 SQ_4 均是通过机械联动机构实现的。

③ 进给变速时的瞬时点动。进给变速必须在进给操纵手柄放在零位时进行。

它和主轴变速一样，进给变速时，为使齿轮进入良好的啮合状态，也要做变速后的瞬时点动。在进给变速时，首先将进给变速的蘑菇形手柄拉出，选好合适进给速度将手柄继续拉出，在拉出时行程开关 SQ_5 被压动，SQ_5 的常开触点（13-19）接通、常断触点（17-19）断开，这时进给电动机的正转接触器 KM_2 线圈通过 17-27-29-23-21-19-13 得电，进给电动机瞬时正转。在手柄推回原位时 SQ_6 复位，进给电动机停止。一次瞬时点动齿轮仍未进入啮合状态，可以再重复一次，直到进入啮合状态为止。

④ 进给方向的快速移动。六个方向的进给快速移动是通过相应的手柄和快速按钮配合实现的。

当在某一方向有进给运动后，按下快速移动按钮 SB_3 或 SB_6，快速移动接触器 KM_4 动作，接触器 KM_4 的（104-108）常开触点闭合，接通快速离合器 YC_3，工作台在原方向上作快速移动，松开按钮快速移动停止。

⑤ 进给运动方向上的极限位置保护。工作台在进给方向上的运动必须具有可靠的极限位置保护，否则将造成设备或人身事故。X62W 型卧式万能升降台铣床的极限位置保护采用的是机构和电气相配合的方式。由挡块确定各进给方向上的极限位置，当达到极限位置时，挡块将操纵手柄自动地回到零位。电气上就使在相应进给方向上的行程开关复位，切断了进给电动机的控制电路，进给运动停止，保证了工作台在规定范围内运动。

（3）圆形工作台的控制　为了扩大机床的加工能力，可在机床工作台上安装附件圆形工作台，这样就可以进行圆弧或凸轮的铣削加工。圆形工作台可以手动也可以自动，当需要用电气方法自动控制时，应首先将圆形工作台开关 SA_1 扳到接通位置，这时 SA_{1-1} 的（23-25）触点断开，SA_{1-2} 的（17-27）触点也断开，SA_{1-3} 的（23-27）触点接通。这时按下启动按钮 SB_1 或 SB_2，主轴电动机启动。接着进给电动机 M_2 的正转接触器 KM_2 线圈经 17-19-21-23-29-27-13 得电，电动机 M_2 启动，带动圆形工作台做旋转运动。

圆形工作台的运动必须和六个方向的进给运动有可靠的互锁，否则会造成刀具或机床的损坏。为避免这种事故发生，从电气上保证了只有

738

纵向手柄、横向手柄及垂直手柄放在零位时才可以进行圆形工作台的旋转运动。如果某一手柄不在零位，行程开关 $SQ_1 \sim SQ_4$ 就有一个被压下，它所对应的常断触点就要断开，破坏了 KM_2 线圈的通过回路。所以在圆形工作台工作时，如果扳到了任何一个进给手柄，KM_2 线圈将失电，电动机 M_2 自动停止。

14.5 电火花线切割脉冲电源

电火花线切割脉冲电源通常又称高频电源，是数控电火花线切割机床的主要组成部分，是影响线切割加工工艺指标的主要因素之一。

14.5.1 脉冲电源的基本组成

电火花线切割脉冲电源由脉冲发生器、推动级、功放及直流电源四部分组成，如图 14-6 所示。

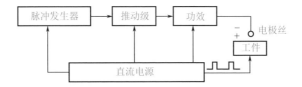

图14-6 电火花线切割脉冲电源的组成

① 脉冲发生器。脉冲发生器是脉冲电源的脉冲源，脉冲宽度 t_i、脉冲间隔 t_o 和脉冲频率 f 均由脉冲发生器确定和调节。脉冲发生器有多种，因生产厂家而异，即使同一个厂家，其产品也会不尽相同，主要有以下四种：

a. 晶体管多谐振荡式脉冲发生器（见图 14-7）。此种脉冲发生器是由三极管 BG_1 和 BG_2、二极管 D_6、电阻 $R_2 \sim R_6$、电位器 W_1 以及电容 C_2 和 C_3 组成的典型多谐振荡器。D_6 起隔离作用，使电容 C_3 充电时通过 R_5 而不通过 R_6，这样有助于 BG_2 截止得更好，可改善脉冲波形的后沿。调节 C_2 和 C_3 的电容值，即可改变多谐振荡器 A 点所输出脉冲的脉冲宽度和

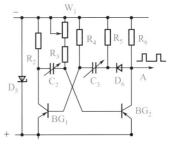

图14-7 晶体管多谐振荡器

脉冲间隔。

b. 单结晶体管脉冲发生器（见图14-8）。此种脉冲发生器是由单结晶体管 BT、电容器 C_3、电阻 $R_1 \sim R_3$ 组成的锯齿波发生器。当工作时在电阻 R_2 的上端 A 点产生频率可调的尖脉冲，经耦合电容 C_4 去触发由 BG_1 和 BG_2 等组成的射极耦合单稳态触发器，对锯齿波尖脉冲进行整形放大，从 B 点输出矩形波脉冲。调节 R_8、C_5 可以改变脉冲宽度 t_i，调节 R_1、C_3 可以改变脉冲重复频率。这种电路简单、可靠，负载能力强。

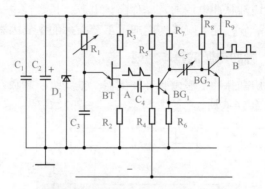

图14-8　单结晶体管自激多谐振荡器

c. 555集成芯片脉冲发生器（见图14-9）。此种脉冲发生器是由555集成芯片等组成的多谐振荡器。当4脚空时，由3脚输出脉冲。调节电容 C 可以调节脉冲宽度，调节电位器 W_1 可以调节脉冲间隔。D_1 和 D_2 减小了调节脉冲宽度和脉冲间隔时的互相影响，最窄脉冲宽度可以调到 $2\mu s$ 左右，输出脉冲周期 $T = 0.693RC$，有利于改善表面粗糙度。当4脚接地时，3脚停止输出脉冲。

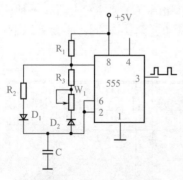

图14-9　555多谐振荡器

d. 用单片机作脉冲发生器。用单片机作脉冲发生器时，可以将脉冲宽度和脉冲间隔都分成 $0 \sim F$，共16挡，若每挡脉冲宽度为 $3\mu s$，则脉冲宽度和脉冲间隔均可以分别在 $3 \sim 48\mu s$ 之间调节搭配。调节时，通过按键来完成，比较方便灵活。

② 推动级。推动级用以对脉冲发生器发出的脉冲信号进行放大，增大所输出脉冲的功率，否则无法推动功放正常工作。推动级可以用几个三极管，也可能用集成电路，所采用的功放管不同，其推动级也不同。

③ 功放。功放将推动级所提供的脉冲信号进行放大，为工件和钼丝之间进行切割时的火花放电提供所需要的脉冲电压和电流，使其获得足够的放电能量，以便顺利稳定地进行切割加工。

14.5.2 典型脉冲电源电路

脉冲电源电路的生产厂家不同，品种很多，这里只对其中几种略加分析。

（1）晶体管多谐振荡式脉冲电源 晶体管多谐振荡式脉冲电源电路如图 14-10 所示。由晶体管多谐振式脉冲发生器发出的脉冲，经推动级 $BG_3 \sim BG_5$ 放大后，推动功放管 BG_6 而工作。

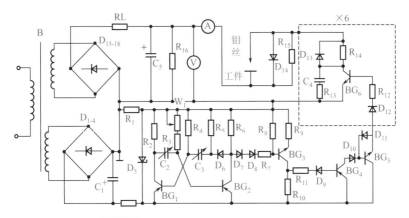

图14-10 晶体管多谐振荡式脉冲电源电路

推动级是由三极管 $BG_3 \sim BG_5$、二极管 $D_7 \sim D_{11}$ 和电阻 $R_7 \sim R_{11}$ 组成的射极输出脉冲放大器。其中 BG_3 的基极电阻 R_7 较大，以减轻多谐振荡器的负载，使之稳定可靠地振荡；BG_4 采用 PNP 型开关三极管，可使整个放大级电路开关时间一致；$BG_3 \sim BG_5$ 基极回路中的二极管利用本身的正向压降来抵消一级三极管漏电流的影响，从而使各管截止更可靠。

功放采用 6 组反相器电路并联运行，高频大功率三极管 BG_6 工作在开关状态，基极串有电阻 R_{12} 用以调整注入电流的大小，基极串联的二极管 D_{12} 除使 BG_6 可靠截止外，还能在 BG_6 损坏后保护前面的元件不被功放级较高电压击穿；集电极串联限流电阻 R_{14}，可以保护 BG_6 在放电间隙短路时不被烧毁，R_{14} 上并联的二极管 D_{13} 用以消除集电极电阻上较高的感应电动势，D_{13} 与 BG_6 集射结连接的 R_{13}、C_4 阻容吸收回路用来保护 BG_6，以避免截止时的过电压击穿。

间隙并联的电阻 R_{15} 用于空载时观察波形，二极管 D_{14} 用来消除两极输送线电感的影响。

（2）**单结晶体管脉冲发生式脉冲电源** 单结晶体管脉冲发生式脉冲电源电路如图 14-11 所示。由单结晶体管 BT 发出的锯齿波脉冲，经 BG_1 和 BG_2 组成的单稳态触发器整形后得到矩形波，再经 $BG_3 \sim BG_5$ 组成的推动级放大后推动 BG_6 功放管工作，以提供钼丝和工件之间电火花放电的能量。

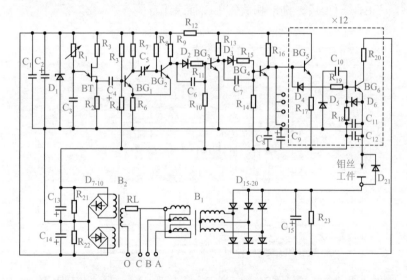

图14-11 单结晶体管脉冲发生式脉冲电源电路

该脉冲电源的直流电源采用三相桥式整流电路。其特点是内阻低，所输出的直流电压波形脉动小，可以只用小的滤波电容即可获得比较平稳的直流电源，以供应工件和钼丝之间脉冲火花放电的能量。

（3）**555 脉冲发生器及场效应功放管脉冲电源**（见图 14-12） 为了满足不同表面粗糙度的加工需要，要求该电源既能提供矩形波，又能提

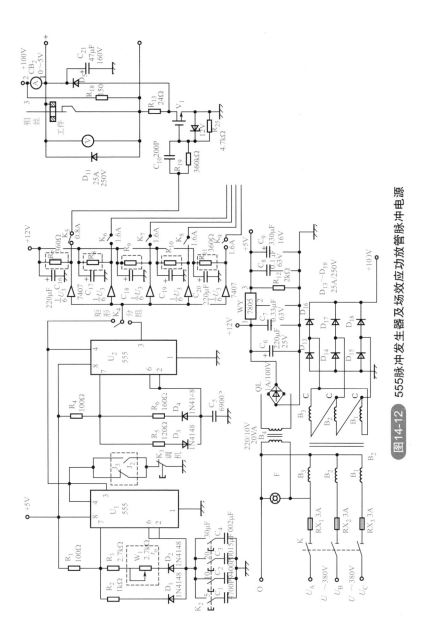

图14-12　555脉冲发生器及场效应功放管脉冲电源

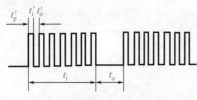

图14-13 高频分组脉冲的
开路电压波形

供分组波。一般情况下使用矩形波加工，矩形波脉冲电源对提高切割速度和改善表面粗糙度这两项工艺指标是互相矛盾的，即当提高切割速度时，表面粗糙度变差；若要求获得较好的表面粗糙度，必须采用较小的脉冲宽度，使得切割速度下降很多。而高频分组波在一定程度上能解决这两者的矛盾（见图14-13），它由窄的脉冲宽度t_i和较小的脉中间隔t_o组成。由于每一个脉冲的放电能量小，使切割表面的表面粗糙度Ra值减小，但由于脉冲间隔t_o较小，对加工间隙消电离不利，所以在输出一组高频窄脉冲后经一个比较大的脉冲间隔t_o，使加工间隙充分消电离后，再输入下一组高频脉冲，这样就形成了高频分组脉冲。

① 脉冲发生器矩形波脉冲和分组波脉冲的生成（见图14-14）。脉冲发生器一般称为主振级，它可分为两部分，以555芯片U_1等所组成的是

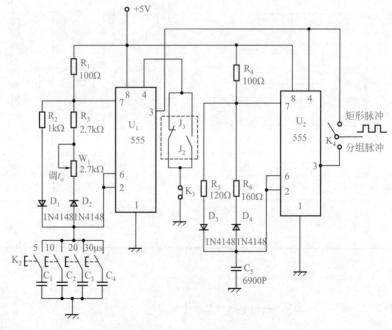

图14-14 矩形波和分组波脉冲发生器

矩形波脉冲发生器，以555片U_2等所组成的是高频分组波脉冲发生器。K_4是两者的输出选择开关。

a. 矩形波脉冲发生器。此发生器和图14-9的原理是一样的，所不同之处只有以下两处：

• 脉冲宽度t_i调节选择。图14-9中的电容量确定了一定的脉冲宽度t_i，在实际生产中脉冲宽度必须能根据加工要求进行方便灵活的调整。在图14-14中电容由$C_1 \sim C_4$组成，用琴键开关K_2来选择它们之间的并联组合，可获得$5 \sim 65\mu s$的不同脉冲宽度t_i，调节电位器W_1，可使脉冲间隔在脉冲宽度的$4 \sim 8$倍范围内平滑变化。

• 高频输出控制。前面讲过当555芯片的4脚悬空时，3脚有脉冲输出；当4脚接地时，3脚停止输出脉冲。该处在4脚和地之间有常闭触点J_3、常开触点J_2及调机按键K_3，它们都是用以控制高频脉冲的输出通或断用的。

常闭触点J_3是有程序、有高频以及程序加工结束时自动断高频用的。当线切割控制器已输入的程序调出来加工时，即控制器处于有程序状态，此时控制器输出一个+12V信号使高频继电器J_3（图14-14未画出）吸合，致使其常闭触点J_3断开，555芯片的4脚悬空，故3脚输出脉冲，即有高频输出。当该工件的程序全部加工结束时，控制器输出0V信号，使高频继电器J_3断开，该常闭触点J_3又恢复闭合状态，使4脚接地，3脚停止输出脉冲，即实现程序结束自动断高频。

常开触点J_2用于储丝筒换向时自动断高频。当走丝电动机换向时，在电动机换向线路中串入一个升压变压器，把电动机换向时，在升压变压器中所产生的感应电势经整流滤波后所获得的直流电压，使走丝换向自动断高频继电器J_2吸合，而使J_2触点闭合，使4脚接地，促使3脚停止脉冲输出，当走丝换完向之后，感应电动势消失，J_2恢复常开状态，3脚又有脉冲输出。

K_3是调机用的按钮开关，当单独对高频电源进行调试或控制器中未调出程序时，需要输出高频，可以按K_3按钮，使4脚与地断开，3脚就有高频输出。

b. 高频分组脉冲发生器。555芯片U_2用以产生分组脉冲的小脉冲宽度t_i和小脉冲间隔t_o，各为$2.5\mu s$。U_2的4脚由U_1的3脚所输出的矩形脉冲来控制，因此U_2的3脚输出分组脉冲波如图14-13所示。分组脉冲的大脉冲宽度（即一组分组脉冲的总宽度）等于矩形波的脉冲宽度t_i，分组脉冲的脉冲大间隔等于矩形波脉冲的脉冲间隔t_o。

② 推动级。由于功放管是场效应管，采用电压驱动，故 555 脉冲发生器及场效应功放管脉冲电源的推动级很简单，由 7407 芯片来完成即可。它与前级之间用开关 K_4 可以分别选择矩形波或分组波。由 7407 分五路把脉冲信号传输至功放，每一路各由一个开关来控制，用开关 $K_5 \sim K_9$ 可以灵活地选择参加切割时放电的功放管数目。

③ 功放。功放分五路，每路有一个大功率场效应管，在图 14-12 中画出第一路，其余四路与该路相同，第一路功放管的限流电阻 R_{13} 为 24Ω，故当第一路功放管导通时，其短路峰值电流为 $i_s = 100V \div 24\Omega = 4.16A$，其余中路的限流电阻分别只有 12Ω，故每路功放管导通时，其短路峰值电流均为 $i_s = 100V \div 12\Omega = 8.3A$。当脉冲宽度：脉冲间隔断 4∶1 时，第一路的短路（平均）电流为 $i_s = 4.16A \div (4+1) = 0.832A$，其余四路每路的短路电流 $I_s = 8.3A \div (4+1) = 1.66A$。可见用五个开关组合使用，可得到的短路电流为 $0.832 \sim 7.472A$，以供作不同加工时选用。

④ 直流电源。直流电源共分为 +100V、+12V 和 +5V。+100V 为生成加工用脉冲波的直流电源，它由 U_A、U_B、U_C 三相交流电经降压、整流获得，即使不加滤波电容，也有比单相整流滤波后的波纹度小电流大等优点。+12V 为交流 220V 经整流滤波而得，作为推动级的电源。+12V 再经 7805 三端稳压块稳压和电容滤波后，获得电压比较稳定的 +5V 直流电源，可用于 555 芯片作电源。

（4）单片机脉冲发生器及场效应功放管脉冲电源（见图 14-15）

① 电路工作原理。高频脉冲由单片机发出，共分五路，每路驱动两个场效应功放管。脉冲宽度和脉冲间隔各分为 0 ～ F 挡，即 16 挡，（0 挡最小，F 挡最大）其所对应的脉冲宽度 t_i 或脉冲间隔 t_o 为 3 ～ 48μs。除了可以发出矩形脉冲之外，还可以发出分组脉冲。当脉冲宽度显 P 与 H 挡时，有两种分组脉冲，P 挡小脉冲宽度 t_i 为 6μs，H 挡小脉冲宽度 t_i 为 3μs。功放管调节的有效挡数为 1、2、3、4、5 共 5 挡，显示数乘 2 就是当时投入的功放管数。脉冲宽度、脉冲间隔和工作的功放管数目在面板上均有显示，分别用按键作增减调节。高频输出由一对触点 J_1 和 J_2 控制，当线切割控制器处于有程序状态时，线切割控制器向脉冲电源提供 J_1、J_2 闭合状态，脉冲电源就输出脉冲；当控制器中的程序加工结束时，控制器将脉冲电源成为 J_1、J_2 断开状态，则脉冲电源停止输出脉冲。

直流电源部分看图一目了然。

② 工艺参数的选择。使用脉冲电源时，各工艺参数的合理选择搭配对平均加工电流、切割速度和切割表面的表面粗糙度影响很大。

为了提高加工效率和减少电极丝损耗，脉冲宽度和峰值电流的比值应限制在一定范围内，调节时应同时升高或降低两者的值。脉冲间隔的选择应以保证稳定加工为主，一般把单个脉冲能量增大之后，为了使平均加工电流不至于猛增，并保证及时排屑，则脉冲间隔也应随之加大。

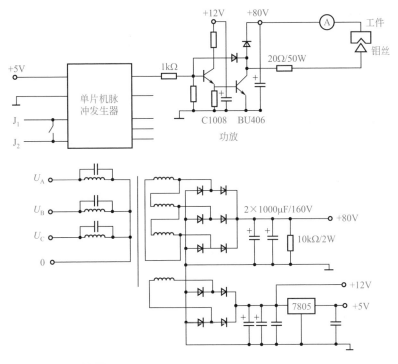

图14-15 单片机脉冲发生器及场效应功放管脉冲电源

用该电源做工艺试验的记录整理见表14-4，可供选择工艺参数时参考。

表14-4 高速走丝线切割机工艺参数表

工件材料	厚度/mm	脉冲宽度 t_i/μs	脉冲间隔 t_o/μs	脉冲电流幅值 I_m/A	平均加工电流 I/A	切割速度 t_{min}/(mm³/min)	表面粗糙度 Ra/μm	单面数电间隙/μm	稳定性
铁基合金	5	1	F	1	0.2	3.6	1.3	8	较好
	5	1	A	1	0.5	7.8	1.8	8	好

工件材料	厚度/mm	脉冲宽度 t_i/μs	脉冲间隔 t_o/μs	脉冲电流幅值 I_m/A	平均加工电流 I/A	切割速度 t_{min}/(mm³/min)	表面粗糙度 Ra/μm	单面数电间隙/μm	稳定性
铁基合金	5	3	9	2	0.7	21.1	2.8	10	好
	5	5	9	2	0.7	23.1	3.5	10	好
	5	7	8	3	0.9	33.0	4.5	10	好
	5	9	7	3	0.9	34.9	5.5	10	好
	5	B	6	4	1.2	47.6	6.5	12	较好
	20	1	B	1	0.4	8.0	1.2	8	一般
	20	1	9	1	0.5	13.0	1.5	8	较好
	20	3	9	2	0.8	22.5	2.3	10	好
	20	9	7	3	1.0	34.3	2.0	10	好
	20	9	7	3	1.4	40.6	3.7	10	好
	20	B	6	4	1.8	50.5	4.2	10	好
	20	D	6	4	1.8	54.5	4.7	10	好
	20	F	6	5	1.9	58.5	5.2	12	好
	20	F	3	5	2.7	82.8	5.5	12	较好
	50	1	9	1	0.6	4.2	1.0	6	较差
	50	2	9	2	0.8	13.3	1.7	8	一般
	50	4	9	2	0.8	15.2	2.2	10	较好
	50	6	9	3	1.0	26.9	2.6	10	好
	50	9	7	3	1.3	38.6	3.2	10	好
	50	D	6	4	1.6	48.8	3.9	10	好
	50	F	6	5	1.8	54.4	4.5	12	好
	50	F	3	5	2.6	83.3	4.9	12	较好
	50	F	0	5	5.0	121.5	5.2	12	一般
	100		9	2	0.8	15.3	2.2	8	较好
	100	6	9	3	1.2	26.7	2.7	10	好
	100	9	7	3	1.4	32.9	3.3	10	好
	100	D	6	4	1.8	44.3	3.8	10	好
	100	F	6	5	2.0	54.1	4.2	12	好
	100	F	3	5	2.4	68.6	4.6	14	好

续表

工件材料	厚度/mm	脉冲宽度 t_i/μs	脉冲间隔 t_o/μs	脉冲电流幅值 I_m/A	平均加工电流 I/A	切割速度 t_{min}/(mm³/min)	表面粗糙度 Ra/μm	单面数电间隙/μm	稳定性
铁基合金	100	F	0	5	5.0	123.5	5.0	14	较好
	200	6	A	2	0.7	15.4	2.4	12	一般
	200	6	9	3	1.1	21.8	2.6	14	稍好
	200	9	7	3	1.2	28.7	3.0	16	较好
	200	C	7	4	1.2	30.8	3.4	18	好
	200	C	6	4	1.6	41.7	3.9	18	好
	200	F	6	5	2.1	50.4	4.3	20	好
	200	F	3	5	3.0	78.1	4.7	20	较好
	200	F	0	5	5.8	148.1	5.0	20	稍好

14.5.3 脉冲电源的测试与常见故障

（1）脉冲电源的波形测试 图 14-16 是具有脉冲电源基本组成部分的电路图，其各点波形可用示波器观察。测量时，可以测出脉冲宽度 t_i、脉冲间隔 t_o 及开路电压 u_i 的幅值。当加工间隙开路时，该图各主要点波形见表 14-5。

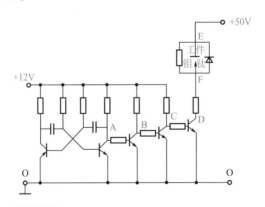

图14-16 具有脉冲电源基本组成部分的电路图

（2）脉冲电源常见故障及排除方法

① 脉冲电源无输出。

表14-5 脉冲电源的主要点波形和电参数

测量点	OA	OB	OC
波形	正脉冲	负脉冲	正脉冲
参数	$u_i = 10 \sim 12V$	$t_s = 5\mu m$	$t_s = 20\mu m$

测量点	OD	EF
波形	负脉冲	正脉冲
参数	$u_i = 80V$	$t_s = 5\mu m$ $t_s = 20\mu m$

a. 检查交流电源是否接通。

b. 检查脉冲电源输出线接触是否良好，有无断线。

c. 检查功率输出回路是否有断点，功率管是否烧坏，功率级整流电路是否有直流输出。

d. 检查推动级是否有脉冲输出，如无输出则向前逐级检查，看主振级有无脉冲输出。

e. 检查走丝换向时停脉冲电源的继电器是否工作正常。

f. 检查低压直流电源是否有直流输出。

② 间隙电流过大。当间隙放电时，电流表读数比正常时明显过大，出现电弧放电现象，在间隙短路时有大电流通过等状况，则应该：

a. 检查功率管是否击穿或漏电流变大。

b. 检查是否因推动级前面有中、小功率管损坏，而造成功率级全导通。

c. 检查主振级改变脉冲宽度或脉冲间隔的电阻或电容是否损坏而造成短路或开路，致使末级脉冲宽度变大或脉冲间隔变小。

③ 脉冲宽度或脉冲间隔发生变化。

a. 检查主振级改变脉冲宽度或脉冲间隔的电阻或电容是否有损坏。

b. 检查各级间耦合电容或电阻是否损坏或变化。

c. 检查是否有其他干扰。

④ 波形畸变。

a. 检查功率管是否特性变差或漏电流变大。

b. 检查推动级前面各级波形，确定畸变级，再看此级管子或元件是否损坏。

c. 检查是否有其他干扰。

14.6 数控设备的检修

14.6.1 数控火焰切割机外形结构和系统组成

数控火焰切割机外形结构如图 14-17 所示。数控火焰等离子切割机电气综合控制系统由以下几个部分组成。

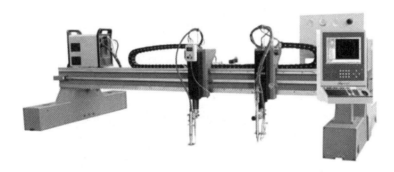

图14-17 数控火焰切割机外形

（1）**前机箱** 如图 14-18 所示，包括机箱、17″ 显示器、薄膜操作面板、计算机键盘电路板、切割操作电路板、工控系统安装机构（可安装工控底板、主板、硬盘、计算机电源、控制卡、USB 等，安装 MICRO-EDGE 的支架）。

（2）**后机箱** 包括扩展控制板，伺服驱动器、通用电气部分、开关电源、控制变压器等，如图 14-19 所示。

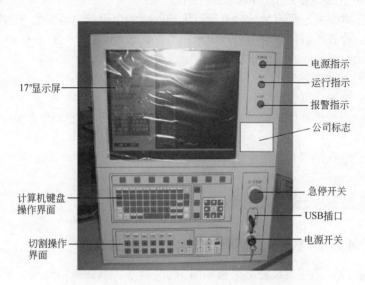

17"显示屏

电源指示

运行指示

报警指示

公司标志

计算机键盘
操作界面

急停开关

USB插口

切割操作
界面

电源开关

(a) 正面图

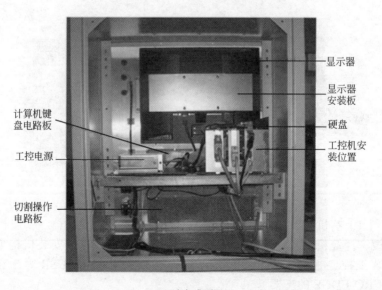

显示器

显示器
安装板

计算机键
盘电路板

硬盘

工控电源

工控机安
装位置

切割操作
电路板

(b) 背面图

图14-18 前机箱

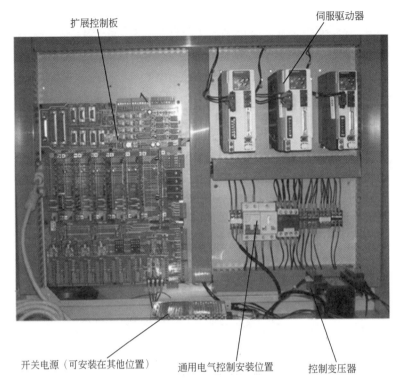

扩展控制板　　　　　　　　　　　　　　　　　　　　伺服驱动器

开关电源（可安装在其他位置）　　通用电气控制安装位置　　控制变压器

图14-19　后机箱系统内部组成

（3）四割炬控制系统　四割炬控制系统由四割炬系统控制板、操作面板、逻辑控制板、割炬控制板、开关电源这五部分组成。

① 四割炬系统控制板　如图 14-20 所示，四割炬系统控制板是整个控制系统的平台，一方面实现和数控系统接口，另一方面实现对所有控制对象的直接控制。通过系统控制板和数控系统的接口，实现系统控制板和伺服驱动器之间的接口，输入、输出和数控系统的隔离，同时实现系统控制板和直接控制对象的隔离。

② 操作面板

a. 不带键盘的操作面板（图 14-21）：适用于自带键盘的数控系统。如 EDGE-II、九天数控、带计算机键盘的上海交大系统等。

b. 带键盘的操作面板（图 14-22）：适用于不带键盘的数控系统。如 Micro-EDGE 等。

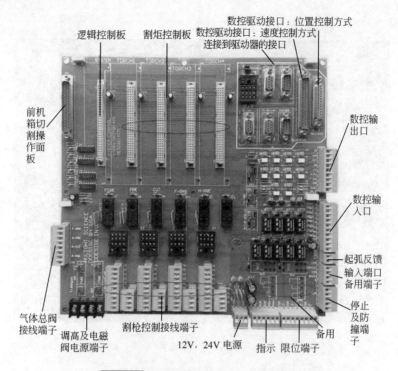

逻辑控制板　割炬控制板

数控驱动接口：位置控制方式
数控驱动接口：速度控制方式
连接到驱动器的接口

前机箱切割操作面板

数控输出口

数控输入口

起弧反馈输入端口备用端子

停止及防撞端子

气体总阀接线端子

调高及电磁阀电源端子

割枪控制接线端子

12V，24V 电源

指示　限位端子　备用

（图14-20）系统控制板（配1~4个割炬）

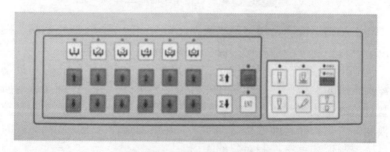

（图 14-21）不带键盘的操作面板

③ 逻辑控制板　该控制板是整个控制电路的核心，每套电路必须配一块（图 14-23）。

④ 割炬控制板　每个割炬配一块割炬控制板，实现对相应割炬的升降、自动调高、等离子起弧的控制（图 14-24）。

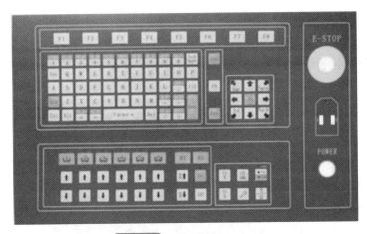

图14-22 带键盘的操作面板

图14-23 逻辑控制板

图14-24 割炬控制板

⑤ 开关电源　对全部的控制电路提供控制电源（图14-25）。电气系统连接框图和电源电路原理图如图14-26和图14-27所示。

图14-25　开关电源

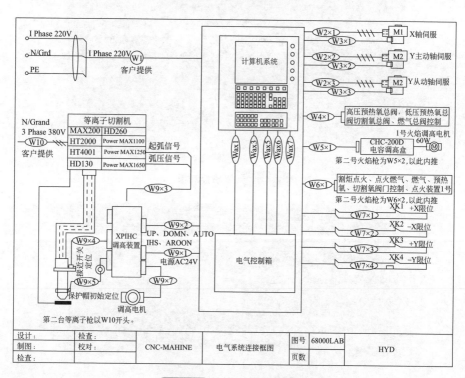

图14-26　电气系统连接框图

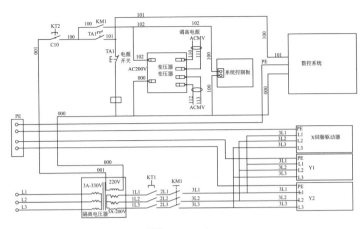

图14-27 电源电路原理图

14.6.2 四割炬系统控制板接口及功能

（1）**调高电源和电磁阀电源端口（SP2）** 调高电源、电磁阀电
源端口从 SP2 端子输入，如图
14-28 所示。从 SP2 输入的调高
电源是通过 J1 ～ J12 送到各个割
炬的。

（2）**数控系统驱动接口**

① 位置控制方式接口定义
（CN3） 该位置控制方式接口主
要参照 FASTCNC 系统的位置控
制方式接口定义，但对于其他数
控系统的位置控制方式，只要根
据本定义的接口关系同样适用。

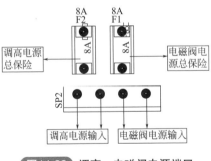

图14-28 调高、电磁阀电源端口

位置控制方式通过 D 型插头 CN3（25 针插头）实现和数控系统接口。
图 14-29 为 CN3（DB25/F）接口定义。

② 速度控制方式接口定义（CN2） 速度控制方式两轴接口主要参
照 MICRO-EDGE 系统的速度控制方式接口定义，但对于其他数控系统
的速度控制方式，只要根据本定义的接口关系同样适用。速度控制方
式通过 D 型插头 CN2（37 针插头）实现和数控系统接口。图 14-30 为
CN2（DB37/M）接口定义。

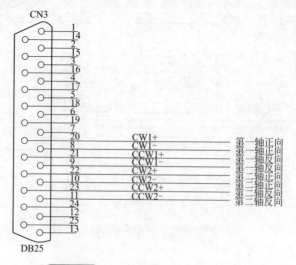

图 14-29 位置控制方式 CN3 接口定义

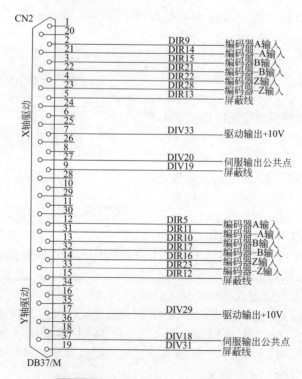

图14-30 速度控制方式 CN2接口定义

（3）数控系统 I/O 接口

① 数控输出口接口跳线设置（J21）　该设计的数控输出口根据数控系统的特点将常用的输出口接到系统控制板的 CNCOUT 上，同时根据输出口的特点，通过跳线块 J21 的设置，数控输出口既可以按 OC（集电极开路）接口，也可以按电压型（按高电平）接口，系统控制板和数控系统的接口通过双向光耦来进行隔离通信。

图 14-31 是系统控制板和数控系统输出口为 OC（集电极开路）接口方式电气示意图，在这种方式下，J21 应跳在 E/F 置上。

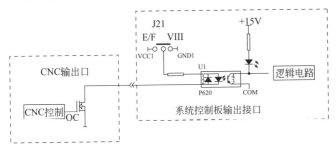

图14-31 OC（集电极开路）接口方式电气示意图

图 14-32 是系统控制板和数控系统输出口为电压型的接口方式电气示意图。从图 14-32 可知，在这种方式下，J21 应跳在 VIII 位置上。

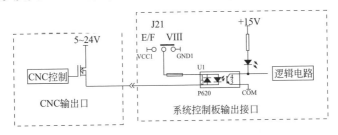

图14-32 电压型的接口方式电气示意图

② 数控输出口接口定义（CNCOUT）　图 14-33 是系统控制板的数控输出端子 CNCOUT 定义。

③ 数控输入口接口跳线设置（J14）　系统控制板和数控系统的输入接口通过跳线可实现高、低两种电平接口。图 14-34 是输入接口原理示意图。

当数控系统的输入口为低电平有效时，应将跳线块 J14 跳在 EDGE

UP	上升	1	
DOWN	下降	2	
AUTO	拐角	3	
PRE	预热	4	
CUT	切割	5	
H-PRE	高预热	6	
F-GAS	放气阀	7	
SON	伺服使能	8	
SLECT	方式选择	9	

CNCOUT

数控输出口

图14-33 CNCOUT 端子的接口定义

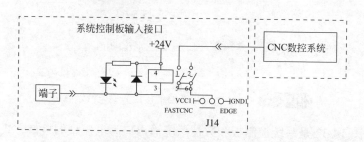

图14-34 输入接口原理示意图

位置。当数控系统的输入口为高电平有效时，应将跳线块J14跳在FASTCNC位置。系统控制板和数控系统是通过光耦隔离的。

④ 数控输入口接口定义（CNCIN） 图 14-35 是系统控制板输入接口定义。

+XLIM	+X限位	1	
−XLIM	−X限位	2	
+YLIM	+Y限位	3	
−YLIM	−Y限位	4	
ST	急停	5	
FINISH	弧反馈	6	
BACKUP	备份1	7	
BACKUPO	备份2	8	
VCC1	I/O卡电源+5V或+25V	9	
GND1	I/O卡电源公共端	10	

CNCIN

数控输入口

图14-35 系统控制板输入接口定义

⑤ 数控接口电源跳线设置（J19、J20） J19、J20 是数控系统的电源和系统控板之间的电源跳线设置，跳线方法如下：

a.当数控系统的 I/O 接口需要外部提供电源时，应将 J19、J20 接上，J19 接通电源负端，J20 接通电源正端，并且接通的电压是 +24V。如上海交大系统和 FASTCNC 系统应接上。

b.当数控系统的 I/O 接口不需要外部提供电源时，应将 J19、J20 拔去。如 EDGE-II 系统、Micro-EDGE 系统等。

（4）伺服驱动接口 系统控制板在位置控制方式下提供了两个轴的驱动接口，可驱动三个伺服电机。其中 X 轴一个，Y 轴两个（Y1 为主动轴，Y2-A/B 为主动 A/B 相驱动的从动轴）。

系统控制板在速度控制方式下提供了二个轴的驱动接口，可驱动三个伺服电机。其中 X 轴一个，Y 轴两个（Y1 为主动轴，Y2-A/B 为主动 A/B 相驱动的从动轴）。

① 驱动信号接口（CN5、CN7、CN8） CN5、CN7、CN8 的接口功能如图 14-36 所示，每个 D 型插头都有各自的控制对象。CN5：X 轴驱动，不管是位置控制方式还是模拟控制方式均需接线。CN7：Y（Y1）主动轴驱动，不管是位置控制方式还是模拟控制方式均需接线。CN8：Y2-AB（Y 从动轴）驱动，只工作在位置控制方式，脉冲驱动信号来源于 Y 主动轴的编码器分频输出。

图14-36 CN5、CN7、CN8 的接口功能

② 伺服编码器分频输出端口（CN4、CN6） CN4：X 轴的伺服编码器分频输出端口，通过 CN2 送到数控系统作为 X 轴的位置反馈信号。只在速度控制方式下接线。CN6：Y 主动轴的伺服编码器分频输出端口，通过 CN2 送到数控系统作为 Y 主动轴的位置反馈信号。在速度控制方

式下接线，在位置控制方式下如有从动轴也要接线。图14-37是CN4、CN6的管脚功能定义。

CN4,CN6

1 —— 编码器A输入
6 —— 编码器-A输入
2 —— 编码器B输入
7 —— 编码器-B输入
3 —— 编码器Z输入
8 —— 编码器-Z输入
4
9
5

DB9
座（公）

图14-37 CN4、CN6的管脚功能定义

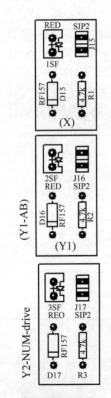

图14-38 伺服报警跳线设置

③ 伺服报警信号跳线设置（J15、J16、J17） 如图14-38所示，J15：X轴伺服报警跳线，安装了伺服需拔去，伺服报警时对应的指示灯1SF熄灭；J16：Y1轴伺服报警跳线，安装了伺服需拔去，伺服报警时对应的指示灯2SF熄灭；J17：Y1（Y1-A/B）从动轴伺服报警跳线，安装了伺服需拔去，伺服报警时对应的指示灯3SF熄灭。

（5）系统控制板的控制对象

① 限位信号输入口（LIMIT） 如图14-39所示，包含+X、−X、+Y、−Y限位，分别对应CNC输入口的+X、−X、+Y、−Y。

② 备用输入端口（BACKUP） 如图14-40所示，接线端子的BACK1经隔离处理后，对应于CNCIN接口的BACK1，接线端子的BACK2经隔离处理后，对应于CNCIN接口的BACK2。

③ 弧反馈输入端口（FINISH） 如图14-41所示，当有多个弧反馈输入信号时，可将所有的弧反馈信号接在一起。

④ 远控停止及防撞输入口（STOP） 如图14-42所示，远控停止及防撞输入及伺服报警只要一个出现异常，均通过CNC输入口送到数控系

统。远控停止接开关触点信号，一般安装在数控的横梁上。防撞输入接接近开关，有效时接通，通常采用 PNP 型。

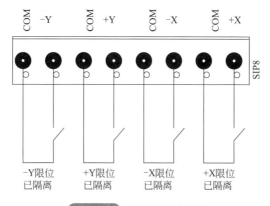

图14-39 限位信号输入口

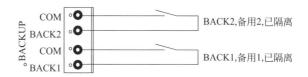

图14-40 备用输入端口（BACKUP）

图14-41 弧反馈输入端口

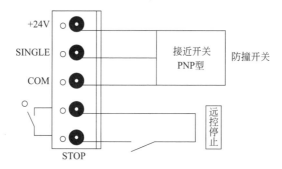

图14-42 远控停止及防撞输入口

⑤ 火焰切割总气路接口（AGASCON） 如图 14-43 所示，电磁阀的电源电压由电磁阀电源输入端口确定，通常采用 AC24V 电源。

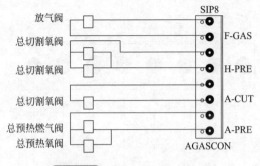

图14-43 火焰切割总气路接口

⑥ 割炬气路输出接口（FUGUN） 每个割炬均有一个气路接口，需要安装时参照图 14-44（注意本设计的点火器电压和电磁阀电压是相同的）。

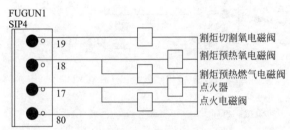

图14-44 割炬气路接口

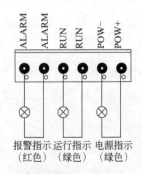

图14-45 电源、运行、报警指示接口

⑦ 电源、运行、报警指示接口（DISPLAY） 设计该接口是为了方便客户用作界面显示，含义见图 14-45。

⑧ 扩展控制接口（SPA5、SPA6） 扩展控制接口是为了使数控增加功能而设计，平时不使用。所有接口通过继电器输出，既有常开触点，也有常闭触点，用户可以根据需要灵活使用。图 14-46 是扩展控制的接线示意图。

扩展接口共有 SPA5、SPA6 二组接线端子，SPA5、SPA6 的输出既可以由面板的 B1、B2

控制，也可以由外部控制，SPA5 对应的继电器是 S15，SPA6 对应的继电器是 S16。

注意：S15 继电器一定要使用双触点继电器（型号：OMRON-G2R-2，DC24V），其他的继电器可以是单触点继电器（型号：OMRON-G2R-1，DC24V）；在系统控制板的 PCB 板上，已经标明了扩展控制板的接法。

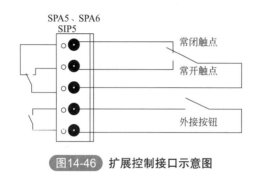

SPA5、SPA6
SIP5

常闭触点

常开触点

外接按钮

图14-46　扩展控制接口示意图

14.6.3　控制板功能介绍

（1）操作界面的功能　　操作界面分为计算机操作键盘和切割操作面板。

① 计算机操作键盘功能　　如图 14-47 所示，共由 72 个键组成，和我们常用的计算机界面基本一致，但考虑到方便切割时的操作，个别按键和计算机的位置有所不同，所有键的功能和我们通用计算机键的功能是一样的。

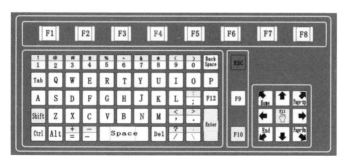

图14-47　计算机操作界面

②计算机操作键盘接口 计算机键盘采用高速 USB2.0 接口，支持热拔插，安装方便。通过增加 USB 转 PS/2 的转接头还可以支持 PS/2 接口，如图 14-48 所示。

图14-48 USB 实物图及接口定义图

③切割操作面板功能 如图 14-49 所示，共由 27 个键组成。

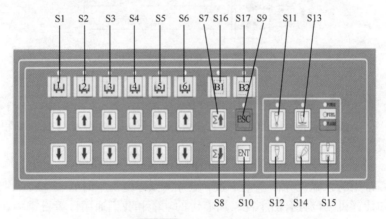

图14-49 切割操作界面

S1 ～ S4：割炬选择操作键，交替工作方式，下面带箭头的按键为对应的割炬上升、下降手动操作键，瞬时工作方式。

S7、S8：为手动操作总上升、总下降按键，瞬时工作方式。

S9、S10：为对选中的割炬进行解锁和锁定操作，S10 锁定选择的割炬，S9 解除锁定。

S11：预热操作键，交替工作方式，在火焰切割方式有效。

S12：交替工作方式，在火焰切割时，用于手动加切割氧，在等离子切割时，用于手动起弧。

S13：自动调高使能键，交替工作方式，不管是等离子或火焰切割，只有使用该键使能，割炬才能处在自动调高方式下。当自动调高的指示灯以 0.5s 的速度闪烁时，表示自动调高使能，但并没有处于自动调高状态，当调高指示灯常亮时，割炬处于自动调高状态。

S14：点火键，瞬时工作方式，火焰切割时有效，用于在火焰切割时点火。

S15：切割方式选择键，用于切换等离子和火焰切割方式。当对应的指示灯点亮时，相应的切割方式被选中。在喷粉和等离子切割之间的自动切换时，该信号是由数控系统通过代码自动完成。

S16、S17：备用键。

④ 切割操作面板 B1、B2 的特殊作用　操作面板上的 B1、B2 分别驱动系统控制板的 S15、S16 继电器，通过端子 SPA5、SP6 输出。其中 B1 按键驱动 S15 继电器。B1 按键可用来控制伺服使能信号。对于数控系统没有伺服使能信号的情况，拔去 J22 调线块，并且将 J13 设置在 FASTCNC 位置，这时可由面板上的 B1 来启动伺服使能。

　　注意：继电器 S15 必须安装双触电继电器。

如果 B1 用于伺服使能信号的控制，则继电器 SPA5 不要用作他用。

⑤ 切割操作面板接口定义　切割操作面板在扩展控制板上通过标号为 Operation 的 DB37/F-D 型插头和数控系统连接。管脚定义如图 14-50 所示。

（2）逻辑控制板的功能

① 逻辑控制板的作用　逻辑控制板是为实现数控等离子、火焰切割功能对控制对象进行手动、自动控制的逻辑控制电路。CNC 的 I/O 信号、电容自动调高、弧压调高、等离子起弧、切割面板的手动控制功能、指示功能都需经过逻辑控制板的控制，逻辑控制电路是 HYD 数控控制电路的关键部件。

② 逻辑控制板的插件管脚定义　如图 14-51 所示。

（3）割炬控制板的功能

① 割炬控制板是为单个割炬的升降和等离子切割而设计，其作用如下：

a. 控制割炬的升降，包括升降电机及割炬限位控制；

b. 提供电容自动调高和等离子自动调高的控制接口；

第6#割炬手动上升(低有效)
第6#割炬手动下降(低有效)
第5#割炬手动上升(低有效)
第5#割炬手动下降(低有效)
第4#割炬手动上升(低有效)
第4#割炬手动下降(低有效)
第3#割炬手动上升(低有效)
第3#割炬手动下降(低有效)
第2#割炬手动上升(低有效)
第2#割炬手动下降(低有效)
第1#割炬手动上升(低有效)
第1#割炬手动下降(低有效)

图14-50 切割操作面板管脚定义

c. 提供等离子起弧控制信号；

d. 实现等离子切割既可用电容调高，也可用弧压调高的控制；

e. 当系统没有调高器时仍然能够进行升降、自动及起弧控制；

f. 实现割炬升降优先级别的控制。

② 使用调高器和不使用调高器的设置　如图 14-52，当使用自动时，将 SK1、SK2、SK3 开关拨到 CON 位置；当不使用自动调高时，将 SK1、SK2、SK3 拨到 DIR 位置。

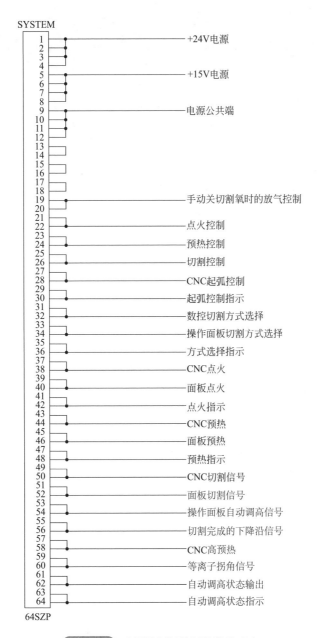

图14-51 逻辑控制板的插件管脚定义

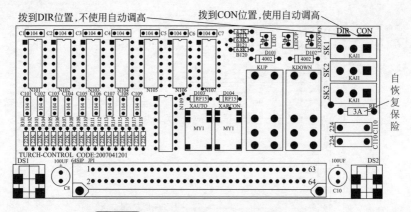

使用调高器和不使用调高器的设置

③ 使用自动调高的割枪　每个割炬都有一个调高接线端子，端子标号如下：1# 割炬—THCGUN1；2# 割炬—THCGUN2；3# 割炬—THCGUN3；4# 割炬—THCGUN4。

如图 14-53，THCGUN1 是 1# 割炬的调高接线端子，2# ~ 4# 割炬的功能和 1# 割炬相同。

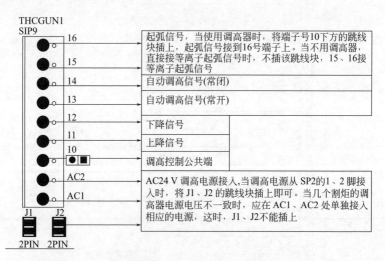

图14-53 **使用调高器接线说明**

④ 不使用调高器的割枪端子接线说明　如图 14-54，THCGUN1 是 1# 割炬的调高接线端子，2# ~ 4# 割炬的功能和 1# 割炬相同。

当不用调高器，直接接等离子起弧信号时，不插 10 下方的跳线块，15、16 直接接等离子起弧信号。

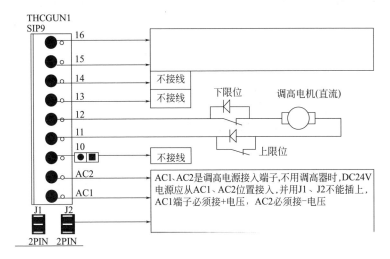

图14-54 不使用调高器接线说明

⑤ 割炬升降优先级说明　割炬升降按以下逻辑设计：上升优先下降，手动优先自动。

（4）开关电源　系统控制制板共有一组 DC24V/2A 工作电源，一组 DC12V/0.8A 电源，通过端子 SP1 输入到系统控制板。DC24V 提供给继电器工作，DC12V 供给逻辑电路工作。这两组电源由一个开关电源统一供电。开关电源接线示意图如图 14-55 所示。

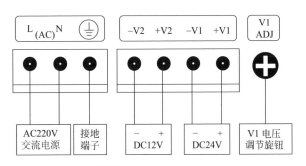

图14-55 开关电源接线示意图

14.6.4　切割操作流程简单介绍

（1）火焰切割流程　如图 14-56 所示。

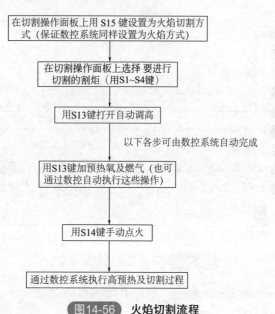

在切割操作面板上用 S15 键设置为火焰切割方式（保证数控系统同样设置为火焰方式）

在切割操作面板上选择 要进行切割的割炬（用S1~S4键）

用S13键打开自动调高

以下各步可由数控系统自动完成

用S13键加预热氧及燃气（也可通过数控自动执行这些操作）

用S14键手动点火

通过数控系统执行高预热及切割过程

图14-56　火焰切割流程

（2）等离子切割操作流程　如图 14-57 所示。

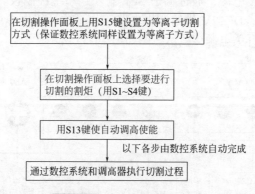

在切割操作面板上用S15键设置为等离子切割方式（保证数控系统同样设置为等离子方式）

在切割操作面板上选择要进行切割的割炬（用S1~S4键）

用S13键使自动调高使能

以下各步由数控系统自动完成

通过数控系统和调高器执行切割过程

图14-57　等离子切割操作流程

（3）割炬选择操作　本系统可安装 1 ～ 4 个割炬，当需要选择某个割炬切割时，可用 S1 ～ S4 进行选择，选中后，对应的指示灯点亮，这时，可用 S10 锁定，以防止在切割时产生误操作。数控系统的控制只对选中的割炬有效。如果数控系统没有自动切换切割模式功能，当割炬安装的是火焰割炬时，应用 S15 键选择为火焰切割方式，当割炬安装的是等离子割炬时，应用 S15 键选择为等离子切割方式。

切割面板上的上升、下降操作与数控系统无关，并且始终优先于数控系统的操作，上升操作优先下降操作。

（4）**自动调高操作** 在火焰切割方式下，按 S13 割炬立即处于自动调高状态，并且相应的指示灯点亮，在切割一个工件结束后，由于运行信号结束，数控将移到下一个工件位进行切割，在这一过程中，自动信号关闭，自动灯处于闪烁状态，当打开高预热后，自动调高自动恢复。在火焰切割时，当自动指示灯出现闪烁时，如果重新加载自动信号，自动将恢复。S13 按键和高预热信号有使自动调高置位的作用。

14.6.5 电容自动调高 CHC-200D 系统

CHC-200D 电容式调高系统是一个闭环控制系统，它包括位置信号检测、信号处理变换、逻辑控制、电机驱动四个部分，适用于数控切割设备的火焰切割割炬、水上 100A 以下电流等离子切割割炬、激光切割割炬等需要进行割炬自动高度控制的设备，其前面板、后面板如图 14-58 所示。

CHC-200D 电容高度控制器高度信号检测装置采用电容式传感探头，探头环与机床绝缘，安装于割嘴下方，通过同轴电缆连到割炬旁边的金属探头，用于感应割嘴与钢板的高度，通过调高器内部电路处理变换后输出相应的电信号，送到逻辑控制电路，再输出控制信号到电机驱动电路，驱动电机正反向运转。电机的驱动采用脉宽调制（PWM）方式，如图 14-59 所示。

电容式调高器由 3 部分组成：调高器、探头、探头连接组件，如图 14-60 所示。

探头的安装：根据使用经验，探头的安装应稍微低于割炬 1 ～ 2mm 左右，这样在自动调高的工作过程中可以有效防撞和减小切割板材边缘时的边缘效应。但在等离子切割时，为尽量避免等离子弧电压引入探头，探头应稍高于等离子割嘴。

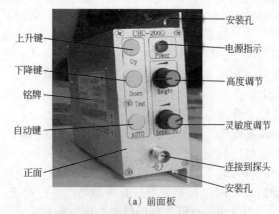

（a）前面板

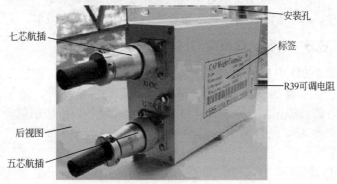

（b）后面板

图14-58 CHC-200D 系统外形

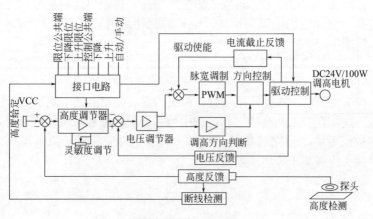

图14-59 原理框图

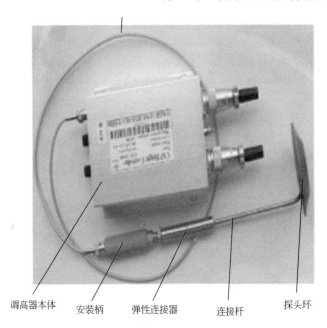

调高器本体　安装柄　弹性连接器　　连接杆　　探头环

图14-60　调高器组成

探头结构如图 14-61 所示，探头环为一圆锥梯形结构，内径～45mm，外径～78mm，垂直焊接连接杆，整体由不锈钢制作而成，用于检测电容的变化。

HF 电缆如图 14-62 所示，由 250℃的耐高温的同轴电缆制作而成，

图14-61　探头环

图14-62　HF电缆

775

两端采用高可靠性的镀金连接器压接而成。电缆长度可根据实际需要的要求，在500～1500mm 之间选择。

（1）调高器接口电路组成和分析

① 调高器电路板　调高器内部电路由 2 块 PCB 板组成，电路板如图 14-63 所示。

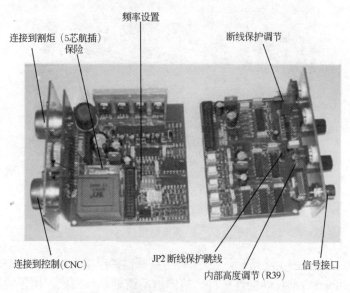

頻率设置

连接到割炬（5芯航插）保险

断线保护调节

连接到控制(CNC)

JP2 断线保护跳线

内部高度调节（R39）

信号接口

图 14-63 主电路板及信号板

② 调高器由以下接口组成。连接到数控的信号：JP3-4PIN 插座。JP3-1：自动（AUTO）：低为自动，高为手动。

> **注意**：触点闭合为自动状态！

③ 连接到割炬的信号。限位信号：限位开关可采用一般的触点开关，接常闭触点，当某一方向在运动过程中限位开关打开，运行将立即停止，而另一方向的运动仍然有效。限位开关的接口如图 14-64 所示。

限位开关也可采用无触点开关进行限位：无触点开关包括磁开关、干簧管、接近开关（PNP 型）等，但必须保证在不靠近开关时限位端为低电平，靠近时转为高电平。图 14-65 为采用接近开关（PNP 型）的连接方法。

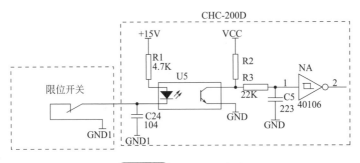

图14-64 开关限位方式

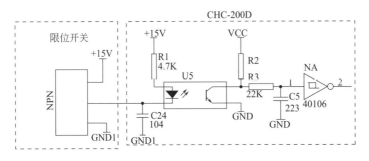

图14-65 PNP 型接近开关限位

④ 电机驱动：S12、S13 为驱动电机输出端，DC24V 电机。电机驱动原理示意如图 14-66 所示。电机驱动采用脉宽调制（PWM）方式，PWM 的频率可在 9KHz 和 18KHz 切换。由主电路板的 SP2-1 拨段开关切换，如图 14-67 所示。

SP2 波段开关的位置：在自动时的平衡状态下，有的驱动电机会产生轻微的鸣叫声，这是正常现象，通过提高频率可降低鸣叫声，但最大输出电压将会有所降低。通常在使用 30W 以下的电机时，采用 18KHz 频率。在使用 30W 以上的电机时，采用 9KHz 频率。出厂时设置为 9KHz。

在不改变调高器内部反馈电阻时，驱动功率 20 ～ 100W，内有过流保护电流设置，当使用大于 100W 的电机时，RD13 电流截止反馈电阻应改为 0.2Ω，功率为 10W 的电阻。

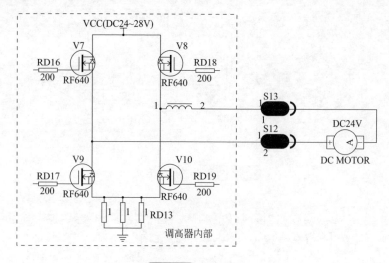

图14-66 电机驱动

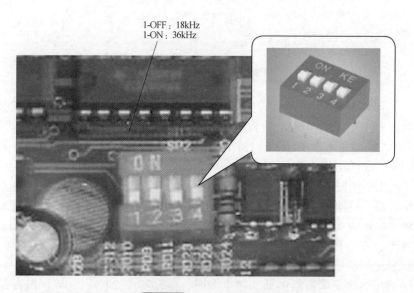

图14-67 PWM 频率切换

过电流的保护通过波段开关 SP2（图 14-67）的 2、3、4 来设置，电流的大小对应开关的状态参见表 14-6。

表14-6 开关位置与电机电流对应关系

电机电流 / SP2 开关位置	4A	3A	2A	1A
SP2-2	OFF	OFF	OFF	ON
SP2-3	OFF	OFF	ON	ON
SP2-4	OFF	ON	ON	ON

出厂时设置为 4A。

断线保护功能的设置：JP2 为断线保护功能跳线，（见图 14-63），当该跳线块未插上时，断线保护功能无效，跳线块插上时，断线保护有效，这时可通过不连接 HF 高频电缆的方法来测试。方法：在高频电缆不连接或一端连接时，按面板上的 AUTO 按键，这时割炬应处于上升状态，没有安装跳线块时，割炬应下降。本产品出厂时，设置为断线保护有效。

（2）控制系统的接线

① 主板航空插座的接线如图 14-68 所示。

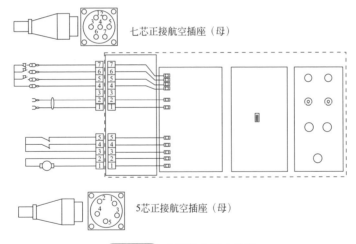

七芯正接航空插座（母）

5芯正接航空插座（母）

图14-68 主板航空插座接线

② 调高器数控的接线如图 14-69 所示。

③ 调高器 到割据电机及升降限位的接线如图 14-70。

（3）维修过程中的调试 由于在安装中所用割炬不同，调高盒安装正常后，有可能在电位器的整个调节范围内都找不到平衡点，此时不需

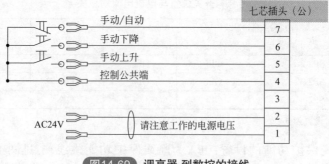

图14-69 调高器 到数控的接线

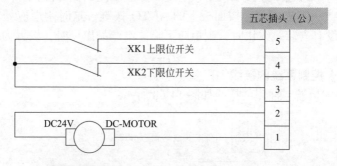

图14-70 调高器 到割据电机及升降限位的接线

要打开调高盒，只需将调高器背面的R39 +⊕的⊕符号用小螺丝起子轻轻扎破即可调试，调节方法如下：

① 使数控的（CNC）割炬自动高度控制处于使能状态或按住面板上的 AUTO 按键。

② 把盒上的 " HEIGHT " 高度调节电位器顺时针旋钮置于最大位置，这时，电机将带动探头运行，如此时立即左右旋转 HEIGHT 电位器，应能使割炬在某一位置停止。如果找不到平衡点，请按以下方法寻找平衡点。

a. 把割炬提升到与钢板相距 50mm 以上的位置，然后使割炬处于手动状态。

b. 如果以前的自动高度过低，则顺时针旋转调节调高器背面上的 R39 可调电阻，，高度将提高，如果以前的自动高度过高，则逆时针旋转，自动高度将降低。注意不要打开调高器的螺钉调试。

调试时，请注意不要损害 R39 可调电阻，每次调 R39 可调电阻的幅度不要超过 1/4 圈，并注意每次调试的方向。

c.按住面板上的 AUTO 键或在数控上打开自动，调 HEIGHT 电位器，割炬应能在某一位置停止，并且调节范围有较大的改变。

③ 在自动平衡状态下，顺时针调 HEIGHT 电位器，探头将向上移动，逆时针调接 HEIGHT 电位器，探头将向下移动，此时，根据经验调整到合适位置即可。

调高器的几个可调电阻的作用：R39：1kΩ，自动高度范围调整。R47，20kΩ，断线的保护位置调整（本调高器调整在 HF 高频电缆部分）。

（4）电容调高 CHC-200D 和主板的接线　如图 14-71 所示。图中以 1# 割炬为例，其他割炬相同。

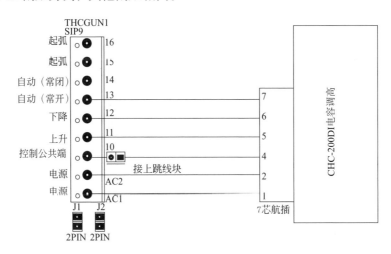

图14-71 电容调高　CHC-200D和主板的接线图

（5）系统控制板接线　如图 14-72 所示。

14.6.6　数控机床故障维修

（1）数控机床故障诊断的一般步骤　当数控机床发生故障时，除非出现危及数控机床或人身安全的紧急情况，一般不要关断电源，要尽可能地保持机床原来的状态不变，并对出现的一些信号和现象做好记录。这主要包括：故障现象的详细记录；故障发生时的操作方式及内容；报警号及故障指示灯的显示内容；故障发生时机床各部分的状态与位置；

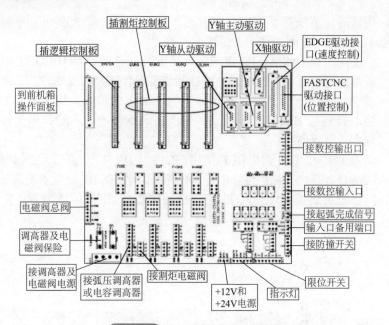

插逻辑控制板　插割炬控制板　Y轴从动驱动　Y轴主动驱动　X轴驱动

EDGE驱动接口(速度控制)

FASTCNC驱动接口(位置控制)

到前机箱操作面板

接数控输出口

接数控输入口

接起弧完成信号输入口备用端口

电磁阀总阀

调高器及电磁阀保险

接调高器及电磁阀电源

接弧压调高器或电容调高器

接割炬电磁阀

接防撞开关

+12V和+24V电源

指示灯

限位开关

图14-72　系统控制板接线示意图

有无其他偶然因素，如突然停电、外线电压波动较大、雷电、局部进水等。无论是处于哪一个故障期，数控机床故障诊断的一般步骤都是相同的。数控机床一旦发生故障，维修人员首先要沉着冷静，根据故障情况进行全面的分析，确定查找故障源的方法和手段，然后有计划、有目的地一步步仔细检查，切不可急于动手，凭着看到的部分现象和主观臆断乱查一通。这样做具有很大的盲目性，很可能越查越乱，走很多弯路，甚至造成严重的后果。

数控机床故障诊断一般按下列步骤进行。

① 详细了解故障情况。

② 根据故障现象进行分析，缩小范围，确定故障源查找的方向和手段。

③ 由表及里进行故障源查找。故障查找一般是从易到难、从外围到内部逐步进行。

（2）数控机床维修中需要注意事项

① 从整机上取出某块电路板时，应注意记录其相对应的位置，连接的电缆号。对于固定安装的电路板，还应按先后取下的顺序，将相应

的连接部件及螺钉做记录，并妥善保管。装配时，拆下的东西应全部用上，否则装配不完整。

② 维修人员使用电烙铁应放在顺手位的前方，并远离维修电路板。电烙铁头应适应集成电路的焊接，避免焊接时碰伤别的元器件。

③ 当测量电路间的阻值时，应切断电源。

④ 当没有确定故障元器件的情况下，不应随意拆换元器件。

⑤ 电路上的开关、跳线位置，不允许随意改变。

（3）四割炬火焰切割机数控系统常见故障及处理

① 键盘故障。当用键盘输入程序时，发现有关字符不能输入和消除、程序不能复位或显示屏不能变换页面等故障。先检查有关按键是否接触良好，若是某一个按键则予以更换。若不见成效或所有按键都不起作用，则故障可能在接口电路或键盘的连接电缆可进一步检查该部分的接口电路及电缆连接状况等。大部分接口故障都是由于电缆和接口电路松动接触不良所致。一般重新插拔固定使其接触良好即可解决问题。

② 四割炬火焰切割机。数控系统电源接通后显示器无辉度或无任何画面同时手动操作割据升降正常。造成此类故障的原因如下。

a. 与显示器单元有关的电缆连接不良引起的。应对电缆重新检查，连接一次。

b. 检查显示器单元的输入电压是否正常。注意在检查前应先搞清楚显示器单元所用的电压是直流还是交流，电压有多高。因为生产厂家不同，它们之间有较大差异，一般来说，14in 彩色 显示器电压为 200V 交流电压。在确认输入电压过低的情况下，还应确认电网电压是否正常。如果是电源电路不良或接触不良，造成输入电压过低时，还会出现某些印制电路板上的硬件或软件报警，或伺服驱动器低压报警等，交流接触器不吸合的故障。

c. 显示器单元本身的故障造成。显示器单元是由显示单元、调节器单元等部分组成，它们中的任一部分不良都会造成显示器无辉度或无图像等故障。如果是显示器本身故障，一般处理方法就是更换显示器。

③ 显示器无显示。造成此类故障的原因如下。

a. 电源接通后显示器无显示，但伺服驱动单元有硬件报警显示。这时，故障可能出在伺服单元电路处。此时需要首先检查伺服单元的熔断器是否熔断，然后再检查伺服单元上的有关电容三极管等元件是否烧坏、击穿等情况发生。如有更换即可解决。

b. 显示器无显示，火焰切割机也不能动作，但主控制印制电路板有硬件报警。可根据硬件报警指示的提示来判断故障的根源。此类故障多数是系统控制印制电路板或逻辑控制板不良造成的。

c.显示器无显示，数控机床不能动作，而主控制印制电路板也无报警。这时，故障一般发生在火焰切割机的电源电路的变压器上，一般更换电源电路变压器即可恢复系统运行。

④ 显示器显示无规律的亮斑、线条或不正确的符号。这时调高系统和伺服系统往往也不能正常工作，造成此类故障的原因如下。

a.显示器控制板故障。

b. 主控制板故障。

c.调高板故障。

检查方法：首先检查显示器控制板的保险丝是否熔断，显示器控制板是否有虚接处；其次检查驱动伺服系统和调高系统电源装置是否有熔丝熔断、断路器跳闸等问题发生。若合闸或更换熔丝后断路器再次跳闸，则应检查是否有伺服电动机过热，调高电路大功率晶体管组件是否有故障，而使计算机的监控电路不起作用；对于此类故障处理方法主要是确定故障范围后，对故障部位元件予以更换即可使切割机恢复正常工作。

⑤ 当数控系统进入用户程序时出现　超程报警或显示"PROGRAM STOP"，但切割机数控系统一旦退出用户程序运行就恢复正常。这类故障多出在用户程序编辑错误或操作人员错按"RESET"按钮，从而造成程序的混乱。

⑥ 伺服驱动器系统的故障诊断与维修　伺服驱动系统的故障约占整个数控系统故障的1/3。故障报警现象有三种：

a.软件报警形式。数控火焰切割机系统具有对进给伺服驱动进行监视、报警的能力。在显示器上显示伺服驱动的报警信号大致可分为以下两类。

第一类伺服驱动系统出错报警。这类报警的起因，大多是伺服控制单元方面的故障引起的，或是主控制印制电路板内与伺服控制板接口的故障造成。处理方法是利用好的电路板代换故障电路板，同时使接口电路接触良好。

第二类过热报警。这里所说的过热是指伺服单元、变压器及伺服电机过热。处理方法一般是予以更换，即能解决。

总之，可根据显示器上显示的报警信号，参阅该数控机床维修说明书中"各种报警信息产生的原因"的提示进行分析判断，找出故障，将其排除。

b.硬件报警形式。硬件报警形式包括伺服控制单元和电容自动调高控制单元上的报警指示灯和熔丝熔断，以及各种保护用的开关跳开等报警。报警指示灯的含义随伺服控制单元和电容自动调高控制单元设计上的差异也有所不同，一般有以下几种。

一是大电流报警。此时多为伺服控制单元和电容自动调高控制单元的功率驱动元件(晶闸管模块或晶体管模块)损坏。检查方法是在切断电源的情况下，用万用表测量模块集电极和发射极之间的阻值。

如阻值小于10Ω，表明该模块已损坏。当然，速度控制单元的印制电路板故障或电动机绕组内部短路也可引起大电流报警，但后一种故障较少发生。

二是高电压报警。产生这类报警的原因是输入的交流电源电压达到了额定值的110%，甚至更高，或电动机绝缘能力下降。对于此类故障只要更换电源电路板和电动机即可使火焰切割机继续工作。

c.保护开关动作。当保护开关动作时，首先分清是何种保护开关动作，然后再采取相应措施解决。

如伺服驱动单元上热继电器动作时，应先检查热继电器的设定是否有误，然后再检查数控火焰切割机工作时的条件是否太苛刻或数控火焰切割机轨道的摩擦力矩是否太大。如仍发生动作，则应测量伺服电动机电流，如果超过电流额定值，则是伺服电动机故障。

d.无报警显示的故障。这类故障多以数控火焰切割机处于不正常运动状态的形式出现，但故障的根源却在计算机或伺服控制板有故障。在实际维修中只能更换。

⑦ 电容自动调高系统常见故障的处理

a.电容自动调高电动机振动或噪声太大。这类故障的起因如下：系统电源缺相或相序不对；自动调高控制单元上的电源频率开关（50/60Hz切换）设定错误；自动调高控制板上的增益电路调整不好；自动调高电动机轴承故障。

b.电容自动调高电机只能向一个方向运动。造成该故障的原因大部分是上升和下降限位开关接触不良，只要更换限位开关基本就能解决问题。

c.电容自动调高系统的割嘴有时会撞击所割的钢板。造成该故障的原因是连接金属探头的同轴电缆断线或接触不良造成，更换同轴电缆即可解决故障。

⑧ 数控火焰切割机在工作中，发现 Y 轴有时不到位，一般需要几分钟，才能到达给定位置，然后继续执行下一个程序段。操作工重新操作火焰切割机运行，当发生故障时，观察机床移动情况、显示值、各轴和电动机，确实都未出现变化，而 Y 轴伺服驱动系统竟然无指令输入，但检查数控系统后却发现有信号输出。故障显然发生在数控系统与 Y 轴伺服驱动之间的连接线上，结果发现是连接线接触不良造成上述故障。

第15章

家用电器及电梯检修

15.1 电冰箱、冰柜各系统故障判断与维修

15.1.1 电冰箱、冰柜压缩机常见故障与排除

小型制冷设备的全封闭压缩机常见的故障可分为两大类：一类是电气方面的故障，如电动机短路、断路或碰壳接地、绝缘不良引起绕组烧毁等；另一类是机械故障，如抱轴、卡缸、阀片破损或压缩机接线柱渗漏等。

全封闭压缩机的电气故障，可用万用表测试压缩机绕组的电气参数来判断。操作方法：用万用表测量压缩机电机绕组的阻值，根据电冰箱压缩机绕组间的阻值关系 $R_{SM} = R_{CM} + R_{CS}$（R_{CM}——公共端与运行端之间的阻值；R_{CS}——公共端与启动端之间的阻值；R_{SM}——运行与启动绕组的总阻值），来判断压缩机电气系统正常与否。用万用表测量压缩机绕组三个端子之间的阻值关系时，先将万用表调至电阻挡（$R \times 1$ 或 $R \times 10$），调零后即可进行测量。如果各端间的阻值与总阻值符合上述关系，说明压缩机电动机的绕组正常，如果阻值不符合则说明有故障；如果在测量中出现某两端之间电阻值无穷大，说明压缩机电动机绕组出现了断路故障；如果在测量中出现某两端之间电阻值很小，则说明是压缩机电动机出现绕组短路故障。

全封闭压缩机的电动机绕组受潮或内部的引线绝缘层破损时，有可能发生与外壳接触通电的故障，一般将其称为接地。检查压缩机电动机接地时，可将万用表调至电阻 $R \times 1$ 挡，一个表笔接任一接线端子，另一个表笔接外壳，如果测得阻值很小，即表明绕组接地。测试时，如图 15-1 所示，用万用表的一支表笔与电动机的接线端子接触，另一支

表笔可与压缩机的吸、排气管接触进行测量。

冰箱压缩机电机
绕组的测量

图15-1 压缩机电动机接地测量操作

15.1.2 全封闭式压缩机机械故障的判断方法

（1）全封闭压缩机抱轴故障的判断　压缩机抱轴，又称"抱缸"，指压缩机的摩擦面相互抱合而不能运动，这种故障一般发生在曲轴与滑块孔、滑块与滑管、活塞与汽缸之间等相互配合的部分。产生这一故障的原因，主要是由于断油或摩擦面的油孔堵塞，引起摩擦面得不到油的润滑，热量无法带走，使摩擦面的温度急剧升高，导致抱轴。另外，由于压缩机运动部件配合间隙太小、冷冻润滑油量太少，或者由于润滑油中有污物嵌入摩擦面也会导致压缩机抱轴。

判断压缩机抱轴的方法是：用万用表检查压缩机电动机的阻值关系都正常，对地绝缘电阻也正常，但压缩机通电后不能运转，过载保护器动作，电源线一根接在启动继电器上，另一端接在压缩机绕组公共端上，强行启动，也不能使压缩机运转，这种现象表明压缩机出现了抱轴故障。

（2）全封闭压缩机的液击故障的判断　全封闭压缩机的液击由于R12在蒸发器内没有充分蒸发，导致大量R12湿蒸气或液体由吸气管进入压缩机汽缸内，由于活塞所压缩的液体的冲击，造成压缩机的阀片破裂并从汽缸中发出沉闷的敲缸声。压缩机的这种液击故障，会造成压缩机不能正常吸、排气，导致不能工作。

（3）全封闭压缩机外壳上接线柱渗漏故障的判断　当制冷系统出

现制冷剂泄漏，而在制冷系统其他部位又找不到泄漏点时，可用眼睛观察接线柱上是否有油迹，如果有油迹，可用棉纱蘸上汽油，将接线柱周围擦干净，过一段时间后，再用清洁的白纸或用手指去接触有漏油的地方，如果发现有新的油迹，则说明接线柱处有渗漏。

（4）全封闭式压缩机的更换方法 出现压缩机的电动机绕组烧毁、压缩机接线柱上存在泄漏点等故障后，一般要更换压缩机。更换的方法如下。

① 新换的压缩机应与原压缩机的功率基本相同或在允许浮动的功率范围内。

② 新压缩机在安装之前应进行启动性能、吸排气能力的试运行，同时检测一下运行电流，并检查漏电与否。

③ 拆下原压缩机及启动元件和导线。

④ 将新压缩机安装在原位或根据新压缩机的特殊情况，改动安装位置后，进行固定。

⑤ 用气焊将新压缩机的吸、排气管与系统焊好，并在其工艺管上装好三通检修阀。

⑥ 向系统内打入表压为0.8MPa的氮气（也可以是干燥空气）进行耐压试验与试漏，确定无误后，放掉试漏气体。

⑦ 用真空泵对系统抽真空至要求的参数。

⑧ 安装启动元件、过载保护元件并与电路连接好。

⑨ 按规定量向系统充注制冷剂。

（5）小型全封闭式压缩机的修理 小型全封闭式压缩机发生故障后大都是更换新的压缩机，但是在缺乏备件的情况下，也要依靠修理来解决，因而本节将对封闭式压缩机的修理要点做必要的介绍。

·**解剖机壳的程序和方法**

① 拆卸机组 按拆卸制冷系统的操作方法，放出系统内的制冷剂，然后用气焊枪烤开机壳上的吸、排气管接头，松开固定螺钉，取出压缩机组。

② 排出润滑油 润滑油从低压管接口处或工艺管处排出，待油流尽，将油量记录下来，待修完后按排出的油量增加10%～15%加入新油，为了加速排油，可用压缩空气从工艺管处吹除。烧毁电机的压缩机，润滑油不能再回用，如因机械故障，润滑油未被污染，可用滤纸进行过滤后再次回用。

③ 解剖机壳 圆形机壳可用车床将结合部切开，椭圆形机壳可用

手锯切，接口有翻边对接和套接两种形式（如图 15-2 所示）。切割时要贴近焊口，不可过多地切掉搭边，以备再修时仍有一定的切割余量。

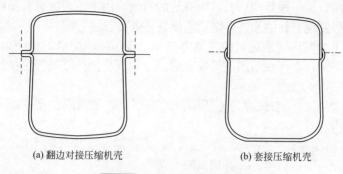

(a) 翻边对接压缩机壳   (b) 套接压缩机壳

图15-2 压缩机外壳接口形式

切割过程要防止铁屑进入机壳内部，另外，还要注意保护接线端子，因端子的绝缘体是玻璃或陶瓷烧结而成，容易破裂，操作时严防碰撞或强力弯扭。

· 吸、排气阀不严的修理

① 阀片关闭不严的主要原因

a. 液击或油击易使阀片断裂或变形。阀片材质或加工有缺陷时在高频率动作下也易断裂。

b. 由于制冷系统中残留水分和空气过多，排气温度过高，导致阀片和阀积炭和腐蚀。

c. 制冷系统内有氧化物、尘砂等固体杂质滞留在阀片密封面上，使阀口受到损伤。阀片工作频率很高，也要产生冲击磨损。

② 检修阀片组的操作程序和方法

a. 拆卸阀组，卸下汽缸盖的紧固螺栓，即可拆下阀组，如果缸盖、阀板密封垫片与汽缸顶面粘得很牢，不易取下，可用小锤轻击缸盖，松动后取下，要尽可能不损坏密封垫片。打开后要细心测量活塞上死点与汽缸顶面的间隙和汽缸顶面密封垫片的厚度尺寸，并做好记录，以备再装配时能保证原有的余隙容积。在拆卸过程应注意检查气阀损伤的部位和程度，以便进一步消除导致损伤的因素。

b. 阀片的检修。全封闭压缩机大都采用簧片阀，如果发生挠曲变形或磨损断裂都要更换新阀片，最好是选用压缩机生产厂家提供的同型阀片。如果必须配制时，一定要注意材质，不能用普通钢片代替，加工后应保证平整不变形，边缘的锐角、毛刺和切痕都要抛光，否则寿命就不会长久，表面光洁程度可采用研磨达到。配制的阀片还应注意弹力的大小及开启的高低。

c.阀板检修。气阀关闭不严，更换了新阀片后，阀板也须适当地研磨，否则仍会密封不严。

首先用刀片细心地刮净阀板上的积炭，然后再用细研磨砂或研磨膏在平板或平玻璃板上进行研磨，达到要求后洗干净阀片组装，气阀组与压缩机装配后应在机壳封焊以前先进行 1～2h 的磨合，经密封性检验合格后方可封焊。

d.气缸垫击穿。汽缸垫片击穿与阀片关闭不严的故障特征相似，多发生于高低压分隔处，拆卸汽缸盖和阀板时应注意检查。汽缸垫片是以石棉丁腈橡胶板制成，如果紧固力不够，或在运行中出现短时间的反常高压，垫片最狭窄处即容易被击穿，且击穿压缩机即失去排气能力，不能制冷，应更换新的密封垫片。如无标准备件配制时，不能以普通橡胶石棉垫片代替，要严格检查厚度尺寸，一定要与旧垫片相同，边角不能有毛刺，使用前要预先在冷冻油中浸泡数小时。

• **压缩机卡死或严重磨损的修理**　压缩机卡死大都是由于制冷系统中清洁度不符合要求，一些机械杂质、尘砂、金属氧化物等进入汽缸、主轴中，致使摩擦面损伤而卡死。另一种原因是电动机定子移位使定转子之间产生摩擦，轻则功率增大，电动机温度迅速升高，重则卡死不能运转。

① 摩擦或卡死或严重磨损的修理　活塞、汽缸或主轴等由于卡死造成局部损伤时，可用细油石将毛刺、划痕等凸出部分磨光即可，不可整个抛光，以保证合理的配合间隙。活塞、汽缸如有沿轴向贯通的深划痕则不能修复，须更换新件。严重磨损的零件也须更换新件。

② 电机转子与定子产生摩擦　将定转子表面因摩擦而产生的拉毛仔细清理干净。用塞尺检测定转子之间的周围间隙，保持均匀一致并将定子紧固即可。

• **压缩机装配基本要求**

① 零件的清洗和干燥　检修后的零件必须经过彻底清洗和干燥后才能装配，装配过程各摩擦面都要涂上冷冻机油。清洗剂最好使用三氯乙烷或三氯乙烯，这种溶剂具有不燃烧、无毒性、易挥发等特点，比较安全。如果用汽油清洗必须采取以下防火安全措施：清洗室要有良好的通风；操作场地附近不能有明火；操作场地附近不允许有发生火花的

电气设备；刷洗零件要用铜丝刷，不能用钢丝刷，以防产生火花；清洗后的零件要等待油自然挥发干净后再入干燥箱烘干，干燥温度保持 $100 \sim 120℃$，干燥时间不少于 2h。

② 合理的配合间隙 活塞与汽缸的合理配合间隙为 $0.56D/1000 \sim D/1000$（D 为活塞直径）。如果磨损量超过合理间隙的 50%，就要更换新件。其他运动部件也参考此值。

③ 相对余隙容积 相对余隙容积是指活塞至上死点时，顶面与阀板之间的空间容积加上高压阀孔通道容积之和（以 U 表示）与活塞每一行程的排气容积（V）之比。相对余隙容积以 G 表示，则 $G = U/V \times 100\%$，压缩机中相对余隙容积部分如图 15-3 所示。压缩机的余隙容积一般是控制在 $2\% \sim 4\%$，修理时影响余隙容积的主要因素是阀板与汽缸顶面之间的密封垫片厚度和分体式汽缸的装配尺寸。因此在拆卸压缩机时必须测量并记录活塞上死点位置及密封垫厚度等数据。

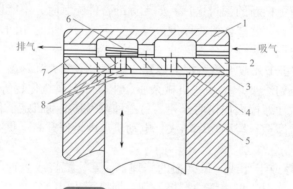

图15-3 压缩机余隙容积示意图

1—缸盖；2—阀板；3—缸垫；4—低压阀片；
5—汽缸；6—高压钢片；7—缸盖垫；8—余隙容积

④ 吸油管 小型全封闭式压缩机的润滑，大都采用离心力供油方式，在曲轴下端装有离心吸油管，拆卸或装配过程中应特别注意使吸管中心与曲轴的旋转中心保持一致，否则，会造成供油不足甚至不能供油。由于吸油管偏离中心，在油池中会产生搅拌作用，使功耗明显增高。

⑤ 分体式汽缸的拆装 滑管式压缩机多采用分体式汽缸，汽缸中心与主轴不在同一中心线上，而曲柄连杆式压缩机则必须保证两者在同一中心线上。这是根据滑管式压缩机的动力特性确定的，不同压缩机有

不同的偏心距，如果装配时偏心距有变化，就要增大振动和振动噪声，所以，拆卸汽缸时必须先用划针在机座上划出前后左右的定位标记（如有定位销钉可不作标记），以便装配时保证原来的形位尺寸。

⑥ 拆装电机定子　定子拆卸前要在机座上做好方向标记，以防装配时弄错方向。装配时要以塞尺测量定转子之间的周围间隙，周围间隙必须均匀一致。

⑦ 机壳封焊　压缩机装配完成并经检验合格后，注入适量的冷冻机油（按规定的油量或按拆机时倒出的油量增加 10% ~ 15%），接好电动机引线，即可进行封焊。机壳焊接应采用气体保护封焊，不可用气焊，以防机壳内产生过多的氧化物。焊完后充入压力为 1MPa 的氮气，在 50℃左右的温水中检漏。

⑧ 整机抽空干燥　在装入制冷系统以前，须进行整机抽空干燥，以便将润滑油及电动机绕组以及修理过程侵入的残留水分清除。

·全封闭压缩机的电动机修理要点　电冰箱压缩机配置的电动机均为分相启动单相异步电动机，大容量压缩机则多配备三相异步电动机。两者发生故障的原因及故障特征有许多相同之处。但启动绕组烧毁则是单相电动机所特有的常见故障。注意事项如下。

① 拆卸电动机定子。拆卸前应在定子和机座上做出方向标记，以防重装时弄错方向，拆卸过程注意检查发生故障的原因，以便对症修理。

② 拆除烧毁的绕组。拆除时应对主要参数作详细记录，如线径、匝数、接头连接和布线跨槽距，启动和运行绕组的相互排列位置等。对于分相启动电动机的启动绕组还要记录绕组的正反绕向。切不可将绕组端部剪断拆线，这样反向绕组即无法判别。

③ 对于经过浸绝缘漆的绕组，可将绕组加热至 150℃左右，使绝缘漆软化后拆线，切忌用火烧的方法清除漆膜。

④ 定子铁芯拆线后，用汽油清洗干净，待风干后放入 100 ~ 120℃干燥箱中干燥 2h 以上，才可重新下线。

⑤ 下线时不可用有锐角的金属板，严防损坏漆包线的绝缘膜。线圈全部嵌完后将绕组两端绑扎牢固，最后用压模压紧定型，线圈不准有任何松动现象。

⑥ 定子绕组引线要用 E 级绝缘专用引线，不能用黄蜡管、普通塑料管或纱包线作引线。绕组使用的漆包线，对于使用 R12 制冷剂的电机可采用 QZ 型高强度聚酯漆包线。使用 R22 制冷剂的电机则应选用

QF 型耐氟利昂漆包线。

⑦ 绕组接线应注意正确连接三相电动机绕组的首端和末端，在六根引线中有三根是首端，三根是末端，必须分辨清楚，如果接错，电机就不能正常运转。不论电极极数多少，相邻的两极其极性应是相反的，即通入第一组线圈的电流方向如果为顺时针，则相邻第二组线圈就应是逆时针方向。单相电机的极与极间接线时同样应注意不要接错。

⑧ 电性能检测。定子绕组修复后，应进行以下检测：用电桥或万用表测量运行和启动绕组的电阻值，是否符合要求；用 500V 兆欧表测量绝缘电阻，应不低于 5MΩ。

⑨ 电动机装配时，用塞尺测量转子与定子之间的气隙，务使四周的气隙保持均匀一致，小型单相电机的气隙一般为 0.2～0.3mm。

⑩ 单相电机的三根引线与外壳上的端子连接时，应注意分辨清楚启动、运行和共用三个端子的方位，不要弄错。引线要有一定的松弛度，但也不应太长（如图 15-4 所示）。

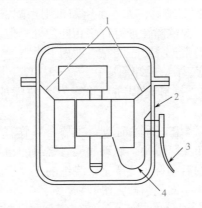

图15-4 电机引线长度示意图

1—减震弹簧；2—壳内接线柱； 3—电源线；4—引线

• **小型全封闭压缩机性能检测**

① 简易检测设备　修理后的压缩机，性能检测的目的在于使用尽可能简单的方法来判断是否能满足制冷设备的基本要求，家用电冰箱压缩机性能测试装置如图 15-5 所示。

主要包括：单相调压变压器，容量为 1kW；电压表、电流表、功率表、兆欧表等电工仪表；压力表，量程为 0.6～2MPa；真空表或 U

形管水银真空计；排气罐，容量为压缩机每小时理论排气量的0.1%。为了适应不同规格的压缩机，排气罐可按最大的规格配置，检测较小的压缩机时可充入冷冻油来调节其容量。

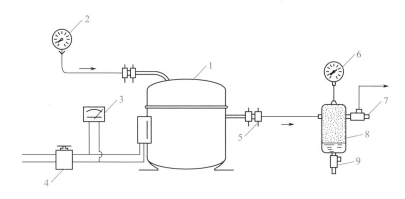

图15-5　压缩机性能测试装置

1—压缩机；2—真空表；3—电压表；4—调压器；

5—管接头；6—压力表；7—放气阀；8—排气罐；9—放油阀

② 排气侧气密性试验　在机壳封焊前敞盖试验。吸气一侧不接仪表。开动压缩机，当压力达到1.5MPa时停车，用毛刷蘸冷冻油涂刷密封垫、缸盖螺栓、排气管接头等可能泄漏的部位，如无泄漏气泡即为合格。

③ 排气阀片密封性试验　将排气罐上的放气阀关闭，开动压缩机，当压力达到1.5MPa时停车。观察压力表下降情况，100W左右的压缩机，停车5min，压力下降不超过0.1MPa为合格。此项试验也可与排气侧密封性试验同时进行。开车后压力达到1.5MPa的时间不应超过90s。

④ 启动性能试验　高压保持1.5MPa，吸气侧为大气压力，将电压调至额定电压的85%，应能正常启动。

⑤ 负荷抽空试验　在吸气侧接上真空表，开车后通过调节放气阀使高压稳定在1MPa，真空度应不低于-0.05MPa。做此项试验，如在封焊前进行，需要用一临时性端盖将机壳密封。

上述各项试验，均以空气为介质，长时间运行会使排气阀积炭或锈蚀，高压腔内出现积水或锈蚀现象，故开车时间应尽可能短。

⑥ 绝缘电阻试验　用500V兆欧表测量，绝缘电阻应不低于2MΩ。

15.1.3　蒸发器的故障判断与维修方法

（1）蒸发器故障的现象与分析

① 电冰箱冷冻室上部结霜过厚　电冰箱冷冻室上部靠前侧中央部位的结霜往往会比其他地方厚。出现这一现象，一般情况下不属蒸发器故障，而是使用不当或冷冻室门封不严造成的。因为电冰箱中食品蒸发产生的水蒸气和开门时热空气带进的水蒸气由于对流作用而在箱内上升，遇到蒸发器后结成霜，于是使冷冻室上部结霜较厚。但有时也会因箱门封不严而造成热空气大量侵入，产生冷冻室上部结霜过厚的故障现象。应检查使用过程冷冻室门封是否严密。

② 电冰箱蒸发器结霜不满　电冰箱蒸发器结霜不满的原因有：制冷剂不足；制冷系统有轻微脏堵；压缩机效率降低。出现这种现象后可停机几天，然后再开机观察，看是否重复上述现象，如果仍重复上述故障或结霜更差，则说明蒸发器有微漏问题。

③ 电冰箱蒸发器只结冰而不结霜　造成蒸发器只结冰而不结霜的主要原因是温控器控温点在弱冷位置，停机后造成蒸发器表面温升过高，使电冰箱制冷循环再开始时，蒸发器表面温度可能在0℃以上，使其表面上的霜融化成水，继而水被冷却结成冰。只要将温控器旋钮调至正常位置，即可排除此种故障。

（2）蒸发器主要故障的原因分析　蒸发器主要故障是泄漏。蒸发器泄漏主要有三个原因：一是制造蒸发器的材料质量有缺陷、局部有微小的金属筋渣，使用中受到制冷剂压力和液体的冲刷后，容易出现微小的泄漏；二是由于电冰箱长期使用，储存的物品含有碱性物质，又不经常清洗，造成蒸发器表面因被腐蚀而泄漏；三是蒸发器长期不除霜；使其表面结成较厚的霜层，将被冷冻的物品与蒸发器牢固地冻结在一起，为取下食品，用尖锐或较锋利的金属物撬动，将蒸发器表面扎破，造成蒸发器泄漏。

（3）蒸发器泄漏的修理方法　由于蒸发器是采用不同的材料制造的，对不同的部位造成的泄漏，可采用不同的维修方法。

① 铜管铜板式蒸发器泄漏的修理方法　铜材料的管板式蒸发器泄漏的故障相对来说较少，如果发生泄漏一般多在焊口处。对于单门直冷式电冰箱，可将蒸发器从悬挂部位摘下，找到焊口直接进行补焊。补焊最好使用铜银焊条，操作时间要短，动作要快而准确，以免系统中产生过多的氧化物，引起制冷系统的脏堵故障。

② 铝管铝板蒸发器泄漏的修理方法　铝蒸发器发现泄漏，在没有条件更换新的蒸发器时，可采用下述方法进行修理。

a. 锡铝焊补法　锡铝焊补法又称摩擦焊接法。铝质蒸发器进行焊接修补困难的主要原因是铝质材料极易氧化，旧的氧化层刚被除掉，新的氧化层又迅速产生，使铝质蒸发器修补困难。采用锡铝焊补法可以克服铝质材料氧化迅速的问题。操作时，先用细砂纸将蒸发器漏孔周围的氧化层打磨干净，随即将配制好的助焊粉（配方是：松香粉50%，石英粉20%，耐火砖粉30%；三者均用80目铜网过筛，然后进行均匀混合）放置到漏孔周围。然后一手拿电烙铁（150～200W），一手拿锡条，用电烙铁在漏孔周围用力摩擦，摩擦的目的是除去新的氧化层，由于松香的保护作用，搪锡时漏孔周围很难再形成新的氧化层，使锡牢固地附着在铝板上，将漏孔补好。漏孔补好后要趁热用干布将多余的锡料和助焊粉擦干净。此种方法适合焊补直径0.1～0.5mm的小漏孔。

b. 酸洗焊接法　修理时先将蒸发器漏孔周围用布擦干净，用火柴梗将小孔塞住，然后用滴管在漏孔周围滴几滴稀盐酸溶液，用以除去铝表面的氧化膜，稍等片刻后再加入几滴高浓度的硫酸铜溶液，待到漏孔周围有铜覆时，用湿布擦去多余的硫酸铜和盐酸溶液。然后用100～150W电烙铁进行锡焊修补。

c. 气焊补漏法　操作时用铝焊粉加蒸馏水调成糊状的焊药，然后将蒸发器从系统上拆下，用细砂纸把漏孔周围清理干净，露出清洁的铝表面，涂上调好的焊药，铝焊条上也蘸上焊药。选用小号焊炬，将火焰调整为中性焰，用外焰预热补焊部位和铝焊条，温度控制在70～80℃；然后用内焰加热补焊处（焊炬嘴倾斜45），同时将焊条靠近火焰，保持焊条的温度，当发现加热处有微小细泡出现时，迅速将焊条移向补焊处，焊条向补焊处轻轻一触，火焰马上离开焊接处即可。焊接完毕，用水把熔渣清洗干净。

d. 粘接修补法　铝质蒸发器出现泄漏孔后，还可用环氧树脂黏合剂进行粘接修补。操作时，可选用JC-311型通用双组分胶黏剂，把其A、B两种胶液以一定的比例混合均匀。使用时要用细砂纸将要修补处打磨干净，并用丙酮溶液将修补处的污垢清除干净，待干燥后、将混合均匀的双组分胶黏剂涂到漏孔上。如果漏孔直径大于1.5mm，可选用一块软铝片，用同样的方法处理干净并涂上胶黏剂后，与漏孔处叠合加压，在室温下固化24h即可。

无论采用何种方法修补后的蒸发器都要进行打压试漏，可充入压力为 0.6 ～ 1MPa 的高压氮气或干燥空气，而后用肥皂进行试漏，确认无泄漏后即可装入系统中使用。

15.1.4 毛细管与膨胀阀的故障判断与维修方法

毛细管与膨胀阀的主要故障有"脏堵"和"冰堵"。

（1）毛细管"脏堵"和"冰堵"故障分析判断与维修方法

① 毛细管"脏堵"故障分析判断与维修方法　毛细管脏堵的主要原因是制冷系统内部有污垢，在制冷系统的组装维修过程中有杂质混入；制冷剂或冷冻油变质，生成杂质；分子筛质量低劣，在使用过程中出现粉碎；毛细管在安装时有死弯等，都会造成毛细管"脏堵"。

毛细管"脏堵"有两种情况，一种是微堵，其现象是：冷凝器下部汇集大部分的液态制冷剂，流入蒸发器内的制冷剂明显减少，蒸发器内只能听到"嘶嘶"的过气声，有时听到间断的制冷剂流动声，蒸发器结霜时好时坏。另一种是全堵，其现象是：蒸发器内听不到制冷剂的流动声，蒸发器不结霜。如果将制冷系统从干燥过滤器处断开，会看到有制冷剂从干燥过滤器中喷出。

毛细管"脏堵"后的维修方法：对于轻微"脏堵"的毛细管，可用加热的方法，将毛细管内的"脏堵"物烧化。操作方法是将毛细管与干燥过滤器断开，然后用气焰的外焰尖对毛细管的进口段加热，同时从压缩机工艺管处向系统内打入高压氮气（将干燥过滤器出口处焊死，以防高压气体从此处泄漏），一边加热，一边加入高压气体，即可将轻微的毛细管故障排除。

对于严重"脏堵"的毛细管可考虑更换。更换毛细管应做到毛细管的尺寸必须选择合适，以保证制冷系统的正常运行。如果毛细管长度过短或直径过大，则使节流能力下降，制冷剂液体流量过大，使制冷剂在冷凝器内的压力过度降低，不能与环境温度保持一定的温差，降低了其冷凝能力，导致其冷却效果变差。相反，如果毛细管过长或直径过细，则使制冷剂液体通过能力减小，制冷剂在冷凝器内积存过多，造成冷凝压力过高，压缩机负荷增大；同时也使蒸发器的制冷剂供应量减少，造成制冷能力下降。

不同制冷能力的电冰箱的毛细管有不同的尺寸要求，因此，在更换毛细管时，可根据不同需要来确定毛细管的长度。简易测量毛细管的长度的方法是：在压缩机的吸、排管两侧各安装一只带压力表的修理阀，并将两只修理阀调至全开状态，把毛细管一端焊在干燥过滤器的出口，另一端甩空，如图 15-6 所示。启动压缩机运行使空气通过低压侧的修理阀被压缩机吸入，直到低压侧吸入压力与外界大气压相等（即表压力达到零刻度），此时高压侧的修理阀上的表压力应稳定在 1 ～ 1.2MPa。如果其高压压力过高，则说明流量过小，可试着截去小段毛细管，边试边截，直到压力合适为止；如高压压力过低，则说明流量过大，要更换长一些的毛细管或更换一根内径细一点的毛细管，以增大毛细管的阻力。调整合适后，再将毛细管与蒸发器焊好，毛细管与蒸发器焊接时，毛细管插入蒸发器进气管的深度以 3mm 为宜。

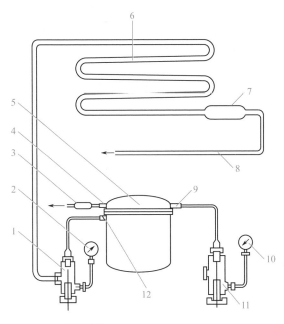

图15-6 毛细管流量测定示意图

1—高压修理阀；2—高压压力表；3—修理用干燥过滤器；
4—吸气管口；5—压缩机；6—冷凝器；7—系统干燥过滤器；
8—毛细管；9—充气管口；10—低压压力表；11—低压修理阀；12—排气管口

更换毛细管时，除了用上述简易测试方法取得需要更换的数据外，参考如表 15-1 所示数据，在测试前有个大概的选择参数，以减小测试时的盲目性。

表15-1 毛细管选配参考表

压缩机功率/W	制冷剂	冷藏方式	应用温度范围	适用范围	毛细管长度 × 内径 /m × mm	
					蒸发温度	
					−23 ～ −15℃	−15 ～ −6.7℃
65	R12	自然对流	低	电冰箱	3.66 × 0.66	3.66 × 0.79
93	R12	自然对流	低	电冰箱	3.66 × 0.66	3.66 × 0.79
125	R12	自然对流	低	电冰箱	3.36 × 0.79	3.66 × 0.92
187	R12	自然对流	低	家用冷冻箱	3.66 × 0.92	—
375	R12	强制对流	低	低温冷藏柜	3.05 × 0.73	4.08 × 7.73

更换毛细管时，除应考虑其尺寸外，还要注意使新更换的毛细管与制冷系统的低压回气管并焊一段长度，以便毛细管与回气管进行充分的热交换，进一步冷却毛细管内的制冷剂，使其过冷度提高，增大蒸发器的制冷量。对于R12制冷剂，节流前每过冷1℃，可以提高蒸发器0.8%的制冷量。

毛细管的两端在焊接前，要将管口加工成30°的斜面，以增大制冷剂进出的面积，有利于制冷剂流动。

毛细管与回气管在制冷系统中的安装方法如图15-7所示。

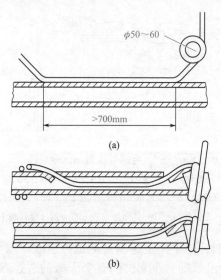

图15-7 毛细管与回气管的安装

a. 外接法　将毛细管用锡焊接在回气管的外表面上，如图 15-7（a）所示。在不影响与蒸发器和干燥过滤器连接的条件下，并管的焊接长度长些好，一般不要小于 0.7m。

b. 内穿法　将毛细管直接穿入回气管内，如图 15-7（b）所示。此安装方法的热交换效果好，能获得较大的过冷量，但加工难度大，穿入与穿出端容易堵塞，并易造成毛细管的折断。为防止出现这种故障，毛细管的穿入和穿出端均应在回气管上缠绕 1 ～ 2 圈。

② 毛细管"冰堵"故障分析判断与维修方法　毛细管"冰堵"故障产生的主要原因是制冷系统中存在水分，制冷系统中水分的来源有：

a. 检修制冷系统时，抽真空没达到要求，使水分残存在系统中。

b. 充灌制冷剂时，操作不规范，将空气带入制冷系统中。

c. 制冷剂中的含水量超过 0.0025%。

d. 制冷系统中安装的干燥过滤器中的干燥剂失效，不能吸附制冷剂中含有的微量水分。

毛细管冰堵常发生在毛细管的出口部位。压缩机启动运行后，开始时蒸发器结霜工作正常，过一段时间以后，蒸发器出现化霜情况；过 20 ～ 30min 后，蒸发器又出现结霜，再过一段时间后又重复出现上述故障，即可确认制冷系统出现了"冰堵"。

确认制冷系统"冰堵"以后，修理方法是：从压缩机工艺管处放掉制冷系统中的制冷剂，然后更换系统中的干燥过滤器，重新对制冷系统进行抽真空、充氟。为防止制冷系统因加入的制冷剂中的含水量超标，造成系统"冰堵"，可在加氟管中串接一只干燥过滤器，使制冷剂中的水分在加氟过程中即被干燥剂吸收，以保证充入制冷系统内的制冷剂含水量合格。

在修理制冷系统"冰堵"故障时，严禁向制冷系统内充入甲醇。甲醇虽然与水混合后可降低冰点，但甲醇与 R12 及水混合后，会产生化学作用，生成盐酸和氢氟酸等，腐蚀压缩机零件和铝质的蒸发器，并严重降低电动机漆包线的绝缘强度，缩短电冰箱的使用寿命。为防止制冷系统产生"冰堵"，除采取严格操作工艺外，在条件允许时，可以向制冷系统中加入防冻剂。防冻剂的作用是形成带水沉积物，使制冷系统不被"冰堵"。目前使用的防冻剂主要是美国生产的"THAWZONE"防冻剂和"FLO"脱水剂。加入量为每 100g R12 制冷剂中加 0.8g 防冻剂，每台冰箱加 0.5 ～ 1mL 脱水剂。防冻剂易燃、有毒，储存时必须严格密封。防冻剂的加入方法：在制冷系统完成抽真空以后，用针筒吸入防冻剂，在针筒前端接橡胶皮管，经过修理阀加入到制冷系统中，然后再进行充氟操作。

（2）**膨胀阀"脏堵"和"冰堵"故障分析判断与维修方法** 膨胀阀"脏堵"、"冰堵"故障产生的主要原因是制冷系统中存在异物和水分。

膨胀阀"脏堵"产生的部位一般在膨胀阀制冷剂进口的过滤网处，其现象是在压缩机运行正常的状态下，制冷系蒸发器不结霜或结霜很差，并且在膨胀阀制冷剂进口的过滤网处结有白霜或露水。

膨胀阀发生"脏堵"以后的排除方法是：将膨胀阀两端的截止阀关闭，拆下膨胀阀进口端的过滤网，用煤油清洗过滤网，甩干煤油后，重新装回膨胀阀进口端，排除阀内空气后，即可恢复系统正常运行。

膨胀阀"冰堵"故障产生的部位一般在膨胀阀制冷剂出口部位。其现象是在压缩机运行正常的状态下，制冷系统蒸发器出现循环结霜化霜现象。膨胀阀"冰堵"以后的排除方法是：在压缩机运行的情况下，关闭制冷系统中储液器上的出液阀，将系统中的制冷剂收进储液器中。然后，将系统干燥过滤器两端的截止阀关闭，拆下干燥过滤器，更换干燥剂，重新将干燥过滤器装回系统，排除干燥过滤器内空气后，即可恢复系统正常运行。

15.1.5 自然冷却式冷凝器的故障判断与维修方法

自然冷却式冷凝器的一般故障原因有：制冷设备放置位置不当，离墙太近，室温过高，通风不良或电冰箱使用年限较长，冷凝器外壁黏结较厚的污垢，引起传热能力降低，使冷凝器中制冷剂的热量不能很好地向环境介质散出，影响制冷系统正常工作。

针对上述故障，可有针对性地采取合理选择制冷设备放置位置，降低室温，改善冷凝器的通风条件等措施，对于使用年限较长的制冷设备，可在切断电源的条件下，用不滴水的湿毛刷顺着钢丝的走向，单方向刷擦冷凝器表面。

自然冷却式冷凝器除因本身使用原因造成的故障外，还会因压缩机的原因造成大量冷冻润滑油进入冷凝器内部，占据一部分冷凝器的内容积，使得冷凝器的散热面积减小，冷凝器散热效果变差，引起冷凝压力过高，使压缩机负荷增大，易引起压缩机过载保护器动作，导致电动机和压缩机损坏。

对于自然冷却式冷凝器因存油而引起的故障，可将冷凝器从制冷系统上拆下，如图15-8所示，将冷凝器与真空泵、溶液瓶连接起来，玻璃瓶的容积一般应大于5000mL，在瓶6内装洗涤剂。连好系统后，启动真空泵，由于吸液瓶8内的空气被真空泵抽出，洗涤瓶6中的洗涤剂通过连接皮管4和冷凝器7及连接皮管3被吸入瓶8中，从而达到清洗冷凝器内残存冷冻润滑油的目的。清洗剂可用三氯乙烯和四氯化碳等溶剂。清洗完毕后，必须用高压氮气将系统内的残余物吹净。清洗过的部件，必须放入烘箱内进行干燥处理，然后才可使用。

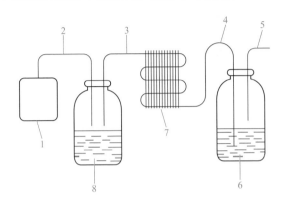

图15-8 清洗连接示意图

1—真空泵；2～4—连接皮管；5—进气皮管；6，8—磨口玻璃瓶；7—蒸发器或冷凝器

15.1.6 干燥过滤器的故障判断与维修方法

干燥过滤器的故障主要表现在"脏堵"上。干燥过滤器"脏堵"有以下一些原因：制冷系统中有水分；冷冻润滑油过脏而形成积炭；焊接不良使管内壁产生氧化皮脱落；压缩机长年工作，机械磨损产生杂质，制冷系统组装前未处理干净等。

干燥过滤器"脏堵"的外观现象是：干燥过滤器表面凝露或结霜，导致向蒸发器供氟量不足或制冷剂不能循环制冷。

判断干燥过滤器"脏堵"方法是：压缩机运行后，如果发现冷凝器由开始发热而逐渐变凉，蒸发器内听不到制冷剂正常循环时发出的液流声、干燥过滤器表面凝露或结霜、压缩机发出沉闷的过载声，即说明干燥过滤器产生了"脏堵"。

为了进一步判断干燥过滤器是否"脏堵"，可用割管器将其与冷凝器的连接处割开，看有无制冷剂液体喷出。操作时要小心，当割透管壁时，要换下割管器，用钳子轻轻在割口处掰开一条细缝，如果是"脏堵"，就会看到有制冷剂液体以白色烟雾状喷出，要注意不要让制冷剂液体喷射到人的皮肤上，以免造成伤害。

干燥过滤器"脏堵"后的维修方法是：将系统内的制冷剂放净后，用气焊将干燥过滤器从系统上熔下，重新焊上一只新的干燥过滤器。

干燥过滤器在制冷系统上的安装方法目前有两种，一种是平接法，另一种是顺向竖接法，如图15-9所示。竖接法比平接法的杂质沉积区要大一倍左右，可以滤去较多的杂质，阻止其进入毛细管造成毛细管的"脏堵"。竖接法由于制冷剂的流动方向与其重力方向一致，流动阻力小，与分子筛接触比较均匀，因此，竖接法比平接法好，不易发生"脏堵"故障。

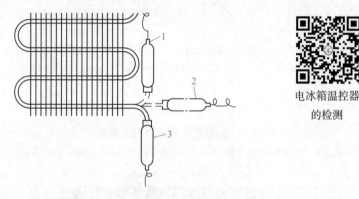

电冰箱温控器
的检测

图15-9　干燥过滤器的安装方法

1—错误；2—可以；3—正确

安装干燥过滤器时，拆开干燥过滤器真空铝箔包装后，10min内必须将其焊接在系统上，以免干燥过滤器由于在空气中放置时间过长，自然吸附空气中的水分过多而在使用中实际吸水率下降。

15.1.7　温度控制器的常见故障及判断方法

温度控制器的故障在电冰箱、冷藏箱等小型制冷设备电气控制系统的故障中占有较大的比例。

（1）温度控制器的主要故障　有感温元件泄漏，造成其触点机构不能闭合，使压缩机不能启动运行，触点之间严重积炭，使触点间电阻很大，造成压缩机不能正常启动运行；触点之间粘连，造成箱内温度很低，但压缩机仍不能停机。

（2）**温度控制器好坏的简易判断方法**　将怀疑有故障的温控器从箱中拆出，把温控器调节杆旋转至正常位置，用万用表 $R \times 1$ 挡测温控器两个主触点间的阻值，正常的阻值应为零或 $1 \sim 2\Omega$。如果阻值无穷大，则说明感温元件内的感温剂已泄漏光；如果阻值在 10Ω 以上则说明触点间已严重积炭。

在温控器阻值正常的情况下，可把温控器放入正常运行的电冰箱、冷藏箱等小型制冷设备冷冻室内 10min 左右，然后再用万用表 $R \times 1$ 挡迅速测量温控器两个主触点间的阻值，正常情况下应为无穷大，如果阻值为零则说明是触点粘连。在确认温控器触点没有粘连的情况下，用手握住温控器的感温管，然后再测两个主触点之间的阻值，应该看到，当手握住感温管时，两触点间会迅速导通，即万用表的指示值迅速由无穷大变为零，这就说明温控器各机构工作正常。

（3）**温度控制器出现故障的修理**　在实际操作中，一般对感温元件泄漏的温控器的修理方法是更换。更换温控器的原则是按原型号更换，以保证电气控制参数不变。如果一时买不到原型号的温控器，可用其他参数、规格相似的温控器代换。更换时应注意温控器的类型要与电冰箱的类型相适应，感温管尾部要足够长，更换的温控器的温控范围要与电冰箱的星级标准相适应。由于温控器的生产厂家不同，旋钮的可调角度，强冷点、弱冷点的位置也不相同，更换后会出现与原控制标记不相对应的情况，可按新温控器的调节范围重新作标记。更换温控器后，必须检测实际的温控效果，可对温控器上温度范围高低调节螺钉进行适当调节。对于温控器触点粘连和严重积炭的现象，可采用维修的方法予以排除。方法是：用小螺钉旋具轻轻撬动温控器金属外壳两侧，触点绝缘座板即可取下，用小刀将触点撬开，然后用双零号细砂纸将触点表面打磨光亮即可。

对于间冷式电冰箱、冷藏箱等小型制冷设备的感温风门温控器，由于工作参数的不同，可采用试验的方法来判断是否有故障。检查此种温控器时，可将旋钮按逆时针方向旋转，并准备 2℃ 以下的冷水，摘掉感温管外的塑料套后，将感温管浸入冷水中，此时风门应呈关闭状态。将感温管从冷水中取出，用手握住感温管，观察风门的开启情况，当风门全闭不开启，则说明感温剂泄漏，应更换感温风门温控器；当风门能打开但开度不够（微开），则应检查风门的弹簧是否工作正常，如果弹簧弹力不足就应更换弹簧。

（4）**温控器的拆装方法**　对于直冷式电冰箱温控器，可按下述方法拆装：首先将装在蒸发器上的温控器的感温管拆下，将固定温控器盒的螺钉松开取下，然后拔出温控器的刻度旋钮，再将温控器控制盒内固定温控器的螺钉松开，即可将温控器取出。安装时只需按与拆卸相反的顺序进行操作即可。对于间冷式电冰箱温控器的拆卸，可分如下两步进行。

① 冷冻室温控器的拆卸方法　首先将温控器的刻度盘向下卸下，然后将制冷盒架向右移动，使其脱离固定夹具，再向外拉出，最后将固定温控器的螺钉松开，拆下电源线，即可取出温控器。

② 冷藏室风门温控器的拆卸方法　首先将温控器刻度盘向外拔出，用螺钉旋具将卡爪拨开，把控制面板下部拉出，同时将内部凸出部分拆下，即可将控制面板取出；然后将感温管向下拉开，与风路板脱开，把风路板向箱门方向拉开并取出；拧开风门温控器的固定螺钉，即可取出风门温控器。

冷冻室和冷藏室温控器的安装顺序与拆卸顺序相反。

15.1.8　启动继电器和过载保护器的常见故障及判断方法

（1）启动继电器的常见故障和检测方法

① 重锤式启动继电器的常见故障和检测方法

a. 触点之间拉弧打火，使触点间严重积炭，造成接触电阻过大，致使在电压正常波动范围内，压缩机连续启动三次以上仍不能使电动机进入正常运转。重锤式启动继电器中的衔铁无法与启动触点正常吸合，能不时听到继电器中衔铁吸合与下落时发出的"嗒嗒"声。

b. 触点粘连。接通电源的一瞬间，可听到继电器触点的吸合声，电动机启动运行 1～2min 后过载保护器动作，拆下启动继电器，测量压缩机绕组数据结果正常。

② 重锤式启动继电器的检测方法

a. 将重锤式启动继电器正立，用万用表 $R \times 1$ 挡测量 S 和 M 两接线端间的阻值，应为断路状态，阻值无穷大；如果两接线端导通，则说明是触点粘连。

b. 将重锤式启动继电器倒立，用万用表 $R \times 1$ 挡测量 S 和 M 两接线端间的阻值，应为导通状态，阻值为零；如果两接线端间阻值为几十欧姆，则说明触点间严重积炭。

③ 重锤式启动继电器的维修方法

a. 对于继电器触点间拉弧现象，可将继电器的触点拆出，用细砂纸将触点打磨光滑，使其呈凸弧形；校正衔铁上活动触点的铜片，使其与两个固定触点平行，保持两组触点能同时接触或分开。

b. 对于触点粘连现象，可将继电器的触点拆开，用细砂纸将触点打磨光滑，还要适当调整衔铁上的弹簧，增加弹簧的弹性，以利于 T 形架迅速动作，避免粘连现象重复发生。

（2）**PTC 启动继电器的常见故障和检测方法**　PTC 启动继电器作为一种半导体器件，一般是不易产生故障的；如果出现故障主要有两种可能：一是由于 PTC 启动继电器内进水受潮，造成 PTC 元件破碎；二是 PTC 继电器内的弹簧片弹性变差，使其与 PTC 元件接触不良。PTC 启动继电器的检测方法有两种。

一是检查 PTC 元件的阻值。在室温条件下一般的 PTC 元件阻值为（22±4）Ω。检测时可用万用表测量 PTC 元件的阻值，也可以直接从型号上读取其阻值，然后再用万用表复测，以观测元件状态是否良好。然后用热源对 PTC 加热，阻值应快速变为无穷大。

二是用实验的方法检查 PTC 启动继电器工作性能是否正常。将 PTC 启动继电器与 1 只 100W 灯泡串联后接入电源，闭合开关，灯泡在 1min 内熄灭，说明启动继电器工作性能正常。

（3）**过载保护器的常见故障和检测方法**　过载保护器作为一个电路保护元件，一般情况下不易发生故障。如果发生故障，一般是内部的电热丝烧断或是因电路曾出现故障，其反复动作，造成触点间严重积炭。

过载保护器的检测方法：用万用表 $R \times 1$ 挡，测量两个接线端阻值，在正常情况下为 1Ω 左右；如果是无穷大，则说明电热丝已断；如果有 10Ω 以上的阻值，则说明其触点间严重积炭。

过载保护器出现上述故障，一般不予修理，可以采取更换的方法，以确保其工作参数的稳定和减少维修工时。

15.1.9　电冰箱箱体故障与整修

箱体常见的故障有箱门下沉、门框歪斜、密封不好、磁性门封变形密封不严等。

（1）**电冰箱箱门下沉、门框歪斜**　电冰箱的门下沉、歪斜，有两种情况：一种情况是从电冰箱的正面看箱门，靠门把手这一侧下沉；另一种情况是门边与门框的四周结合面偏斜不平行，如图 15-10 所示。

检修时将电冰箱的门打开，把上、下门轴的固定板紧固螺钉逆时针方向拧松，重新扳正，使门的上、下两端平行，门框与门边平行，门与

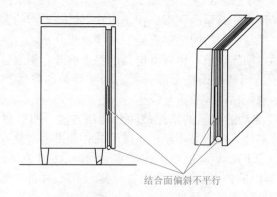

结合面偏斜不平行

图15-10 调整门与门框示意图

门框四周保持等距离。调整到合适的位置后，将固定螺钉拧紧即可，双门冰箱门的固定螺钉分为上、中、下三组，上面的一组螺钉是调整小门的，中、下两组是调整大门的。当双门电冰箱的小门（冷冻室的门）下沉、歪斜时，先将电冰箱后上方边框上的三个螺钉逆时针方向旋下来，将电冰箱顶盖的塑料贴面板向后拉出，拉出后便见到一条胶带，将胶带揭开就看到固定小门用的螺钉，逆时针方向拧松螺钉，将小门调整到合适的位置，再将固定螺钉拧紧即可。当大门（冷藏室的门）歪斜时，将中、下两组螺钉逆时针方向拧松，把大门移动到合适的位置后，拧紧固定螺钉，把顶盖盖好即可。

（2）**电冰箱的门关不严**　电冰箱在长期使用后，由于磨损和锈蚀，使门轴与轴孔的配合间隙增大，门向一侧倾斜。当电冰箱的门有漏缝时，压缩机会长时间运转不停或者运行时间延长，而停车时间缩短。比如，电冰箱运行 15 ～ 20min，停机时间只有 2 ～ 3min，并且一直保持这种状况。如果检查制冷系统无其他故障，就有可能是保温门有漏缝引起的，这种现象长期下去，不仅浪费电能，而且将会加剧压缩机件的磨损，缩短电冰箱的使用寿命。保温门轴与轴套磨损后，检修时可更换新轴，也可以修理。当门轴与轴套的间隙增大以后，冰箱的门将向下面和侧面倾斜，使磁性门封与门框不能严密贴合。修理时，可用铜片垫嵌在轴套中，避免间隙过大产生松动，并将门轴固定板上的连接螺钉松开，重新校正门边与门框四周的平行度，使四周的距离完全一致，再把门轴固定板与箱体连接牢固，如图 15-11 所示。

（3）**电冰箱磁性门封变形、箱门关不严**　电冰箱磁性门封变形、箱门关不严是由于门上的磁性封条因使用年久老化变硬，不能与门框紧密贴合等。这些现象都会造成门有漏缝，严重影响电冰箱的制冷效果。如果是磁性门封条密封不严，检修时可把固定门封的螺钉拧开（螺钉位置如图15-12所示），在磁性门封不严处下面垫上薄胶皮，然后拧紧螺钉就可以压紧门封。如果是因为冰箱使用年久，磁性门封老化变硬失去弹性，或已有裂缝，应更换新的磁性门封条。整修门封条变形还可用电吹风机把漏缝那部分封条吹热，使之膨胀，用手指拉伸，然后用凉毛巾冷却，并使之平整定型，门封条将回复平直严密。

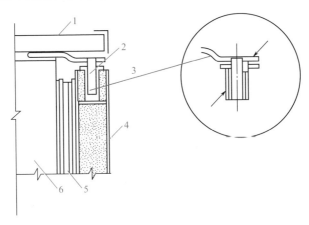

图15-11 箱门的调整

1—箱盖；2—门轴；3—轴套；4—保温门；5—磁性密封条；6—箱体

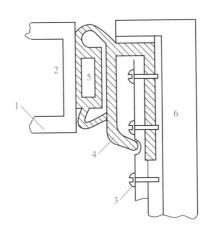

图15-12 冰箱门封结构

1—箱体；2—绝热层；3—固定磁性门封螺钉；4—门封条；5—磁性胶条；6—箱门

15.1.10 全封闭制冷系统维修基本操作工艺

（1）放出系统中制冷剂的操作 当全封闭制冷系统需要全面检修时，应先将内部的制冷剂全部排净，其操作方法如下。

用整形锉将压缩机排气管从离坡口约 ±5mm 的地方锉开，折裂后即可放出制冷剂。在管道切割后，注意不要将排气口靠近人的面部和身体，以免制冷剂喷出造成"冻伤"。同时要注意：如果制冷剂排放过快，冷冻油有可能与制冷剂一起排出，所以操作时不可过急，可用整形锉先浅浅切开一个小口，往复地折断，同时排气，直至制冷剂放净为止。

（2）更换压缩机的操作方法 将连接在压缩机上的管道从焊接处用气焊割开，然后将压缩机从底盘上取下（一定要把从压缩机上拆下来的管子的坡口表面清洗干净，以免污垢掉入管道内，造成系统"脏堵"）；将新的同一型号、同一规格、事先充有氮气的压缩机内的管子的密封栓取出（注意勿使冷冻油漏出），然后将压缩机安装在底座上（如果发现防震橡胶已老化，应更换新的），最后将管道与压缩机的管子焊好。焊接时，必须用铜管插焊法。压缩机连接管的材料一般用纯铜管，有的也用铜 - 钢管。铜管与铜管焊接时可用磷铜焊料，铜管与钢管相焊接时只可用银基焊料或铜锌焊料（加硼砂焊剂）。

（3）更换冷凝器的操作方法 首先用气焊烧烤冷凝器的两端管路的坡口，使其与压缩机和毛细管脱离，操作时不要使坡口附近的管道有变形或破损。同时，应注意先焊开与毛细管连接的坡口，再焊开与压缩机相连的坡口。然后将新的同一型号和规格的冷凝器用焊接的方法与压缩机和干燥过滤器连接好。操作时要注意将冷凝器的管端打磨干净，压缩机的管道接口也要打磨干净；然后将冷凝器上的密封栓取出，将干燥过滤器插入冷凝器的钢管中进行焊接，操作要迅速。两管插入的深度为10mm。冷凝器的另一端焊到压缩机的排气管道上；毛细管焊接在干燥过滤器的另一端。

（4）更换干燥过滤器的操作步骤

① 将原来的干燥过滤器从制冷管路中拆下。

② 将新的干燥过滤器焊接到冷凝器管路上。

③ 将毛细管与干燥过滤器焊好。毛细管插入干燥过滤器的尺寸是更换干燥过滤器是否成功的关键所在。如果插入过深，会触到过滤网，形成半堵塞状态，使制冷系统不能正常工作；如果插入不足，焊料会流入毛细管，造成管内部堵塞，使制冷系统不能工作。因此，要求插入深

度离干燥过滤器的过滤网 5mm，焊接时速度要快，温度不可过高，否则毛细管会变形或损坏。

（5）**更换毛细管的操作步骤**　将旧的毛细管与吸气管和干燥过滤器从各个焊接部位拆开（用气焊烧熔，但不可过热，用湿布将蒸发器管子包好降温，焊接前必须将油漆去掉），然后换上一根新的同一长度、相同内径（即毛细管节流量相同）的毛细管，将吸气管、毛细管按原来的形状、位置焊接好，毛细管与干燥过滤器连接时，必须注意焊接插管的深度和间隙。各部位焊接时管道插入尺寸要求如下：冷凝器与干燥过滤器 10mm；干燥过滤器与毛细管 15mm；蒸发器与毛细管 30mm；管道与管道 10mm。

（6）**电冰箱、冷藏箱蒸发器内漏的维修**　蒸发器内漏的维修是针对内藏蒸发器或制冷管路及其焊接点出现泄漏故障而进行的。双门直冷式电冰箱蒸发器内漏时需要进行开背修理，此种修理方法不仅会给电冰箱外观造成不同程度的损坏，而且还会破坏泡沫的绝热保温性能。所以必须正确判断，同时充分了解所修电冰箱的内部管路走向和接头位置，以免无法找到故障位置，引起误判。

寻找制冷系统的泄漏位置时，应注意以下几点。

① 切割箱体后面板时要选用锋利的器具。在箱体的后背中上部约 13cm×35cm 的长方形范围内部是蒸发器接头的集中部，在这个范围内打开外壳可找出漏点进行修理。操作时将利器放在预先画好的轮廓线上，用小锤打击利器的背部，切割出维修的工作面，这样切割既规则，对外观损伤又较小。切割时，切忌过深，以免对埋设在内部的导线、电热丝和制冷管路造成损伤。

② 在挖开泡沫绝热材料时，要小心操作以免损坏夹在泡沫绝热材料中的导线和制冷管路。

③ 对制冷管道用气焊焊接时，必须注意箱体各部位的防护，可用湿毛巾、湿石棉板等物遮挡，以免烧坏箱体等。

④ 修复后，要对制冷系统进行打压试漏，向系统内充入表压为 0.8MPa 的氮气进行检漏。

⑤ 恢复泡沫绝热层不能简单地将挖出的绝热泡沫回填，要防止空气进入保温层内。如果空气进入保温层内，会使空气中的水蒸气在绝热材料缝隙内部凝结混成"冷桥"，严重破坏绝热保温性能，正确的方法是使用 PUF 发泡原料，现场发泡充填开背缺口部分。

⑥ 缺口充填保温材料后，箱体后背可使用原切割下来的钢板或使

用 0.75mm 厚的镀锌板，安装在缺口处，然后用玻璃胶密封，再用自攻螺钉固定。

15.1.11　全封闭式制冷系统的检漏方法

全封闭制冷系统的检漏方法很多，可以用卤素灯或电子检漏仪进行检漏。由于很多修理场合无这些设备，在电冰箱的实际维修操作中，还经常采用观察油渍检漏和压力检漏等方法。

（1）观察油渍检漏　由于 R12 制冷剂与冷冻润滑油可以以任意比例互溶，所以在制冷系统泄漏时，一定会伴有冷冻润滑油渗出，检漏时可采用观察油渍的方法进行检漏。其操作方法如下。

① 仔细检查整个制冷系统的外壁，观察有无油渍存在。要特别注意制冷系统各接口部位、蒸发器表面和压缩机外壳接线柱部位。

② 如果看不清楚泄漏处有无油渍，可放上一张干净的白纸或干净的白布，用手轻轻按压白纸或白布，如果白纸或白布上有油渍，则说明该处有渗漏。操作时要注意不能用白纸或白布在管道上进行划擦，以免擦掉油渍造成判断困难。

③ 如果检漏时身边没有白纸或白布，可以把手指擦干净后按在怀疑有渗漏的位置，稍停一下，手再离开，如果看到手指上有油渍，则说明有渗漏。

观察油渍的检漏方法简单易行，但操作时一定要认真，发现渗漏位置，要做好标记，以便进行修补。

（2）压力检漏　制冷系统的检漏，还可以采取压力检漏的方法。压力检漏除在检修之前对系统检漏外，在制冷系统维修之后，为确认维修后的制冷系统不存在渗漏问题，也是必须进行的程序。

全封闭制冷系统检漏的工艺流程如图 15-13 所示。

氮气是一种比较安全的干燥性气体，价格便宜，不易燃烧，对制冷系统没有腐蚀。用氮气进行压力检漏的操作步骤如下。

① 在压缩机的工艺管上装上修理阀，修理阀应调至关闭状态。

② 将氮气瓶的输气管与修理阀加气口虚接。目的是在开瓶瞬间排除管内空气。

③ 打开氮气瓶，调整减压器（可用氧气减压器）。待听到氮气瓶输气管与修理阀虚接处有"嘶嘶嘶"的跑气声时，将虚接口拧紧。

④ 打开修理阀，使氮气进入制冷系统。调整减压器，使其工作压力达到 0.5～1MPa，保持 3～5min。关闭氮气瓶和修理阀。

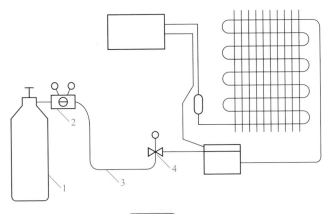

图15-13　检漏

1—氮气瓶；2—减压器；3—加气管；4—修理阀

⑤ 用肥皂水对制冷系统上所有接口处以及蒸发器表面和压缩机接线柱处进行检漏。

⑥ 对上述部位进行检漏后，如果没有发现泄漏点，就可对制冷系统进行保压（8～12h）试漏。

保压试漏后，观察修理阀上的表压力，如果无明显变化，则可认为制冷系统无泄漏问题，检漏过程结束；如果发现修理阀上的表压力有明显的变化，则可对制冷系统从干燥过滤器处断开，如图 15-14 所示，进

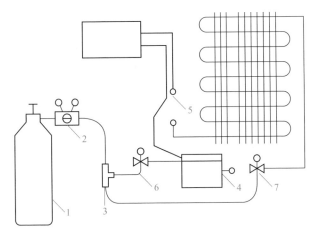

图15-14　分段检漏

1—氮气瓶；2—减压器；3—三通接头；4—排气管封口；5—封口；6，7—修理阀

行高低压两部分的分段检漏，以准确判断泄漏部位。

> **提示：** 在实际检修中，由于氮气瓶体积大且比较重，不适用于移动维修，又因为有修理工不具备氮气瓶，所以在此情况下，可采用压缩干燥气方法进行试压。即可利用压缩机代替氮气瓶进行打压试验。操作时，在压缩机的进气口焊接干燥过滤器，在排气口焊接单通接头，将修理阀用高压管与压缩机排气管相接即可。但要注意，先打开修理阀再启动压缩机或先使加气管接头虚接，待压缩机运转正常后再拧紧，以防止损坏压缩机和压力表。

15.1.12 全封闭式制冷系统的抽真空操作

空气是不凝性气体。制冷系统中如混入空气，会占据一部分冷凝器中的空间，影响冷凝器的散热，使冷凝压力和冷凝温度升高，蒸发器不能结霜，整个制冷系统不能正常工作。同时由于空气中含有水分，当制冷系统中混有空气时，由于R12（或R134a）制冷剂不溶于水，制冷系统会出现"冰堵"故障。

制冷系统中混有由空气带入的水分还会与R12起化学反应，分解出盐酸、氢氟酸和二氧化碳气体，严重影响制冷系统的正常工作。因此，抽真空将制冷系统中的空气排干净，是制冷系统充灌制冷剂前必需的操作工艺。

通常采用的抽真空方式有3种：低压单侧抽真空、二次抽真空和双侧抽真空。

（1）低压单侧抽真空法 低压单侧抽真空操作方法如图15-15所示。

操作时，将修理阀打开到最大开度，启动真空泵，要连续抽真空60min。达到抽真空时间后，关闭修理阀，停止真空泵工作，观察真空压力表，看压力是否回升。如表压有回升，则说明制冷系统有渗漏，应重新进行检漏。如果表压无回升，则说明制冷系统无渗漏，可再打开修理阀，再抽真空60min左右，当真空度接近760mmHg（约0.1MPa），即达到抽真空要求。此时先关闭修理阀，然后松开修理阀与抽空管之间的接口，听到真空泵排气变声后，切断真空泵的电源（这样可防止真空泵回油），抽真空工作完毕。

低压单侧抽真空的缺点是抽真空时间长。虽然低压侧真空度已达到要求，但高压侧仍有可能残存有空气。如果要将高压侧残存空气有效地抽出，可采用二次抽真空法。

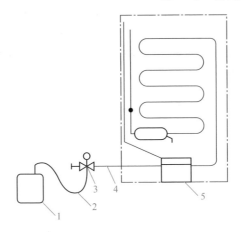

图15-15 低压单侧抽真空示意图

1—真空泵；2—抽空管；3—修理阀； 4—工艺管；5—压缩机

（2）二次抽真空法 二次抽真空法如图 15-16 所示。操作时，先关闭阀 V_2，打开阀 V_1 和三通修理阀，启动真空泵，运行 20min 左右，然后先关闭阀 V_1，再切断真空泵电源。接着打开阀 V_2 向制冷系统内缓缓充入制冷剂气体，待修理阀上的表压力指示在 0 刻度时，关闭阀 V_2，打开阀 V_1，启动制冷压缩机并让其工作 1 ~ 2min 后停机。关闭阀 V_2，然后再打开阀 V_1，启动真空泵进行二次抽真空，使真空泵工作 20min 左右即可达到抽真空的目的。

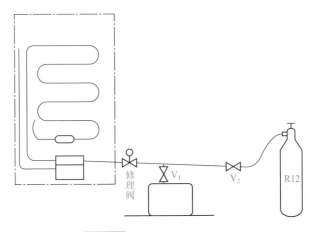

图15-16 二次抽真空法示意图

　　二次抽真空法的原理是：在第一次抽真空时，系统低压侧部分空气已被抽空，充入少量 R12 蒸气，并启动压缩机工作一下，可将低压侧充入的 R12（或其他制冷剂）气体抽到高压侧，而将残留在高压侧的空气挤到低压侧，克服了毛细管在抽空过程中的阻力影响，提高了抽真空的速度和效率。

　　（3）双侧抽真空法　双侧抽真空法是在干燥过滤器的盲管上引出一根抽空管，与压缩机上的工艺管并联后接入到真空泵上，以获得较快的抽空速度，如图 15-17 所示。

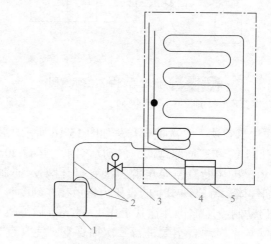

图15-17 双侧抽真空法

1—真空泵；2—抽空管；3—修理阀；4—工艺管；5—压缩机

　　操作时，真空泵工作 30 ～ 60min，当压力表上的真空度达到 760mmHg（约 0.1MPa）时，先用封口钳将干燥过滤器上的盲管封死，再将修理阀关闭，松开抽空管与修理阀接头，听到真空泵排气声变调后，切断真空泵电源，抽真空工作完毕。

　　提示：实际维修中，如无真空泵可用压缩机代替真空泵，即在压缩机回气管端焊一个干燥过滤器和一个单通接头（即可防止杂质进入压缩机内部），然后，将修理阀用抽空管连接即可。

15.1.13　全封闭式制冷系统的充制冷剂操作

　　每台制冷装置的铭牌上都标注有制冷剂的名称及充入量，可据此决定系统充氟量。全封闭制冷系统基本上是用毛细管作为节流装置的，因此制冷剂的充入量是必须严格掌握的，制冷剂充入量过多或过少都会使制冷系统不能正常工作，严重者会造成压缩机的损坏，如果制冷剂充入量过多，会使全封闭制冷系统的低压压力和高压压力均过高，压缩机负荷增大，耗电量增加，甚至有可能使压缩机产生液击，造成压缩机的损坏。如果制冷剂充入量过少，就会使全封闭制冷系统的低压压力和高压压力均过低，造成系统结霜不均，降温速度慢，运行时间延长，耗电量增加。因此，全封闭制冷系统的制冷剂的充入量要严格掌握，误差不能超过2g。

全封闭制冷系统充入制冷剂的常用方法有3种。

（1）定量加液法 定量加液法要使用专门的定量加液器进行充灌，即先将制冷剂加入定量加液器，再用加液器加入制冷系统。

（2）称量加液法 称量加液法是向全封闭制冷系统充灌制冷剂的一种方法。操作过程中，由于台秤的精度较差，而一般的全封闭制冷系统加氟量又较少，因此称量加液法只能大致控制制冷剂的充入量。

操作步骤如下。

① 将加液管与修理阀虚接。开启氟瓶，当看到有制冷剂液体从加液管和修理阀虚接处喷出后，迅速将虚接处拧紧。

② 用台秤称出此时制冷剂钢瓶的质量，再将游码移动到应充氟量的刻度，然后打开修理阀，向系统内充入制冷剂。待台秤平衡后，立即关闭氟瓶。用手逐段捋一下加液管，将管中的制冷剂液体赶进制冷系统内，随后关闭修理阀。

③ 启动压缩机，观察运行时的低压压力、结霜、散热状态等情况，以决定其充灌量是否合适。待一切运转参数正常后，充氟过程结束。

（3）控制低压压力充氟法 控制低压压力充氟法又叫做经验法，此种方法在全封闭制冷系统维修操作中有较大的实用性。

所谓低压压力是指压缩机运行时制冷系统低压侧的压力，可从安装在压缩机工艺管上的修理阀上的压力表读得。低压压力的高低反映了制冷系统中制冷剂充入量情况。如果充灌的制冷剂多，低压压力就高，蒸发温度也随之增高；如果充灌的制冷剂少，低压压力就低，蒸发温度也随之降低。制冷系统低压压力的高低，还会受环境温度变化的影响，在不同的季节充灌制冷剂时，应把低压压力控制在不同的数值上。

现以电冰箱维修充氟操作为例，全封闭制冷系统控制低压压力充氟法过程如图15-18所示。其操作步骤如下。

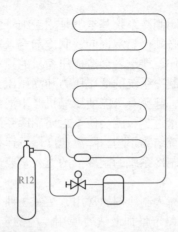

图15-18 控制低压压力充氟法充制冷剂

① 将抽真空完毕的制冷系统上的修理阀与R12气瓶的输气管虚接。打开R12气瓶阀门，当听到输气管与修理阀虚接口处有"嘶嘶嘶"的跑气声后，立即将虚接口旋紧。

② 打开修理阀阀门，使R12气体缓缓进入制冷系统内，待修理阀表压达到0.2MPa时，将修理阀阀门关小或暂时关闭，同时启动压缩机运行。

③ 在压缩机运行过程中，观察修理阀上表压力的变化情况，使其维持在0.05～0.07MPa范围内，注意不要使表压出现负压，以防造成外界空气渗入系统。

④ 参照如表15-2所示方法对全封闭制冷系统运行情况作综合观察，以确定充氟量是否合适。

表15-2 全封闭制冷系统制冷剂充灌量正确与否判断

制冷剂量	电流	吸气压力	低压回气管	高压排气管	冷凝器	蒸发器	干燥过滤器
R12 少	低于额定电流	小于蒸发压力	温	不烫	温和	结霜不均匀	冷
R12 多	高于额定电流	大于蒸发压力	冷（可能结霜）	过烫	烫	结霜差	烫
R12 准确	额定电流	蒸发压力	凉	烫	三个明显的温区	结霜均匀	同环境温度

表 15-2 中蒸发压力可借助低压压力表读取参考值，参考值如下。

a. 蒸发温度在 -6 ～ 12℃全封闭制冷系统运行时低压压力参考值：冬季为 0.05 ～ 0.06MPa；夏季为 0.06 ～ 0.08MPa。

b. 蒸发温度在 -12 ～ 18℃全封闭制冷系统运行时低压压力参考值：冬季为 0.02 ～ 0.03MPa；夏季为 0.03 ～ 0.05MPa。

以上压力值均为表压力值。

⑤ 达到充氟量后，先关闭氟瓶阀门，再关闭修理阀阀门。取下输气管，观察制冷系统的运行情况，待制冷系统运行的各项指标达到要求后，可从工艺管处封口并取下修理阀，充氟过程结束。

上述三种充氟方法，无论采用哪一种方法进行充氟工作，都要在充氟以后启动压缩机工作一段时间，以确定加氟工作达到技术要求。

（4）充灌制冷剂过程中的注意事项

① 压缩机启动运行后，应严格观察压力表与电流表的指示值，如果出现电流表值上升，而压力表值下降现象，则说明是制冷系统有严重的"脏堵"或"焊堵"。此时，应立即停机，观察压力表在停机后的回升速度，如果在 3 ～ 5min 内表压力回升至 0.25MPa，则说明系统正常，否则就是出现了"脏堵"或"焊堵"故障，应重新进行系统的检测。

② 压缩机启动运行后，观察到电流表和压力表都工作正常，但蒸发器结霜不好或根本不结霜，则说明充入制冷系统的不是纯 R12，而是 R12 与空气的混合物，此时应立即停机，放掉所充入的气体，重新抽空充氟。

③ 压缩机运行一段时间后，蒸发器结霜正常，运行压力值和运行电流值都正常。但当运行时间超过 40min 后，虽然制冷压缩机仍在运行，但蒸发器却出现化霜现象，说明制冷系统中有水分存在，出现了"冰堵"故障。此时应停机，放掉系统中的制冷剂，更换干燥过滤器，然后重新进行试漏、抽真空和充氟操作。必要时可适当加 1 ～ 2mL 甲醇。

④ 启动压缩机运行以后，向系统内补充制冷剂时，流量要小，以防大量湿蒸气进入压缩机内，造成压缩机因吸入湿蒸气而产生"液击"故障。

（5）充氟后压缩机工艺管上的封口　最好在压缩机运行时进行，因为此时容易封口。操作方法是：从压缩机工艺管离压缩机壳 20 ～ 30mm 处，用封口钳封两道，在最外一道封口外端 5mm 处用钳子截断。插入水中看有无气泡冒出，确认无气泡后，用布擦干，然后用铜焊或银焊封口，封口后，压缩机停机，把封口浸入水中，如没有气泡产生可认为封口合格。

（6）充氟中遇到的问题及其处理

① 油堵、脏堵　现象：压缩机负载增大，声音低沉，干燥过滤器温度较低，甚至有水珠出现。压缩机排气管不热，吸气管不凉，内胆壁上的霜全部化完，温度不再降低。耳朵贴在箱体上也听不到制冷剂流动声。停机 10min 后再次启动压缩机，压缩机声音依然低沉。发生脏堵时应立刻停止充氟，并把已充入的 R12 放掉，重新清洗、打压、查漏、抽空、充氟。

排除方法：取下干燥过滤器，把原有制冷系统以此处为分界线分成两个部分，分别打压、清洗。脏堵多发生在干燥过滤器或毛细管的入口处，遇到油堵或脏堵时，分段打压比较容易发现堵塞位置。如果过滤器脏堵则必须更换。如果毛细管脏堵则应先关掉压缩机电源，从毛细管入口处一小段一小段地剪，直到把脏堵部分剪掉，然后量出剪掉的毛细管的长度和直径，取等量的毛细管与原毛细管对焊。毛细管很细，不容易焊接，通常剪一小段（4mm）的铜管过渡（如图 15-19 所示）。脏堵排除后，就可以将整个系统还原、打压、查漏、抽空、充氟了。

$\phi4mm$

图15-19　过渡铜管

> **提示：** 门框防漏管脏堵后可以弃之不用。

② 冰堵　冰堵的现象类似油堵、脏堵，但两者发生故障的部位不同。冰堵发生在毛细管的出口，蒸发器的入口处，脏堵发生在干燥过滤器及毛细管的入口处。发生冰堵和脏堵时，内胆的温度都会上升，温度降不下来，压缩机负载增大，电流增大，噪声大而低沉，系统内没有制冷剂流动的声音，压缩机排气管不发热。但内胆温度高于 0℃ 后，冰堵现象会消失，重新开始制冷降温。待内胆温度降到 0℃ 以下时，系统内的水分在毛细管出口处重新结冰，系统堵塞，不再制冷，降温停止，化霜开始。然后，又会如此反复，而脏堵一旦发生，系统就不能再降温了。

排除方法：打开冰箱冷冻室的门或冰柜的盖子，让内胆温度升高，毛细管内的冰融化，然后换掉原有过滤器，把蒸发器回气管从压缩机上焊下来，用压缩空气吹通毛细管，依照前述清洗的办法配合二次抽空法，冰堵是完全可以排除的。

15.1.14 压缩机不停机的维修

压缩机不停机维修的焦点在制冷效果上。如果制冷效果正常而不停机，故障在温控器，否则是因为系统缺氟，温度降不到控制点而导致不停机，修理时需要打压查漏、抽空充氟。

遇到不停机故障时，先让其通电运转几十分钟，然后根据以下现象的不同来判断故障原因：手摸压缩机排气管不发热，冷凝器的进气管也不发热，内胆温度降不下来，表明系统内的氟漏完了，箱内温度不降低，温控器的触点不断开，不能切断压缩机的电源，使得压缩机得电一直在运转，这种现象称为漏氟。另一种现象是缺氟，即系统内氟不够，也是系统温度不降低，压缩机不停机，但是系统能制冷，只是制冷效果差一些；手摸压缩机排气管、冷凝器进气管会发热，为 50 ～ 60℃，冷凝器上、中、下三部分有明显的温差，为了判断制冷效果，可在冷冻室放一碗凉水（在冰柜的吊篮中放碗凉水，但不要放在冰柜底部），将温控器置于强冷位置，一般在 1h 以内即能结成实冰，此时测冷藏室内温度能降到 10℃以内（正常情况下 30min 就能达到）。如果能达到此制冷效果，则制冷系统正常；压缩机不能停机是因为温控器故障。如果不能达到此制冷效果，则说明系统缺氟，需要重新充氟。放掉系统内的氟以后需要打压查漏、抽空充氟、封口，按照前面介绍的维修工艺进行操作。

温控器故障的判断：判断温控器故障的前提是制冷效果正常，而压缩机运转不停机。首先检查感温管是否脱离正常位置，温控器的固定螺钉是否松动，重新调整后再观察制冷效果。如果冷藏室已降到 10℃以内，冷冻室已降至 0℃以下，适当调高温控器的控制温度后依然不停机，则需再次检查温控器。

判断温控器触点能否断开有一个简单的办法：将温控器拆下来，放入冰箱的冷冻室或冰柜上部的篮子里，关上冰箱的门或冰柜的盖子，将接温控器的 2 根导线短接，让压缩机运转 30min 左右，然后把温控器拿出来，迅速用万用表 $R \times 1$ 挡测其两触点是否能断开（温控器放入冰箱前旋转至中冷位置），如果低温下仍然断不开，则感温剂已漏完了，需要更换。如果触点能断开，感温头又没有偏离正常感温位置，则系统缺氟，需要加氟处理。在常温下温控器的触点是闭合的，在调定的低温下触点是能够断开的。可根据这个原理来判断温控器是否正常，系统是否缺氟。但要注意内胆内结冰太厚或放入的食物太多、温度太高，压缩机也会不停机。对于内胆结冰太厚，处理时，有化霜电路的电冰箱应先检查化霜电路是否正常，无化霜电路的电冰箱则先停机人工化霜，然后再开机，不停机的故障就可以排除了。

15.2 电磁炉检测与维修

15.2.1 测试步骤

由于电磁炉电路比较复杂，所以下面先介绍测试步骤，以美的SY191 机型为例。为保证电磁炉顺利维修，需在维修前对电磁炉进行测试，测试步骤如下。

① 不通电，目测有无烧熔断器、电路焊点虚焊、接插件松脱等故障；然后测量桥堆、IGBT 等器件有无击穿。

② 不接入加热线圈，接通电源，测试主回路的电源、辅助电源电路（5V 和 18V）单片机、显示等电路是否正常。以美的 SY191 电磁炉为例，应根据表 15-3 对主板各点做测试，一切符合才可以进行下一步骤。

③ 接入加热线圈，但不放锅，接通电源，测试波形发生器的同步电路，电流检测电路、功率驱动电路等是否正常。

④ 放锅烧水。测试电磁炉功率调节电路是否正常。

表15-3　不接入加热线圈测试数据

测试点	测试内容	正常值	备注
电容 C_1	两引脚间的电压交流输入	AC 220V	市电的范围
电容 C_2	两引脚间的电压主电路的直流输入电压	DC 308V	220V 时，该电压不能小于 305V
IGBT 的集电极	对地（公共端）电压	DC 308V	
U_3（7805）的输出脚	对地（公共端）电压	DC 5V	应大于 4.75V
Q_5（D667）发射极	对地（公共端）电压	DC 18V	
Q_{11}（8550）集电极	对地（公共端）电压	DC 4.5V	单片机复位电压

测试点	测试内容	正常值	备注
二极管 VD$_{15}$ 正极	对地（公共端）电压	DC 0V	电流检测
二极管 VD$_{12}$ 正极	对地（公共端）电压	DC 4.5V	电压检测
IGBT 的门极	对地（公共端）电压	DC 0.5V	不能大于 0.7V
U$_2$（LM339）⑪脚	对地（公共端）电压	DC 0.5V	不能大于 0.7V
U$_2$（LM339）⑩脚	对地（公共端）电压	DC 4.8V	应大于 4.75V
U$_2$（LM339）⑨脚	对地（公共端）电压	DC 0V	
U$_2$（LM339）⑧脚	对地（公共端）电压	DC 3.9V	
U$_2$（LM339）①脚	对地（公共端）电压	DC 4.8V	应大于 4.75V
U$_2$（LM339）②脚	对地（公共端）电压	DC 4.8V	应大于 4.75V

15.2.2　常见故障判断与维修

① 电磁炉接通电源后，LED 和发光数码管都不亮，所有的按键都不起作用。

按键都不起作用是按键显示电路没工作。按键和显示电路是一个典型的扫描电路，行信号 C1 ～ C6 直接由主板上的单片机提供；显示电路的列信号是显示板上的移位存储器 74HC164 提供的，单片机通过 CLOCK/DATA 线对 74HC164 进行数据控制；按键信号通过 KEY1 ～ KEY3 反馈到单片机。

如果行信号 C1 ～ C6 同时出故障，则按键和显示电路都有问题，整机无反应；如果 CLOCK/DATA 或 74HC164 等电路出故障，只是显示电路有问题，按键应起作用；如果 KEY1 ～ KEY3 同时出故障，或只是 K$_{13}$（开关键），含 VD$_{13}$ 出故障，则所有按键失灵，但显示电路应正常。

检查三大核心电路的单片机及其附属电路，尤其是单片机电源电路。按键显示电路是通过连接线连接到主板 CN$_2$ 插座上的，接插件的问题也不容忽视。

维修步骤如下。

第 1 步：目测法检查。

打开电磁炉，检查主板 CN$_2$ 接插件是否松脱、熔断器是否熔断、电源电路的其他器件是否有明显的损坏迹象（如虚焊、容鼓胀等）。如有，请维修。其中，熔断器熔断是最常见的，而该故障还隐含了更深层次的故障，在下面维修步骤中应高度重视。用万用表测量桥堆、IGBT 是否击穿路。如有，则更换。

第 2 步：断开加热线圈，通电测试。

主板接通电源后，如正常，表示电源电路正常，接下来应检查单片机复位电路、时钟电路等。SY191 的单片机型为 TMP86C807M ／ N，①脚为 V_{ss}，②、③脚为时钟电路的输入、输出脚，⑧脚为复位脚。参考单元电路，进行维修；如不正常，表示电源电路出现故障。该故障的维修比较简单，常见的原因有变压初级、次级开路、电源线断路、整流二极管路、稳压管 7805 损坏等。

第 3 步：装好加热线圈，但是不放锅，磁炉通电测试。

经过第 2 步后，整机无反应的故障现象应该已经消失，不过，这不能代表最初的整机无反应故障已经彻底维修好。一般来说，如果前面的步骤中发现有熔断器熔断，那么该故障还可能隐含了更深层次的故障。

接通电源后，按"开关"键，应出现检锅报警。断开电源，接好示波器，准备观察集成电路 U_2 的⑥脚和 IGBT 的门极电波形，检查积分电路、同步电路、激励电路是否正常。再次接电源按"开关"键，此时，⑩脚的电压是有规律波动的直线，IGBT 的门极应有脉冲信号，高电平宽度约 $5\mu s$。如不正常，参考单元电路进行分析，检查相关器件。常见的故障有：电阻器 $R_2/R_{24}/R_{27}$ 阻值变化、三极管 Q_9 击穿、集成电路 U_2 损坏等。

第 4 步：放锅烧水。

第 4 步是最后的检查，排除其他故障的可能性。

② 电磁炉放好锅，接通电源后，检不到锅，产生报警。

单片机是通过检测电流来判断是否有锅的。现在检不到锅，可能有两种情况：一是根本没有电流；二是电流检测电路出现故障。如果是没有电流，可能的故障电路比较多，如浪涌保护、IGBT 高压保护、同步电路、积分电路、驱动电路、主电路等。

③ 低压不启动。市电为 160V 时，电磁炉显示、按键正常工作，但是不能正常加热。

很明显，故障应在电压检测电路。

电磁炉常见故障与原因分析见表 15-4。

表15-4 常见故障一览表

故障现象	原因分析	备注
全无，保险管好，+5V电压异常	电源变压器初级绕组开路	初级绕组有220V交流电压，次级绕组无交流电压输出
	+5V稳压器7805损坏	①脚电压高于8.5V，③脚为0V，很低，脱开③脚测其空脚仍低
	EC_2、C_5、EC_{12}、C_{16}、CPU击穿	无+5V电压或很低，+5V稳压器③脚空脚电压大于4.8V
	$VD_4 \sim VD_{11}$、EC_1、C_4、EC_7击穿或漏电	EC_1、EC_7两端电压很低；或开机瞬间有微小电压
不开机或指示灯闪烁不加热	VZ_4、Q_{11}、C_{27}漏电，R_{60}、R_{61}阻值变大	CPU的⑧脚复位电压低于4.4V
	8MHz晶体损坏	测CPU的⑤脚+5V电源，⑧脚复位电压大于4.5V时，试着更换
	C_{27}开路或失效	按卜栏检查无效时，换此电容
风扇不运转或慢转，几分钟后关机报警	风扇电机损坏、轴承油污严重	CN_6风机插头两脚压差高于12V
	风扇机插头CN_6不良	引脚有异物，或拔下再插上有时恢复正常
	Q_{10}击穿、开路，R_{49}开路或阻值变大	C极电压高于3V，CPU的㉓脚为高电平运转值
通电风扇就运转	Q_{10}的C-E结击穿	CPU的㉓脚为低电平停转值
	功率管热敏传感器变小，R_{44}阻值变大	常温CPU的㉖脚电压大于1V很多
蜂鸣器不响，其他正常	蜂鸣器坏	按键时两端电压有较大跳变
	$Q_2 \sim Q_4$击穿、开路	按键时蜂鸣器两端电压不跳变，但CPU的⑰、㉑脚电压跳变
	R_{17}、R_{19}、R_{16}、R_{10}开路	
不加热，不报警	C_{20}击穿	LM339的⑦、①脚为0V，通过R_{40}将LM339的⑪脚电压拉低
	R_{31}、VD_{16}开路或阻值变大	C_{11}不能充放电，LM39的⑩脚无变化，内比较器不能翻转
	R_{51}、R_{45}、R_{22}阻值变大，C_{18}击穿	待机LM339的④脚电压高或⑤脚电压低，使②脚电压为0V
加热慢，功率不可调或调节范围小	C_3变质、LM339损坏	用代换法进行。前者也可用数字表电容挡测试

续表

故障现象	原因分析	备注
加热慢，功率不可调或调节范围小	R_{39}、R_{29}阻值变大或开路，C_{20}击穿	LM339的⑥脚电压高或⑦脚电压低，使①脚为0V，加热特慢
	EC_5、C_6电流检测电容击穿或失效	击穿加热特别慢，EC_5失效加热慢，原因同下
	R_{59}、R_{57}、$VD_{20}\sim VD_{23}$开路或击穿	电流检测输出基准电压低，CPU据此将大功率设置低
	VD_{24}、VD_{25}开路或不良	待机CPU的⑫脚电压高于0.43V很多
	C_{15}、EC_{14}、EC_9失效，R_{36}、R_{38}阻值变大	加热时LM339的⑪脚电压低，功率低
	功率额定电位器VR_1调乱	出厂时一般位于中间位置，即阻值调为该电位器标注值的1/2
	C_2（$0.3\mu F$/1200V）容量小	用代换法或数字表电容挡检查
	R_{31}开路或阻值变大	LM339N的⑩脚电压高，比较器输出截止时间短，输出脉冲窄
	R_{22}、R_{51}、R_{45}阻值变大	LM339的④脚电压高，电网电压有较小波动时比较器也导通保护
功率高且不可调	VD_{24}、VD_{25}击穿	待机CPU的⑫脚为0.25V（正常0.43V）
	R_{24}、R_{27}、R_{35}阻值变大，VZ_3漏电	LM339的⑥脚电压低或⑦脚电压高，功率管C极过压保护启控滞后
间歇加热	炉面或功率热敏电阻性能差	误判温度进入保护状态
	C_1容量下降	在电网有干扰时出现间歇性加热现象
	$VD_{20}\sim VD_{23}$、EC_5、R_{59}、VER损坏	电流检测输出时好时坏，参见加热慢
显示"E0"（不检锅）	L_1、全桥DB1、CT_1开焊、线盘没接好	待机功率管C极无+300V电压
	功率管G极接的R_{13}阻值变大，VZ_{10}击穿	功率管G极得不到试探信号
	Q_9、Q_8击穿或开路，R_{43}开路	切断试探信号
	Z_2、Q_6、EC_6击穿，Q_5开路	+18V电源为0V或低、不稳定
	EC_5击穿，R_{59}、R_{57}、CT_1阻值变大或开路	电流检测无输出，CPU检测不到主回路电流
	$VD_{20}\sim VD_{23}$两个以上碎裂开路	玻璃二极管，受外力易碎
	R_{23}、R_{24}、$R_{26}\sim R_{29}$开路或阻值变大	LM339的⑧、⑨脚电压异常（应⑨脚略高于⑧脚）

故障现象	原因分析	备注
显示"E0" （不检锅）	C_{15}击穿	LM339的⑪脚为0V，内比较器始终导通切断试探信号走向
	C_9、C_{11}开焊并失效	切断试探信号走向
	VD_{27}、VD_{28}击穿	将PAN试探反馈信号与+5V电源或地短路
	谐振电容C_3（$0.3\mu F/1200V$）变质	需用代换法或数字表电容挡测试
	线盘长时间干烧短路	故障极低
	+5V稳压器7805坏	+5V电源小于或等于4.9V
显示"E1" （炉面温度传感器开路）	炉面温度传感器插头开焊、不良	焊点有圆圈状，拔下后再插上，"E1"消失
	炉面温度传感器开路	常温测阻值为无穷大
	EC_{11}击穿	CPU的㉕脚TMAIN电压、电阻近于零
显示"E2" （炉面温度传感器短路）	R_{47}开路	CPU的㉕脚TMAIN电压近于+5V
	炉面温度传感器短路	常温下阻值近于0kΩ或很小
显示"E3" （炉面超温或加热温度低）	炉面传感器阻值变小	同温度下应与功率管传感器阻值相同
	R_{47}阻值变大	待机CPU的㉕脚电压高于㉖脚较多
显示"E4" （功率管温度传感器开路）	传感器IGBT插头开焊、不良	引脚有脏物、与线盘板脱离，或拔下再插上有时"E4"消失
	功率管温度传感器开路	常温下应与炉面传感器阻值基本相同
	EC_{10}击穿、漏电	CPU的㉖脚TIGBT电阻、电压均为零
显示"E5" （功率管温度传感器短路）	功率管温度传感器短路	常温阻值近于0kΩ
	R_{44}开路	待机CPU的㉖脚TIGBT达到+5V
显示"E6" （功率管过热）	功率管温度传感器阻值变小	同温度下应与炉面传感器阻值相同
	R_{44}阻值变大	待机CPU的㉖脚电压较高，应与㉕脚基本相同
显示"E7" （电网电压过低）	R_{14}开路或阻值变大、EC_3击穿或漏电	CPU的㉘脚VOL近于0V
	VD_1、VD_2击穿或开路	
显示"E8" （电压过高）	R_{15}开路，VD_{12}击穿或漏电	CPU的㉘脚VOL电压偏高甚至近于+5V

故障现象	原因分析	备注
显示"EA" （干烧保护）	炉面传感器阻值不稳定	使CPU的㉕脚电压短时间内上升很快
显示"ED" （功率管传感器 失效）	功率管传感器失效	温度变化时阻值无变化
	其他	同于显示"E4"
全无，保险管 熔断	压敏电阻CNR$_1$击穿	有裂纹，或黑炭点，烧为炭状，测电阻仍为无穷大，正常值
	功率管IGBT$_1$击穿	查G极Q$_9$、Q$_8$、VZ$_1$击穿否，C极L$_1$开焊否，C$_3$、C$_2$容量是否下降
	桥式整流器DB$_1$击穿	单独击穿直接更换，如功率管击穿，需进一步检查
	变压器烧焦或初级绕组开路	有烧焦状态或初级绕组开路
	C$_1$、C$_2$滤波电容击穿或漏电	故障率较低
通电跳闸	同保险管熔断故障	
屡损功率管	全桥DB$_1$性能不良、扼流圈L$_1$引脚开焊	前者功率管C极电压低（应为电网电压的1.4倍）或不稳定
	+18V、+5V稳压器件损坏	+18V或+5V电压低、不稳定
	功率管C极接的C$_3$、C$_2$容量下降	功率管C极峰值电压过高，需用代换法或数字表电容挡测试
	驱动管Q$_9$击穿	功率管G极始终为高电压而饱和导通
	VER不良、R$_2$阻值变大	电流检测输出基准电压，电磁炉最大允许功率设置超标
	R$_{24}$、R$_{27}$阻值变大，C$_{19}$、VZ$_3$漏电	LM339的⑥脚和⑨脚电压低，失去同步控制、功率管C极过压保护
	R$_{35}$、R$_{40}$开路或阻值变大	失去功率管C极过压保护功能，前者LM339的⑦脚电压高
	R$_{37}$、R$_{31}$开路或阻值变大	LM339的⑪脚电压高或⑩脚电压低，⑬脚输出驱动脉冲过宽
	C$_{18}$、R$_{33}$、VD$_{14}$、R$_{50}$、R$_{52}$、R$_{34}$阻值变大	失去浪涌电压保护功能，功率管击穿多因电网波动大引起
	VD$_{17}$损坏	检锅时，试探信号非有效期间，LM339的⑪脚电压大于0.8V，⑬脚输出高电压使功率管导通被击穿

故障现象	原因分析	备注
屡损功率管	功率管传感器阻值漂移、R_{44}阻值变大	待机时CPU的㉗脚CUR电压近于+5V
	Q_6击穿、开路，EC_6、R_5、R_{11}失效	失去通电延迟功能，通电就输出+18V电压，驱动电路可能有输出
	CPU工作条件异常	见"全无，+5V电压正常"

15.3 电梯故障及检修

15.3.1　电梯故障的排除思路和方法

电梯的故障可以分为机械故障和电气故障。遇到故障时，首先应确定故障属于哪个系统，是机械系统还是电气系统，然后再确定故障是属于哪个系统的哪一部分，接着再判断故障出自于哪个元件或哪个动作部件的触点上。

怎样判断故障出自哪个系统？普遍采用的方法是：首先置电梯于"检修"工作状态，在轿厢平层位置（在机房、轿顶或轿厢操作）点动电梯慢上或慢下来确定。为确保安全，首先要确认所有厅门必须全部关好并在检修运行中不得再打开。因为电梯在检修状态下上行或下行，电气控制电路是最简单的点动电路，按钮按下多长时间，电梯运行多长时间，不按按钮电梯不会动作，需要运行多少距离可随意控制，速度又很慢，轿厢运行速度小于0.63m/s，所以较安全，便于检修人员操作和查找故障所属部位，电梯在检修运行过程中检修人员可细微观察有无异常声音、异常气味，某些指示信号是否正常等。电梯点动运行只要正常，就可以确认：主要机械系统没问题，电气系统中的主拖动回路没有问题，故障就出自电气系统的控制电路中。反之不能点动电梯运行，故障就出自电梯的机械系统或主拖动电路。

15.3.1.1　电梯主拖动系统故障

① 点动运行中如果确认主拖动电路有故障，就可以从构成主回路的各个环节去分析故障所在部位。运用电流流过每一个闭合回路的思想，查找电流在回路中被阻断或分流的部位，容易造成故障，电流被阻断的部位就是故障所在部位，当然应首先确认供电电源本身正常，否则

无电流或电流大小不适合电梯运行则电梯就会发生故障。构成任何电梯主回路的基本环节大致相同：从外线供电开始三相电源经空气开关、上行或下行交流接触器、变频器、运行接触器、最后到电机绕组构成三相交流电流回路。对不同类型电梯调速方法不同，调速器的型式也不同。主回路故障是电梯常见故障。

② 由于主拖动系统是间断不连续的动作，因而电梯运行几年后，接触器触点会有氧化、弹片疲劳、接触不良、接点脱落、粘连、逆变模块及变频模块击穿或烧断、电机轴承磨损等故障发生。这是快速找故障的思路之一，另外任何机械动作部件都是有一定寿命的，如继电器、微动开关、行程开关、按钮等元件，这些都是检查的重点，还有经常运行的部件，如轿厢的随行电缆，经常弯曲动作，就存在有断线故障的可能。

15.3.1.2　电梯机械系统故障

（1）连接件松动引起的故障　电梯在长期断续运行过程中，会因为振动等原因而造成紧固件松动或松脱，使机械发生位移、脱落或失去原有精度，从而造成磨损，碰坏电梯机件而造成故障。

（2）自然磨损引起的故障　机械部件在运转过程中，会产生磨损，磨损到一定程度必须更换新的部件，所以要注意磨损是造成机械故障的主要原因。平时日常维修中要及时地调整、维护、保养，电梯才会长时间正常运行。

（3）润滑系统引起的故障　润滑的作用是减少摩擦力、减少磨损，延长机械寿命，同时还起到冷却、防锈、减振、缓冲等作用。若润滑油太少，质量差，品种不对号或润滑不当，会造成机械部分的过热、烧伤、抱轴或损坏。

（4）机械疲劳造成的故障　某些机械部件经常不断地长时间受到弯曲、剪切等应力，会产生机械疲劳现象，机械强度塑性减小。如某些零部件受力超过强度极限，产生断裂，造成机械事故或故障。

从上面分析可知，只要做好日常维护保养工作，定期润滑有关部件及检查有关紧固件情况，调整机件的工作间隙，就可以大大减少机械系统的故障。

15.3.1.3　电梯电气控制系统的故障

（1）自动开关门机构及门联锁电路的故障　因为关好所有厅、轿门是电梯运行的首要条件，门联锁系统一旦出现故障电梯就不能运行。这类故障多是由包括自动门锁在内的各种电气元件触点接触不良或调整不当造成的。

（2）电气元件绝缘引起的故障 电子电气元件绝缘在长期运行后总会有老化、失效、绝缘击穿等情况发生，就造成电气系统的断路或短路引起电梯故障。

（3）继电器、接触器、开关等元件触点断路或短路引起的故障 如触点的断路或短路都会使电梯的控制环节电路失效，使电梯出现故障。

（4）电磁干扰引起的故障 由于微型计算机广泛应用到电梯的控制部分，所以电梯运行中会遇到的各种干扰，如电源电压、电流、频率的波动，变频器自身产生的高频干扰，负载的变化等。在这些干扰的作用下，电梯会产生错误和故障，电梯电磁干扰主要有以下四种形式。

① 电源噪声 它主要是从电源和电源进线（包括地线）侵入系统。电源噪声会造成微机丢失信息，产生错误或误动作。

② 从输入公共地线侵入的噪声 当输入线与自身系统或其他系统存在着公共地线时，就会侵入此噪声，此噪声极易使系统产生差错和误动作。

③ 静电噪声 它是由摩擦所引起的，由于它电压可高达数万伏，会造成电子元器件的损坏。

④ 电气电子元件损坏或位置调整不当引起的故障 电梯的电气系统，特别是控制电路，结构复杂，一旦发生事故，要迅速排除故障，单凭经验还是不够的，这就要求维修人员必须掌握电气控制电路的工作原理及控制环节的工作过程，明确各个电气电子元器件之间的相互关系及其作用，了解各电气元件的安装位置，只有这样，才能准确地判断故障的发生点，并迅速予以排除。在这个基础上若把别人和自己的实际工作经验加以总结和应用，对迅速排除故障，减少损失会有益的，因为某些运行中出现的故障还是有规律的。

15.3.1.4 电梯电气故障查找方法

当电梯控制电路发生故障时，第一就是询问操作者或报告故障的人员故障发生时的现象，查询在故障发生前有否作过任何调整或更换元件工作；第二就是观察每一个零件是否正常工作，控制电路的各种信号指示是否正确，电气元件外观颜色是否改变等；第三就是听电路工作时是否有异常声响；第四就是用鼻子闻电路元件是否有异常气味。在完成上述工作后，就可以用学习的电梯理论查找电气控制电路的故障。

（1）**程序检查法** 电梯是按一定程序运行的，由于它每次运行都要经过选层、定向、关门、启动、运行、换速、平层、开门的循环过程，所以对每一个过程的控制电路分别进行检查，来确认故障具体出现在哪个控制环节上。

（2）**电阻测量法** 在断电情况下，用万用表电阻挡测量每一个电路的阻值是否正常，通过测量它们的电阻值大小是否符合规定要求就可以判断好坏。

（3）**电压测量法** 在通电情况下测量各个电子或电气元器件的两端电位差，看是否符合正常值来确定故障所在。

（4）**瞬间短路法** 当怀疑某个或某些触点有开路性故障时，可以用导线把该触点短接，来判断该电气元件是否损坏。

（5）**断路法** 主要用于并联逻辑关系的故障点。可把其中某路断开，如恢复正常则检查该路。

（6）**代换法** 对于电路板的故障只能采取用相同的板子代换来快速修复故障。

（7）**经验排故法** 为了能够做到迅速排除故障，要不断总结自己和别人的实践经验，来快速排除故障，减少修复时间。

15.3.2 电梯电气维修常识

15.3.2.1 电梯安全回路

（1）**安全回路的作用** 为保证电梯能安全地运行，在电梯上装有许多安全部件。只有每个安全部件都在正常的情况下，电梯才能运行，否则电梯立即停止运行。

所谓安全回路，就是在电梯各安全部件都装有一个安全开关，把所有的安全开关串联，控制一只安全继电器。只有所有安全开关都在接通的情况下，安全继电器吸合，电梯才能得电运行。

（2）**常见的安全回路开关（各厂家配置不同）**

① 机房 配电控制屏急停开关、热继电器、限速器开关。

② 井道 上极限开关、下极限开关（有的电梯把这两个开关放在安全回路中，有的则用这两个开关直接控制动力电源）。

③ 地坑 断绳保护开关、地坑急停开关、缓冲器开关。

④ 轿内 操纵箱急停开关。

⑤ 轿顶 安全窗开关、安全钳开关、轿顶检修箱急停开关。

（3）**故障状态**　当电梯处于停止状态，所有信号均不能被电脑登记，电梯无法运行，要首先怀疑是安全回路故障。这时应该到机房控制屏查看安全继电器的状态。如果安全继电器处于释放状态，则应判断为安全回路故障。

故障可能原因有以下几点。

① 输入电源有缺相引起相序继电器动作。

② 电梯热继电器动作。

③ 限速器超速引起限速器开关动作。

④ 电梯冲顶或沉底引起极限开关动作。

⑤ 地坑断绳开关动作。

⑥ 安全钳动作。

⑦ 安全窗被人顶起，引起安全窗开关动作。

⑧ 可能急停开关被按下。

⑨ 如果各开关都正常，应检查其触点接触是否良好，接线是否有松动等。

另外，目前较多电梯虽然安全回路正常，安全继电器也吸合，但通常在安全继电器上取一副常开触点再送到微机（或 PC 机）进行检测，所以微机自身故障也会引起安全回路故障的状态。

15.3.2.2　电梯门锁回路

（1）**作用**　为保证电梯必须在全部门关闭后才能运行，在每扇厅门及轿门上都装有门电气联锁开关。只有全部门电气联锁开关在全部接通的情况下，控制屏的门锁继电器方能吸合，电梯才能运行。

（2）**故障状态**　在全部门关闭的状态下，到控制屏查看门锁继电器的状态，如果门锁继电器处于释放状态，则应判断为门锁回路有断开点断开。

（3）**维修方法**　由于目前大多数电梯在门锁断开时使电梯不能运行，所以以门锁故障属于常见故障。

① 首先应重点怀疑电梯停止层的门锁是否有故障。

② 确保安全状态下，分别短接各层、厅门锁和轿门锁，分出是哪部分故障。

另外，由于电梯虽然门锁回路正常，门锁继电器也吸合，但通常在门锁继电器上取一副常开触点再送到微机进行检测，如果门锁继电器本身接触不良，也会引起门锁回路故障的状态。

15.3.2.3 电梯安全触板（门光电、门光幕）

（1）作用 为了防止电梯门在关闭过程中夹住乘客，所以一般在电梯轿门上装有安全触板（或光电或光幕）。

安全触板：为机械式防夹人装置，当电梯在关门过程中，人碰到安全触板时，安全触板向内缩进，带动下部的一个微动开关，安全触板开关动作，控制门向开门方向转动。

光电：有的电梯安装了门光电（至少需要两点），一边为发射端，另一边为接收端。当电梯门在关闭时，如果有物体挡住光线，接收端接受不到发射端的光源，立即驱动光电继电器动作，光电继电器控制门向反方向开启。

光幕：与光电的原理相同，主要是增加许多发射点和接收点。

（2）故障状态

① 电梯门关不上。

现象：电梯在自动位时不能关闭，或没有关完就反向开启。在检修时却能关上。

原因：安全触板开关坏，或被卡住、或开关调整不当，安全触板稍微动作即引起开关动作；门光电（或光幕）位置偏或被遮挡，或门光电（光幕）无供电电源，或门光电（光幕）已坏。

② 安全触板不起作用。

原因：安全触板开关坏，或线已断。

15.3.2.4 电梯关门力限开关

（1）作用 在变频门机系统中如果在关门时遇有一定的阻力，通过变频器的计算，门机电流超过一定值时仍不能关上，则向反方向开启。

（2）故障状态 力限开关接触不良或变频器模块发生故障会使门关不上、向反方向开启。

15.3.2.5 电梯开关门按钮

（1）作用 电梯自动运行时，如果按住开门按钮，则电梯门会长时间开启，可以方便乘客多时正常进出轿厢。按一下关门按钮，可以使门立即关闭。

（2）故障现象 有时开关门按钮被按后会卡在里面弹不出来。如果开门按钮被卡住可能会引起电梯到站后门一直开着关不上。关门按钮被卡住会引起到站后门不开启。

15.3.2.6　电梯厅外召唤按钮

（1）作用　厅外召唤按钮用来登记厅外乘客的呼梯需要。同时，它有同方向本层开门的功能。如电梯向上运行时，按住上召唤不放，则电梯门会长时间开启。

（2）故障现象　有时召唤按钮被卡住时电梯会停在本层不关门。

15.3.2.7　电梯门机系统常见故障

一般直流门机系统的工作原理如图 15-20 所示。

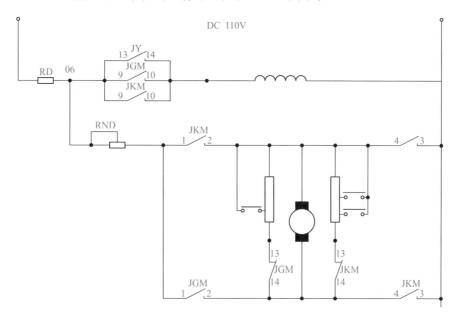

图15-20　直流门机系统工作原理

（1）电梯开门无减速，有撞击声。

原因：①门开启时打不到开门减速限位。②开门减速限位已坏，不能接通。③开门减速电阻已烧断或中间的抱箍与电阻丝接触不良。

（2）电梯关门无减速，关门速度快有撞击声。

原因：①门关闭时打不到关门减速限位。②关门减速限位已坏，不能接通。③关门减速电阻已烧断或中间的抱箍与电阻丝接触不良。

（3）开门或关门时速度太慢。原因：开门或关门减速限位已坏，处在常接通状态。

（4）门不能关只能开（JKM 与 JGM 动作正常）。原因：可能是关门终端限位已坏，始终处于断开状态。

（5）门不能开只能关（JKM 与 JGM 动作正常）。原因：可能是开门终端限位已坏，始终处于断开状态。

15.3.2.8　变频门机系统

① 现在生产的电梯大多都采用变频门机系统，一般的变频门机系统中，控制屏提供给门机系统一个电源、一个开门信号、一个关门信号。

变频门机系统也有减速开关和终端开关，大多采用双稳态磁开关。门机系统具有自学习功能。当到门机终端开关动作时，再返回控制屏一个终端信号，用来控制开关门继电器。

一般变频门机可以进行开关门速度、力矩、减速点位置等的设定，具体设定要参考生产方提供的门机系统说明书或电梯调试资料进行调节。

有的变频门机在断电扳动轿门后，因为开位置信号丢失。门机将不再受控制屏开关门信号的控制，必须断电后自学习一次方能正常工作。

有的变频门机系统除了受控制屏开关门信号控制外，自身有力限计算功能，当在关门过程中力限超过设定值时，即向反方向开启（过流检测）。当到达关门终端开关动作后，这个力限计算才失效。对于这种门系统，关门至终端的位置一定要超在轿门锁之前，否则，门锁接通后电梯即可运行，如果这个力限计算还有效的话，可能会引起电梯在运行中有开门现象，应该注意。对于该系统过流检测部分，接触不良是其主要故障点。

② 变频门机系统的故障主要是开关门按钮接触不良，双稳态开关安装位置不当或移位，力限开关电阻变值或接触不良等。

15.3.2.9　电梯井道上下终端限位

（1）作用　上终端限位一般在电梯运行到最高层，且高出平层 5 ～ 8cm 处动作。动作后电梯快车和慢车均不能再向上运行。反之，下终端限位一般在电梯运行到最底层，且低于平层 5 ～ 8cm 处动作。动作后电梯快车和慢车均不能再向下运行。

（2）故障现象

① 电梯快车和慢车均不能向上运行，但可以向下运行。原因：可能是上终端限位坏，处于断开状态。

② 电梯快车和慢车均不能向下运行，但可以向上运行。原因：可能是下终端限位坏，处于断开状态。

15.3.2.10　电梯井道上下强迫减速限位

（1）作用　低速度的电梯，一般装有一只向上强迫减速限位和一只向下强迫减速限位。安装位置应该等于（或稍小于）电梯的减速距离。中高速度的电梯，一般装有两只向上强迫减速限位和两只向下强迫减速限位。因为快速电梯一般分为单层运行速度和多层运行速度两种，在不同的速度运行下减速距离也不一样，所以要分多层运行减速限位及单层运行减速限位。

其作用是在电梯运行到端站时强迫电梯进入减速运行。目前许多电梯都用强迫减速限位作为电梯楼层位置的强迫校正点。

（2）故障现象

① 电梯快车不能向上运行，但慢车可以。原因：可能是向上强迫减速限位已坏，处于断开状态。

② 电梯快车不能向下运行，但慢车可以。原因：可能是向下强迫减速限位已坏，处于断开状态。

③ 电梯处于故障状态，程序起保护，故障代码显示为换速开关故障。原因：可能是向上或向下强迫减速限位已坏。因为强迫减速限位在电梯安全中显得相当重要，许多电梯程序都被设计成对该限位有检测功能，如果检测到该限位坏，即起程序保护。电梯处于"死机"状态。

15.3.2.11　电梯选层器常见故障

（1）机械选层器　早先的电梯是采用机械式选层器，有的是采用同步钢带，随同电梯的运行，模拟反映出电梯实际所在的位置，现在已经被淘汰。

（2）井道楼层感应器　有的电梯，电梯位置的计算是靠在井道中每层都装一只磁感应器，轿厢侧装一块隔磁板，当隔磁板插入感应器时，该感应器动作，控制屏接收到这个感应器的信号后，立即计算出电梯的实际位置。同时控制显示器显示出电梯所在位置的楼层数字。

故障现象：电梯要确定运行的方向，势必要知道电梯目前所在的位置，所以电梯位置的确定非常重要，这部分电路出了故障，可能电梯就不能自动确定运行方向了，而会出现信号登记不上的现象。

同样，这部分电路出现故障时，一般也会引起楼层显示数字的不准确等现象。

（3）轿厢换速感应器　目前有些电梯省掉了楼层感应器，而采用装在轿厢上的换速感应器来计算楼层。

这种电梯在轿厢侧装有一只上换速感应器和一只下换速感应器，在井道中每层停站的向上换速点和向下换速点分别装有一块短的隔磁板。

当电梯上行时，到达换速点时，隔磁板插入感应器，感应器动作，控制屏接收到一个信号，使原来的楼层数自动加1。

当电梯下行时，到达换速点时，隔磁板插入感应器，感应器动作，控制屏接收到一个信号，使原来的楼层数自动减1。

当电梯到达最底层，下强迫减速限位动作时，能使电梯楼层数字强制转换为最底层数字。

当电梯到达最高层，上强迫减速限位动作时，能使电梯楼层数字强制转换为最高层数字。

故障现象：这种类型的电梯往往会造成电梯在运行中有乱层现象。

如：上换速感应器坏（不能动作）时，电梯向上运行时数字不会翻转，也不能在指定的楼层停靠，而是一直向上快速运行到最高层，楼层数字一下子翻到了最高层。使电梯在最高层减速停靠。下换速感应器坏时故障现象与上换速感应器坏（不能动作）时相反。

（4）数字选层器　所谓数字选层器，实际上就是利用旋转编码器得到的脉冲数来计算楼层的装置。这在目前大多数变频电梯中较为常见。

原理：装在电动机尾端（或限速器轴）上的旋转编码器，跟着电动机同步旋转，电动机每转一圈，旋转编码器能发出一定数量的脉冲数（一般为600或1024个）。

在电梯安装完成后，一般要进行一次楼层高度的写入工作，这个步骤就是预先把每个楼层的高度脉冲数和减速距离脉冲数存入电脑内，在以后运行中，旋转编码器的运行脉冲数再与存入的数据进行对比，从而计算出电梯所在的位置。

一般地，旋转编码器也能得到一个速度信号，这个信号要反馈给变频器，从而调节变频器的输出数据。

故障现象：

① 旋转编码器坏（无输出）时，变频器不能正常工作，变得运行速度很慢，而且不一会儿会出现变频器保护，显示"PG断开"等信息。

② 旋转编码器部分光栅坏时，运行中会丢失脉冲，电梯运行时有振动，舒适感差。

③ 对旋转编码器的维修：

a. 旋转编码器的接线要牢靠，走线要离开动力线，以防干扰。

b. 有时会出现旋转编码器被污染、光栅堵塞等情况，可以拆开外壳进行清洁。

提示：旋转编码器是精密的机电一体设备，拆除时要小心。

15.3.2.12　电梯轿厢上下平层感应器

（1）作用

① 用来进行轿厢的爬行平层。

② 用来进行反馈门区信号。

（2）故障现象　平层感应器不动作（或者隔磁板插入感应器的位置偏差太大）时，电梯减速后可能不会平层，而是继续慢速行驶。

有些电梯程序能检测平层感应器的动作情况，比如当电梯快速运行时，规定到达一定时间必须要检测到有平层信号，否则认为感应器出错，程序立即反馈电梯故障信号。

15.3.2.13　电梯轿厢称重装置

（1）作用　用来测定电梯载重量，发出轻载、满载、超载等信号。有的能进行电梯运行中的补偿，配合防捣乱功能等。

（2）故障现象　主要防止称量装置位置移位，造成误动作。这时要重新做试验调正位置，否则可能引起电梯关不上门的现象发生。

15.3.3　电梯电路板维修经验

电梯电路板包括：门机板、编码板、I/O 板、主控板、外召通信板及显示板等。

（1）模块组成　模块组成如图 15-21 所示。

① 电源模块　一般包括整流电路、稳压电路、滤波电路、电源监控电路。

② 核心处理模块　包含 CPU（或单片机、DSP 处理器）、EEPROM、RAM、地址信号译码电路、振荡电路、复位电路、看门狗电路。

③ 信号输入模块　包含降压电路、信号隔离电路（一般情况用光耦和微型变压器）、缓冲锁存电路。

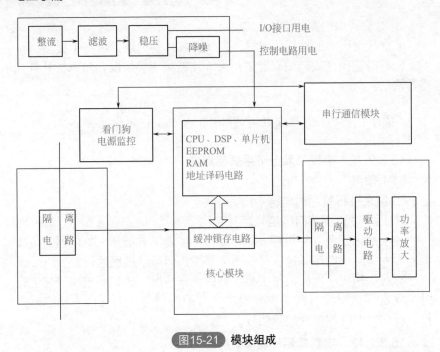

图15-21 模块组成

④ 信号输出模块　包含缓冲锁存电路、信号隔离电路（一般情况用光耦和微型变压器）、功率放大电路。

⑤ 串行通信模块　在电梯中使用的串行通信技术主要是 RS232、RS485 或 CAN 总线，其中 RS232 是用于与调试器、电脑连接，内部通信一般采用 RS485 或 CAN 总线技术。

在电梯中各种电子板中，在正常使用的情况下，核心元件损坏的概率较小。因为处理器、EEPROM、RAM、晶振等都是在 5V 或更低电压条件工作，纯属开关量信号。出故障一般在 I/O 接口部分和电源部分。比如输入的光耦、光耦的限流电阻，输出部分的功率放大三极管、晶闸管及驱动电路等。电源部分主要有无电压、电压偏低、电源波动太大等。

（2）维修方法　在维修电子板前，首先要详细询问故障发生时的现象，同时必须清楚相关原理和接口的作用，这样才能缩短判断故障所需的时间。同时，对于不懂不会的地方千万不能蛮干，以避免故障进一步扩大。如曾遇到过有的维修人员把变频器电源输入和输出直接短接致使变频板烧毁的例子。

① 首先要检查电子板是否开始基本的初始化操作　判断主板是否

初始化操作最简单的方法就是检查输出继电器是否吸合、LED 显示是否正常，有无报错声响等。如果有报警声、有数字或字符显示，基本可判断核心处理模块正常。

如果不正常，首先要检查主板外部输入电压是否正常，电流是否正常；在确认电源正常后，可依次检查 CPU 的电压是否正常（一般为5V）、复位电路是否复位、振荡电路是否起振。

其中要特别注意主板的核心电压，它是指输入电源经过整流电路、稳压电路、滤波电路、电源监控电路后 CPU 等核心模块直接使用的电压，具有要求精度比较高的特点。

② 输入信号后无反应的维修方法　首先确认电源是否正常，确定CPU 是否正常工作。遇到这种故障一般先检查输入电路接口部分有无松脱，检查保护二极管、限流电阻是否被击穿，光耦、隔离变压器是否正常。对有光耦的电路，锁存电路损坏的可能性很小。所以可以以光耦原件为分界线，判断故障出现在光耦前端还是后端。

③ 无输出信号的维修方法　首先确认电源是否正常，确定 CPU 是否正常工作，检查相对应的输入信号正常后，再依次检查输出接口的功率放大接口电路、功率元件驱动电路、信号隔离电路（光耦或变压器）、信号锁存电路等。

④ 通信不正常　对 CAN 总线从原理上来说，一个通信节点出错不会影响整个通信网络，但实际应用中，由于程序设计加上硬件设计上的不完善的原因，一个节点出错也可能会导致整个通信不正常，出现不能正常呼梯或显示混乱等奇怪的现象。所以对通信不正常的现象要具体原因具体对待，对这类故障通常可采用代换法，对电路板上能代换的元器件尽量代换以节省维修时间。

15.3.4　电梯故障实例分析

对于电梯故障，有很多的专门介绍，在这里只介绍几个特殊例子以供参考。

故障 1：某 PLC 控制双速电梯，总烧 PLC 供电回路的 2A 保险（控制柜上的，非 PLC 内部的保险），不定时间，没有规律。在检查并通过更换证明 PLC 机没有问题的前提下，维修人员将 2A 保险换成 3A。该保险不断了，开始烧电源变压器（提供 110V，24V）初级回路 4A 保险，并且有时在电梯运行中将底层的总闸 60A 空开顶掉。此情况持续了一个多月，找不到原因。

故障点是 24V 直流电源整流桥后的滤波电容虚接了。该电容在电源变压器上接线端子板的下面，比较隐蔽。

分析：电容相当于一个大的负载，当电容虚接时，等同于瞬间短路，在回路中产生较大的电流。该用户电梯供电线路又是铝质导线，阻抗大，电流大时线路的压降大，使电梯的电源输入电压瞬间降低。为了维持一定的功率，各用电回路的电流必然加大，故烧 24V 回路保险是理所当然的了，而开始时 PLC 机回路因保险阻值小先行烧断。至于顶掉总闸，也是由于电梯运行中电流较大，瞬间断路时回路中的保险偶尔会没来得及烧，空开可能先被顶掉了，这也与该空开较陈旧，跳闸电流值已不准确有关。

故障 2：某品牌调频电梯，一直运行正常。入冬后常常"死机"（电梯电脑保护），需拉闸停电再送电才能继续运行。该故障尤其在早晨刚上班时出现较频繁，往往一启车就保护。而经过多次拉闸、送电后才能逐渐恢复正常，而下午一般很少出故障。电脑保护故障码提示，检测出速度曲线与速度反馈之差超过了规定值。

解决方法是将减速箱齿轮油放了，更换新的齿轮油后连续几天再也没有发生上述故障。

分析：根据现象直观地判断应该与气温有关，因为该电梯所在机房与室外差不多。开始时怀疑是某个元器件不可靠了，尤其旋转编码器，别的现场曾发生过气温低时不能用的情况，但更换电子板、码盘外安放电暖气等措施都没有效果。事实上，更换下来的旧油与新油黏度看上去差不多，而就是这一点差别导致了上述故障。以前有台长期搁置的电梯冬天首次使用时，发生过抱闸，打开后电动机嗡嗡响却一点都不转的现象，也是由于齿轮油的缘故。按电梯保养要求，齿轮油应每年更换一次，并且有冬用油与夏用油之分。

故障 3：某品牌电脑控制客梯，各层呼梯信号是通过串行通信给机房控制板的。该梯已运行三四年了，不知从哪天开始，用户反应常常呼不到电梯。是不是电梯里人多满员？维修人员自己去试，即使轿厢里没有人也有呼不到梯的情况。查轿底的满载开关没有问题，操纵盘也没有司机直驶功能。最后把有关电子板、呼梯板换了个遍问题仍没有解决。

故障点是轿内一个坏的环形日光灯，把灯管摘了即好。轿顶天花板里共有 6 个灯管，多数已坏，而该灯管端头已黑，还有点一闪一闪的微光。

分析：呼梯后应答灯也能亮，而且电梯没有呼到，但过去回头还能响应，说明呼梯板、电子板都没有问题，板子换来换去是没有必要的。

从功能上考虑满载信号是否有问题的思路是对的。满载开关是常开点，高电平（DC 48V）有效。将控制柜上的满载信号线去掉，故障即消除。把接线恢复进一步用示波器观察，发现其上有脉冲波，峰值达到40V。因而形成有效的满载直驶信号，此脉冲波频率与日光灯打火同步，是经随行电缆耦合到满载信号线上的。经试验，在该信号线上接一个 $50\mu F$ 的电容（对地），也可消除干扰。

故障 4：某品牌变频客梯（1350kg、1.75m/s），投入使用不到 1 年，出现提前换速情况。该梯的换速原理是这样的：电梯到达停站层之前，电脑根据编码盘计数确定的位置发出减速曲线，电梯减速运行至距平层200mm 处，再走平层曲线，从而准确平层。减速曲线与平层曲线衔接不好，就会影响停梯前的舒适感。该梯有时换速提前太多，减速接近零速后以很慢的速度爬行到门区，速度又稍微增加一下再停梯。电梯里的乘客一致感觉慢，似乎站了半天不开门，开门前还要颠一下。此梯几个月前因轿厢装修大理石，增加配重后才重新调试过，因此用户很不满意。

原因是钢丝绳出油太多了，用煤油将油污擦干净后，问题基本得到解决，钢丝绳质量不是太好，是造成该故障的根本原因。

分析：轿厢装修大理石和增加配重加重了钢丝绳的受力，使质量不是很好的钢丝绳出油更多，造成曳引轮与钢丝绳之间摩擦系数减小而打滑。这种打滑有两种情况，一种是顺向的，如电梯满载下行启动后，钢丝绳前行比曳引轮更快，这是很不安全的，有可能出现停梯开门时电梯因惯性继续下滑。本梯是另一种情况，多发生在轻载下行，满载上行时，曳引轮前行了而钢丝绳没有动，这种打滑不是连续的，不定时滑一小段，当运行层站较远时就会累计一定距离，由于曳引轮的转动使编码盘计数距离比实际轿厢运行的长，换速指令就提前了。

还有一种与钢丝绳有关的情况。当电梯运行久了钢丝绳被拉长，其直径变细，这样嵌在曳引轮槽里更深了。于是曳引轮转一圈电梯运行的距离比刚安装好时要短，当楼层较高，运行层站较远时同样会累计一定距离，出现上述情况。只是相比较要轻微些，但仍会影响舒适感，这时电梯需要重新调试，再进行一次层距学习。

故障 5：三菱电梯门机板有问题。

三菱电梯门机板采用调压调速的三相控制，并在关门后其中一相通过电阻减压继续保持一个小的力矩防止门被打开，这就是三菱 SPVF 梯运行时始终输出关门信号的原因，不过也因为这样门机板要长期工作，对门机板电子器件的要求很高，门位置信号是通过一个光栅盘来采样的。光栅盘的位置很重要，虽然看起来是死的，实际上还是可以微调的。总之在开关的过程中，必须看到 LED 灯亮－灭－亮－灭－亮的过程，否则电梯门看起来正常，实际在终端电机还在运行，久之，门机板就坏了。门机板除非完全进水不能再用，否则还是可以修理的，通常就是门机板的几个红色模块坏了，换了就好了。

故障 6：电梯一运行就自保。

一般电梯都有一个故障检查系统，一运行就自保，说明故障只有在运行时才被检查出来，如电梯过电流、编码器无输出、拖动数据不匹配等，先找到自保原因，在没有维修机的情况下，首先看编码器，编码器的输出在电机旋转时应有 2.5V 的交流电，停止时则电压应小于 1V DC，如果编码器没问题，外部接线正常，可能是过电流引起的，如电机过流、电梯过载，也可能是电流的检测单元有问题。

故障 7：门关一半就打开。

这是一个很简单的问题，之所以列在这里，是因为此种故障发生频率太高，一般门上的安全触板的连接线由于门经常运动会被折断或短路，这种随着门运动安全触板接线时通时断的原因造成门关了部分又打开。

15.4 空调器检测与维修

15.4.1 空调器电气系统

15.4.1.1 电路组成

现在空调器中均利用微电脑（单片机）控制方式，即以电脑（CPU）芯片（多种型号）为主体构成控制板，实现各种功能控制。图 15-22 为电脑控制电气系统框图。空调器整机工作原理可扫二维码学习。

15.4.1.2 电路功能

（1）电脑（CPU）芯片　CPU 是控制板的核心，有多种型号。它是具有智能功能的微型计算机，内部集成有时钟振荡器、比较器、逻辑运算器、输入 / 输出端口等众多功能电路，内部存储器存储了工厂写好的操作程序。它的作用主要有三个：一是接收、识别用户指令；二是监测室内温度，室内侧、室外侧热交换器盘管温度；三是将用户设置温度与采集到的温度进行比较，并根据程序来控制压缩机、风扇电机的供电电路，实现自动开 / 停机及室内侧热交换器的防冻结等保护功能。

CPU 有待机、开机、保护三种工作状态。待机状态（即插上电源后的

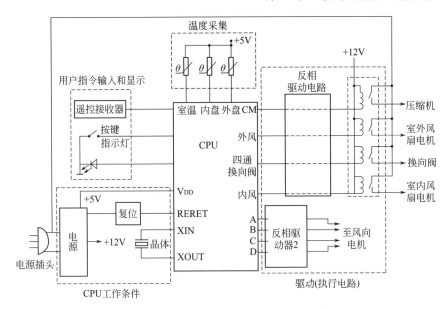

图15-22 电脑控制电气系统框图

状态）下CPU只能接收、处理来自遥控器的开机指令，或面板上应急运行指令。CPU在具备工作条件后即可进入待机状态，待机状态下CPU如果接收到开机指令则自动转入开机状态，此时CPU可接收来自遥控器的操作指令，同时监测室内温度、盘管温度等。CPU采集到盘管温度过低时会自动转入防冻结状态，即保护状态，此时会强行切断压缩机供电电路等。

CPU工作条件正常是空调器运行工作的前提。CPU工作条件包括：一是CPU的电源，即 V_{DD}（电源）脚得到 +5V 电压，接地脚接地良好；二是复位脚输入正常的复位信号（RESET），正常工作后，复位脚电压 ≥ 4.6V；三是时钟振荡要正常，且外接晶体 4MHz 频率正确；四是面板操作键无漏电、常通现象，存储器没有问题。

（2）**存储器** 存储器相当于计算机的一个数据仓库，专用来储存计算机中的各种指令、程序和运行结果。有两种：一种是存储不变动的工作指令，即只能读不能写的存储器 ROM，属于厂家设定。另一种是存储经常要用的数据，即读/写存储器 RAM，主要用在程序运行期间存储工作变量的数据。机用可读写的 EPROM，属于读/写存储，可供用户随时写入或读取数据，利用的芯片有多种型号。

（3）**CPU 的输入电路** 键盘（面板按键）电路：CPU 芯片相对应

功能脚外接导电橡胶触点的功能开关，作为用户的应急键，启动空调器运行和进入运行状态。

遥控器和接收头：利用红外线遥控方式。遥控器好像计算器，面板上设功能键，供用户操作。内部是发射芯片和红外发射电路（红外发光管装在前端窗口），当操作某功能时，变为发射指令的红外光对空调器实施遥控。

接收头接收红外光（遥控信息）、经检波还原遥控指令送入 CPU，实现遥控操作。接收头（铁封或塑封组件）装在接收窗口内。

（4）检测及控制电路 包括温度采集、风扇转速检测等功能电路。

① 温度采集。包括室内温度采集、室内侧热交换器盘管温度（内盘）采集，冷暖空调器还包括室外侧热交换器盘管温度（外盘）采集。一般利用热敏电阻作传感器，连接如图 15-23 所示。传感器及固定位置如图 15-24 所示。

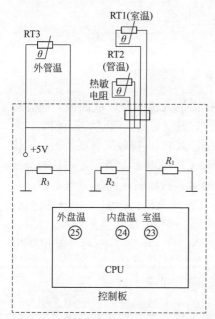

图15-23 温度采集电路

图15-24 温度传感器及固定位置

RT 热敏电阻利用负温热敏电阻，特性是环境温度上升时阻值减小。

用来检测室温（RT1 装在热交换器表面）变化给 CPU 提供不同电压值，CPU 根据电压值大小来判断当前室内温度，与用户设定温度比较，以确定空调器是继续保持当前运行状态，还是进行开 / 停机转换。

用来检测室内盘管温度，RT2 固定在室内热交换器侧端盘管上，给 CPU 提供不同电压值，判断出室内盘管温度，确定是否进入防冻结状态，以防止室内侧热交换器冻结（制冷、除湿状态）。一般来讲，当 CPU 判断出压缩机运转 10min 以上，但室内盘管温度低于 −2℃时，强迫压缩机停止，进入防冻结状态。

用来检测室外交换器盘管温度，RT3 固定在室外侧热交换器侧端盘管上，根据外盘管温度变化给 CPU 提供不同电压值，CPU 根据输入电压值判断出外盘管的温度，以确定空调器工作状态。

其他传感器也是此种工作方式。

② 室内风扇转速检测电路。霍尔元件（转速检测的一种元件）装在室内风扇电机上，当室内风扇电机不稳时，霍尔元件检测出此信息加入 CPU，与设定的风扇转速比较，控制输出电压，通过驱动电路自动调整风扇转速稳定。

（5）**驱动电路** 驱动电路又称执行电路或接口电路，是介于 CPU 芯片控制信号输出端与被控器之间的电路。利用反相驱动 IC（有多种型号，例如 ULN2003 等）或利用直接控制方式与继电器可控硅驱动方式。驱动电路包括多种：压缩机驱动电路、室外风扇电机驱动电路、室内风扇电机驱动电路、风向电机驱动电路、四通阀驱动电路、电加热器电路、蜂鸣器驱动电路、指令灯驱动电路等。

（6）**显示电路** 利用指示灯或数码显示屏。指示空调器当前运行状态，有的为指示故障代码。

（7）**电源电路** 将 220V 电压降到十几伏，再经整流、滤波、稳压得到 +12V 供驱动电路工作电压；得到 +5V 供 CPU 工作电压，稳压电路多数利用 12V/5V 三端稳压器。

15.4.2 控制器件与开关

空调器电气构成可扫二维码学习。

（1）**电加热器** 又称电加热丝。只有电加热型冷暖空调才设置有电加热丝，配合室内机的风扇，向室内供热。目前电加热器有电加热管型和 PTC 加热器两种，如图 15-25 所示。它们获得供电后即发热。电辅助加热器判别可扫二维码学习。

（2）**电磁阀** 电磁阀是一种靠通电与否来控制开、闭的电动阀门。一般用于一拖二空调器。

电磁阀是由线圈和阀芯组成的一种开关，内部结构如图 15-26 所

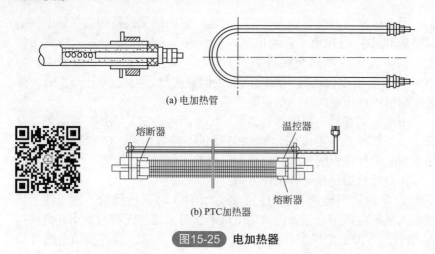

(a) 电加热管

熔断器　　　　　　　　　　　温控器

(b) PTC加热器

熔断器

图15-25 电加热器

示，线圈得电产生磁场将阀针、衔铁吸起，阀门打开，两管口接通，使制冷剂流通；线圈失电磁场消失，衔铁因重力下落使阀门关闭，两管口断开，终止制冷剂流通。

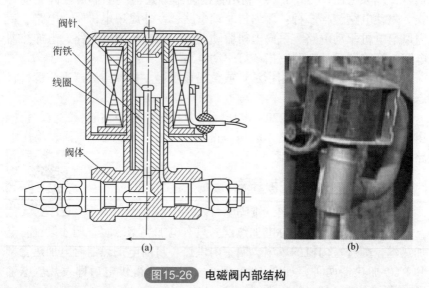

阀针

衔铁

线圈

阀体

(a)　　　　　　　　　　　(b)

图15-26 电磁阀内部结构

电磁阀应安装在水平管道上，入口装置有过滤器，制冷剂流向应与阀壳标注箭头一致。使用时还要注意额定电压等。

有的三相电空调器在储液器和膨胀阀之间安装电磁阀。电磁阀的线圈通常与压缩机电机控制线路串联，当压缩机启动运行时，电磁阀得电随即开启，以使制冷剂循环流通；当压缩机因供电电路切断而停转时，电磁阀线圈也随之失电，电磁阀立即关闭。这样可以避免压缩机停机后，大量的制冷剂液体继续进入蒸发器，防止压缩机再次启动时，蒸发器内大量制冷剂液体倒流至压缩机，发生压缩机"液击"现象。

（3）**交流接触器**　交流接触器属于控制继电器，是利用电磁铁带动触点闭合或断开，实现供电电路通、断，适用于频繁启动及控制三相交流电机。

（4）**过热继电器**　过热继电器是一种用于过热保护的继电器，平时处于常通状态，当过热时自动转入断开状态，主要用于对三相异步电机等动力设置进行过载保护。

（5）**除霜控制器及防冷风控制器**

① 除霜控制器　除霜控制器又称除霜温控器，外形与一般的机械式温控器相似，安装在热泵型空调器的外机靠近热交换器的附近。

热泵型空调器制热时，外机的热交换器是低温的蒸发器。当蒸发器温度达到0℃以后，蒸发器盘管上就会结霜，而且时间越长，霜层越厚。此时必须除霜，否则可能损坏压缩机，制热效果也会下降。

由于除霜控制器靠近热交换器，所以它能很快地感受到热交换器的温度。当热交换器温度低于设定温度时，除霜控制器就会动作，切断四通阀的电源，使制热循环切换为制冷循环，同时室外热交换器也由制热时的蒸发器，转变为制冷时的冷凝器，开始除霜。

在除霜过程中，冷凝器的温度逐渐上升，很快地融化掉结在盘管上的冰霜。除霜结束后，除霜控制器又会动作，使四通阀切换到制热循环。

② 防冷风控制器　热泵式空调器在除霜运转时，室内热交换器由制热时的冷凝器，转变为制冷时的蒸发器。此时为防止室内机风扇把冷风吹入室内，空调器在电路中设置了一个防冷风控制器。

空调器在除霜运转时，当室内蒸发器的温度降到设定值时，防冷风控制器自动使室内风扇停止运转。当除霜结束时，空调器恢复制热，室内冷凝器温度又开始上升，上升到设定值时，防冷风控制器又把室内风扇电路接通，风扇运转送热风。

（6）**压力继电器**　压力继电器又称压力控制器，它能把制冷系统的压力转换为电信号，以控制电气系统。压力控制器由高压控制和低压控制两部分组成。高、低压控制部分分别与压缩机高、低压管相连。

图 15-27 所示为压力控制器的内部结构示意图，它主要由高压波纹

管、低压波纹管、高压顶力棒、低压顶力棒、碟形簧片、压差调节盘、复位弹簧、压力调节盘、传动杆和微动开关等部件组成。当气态制冷剂进入压力控制器后，气压会使压力控制器的波纹管产生变形，变形的波纹管迫使传动杆移动，从而使微动开关接通或断开，控制压缩机的停机与运转。当制冷系统高压压力过高时，高压控制部分就会切断压缩机的供电回路，使压缩机停止工作，以避免压缩机被高压损坏。当压缩机吸气压力过低时，低压控制部分也会切断压缩机的供电回路，使压缩机停止工作。

　　压缩机电机绕组判别、启动电容检测及过热、过热保护器判别可扫二维码学习。

压缩机电机
绕组判别

压缩机启动
电容检测

过流、过热保
护器判别

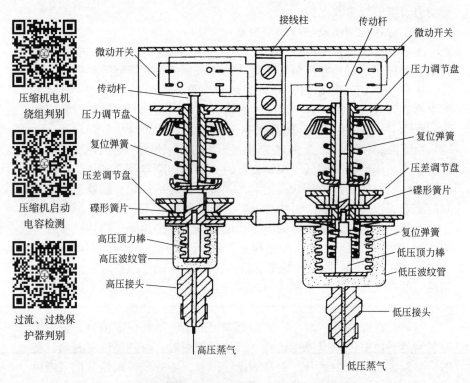

图15-27 压力控制器的内部结构示意图

15.4.3　变频空调器的结构和工作原理

（1）变频空调器的原理及特点　变频空调器与普通空调器相比，最主要的人不同点是增加了变频器（功率模块）。变频空调器有交流变频和直流变频。

随着变频空调器的发展，其变频技术也由交流变频发展到直流变频，控制技术由 PWM（脉冲宽度调制）发展为 PAM（脉冲振幅调制）。

变频空调器与传统空调器的主要区别是：变频空调器是通过变频器将电源频率处理，使供给变频压缩机的电源频率根据需要发生变化，这样压缩机转速也发生变化，从而控制压缩机排气量使空调器真正达到节能效果。此外它还利用了电子膨胀阀替代毛细管，在电控系统主要增加了变频器和感温检测点，并利用了三相变频压缩机，变频空调器运转速度始终受电控系统和变频器控制，其制冷量随压缩机转速而变化，电控系统主要由室内和室外两部分组成，控制中枢利用微电脑单片机。

① 变频压缩机　根据利用旋转式或涡旋式压缩机不同，变频压缩机又分成交流变频压缩机和直流变频压缩机。

交流变频压缩机电机，定子、转子与普通三相异步电机结构相同，电功率模块提供三相脉冲电压，控制电机旋转。改变供电频率 f，也就改变了供电电压 U 值，从而改变了压缩机转速，即制冷量，叫 U/f 变频控制。

直流变频压缩机（又叫直流调速压缩机）电机，一般用四极直流无刷电机，定子与普通三相感应电机相同，转子利用四极永久磁铁。由变频模块提供直流电流形成磁场与转子磁场相互作用，产生电磁转矩。改变供电电压值改变转速。

② 功率模块　又叫 IPM 模块或变频模块、功率逆变器、驱动单元，是变频空调特有元件。功率模块内部是由三组（每组两只）大功率开关管构成。外形和内部结构如图 15-28 和图 15-29 所示，还包含驱动电路、过渡/短路/过压/欠压保护电路等，有多种型号，目的是将直流电压转换为频率或电压可调的部件。具体说，是将 310V 直流电压，根据 CPU 输出的控制信号变换为相应频率的三相模拟交流电压或相应值的直流电压，送入压缩机电机，使压缩机转速根据控制冷（热）需要旋转。

（2）模块工作原理

① 交流功率模块工作原理　如图 15-30 所示。模块内由六个大功率开关管构成上、下桥式驱动电路，开关管的导通与截止由各自基极引入控制信号决定，控制信号来自 CPU，在 CPU 的运行程序中设定，它所

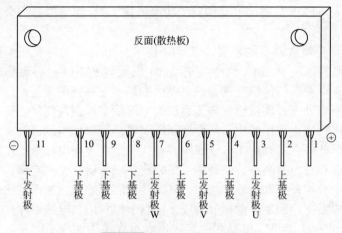

图15-28 模块外形及引脚图

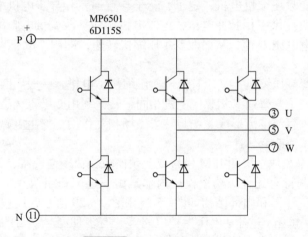

图15-29 功率模块内部结构

输出的控制信号使每只开关管在每个周期中导通180°，且同一桥壁上两只开关中一只导通时，另一只必须关断。相邻的开关导通相位差120°，这样在任意一个周期内都有三只开关导通，接通在相负载。当控制信号输入时，A+、A−、B+、B−、C+、C−各开关顺序分别导通，从而输出频率变化的三相交流电，使压缩机运转。

　　② 直流功率模块工作原理　如图 15-31 所示。

852

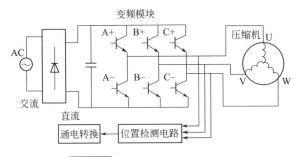

图15-30　交流功率模块工作原理

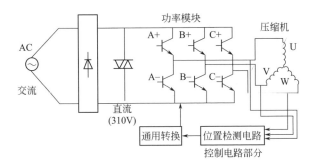

图15-31　直流功率模块工作原理

直流310V给模块供电。模块内部六只大功率开关管基极输入来自控制板的控制信号，控制三组人功率开关管每次只有两组导通输出直流电给压缩机三相电机，通电顺序为UV-VW-WU-UV。当在直流变频压缩机定子绕组UV两相通入直流电时，由于转子中永久磁铁磁通的交连，而在剩余的W线圈上产生感应信号，作为直流电机转子的位置检测信号，然后配合转子磁铁的位置，逐次改变直流电机定子线圈通电相，使其继续转。输入功率开关管基有控制信号强度不同时，提供给压缩机的电压不同，则可改变转速。

③PWM（脉冲宽度调制）和PAM（脉冲幅度调制）控制方式

PWM控制方式：在脉冲幅度不变情况下，改变脉冲宽率，使送入压缩机电机线圈电压变化改变转速。线圈电压30～260V，转速200～6000r/min。

PAW控制方式：保证脉冲宽率不变情况下，通过改变脉冲的幅度，使送入压缩机线圈电压按正位波变化，改变转速。线圈电压30～

360V，压缩机转速 700 ～ 9000r/min。

（3）**电子膨胀阀** 电子膨胀阀用来代替毛细管（用于小中型制冷系统）、热力膨胀阀（用于大中型制冷设备）节流降压。属于新型产品，用于变频空调、模糊控制空调及中央空调器中。

电子膨胀阀的结构由步进电机和针形阀组成。图 15-32 所示为电子膨胀阀结构。

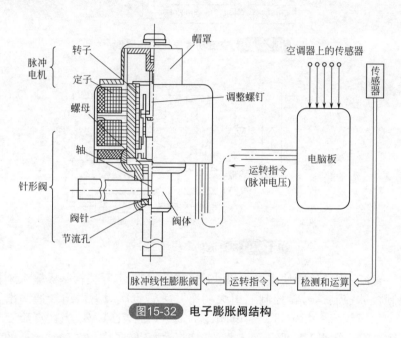

图15-32 电子膨胀阀结构

15.4.4 格力定频空调器电路板原理与检修

以格力 KFR-20/25GW 空调器主控电路板为例 如图 15-33 所示。该主控电路为格力新型控制电路，单片机 IC1 利用 UPD75068，适用单冷和冷暖两种空调，下面介绍其电路的工作原理。主控板电路分析与故障检修可扫二维码学习。

① **电源电路** 220V 通过接插件 CN1 为变压器初级提供电源，VAR 为压敏电阻，C_{24}、$C_1 \sim C_6$ 为电源滤波电容。变压器次级通过 CN2 分成两路输出。

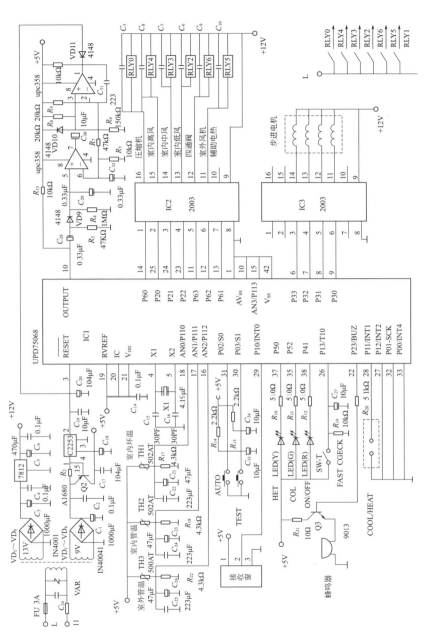

图15-33 格力KFR-20/25GW空调器电路原理图

第一路输出 13V 交流电压经 $VD_5 \sim VD_8$ 桥式整流，送到三端稳压 7812 输出 12V，为继电器提供直流电源。

第二路输出 9V 交流电压经 $VD_1 \sim VD_4$ 桥式整流，并经过调整管 Q2 输出 5V，为单片机以及外围电路提供电源。

② 复位电路　该电路由 LM358 及外围电路组成，接单片机③脚和 ⑩脚。③脚正常时为高电平，低电平时复位。⑩脚正常时输出方波信号，比较器 LM358 的①脚输出低电平，整机复位。当空调器出现死机时，单片机⑩脚无方波信号输出，经复位电路处理后，空调器自动复位，整机停止工作。

③ 振荡电路　该电路由电容 C_{15}、C_{16} 以及 4.19MHz 晶振组成，为单片机提供稳定的时钟信号。

④ 红外接收电路　该电路通过红外接收窗，将遥控信号接收下来，然后送入单片机 IC1 的㉙脚对空调整器遥控信号进行功能控制。

⑤ 温度检测电路　TH1 与 R_{17} 分压构成室温传感电路，当室内温度发生变化时，分压值也随之变化，此变化的电压信号被送入单片机 IC1 的 ⑱ 脚进行温度自动控制。

TH2 与 R_{18} 分压构成管温传感电路，其工作原理同上，不同之处是该电路是用来在制热时进行防冷风吹出控制的。

TH3 与 R_{22} 分压构成除霜传感电路，其工作原理同上。

⑥ 蜂鸣器驱动电路　当单片机 IC1 接收到功能信号后，蜂鸣器发现蜂鸣声，表示功能接收有效，IC1 的 ㉒ 脚输出信号经 R_{20}、Q3 驱动蜂鸣器 BUZ 发出蜂鸣声。

⑦ LED 显示电路　该电路 IC1 的㊲脚低电平有效，LED 黄灯亮（制热状态），IC1 的㉟脚低电平有效，LED 绿灯亮（制冷状态），IC1 的㊳脚低电平有效，LED 红灯亮（运行指示），过热时闪烁。

⑧ 工作方式控制电路　当 AUTO 接通时，IC1 的㉛脚由高电平变为低电平，空调器进入自动运行；当 TEST 接通时 IC1 的㉚脚由高电平变为低电平，此时空调器自动运转。

⑨ 机型选择电路　当 IC1 的㉘脚接高电平时，本系列机型为单冷型；㉘脚接低电平时，本系列机型为冷暖型；当㉜脚接高电平时，室内风机为二速；当㉜脚接低电平时，室内风机为三速；当㉗脚为低电平时，用于格力空调器，高电平用于标冷型，当㉝脚为高电平时，风机热保护有效；当 ㉖ 脚为低电平时正常，㉖ 脚为高电平时快速。

⑩ 输出 IC1 的⑥～⑨脚输出信号控制步进电机，IC3 为反相驱动器；㉓、㉕脚分别控制室内风机的低、中、高三速，高电平有效；⑭脚输出信号是控制室外压缩机的开停，高电平有效；⑪脚用于控制四通换向阀线圈，高电平有效；⑫脚用于控制室外风机的开停，高电平有效；⑬脚用于控制辅助电加热器接通与断开，高电平有效。

常见故障检修：

① 通电后室内机无反应（灯不闪、蜂鸣器不响、不接收遥控信号）。观察 L 线与 COMP 线是否插反，检查保险管、变压器是否正常；测量 5V 正常与否，如不正常且 Q2 已热，查电容 C_{18} 是否短路；测单片机③脚电平，若低于 4V 则多为电解电容 C_{16} 或电容 C_{20} 漏电。

② 蜂鸣器不响但其功能正常。这多为蜂鸣器损坏所造成，更换时应注意极性的正确。

③ 空调器接收遥控信号距离短。检查红外接收窗是否安装到位，如到位可更换遥控发射手机或遥控接收器（可扫码学习）。

④ 不制冷且制冷温度偏差过大。检查室内感温头是否折断，插头是否插好，电解电容 C_{21} 以及电容 C_{22} 是否漏电或短路。

⑤ 制冷 10min 后，压缩机停以后不再启动。检查管温热敏电阻是否断路，接插件是否接触良好，电容 C_{23}、C_{24} 是否漏电或短路。

⑥ 空调器周期性除霜（50min 一个周期）。检查室外管温热敏电阻是否折断或接插件是否接触良好。

⑦ 摆叶电机不动作或运转角度过小。检查步进电机线圈是否断路，其接插件是否插好，SWING 插头焊接是否短路，IC3 或 IC1 是否短路。

15.4.5　格力定频柜式空调器电路板原理与检修

以格力 KFD-7.5/12WAK 柜式空调器电路为例，厂家设计为单冷、热泵型通用主控板，如图 15-34 所示。

① 室内驱动电路板原理　该驱动电路板主要由电源电路、保护电路、复位电路、驱动电路所组成。电源电路与普通电源电路相同，变压器用了两组输出，一路输出交流 13.6V 经 VD_6～VD_{12} 整流，C_8、C_9 滤波送入三端稳压 7812，给继电器回路提供 12V。另一路输出交流 9.6V 经 VD_5～VD_8 整流，C_4、C_5 滤波送入调整管 Q4，输出 5V，为主芯片以及外围电路提供直流电源。

a. 保护电路：当本系列机制冷系统正常工作时，压力控制器或过流

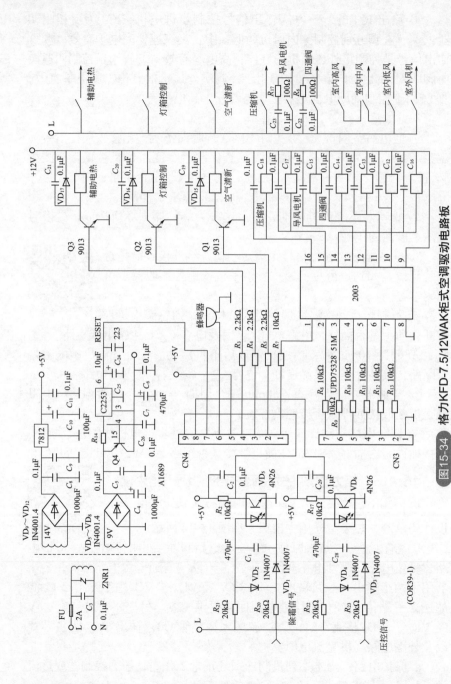

图15-34 格力KFD-7.5/12WAK柜式空调驱动电路板

(COR39-1)

保护器通过电阻 R_{23}、R_{22} 限流，使光电耦合器 VD_6 导通，此时主芯片 IC1 的㉟脚变为低电平，表示空调器无故障，主机正常工作。当㉟脚变为高电平时，表示空调器有故障，主机停止工作。

b. 蜂鸣器驱动电路：当本系列机功能键被按动后，主芯片 IC1 的㊾脚将输出信号，并 R_2、三极管 Q1 进行信号放大，然后驱动蜂鸣器发出蜂鸣。

c. 其他几种驱动电路。该电路由主芯片 IC1 的㊻～㊽脚输出，室内风机的高、中、低三速控制信号。IC1 的㊿脚高电平表示控制四通换向阀线圈有效。

IC1 的51脚控制室外风机运转，52脚控制扫风电机运转，53脚控制室外压缩机运转，78脚控制辅助电加热器工作，79脚控制灯箱工作，80脚控制空气清新工作。

d. 复位电路：复位电路由主芯片 IC1 的72脚与驱动板上复位集成块 C2253 以及电容 C_{25}、C_{24} 组成。由于初始 C_{25} 相当于短路，所以单片机72脚为低电平，单片机复位开始，当经过一段时间后 C_{25} 充电完毕，其相当于开路，单片机复位脚为高电平，即单片机复位结束，当电源出现干扰信号，或 5V 电压过低时，复位集成块 C2253 输出低电平信号，使单片机自动复位，以防止出现死机故障。

② 室内主控电路板原理　该空调器利用液晶显示，机型可选择单冷与冷暖，主芯片利用 UPD75328，室内主控电路板主要由振荡电路、温控电路、信号输入电路、机型选择电路等组成。

a. 振荡电路。本系列机振荡电路由主芯片70、71脚，晶振 X1 与电容 C_3、C_4 产生振荡频率，为微电脑芯片提供稳定可靠的时钟信号。

b. 开关输入电路。开关信号输入利用 4×3 矩阵形式，本系列机使用了 11 个开关，其中包括开/停、制冷/制热、温度设定等开关。

c. 温度检测电路。室内环温传感器，RT1 利用负温度系数热敏电阻，它将温度的变化转换成电阻的变化，然后再通过电阻分压将其转换成电压变化，送入主芯片 IC1 的58脚进行室内温度的自动控制。R_4 为分压电阻、C_5、C_6 为滤波电容。

室内管温传感器。RT2 与电阻 R_6 分压将蒸发器管道温度变化转换成电压变化，并通过电阻 R_5 送入主芯片 IC1 的59脚，其中 C_7、C_8 为滤波电容。

d. 机型选择电路。本系列机可通过主芯片 IC1 的42脚电位高低来选择机型，单冷型42脚接高电平，冷暖型42脚接低电平。

e. 故障指示电路。当电源接通后 LED1 亮一次，故障时闪烁。

f. 除霜电路。本系列机在制热状态下连续运行 45min，同时室外温度低于 -5℃时，本系列机处于除霜状态，此时室外除霜温控器接通，通过电阻 R_{21}、R_{20} 限流，VD_2、VD_1 整流，输入光电耦合器使其导通，此时主芯片 IC4 的㉞脚为低电平，即进入除霜运行。当室外除霜温控器断开后，IC1 的㉞脚由低电平变为高电平，此时除霜结束。

保护功能及显示说明。E1 为压缩机过流保护，关闭除灯外所有负载，LED 灯闪烁液晶显示"E1"，当故障消除后 LED 灯灭"E1"继续显示，按 ON/OFF 键后"E1"消失，重新启动。

E2 为室内防冻结保护，在 COOL、DRY 模式下，压缩机启动 15min 后，当连续 3min 检测到 $t_蒸$ < 20℃时，压缩机与室外风机停止。室内风机与扫风电机保持原状态；LED 灯闪烁，液晶显示 E2。当 $t_蒸$ > 10℃时，LED 灯灭，"E2"继续显示，按 ON/OFF 键后"E2"消失，重新启动。

③ 常见电气故障检修 开机显示 0℃空调器不制冷。检查室内感温头是否折断，接插件是否接触良好，同时检查 39L 板上贴片电容 C_5、电解电容 C_8 是否漏电（可扫码学习）。

插上电源，空调器无电源显示。检查保险管是否熔断，39Q 和 39L 板间连线是否可靠，变压器是否接触良好，主控板有无 5V（CN4 第⑤脚），若不正常，检查 39Q 板的电解电容 C_7 是否漏电及短路。同时还可检查复位电容 C_{25} 与复位集成块 C2253。

蜂鸣器不响，其他功能正常。按动开关按钮时检查主芯片㊾脚有无输出信号，如有，更换电阻 R_2、三极管 Q1 或蜂鸣器，注意极性的正确。

制冷时经常显示"E2"。检查管温热敏电阻是否折断或虚焊，接插件是否插好，39L 板上贴片电容 C_7 及电解电容 C_8 是否漏电和短路。

液晶不显示或液晶屏不良。检修时主要检查液晶显示屏和橡胶导电条，其常见故障多为橡胶导电条与液晶显示板接触不良，重新安装一次即可。

15.4.6 海尔变频空调器电路板原理与检修

海尔柜机 KFR-50LW/BP 的室内机和室外机有各自的控制电路，两者通过电缆和通信线相联系。室内机控制电路采用的微处理器芯片型号为 47C862AN-GC51，室外机则使用 9821K03。

（1）室内机微处理器 47C862AN-GC51 如图 15-35 所示，室内机控制电路采用变频空调器专用微处理器芯片 47C862AN-GC51，该芯片内部除了写入空调器专用程序外，还包含程序存储器、数据存储器、输入/输出接口和定时/计数器等电路，可对输入的人工指令和传感信号进行运算和比较，然后发出指令，对相关电路的工作状态进行控制。

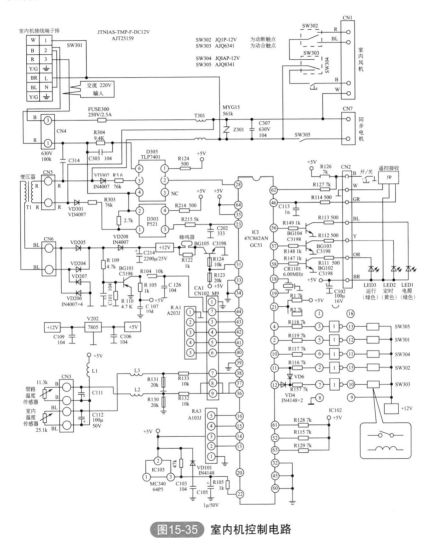

图15-35 室内机控制电路

微处理器芯片 47C862AN-GC51 的主要引脚功能如下。

㉟、㉔脚：为微处理器的供电端，其典型的工作电压为 5V。

㉜、㉝、㉞、㉟、㊺、㊿脚：为接地端。

㉛脚：是蜂鸣器接口。微处理器每接到一个用户指令，该脚便输出一个高电平，蜂鸣器鸣响一次，以告知用户该项指令已被确认。若整机已处于关机状态，遥控器再输出关机指令时，蜂鸣器不响。

㊱、㊲、㊳脚：是温度传感端，其中㊱、㊲脚为室内机蒸发器管路温度检测输入端，㊳脚为室内温度检测输入端。

㊷脚：为开关控制端（多功能端口），低电平有效。㊷脚为低电平时，㊶脚输出一个高电平，点亮电源指示灯 LED1，同时微处理器执行上次存储的工作状态指令。若为初次开机加电，且用户没有输入任何指令，则电路执行自动运行程序，即空调器在室内温度高于 27℃时按抽湿状态运行。按下电源开关，使该脚保持 3s 以上的高电平，蜂鸣器连响两下，空调器即可进入应急运行状态。

㊶、㊷、㊸脚：是显示端口，高电平有效。其中，㊶脚为电源指示灯端口，㊷脚为定时运行指示端口，㊸脚为运行指示端口。室内机正常运行时，运行指示灯 LED3 点亮。

②、④、⑩、⑪、⑫脚：为驱动端，高电平有效。其中，②脚控制室外机供电继电器 SW301；④脚控制步进电机，带动导风叶片，实现立体送风；⑩脚为室内机风扇电机低速挡控制端，⑪脚为中速挡控制端，⑫脚为高速挡控制端。

（2）室外机微处理器 9821K03　室外机控制系统采用海尔变频空调器专用的大规模集成电路 9821K03（或 98C029）。这种微处理器芯片具有温度采集、过电流、过热、防冷冻等保护功能，还可以输出 30～125Hz 的脉冲电压驱动压缩机，使空调器的制冷功率从 1 匹升高到 3 匹。应急运转时，输出 60Hz 驱动信号，使压缩机按这个频率定速运转，这时可以进行压力、电流测量等检修工作。9821K03 的功能框图如图 15-36 所示。

9821K03 安装在室外机控制电路中，收到室内机传送来的制冷、制热、抽湿、压缩机转速等控制信号后，经分析处理后内部程序发出指令，驱动室外机风扇电机、四通阀相应动作，并通过变频器调节压缩机电机的供电频率和电压，改变压缩机的运转速度，同时也将室外机的有关工作状态信息反馈给室内机。

（3）室内机控制电路的工作原理　室内机控制电路如图 15-35 所示。整个电路可以分成电源供给、微处理器芯片工作保证、检测传感和驱动等几部分电路。

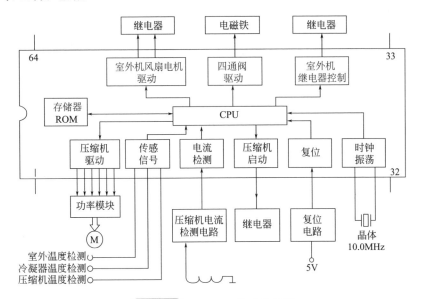

图15-36 9821K03的功能框图

空调器工作时，220V交流电压加到室内机的接线端子排座 CN5 上。电源变压器 T1 的初级从 CN5 上得到 220V 交流电压，其次级输出 13V 交流电压，经二极管 VD204 ～ VD207 整流和 C214 滤波后，得到 12V 的直流电压。该电压一路给 IC102、微型继电器 SW301 ～ SW305 和蜂鸣器供电，另一路经三端稳压器 V202（7805）稳压和 C106 滤波后，得到 5V 电压并加到微处理器 IC1（47C862AN-BG51）的㉞脚，作为工作电压。

微处理器的复位电路和时钟振荡电路是其正常工作的保障。复位电路由 IC103（MC34064P5）等组成。在接通电源时，IC103 的③脚产生复位信号，此复位信号送入 IC1 的 ㉒ 脚，IC1 开始工作。电路正常工作后，ICI 的 ㉒ 脚为高电位。

微处理器的时钟振荡脉冲由 ⑱、⑲ 脚外接的晶体振荡器 CR1101 提供，脉冲频率为 6.0MHZ。当红外遥控器发出开机制冷指令后，遥控接收器 JR 将遥控信号送入微处理器 IC1 的⑯脚，IC1 的㉛脚输出高电平脉冲，驱动蜂鸣器发出"嘀"的一声，确认信号已经收到。同时，输入机内的遥控器温度设定信号与㊳脚送入的室内温度传感信号进行运算比较，若设定温度高于室内温度，微处理器 IC1 将不执行制冷指令；若设定温度低于室内温度，微处理器 IC1 发出指令，空调器开始制冷。

空调器的室内送风强弱也由微处理器 IC1 控制。风速设定为高速挡时，IC1 的 ⑫ 脚输出高电平并加到反相器 IC102 的 ⑦ 脚。反相器是继电器 SW301～SW305 的驱动器件，此时 IC102 的 ⑩ 脚输出低电平，SW303 得电吸合，室内风扇即高速运转。与此同时，IC1 的 ② 脚输出高电平，送到 IC102 的 ⑤ 脚，经反相后从 IC102 的 ⑫ 脚输出低电平，SW301 得电吸合，给室外机提供 220V 交流电压。IC1 还向室外机发出制冷运行信号，绿色运行指示灯 LED3 点亮。设定功能后，IC1 的 ④ 脚输出高电平并送到 IC102 的 ③ 脚，经反相后从 IC102 的 ⑬ 脚输出低电平，SW305 得电吸合，驱动步进电机运转，实现立体送风。

海尔 KFR-50LW/BP 变频柜机室内机控制板的实际接线如图 15-37 所示。在使用时，注意不同部位使用的导线颜色，这样能很快弄清线路连接走向。

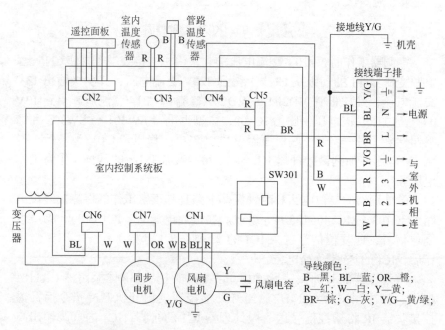

图15-37　海尔KFR-50LW/BP变频柜机室内机控制板接线

（4）室外机控制电路的工作原理 海尔 KFR-50LW/BP 变频柜机的室外机控制电路如图 15-38 所示。

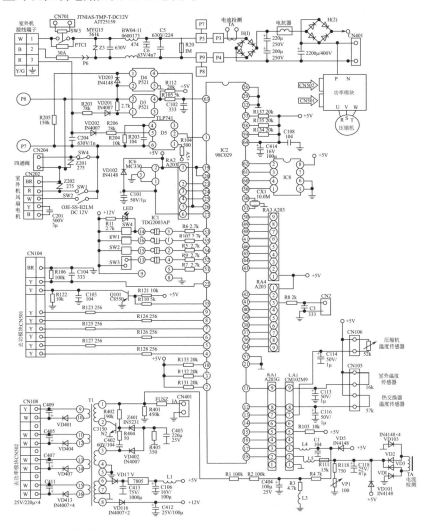

图15-38 海尔KFR-50LW/BP变频柜机室外机控制电路

① 电源电路 室外机电源由接线端子引入，220V 交流电压经过压保护元件 PTC1 以及整流器 H（1）、H（2）整流滤波后，得到 280V 左右的直流电压。该直流电压经电抗器、电容器滤波后，一路给功率模块

提供直流电源，另一路加到插件 CN401 的正端（CN401 的负端接地）。信号从 CN401 的正端（见图 15-38 左下角）输出后又分为 3 路：一路经 R1、R2、C404、R3、L3、R4 降压成约 8V 的直流电压（称为电源值班电压），并加到微处理器 IC2 的 17 脚，使 IC2 首先得电工作；另一路进入开关电源电路，经开关变压器 T1 的 1 ～ 2 绕组加到开关管 N2（C3150）的集电极；第三路经 R402 为开关管 N2 的基极提供偏置电流，使它导通。开关管 N2 一旦导通，通过 T1 绕组的反馈作用使电路产生自激振荡，并从 T1 的次级感应出稳定的高频交流电压。

开关电源提供的 4 路 14V 直流电压经插件 CN108 给功率模块供电。从 T1 的 8 端产生的电压经 VD116、C412 整流滤波后输出 12V 的直流电压，给微动继电器 SW1 ～ SW4 和反相器 IC1 供电。

② 微处理器工作保证电路　微处理器 IC2 的工作电压来自开关电源。T1 的 6 端感应出的交流电压经 VD17、C413、三端稳压器 7805、C106 等整流稳压后，得到 5V 稳定直流电压给 IC2 等供电。

IC6（MC330）等组成复位电路，由它的①脚将复位信号送到微处理器 IC2 的㉗脚。IC2 开始工作后，27 脚为高电位。IC2 的 30、31 脚外接石英晶体，构成时钟振荡电路，时钟脉冲频率为 10MHz。

③ 检测信号及控制指令电路　控制电路工作时，首先检测室外温度、压缩机温度及室外热交换器的温度。如果检测数据不正常，则通过串行通信接口向室内机发出异常信息，并显示故障进行报警。如果检测数据正常，则接收室内机传来的制冷指令，从 IC2 的㊷脚输出高电平至反相器 IC1 的④脚，IC1 的 ⑬ 脚变成低电平，使 SW3 得电吸合，电阻元件 PTC1 短路，给功率模块提供大的工作电流。

电路经延时后，IC2 的㊿脚输出高电平并送到 IC1 的①脚，IC1 的 ⑯ 脚输出低电平，使 SW1 得电吸合，室外机风扇电机得电工作，以低速运转。同时，IC2 从④、⑤、⑥、⑦、⑧、⑨脚输出 0 ～ 125Hz 驱动信号给功率模块，使压缩机工作。

若设定温度与室内温度相差较大，室内机微处理器向各室外机发出满负荷运转信号，空调器压缩机的输出功率即由 1 匹变到 3 匹，同时室外机风扇电机自动变换成高速运转。

室内机发出制热指令时，IC2 则从㊾脚输出高电平给 IC1 的③脚，IC1 从 ⑭ 脚输出低电平，SW4 吸合，电磁四通阀得电吸合，制冷剂改变流向，空调器以制热方式运行。与此同时，室外机电路板上的 LED 指示灯点亮。

空调器工作后，电流检测元件 TA 从压缩机供电线路中取样，检测压缩机的运转情况。电流检测信号送入 IC2 的⑱脚。若连续两次出现过电流信号，微处理器则判断压缩机电流异常，立即关闭室外机风扇电机和压缩机，并发送室外机故障信号到室内机，室内机关闭并显示故障进行报警。

在一般情况下，室外机风扇电机与压缩机同时启动，但延迟 30s 关闭。

（5）室内、外机的通信 室外机微处理器 IC2 的⑥脚为通信信号输入端，①脚为通信信号输出端。这两个引脚的外接电路组成室外机通信接口，与室内机进行数据交换。

室内机与室外机之间采用异步串行通信方式。空调器工作时，以室内机为主机，室外机作为从机进行通信联系。若控制系统的微处理器连续两次收到完全相同的信息，便确认信息传输有效；若连续 2min 不通信或接收信号错误的话，微处理器就发出故障报警并关闭室外机和室内机风扇电机。

海尔 KFR-50LW/BP 空调器室外机控制板接线如图 15-39 所示，图中示出了空调器各主要控制板的连接关系。

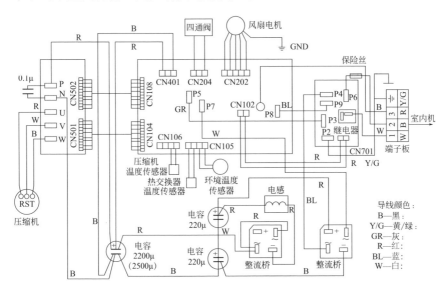

图15-39 海尔KFR-50LW/BP空调器室外机控制板接线

15.4.7 长虹交流变频空调器电路板原理与检修

利用交流变频压缩机（三相）。其变频器是把市电（220V）转变成直流电，并送到功率模块（晶体管开关管组合）。同时，功率模块受CPU送来的控制信号控制，输出频率可变的电源（近似于正弦波），使压缩机电机的转速随电源频率变化而作相应改变，从而控制压缩机的排气量，调节制冷量和制热量。

（1）制冷（热）系统及通风系统　与普通空调相同。

（2）电气系统的结构及工作原理　以长虹 KFR-28GW/BP 变频空调为例（其他变频空调与此类似）。控制电路由室内机和室外机两部分组成。室内机控制利用 47840 专用芯片，风机利用带有霍尔元件速度反馈的高效塑封电动机，送风精度高。室外机控制利用 MB84850芯片，压缩机利用涡流可靠高效的三相交流变频压缩机（频率范围30～120Hz），整机性能高于国内同类机型。本系列机还利用了先进的压缩机电压补偿技术，空调器能在低电压下（160V）正常启动运行，功率模块利用三菱公司的智能功率模块（IPM），使控制电路更可靠。

① 接线图　如图 15-40、图 15-41 所示。

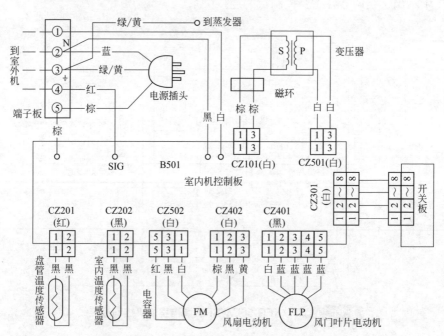

图15-40 长虹变频空调器室内机控制电路接线图

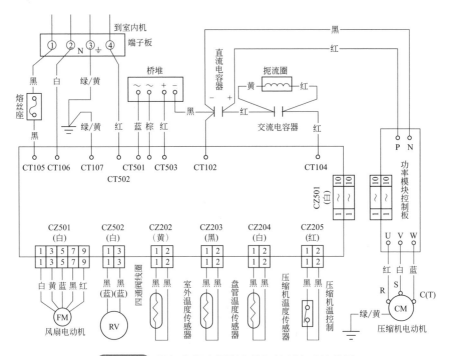

图15-41 长虹变频空调器室外机控制电路接线图

② 室内机微电脑控制电路分析 室内机微电脑控制电路主要有电源电路、晶体振荡电路、室内风机控制电路、通信电路、温度传感器电路、过零检测电路、步进电动机、蜂鸣器驱动电路等。室内机微电脑控制电路原理如图 15-42 所示。

a. 电源电路 电源电路是为室内机空调器电气控制系统提供所需的工作电源。电路中，主要为主芯片、驱动电路、继电器、蜂鸣器、晶闸管等器件提供电源。工作电源在电路中扮演着重要的角色，一旦电源出现故障，空调器室内机无电源显示，控制电路无法工作，所以电源电路是维修人员要掌握的重点。

交流电源 220V 经变压器变压输出交流 13V 电压，VD_{101}、VD_{102}、VD_{103}、VD_{104} 整流后输出直流 +12V 电压供继电器等元器件的工作电压，直流 +12V 电压还经 7805 三端稳压器输出直流 +5V 电压，作为主芯片供电电压。

b. 晶体振荡器电路 晶体振荡器电路为主芯片提供一个基准的时钟

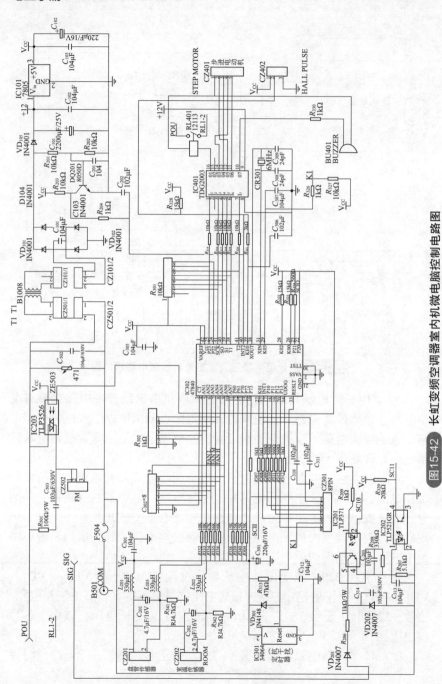

图15-42 长虹变频空调器室内机微电脑控制电路图

序列，以保证系统正常准确地工作，主芯片（47840）㉜脚㉛脚接晶体振荡器，其工作频率为6MHz。

c. 室内风机控制电路　室内风机控制电路控制室内风机的转速。室内风机利用晶闸管平滑调速，芯片在一个过零信号周期内通过控制㉓脚为低电平的时间，即通过控制晶闸管导通角来改变加在风机电动机绕组的交流电压的有效值来改变风机转速。室内风机的"运转状态"通过风机转速的反馈而输入芯片㉞脚，通过检测风机工作状况，以准确控制室内风速。

d. 通信电路　通信电路的主要作用是使室内、外控制板互通信息，以便使室内、外机控制板协同工作。

e. 温度信号采集电路　室内机有两个温度传感器，它用来检测室内温度和盘管温度，并给主芯片提供一个模拟信号，让其根据提供的温度数据进行温度调节，以便给用户一个舒服的感觉。在此电路中，经 R_{341}、R_{342}（$4.7\text{k}\Omega$）分压取样，提取随温度变化的电压信号值供芯片检测用。电路上的电感 L_{202}、L_{203} 是为了防止电压瞬间跳变而引起芯片的误判断。

f. 过零检测电路　过零检测电路的重要作用是检测室内供电电压是否异常。若过零检测信号有故障，可能会引起室内风机不工作或室外压缩机不工作。

g. 蜂鸣器驱动电路　主芯片的㊱脚为蜂鸣器的外接口，当输出高电平时，经反相器 IC401 的⑨脚与 BUZ 回路接通，鸣叫响应。

h. 步进电动机　此电路主芯片通过反相驱动器 IC401 驱动步进电动机工作。此电路的关键是反相驱动器 IC401，如果反相驱动器某一脚出现故障，均可导致其后级所带负载不能正常工作。

③ 室外机微电脑控制电路分析　室外机控制板主要功能是芯片通过接收各功能电路输入信号，根据预设的控制模式进行综合判断，以控制各路输出做出相应反应。主要控制电路有：芯片及辅助电路、通信电路、电源监视电路、温度信号采集电路、功率模块驱动电路、继电器驱动电路、压缩机驱动电路。

a. 室外机微电脑控制电路如图 15-43 所示。

a）主芯片及辅助电路。

晶体振荡电路：主芯片的㉚、㉛脚是晶体振荡器外接端口，其元件由 C_{303}、C_{304} 组成，其作用是为主芯片提供时钟频率使其工作，C_{303}、C_{304} 用于微调晶体振荡器振荡频率。

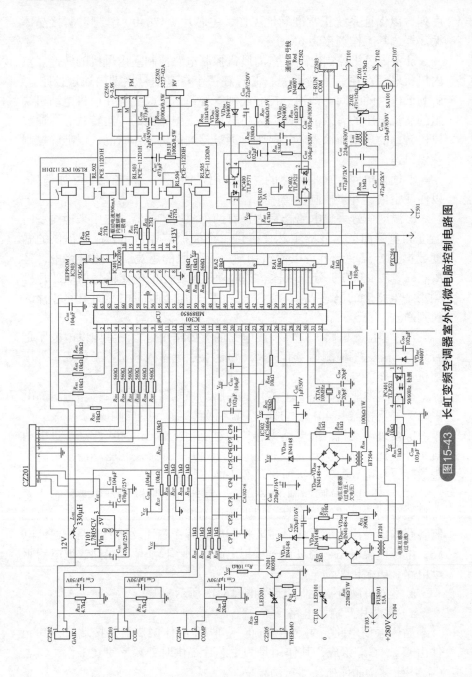

图15-43 长虹变频空调器室外机微机电脑控制电路图

复位电路：复位电路是为主芯片的上电复位（复位、将 CPU 内程序初始化，重新开始执行 CPU 内程序）及监视电源而设的。主要作用是：上电延时复位，防止因电流的波动而造成主芯片的频繁复位。具体延时的大小由电容 C_{302} 决定。

复位电路实时监测主芯片工作过程中的工作电源（+5V）。一旦工作电压低于 4.6V，复位电路中的 IC302 的输出端（①脚）便输出低电平，使主芯片停止工作，待再次上电时重新复位。工作原理：电源电压 IC302 ②脚与其内部电平值作比较。当电源电压小于 4.6V 时，①脚电位被强行拉低，当电源电压大于 4.6V 时，电源给电容 C_{302} 充电从而使①脚电位逐渐上升，在主芯片对应脚产生一上升电压来触发主芯片复位、工作。

b）EEPROM。EEPROM 内记录着系统运行时的一些状态参数，如压缩机的 V/F 曲线。其在第②脚时钟线 SCK 作用下，通过第④脚 SO 输出数据、第③脚 SI 读入数据。

b.通信电路　通信电路的主要作用是使室内、室外控制板互通信息以便使室内、室外机协同工作。

交流 220V 经前级滤波整流后，在 A 点形成约 DC140V 直流电，作为室内、室外机串行通信信号的载波信号。其工作原理是：室内控制板向室外控制板发送信号时，室外控制板芯片第⑩脚为低电平，光耦合器始终导通，室内芯片通过光耦合器 IC201 发送信号，这时室内 IC201 与 PC402 同步，而 IC201 也与 IC202 同步，以表明室外芯片已接受到室内发送的信号，同理，当室外芯片通过 PC400 发送信号时，室内光耦合器始终导通，这时，室内 IC202 及室外 PC402 和 PC400 同步。

c.温度信号采集电路　温度信号采集电路通过将热敏电阻在不同温度下对应的不同阻值转化为不同的电压信号，传至 IC301 芯片对应脚，以实时检测室外压缩机的工作的各种温度状态，为主芯片控制提供信号数据。温度信号采集电路有室外环境温度、盘管温度、压缩机排气温度以及压缩机过热保护信号电路等。

d.电源监视电路

a）过电流检测电路。过电流检测电路的主要作用是检测室外压缩机的供电电流，当压缩机电流过大时进行保护，以防止因电流过大而损坏压缩机。

主芯片的⑩脚电压大于 3.8V 时，实时过电流保护，压缩机再次启动时，需 3min 保护。应注意的是：当检测电路开路时，使电流为零，电路不进行故障判断。

b）过、欠电压保护电路。该电路主要作用是检测电源电压情况。长虹 KFR-28GW/BP 的正常工作电压范围是 160 ～ 242V，报警电压范围为 126 ～ 263V。当电压低于 126V 时欠电压保护或当电压高于 260V 过电压保护，这时，停止压缩机工作，并在室内显示过、欠电压故障。

交流 220V 电压经电阻 R_{504}，电压互感器 BT202 降压，全波整流，RC 滤波取得直流电压。最后，在采样电阻上得到电压信号送入主芯片 ⑰ 脚。电路上的 VD_{206} ～ VD_{209} 的作用是将交流电变为直流电，VD_{210} 的作用是钳位，使 a 点电压低于 5.7V，起到保护主芯片的作用，C_{205} 将直流电滤波，R_{222} 作为采样电阻，电容 CP2 的作用是滤除高频噪声干扰。

c）瞬时断电保护电路。瞬时断电保护电路的主要作用是检测室外机提供的交流电源是否正常，针对于各种原因造成的瞬时掉电，立即采取保护措施，以防止再次来电后，压缩机频繁启停，对压缩机造成损坏。

交流 220V 经电阻 R_{509} 限流、二极管 VD_{505} 半波整流，C_{504} 滤波得到 50Hz 的脉冲直流电进入光耦合器 PC401，使 TLP521 得到脉动触发，这时 b 点也得到 50Hz 脉冲信号，经 C_{209} 整形滤波，在主芯片 ㉓ 脚得到脉冲信号，以判断是否发生了瞬时断电。

e. 继电器驱动电路　该电路由电阻 R_{305} ～ R_{311}，反相器 IC401，风机控制继电器 RL501、RL502、RL503，四通阀控制继电器 RL504 组成。

继电器驱动电路的主要作用是按照主芯片的控制信号驱动室外风机和四通阀等工作，用以调节室外风机的风速及制冷、制热的切换。

f. 压缩机驱动电路　压缩机驱动电路是指从主芯片的④～⑨脚引出至功率模块 IPM 的控制电路。它的主要作用是通过主芯片发给 IPM 控制命令，利用 PWM 脉宽调制，改变各路控制脉冲占空比调节三相互换从而使压缩机实现变频。

g. 功率模块驱动电路　变频空调器的一个最重要的特点就是改变电源的频率来对电动机进行调速。长虹 KFR-28GW/BP 空调器利用的是 PM20CTM060 功率模块，它的作用是将滤波后的直流电变成频率可变的三相交流电功率模块驱动控制电路，如图 15-44 所示。

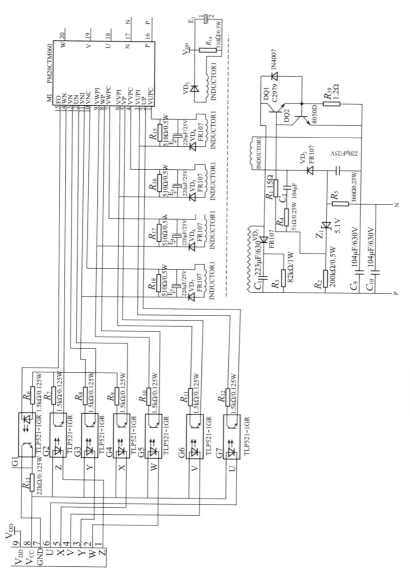

图15-44　长虹变频空调器功率模块控制电路图

④ 故障代码

a. 长虹 KFR-28GW/BP 空调器室内机故障代码　见表 15-5。

表15-5　长虹KFR-28GW/BP空调器室内机故障代码

序 号	高 效	运 行	定 时	电 源	故障内容	说　明
1	※	※	※	☉	室内温度传感器故障	室内传感器CZ202插座虚焊或插接不良
2	※	※	☉	※	热交换器温度传感器故障	热交传感器CZ201插座虚焊或插接不良
3	※	※	☉	☉	蒸发器冻结	蒸发器温度过低或风机不转
4	※	☉	※	※	制热过载	制热时温度过高，超过68℃（保护）
5	※	☉	※	☉	通信故障	通信失误时报此故障，通信线是否可靠
6	※	☉	☉	※	瞬间停电	瞬间有停电现象，可重新启动
7	※	☉	☉	☉	过电流	室内机电流过大保护

b. 长虹 KFR-28GW/BP 空调器室外机故障代码　见表 15-6。

表15-6　长虹KFR-28GW/BP空调器室外机故障代码

序　号	高 效	运 行	定 时	电 源	故障内容	说　明
1	※	※	※	☉	环境温度传感器故障	环境温度传感器CZ202插座插接不良
2	※	※	☉	※	热交换器温度传感器故障	热交换器温度传感器CZ203插座插接不良
3	※	※	☉	☉	压缩机过热	压缩机温度过高保护，制冷剂不足
4	※	☉	☉	※	过电流	电流异常，电压异常波动引起
5	☉	※	※	※	电压异常	电压过低和过高时报警
6	☉	※	※	☉	瞬间停电	当供电波形中缺少交流波时
7	☉	※	☉	※	制冷过载	外机气温处于过低和过高时报警

续表

序 号	高 效	运 行	定 时	电 源	故障内容	说 明
8	⊙	※	⊙	⊙	正在除霜	除霜过程中
9	⊙	⊙	※	※	功率模块保护	使用时产生过载过热短路保护，停机后3min启动
10	⊙	⊙	※	⊙	EEPROM故障	EEPROM中IC303上有虚焊或插接不良

15.4.8　海信直流变频空调器电路板原理与检修

海信直流变频空调器利用了直流变频压缩机，变频器也是把市电转变成直流电源，送入功率模块，同样，功率模块受 CPU 送来的控制信号控制，使功率模块输出直流电源（这里没有逆变过程），送入直流电机，控制压缩机的排气量。由于使用了直流电机，空调更省电、噪声更小。可叫"完全直流变转速空调器"。

制冷（热）系统及通风系统与普通空调相同。电气系统的结构及工作原理以海信直流 1.5 匹变频空调器为例。

室内机电路分析：如图 15-45 所示为室内机原理图。

室内机主要包括电源、上电复位、晶振、过零检测、室内风机控制、温度传感器、EEPROM、显示驱动、应急控制及通信等电路。CPU IC08-（ST324）是控制电路的核心。室内机电气接线图如图 15-46 所示。

（1）电源电路

① 分析　电源电路为空调器室内机控制系统，如 CPU、VFD（荧光屏）、驱动芯片、继电器、蜂鸣器、可控硅等，提供电源。如果电源出现问题，控制电路就无法正常工作。

电源电路如图 15-47 所示。交流 220V 经电源变压器降压后由⑤脚和⑥脚输出 AC12V，经过 VD_{02}、VD_{08}、VD_{09}、VD_{10} 整流，VD_{07}、C_{08}、C_{11} 滤波后得到 DC12V 电压（为 TDA62003AP 驱动集成块及蜂鸣器提供工作电源），再经 LM7805 稳压及 C_{09}、C_{12} 滤波后，便得到稳定的 5V 直流电，为单片机及一些控制检测电路供电。电源变压器的⑦和⑨脚输出的交流电压，经 VD_{12}、VD_{05}、VD_{06}、VD_{11} 整流后，为显示屏提供 22V 工作电源。

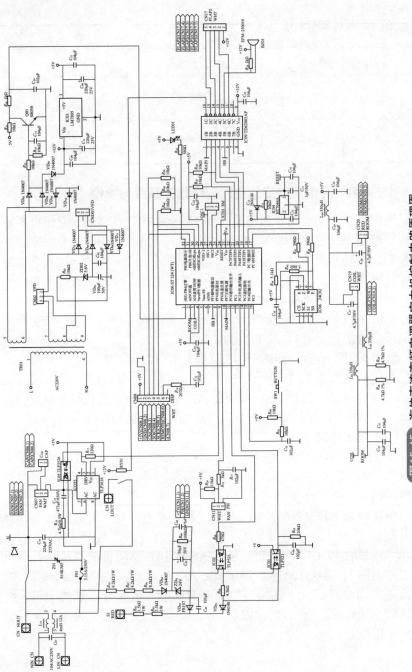

图15-45 海信直流变频空调器室内机控制电路原理图

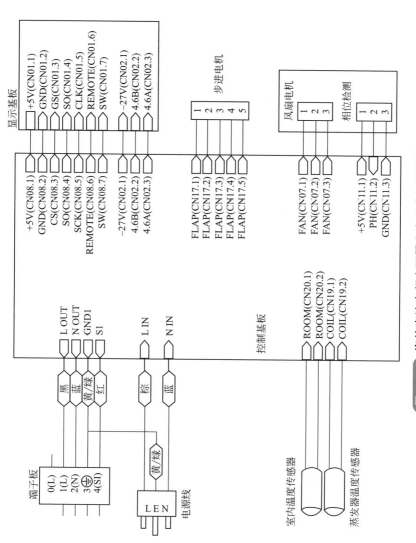

显示基板

+5V(CN01.1)
GND(CN01.2)
GS(CN01.3)
SO(CN01.4)
CLK(CN01.5)
REMOTE(CN01.6)
SW(CN01.7)
-27V(CN02.1)
4.6B(CN02.2)
4.6A(CN02.3)

步进电机
1
2
3
4
5

风扇电机
1
2
3

相位检测
1
2
3

+5V(CN08.1)
GND(CN08.2)
CS(CN08.3)
SO(CN08.4)
SCK(CN08.5)
REMOTE(CN08.6)
SW(CN08.7)
-27V(CN02.1)
4.6B(CN02.2)
4.6A(CN02.3)

FLAP(CN17.1)
FLAP(CN17.2)
FLAP(CN17.3)
FLAP(CN17.4)
FLAP(CN17.5)

FAN(CN07.1)
FAN(CN07.2)
FAN(CN07.3)

+5V(CN11.1)
PH(CN11.2)
GND(CN11.3)

控制基板

L OUT
N OUT
GND1
S1
L IN
N IN

ROOM(CN20.1)
ROOM(CN20.2)
COIL(CN19.1)
COIL(CN19.2)

黑
蓝
黄/绿
红
棕
蓝

端子板
0(L)
1(L)
2(N)
3⊕
4(SI)

黄/绿

LEN

电源线

室内温度传感器

蒸发器温度传感器

图15-46　海信直流变频空调器室内机电气接线图

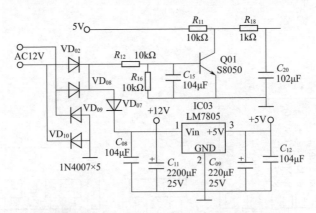

图15-47 海信直流变频空调器室内机电源电路图

② 电源电路的故障判断　可以从后一级向前一级进行测量。先用万用表的直流电压挡测 LM7805 是否有 5V 电压输出。如没有 5V 电压，可能是前一级出现问题，可以用万用表的欧姆挡分别测试二极管 VD_{07} 等是否开路。如一切正常，则可能是变压器开路。测量的方法是，用万用表的电压挡测试变压器的⑤、⑥脚是否有 12V 电压输出。如果没有，断开电源，测变压器初、次级线圈的电阻，是否断路和短路。

（2）**复位电路**　复位电路如图 15-48 所示。

① 分析　5V 电源通过 HT7044A 的②脚输入，VD_{13} 为钳位二极管。平时，单片机的 ㉔ 脚为高电平，在上电或受到干扰时，IC04 的①脚输出一个正脉冲信号，至单片机的 ㉔ 脚，复位单片机。C_{13} 用来调节复位脉冲的宽度。

② 诊断　在上电复位电路中，一般的故障出现在 HT7044A 的电源监视器上。如果复位不正常，可能是 HT7044A 不能输出一个低电平，这时可在复位情况下，用示波器测试 ⑭ 脚的输出波形。如果要用万用表进行测试，则步骤是：在 DC1.2V 量程内，将万用表的"+"端子接在单片机的 ㉔ 脚，"−"端子接于 0V（接地线），然后接通电源，这时如指针在瞬时摆动后又恢复到 0V 位置的话，则复位电路正常。

（3）**晶振电路**　晶振电路如图 15-49 所示。

① 分析　晶振 XT01 ①脚和③脚接单片机的 ㉖ 脚和㉗脚，②脚接地，为系统提供 8MHz 的时钟频率。

② 诊断　如晶振不良，整个空调器就不能正常工作或者出现紊乱。可以用示波器测量来判定晶振的好坏。根据时钟频率为 8MHz，便可知

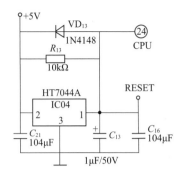

图15-48　海信直流变频空调器
室内机复位电路

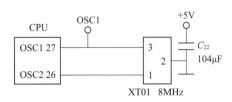

图15-49　海信直流变频空调器室内机
晶振电路

时钟周期为0.125μs。用万用表检测的步骤是：在DC1.2V量程内，将万用表的"+"端子接单片机的㉗脚（或㉖脚）。"-"端子接0V（接地线）。万用表显示的电压介于波形的上、下部之间，则波形正常。万用表所显示的电压㉗脚为2.31V，㉖脚为2.46V。

（4）过零检测电路

① 分析　电源变压器输出的 AC12V 电压经 VD_{02}、VD_{08}、VD_{09}、VD_{10} 整流后，输出脉冲直流电压，经 R_{12} 和 R_{16} 分压后接至 Q01 基极。当该电压小于 0.7V 时，Q01 截止；芯片㉜脚处于高电平，当该电压大于 0.7V 时，Q01 导通。这样，便得到一个过零触发的信号。R_{18} 为限流电阻。

② 诊断　在实际故障检修中，发现 Q01S8-050 很容易损坏，致使空调器室内机风机不能正常工作。此时，可用示波器检测单片机㉜脚，如果风速正常、电源电压正常，则可得到一个 100Hz 的方波，如果方波不正常，说明过零检测电路有故障。

（5）室内风机控制电路　室内风机控制电路如图 15-50 所示。

① 分析　室内风机的速度通过可控硅进行平滑调速，有高、中、低三挡，该速度是根据室内温度与设定温度的温差自动调节的。

通过交流电零点的检测，风机驱动口（单片机的⑧脚）延时输出低电平，使可控硅导通，单片机通过控制导通角来改变加在风机上的电源电压，从而对室内风机进行调速。通过风机转速的反馈口（单片机的⑨脚）检测风机运转状态，以准确控制室内风机的转速。

② 诊断　该电路的关键元件为可控硅 TLP3526，如其损坏，风机就不能调速或只能单速运行。如遇风机调速不正常，可以用万用表的电

阻挡测试可控硅的发光二极管两端，如果开路，则可控硅可能已烧坏。换一只可控硅，故障即可排除。

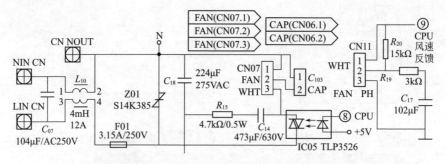

图15-50 海信直流变频空调器室内风机控制电路

（6）步进电机控制电路 步进电机控制电路原理图如图15-51所示。

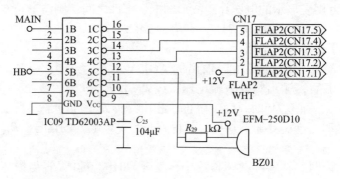

图15-51 海信直流变频空调器室内机步进电机控制电路原理图

① 分析 单片机的⑩脚通过驱动芯片 TD62003AP 对步进电机进行控制，步进电机插座接到 CN17 上。TD62003AP 是反相驱动器，输出电流为 10mA 左右，电源电压 +12V。

② 诊断

a. 控制电路测量。将电动机插件插到控制板上，测量电动机电源电压及各相之间的相电压（额定电压为 12V 的电动机，相电压约为 4.2V，额定电压为 5V 的电动机，相电压约为 1.6V）。如果电源电压或相电压异常，说明控制电路损坏。此控制电路中的关键器件为驱动芯片 TD62003AP，如果步进电机工作不正常，可以用万用表直流电压挡测试该芯片各脚电压来判定其好坏。

b. 绕组测量。拔下电动机插件，用万用表测量每相绕组的电阻值（额定电压为12V的电动机每相电阻为260～400Ω，额定电压为5V的电动机，每相电阻为8～100Ω）。如果某相电阻太大或太小，说明该绕组已损坏。

（7）温度传感器　温度传感器电路如图15-52所示。

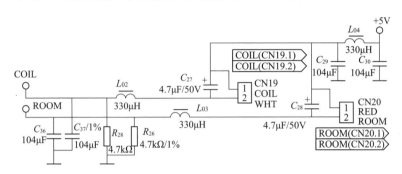

图15-52　海信直流变频空调器室内机温度传感器电路

① 分析　此机型利用的温度传感器，在标准25℃时的阻值为5kΩ。温度采样信号经R_{26}和R_{28}分压取样，输出随温度变化的电平值，供单片机的②脚和③脚检测用。电感L_{02}、L_{03}用于防止温度采样信号瞬间跳变引起的误判。

② 诊断　如果传感器或R_{26}、R_{28}分压电阻不准确，空调检测到的温度就不准确。用万用表电阻挡测量分压电阻或传感器的阻值，并与标准值进行比较，就可以判断故障原因。

（8）EEPROM电路　电路如图15-53所示。

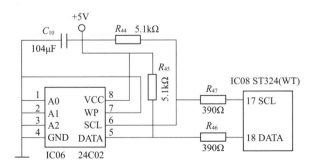

图15-53　海信直流变频空调器室内机EEPROM电路

① 分析 EEPROM 中记录着空调器运行的状态参数，如室内风机的风速、室内机检测到的温度值等。24C04 的数据线 E（⑤脚）和 W（⑥脚）分别与单片机的 ⑰ 脚和 ⑱ 脚相连。

② 诊断 24C04 中存储着风机的风速、显示屏的亮度、变频值、温度保护值等，如果 EEPROM 有问题，会导致空调运行紊乱或不能开机，更换 EEPROM 即可解决。

室外机单元电路分析如图 15-54、图 15-55 所示。室外机电路包括开关电源、复位电路、晶振电路、电压检测电路、电流检测电路、室外风机四通阀控制电路、温度传感器电路、EEPROM 和运行指示电路、通信电路等。电路被分成两块控制板，大板为电源板，提供室外机运行所需的各种电压、传感器量值、电流检测值等；IPM 板为控制板，CPU 在 IPM 板上，作用是采集压缩机、传感器、电流、电压等信息，控制室外机运行。室外机电气接线如图 15-56 所示。

（9）开关电源控制电路 如图 15-57 所示。

① 分析 本电路为反励式开关电源，利用脉宽度调制方式稳压。其特点是：内置振荡器，固定开关频率为 60Hz，通过改变脉冲宽度来调整占空比。因为开关频率固定，所以设计滤波电路相对方便些，但是受功率开关管最小导通时间的限制，输出电压调节范围不宽。另外，输出端一般要接预负载，防止空载时输出电压升高。

开关反励振荡电路交流 AC220V 经整流、滤波，输出约 300V 的峰值电压（即电路板上的 CN16 和 CN19 接口），分两路送至开关振荡电路：一路经开关变压器的绕组加到开关管的漏极 D 上；另一路接开关管源极 S。由于高频开关变压器 T1 初级绕组与次级绕组、反馈绕组极性相反，开关管 IC01 导通时，能量全部存储在开关变压器的初级，次级因整流二极管 VD_3、VD_4 未导通，相当于开路；当开关管截止时，初级绕组反极性，次级绕组也反极性，次级的整流二极管导通，初级绕组向次级绕组释放能量。次级在开关管截止时获得能量，开关变压器的次级得到所需的高频脉冲电压，经整流、滤波、稳压后送给负载。初级副绕组经 VD_2、R_3、E_1 滤波后接开关管 IC01 的电源脚，为开关管供电。次级反馈利用由 TL431 组成的精密反馈电路，+12V 电源经 R_8、R_9 分压后的取样电压，与 TL431 中的 2.5V 基准电压比较后产生输出误差电压，再经光耦合控制反馈电流，改变功率开关管的输出占空比，保持输出 +12V 电压的稳定，达到稳压目的。由于利用反励式开关方式，电网的干扰不会经开关变压器耦合到次级，因而具有较强的抗干扰能力。

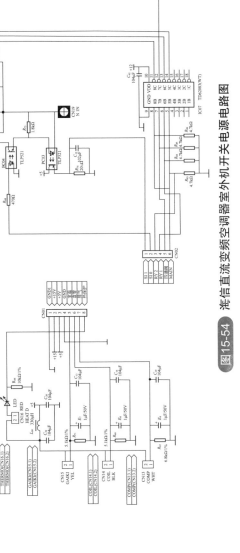

图15-54 海信直流变频空调器室外机开关电源电路图

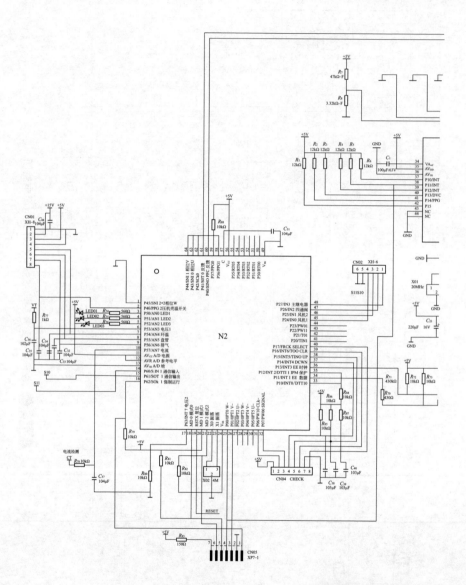

图15-55 海信直流变频空调

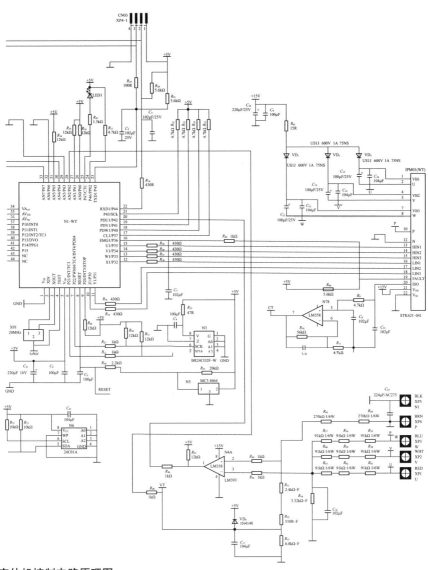

器室外机控制电路原理图

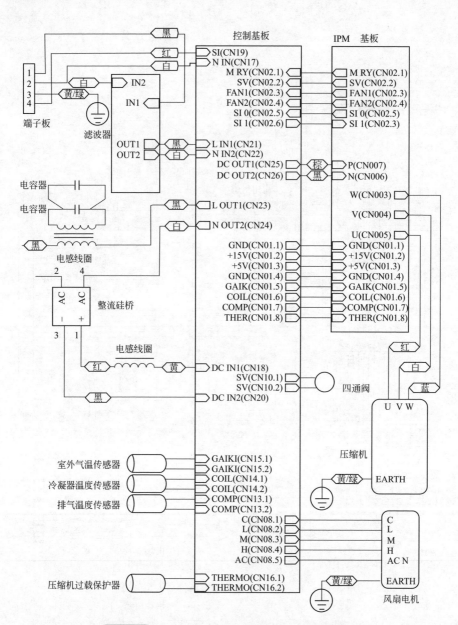

图15-56 海信直流变频空调器室外机电气接线图

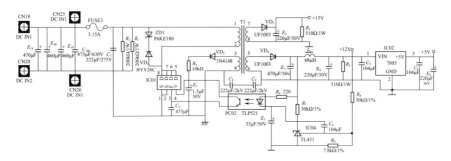

图15-57 海信直流变频空调器开关电源控制电路

② 诊断 开关管关断时，由高频变压器漏感产生的尖峰电压会叠加在电源上，损坏功率开关管。用万用表的直流电压挡测 15V 电压和 12V 电压是否正常。如果没有 15V 和 12V 电压，再用万用表的欧姆挡测试开关电源的绕组，如不正常，则可能是开关电源变压器损坏。

（10）**电压检测电路** 电压检测电路如图 15-58 所示。

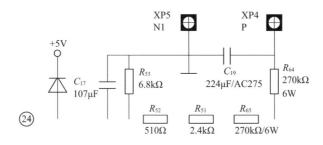

图15-58 海信直流变频空调器室外机电压检测电路

① 分析 交流 220V 电压经整流、滤波后输出到 IPM 模块的 P、N 端，电压检测电路从直流母线的 P 端通过电阻分压来检测直流电压，进而对交流供电电压进行判断。

② 诊断 在电压检测故障诊断电路中，如果空调器总是报电压保护故障，可以用万用表交流电压挡测试 P、N 的电压，一般在交流 220V 左右，而 P、N 之间电压应为 310V 左右。如果 P、N 之间电压不正常，测试前端整流硅桥、电解电容是否正常。如果 P、N 之间电压 310V 正常；则需要测试后级分压电阻 R_{64}、R_{65}、R_{51}、R_{52} 是否正常。

（11）**电流检测电路** 电流检测电路如图 15-59 所示。

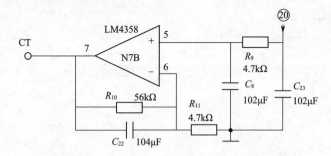

图15-59 海信直流变频空调器室外机电流检测电路

① 分析 通过功率模块中的取样电阻，将电流信号转变为电压信号，经过放大器将电压信号放大比较。当超过规定限值时，LM4358 输出低电平，压缩机停机保护。

② 诊断 LM4358 如果出现异常，可用万用表的直流电压挡测量其⑦脚输出电压是否正常，表 15-7 是电流 - 电压转换参考值。

表15-7 电流-电压转换参考值

电流 /A	电压 U_o/V
5	1.1
8	1.72
10	2.2

（12）室外风机四通阀控制电路 室外风机四通阀控制电路如图 15-60 所示。

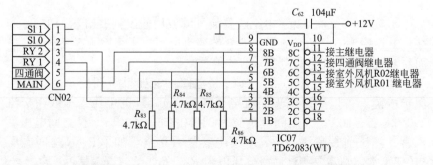

图15-60 海信直流变频空调器室外风机四通阀控制电路

① **分析** 单片机㊺～㊽脚输出高电平，经反相器 IC07（TD62083）输出一低电平，触发室外风机、四通阀和主继电器动作。需要注意的是：在主继电器的公共端和输出端接的 1 只 FTC 电阻，是为了限制在室外机上电瞬间给电解电容的充电电流。在室外机上电之后，CPU 控制该继电器吸合，将 FTC 短路。

② **诊断** 该电路的主要器件是 IC07（TD62083）反相驱动器。在带电状态下，用万用表直流电压挡测试 TD62083 输入、输出电压。如不正常，更换该器件即可。

（13）温度传感器电路 温度传感器电路如图 15-61 所示。

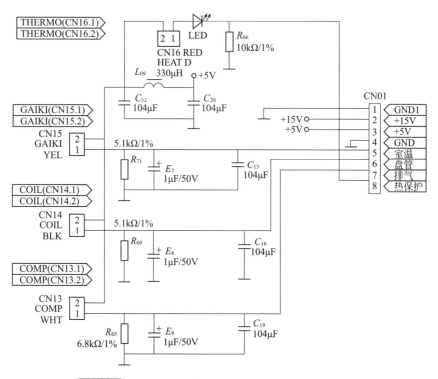

图15-61 海信直流变频空调器室外机温度传感器电路图

① **分析** 温度传感器是用来检测室外环境温度、系统的盘管温度、压机排气温度和进行过载保护的。通过不同的传感器，将不同点的温度转换成电信号，传给主芯片进行处理。主芯片根据处理结果，输出相应的控制信号至执行电路，来调整空调器的工作。

传感器的输出信号经 R_{66}、R_{71}、R_{69}、R_{65} 分压取样，E_7、E_8、E_9 滤波后，送单片机 N3-WT 对应管脚②脚、⑦脚、⑧脚、⑨脚，进行模拟量到数字量的转换。

② 诊断　如果传感器或取样电阻不准确，则空调温度测不准，空调的开、关机时间及各种保护均会有一定的误差。此时，可以用万用表电阻挡测量分压电阻和传感器的阻值，如果不正常，可以进行更换。

（14）通信电路　通信电路如图 15-62 所示。左边为室内通信电路，右边为室外通信电路。

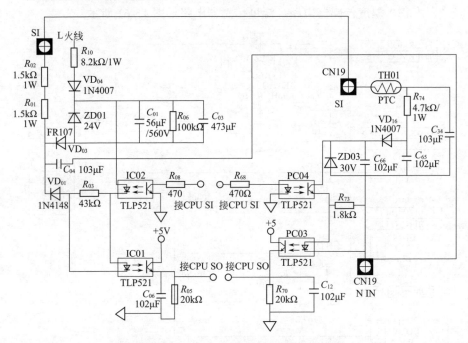

图15-62　海信直流变频空调器通信电路图

① 通信规则　主机（室内机）发送信号到室外机是在收到室外机状态信号处理完 50ms 后进行的，副机同样是在收到主机（室内机）发送的信号并处理完 50ms 后进行。通信以室内机为主，正常情况下主机发送完之后等待接收，如 50ms 仍未接收到信号则再发送当前的命令，如果 1min（直流变频为 1min）内未收到对方的应答信号（或应答错误），则出错报警，同时发送信息命令至室外机。室外机未收到室内机的信号时，则一直等待，不发送信号，因此，在维修空调器时，不仅可以通过

室内机的故障代码来判断故障，也可以借助室外控制板上三个故障指示灯来指示判断。

通信环路：R_{10}-VD_{04}-IC03-VD_{01}-C_{04}-CN16-PC04-PC03 组成通信环路，ZD01、VD_{03} 为通信环路提供稳定的 24V、30V 电压，整个通信环路的环流为 3mA 左右。

光耦 IC01、IC02、PC03、PC04 起隔离作用，R_{02}、R_{01}、R_{03} 限流，将稳定的 24V 电压转换为 3mA 的环路电流。当通信处于室内发送、室外接收时，室外 TXD 置高电平，室外发送光耦 PC04 始终导通，如果室内 TXD 发送高电平，室内发送光耦 IC02 导通，通信环路闭合，接收光耦 IC01、PC03 导通，室外 RXD 接收高电平；如果室内 TXD 发送低电平，室内发送光耦 IC02 截止，通信环路断开，接收光耦 IC01、PC03 截止，室外 RXD 接收低电平，从而实现了通信信号由室内向室外的传输的功能。同理，可分析通信信号由室外向室内的传输过程。

② 诊断　当出现通信故障时，先用万用表直流电压挡检测用于通信的 24V 的直流电压是否存在，再看室内、外光耦工作是否正常。

（15）**故障检测指示电路**　如图 15-63 所示。

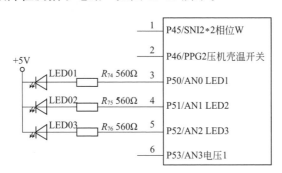

图15-63　海信直流变频空调器故障检测指示电路

在压缩机运转状态下，通过室外机控制板上的 3 个 LED 指示灯，指示压缩机当前的运行频率受限制的原因，见表 15-8、表 15-9。

表15-8　LED指示灯显示代码

序　号	LED01	LED02	LED03	压缩机运行频率受限原因
1	○	○	○	正常升降频，没有任何限频
2	×	×	★	过电流引起的降频或禁升频

续表

序　号	LED01	LED02	LED03	压缩机运行频率受限原因
3	×	★	★	制冷防冻结或制热防过载引起的降频或禁升频
4	★	×	★	压缩机排气温度过高引起的降频或禁升频
5	×	★	×	电源电压过低引起的最高运行频率限制
6	★	★	★	定频运行（当能力测定或强制定频运行时）

注：★—亮；○—闪；×—灭。

表15-9　3个LED指示灯显示代表的故障原因

序　号	LED01	LED02	LED03	故障原因
1	×	×	×	正常
2	×	×	★	室内温度传感器短路、开路或相应检测电路故障
3	×	★	×	室内热交换器温度传感器短路、开路或相应检测电路
4	★	×	×	压缩机温度传感器短路、开路或相应检测电路故障
5	★	×	★	室外热交换器温度传感器短路、开路或相应检测电路
6	★	★	×	外气温度传感器短路、开路或相应检测电路故障
7	○	★	×	CT（互感线圈）短路、开路或相应检测电路故障
8	○	×	★	室外变压器短路、开路或相应检测电路故障
9	×	×	○	信号通信异常（室内—室外）
10	×	○	×	功率模块（IPM）保护
11	★	○	★	最大电流保护
12	★	○	×	电流过载保护
13	×	○	★	压缩机排气温度过高
14	★	★	○	过、欠压保护
15	★	○	○	空

续表

序　号	LED01	LED02	LED03	故障原因
16	×	★	★	空
17	○	★	★	空
18	×	★	○	压缩机壳体温度过高
19	★	★	★	室外存储器故障
20	×	○	○	空

注：★—亮；○—闪；×—灭。

15.4.9　美的、格力空调器故障代码

现在的电脑控制式空调都设有故障代码，故障代码可以帮助维修人员了解故障性质，大致确定故障部位，这为快速排除故障创造了有利条件。因此，每个维修人员都要养成收集故障代码的好习惯。

空调的故障代码显示方式一般有两种：一种是采用文字符号（文字、数字、字母等）来显示，当空调器出现故障时，就会在显示屏上显示出相应的文字符号，通过所显示的文字符号，就能了解故障性质及部位；另一种是采用指示灯来显示，当空调器出现故障时，相应的指示灯就会出现亮/灭/闪烁的现象，通过指示灯的发亮情况，就能了解故障性质及部位。

15.4.9.1　美的空调器故障代码

（1）KFR-25GW/FY 等机型故障代码　适应机型：KFR-25GW/FY、KFR-35GW/FY、KFR-23GW/IY 等。该机属于定速挂式空调器，采用指示灯来显示故障，详细情况见表 15-10。

表15-10　故障显示

运行灯	定时灯	除直灯	自动换气灯	故障性质或原因
亮	亮	灭	闪烁	压缩机过流保护
闪烁	闪烁	灭	闪烁	室内风机速度失控
闪烁	亮	灭	闪烁	过零检测信号或信号间隔时间不正确
闪烁	闪烁	灭	亮	通信不良
闪烁	亮	灭	亮	室内机管温传感器故障

续表

运行灯	定时灯	除直灯	自动换气灯	故障性质或原因
闪烁	灭	灭	亮	室温传感器故障
亮	闪烁	灭	闪烁	室内风机温度保险丝熔断
闪烁	亮	灭	灭	室内机管浊过冷保护或过热保护
闪烁	灭	灭	灭	抽湿模式室内温度过低保护
灭	亮	亮	亮	通电时控制板写 EEPROM 数据错误
亮	亮	亮	亮	通电时控制板读 EEPROM 数据错误
亮	灭	闪烁	灭	运行时控制板读写 EEPROM 数据错误

（2）A 系列空调器故障代码　适应机型：KFC-25GWX、KFC-35GWX、KFR-25GWX、KFR-35GWX 等。该系列机型的面板上装有定进灯（LED1）、除霜灯（LED2）、自动换气（LED3）和连续换气灯（LED4）4 只指示灯，利用 4 只指示灯的亮 / 灭情况来显示故障，见表 15-11。

表15-11　故障显示

LED1	LED2	LED3	LED4	故障性质或原因
亮	亮	灭	灭	电源过压保护
灭	亮	灭	灭	电源欠压保护
灭	灭	亮	灭	系统压力过高保护或过流保护
灭	灭	灭	亮	系统压力过低
亮	亮	灭	灭	室外机环境温度检测＞ 8℃
亮	灭	亮	灭	室外机环境温度检测＜ -40℃

（3）"清净机"系列空调器故障代码　适应机型：KFR-26GW/CIY、KFR-33GW/CIY 等。该系列机采用文字符号显示故障，详细情况见表 15-12。

表15-12　故障显示

故障显示	故障性质或原因	故障显示	故障性质或原因
P0	压缩机过流保护	P4	室温传感器故障
P1	室内风机转速失控	P5	风机温度保险丝熔断
P2	室内机控制板与开关板通信异常	P6	无过零检测信号或信号时间间隔不正确
P3	室内机管温传感器故障	P7	室内机与室外机型号不匹配

（4）KF-60GW/Y 等机型故障代码 适应机型：KF-60GW/Y、KF-70GW/Y、KF-70GW/SY、KFR-50GW/SY、KFR-60GW/Y、KFR-70GW/Y、KFR-70QW/Y、KFR-70QW/SY 等。该机属于定速挂式空调器，采用指示灯来指示故障，详细情况见表 15-13。

表15-13 故障显示

运行灯	定时灯	除霜灯	自动换气灯	故障性质或原因
5Hz	5Hz	5Hz	灭	压缩机过流保护
5Hz	5Hz	5Hz	5Hz	室外机电源缺相、相序错误或排气温度保护
灭	5Hz	灭	灭	室温传感器故障
灭	5Hz	灭	灭	室内机管温传感器故障
灭	灭	5Hz	灭	室外机环境温度传感器故障
5Hz	5Hz	灭	火	风机温度保险丝熔断
5Hz	灭	灭	5Hz	室内机管温传感器故障
灭	灭	灭	5Hz	蒸发器温度检测口异常
灭	灭	灭	灭	水位报警器报警（报警灯以 5Hz 频率闪烁）

注：5Hz 表示指示灯以 5Hz 的频率闪烁（即每秒钟闪烁 5 次）。

（5）KFR-26CW/CBPY 等机型故障代码 适应机型：KFR-26CW/CBPY、KFR-26GW/IBPY、KFR-32GW/CBPY、KFR-32GW/IBPY 等。该机属于变频挂式空调，采用指示灯来显示故障，详细情况见表 15-14。

表15-14 故障显示

除霜灯	定时灯	自动灯 / 换气灯	运行灯	故障性质或原因
灭	灭	亮	闪烁	IPM 保护
亮	灭	灭	闪烁	压缩机过热保护
灭	亮	灭	闪烁	室外机温度传感器故障
灭	亮	亮	闪烁	电源过压保护或欠压保护
亮	亮	亮	闪烁	室内机蒸发器温度传感器故障
亮	亮	闪烁	闪烁	风机转速失控
闪烁	灭	亮	闪烁	过零检测信号异常

除霜灯	定时灯	自动灯 / 换气灯	运行灯	故障性质或原因
闪烁	亮	灭	闪烁	温度保险丝熔断
灭	灭	闪烁	闪烁	控制板 EEPROM 故障
闪烁	亮	闪烁	闪烁	室内机与室外机的型号不匹配
闪烁	闪烁	闪烁	闪烁	室内机与室外机之间通信异常

注：KFR-26GW/IBPY 和 KFR-32GW/IBPY 为自动灯；KFR-26GW/CBPY 和 KFR-32GW/CBPY 为换气灯。室外机控制板上装有一只运行 / 待机灯（L4），运行时长亮，待机时以 0.5Hz 的频率闪烁，发生故障时以 1Hz 的频率闪烁。

（6）"智能星"系列空调器的故障代码　适应机型：KFR-28CW/BPY、KFR-32GW/BPY、KFR-36GW/BPY、KFR-45GW/BPY 等。　该机属于变频挂式空调器，采用指示灯来显示故障，详细情况见表 15-15 和表 15-16。

表15-15 室内机故障显示

除霜灯	定时灯	自动换气灯	运行灯	故障部位或原因
灭	灭	亮	闪烁	IPM 模块保护
亮	灭	灭	闪烁	压缩要过热保护
灭	亮	灭	闪烁	室外机环境温度传感器故障
亮	灭	亮	闪烁	室外机环境温度过低或过高
灭	亮	亮	闪烁	电源过压保护或欠压保护
亮	亮	灭	闪烁	过流保护
亮	亮	亮	闪烁	室内机蒸发器温度传感器故障
亮	灭	闪烁	闪烁	室内机蒸发器温度过高保护或过低保护
灭	亮	闪烁	闪烁	抽湿模式室内温度过低保护
亮	亮	闪烁	闪烁	室内机转速失控
闪烁	灭	亮	闪烁	过零检测异常
闪烁	亮	灭	闪烁	温度保险丝断路保护
闪烁	亮	闪烁	闪烁	室内机与室外机的型号不匹配
闪烁	闪烁	闪烁	闪烁	室内机与室外机之间通信异常

表15-16 室外机故障显示

L0（LED0）	L1（LED1）	L2（LED2）	L3（LED3）	故障性质或原因
灭	亮	灭	灭	室外机电流保护
灭	闪烁	灭	灭	室外机压缩机排气温度传感器故障
灭	闪烁	闪烁	灭	室外机环境温度传感器故障
灭	闪烁	灭	闪烁	室外机盘管温度传感器故障
灭	亮	闪烁	亮	室外机电源过压保护或欠压保护
灭	灭	亮	灭	室外机 IPM 保护
灭	亮	亮	灭	室外机压缩机过热保护
灭	灭	灭	亮	室外机 11min 通信异常
灭	亮	灭	亮	室外机 4 次 /h 电流保护
灭	灭	亮	亮	室外机 4 次 /h 模块保护
灭	灭	闪烁	亮	室外机预热

（7）KFR-50LW/E 等机型故障代码 适应机型：KFR-50LW/E、KFR-50LW/F、KFR-50LW/K、KFR-75LW/F、KFR-75LW/K、KFR-120LW/E、KFR-120LW/K 等。该机属于定速柜式空调器，采用文字符号来显示故障，详细情况见表 15 17。

表15-17 故障显示

故障显示	故障部位或原因	故障显示	故障部位或原因
P01	压缩机过载保护	E01	室温传感器故障
P02	室内机蒸发器温度过低	E02	压缩机过流保护
P03	室内机蒸发器温度过高	E03	压缩机欠流保护
P04	室内机出风口温度过高	E04	室外机保护

（8）KFR-50LW/BPY 等机型故障代码 适应机型：KFR-50LW/BPY、KFR-50LW/FBPY、KFR-61LW/FBPY 等。该机属于变频柜式空调器，采用文字符号和指示灯来显示故障，详细情况见表 15-18 ～表 15-20。

表15-18 室内要故障显示（文字符号显示）

故障显示	故障性质或原因	故障显示	故障性质或原因
E01	4 门铃 /h 模块保护	P06	室内机蒸发器温度保护
E02	（未用）	P07	室外机冷凝器高温保护
E03	3 次 /h 排气温度保护	P08	抽湿模式室内温度过低保护
P01	室内机与室外机之间 2min 通信异常	P09	室外机排气温度过高保护
P02	IPM 保护	P10	压缩机温度过高保护
P03	电源过压保护或欠压保护	P11	除霜 / 防冷风保护
P04	室温传感器故障	P12	室内风机温度过高
P05	室外机冷凝器、环境、排气温度传感器故障	P13	室内机控制板与开关板 3min 通信异常

表15-19 室内机故障显示（指示灯显示）

定时灯	除霜灯	自动换气灯	空气清新灯	故障性质或原因
亮	灭	灭	灭	IPM 保护
灭	亮	灭	灭	压缩机温度过高保护
灭	灭	亮	灭	室内机管温传感器故障
灭	灭	灭	亮	室外机环境温度传感器故障
亮	亮	灭	灭	制冷或制热时，室外机温度过高或过低
亮	灭	亮	灭	排气温度过高
亮	灭	灭	亮	室内机蒸发器温度过高保护
灭	亮	亮	灭	电源过压保护或欠压保护
灭	亮	灭	亮	过流保护
灭	灭	亮	亮	室内机蒸发器温度过低保护
亮	亮	亮	灭	室内机与室外机型号不匹配
亮	亮	灭	亮	抽湿模式室内温度过低保护
亮	灭	亮	亮	室内机与室外机之间通信异常
灭	亮	亮	亮	室内机或室外机控制板与开关板之间通信异常
亮	亮	亮	亮	温度保险丝熔断保护

注：正常状态下，室内机的运行灯常亮；发生故障时，运行灯闪烁。

表15-20 室外机故障显示

LED3	LED2	LED1	故障性质或原因
亮	灭	灭	室外机电流保护
闪烁	灭	灭	室外机压缩机排气温度传感器故障
闪烁	闪烁	灭	室外机环境温度传感器故障
闪烁	灭	闪烁	室外机管温传感器故障
亮	闪烁	亮	室外机过压保护或欠压保护
灭	亮	灭	室外机 IPM 保护
亮	亮	灭	室外机压缩机顶部温度保护
灭	灭	亮	室外机 1min 通信异常
亮	灭	亮	室外机 4 次 /h 电流保护（未用）
灭	亮	亮	4 次 /h 模块保护
灭	闪烁	灭	预热

注：运行时，LED4 常亮；待机时，LED4 闪烁。

（9）KFR-50LW/F28PY 机型故障代码 该机属于变频柜式空调器，采用指示灯来显示故障，详细情况见表 15-21 另外，当出现故障时，室外机控制板上的指示灯 LED4 会闪烁。

表15-21 故障显示

运行灯	定时灯	除霜灯	故障性质或原因
灭	闪烁	闪烁	电流保护
闪烁	灭	闪烁	压缩机温度保护
灭	灭	闪烁	室外机温度传感器故障
灭	闪烁	灭	室温传感器故障
闪烁	灭	灭	IPM 保护
亮	闪烁	闪烁	电源过压保护或欠压保护
闪烁	闪烁	灭	室内机与室外机型号不匹配
闪烁	闪烁	闪烁	室内机与室外机之间通信异常

（10）KFR-50LW/MBPY 等机型故障代码 适应机型：KFR-50LW/MBPY、KFR-60LW/MBPY 及"天朗星"J、M 系列机等。该机采用文字符呈来显示故障，具体情况见表 15-22。

15.4.9.2 格力空调器故障代码含义

（1）"冷静王"系列机型故障代码 适应机型：KFR-25GW/JF（2551）JA、KFR-32GW/JF（3251）FA、KFR-36CW/JF（3651）FA、KFR-25GW/EF（2551）FC、KFR-36GW/EF（3651）FC、KF-26CW/KF（2638）F、KF-26GW/KF（2658）F、KF-32GW/KF（3238）F、KFR-32GW/KF（258）F；KF-50LW/H400、KF-50LW/H500、KF-50LW/H510、KFR-50LW/H400、KFR-50LW/H410、KFR-50LW/H410Y、KFR-50LW/H510、KFR-60LW/E（6053L）F、KFR-70LW/E（7053L）F、KFR-60LW/EF（6053L）FA、KFR-70LW/EF（7053L）FY 等。该系列空调器采用文字符号来显示故障，详细情况见表15-22。

表15-22 故障显示

故障显示	故障性质或原因	故障显示	故障性质或原因
E1	压缩机电流过大，壳体温度过高；排气温度过高；模块保护	E3	室温传感器故障
		E4	室内机蒸发器管温传感器故障
E2	室内机蒸发器防冻结保护	E5	室内机与室外机之间通信异常

（2）大众机型故障代码 适应机型："小金豆"系列：KF-23GW/K（2338）B、KFR-23GW/K（2358）D、KF-26GW/K（2638）B、KFR-26GW/K（2658）D、KFR-32GW/K（3258）B、FK-35GW/K（3538）B 等。

"N5"系列：KF-23GW/K（2338）E-N5、KFR-23GW/K（2358）-N5、KF-35GW/K（3538）E-N5、KFR-35GW/K（3558）E-N5、KFR-35GW/K（3558）I2-N5 等。

"N4"系列：KF-23GW/K（2338）B-N4、KFR-23GW/K（2358）D-N4、KFR-23GW/K（23516）E-N4、KF-35GW/K（35316）E-N4、KFR-35GW/K（35516）E-N4 等。

"冷静宝"系列：KF-24GW/E（2431）ZD-JN1、KF-27GW/E（2731）ZD-JN1、KFR-32GW/E（3251）ZD、KF-35GW/E（3531）ZD、KFR-35GW/E（3551）ZD 等。

另外，还适应"新冷静王"系列、"康怡"系列、"凉韵"系列、"凉立爽"系列、"云露"系列、"天丽"系列、"风侠"系列、"风秀"系列等。

格力大众机型采用文字符号显示故障，详细情况见表15-23。

表15-23 格力空调故障代码含义

故障显示	故障性质	故障原因
E1	压缩机高压保护	① 室外机散热不好（如冷凝器太脏，出风口被挡住，电动机自身有问题导致散热不良等） ② 高压保护开关自身问题（如断开或损坏） ③ 电源问题（如电源电压低或三相电源缺相） ④ 故障反馈电路开路（如信号线断路） ⑤ 电脑板或强电板损坏 ⑥ 制冷系统有问题（例如循环系统脏堵） ⑦ 人为因素，如在北方的冬季，有时制热效果差，某些维修工为了效果好，便多加了制冷剂。等到夏季时因压力过高出现保护停机
E2	防冻结保护	① 管温传感器开路或是阻值异常 ② 显示板坏了 ③ 室内风机转速慢或电动机损坏 ④ 过滤网太脏 ⑤ 制冷剂缺少 ⑥ 使用环境温度低
E3	压缩机低压保护	① 制冷系统漏氟 ② 低压保护开关自身损坏 ③ 电脑板或强电板损坏
E4	压缩机排气温度过高	① 排气管温度传感器自身损坏 ② 制冷系统有问题（如漏氟，回气管堵塞，制热时辅助毛细管堵塞等）
E5	过压保护或过流保护	① 电源电压过低，或者启动电容损坏导致压缩机不启动 ② 强电板损坏
E6	静电除尘器故障	静电除尘器表面灰尘太多需要清洗，或者静电除尘器本身损坏，E6保护一般是高档机，在普通的机器里没有这个功能，所以也不会出现该种保护代码

（3）"绿色"和"冰岛"系列 适应机型：KF-60LW/E（60313L）、KFR-60LW/E（60513L）、KF-70LW/E1（70313L1）、KFR-70LW/E1（70513L1）KF-70LW/E（70313L）、KFR-70LW/E（80513L）、KF-60LW/E（60313L）-N4、KFR-60LW/E（60513L）-N4、KF-72LW/E1（72313L1）-N4、KFR-72LW/E1（72513L1）-N4、KF-72LW/E（72313L）-N4、KFR-72LW/E（72513L）-N4等。该系列空调器采用文字符号来显示故障，详细情况见表15-24。

表15-24 故障显示

故障显示	故障性质	备注
E1	系统高压保护	当选择3s检测到高压保护时，系统关闭负载，屏蔽所有按键及遥控信号，指示灯闪烁并显示E1
E2	室内机防冻结保护	在制冷，抽湿模式下，压缩机启动6min，连续3min检测到蒸发器温度小于-5℃时，指示灯闪烁，并显示E2，此时压缩机和室外风机停转；当蒸发器浊度大于6℃，并且压缩机已停足3min时，指示灯灭，液晶显示屏恢复显示，机器恢复运行
E3	系统低压保护	压缩机启动3min后，开始检测低压开关信号，若连接3min检测到低压开关断开，则整机停止工作，指示灯闪烁，显示屏显示E3，以提示制冷剂泄漏
E4	排气管高温保护	压缩机启动后，连续30s检测到排气温度大于120℃或排气温度传感器短路（或开路）时，指示灯闪烁，显示E4
E5	电源欠压保护	压缩机运转后，若连续3s检测到电流大于25A，指示灯闪烁并显示E5
E6	电加热器故障	蜂鸣器发出报警声，红灯闪、若室温大于35℃时，系统会自动进入制冷运行状态

（4）"健康数智星" R1 系列机型故障代码　该系列空调器属于变频挂式空调器，采用指示灯显示故障，详细情况见表 15-25。

表15-25 故障显示

定时灯	干燥防雷灯	强劲灯	故障性质或原因
灭	灭	灭	控制板 EEPROM 数据错误
亮	亮	亮	IPM 保护
亮	灭	灭	压缩机顶部温度过高保护
灭	灭	亮	室外机环境温度传感器故障
灭	亮	亮	电源过压保护或欠压保护
灭	亮	灭	室内温度传感器故障
亮	灭	亮	风机转速失控
亮	灭	灭	过零检测异常
闪烁	闪烁	闪烁	室内机与室外机之间通信异常

注：故障显示时，除霜灯总闪烁。

（5）**"数智星"R系列机故障代码** 适应机型："数智星"R系列机及R1、S1、S2、S3系列机，也适应"全健康"Q1系列机。该系列空调器属于变频柜式空调器，采用文字符号显示故障，详细情况见表15-26。

表15-26 故障显示

故障代码	故障性质或原因	故障代码	故障性质或原因
P1	室内机与室外机之间2min通信异常（仅R系列）	E1	室温传感器故障（T1故障）
P2	IPM保护（仅R系列）	E2	传感器T2故障（R系列无此项）
P3	电源电压异常保护	E3	传感器T3故障（R系列无此项）
P4	室内机蒸发器高温保护或低温保护（R系列无此项）	E4	室外机环境温度传感器故障（T4故障）
P5	室外机冷凝器高温保护（R系列无此项）	E5	通信故障（未用）
P6	等离子发生器故障（仅R系列）	E6	室外机保护（R系列无此项）
P7	室外机排气温度过高（R系列无此项）	E7	加湿器故障（未用）
P8	压缩机顶部温度过高保护	E8	静电除尘器故障（未用）
P9	压缩机除霜或防冷风保护	E9	控制板EEPROM故障[1]

① 对于"全健康"Q1系列机来说，E9代表自动门故障。

（6）**"天井机"系列故障代码** 适应机型：KF-40TW/K（4035）、KF-45TW/K（4535T）、KF-50TW/E（5031T）C-N5、KF-50TW/E1（5031T）C、KF-70TW/B1（7031T）C、KF-70TW/B（7031T）C、KF-72TW/B（7231T）C-N5、KF-72TW/P1（7231T）C-N5、KF-120TW/B（1231T）C、KF-120TW/B（1231T）C-N5、KFR-40TW/K（4035T）、KFR-45TW/K（4555T）、KFR-50TW/E（5051T）C-N5、KFR-50TW/E1（5051）TC、KFR-70TW/B（7051T）C、KFR-72TW/B（7231T）C-N5、KFR-72TW/P1（7251T1）C-N5、KFR-120TW/B（1251T）C、KFR-120TW/B（1251T）C-N5等。该系列机属于定速空调器，采用1～7号指示灯的闪烁情况来显示故障，见表15-27。

表15-27 故障显示

指示灯闪烁情况	故障性质或原因	指示灯闪烁情况	故障性质或原因
2号、6号闪烁	水位开关故障（循环水泵或排管）	2号闪烁	遥控器发射电路开路
3号、6号闪烁	送风电动机损坏	3号、7号闪烁	室内机与室外机通信电路开路
2号、3号、6号闪烁	选择错误	2号、7号闪烁	室内机与室外机通信异常
2号、5号闪烁	室温传感器故障	3号、4号、6号、7号闪烁	电源接触不良（主电路板）
2号、4号、5号闪烁	遥控器故障	2号、3号、4号、6号、7号闪烁	电源接触不良（副电路板）
3号、5号闪烁	室温传感器故障	4号、6号、7号闪烁	压缩机吸气压力过低保护
4号闪烁	中心地址"堵塞"	3号、5号、7号闪烁	热交换温度传感器故障
3号、6号、7号闪烁	压缩机排气压力过高保护	2号、4号、5号、7号闪烁	高压开关开路
2号、6号、7号闪烁	压缩机过流保护	3号、4号、5号、7号闪烁	热压开关开路
2号、3号、6号7号闪烁	压缩机排气温度过高保护	2号、3号、4号、5号、7号闪烁	低压开关故障
2号、5号、7号闪烁	压缩机排气温度传感器故障	2号、3号、5号、7号闪烁	CT开路或压缩机过流保护

（7）KFR-50W/MBPY 等机型故障代码 适应机型：KFR-50LW/MBPY、KFR-60LW/MBPY 等。该机属于定速柜式空调器，采用文字符号来显示故障，详细情况见表15-28。

表15-28 故障显示

故障显示	故障性质或原因	故障显示	故障性质或原因
P1	室内机与室外机之间2min通信异常	E1	室温传感器故障
P2	IPM保护	E2	（未用）
P3	电源电压异常保护	E3	（未用）
P4	室内机蒸发器高温保护或低温保护	E4	室外机环境温度传感器故障
P5	室外机冷凝器高温保护	E5	室内外控制板与显示板之间3分钟通信异常

续表

故障显示	故障性质或原因	故障显示	故障性质或原因
P6	（未用）	E6	（未用）
P7	室外机排气温度过高	E7	（未用）
P8	压缩机顶部温度过高保护	E8	静电除尘器故障
P9	除霜状态	E9	控制板 EEPROM 故障

15.4.10 格力空调故障检修实例

故障现象 1：开机马上显示 E1，按任何键均无反应。

机型：格力 KFR-120LW 空调。

故障原因：内外机连接线断。

分析检修：要判断该故障，就必须知道格力空调显示 E1 的保护原理，如图 15-64 所示。CPU 要判断高压开关是否断开，就必须通过电路转化为 CPU 芯片能够识别的高低电平。空调开机后，电脑芯片如果连续 3s 检测到 OVC 的电平为低电平，则 CPU 进入 E1 保护状态。保护后会锁定除灯箱以外的任何按键，不能自动恢复。必须断电后重新启动才会消除 E1 保护。

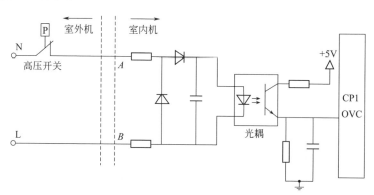

图15-64 格力KFR-120LW空调OVC电路

N、L 为空调室外机的零线和火线接头，零线接高压开关后，通过室内外机连接线，接入空调室内机主控板上的 A 点，主控板标识为 OVC，经过降压、整流、滤波、光电耦合、在 CPU 的 OVC 脚位得到高电平。如果在这个环节任何电路出现故障，都会出现 E1 保护。格力空调厂方不允许维修主控板，损坏后直接更换即可。

重点检查 OVC 电路，检测方法有以下三种。

① 用万用表测室内机主控板 OVC 脚的对地电压，根据原理图可知，如为 0V 正常，如为 220V 则有故障。

② 用电阻挡进行测量，断开室内外机连接线，直接测量内外机连接线 OVC 进线与地线的电阻值（图 15-64 中 A 与 N 之间的电阻值），如果为 0 表示正常，为 ∞ 表示有故障。

③ 用短路法判断，断开室内外连接线，用导线短接 OVC 与零线，试机，若室内机运转正常则判断为室外机故障。若故障无改变则主控板坏，更换主控板即可。维修后必须还原路线。经过检测发现，内外机连接线断，造成内外机通信故障。

故障现象 2：不能启动。

机型：KFR-120LW/D 柜机空调。

故障原因：压敏电阻与保险丝均熔断，零线腐蚀严重。

分析检修：经查发现控制板上的压敏电阻与保险丝均熔断，将其更换后再试机发现室内机转动阻滞，转动瞬间有"嗞啦"的声音，此时检查电源电压波动很大，细查发现零线腐蚀严重，造成接触不良而导致该故障，将零线更换后工作正常。

故障现象 3：显示 E1，断电后重新开机，白天仅能工作 15min 又显示 E1，晚上能工作 30min 左右。

机型：格力 KFR-70LW/058 变频空调。

故障原因：室外机太脏。

分析检修：初期判断为室外机的高压保护，估计故障原因为室外机散热不好，因为晚上能工作 30min，白天仅能工作 15min。由于室外机安装在公路旁边，没有遮挡物，由此估计为室外机散热器脏，造成散热条件不好，只要清洗一下就可以解决问题。检修时先检查两个地方：目测室外机冷凝器是否比较脏；手摸室内机的连接管接头处，看温度是否较高。一般高压管微微发热为正常，如烫手就肯定会保护（仅针对内节流的机型，格力柜机一般采用内节流）。经检查室外机太脏，清洗后故障排除。

温馨提示：格力变频空调常见的故障代码含义有：E1 表示"系统高压保护，3s 后开始检测"；E2 表示"防冻结保护，9min 后开始检测"；E3 表示"低压保护，3min 后开始检测"；E4 表示"排气管高温保护，30s 后开始检测"；E5 表示"低电压保护，3s 后开始检测"；E6 表示"静电除尘故障，通电后开始检测"；E7 表示"相序保护，通电后开始检测"。

七种故障里，出现概率最大的是"系统高压保护"，这一点也是实际维修中最难判断的，空调故障保护功能，分为电路保护和系统保护。E1 保护是系统高压保护（压缩机高压保护），是为防止系统压力过高而设立的保护装置，通过连接在压缩机排气端的高压开关自动进行检测，如图 15-65 所示。一般保护的压力值为 2.7MPa，即当系统高压端的压力超过了 2.7MPa 以后，压力继电器①、②脚就会断开，空调室内显示板显示 E1 保护。但在格力的老款机型中，同时包含了系统高压和过流保护。

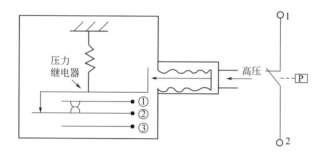

图15-65 格力空调高压保护电路

故障现象 4：在制热时，工作 40min 后显示 E1，工作的时候制热正常。

机型：格力 KFR-70LW/（7053L1）空调。

故障原因：主控板和感温头故障。

分析检修：从用户报修情况看，该故障为系统方面的故障，由于制热正常，估计故障在信号检测方面，而显示 E1，应为高压保护引起。但是故障比较隐蔽，本着先易后难的方法，可检查散热、电路、系统压力等方面。经查外机的安装环境，正常；观察外机的清洁程度，正常；测试系统正常工作时候的高压压力，2MPa，非常稳定，正常；等待机器出故障，发现为机器在正常停机后重新启动时出现故障。故障点是室内风扇电机没有启动，造成系统压力过高而保护。更换主控板和感温头后故障排除。

故障现象 5：夏季制冷正常，冬季制热效果差。

机型：格力小金豆 KFR-32GW/3258B 空调。

故障原因：油堵。

分析检修：经检查发现，该机制热时室外风扇电机与压缩机均工作，可十多分钟后室内风扇电机仍未启动，用手摸室内机管道感觉温度很低（为防止制热初期吹出冷风，空调器都设计了防冷风功能，当室内机感温低于 23℃时，室内风扇电机不会启动）。在工艺管上挂一块压力表，检测压力偏低约 1.0MPa，初步判断系统缺氟。将空调器强制工作在制冷状态，开机压力为 0MPa，甚至为负压，更加增强了缺氟的可能性。正准备关机检漏时，发现压力慢慢回升到 0.25MPa，停机后压力表上的压力回升速度很慢（当时环境温度较低，平衡压力为 0.6MPa），系统又并不一定缺氟。为了防止误判，少量加了一些氟，但制热效果未见好转，由此判断系统堵塞。因该机购买时间不长，还未维修过，所以杂质堵塞的可能性不大，结合停机后压力表上的压力回升速度很慢的现象，断定为油堵所致。

若用常规方法进行处理，需将系统打开，用高压氮气冲洗管路，费时费力，还会浪费大量的制冷剂，并且在放出制冷剂的同时，压缩机内的部分冷冻油也会随着制冷剂被排出，容易造成压缩机缺油，会对压缩机带来安全隐患。于是抱着试一试的想法，决定在不打开系统的情况下进行处理。

在空调工作期间，压缩机在压缩制冷剂的同时，少量的冷冻油会随着制冷剂一起进入系统管道循环。一旦长时间停机不用，冷冻油就会在管道的底部聚集，温度变低，冷冻油的流动性变差引起油堵。根据经验，油堵一般发生在毛细管段。强制将空调工作在制热状态下，用热风枪对毛细管进行加热（也可用氧焊枪进行加热，但温度千万不能过高，否则有烧穿或烧熔毛细管造成堵塞的危险），加热数分钟后，关闭毛细管阀门收氟 10min 左右关闭粗管，完成收氟工作。停机静置 10min，打开高压阀门使制冷剂快速充入室内机，打开低压阀门，使空调工作在制冷状态，发现故障有所好转。继续用热风枪对毛细管加热，直到制冷正常。数分钟后停机休息一会儿，让空调在制热状态工作。数分钟后又进行制冷，如此反复几次，油堵现象就会消失。排除油堵后，再进行一次收氟过程，即可交付使用。如遇到严重油堵，可多进行几次收氟过程，对毛细管的加热时间可酌情延长，一般都能够排除故障。

故障现象 6：经常出现不能工作的现象。

机型： 格力 KFR-33G Ⅱ型空调。

故障原因： 桥式整流器。

分析检修： 经检查只开"FAN"，有时一切正常，有时无论冬天制热还是夏天制冷，压缩机一启动便立即断电，指示灯无指示。采用稳压器后故障依旧。

根据安装人员的介绍，拔下电源插头稍候片刻再通电即可启动。照此操作确实有时能启动，但有时还是不能启动。如此现象持续两年，近期该机完全不能启动。因发生故障的前一天下过雨，故怀疑室外组件风扇受潮漏电，但经检查正常。此时进一步试验，发现任何功能运转均不超出 1min 便自动断电。该机室外散热风扇、室内轴流风扇、压缩机均系独立电机提供动力，不可能三个电机同时过载，而且在未停机瞬间，各功能键的功能正常，相应指示灯有指示，且断电是发生在延时 90s 以后，由此证明，微处理器正常，故障应在微处理器输出电平到继电器驱动电路之间。于是打开机盖，在开机风扇运转时测得供电稳压器 7805 的输入电压为 9V，输出电压为 5.14V，正常。按下制热键，制热指示灯有指示，预热 90s 后开始制热，7805 的输入电压（也是各功能继电器的驱动电压）在吸合瞬间突然降至 3～4V，同时继电器释放整机断电。拆下微处理器板仔细观察，发现由微处理器通过开关管驱动四只功能不同的继电器，其中一只为压缩机控制继电器，所有继电器标识电压均为 DC12V。将微处理器板用原机变压器单独供电，当接通电源时只有"FAN"继电器动作，负载电流 62mA、整流电压为 9V，7805 正常工作，输出电压 5.14V，微处理器工作正常。此时人为加高电平，使压缩机驱动电路的开关管（2SC2481）导通，继电器吸合瞬间发现 9V 电压降至 3～4V 且不稳定。由于 7805 输出端不能维持 5V 输出，故 CPU 停止工作，整机断电。根据继电器的规格判断，其额定电压为 12V，在全负载时工作电压不低于 10V 才能稳定工作。内变压器为 AC220V/11V，滤波电容为 2200μF/25V，根据计算（不包括变压器内阻），正常空载（轻载）时整流输出电压应为 15.4V。加入全负载后电压也不应低于（桥式整流）9.78V。现电压降至 3～4V，确定是桥式整流器的某一臂出故障。

测试桥堆正向电阻，发现其中三臂阻值为 11Ω（用 500 型表 K～I 挡），有一臂为 42Ω，焊下再测量，42Ω 的一臂二极管又变为 14Ω，因此判定这只二极管性能变差。当整流器负载轻时无明显故障；当制冷或制热时室内轴流风扇和室外散热风扇同时动作，负载增大，使整流电压下降，于是停机。

据此分析,用 4 只 1N4004 二极管代替桥堆,测滤波后输出电压为 15V,当风扇启动后电压为 13V,制冷或制热启动电压为 11.8V,一切恢复正常,故障排除。

故障现象 7:滴水严重,制冷效果差。

机型:格力 1.5 匹挂机。

故障原因:蒸发器和冷凝器上污垢太多,结冰堵塞。

分析检修:检查接水槽和出水孔已严重堵塞,用钢丝疏通了一下,再用万用表检查,发现压缩机启动电容不良,换上一个 30μF/400V 的电容,压缩机工作正常。但用钳形电流表查工作电流明显比额定电流大,仔细观察。发现室内机和室外机都有严重滴水现象,怀疑室内机结冰。打开室内机,发现蒸发器表面沾满了厚厚的灰尘,排水槽和出水孔被一些冰块和污垢混合物堵塞了。疏通之后,认真清洗室内机和室外机,此时再检查工作电流已正常。分析原因是空调长期日夜不停机工作,加上空调温度设定又过低(17℃),负荷大,蒸发器和冷凝器上污垢太多,结冰堵塞,冷凝水排不出去,造成室内外机溢水。

故障现象 8:电源灯亮、压缩机工作指示灯不亮、室外机不启动,有时偶尔启动一下,很快就停机,不能工作。

机型:格力 KFR-50LW/EF 变频型空调。

故障原因:空气开关接触不良。

分析检修:因该机型没有故障自诊功能,不显示故障代码。故先将工作模式调到送风,按风速键,风速大小能调,说明室内 CPU 正常,重点检查室外机。经分析压缩机指示灯不亮,是处于保护状态,结合空调有时能启动一下,分析可能有接触不良情况。把所有插头重插了一遍,并用表测查发现有一个瓷片电容 C_{101} 因引脚过长,线路板在密封时没有封住,长期氧化使其一端引脚锈断。此电容为通信线路抗干扰电容,用同型号电容更换后,试机能工作了,但随着工作电流的加大,室内的空气开关发出"吱吱"声,空气开关有接触不良现象,看来这才是空调不工作的真正原因。因 C_{101} 电容的损坏使通信线路抗干扰能力下降,由于空气开关接触不良产生杂波干扰 CPU,而产生本故障。更换空气开关后故障排除。

故障现象 9:通电源室外机即自动开机。

机型:格力 KFR-50LW/D 空调。

故障原因:交流接触器输出触点已烧结。

分析检修:查该空调外机通过交流接触器控制,交流接触器由室内机主控板控制。查主控板正常，而交流接触器输出触点已烧结粘连，将其更换后工作正常。

故障现象 10：制冷一段时间后只送风，蜂鸣器 5min 左右鸣响一次，操作面板显示紊乱，而白天试机一切正常。

机型：格力 KFR-50LW/D 空调。

故障原因：电子节能灯产生干扰。

分析检修：晚上经查是室内吊灯装有 15 只 9W 电子节能灯，对空调主控板 CPU 产生干扰所致。换用白炽灯后故障排除。

故障现象 11：制热时，室内风机每隔 3 ～ 5min 停转一次。

机型：KFR-50LW/D 空调。

故障原因：电源零线接触不良。

分析检修：该空调型号为 KFR-50LW/D，使用 380V 交流电。检修时发现只要辅助电加热一工作，室内风机即停，因此怀疑电源电压异常。测空调进线为交流 380V，室内机端子板电压为交流 220V，均正常，但只要辅助电加热工作，220V 立刻跌至 150V 左右，细查为电源零线接触不良，重新放线后故障排除。

故障现象 12：制冷差。

机型：格力 KF-50/E 空调。

故障原因：管路泄漏。

分析检修：此现象很可能是制冷剂泄漏，经检查确已泄漏了很多，对室外机高低压阀检漏，发现两只三通阀工艺口均有漏氟现象，将制冷剂收回到室外机之后拆下工艺口内阀芯，发现密封圈已破损。更换之后，加入一定量制冷剂开机 1h 之后，观察低压压力比加注前无明显减小，说明还有漏氟的地方，对室内柜机铜管连接处检漏，没发现漏氟现象。再重点对室外机管路检漏，发现两根较长且易发生抖动相碰的铜管处，有缓慢的气泡冒出，抽出制冷剂后，对该冒泡处补焊，待冷却之后将两管间的距离掰大，并用防抖胶固定装好外壳，抽真空加氟后制冷正常。

故障现象 13：开机电源指示灯亮，但几秒后，压缩机运转指示灯刚亮一下，随即指示灯全灭。

机型：格力 KF-50/E 型空调。

故障原因：氟过量。

分析检修：怀疑电压太低所致。将压缩机断开，再次开机没出现上述故障，说明问题出在室外机上，重点查室外机压力保护开关。开机检查，发现压缩机刚启动该开关即跳开，出现这种情况有两种可能：压力保护开关损坏；管内压力太大。停机后对管内压力进行检查，压力远远高于正常值。放出少量氟使表压为 1.1MPa 时再开机，无灯灭现象。此时测电流为 9A，故障排除。

分析氟过量的原因，可能是前次修理时，在抽真空之后，压缩机还没启动的情况下加注了一些制冷剂或者是运转中压缩机刚停，但未及时停止加注制冷剂所致。

故障现象 14： 不制冷。

机型： 格力 LF-75WAK 型空调。

故障原因： 运行电容容量下降。

分析检修： 发现室内蒸发器、室外三通阀处有不同程度的结冰现象。这一般为制冷剂过量或者空气过滤网堵塞所致。测低压端压力为 0.42MPa（稍低），将室内机进风口盖板拆开，查看空气过摅网也没堵塞等异常情况。风机在转动，而似乎转得不够快，但面板显示却是高速。调节转速，风机转速无明显的变化，检查风扇电机正常，查 4.5μF/450V 运行电容容量已经下降了许多。更换之后开机，三挡转速有很明显的变化，再观察低压端压力已正常，测得运行电流为 5A。观察一段时间后上述故障不再出现（可扫二维码学习）。

故障现象 15： 时间模式设置失控。

机型： 格力 KF-25GW 型分体式空调。

故障原因： 三极管 e-c 极漏电。

分析检修： 此机因无电路原理图，为便于检修，测绘其控制电路相关时间设置的局部电路图，如图 15-66 所示。开机后电脑芯片 6805R㊳～㊵脚输出高电平，三极管 Q11 ~ Q13 导通，而 Q14 ~ Q16 则处于待导通状态。当按时间设置键时，三极管 Q16、Q8 导通，使 6805R㉓脚得到负脉冲电平，经内部逻辑判断电路处理后，由⑩脚送出高电平，再经 MS45132 驱动器反相后使对应的发光二极管点亮。当电脑芯片内部电路计时完成后，发出停机指令，时间指示灯熄灭。经分析，怀疑故障是电脑芯片㉝脚或 Q8、Q16 不良。检测㉝脚在未按时间设置键时为不稳定的低电平，正常时应为稳定的高电平。查 Q8 发现 e-c 极漏电，更换 Q8 后试机，故障排除。

故障现象 16： 机开后压缩机运行正常，外风机不转。

机型： 格力 KFR-25GW 空调。

故障原因： 火线、零线接错。

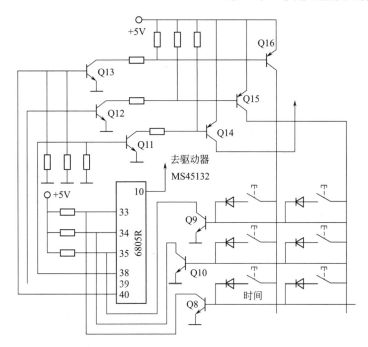

图15-66 格力KF-25GW型分体式空调电路原理图

分析检修：查外风机线圈、启动电容都通过外部供电线，该机为火线载波，若接反则风机不能运转，但对压缩机无影响。将火线、零线调换后正常。

故障现象17：连损两个四通阀，制冷效果时好时差，最后不制冷。

机型：格力 KFR-60LW 空调。

故障原因：毛细管前过滤器有脏堵。

分析检修：开机检查，发现四通阀有很大串气声，压缩机烫手（活塞式压缩机正常情况下温升较低），经判断，四通阀又损坏了。屡损四通阀必有内在原因，经仔细检查，该空调室内机毛细管前过滤器有脏堵，一并更换过滤器和四通阀后，故障排除。几个月来，该机再没有出现上述故障现象。空调室内机毛细管前过滤器脏堵，不及时处理极易引起四通阀甚至压缩机损坏。

故障现象18：制热时，半夜会吹出冷风。

机型：格力 KFR-25GW×2/A 空调器。

故障原因：感温热敏电阻不良。

分析检修： 维修人员试开机，发现其中一台内机制热时，风速只有低风和中风（制冷时，内风机均正常，都有高、中、低三种风速）。该机制热时设有防冷风保护功能，半夜吹出冷风，很可能是内风机风速过低，造成过负荷保护，使压缩机停止。该故障产生的原因可能是控制板或感温热敏电阻不良，经检测，发现控制板与感温热敏电阻阻值均正常，分析感温热敏电阻在常温下阻值正常，但温度升高时阻值不一定正常，制热时内风机风速控制只有当感温热敏电阻检测的温度 ≥ 38℃时，才能设定风速运转。于是用同型号的热敏电阻更换后试机，故障排除。

故障现象 19： 能制冷，不制热。

机型： 格力 KFR-25GW × 2/A 空调器。

故障原因： 四通阀线圈的阻值为无穷大，已断路。

分析检修： 根据以往维修经验知道，对于能制冷但不能制热的一拖二空调器，常见原因有两个：四通阀上未加上电；四通阀有电但已损坏。但必须指出，如果漏光了制冷剂，虽能听到电磁阀片动作声，但四通阀却不能真正换向，因为系统内无压力差，这一点需特别注意。检修时首先启动空调器一段时间后，切断电源，没有听到四通阀断电后的回气声，初步怀疑四通阀不能换向。用万用表电压挡测量四通阀线有 116V 的供电电压，再测量四通阀线圈的阻值为无穷大，已断路。更换四通阀线圈故障排除（可扫码学习）。

故障现象 20： 正常制冷，但不能正常制热。

机型： 格力 KFR-50LW/E 型柜机。

故障原因： 室内感温电阻损坏。

分析检修： 开机制热时，压缩机与室内风机立即工作。而室外机只在开机短时间内转动，约 30s 便停止转动，室外机冷凝器上很快结霜，室内风机吹出的风不热。格力空调设计有"防冷风"与"室内超温保护"措施。刚开机制热时，室内风机滞后压缩机 10 ～ 30s 运行，或者当蒸发器上的感温电阻感受到蒸发器的温度为 27 ～ 35℃时，室内风机才运行，这样就保证了室内机不会吹出冷风。当感温电阻感受到蒸发器温度过高（约大于 60℃）时，"室内超温保护"措施使室外风机停机。

此故障在开机时室内风机马上投入运行，室外风机工作 30s 后停机，很可能是室内感温电阻阻值变小所致。空调器中的室内感温电阻的阻值随温度升高而降低，当感温电阻减小过多时，电脑板得到的信息为蒸发器温度过高，使室内风机提前工作而室外风机停转。用万用表

$R×1k$ 挡查室内感温电阻几乎为零，而当时室内温度约为 10℃，感温电阻应为 10kΩ 左右，更换感温电阻后故障排除（可扫码学习）。

故障现象 21：接通电源面板液晶显示正常，开机制热时室外风机及压缩机均正常工作，但室内风机不运转。

机型：格力 7.5 液晶显示型柜机。

故障原因：制冷剂严重泄漏。

分析检修：开机制热时室外风机及压缩机均正常工作，但室内风机不运转，且在开机一段时间后室内温度显示由开始的 9℃ 下降到 7℃。用手摸连接管，发现粗管微温，而毛细管表面很冷且已结霜。这种制热不正常现象可能由以下几个原因造成。

① 四通阀不能正常工作。当四通阀不得电或者阀体损坏时，空调器实际上按制冷模式工作，室内机蒸发器的感温管感受不到蒸发器升温信息，因此防冷风装置工作，室内风机不工作。

② 蒸发器上的感温电阻断线或接触不良。此时电脑板得到的信息为"蒸发器温度低"，因此达到防冷风条件，室内风机不转。但这种情况下手摸液管应较热，且液晶显示板应显示故障"E2"。

为判断感温电阻是否正常，可将感温电阻拔下，用万用表测量电阻。边测边对感温电阻加温。若正常，其电阻值随温度升高而降低（0℃时约 14kΩ，10℃时约 9kΩ，20℃时约 6kΩ）。

③ 制冷剂严重泄漏。若制冷剂泄漏较少，空调器仍能制热，只是制热效果差点儿。当制冷剂严重泄漏时，室内机蒸发器中压力小导致制冷剂提前蒸发使蒸发器变冷，故而会出现开机一段时间后显示温度降低，毛细管结霜的现象。

由上述分析可判断：此故障为制冷剂严重泄漏所致。经查发现室外机低压阀头有油迹，用肥皂泡查漏有气泡吹出。紧固螺母后添加制冷剂，故障排除。

故障现象 22：插上电源后面板不显示，整机无任何反应，似乎没加电源一样。

机型：格力 KFR-60LW/B 空调。

故障原因：变压器 110℃ 温度保险器开路，连接的插接件接触不良。

分析检修：先用万用表测得电源 220V 正常，打开室内机下盖，测得电源接线端 220V 正常，继而测得提供 13.5V 与 9.5V 的变压器初级开路，经查为变压器初级的一个 110℃ 温度保险器开路。换上同样的保险再加上电源，空调机发出一声"嘀"声，按面板上的开关，制冷送风恢复正常。但制热时，室内风机不转，几分钟后，自动停机，面板显示E1，室内温度始终显示为0℃。重复以上步骤，故障依旧。先试用温水把感温包泡着，面板显示不变，可能是感温包与CPU连接的插接件接触不良，试把插头拔掉，直接连接，显示恢复正常，再试机，空调机恢复正常工作。

第16章

电工安全作业

16.1 触电及防范

按照人体触及带电体的方式和电流流过人体的途径，电击可分为单相触电、两相触电和跨步电压触电。

（1）单相触电 当人体直接碰触带电设备其中的一相时，电流通过人体流入大地，这种触电现象称为单相触电。对于高电压带电体，人体虽未直接接触，但由于超过了安全距离，高电压对人体放电，造成单相接地而引起的触电，也属于单相触电。

低压电网通常采用变压器低压侧中性点直接接地和中性点不直接接地（通过保护间隙接地）的接线方式，这两种接线方式发生单相触电的情况如图 16-1 所示。

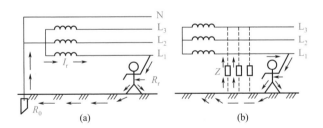

图16-1 单相触电示意图

在中性点直接接地的电网中，通过人体的电流为

$$I_r = \frac{U}{R_r + R_0}$$

式中，U 为电气设备的相电压；R_0 为中性点接地电阻；R_r 为人体电阻。

因为 R_0 和 R_r 相比较，R_0 甚小，可以略去不计，因此

$$I_r = \frac{U}{R_r}$$

从上式可以看出，若人体电阻按照 $1000\,\Omega$ 计算，则在 220V 中性点接地的电网中发生单相触电时，流过人体的电流将达 220mA，已大大超过人体的承受能力，可能危及生命。

在低压中性点直接接地电网中，单相触电事故在地面潮湿时易于发生。

（2）**两相触电** 人体同时接触带电设备或线路中的两相导体，或在高压系统中，人体同时接近不同相的两相带电导体，而发生电弧放电，电流从一相导体通过人体流入另一相导体，构成一个闭合回路，这种触电方式称为两相触电。

发生两相触电时，作用于人体上的电压等于线电压，这种触电是最危险的。

（3）**跨步电压触电** 当电气设备发生接地故障，接地电流通过接地体向大地流散，在地面上形成电位分布时，若人在接地短路点周围行走，其两脚之间的电位差，就是跨步电压。由跨步电压引起的人体触电，称为跨步电压触电。

下列情况和部位可能发生跨步电压电击：

① 带电导体，特别是高压导体故障接地处，流散电流在地面各点产生的电位差造成跨步电压电击；

② 接地装置流过故障电流时，流散电流在附近地面各点产生的电位差造成跨步电压电击；

③ 正常时有较大工作电流流过的接地装置附近，流散电流在地面各点产生的电位差造成跨步电压电击；

④ 防雷装置遭受雷击时，极大的流散电流在其接地装置附近地面各点产生的电位差造成跨步电压电击；

⑤ 高大设施或高大树木遭受雷击时，极大的流散电流在附近地面各点产生的电位差造成跨步电压电击；

⑥ 跨步电压的大小受接地电流大小、鞋和地面特征、两脚之间的跨距、两脚的方位以及离接地点的远近等很多因素的影响。人的跨距一般按 0.8m 考虑。

16.2 接地与接零

16.2.1 接地

电力供电系统为了保证电气设备的可靠运行和人身安全，在发电、供（输）电、变电、配电中都需要有符合规定的接地。所谓接地就是将供、用电设备，防雷装置等的某一部分通过金属导体组成接地装置与大地的任何一点进行良好的连接。与大地连接的点在正常情况下都是零电位。

由于电力供电系统的中性点运行方式不同，接地可分两类：一类是三相电网中性点直接接地系统，另一类是中性点不接地系统。目前在我国三相三线制供电电压为 35kV、10kV、6kV、3kV 的高压配电线路中，常采用中性点不接地系统；三相四线制供电电压为 0.4kV 的低压配电线路，采用中性点直接接地系统（如图 16-2 所示）。在上述供电系统中接用的电气设备，凡因绝缘损坏而可能呈现对地电压的金属部位，都应接地，否则，该电气设备一旦漏电会对人有致命的危险。

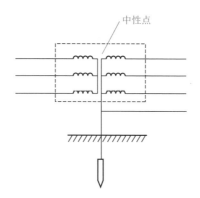

图16-2 中性点接地与不接地系统

接地的电气设备，因绝缘损坏而造成相线与设备金属外壳接触时，其漏电电流通过接地体流散。因为球面积与半径的平方成正比，所以，半球形面积随着远离接地体而迅速增大，所以与半球形面积对应的土壤电阻值，将随着远离接地体而迅速减小。电流在地中流散时，所形成的电压降，距接地体愈近就愈大，距接地体愈远就愈小。一般当距接地体大于 20m 时，地中电流所产生的电压降已接近于零值。因此，零电位点通常指远距接地体 20m 之外处，但理论上的零电位点是距接地体无穷远处（如图 16-3、图 16-4 所示）。

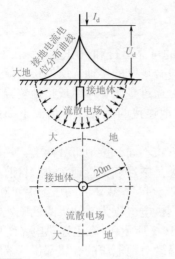

图16-3 地中电流和对地电压分布图 图16-4 地中电流呈半球形流散

（1）**接地装置**　电气设备接地引下导线和埋入地中的金属接地体组的总和称为接地装置，通过接地装置可使电气设备接地部分与大地有良好的金属连接。图 16-5 所示为接地装置示意图。

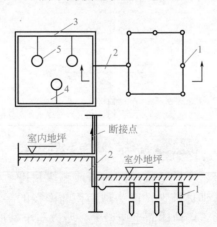

图16-5 接地装置示意图

1—接地体；2—接地引下线；3—接地干线；4—接地支线；5—被保护电气设备

接地体又可称为接地极，指埋入地中直接与土壤接触的金属导体或金属导体组，是接地电流流向土壤的散流件。利用地下金属构件、管道等作为接地体的称自然接地体，按设计规范要求埋设的金属接地体称为人工接地体。

接地线是指电气设备及需要接地的部位用金属导体与接地体相连接的部分，是接地电流由接地部位流向大地的途径。接地线中沿建筑物表面敷设的共用部分称为接地干线，电气设备金属外壳连接至接地干线部分称为接地支线。

（2）接地电阻、接地短路电流　接地装置的接地电阻是指接地线电阻、接地体电阻、接地体与土壤之间的过渡电阻和土壤流散电阻的总称。

工频电流从接地体向周围的大地流散时，土壤所呈现的电阻称工频接地电阻。接地电阻的数值等于接地体的电位与通过接地体流入地中电流的比值。

$$R_{jd} = \frac{U_{jd}}{I_{jd}}$$

式中，R_{jd} 为工频接地电阻，Ω；U_{jd} 为接地装置的对地电压，V；I_{jd} 为通过接地体的地中电流，A。

从带电体流入地中的电流即为接地电流。接地电流有正常工作接地电流和故障接地电流。正常工作接地电流是指正常工作时通过接地装置流入地下，借大地形成工作回路的电流。在三相线路中性点接地系统中，如果三相负载不平衡，就会有不平衡电流通过接地装置流入地下，故障接地电流是指系统发生故障时出现的接地电流。

电力供电系统一相故障接地，就会导致系统发生短路，这时的接地电流叫作接地短路电流，例如在三相四线制（380/220V）中性点直接接地系统中，发生一相接地时的短路电流。在高压系统中，接地短路电流有可能很大，接地短路电流在 500A 及以下的，称作小接地短路电流系统，接地短路电流大于 500A 的，则称大接地短路电流系统。

（3）接触电压、跨步电压　人站在漏电设备附近，手触及漏电设备的外壳，则人所接触的两点（手与脚）之间的电位差称为接触电压。接触电压的大小与人距离接地短路点有关，人距离接地短路点愈远时，接触电压愈大，人距离接地短路点愈近时，接触电压愈小（如图 16-6 所示）。

人体站在有接地短路电流流过的大地上，加于两脚之间的电位差称为跨步电压 U_k，如图 16-6 所示。人体愈接近故障点（短路接地点），跨步电压就愈大，人远离接地故障时，跨步电压就小。

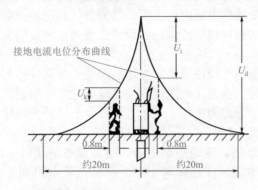

接地电流电位分布曲线

图16-6 跨步电压和接触电压示意图

16.2.2 接地种类

在 10kV、0.4kV 供用电系统中，为保证电力供电系统及电气设备的正常运行和人身安全的防护接地措施，有工作接地、保护接地、保护接零、重复接地等。

（1）**工作接地** 电力供电系统中，为保证系统安全运行电气回路中某一点接地（如电力变压器中性点接地），称为工作接地。

（2）**保护接地** 为防止电气设备因绝缘损坏使人体遭受触电危险而装设接地体，称为保护接地。如电气设备正常情况下不带电的金属外壳及构架等接地即属于保护接地。

（3）**保护接零** 为防止电气设备因绝缘损坏而使人体遭受触电危险，将电气设备在正常情况下不带电的金属部分与电网的零线相连接，称为保护接零。

（4）**重复接地** 在低压三相四线制采用保护接零的系统中，为了加强接零的安全性，在零线的一处或多处通过接地装置与大地连接，以上接地种类的示意图如图 16-7 所示。

16.2.3 电气设备接地故障分析

在电力供电系统中常用的电气设备，凡因绝缘损坏而可能呈现对地电压的金属部位，均应接地，否则将会对人体产生致命的危险。现分析如下：

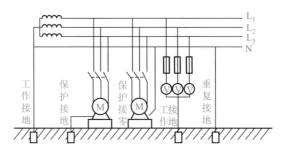

图16-7 工作接地、保护接地、保护接零、重复接地

（1）三相三线制中性点不接地系统电气设备接地故障分析　三相三线中性点不接地系统，电网各相对地是绝缘的，该电网所接用的电气设备，如果采取保护接地，当电气设备一相绝缘损坏而漏电使金属外壳带电时，操作人员误触及漏电设备，故障电流将通过人体和电网与大地间的电容（绝缘电阻视为无穷大）构成回路（如图16-8所示），其接地电流的大小将与电容的大小及电网对地电压的高低成正比。线路对地电容越大，电压越高，触电的危险性越大。

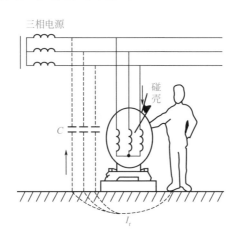

图16-8 不接地电网单相触电示意图

若漏电设备已采取保护接地措施，此时故障电流将会通过接地体流散，流过人体的电流仅是全部接地电流中的一部分（如图16-9所示）。

$$I_r = \frac{R_d}{R_d + R_r} I_d$$

式中，I_r 为流过人体的电流；I_d 为接地电流；R_d 为接地电阻；R_r 为人体电阻。

由上式可见，接地电阻 R_d 越小，则通过人体的电流也越小，因此，只要控制接地电阻值在一定范围内，就能减轻人身伤亡。

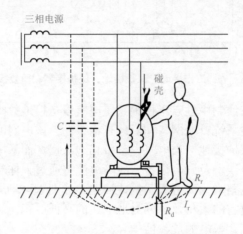

图16-9 不接地电网中的电气设备有保护接地而漏电时的示意图

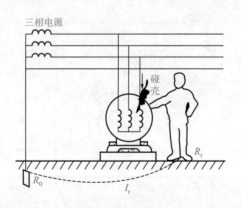

图16-10 三相四线制中性点接地系统中，人触及未采取措施的
漏电设备金属外壳时的示意图

（2）三相四线制中性点直接接地系统电气设备接地故障分析   低压三相四线制采用变压器中性点接地的电网中，电气设备不采取任何保护接地或接零的措施，一旦电气设备漏电，人体误触及漏电设备外壳时，对人体是很危险的。因为，漏电设备外壳对地呈现的电压，将是电网的

相电压，接地电流通过人体电阻 R_r 与变压器工作接地电阻 R_0 组成的串联电路（如图 16-10 所示）。可见，通过人体的接地电流

$$I_r = \frac{U}{R_r + R_0}$$

式中，I_r 为通过人体接地电流；U 为漏电设备外壳对地电压（220V）；R_r 为人体电阻值；R_0 为变压器中性点接地电阻值。

变压器中性点的工作接地电阻，一般规定在 4Ω 及以下，人体电阻若取 1000Ω，通过上式可求得通过人体的电流

$$I_r = \frac{U}{R_r + R_0} = \frac{220}{1000+4} = 0.219（A）= 219（mA）$$

实验证明，一般情况下通过人体的工频电流超过 50mA 时，心脏就会停止跳动，有致命的危险。所以上述情况中的 219mA 足以使人致命。为此，在中性点接地系统中的电气设备，一般情况下不带电的金属外壳必须采取保护接地或保护接零的安全措施。

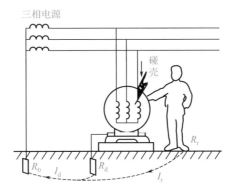

图16-11 中性点接地电网时，人体触及漏电设备金属外壳的示意图

若漏电设备已采用保护接地时，则人体电阻和保护接地电阻呈并联形式，由于人体电阻远大于保护接地电阻值，所以，其故障接地电流绝大部分从接地电阻上通过，减轻了对人体的伤害程度，如图 16-11 所示。现假设工作接地电阻和保护接地电阻都为 4Ω，人体电阻取 800Ω，若电气设备一相绝缘损坏，外壳电位升高到相电位，故障电流通过保护接地电阻 R_d 和工作接地电阻 R_0 回到变压器中性点，其间的电压为相电压 220V，则故障接地电流

$$I_d = \frac{U}{R_0 + R_d} = \frac{220}{4+4} = 27.5（A）$$

此时，人体接触电压

$$U_r = I_d R_d = 27.5 \times 4 = 110V$$

通过的人体电流

$$I_r = \frac{U_r}{R_r} = \frac{110}{800} = 137mA$$

通过上述分析可知，中性点直接接地的电网常常采用保护接地，比没有保护接地时触电的危险性有所减小，但其通过人体的接地故障电流仍然有可能大于使人致命的危险电流（50mA）。因此在三相四线制中性点直接接地的低压配电系统中，电气设备如果采用接地保护，根据目前国际 IEC 标准应附加装设漏电电流动作保护器。

若电气设备已采用接零保护，当电源的某相与金属外壳相碰时，即形成金属性单相短路，其故障电流很大，使电路中的保护装置（熔断器或自动空气断路器等）动作，将故障设备从电网中切除，消除了人身触电的危险。

16.2.4　接地方式的应用

（1）工作接地的应用　电力供电系统中，电力变压器绕组的中性点接地，避雷器的引出线端接地等均属于工作接地（如图 16-12 所示）。

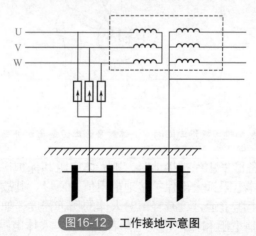

图16-12　工作接地示意图

10kV 配电线路属于高压三相三线制中性点不接地系统，通过电力变压器变为 0.4kV（380/220V）电压等级的三相四线制方式向用电系统进行供电。国家有关规范规定，电力变压器 0.4kV 电压侧的三相绕组的中性点应进行工作接地。上述三相四线制供电系统，中性点直接接地有以下两方面作用。

① 防止高压窜入低压系统　如果该中性点不进行工作接地，一旦变压器高、低压绕组间绝缘击穿损坏，则高电压窜入到低压侧系统中，就有可能造成低压电气设备绝缘击穿及人身触电事故。工作接地后，能够有效地限制系统对地电压，减少高压窜入低压的危险。当高压窜入低压时，低压中性点对地电压

$$U_0 = I_{gd} R_0$$

式中，I_{gd} 为高压系统单相接地短路电流；R_0 为变压器中性点接地电阻。

规程规定 $U_0 \leqslant 120V$，要求工作接地电阻

$$R_0 \leqslant \frac{120}{I_{g0}}（\Omega）$$

对于 10kV 中性点不接地高压电网，单相接地短路电流通常不超过 30A，因此规定配电变压器中性点接地电阻 $R_0 \leqslant 4\Omega$。

② 减轻一相接地故障时的危险　如果中性点没有进行工作接地，一旦发生一相导线接地故障，则中性线对地电压变为接近相电压的数值，使所有接零设备的对地电压均接近相电压，触电危险性大。同时其他非接地两相的对地电压也可能接近线电压，使单相触电的危险程度加大。采用工作接地后，如果发生一相导线接地故障，接零设备对地电压

$$U_0 = I_d R_0 \approx \frac{R_0}{R_0 + R_d} U$$

式中，U_0 为零线对地电压；I_d 为接地短路电流；R_0 为中性点接地电阻；R_d 为接地故障点的接地电阻。

根据上式，只要控制 R_0 不超过规定值（$R_0 \leqslant 4\Omega$），就可以把零线对地电压 U_0 限制在某一安全范围之内。

（2）保护接地的应用　保护接地是一种重要的技术安全措施，在高压或低压系统、交流或直流系统以及在防止静电方面等，都得到了广泛的应用。在电力供电系统中，保护接地主要用于三相三线制电网。在三相三线制中性点不接地系统中，如果电气设备因绝缘损坏而使金属外壳带电时，人体误触及设备外壳，电流就会通过人体与大地和电网之间的阻抗（对地电容和绝缘电阻并联阻抗）构成回路，造成触电危险。在 1000V 以下三相中性点不接地系统中，一般情况时，这个回路电流不大，但是如果电网对地绝缘电阻过低或电网系统很大、线路较长（电容电流大），就可能造成触电致命的危险。

对于 1000V 以上的高压电网，其对地电压高，系统大（对地电容大），因此，触及单相漏电设备时，足以使人因触电而致命。如图 16-12 中，把各相对地绝缘电阻视为无穷大，并假设备相对地容抗相等（$x_U = x_V = x_W = x$），则通过数学计算可得：通过人体的单相触电电流

$$I_r = \frac{3U}{3R_r - jx}$$

其有效值

$$I_r = \frac{3U\omega C}{\sqrt{9R_r^2\omega^2 C^2 + 1}}$$

上式表明，在这类电网中，线路对地电容越大、电压越高，触电危险性往往就越大。

当漏电设备采用了保护接地措施后，漏电设备对地电压主要取决于保护接地电阻 R_d 的大小，只要适当控制 R_d 的大小，就能将漏电设备的对地电压限制在安全范围以内。这时，人误触漏电设备时，由于人体电阻与接地电阻是并联关系而人体电阻比保护接地电阻大几百倍，所以流过人体的电流要比流过保护接地体的电流小几百倍，达到保护人身安全的目的。

16.2.5 保护接零的应用

保护接零是一种重要的安全技术措施，在中性点直接接地、电压为 380/220V 的三相四线制配电系统中得到了广泛的应用。设计规范规定，在电压为 1000V 以下的中性点直接接地的电气装置中，电气设备的外壳，除另有规定外，一定要与电气设备的接地中性点有金属连接，即保护接零。当电气设备在运行中发生某相带电部位碰连设备外壳，通过设备外壳形成相线对零线的单相短路时，短路电流瞬间使保护装置（熔断器、自动空气断路器）动作，切断故障设备电源，消除了触电的危险。为确保按零保护的安全可靠，在实施中应满足下列技术要求：

① 保护接零措施只适用于三相四线制中性点直接接地系统（如图 16-13 所示）。

② 采用保护接零时，要确保零线连接不中断，零线上不得装接开关或熔断器。

③ 采用保护接零时，零线在规定的位置要进行重复接地。

④ 采用保护接零时，为保证自动切除线路故障段，接地线和零线

的截面积应能够保证在发生单相接地短路时，低压电网任一点的最小短路电流，不小于最近处熔断器熔体额定电流的 4 倍（Q-1、Q-2、G-1 级爆炸危险场所内为 5 倍）或不小于自动开关瞬时或短延时动作电流的 1.5 倍。接地线和零线在短路电流下，应符合热稳定的要求。三相四线系统主干零线的截面积，不得小于相线截面积的二分之一。

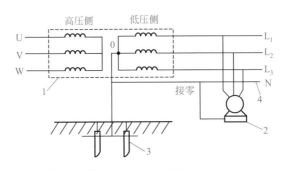

图16-13 工作接地和接零的示意图

0—零点；1—变压器；2—电动机；3—接地装置；4—零线

⑤ 接用电设备的保护零线应有足够的机械强度，应尽量按 IEC 标准选择零线的截面积和材质，架空敷设的保护零线应选用截面积不小于 10mm² 的铜芯线，穿管敷设的保护零线应选用截面积不小于 4mm² 的铜芯线。若采用铝芯线，截面积应按高一个等级选择。

⑥ 为提高保护接零的可靠性，有条件的应采用 IEC 标准中的 TN-S 系统接零保护方式，即将 380/220V 供电系统中的工作零线（中线）和保护零线分开，采用三相五线制供电方式，将电气设备的外壳和专用保护零线相连接。

⑦ 在同一台变压器供电的三相接零保护系统中，不能将一部分电气设备的接地部位采用保护接零，而将另一部分电气设备的接地部位采用保护接地。因为，在同一个接零系统中，如果采用保护接地的电气设备，一旦发生绝缘损坏而漏电（熔丝及时熔断），接地电流通过大地与变压器工作接地形成回路，使整个零线上出现危险电压，从而使所有采用保护接零的电气设备的接地部位电位升高，造成人身伤亡（如图 16-14 所示）。

⑧ 单相三线式插座上的保护接零端，在使用零线保护时，不准与工作零线端相连接。工作零线与保护零线分别敷设，可以防止零线与相

线偶然接反而发生电气设备金属外壳带电的危险，也可防止零线松脱、断落时使电气设备金属外壳有带电的危险。

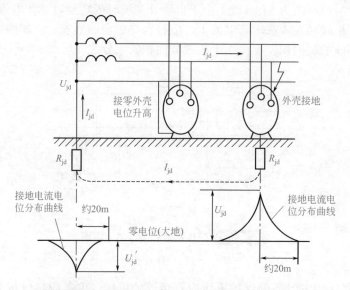

图16-14 部分设备接地部分设备接零的危险性原理图

16.2.6 重复接地的应用

在采用接零保护的系统中，可以将零线的一处或多处通过接地装置与大地做再次连接，称为重复接地。重复接地是确保接零保护安全、可靠的重要措施，它的具体作用如下。

（1）降低漏电设备金属外壳的对地电压 用电设备因绝缘损坏而漏电时，在线路保护装置还没有切断电源的情况下，经故障设备外壳通过零线的短路电流，由于零线阻抗的存在产生电压降，使设备对地电压升高，零线阻抗愈大，设备对地电压愈高。这个电压通常要高出安全电压（50V）很多，威胁人身安全。当采用重复接地后，短路电流一部分通过零线构成回路，另一部分经重复接地通过大地到工作接地构成回路，这样就减少了通过零线的短路电流，降低了零线阻抗电压降，也就降低了漏电设备对地电压，从而减轻了触电的危险性。

（2）减轻零线发生断线故障时的触电危险 当零线发生断线故障时，断线故障点之后采用接零保护的用电设备，也就失去了接零保护的作用，一旦某一设备发生碰壳漏电故障，就会使所有接零设备的金属外壳带电,对地电压接近于相电压,严重威胁人身安全。零线采用重复接地后,那么零线断线故障点之后的用电设备,仍有相当保护于接地的安全措施。

(3)减轻零线断线时,由于三相负荷不平衡造成中性点严重偏移,使负荷中性点出现对地电压的危险 在中性点直接接地的系统中,规程规定,由于三相负荷不平衡引起的中性线电流,不得超过变压器额定线电流的25%。在正常零线完好的情况下,零线起到平衡电位的作用,三相不平衡电流,只在零线上产生很少的电压降,中性点对地电位很低。当零线发生断线时,三相不平衡电流无路可回,中性点向负荷大的方向偏移,三相负荷电压不平衡,零线可能呈现对地电压。电压之大小与三相负荷不平衡程度成正比,若极端不平衡,其对地电压将会造成人身触电危险。采用重复接地后,一旦零线断线,三相不平衡电流通过重复接地与电源构成回路,因此就能减轻中性点位移所造成的危险。

重复接地的具体技术要求:

① 交流电气设备的重复接地应充分利用自然接地体接地,例如金属井管、钢筋混凝土构筑物的基础、直埋金属管道(易爆、易燃气体或液体管道除外),当自然接地体的接地电阻符合要求时,可以不设人工接地体,但发电厂、变电站和有爆炸危险的场所除外。

② 变、配电所及生产车间内部最好采用环路式重复接地(如图 16-15 所示),这样可以降低设备漏电时周围地面的电位梯度,使跨步电压和接触电压变小,减轻触电后的危险程度。零线与环路式接地装置最少应有两点连接(相隔最远处的两对应点),而且车间接地网周围边长超过 400m 者,每 200m 应有一点连接。

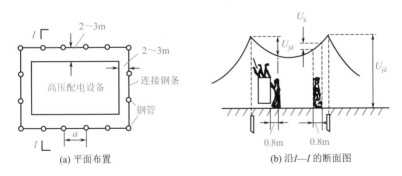

(a) 平面布置　　　　(b) 沿 I—I 的断面图

图16-15 环路式接地体的布置和电位分布

③ 每一重复接地电阻，不得超过 10Ω。

④ 采取保护接零的零线在下列各处应当进行重复接地：

a. 在电源处，架空线路干线和分支线的终端以及沿线每公里处，零线应该重复接地。

b. 电缆和架空线，在引入车间或大型建筑物内的配电柜等处零线应该重复接地。

c. 金属管配线时，应将金属管和零线连接在一起，并做重复接地，各段金属管不应该中断金属性连接（螺纹连接的金属管，应在连接管箍的两侧用不小于 10mm² 的钢线跨接）。

d. 塑料管配线时，在管外应敷不小于 10mm² 的钢线与零线连接在一起，并做重复接地。

e. 金属铠装的低压电缆外皮应与零线相连接并做好重复接地。

f. 高压架空线路与低压架空线路同杆架设时，同杆架设段的两端低压零线应做重复接地。

g. 在同一零线保护系统中，重复接地点往往不应少于三处。

16.2.7 接地电阻值的要求

（1）高压电气设备的保护接地电阻

① 大接地短路电流系统　在大接地短路电流系统中，由于接地短路电流很大，接地装置常采用棒形和带形接地体联合组成环形接地网，以均压的措施达到降低跨步电压和接触电压的目的，一般要求接地电阻 $R_{jd} \leqslant 0.5\Omega$。

② 小接地短路电流系统　当高压设备与低压设备共用接地装置时，要求在设备发生接地故障时，对地电压不超过 120V，要求接地电阻

$$R_{jd} \leqslant \frac{120}{I_{jd}} \leqslant 10\Omega$$

式中，I_{jd} 为接地短路电流的计算值，A。

当高压设备单独装设接地装置时，对地电压可放宽至 250V，要求接地电阻

$$R_{jd} \leqslant \frac{250}{I_{jd}} \leqslant 10\Omega$$

（2）低压电气设备的保护接地电阻　在 1kV 以下中性点直接接地与不接地系统中，单相接地短路电流往往都很小。为防止漏电设备外壳对地电压不超过安全范围，要求保护接地电阻 $R_{jd} \leqslant 4\Omega$。

16.2.8 接地装置的安装

电气设备的接地装置包括接地体（接地极）和接地引下线两个部分，分别敷设在地下和地上，要求有足够的导体截面积和良好的电气连接。接地电阻原则上应该愈小愈好，这样一旦发生接地短路故障时，可以增大接地短路电流，加速保护装置动作，使故障设备退出运行，还可以降低故障设备的对地电压。实际设计选用中应该通过经济、技术比较来合理选择接地装置。

接地装置的接地体，有人工敷设的人工接地体和与大地直接接触的各种金属构件、金属井管、金属管道、钢筋混凝土基础等自然接地体。

（1）接地体选用和安装的一般要求

① 交流电力设备的接地装置，应充分利用自然接地体，一般可利用：

a. 敷设在地下直接与土壤接触的金属管道（易燃、易爆性气、液体管道除外）、金属构件等。

b. 金属桩、柱与大地有良好接触。

c. 有金属外皮的直埋电力电缆。

d. 混凝土构件中的钢筋基础。

② 自然接地体的接地电阻，如符合设计要求，一般可不再另设人工接地体（变、配电设备装置接地网除外）。

③ 直流电力回路不应利用自然接地体，直流回路专用的人工接地体不应与自然接地体相连接。

④ 交流电力回路同时采用自然、人工两种接地体时，应设置分开测量接地电阻的断开点，自然接地体应不少于两根导体在不同部位与人工接地体相连接。

⑤ 车间接地干线与自然接地体或人工接地体连接时，不能少于两根导体在不同地点连接。

⑥ 人工接地体一般选用镀锌钢材（圆钢、扁钢、角钢、钢管）采用垂直敷设或水平敷设，水平敷设接地体埋深不能小于0.6m，垂直敷设的接地体长度不应小于2.5m。为减少相邻接地体的屏蔽作用，垂直接地体的间距不能小于其长度的2倍，水平接地体的相互间距根据具体情况确定，一般不应小于5m。

⑦ 接地体埋设位置应距建设物不小于3m并注意不应在垃圾、灰渣等地段埋设。经过建筑物人行通道的接地体，应采用帽檐式均压带

做法。

⑧ 变、配电所的接地装置，应敷设以水平接地体为主的接地网。

⑨ 接地装置的规格（圆钢、扁网、角钢、铜）应符合热稳定和均压的要求，且不应小于表 16-1 的要求。

表16-1 接地装置的规格

种类	规格及单位	接地线		接地干线	接地体
		裸导线	绝缘线		
圆钢	直径 /mm	—	—	8	8
扁钢	截面 /mm^2	24	—	24	48
	厚度 /mm	—	—	—	4
角钢	厚度 /mm	3	—	3	4
钢管	管壁厚壁 /mm	—	—	—	3.5
铜	截面 /mm	4	—	—	—
铁线	直径 /mm	4	2.5（护套线除外）	—	—

（2）接地线选用和安装的一般要求　接地线有人工接地线和自然接地线两种，具体的选用和安装的一般要求如下。

① 交流电气装置的接地线，应尽量利用金属构件、钢轨、混凝土构件的钢筋，电线管及电力电缆的金属外皮等，但必须保证全长有可靠的金属性连接。

② 不能利用有爆炸危险物质的管道作为接地线，在爆炸危险场所内的电气设备应根据设计要求，设置专门的接地线，该接地线若与相线敷设在同一保护管内，应具有与相线相等的绝缘水平。此时爆炸危险场所内的金属管道、电缆的金属外皮与设备的金属外壳和构架都必须连接成连续整体，采取接地。

③ 金属结构件作为自然接地线时，用螺栓或铆钉紧固的接缝处，应用扁钢跨接。作为接地干线的扁钢跨接线，截面积不小于100mm^2，作为接地分支跨接线时，不应小于48mm^2。

④ 利用电线管本体作为接地线时，钢管管壁厚度不应小于1.5mm，在管接头及分线盒处都应加焊跨接线。钢管直径在40mm 以下时，跨接线应采用6mm 圆钢；钢管直径为50mm 以上时，应采用25mm×4mm 的扁钢。

⑤ 电力电缆金属外皮作为接地线时，接地线卡箍以及电缆与金属

支架固定卡箍均应衬垫铅带，卡接处应擦干净，保证紧固接触可靠，所用钢件应采用镀锌件。

⑥ 人工接地线一般采用钢质的，但移动式电力设备的接地，采用钢接地线有困难时除外。接地线规格要符合载流量、短路时自动切除故障段及热稳定的要求，且不应小于表16-1的要求。在地下不得利用铝导体作为接地线或接地体。

⑦ 不得使用蛇皮管、管道保温层的金属护网以及照明电缆铅皮作为接地线，但这些金属外皮应保证其全长有完好的电气通路并接地。

⑧ 室内接地线可以明敷设或采用暗敷设。

明敷设时应符合下列基本要求。

a. 接地干线沿墙距地面的高度通常不小于0.2m。

b. 支持卡子距离墙面不应小于10mm，卡子间距不应大于1m，分支拐弯处不应大于0.3m。

c. 跨越建筑物伸缩缝时，应留有适当裕度，或采用软连接。穿越建筑物处，应采取保护措施（通常加保护管）。

接地线也可以采用置于混凝土或墙体内暗敷设的方式，但接地干线的两端都应有外露部分，根据需要，沿干线可设置接地线端子盒，供连接及检测使用。

（3）接地线连接的一般要求

① 接地装置的连接应可靠，接地线应为整根或采用焊接。接地体与接地干线的连接应当留有测定接地电阻值的断开点，此点采用螺栓连接。

② 接地线的焊接，应采用搭接焊，其搭接长度，扁钢应为宽度的二倍，应在三个邻边施焊，圆钢搭接长度为直径的六倍，应在两侧面施焊。焊缝应平直无间断，无夹渣和气泡，焊接部位在清理焊皮后应涂刷沥青防腐。

③ 无条件焊接的场所，可考虑用螺栓连接，但必须保证其接触面积，螺栓应采用防松垫圈及采用可靠的防锈措施。

④ 接地线与电气设备连接时，采用螺栓压接，每个电气设备都应单独与接地干线相连接，严禁在一条接地线上串接几个需要接地的设备。

（4）人工接地体的布置方式

① 垂直人工接地体的布置　在普通沙土壤地区（土壤电阻率 $\rho \le 3 \times 10^4 \Omega \cdot cm$），由于电位分布衰减较快，可采用以棒形垂直接地体为

主的棒带接地装置。垂直接地体常采用的规格有直径为 48 ～ 60mm 的镀锌钢管，或 40mm×40mm×4mm ～ 50mm×50mm×5mm 的镀锌角钢以及直径为 19 ～ 25mm 的镀锌圆棒，垂直接地体长度为 2 ～ 3m。接地体的布置根据安全、技术要求，要因地制宜，可以组成环形，放射形或单排布置。环形布置时，环上不能有开口端，为了减小接地体相互间的散流屏蔽作用，相邻垂直接地体之间的距离不能小于 2.5 ～ 3m，垂直接地体上端采用扁钢或圆钢连接一体，上端距地面不小于 0.6m，通常取 0.6 ～ 0.8m。常用几种垂直接地体布置形式如图 16-16 所示。

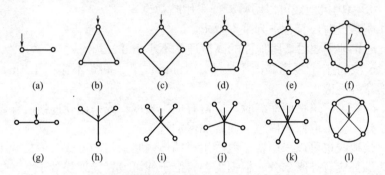

图16-16 常用垂直接地体的布置

　　成排布置的接地装置，在单一小容量电气设备接地中应用较多（例如小容量配电变压器接地）。表 16-2 列出了单排人工接地装置在不同土壤电阻率情况下的接地电阻值，可供参考。

表16-2 单排人工接地装置在不同土壤电阻率情况下的接地电阻值

形式	简图	材料尺寸及用量 /m				土壤电阻率 /Ω·m		
		圆钢 ϕ20mm	钢管 ϕ50mm	角钢 50mm× 50mm×5mm	扁钢 40mm× 4mm	100	250	500
单根		2.5	2.5			30.2	75.4	151
						37.2	92.9	186
				2.5		32.4	81.1	162
2 根		5.0	5.0		55	10.0	25.1	50.2
						10.5	26.2	52.5

续表

形式	简图	圆钢 φ20mm	钢管 φ50mm	角钢 50mm× 50mm×5mm	扁钢 40mm× 4mm	100	250	500
3 根	5m 5m		7.5	7.5	10	6.65 6.92	16.6 17.3	33.2 34.6
4 根	5m 5m 5m		10.0 10.0		15	5.08 5.29	12.7 13.2	25.4 26.5
5 根			12.5 12.5	20.0 30.0		4.18 4.35	10.5 10.9	20.9 21.8
6 根			15.0 15.0	25.0 25.0		3.58 3.73	8.95 9.32	17.9 18.6
8 根	5m 5m		20.0 20.0	35.0 35.0		2.81 2.93	7.03 7.32	14.1 14.6
10 根			25.0 25.0	45.0 45.0		2.35 2.45	5.87 6.12	11.7 12.2
15 根			37.5 37.5	70.0 70.0		1.75 1.82	4.36 4.56	8.73 9.11
20 根			50.0 50.0	95.0 95.0		1.45 1.52	3.62 3.79	7.24 7.58

（表头：材料尺寸及用量/m；土壤电阻率/Ω·m）

② 水平接地体的布置　在多岩以及土壤电阻率较高（$3×10^4\Omega\cdot cm \leqslant \rho \leqslant 5×10^4\Omega\cdot cm$）的地区，因地电位分布衰减较慢，接地体适合采用水平接地体为主的棒带接地装置。水平接地体通常采用 40mm×4mm 镀锌扁钢或直径为 12～16mm 的镀锌圆钢组成，可以组成放射形、环形或成排布置。水平接地体应埋设于冻土层以下，一般深度为 0.6～1m，扁钢水平接地体应立面竖放，可减小电阻。常用的几种水平接地体布置形式，如图 16-17 所示。

（5）土壤高电阻率地区降低接地电阻的技术措施　土壤电阻率较高地区，多出现于山洞或近山区变、配电工程中。为降低接地电阻，目前大致有以下几种技术措施。

① 增加接地体的总长度　增加垂直接地体长度（深埋）或增加水平接地体延伸长度，由经验可知，通常水平延伸效果较好些，但是对于山地多岩、深岩地区效果都不明显。

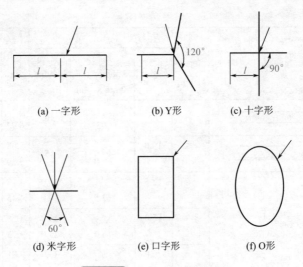

(a) 一字形　　　(b) Y形　　　(c) 十字形

(d) 米字形　　　(e) 口字形　　　(f) O形

图16-17　水平接地体的布置

② 在原接地体周围进行换土　利用电阻率较低的土壤（如黏土、黑土）代替接地体周围的土壤，具体做法如图 16-18 所示。

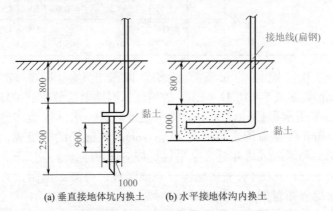

(a) 垂直接地体坑内换土　　　(b) 水平接地体沟内换土

图16-18　接地体坑（沟）内换土示意图

③ 对接地体周围土壤进行化学处理　在接地体周围土壤中渗入炉渣（煤粉炉渣）、木炭、氮肥渣、电石渣、石灰、食盐等。由于这种方法所使用的部分物质具有腐蚀性，并且容易流失，因此在永久性工程中不适宜使用，只能是在不得已情况下的临时措施。

④ 利用长效降阻剂　在接地体周围埋置长效固化型降阻剂，用来改善接地体周围土壤（或岩石）的导电性能，使接地体通过降阻剂的分子和离子作用形成高渗透区，可以与大地紧密结合降低土壤电阻，使接地体得到保护而不被氧化腐蚀，达到延长寿命的目的。目前国内较普遍推广使用的为"富兰克林 - 民生"长效降阻剂，这种降阻剂在固化后本身电阻率很低（约 $5\Omega \cdot m$），施用后能显著降低接地体电阻。该降阻剂基本上呈中性，所以，加入接地体周围固化成形后，起到了防腐蚀作用，另外在接地体周围固化成形后，又加大了接地体的截面积，所以，能改善接地网的均压效果。

（6）**保护接地**　保护接地是指变压器中性点（或一相）不直接接地的电网内，一切电气设备正常情况下不带电的金属外壳以及和它连接的金属部分与大地做可靠电气连接。

① 原理　接地保护电阻很小，使接地电流被接地保护电阻分流时，流过人体的电流较小，保证了人身安全。

② 应用范围　保护接地适用于中性点不直接接地电网，在这种电网中，凡是由于绝缘破坏或其他原因，可能呈现危险电压的金属部分，除有特殊规定的外，均应采取保护接地措施，包括：

a. 电机、变压器、照明灯具、携带式移动式用电器具的金属外壳和底座。

b. 配电屏、箱、柜、盘，控制屏、箱、柜、盘的金属构架。

c. 穿电线的金属管，电缆的金属外皮，接线盒的金属部分。

d. 互感器的铁芯及二次线圈的一端。

e. 装有避雷线的电力线杆、塔。

（7）**保护接零**　保护接零就是在 1kV 以下变压器中性点直接接地的系统中，一切电气设备正常情况不带电的金属部分与电网零干线可靠连接。

① 原理　在变压器中性点接地的低压配电系统中，当某相出现事故碰壳时，形成相线和零线的单相短路，短路电流能迅速使保护装置（如熔断器）动作，切断电源，从而把事故点与电源断开，防止触电危险。

② 应用范围　中性点直接接地的供电系统中，凡因绝缘损坏而可能呈现危险对地电压的金属部分均应采用保护接零作为安全措施。

保护零线的线路上，不准装设开关或熔断器。在三相四线制供电系统中，零干线兼作工作零线和保护零线时，其截面积不能按工作电流选择。

③ 工作接地　在三相四线制供电系统中变压器低压侧中性点的接地称为工作接地。接地后的中性点称为零点，中性线称为零线。

工作接地提高了变压器工作的可靠性，同时也可以降低高压窜入低压的危险性。

对高压侧中性点不接地系统，单相接地电流通常不超过 30A，事故时低压中性点电压不超过 120V，则工作接地电阻不大于 4Ω 就能满足接地要求。

④ 重复接地　将零线的一处或多处通过接地装置与大地再次连接称重复接地。

它是保护接零系统中不可缺少的安全技术措施，其安全作用是：

a. 降低漏电设备对地电压。

b. 减轻了零干线断线的危险。

c. 由于工作接地和重复接地构成零线并联分支，当发生短路时能增加短路电流，加速保护装置的动作速度，缩短事故持续时间。

16.2.9　保护接零的三种形式

电源的中性点接地，负载设备的外露可导电部分通过保护线连接到此接地点的低压配电系统，统称为 TN 系统。第一个大写英文"T"表示电源中性点直接接地，第二个大写字文字"N"表示电气设备金属外壳接零。依据零线 N 和保护线 PE 不同的安排方式，TN 系统可分为以下三种形式。

（1）TN-C 系统　这种系统的零线 N 和保护线 PE 合为一根保护零线 PEN，所有设备的外露可导电部分均与 PEN 线连接，如图 16-19 所示。

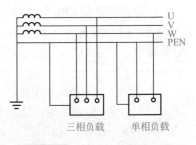

图16-19　TN-C低压配电系统

TN-C 系统目前应用最为普遍。

优点：投资较小，节约导线。在一般情况下，只要开关保护装置和 PEN 线截面积选择适当，是能够满足供电可靠性和用电安全性的。对于这种系统，当三相负载不平衡或只有单相用电设备时，PEN 线中有电流通过。

缺点：当 PEN 线断线时，在断线点 P 以后的设备外壳上，由于负载中性点偏移，可能出现危险电压。更为严重的是，若断线点后某一设备发生碰壳故障，开关保护装置不会动作，致使断线点后所有采用保护接零的设备外壳上都将长时间带有相电压，如图 16-20 所示。

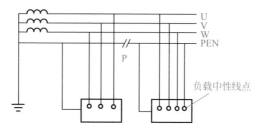

图16-20 断线点后面所有接零设备外壳上将出现危险电压

（2）TN-S 系统 TN-S 系统的 N 线和 PE 线是分开设置的，所有设备的外壳只与公共的 PE 线相连接，如图 16-21 所示。

在 TN-S 系统中，N 线的作用仅仅是用来通过单相负载的电流和三相不平衡电流，故称为工作零线；对人体触电起保护作用的是 PE 线，故称为保护零线。

显然，由于 N 线与 PE 线作用不同，功能不同，所以自电源中性点之后，N 线与 PE 线之间以及对地之间均需加以绝缘。

优点：

① 一旦 N 线断开，只影响用电设备的正常工作，不会导致在引线点后的设备外壳上出现危险电压；

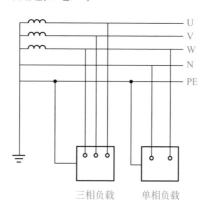

图16-21 TN-S低压配电系统

② 即使负载电流在零线上产生较大的电位差，与 PE 线相连的设备

外壳上仍能保持零电位，不会出现危险电压；

③ 由于 PE 线在正常情况下没有电流通过，因此在用电设备之间不会产生电磁干扰，故适于数据处理设备、精密检测装置的供电。

缺点：消耗导电材料多，投资大，适于环境条件较差，要求较严的场所。

（3）TN-C-S 系统　TN-C-S 系统指配电系统的前面是 TN-C 系统，后面则是 TN-S 系统，兼有两者的优点，保护性能介于两者之间，常用于配电系统末端环境条件较差或有数据处理设备的场所，如图 16-22 所示。低压配电的 TT 系统和 IT 系统可扫二维码观看视频讲解。

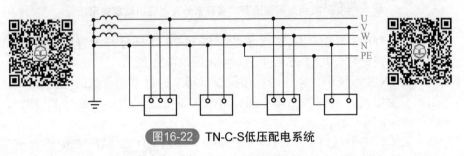

图16-22　TN-C-S低压配电系统

16.3 检修安全措施

16.3.1　电气火灾与爆炸的原因

（1）电气设备过热　实际中常引起电气设备过热的情况有：

① 短路　发生短路时，线路中的电流增大为正常时的几倍甚至几十倍，而产生的热量又和电流的平方成正比，使得温度急剧上升，大大超过允许范围。如果温度达到可燃物的自燃点，即引起燃烧，从而导致火灾。

引起短路的原因主要有：

a. 当电气设备的绝缘老化，或受到高温、潮湿或腐蚀的作用而失去绝缘能力时，有可能引起短路。

b. 绝缘导线直接缠绕、勾挂在铁钉或铁丝上时，由于磨损和铁锈腐蚀，很容易使绝缘破坏而形成短路。

c. 由于设备安装不当问题，有可能使电气设备的绝缘受到机械损伤而形成短路。

d. 由于雷击等过电压的作用，电气设备的绝缘可能遭到击穿而形成短路。

e. 在安装和检修工作中，由于接线和操作的错误，会造成短路事故。

② 过载 过载会引起电气设备发热，造成过载的原因大体上有以下两种情况。一是设计时选用线路或设计不合理，二是使用不合理，即线路或设备的负载超过额定值，或连续使用，超过线路或设备的设计能力，由此造成过热。

③ 接触不良 接触部分是电路中的薄弱环节，是发生过热的一个最常见原因。常见接触不良的情况有：

a. 对于铜铝接头，由于铜和铝的性质不同，接头处易腐蚀，从而导致接头过热。

b. 活动触点，如闸刀开关的触点、接触器的触点没压紧或接触表面粗糙不平，都会导致触点过热。

c. 不可拆卸的接头连接不牢，焊接不良而增加接触电阻导致接头过热。

d. 能拆卸的接头连接不紧密或由于振动而松动，也将导致接头发热。

④ 铁芯发热 变压器、电动机等设备的铁芯，如绝缘损坏或承受长时间过电压，其涡流损耗和磁滞损耗将增加而使设备过热。

⑤ 散热不良 各种电气设备在设计和安装时都要考虑有一定的散热或通风措施，如果这些措施受到破坏，就会造成设备过热。

（2）电火花和电弧 电火花是电极间的绝缘被击穿放电，电弧是大量的电火花汇集而成的。

一般电火花的温度都很高，特别是电弧，温度可高达 6000 ～ 8000℃，因此，电火花和电弧不仅能引起可燃物燃烧，还能使金属熔化、飞溅，构成危险的火源。在有爆炸危险的场所，电火花和电弧更是引起火灾和爆炸的一个十分危险的因素。

在生产和生活中，电火花是经常见到的，大体可分为工作火花和事故火花两类。

工作火花是指电气设备正常工作时或正常操作过程中产生的火花，如直流电机电刷与整流子滑动接触处、电源插头拔出或插入时的火花等。

事故火花是线路或设备发生故障时出现的火花，如发生短路或接地时出现的火花、绝缘损坏时出现的闪光、导线连接松脱时的火花、熔丝熔断时的火花、过电压放电火花及修理工作中错误操作引起的火花等。

以下情况可能引起空间爆炸：

① 周围空间有爆炸性混合物，在危险温度或电火花作用下引起空间爆炸。

② 充油设备的绝缘油在电弧作用下分解和汽化，喷出大量油雾和可燃气体，引起空间爆炸。

③ 酸性蓄电池排出氢气等，都会形成爆炸性混合物，引起空间爆炸。

16.3.2 危险物质和危险环境

（1）危险物质的性能参数　危险物质的主要性能参数包括闪点、燃点、引燃温度、爆炸极限等。

闪点是指在规定条件下，易燃液体能释放出足够的蒸气并在液面上方与空气形成爆炸性混合物，点火时发生闪燃（一闪即灭）的最低温度。

燃点是物质在空气中点火时发生燃烧，移去火源仍能继续燃烧的最小温度。对于闪点不超过45℃的易燃液体，燃点仅比闪点高 $1 \sim 5$℃，一般不必考虑燃点，而只考虑闪点。

引燃温度又称自燃点，是在规定条件下，可燃物质不需外来火源即发生燃烧的最低温度。乙炔的引燃温度为305℃，汽油的引燃温度为280℃，布的引燃温度约为200℃等。

爆炸极限通常指爆炸浓度极限。该极限是指在一定的温度和压力下，气体、蒸气、粉尘等与空气形成的能够被引燃并传播火焰的浓度范围。该范围的最低浓度称为爆炸下限，最高浓度称为爆炸上限。汽油的爆炸极限为 $1.4\% \sim 7.6\%$，乙炔的为 $1.5\% \sim 82\%$（以上均为体积分数）。

（2）危险物质分组和分级　气体、蒸气危险物质按引燃温度分为T1、T2、T3、T4、T5 和 T6 六组；按最小点燃电流比和最大试验安全间隙分为ⅡA、ⅡB 和ⅡC 级。应当指出，气体、蒸气按最小点燃电流比和按最大试验安全间隙虽然都分为三级，但其结果并非完全对应，而只是近似相符。

（3）气体、蒸气爆炸危险环境的分类　根据爆炸性气体混合物出现的频繁程度和持续时间将此类危险环境分为 0 区、1 区和 2 区。危险区域的大小与通风条件、释放源特征和危险物品性能参数有关。

① 0 区（0 级危险区域）　指正常运行时连续出现或长时间出现或短时间频繁出现爆炸性气体、蒸气或薄雾的区域。除有危险物质的封闭空间以外，很少存在 0 区。

② 1区（1级危险区域） 指正常运行时预计周期性出现或偶然出现爆炸性气体、蒸气或薄雾的区域。

③ 2区（2级危险区域） 指正常运行时不出现，或即使出现也只是短时间偶然出现爆炸性气体、蒸气或薄雾的区域。

上述正常运行指正常的开车、运转、停车；密闭容器盖的正常开封；产品的取出；安全阀、排气阀的工作状态。正常运行时，所有运行参数均在设计范围之内。

爆炸危险区域的级别主要受释放源特征和通风条件的影响。连续释放比周期性释放的级别高；周期性释放比偶然短时间释放的级别高。良好的通风（包括局部通风）可降低爆炸危险区域的范围和等级。

爆炸危险区域的范围和等级还与危险蒸气密度等因素有关。例如，当蒸气密度大于空气密度时，四周障碍物以内应划为爆炸危险区域；地坑或地沟内应划为高一级的爆炸危险区域；当蒸气密度小于空气密度时，室内上方封闭空间应划为高一级的爆炸危险区域等。

（4）粉尘、纤维爆炸危险环境的分类 根据爆炸性粉尘、纤维出现的频繁程度和持续时间将此类危险环境分为10区和11区。

① 10区（10级危险区域） 指正常运行时连续或长时间或短时间频繁出现爆炸性粉尘、纤维的区域。

② 11区（11级危险区域） 指正常运行时不出现，或仅在不正常运行时短时间偶然出现爆炸性粉尘、纤维的区域。

（5）火灾危险环境的分类 火灾危险环境分为21区、22区和23区，与旧标准H-1级、H-2级和H-3级火灾危险场所一一对应，分别为有可燃液体、有可燃粉体或纤维和有可燃固体存在的火灾危险环境。

16.3.3 防爆电气设备和防爆电气线路

（1）防爆电气设备 防爆电气设备种类很多，现简单介绍如下。

① 隔爆型 是具有能承受内部的爆炸性混合物爆炸而不致受到损坏，而且内部爆炸不致通过外壳上任何结合面或结构孔洞引起外部混合物爆炸的电气设备。隔爆型电气设备的外壳一般采用钢板、铸钢、铝合金、灰铸铁等材料制成。

② 增安型 是在正常时不产生火花、电弧或在高温的设备上采取措施以提高安全程度的电气设备。

③ 充油型 是将可能产生电火花、电弧或危险温度的带电零部件浸在绝缘油里，使之不能点燃油面上方爆炸性混合物的电气设备。充油

型设备外壳上应有排气孔，孔内不得有杂物，油量必须充足，最低油面以下深度不得小于 25mm。

④ 充砂型　是将细粒状物料充入设备外壳内，使壳内出现的电弧、火焰传播、壳壁温度或粒料表面温度不能点燃壳外爆炸性混合物的电气设备。充砂型设备的外壳应有足够的机械强度。

⑤ 本质安全型　是正常状态下和故障状态下产生的火花或热效应均不能点燃爆炸性混合物的电气设备。其中，正常工作、发生一个故障及发生两个故障时不能点燃爆炸性混合物的电气设备为 IA 级本质安全型设备；正常工作及发生一个故障时不能点燃爆炸性混合物的电气设备为 IB 级本质安全型设备。

⑥ 正压型　是向外壳内充入带正压的清洁空气、惰性气体或连续通入清洁空气以阻止爆炸性混合物进入外壳内的电气设备。正压型设备分为通风、充气、气密等三种形式，保护气体可以是空气、蒸气或其他非可燃气体，其出风口气压或充气压不得低于 196Pa。

⑦ 无火花型　是在防止危险温度、外壳防护、防冲击、防机械火花、防电缆事故等方向采取措施，以提高安全程度的电气设备。

⑧ 特殊型　是上述各种类型以外的或由上述两种以上形式组合成的电气设备。

（2）**防爆电气设备的选用**　应当根据安装地点的危险等级、危险物质的组别和级别、电气设备的种类和使用条件选用爆炸危险环境的电气设备。所选用电气设备的组别和级别不应低于该环境中危险物质的组别和级别。当存在两种以上危险物质时，应按危险程度较高的危险物质选用。

在爆炸危险的环境，应尽量少安装电源插座。

（3）**防爆电气线路**　在爆炸危险环境和火灾危险环境中，电气线路的安装位置、敷设方式、导线材质、连接方法等均应与区域危险等级相适应。

① 安装位置　电气线路应当敷设在爆炸危险性较小或距离危险释放源较远的位置。电气线路宜沿有爆炸危险的建筑物的外墙敷设；当爆炸危险气体或蒸气比空气重时，电气线路应在高处敷设，电缆则直接埋地敷设或在缆沟充砂敷设；当爆炸危险气体或蒸气比空气轻时，电气线路宜敷设在低处，电缆则采取电缆沟敷设。

② 配线方式　爆炸危险环境的电气线路主要采用防爆钢管配线和电缆配线。固定敷设的电力电缆应采用铠装电缆。

③ 导线材料　1 区和 10 区所有电气线路应采用截面积不小于 2.5mm² 的铜芯导线；2 区动力线路应采用截面积不小于 1.5mm² 的铜芯导线或截面积不小于 4mm² 的铝芯导线；2 区照明线路和 11 区所有电气线路应采用截面积不小于 1.5mm² 的铜芯导线或截面积不小于 2.5mm² 的铝芯导线。

爆炸危险环境宜采用交联聚乙烯、聚乙烯、聚氯乙烯或合成橡胶绝缘及有护套的电线。爆炸危险环境宜采用有耐热阻燃、耐腐蚀绝缘的电缆。

在爆炸危险环境，低压电力、照明线路所用电线和电缆的额定电压不得低于工作电压，并不得低于 500V。工作零线应与相线有同样的绝缘能力，并应在同一护套内。

④ 线路连接　爆炸危险环境电气配线与电气设备的连接必须符合防爆要求。常用的有压盘式和压紧螺母式引入装置；连接处应用密封圈密封或浇封。

爆炸危险环境采用铝芯导线时，必须采用压接或熔焊；铜、铝连接处必须采用铜铝过渡接头。电缆线路不应有中间接头。

采用钢管配线时，螺纹连接一般不得少于 6 扣。为了防腐蚀，钢管连接的螺纹部分应涂以铅油或磷化膏。

⑤ 允许载流量　导线允许载流量不应小于熔断器熔体额定电流和空开长延时过电流脱扣器整定电流的 1.25 倍或电动机额定电流的 1.25 倍。高压线路应按短路电流进行热稳定校验。

⑥ 隔离和密封　敷设电气线路的沟道以及保护管、电缆或钢管在穿过爆炸危险环境等级不同的区域之间的隔墙或楼板时，应用非燃性材料严密堵塞。

16.3.4　电气防火防爆技术

发生火灾和爆炸必须具备两个条件：一是环境中存在足够数量和浓度的可燃性易爆物质，二是要有引燃或引爆的能源。前者又称危险源，如煤气、酒精蒸气等；后者又称火源，如明火、电火花。因此，电气防火防爆应着力于排除上述危险源和火源。

（1）消除或减少爆炸性混合物　消除或减少爆炸性混合物包括采取封闭式作业，防止爆炸性混合物泄漏；清理现场积尘、防尘爆炸性混合物积累；设计正压室、防止爆炸性混合物侵入有引燃源的区域；采取开放式作业或通风措施，稀释爆炸性混合物；在危险空间充填惰性气体，防止形成爆炸性混合物；安装报警装置，当混合物中危险物品的浓度达到其爆炸下限的 10% 时报警等措施。

（2）**隔离和间距** 危险性大的设备应分室安装，并在隔墙上采取封堵措施。电动机隔墙传动，照明灯隔玻璃窗照明等都属于隔离措施。变、配电室与爆炸危险环境或火灾危险环境相邻时，隔墙应用非燃性材料制成；孔洞、沟道应用非燃性材料严密堵塞；门、窗应开向无爆炸或火灾危险的场所。

变、配电站不应设在容易沉积可燃粉尘或可燃纤维的地方。

（3）**消除引燃源** 消除引燃源主要包括以下措施：

① 按爆炸危险环境的特征和危险物的级别、组别选用电气设备和设计电气线路。

② 保持电气设备和电气线路安全运行。安全运行包括电流、电压、温升和温度不超过允许范围，还包括绝缘良好、连续和接触良好、整体完好无损、清洁、标志清晰等。

在爆炸危险环境应尽量少用携带式设备和移动式设备；一般情况下不应进行电气测量工作。

（4）**保护接地** 爆炸危险环境接地应注意如下几点：

① 应将所有不带电金属物体做等电位连接。从防止电击考虑不需接地（接零）者，在爆炸危险环境仍应接地（接零）。

② 如低压接地系统配电，应采用 TN-S 系统，不得采用 TN-C 系统，即在爆炸危险环境应将保护零线与工作零线分开。保护导线的最小截面积，铜导体不得小于 $4mm^2$，钢导体不得小于 $6mm^2$。

③ 如低压不接地系统配电，应采用 IT 系统，并装有一相接地时或严重漏电时能自动切断电源的保护装置或能发出声、光双重信号的报警装置。

（5）**电气灭火** 电气火灾有两个不同于其他火灾的特点：第一是着火的电气设备可能是带电的，扑救时要防止人员触电；第二是充油电气设备着火后可能发生喷油或爆炸，造成火势蔓延。因此，在扑灭电气火灾的过程中，一要注意防止触电，二是注意防止充油设备爆炸。

① **先断电后灭火** 如火灾现场尚未停电，应首先切断电源。切断电源时应注意以下几点：

a. 切断部位应选择得当，不得因切断电源影响疏散和灭火工作。

b. 在可能的条件下，先卸去线路负荷，再切断电源。切忌在忙乱中带负荷拉刀闸。

c. 因火烧、烟熏、水浇，电气绝缘性能可能大大降低，因此切断电源时应配用有绝缘柄的工具。

d. 应在电源侧的电线支持点附近剪断电线，防止电线断落下来造成电击或短路。

e. 切断电线时，应在错开的位置切断不同相的电线，防止切断时发生短路。

② 带电灭火的安全要求

a. 不得用泡沫灭火器带电灭火；带电灭火应采用干粉、二氧化碳、1211 等灭火器。

b. 人及所带器材与带电体之间应保持足够的安全距离：干粉、二氧化碳、1211 等灭火器喷嘴至 10kV 带电体的距离不得小于 0.4m；用水枪带电灭火时，宜采用喷雾水枪，水枪喷嘴应接地，并应保持足够的安全距离。

c. 对架空线路等空中设备灭火时，人与带电体之间的仰角不应超过 45°，防止导线断落下来危及灭火人员的安全。

d. 如有带电导线断落地面，应在落地点周围划半径为 8 ~ 10m 的警戒圈，防止发生跨步电压触电。

e. 因为可能发生接地故障，为防止跨步电压和接触电压触电，救火人员及所使用的消防器材与接地故障点要保持足够的安全距离；在高压室内这个距离为 4m，室外为 8m，进入上述范围的救火人员要穿上绝缘靴。

16.3.5 防雷装置

一套完整的防雷装置由接闪器、避雷器、引下线和接地装置四部分组成。

（1）接闪器 避雷针、避雷线、避雷带、避雷网以及建筑物的金属屋面均可作为接闪器。接闪器是利用其高出被保护物的突出部位，把雷电引向自身，接受雷击放电的。

① 避雷针 避雷针一般用镀锌圆钢或镀锌焊接钢管制成，其长度在 1.5m 以上时，圆钢直径不得小于 16mm，钢管直径不得小于 25mm，管壁厚度不得小于 2.75mm。当避雷针的长度在 3m 以上时，可将粗细不同的几节钢管焊接起来使用。避雷针下端要经引下线与接地装置焊接在一起。如采用圆钢，引下线的直径不得小于 8mm。如采用扁钢，其厚度不得小于 4mm，截面积不得小于 48mm^2。

避雷针的作用是将雷云放电的通路由原来可能向被保护物体发展的方向，吸引到避雷针本身，由它及与它相连的引下线和接地装置将雷电流泄放到大地中去，从而使被保护物体免受直接雷击。所以，避雷针实际上是引雷针，它把雷电引来入地，从而达到保护其他物体的目的。

② 避雷网和避雷带　避雷网和避雷带可以采用镀锌圆钢或扁钢。圆钢直径不得小于 8mm；扁钢厚度不得小于 4mm，截面积不得小于 48mm²。装设在烟囱上方时，圆钢直径不得小于 12mm；扁钢厚度不得小于 4mm，截面积不得小于 100mm²。

（2）避雷器　避雷器主要用来防止雷电产生的大气过电压沿线路侵入变、配电所或建筑物内，危害被保护设备的绝缘。避雷器应与被保护的设备并联，如图 16-23 所示。当线路上出现危及设备绝缘的过电压时，它就会自动对地放电，从而保护了电气设备的绝缘。

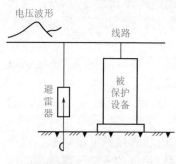

图16-23　避雷器的接线

避雷器的形式有阀型、排气式和保护间隙等。

① 阀型避雷器　高压阀型避雷器和低压阀型避雷器都是由火花间隙和电阻片组成的，装在密封的磁套管内。火花间隙用铜片冲制而成，每对间隙用 0.5 ～ 1mm 厚的云母垫圈隔开，如图 16-24（a）所示。在正常情况下，火花间隙阻止线路工频电流通过，但在大气过电压作用下，火花间隙就被击穿而放电。阀电阻片由陶料粘固起来的电工用金刚砂（碳化硅）颗粒组成，如图 16-24（b）所示。它具有非线性特性，正常电压时，阀片的电阻很大；过电压时，阀片的电阻变得很小，如图 16-24（c）所示。因此，当线路上出现过电压时，阀型避雷器的火花间隙被击穿，阀片能使雷电流畅通地向大地泄放，而当过电压一消失，线路上恢复工频电压时，阀片便呈现很大的电阻，使火花间隙绝缘迅速恢复，从而保证线路恢复正常运行。

低压阀型避雷器中串联的火花间隙和阀片少，高压阀型避雷器中串联的火花间隙和阀片多。

我国生产的 FS4-10 型高压阀型避雷器和 FS-0.38 型低压阀型避雷器的结构如图 16-25 所示。

② 氧化锌避雷器　氧化锌避雷器由具有较好的非线性伏安特性的

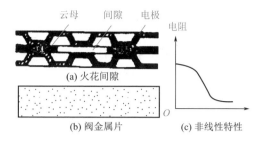

图16-24 阀型避雷器的组成及特性

氧化锌电阻片组装而成。在正常工作电压下，具有极高的电阻而呈绝缘状态，在雷电过电压作用下，则呈现低电阻状态，泄放雷电流，使与避雷器并联的电气设备的残压，被抑制在设备绝缘安全值以下，待有害的过电压消失后，迅速恢复高电阻而呈绝缘状态，从而有效地保护了被保护电气设备的绝缘性能，免受过电压的损害。

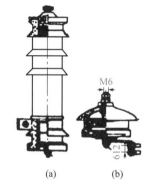

图16-25 高、低压阀型避雷器结构图

氧化锌避雷器与阀型避雷器相比具有运作迅速、通流容量大、残压低、无续流、对大气过电压和操作过电压都起保护作用、结构简单、可靠性高、寿命长、维护简便等优点。

③ 保护间隙 保护间隙是最简单经济的防雷设备。它的结构十分简单，成本低，维护方便，但保护性能差，灭弧能力小，容易造成接地或短路故障，引起线路开关跳闸或熔断器熔断，造成停电。所以对装有保护间隙的线路，一般要求装设自动重合闸装置或自重合熔断器与它配合，以提高供电可靠性。

常见的两种角型间隙的结构如图 16-26 所示。这种角型间隙俗称羊角避雷器。角型间隙的一个电极接线路，另一个电极接地。为了防止间隙被外物（如鼠、鸟、树枝等）短接而发生接地，在其接地引下线中通常再串联一个辅助间隙，如图 16-27 所示。这样，即使主间隙被外物短接，也不致造成接地短路事故。

（3）引下线 防雷装置的引下线应满足机械强度、耐腐蚀和热稳定的要求。引下线一般采用圆钢或扁钢，其尺寸和耐腐蚀要求与避雷带相同。

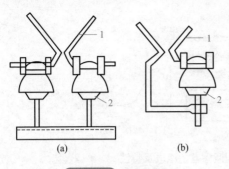

图16-26 角型间隙

1—羊角电极；2—支持绝缘端子

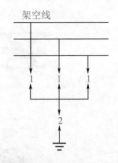

图16-27 三相角型间隙和
辅助间隙的连接

引下线应沿建筑物外墙敷设，并经短途径接地，建筑物的金属构件（如消防梯等）可用作引下线，但所有金属构件之间均应连成电气通路。采用多根引下线时，其间距不应大于表16-3所列数值。

表16-3 引下线之间的距离

建筑物和构筑物类别	工业第一类	工业第二类	工业第三类	民用第一类	民用第二类
最大距离 /m	18	24	30	24	—

（4）接地装置 接地装置是防雷装置的重要组成部分，作用是向大地泄放雷电流。

防雷接地装置所用材料的最小尺寸应稍大于其他接地装置的最小尺寸。采用圆钢时最小直径为10mm，扁钢的最小厚度为4mm，最小截面积为100mm²，角钢的最小厚度为4mm，钢管最小壁厚为3.5mm。为了防止跨步电压伤人，防直击雷接地装置距建筑物出入口和人行道的距离不应小于3m，距电气设备接地装置要求在5m以上。其接地电阻一般不大于10Ω；如果防雷接地与保护接地合用接地装置时，接地电阻不应大于1Ω。

16.3.6 防雷措施

（1）架空线路的防雷措施

① 装设避雷线 这是一种很有效的防雷措施。由于造价高，只在60kV及以上的架空线路上才沿全线装设避雷线，而对于35kV及以下的架空线路一般只在进出变电所的一段线路上装设。

② 提高线路本身的绝缘水平 在架空线路上，采用木横担、瓷横

担或高一级的绝缘子，以提高线路的防雷性能。

③ 用三角形顶线作保护线 由于 3 ～ 10kV 线路通常是中性点不接地的，因此，如在三角形排列的顶线绝缘子上装以保护间隙，如图 16-28 所示，则在雷击时，顶线承受雷击，间隙被击穿，对地泄放雷电流，从而保护了下面的两根导线，一般也不会引起线路跳闸。

④ 装设自动重合闸装置或自重合熔断器 线路上因雷击放电产生的短路通常是由电弧引起的，线路断路器跳闸后，电弧就熄灭了。如果采用一次自动重合闸装置，使开关经 0.5s 或更长一点时间自动合闸，电弧一般不会复燃，从而能恢复供电。也可以在线路上装设自重合熔断器，如图 16-29 所示。当雷击线路使常用熔体熔断而自动跌落时（其结构、原理与跌落式熔断器相同），重合曲柄借助这一跌落的重力而转动，使重合触点闭合，备用熔体投入运行，恢复线路供电。供电中断时间大致只有 0.5s，对一般用户影响不大。

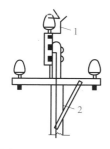

图16-28 顶线绝缘子附有保护间隙

1—保护间隙；2—接地线

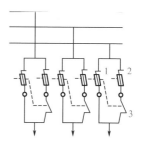

图16-29 一次自重合熔断器原理图

1—常用熔体；2—备用熔体；3—重合熔体

⑤ 装设避雷器和保护间隙 用来保护线路上个别绝缘最薄弱的部分，包括个别特别高的杆塔、带拉线的杆塔、木杆线路中的个别金属杆塔或个别铁横担电杆以及线路的交叉跨越处等。

（2）变、配电所的防雷措施

① 装设避雷针 避雷针可单独立杆，也可利用户外配电装置的构架，但变压器的门型构架不能用来装设避雷针，以免雷击产生的过电压对变压器放电。避雷针与配电装置的空间距离不得小于 5m。

② 高压侧装设阀型避雷器或保护间隙 主要用来保护主变压器，要求避雷器或保护间隙应尽量靠近变压器安装，其接地线应与变压器低压中性点及金属外壳连在一起接地，如图 16-30 所示。35 ～ 10kV 配电

装置对高电压侵入的防护接线示意图如图 16-31 所示。在每路进线终端和母线上，都装有阀型避雷器。如果进线是具有一段电缆的架空线路，则阀型或排气式避雷器应装在架空线路终端的电缆终端头处。

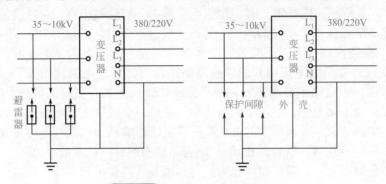

图16-30 电力变压器的防雷保护

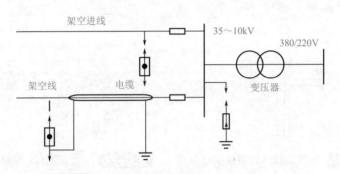

图16-31 配电装置防止高电压侵入的接线示意图

③ 低压侧装设阀型避雷器或保护间隙 主要在多雷区使用，若变压器低压侧中性点不接地其中性点也应加装避雷器或保护间隙。

（3）建筑物的防雷措施

建筑物按其对防雷的要求，可分为三类。对电工初学者只简单介绍第三类建筑物的防雷措施。车间，民用建筑、水塔都属此类。

对建筑物屋顶最易遭受雷击的部位，应装设避雷针或避雷带（网），进行重点保护。对第三类建筑物，避雷针（或避雷带、网）的接地电阻 $r \leqslant 30\Omega$。如为钢筋混凝土屋面，可利用其钢筋作为防雷装置，钢筋直径不得小于 4mm。每座建筑物至少有两根接地引下线。第三类建筑物两根引下线间的距离为 30 ～ 40m，引下线距墙面为 15mm，引下线支持卡之间距离为 1.5 ～ 2m，断接卡子距地面 1.5m。

在进户线墙上安装保护间隙，或者将瓷瓶的铁角接地，接地电阻 $r \leq 20\Omega$，允许与防护直击雷的接地装置连接在一起。第三类建筑物（非金属屋顶）的防护措施示意图如图 16-32 所示。

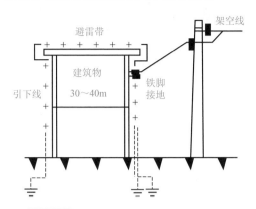

图16-32 第三类建筑物防雷措施示意图

（4）人身防雷措施　在雷雨天，非工作需要，应尽量不在户外或野外逗留；必须在户外或野外逗留或工作时，最好穿塑料等不透水的雨衣；如有条件，可进入宽大金属构架，或有防雷设施的建筑物、汽车或船只内；如依靠有建筑物或高大树木屏蔽的街道躲避，应离开墙壁和树干 8m 以外。

雷电时，在室内应离开照明线（包括动力线）、电话线、收音机和电视机电源线、引入室内的电视机天线及与其相连的各种导线 1.5m 以外，以防止这些线路或导体对人体第二次放电。

雷电时，禁止在室外变电所进户线上进行检修作业或试验。

16.3.7　静电的防护

静电电量虽然不大，但由于其电压高，容易发生静电放电而产生火花，有引燃、引爆、电击妨碍生产等多方面的危险和危害。消除静电危害的方法有：加速工艺过程中的泄漏或中和；限制静电的积累使其不超过安全限度；控制工艺过程，限制静电的产生，使其不超过安全限度等。

附　录

 **常用用电设备功率计算**

1. 工厂用电设备容量的确定

（1）用电设备的工作制

① 长期连续工作制设备　这类设备能长期连续运行，每次连续工作时间超过 8h，而且运行时负荷比较稳定，如通风机、电热设备、照明设备等属于长期连续工作制设备。机床电动机虽然负荷较大，但也归属于长期连续工作制设备。

② 短时工作制设备　这类设备的工作时间短，而停歇时间长，如机床上的辅助电动机就属于短时工作制设备。

③ 反复短时工作制设备　这类设备时而工作，时而停歇，如此反复短时交替，如电焊设备、起重机、电梯等就属于反复短时工作制设备。

（2）设备容量的确定

① 长期连续工作制和短时工作制的设备容量　该容量等于设备铭牌上所标的额定功率，即

$$P_e = P_N$$

式中，P_e 为设备容量，W；P_N 为设备铭牌额定功率，W。

② 反复短时工作制的设备容量　该容量是将某负荷持续功率下的铭牌额定功率换算到统一负荷持续率下的功率。

持续负荷率（暂载率）用一个工作周期内工作时间占整个周期的百分比来表示，即

$$\varepsilon = \frac{t}{t + t_0} \times 100\%$$

式中，ε 为持续负荷率（暂载率）；t 为工作时间，s；t_0 为停歇时间，s。

起重机的标准暂载率 ε 有 15%、25%、40%、60% 四种。

电焊设备的标准暂载率 ε 有 50%、65%、75%、100%。

起重机（吊车电动机）要求统一换算到 $\varepsilon = 25\%$ 时的额定功率，即

$$P_e = P_N \sqrt{\frac{\varepsilon_N}{\varepsilon_{25}}} = 2P_N \sqrt{\varepsilon_N}$$

式中，P_e 为设备容量，W；P_N 为设备铭牌额定功率，W；ε_N 为设备铭牌暂载率；ε_{25} 表示暂载率为 25%。

电焊机设备要求统一换算到 $\varepsilon = 100\%$ 时的额定功率，即

$$P_e = P_N \sqrt{\varepsilon_N} = S_N \cos\varphi_N \sqrt{\varepsilon_N}$$

式中，P_e 为设备容量，W；P_N 为设备铭牌额定功率，W；S_N 为设备额定视在功率，W；ε_N 为设备铭牌暂载率；$\cos\varphi_N$ 为设备铭牌功率因数。

电炉变压器设备容量为额定功率下的有功功率，即

$$P_e = S_N \cos\varphi_N$$

式中，P_e 为设备容量，W；S_N 为电炉变压器的额定容量（视在功率），W；$\cos\varphi_N$ 为设备铭牌功率因数。

【例1】 有一个小批量生产车间 380V 供电线路上接有金属切削机床共 30 台（其中 10kW 的 5 台，8kW 的 15 台，5kW 的 10 台），电焊机 2 台（每台容量 40kW，$\varepsilon_N = 65\%$，$\cos\varphi_N = 0.5$），起重机（吊车）1 台（12kW，$\varepsilon_N = 25\%$），求此车间的设备容量。

解： 金属切削机床的设备容量（长期连续工作制设备）

$$P_{e1} = \sum P_{em} = 10 \times 5 + 8 \times 15 + 5 \times 10 = 220（\text{kW}）$$

电焊机的设备容量（反复短时工作制设备）

$$\begin{aligned} P_{e2} &= 2P_N\sqrt{\varepsilon_N} = 2S_N\cos\varphi_N\sqrt{\varepsilon_N} \\ &= 2 \times 40 \times 0.5 \times \sqrt{0.65} \\ &= 32.24（\text{kW}） \end{aligned}$$

起重机（吊车）的设备容量（反复短时工作制设备）

$$P_{e3} = P_N\sqrt{\frac{\varepsilon_N}{\varepsilon_{25}}} = P_N\sqrt{\frac{25\%}{25\%}} = P_N = 12（\text{kW}）$$

车间的设备总容量

$$\begin{aligned} P_e &= P_{e1} + P_{e2} + P_{e3} = 220 + 32.24 + 12 \\ &\approx 265（\text{kW}） \end{aligned}$$

2. 计算负荷的确定

工厂企业的变、配电所运行时的实际负荷不等于所有用电设备的额定负荷之和。因此在选择电气设备之前，必须确定一个假想负荷，以便按此负荷满足发热条件来选择电气设备，此假设负荷称为计算负荷，用 P_{30} 表示。一般用需要系数法和二项式系数法来确定计算负荷。

（1）**单个用电设备的计算负荷** 对于单台电动机，供电线路在半小时内出现的最大平均负荷即计算负荷，即

$$P_{30} = \frac{P_N}{\eta_N} \approx P_N$$

式中，P_{30} 为计算负荷，W；P_N 为电动机的额定功率，W；η_N 为电动机在额定负荷下的效率。

对于单盏白炽灯、单台电热器、单台电炉变压器等设备，其额定功率即为其计算负荷，即

$$P_{30} = P_N$$

对于单台短时工作制的电气设备，其设备容量就为其计算负荷。

对于单台反复短时工作制的电气设备，如起重机、电焊机等要以根据负荷持续率换算后的设备容量作为计算负荷。

（2）**用需要系数法确定用电设备组的计算负荷** 同一类型工厂企业的负荷曲线具有大致相似的形状，因此把负荷曲线最大有功功率和额定有功功率之比定义为需要系数，即

$$K_x = \frac{P_{max}}{P_N}$$

式中，K_x 为需要系数；P_{max} 为负荷曲线最大有功功率，W；P_N 为用电设备的额定有功功率，W。

① 需要系数法的基本计算 其基本计算为：

$$P_{30} = K_x P_e$$
$$P_e = \sum P_{ei}$$

式中，P_{30} 为计算负荷，W；P_e 为设备容量，为用电设备组所有设备容量之和，W；P_{ei} 为每组用电设备的设备容量；K_x 为需要系数。

② 单组用电设备组计算负荷的确定 有功计算负荷为：

$$P_{30} = K_x P_e$$

无功计算负荷：

$$Q_{30} = P_{30} \tan\varphi$$

视在计算负荷：

$$S_{30} = \sqrt{P_{30}^2 + Q_{30}^2}$$

计算电流：

$$I_{30} = \frac{S_{30}}{\sqrt{3}\, U_N}$$

式中，P_{30} 为有功计算负荷，W；Q_{30} 为无功计算负荷，W；S_{30} 为视在计算负荷，W；U_N 为设备额定电压，V；I_{30} 为计算电流，A；$\tan\varphi$ 为与平均功率因数角相对应的正切值；P_e 为设备容量，为用电设备组所有设备容量之和；K_x 为需要系数。

③ 多组用电设备组计算负荷的确定　确定多组用电设备组的计算负荷时，应引入一个同时系数，用符号 K_Σ 表示。同时系数 K_Σ 的取值见附表1-1。

附表1-1　同时系数

应用范围	同时系数 K_Σ
确定车间变电所低压线路最大负荷	
冷加工车间	$0.7 \sim 0.8$
热加工车间	$0.7 \sim 0.9$
动力站	$0.8 \sim 1.0$
确定配电所母线的最大负荷	
负荷小于 5000kW	$0.9 \sim 1.0$
计算负荷为 $5000 \sim 10000$kW	0.85
计算负荷大于 10000kW	0.8

先分别求出各组用电设备组的计算负荷，再结合不同情况求出总的计算负荷。

总的有功计算负荷：

$$P_{30} = K_\Sigma \sum P_{30 \cdot i}$$

总的无功计算负荷：

$$Q_{30} = K_\Sigma \sum Q_{30 \cdot i}$$

总的视在计算负荷：

$$S_{30} = \sqrt{P_{30}^2 + Q_{30}^2}$$

总的计算电流：

$$I_{30} = \frac{S_{30}}{\sqrt{3}\, U_N}$$

式中，$P_{30 \cdot i}$ 为各组用电设备的有功计算负荷，W；$Q_{30 \cdot i}$ 为各组用电设备的无功计算负荷，W。

【例2】　用需要系数计算例1车间的计算负荷。

解：金属切削机床组的计算负荷：取需要系数、功率因数、正切值为 $K_x = 0.2$，$\cos\varphi = 0.5$，$\tan\varphi = 1.73$。

$$P_{30 \cdot 1} = K_x P_{e1} = 0.2 \times 220 = 44 \, (\text{kW})$$

$$Q_{30 \cdot 1} = P_{30 \cdot 1} \tan\varphi = 44 \times 1.73 = 76.12 \, (\text{kW})$$

$$S_{30 \cdot 1} = \sqrt{P_{30 \cdot 1}^2 + Q_{30 \cdot 1}^2} = \sqrt{44^2 + 76.12^2} = 87.92 \, (\text{kW})$$

$$I_{30 \cdot 1} = \frac{S_{30 \cdot 1}}{\sqrt{3} \, U_N} = \frac{87.92}{\sqrt{3} \times 0.38} = 133.58 \, (\text{A})$$

电焊机组的计算负荷：取需要系数、功率因数、正切值为：$K_x = 0.35$，$\cos\varphi = 0.35$，$\tan\varphi = 2.68$。

$$P_{30 \cdot 2} = K_x P_{e2} = 0.35 \times 32.24 = 11.28 \, (\text{kW})$$

$$Q_{30 \cdot 2} = P_{30 \cdot 2} \tan\varphi = 11.28 \times 2.68 = 30.24 \, (\text{kW})$$

$$S_{30 \cdot 2} = \sqrt{P_{30 \cdot 2}^2 + Q_{30 \cdot 2}^2} = \sqrt{11.28^2 + 30.24^2} = 32.28 \, (\text{kW})$$

$$I_{30 \cdot 2} = \frac{S_{30 \cdot 2}}{\sqrt{3} \, U_N} = \frac{32.28}{\sqrt{3} \times 0.38} = 49.1 \, (\text{A})$$

起重机（吊车）组的计算负荷：取需要系数、功率因数、正切值为：$K_x = 0.15$，$\cos\varphi = 0.5$，$\tan\varphi = 1.73$。

$$P_{30 \cdot 3} = K_x P_{e3} = 0.15 \times 12 = 1.8 \, (\text{kW})$$

$$Q_{30 \cdot 3} = P_{30 \cdot 3} \tan\varphi = 1.8 \times 1.73 = 3.11 \, (\text{kW})$$

$$S_{30 \cdot 3} = \sqrt{P_{30 \cdot 3}^2 + Q_{30 \cdot 3}^2} = \sqrt{1.8^2 + 3.11^2} = 3.59 \, (\text{kW})$$

$$I_{30 \cdot 3} = \frac{S_{30 \cdot 3}}{\sqrt{3} \, U_N} = \frac{3.59}{\sqrt{3} \times 0.38} = 5.45 \, (\text{A})$$

全车间总的计算负荷：取同时系数 $K_{\Sigma\Sigma} = 0.8$。

$$P_{30} = K_\Sigma \sum P_{30 \cdot i}$$

$$= 0.8 \times (44 + 11.28 + 1.8) = 45.66 \, (\text{kW})$$

$$Q_{30} = K_\Sigma \sum Q_{30 \cdot i}$$

$$= 0.8 \times (76.12 + 30.24 + 3.11) = 87.65 \, (\text{kW})$$

$$S_{30} = \sqrt{P_{30}^2 + Q_{30}^2} = \sqrt{45.66^2 + 87.65^2} = 98.83 \, (\text{kW})$$

$$I_{30} = \frac{S_{30}}{\sqrt{3} \, U_N} = \frac{98.83}{\sqrt{3} \times 0.38} = 150.33 \, (\text{A})$$

（3）用二项式系数法确定用电设备组的计算负荷

在确定设备台数不多，而且各台设备容量相差较大的车间干线和配电箱的计算电荷时，宜采用二项式系数法。

① 单组用电设备组计算负荷的确定　有功计算负荷：

$$P_{30} = bP_e + cP_n$$

式中，b，c 为二项式系数，根据设备名称、类型、台数选取；P_{30}

为有功计算负荷，W；bP_e 为用电设备组的平均负荷，其中 P_e 为用电设备组的设备总容量，W；P_n 为用电设备中 n 台容量最大的设备容量之和，W；cP_n 为用电设备中 n 台容量最大的设备投入运行时增加的附加负荷，W。

对 1 台或 2 台用电设备可认为：

$$P_{30} = P_e$$

即 $b = 1$，$c = 0$。

无功计算负荷：

$$Q_{30} = P_{30}\tan\varphi$$

式中，Q_{30} 为无功计算负荷，W；P_{30} 为有功计算负荷，W；$\tan\varphi$ 为与平均功率角相对应的正切值。

视在计算负荷：

$$S_{30} = \sqrt{P_{30}^2 + Q_{30}^2}$$

式中，S_{30} 为视在计算负荷，W。

计算电流：

$$I_{30} = \frac{S_{30}}{\sqrt{3}\,U_N}$$

式中，I_{30} 为计算电流，A；U_N 为设备额定电压，V。

【例 3】 用二项式系数法确定例 1 车间中金属切削机床组的计算负荷。

解：取二项式系数 $b = 0.14$，$c = 0.4$，$n = 5$，$\cos\varphi = 0.5$，$\tan\varphi = 1.73$。

$$P_n = P_5 = 10 \times 5 = 50\text{kW}$$
$$P_{30} = bP_{e1} + cP_n = 0.14 \times 220 + 0.4 \times 50$$
$$= 50.8\,(\text{kW})$$
$$Q_{30} = P_{30}\tan\varphi = 50.8 \times 1.73 = 87.88\,(\text{kW})$$
$$S_{30} = \sqrt{P_{30}^2 + Q_{30}^2} = \sqrt{50.8^2 + 87.88^2}$$
$$= 101.5\text{kW}$$
$$I_{30} = \frac{S_{30}}{\sqrt{3}\,U_N} = \frac{101.5}{\sqrt{3} \times 0.38} = 154.22\,(\text{A})$$

② 多组用电设备组计算负荷的确定　各组用电设备的最大负荷不可能同时出现，因此在确定多组用电设备组计算负荷时，在各用电设备组中取出其中一组最大的附加负荷 $(cP_n)_{\max}$，再加上各组平均负荷

bP_e。

先分别求出各组用电设备组的计算负荷，再结合不同情况求出总的计算负荷。

总的有功计算负荷：
$$P_{30} = \sum (bP_e)_i + (cP_n)_{max}$$

总的无功计算负荷：
$$Q_{30} = \sum (bP_e \tan\varphi)_i + (cP_n)_{max} \tan\varphi_{max}$$

总的视在计算负荷：
$$S_{30} = \sqrt{P_{30}^2 + Q_{30}^2}$$

总的计算电流：
$$I_{30} = \frac{S_{30}}{\sqrt{3}\, U_N}$$

式中，$(cP_n)_{max}$ 为各组 cP_n 中最大的一组附加负荷，W；$\sum (bP_e)_i$ 为各用电设备组平均负荷 bP_e 的总和，W；$\tan\varphi$ 为与平均功率因数角相对应的正切值；$\tan\varphi_{max}$ 为最大附加负荷 $(cP_n)_{max}$ 的设备组的正切值。

【例4】 用二项式系数法确定例1车间的计算负荷。

解： 金属机床组的计算负荷：取二项式系数 $b = 0.14$，$c = 0.4$，$n = 5$，$\cos\varphi = 0.5$，$\tan\varphi = 1.73$。

$(bP_{e1})_1 = 0.14 \times 220 = 30.8$（kW）

$(cP_n)_1 = 0.4 \times 10 \times 5 = 20$（kW）

电焊机组的计算负荷：取二项式系数 $b = 0.7$，$c = 0$，$n = 1$，$\cos\varphi = 0.35$，$\tan\varphi = 2.68$。

【例5】 已知有一个一班制电器开关制造厂，其用电设备容量为 10000kW，额定电压为 380V，试确定该厂的计算负荷。

解： 取 $K_x = 0.35$，$\cos\varphi = 0.75$，未列 $\tan\varphi$，故 $\tan\varphi = \tan(\arccos 0.75) = 0.88$。

全厂有功计算负荷：

$P_{30} = K_x P_e = 0.35 \times 10000 = 3500$（kW）

全厂无功计算负荷：

$Q_{30} = P_{30} \tan\varphi = 3500 \times 0.88 = 3080$（kW）

全厂视在计算负荷：

$S_{30} = \sqrt{P_{30}^2 + Q_{30}^2} = \sqrt{3500^2 + 3080^2}$
$= 4662.23$（kW）

全厂计算电流：

$$I_{30} = \frac{S_{30}}{\sqrt{3}\ U_N} = \frac{4662.63}{\sqrt{3}\times 0.38} = 7031.077（\text{A}）$$

3. 尖峰电流的计算

持续时间为 $1\sim 2s$ 的短时最大负荷电流称为尖峰电流。

尖峰电流主要用来作为选择熔断器和低压断路器、整定继电保护及检验电动机等的条件。

（1）**单台用电设备尖峰电流的计算**　单台用电设备的尖峰电流就是该设备的启动电流，其运算关系为：

$$I_{jf} = I_{st} = K_{st}I_N$$

式中，I_{jf} 为尖峰电流，A；I_N 为用电设备的额定电流，A；I_{st} 为用电设备的启动电流，A；K_{st} 为启动电流的倍数，笼型电动机为 $5\sim 7$，绕线式电动机为 $2\sim 3$，直流电动机为 1.7，电焊变压器为 3 或更大。

（2）**多台用电设备尖峰电流的计算**　多台用电设备在线路上的尖峰电流，其运算关系为：

$$I_{jf} = K_{\Sigma}\sum_{i=1}^{n-1}I_{Ni} + （I_{st} - I_N）_{max}$$

式中，I_{jf} 为尖峰电流，A；$（I_{st} - I_N）_{max}$ 为用电设备中启动电流与额定电流之差为最大的那台设备的启动电流与额定电流之差，A；$\sum_{i=1}^{n-1}I_{Ni}$ 为除启动电流与额定电流之差为最人设备以外的其他 $n-1$ 台设备的额定电流之和，A；K_{Σ} 为上述 $n-1$ 台设备的同时系数，按台数多少选取，一般为 $0.7\sim 1$。

【**例6**】　在 380V 的三相供电线路上接有 M_1、M_2、M_3、M_3 4 台电动机，其额定电流和启动电流分别为：$I_{N1} = 5.5A$，$I_{st1} = 38.5A$；$I_{N2} = 5A$；$I_{st2} = 35A$；$I_{N3} = 35A$，$I_{st3} = 175A$；$I_{N4} = 25A$；$I_{st4} = 190A$。求该线路的尖峰电流。

解：由已知条件得知，电动机 M_4 的启动电流与额定电流之差为最大，即

$$I_{st4} - I_{N4} = 190 - 25 = 165（\text{A}）$$

取 $n-1$ 台设备的同时系数 $K_{\Sigma} = 0.8$，则该线路的尖峰电流为

$$\begin{aligned} I_{jf} &= K_{\Sigma}\sum_{i=1}^{n-1}I_{Ni} + （I_{st} - I_N）_{max} \\ &= 0.8\times（5.5+5+35）+ 165 \end{aligned}$$

$$= 201.4 （A）$$

4. 短路电流的计算

短路故障指运行中的电力系统或工厂企业供配电系统的相与相或相与地之间发生的金属性非正常连接。

短路故障对电力系统的危害最大，按照短路的不同情况，可分为单相短路、两相短路、两相短路接地和三相短路 4 种类型，如附表 1-2 所示。

短路计算的目的是正确选择和检验电气设备、准确地整定供配电系统的保护装置，避免在短路电流作用下损坏电气设备，保证供配电系统中出现短路时，保护装置能可靠动作。

在高压系统中，通常采用标幺值法或短路容量法计算短路电流。而在低压系统中，常用欧姆法来计算短路电流。

附表1-2　短路种类、表示符号、性质及特点

短路名称	表示符号	示图	短路性质	特点
单相短路	$k^{(1)}$		不对称短路	短路电流仅在故障相中流过，故障相电压下降，非故障相电压会升高
两相短路	$k^{(2)}$		不对称短路	短路回路中流过很大的短路电流，电压和电流的对称性被破坏
两相短路接地	$k^{(1,1)}$		不对称短路	短路回路中流过很大的短路电流，故障相电压为零
三相短路	$k^{(3)}$		对称短路	三相电路中都流过很大的短路电流，短路时电压和电流保持对称，短路点电压为零

（1）欧姆法计算短路电流　为了计算短路电流，应求出短路点以前回路的总阻抗，一般只计算各主要元件（发电机、变压器、架空线路、电抗器等）的电抗而忽略其电阻。

① 电力系统的电抗计算。

$$X_{XT} = \frac{U_{pj}^2}{S_{dl}}$$

式中，U_{pj} 为高压馈电线的平均额定电压，kV；S_{dl} 为高压断路器的断流容量。

② 电力变压器的电阻计算。

$$R_B = \Delta P_d \left(\frac{S_N}{U_{pj}}\right)^2$$

式中，ΔP_d 为变压器短路损耗，kW；S_N 为变压器的额定容量，kW；U_{pj} 为短路计算点的平均额定电压，kV。

③ 电力变压器的电抗计算。

$$X_B = \frac{U_d\%}{100} \times \frac{U_{pj}^2}{S_N}$$

式中，$U_d\%$ 为变压器短路电压（阻抗电压）；S_N 为变压器的额定容量，kW；U_{pj} 为短路计算点的平均额定电压，kV。

④ 电力线路的计算。

线路电阻：

$$R_1 = r_0 l$$

式中，r_0 为导线或电缆单位长度的电阻值；l 为线路长度。

线路电抗：

$$X_1 = X_0 l$$

式中，X_0 为导线或电缆单位长度的电抗。

当线路中有两个电压时则需折算为

$$R' = R \left(\frac{U'_{pj}}{U_{pj}}\right)^2$$

$$X' = X \left(\frac{U'_{pj}}{U_{pj}}\right)^2$$

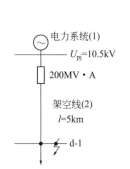

附图1-1 供电系统接线

【例7】 某供电系统接线如附图 1-1 所示。已知电力系统出口断路器的断流容量为 100MV·A，试求工厂配电所 d-1 点的三相短路电流和短路容量（$U_{pj} = 10.5\text{kV}$）。

解：电力系统 XT 的电抗

$$X_{XT} = \frac{U_{pj}^2}{S_{dl}} = \frac{10.5^2}{100} = 1.1\,\Omega$$

架空线 1-1 的电抗，为电力线路每相的单位长度电抗平均值（Ω/km）。

架空线路在线路电压为 6 ~ 10kV 时，$X_0 = 0.38\Omega$，因此得

$$X_{1-1} = X_0 l = 0.38 \times 5 = 1.9 \, (\Omega)$$

d-1 点短路的电流总电抗：

$$X_\Sigma = X_{XT} + X_{1-1} = 1.1 + 1.9 = 3 \, (\Omega)$$

三相短路电流：

$$I_{d-1}^{(3)} = \frac{U_{pj}}{\sqrt{3} \, X_\Sigma} = \frac{10.5}{\sqrt{3} \times 3} = 2.02 \, (kA)$$

三相短路容量：

$$S_{d-1}^{(3)} = \sqrt{3} \, U_{pj} I_{d-1}^{(3)} = \sqrt{3} \times 10.5 \times 2.02 = 36.69 \, (MW)$$

（2）经验计算法计算短路电流 若馈电线电压为 10kV，可用 5.5kV 除以线路中某点短路的电路总电抗，即可求得短路电流。

上例如用经验计算法计算，则有：

$$I_{d-1}^{(3)} = \frac{5.5}{X_\Sigma} = \frac{5.5}{3} = 1.83 \, (kA)$$

附录二　电动机控制线路与故障排除

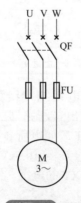

附图2-1 开关
启动控制线路

（1）电动机直接启动控制线路 电动机直接启动，其启动电流通常为额定电流的 6 ~ 8 倍，一般应用于小功率电动机。常用的启动电路有开关直接启动。

电动机的容量应低于电源变压器容量 20% 时，才可直接启动，如附图 2-1 所示。使用时，将空开推向闭合位置，则 QF 中的三相开关全部接通，电动机运转，如发现运转方向和我们所要求的相反，任意调整空开下口两根电源线，则转向和前述相反。

直接启动电路布线组装与故障排除可扫二维码学习。

（2）接触器点动控制线路　如附图2-2所示，当合上空开 QF 时，电动机不会启动运转，因为 KM 线圈未通电，只有按下 SB₂，使线圈 KM 通电，主电路中的主触头 KM 闭合，电动机 M 即可启动。这种只有按下按钮电动机才会运转，松开按钮即停转的线路，称点动控制线路，利用接触器来控制电动机优点，减轻劳动强度，操作小电流的控制电路就可以控制大电流主电路，能实现远距离控制与自动化控制。接触器点动控制线路布线、组装及故障排除可扫二维码学习。

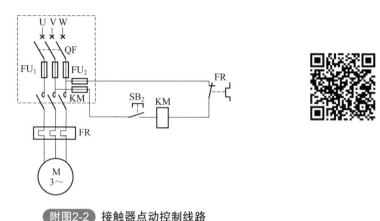

附图2-2　接触器点动控制线路

（3）接触器自锁控制电动机正转线路　交流接触器通过自身的常开辅助触头使线圈总是处于得电状态的现象叫做自锁。这个常开辅助触头就叫做自锁触头。在接触器线圈得电后，利用自身的常开辅助触点保持回路的接通状态，一般对象是对自身回路的控制。如把常开辅助触点与启动按钮并联，这样，当启动按钮按下，接触器动作，辅助触点闭合，进行状态保持，此时再松开启动按钮，接触器也不会失电断开。

一般来说，在启动按钮和辅助触点并联之外，还要再串联一个按钮，起停止作用。点动开关中作启动用的选择常开触点，做停止用的选常闭触点。如附图 2-3 所示。

① 启动：合上电源开关 QF，按下启动按钮 SB₂，KM 线圈得电，KM 辅助触头闭合，同时 KM 主触头闭合，电动机启动连续运转。

② 当松开 SB₂，其常开触头恢复分断后，因为接触器 KM 的常开辅助触头闭合时已将 SB₂ 短接，控制控制电路仍保持导通，所以接触器 KM 继续得电，电动机 M 实现连续运转。

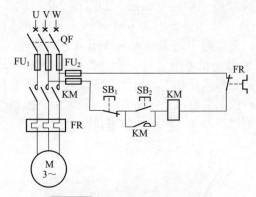

附图2-3 接触器自锁控制线路

③ 停止：按下停止按钮 SB_1 其常闭触头断开，接触器 KM 的自锁触头切断控制电路，解除自锁，KM 主触头分断，电动机停转。

接触器自锁控制线路布线、组装及故障排除可扫二维码学习。

（4）带热继电器保护自锁控制线路

① 启动：如附图 2-4 所示，合上空开 QF，按下启动按钮 SB_2，KM 线圈得电后常开辅助触头闭合，同时主触头闭合，电动机 M 启动连续运转。接线、组装及故障排除可扫二维码学习。

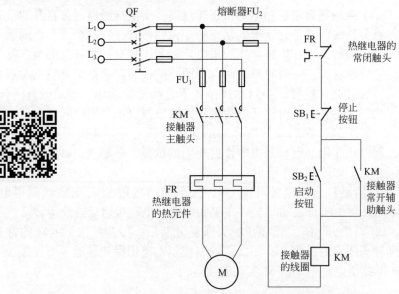

附图2-4 带热继电器保护自锁正转控制线路原理

当松开 SB_2，其常开触头恢复分断后，因为接触器 KM 的常开辅助触头闭合时已将 SB_2 短接，控制电路仍保持接通，所以接触器 KM 继续得电，电动机 M 实现连续运转。

② 停止：按下停止按钮 SB_1，KM 线圈断电，自锁辅助触头和主触头分断，电动机停止转动。当松开 SB_1，其常闭触头恢复闭合后，因接触器 KM 的自锁触头在切断控制电路时已分断，解除了自锁，SB_2 也是分断的，所以接触器 KM 不能得电，电动机 M 也不会转动。

③ 线路的保护设置

a. 短路保护：由熔断器 FU_1、FU_2 分别实现主电路与控制电路的短路保护。

b. 过载保护：因为电动机在运行过程中，如果长期负载过大或启动操作频繁，或者缺相运行等原因，都可能使电动机定子绕组的电流增大，超过其额定值。而在这种情况下，熔断器往往并不熔断，从而引起定子绕组过热使温度升高，若温度超过允许温升就会使绝缘损坏，缩短电动机的使用寿命，严重时甚至会使电动机的定子绕组烧毁。因此，采用热继电器对电动机进行过载保护。过载保护是指电动机出现过载时能自动切断电动机电源，使电动机停转的一种保护。

在照明、电加热等一般电路里，熔断器 FU 既可以作短路，也可以作过载保护。但对三相异步电动机控制线路来说，熔断器只能用作短路保护。这是因为三相异步电动机的启动电流很大（全压启动时的启动电流能达到额定电流的 4～7 倍），若用熔断器作载保护，则选择熔断器的额定电流就应等于或略大于电动机的额定电流，这样电动机在启动时，由于启动电流大大超过了熔断器的额定电流，使熔断器在很短的时间内爆断，造成电动机无法启动。所以熔断器只能作短路保护，其额定电流应取电动机额定电流的 1.5～3 倍。

热继电器在三相异步电动机控制线路中也只能作过载保护，不能作短路保护。这是因为热继电器的热惯性大，即热继电器的双金属片受热膨胀弯曲需要一定的时间. 当电动机发生短路时，由于短路电流很大，热继电器还没来得及动作，供电线路和电源设备可能已经损坏。而在电动机启动时，由于启动时间很短，热继电器还未动作，电动机已启动完毕。总之，热继电器与熔断器两者所起作用不同，不能相互代替。

（5）带急停开关保护接触器自锁正转控制线路　急停按钮最基本的作用就是在紧急情况下的紧急停车，避免机械事故或人身事故。

急停按钮都是使用常闭触头，急停按钮按下后能够自锁在分断的状态，只有旋转后才能复位，这样能防止误动解除停止状态。急停按钮都是红色，蘑菇头，便于拍击，有些场合为防止误碰，还加一个防误碰的盖。翻开保护盖后才能按下急停按钮。

如附图 2-5 所示，在电路中我们利用急停开关 SB_0 的常闭触头串联在控制回路中，当紧急情况发生，按下急停按钮，接触器 KM 辅助触头和线圈断电，主触头断开，从而使电机停止转动。带急停开关保护控制线路可扫附图 2-5 旁二维码学习。

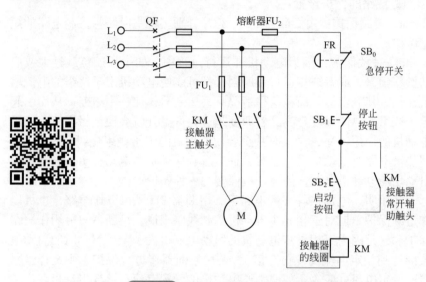

附图2-5 带急停开关控制接触器自锁正转控制线路

（6）电动机定子串电阻降压启动控制线路　附图 2-6 所示是定子串电阻降压启动控制线路。电动机启动时在三相定子电路中串接电阻，使电动机定子绕组电压降低，启动后再将电阻短路，电动机仍然在正常电压下运行。这种启动方式由于不受电动机接线形式的限制，设备简单，因而在中小型机床中也有应用。机床中也常用这种串接电阻的方法限制点动调整时的启动电流。如图 2-6 所示。

只要 KM_2 得电就能使电动机正常运行。但线路图 2-6（b）在电动机启动后 KM_1 与 KT 一直得电动作，这是不必要的。线路图 2-6（c）就解决了这个问题，接触器 KM_2 得电后，其动断触点将 KM_1 及 KT 断电，KM_2 自锁。这样，在电动机启动后，只要 KM_2 得电，电动机便能正常运行。

按SB₂ ─┬→ KM₁得电 (电动机串电阻启动)
      └→ KT得电延时一段时间后 KM₂得电 (短接电阻，电动机正常运行)

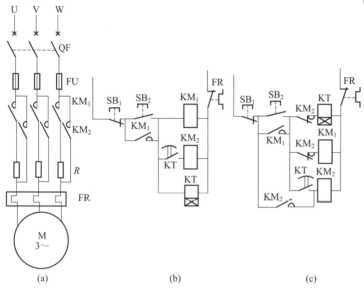

附图2-6 电动机定子串电阻降压启动控制线路

补偿器 QJ3、QJ5 系列都是手动操作，XJ01 系列则是自动操作的自耦降压启动器。补偿器降压启动适用于容量较大和正常运行时定子绕组接成 Y 形、不能采用 Y-△启动的笼型电动机。这种启动方式设备费用高，通常用来启动大型和特殊用途的电动机，机床上应用得不多。

电动机定子串电阻降压启动控制线路接线、组装和故障排除可扫附图 2-6 旁二维码学习。

（7）电动机星 – 三角形降压启动电路 在正常运行时，电动机定子绕组是连成三角形的，启动时把它连接成星形，启动即将完毕时再恢复成三角形。目前 4kW 以上的三相异步电动机定子绕组在正常运行时，都是接成三角形的，对这种电动机就可采用星 - 三角形（Y-△）降压启动。

附图 2-7 所示是一种 Y-△启动线路。从主回路可知，如果控制线路能使电动机接成星形（即 KM₁ 主触点闭合），并且经过一段延时后再接成三角形（即 KM₁ 主触点打开，KM₂ 主触点闭合），则电动机就能实现降压启动，而后再自动转换到正常速度运行。控制线路的工作过程

973

如下（Y-△降压启动控制线路布线、组装可扫二维码学习）。

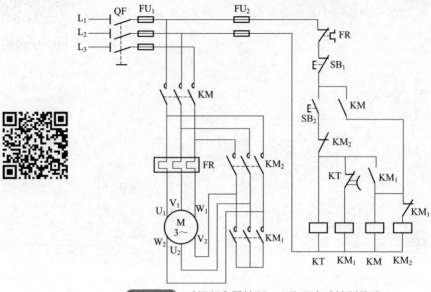

附图2-7　时间断电器控制Y-△降压启动控制线路

首先合上 QF：

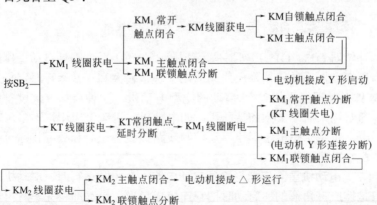

　　附图 2-8 所示是用两个接触器和一个时间继电器进行 Y-△转换的降压启动控制线路。电动机连成 Y 或△都是由接触器 KM₂ 完成的。KM₂断电时电动机绕组由其动断触点连接成 Y；KM₂ 通电时电动机绕组由其动合触点连接成△。对 4～13kW 的电动机，可采用图 2-8 所示的两个接触器的控制线路，电动机容量大时可采用三个接触器控制线路。附

图 2-8 与附图 2-7 的工作原理基本相同，可自行分析。

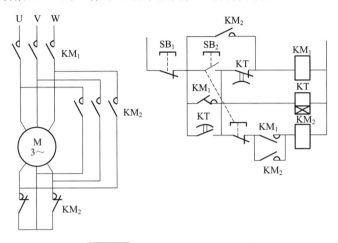

附图2-8 Y-△降压启动控制线路

（8）电动机正反转控制线路 由附图 2-9（b）可知，按下 SB₂，正向接触器 KM₁ 得电动作，

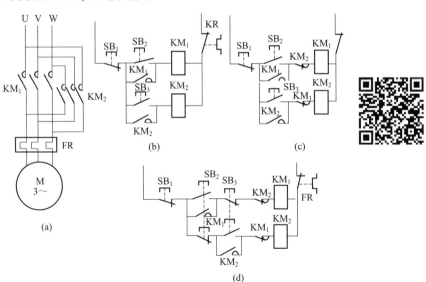

附图2-9 异步电动机正反转控制线路

主触点闭合，使电动机正转。按停止按钮 SB₁，电动机停止。按下

SB_3，反向接触器 KM_2 得电动作，其主触点闭合，使电动机定子绕组与正转时相比相序反了，则电动机反转。

从主回路图（a）看，如果 KM_1、KM_2 同时通电动作，就会造成主回路短路，在线路图（b）中如果按了 SB_2 又按了 SB_3，就会造成上述事故，因此这种线路是不能采用的。线路图（c）把接触器的动断辅助触点互相串联在对方的控制回路中进行联锁控制。这样当 KM_1 得电时，由于 KM_1 的动断触点打开，使 KM_2 不能通电，此时即使按下 SB_3 按钮，也不能造成短路，反之也是一样。接触器辅助触点这种互相制约关系称为"联锁"或"互锁"。

在机床控制线路中，这种联锁关系应用极为广泛。凡是有相反动作，如工作台上下、左右移动；机床主轴电动机动必须在液压泵电动机动作后才能启动，工作台才能移动等，都需要有类似这种联锁控制。

如果现在电动机正在正转，想要反转，则线路图（c）必须先按停止按钮 SB_1 后，再按反向按钮 SB_3 才能实现，显然操作不方便。线路图（d）利用复合按钮 SB_2、SB_3 就可直接实现正反转的相互转换。

很显然采用复合按钮，还可以起联锁作用，这是由于按下 SB_2 时、只有 KM_1 可得电动作，同时 KM_2 回路被切断。同理按下 SB_3 时，只有 KM_2 得电，同时 KM_1 回路被切断。但只用按钮进行联锁，而不用接触器动断触点之间的联锁，是不可靠的。在实际中可能出现这样的情况，由于负载短路或大电流的长期作用，接触器的主触点被强烈的电弧 - 烧焊 - 在一起，或者接触器的机构失灵，使衔铁卡住总是在吸合状态，这都可能使触点不能断开，这时如果另一个接触器动作，就会造成电源短路事故。

如果用的是接触器动断动作，不论什么原因，只要一个接触器是吸合状态，它的联锁动断触点就必将另一个接触器线圈电路切断，这就能避免事故的发生。

电动机正反转电路接线、组装和故障排除可扫二维码学习。

（9）电动机正反转自动循环控制线路 线路布线组装可扫二维码学习。附图 2-10 所示是机床工作台往返循环的控制线路，实质上是用行程开关来自动实现电动机正反转的，组合机床、龙门刨床、铣床的工作台常用这种线路实现往返循环。

ST_1、ST_2、ST_3、ST_4 为行程开关，按要求安装在固定的位置上，当撞块压下行程开关时，其动合触点闭合，动断触点打开。其实这是按一定的行程用撞块压行程开关，代替了人按按钮。

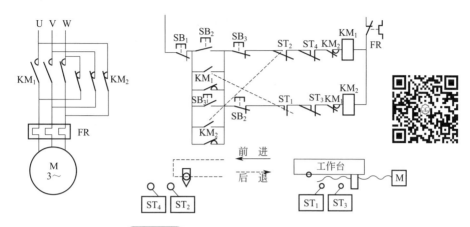

附图2-10 **行程开关控制的正反转线路**

按下正向启动按钮 SB_2，接触器 KM_1 得电动作并自锁，电动机正转使工作台前进。当运行到 ST_2 位置时，撞块压下 ST_2，ST_2 动断触点使 KM_1 断电，但 ST_2 的动合触点使 KM_2 得电动作并自锁，电动机反转使工作台后退。当撞块又压下 ST_1 时，KM_2 断电，KM_1 又得电动作，电动机又正转使工作台前进，这样可一直循环下去。

SB_1 为停止按钮。SB_2 与 SB_3 为不同方向的复合启动按钮。之所以用复合按钮，是为了满足改变工作台方向时，不按停止按钮可直接操作。限位开关 ST_3 与 ST_4 安装在极限位置，起限位保护作用。

当由于某种故障，工作台到达 ST_1（或 ST_2）位置时，未能切断 KM_2（或 KM_1）时，工作台将继续移动到极限位置，压下 ST_3（或 ST_4），此时最终把控制回路断开。

上述这种用行程开关按照机床运动部件的位置或机件的位置变化所进行的控制，称作按行程原则的自动控制，或称行程控制。行程控制是机床和生产自动线应用最为广泛的控制方式之一。

（10）电动机能耗制动控制线路 能耗制动是在三相异步电动机要停车时切除三相电源的同时，把定子绕组接通直流电源，在转速为零时切除直流电源。这种制动方法，实质上是把转子原来储存的机械能转变成电能，又消耗在转子的制动上，所以称作能耗制动。

线路布线、组装可扫附图 2-11 旁二维码学习。附图 2-11（b）、（c）

分别是用复合按钮与时间继电器实现能耗制动的控制线路。图中整流装置由变压器和整流元件组成。KM₂ 为制动用接触器；KT 为时间继电器。图（b）所示为一种手动控制的简单能耗制动线路，要停车时按下 SB₁ 按钮，到制动结束放开按钮。图（c）可实现自动控制，简化了操作。

制动作用的强弱与通入直流电流的大小和电动机转速有关，在同样的转速下电流越大制动作用越强。一般取直流为电动机空载电流的 3～4 倍，过大会使定子过热。图（a）直流电源中串接的可调电阻 RP，可调节制动电流的大小。

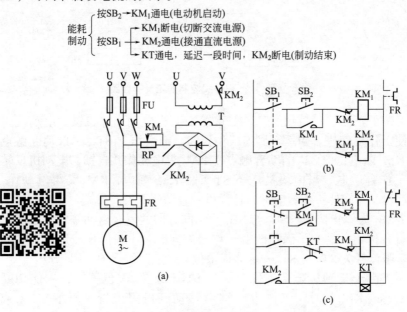

附图2-11　能耗制动控制线路

（11）电动机变频器控制电路　实际使用的变频器主要采用交 - 直 - 交方式（VVVF 即调压调频或矢量控制变频），其原理是先把工频交流电源通过整流器转换成直流电源，然后再把直流电源转换成频率、电压均可控制的交流电源以供给电动机。

VVVF 变频器主要由整流（交流变直流）部分、滤波部分、再次整流（直流变交流）部分、制动单元部分（可选）、微处理控制的驱动、检测部分等组成的。原理框图如附图 2-12 所示。

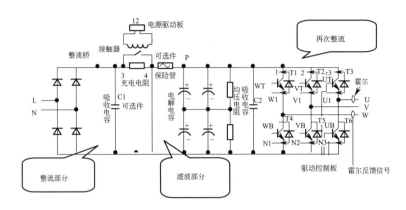

附图2-12 VVVF变频器原理框图

变频器基本接线图如附图 2-13 所示。

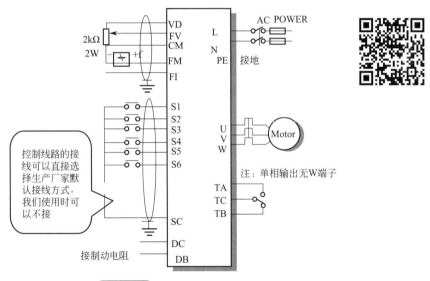

附图2-13 变频器基本接线图

变频器控制线路接线、组装与故障排除可扫二维码学习。

（12）**串励直流电动机的控制电路** 串励直流电动机的启动控制电路如附图 2-14 所示。

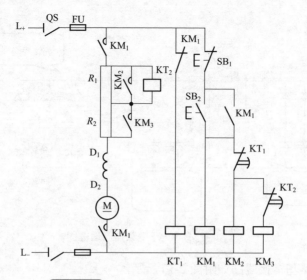

附图2-14 串励直流电动机启动控制电路

工作原理：

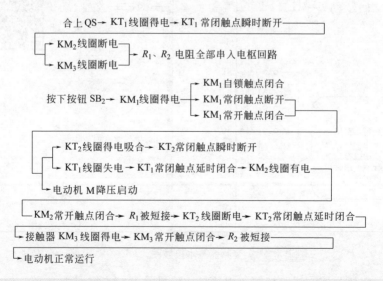

注意：串励直流电动机不许空载启动，否则，电动机高速旋转起来，会使电枢受到极大的离心力作用而损坏，因此，串励直流电动机一般在带有20%～25%负载的情况下启动。

（13）并励直流电动机的启动控制线路 如附图 2-15 所示。

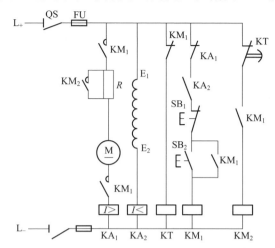

附图2-15 并励直流电动机启动控制线路

图中，KA_1 是过电流继电器，作直流电动机的短路和过载保护；KA_2 是欠电流继电器，作励磁绕组的失磁保护。

启动时先合上电源开关 QS，励磁绕组获电励磁，欠电流继电器 KA_2 线圈获电，KA_2 常开触点闭合，控制电路通电；此时时间继电器 KT 线圈获电，KT 常闭触点瞬时断开。然后按下启动按钮 SB_2，接触器 KM_1 线圈获电，KM_1 主触点闭合，电动机串电阻器 R 启动；KM_1 的常闭触点断开，KT 线圈断电，KT 常闭触点延时闭合，接触器 KM_2 线圈获电，KM_2 主触点闭合将电阻器 R 短接，电动机在全压下运行。

他励直流电动机的启动如附图 2-16 所示。

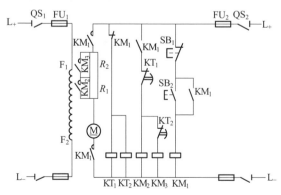

附图2-16 他励直流电动机启动控制线路

981

工作原理：

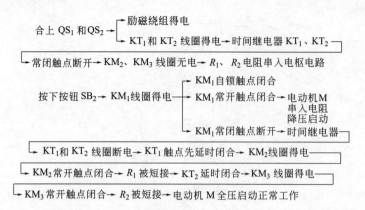

$$合上 QS_1 和 QS_2 \rightarrow \begin{cases} 励磁绕组得电 \\ KT_1 和 KT_2 线圈得电 \rightarrow 时间继电器 KT_1、KT_2 \end{cases}$$

↳ 常闭触点断开→ KM₂、KM₃ 线圈无电→ R_1、R_2 电阻串入电枢电路

按下按钮 SB₂→ KM₁线圈得电→ ┌ KM₁自锁触点闭合
　　　　　　　　　　　　　　├ KM₁常开触点闭合→ 电动机 M 串入电阻降压启动
　　　　　　　　　　　　　　└ KM₁常闭触点断开→ 时间继电器

↳ KT₁和 KT₂ 线圈断电→ KT₁触点先延时闭合→ KM₂线圈得电

↳ KM₂常开触点闭合→ R_1 被短接→ KT₂延时闭合→ KM₃ 线圈得电

↳ KM₃常开触点闭合→ R_2 被短接→ 电动机 M 全压启动正常工作

（14）直流电动机的正、反转　电枢反接法直流电动机的正、反转控制线路如附图 2-17 所示。

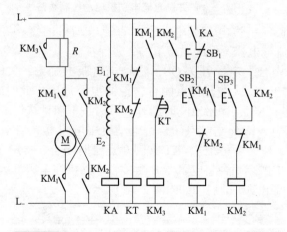

附图2-17 **电枢反接法直流电动机正、反转控制线路**

工作原理：启动时按下启动按钮 SB₂，接触器 KM₁ 线圈获电，KM₁ 主触点闭合，电动机正转。若要反转，则需先按下 SB₁，使 KM₁ 断电，KM₁ 联锁常闭触点闭合。这时再按下反转按钮 SB₃，接触器 KM₂ 线圈获电，KM₂ 主触点闭合，使电枢电流反向，电动机反转。

磁场反接法直流电动机的正、反转　控制线路如附图 2-18 所示。

工作原理：这种方法是改变磁场方向（即励磁电流的方向）使电动机反转。此法常用于串励电动机，因为串励电动机电枢绕组两端的电压很高，而励磁绕组两端的电压很低，反转较容易，其工作原理同电枢反接法直流电动机的正、反转相似。

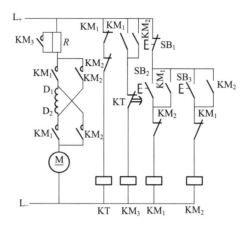

附图2-18 磁场反接法直流电动机的正、反转控制线路

（15）**直流电机制动控制电路** 并励直流电动机的能耗制动控制线路如附图 2-19 所示。

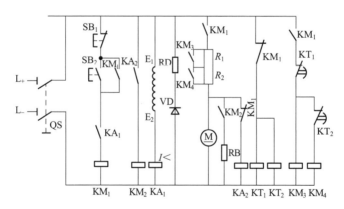

附图2-19 并励直流电动机的能耗制动控制线路

工作原理：启动时合上电源开关 QS，励磁绕组被励磁，欠流继电器 KA₁ 线圈得电吸合，KA₁ 常开触点闭合；同时时间继电器 KT₁ 和 KT₂ 线圈得电吸合，KT₁ 和 KT₂ 常闭触点瞬时断开，这样保证启动电阻器 R_1 和 R_2 串入电枢回路中启动。

　　按下启动按钮 SB_2，接触器 KM_1 线圈获电吸合，KM_1 常开触点闭合，电动机 M 串电阻器 R_1 和 R_2 启动，KM_1 两副常闭触点分别断开 KT_1、KT_2 和中间继电器 KA_2 线圈电路；经过一定的时间延时，KT_1 和 KT_2 的常闭触点先后闭合，接触器 KM_3 和 KM_4 线圈先后获电吸合后，电阻器 R_1 和 R_2 先后被短接，电动机正常运行。

　　要停止进行能耗制动时，按下停止按钮 SB_1，接触器 KM_1 线圈断电释放，KM_1 常开触点断开，使电枢回路断电，而 KM_1 常闭触点闭合，由于惯性运转的电枢切割磁力线（励磁绕组仍接至电源上），在电枢绕组中产生感应电动势，使并励在电枢两端的中间继电器 KA_2 线圈获电吸合，KA_2 常开触点闭合，接触器 KM_2 线圈获电吸合，KM_2 常开触点闭合，接通制动电阻器 RB 回路；使电枢的感应电流方向与原来方向相反，电枢产生的电磁转矩与原来反向而成为制动转矩，使电枢迅速停转。

　　并励直流电动机的正、反转启动和反接制动控制线路如附图 2-20 所示。

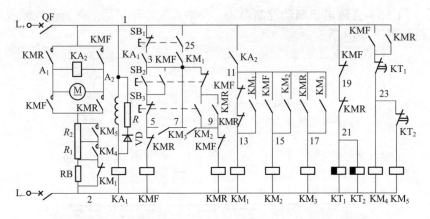

　　附图2-20 并励直流电动机的正、反转启动和反接制动控制线路

　　工作原理：启动时合上断路器 QF，励磁绕组得电励磁；同时欠流继电器 KA_1 线圈得电吸合，时间继电器 KT_1 和 KT_2 线圈也获电，它们的常闭触点瞬时断开，使接触器 KM_4 和 KM_5 线圈处于断电状态，可使电动机在串入电阻下启动。按下正转启动按钮 SB_2，接触器 KMF 线圈获电吸合，KMF 主触点闭合，电动机串入电阻器 R_1 和 R_2 启动，KMF 常闭触点断开，KT_1 和 KT_2 线圈断电释放，经过一定的时间延迟，KT_1

和 KT₂ 常闭触点先后闭合，使接触器 KM₄ 和 KM₅ 线圈先后获电吸合，它们的常开触点先后切除 R_1 和 R_2，直流电动机正常启动。

随着电动机转速的升高，反电动势 E_a 达到一定值后，电压继电器 KA₂ 获电吸合，KA₂ 常开触点闭合，使接触器 KM₂ 线圈获电吸合，KM₂ 的常开触点（7-9）闭合为反接制动作准备。

需停转而制动时，按下停止按钮 SB₁，接触器 KMF 线圈断电释放，电动机惯性运转，反电动势 E_a 还很高，电压继电器 KA₂ 仍吸合，接触器 KM₁ 线圈获电吸合，KM₁ 常闭触点断开，使制动电阻器 RB 接入电枢回路，KM₁ 的常开触点（3-25）闭合，使接触器 KMR 线圈获电吸合，电枢通入反向电流，产生制动转矩，电动机进行反接制动而迅速停转。待转速接近零时，电压继电器 KA₂ 线圈断电释放，KM₁ 线圈断电释放，接着 KM₂ 和 KMR 线圈也先后断电释放，反接制动结束。

反向的启动及反接制动的工作原理与上述相似。

（16）直流电动机保护电路 直流电动机的过载保护电路如附图 2-21 所示。

工作原理：如果在运行过程中电枢电流超过了过载能力，应立即切断电源，过电流保护是靠电流继电器实现的，过电流继电器线圈串接在电动机保护线路中，以获得过电流信号，其常闭触点串接在电动机接触器线圈所在的回路中，当电动机过电流时，主回路接触器断电，使电动机脱离电源。

零励磁保护电路如附图 2-22 所示。

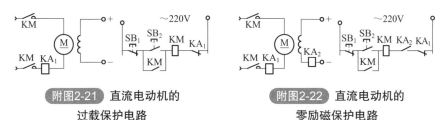

附图2-21 直流电动机的
过载保护电路

附图2-22 直流电动机的
零励磁保护电路

工作原理：当减弱直流电动机励磁时，电动机转速升高，如果运行时，励磁电路突然断电，转速将急剧上升，通常叫"飞车"，为防止"飞车"事故，在励磁电路中串入欠电流继电器，被叫作零励磁继电器。

（17）单相电阻启动式异步电动机 单相电阻启动式异步电动机新型号代号为：BQ、JZ 定子线槽绕组嵌有主绕组和副绕组，由于主绕组负责工作占三分之二，副绕组占三分之一槽数。此类电动机一般采用正

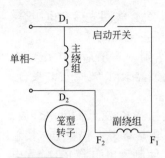

附图2-23 单相电阻启动式
异步电动机接线原理图

弦绕组则主绕组占的槽数略多，甚至主副绕组各占三分之一的槽数，不过副绕组的线径比主绕组的线径细得多，以增大副绕组的电阻，主绕组和副绕组的轴线在空间相差90℃电角度。电阻略大的副绕组经离心开关将副绕组接自电源当电动机启动后转速达到75%～80%的转速时通过离心开关将副绕组切离电源，由主绕组单独工作，如附图2-23所示为单相电阻启动式异步电动机接线原理图。

单相电阻启动式异步电动机具有中等启动转矩和过载能力，功率为40～370W，适用于水泵、鼓风机、医疗器械等。

（18）单相电容启动式异步电动机
电容启动式单相异步电动机新型号代号为：CO_2，老型号代号为CO、JY，定子线槽主绕组、副绕组分布与电阻启动式电动机相同，但副绕组线径较粗，电阻大主副绕组为并联电路。副绕组和一个容量较大的启动电容串联，再串联离心开关。副绕组只参与启动不参与运行。当电动机启动后转速达到75%～80%的转速时通过离心开关将副绕组和启动电容切离电源，由主绕组单独工作，如附图2-24所示为单

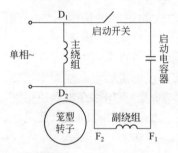

附图2-24 单相电容启动式
异步电动机接线原理图

相电容启动式异步电动机接线原理图。

单相电容启动式异步电动机启动性能较好，具有较高的启动转矩，最初的启动电流倍数为4.5～6.5倍，因此适用于启动转矩要求较高的场合，功率为120～750W，如小型空压机、磨粉机、电冰箱等满载启动机械。

（19）单相电容运行式异步电动机 电容运行式异步电动机新型号代号为：DO_2，老型号代号为DO、JX，定子线槽主绕组、副绕组分布各占二分之一，主绕组和副绕组的轴线在空间相差90°电角度，主、副绕组为并联电路。副绕组串接一个电容后与主绕组并接与电源，副绕组和电容不仅参与启动还长期参与运行，如附图2-25所示为单相电容运行式异步电动机接线原理图。单相容运行式异步电动机的电容长期接入

电源工作，因此不能采用电解电容，通常一般采用纸介或油浸纸介电容。电容的容量主要是根据电动机运行性能来选取，一般比电容启动式的电动机要小一些。

电容运行式异步电动机，启动转矩较低一般为额定转矩的零点几倍，但效率因数和效率较高、体积小、重量轻，功率为 8 ～ 180W，适用于轻载启动要求长期运行的场合，如电风扇、录音机、洗衣机、空调器、仪用风机、电吹风及电影机械等。

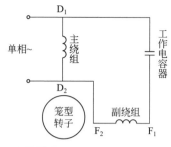

附图2-25 单相电容运行式异步电动机接线原理图

（20）单相电容启动和运转式异步电动机　单相电容启动和运转式异步电动机型号代号为：F，又称为双值电容电动机。定子线槽主绕组、副绕组分布各占二分之一，但副绕组与两个电容并联（启动电容、运转电容），其中启动电容串接离心开关并接于主绕组端。当电动机启动后转速达到 75% ～ 80% 的转速时通过离心开关将启动电容切离电源，而副绕组和工作电容继续参与运行（工作电容容量要比启动电容容量小），如附图 2-26 所示为单相电容启动和运转式电动机接线图。

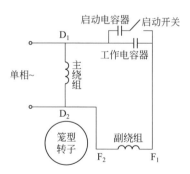

附图2-26 单相电容启动和运转式异步电动机接线图

单相电容启动和运转式电动机具有较高的启动性能、过载能力和效率，功率 8 ～ 750W，适用于性能要求较高的日用电器、特殊压缩泵、小型机床等。

单相电动机接线与故障排除可扫二维码学习。

附录三　电动机线路的计算

1. 电动机启动控制线路的计算

（1）三相异步电动机直接启动条件的计算：

$$\frac{I_{st}}{I_N} \leqslant \frac{3}{4} + \frac{电源变压器容量（kW）}{4 \times 某台电动机功率（kW）}$$

式中，I_t 为电动机全电压启动电流，A；I_N 为电动机额定电流，A。上式是经验公式，满足上式情况，可以直接启动。

【例1】　某厂变电所的变压器容量为2400kW，问新装一台40kW的三相笼式电动机投入运行时，是否可以直接启动？

解：根据式得

$$\frac{I_{st}}{I_N} = \frac{3}{4} + \frac{2400}{4 \times 40} = 15.75$$

由电动机产品样本查得这台电动机的

$$\frac{I_{st}}{I_N} = 5$$

故这台电动机可以直接启动，但建议采用降压启动，减小启动电流。

（2）三相异步电动机电阻降压启动控制线路的计算

① 启动电流 I'_{st}：

$$I'_{st} = kI_{st}$$

式中，I_{st} 为全电压时启动电流，$I_{st} =（4 \sim 7）I_N$，某些电动机可达 $I_{st} =（8 \sim 12）I_N$；k 为小于1的系数。

② 启动转矩 T'_{st}：

$$T'_{st} = k^2 T_{st}$$

式中，T_{st} 为电动机额定电压时的启动转矩，N·m。

③ 定子对称串接的启动电阻 R_{st} 的计算：

$$R_{st} = \sqrt{（a^2 - 1）x^2 + a^2 r^2} - r$$

$$R_{st} = \sqrt{（b - 1）x^2 + b r^2} - r$$

其中

$$a = \frac{I_{st}}{I'_{st}}, \quad b = \frac{T_{st}}{T'_{st}}$$

a、b 值由生产机械的要求决定，必须保证降压启动时，$T_{st} > T$，T 是负载转矩，一般取 $a = 2$。

$$r = (0.25 \sim 0.4) |Z|$$

定子绕组星形接法：

$$|Z| = \frac{U_N}{\sqrt{3} I_{st}}$$

定子绕组三角形接法：

$$|Z| = \frac{\sqrt{3} U_N}{I_{st}}$$

$$x = \sqrt{|Z|^2 - r^2} = (0.91 \sim 0.97) |Z|$$

也可用下面近似公式计算：

$$R_{st} = \frac{220}{I_{st}} \sqrt{\left(\frac{I_{st}}{I'_{st}}\right)^2 - 1}$$

④ 定子不对称串接的启动电阻 R_{st} 的计算：

$$R_{st} = R_{dx} - 2r + \sqrt{R_{dx}^2 - R_{dx}r + r^2}$$

其中

$$R_{dx} = \sqrt{(a^2 - 1) x + a^2 r^2}$$
$$R_{dx} = \sqrt{(b - 1) x^2 + b r^2}$$

也可近似计算，即

$$R_{st} (不对称) = 1.5 R_{st} (对称)$$

⑤ 启动电阻的功率计算：

$$P = I_N^2 R_{st}$$

一般选用启动电阻的功率为计算值的 $1/2 \sim 1/3$。

【例2】有一台三相笼型异步电动机，功率为17kW，额定电流为 30.9A，额定电压为380V，星形连接，采用定子串对称电阻减压启动，求启动电阻 R_{st}。

解：由电动机产品样本查得 $I_{st} = 164A$，取 $a = 2$。

$$|Z| = \frac{380}{\sqrt{3} \times 164} = 1.3 \Omega$$

$$r = 0.4 |Z| = 0.52 \Omega$$

$$x = 0.91 \, |Z| = 0.91 \times 1.3 = 1.18 \, \Omega$$

$$\begin{aligned}
R_{st} &= \sqrt{(a^2 - 1) \, x^2 + a^2 r^2} - r \\
&= \sqrt{(2^2 - 1) \times 1.18^2 + 2^2 \times 0.52^2} - 0.52 \\
&= 1.76 \, \Omega
\end{aligned}$$

电阻功率：

$$P = I_N^2 R_{st} = 30.9^2 \times 1.76 = 1.68 \, \text{kW}$$

取二分之一，则电阻功率为 0.84kW，取 1kW。

（3）三相异步电动机自耦变压器减压启动控制线路的计算

① 自耦变压器的一次侧电压 U_1 和二次侧电压 U_2 的关系：

$$\frac{U_2}{U_1} = K_A = \frac{N_2}{N_1}$$

式中，N_1，N_2 为变压器的原绕组及副线组匝数（N_2 是抽头部分的匝数）；K_A 为小于 1 的数，有 0.85、0.65 供选择使用。

② 启动电流 I'_{st}：

$$I'_{st} = K_A I_{st}$$

式中，I'_{st} 为一电压启动时的启动电流，A；I_{st} 为电动机减压启动电流，即变压器二次电流，A。

自耦变压器一次电流 I，就是减去启动时从电网索取的电流。

$$I = K_A^2 I_{st}$$

③ 启动转矩 T'_{st}：

$$T'_{st} = K_A^2 T_{st}$$

式中，T_{st} 为全电压启动转矩，N·m。

④ 自耦变压器的容量 P_T：

$$P_T \geqslant \frac{P_N K_I U_T^2 n t}{T}$$

式中，P_N 为电动机额定容量，kW；K_I 为直接启动时的启动电流 I_{st} 与额定电流 I_N 的比值，即 $K_I = \dfrac{I_{st}}{I_N}$；$U_T$ 为自耦变压器的抽头电压，以额定电压的百分数表示，如 65%、85% 等；n 为启动次数；t 为启动一次的时间，min。

自耦变压器的启动功率 P_{Tst} 为

$$P_{Tst} = P_N K_I U_T^2$$

【例 3】 有一台电动机额定功率为 160kW，K_I 为 5，按生产机械的要求，电动机启动时容许最低电压为额定电压的 60%，设启动器启动次

数 $n = 2$，每次启动的时间 $t = 0.5\text{min}$，选择最大启动时间 $T = 63\text{s}$ 的类型，试计算并选择自耦变压器。

解：由式得

$$P_T \geqslant \frac{160 \times 5 \times \left(\frac{65}{100}\right)^2 \times 2 \times 0.5}{\frac{63}{60}} = 322 \ (\text{kW})$$

选择容量大于 165kW 的自耦变压器就可以。

（4）三相异步电动机星形－三角形减压启动控制线路的计算

① 启动电压：

$$U_{stY} = \frac{1}{\sqrt{3}} U_{st\triangle}$$

式中，U_{stY} 为定子绕组星形连接时的启动电压，V；$U_{st\triangle}$ 为定子绕组采用三角形连接直接启动电压，V。

② 启动电流：

$$I_{stYP} = \frac{1}{\sqrt{3}} I_{st\triangle P}$$

式中，I_{stYP} 为定子绕组星形连接时每相定子绕组的启动电流，A；$I_{st\triangle P}$ 为定子绕组采用三角形连接直接启动时每相定子绕组的启动电流，A。

$$I_{stYL} = \frac{1}{3} I_{st\triangle L}$$

式中，I_{stYL} 为星形连接启动时的线电流，A；$I_{st\triangle L}$ 为三角形连接启动时的线电流，A。

③ 启动转矩：

$$T_{stY} = \frac{1}{3} T_{st\triangle}$$

式中，T_{stY} 为星形连接时的启动转矩，N·m；$T_{st\triangle}$ 为三角形连接时的启动转矩，N·m。

【例4】 有一台 Y2255M-4 型三相异步电动机，其额定功率为 40kW，额定转速为 1480r/min，额定电压 380V，额定电流为 80A，采用三角形连接，$\frac{I_{st\triangle}}{I_N} = 5$。求：采用 Y-△降压启动方法，启动电流和启动转矩为多少？当负载转矩为额定转矩的 80% 和 50% 两种情况时，电动机能否启动？

解：

$$I_{st\triangle} = 5I_N = 5 \times 80 = 400 \text{ (A)}$$

$$I_{stY} = \frac{1}{3}I_{st\triangle} = \frac{1}{3} \times 400 = 133 \text{ (A)}$$

$$T_N = 9550\frac{P_N}{n_N} = 9550 \times \frac{40}{1480} = 258 \text{ (N·m)}$$

$$T_{st\triangle} = 2T_N = 2 \times 258 = 516 \text{ (N·m)}$$

$$T_{stY} = \frac{1}{3}T_{st\triangle} = \frac{1}{3} \times 516 = 172 \text{ (N·m)}$$

负载转矩 $= 80\%T_N = 206\text{N·m} > T_{stY} = 172\text{N·m}$，所以不能启动。

负载转矩 $= 50\%T_N = 129\text{N·m} < T_{stY} = 172\text{N·m}$，所以能启动。

（5）三相异步电动机延边三角形减压启动控制线路的计算　附图 3-1 是电动机定子绕组延边三角形减压启动控制线路原理图。

① 延边（△）接法时，相电压 U_P 的计算：

$$\begin{cases} U_P = \left(1 + \frac{1}{\sqrt{3}} \times \frac{N_2}{N_1}\right)U_L \\ U_P^2 + U_L^2 + U_P U_L = U_L^2 \end{cases}$$

式中，U_L 为线电压，V；N_1 为定子绕组 Y 部分匝数；N_2 为定子绕组 △ 部分匝数。

U_L、N_1、N_2 均已知，根据上述方程可求得 U_P。

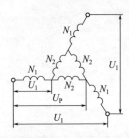

附图3-1　电动机定子绕组延边三角形减压启动控制线路原理图

【例 5】 设 $\frac{N_2}{N_1} = 1$，$U_L = 380\text{V}$，求 U_P。

解：

$$U_P = \left(1 + \frac{1}{\sqrt{3}} \times 1\right)U_1 = 1.577U_1$$

$$U_1 = \frac{U_P}{1.577}$$

$$U_P^2 + U_1^2 + U_P U_1 = U_L^2$$

$$U_P^2 + \left(\frac{U_P}{1.577}\right)^2 + U_P\frac{U_P}{1.577} = 380^2$$

则 $U_P = 266\text{V}$

【例 6】 设 $\frac{N_2}{N_1} = 3$，$U_L = 380\text{V}$，求 U_P。

解：

$$U_P = \left(1 + \frac{1}{\sqrt{3}} \times 3\right)U_1 = 2.732U_1$$

$$U_1 = \frac{U_P}{2.732}$$

$$U_P^2 + \left(\frac{U_P}{2.732}\right)^2 + U_P \frac{U_P}{2.732} = 380^2$$

则 $U_P = 310\text{V}$

② 启动电流的计算：

$$\dot{I}_{\text{st}} = \frac{\dfrac{\dot{U}_1}{\sqrt{3}}}{Z_1 + \dfrac{1}{3}Z_2}$$

式中，$\dot{I}_{\text{st}}$ 为△接法时的启动电流，A；$\dot{U}_1$，为电源线电压，V；Z_1 为△接法时，Y 部分每相复数阻抗，Ω；Z_2 为△接法时，△部分每相复数阻抗，Ω。

定子绕组接成△时启动电流 $I_{\text{st}\triangle}$ 为

$$\dot{I}_{\text{st}\triangle} = \frac{\sqrt{3}\,\dot{U}_1}{Z_1 + Z_2} = \frac{\sqrt{3}\,\dot{U}_1}{Z}$$

$$I_{\text{st}\triangle} = \frac{\sqrt{3}\,U_1}{|Z|}$$

式中，$Z = Z_1 + Z_2$，为电动机定子绕组每相复数阻抗，Ω。

$$\frac{\dot{I}_{\text{st}}}{\dot{I}_{\text{st}\triangle}} = \frac{\dfrac{\dot{U}_1}{\sqrt{3}}}{Z_1 + \dfrac{1}{3}Z_2} \Bigg/ \frac{\sqrt{3}\,\dot{U}_1}{Z}$$

$$= \frac{Z}{3 \times \left(Z_2 + \dfrac{1}{3}Z_2\right)}$$

【例 7】 某台电动机采用△ - △降压启动，定子绕组抽头之比为 $\dfrac{N_2}{N_1} = 2$，求降压启动电流和全电压启动电流之比。

解：
$$\dot{I}_{\text{st}} = \frac{\dfrac{\dot{U}_1}{\sqrt{3}}}{Z_1 + \dfrac{1}{3}Z_2}$$

$$\dot{I}_{\text{st}\triangle} = \frac{\sqrt{3}\ \dot{U}_1}{Z} = \frac{\sqrt{3}\ \dot{U}_1}{Z_1 + Z_2}$$

$$\frac{N_2}{N_1} = \frac{Z_2}{Z_1} = 2$$

则

$$\dot{I}_{\text{st}} = \frac{\dfrac{\dot{U}_1}{\sqrt{3}}}{Z_1 + \dfrac{2}{3}Z_1} = \frac{\dot{U}_1}{\sqrt{3} \times \dfrac{5}{3}Z_1} = \frac{3\dot{U}_1}{5\sqrt{3}\ Z_1}$$

$$\dot{I}_{\text{st}} = \frac{\sqrt{3}\ \dot{U}_1}{Z_1 + Z_2} = \frac{\sqrt{3}\ \dot{U}_1}{3Z_1}$$

$$\frac{\dot{I}_{\text{st}}}{\dot{I}_{\text{st}\triangle}} = \frac{3\dot{U}_1}{5\sqrt{3}\ Z_1} \bigg/ \frac{\sqrt{3}\ \dot{U}_1}{3Z_1} = \frac{3}{5} = 0.6$$

③ 启动转矩的计算：

$$\frac{T_{\text{st}}}{T_{\text{st}\triangle}} \approx \frac{I_{\text{st}}}{I_{\text{st}\triangle}}$$

式中，$T_{\text{st}\triangle}$ 为 △ 接法全电压启动的启动转矩，N·m；T_{st} 为 △ 接法启动的启动转矩，N·m。

（6）三相绕线式异步电动机启动控制线路的计算

① 转子绕组外接启动电阻的计算　在计算启动电阻的阻值前，首先确定启动电阻的级数，启动电阻级数根据附表 3-1 来选择。

附表3-1　启动电阻级数

电动机容量 /kW	启动电阻级数			
	半负荷启动		全负荷启动	
	平衡短接法	不平衡短接法	平衡短接法	不平衡短接法
100 以下	2 ～ 3	4 级以上	3 ～ 4	4 级以上
100 ～ 200	3 ～ 4	4 级以上	4 ～ 5	5 级以上
200 ～ 400	3 ～ 4	4 级以上	4 ～ 5	5 级以上
400 ～ 800	4 ～ 5	5 级以上	5 ～ 6	6 级以上

转子绕组中每相串接的各级电阻值可用下式计算：

$$R_n = K^{m-n}r$$

$$K = \sqrt[m]{\frac{1}{s}}$$

式中，K 为常数；s 为电动机额定转差率；m 为启动电阻的级数；n 为各级电阻的序号，如 $m = 4$，序号为 1，2，3，4，最后一级启动电阻的序号 n 在数值上与 m 相等；r 为 m 级启动电阻中，序号为最后一级的电阻值，即平衡短接法中最后被短接的那一级电阻，Ω。

$$r = \frac{U_2(1 - s)}{\sqrt{3} I_2} \times \frac{K - 1}{K^m - 1}$$

式中，U_2 为电动机转子电压，V；I_2 为电动机转子电流，A。

【例 8】 一台三相绕线型异步电动机容量为 150kW，定子额定电压为 380V，额定转速为 1460r/min，转子电压为 360V，转子电流为 400A，这台电动机在半负荷启动时，采用平衡短接法，求启动电阻 R_{st}。

解： 查附表 3-1，确定启动电阻的级数 m 为 3。

$$s = \frac{1500 - 1460}{1500} = 0.026$$

$$K = \sqrt[m]{\frac{1}{s}} = \sqrt[3]{\frac{1}{0.026}} = 3.376$$

$$r = \frac{U_2(1 - s)}{\sqrt{3} I_2} \times \frac{K - 1}{K^m - 1}$$

$$= \frac{360(1 - 0.026)}{\sqrt{3} \times 400} \times \frac{3.376 - 1}{3.376^3 - 1} = 0.046$$

第一级启动电阻：

$$R_{st1} = K^{m-n} = 3.376^{3-1} \times 0.046 = 0.52 \ (\Omega)$$

第二级启动电阻：

$$R_{st2} = 3.376^{3-2} \times 0.046 = 0.156 \Omega$$

第三级启动电阻：

$$R_{st3} = 3.376^{3-3} \times 0.046 = 0.046 \Omega$$

每相启动电阻的功率：

$$P = I_2^2 R_{stp}$$

式中，I_2 为转子电流，A；R_{stp} 为每相总的启动电阻，即为每相各级电阻的和。

$$R_{stp} = R_{st1} + R_{st2} + r_{st3} + \cdots + r_{stn}$$

实际选用的功率，对频繁启动的场合，一般选用计算值的二分之一，对不频繁启动，可选计算值的三分之一。

【**例9**】 某生产机械用三相绕线型异步电动机拖动，其电动机的 $P_N = 28kW$，$U_N = 380V$，$I_{2N} = 35A$，$E_2 = 220V$，$n_N = 1420r/min$，生产机械要求全负荷启动，采用不平衡短接法，求启动电阻 R_{st} 和每相启动电阻的功率 P。

解：查附表 3-1，取启动电阻级数 $m = 4$。

$$s = \frac{1500 - 1420}{1500} = 0.053$$

$$K = \sqrt[m]{\frac{1}{s}} = \sqrt[4]{\frac{1}{0.053}} = 2.08$$

$$r = \frac{E_2(1-s)}{\sqrt{3}\,I_{2N}} \times \frac{K-1}{K^m-1}$$

$$= \frac{220(1-0.053)}{\sqrt{3}\times35} \times \frac{2.08-1}{2.08^4-1} = 0.20\,(\Omega)$$

第一级启动电阻：

$$R_{st1} = K^{m-n}r = 2.08^{4-1} \times 0.20 = 1.8\,(\Omega)$$

第二级启动电阻：

$$R_{st2} = 2.08^{4-2} \times 0.20 = 0.86\,(\Omega)$$

第三级启动电阻：

$$R_{st3} = 2.08^{4-3} \times 0.20 = 0.42\,(\Omega)$$

第四级启动电阻：

$$R_{st4} = r = 0.20\Omega$$

每相启动电阻的功率

$$P = I_2^2 R_{st}$$

$$R_{st} = R_{st1} + R_{st2} + R_{st3} + R_{st4}$$

$$= 1.8 + 0.86 + 0.42 + 0.2 = 3.28\,(\Omega)$$

$$P = 35^2 \times 3.28 = 4.018\,(kW)$$

如果不频繁启动，则可取计算值的二分之一，即取启动电阻的功率为 5kW。

② 转子绕组外接频敏变阻器启动的控制线路中频敏变阻器的计算　频敏变阻器的结构简图如附图 3-2 所示，其各项参数的计算如下。

钢管的选择：钢管外径 D 是由电动机容量及生产现场条件决定的，电动机容量愈大，所需钢管外径也就愈粗；管壁厚度 δ_1 由市场产品而定。

钢管高度 h :

$$h = \frac{C_1 P_N}{2D\delta_1^2}$$

式中，C_1 为常数，查附表 3-2 确定；P_N 为电动机额定功率，kW；δ_1 为钢管的壁度，cm。

线圈匝数 N 及导线截面积 S :

$$N = C_2 \frac{\delta_1 h}{I_{2N}}$$

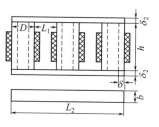

附图3-2 管式频敏变阻器结构简图

式中，C_2 为常数，查附表 3-2 确定；I_{2N} 为电动机转子绕组额定电流，A。

$$S = C_3 I_{2N}$$

式中，C_3 为常数，查附表 3-2 确定。

窗口宽度 l_1 :

$$L_1 \geqslant 6 \frac{NS}{h}$$

式中，S 单位取 mm²，h 单位取 mm。

铁轭厚度 δ_2 和宽度 b 及长度 L_2 :

$$\begin{cases} \delta_2 \geqslant \frac{3}{4} \delta_1 \\ b \geqslant D \\ L_2 \geqslant 3D + 2L_1 \end{cases}$$

附表3-2 常数 C 的选择

常数	轻载	重轻载	重载
C_1	4.3	8.6	8.6
C_2	692	390	292
C_3	0.05	0.08	0.10

【例 10】 一台 YR-280M-A 全封闭式绕线式转子三相异步电动机，$P_N = 75$kW，$I_{2N} = 128.5$A，在重轻载下启动，自制管式频敏变阻器作启动设备，试计算频敏变阻器各参数。

解：查附表 3-2，$C_1 = 8.6$，$C_2 = 390$，$C_3 = 0.08$。由现场条件，选择无缝钢管的外径 $D = 60$mm，管壁厚度 $\delta_1 = 10$mm。

钢管高度：

$$h = \frac{C_1 P_N}{2D\delta_1^2} = \frac{8.6 \times 75}{2 \times 6 \times 1^2} = 53.75 \text{（cm）}$$

取 54cm。

线圈匝数：

$$N = C_2 \frac{\delta_1 h}{I_{2N}} = 390 \times \frac{1 \times 54}{128.5} = 163.9 \text{（匝）}$$

取 164 匝。

导线截面积：

$$S = C_3 I_{2N} = 0.08 \times 128.5 = 10.3 \text{（mm}^2\text{）}$$

取 11mm^2。

窗口宽度：

$$L_1 \leqslant 6 \frac{NS}{h} = 6 \times \frac{164 \times 11}{540} = 20.04 \text{（mm）}$$

取 21mm。

铁轭厚度：

$$b \geqslant D = 60\text{mm}$$

铁轭长度：

$$L_2 \geqslant 3D + 2L_1 = 3 \times 6 + 2 \times 2.1 = 22.2 \text{（cm）}$$

（7）直流电动机启动控制线路的计算　直接启动电流：

$$I_{ast} = \frac{U}{R_a}$$

式中，I_{ast} 为启动时电枢电流，A；U 为电源电压，V；R_a 为电枢电阻，Ω。

$$I_{ast} = （10 \sim 20）I_{aN} \text{（额定电流）}$$

一般规定：

$$I_{ast} \leqslant （1.5 \sim 2.5）I_{aN}$$

以他励（或并励）直流电动机、恒转矩负载、各级启动电阻切换时电枢电流恒定及电枢绕组电感不考虑等情况，对控制线路进行计算。

① 启动电流 I_{ast}：

$$I_{ast} = （1.5 \sim 2.5）I_{aN}$$

式中，I_{aN} 为电枢额定电流，即电动机铭牌上的电流，A。

② 启动转矩 T_{st}：

$$T_{st} = （1.5 \sim 2.5）T_N$$

式中，T_N 为电动机额定转矩，N·m。

③ 启动电阻 R_{st} 启动电阻的计算，主要计算启动电阻的级数 m 和每级的分段电阻值。

启动电阻级数 m 由附表 3-3 确定。

附表3-3 启动电阻级数 m 的选择

电动机容量 /kW	手动控制			继电 - 接触器控制				
				并励			串励	复励
	并励	串励	复励	全负荷	半负荷	通风机离心泵		
0.75～2.5	2	2	1	1	1	1	1	1
3.5～7.5	4	4	4	2	1	2	2	2
10～20	4	4	4	3	2	2	2	2
22～35	4	4	4	4	2	3	2	3
35～55	7	7	7	4	3	3	2	3
60～90	7	7	7	5	3	4	3	4
100～200	9	9	9	6	4	4	3	4

各级启动电阻：

$$R_m = \sum R_{st} + R_a = \frac{U}{I_{st}}$$

式中，R_m 为电枢电路总电阻，Ω；$\sum R_{st}$ 为总的启动电阻，Ω；R_a 为电枢绕组的电阻，Ω；U 为电源电压；I_{st} 为启动电流，取 $I_{st} = (1.5～2.5) I_N$，A。

$$\beta = \sqrt[m]{\frac{R_m}{R_a}}$$

式中，m 为启动电阻级数；β 为电流比例系数。

第一级启动电阻：

$$R_{st1} = R_1 - R_a$$

式中，$R_1 = \beta R_a$，是用一级启动电阻 R_{st1} 时，电枢电流总电阻。

第二级启动电阻：

$$R_{st2} = R_2 - R_1$$

式中，$R_2 = \beta R_1$，是用二级启动电阻时，电枢电流总电阻。

第三级启动电阻：

$$R_{st3} = R_3 - R_2$$

式中，$R_3 = \beta R_2$，是用三级启动电阻时，电枢电流总电阻。

第 m 级启动电阻：

$$R_{stm} = R_m - R_{m-1}$$

式中，$R_m = \beta R_{m-1}$，是用 m 级启动电阻时，电枢电流总电阻；R_{m-1} 是用 $m-1$ 级启动电阻时，电枢电路总电阻。

【例 11】 有一台他励直流电动机，$P_N = 37kW$，$U_N = 440V$，$I_N = 95A$，电枢绕级电阻 $R_a = 0.35\Omega$，$n_N = 1000r/min$，采用继电 - 接触器控制启动电阻切换，二分之一负荷启动，试计算启动电阻。

解： 由附表 3-3 查得 $m = 3$。

$$I_{st} = 2I_N = 2 \times 95 = 190（A）$$

$$R_m = R_3 = \frac{U_N}{I_{st}} = \frac{440}{190} = 2.316（\Omega）$$

$$\beta = \sqrt[3]{\frac{R_3}{R_a}} = \sqrt[3]{\frac{2.316}{0.35}} = 1.877$$

$$R_1 = \beta R_a = 1.877 \times 0.35 = 0.657（\Omega）$$
$$R_{st1} = R_1 - R_a = 0.657 - 0.35 = 0.307（\Omega）$$
$$R_2 = \beta R_1 = 1.877 \times 0.657 = 1.233（\Omega）$$
$$R_{st2} = R_2 - R_1 = 1.233 - 0.657 = 0.576（\Omega）$$
$$R_3 = \beta R_2 = 1.877 \times 1.233 = 2.314（\Omega）$$
$$R_{st3} = R_3 - R_2 = 2.314 - 1.233 = 1.081（\Omega）$$

④ 启动时间 各级启动时间：

$$t_{stn} = \tau_m \ln \frac{I_{st} - I（\infty）}{I_m - I（\infty）}$$

式中，t_{stn} 为各级启动时间，s；I_{st} 为启动过程中的最大电流，取 $I_{st} = （1.5 \sim 2.5）I_N$，A；$I（\infty）$ 为稳定电流，即启动结束正常运行后的电流，一般取 $I（\infty）= I_N$，A；I_m 为启动电阻切换时的电流，各级电阻切换时的电流都取相同值，取 $I_m = （1.1 \sim 1.20）I_N$，A；τ_m 为电力拖动系统的机电时间常数。

$$\tau_m = \frac{GD^2 R}{375 K_e K_T \Phi^2}$$

式中，GD^2 为机械惯性矩，$N \cdot m^2$；R 为各级启动时电枢电路总电阻，即 $R = R_a + \sum R_{st}$，Ω；R_a 为电枢绕组电阻，Ω；$\sum R_{st}$ 为各级启动时电枢电路启动电阻之和，Ω；K_e、K_T 为电动机结构常数，取 $K_e = 1.03 K_T$ 或 $K_e \Phi = 1.03 K_T \Phi$；Φ 为磁场的磁通，Wb。

总的启动时间：

$$t_{st} = \sum_{n=1}^{m} t_{stn} + （3 \sim 4）\tau_m$$

式中，m 为启动电阻级数；τ_m 为当 $R = R_a$ 时，算出的时间常数，s。

一般认为启动电阻切换到末级，由末级到达稳定转速 n_N 的时间 $t =$ （$3 \sim 4$）τ_m。

【例 12】 求例 11 中各级启动时间和总的启动时间。

解：

$$K_e \Phi = \frac{U_N - I_N R_a}{n_N}$$

$$= \frac{400 - 95 \times 0.35}{1000} = 0.367$$

$$K_T \Phi = \frac{K_e \Phi}{1.03} = \frac{0.367}{1.03} = 0.356$$

第 级启动时间常数：

$$\tau_{m1} = \frac{GD^2（R_a + R_{st1} + R_{st2} + R_{st3}）}{375 K_e K_T \Phi^2}$$

$$= \frac{37.24 \times（0.35 + 0.307 + 0.576 + 1.081）}{375 \times 0.367 \times 0.356}$$

$$= 1.76（s）$$

第一级启动时间：

$$t_{st1} = \tau_{m1} \ln \frac{I_{st} - I（\infty）}{I_m - I（\infty）}$$

取 $I（\infty）= I_N$，$I_{st} = 2I_N$，$I_m = 1.2I_N$

则

$$t_{st1} = 1.76 \times \ln \frac{2I_N - I_N}{1.2I_N - I_N}$$

$$= 1.76 \times 1.61 = 2.83（s）$$

第二级启动时间：

$$t_{st2} = \tau_{m2} \ln \frac{I_{st} - I（\infty）}{I_m - I（\infty）}$$

$$\tau_{m2} = \frac{GD^2（R_a + R_{st1} + R_{st2}）}{375 K_e K_T \Phi^2}$$

$$= \frac{37.24 \times 1.233}{49} = 0.94（s）$$

$$t_{st2} = 0.94 \times 1.61 = 1.5 \, (s)$$

第三级启动时间：

$$t_{st3} = \tau_{m3} \ln \frac{I_{st} - I(\infty)}{I_m - I(\infty)}$$

$$\tau_{m3} = \frac{GD^2 (R_a + R_{st1})}{375 K_e K_T \Phi^2}$$

$$= \frac{37.24 \times 0.657}{49} = 0.5 \, (s)$$

$$t_{st3} = 0.5 \times 1.61 = 0.8 \, (s)$$

总的启动时间：

$$t_{st} = t_{st1} + t_{st2} + t_{st3} + (3 \sim 4) \tau_m$$

$$\tau_m = \frac{GD^2 R_a}{375 K_e K_T \Phi^2} = \frac{37.24 \times 0.35}{49} = 0.27 \, (s)$$

则 $t_{st} = 2.83 + 1.5 + 0.8 + 4 \times 0.27 = 6.21 \, (s)$

2. 电动机制动控制线路的计算

（1）反接制动电阻的计算

① 三相定子绕组串对称制动电阻　每相串联的电阻为

$$R = K \frac{U_P}{I_{st}}$$

式中，K 为系数，要求最大的反接制动电流不超过全电压启动电流时，K 取 1.3；如果要求最大的反接制动电流不超过全电压启动电流的一半时，K 取 1.5；U_P 为全电压启动定子绕组相电压，V；I_{st} 为全电压启动电流，A。

② 三相定子绕组中两相串制动电阻　每相串联电阻的 1.5 倍。

③ 反接制动电阻的功率 P：

$$P = I_N^2 R$$

式中，I_N 为电动机额定电流，A；R 为每相串联的制动电阻，Ω。

实际选用时，如果仅用于制动，而且不频繁反接制动，可选用计算值的 1/4；如果仅用于限制启动电流，并且电动机较为频繁启动，选用电阻功率为计算值的 1/3 ～ 1/2。

【例 13】　一台 Y200L 三相笼型异步电动机，$P_N = 30kW$，$I_N = 60A$，$U_N = 380V$，Y 接法，要求反接制动电流的最大值 < $I_{st}/2$（全电压启动电流），采用串接对称制动电阻，试计算反接制动电阻。如果两相

串制动电阻，求制动电阻。

解： 由有关产品手册查得

$$I_{st} = 7I_N = 7 \times 60 = 420 \text{（A）}$$

取 $K = 1.5$，则

$$U_P = \frac{U_L}{\sqrt{3}} = \frac{380}{\sqrt{3}} = 220 \text{（V）}$$

$$R = K\frac{U_P}{I_{st}} = 1.5 \times \frac{220}{420} = 0.786 \text{（} \Omega \text{）}$$

电阻功率：

$$P = I_N^2 R = 60^2 \times 0.786 = 2830 \text{（W）}$$

取计算值的四分之一，即取 0.7kW。

如果两相串制动电阻，制动电阻：

$$R = 0.786 \times 1.5 = 1.18 \text{（} \Omega \text{）}$$

电阻功率：

$P = 60^2 \times 1.18 = 4248 \text{（W）}$，取 4.5kW。

（2）三相异步电动机能耗制动控制线路的计算 能耗制动所需要的直流电压和直流电流的计算与定子绕组接法有关，附表 3-4 表示能耗制动直流电压 U_d 和直流电流 I_d 的计算，表中 R_d 是电动机定子绕组两根进线通直流电流的直流电阻，R_1 是一相定子绕组的直流电阻，I_1 是定子绕组相电流的有效值（可由 I_N 求得）。

附表3-4 制动的直流电压、直流电流的计算

接线图	直流电阻 R_d	直流电流 I_d	直流电压 U_d
	$2R_1$	$1.22I_1$	$2.44I_1R_1$
	$1.5R_1$	$1.41I_1$	$2.12I_1R_1$

接线图	直流电阻 R_d	直流电流 I_d	直流电压 U_d
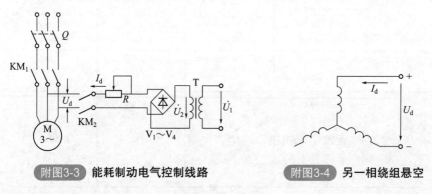	$\dfrac{2}{3}R_1$	$2.12I_1$	$1.41I_1R_1$
	$\dfrac{1}{2}R_1$	$2.45I_1$	$1.22I_1R_1$
	$3R_1$	$1.05I_1$	$3.15I_1R_1$

【例14】 附图3-3是能耗制动电气控制线路，电动机的 P_N = 13kW, U_N = 380V, I_N = 9.7A，Y接法，制动电流通过两相定子绕组，另一相定子绕组悬空，如附图3-4所示，测得每相绕组的电阻为 0.32Ω，试计算直流电源的电压 U_d、制动的直流电流 I_d 及桥式整流电路各元器件的规格。

解：计算 I_d、R_d、U_d：

附图3-3 能耗制动电气控制线路　　附图3-4 另一相绕组悬空

$$I_1 = I_N = 9.7（A）$$

$$I_d = 1.22 I_1 = 1.22 \times 9.7 = 11.83 \ (\text{A})$$

$$R_d = 2R_1 = 2 \times 0.32 = 0.64 \ (\Omega)$$

$$U_d = 2.44 I_1 R_1 = 2.44 \times 9.7 \times 0.32 = 7.57 \ (\text{V})$$

变压器的计算如下。

变压比：

$$U_1 = 220\text{V}$$

$$U_2 = \frac{U_d}{0.9} = \frac{7.57}{0.9} = 8.4 \ (\text{V})$$

$$K = \frac{U_1}{U_2} = \frac{220}{8.4} = 26$$

变压器二次侧电流有效值：

$$I_2 = 1.11 I_d = 1.11 \times 11.83 = 13 \ (\text{A})$$

变压器容量：

$$S = I_2 U_2 = 13 \times 8.4 = 110 \ (\text{W})$$

实际选用时，变压器容量允许比计算值小，对于制动频繁的场合，取计算值的 1/2，制动不频繁的场合，取计算值的 1/3 ～ 1/4。

半导体二极管的选择计算如下。

反向电压的峰值：

$$U_{DR} = \sqrt{2} \ U_2 = \sqrt{2} \ \times 8.4 = 12 \ (\text{V})$$

正向电流：

$$I_D - \frac{1}{2} I_d - \frac{1}{2} \times 11.83 - 5.9 \ (\text{A})$$

由 U_{DR} 和 I_D 选择半导体二极管：选 ZP10 硅整流二极管。

对星形连接、二相定子绕线串联通直流能耗制动，可用下面经验公式近似计算：

$$U_d = I_d R$$

$$I_d = (3.5 \sim 4) \ I_0$$

$$I_d = 1.5 I_N$$

式中，U_d 为直流电压，V；I_d 为直流电流，A；I_0 为电动机空载线电流，A；R 为两相定子绕组串联后总电阻，Ω；I_N 为电动机额定电流，A。

（3）他励直流电动机制动电阻的计算

① 能耗制动（附图 3-5）：

$$R_Z \geqslant \frac{U_N}{2I_N} - R_a$$

1005

式中，U_N 为电动机额定电压，V；I_N 为电动机额定电流，A；R_a 为电枢绕组电阻，Ω。

② 反接制动（附图 3-6）：

$$R_Z \geqslant \frac{U_N}{I_N} - R_a$$

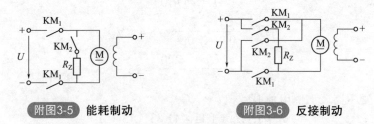

附图3-5　能耗制动　　　　　　　　附图3-6　反接制动

式中的电枢绕组电阻 R_a 可用伏安法测出，也可用下面经验公式计算：

$$R_a = \frac{U_N I_N - P_N}{2I_N^2}$$

式中，P_N 为电动机额定功率，W。

3. 电动机调速控制线路的计算

（1）调速系统主要技术指标的计算

① 调速范围 D　在额定功率 P_N、额定转矩 T_N 条件下，电动机的最高转速 n_{max} 与最低转速 n_{min} 之比，称为调速范围，即

$$D = \frac{n_{max}}{n_{min}}$$

② 静差率 s：

$$s = \frac{n_0 - n_N}{n_0} = \frac{\Delta n_N}{n_0} \times 100\%$$

式中，n_0 为电动机理想空载转速；n_N 为电动机额定转速。

③ D、s、n_{max}、Δn_N 四者关系：

$$D = \frac{n_{max} s_{max}}{\Delta n_N \left(1 - s_{max} \right)}$$

或

$$D = \frac{n_N s}{\Delta n_N \left(1 - s \right)}$$

【例 15】　B2012A 型龙门刨床的主电动机的额定功率 $P_N = 60\text{kW}$，

额定电压 $U_N = 220V$，额定电流 $I_N = 405A$，电枢绕组电阻 $R_a = 0.038\Omega$，额定转速 $n_N = 1000r/min$，采用改变电枢电压调速，能否满足调速范围 $D = 10$，最大静差率 $s_{max} \leqslant 0.1$ 的技术要求？若要求满足上述要求，则电动机在额定负载下的转速降落 Δn_N 值应为多少？

解：

$$n_N = \frac{U_N - I_N R_a}{C_e \Phi}$$

$$C_e \Phi = \frac{U_N - I_N R_a}{n_N} = \frac{220 - 405 \times 0.038}{1000} = 0.20$$

$$n_0 = \frac{U_N}{C_e \Phi} = \frac{220}{0.20} = 1100 \text{（r/min）}$$

$$\Delta n_N = n_0 - n_N = 1100 - 1000 = 100 \text{（r/min）}$$

$$n_{max} = n_N = 1000 \text{（r/min）}$$

当 $D = 10$ 时，$n_{min} = \dfrac{n_{max}}{D} = \dfrac{1000}{10} = 100 \text{（r/min）}$

此时的 $s_{max} = \dfrac{\Delta n_N}{n_{min} + \Delta n_N} = \dfrac{100}{100 + 100} = 0.5$

因 $s_{max} > 0.1$

故不满足 $s_{max} \leqslant 0.1$ 的要求。

如果要满足 $s_{max} \leqslant 0.1$ 和 $D = 10$ 的要求，则

$$\Delta n_N = \frac{n_{max} s_{max}}{D(1 - s_{max})} = \frac{1000 \times 0.1}{10(1 - 0.1)} = 11.1 \text{（r/min）}$$

【例16】 某调速系统中的电动机的 $n_N = 1000r/min$，$\Delta n_N = 60r/min$，要求 $s < 0.3$ 及 $s < 0.2$，试求 D 和 n_{min}。

解： $s < 0.3$ 时：

$$D = \frac{n_N s}{\Delta n_N(1 - s)} = \frac{1000 \times 0.3}{60(1 - 0.3)} = 7.14$$

$$n_{min} = \frac{n_{max}}{D} = \frac{n_N}{D} = \frac{1000}{7.14} = 140.1 \text{（r/min）}$$

$s < 0.2$ 时：

$$D = \frac{n_N s}{\Delta n_N(1 - s)} = \frac{1000 \times 0.2}{60(1 - 0.2)} = 4.2$$

$$n_{min} = \frac{n_N}{D} = \frac{1000}{4.2} = 238r/min$$

（2）直流电动机转速的计算

① 一般计算公式：

$$n = \frac{U}{K_e \Phi} - \frac{R}{K_e K_T \Phi^2} T$$

式中，n 为直流电动机转速，r/min；U 为电源电压，V；R 为电枢电路电阻，Ω；Φ 为磁能，Wb；T 为电磁转矩，$T = T_2 + T_0$，N·m；T_2 为电动机输出转矩，N·m；T_0 为电动机空载转矩，N·m；K_e、K_T 为电动机结构常数；$\frac{U}{K_e \Phi}$ 为等于电动机空载转速 n_0，r/min。

② 他励直流电动机转速的计算　电枢电路串电阻 R_w（附图 3-7）调速：

$$n = \frac{U}{K_e \Phi} - \frac{R_a + R_w}{K_e K_T \Phi^2} T$$

式中，n 为转速，r/min；R_a 为电枢绕组电阻，Ω。

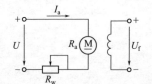

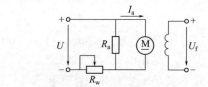

附图3-7　电枢电路串电阻调速　　　附图3-8　电枢电路串并电阻调速

电枢电路串并电阻（附图 3-8）调速：

$$n = K \frac{U}{K_e \Phi} - \frac{R_e + K R_w}{K_e K_T \Phi^2} T$$

式中，K 为系数，$K = \frac{R_B}{R_B + R_w}$。

【例 17】有一台 100kW 他励直流电动机，$I_N = 517A$，$U_N = 220V$，$n_N = 1200r/min$，这台电动机恒转矩负载运行，用电枢电路串电阻的方法调速，如果将转速调到 600r/min，试问在电枢电路中应串多大电阻 R_w。

解： 当 $n = 600r/min$ 时，电动机在 U_N、I_N 下运行，这时电枢电路电压平衡方程为

$$U_N = E_{反2} + I_N (R_a + R_w)$$

当未串电阻时，$n_N = 1200r/min$，这时电压平衡方程为

$$U_N = E_{反1} + I_N R_a$$

$$E_{反1} = U_N - I_N R_a$$

由式可知

$$R_a = \frac{U_N I_N - P_N}{2I_N^2} = \frac{220 \times 517 - 100000}{2 \times 517^2} = 0.0257 \ (\Omega)$$

$$E_{反1} = 220 - 517 \times 0.0257 = 206.71 \ (V)$$

因为 $E_{反} = K_e \Phi_n$

所以 $\dfrac{E_{反1}}{E_{反2}} = \dfrac{1200}{600} = 2$

$$E_{反2} = \frac{E_{反1}}{2} = 103.36 \ (V)$$

$$R_a + R_w = \frac{U_N - E_{反2}}{I_N} = \frac{220 - 103.36}{517} = 0.225 \ (\Omega)$$

$$R_w = 0.225 - R_a = 0.225 - 0.0257 = 0.199 \ (\Omega)$$

【例18】 有一台他励电动机，$P_N = 10kW$，$n_N = 1500r/min$，$U_N = 220V$，$I_N = 50.0A$，$R_a = 0.4\Omega$，今将电枢电压降低一半，而负载转矩不变，励磁电流不变，问转速降低多少？

解：由 $T = K_T \Phi I_a$ 可知，T、Φ 不变，I_a 保持不变。

当电压为 U_N 时：

$$E_{反} = U_N - I_N R_a = 220 - 50.0 \times 0.4 = 220 \ (V)$$

当电压为 $U_N/2$ 时：

$$E'_{反} = \frac{1}{2} U_N - I_N R_a = 110 - 50.0 \times 0.4 = 90 \ (V)$$

$$E_{反} = K_e \Phi n_N, \quad E'_{反} = K_e \Phi n'$$

$$n' = \frac{E'_{反}}{E_{反}} n_N = \frac{90}{200} \times 1500 = 675 \ (r/min)$$

转速降低：

$$\Delta n = n_N - n' = 1500 - 675 = 825 \ (r/min)$$

改变励磁磁通 Φ 调速（附图3-9）：此调速一般用于恒功率负载，使电枢电流 I_a 不变，则

$$n = \frac{U_N - I_N R_a}{K_e \Phi}$$

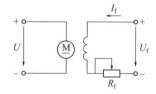

附图3-9 改变励磁磁通调速

式中，I_N 为电枢额定电流，$I_N = I_a$。

【例19】 有一台他励直流电动机，容量为20kW，$U_N = 230V$，$I_N =$

82.5，$n_N = 1000\text{r/min}$，$R_a = 0.1\,\Omega$，励磁额定电压 $U_{fN} = 220\text{V}$，励磁额定电流 $I_{fN} = 3.13\text{A}$，现要使电动机在拖动恒功率负载下运行，调速范围在 $500 \sim 900\text{r/min}$，试问可变电阻 R_f 的变化范围。

解：磁通变化范围

$$\frac{\Phi'}{\Phi} = \frac{n}{n'} = \frac{1000}{500} = 2$$

即 Φ 变化范围是：$\Phi_N \sim 2\Phi_N$。

如果不考虑励磁绕组电阻，则

$$I_{fN} = \frac{U_{fN}}{R_{fN}}$$

$$R_{fN} = \frac{220}{3.13} = 70.3\,(\Omega)$$

Φ 正比于 I_f，当 $\Phi = \Phi_N$ 时：

$$I_f = I_{fN} = \frac{U_{fN}}{R_{fN}}$$

$\Phi = 2\Phi_N$ 时：

$$I_f' = \frac{U_{fN}}{R_f'} = 2I_{fN}$$

$$\frac{2I_{fN}}{I_{fN}} = \frac{U_{fN}}{R_f'} \bigg/ \frac{U_{fN}}{R_{fN}}$$

$$R_f' = \frac{R_{fN}}{2} = \frac{70.3}{2} = 35.15\,(\Omega)$$

则励磁回路电阻 R_f 的变化范围是 $35.15 \sim 70.3\,\Omega$。

（3）直流电动机调速时功率和转矩的计算

① 他励直流电动机的转矩 T 与功率 P 的关系：

$$P = \frac{Tn}{9550}$$

式中，T 为转矩，$N \cdot m$；n 为转速，r/min。

② 恒转矩负载（$T = T_N =$ 常数）：

$$P_N = \frac{T_N n_N}{9550}$$

式中，P_N 为电动机额定输出功率，kW；T_N 为额定转矩，$N \cdot m$；n_N 为额定转速，r/min。

当转速改变到 n 时，因为 $T = T_N =$ 常数，即有

$$P = \frac{T_N n}{9550} = K_1 n$$

式中，K_1 为常数，$K_1 = \dfrac{T_N}{9550}$。

对于恒功率负载（$P = P_N = $ 常数）：

$$T = 9550 \frac{P_N}{n} = K_2 \frac{1}{n}$$

式中，K_2 为常数，$K_2 = 9550 P_N$。

【例 20】 B2012A 型龙门刨床，其最高切削速度 $v_{max} = 90m/min$，最大切削力 $F_{max} = 40000N$，试计算电动机输出功率 P_2 及电动机额定功率 P_N。

解：
$$P_2 = \frac{F_{max} v_x}{1000 \times 60}$$

式中，v_x 为恒功率切削区的最低切削速度，称为计算速度，B2012A 龙门刨床的 $v_x = 12 \sim 15m/min$，取 $v_x = 15m/min$，得

$$P_2 = \frac{40000 \times 15}{1000 \times 60} = 10 \text{（kW）}$$

电动机额定功率一般按下式选取：

$$P_N = D P_2$$

式中，D 为调速范围，$D = \dfrac{n_{max}}{n_{min}}$；$n_{max}$ 为负载要求的最高转速，r/min；n_{min} 为负载要求的最低转速，r/min；P_2 为负载功率，kW。

$$P_N = \frac{n_{max}}{n_{min}} P_2 = \frac{90}{15} \times 10 = 60 \text{（kW）}$$

③ 调磁调速时功率和转矩的计算 调磁调速一般用于恒功率负载，即 $P_2 = P_N = $ 常数。如果调磁调速用于恒转矩负载，电动机的 P_N 为

$$P_N = \frac{T_2 n_{max}}{9500}$$

式中，T_2 为负载转矩，N·m；n_{max} 为负载最高转速，r/min。

对恒功率负载，转矩 T 按式 $T = 9550 \dfrac{P_N}{n}$ 计算。

（4）三相异步电动机转速的计算：

$$n = n_1 (1 - s) = \frac{60f}{p} (1 - s)$$

式中，n 为转子转速，r/min；n_1 为旋转磁场转速，又称同步转速，

r/min；f 为交流电源频率，Hz；p 为旋转磁场的磁极对数；s 为转差率。

【例 21】 有一台三相异步电动机的磁极对数为 3，三相电源的频率 $f = 50\text{Hz}$，转差率 s 变化范围是 $1 \sim 0.07$，试求转子转速变化范围。

解：

$s = 1$ 时，$n = \dfrac{60 \times 50}{3}(1 - 1) = 0$

$s = 0.05$ 时，$n = \dfrac{60 \times 50}{3}(1 - 0.07) = 930\,(\text{r/min})$

故电动机转子转速变化范围是：$0 \sim 930\text{r/min}$。

（5）三相异步电动机变极调速的计算

① 恒转矩负载调速（Y-YY 变换） Y 接法（附图 3-10）时，电源输入功率：

$$P_Y = 3 \times \frac{U_1}{\sqrt{3}} I_1 \cos\varphi_{pY} = \sqrt{3}\, U_1 I_1 \cos\varphi_{pY}$$

式中，φ_{pY} 为 Y 接法时每相电压和电流的相位差。

电动机定子每半相绕组两端电压为 $\dfrac{1}{2} \times \dfrac{U_1}{\sqrt{3}}$。

YY 接法（附图 3-11）时，电源输入功率：

$$P_{YY} = 3 \times \frac{U_1}{\sqrt{3}} \times 2I_p \cos\varphi_{pYY}$$

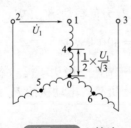

附图3-10 **Y接法**

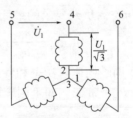

附图3-11 **YY接法**

式中，I_p 为流入半相绕组上的电流，A；φ_{pYY} 为 YY 接法时每相电压和电流的相位差。

电动机定子每半相绕组两端电压为 $\dfrac{U_1}{\sqrt{3}}$。

② 恒功率负载调速（△-YY 变换） △接法（附图 3-12）时，电

源输入功率为

$$P_\triangle = 3U_1I_1\cos\varphi_{p\triangle}$$

比较式得：

$$\cos\varphi_{p\triangle} \approx \cos\varphi_{pYY}$$

$$P_{YY} = \frac{2}{\sqrt{3}}P_\triangle = 1.15P_\triangle \approx P_\triangle$$

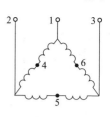

附图3-12 △ 接法

△和 YY 接法转速和转矩的关系：

$$n_{YY} = 2n_\triangle$$

$$T_{YY} = \frac{1}{2}T_\triangle$$

电磁线（漆包线、绕包线等）常用数据

（1）电磁线　电磁线应用于焊机、电机、电器及电工仪表中，作为线圈或元件的绝缘导线。常用的电磁线有漆包线和绕包线。

常用漆包线、绕包线、无机绝缘电磁线的型号、规格、特点及主要用途见附表 4-1～附表 4-3。

附表4-1　常用漆包线的型号、规格、特点及主要用途

类别	型号	名称	耐热等级	规格范围 /mm	特点	主要用途
聚酯漆包线	QZ-1 QZ-2	聚酯漆包圆铜线	B	0.02～2.5	① 在干燥和潮湿条件下，耐电压击穿性能好 ② 软化击穿性能好	适用中小电机的绕组、干式变压器和电器仪表的线圈
	QZL-1 QZL-2	聚酯漆包圆铝线		0.06～2.5		
	QZS-1 QZS-2	彩色聚酯漆包圆铜线		0.06～2.5		
	QZB	聚酯漆包扁铜线		a边： 0.8～5.6		
	QZLB	聚酯漆包扁铝线		b边： 2.0～18.0		

续表

类别	型号	名称	耐热等级	规格范围/mm	特点	主要用途
聚酯亚胺漆包线	QZY-1 QZY-2	聚酯亚胺漆包圆铜线	F	0.06~2.5	① 在干燥和潮湿条件下，耐电压击穿性能优 ② 热冲击性能较好 ③ 软化击穿性能较好	高温电机和制冷装置中电机的绕组、干式变压器和电器仪表的线圈
		聚酯亚胺漆包扁铜线		a边：0.8~5.6 b边：2.0~18.0		
聚酰胺酰亚胺漆包线	QXY-1 QXY-2	聚酰胺酰亚胺漆包圆铜线	C(200℃)	0.6~2.5	① 耐热性优，热冲击及击穿性能优 ② 耐刮性好 ③ 在潮湿条件下耐击穿电压好 ④ 耐化学药品腐蚀性能好	高温重负荷电机、牵引电机、制冷设备电机的绕组，干式变压器和电器仪表的线圈以及密封式电机电器绕组
	QXYB	聚酰胺酰亚胺漆包扁铜线		a边：0.8~5.6 b边：2.0~18.0		
聚酰亚胺漆包线	QY-1 QY-2	聚酰亚胺漆包圆铜线	C(200℃)	0.02~2.5	① 漆膜的耐热性是目前漆包线品种最佳的一种 ② 软化击穿及热冲击性好，能承受短时期过载负荷 ③ 耐低温性优 ④ 耐辐射性优 ⑤ 耐熔剂及化学药品腐蚀性优	耐高温电机、干式变压器、密封式继电器及电子元件
	QYB	聚酰亚胺漆包扁铜线		a边：0.8~5.6 b边：2.0~18.0		
特种漆包线	QAN	自粘直焊漆包圆铜线	E	0.10~0.44	在一定温度、时间条件下不需刮去漆膜，可直接焊接，同时不需浸渍处理，能自行粘合成形	微型电机、仪表的线圈和电子元件，无骨架的线圈
	QHN	环氧自粘性漆包圆铜线		0.10~0.51	① 不需浸渍处理，在一定条件下，能自粘成形 ② 耐油性较好	仪表和电器的线圈、无骨架的线圈
	QQN	缩醛自粘性漆包圆铜线		0.10~1.0	① 能自行粘合成形 ② 热冲击性能较好	

附表4-2 绕包线的品种、型号、规格、特点及主要用途

类别	名称	型号	耐热等级 /℃	规格范围/ mm	特点	主要用途
纸包线	纸包圆铜线	Z	A（105）	10～460 10～560 a：0.9～560 b：20～180	① 在油浸变压器中作线圈，耐电压击穿性能好 ② 绝缘纸易破损 ③ 价廉	用于油浸变压器线圈
	纸包圆铝线	ZL				
	纸包扁铜线	ZB				
	纸包扁铝线	ZLB				
玻璃丝包线及玻璃丝包漆包线	双玻璃丝包圆铜线	SBEC	B（130）	0.25～60 a：0.9～560 b：20～180	① 过负载性好 ② 耐电晕性好 ③ 玻璃丝漆包线耐潮湿性好	用于电机、仪器、仪表等电工产品线圈中
	双玻璃丝包圆铝线	SBELC				
	双玻璃丝包扁铜线	SBECB				
	双玻璃丝包扁铝线	SBELCB				
	单玻璃丝包聚酯漆包扁铜线	QZSBCB				
	单玻璃丝包聚酯漆包扁铝线	QZSBLCB				
	双玻璃丝包聚酯漆包扁铜线	QZSBECB				
	双玻璃丝包聚酯漆包扁铝线	QZSBELCB				
	单玻璃丝包聚酯漆包圆铜线	QZSBC	E（120）	0.53～250		
	硅有机双玻璃丝包圆铜线	SBEG	H（180）	0.25～60 a：0.9～560 b：20～180	耐弯丝性较差	用于电机、仪器、仪表等电工产品线圈中
	硅有机漆双玻璃丝包扁铜线	SBEGB				
	双玻璃丝包聚酰亚胺漆包扁铜线	QYSBEGB				
	单玻璃丝包聚酰亚胺漆包扁铜线	QYSBGB				

类别	名称	型号	耐热等级/℃	规格范围/mm	特点	主要用途
丝包线	双丝包圆铜线	SE	A	0.25～250	① 绝缘层的机械强度较好 ② 油性漆包线的介质损耗角小 ③ 丝包漆包线的电性能好	用于仪表、电信设备的线圈，以及采矿电缆的线芯等
	单丝包油性漆包圆铜线	SQ				
	单丝包聚酯漆包圆铜线	SQZ				
	双丝包油性漆包圆铜线	SEQ				
	双丝包聚酯漆包圆铜线	SEQZ				
薄膜绕包线	聚酰亚胺薄膜绕包圆铜线	Y	（330）	25～60	① 耐热和耐低温性好 ② 耐辐射性好 ③ 高温下耐电压击穿性好	用于高温、有辐射等场所的电机线圈及干式/变压器线圈
	聚酰亚胺薄膜绕包扁铜线	YB		a：25～56 b：20～160		

附表4-3 无机绝缘电磁线的品种、型号、规格、特点及主要用途

类别	名称	型号	规格范围/mm	长期工作温度/℃	特点	主要用途
氧化膜线	氧化膜圆铝线	YML YMLC	0.05～50 a：10～40 b：25～63 厚：0.08～100 宽：20～900	以氧化膜外涂绝缘漆的涂层性质确定工作温度	① 槽满率高 ② 耐辐射性好 ③ 弯曲性、耐酸、碱性差 ④ 击穿电压低 ⑤ 不用绝缘漆封闭的氧化膜耐潮性差	起重电磁铁、高温制动器、干式变压器线圈，并用于需耐辐射的场合
	氧化膜扁铝线	YMLB YMLBC				
	氧化膜铝带（箔）	YMLD				
玻璃膜绝缘微细线	玻璃膜绝缘微细锰铜线	BMTM-1 BMTM-2 BMTM-3	6～8μm	−40～+100	① 导体电阻的热稳定性好 ② 能适应高低温的变化 ③ 弯曲性差	适用于精密仪器、仪表的无感电子用标准电阻元件
	玻璃膜绝缘微细镍铬线	BMNG	2～5μm			

类别	名称	型号	规格范围/mm	长期工作温度/℃	特点	主要用途
	陶瓷绝缘线	TC	0.06~0.50	500	① 耐高温性能好 ② 耐化学腐蚀性、耐辐射性好 ③ 弯曲性差 ④ 击穿电压低 ⑤ 耐潮性差	用于高温以及有辐射场合的电器线圈等

无论哪种导线，在使用时都不允许超过安全使用电流，不同截面积导线可流过的安全电流见附表 4-4。

附表4-4 不同截面积导线可流过的安全电流

导线截面积 /mm²		2.5	4	6	10	16	25	35	50	70
载流量 /A	铝	22.5	32	42	60	80	100	122.5	150	210
	铜	32	42	60	80	100	122.5	150	210	237.5
导线截面积 /mm²		95	120	150	185	240	300	400	500	600
载流量 /A	铝	237.5	300	300	370	480	600	800	1000	1200
	铜	300	300	370	480	600	800			

参考文献

［1］ 郑凤翼，杨洪升，等. 怎样看电气控制电路图. 北京：人民邮电出版社，2003.

［2］ 刘光源. 实用维修电工手册. 上海：上海科学技术出版社，2004.

［3］ 王兰君，张景皓. 看图学电工技能. 北京：人民邮电出版社，2004.

［4］ 徐第，等. 安装电工基本技术. 北京：金盾出版社，2001.

［5］ 蒋新华. 维修电工. 沈阳：辽宁科学技术出版社，2000.

［6］ 曹振华. 实用电工技术基础教程. 北京：国防工业出版社，2008.

［7］ 曹祥. 工业维修电工通用教材. 北京：中国电力出版社，2008.

［8］ 孙艳. 电子测量技术实用教程. 北京：国防工业出版社，2010.

［9］ 张冰. 电子线路. 北京：中华工商联合出版社，2006.

［10］ 杜虎林. 用万用表检测电子元器件. 沈阳：辽宁科学技术出版社，1998.

［11］ 华容茂. 数字电子技术与逻辑设计教程. 北京：电子工业出版社，2000.

［12］ 王永军. 数字逻辑与数字系统. 北京：电子工业出版社，2000.

［13］ 祝慧芳. 脉冲与数字电路. 成都：电子科技大学出版社，1995.

［14］ 王延才. 变频器原理及应用. 北京：机械工业出版社，2011.

［15］ 徐海等. 变频器原理及应用. 北京：清华大学出版社，2010.

［16］ 李方圆. 变频器控制技术. 北京：电子工业出版社，2010.

［17］ 白公，苏秀龙. 电工入门. 北京：机械工业出版社，2005.

［18］ 王勇. 家装预算我知道. 北京：机械工业出版社，2008.

［19］ 张伯龙. 从零开始学低压电工技术. 北京：国防工业出版社，2010.

［20］ 张校铭. 从零开始学电梯维修技术. 北京：国防工业出版社，2009.

［21］ 曹祥. 电梯安装与维修实用技术. 北京：电子工业出版社，2012.

［22］ 曹振华. 实用电工技术基础教程. 北京：国防工业出版社，2008.

［23］ 孙华山等. 电工作业，北京：中国三峡出版社，2005.

［24］ 曹祥. 智能楼宇弱电工通用培训教材. 北京：中国电力出版社，2008.

［25］ 徐第等. 安装电工基本技术. 北京：金盾出版社，2001.

［26］ 教富智. 电工计算100例子. 北京：化学工业出版社，2007.

［27］ 周希章. 实用电工手册. 北京：金盾出版社，2010.

［28］ 徐博文. 中国电力百科全书：输电与配电卷. 北京：中国电力出版社，1995.

［29］ 朱德恒. 中国电力百科全书：高电压技术基础. 北京：中国电力出版社，1995.

［30］ 肖达川. 中国电力百科全书：电工技术基础. 北京：中国电力出版社，1995.

［31］ 鲁铁成，关根志. 高电压工程. 北京：中国电力出版社，2006.

［32］ 黄海平，黄海明. 电工电子计算一点通. 北京：科学技术出版社，2008.

［33］ 程康明. 简明电工计算手册. 南京：江苏科学技术出版社，2007.

电工实战视频讲解及清单

数字万用表
使用

指针万用表的
使用

按钮开关的
检测

保险在电
检测 2

保险在路
检测 1

带开关插座
安装

倒顺开关的
检测

电磁铁的检测

电子时间继电器
的检测

断路器的
检测 1

断路器的
检测 2

多挡位凸轮
控制器的检测

多联插座的
安装

行程开关的
检测

机械时间继电器
的检测

接触器的检测 1

接触器的检测 2

接近开关的
检测

热继电器的
检测

认识电路板上的
电子元器件

声光控开关的
检测

万能转换开关的
检测 1

万能转换开关的
检测 2

中间继电器的
检测

主令开关的
检测

检测相线
与零线

线材绝缘与设备
漏电的检测

空调器温度
传感器判别

空调遥控器与
红外线接收头
的判别

万用表检测
NE555 集成电路

万用表检测多
开关定时器

万用表检测集成
运算放大器

万用表检测
数码管

洗涤电机检测

洗衣机单开关
定时器检测

洗衣机脱水
电机的检测

认识开关电源
线路板

ISBN	书名	定价 / 元
34471	电气控制入门及应用：基础·电路·PLC·变频器·触摸屏	99
34622	零基础 WiFi 模块开发入门与应用实例	69.8
33807	从零开始学电子制作	59.8
33648	经典电工电路（彩色图解 + 视频教学，140 种电路，140 短视频）	99
33713	从零开始学电子电路设计（双色印刷 + 视频教学）	79.8
33098	变频器维修从入门到精通	59
32026	从零开始学万用表检测、应用与维修（全彩视频版）	78
32132	开关电源设计与维修从入门到精通（视频讲解）	78
32953	物联网智能终端设计及工程实例	49.8
30600	电工手册（双色印刷 + 视频讲解）	108
30660	电动机维修从入门到精通（彩色图解 + 视频）	78
30520	电工识图、布线、接线与维修（双色 + 视频）	68
28982	从零开始学电子元器件（全彩印刷 + 视频）	49.8
29111	西门子 S7-200 PLC 快速入门与提高实例	48
29150	欧姆龙 PLC 快速入门与提高实例	78
29155	西门子 S7-300 PLC 快速入门与提高实例	48
29156	西门子 S7-400 PLC 快速入门与提高实例	68
29084	三菱 PLC 快速入门及应用实例	68
28669	一学就会的 130 个电子制作实例	48
28918	维修电工技能快速学	49
28987	新型中央空调器维修技能一学就会	59.8
28745	AVR 单片机很简单：C 语言快速入门及开发实例	98
28840	电工实用电路快速学	39
29154	低压电工技能快速学	39
28914	高压电工技能快速学	39.8
28923	家装水电工技能快速学	39.8
28932	物业电工技能快速学	48
28663	零基础看懂电工电路	36

ISBN	书名	定价 / 元
28866	电机安装与检修技能快速学	48
28459	一本书学会水电工现场操作技能	29.8
28479	电工计算一学就会	36
28093	一本书学会家装电工技能	29.8
28482	电工操作技能快速学	39.8
28480	电子元器件检测与应用快速学	39.8
28544	电焊机维修技能快速学	39.8
28303	建筑电工技能快速学	28
28378	电工接线与布线快速学	49
25201	装修物业电工超实用技能全书	68
27369	AutoCAD 电气设计技巧与实例	49
27022	低压电工入门考证一本通	49.8
26890	电动机维修技能一学就会	39
26619	LED 照明应用与施工技术 450 问	69
26567	电动机维修技能一学就会	39
26330	家装电工 400 问	39
26320	低压电工 400 问	39
26318	建筑弱电电工 600 问	49
26316	高压电工 400 问	49
26291	电工操作 600 问	49
26289	维修电工 500 问	49
26002	一本书看懂电工电路	29
25881	一本书学会电工操作技能	49
25291	一本书看懂电动机控制电路	36
25250	高低压电工超实用技能全书	98
27467	简单易学 玩转 Arduino	89
27930	51 单片机很简单——Proteus 及汇编语言入门与实例	79
27024	一学就会的单片机编程技巧与实例	46

ISBN	书名	定价 / 元
10466	Visual Basic 串口通信及编程实例 (附光盘)	36
24650	单片机应用技术项目化教程——基于 STC 单片机（陈静）	39.8
20309	单片机 C 语言编程就这么容易	49
20522	单片机汇编语言编程就这么容易	59
19200	单片机应用技术项目化教程 (陈静)	49.8
19939	轻松学会滤波器设计与制作	49
21068	轻松掌握电子产品生产工艺	49
21004	轻松学会 FPGA 设计与开发	69
20507	电磁兼容原理、设计与应用一本通	59
20240	轻松学会 Protel 电路设计与制版	49
22124	轻松学通欧姆龙 PLC 技术	39.8
20805	轻松学通西门子 S7-300 PLC 技术	58
20474	轻松学通西门子 S7-400 PLC 技术	48
21547	半导体照明技术技能人才培养系列丛书（高职）——LED 驱动与智能控制	59
21952	半导体照明技术技能人才培养系列丛书（中职）——LED 照明控制	49
20733	轻松学通西门子 S7-200PLC 技术	49
19190	学会维修电工技能就这么容易	59
18814	学会电动机维修就这么容易	39
18813	电力系统继电保护	49
18736	风力发电与机组系统	59
18015	火电厂安全经济运行与管理	48

欢迎订阅以上相关图书

图书详情及相关信息浏览：请登录 http:// www.cip.com.cn

购书咨询：010-64518800

邮购地址：北京市东城区青年湖南街 13 号化学工业出版社（100011）

如欲出版新著，欢迎投稿 E-mail : editor2044@sina.com